STEAM EDUCATION SERIES

융합교육 시리즈 1

개정판 융합, 창의인성, 소통을 위한

프랙탈과 카오스

안대영 지음

FRACTALS & CHAOS

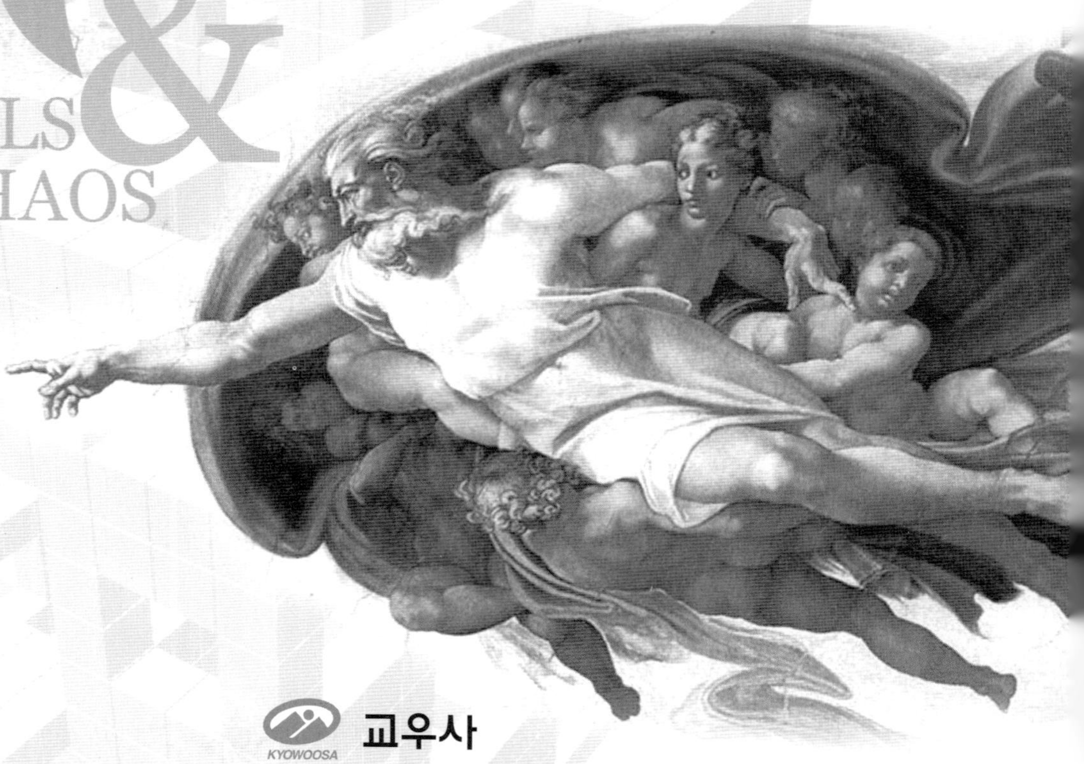

KYOWOOSA 교우사

여는 말

이 책은 프랙탈 도형을 만드는 과정에서 나타나는 아름다운 패턴과 원리를 탐구한다. 또한 카오스 이론을 자세하게 설명하고, 카오스 이론이 갖는 인문과 철학적 의미에 대해서 다루었다. 프랙탈 이론은 수학의 논리와 엑셀이 만나 아름다운 예술 작품으로 융합하는 체험활동이다. 수학을 미술, 공학, 음악, 인문학의 다른 교과와 관련지어 학습함으로써 통합적이고 창의적으로 사고할 수 있는 융합인재교육에 도움이 될 것이다.

1장은 수에 대한 이야기이다. 유리수와 무리수의 의미, 실수와 허수의 의미를 통해서 배우는 삶의 지혜를 이야기한다. 학생들은 수와 자신의 삶에 대해 생각하였다. 개인의 삶에서 가치를 찾고, 스스로의 문제로 받아들이고 나에서 출발하여 우리를 찾는 과정으로 옮겨간다. 이진수로 예술적인 패턴을 만들고, 수의 합에서 나타나는 프랙탈을 다룬다.

2장은 $n \times n$행렬을 이용하여 곱셈 프랙탈, 덧셈 프랙탈, 논리곱 프랙탈, 논리합 프랙탈을 대수적인 방법으로 소개한다. 도형의 분할을 이용한 프랙탈 이론에서 곱셈을 이용하여 프랙탈을 생성하는 방법을 소개한다.

3장은 수를 이용해서 프랙탈을 생성하는 과정을 소개한다. 행렬곱을 이용하여 단계별 프랙탈도형을 만들어 보았다. 2진수, 3진수, 4진수 등에서 행렬의 곱을 이용하여 프랙탈 도형을 만드는 과정을 탐구하였다. 또한 프랙탈의 생성원을 여러 개 가진 멀티 프랙탈도 소개한다.

4장은 시어핀스키 카펫을 분할하는 과정을 설명한다. 3단계 시어핀스키 카펫을 8개의 다른 프랙탈로 분할할 수 있다. 하나의 프랙탈이 여러 개의 다른 프랙탈로 나누어 질 수 있음을 나타낸다. 프랙탈에서 자주 사용하는 파스칼 삼각형에서 테셀레이션을 만드는 방법을 살펴본다. 여러 가지 변환을 이용하는 회전을 이용한 프랙탈을 소개한다. L-system은 프랙탈을 생성하는데 많이 사용하는 방법이다.

5장은 단계별 시어핀스키 삼각형을 행렬의 연산을 이용하여 정의한다. 이진 논리연산을 이용하여 엑셀의 VBA로 프로그래밍하여 프랙탈을 생성하는 방법을 소개한다. 복소수 진수를 이용하여 2차원과 3차원 프랙탈을 만드는 방법을 설명하였다. 멩거 스펀지를 대수적으로 설명하고 스케치업을 이용하여 그려가는 방법을 소개하고 있다. Xlstat를 이용하여 3차원 프랙탈을 대수적으로 만드는 방법을 이야기하고 있다. 프랙탈 이론을 통하여 프랙탈 도시를 만들고 차원을 구하는 방법을 탐구하였다. 다카키 함수와 바이슈트라스 함수는 모든 점에서 미분불능이며, 함수가 프랙탈을 이루고 있는 것을 알 수 있다.

6장은 삼각형, 사각형, 오각형 등 다양한 도형에서 카오스 게임을 실시한다. 카오스 게임은 내분을 이용한다. 외분을 이용한 카오스 게임은 무리수를 이용한다. 무리수마다 고유한 카오스 게임이 존재하는 것을 소개한다.

7장은 일차변환을 이용하여 시어핀스키 삼각형과 산호초를 만들어 본다. 일차변환을 이용하여 고독한 나무, 무궁화, 은하 등 다양한 프랙탈을 소개한다. 프랙탈 도시를 만드는데 일차변환을 이용하는 방법을 소개한다.

8장의 끌개는 반복함수 $x_{n+1} = ax_n$에서 나타나는 성질을 다룬다. 계단형과 나선형 끌개를 소개한다.

9장은 반복함수 $x_{n+1} = ax_n(1-x_n)$에서 나타나는 반복을 이용하여 카오스 이론을 설명한다. 카오스 이론은 매우 복잡하고 불규칙 하면서 동시에 불안정한 행동을 보여 먼 미래를 예측할 수 없는 현상을 다루고 있다. 카오스 이론을 대표하는 파이겐바움 상수를 소개한다. 카오스 이론의 특성인 초기치의 민감성, 혼합성, 주기성을 설명하고 있다.

카오스 이론은 수학, 물리학, 기상학, 생물학, 의학, 천문 등에서 새로운 사고방식의 시초가 되었다. 초기치의 민감성을 자신의 생활과 관련지어 글로 표현하였다. 수학 내용을 통해서 자신을 반성하고, 타인과 소통하고 이해하는 삶의 가치관에 대한 이야기를 전개하였다.

10장은 만델브로트 집합과 줄리아 집합을 다룬다.

11장은 카오스 이론의 특성과 창의성을 관련지어 생각해 본다.

12장은 카오스와 프랙탈 수업을 통하여 학생들의 인격 속에 수학이 어떻게 스며들었는지를 이야기한다.

13장은 카오스와 프랙탈 수업에서 학생들의 소감을 정리하였다.

이 책은 프랙탈을 공부하면서 수의 아름다움을 느끼고, 수를 이용하여 디자인하고, 수학이 왜 예술인가를 느끼게 한다. 프랙탈에는 생명이 있고, 카오스에는 소중한 인간이 있다. 프랙탈과 카오스를 통해 수학 속에 살아 있는 인간의 소리를 들었으면 한다.

논문을 지도해 주신 김원경 교수님, 프랙탈을 만나게 해 주신 신인선 교수님, 보이지 않는 긴 터널의 끝에서 새로운 땅을 보게 해 주신 이경화 교수님, 책이 나오기까지 도움을 주신 장경윤 교수님, 책이 세상을 향해 빛을 볼 수 있도록 도와주신 오판근 사장님과 편집관계자 여러분의 수고에 깊이 감사드립니다. 긴 세월 한결같이 지켜봐준 아내에게도 고마움을 전합니다. 프랙탈의 아름다운 질서와 카오스의 거친 질서가 어디에서 왔는지 느껴볼 수 있는 기회를 주신 신께 감사드립니다.

2015년 1월

안대영

차례

4장 자기닮음 응용(Ⅱ) / 221

5장 자기닮음 응용(Ⅲ) / 259

6장 카오스 게임 / 294

7장 나무와 꽃이 있는 곳에 살고 싶다 / 304

8장 끌개 / 327

9장 카오스 / 335

Chapter >> 01 수는 나에게 무엇인가?

수에 대한 생각이다. 수는 수학의 시작이다. 수에 대해 우린 어떤 느낌을 가질 수 있을까? 수의 본성은 얼마나 아름다운가? 수가 만드는 디자인이 얼마나 매력적인가를 생각해 본다. 우연치고는 너무 아름답고, 누군가가 계획했다면 그 많은 경우를 다 생각했을까? 알 수 없는 일이다. 경이로울 뿐이다.

유리수와 무리수, 유한과 무한, 실수와 허수는 나에게 무엇인가를 생각하기 바란다.

1.1 유리수와 무리수에서 배우는 삶

유리수와 무리수에 대해 충북과학고등학교 학생들의 글이다. 유리수와 무리수를 자신의 전공영역이나 자신의 삶과 관련지어 쓴 글이다.

1. 유리수와 무리수 – 배타성과 통일성(이윤규)

유리수와 무리수는 서로 모여서 실수를 이루고 이들은 서로 겹치는 부분이 없다. 이들이 서로 겹치지 않는 이유는 정의가 배타적이기 때문이다. 유리수는 서로소인 두 정수를 각각 분자, 분모(분모는 0이 될 수 없다.)로 가지는 분수로 나타낼 수 있는 수이고 무리수는 그럴 수 없는 수이면서 실수에 속하는 수이다.

이 두 관계와 비슷한 관계를 가지는 것을 물리에서 찾아보자. 물리에서는 자기쌍극자를 예로 들 수 있다. 자석에서는 N극과 S극이 있다. 그런데 이들은 꼭 같이 있어야 한다. N극과 S극은 절대로 겹칠 수는 없지만, 이들은 꼭 함께 있어야 한다. 그래서 자기를 '자기쌍극자'라

밀어 우리를 놀라게 할지 모르는 일이다. 그러니 우리는 '무리수'를 두는 사람을 욕하면 안 된다. 모두가 무리수의 길을 걷고 있기 때문이다.

그리고 삶이 유리수 같다면 무슨 재미가 있겠는가? 예측할 수 없는 일들로 인해 up&down을 반복하는 인생이 스릴 있고 재밌는 인생이 아닐까? 지금까지 down만 있었다고 상심해 하지 말라. 예측할 수 없는 일들이 우리를 힘들게 한다면 가끔은 앞에 놓인 예측 가능한 유리수를 보면서 힘을 내도록 해보자. 그 뒤에 맞는 up이 몇 만 배는 더 재밌는 인생을 만들어 줄지도 모른다. 자, 우리 모두 운세를 보려고 폈던 신문을 접고 무리수와 유리수로 가득 찬 세상으로 나가서 온몸으로 그 들을 맞아보자. 유리수와 무리수는 단순히 수학책에 있는 것만이 아니다.

4. 유리수와 무리수 – 무심코 지나간 자연 속의 진리(조동희)

우리는 신비로운 지구에서 살고 있다. 알게 모르게 여러 자연 현상을 겪는 우리들에게 날씨며 기상 현상들은 언뜻 보면 당연한 듯이 여겨진다. 그러나 그 속에 과학적인 원리가 숨겨져 있고 알 수 없는 신비로움이 담겨져 있다. 그런 의미에서 자연의 모든 것을 유리수와 무리수에 관련지어 생각해 보려 한다. 하늘에서 비가 내리면 그 물은 지상으로 내려와 계곡을 건너 강을 건너 바다로 흘러간다. 그리곤 다시 하늘로 올라가 구름을 만들고 비를 다시금 뿌린다. 이렇게 보면 지구에서 돌고 도는 물은 규칙성을 가지고 순환하는 유리수와 같은 것이 아닐까?

얼마 전 일본에서 규모 9.0에 육박하는 대지진이 일어났다. 일본 학자들은 과연 그렇게 큰 지진이 일어날 것을 알고 있었을까? 대륙의 판은 우리가 어떻게 하든 계속 움직이고 있다. 그렇지만 우리는 그러한 움직임에서 지진이 언제 어떻게 일어날지 알 수 없다. $\sqrt{2}$가 대략 1.414의 값을 가진다는 것을 아는 것처럼 일본에서도 곧 지진이 일어날 거란 것은 알고 있었을 것이다. 그러나 지구 역사상 다섯 손가락 안에 꼽을 정도의 지진이 일어날 것은 상상도 못했다. 그래서 지진은 무리수와 같은 개념이라고 생각한다.

이번엔 이 모든 자연의 근원인 우주로 가보자. 지구에서 대기권을 뚫고 우주로 나가면 가장 먼저 보이는 것이 달이다. 달은 지구에서 볼 때는 29.5일마다 보름달이 다시 찾아오고, 우주에서 봤을 때는 27.3일을 주기로 지구를 한 바퀴씩 돈다. 또한 달은 자전주기와 공전주기가 같아 한 바퀴 자전하는 데에 27.3일이 걸린다. 이런 규칙들을 가지고 주기적인 운동을 하는 달은 유리수와 같은 것이라고 생각된다.

달을 벗어나 태양계로 나가 더 뻗어 나가면 우리 은하가 보인다. 언뜻 보면 은하 내의 모든 천체는 은하핵을 중심으로 규칙적인 운동을 하는 것처럼 보인다. 마치 원주율의 값을 소수점 아래 셋째자리(3.141)까지 구했을 때처럼 말이다. 하지만 자세히 보면 별들은 각자 자신의 움직임 즉, 고유운동을 가진다. 여기저기 퍼져있는 성운에선 불규칙적으로 에너지를 내뿜으며 별이 탄생하고 또 어느 곳에선 별이 죽음을 맞이하며 블랙홀이 생성되기도 한다. 원주율의 값을 알아버린 것이다. 즉, 우주의 은하들은 그 값이 순환하는 것처럼 보이다가 결국엔 순환하지 않는 다는 것을 알게 되는 원주율(파이)처럼 무리수와 같은 것이다.

이 자연의 대부분은 무리수라고 생각한다. 알 것 같으면서도 모르겠고 추측은 하고 있지만 정확히 알 방법이 없기 때문이다. 앞으로 이런 무리수 같은 자연과 우주를 탐구하며 부족함을 채우는 것이 과학도로서의 도리가 아닐까?

5. 유리수와 무리수 – 현재 과거 그리고 미래(황희문)

산다는 것… 우리의 인생은 평탄할 수도 있고 그렇지 않을 수도 있다. 가끔 사주를 보러가고 점을 보는 것은 우리가 미래에 대한 확신을 가지고 있지 않다는 것을 인증할 뿐 실로 도움되는 것은 없다. 점을 봄으로써 우린 '내 미래가 이렇구나'라는 생각을 하게 된다. 그럼 앞으로 어떻게 살아갈까? '난 성공한댔어. 나중에 잘된다고 했으니까…' 이런 근거 없는 말만 믿으며 허황된 꿈을 키워나가고 그에 비해 노력의 양은 줄어들 것이다. 내가 과거에 무슨 일을 했건 미래에 어떻게 될 것은 중요한 것이 아니다. 현재 우리가 어떻게 하느냐가 중요한 것이다.

점에서 나오는 것처럼, 사주팔자에 나오는 것처럼 사람의 인생은 정해져 있는 유리수일까? 짧은 이야기 하나만 하겠다.

'어느 한 아이가 있었다. 그 아이는 공부도 잘 했고 언제나 상위권에 있었고 친구도 많았다. 그 아이는 엄마와 점을 보러 갔다. 점은 예상대로 좋은 점괘가 나왔다.' 10년 후 그 아이의 미래는 어떻게 되었을까? 우리는 알 수 없다. 미래는 무리수와 같으니까?

우리가 정확하게 측정할 수 있는 유리수 같은 것들이 이 세상에 있을까? 아마 없을 것이다. 내가 지금 하고 있는 일이 어떻게 될 지 알 수 없다. 지금 지진이 날 수도 있는 것이고 컴퓨터가 갑자기 꺼질 수도 있는 것이다. 예측이 가능할 뿐 정확하게 떨어지는 것은 없다. 그나마 예측이 되는 것이 유리수에 가깝다고 말할 수 있지만 결과적으로 보면 우리가 살아가는 것은 알 수없는 무리수이다. 친구와의 관계, 학교 성적 같은 것은 우리의 노력에 달렸다.

그렇다면 다시 생각해보자! 무리수는 있을까? 언젠가 지금도 계산하고 있는 파이의 값에서 순환주기가 나온다면… 우리의 노력에 달려있다. 절대 좌절하지 않고 과거를 돌아보며 미래를 위해 현재에 노력한다면 무리수를 유리수로 바꿀 수 있을 것이다.

6. 유리수와 무리수 – 끝을 향하여(김민정)

수는 끝을 예측할 수 있는가? 이제 이 질문에 답을 해 보자.

유리수는 딱딱 떨어지는 맛이 있고, 소수로 표현해도 끝이 존재한다. 끝이 존재하지 않을 때는 순환하는 마디가 존재한다. 즉, 끝없이 이어진다기보다는, 유한적이라는 것이다. 그에 반해 무리수는 끝없다고 할 수 있다. 끝이 없는데 순환하지도 않으므로 전혀 규칙성도 없고 예측할 수도 없다.

나의 전공 분야는 물리인데 물리 분야에서 유리수와 무리수의 개념을 도입할 수 있는 것을 알아 볼 것이다. 우선 양자역학이 있다. 이 분야는 화학 분야와도 겹친다. 곰곰이 생각을 해 보니 양자역학은 유리수의 개념과 무리수의 개념 모두를 지니고 있다. 일단 미시의 세계에서는 절대 중간지점이라는 것이 없다. 전자가 원자핵을 돌 때(이것은 오개념 이지만 보통 이렇게 표현한다.) 언제나 정해진 궤도만을 돌 수 있다. 그 궤도는 1, 2, 3, … 등의 정수로밖에 존재하지 않는다. 이러한 실정에 무리수는 끼어들 수 가 없다. 전자가 $\sqrt{2}$ 의 궤도를 돌 수 있는가? 절대 없다!

이제 양자역학에서의 무리수의 개념을 생각해 보는 것은 어떨까? 원자가 양이온이 되는 것은 전자를 잃었을 때이다. 원자가 전자 하나를 잃는다는 것은 이 전자는 무한대 궤도로 들뜬다는 것이다. 보통 과학에서는 함께 있던 전자가 어느 정도 떨어져 나갔을 때 이온화되었다고 하지만 수학적으로 생각하면 원자가 양이온이 되기란 불가능하다. 아무리 가도 가도 다음 궤도는 존재한다. 궤도가 끝없이 늘어서 있어 절대 도달할 수 없을 것이다. 또 언제, 어떻게, 어디서 도달할지도 절대로 예측할 수 없을 것이다!

유리수와 무리수의 개념은 이 분야 말고도 다른 분야에서도 충분히 찾아 볼 수 있다. 우주의 끝이 존재하는지, 아니면 끝없이 계속 뻗어나가는 것인지는 유리수와 같이 한정되어 있는지, 무리수와 같이 예측할 수 없게 끝조차 없는지 알고 싶은 사항일 것이다. 코딩할 때에도 이런 개념이 성립할 수 있다. while문을 돌릴 때 조건이 잘 맞아 원하는 만큼 돌려지다 빠져나갔다면 이것은 유리수이다. 이때는 결과를 예상해 볼 수 있다. 잘못하여 무한루프가 돌면 이것은 무리수이다. 무엇이 나올지는 계속 돌려봐도 모른다. 코딩을 많이 해 보지 않아 무엇을 쓰면 어떻게 될지 전혀 모르겠는 사람들에게는 코딩 자체가 무리수일 것이다. 아무것도 예측할 수 없기 때문이다.

상관없다고 생각하는 사람들도 있지만 우리의 삶에서도 유리수, 무리수는 깊게 관여한다. 예를 들면 음악에서는 12음계 등의 음계가 있다. 이 음들은 순환하므로 유리수라고 할 수 있다. 도를 치면 그 다음에 무슨 음이 나올지 우리는 알 수 있다. 또, 바둑용어 중에 무리한 수를 두었을 때 무리수라고 한다고 한다. 일상생활에서도 무리한 짓을 하거나 어이없고 상식 밖의 것들을 할 때 무리수라고 한다. 이것들은 규칙적이지 않고 예측할 수 없는 무리수의 특성과 어느 정도 닮은 구석이 있어서 그렇다고 생각한다.

그렇다면 결국 수는 끝을 예측할 수 있는가? 어쩌면 이 질문도 무리수의 일상생활에서의 예들 중 하나가 될 수 있을지도 모르겠다.

7. 유리수와 무리수 – 기술의 진보와 완벽한 사람(이시우)

수학에서의 유리수와 무리수의 정의는 각각 다음과 같다. 유리수란, 2개의 정수의 비로 표현될 수 있는 수를 말하며, 무리수는 2개의 정수의 비로 표현될 수 없는 실수를 말한다. 이러한 정의로부터 생각해보면 유리수는 뭔가 딱 떨어지는 느낌이 나는 반면 무리수는 딱 떨어지지 않고 오차가 발생한다는 느낌이 든다. 다시 말하면, 2.333333⋯ 같은 경우는 $\frac{3}{8}$으로 간단한 정수비로 표현될 수 있는 반면 $\sqrt{2}$ 같은 경우는 아무리 유리수로 나타내려고 해도 $\sqrt{2}$와의 오차가 존재하기 마련이다. 이는 마치 '측정'과 비슷하다는 생각을 하였다. 예를 들어, 우리가 물리 문제를 풀다보면 '질량이 3kg인 물체에 5N의 힘을 작용할 경우 물체는 얼마의 가속도로 움직이게 되는가?'와 같은 문제를 접하게 된다. 이 경우, 뉴턴의 가속도의 법칙에 의해서 가속도의 크기는 $\frac{5}{3}$가 된다. 그런데 실제로 질량이 정확히, 매우 정확히 3kg인 물체가 존재할까? 물론 존재하지 않는다고 단정 지을 수는 없다. 하지만 실생활에서 질량이 정확히 3kg인 물체를 찾기란 하늘의 별따기 일 것이다. 아무리 정밀한 저울로 측정해서 3kg이 나온다고 하더라도, 그 저울은 한계가 있기 때문에 정확히 3kg이라고 단정 지을 수는 없게 된다. 즉, 여기서 주어진 3kg이라는 것은 수학에서의 유리수의 개념, 이상적인 값으로 받아들일 수 있고 실제로 측정한 값은 0보다 큰 오차를 가지고 있는 무리수의 개념으로 받아들일 수 있는 것이다. 이런 관점에서 보면 세상은 무리수 투성이 이고, 아마 우리가 살아가면서 유리수와 만날 일은 없다고 해도 과언이 아닐 것이다. 그렇지만 우리가 아무리 유리수에 해당하는 어떠한 대상을 만날 수 없다고 하더라도 유리수에 가까운 대상을 만나거나 만들 수는 있을 것이다. 현대 기술은 점점 향상되고 있고 그에 따라서 점점 정밀한 기계들이 나오고 있다. 이를 이용하면 1.0001kg, 1.00000000001kg, 1.00000⋯ 0001kg에 해당하는 물체를 만들 수는 있을 것이다. 마치 Newton-Rapson법을 통해서 $\sqrt{2}$의 근삿값을 구하듯이 기술의 진보가 어떠한 값을 원하는 값에 점점 가깝게 다가가게 하여 오차가 '거의' 0이 되도록 할 수 있는 것이다. 우리가 원하는 이상적인 값이 유리수이고, 실제 현실의 값이 무리수라면, 어쩌면 현재 기술의 진보는 어떤 특정한 유리수 값으로 수렴하는 무리수 수열로 볼 수도 있을 것이다.

비슷한 관점에서 생각하여 좀 더 철학적인 관점으로 들어가 보면 완벽한 사람은 유리수, 현재 지구상의 모든 사람들은 무리수라고 볼 수도 있을 것이다. 태어난 뒤로부터 n만큼의 시간 (단위는 일로 볼 수도 있을 것이고, 초로 볼 수 도 있을 것이다)이 흐른 뒤 현재 자신의 가치를 나타내는 수열을 으로 잡으면 이 사람이 꾸준히 노력한다는 가정 하에 이 값은 완벽을 나타내는 어떠한 유리수 값으로 수렴할 것이다. (여기서는 그 값을 1로 보고 모든 n에 대해 $a_n < 1$이라고 보자.) 그렇다면 매일 매일 노력한다면 이 수열은 증가수열이 될 것이다.

하지만 무한한 시간이 흐르지 않는 이상 이 수열의 값은 1을 넘을 수 도, 1에 도달할 수도 없다. 하지만 1과 이 수열의 값의 차는 계속 감소한다. 즉, 무한한 시간이 흘렀다고 가정했을 때, 이 사람의 가치는 완벽한 사람의 가치와 동일한 1의 값을 가질 수 있을 것이다($\lim_{n\to\infty} a_n = 1$). 만약 이 사람이 게으르게 행동한다면 그 구간동안 이 수열은 감소할 수도 있을 것이다. 즉, 사람이 유한한 시간만큼 살아있는 이상 우리는 완벽한 사람이 될 수는 없지만 매일 매일 노력하면 완벽한 사람과의 오차를 점점 줄여나갈 수 있을 것이고 나름대로의 성공한 삶을 살 수 있을 것이다.

1.2 무한집합에서 배우는 지혜

다음 두 지문은 2008학년도 계명대학교 의과대학 논술자료의 일부이다. 처음 지문은 무한집합과 유한집합에 대한 소개이다. 두 번째 지문은 베니스의 상인의 일부 지문이다. 처음 지문을 토대로 두 번째 지문을 설명하는 문제이다. 청주시 교육청에서 고등학생들을 대상으로 첫 시간에 수업한 내용이다. 수업 후 학생들이 쓴 글을 소개한다.

유한집합과 무한집합

데데킨트(Dedekind)는 다음과 같이 무한집합과 유한집합을 정의하였다. 두 집합 X, Y에 대해서 일대일대응 $f : X \to Y$가 존재할 때 X와 Y는 대등(equipotent)하다고 하고 $X \sim Y$로 표시한다. 집합 X와 대등한 진부분집합 A가 있을 때, 곧 $A \subset X$, $A \neq X$, $A \sim X$일 때, X를 무한집합이라 하며, 무한집합이 아닌 집합을 유한집합이라 한다. 자연수의 집합 A가 무한집합인 이유는 자연수의 부분집합인 짝수의 집합 B가 있어서 $B \subset A$, $A \neq B$, $A \sim B$이기 때문이다. 유한의 집합에서 살펴보면 어떤 집합 A가 있다고 할 때, 진부분 집합 B를 비교하면 $n(B) < n(A)$이다. 무한집합은 부분집합이 전체와 대등한 관계를 가진다.

베니스의 상인

샤일록: 제 행위는 제가 책임지겠습니다! 전 법에 호소합니다. 이 증서에 명시된 담보물을 요구합니다.

… 중략 …

포셔: 어디 그 증서 좀 봅시다.

샤일록: 정말 존경하는 박사님, 여기, 여기 있습니다.

포셔: 샤일록, (버사니오가 앤토니오를 위해) 원금의 세 배를 지불하겠다는데 어떻소?

샤일록: 전 하늘을 두고 맹세하고 또 맹세했습니다. 제 영혼을 두고 거짓 맹세를 하란 말입니까? 천만에요. 베니스를 다 준다 해도 안 됩니다.

포셔: 그래, 증서대로 지켜지지 않았소. 그러니 법적으로는 그대가 저 상인의 심장 가까운 곳에서 살 1파운드를 잘라내겠다고 주장할 권리가 있소. 하지만 자비를 베푸시오. 원금의 세 배를 받고, 증서를 찢어버립시다.

… (중략) …

포셔: 그러니 피고는 가슴을 내놓으시오.

샤일록: 그렇습니다, 그 자의 가슴팍이죠. 증서에 그렇게 적혀 있습니다. 아니 그렇습니까, 판사님? '심장에서 가장 가까운 곳.' 바로 그렇게 쓰여 있습니다.

포셔: 그렇소. 무게를 달 저울은 여기 준비돼 있소? 살덩이를 달 저울 말이오.

샤일록: 여기 준비해 두었습니다.

… (중략) …

포셔: 그리고 원고는 반드시 피고의 가슴팍 살을 잘라내야 한다. 국법이 그걸 허용하고 이 법정이 그걸 인정한다.

샤일록: 정말 유식한 판사님이시다! 판결이 났다! 자, 각오해라!

포셔: 잠깐 기다리시오. 아직 할 말이 더 있소. 이 증서에는 원고에게 단 한 방울의 피도 준다고 하지 않았소. 분명하게 명기되어 있는 말은 '살 1파운드'요. 그러니 증서대로 하시오. 1파운드의 살을 잘라내시오. 그러나 살을 잘라내면서 그의 피를 한 방울이라도 흘리게 하거나 그의 생명을 잃게 한다면, 그대는 베니스의 법률에 따라 처벌을 받을 것이고, 그대의 토지와 재산은 몰수되어 베니스의 국고로 귀속될 것이오.

다음의 글은 유한·무한집합에 대한 수업 후 학생들이 자신의 삶과 관련지어 생각한 것이다.

1. 유한집합과 무한집합 – 무한의 마음(권대호)

무언가를 확실하게 알고 있다고 말하는 것은 어려운 것이다. 나는 고급수학의 첫 강의를 수강하면서 무한에 대해 아주 조금 배웠지만, 무한에 대해 아주 조금도 알고 있다고 함부로 말하기가 어렵다. 그렇지만 분명한 것은 무한이란 세계가 흥미롭고 무궁무진한 가능성이 존재하는 세계라는 것은 알 수 있었다. 유한의 세계에 살고 있고, 살아 왔던 나에게 무한이라는 세계를 바라볼 수 있는 기회가 생긴 것 그 자체만으로도 나에겐 큰 흥미와 많은 생각할 가능성을 열어주었다.

지금껏 내가 살아온 세계는 유한의 세계라고 할 수 있었다. 부분을 전체와 같게 여긴다면 그것은 이상한 일로 생각했다. 이해득실의 관계를 분명히 하고 상대적으로 나에게 이익이 되는 방향으로 선택을 취하는 세계에서 살아왔다. 즉 표면상으로 나타나는 이해관계를 중요시하는 삶을 살아왔다.

그러나 무한의 세계에서 부분의 가치가 전체의 가치만큼 중요하다는 개념을 생각하게 되는 순간부터 삶의 방향은 달라지 게 된다. 지금껏 계속 유한한 삶을 살아온 사람에게 부분을 전체와 같이 인식하기란 어려운 일이겠지만, 내가 해석하는 부분을 전체처럼 대한다는 의미는 나와 다른 존재에 대해 배려하는 마음, 소수에 대해 생각하는 마음을 말하는 것은 아닐까 생각해 본다. 그 이유는 부분은 전체처럼 들여다보기 위해 필요한 마음가짐이 상호 존중의 마음가짐과 닮아있다는 생각을 연상시키기 때문이다.

소설 '베니스의 상인'에 등장하는 샤일록이라는 인물을 보면, 그는 유한의 세계에 살고 있는 사람이라고 할 수 있겠다. 그가 소설의 주인공인 안토니오의 살을 베어내려고 주장하는 상황을 보면, 그가 사람의 살을 떼어내는 것이 그 사람을 죽음에 이르게 할 수 있다는 것을 알고 있으면서도, 자신의 주장만을 관철하여 살을 베어내기를 희망한다. 살 몇 조각은 사람 몸 전체에 있어서 부분에 불과하지만, 그것이 없을 때 목숨을 잃는다면 그 살 몇 조각의 가치는 몸 전체의 가치와 맞먹는다고 할 수 있을 것 이다. 샤일록과 같이 유한한 사고방식을 관철할 경우 이와 같이 어떤 행동의 표면적인 상황만 인식하게 되고, 그 이면에 숨어있는 의미들을 파악하지 못하게 될 위험이 크다. 반면 소설에 등장하는 현명한 판사는 부분을 전체와 맞먹는 값으로 생각하는 마음가짐이 있었기 때문에 위기에 처한 주인공을 구해낼 수 있던 것이다.

인간의 삶 자체가 유한성이 있기 때문에 사람들은 유한의 세계에 살고 있는 것은 아닐까. 신의 영역이라고 말하는 무한의 세계에서 유한세계에서 이루어지는 다툼과 무질서는 존재할 이유가 없을 것이다. 다툼과 무질서를 우리가 없애고자 한다면, 비록 우리의 삶은 유한하지만, 그 속에 마음가짐을 무한히 넓게 한다면 문제는 해결되지 않을까.

무한을 신의 영역이라고 하는 것은 어쩌면 익숙하지 않기 때문에, 그리고 알 수 없는 부분을 다루고 있기 때문에, 그 무지의 두려움으로부터 벗어나고자 신이라는 절대자를 만들고 그들만의 세계라고 치부하여 도피하고자 하는 마음은 아니었을까. 아주 옛날 무한에 대해 탐구하는 사람은 죽음을 면하지 못했다고 하는데, 그것은 새로운 세계, 새로운 마음가짐으로 나아가고자 하는 도전정신에 대한 두려움의 기우가 아닐까.

여하튼 앞으로 나는 무한에 대해 배우는 것을 도전하면서 신들의 영역이라고 하는 그 세계를 한번 들여다보고, 다른 모든 사람들을 포괄할 수 있는 마음가짐을 수양하는 시간을 갖도록 하겠다.

2. 유한집합과 무한집합 – 남을 배려하는 마음(김홍원)

내가 평상시 알고 있었던 무한과 유한은 그냥 대수적인 의미의 측면이 강했었다. 무한은 끝이 없고 유한은 끝이 있다 정도랄까? 그런데 고급수학에서 더 자세하게 무한과 유한을 배우면서 놀랍게도 무한과 유한의 개념은 우리의 삶에도 적용시켜 생각해 볼 수 있었다. 난 지금까지는 부분이 전체에 종속된다는 관점에서 세상을 살았지 부분과 전체가 대등하다는 관점에서는 살지 않았던 것 같다. 사실 우리의 세계만 보아도 소수에 의견보다 다수의 의견이 존중 받는다. 하지만 무한을 배우고 나서 소수의 의견도 사회의 대다수의 의견만큼 중요하다는 것을 생각해 보게 되었다. 또 무한의 관점에서 신과 나의 관계에 대해서도 생각해 보았다. 무한의 관점에서라면 인간도 신처럼 중요할까? 라고 생각해 보니 기독교 불교 어떤 종교라도 인간이 신만큼 중요하다라고 이야기 한 것에 대해 참 많이 놀랐다. 기독교에서는 '너희는 내 안에 거하라 그리하면 나도 너희 안에 거하리라' 라는 성경 구절이 있고 불교에서는 '사람이 도를 닦으면 부처가 될 수 있다'고 말하고 있다. 또 동학에서는 '인내천, 사람 안에 하늘이 있다'고 말하고 있다. 이렇게 신의 피조물 즉 신의 부분밖에 안 되는 인간이 신과 대등할 수 있다는 생각을 하게 되니 모든 사람이 소중하다고 다시 한 번 느끼게 되었다.

솔직히 말하면 나는 이전까지 이렇게 생각해 보지 못했고 무한의 관점보다는 유한의 관점으로 사람을 평가하고 대했던 것 같다. 하지만 나도 앞으로는 무한의 관점으로 남을 배려하고 존중하고 모든 사람이 소중하다는 관점에서 앞으로 한국 수학교육계에 리더가 될 수 있게 열심히 공부해야겠다.

3. 유한집합과 무한집합 – 무한의 시각을 가진 리더(진창언)

내가 알고 있던 무한과 유한의 개념은 지극히 수학적인 것이었다. 그저 무한은 셀 수 없이 많은 수였고 유한은 셀 수 있는 수로 생각해 왔다. 그런데 고급수학 수업을 들어보니 그것이 아니었다. 단지 유한과 무한은 어떠한 말 하나로 정의되어 지는 게 아니라 우리 생각에 따라 그 성격이 바뀌는 것이었다. 예를 들어 무한과 유한을 사람들의 관점으로 바꾸어 생각해보면 무한적인 시각을 가진 사람은 현재 상황이 절망적이더라도 미래를 희망차게 볼 수가 있다. 무한한 가능성을 보는 것이다. 또 유한적인 시각을 가진 사람은 눈에 보이는 것만으로 판단하고 결정을 내린다. 뒤에 있는 무한한 가능성을 보지 못한다. 또 유한과 무한을 사회적 리더가 갖추어야 할 조건에 적용해보자. 무한집합 Q가 있는데 Q의 진부분 집합을 P라고 한다면 결국 P도 무한집합 이 된다. 결국 P와 Q는 대등한 관계가 된다. 어떻게 (부분)=(전체) 즉 대등한 관계를 가질 수 있는지 정말 신기하다. 우린 평소에 부분이 전체에 포함되는 것으로 생각하며 살아왔기에 대를 위해 소를 희생하는 것을 당연하게 생각해 왔다. 그러나 이제 부분은 전체와 대등하다는 것을 배웠기 때문에 사회의 한 부분인 약자들을 사회전체와 대등하게 보고 포용할 것이다. 또 다른 생각을 해보자. 유한적 시각을 가진 리더는 자기 임기동안만 열심히 하고 5년 동안 한 것에 대해서만 좋은 평가를 받으면 그만이다. 10년 계획, 20년 계획 그런 게 없다. 반대로 무한적인 시각을 가진 사람은 자기는 욕을 먹더라도 10년 20년 후에 우리나라가 잘 될 수만 있다면 기꺼이 자기를 희생한다. 장기적인 안목으로 진정 나라를 생각하는 것이다.

4. 유한집합과 무한집합 – 무한관점의 리더(최민아)

지금까지 수학을 배우면서 집합, 수열 등에서 자주 접해왔던 개념이 무한과 유한이었다. 하지만 단순하게 중학교 때 배운 '무한은 무수히 많다', '유한은 개수가 정해져 있다'라는 정의에 대해 한 번도 의문을 가져본 적이 없었다. 아마 단순히 수학 문제를 풀 때에는 큰 문제가 되지 않기 때문에 그랬을 것이다.

그래서 처음 선생님께서 무한이 무엇인지, 무수히 많다는 게 무슨 뜻인지를 질문하셨을 때 많이 당황스러웠다. 그리고 설명을 들으면서, 무언가 새로운 수학을 배우는 느낌이 들었다.

그리고 이 개념을 우리의 생활에도 연결 지어 볼 수 있겠다는 생각이 들었다. 요즘 중요하게 여겨지는 리더십이라는 항목에 이 개념을 적용시켜 보면 어떨까.

먼저 유한의 관점을 가진 리더. 이런 리더는, 모든 사람을 다 포용하지 못할 가능성이 크다.

전체를 위해서라면 일부를 무시하고 희생시킬지도 모르고, 분명한 끝이 있다고 생각하는 삶에서 자신이 행복하기 위해 잘못된 길로 단체를 이끌 수도 있다.

반면에 무한의 관점을 가진 리더는 다르다. 전체와 부분은 대등하므로 작은 의견에도 귀를 기울일 것이고, 삶이란 죽음이란 것으로 단절된 유한한 것이 아니므로 자신의 부귀영화보다는 전체의 편의와 이익을 추구할 것이다.

따라서 무한의 관점을 잘 이해하고, 이런 마음가짐으로 사회를 살아나간다면 좀 더 발전하는 사회를 만들 수 있을 것이다.

5. 유한집합과 무한집합 – 무한과 유한으로 세상보기(차현태)

무한과 유한의 정의. '무한은 한없이 많은 것이고 유한은 한정된 것이다' 그러나 그것은 사람들이 흔히 생각하는, 위와 같은 개념과는 다르다. 무한이란 한 집합의 부분집합 A가 그 전체집합 X와 대응할 수 있는 상태를 말하는 것이다. 반면에 유한이란 그럴 수 없는 상태를 말한다. 무한의 정의는 얼핏 생각하면 말이 되지 않는 듯 하나 우리는 이미 수업시간에 그와 같은 것들을 배웠다.

홀수 전체의 집합은 자연수 전체의 집합과 대응하고 자연수 전체의 집합은 정수 전체의 집합과 대응하는 것이 그 예이다. 위의 무한의 개념은 부분이 전체의 일부인, 그저 한 조각이 아니라는 것을 우리에게 시사한다. 우리는 여태껏 얼마나 사회라는 이름으로 개인을 옭아맸는가? 사회, 즉 전체집합 X의 부분집합인 개인A, 개인은 사회에 속해 있으되 사회와 대응할 수 있는 가치를 가지기에 사회의 이름으로 그 개인의 권리를 무시할 수 없다.

사회적인 소수, 노인, 장애인, 고아, 빈민들…. 그 모두는 각자 그들이 소수이기 때문에 무시받는 것이 아니라 소수이기 때문에 존중 받아야 한다.

물론 이러한 논리를 확대 해석하여 사회보다 개인의 가치를 중시하여 사회의 규칙을 어지럽히고 소수의 권리를 지나치게 내세우는 일은 옳지 못하다.

사회 역시 개인이 사회에 그러하듯 사회 역시 중요하며 개인을 담는 모태와 같기 때문이다.

유한은 무한과 마찬가지로 우리에게 중요한 사실들을 시사한다.

유한은 문화적 상대주의, 개인 존중 등의 논리가 극단으로 치달아 가치의 선후관계를 상실할 수 있는 현대의 시대에, 항상 전체와 부분이 일치하지는 않듯이 그 경계를 지켜야 한다는 사실을 유추할 수 있게 하는 개념이기 때문이다.

이것이 바로 '무한과 유한으로 세상보기'가 아닐까?

1.3 실수와 허수-확실성과 불확실성

실수와 허수에 대한 충북과학고등학교 학생들의 글이다. 실수와 허수를 자신의 전공이나 자신의 삶과 관련지어 쓴 글이다.

1. 실수와 허수 – 확실성과 불확실성(양수현)

우리는 살아가면서 많은 것들을 만나게 된다. 그 중에는 그 성질이 뚜렷하여 정의할 수 있으며 쉽게 표현 가능한 것도 있고, 그 존재의 여부조차 불확실하여 애매모호하거나 표현하기 어려운 것들도 있다. 전자의 경우는 수로 따지면 실수와 같은 특성을 지니고, 후자의 경우 허수와 같은 특성을 지니는데, 그런 예들을 우리 주변에서 많이 찾아볼 수 있다.

먼저 물리에서 배우게 되는 물체의 여러 가지 운동을 예로 들어 보자. 역학을 배우다 보면 물체들의 다양한 운동을 볼 수 있다. 물체를 아래에서 던지기도 하고, 위에서 떨어뜨리기도 하며 빗면에 올려놓기도 한다. 처음에 주어지는 힘의 방향에 따라 물체가 연직 방향으로 운동하기도 하고, 포물선 운동을 하기도 한다. 또한 각각의 경우마다 속도, 가속도, 시간, 방향 등 모든 조건과 값들이 달라지며 같은 운동에서도 공기저항이나 마찰과 같은 조건을 고려하는지 고려하지 않는지에 따라 값이 달라진다. 하지만 이런 다양한 운동들은 모두 수식이나 그림 등으로 나타낼 수 있고 예측 가능하다. 그리고 충분한 정보와 값이 주어진다면 그 운동과 관련된 값들을 직접 계산을 해서 구할 수도 있다. 즉 이들은 나타내는 것이 뚜렷하고 측정 가능한 대상들이므로 실수적 특성을 지닌다고 말할 수 있다.

또 다른 예로는 화학에서 볼 수 있는 여러 가지 결합들을 들 수 있다. 금속 결합이나 이온 결합, 공유 결합과 같은 결합들은 비록 매우 작은 원자 단위의 세계에서 다루어지는 것들이기 때문에 맨눈으로 관찰하거나 보기는 힘들지만, 각각의 결합이 어떤 것이고 그 특성이 무엇인지는 정의할 수 있다. 또 어떤 물질이 어떤 결합에 속하는지도 알 수 있다. 따라서 여러 결합들은 그 규모가 매우 작아서 일상생활에서 쉽게 관찰할 수 없을 뿐이지 충분히 명확하고 뚜렷한 대상이다.

그렇다면 허수적인 특성을 가지는 예로는 어떤 것이 있을까? 전자구름, 또는 오비탈이라는 것이 그 예가 될 수 있을 것이다. 화학에서 말하는 원자 모형은 여러 변화를 겪어 왔는데, 돌턴, 톰슨, 러더퍼드, 보어 등이 내놓은 원자 모형을 거쳐 지금 쓰이고 있는 것이 바로 오비탈 모형이다.

오비탈의 정의는 '일정한 에너지의 전자가 원자핵 주위에 존재하는 확률분포 상태'로서, 그 정의에서부터 확률이라는 개념이 들어간다. 즉 오비탈은 말 그대로 전자가 어떤 위치에 존재할 가능성만 나타내 주고, 물리에서처럼 어떤 시간에는 이 물체가 어느 위치에 있을 것이라고 예측해 주지 않는다.

지구과학 시간에 배운 암흑물질이라는 개념도 허수적인 특성을 갖고 있다. 암흑 물질(Dark Matter)이란 전파, 적외선, 가시광선, 자외선, 감마선 등의 전자기파로 관측되지 않고 오직 중력을 통해서만 그 존재를 인식할 수 있는 물질을 말한다. 즉 보이지도 않고 관측할 수도 없으며, 은하의 총질량을 계산할 때 전자기파로 계산한 값이 중력적 효과로 계산한 값보다 작다는 사실로 그 존재를 유추할 수 있을 뿐이다. 이러한 암흑물질의 존재는 현재 정설로 인정되고 있지만 그 구성 입자가 무엇인지는 아직 알려진 바가 없다.

지금까지 살펴보았듯이 우리 주변에는 실수의 성질을 가진 것도 있고, 허수의 성질을 가진 것도 있다. 만일 세상에 실수적인 것만 있다면, 또는 허수적인 것만 있다면 지금과 같은 조화와 균형을 이루지 못할 것이다. 규칙적이고 명료한 것들만 존재한다면 매우 지루하고 기계적인 세상이 될 것이고, 애매모호하고 불확실한 것들만 존재한다면 너무 예측하기 어려운 세상이 될 것이다. 실수와 허수가 모여 복소수라는 하나의 커다란 수를 이루듯이, 우리의 세상에서도 실수적인 것들과 허수적인 것들이 잘 어우러져 조화를 이루었으면 한다.

2. 실수와 허수 – 꿈은 이루어진다(오혜수)

지금 당신이 있는 곳은 맨땅에서 시작되었다. 지금 당신이 보는 컴퓨터는 고철 덩어리 하나부터 시작되었다. 지금 당신의 존재는 '무(無)'에서 시작되었다. 생각해보았는가? 모든 것의 시작을. 아무것도 없는 것부터 누구에 의해서였건 어떤 방법에서였건 만들어냈고, 결론적으로 '유(有)'가 되었다.

'허수' 실수로는 나타낼 수 없는 이차 방정식의 근을 나타내기 위하여 수의 개념을 확장하여 도입한 것. 즉, 필요에 의해 만들어진 것이다. 살기 위해 집을 짓고, 쓰기 위해 물건을 만드는 것처럼 '허수'도 우리가 필요에 의해 만든 것이다. 그런데 왜 부정하는가? 우리가 만든 것을 왜 부정하는가?

허수를 거짓되었다고 말하지 마라. 거짓된 것을 정의하고 거짓된 것을 쓰는 것이 오히려 거짓이 아닌가? 허수는 존재한다. 다만 우리가 표현하지 못하고 볼 수 없는 것뿐이다. 자신의 능력이 부족하다는 이유로 자신이 할 수 없는 것을 부정하지 마라.

지구는 네모나다고 했던 옛날 사람들. 4원소설을 주장했던 아리스토텔레스. 신은 존재하지 않는다고 말하는 사람들. 그들 모두는 더 넓은 것을 볼 수 없었고 알 수 없었기 때문에 좁은 범위에서 살아야했다. 알려고 노력하지 않고 시도하지 않은 그들은 발전을 기대할 수 없었다. 지금 이 말은 거짓을 추종하라 말하는 것이 아니다. 가능성을 믿고 그것을 위해 노력하는 것,

포기 없이 시도하라는 것을 강조하고 싶다.

우리가 살아가면서 존재하지 않는다고 생각하는 것, 할 수 없다고 단정지어버린 것들을 떠올려보자. 허수 i를 제곱하면 -1이 되고, 허수 i를 네제곱하면 1이 되는 것처럼 당신이 포기하고 있던 그 무언가는 여러 번의 시도와 노력이 있다면 결실을 맺을 수 있을 것이다. 물론 허수 i를 제곱해서 -1이 되는 것처럼 실패하고 더 나쁜 결과가 있을 수도 있다. 하지만 그때 포기하지 않는다면 좋은 결과를 얻을 수 있을거라는 사실을 기억하자.

이런 의미에서 난 '허수'를 꿈이라고 말하고 싶다. 확실하지는 않지만 결코 틀리지도 않는 것. 도전과 노력이 있다면 이룰 수 있는 것.

끝으로 나의 허수가 실수가 되는 그날까지, 내 꿈이 현실이 되는 그날까지, 이 말에서 힘을 빌려 노력할 것을 다짐해본다.

"꿈은 이루어진다."

3. 실수와 허수 – 수학의 혼돈 속에서 태초를 찾다(김현우)

우리들은 이 우주라고 부르는 세상, 지구라는 세계에서 살아가고 있다. 그러나, 우리는 우주가 아닌 '수'라는 광범위한 영역 속에서 살고 있는 것일지도 모른다. 우리가 알고 있는 모든 개념들은 수에서 비롯되었다. 우리가 수를 발견했다고도 하고, 발명했다고도 하지만, '수'는 우리가 그의 발자국이라도 발견하도록 무진장 애쓰고 있었을지도 모르는 일이다.

우리가 알고 있는 모든 것은 '수'라는 확장된 개념으로 설명할 수 있다. 단위 부피 당 들어있는 분자 수, 빛의 속도 등 우리가 그 수에 특별히 의미를 부여했을 뿐이지 수의 입장에서 보면 자신의 엄지발가락을 거기에 사는 미생물들끼리 얼굴이라고 부르는 아주 추잡한 꼴이 나타나는 것이다. 그렇다면 과연 존재하는 것은 무엇인가? 그에 대한 답은 수라고밖에 생각할 수 없다. 존재하는 수인 실수는 우리가 충분히 몸으로 느끼고 있으므로 일단 허수를 다루도록 하자. 하지만 우리는 흔히 실수와 허수로 수를 구분한다. 실수, 말 그대로 존재하는 수이다. 반면에 허수는 어떠한가? 존재하지 않는 수라고 흔히들 말한다. 과연 그러할까? 수는 존재한다. 그러나 수 안의 집합인 허수는 존재하지 않는 것은 얼마나 장황한 말인가. 허수가 정말 존재하지 않는다면 우리는 그것을 생각할 수도 없어야 하고 사용할 수도 없어야 한다. 루트 안에 음수가 들어간다? 루트는 어디서 나왔으며 부호는 또 어디서 나왔는가? 모두 우리 한낱 인간의 머리속에서 좀 더 지식을 보편화하고 일반화하기 위해 씌운 포장 비닐일 뿐이다.

우리는 흔히 i라 쓰고 허수라 읽으며 없는 수라 지칭한다. 이 얼마나 현실과 생각이 괴리된 일이며 들어맞지 않는 퍼즐을 맞추는 한심한 짓인가. 우리가 허수라고 명찰을 붙였을 뿐 그 안에 들은 것은 실제로 존재하는 알사탕이요, 우리가 흔히 사탕가게에서 보던 달달한 요깃거

리일 뿐이다. 그에 대해 의문을 제기한다면 당연히 의혹스러울 수밖에 없다. 그렇다면 존재하고 존재하지 않는다는 것은 어떠한가? 누군가는 우리가 생각하므로 존재한다고 말했지만 나는 그의 명치를 찔러 체하게 만드는 날카로운 질문을 하고 싶다. 그 생각이라는 것은 어디서 비롯되는가? 생각이란 것은 수로 이루어진 것들의 상호작용으로 인해 생겨나는 일련 수처리 과정에 불과하다. 생각은 우리가 존재한다는 것을 증명하기에는 턱없이 부족하다. 마치 쌀알 하나로 지구를 가리겠다는 것과 같다.

그 이유는 이렇다. 우리는 존재하지 않는 것이 되어본 적이 없다. 약간 풀어 말하자면, 존재하지 않으면 그에 상응하여 생각 자체를 할 수 없고, 그렇다면 자신이 존재하지 않는지에 대한 자각을 할 수 없다. 이 말은 곧 이렇다. 자각을 할 수 없으니 존재하지 않는 것인지 존재하는지 확인을 할 방법은 존재하지 않는다. 그렇다면 이번엔 자각을 한다고 해보자. 자각을 한다면 그 순간 우리는 존재하는 것이 되어버려 설사 존재하지 않는 것이라고 해도 자각하기 전은 아무도 알 수 없다.

따라서 실수와 허수를 존재의 유무로 따지는 것이 아니라, 우리가 충분히 수학적으로 그 과정을 증명하고 이해했는가의 여부로 따져야 하는 것이 바람직하다고 본다. 한 마디로 정리하자면, 존재한다는 것의 정의 자체가 무의미하며, 우리가 나눈 것은 물을 칼로 반으로 가른 것에 불과하다는 것이다. 흐르는 것을 자를 수 없고 즉시 합쳐지기 마련이다. 생각의 흐름과 수 또한 같다. 수의 흐름을 인간의 사고라는 무딘 칼로 자른다고 해서 이를 반으로 가를 수는 없는 일이란 말이다. 아무리 날이 설대로 선 칼처럼 인간의 사고를 갈고 닦는다 해서 수 또는 존재의 여부를 우리가 결정하지 못한다. 따라서 인간의 모든 것은 무의미하고 그 속에는 본질을 찾기 위한 끝없는 몸부림만이 있을 뿐이다.

4. 실수와 허수 – 실세와 허세(노수현)

실수와 허수, 짧게 정의를 쓴다면 실수는 실제로 존재하는 수, 허수는 실제로 존재하지 않는 수라고 할 수 있다. 자 이제 실수와 허수의 개념을 사회에 한 번 접목시켜보자. 실수, 허수와 비슷한 개념에는 실세와 허세가 있다. 그렇다면 실세와 허세는 무슨 뜻일까? 실세는 실제의 세력이나 기운, 또는 그것을 지닌 사람이고 허세는 실속이 없어 겉으로만 드러나 보이는 기세이다. 이렇게 정의를 놓고 보니까 정말 어딘가 많이 비슷하다. 그렇다면 실세와 허세는 실수, 허수와 어떻게 어떠한 방식으로 비슷한 것일까? 한 번 탐구해 보자.

실세는 없어서는 안 된다. 실세가 없다면 사회를 이끌어 나갈 사람이 없기 때문에 어정쩡한 사회가 되어 이러지도 저러지도 못하는 그러한 지경이 될 것이다. 그렇다면 보나마나 그러한 사회는 금방 무너지게 될 것이다. 그렇다고 실세만 있어서도 안 된다. 실세만 있다면 실세끼리의 세력 다툼으로 인하여 사회가 불안정하게 되어 결국에 그러한 사회는 패망의 길을 걷게 될 것이 뻔하다. 그렇다면 이러한 실세와 반대되는 개념인 허세는 어떠할까? 허세 또한 없어서는 안 된다. 허세가 없다면 실세 혹은 실세도 허세도 아닌 사람들만 존재하게 된다. 그리고 실세도 허세도 아닌 사람들은 힘이 없기 때문에 실세들이 하는 대로 휘둘릴 것이므로 없다고 봐도 무방하다. 따라서 이렇게 되면 실세들만 존재하는 꼴과 같아지므로 이러한 사회 또한 패망의 길을 걷게 될 것이다. 그렇다고 해서 허세만 있어서도 안 된다. 허세만 존재하고 실세, 즉 진정한 세력이 없다면 그러한 사회는 가짜들이 판을 치는 사회가 될 것이다. 가짜들이 판을 치는 사회, 즉 가짜 사회가 되어 버릴 것이고 그러한 가짜 사회는 실세만 존재하는 사회보다 더 안 좋은 결과를 낳을 수도 있다.

그렇다면 이러한 분석들로써 결론을 내릴 수 있다. 한마디로 실제 사회에서는 실세만 존재해서도 안 되고, 실세가 없어서도 안 되고, 허세만 있어서도 안 되고 허세가 없어서도 안 된다. 따라서 실제 사회에서는 실세와 허세가 적절하게 균형 있게 존재해야 한다는 것이다. 그리고 또한 실세와 허세는 적절한 조화를 이루며 존재해야 한다. 그렇다면 이러한 실세와 허세의 적절한 균형과 조화를 갖춘 사회야 말로 진정한 의미의 이상적인 사회가 아닐까?

5. 실수와 허수 – 마음의 정의(임가을)

실수(real number)란 유리수와 무리수 전체를 총칭하여 확장한 수이다. 실수라는 단어자체로도 알겠지만 실수는 실제로 존재하는 수이다. 그에 반해 허수란 실수가 아닌 복소수로, 실수부분이 0인 복소수를 순허수라고 하는데 순허수를 제곱하면 음수가 된다. 즉 허수는 실근을 가지지 않는 이차방정식의 해를 만들기 위해 인위적으로 만든 수로 실제로는 존재하지 않는 수이다.

그렇다면 마음이란 무엇일까? 마음은 인간의 정신활동이지만 정신에 비해 훨씬 개인적이고 주관적인 뜻으로 쓰이는 경우가 많다. 마음은 존재하고 있는 것일까? 나는 생각하며 나의 마음을 느낄 수 있다. 하지만 아무리 가까운 가족, 친구일지라도 그들은 나의 마음을 알 수 없다. 내가 슬퍼하는지, 기뻐하는지 표정변화로 읽어내며 심지어는 정말로 마음이 들어있는지 확정지을 수 없을 것이다. 하지만 마음을 허수라고는 할 수 없다. 사람들은 때때로 말로 편지로 그리고 말을 하지 못하는 사람들은 수화로 자신의 마음을 전달한다. 알다가도 모르는 것이 사람이듯 그 사람의 마음 또한 실수일 수도 허수일 수도 우리는 결정짓지 못하는 것이 아닐까? 어쩌면 사람이 착함과 악함의 양면성을 가지고 있듯 마음 또한 허수와 실수가 균형 잡히게 있는 것일지도 모르겠다.

마음속에 자리 잡고 있는 용기 또한 씩씩하고 굳센 기운 또는 사물을 겁내지 아니하는 기개를 뜻한다. 사람들이 '나는 용기를 가지고 있어요'하고 써 붙이고 다닐 일이 없으므로 그 사람이 용기가 있는 사람인지 아닌지 알 수도 없고 볼 수도 없다. 그러면 용기는 허수인 것일까? 하지만 강아지가 차도에 서있거나 어두운 산 속에서 길을 잃었을 때 같은 긴급하고 어려운 상황이 닥친다면 용기 있는 사람이라면 자신의 용기를 발휘한다.

이때 우리는 이 사람을 보고 '아~저 사람은 용기 있는 사람이구나'하고 판단한다. 용기가 보이지 않는 것이라면 우리는 이런 판단을 어떻게 할 수 있는 것일까? 보인다면 용기란 어떤 모습일까? 우리들은 사람의 마음도 용기도 정확하게 확인 할 수 없다. 하지만 우리가 허수와 실수의 중간인 세상에 살고 있기 때문에 서로를 알아가고 발전하는 새로운 모습을 보여줄 수 있는 것이 아닐까?

6. 실수와 허수 – 당신은 내가 보이는가(조동희)

우리가 세상을 살아가다보면 존재가 의심되는 존재가 있다. '이것이 정말 존재하는가?' '이걸 꼭 있다고 해야 하는 건가?' '이게 없다고 생각하면 도무지 이해가 되지 않는데?' '그런데 보이지가 않잖아?' 나 또한 과학도로서 과학에 대해 배우다보니 이런 궁금증을 유발하는 존재들을 맞닥뜨리게 되어 한 번 끄적여 보려고 한다.

이 세상에는 다양한 에너지가 존재한다. 높이를 가진 물체가 가진 위치에너지, 운동하는 물체가 가진 운동에너지, 빛이 갖고 있는 빛에너지, 열을 내는 물체가 가진 열에너지 등 많은 에너지가 있다. 이러한 에너지들은 실제로 존재하고 있어 다양한 자연 현상을 일으킨다. 그러므로 이 에너지들은 모두 실수라고 볼 수 있다.

그러나 우주로 가보면 알 수 없는 현상이 많이 일어나고 있다. 물리적인 계산에 따르면 공전 반지름이 클수록 그 속도가 느려진다. 이는 태양계에선 잘 적용된다. 그러나 은하 단위로 나가보면 반지름이 크다고 해서 속도가 느리지 않다. 이는 질량이 은하의 중심에 모여 있지 않고 분산되어 있기 때문이라고 해석할 수 있는데 그 곳에는 어떤 물질도 에너지도 보이지 않는다. 그래서 천문학에서는 이를 암흑물질, 암흑에너지라고 부른다. 이렇듯이 보이지 않으면서도 영향을 주는 암흑물질과 암흑에너지는 허수와 같은 존재가 아닐까?

또, 우주는 빅뱅에 의해 탄생했다고들 말한다. 빅뱅 이론에 따르면 우주는 무에서 유가 창조된 것이다. 진공이 아니라 정말 아무 것도 없는 공간에서 갑자기 우주라는 것이 생겨난 것이다. 이것이 정말 가능할까? 생각해보니 우주보다 더 큰 존재나 또 다른 우주를 상상할 수밖에 없었다. 그러나 이런 것들은 보이지도 않고 관측을 통한 확인조차 되지 않는다. 나는 이러한 고차원 우주, 막우주들을 허수라고 부르고 싶다.

아인슈타인의 일반 상대성 이론에 따르면 중력 즉, 질량을 가진 물체에 의해 시공간이 휘어지고 빛의 경로도 휘어지게 된다. 물론 우리 눈에는 시공간이라는 것이 보이지 않아 휘어지는 것 또한 볼 수 없다. 그러나 천문학자들은 관측을 통해 중력렌즈 효과를 볼 수 있었다. 즉, 빛이 휘어지는 현상이 발견된 것이다. 마치 허수단위 i를 제곱하면 실수인 -1이 되듯이 보이지 않는 중력이 시공간에 영향을 미쳐 우리 눈에 보이는 빛이 휘도록 한 것이다. 다시 말해서 보이지 않는 것이 보이는 것에 영향을 미친 것이다. 그래서 중력에 의한 시공간의 휘어짐을 허수와 같은 것이라고 생각한다.

이 밖에도 자연과 우주의 대부분이 허수다. 눈에 보이지는 않지만 우리의 생활과 묘한 관련이 있다. 앞으로 이런 허수와 같은 존재들을 염두에 두고 살다보면 좀 더 바람직하고 향상된 삶을 살 수 있지 않을까?

1.4 이진수의 예술

이진법의 비트 연산을 이용하여 미술 작품을 만드는 활동을 한다. 이진법의 비트 연산을 이해하고, 비트 연산을 이용하여 미술 작품을 만들어 보자.

1. 이진수의 비트 연산

(1) And 연산자

① And 연산자는 비트 단위로 연산하며 대응하는 두 비트가 모두 1일 때만 1이다.

② And 연산자는 비트 단위로 연산하며 대응하는 두 비트가 하나라도 1이 아니면 0이다.

	1011
And	0101
	0001

	1011
And	0101
	0001

③ 논리곱을 생각하면 편리하다. T를 1로, F를 0으로 생각한다.

$T \wedge T = T$, $T \wedge F = F$, $F \wedge T = F$, $F \wedge F = F$

(2) 엑셀의 기초 작업 [엑셀 2010 기준]

① 메뉴의 [파일] [옵션]을 선택한다.

② 리본 사용자 지정을 선택한다.

③ 개발도구를 선택한다.

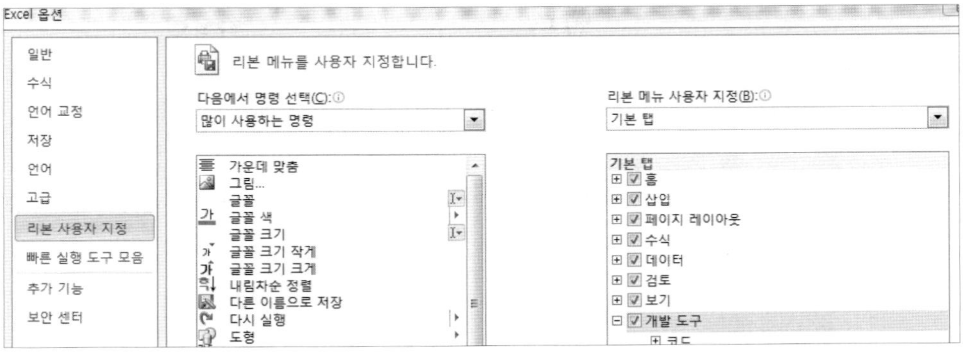

④ 엑셀 메뉴의 [개발도구] 메뉴가 생긴다.

홈	삽입	페이지레이아웃	수식	데이터	검토	보기	개발도구	추가기능

⑤ 개발도구를 선택한 후 Visual Basic을 선택한다.

⑥ [삽입] [모듈]에 아래와 같이 입력한다.

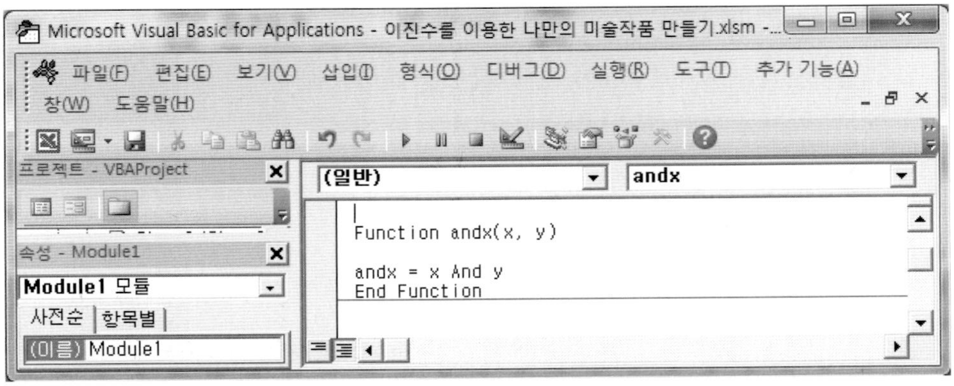

⑦ 엑셀에서는 이진수의 비트연산을 위해서 Visual Basic에서 함수로 주어진다. 워크시트의 함수는 주어지지 않으므로 사용자 정의 함수 Andx를 이용하여 만들었다.

⑧ 엑셀 2013에서는 bitand( )함수를 지원한다.

2. 엑셀에서 이진수의 비트연산

(1) 시어핀스키 삼각형

① 2행에 0부터 100까지 자연수를 입력한다.

② A열에 0부터 100까지 자연수를 입력한다.

③ B3셀에는 '=andx(B$2,$A3)'가 입력되어 있다.

④ 시어핀스키 삼각형이 나타난다.

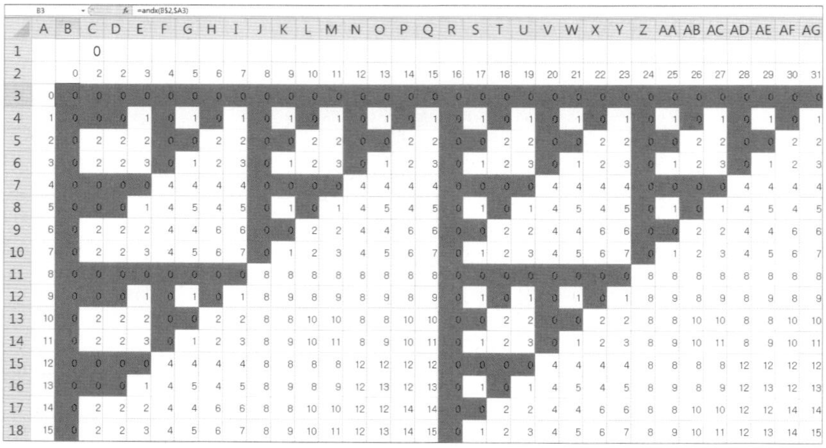

B3 =andx(B$2,$A3)

	A	B	C	D	E	F	G	H	I	J	K	L	M	N	O	P	Q	R	S	T	U	V	W	X	Y	Z	AA	AB	AC	AD	AE	AF	AG
1			0																														
2		0	2	2	3	4	5	6	7	8	9	10	11	12	13	14	15	16	17	18	19	20	21	22	23	24	25	26	27	28	29	30	31
3	0	0	0	0	0	0	0	0	0	0	0	0	0	0	0	0	0	0	0	0	0	0	0	0	0	0	0	0	0	0	0	0	0
4	1	0	0	0	1	0	1	0	1	0	1	0	1	0	1	0	1	0	1	0	1	0	1	0	1	0	1	0	1	0	1	0	1
5	2	0	2	2	2	0	0	2	2	0	0	2	2	0	0	2	2	0	0	2	2	0	0	2	2	0	0	2	2	0	0	2	2
6	3	0	2	2	3	0	1	2	3	0	1	2	3	0	1	2	3	0	1	2	3	0	1	2	3	0	1	2	3	0	1	2	3
7	4	0	0	0	0	4	4	4	4	0	0	0	0	4	4	4	4	0	0	0	0	4	4	4	4	0	0	0	0	4	4	4	4
8	5	0	0	0	1	4	5	4	5	0	1	0	1	4	5	4	5	0	1	0	1	4	5	4	5	0	1	0	1	4	5	4	5
9	6	0	2	2	2	4	4	6	6	0	0	2	2	4	4	6	6	0	0	2	2	4	4	6	6	0	0	2	2	4	4	6	6
10	7	0	2	2	3	4	5	6	7	0	1	2	3	4	5	6	7	0	1	2	3	4	5	6	7	0	1	2	3	4	5	6	7
11	8	0	0	0	0	0	0	0	0	8	8	8	8	8	8	8	8	0	0	0	0	0	0	0	0	8	8	8	8	8	8	8	8
12	9	0	0	0	1	0	1	0	1	8	9	8	9	8	9	8	9	0	1	0	1	0	1	0	1	8	9	8	9	8	9	8	9
13	10	0	2	2	2	0	0	2	2	8	8	10	10	8	8	10	10	0	0	2	2	0	0	2	2	8	8	10	10	8	8	10	10
14	11	0	2	2	3	0	1	2	3	8	9	10	11	8	9	10	11	0	1	2	3	0	1	2	3	8	9	10	11	8	9	10	11
15	12	0	0	0	0	4	4	4	4	8	8	8	8	12	12	12	12	0	0	0	0	4	4	4	4	8	8	8	8	12	12	12	12
16	13	0	0	0	1	4	5	4	5	8	9	8	9	12	13	12	13	0	1	0	1	4	5	4	5	8	9	8	9	12	13	12	13
17	14	0	2	2	2	4	4	6	6	8	8	10	10	12	12	14	14	0	0	2	2	4	4	6	6	8	8	10	10	12	12	14	14
18	15	0	2	2	3	4	5	6	7	8	9	10	11	12	13	14	15	0	1	2	3	4	5	6	7	8	9	10	11	12	13	14	15

(2) 0값 안보이기

① 0의 값을 안보이게 하기 위해서는 [파일] [옵션] [고급] [이 워크시트의 표시 옵션]에서 0값이 있는 셀에 0표시 체크를 없앤다.

② 조건부서식을 이용하여 0에 해당하는 셀에 색을 채운다.

③ 0값의 체크를 없앤 결과이다.

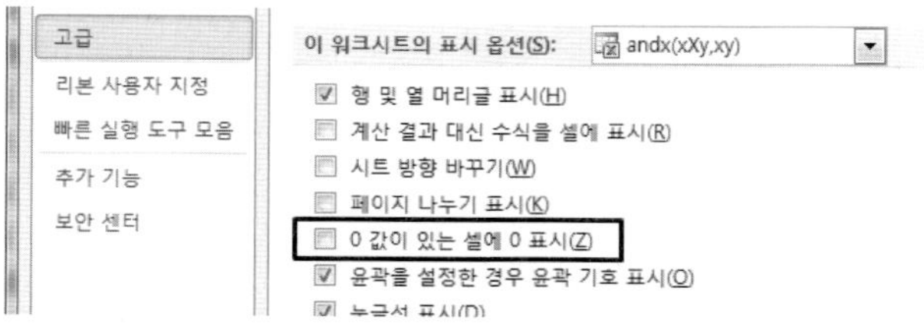

(3) B3 : =IF(andx(AB$2*$A13,AB$2/$A$3)=0,0,"")에서 0에 색칠하였다.

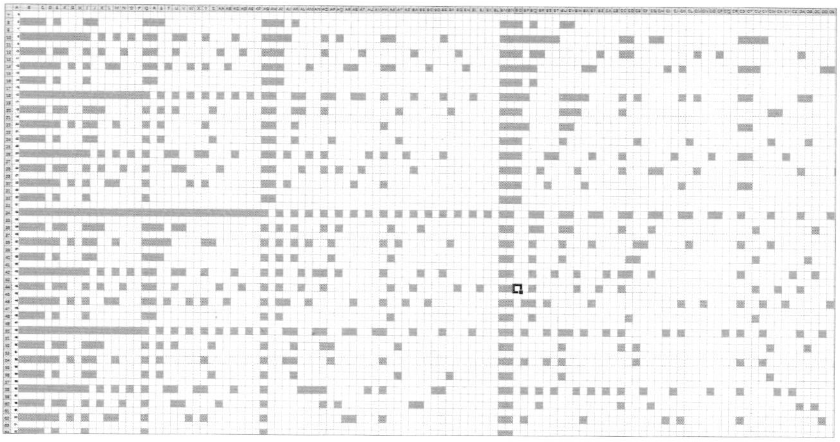

(4) B3 : =IF(andx(B$2+$A3,ABS(INT(SQRT($A3))-SQRT(B$2)))=0,0,"")에서 0에 색칠하였다.

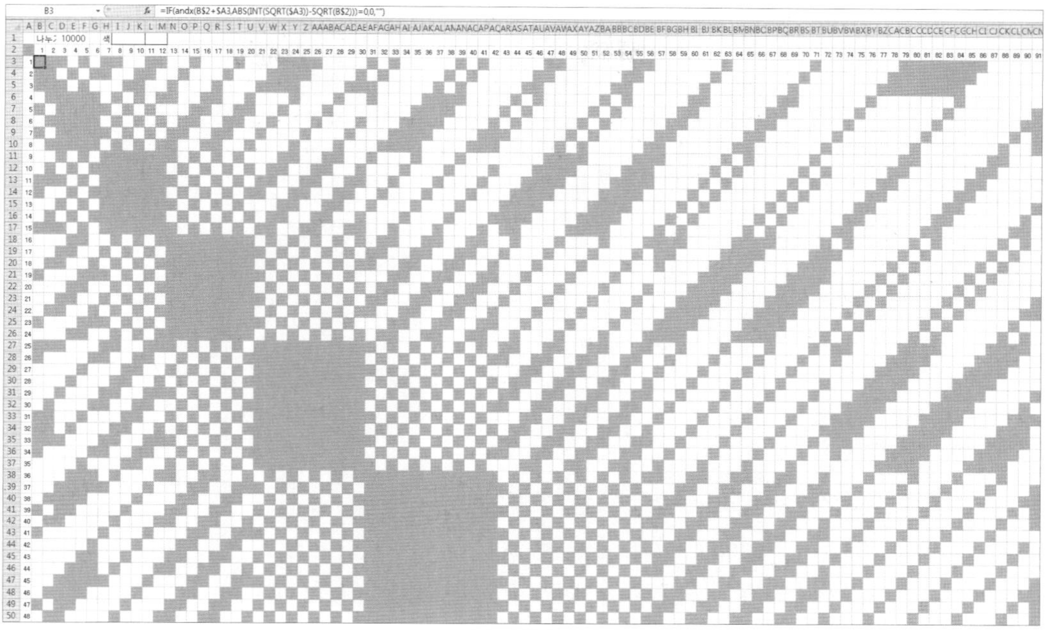

(5) B3 : =andx($A3^2+B$2,$A3/B$2)에서 0에 색칠하였다.

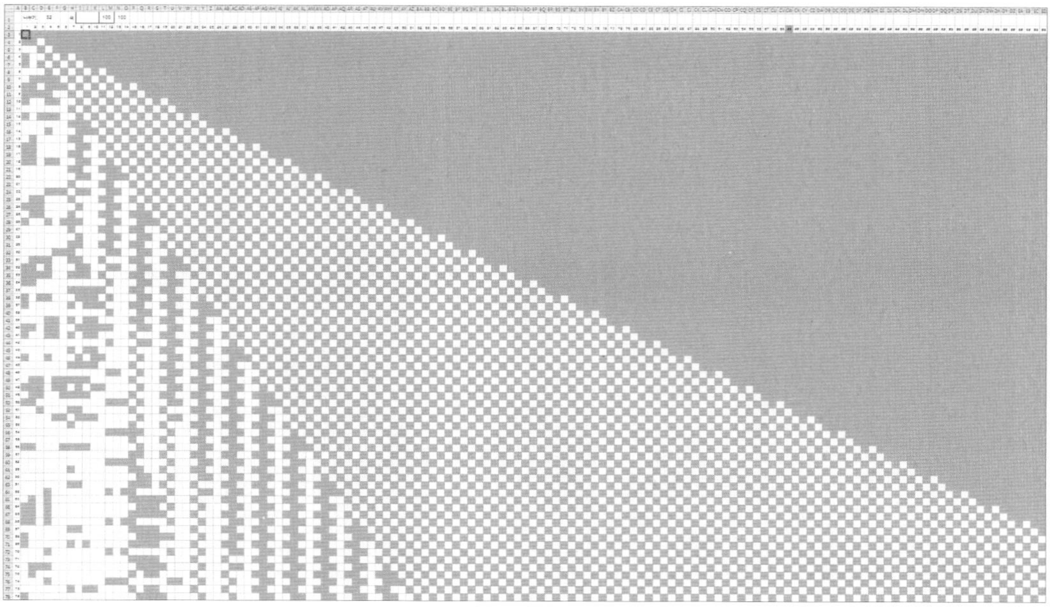

(6) B3 : =andx($A3-B$2/$A3*B$2,1.9)의 값이 0에 색칠하였다.

(7) B3 : =andx($A3^2+B$2^2,$D$1)에서 0에 색칠하였다.

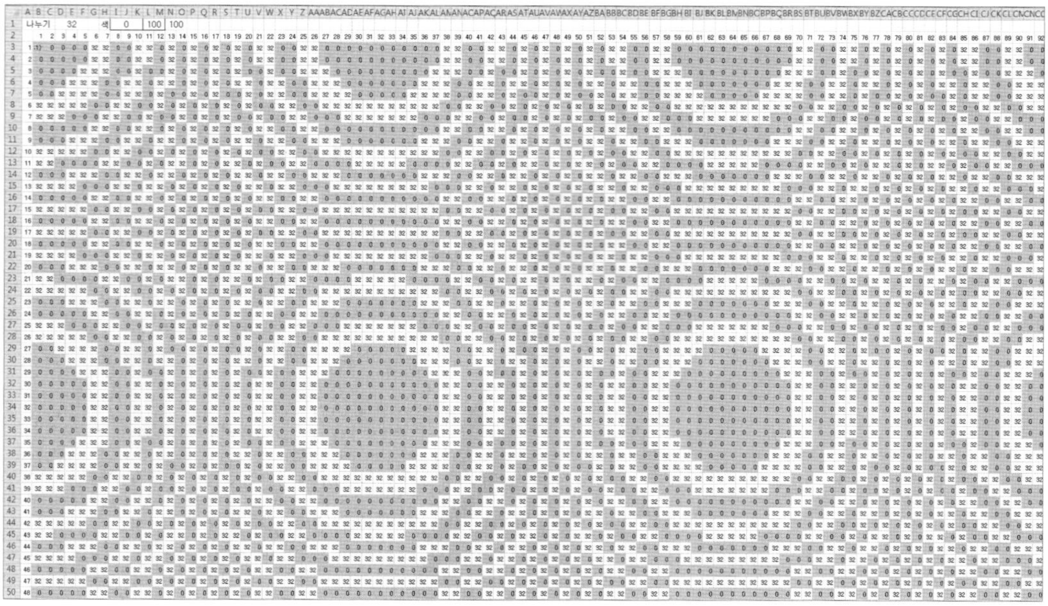

1.5 수의 합에서 나타나는 프랙탈의 생성원

행렬의 모양에서 패턴을 찾아 프랙탈을 생성하는 규칙을 찾아보자. 프랙탈이 무엇인지 생각해 보자. 셀 2개의 합에서 2, 3, 5로 나누었을 때의 규칙과 셀 3개의 합에서 3, 5, 9로 나누었을 때의 규칙을 찾아보자.

1. 셀 2개의 합

(1) 2로 나누었을 때

① B3 셀은 B2+A3를 구한 후 2로 나눈 나머지를 구한다.

	A	B	C	D	E	F	G	H
1	2							
2	1	1	1	1	1	1	1	1
3	1	0	1	0	1	0	1	0
4	1	1	0	0	1	1	0	0
5	1	0	0	0	1	0	0	0
6	1	1	1	1	0	0	0	0
7	1	0	1	0	0	0	0	0
8	1	1	0	0	0	0	0	0
9	1	0	0	0	0	0	0	0

	A	B	C
1	2		
2	1	1	1
3	1	=MOD(A3+B2,$A$1)	=MOD(B3+C2,$A$1)
4	1	=MOD(A4+B3,$A$1)	=MOD(B4+C3,$A$1)
5	1	=MOD(A5+B4,$A$1)	=MOD(B5+C4,$A$1)
6	1	=MOD(A6+B5,$A$1)	=MOD(B6+C5,$A$1)
7	1	=MOD(A7+B6,$A$1)	=MOD(B7+C6,$A$1)
8	1	=MOD(A8+B7,$A$1)	=MOD(B8+C7,$A$1)
9	1	=MOD(A9+B8,$A$1)	=MOD(B9+C8,$A$1)

② 1단계 도형

1	1
1	0

③ 2단계 도형

1	1	1	1
1	0	1	0
1	1	0	0
1	0	0	0

④ 1단계와 2단계를 같은 크기로 비교해 보자.

1	1
1	0

1	1	1	1
1	0	1	0
1	1	0	0
1	0	0	0

⑦ 0과 1의 생성원이 되는 것을 알 수 있다.	
0 → [0 0 / 0 0]	1 → [1 1 / 1 0]

0 →

0	0
0	0

1 →

1	1
1	0

(2) 3으로 나누었을 때

① 3으로 나누었을 때의 나머지는 0, 1, 2이다

	A	B	C	D	E	F	G	H	I	J	K	L	M	N	O	P	Q
1	3																
2	1	1	1	1	1	1	1	1	1	1	1	1	1	1	1	1	1
3	1	2	0	1	2	0	1	2	0	1	2	0	1	2	0	1	2
4	1	0	0	1	0	0	1	0	0	1	0	0	1	0	0	1	0
5	1	1	1	2	2	2	0	0	0	1	1	1	2	2	2	0	0
6	1	2	0	2	1	0	0	0	0	1	2	0	2	1	0	0	0
7	1	0	0	2	0	0	0	0	0	1	0	0	2	0	0	0	0
8	1	1	1	0	0	0	0	0	0	1	1	1	0	0	0	0	0
9	1	2	0	0	0	0	0	0	0	1	2	0	0	0	0	0	0
10	1	0	0	0	0	0	0	0	0	1	0	0	0	0	0	0	0
11	1	1	1	1	1	1	1	1	1	2	2	2	2	2	2	2	2
12	1	2	0	1	2	0	1	2	0	2	1	0	2	1	0	2	1
13	1	0	0	1	0	0	1	0	0	2	0	0	2	0	0	2	0
14	1	1	1	2	2	2	0	0	0	2	2	2	1	1	1	0	0
15	1	2	0	2	1	0	0	0	0	2	1	0	1	2	0	0	0
16	1	0	0	2	0	0	0	0	0	2	0	0	1	0	0	0	0
17	1	1	1	0	0	0	0	0	0	2	2	2	0	0	0	0	0
18	1	2	0	0	0	0	0	0	0	2	1	0	0	0	0	0	0

② 생성원을 살펴보자.

0 →

0	0	0
0	0	0
0	0	0

1 →

1	1	1
1	2	0
1	0	0

2 →

2	2	2
2	1	0
2	0	0

③ 1단계의 도형이다.

1	1	1
1	2	0
1	0	0

④ 생성원을 이용하여 2단계의 도형을 만들어 보자

	A	B	C	D	E	F	G	H	I
1	3								
2	1	1	1	1	1	1	1	1	1
3	1	2	0	1	2	0	1	2	0
4	1	0	0	1	0	0	1	0	0
5	1	1	1	2	2	2	0	0	0
6	1	2	0	2	1	0	0	0	0
7	1	0	0	2	0	0	0	0	0
8	1	1	1	0	0	0	0	0	0
9	1	2	0	0	0	0	0	0	0
10	1	0	0	0	0	0	0	0	0

(3) 5로 나누었을 때

① 5로 나누었을 때의 나머지는 0, 1, 2, 3, 4이다.

② 생성원 0, 1, 2, 3, 4를 살펴보자.

1	1	1	1	1	1	1	1	1	1	1	1	1	1	1	1	1	1	1	1	1	1	1	1	1
1	2	3	4	0	1	2	3	4	0	1	2	3	4	0	1	2	3	4	0	1	2	3	4	0
1	3	1	0	0	1	3	1	0	0	1	3	1	0	0	1	3	1	0	0	1	3	1	0	0
1	4	0	0	0	1	4	0	0	0	1	4	0	0	0	1	4	0	0	0	1	4	0	0	0
1	0	0	0	0	1	0	0	0	0	1	0	0	0	0	1	0	0	0	0	1	0	0	0	0
1	1	1	1	1	2	2	2	2	2	3	3	3	3	3	4	4	4	4	4	0	0	0	0	0
1	2	3	4	0	2	4	1	3	0	3	1	4	2	0	4	3	2	1	0	0	0	0	0	0
1	3	1	0	0	2	1	2	0	0	3	4	3	0	0	4	2	4	0	0	0	0	0	0	0
1	4	0	0	0	2	3	0	0	0	3	2	0	0	0	4	1	0	0	0	0	0	0	0	0
1	0	0	0	0	2	0	0	0	0	3	0	0	0	0	4	0	0	0	0	0	0	0	0	0
1	1	1	1	1	3	3	3	3	3	1	1	1	1	1	0	0	0	0	0	0	0	0	0	0
1	2	3	4	0	3	1	4	2	0	1	2	3	4	0	0	0	0	0	0	0	0	0	0	0
1	3	1	0	0	3	4	3	0	0	1	3	1	0	0	0	0	0	0	0	0	0	0	0	0
1	4	0	0	0	3	2	0	0	0	1	4	0	0	0	0	0	0	0	0	0	0	0	0	0
1	0	0	0	0	3	0	0	0	0	1	0	0	0	0	0	0	0	0	0	0	0	0	0	0
1	1	1	1	1	4	4	4	4	4	0	0	0	0	0	0	0	0	0	0	0	0	0	0	0
1	2	3	4	0	4	3	2	1	0	0	0	0	0	0	0	0	0	0	0	0	0	0	0	0
1	3	1	0	0	4	2	4	0	0	0	0	0	0	0	0	0	0	0	0	0	0	0	0	0
1	4	0	0	0	4	1	0	0	0	0	0	0	0	0	0	0	0	0	0	0	0	0	0	0
1	0	0	0	0	4	0	0	0	0	0	0	0	0	0	0	0	0	0	0	0	0	0	0	0
1	1	1	1	1	0	0	0	0	0	0	0	0	0	0	0	0	0	0	0	0	0	0	0	0
1	2	3	4	0	0	0	0	0	0	0	0	0	0	0	0	0	0	0	0	0	0	0	0	0
1	3	1	0	0	0	0	0	0	0	0	0	0	0	0	0	0	0	0	0	0	0	0	0	0
1	4	0	0	0	0	0	0	0	0	0	0	0	0	0	0	0	0	0	0	0	0	0	0	0
1	0	0	0	0	0	0	0	0	0	0	0	0	0	0	0	0	0	0	0	0	0	0	0	0

0 →

0	0	0	0	0
0	0	0	0	0
0	0	0	0	0
0	0	0	0	0
0	0	0	0	0

1 →

1	1	1	1	1
1	3	0	2	4
1	0	3	0	1
1	2	0	3	4
1	4	1	4	1

2 →

2	2	2	2	2
2	1	0	4	3
2	0	1	0	2
2	4	0	1	3
2	3	2	3	2

3 →

3	3	3	3	3
3	4	0	1	2
3	0	4	0	3
3	1	0	4	2
3	2	3	2	3

4 →

4	4	4	4	4
4	2	0	3	1
4	0	2	0	4
4	3	0	2	1
4	1	4	1	4

③ 1단계의 도형이다. 1단계의 도형을 이용하여 2단계의 도형을 만들면 ②도형이 된다.

1	1	1	1	1
1	2	3	4	0
1	3	1	0	0
1	4	0	0	0
1	0	0	0	0

2. 셀 3개의 합

(1) 3으로 나누었을 때

① 3으로 나누었을 때, 나머지는 0, 1, 2이다.

1	1	1	1	1	1	1	1	1	1	1	1	1	1	1	1	1	1	1	1	1	1	1	1	1	1	1
1	0	2	1	0	2	1	0	2	1	0	2	1	0	2	1	0	2	1	0	2	1	0	2	1	0	2
1	2	1	1	2	1	1	2	1	1	2	1	1	2	1	1	2	1	1	2	1	1	2	1	1	2	1
1	1	1	0	0	0	2	2	2	1	1	1	0	0	0	2	2	2	1	1	1	0	0	0	2	2	2
1	0	2	0	0	0	2	0	1	1	0	2	0	0	0	2	0	1	1	0	2	0	0	0	2	0	1
1	2	1	0	0	0	2	1	2	1	2	1	0	0	0	2	1	2	1	2	1	0	0	0	2	1	2
1	1	1	2	2	2	1	1	1	1	1	1	2	2	2	1	1	1	1	1	1	2	2	2	1	1	1
1	0	2	2	0	1	1	0	2	1	0	2	2	0	1	1	0	2	1	0	2	2	0	1	1	0	2
1	2	1	2	1	2	1	2	1	1	2	1	2	1	2	1	2	1	1	2	1	2	1	2	1	2	1
1	1	1	1	1	1	1	1	1	0	0	0	0	0	0	0	0	0	2	2	2	2	2	2	2	2	2
1	0	2	1	0	2	1	0	2	0	0	0	0	0	0	0	0	0	2	0	1	2	0	1	2	0	1
1	2	1	1	2	1	1	2	1	0	0	0	0	0	0	0	0	0	2	1	2	2	1	2	2	1	2
1	1	1	0	0	0	2	2	2	0	0	0	0	0	0	0	0	0	2	2	2	0	0	0	1	1	1
1	0	2	0	0	0	2	0	1	0	0	0	0	0	0	0	0	0	2	0	1	0	0	0	1	0	2
1	2	1	0	0	0	2	1	2	0	0	0	0	0	0	0	0	0	2	1	2	0	0	0	1	2	1
1	1	1	2	2	2	1	1	1	0	0	0	0	0	0	0	0	0	2	2	2	1	1	1	2	2	2
1	0	2	2	0	1	1	0	2	0	0	0	0	0	0	0	0	0	2	0	1	1	0	2	2	0	1
1	2	1	2	1	2	1	2	1	0	0	0	0	0	0	0	0	0	2	1	2	1	2	1	2	1	2
1	1	1	1	1	1	1	1	1	2	2	2	2	2	2	2	2	2	1	1	1	1	1	1	1	1	1
1	0	2	1	0	2	1	0	2	2	0	1	2	0	1	2	0	1	1	0	2	1	0	2	1	0	2
1	2	1	1	2	1	1	2	1	2	1	2	2	1	2	2	1	2	1	2	1	1	2	1	1	2	1
1	1	1	0	0	0	2	2	2	2	2	2	0	0	0	1	1	1	1	1	1	0	0	0	2	2	2
1	0	2	0	0	0	2	0	1	2	0	1	0	0	0	1	0	2	1	0	2	0	0	0	2	0	1
1	2	1	0	0	0	2	1	2	2	1	2	0	0	0	1	2	1	1	2	1	0	0	0	2	1	2
1	1	1	2	2	2	1	1	1	2	2	2	1	1	1	2	2	2	1	1	1	2	2	2	1	1	1
1	0	2	2	0	1	1	0	2	2	0	1	1	0	2	2	0	1	1	0	2	2	0	1	1	0	2
1	2	1	2	1	2	1	2	1	2	1	2	1	2	1	2	1	2	1	2	1	2	1	2	1	2	1

② 생성원을 살펴보자.

0 →

0	0	0
0	0	0
0	0	0

1 →

1	1	1
1	0	2
1	2	1

2 →

2	2	2
2	0	1
1	2	1

③ 1단계의 도형이다. 생성원 0, 1, 2를 대입하면 ①의 도형이 된다.

1	1	1
1	0	2
1	2	1

(2) 5로 나누었을 때

① 5로 나누었을 때의 나머지는 0, 1, 2, 3, 4이다.

1	1	1	1	1	1	1	1	1	1	1	1	1	1	1	1	1	1	1	1	1	1	1	1	1
1	3	0	2	4	1	3	0	2	4	1	3	0	2	4	1	3	0	2	4	1	3	0	2	4
1	0	3	0	1	1	0	3	0	1	1	0	3	0	1	1	0	3	0	1	1	0	3	0	1
1	2	0	3	4	1	2	0	3	4	1	2	0	3	4	1	2	0	3	4	1	2	0	3	4
1	4	1	4	1	1	4	1	4	1	1	4	1	4	1	1	4	1	4	1	1	4	1	4	1
1	1	1	1	1	3	3	3	3	3	0	0	0	0	0	2	2	2	2	2	4	4	4	4	4
1	3	0	2	4	3	4	0	1	2	0	0	0	0	0	2	1	0	4	3	4	2	0	3	1
1	0	3	0	1	3	0	4	0	3	0	0	0	0	0	2	0	1	0	2	4	0	2	0	4
1	2	0	3	4	3	1	0	4	2	0	0	0	0	0	2	4	0	1	3	4	3	0	2	1
1	4	1	4	1	3	2	3	2	3	0	0	0	0	0	2	3	2	3	2	4	1	4	1	4
1	1	1	1	1	0	0	0	0	0	3	3	3	3	3	0	0	0	0	0	1	1	1	1	1
1	3	0	2	4	0	0	0	0	0	3	4	0	1	2	0	0	0	0	0	1	3	0	2	4
1	0	3	0	1	0	0	0	0	0	3	0	4	0	3	0	0	0	0	0	1	0	3	0	1
1	2	0	3	4	0	0	0	0	0	3	1	0	4	2	0	0	0	0	0	1	2	0	3	4
1	4	1	4	1	0	0	0	0	0	3	2	3	2	3	0	0	0	0	0	1	4	1	4	1
1	1	1	1	1	2	2	2	2	2	0	0	0	0	0	3	3	3	3	3	4	4	4	4	4
1	3	0	2	4	2	1	0	4	3	0	0	0	0	0	3	4	0	1	2	4	2	0	3	1
1	0	3	0	1	2	0	1	0	2	0	0	0	0	0	3	0	4	0	3	4	0	2	0	4
1	2	0	3	4	2	4	0	1	3	0	0	0	0	0	3	1	0	4	2	4	3	0	2	1
1	4	1	4	1	2	3	2	3	2	0	0	0	0	0	3	2	3	2	3	4	1	4	1	4
1	1	1	1	1	4	4	4	4	4	1	1	1	1	1	4	4	4	4	4	1	1	1	1	1
1	3	0	2	4	4	2	0	3	1	1	3	0	2	4	4	2	0	3	1	1	3	0	2	4
1	0	3	0	1	4	0	2	0	4	1	0	3	0	1	4	0	2	0	4	1	0	3	0	1
1	2	0	3	4	4	3	0	2	1	1	2	0	3	4	4	3	0	2	1	1	2	0	3	4
1	4	1	4	1	4	1	4	1	4	1	4	1	4	1	4	1	4	1	4	1	4	1	4	1

② 생성원 0, 1, 2, 3, 4를 살펴보자.

0 →

0	0	0	0	0
0	0	0	0	0
0	0	0	0	0
0	0	0	0	0
0	0	0	0	0

1 →

1	1	1	1	1
1	3	0	2	4
1	0	3	0	1
1	2	0	3	4
1	4	1	4	1

2 →

2	2	2	2	2
2	1	0	4	3
2	0	1	0	2
2	4	0	1	3
2	3	2	3	2

3 →

3	3	3	3	3
3	4	0	1	2
3	0	4	0	3
3	1	0	4	2
3	2	3	2	3

4 →

4	4	4	4	4
4	2	0	3	1
4	0	2	0	4
4	3	0	2	1
4	1	4	1	4

③ 1단계의 도형이다. 생성원 0, 1, 2, 3, 4를 대입하면 ①의 도형이 된다.

1	1	1	1	1
1	3	0	2	4
1	0	3	0	1
1	2	0	3	4
1	4	1	4	1

3. 셀 3개의 합을 9로 나누었을 때

(1) 9로 나누었을 때의 일부분이다.

① 나머지는 0에서 9까지 나타난다. 9개의 생성원으로 표현되지 않는다.

1	1	1	1	1	1	1	1	1	1	1	1	1	1	1	1	1	1	1	1	1	1	1	1	1	1	1	1	1	1	1	1	1	1	1	1
1	3	5	7	0	2	4	6	8	1	3	5	7	0	2	4	6	8	1	3	5	7	0	2	4	6	8	1	3	5	7	0	2	4	6	8
1	5	4	7	5	7	4	5	1	1	5	4	7	5	7	4	5	1	1	5	4	7	5	7	4	5	1	1	5	4	7	5	7	4	5	1
1	7	7	0	3	6	8	8	5	7	4	4	6	0	3	5	5	2	4	1	1	3	6	0	2	2	8	1	7	7	0	3	6	8	8	5
1	0	5	3	6	6	2	0	4	7	0	8	0	6	0	8	0	7	4	0	2	6	6	3	5	0	1	1	0	5	3	6	6	2	0	4
1	2	7	6	6	0	8	1	5	7	5	4	3	0	6	5	4	2	4	8	1	0	3	3	2	7	8	1	2	7	6	6	0	8	1	5
1	4	4	8	2	8	7	7	4	7	1	1	8	2	8	1	1	7	4	7	7	8	2	8	4	4	1	1	4	4	8	2	8	7	7	4
1	6	5	8	0	1	7	3	5	7	6	8	8	0	1	1	3	2	4	6	2	8	0	1	4	3	8	1	6	5	8	0	1	7	3	5
1	8	1	5	4	5	4	5	4	7	2	7	5	4	5	7	2	7	4	5	4	5	4	5	1	8	1	1	8	1	5	4	5	4	5	4

② 9로 나누었을 때, 나머지가 0인 부분에 색을 칠하였다.

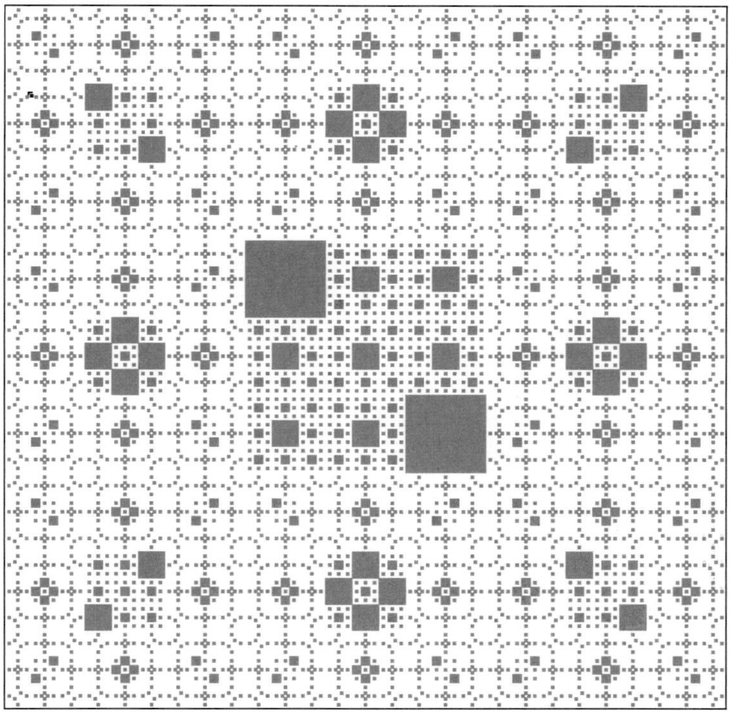

(2) 프랙탈의 구성

① 9개의 생성원으로 표현이 어렵기 때문에 0과 0이 아닌 부분으로 나누어 생각해 보자.

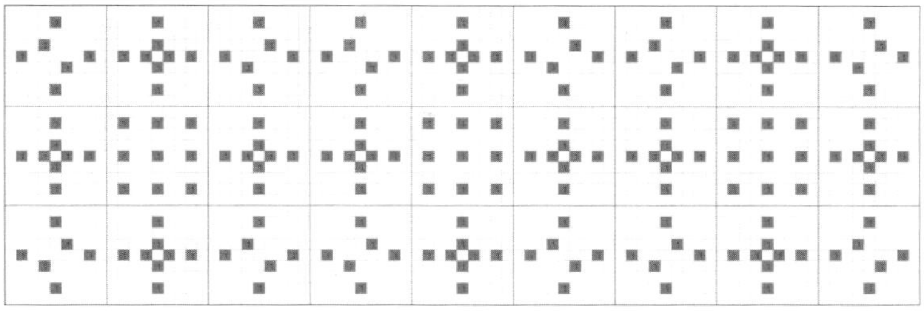

② 0, 1 두 개의 생성원으로 표현해 보자.

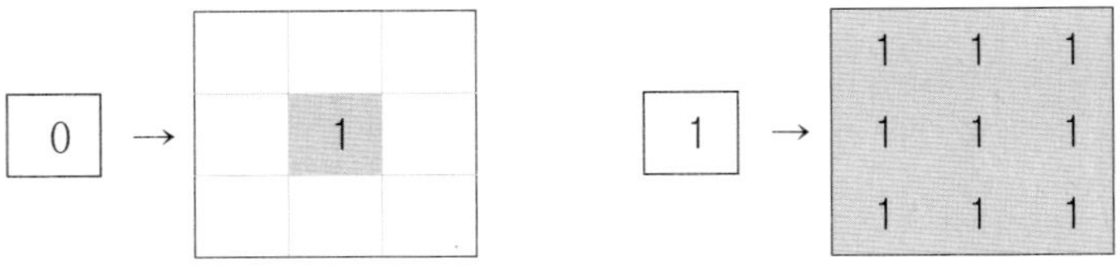

(3) 1단계 도형

① 1단계는 3개의 도형을 생각한다.

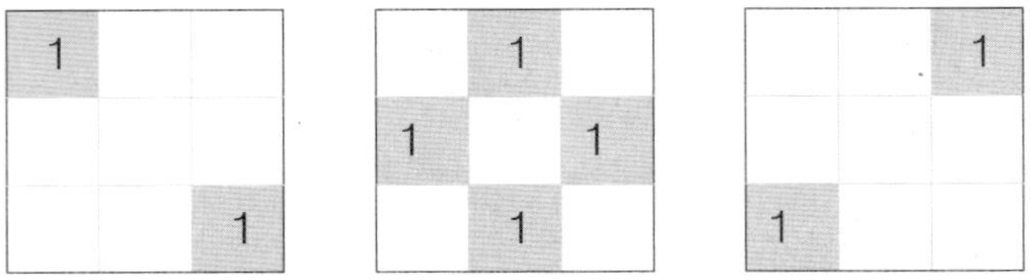

② 위의 첫 번째 도형의 0대신에 0의 생성원을 대입된다.

③ 위의 첫 번째 도형의 1대신에 1의 생성원을 대입된다.

④ 첫 번째의 2, 3단계

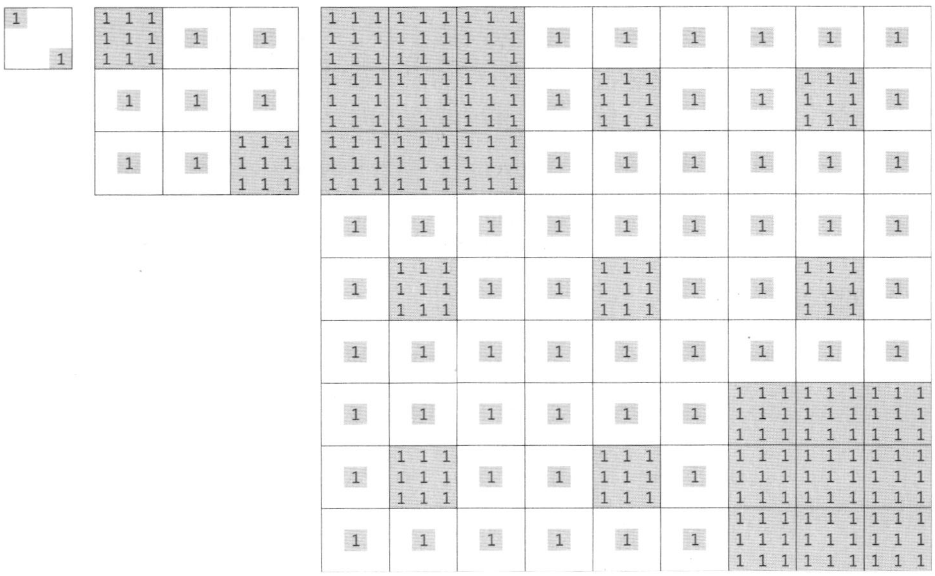

⑤ 두 번째의 2, 3단계

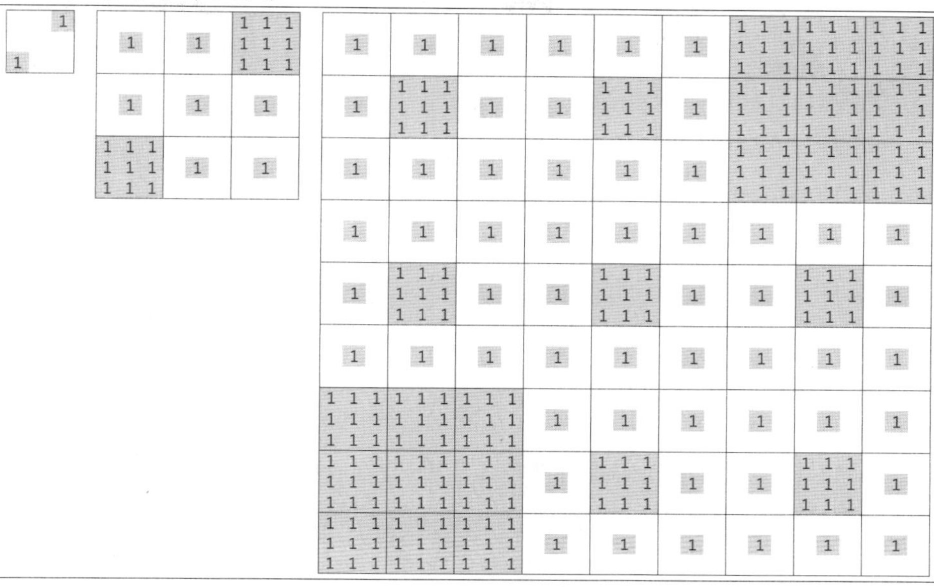

⑥ 세 번째의 2, 3단계

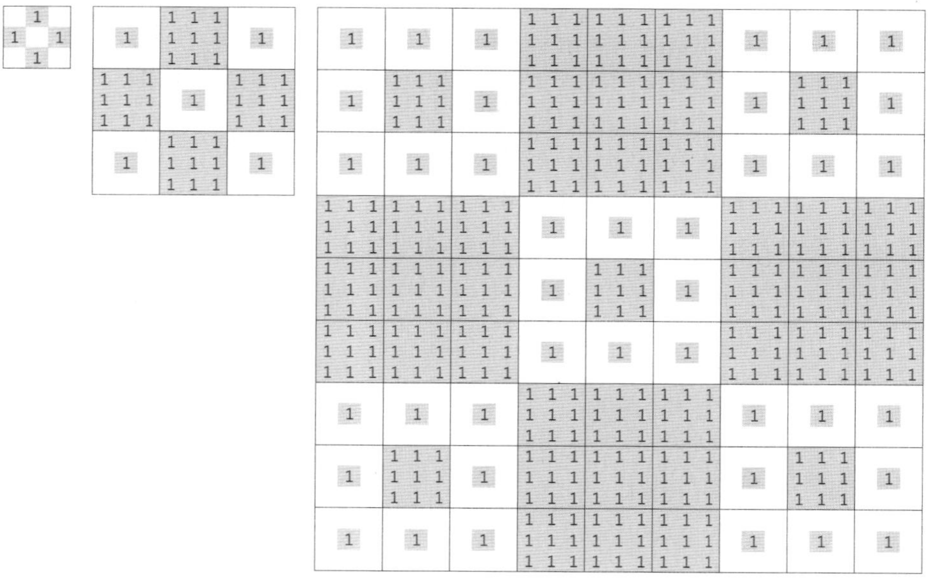

4. 탐구 활동

(1) 11로 나누었을 때를 탐구해 보자. 생성원을 찾아보자.

(2) 13으로 나누었을 때를 탐구해 보자. 생성원을 찾아보자.

02 퍼지 프랙탈

Chapter >>

2장은 프랙탈을 생성하는 방법에 대해 설명한다. 영재원에서 학생들을 대상으로 엑셀을 이용해서 프랙탈을 만들었다. 기하적인 접근과 대수적인 방법을 이용하여 프랙탈을 만든다. 프랙탈을 대수적인 방법으로 만들 수 없을까를 고민하다가 곱셈을 이용하여 프랙탈 생성이 가능하다는 것을 알았다. 놀라운 경험이었다. 엑셀과 프랙탈의 만남은 서로에게 너무 큰 기쁨을 주었다. 엑셀은 프랙탈을 프랙탈 답게 만들어 주었다. 프랙탈의 개념이 곱셈을 통하여 새롭게 나타나는 경험을 가지게 될 것이다.

퍼지집합에 대해 생각해 보자. 작은 수들의 모임을 A, 양의 정수의 모임을 B라 할 때 $A=\{(1,\ 1),\ (2,\ 0.7),\ (3,\ 0.5),\ (4,\ 0.3),\ (7,\ 0.1)\}$, $B=\{1,\ 2,\ 3\}$이라 표현해 보자. B의 모임은 우리의 직관 혹은 사고의 대상으로 확정되어 있으며, 구별할 수 있는 모임이기에 크리스프(Crisp) 집합이라 한다. 모임에 속하는 정도가 개인의 주관에 따라 달라질 수 있다. 원소가 어느 집합에 속하여 있는 경우 그 집합의 성격을 100% 만족하는 것으로 보고, 그렇지 않을 경우 그 집합의 성격을 전혀 가지고 있지 않은 것으로 가정하는 경우를 집합이라 하며, 집합의 성격을 100% 만족하지 않고 약간만 만족해도 원소가 가진 만족도를 그대로 인정해 주는 것이 퍼지 집합이다.

프랙탈은 자기닮음과 프랙탈 차원이 있다. 자연은 엄격한 프랙탈을 따르지 않는다.

약한 자기닮음과 프랙탈 차원이 유지되지 않는 경우도 있다. 덧셈을 이용한 프랙탈은 자기닮음은 있지만 차원이 일정하지 않다. 이러한 프랙탈을 이 책에서는 퍼지 프랙탈이라고 한다.

프랙탈에 대한 기본적인 내용과 퍼지 이론에 대한 자세한 내용은 네이버 카페 프랙탈을 찾는 사람들을 참고하기 바란다.

2.1 엑셀로 프랙탈 만들기

영재원 수업에서 엑셀을 이용해서 프랙탈 도형을 만들었다. 중학교 1학년 학생들을 대상으로 컴퓨터실에서 수업을 하였다. 수업은 프랙탈 도형 만들기, 프랙탈 도형을 이용한 수학 문제 만들기, 프랙탈 보고서, 수업에 대한 느낌을 기록하는 것으로 했다. 학생들의 활동과 다양한 반응을 소개하고자 한다. 엑셀의 기능을 이용하여 프랙탈 도형을 만들어 보자.

1. 학생들의 프랙탈 만드는 활동

0단계	1단계	2단계	3단계

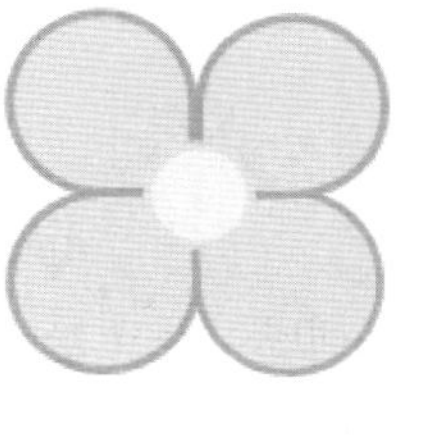	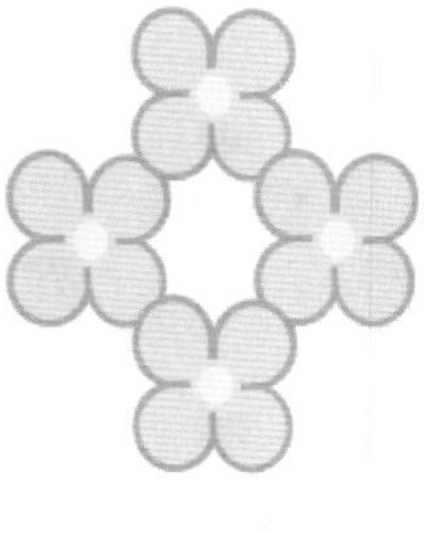	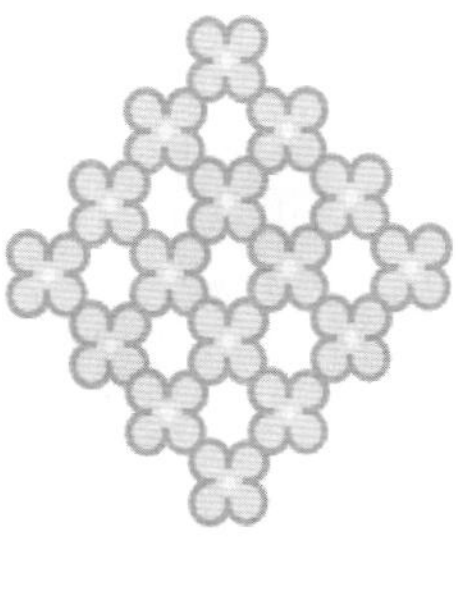	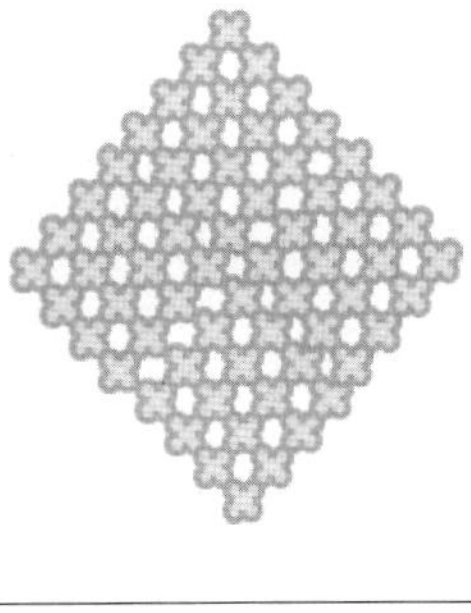

0단계	1단계	2단계	3단계
			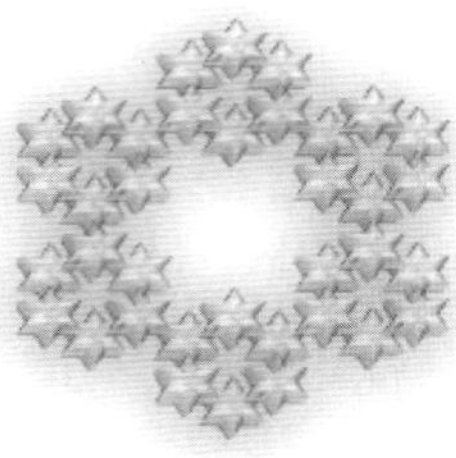
		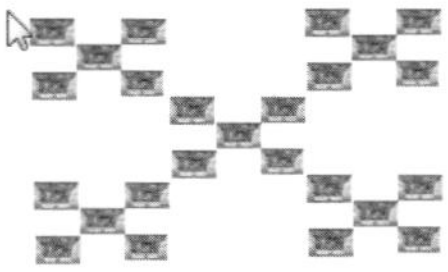	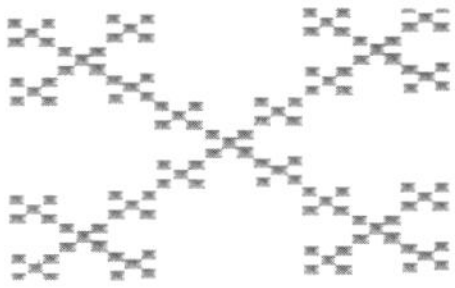
	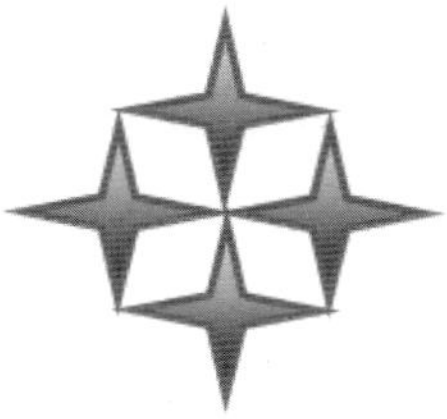	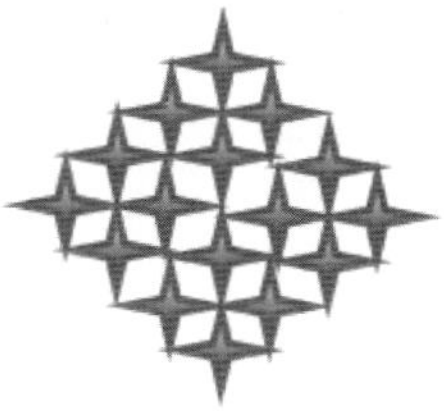	

		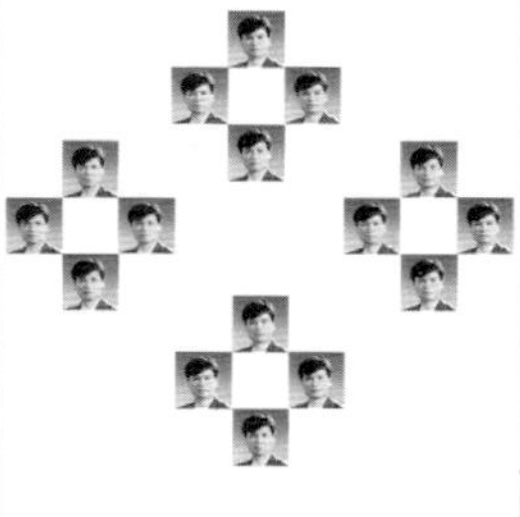	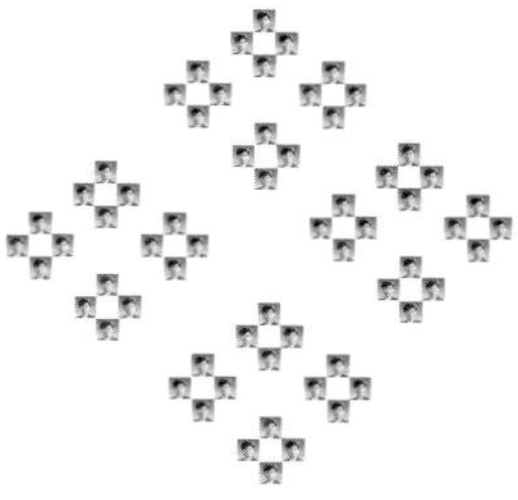

2. 프랙탈 도형을 이용한 문제 만들기와 소감

프랙탈 도형을 이용하여 학생들이 만든 문제이다.

3. 학생들의 수업 후기

(1) 충북과학고 영재원(김세희)

오늘 처음으로 프랙탈에 대해 배웠고, 실제로 만들어 보았다. 프랙탈은 하면 할 수록 더 신기해지고 점점 빠져들게 한다. 다른 사람들이 올린 프랙탈의 자료를 보며 프랙탈은 이 세상을 이루는 가장 작은 분자가 아닐까 라는 생각이 들었다. 프랙탈 사진을 계속 보고 있으니 어지러웠고 꼭 우주 공간을 보는 것 같았다. 프랙탈로 이렇게 아름다운 모양을 만드는 것을 보고 수학은 예술이라는 생각을 했다. 이 수업 이후에도 나는 프랙탈에 더 많은 관심을 가질 것 같다. 내가 수학을 더 잘 하게 되면 나만의 멋진 프랙탈을 만들어 보고 싶다.

(2) 충북과학고 영재원(유현지)

오늘 처음으로 프랙탈에 대해서 알아보았고 엑셀에서 작업도 해보았다. 시어핀스키 삼각형 같은 것이 프랙탈인 줄은 몰랐다. 나는 여러 가지 도형이나 그림을 이용하여 몇 개의 프랙탈을 만들어보았다.

4단계까지밖에 못 갔지만 멋있었다. 수학에서도 이렇게 아름다운 그림이 그려질 줄은 몰랐다.

이밖에도 다른 사람이 만든 프랙탈과 입체적인 프랙탈을 보면서 정말 신기하다고 생각했다. 조금 눈이 아프긴했지만 한번 더 해보고 싶은 재미있는 체험이었다.

(3) 충북과학고 영재원(옥현서)

오늘 2교시에 엑셀 프랙탈을 했다. 원래 컴퓨터에 별관심이 없어 그렇게 관심을 가지지 않았는데 막상 해보니 진짜 재밌었다. 하지만, 조금은 헷갈리는 부분도 있었지만 금방 알 수 있었다.

또한, 컴퓨터로 하는 프랙탈도 수학과 관련되어 있다는 것이 정말 놀라운 일이었다. 내가 오늘 영재원을 처음으로 들어와서 이렇게 컴퓨터에서 할 수 있고, 수학과 관련된 프랙탈을 배울 수 있다는 것이 나에게는 너무나도 큰 이익 같다. 그리고 나는 이 프랙탈을 끝이 없이 만들 수 있다는 게 너무나도 좋았던 것 같다. 끝으로, 난 프랙탈을 잊어버리지 않고 꼭 집에 가서 다시 한 번 할 것이다. 프랙탈을 알려주신 안대영 선생님께 감사드립니다.

(4) 충북과학고 영재원(홍성인)

나는 프랙탈에 대해 과학고 영재원에서 공부하면서, 프랙탈에 대해 많은 것을 알았다. 전에 영재원에서는 프랙탈에 대해 이렇게 까지 놀라지는 못했다.

나는 처음에 프랙탈을 배울 때는 '겨우 도형으로 이어가는 건데 과연 나한테 관심이 있는 걸까?'라고 고민을 많이 했다. 하지만 사람들이 올린 자료를 보고 프랙탈 프로그램을 보면서 프랙탈은 이 세상의 모든 원자의 기초라는 생각을 했다.

하지만 프랙탈로 눈의 결정도 보고, 프랙탈 프로그램으로 신기하고 놀라운 프랙탈을 보니까 프랙탈은 매우 아름다웠다. 그리고 옆사진과 같이 어지럽기도 했다. 육각형으로 프랙탈을 만들어 보니까, 마치 꽃처럼 아니 꽃 안의 꽃이 계속해서 연속되는 것을 보니까 수학은 예술이라는 생각이 들었다.

인류는 처음부터 수학이 없었다면 문명을 발달시키지 못했을 것이다.

(5) 부산과학고 영재원(김세희)

엑셀로 프랙탈을 만드는 게 정말 흥미로웠다. 특히 함수를 사용해서 시어핀스키 삼각형을 만들었을 때 정말 놀라웠다. 그리고 눈을 만들때 프랙탈로 만드는 게 정말 흥미로웠다. 먼저 만들었던 시어핀스키 삼각형과 함수로 만든 시어핀스키 삼각형을 비교하는 게 재미있었다. 또한 다른 사람이 만들어 놓은 프랙탈을 보니 놀라움을 금치 못했다. 끝도 없이 펼쳐지는 프랙탈을 만든 사람이 누군지 궁금했다. 마지막에 선생님이 보여준 입체적인 프랙탈은 완전 경악을 금치 못할 정도였다. 정말 재미있는 경험이었고 다음에도 또 했으면 좋겠다는 생각이 들었다.

(6) 부산과학고 영재원(멍텅구리)

정말 재미있었고 앞으로도 이런 활동을 많이 해보고 싶어졌다.

처음엔 어려울 줄 알았는데 생각보다는 쉽고 재미있는 시간이 되었다. 프랙탈이란 말도 너무나도 생소한 저에게 지금까지 어려운 내용이라고만 생각하여 회피하려고 했는데 막상 해보니 누구나 쉽게 할 수 있었던 활동이었다. 자연 속에 숨어있는 프랙탈 그리고 우리도 한번씩은 경험해 보았던 무엇보다 기하학적 내용이 있어서 더욱 재미있다.

특히 제가 지금까지 엑셀을 못하는 엑셀컴맹이었는데 엑셀을 이용하여 이렇게 쉽게 여러가지 수학을 응용하여 좋았다. 무엇보다 일정한 수와 식을 적어 넣었을 때 자동으로 식이 형성되고 그런 부분에 의미가 있었다. 그리고 컴퓨터의 특성인 복제를 이용해 저희가 창작하는 활동이 너무나도 알찬 내용이었던 것 같아요.

선생님 재미있는 수업 감사드려요.

(7) 부산과학고 영재원(이윤성)

이번에 프랙탈 수업을 듣고 많은 것을 느끼게 되었습니다.

프랙탈을 엑셀 프로그램으로 나타내어보고 직접 만들어 보니까 아주 재미있었고 프랙탈과 관련된 여러 프로그램들을 사용해 볼 수 있어서 좋았다. 특히 시어핀스키 삼각형, 카펫 등을 만드는 것이 가장 신기 했다. 부산에서 멀리 여기까지 와서 이렇게 뜻 깊은 경험을 하게 되어서 너무 좋고 앞으로는 컴퓨터를 게임만을 위한 것이 아닌 이렇게 교육적인 용도로도 써보아야겠다.

4. 탐구 활동

(1) 프랙탈 성질을 이용하여 눈을 만들어 보자.

2.2 2×2 곱셈, 덧셈, 논리곱, 논리합을 이용한 프랙탈

프랙탈은 일반적으로 도형의 닮음을 이용하여 만든다. 프랙탈을 대수적으로 만들 수 있는 방법에 대해 생각해 보았다. 여기서는 다양한 연산을 통하여 프랙탈을 생성할 수 있는 방법을 제시한다.

2×2 행렬의 모양에서 곱셈, 덧셈, 논리곱, 논리합을 이용하여 프랙탈을 생성한다. 곱셈과 논리곱 프랙탈을 비교해 보자

1. 곱셈 프랙탈

1단계의 4개의 값으로 16개의 2단계의 프랙탈을 만드는 과정이다.

a_{11}	a_{12}
a_{21}	a_{22}

$a_{11}\times a_{11}$	$a_{11}\times a_{12}$	$a_{12}\times a_{11}$	$a_{12}\times a_{12}$
$a_{11}\times a_{21}$	$a_{11}\times a_{22}$	$a_{12}\times a_{21}$	$a_{12}\times a_{22}$
$a_{21}\times a_{11}$	$a_{21}\times a_{12}$	$a_{22}\times a_{11}$	$a_{22}\times a_{12}$
$a_{21}\times a_{21}$	$a_{21}\times a_{22}$	$a_{22}\times a_{21}$	$a_{22}\times a_{22}$

2단계는 1단계의 각 셀의 곱을 이용하여 나타낸다.

예를 통해 덧셈을 이용한 프랙탈 1단계와 2단계를 살펴보자.

1	1
0	1

1×1	1×1	1×1	1×1
1×0	1×1	1×0	1×1
0×1	0×1	1×1	1×1
0×0	0×1	1×0	1×1

1	1	1	1
0	1	0	1
0	0	1	1
0	0	0	1

곱셈을 이용한 1단계 프랙탈을 다음과 같이 정의한다.

곱셈 프랙탈

$$S=\left\{\lim_{n\to\infty} A_n | A_1 = [a_{ij}] = \begin{bmatrix} a_{11} & a_{12} \\ a_{21} & a_{22} \end{bmatrix},\ A_2 = [a_{ij} \times A_1], A_n = [a_{ij} \times A_{n-1}]\right\}$$

$A_2 = [a_{ij} \times A_1]$은 다음과 같이 나타낼 수 있다.

$$A_2 = \begin{bmatrix} a_{11} \times A_1 & a_{12} \times A_1 \\ a_{21} \times A_1 & a_{22} \times A_1 \end{bmatrix}$$

$$= \left| \begin{matrix} a_{11} \times \begin{bmatrix} a_{11} & a_{12} \\ a_{21} & a_{22} \end{bmatrix} & a_{12} \times \begin{bmatrix} a_{11} & a_{12} \\ a_{21} & a_{22} \end{bmatrix} \\ a_{21} \times \begin{bmatrix} a_{11} & a_{12} \\ a_{21} & a_{22} \end{bmatrix} & a_{22} \times \begin{bmatrix} a_{11} & a_{12} \\ a_{21} & a_{22} \end{bmatrix} \end{matrix} \right|$$

$$= \left| \begin{matrix} \begin{bmatrix} a_{11} \times a_{11} & a_{11} \times a_{12} \\ a_{11} \times a_{21} & a_{11} \times a_{22} \end{bmatrix} & \begin{bmatrix} a_{12} \times a_{11} & a_{12} \times a_{12} \\ a_{12} \times a_{21} & a_{12} \times a_{22} \end{bmatrix} \\ \begin{bmatrix} a_{21} \times a_{11} & a_{21} \times a_{12} \\ a_{21} \times a_{21} & a_{21} \times a_{22} \end{bmatrix} & \begin{bmatrix} a_{22} \times a_{11} & a_{22} \times a_{12} \\ a_{22} \times a_{21} & a_{22} \times a_{22} \end{bmatrix} \end{matrix} \right|$$

(1) 1단계 곱셈 프랙탈

① 1단계의 도형은 A1에 1, B1에 1, C1에 1, A2에 0을 입력한다.

② D3에서 E4를 영역 설정한 후 입력한다.

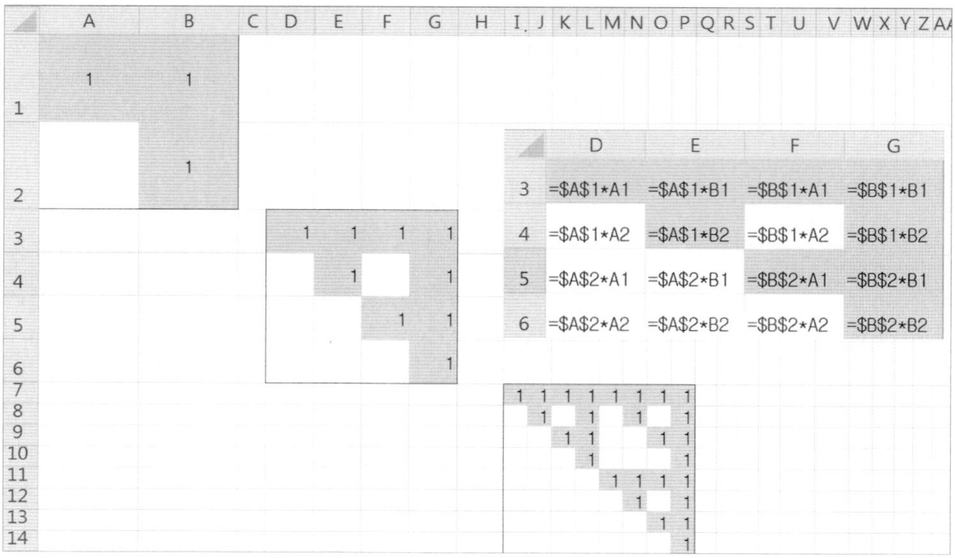

③ D3에서 E4에 =$A$1*A1을 입력하고, Ctrl + Enter↵ 를 입력한다.

④ F3에서 G4에 =$B$1*A1을 입력하고, Ctrl + Enter↵ 를 입력한다.

⑤ D53에서 E6에 =$A$2*A1을 입력하고, Ctrl + Enter↵ 를 입력한다.

⑥ F5에서 G6에 =$B$2*A1을 입력하고, Ctrl + Enter↵ 를 입력한다.

(2) 2단계 곱셈 프랙탈

① I7에서 L10에 영역을 지정하고 =$A$1*D3을 입력하고, Ctrl + Enter↵ 를 입력한다.

	I	J	K	L	M	N	O	P
7	1	1	1	1	1	1	1	1
8		1		1		1		1
9			1	1			1	1
10				1				1
11					1	1	1	1
12						1		1
13							1	1
14								1

	I	J	K	L	M	N
7	=$A$1*D3	=$A$1*E3	=$A$1*F3	=$A$1*G3	=$B$1*D3	=$B$1*E3
8	=$A$1*D4	=$A$1*E4	=$A$1*F4	=$A$1*G4	=$B$1*D4	=$B$1*E4
9	=$A$1*D5	=$A$1*E5	=$A$1*F5	=$A$1*G5	=$B$1*D5	=$B$1*E5
10	=$A$1*D6	=$A$1*E6	=$A$1*F6	=$A$1*G6	=$B$1*D6	=$B$1*E6
11	=$A$2*D3	=$A$2*E3	=$A$2*F3	=$A$2*G3	=$B$2*D3	=$B$2*E3
12	=$A$2*D4	=$A$2*E4	=$A$2*F4	=$A$2*G4	=$B$2*D4	=$B$2*E4
13	=$A$2*D5	=$A$2*E5	=$A$2*F5	=$A$2*G5	=$B$2*D5	=$B$2*E5
14	=$A$2*D6	=$A$2*E6	=$A$2*F6	=$A$2*G6	=$B$2*D6	=$B$2*E6

② 같은 방법으로 M7에서 P10에 =$B$1*D3을 입력하고, Ctrl + Enter↵ 를 입력한다.

③ 조건부 서식을 이용하여 색을 칠한다.

2. 덧셈 프랙탈

1단계의 4개의 값으로 16개의 2단계의 프랙탈을 만드는 과정이다.

a_{11}	a_{12}
a_{21}	a_{22}

$a_{11}+a_{11}$	$a_{11}+a_{12}$	$a_{12}+a_{11}$	$a_{12}+a_{12}$
$a_{11}+a_{21}$	$a_{11}+a_{22}$	$a_{12}+a_{21}$	$a_{12}+a_{22}$
$a_{21}+a_{11}$	$a_{21}+a_{12}$	$a_{22}+a_{11}$	$a_{22}+a_{12}$
$a_{21}+a_{21}$	$a_{21}+a_{22}$	$a_{22}+a_{21}$	$a_{22}+a_{22}$

2단계는 1단계의 각 셀의 곱을 이용하여 나타낸다.

예를 통해 덧셈을 이용한 프랙탈 1단계와 2단계를 살펴보자.

0	1
1	0

0+0	0+1	1+0	1+1
0+1	0+0	1+1	1+0
1+0	1+1	0+0	0+1
1+0	1+0	0+1	0+0

0	1	1	1
1	0	2	1
1	2	0	1
1	1	1	0

덧셈을 이용한 1단계 프랙탈을 다음과 같이 정의한다.

덧셈 프랙탈

$$S=\left\{\lim_{n\to\infty} A_n | A_1 = [a_{ij}] = \begin{bmatrix} a_{11} \, a_{12} \\ a_{21} \, a_{22} \end{bmatrix},\ A_2 = [a_{ij} + A_1], A_n = [a_{ij} + A_{n-1}]\right\}$$

$A_2 = [a_{ij} + A_1]$은 다음과 같이 나타낼 수 있다.

$$A_2 = \begin{bmatrix} a_{11} + A_1 \ a_{12} + A_1 \\ a_{21} + A_1 \ a_{22} + A_1 \end{bmatrix}$$

$$= \left| \begin{matrix} a_{11} + \begin{bmatrix} a_{11} \, a_{12} \\ a_{21} \, a_{22} \end{bmatrix} & a_{12} + \begin{bmatrix} a_{11} \, a_{12} \\ a_{21} \, a_{22} \end{bmatrix} \\ a_{21} + \begin{bmatrix} a_{11} \, a_{12} \\ a_{21} \, a_{22} \end{bmatrix} & a_{22} + \begin{bmatrix} a_{11} \, a_{12} \\ a_{21} \, a_{22} \end{bmatrix} \end{matrix} \right|$$

$$= \left| \begin{matrix} \begin{bmatrix} a_{11} + a_{11} \ a_{11} + a_{12} \\ a_{11} + a_{21} \ a_{11} + a_{22} \end{bmatrix} & \begin{bmatrix} a_{12} + a_{11} \ a_{12} + a_{12} \\ a_{12} + a_{21} \ a_{12} + a_{22} \end{bmatrix} \\ \begin{bmatrix} a_{21} + a_{11} \ a_{21} + a_{12} \\ a_{21} + a_{21} \ a_{21} + a_{22} \end{bmatrix} & \begin{bmatrix} a_{22} + a_{11} \ a_{22} + a_{12} \\ a_{22} + a_{21} \ a_{22} + a_{22} \end{bmatrix} \end{matrix} \right|$$

(1) 1단계 덧셈 프랙탈

① 덧셈을 이용한 프랙탈이다.

② 1단계에서 색칠된 부분은 2단계에서 그대로 둔다.

③ 1단계에서 색칠되지 않는 부분에는 1단계의 도형을 2단계에 입력한다.

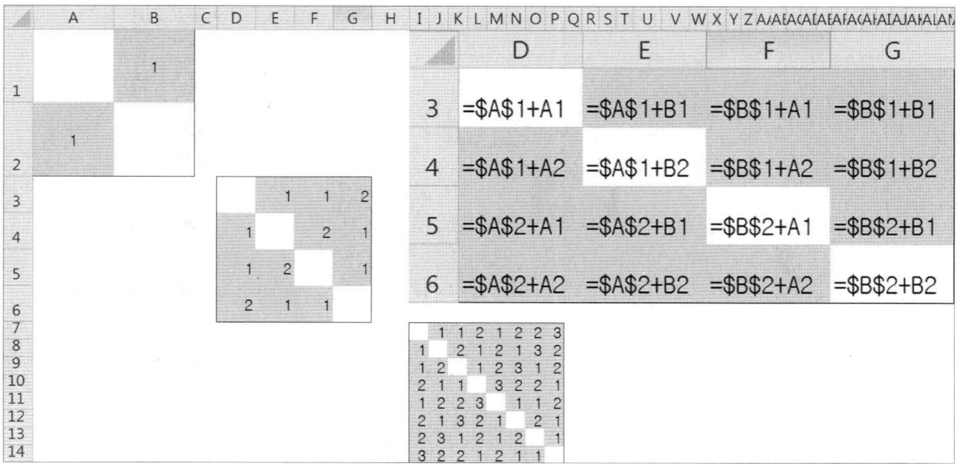

④ 조건부 서식을 이용하여 0보다 큰 수에 대해 색칠한다.

(2) 프랙탈 예

① 1단계	② 2단계	③ 3단계
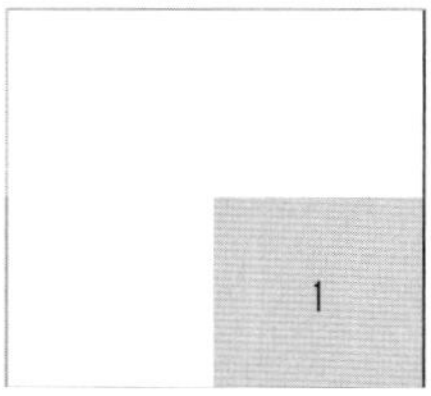	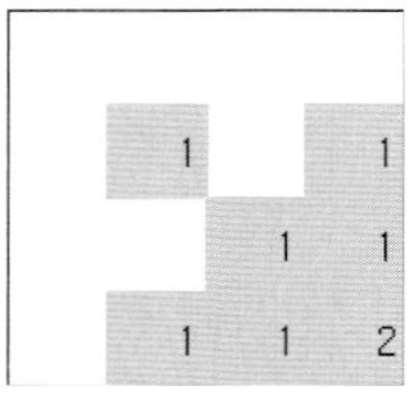	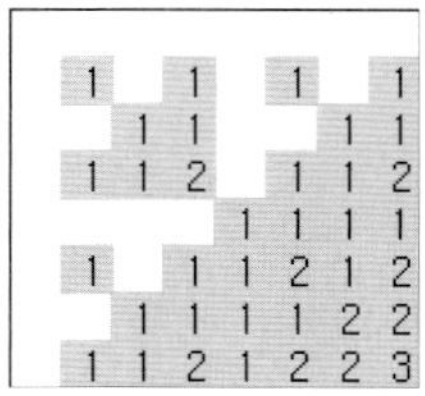

3. 논리곱 프랙탈

1단계의 4개의 값으로 16개의 2단계의 프랙탈을 만드는 과정이다.

a_{11}	a_{12}
a_{21}	a_{22}

$a_{11} \wedge a_{11}$	$a_{11} \wedge a_{12}$	$a_{12} \wedge a_{11}$	$a_{12} \wedge a_{12}$
$a_{11} \wedge a_{21}$	$a_{11} \wedge a_{22}$	$a_{12} \wedge a_{21}$	$a_{12} \wedge a_{22}$
$a_{21} \wedge a_{11}$	$a_{21} \wedge a_{12}$	$a_{22} \wedge a_{11}$	$a_{22} \wedge a_{12}$
$a_{21} \wedge a_{21}$	$a_{21} \wedge a_{22}$	$a_{22} \wedge a_{21}$	$a_{22} \wedge a_{22}$

2단계는 1단계의 각 셀의 곱을 이용하여 나타낸다.

예를 통해 덧셈을 이용한 프랙탈 1단계와 2단계를 살펴보자.

1	1
0	1

$1 \wedge 1$	$1 \wedge 1$	$1 \wedge 1$	$1 \wedge 1$
$1 \wedge 0$	$1 \wedge 1$	$1 \wedge 0$	$1 \wedge 1$
$0 \wedge 1$	$0 \wedge 1$	$1 \wedge 1$	$1 \wedge 1$
$0 \wedge 0$	$0 \wedge 1$	$1 \wedge 0$	$1 \wedge 1$

1	1	1	1
0	1	0	1
0	0	1	1
0	0	0	1

논리곱을 이용한 1단계 프랙탈을 다음과 같이 정의한다.

논리곱 프랙탈

$$S=\left\{\lim_{n\to\infty} A_n \middle| A_1=[a_{ij}]=\begin{bmatrix} a_{11} & a_{12} \\ a_{21} & a_{22} \end{bmatrix},\ A_2=[a_{ij}\wedge A_1],\ A_n=[a_{ij}\wedge A_{n-1}]\right\}$$

$A_2=[a_{ij}\wedge A_1]$은 다음과 같이 나타낼 수 있다.

$$A_2=\begin{bmatrix} a_{11}\wedge A_1 & a_{12}\wedge A_1 \\ a_{21}\wedge A_1 & a_{22}\wedge A_1 \end{bmatrix}$$

$$=\begin{vmatrix} a_{11}\wedge\begin{bmatrix} a_{11} & a_{12} \\ a_{21} & a_{22} \end{bmatrix} & a_{12}\wedge\begin{bmatrix} a_{11} & a_{12} \\ a_{21} & a_{22} \end{bmatrix} \\ a_{21}\wedge\begin{bmatrix} a_{11} & a_{12} \\ a_{21} & a_{22} \end{bmatrix} & a_{22}\wedge\begin{bmatrix} a_{11} & a_{12} \\ a_{21} & a_{22} \end{bmatrix} \end{vmatrix}$$

$$=\begin{vmatrix} \begin{bmatrix} a_{11}\wedge a_{11} & a_{11}\wedge a_{12} \\ a_{11}\wedge a_{21} & a_{11}\wedge a_{22} \end{bmatrix} & \begin{bmatrix} a_{12}\wedge a_{11} & a_{12}\wedge a_{12} \\ a_{12}\wedge a_{21} & a_{12}\wedge a_{22} \end{bmatrix} \\ \begin{bmatrix} a_{21}\wedge a_{11} & a_{21}\wedge a_{12} \\ a_{21}\wedge a_{21} & a_{21}\wedge a_{22} \end{bmatrix} & \begin{bmatrix} a_{22}\wedge a_{11} & a_{22}\wedge a_{12} \\ a_{22}\wedge a_{21} & a_{22}\wedge a_{22} \end{bmatrix} \end{vmatrix}$$

(1) 엑셀에서 비트 연산

① 엑셀의 VBA에서 제공하는 AND 함수는 이진수의 비트 연산이다. 워크시트에서 사용하기 위해서는 사용자 정의 함수를 만들어야 한다.

```
Function andx(x, y)
andx = x and y
End Function
```

② 메뉴의 [개발도구] [Visual Basic]에 아래 내용을 입력한다.

③ andx는 다르게 정의해도 된다.

④ D3에서 E6에 입력된 내용이다.

	A	B	C	D	E	F
1	1	1				
2		1				
3			1	1	1	1
4				1		1
5					1	1
6						1

	C	D
3	=andx($A$1,A1)	=andx($A$1,B1)
4	=andx($A$1,A2)	=andx($A$1,B2)
5	=andx($A$2,A1)	=andx($A$2,B1)
6	=andx($A$2,A2)	=andx($A$2,B2)

⑤ 조건부 서식을 이용하여 0보다 큰 수에 대해 색칠한다.

(2) 프랙탈 예

① 1단계	② 2단계	③ 3단계
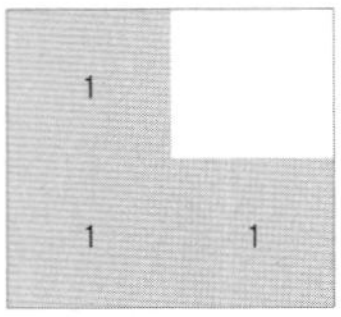	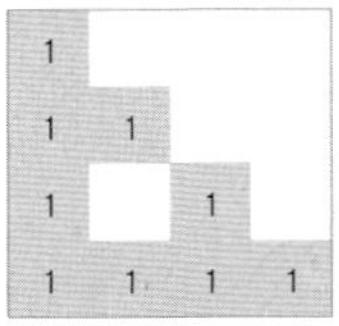	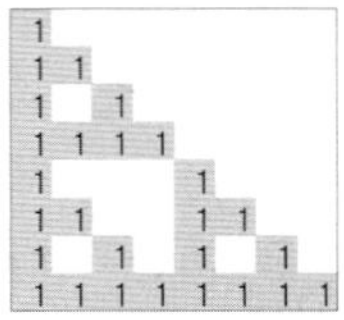

4. 논리합 프랙탈

1단계의 4개의 값으로 16개의 2단계의 프랙탈을 만드는 과정이다.

a_{11}	a_{12}
a_{21}	a_{22}

$a_{11} \vee a_{11}$	$a_{11} \vee a_{12}$	$a_{12} \vee a_{11}$	$a_{12} \vee a_{12}$
$a_{11} \vee a_{21}$	$a_{11} \vee a_{22}$	$a_{12} \vee a_{21}$	$a_{12} \vee a_{22}$
$a_{21} \vee a_{11}$	$a_{21} \vee a_{12}$	$a_{22} \vee a_{11}$	$a_{22} \vee a_{12}$
$a_{21} \vee a_{21}$	$a_{21} \vee a_{22}$	$a_{22} \vee a_{21}$	$a_{22} \vee a_{22}$

2단계는 1단계의 각 셀의 논리합을 이용하여 나타낸다.

예를 통해 논리합을 이용한 프랙탈 1단계와 2단계를 살펴보자.

0	1
1	0

$0 \vee 0$	$0 \vee 1$	$1 \vee 0$	$1 \vee 1$
$0 \vee 1$	$0 \vee 0$	$1 \vee 1$	$1 \vee 0$
$1 \vee 0$	$1 \vee 1$	$0 \vee 0$	$0 \vee 1$
$1 \vee 0$	$1 \vee 0$	$0 \vee 1$	$0 \vee 0$

0	1	1	1
1	0	1	1
1	1	0	1
1	1	1	0

논리합을 이용한 1단계 프랙탈을 다음과 같이 정의한다.

논리합 프랙탈

$$S=\left\{\operatorname*{Lim}_{n\to\infty}A_n | A_1=[a_{ij}]=\begin{bmatrix}a_{11}\ a_{12}\\a_{21}\ a_{22}\end{bmatrix},\ A_2=[a_{ij}\vee A_1],\ A_n=[a_{ij}\vee A_{n-1}]\right\}$$

$A_2=[a_{ij}\vee A_1]$은 다음과 같이 나타낼 수 있다.

$$A_2=\begin{bmatrix}a_{11}\vee A_1\ a_{12}\vee A_1\\a_{21}\vee A_1\ a_{22}\vee A_1\end{bmatrix}$$

$$=\left|\begin{matrix}a_{11}\vee\begin{bmatrix}a_{11}\ a_{12}\\a_{21}\ a_{22}\end{bmatrix} & a_{12}\vee\begin{bmatrix}a_{11}\ a_{12}\\a_{21}\ a_{22}\end{bmatrix}\\a_{21}\vee\begin{bmatrix}a_{11}\ a_{12}\\a_{21}\ a_{22}\end{bmatrix} & a_{22}\vee\begin{bmatrix}a_{11}\ a_{12}\\a_{21}\ a_{22}\end{bmatrix}\end{matrix}\right|$$

$$=\left|\begin{matrix}\begin{bmatrix}a_{11}\vee a_{11}\ a_{11}\vee a_{12}\\a_{11}\vee a_{21}\ a_{11}\vee a_{22}\end{bmatrix} & \begin{bmatrix}a_{12}\vee a_{11}\ a_{12}\vee a_{12}\\a_{12}\vee a_{21}\ a_{12}\vee a_{22}\end{bmatrix}\\\begin{bmatrix}a_{21}\vee a_{11}\ a_{21}\vee a_{12}\\a_{21}\vee a_{21}\ a_{21}\vee a_{22}\end{bmatrix} & \begin{bmatrix}a_{22}\vee a_{11}\ a_{22}\vee a_{12}\\a_{22}\vee a_{21}\ a_{22}\vee a_{22}\end{bmatrix}\end{matrix}\right|$$

(1) 논리합(Or) 연산

① orx는 엑셀의 비주얼베이직에서 사용하는 or 함수를 워크시트에서 사용하기 위해 만든 사용자 정의 함수이다.

```
Function orx(x, y)
orx = x Or y
End Function
```

② 조건부 서식을 이용하여 0보다 큰 수에 대해 색칠하여 프랙탈을 만들어 보자.

③ 엑셀 2013에서는 bitor( )함수를 지원한다.

(2) 논리합 연산 예

① 1단계	② 2단계	③ 3단계
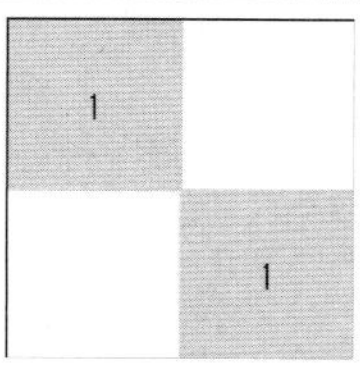	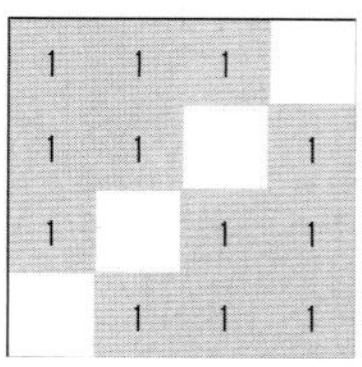	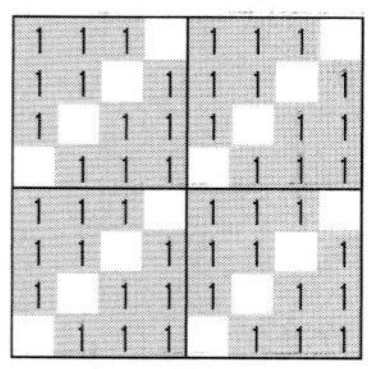

2.3 3×3 곱셈 프랙탈

1. 곱셈을 이용한 프랙탈

(1) 곱셈 프랙탈 정의

3×3 행렬의 모양에서 곱셈을 이용하여 프랙탈 도형을 만어 보고 분류해 보자.

곱셈을 이용한 프랙탈은 1단계에 주어진 행렬의 값을 곱셈을 이용하여 2단계의 프랙탈을 만든다.

a_{11}	a_{12}	a_{13}
a_{21}	a_{22}	a_{23}
a_{31}	a_{32}	a_{33}

2단계는 1단계의 각 셀의 곱을 이용하여 나타낸다.

$a_{11}\times a_{11}$	$a_{11}\times a_{12}$	$a_{11}\times a_{13}$	$a_{12}\times a_{11}$	$a_{12}\times a_{12}$	$a_{12}\times a_{13}$	$a_{13}\times a_{11}$	$a_{13}\times a_{12}$	$a_{13}\times a_{13}$
$a_{11}\times a_{21}$	$a_{11}\times a_{22}$	$a_{11}\times a_{23}$	$a_{12}\times a_{21}$	$a_{12}\times a_{22}$	$a_{12}\times a_{23}$	$a_{13}\times a_{21}$	$a_{13}\times a_{22}$	$a_{13}\times a_{23}$
$a_{11}\times a_{31}$	$a_{11}\times a_{32}$	$a_{11}\times a_{33}$	$a_{12}\times a_{31}$	$a_{12}\times a_{32}$	$a_{12}\times a_{33}$	$a_{13}\times a_{31}$	$a_{13}\times a_{32}$	$a_{13}\times a_{33}$
$a_{21}\times a_{11}$	$a_{21}\times a_{12}$	$a_{21}\times a_{13}$	$a_{22}\times a_{11}$	$a_{22}\times a_{12}$	$a_{22}\times a_{13}$	$a_{23}\times a_{11}$	$a_{23}\times a_{12}$	$a_{23}\times a_{13}$
$a_{21}\times a_{21}$	$a_{21}\times a_{22}$	$a_{21}\times a_{23}$	$a_{22}\times a_{21}$	$a_{22}\times a_{22}$	$a_{22}\times a_{23}$	$a_{23}\times a_{21}$	$a_{23}\times a_{22}$	$a_{23}\times a_{23}$
$a_{21}\times a_{31}$	$a_{21}\times a_{32}$	$a_{21}\times a_{33}$	$a_{22}\times a_{31}$	$a_{22}\times a_{32}$	$a_{22}\times a_{33}$	$a_{23}\times a_{31}$	$a_{23}\times a_{32}$	$a_{23}\times a_{33}$
$a_{32}\times a_{11}$	$a_{32}\times a_{12}$	$a_{32}\times a_{13}$	$a_{32}\times a_{11}$	$a_{32}\times a_{12}$	$a_{32}\times a_{13}$	$a_{33}\times a_{11}$	$a_{33}\times a_{12}$	$a_{33}\times a_{13}$
$a_{32}\times a_{21}$	$a_{32}\times a_{22}$	$a_{32}\times a_{23}$	$a_{32}\times a_{21}$	$a_{32}\times a_{22}$	$a_{32}\times a_{23}$	$a_{33}\times a_{21}$	$a_{33}\times a_{22}$	$a_{33}\times a_{23}$
$a_{32}\times a_{31}$	$a_{32}\times a_{32}$	$a_{32}\times a_{33}$	$a_{32}\times a_{31}$	$a_{32}\times a_{32}$	$a_{32}\times a_{33}$	$a_{33}\times a_{31}$	$a_{33}\times a_{32}$	$a_{33}\times a_{33}$

예를 통해 곱셈을 이용한 프랙탈 1단계와 2단계를 살펴보자.

1	0	1
0	1	0
1	0	1

1×1	1×0	1×1	0×1	0×0	0×1	1×1	1×0	1×1
1×0	1×1	1×0	0×0	0×1	0×0	1×0	1×1	1×0
1×1	1×0	1×1	0×1	0×0	0×1	1×1	1×0	1×1
0×1	0×0	0×1	1×1	1×0	1×1	0×1	0×0	0×1
0×0	0×1	0×0	1×0	1×1	1×0	0×0	0×1	0×0
0×1	0×0	0×1	1×1	1×0	1×1	0×1	0×0	0×1
1×1	1×0	1×1	0×1	0×0	0×1	1×1	1×0	1×1
1×0	1×1	1×0	0×0	0×1	0×0	1×0	1×1	1×0
1×1	1×0	1×1	0×1	0×0	0×1	1×1	1×0	1×1

곱셈을 이용한 프랙탈을 다음과 같이 정의한다.

곱셈 프랙탈

$$S=\left\{\lim_{n\to\infty} A_n | A_1=[a_{ij}]=\begin{bmatrix} a_{11}\,a_{12}\,a_{13} \\ a_{21}\,a_{22}\,a_{23} \\ a_{31}\,a_{32}\,a_{33} \end{bmatrix},\ A_2=[a_{ij}\times A_1],\ A_n=[a_{ij}\times A_{n-1}]\right\}$$

$A_2=[a_{ij}\times A_1]$은 다음과 같이 나타낼 수 있다.

$$A_2=\begin{bmatrix} a_{11}\times A_1 & a_{12}\times A_1 & a_{13}\times A_1 \\ a_{21}\times A_1 & a_{22}\times A_1 & a_{23}\times A_1 \\ a_{31}\times A_1 & a_{32}\times A_1 & a_{33}\times A_1 \end{bmatrix}$$

$$=\left|\begin{matrix} a_{11}\times\begin{bmatrix} a_{11}\,a_{12}\,a_{13} \\ a_{21}\,a_{22}\,a_{23} \\ a_{31}\,a_{32}\,a_{33} \end{bmatrix} & a_{12}\times\begin{bmatrix} a_{11}\,a_{12}\,a_{13} \\ a_{21}\,a_{22}\,a_{23} \\ a_{31}\,a_{32}\,a_{33} \end{bmatrix} & a_{13}\times\begin{bmatrix} a_{11}\,a_{12}\,a_{13} \\ a_{21}\,a_{22}\,a_{23} \\ a_{31}\,a_{32}\,a_{33} \end{bmatrix} \\ a_{21}\times\begin{bmatrix} a_{11}\,a_{12}\,a_{13} \\ a_{21}\,a_{22}\,a_{23} \\ a_{31}\,a_{32}\,a_{33} \end{bmatrix} & a_{22}\times\begin{bmatrix} a_{11}\,a_{12}\,a_{13} \\ a_{21}\,a_{22}\,a_{23} \\ a_{31}\,a_{32}\,a_{33} \end{bmatrix} & a_{23}\times\begin{bmatrix} a_{11}\,a_{12}\,a_{13} \\ a_{21}\,a_{22}\,a_{23} \\ a_{31}\,a_{32}\,a_{33} \end{bmatrix} \\ a_{31}\times\begin{bmatrix} a_{11}\,a_{12}\,a_{13} \\ a_{21}\,a_{22}\,a_{23} \\ a_{31}\,a_{32}\,a_{33} \end{bmatrix} & a_{32}\times\begin{bmatrix} a_{11}\,a_{12}\,a_{13} \\ a_{21}\,a_{22}\,a_{23} \\ a_{31}\,a_{32}\,a_{33} \end{bmatrix} & a_{33}\times\begin{bmatrix} a_{11}\,a_{12}\,a_{13} \\ a_{21}\,a_{22}\,a_{23} \\ a_{31}\,a_{32}\,a_{33} \end{bmatrix} \end{matrix}\right|$$

$$=\left|\begin{matrix} \begin{bmatrix} a_{11}\times a_{11} & a_{11}\times a_{12} & a_{11}\times a_{13} \\ a_{11}\times a_{21} & a_{11}\times a_{22} & a_{11}\times a_{23} \\ a_{11}\times a_{31} & a_{11}\times a_{32} & a_{11}\times a_{33} \end{bmatrix} & \cdots & \begin{bmatrix} a_{13}\times a_{11} & a_{13}\times a_{12} & a_{13}\times a_{13} \\ a_{13}\times a_{21} & a_{13}\times a_{22} & a_{13}\times a_{23} \\ a_{13}\times a_{31} & a_{13}\times a_{32} & a_{13}\times a_{33} \end{bmatrix} \\ \begin{bmatrix} a_{21}\times a_{11} & a_{21}\times a_{12} & a_{21}\times a_{13} \\ a_{21}\times a_{21} & a_{21}\times a_{22} & a_{21}\times a_{23} \\ a_{21}\times a_{31} & a_{21}\times a_{32} & a_{21}\times a_{33} \end{bmatrix} & \cdots & \begin{bmatrix} a_{23}\times a_{11} & a_{23}\times a_{12} & a_{23}\times a_{13} \\ a_{23}\times a_{21} & a_{23}\times a_{22} & a_{23}\times a_{23} \\ a_{23}\times a_{31} & a_{23}\times a_{32} & a_{23}\times a_{33} \end{bmatrix} \\ \begin{bmatrix} a_{31}\times a_{11} & a_{31}\times a_{12} & a_{31}\times a_{13} \\ a_{31}\times a_{21} & a_{31}\times a_{22} & a_{31}\times a_{23} \\ a_{31}\times a_{31} & a_{31}\times a_{32} & a_{31}\times a_{33} \end{bmatrix} & \cdots & \begin{bmatrix} a_{33}\times a_{11} & a_{33}\times a_{12} & a_{33}\times a_{13} \\ a_{33}\times a_{21} & a_{33}\times a_{22} & a_{33}\times a_{23} \\ a_{33}\times a_{31} & a_{33}\times a_{32} & a_{33}\times a_{33} \end{bmatrix} \end{matrix}\right|$$

2. 엑셀에서 곱셈 프랙탈

(1) 1단계 곱셈 프랙탈

① 1, 2, 3단계의 프랙탈을 나타내고 있다.

② A1에서 C3에 1이 입력되어 있다. B2셀은 0이 입력되어 있다.

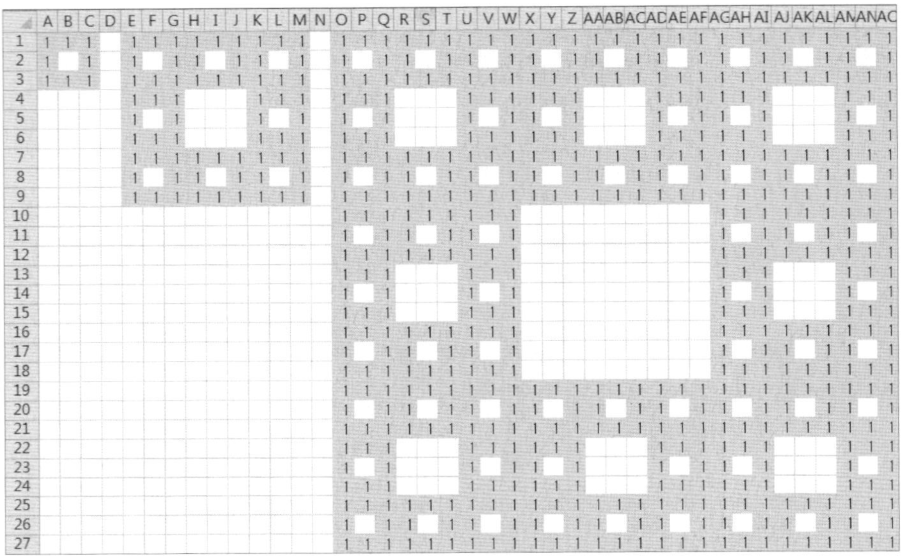

(2) 2단계의 프랙탈 생성

① E1에서 G3을 선택하여 =$A$1*A1을 입력하고, Ctrl + Enter↵ 를 입력한다.

② H1에서 J3를 선택하여 =$B$1*A1을 입력하고, Ctrl + Enter↵ 를 입력한다.

③ K1에서 M3를 선택하여 =$C$1*A1을 입력하고, Ctrl + Enter↵ 를 입력한다.

④ E4에서 G6를 선택하여 =$A$2*A1을 입력하고, Ctrl + Enter↵ 를 입력한다.

⑤ 같은 방법으로 반복한다.

(3) 3단계의 프랙탈 생성

① O1에서 W9을 선택하여 =$A$1*E1을 입력하고, Ctrl + Enter↵ 를 입력한다.

② X1에서 AF9을 선택하여 =$B$1*E1을 입력하고, Ctrl + Enter↵ 를 입력한다.

③ AG1에서 AQ9을 선택하여 =$C$1*E1을 입력하고, Ctrl + Enter↵ 를 입력한다.

④ O10에서 W18을 선택하여 =$A$2*E1을 입력하고, Ctrl + Enter↵ 를 입력한다.

⑤ 같은 방법으로 반복한다.

3. 곱셈 프랙탈 단계별 만들기

(1) 1단계 4개

① 단계별 도형

1단계	2단계	3단계
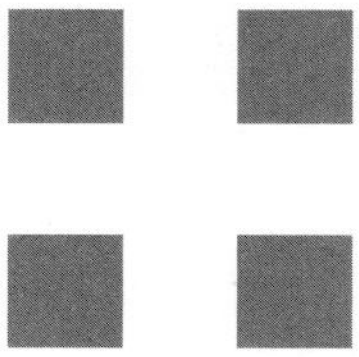	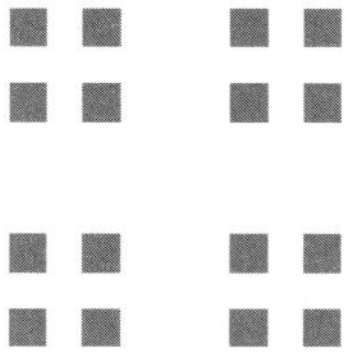	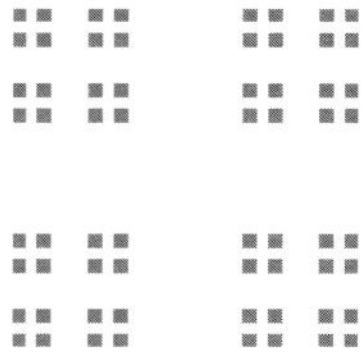
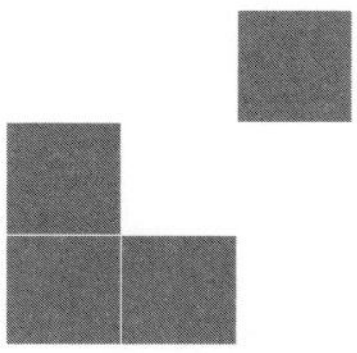	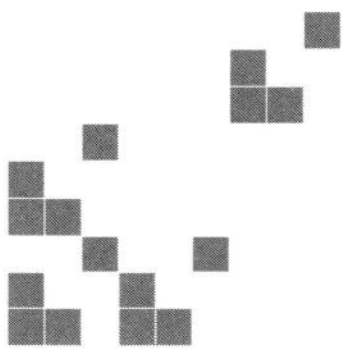	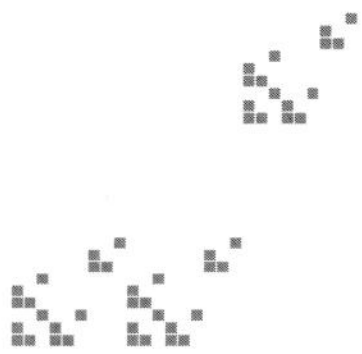
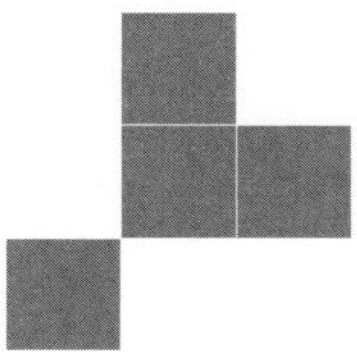	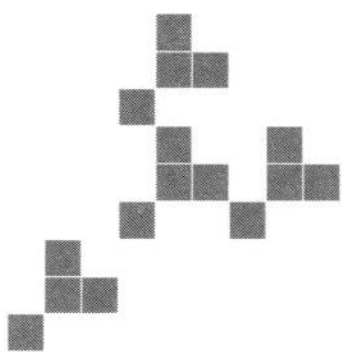	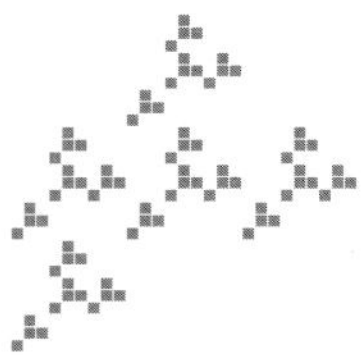
	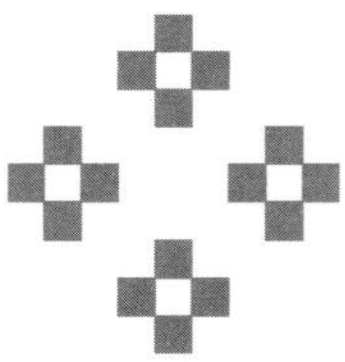	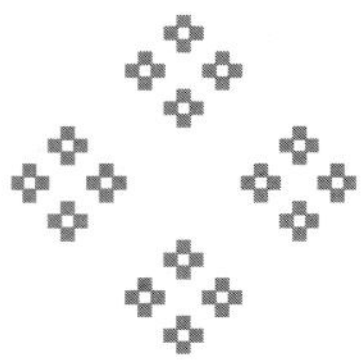
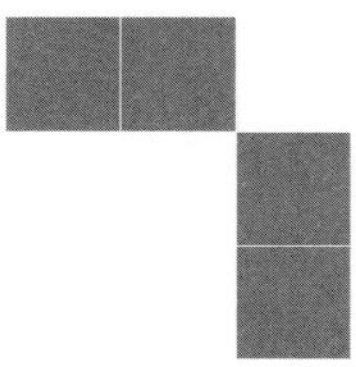	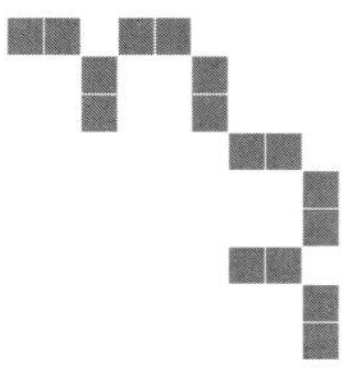	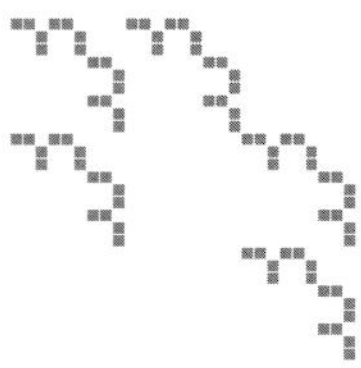
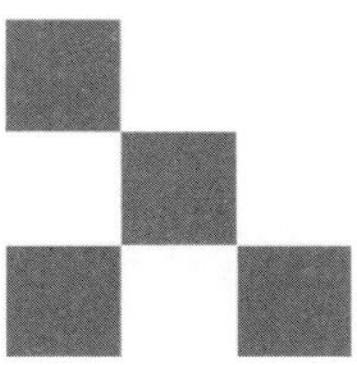	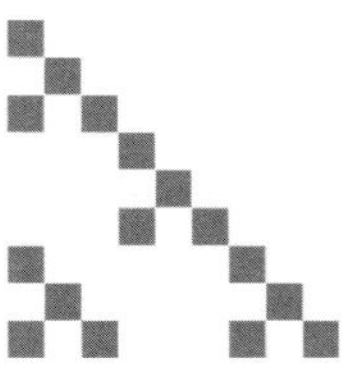	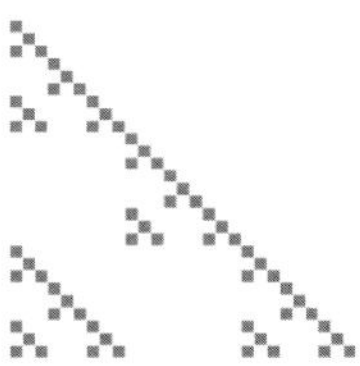

② 단계별 개수와 넓이

단계	0	1	2	3	…	n
개수	1	4	4^2	4^3	…	4^n
한 개 넓이	1	$\frac{1}{9}$	$(\frac{1}{9})^2$	$(\frac{1}{9})^3$	…	$(\frac{1}{9})^n$
단계별 넓이	1	$4\times(\frac{1}{9})$	$(\frac{4}{9})^2$	$(\frac{4}{9})^3$	…	$(\frac{4}{9})^n$

③ 자기닮음 차원

$r=3$($n+1$단계를 n단계와 비교할 때 한 변을 3등분)

N=4($n+1$단계를 n단계와 비교할 때 개수가 4배)

자기닮음 차원 $D=\frac{\log N}{\log r}=\frac{\log 4}{\log 3}=\frac{0.602}{0.477}=1.2619$

④ 상자 차원

등분의 수와 단계별 개수를 이용하여 구한 기울기가 상자 차원이다.

(상자 차원)$=\frac{\log 256-\log 4}{\log 81-\log 3}=\frac{2.4082-0.6021}{1.9085-0.4771}=\frac{1.8062}{1.4314}=1.2619$

단계	0	1	2	3	4	n
등분의 수	1	3	9	27	81	3^n
개수	1	4	16	64	256	4^n

⑤ 등분의 수와 개수에 대한 로그-로그 그래프

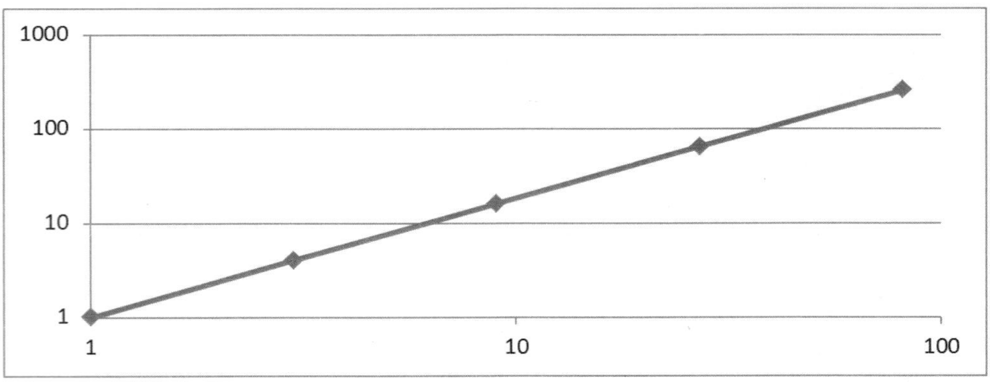

(2) 1단계 5개

① 단계별 도형

1단계	2단계	3단계
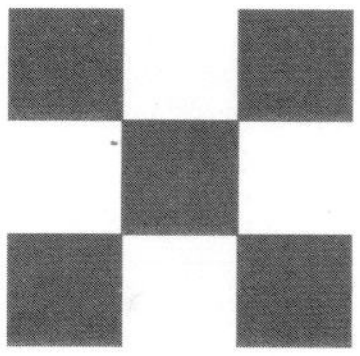	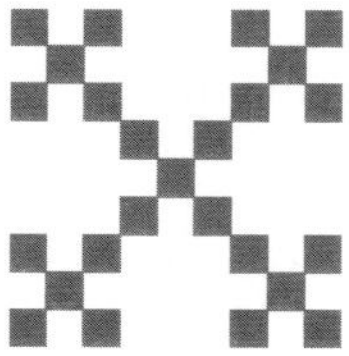	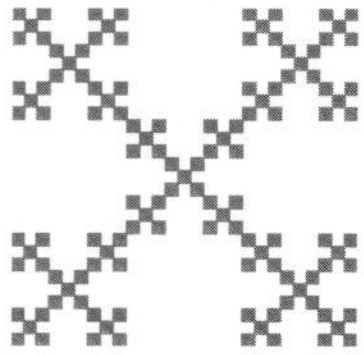
	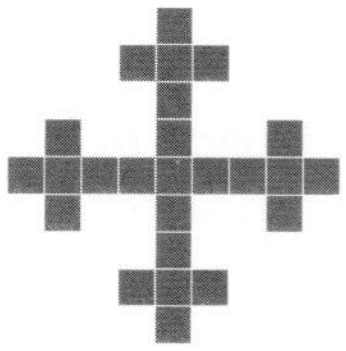	
	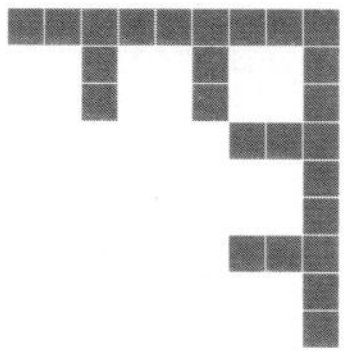	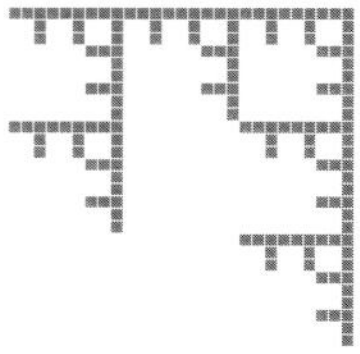
	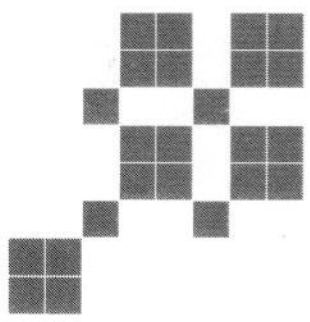	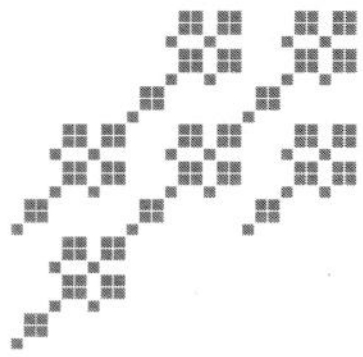
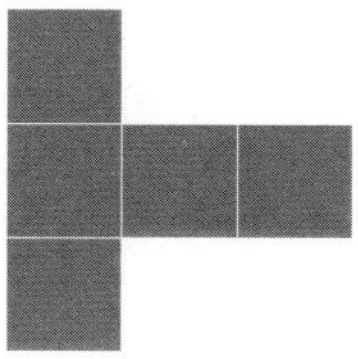	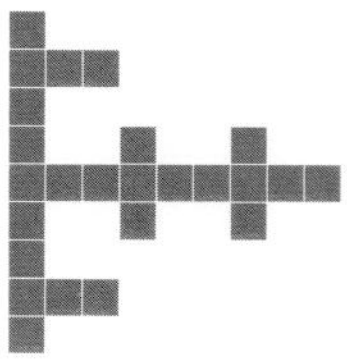	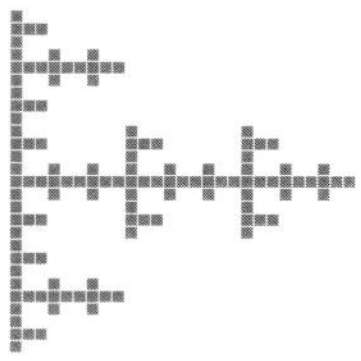
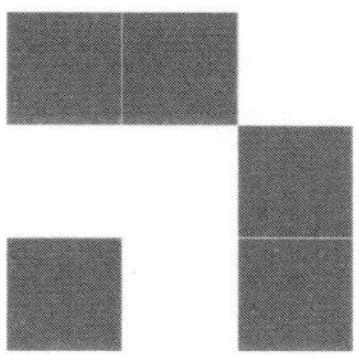	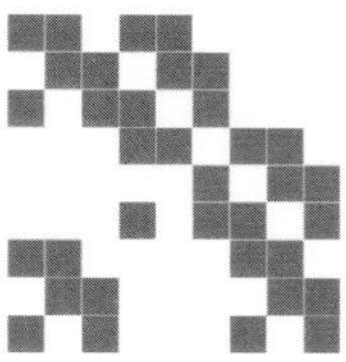	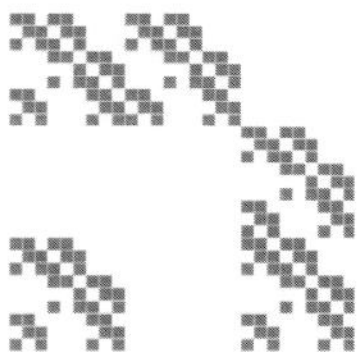

② 단계별 개수와 넓이

단계	0	1	2	3	…	n
개수	1	5	5^2	5^3	…	5^n
한 개 넓이	1	$\frac{1}{9}$	$(\frac{1}{9})^2$	$(\frac{1}{9})^3$	…	$(\frac{1}{9})^n$
단계별 넓이	1	$\frac{5}{9}$	$(\frac{5}{9})^2$	$(\frac{5}{9})^3$	…	$(\frac{5}{9})^n$

③ 자기닮음 차원

$r=3$($n+1$단계를 n단계와 비교할 때 한 변을 3등분)

$N=5$($n+1$단계를 n단계와 비교할 때 개수가 5배)

자기닮음 차원 $D=\frac{\log N}{\log r}=\frac{\log 5}{\log 3}=\frac{0.699}{0.477}=1.4649$

④ 상자 차원

(상자 차원)$=\frac{\log 625-\log 5}{\log 81-\log 3}=\frac{2.7958-0.6989}{1.9085-0.4771}=\frac{2.0969}{1.4314}=1.4649$

단계	0	1	2	3	4	n
등분의 수	1	3	9	27	81	3^n
개수	1	5	25	125	625	5^n

⑤ 등분의 수와 개수에 대한 로그－로그 그래프

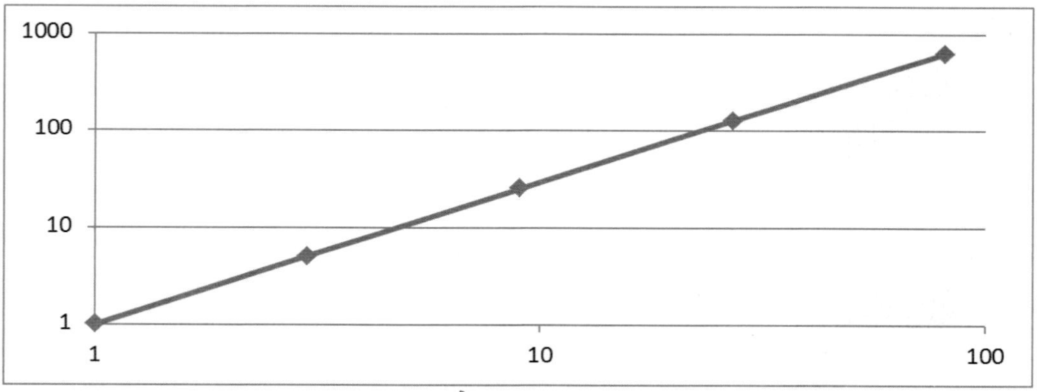

(3) 1단계 6개

① 단계별 도형

1단계	2단계	3단계
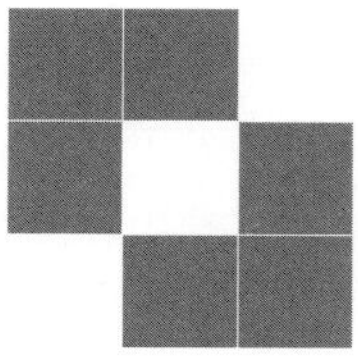	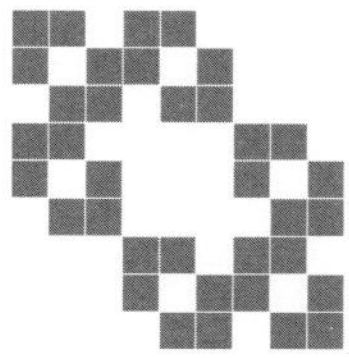	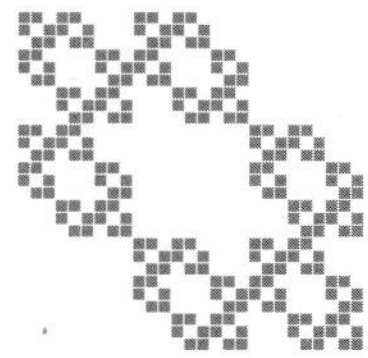
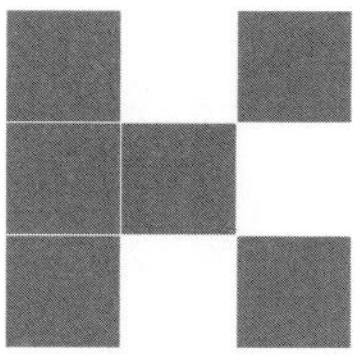	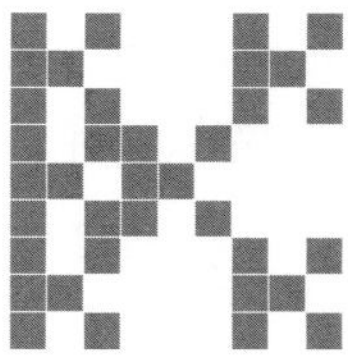	
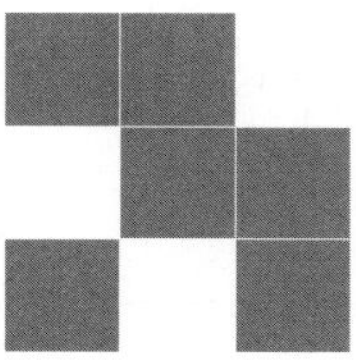	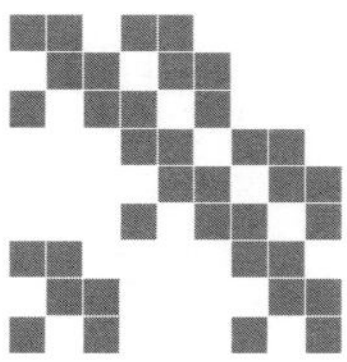	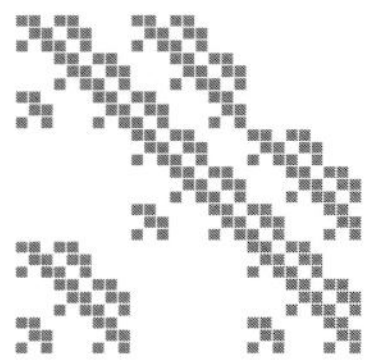
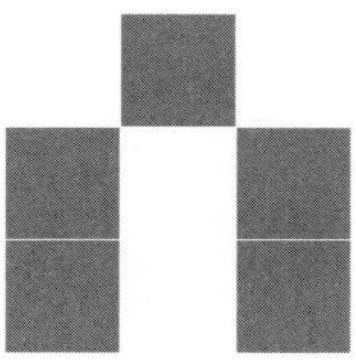	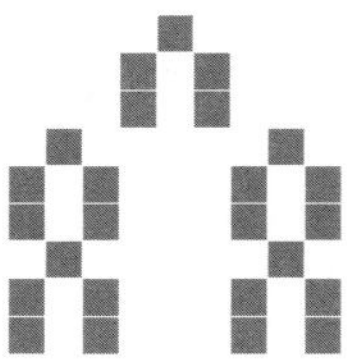	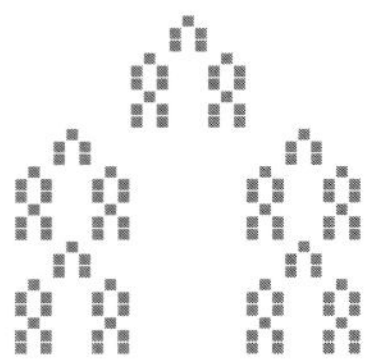
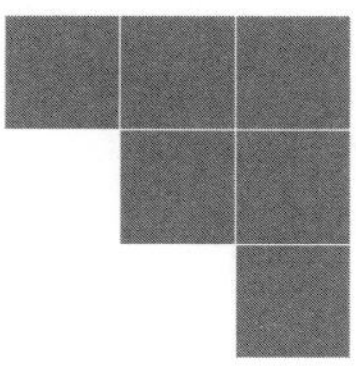	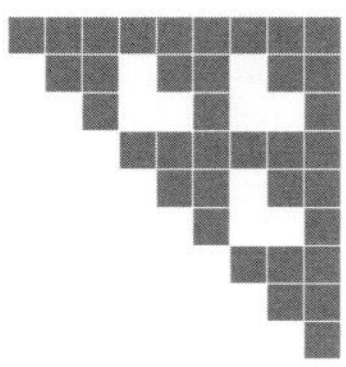	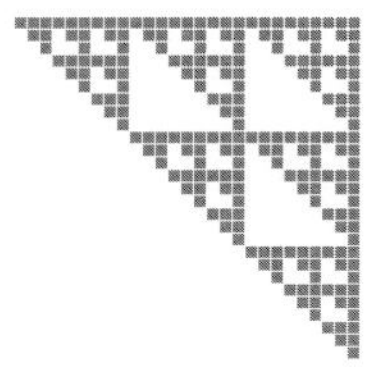
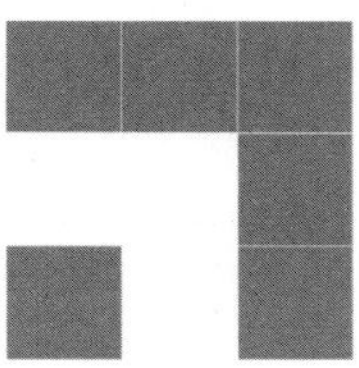	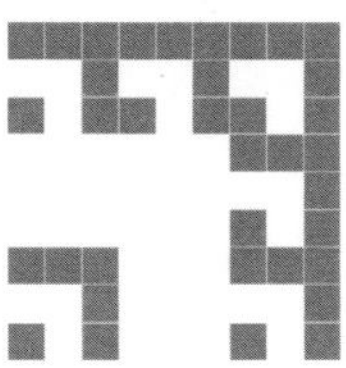	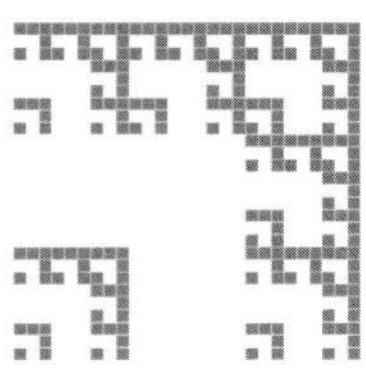

② 단계별 개수와 넓이

단계	0	1	2	3	⋯	n
개수	1	6	6^2	6^3	⋯	6^n
한 개 넓이	1	$\frac{1}{9}$	$(\frac{1}{9})^2$	$(\frac{1}{9})^3$	⋯	$(\frac{1}{9})^n$
단계별 넓이	1	$\frac{6}{9}$	$(\frac{6}{9})^2$	$(\frac{6}{9})^3$	⋯	$(\frac{6}{9})^n$

③ 자기닮음 차원

$r=3$($n+1$단계를 n단계와 비교할 때 한 변을 3등분)

N=6($n+1$단계를 n단계와 비교할 때 개수가 6배)

자기닮음 차원 $D=\frac{\log N}{\log r}=\frac{\log 6}{\log 3}=\frac{0.699}{0.477}=1.6309$

④ 상자 차원

(상자 차원) $=\frac{\log 1296-\log 6}{\log 81-\log 3}=\frac{3.1126-0.7785}{1.9085-0.4771}=\frac{2.3344}{1.4314}=1.6309$

단계	0	1	2	3	4	n
등분의 수	1	3	9	27	81	3^n
개수	1	6	36	216	1296	6^n

⑤ 등분의 수와 개수에 대한 로그-로그 그래프

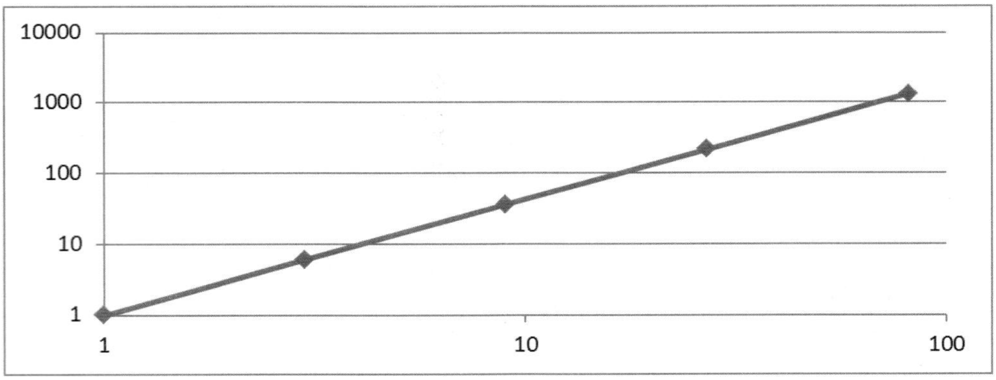

(4) 1단계 7개

① 단계별 도형

1단계	2단계	3단계
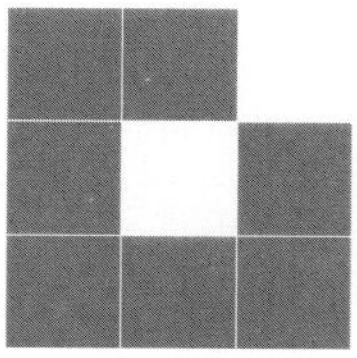	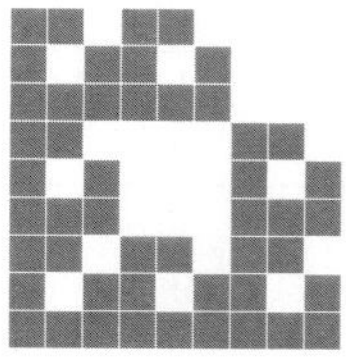	
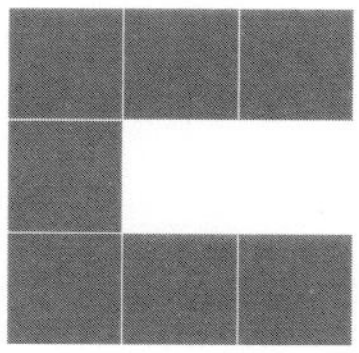	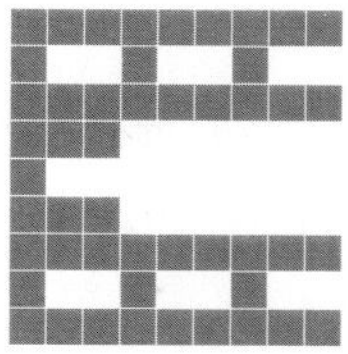	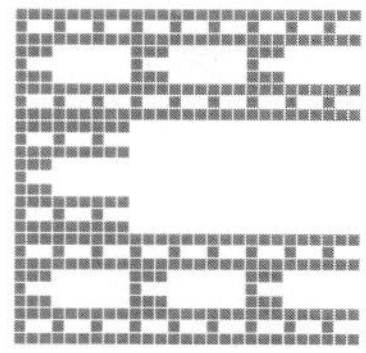
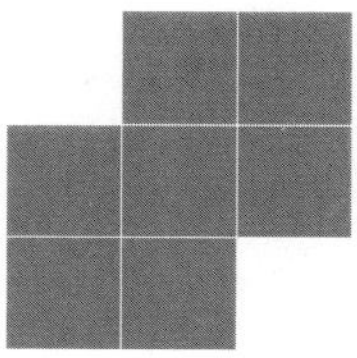	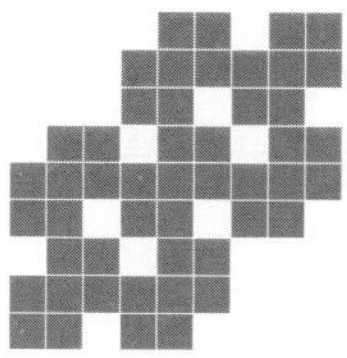	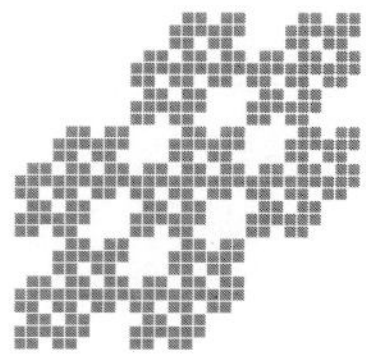
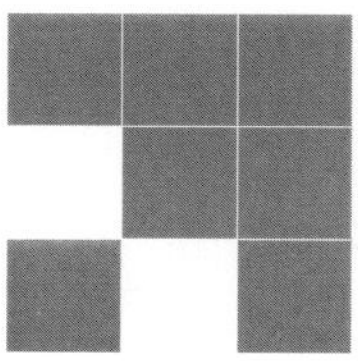	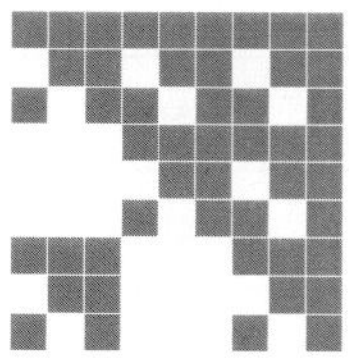	
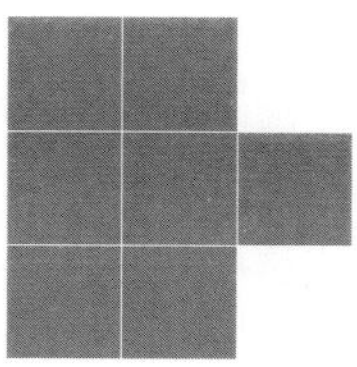	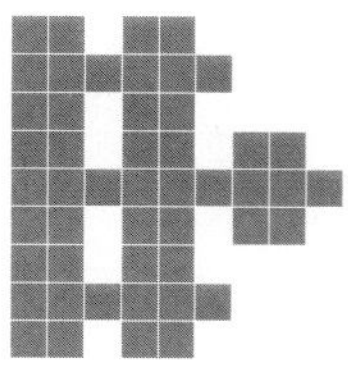	
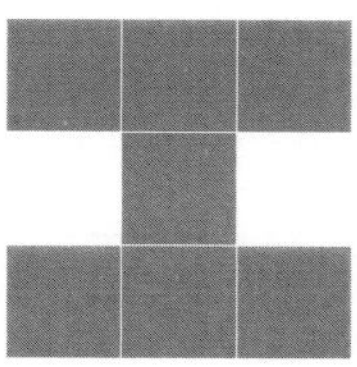		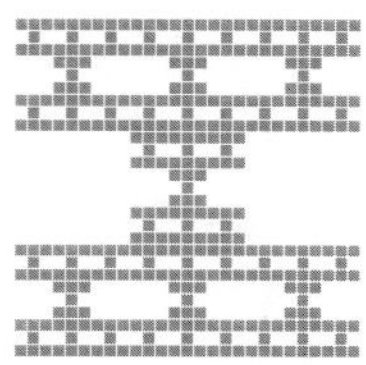

② 단계별 개수와 넓이

단계	0	1	2	3	…	n
개수	1	7	7^2	7^3	…	7^n
한 개 넓이	1	$\frac{1}{9}$	$(\frac{1}{9})^2$	$(\frac{1}{9})^3$	…	$(\frac{1}{9})^n$
단계별 넓이	1	$\frac{7}{9}$	$(\frac{7}{9})^2$	$(\frac{7}{9})^3$	…	$(\frac{7}{9})^n$

③ 자기닮음 차원

$r=3$($n+1$단계를 n단계와 비교할 때 한 변을 3등분)

$\mathrm{N}=7$($n+1$단계를 n단계와 비교할 때 개수가 7배)

자기닮음 차원 $D=\frac{\log N}{\log r}=\frac{\log 7}{\log 3}=\frac{0.699}{0.477}=1.7712$

④ 상자 차원

등분의 수와 단계별 개수를 log 눈금자를 이용하여 나타내고, 기울기가 상자 차원이다.

(상자 차원) $=\frac{\log 2401-\log 7}{\log 81-\log 3}=\frac{3.3803-084515}{1.9085-0.4771}=\frac{2.535}{1.4314}=1.771$

단계	0	1	2	3	4	n
등분의 수	1	3	9	27	81	3^n
개수	1	7	49	343	2401	7^n

⑤ 등분의 수와 개수에 대한 로그-로그 그래프

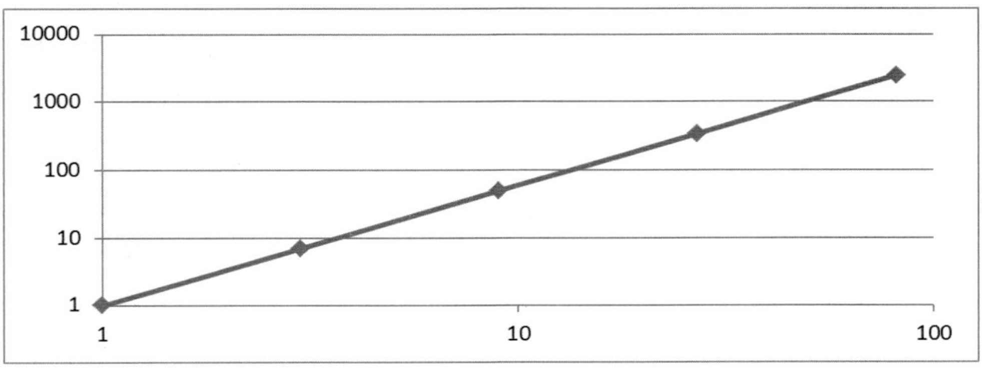

(5) 1단계 8개

① 단계별 도형

1단계	2단계	3단계
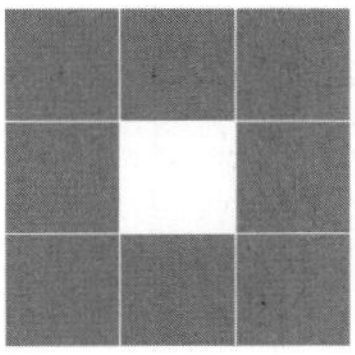	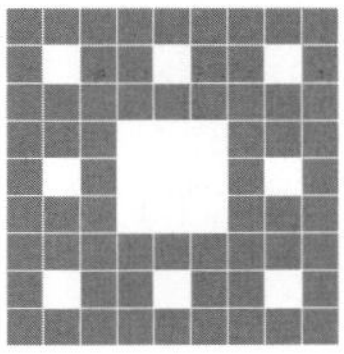	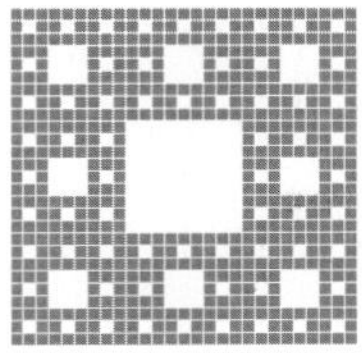
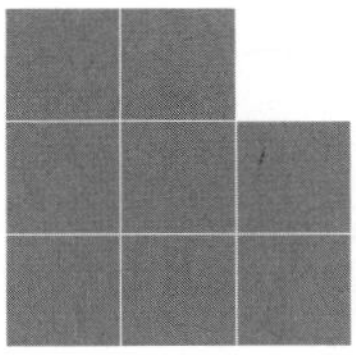	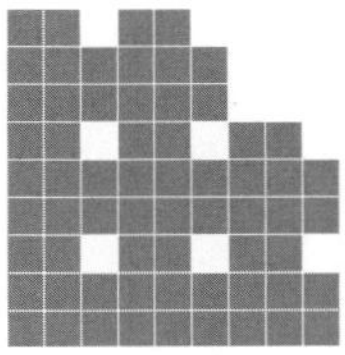	
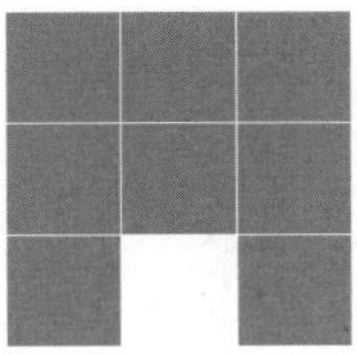	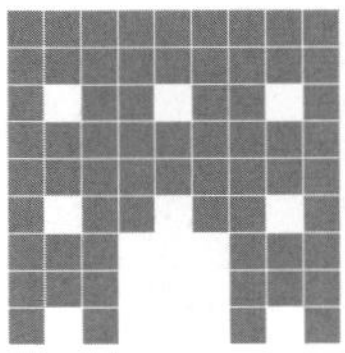	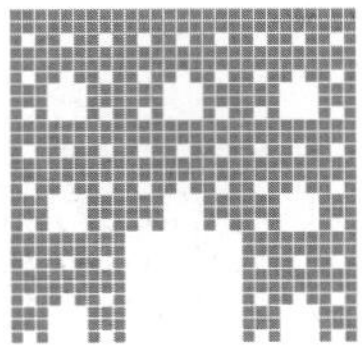

② 단계별 개수와 넓이

단계	0	1	2	3	…	n
개수	1	8	8^2	8^3	…	8^n
한 개 넓이	1	$\frac{1}{9}$	$(\frac{1}{9})^2$	$(\frac{1}{9})^3$	…	$(\frac{1}{9})^n$
단계별 넓이	1	$\frac{8}{9}$	$(\frac{8}{9})^2$	$(\frac{8}{9})^3$	…	$(\frac{8}{9})^n$

③ 자기닮음 차원

$r=3$($n+1$단계를 n단계와 비교할 때 한 변을 3등분)

$\mathrm{N}=8$($n+1$단계를 n단계와 비교할 때 개수가 8배)

자기닮음 차원 $D=\frac{\log N}{\log r}=\frac{\log 8}{\log 3}=\frac{0.903}{0.477}=1.8928$

④ 상자 차원

$$(\text{상자 차원}) = \frac{\log 4096 - \log 8}{\log 81 - \log 3} = \frac{3.6124 - 0.9031}{1.9085 - 0.4771} = \frac{2.7092}{1.4314} = 1.8928$$

단계	0	1	2	3	4	n
등분의 수	1	3	9	27	81	3^n
개수	1	8	64	512	4096	8^n

⑤ 등분의 수와 개수의 로그-로그 그래프

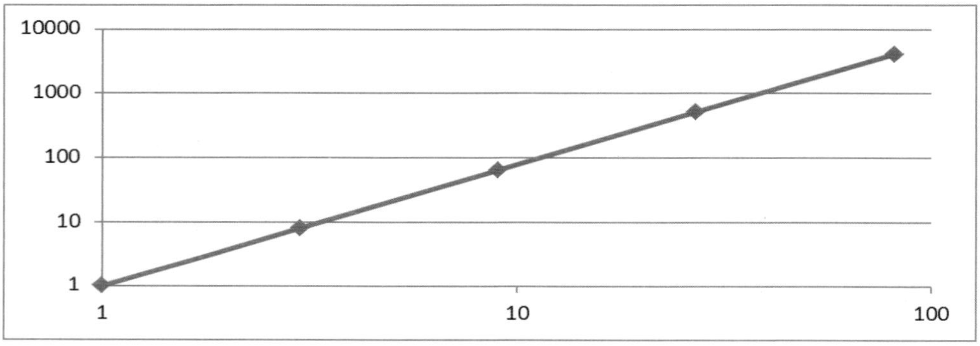

4. 탐구 활동

(1) 넓이, 개수 외에 또 다른 성질을 찾아보자.

2.4 4×4 곱셈 프랙탈

1단계 3×3모양의 프랙탈을 많이 보았다. 1단계 모양이 4×4 형태를 가지는 프랙탈 도형을 단계별로 만들어 보자.

1. 곱셈을 이용한 프랙탈

(1) 차원 $\log_4 4 = \log_{16} 16 = \log_{64} 64 = 1$

① 1단계	② 2단계	③ 3단계
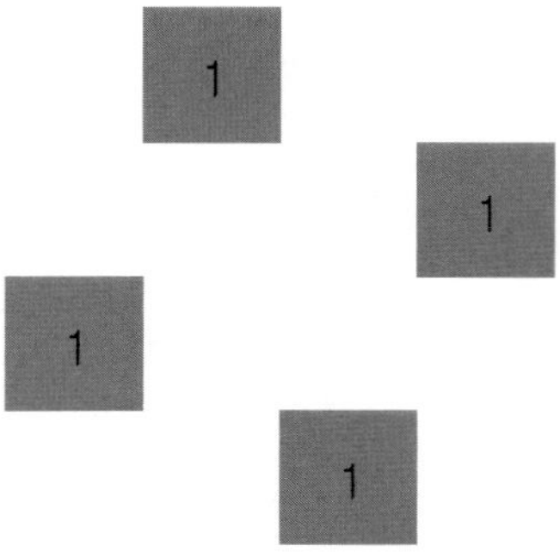		

(2) 1단계 8개, $\log_4 8 = \log_{16} 64 = \log_{64} 512 = 1.5$

① 1단계	② 2단계	③ 3단계
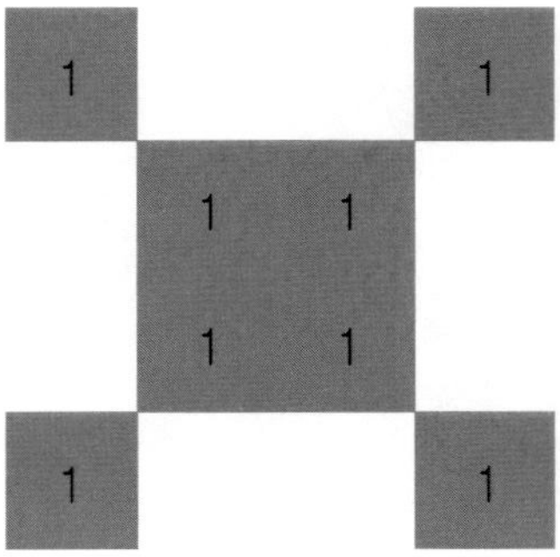	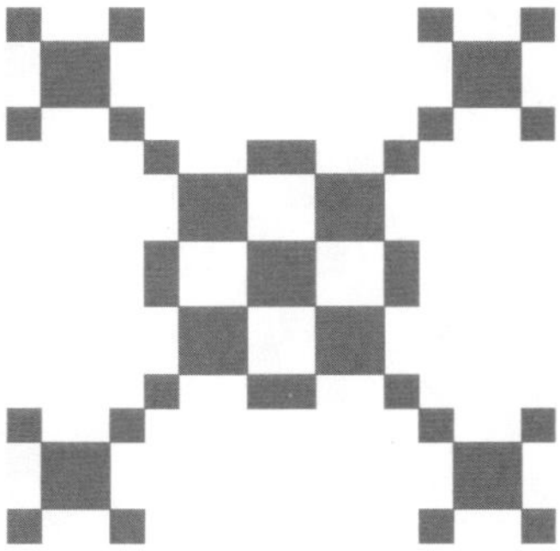	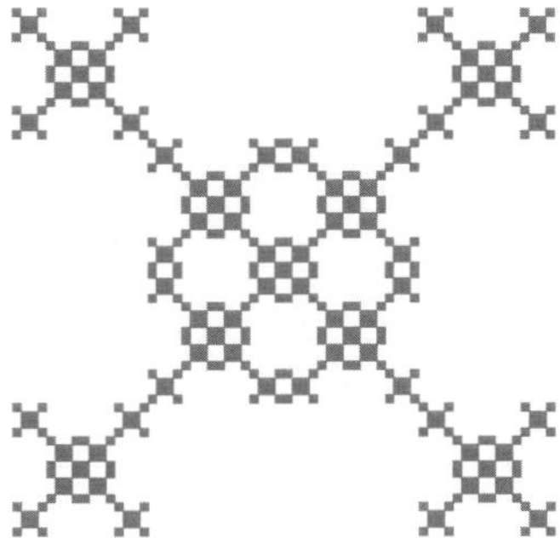

① 1단계	② 2단계	③ 3단계
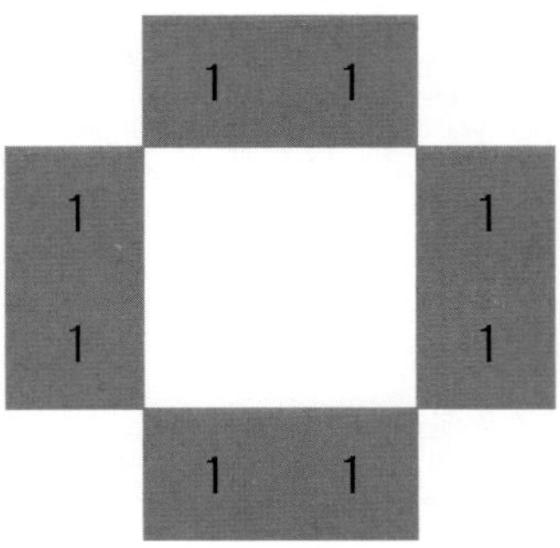	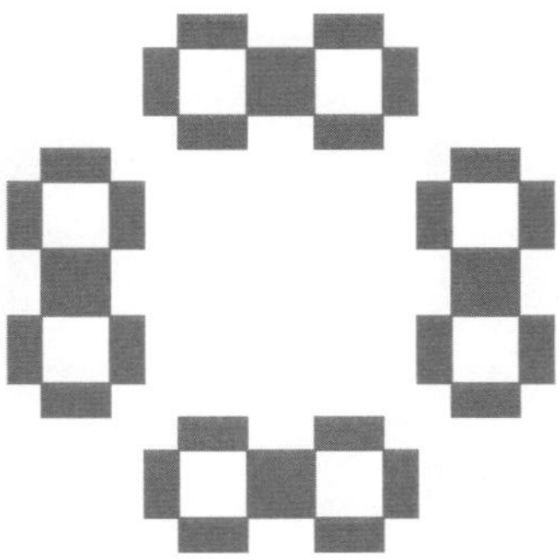	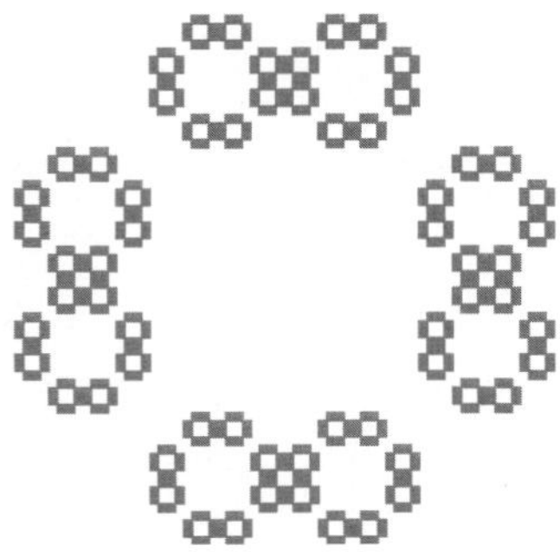

① 1단계	② 2단계	③ 3단계
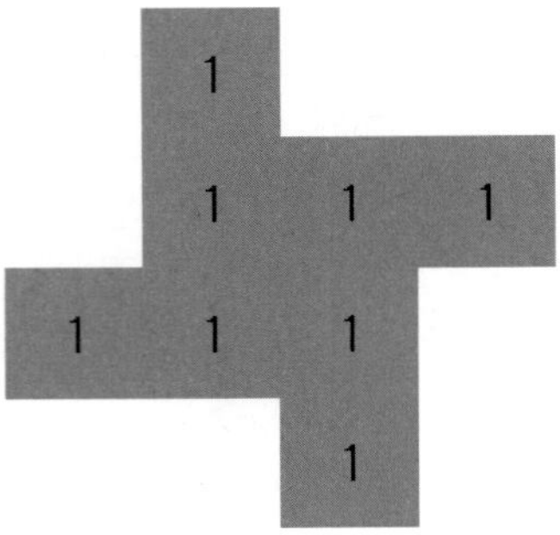	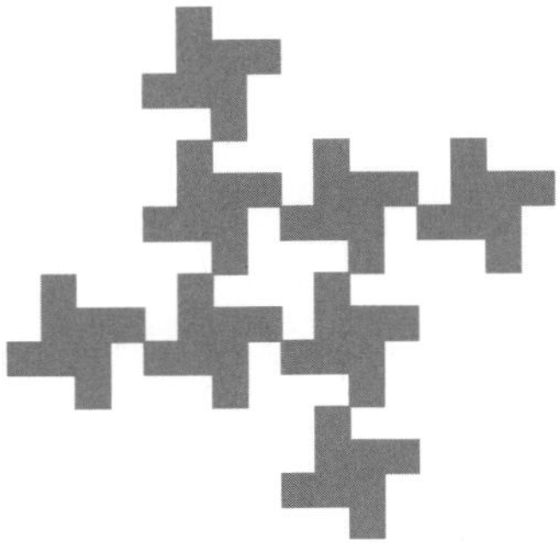	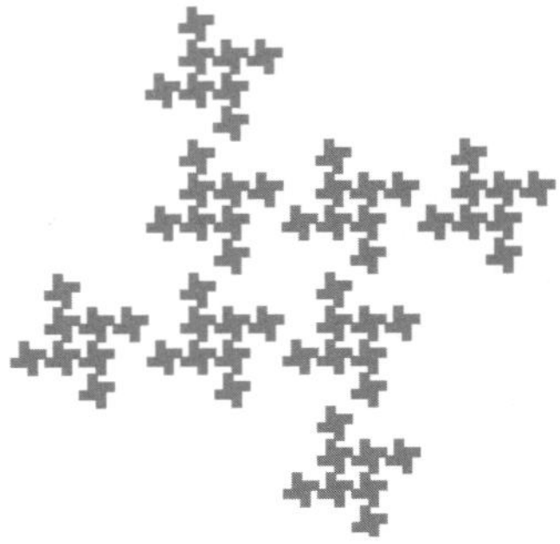

(3) 1단계 12개, $\log_4 12 = \log_{16} 144 = \log_{64} 1728 = 1.792$

① 1단계	② 2단계	③ 3단계
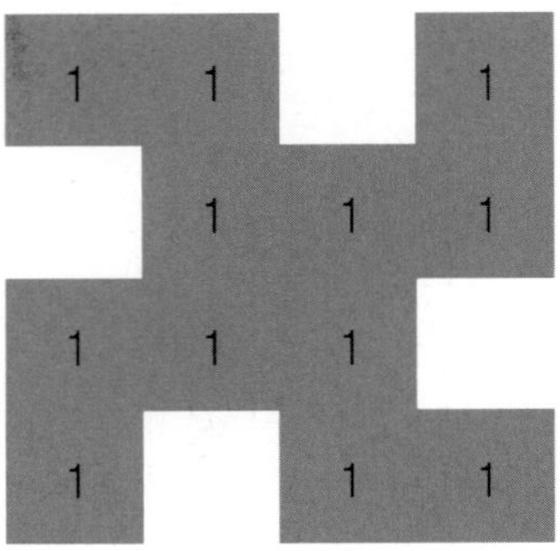	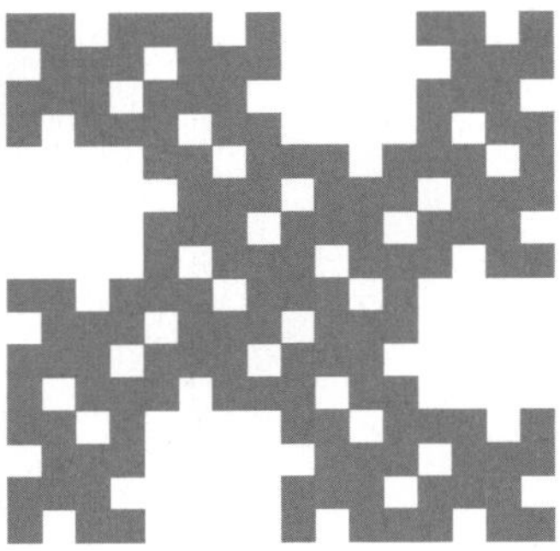	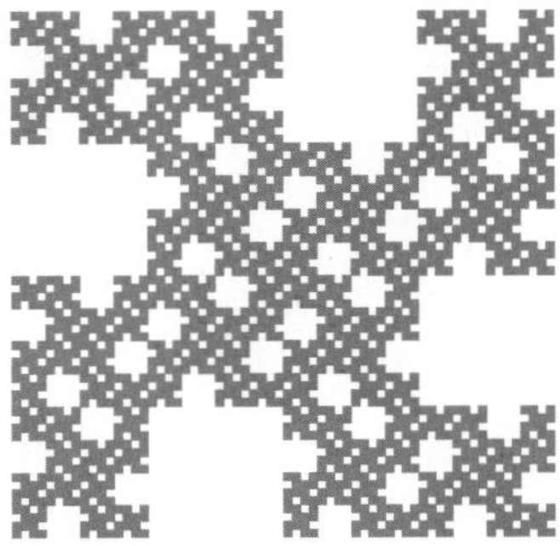

① 1단계	② 2단계	③ 3단계
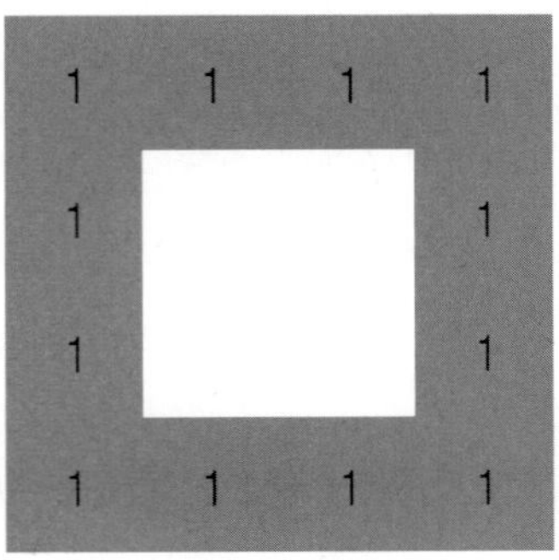		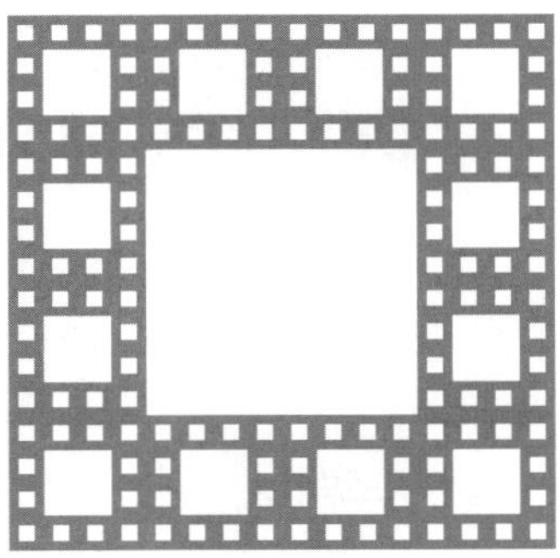

① 1단계	② 2단계	③ 3단계
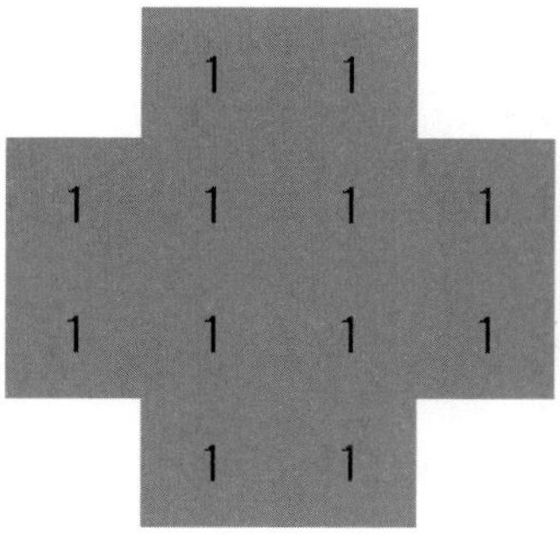	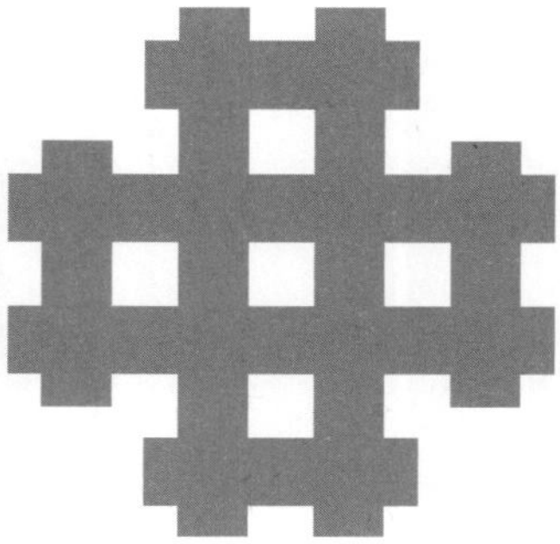	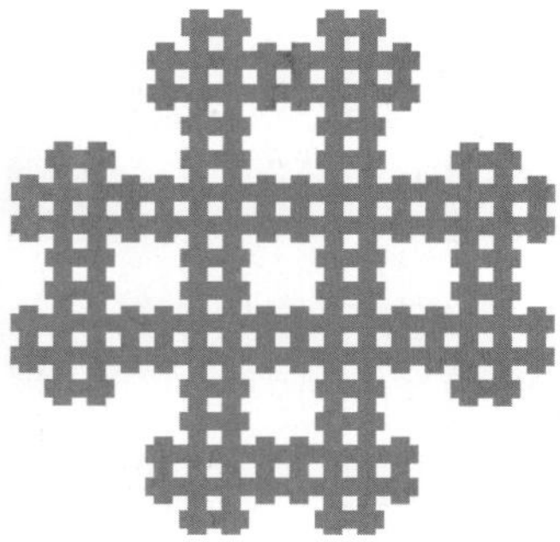

① 1단계	② 2단계	③ 3단계
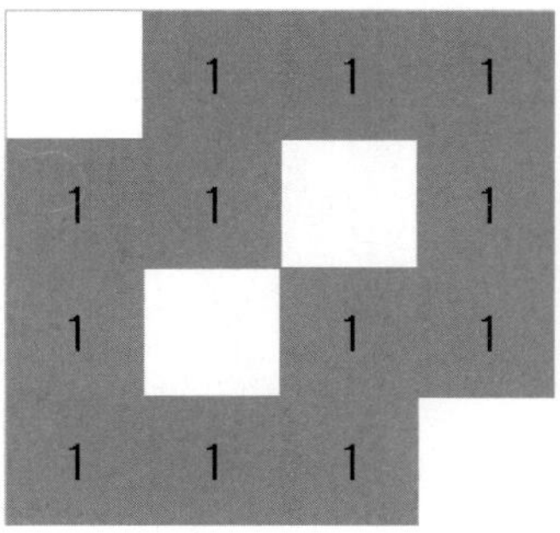	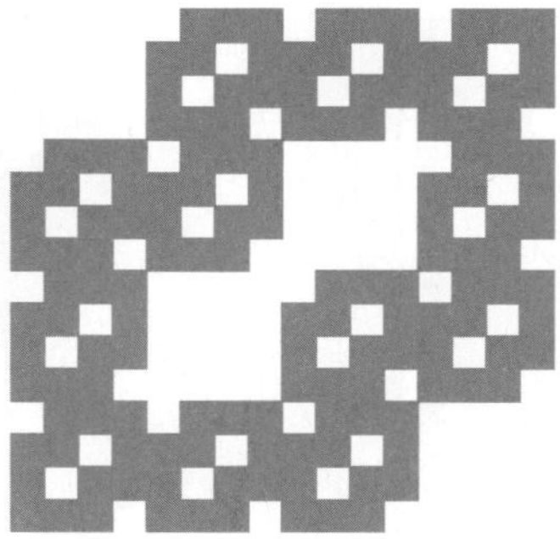	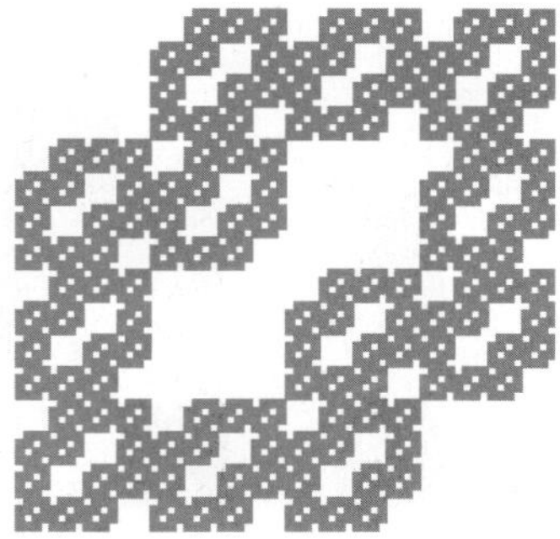

2. 탐구 활동

(1) 덧셈의 프랙탈에 대해 생각해 보자.

2.5 5×5 곱셈 프랙탈

1단계 5×5행렬의 모양에서 곱셈을 이용하여 프랙탈 도형을 만들어보자.

1. 곱셈 프랙탈

(1) 1단계 8개, 차원 $\log_5 8 = \log_{25} 64 = \log_{125} 512 = 1.292$

① 1단계	② 2단계	③ 3단계
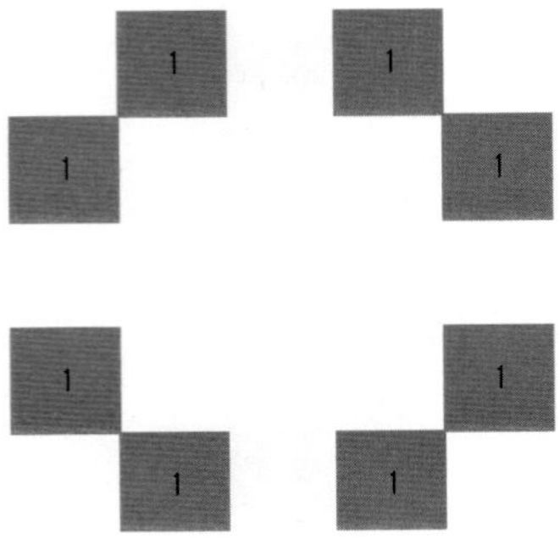	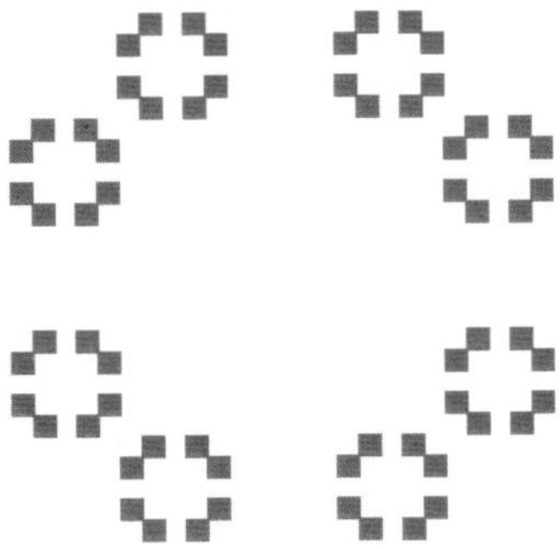	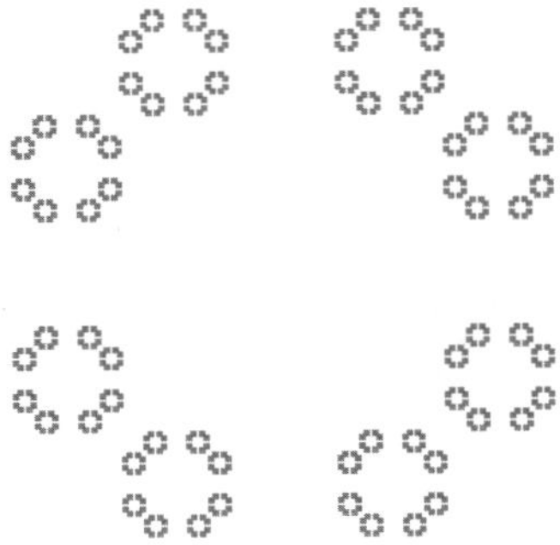

① 1단계	② 2단계	③ 3단계
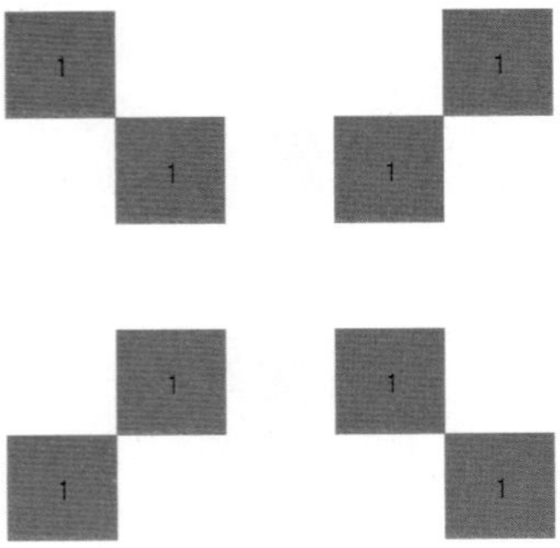	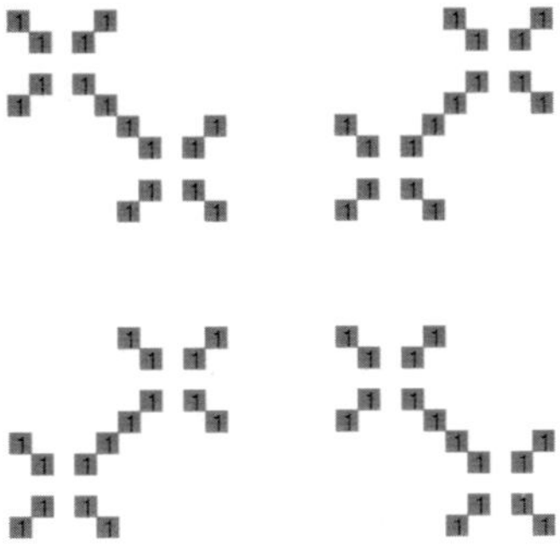	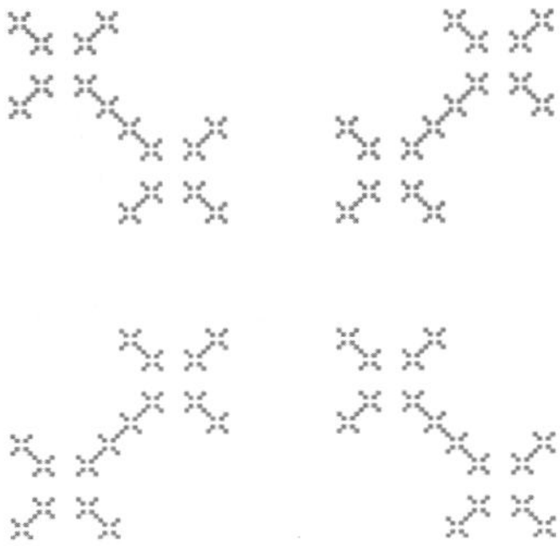

① 1단계	② 2단계	③ 3단계
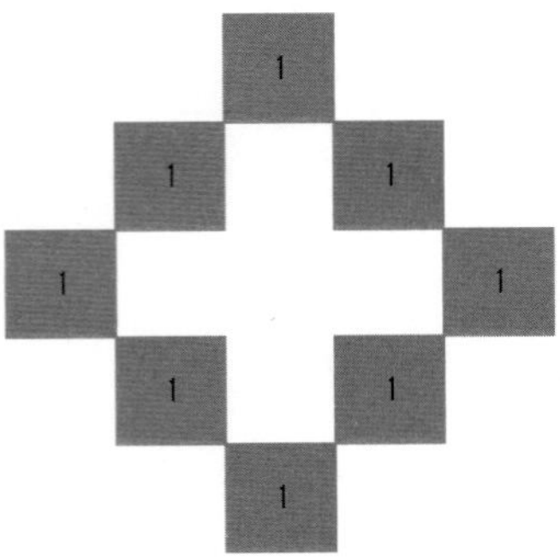	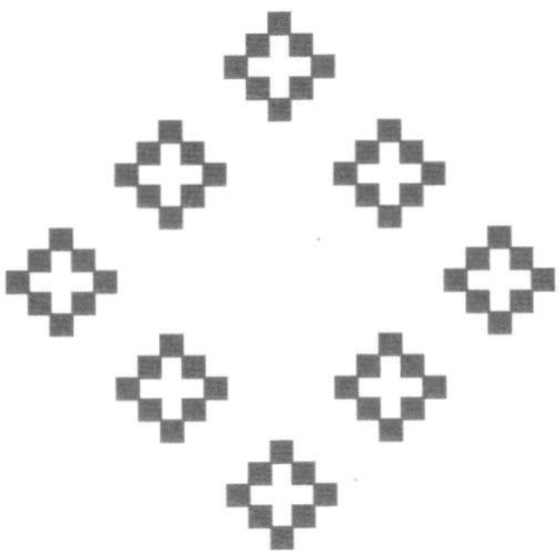	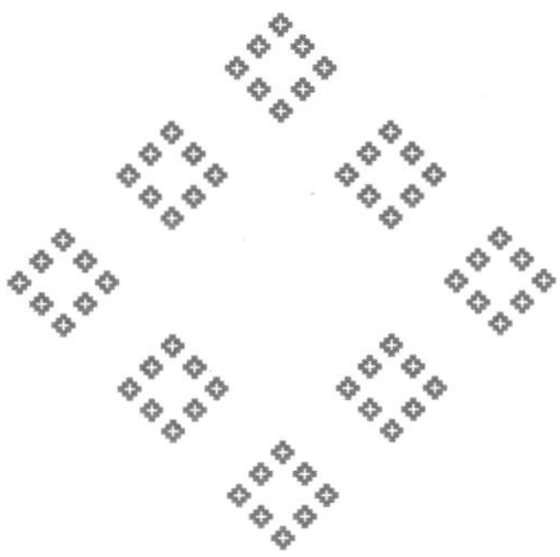

(2) 1단계 9개, $\log_5 9 = \log_{25} 81 = \log_{125} 729 = 1.292$

① 1단계	② 2단계	③ 3단계
	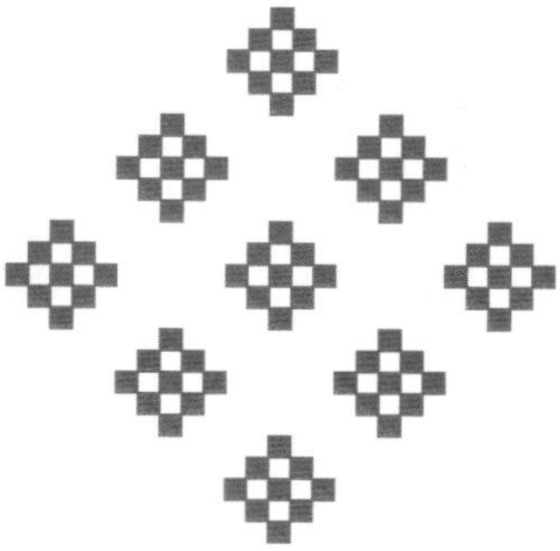	

① 1단계	② 2단계	③ 3단계
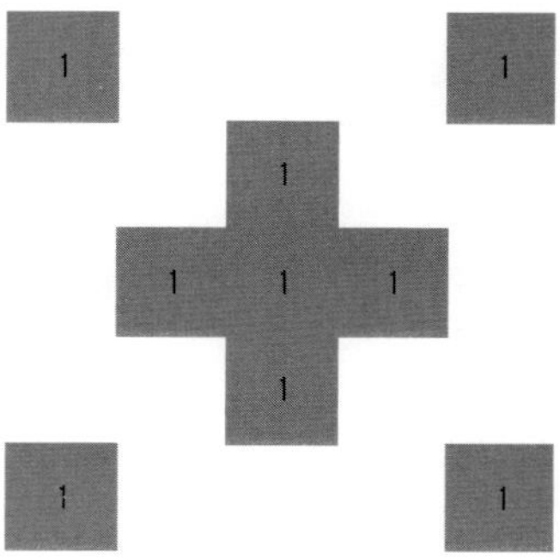	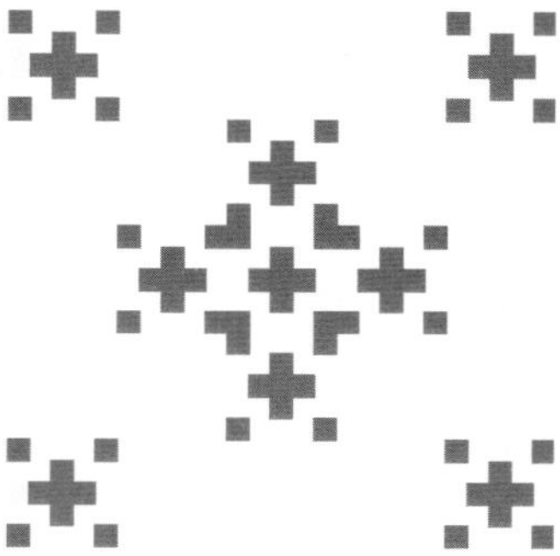	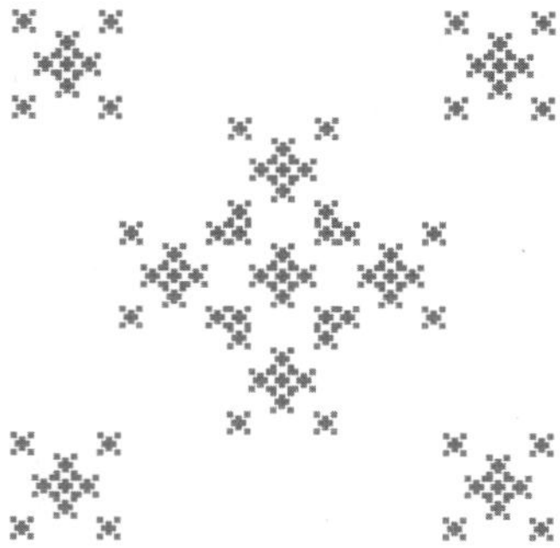

① 1단계	② 2단계	③ 3단계
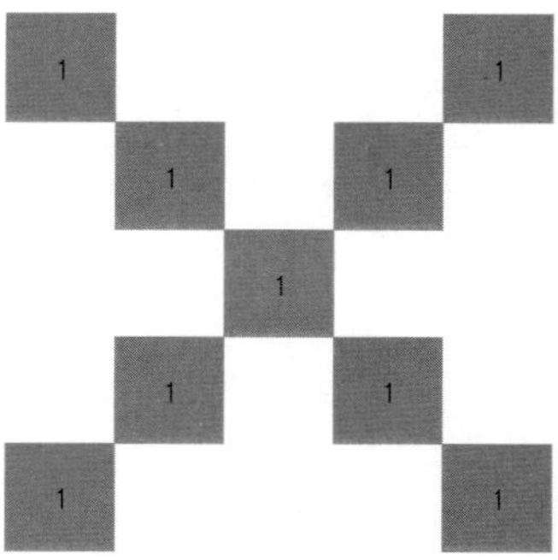	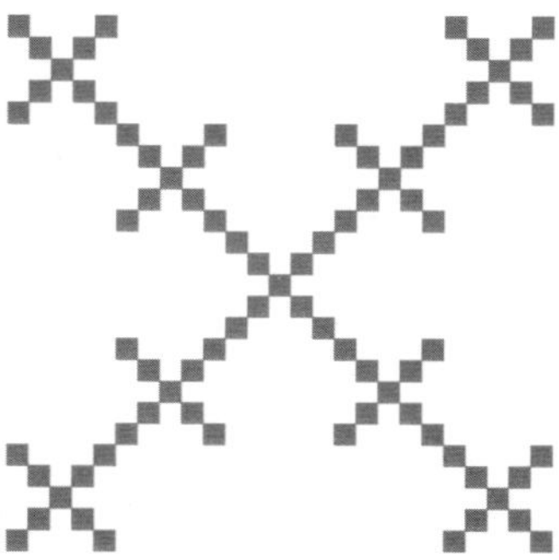	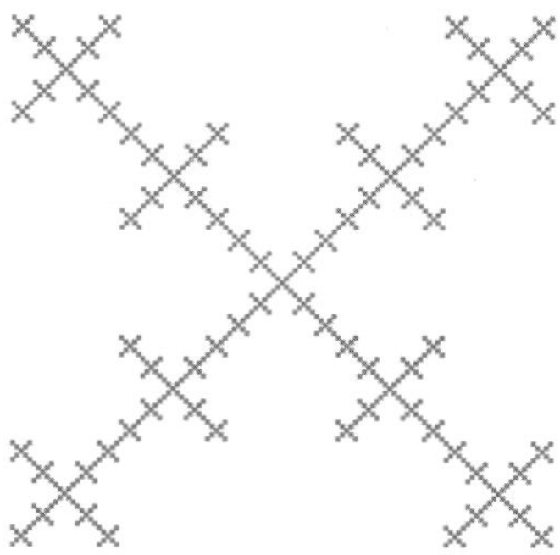

(3) 1단계 12개, $\log_5 12 = \log_{25} 144 = \log_{125} 1728 = 1.544$

① 1단계	② 2단계	③ 3단계
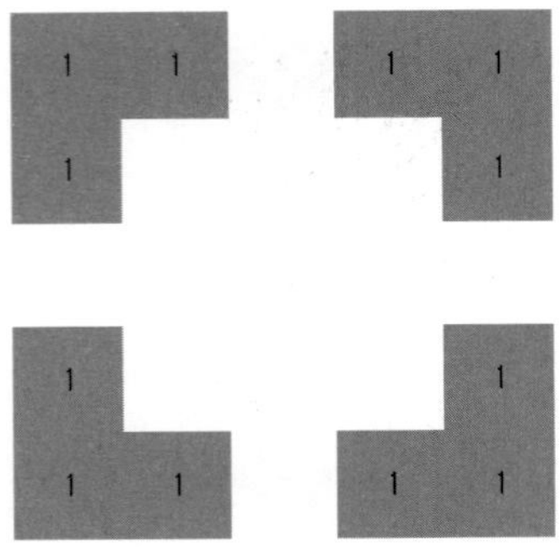	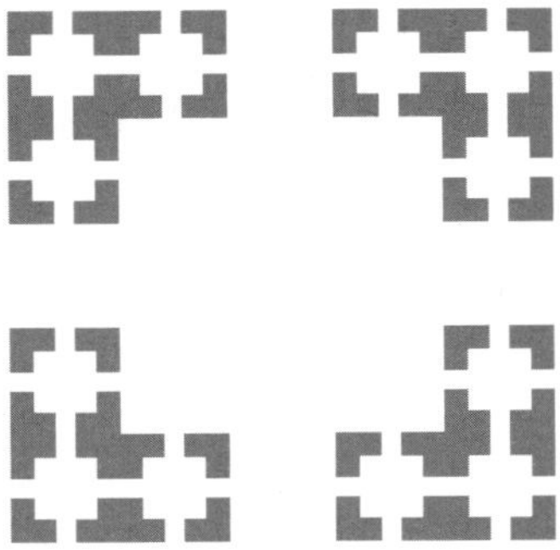	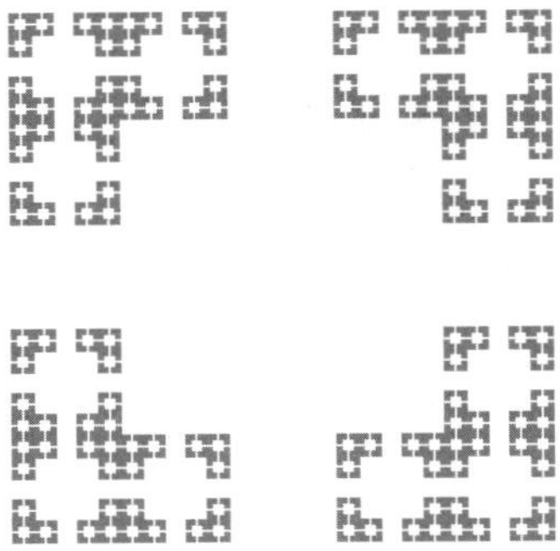

① 1단계	② 2단계	③ 3단계
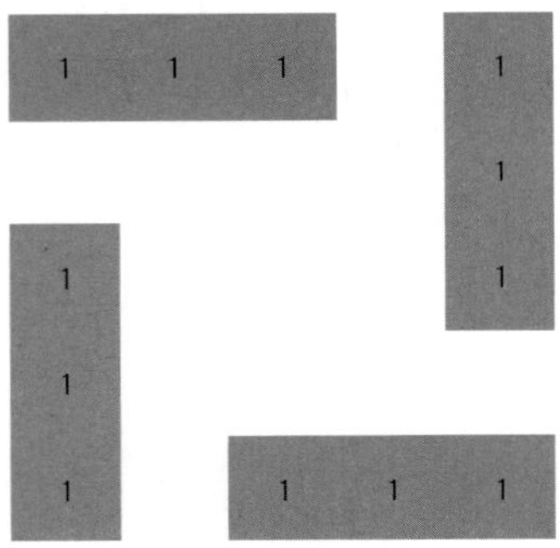		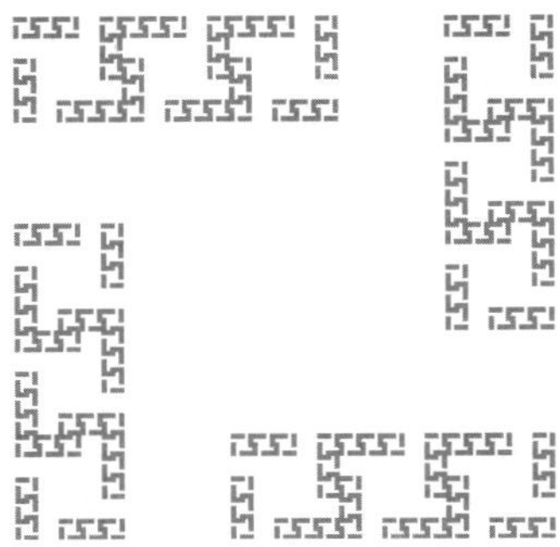

① 1단계	② 2단계	③ 3단계
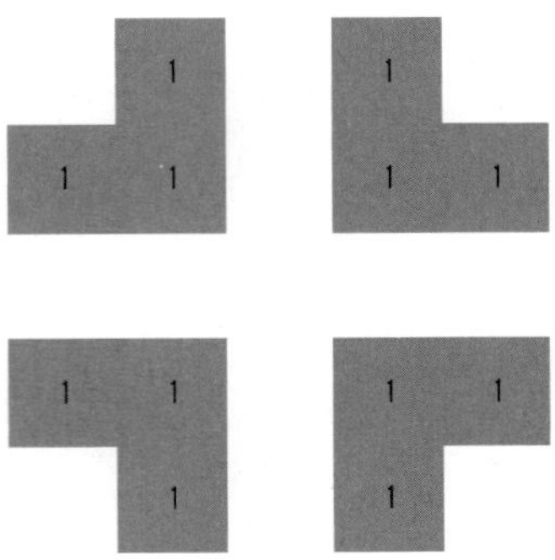		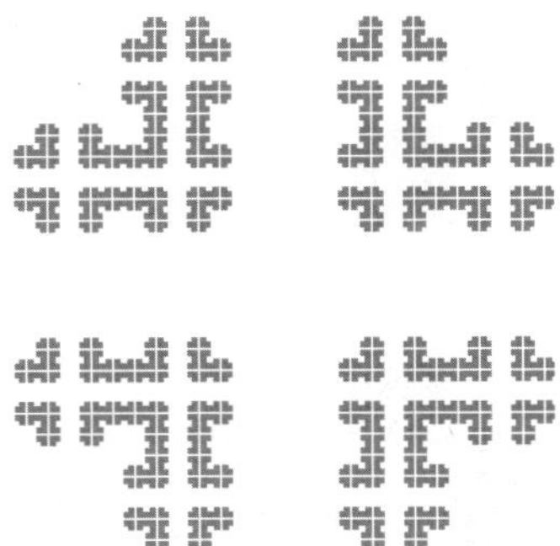

① 1단계	② 2단계	③ 3단계
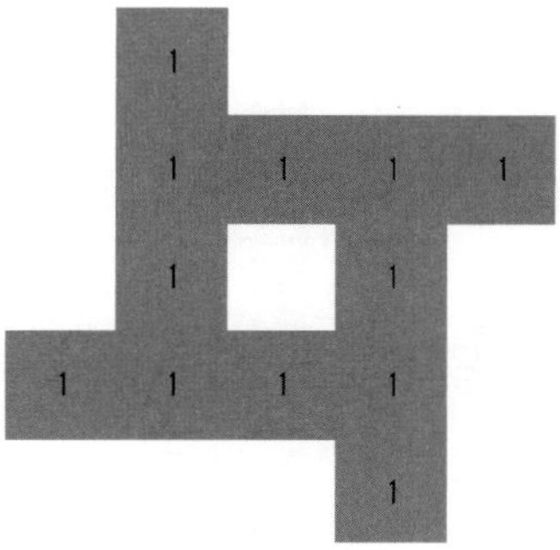	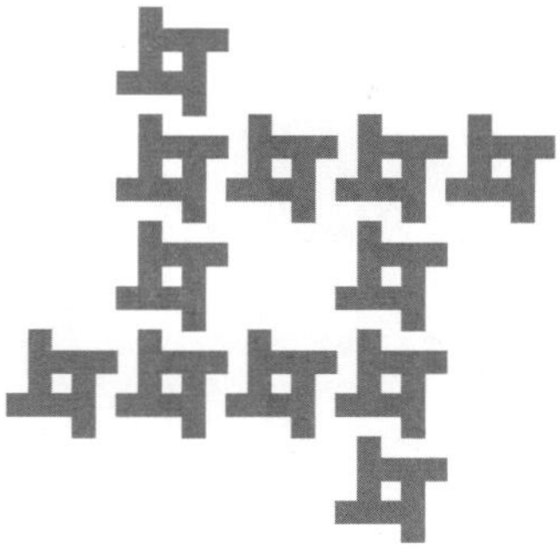	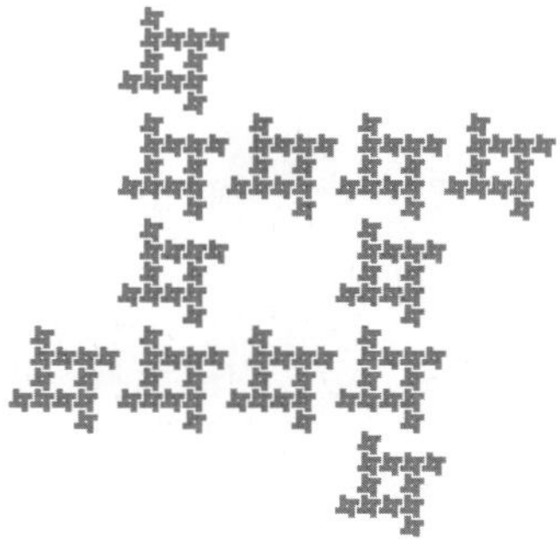

① 1단계	② 2단계	③ 3단계
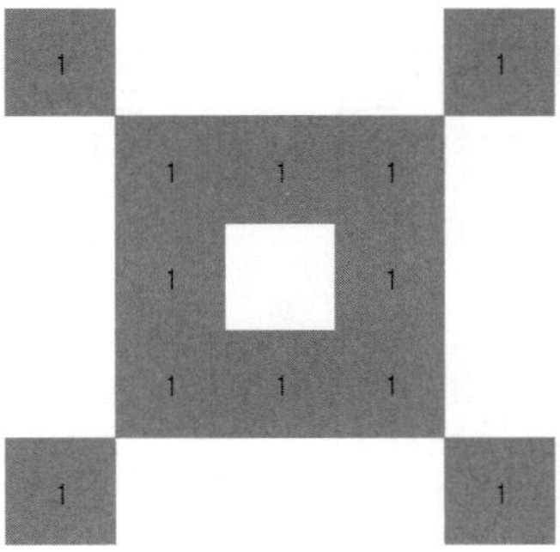	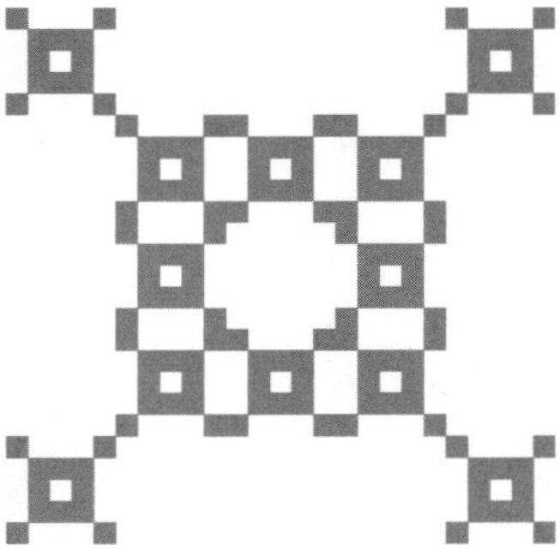	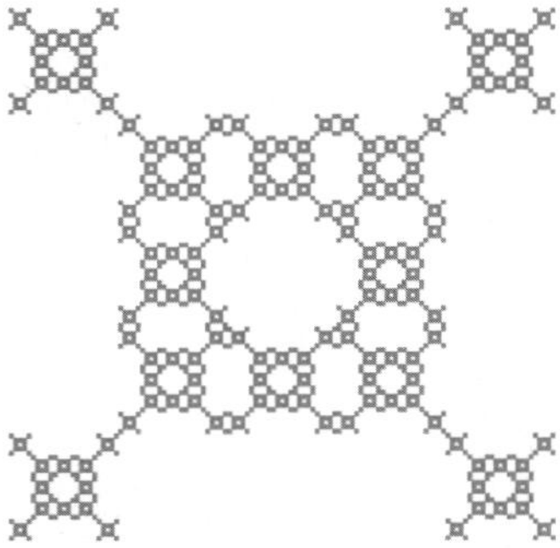

① 1단계	② 2단계	③ 3단계
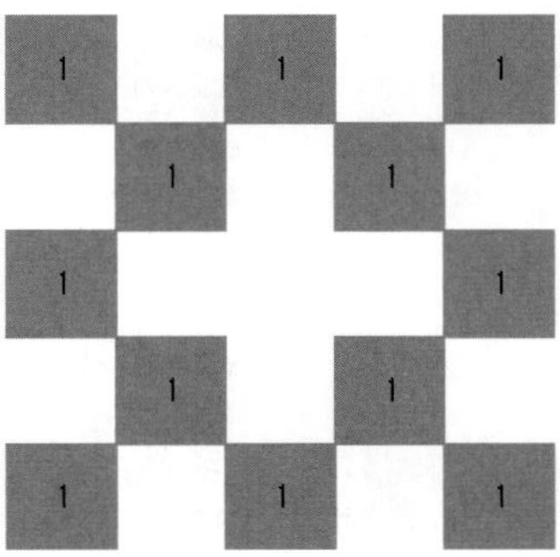	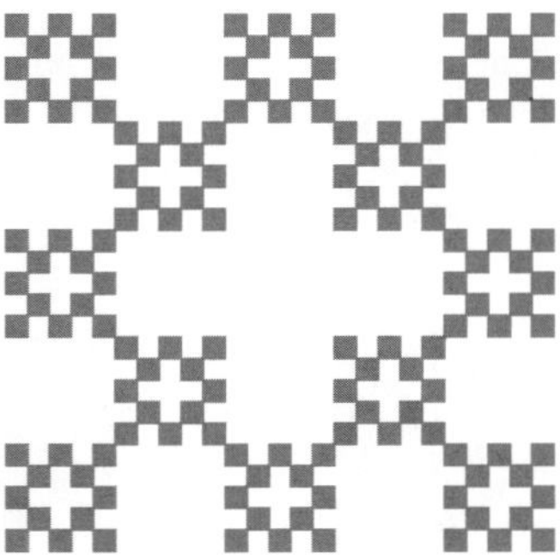	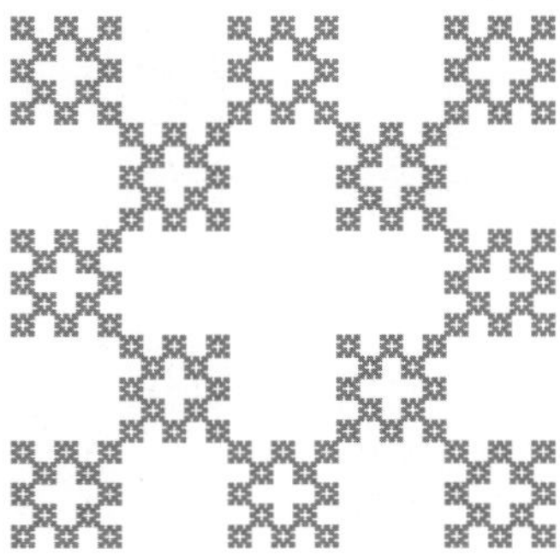

(4) 1단계 13개, $\log_5 13 = \log_{25} 169 = \log_{125} 2197 = 1.594$

① 1단계	② 2단계	③ 3단계
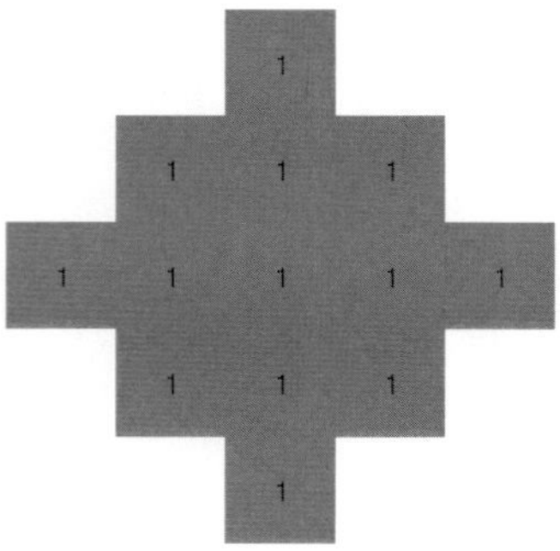		

① 1단계	② 2단계	③ 3단계
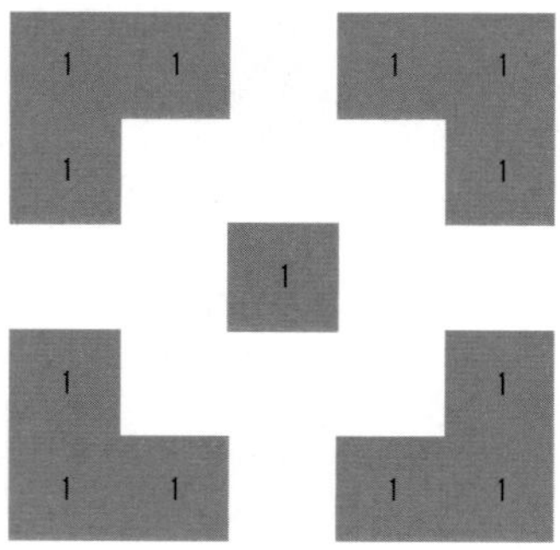	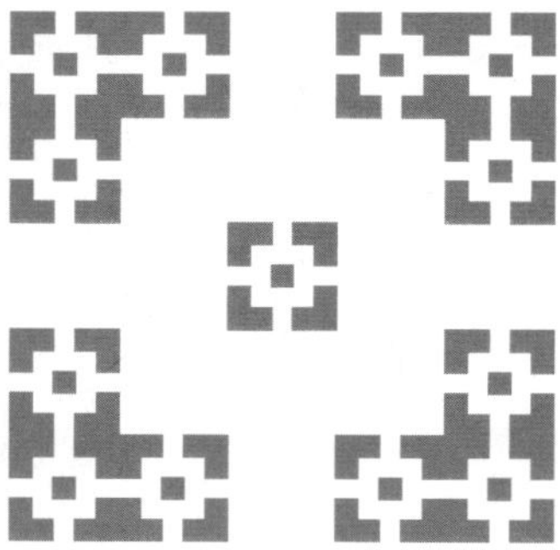	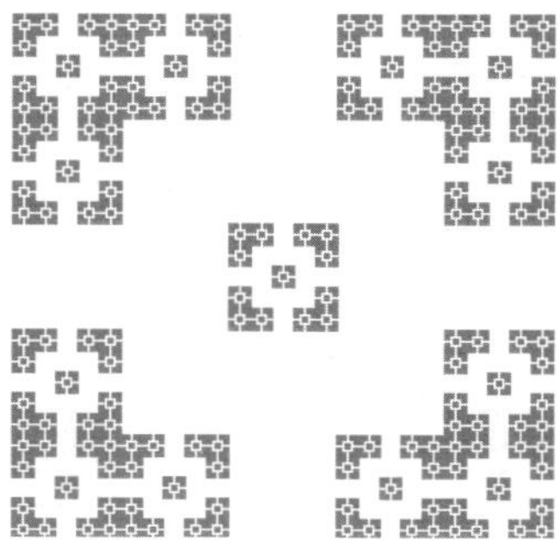

① 1단계	② 2단계	③ 3단계
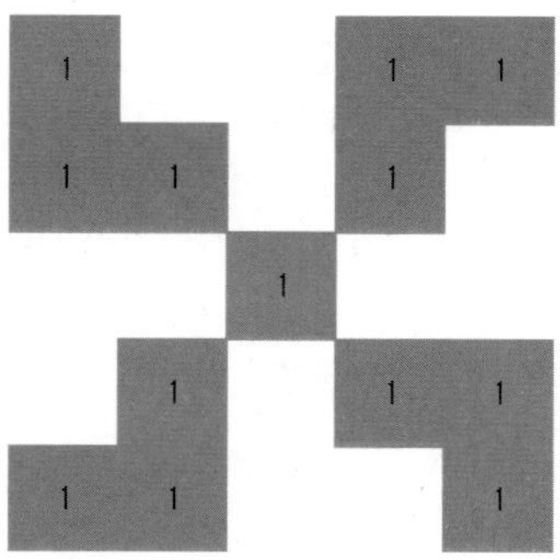	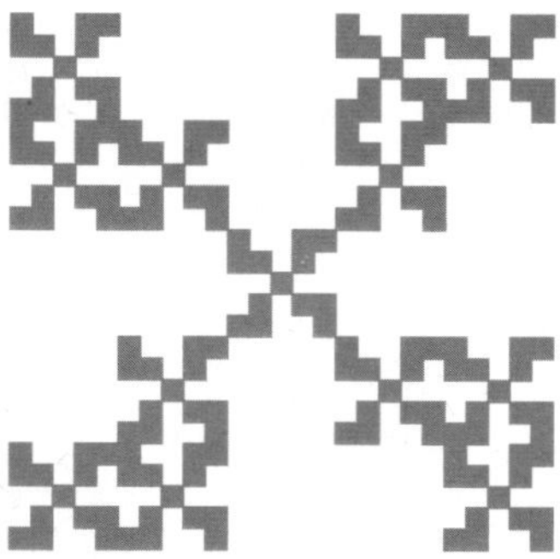	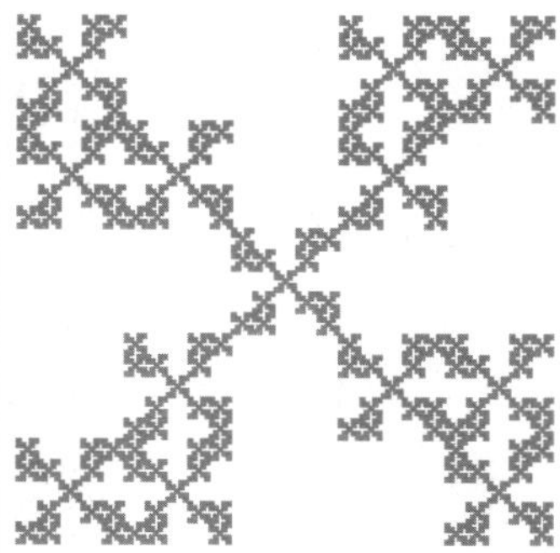

① 1단계	② 2단계	③ 3단계
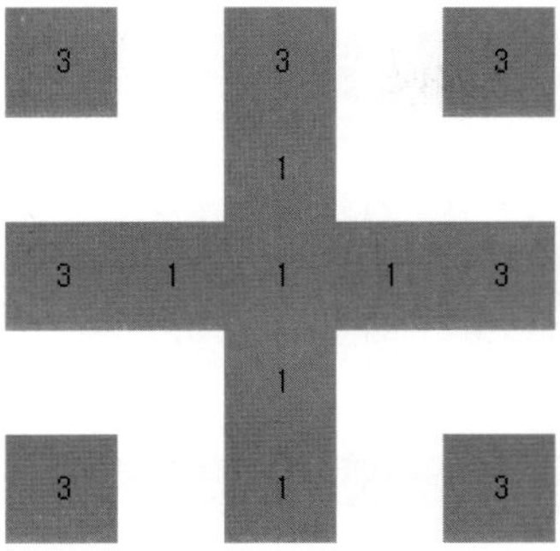	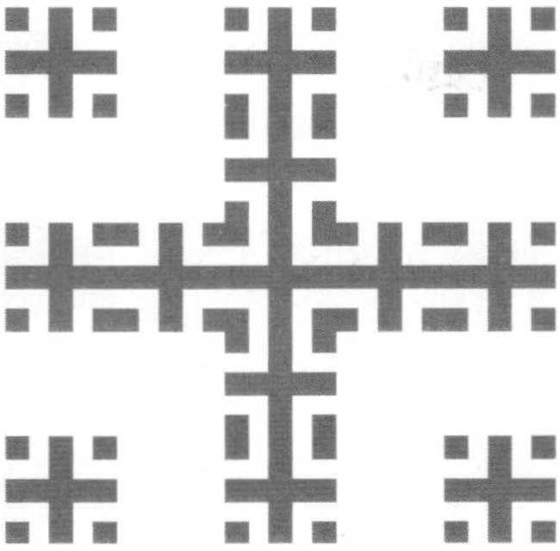	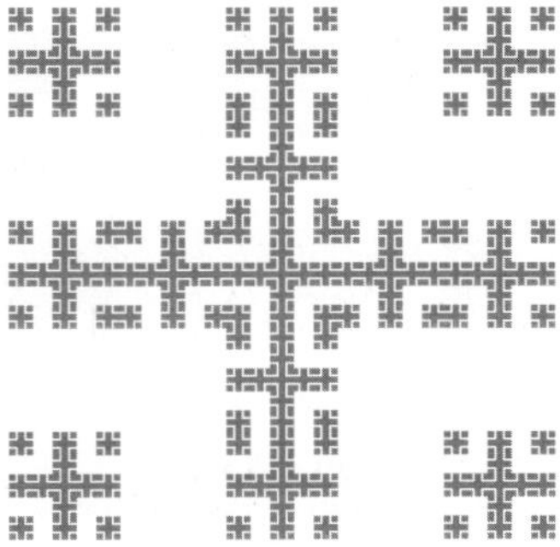

① 1단계	② 2단계	③ 3단계
		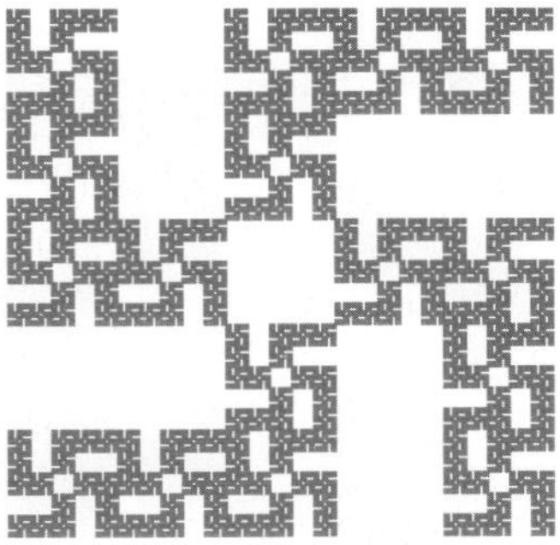

(5) 1단계 16개, $\log_5 16 = \log_{25} 256 = \log_{125} 4096 = 1.723$

① 1단계	② 2단계	③ 3단계
	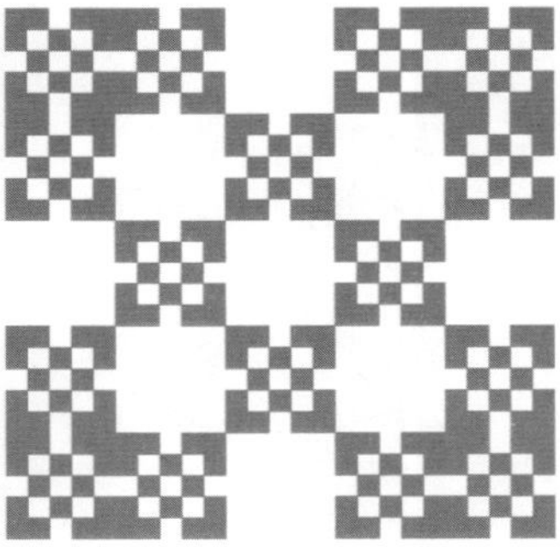	

① 1단계	② 2단계	③ 3단계
		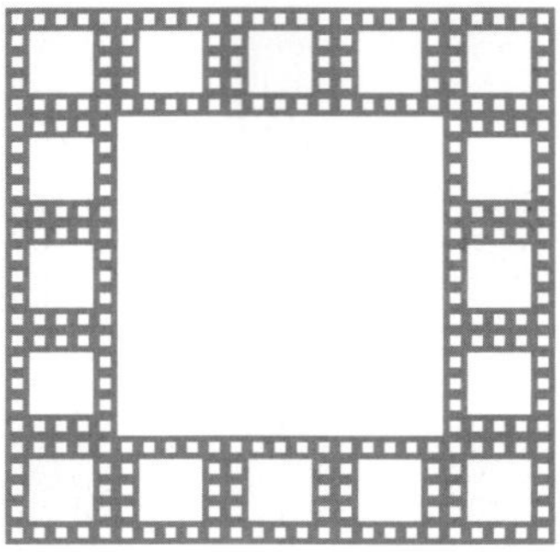

① 1단계	② 2단계	③ 3단계
	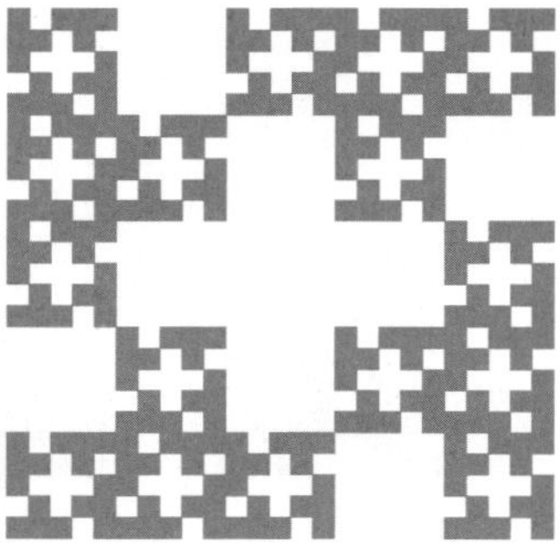	

① 1단계	② 2단계	③ 3단계
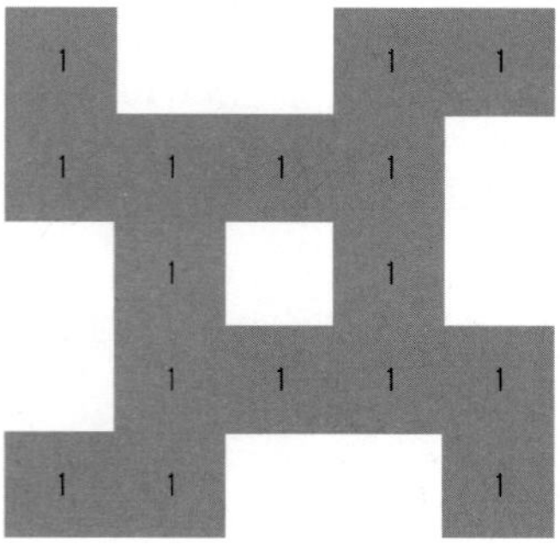	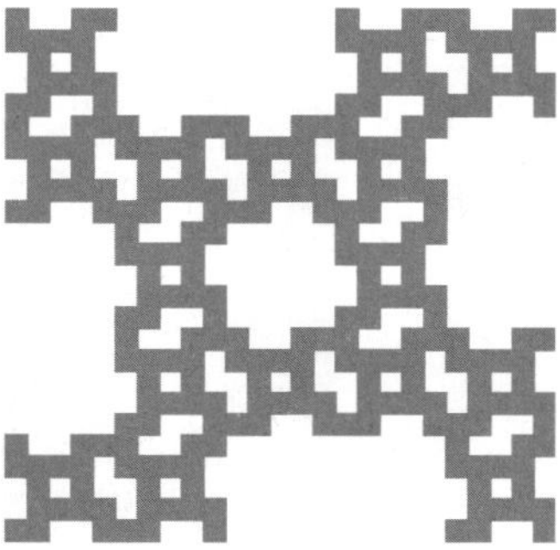	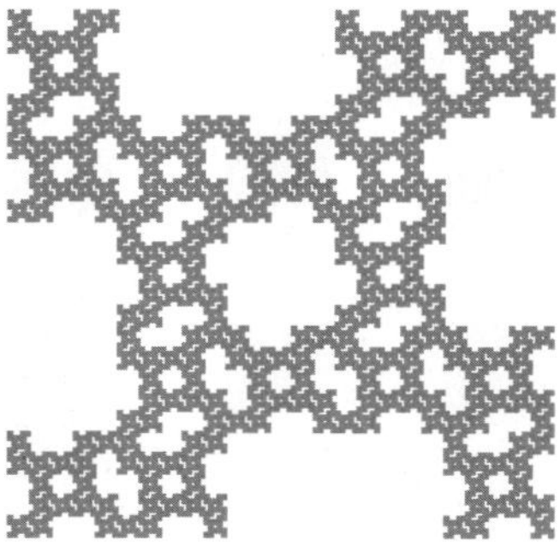

(6) 1단계 17개, $\log_5 17 = \log_{25} 289 = \log_{125} 4913 = 1.761$

① 1단계	② 2단계	③ 3단계
	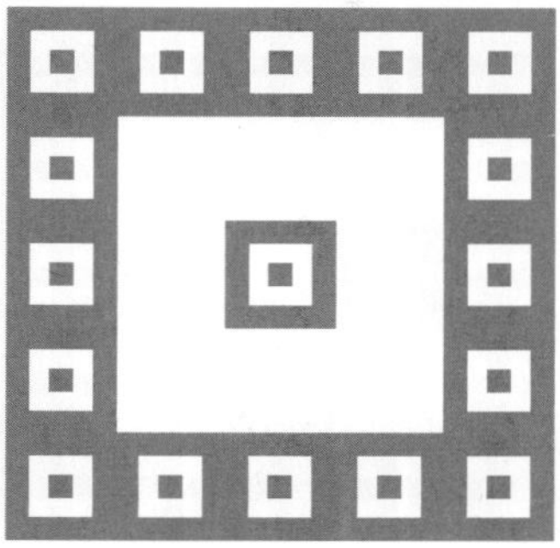	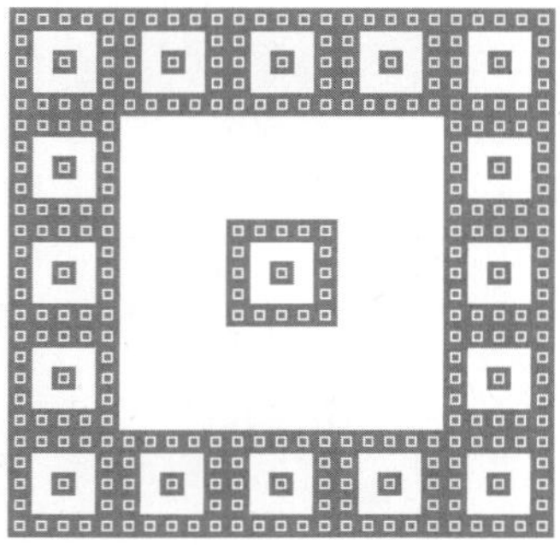

① 1단계	② 2단계	③ 3단계
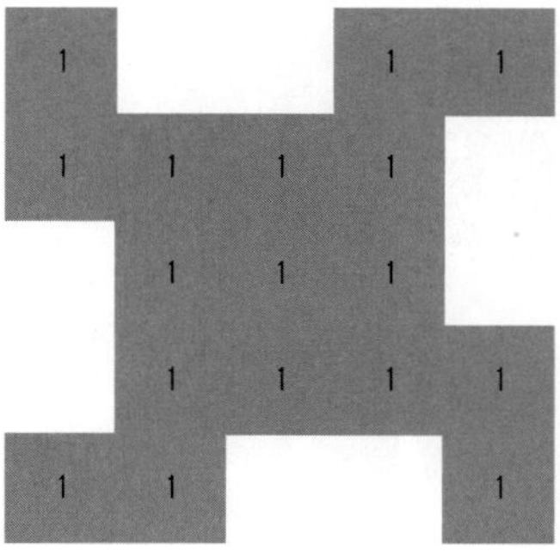	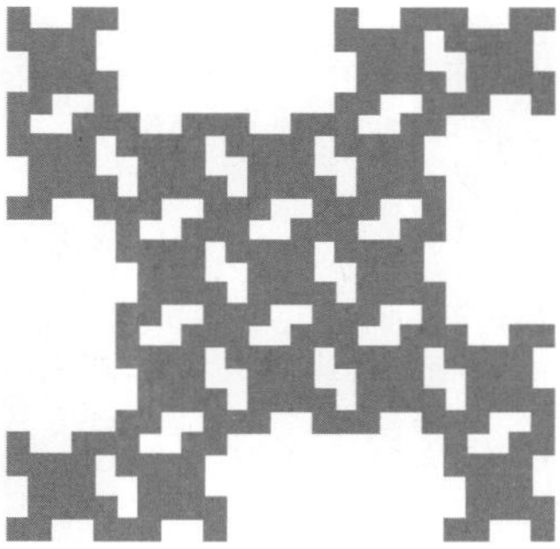	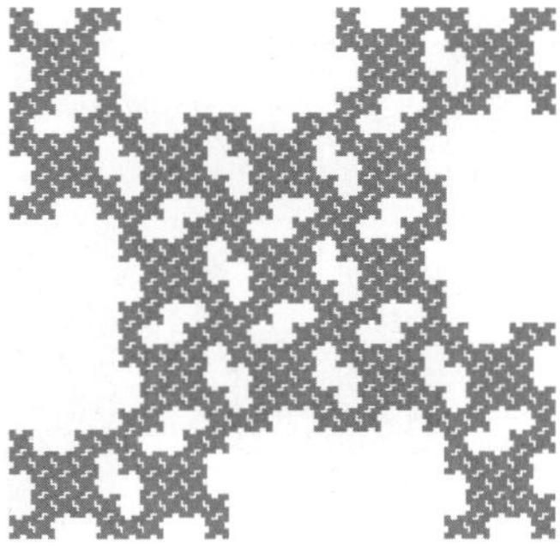

① 1단계	② 2단계	③ 3단계
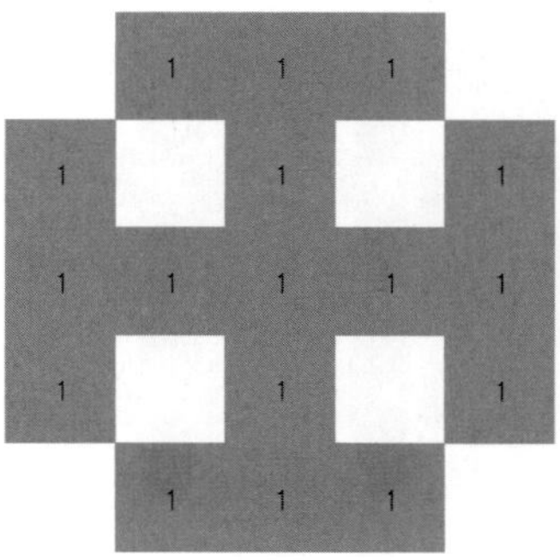	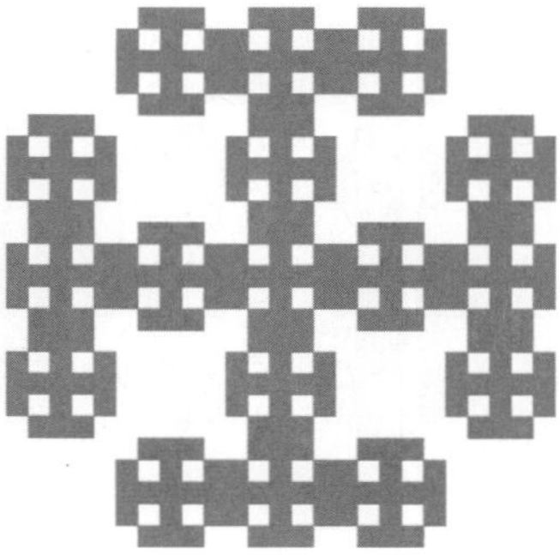	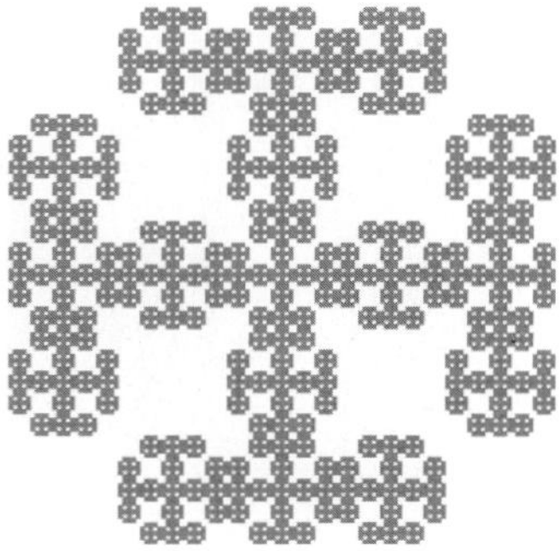

(7) 1단계 20개, $\log_5 20 = \log_{25} 400 = \log_{125} 8000 = 1.861$

① 1단계	② 2단계	③ 3단계
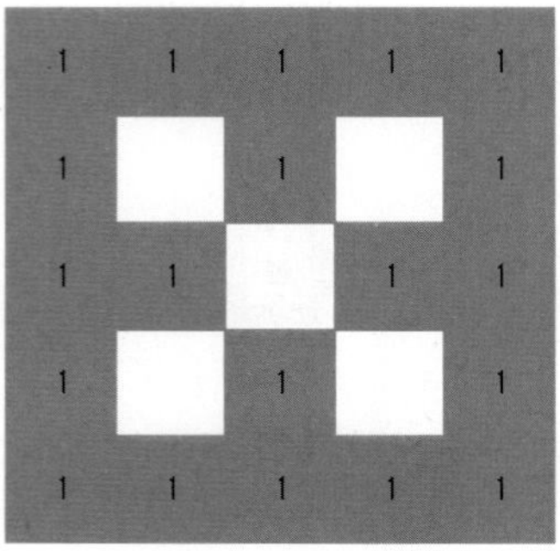	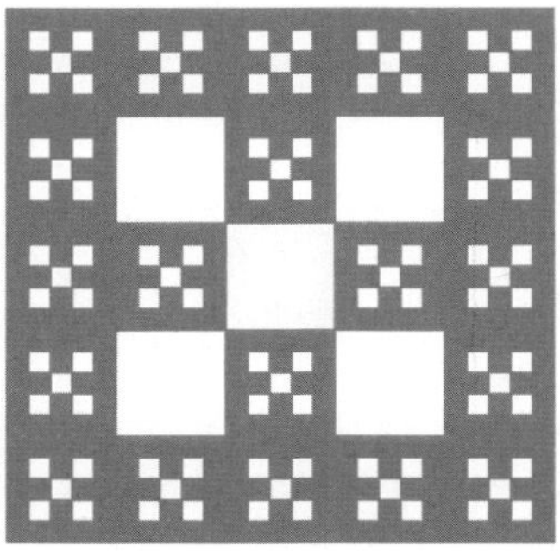	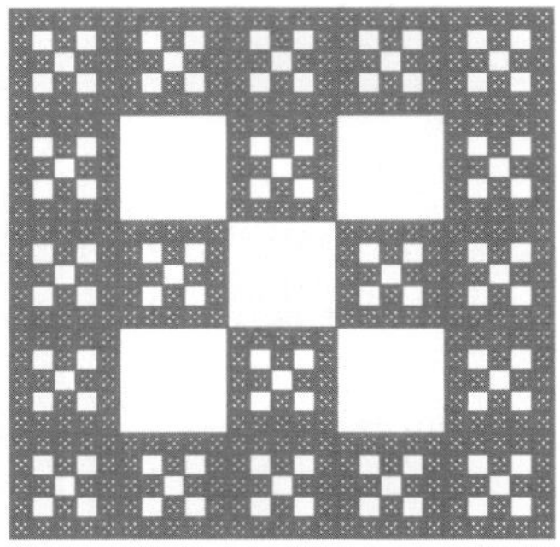

① 1단계	② 2단계	③ 3단계
	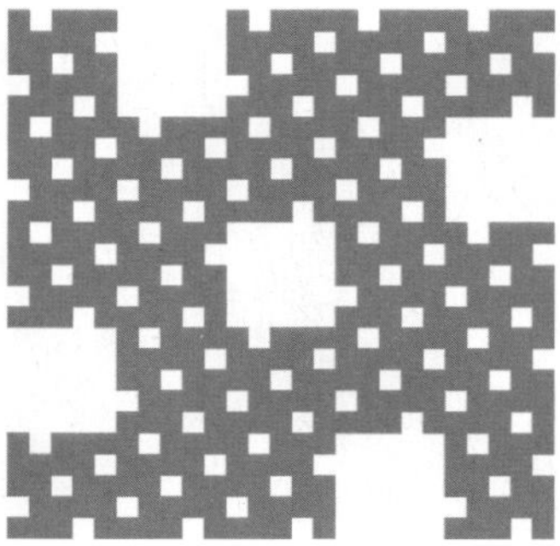	

① 1단계	② 2단계	③ 3단계
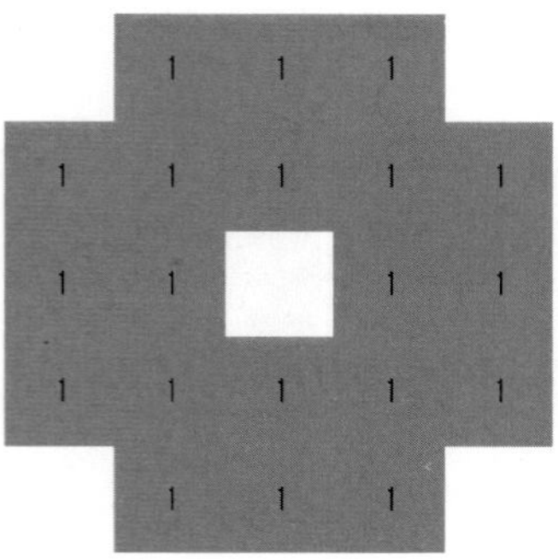	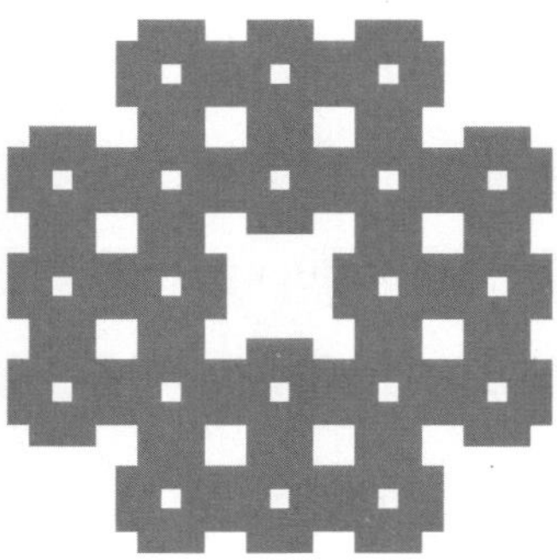	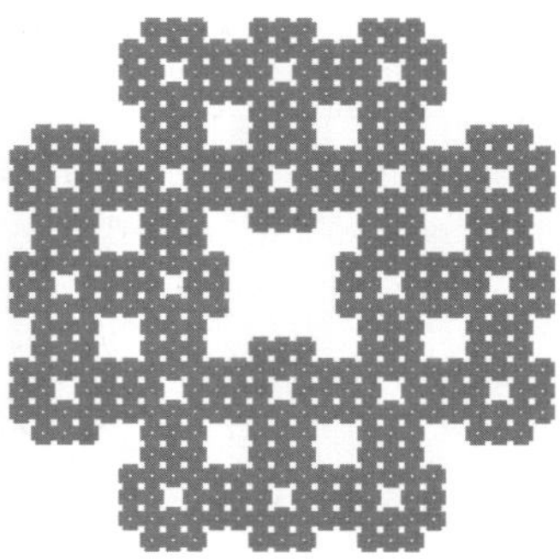

(8) 1단계 21개, $\log_5 21 = \log_{25} 441 = \log_{125} 9261 = 1.892$

① 1단계	② 2단계	③ 3단계
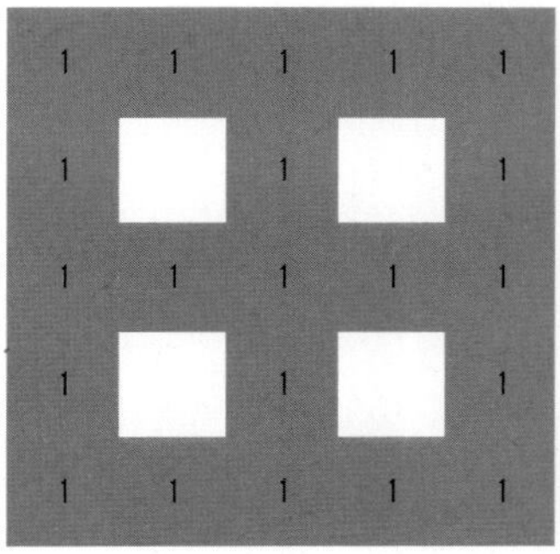	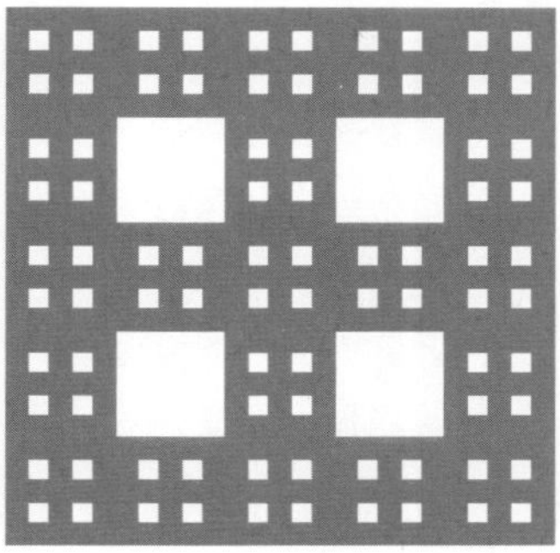	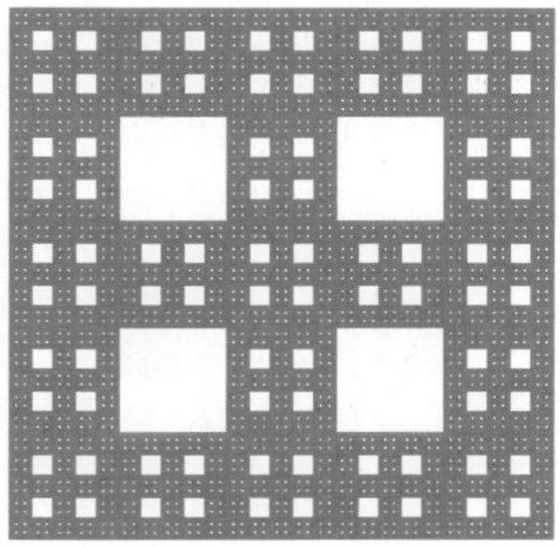

① 1단계	② 2단계	③ 3단계
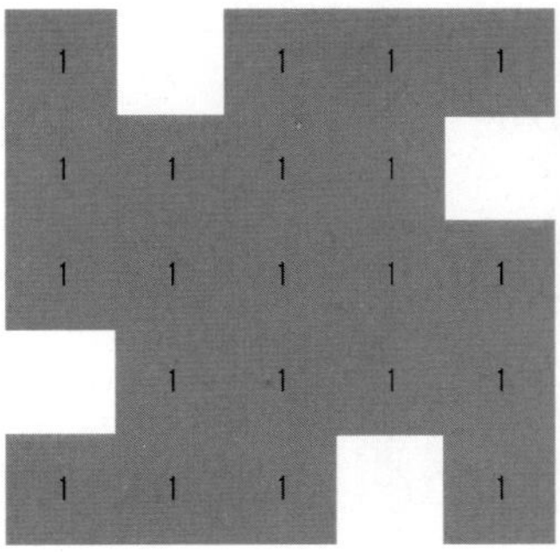	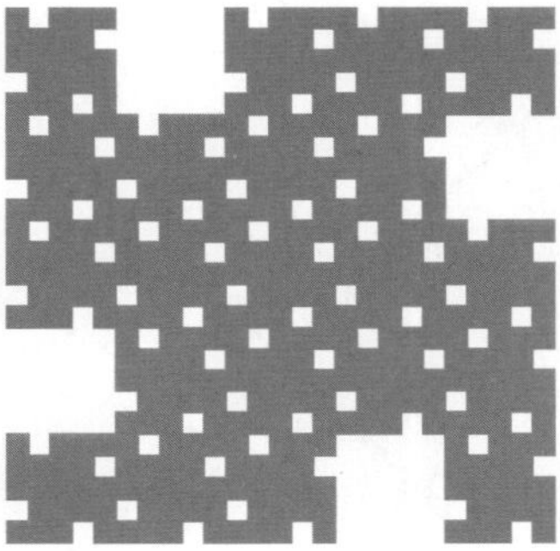	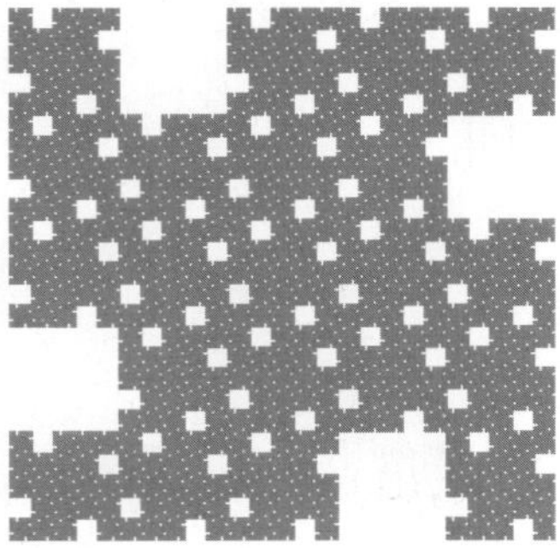

2. 탐구 활동

(1) 덧셈 프랙탈에 대해 생각해 보자.

2.6 6×6 곱셈 프랙탈

1단계 6×6 행렬의 모양에서 곱셈을 이용하여 프랙탈 도형을 만들어보자.

1. 곱셈을 이용한 프랙탈

(1) 1단계 8개, 차원 $\log_6 8 = \log_{36} 64 = \log_{216} 512 = 1.161$

① 1단계	② 2단계	③ 3단계
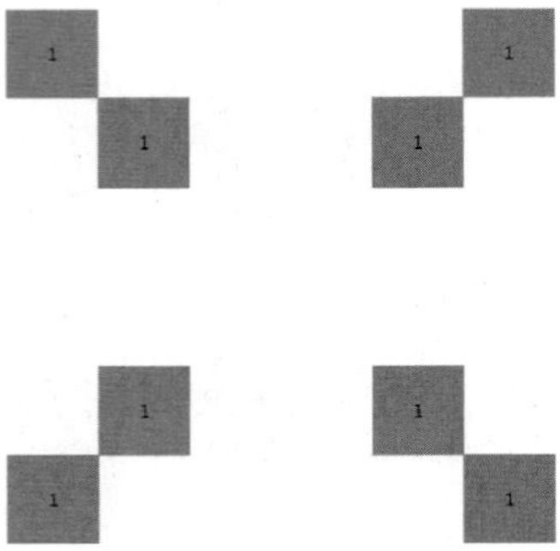	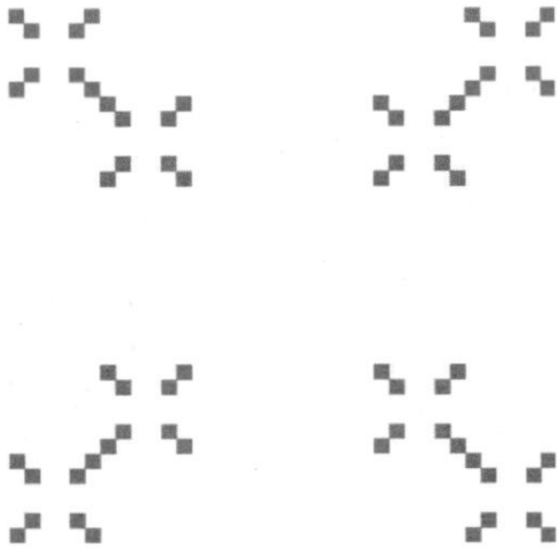	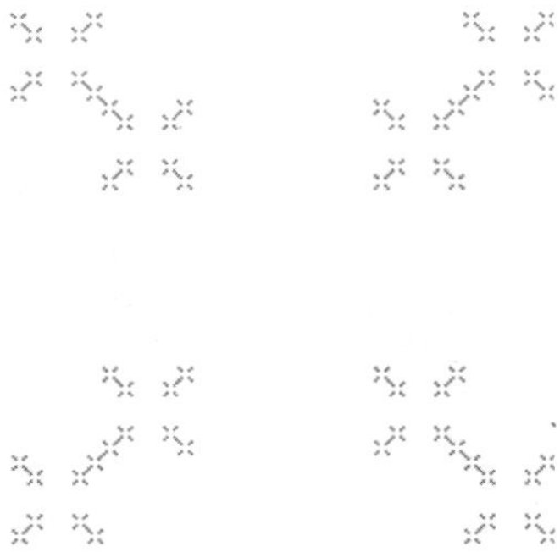

(2) 1단계 12개, $\log_6 12 = \log_{36} 144 = \log_{216} 1728 = 1.387$

① 1단계	② 2단계	③ 3단계
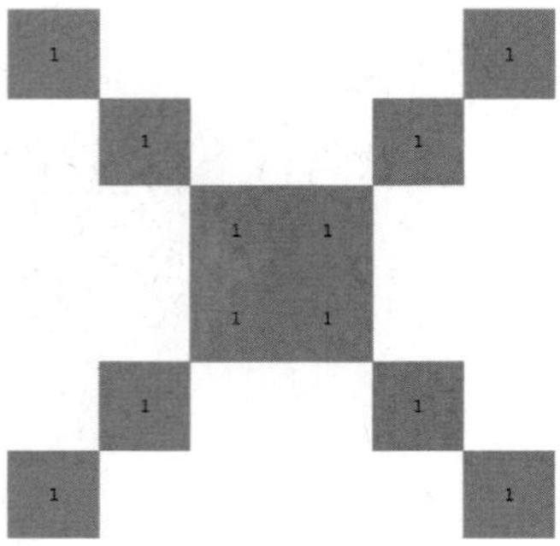	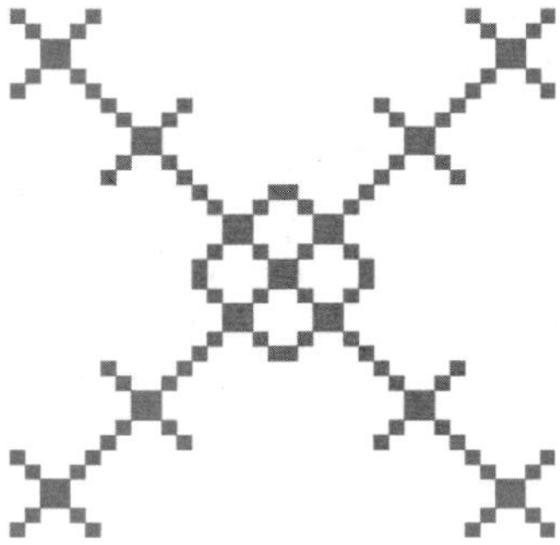	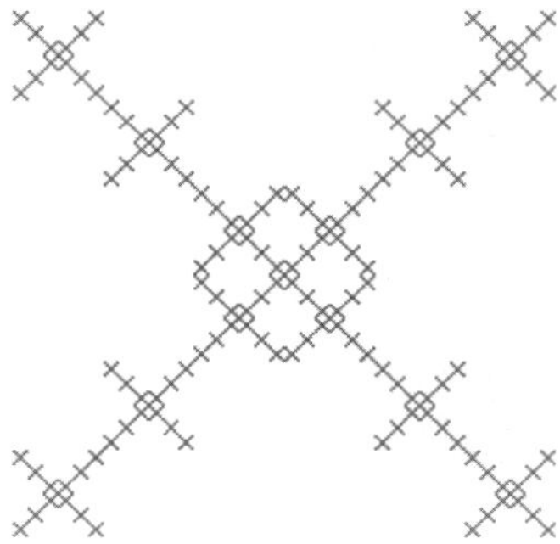

① 1단계	② 2단계	③ 3단계
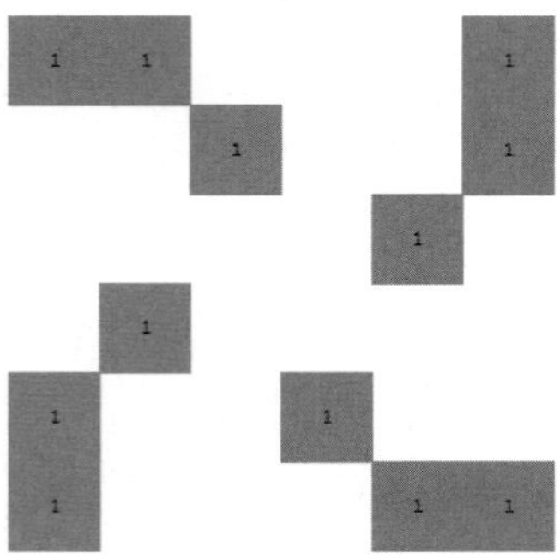	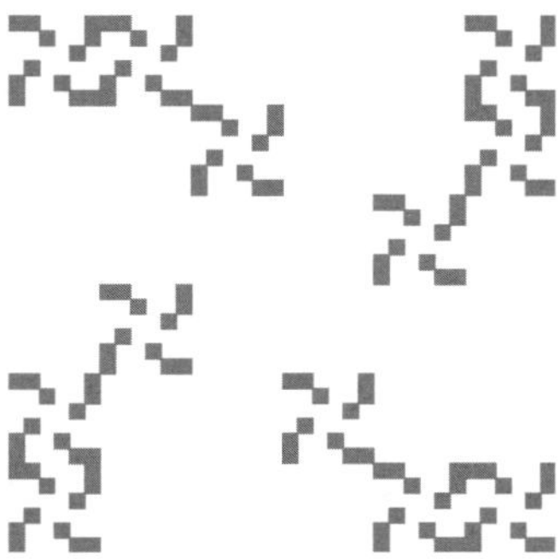	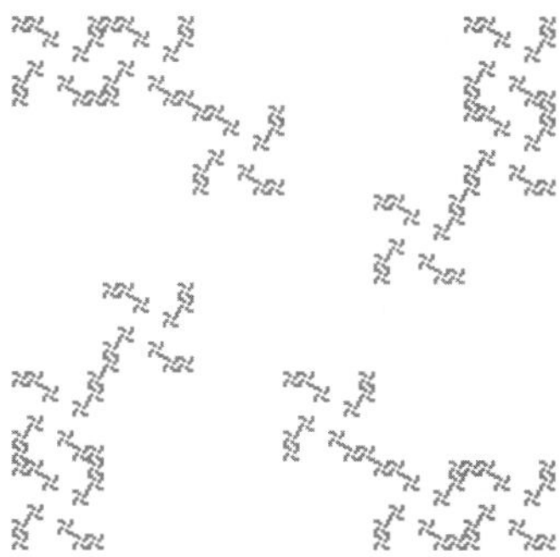

① 1단계	② 2단계	③ 3단계
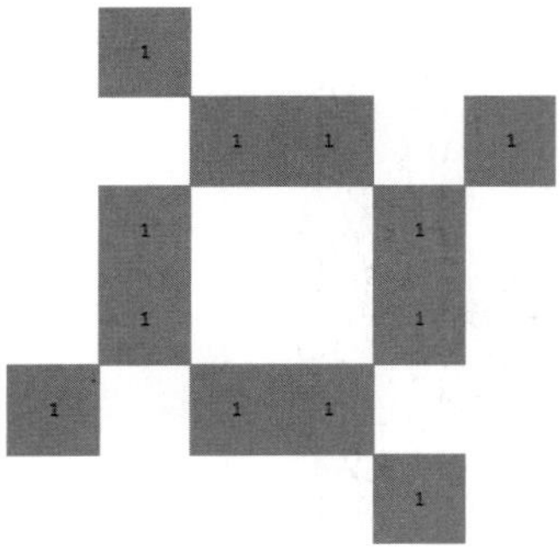	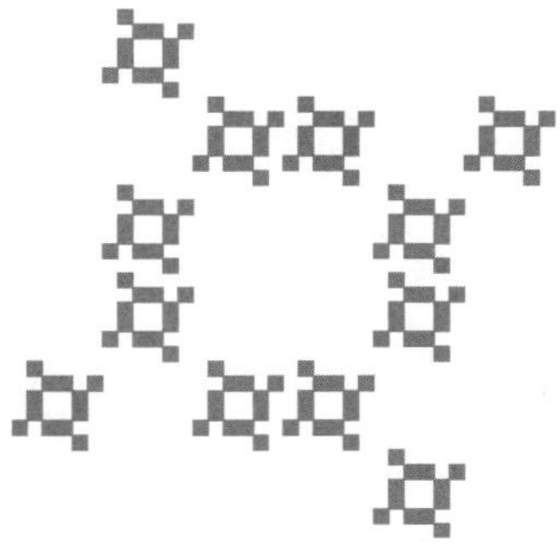	

① 1단계	② 2단계	③ 3단계
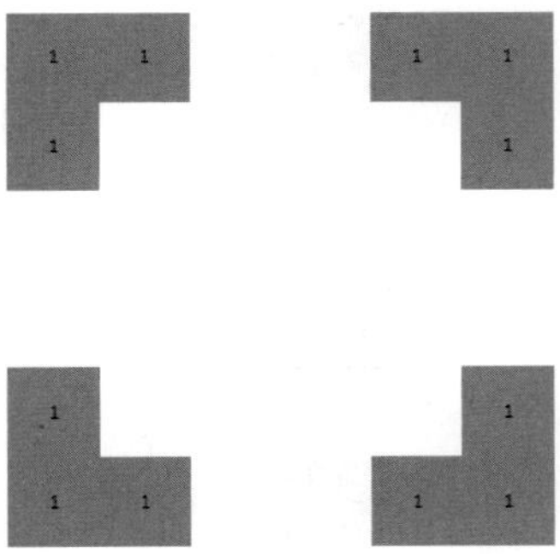	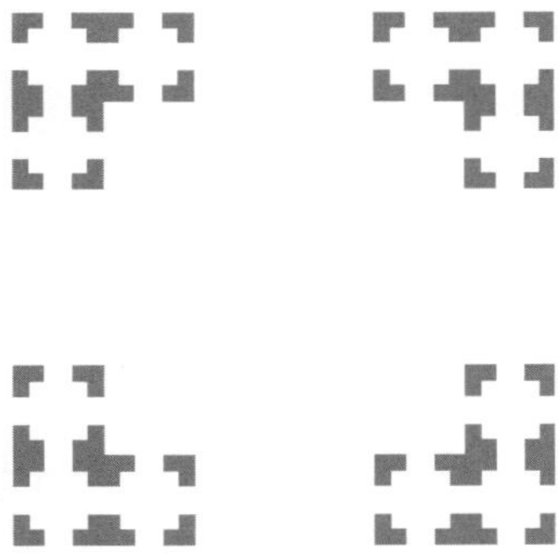	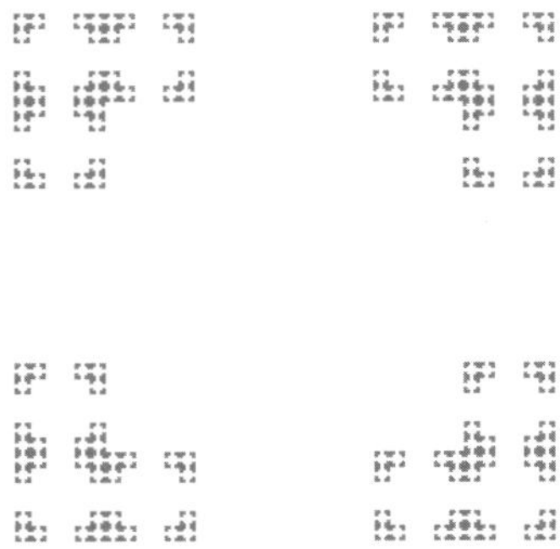

① 1단계	② 2단계	③ 3단계
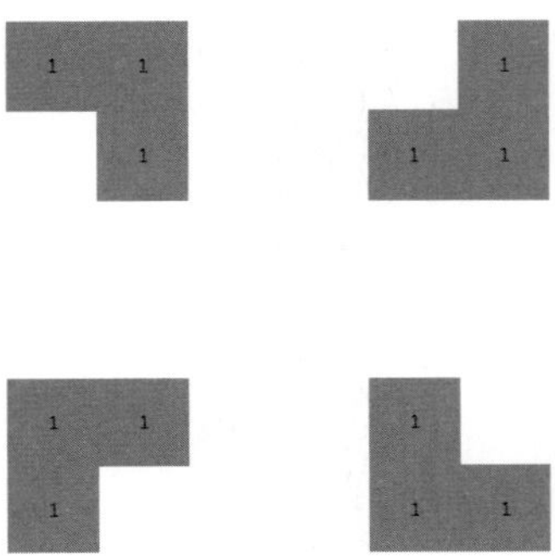	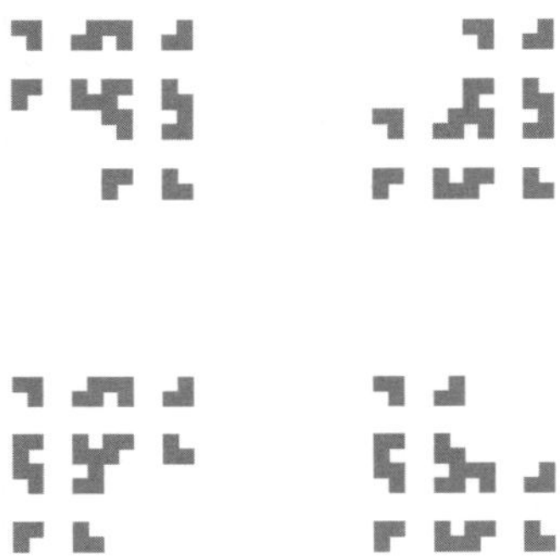	

(3) 1단계 16개, $\log_6 16 = \log_{36} 256 = \log_{216} 4096 = 1.547$

① 1단계	② 2단계	③ 3단계
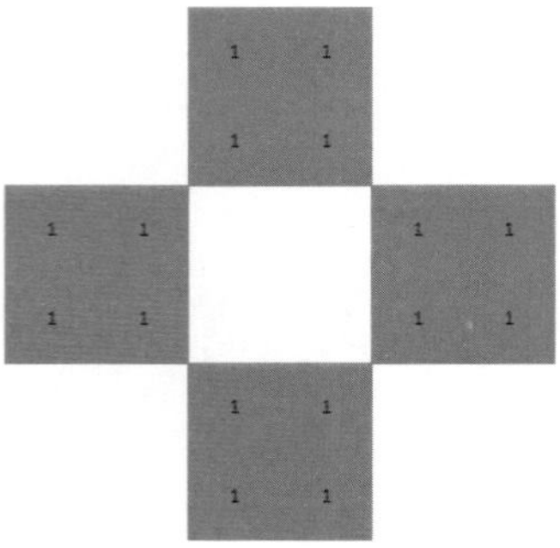	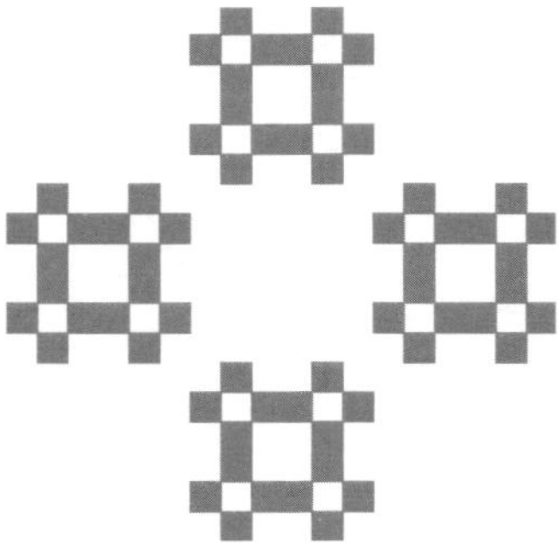	

① 1단계	② 2단계	③ 3단계
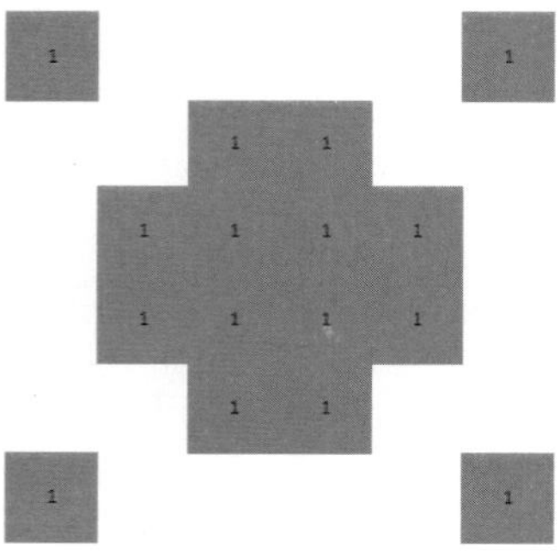	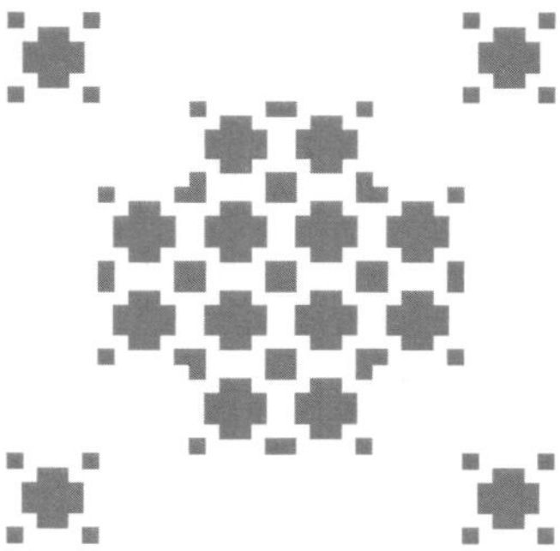	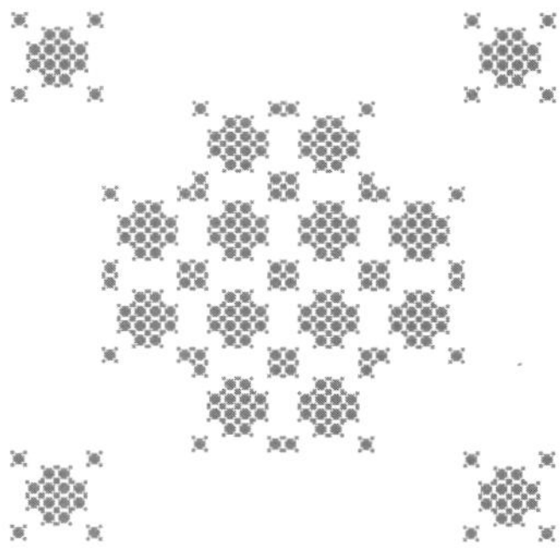

① 1단계	② 2단계	③ 3단계
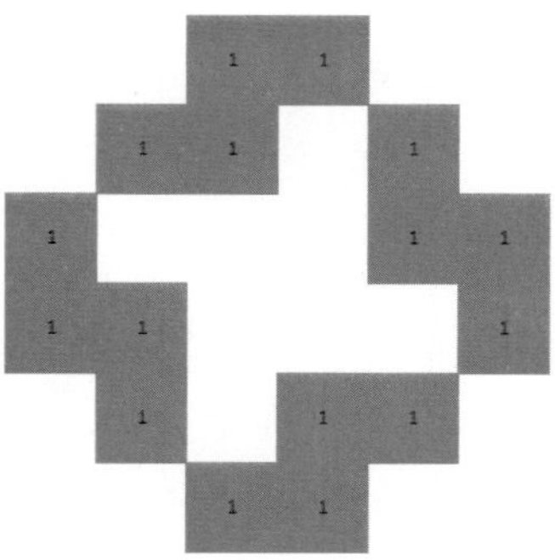	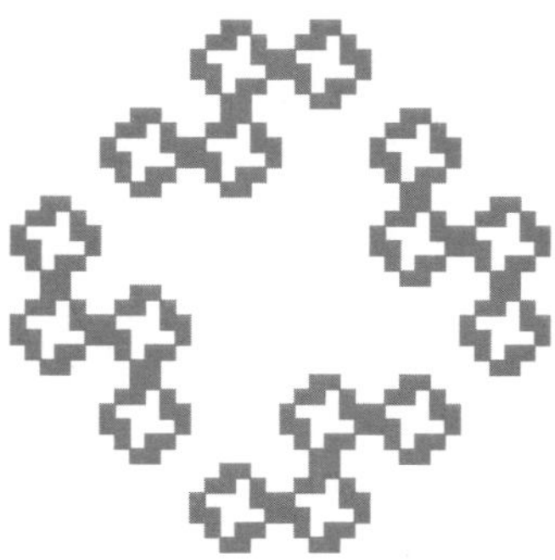	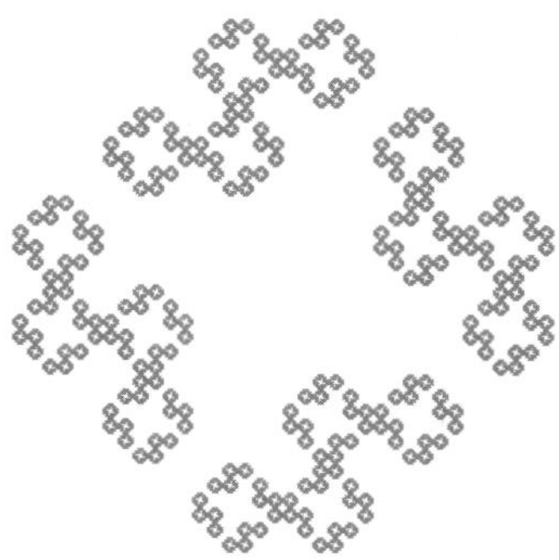

① 1단계	② 2단계	③ 3단계
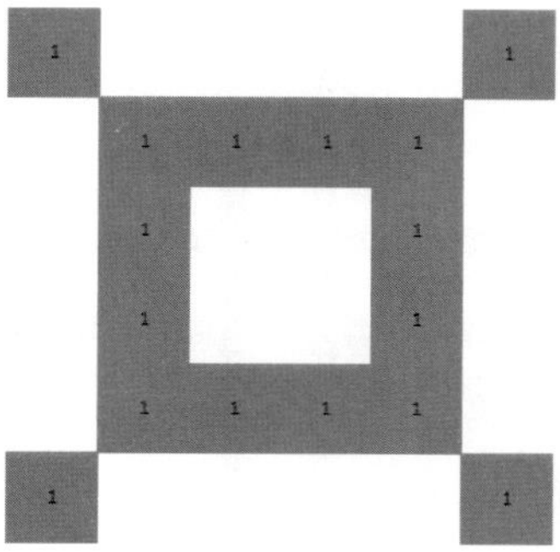	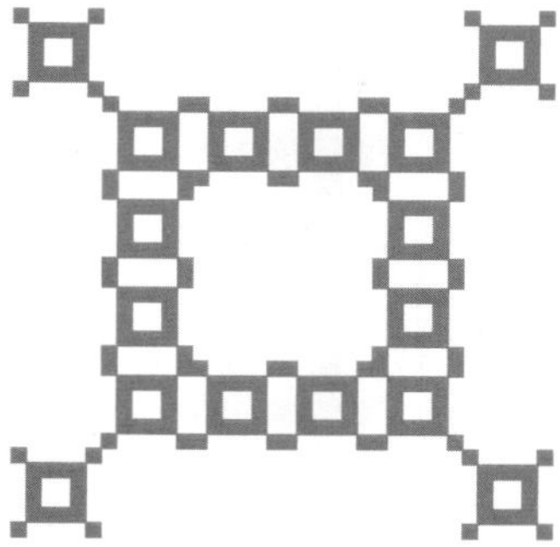	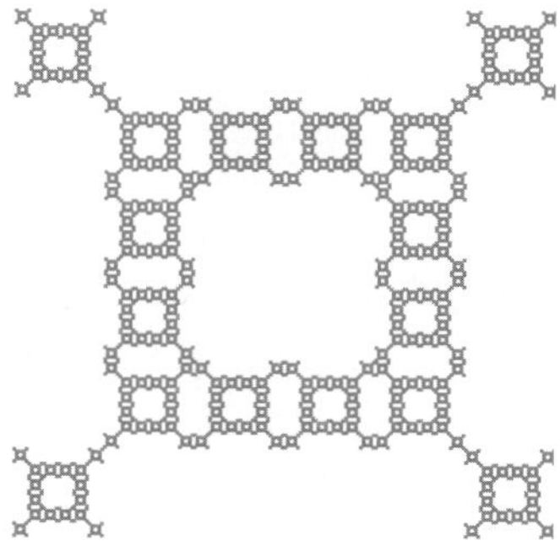

① 1단계	② 2단계	③ 3단계
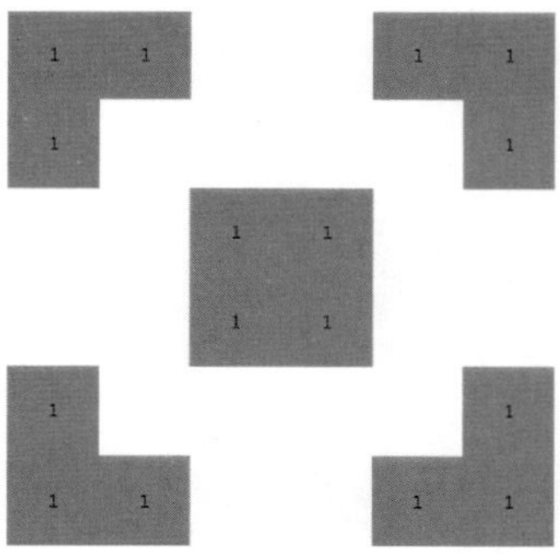		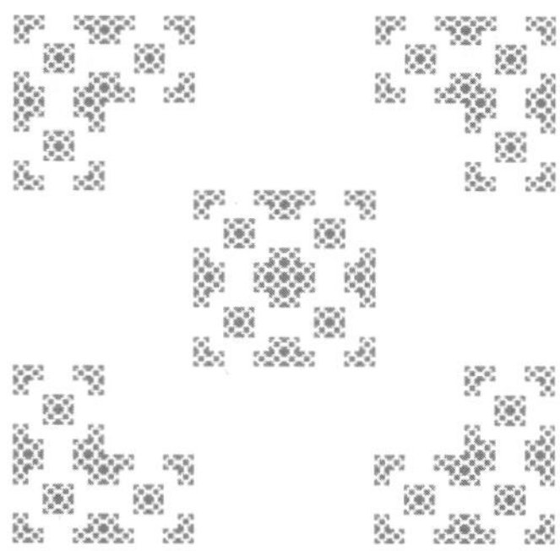

(4) 1단계 20개, $\log_6 20 = \log_{36} 400 = \log_{216} 8000 = 1.672$

① 1단계	② 2단계	③ 3단계
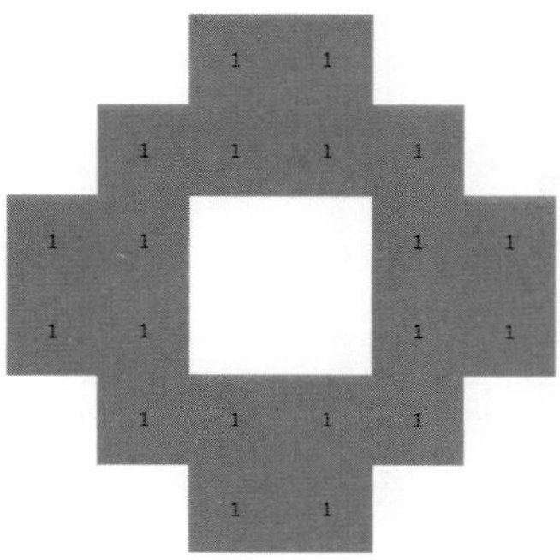		

① 1단계	② 2단계	③ 3단계
	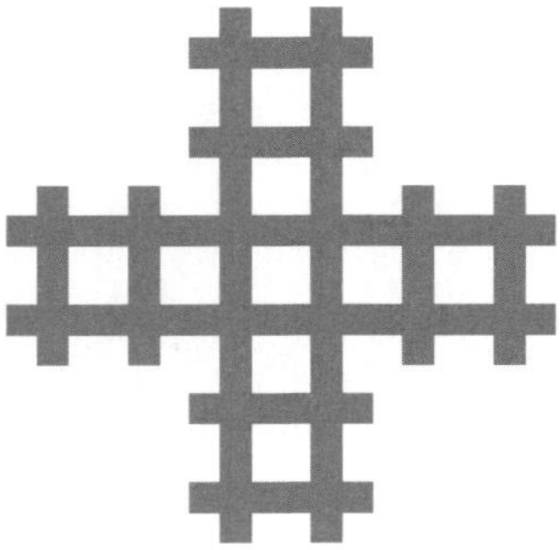	

① 1단계	② 2단계	③ 3단계
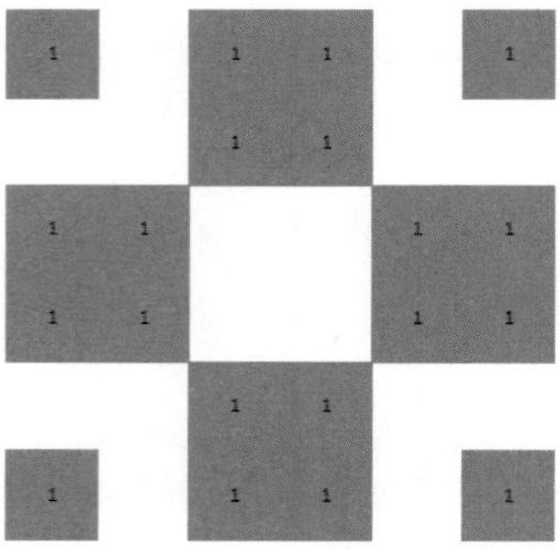		

① 1단계	② 2단계	③ 3단계
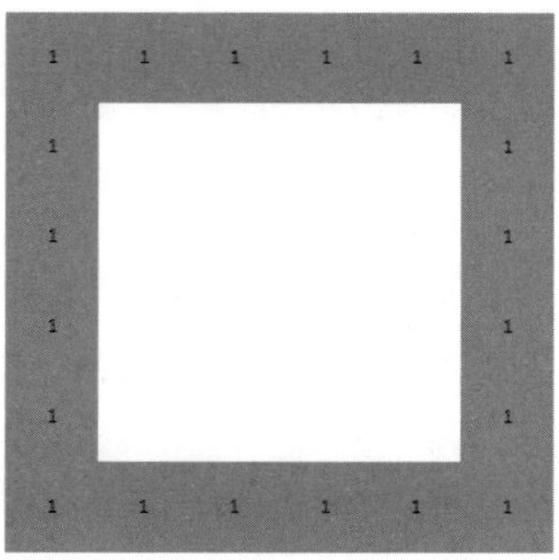	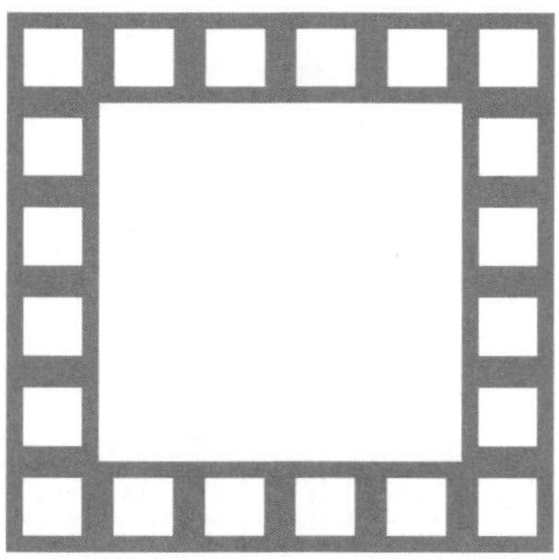	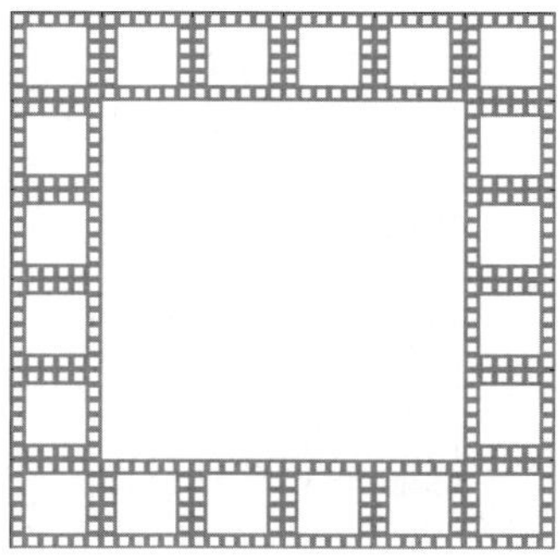

① 1단계	② 2단계	③ 3단계
		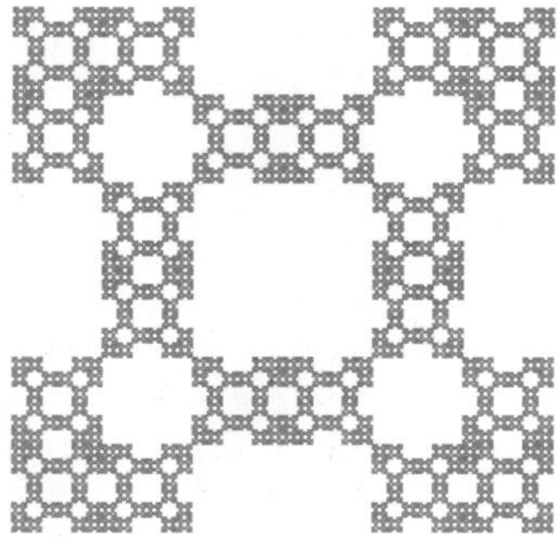

(5) 1단계 24개, $\log_6 24 = \log_{36} 576 = \log_{216} 13824 = 1.774$

① 1단계	② 2단계	③ 3단계
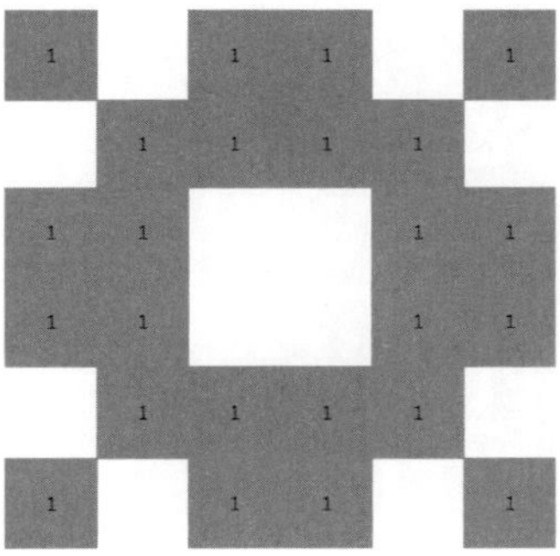	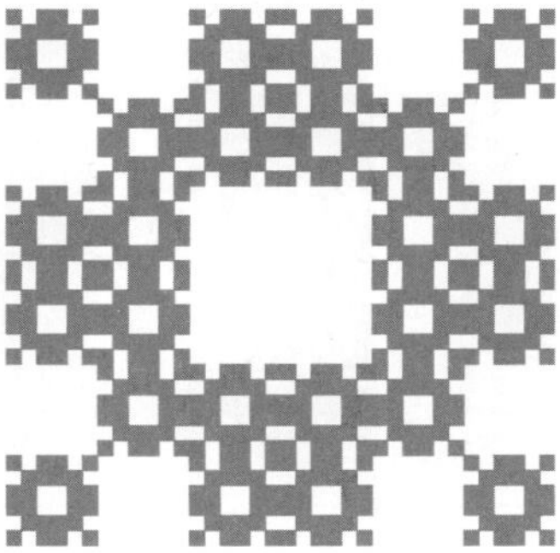	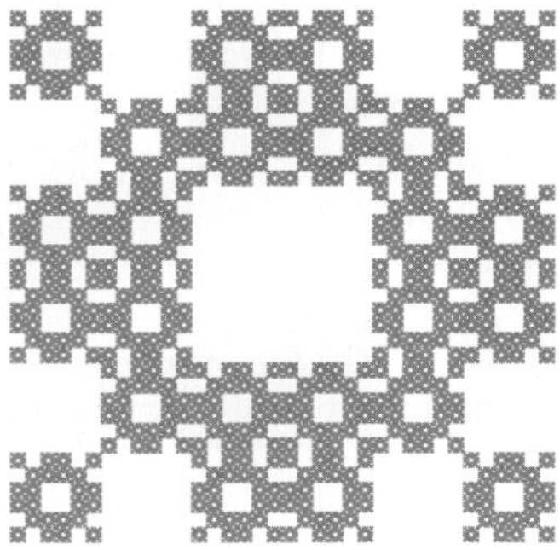

① 1단계	② 2단계	③ 3단계
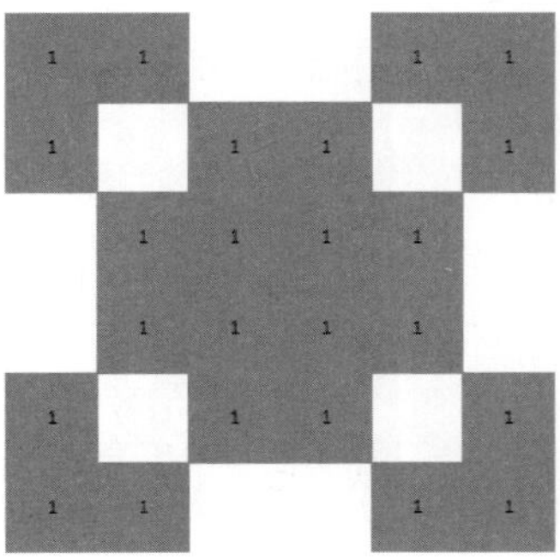	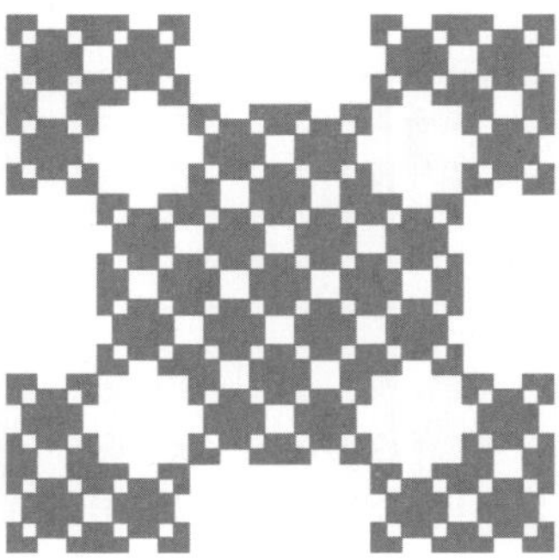	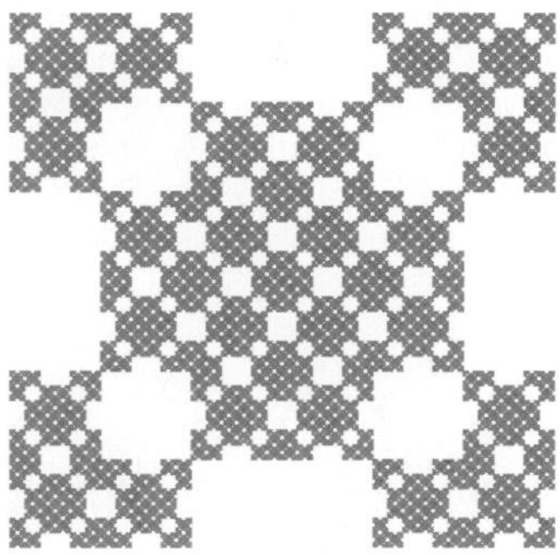

① 1단계	② 2단계	③ 3단계
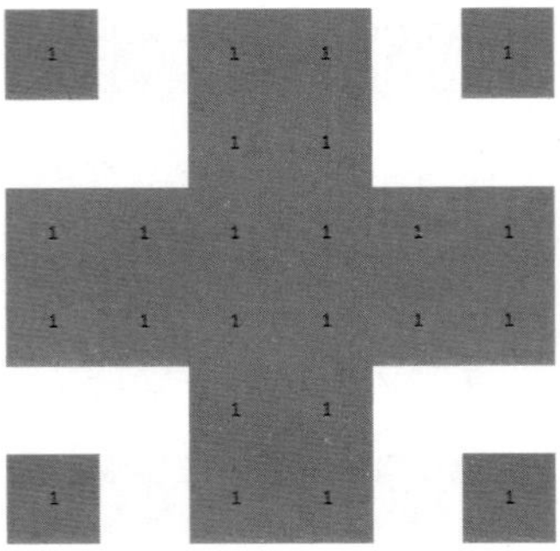	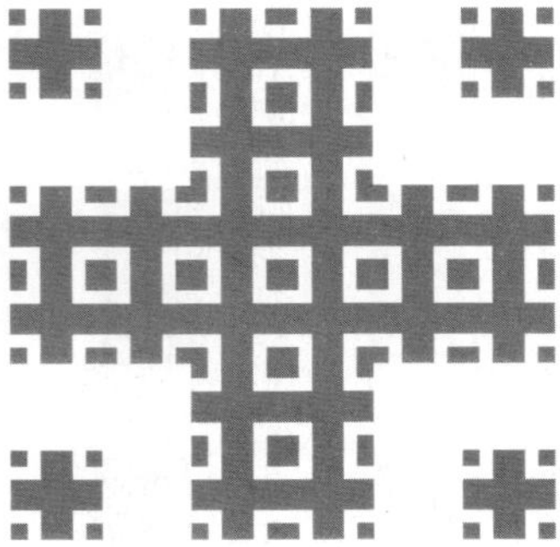	

① 1단계	② 2단계	③ 3단계
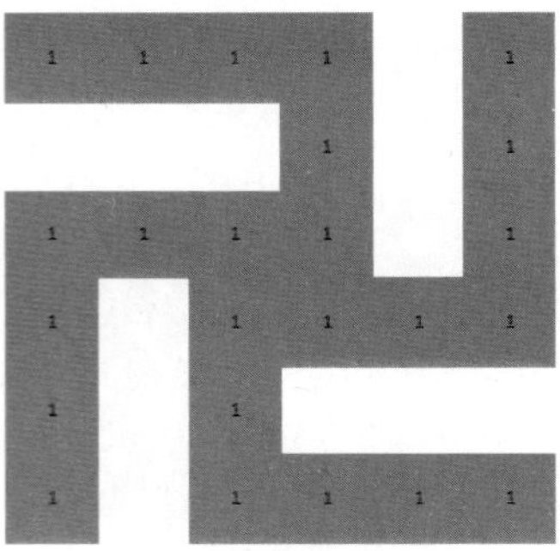	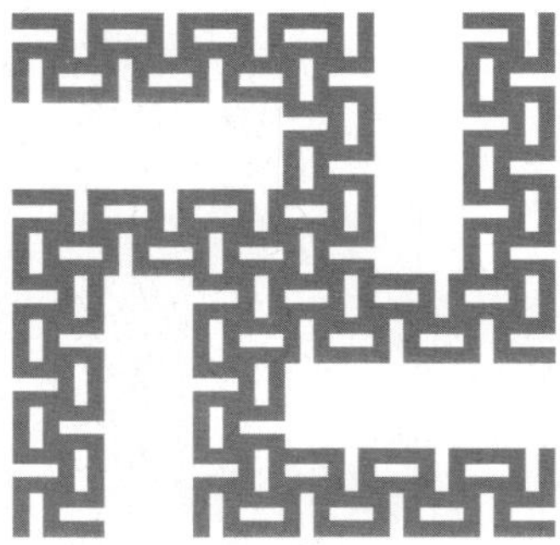	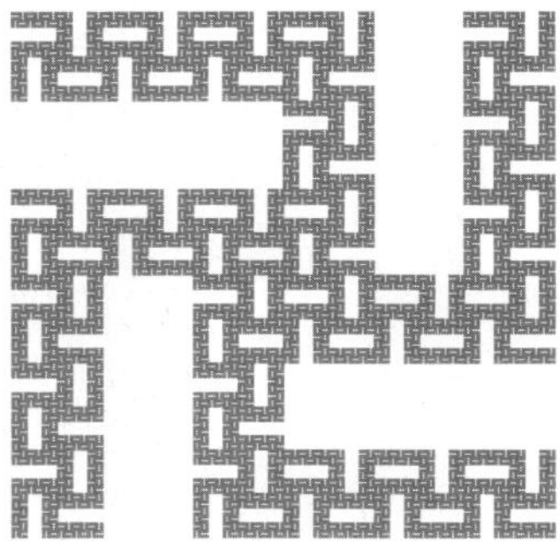

(6) 1단계 28개, $\log_6 28 = \log_{36} 784 = \log_{216} 21952 = 1.860$

① 1단계	② 2단계	③ 3단계
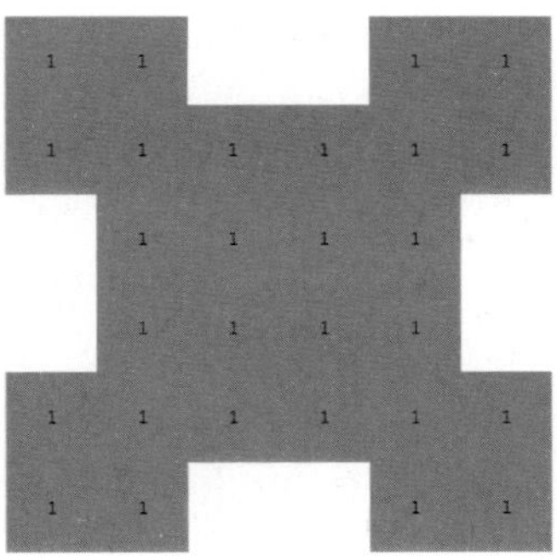	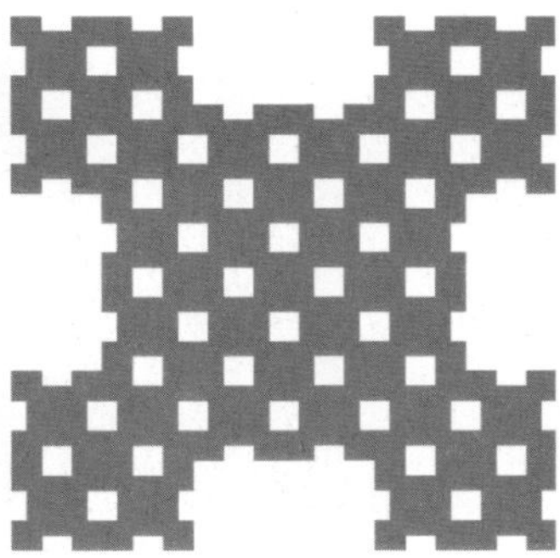	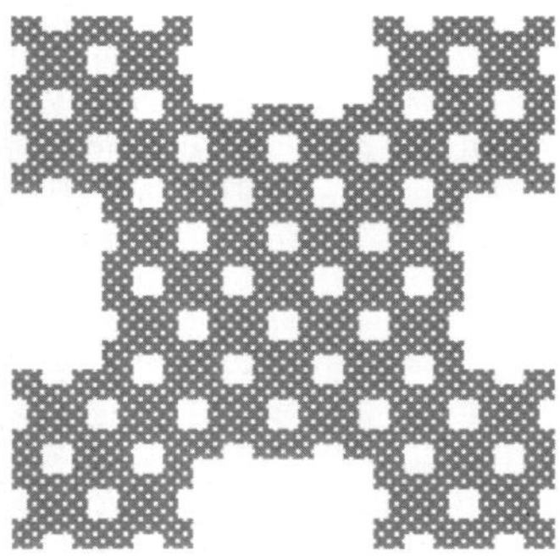

① 1단계	② 2단계	③ 3단계
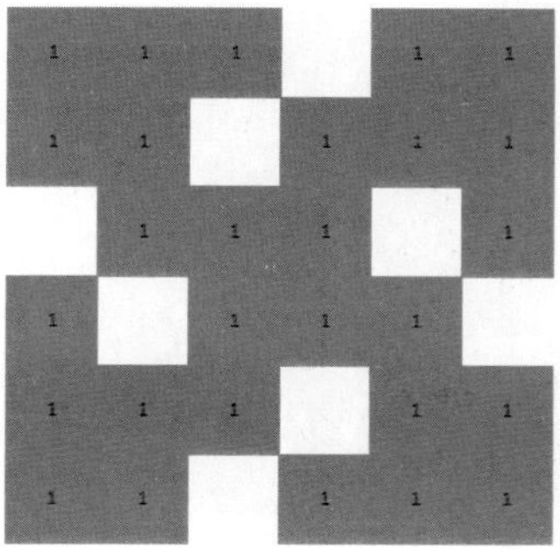	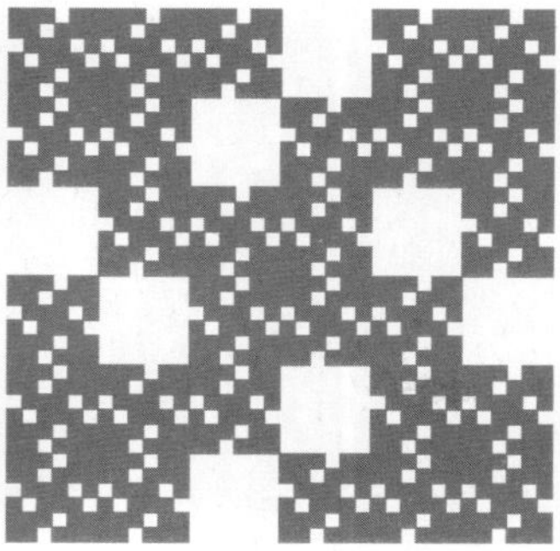	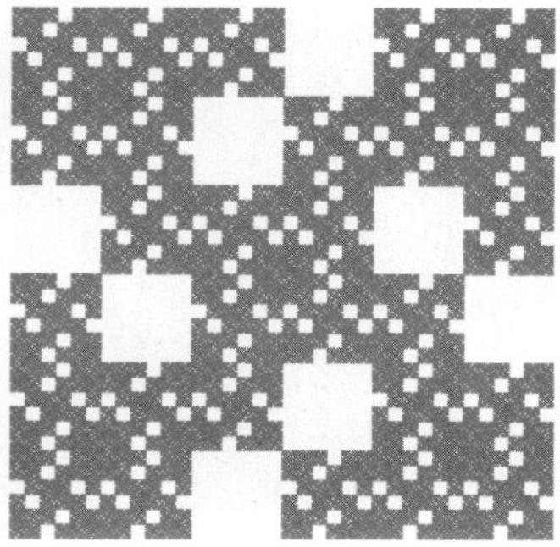

(7) 1단계 32개, $\log_6 32 = \log_{36} 1024 = \log_{216} 32768 = 1.934$

① 1단계	② 2단계	③ 3단계
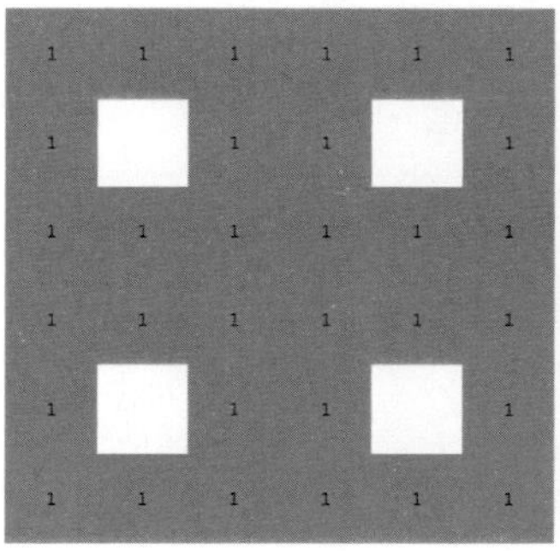	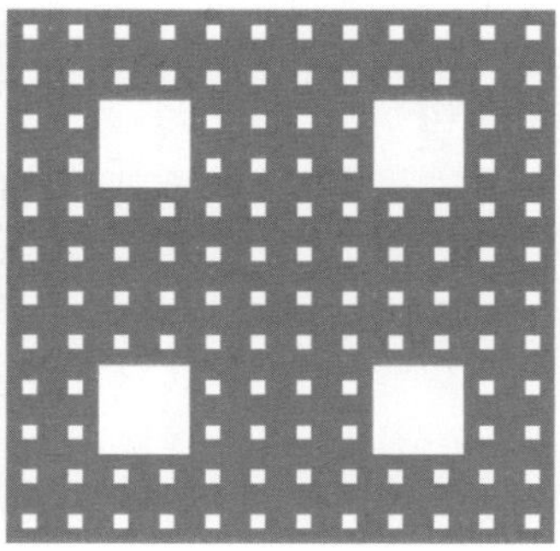	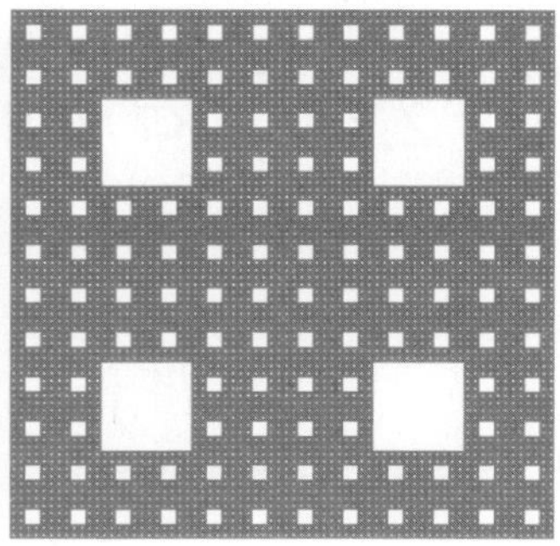

① 1단계	② 2단계	③ 3단계
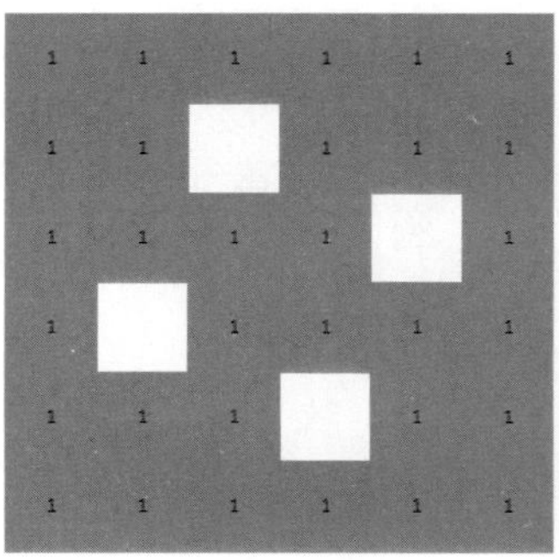	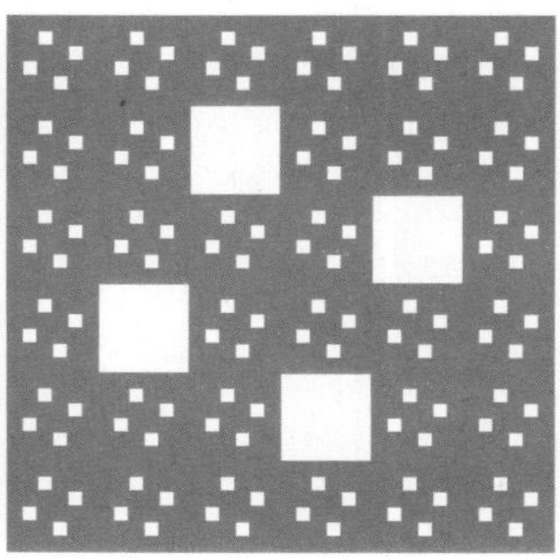	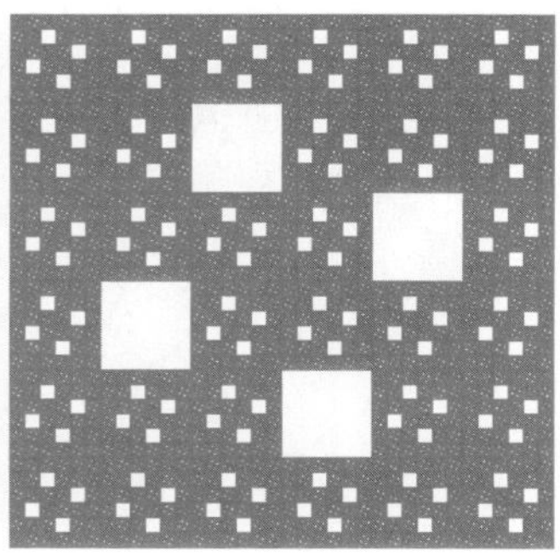

① 1단계	② 2단계	③ 3단계
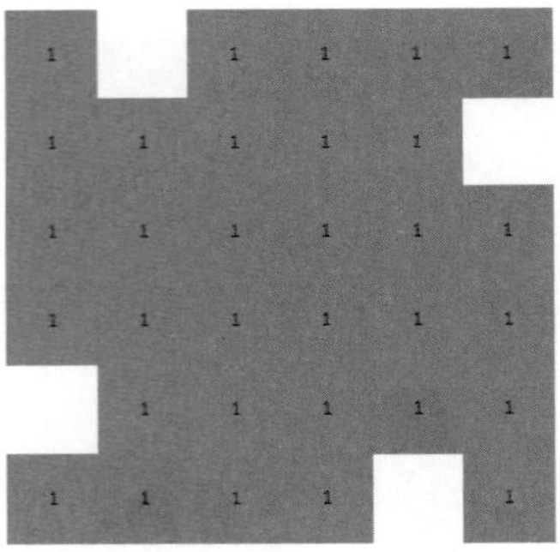	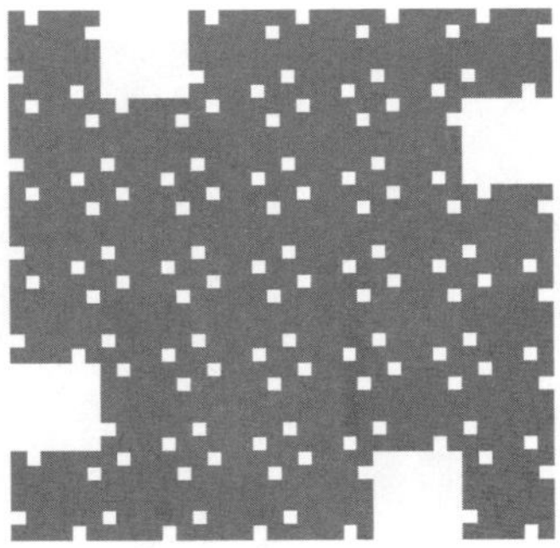	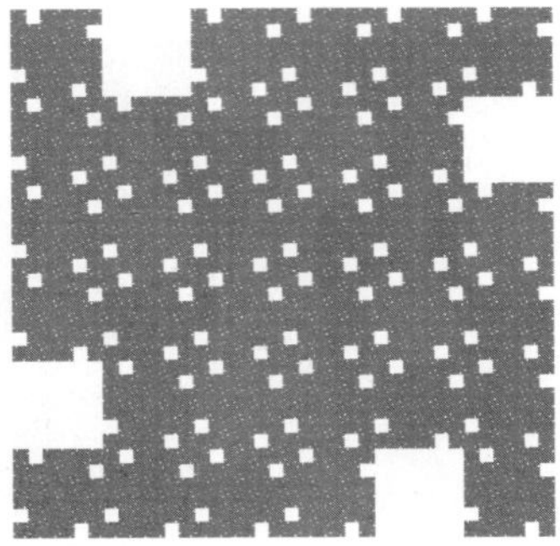

2. 탐구 활동

(1) 덧셈 프랙탈에 대해 생각해 보자.

2.7 7×7 곱셈 프랙탈

1단계 7×7 행렬의 모양에서 곱셈을 이용하여 프랙탈 도형을 만들어보자.

1. 곱셈을 이용한 프랙탈

(1) 1단계 17개, 차원 $\log_7 17 = \log_{49} 289 = \log_{243} 4913 = 1.456$

① 1단계	② 2단계	③ 3단계
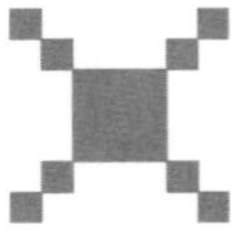	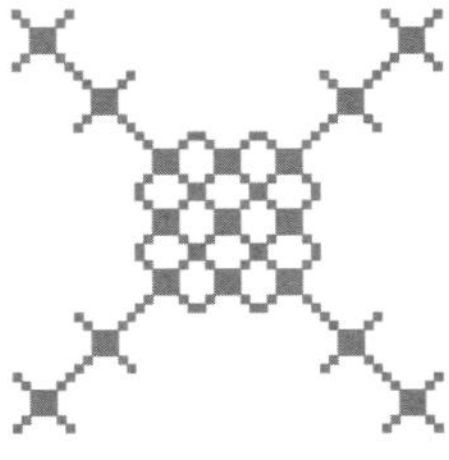	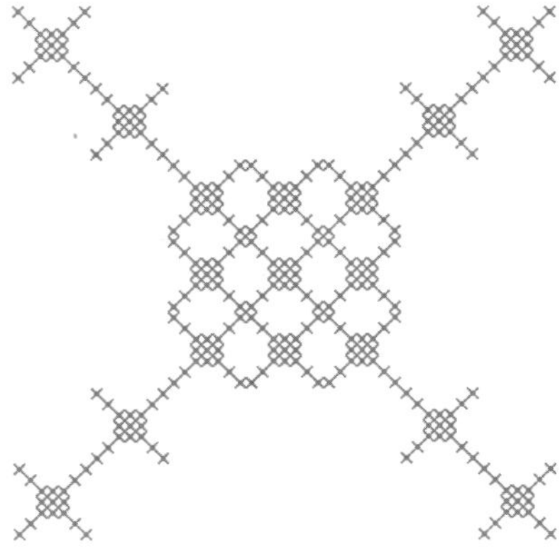

① 1단계	② 2단계	③ 3단계
	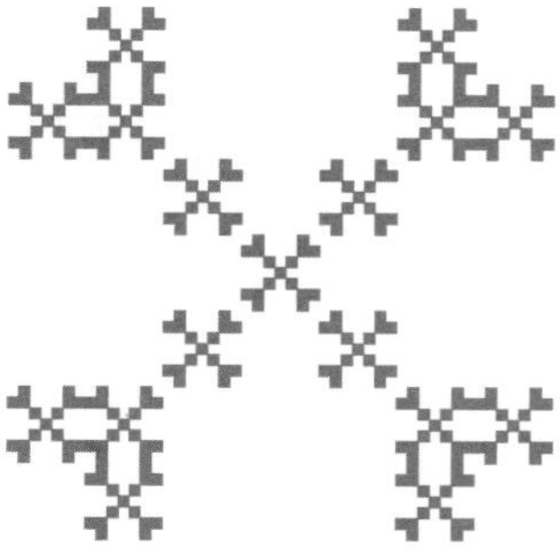	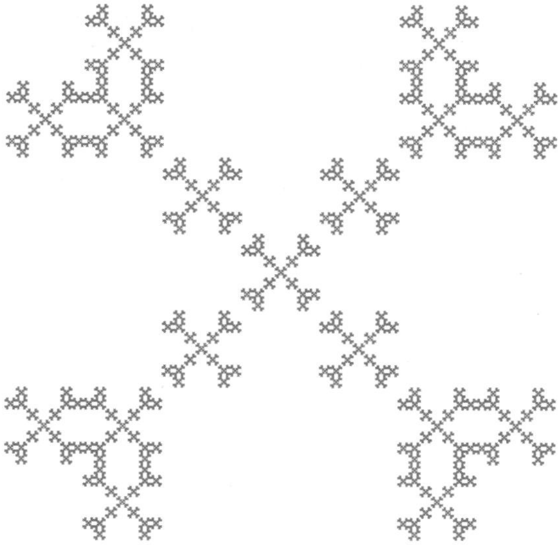

(2) 1단계 20개, 차원 $\log_7 20 = \log_{49} 400 = \log_{243} 8000 = 1.540$

① 1단계	② 2단계	③ 3단계
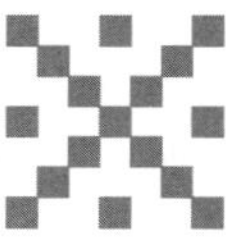	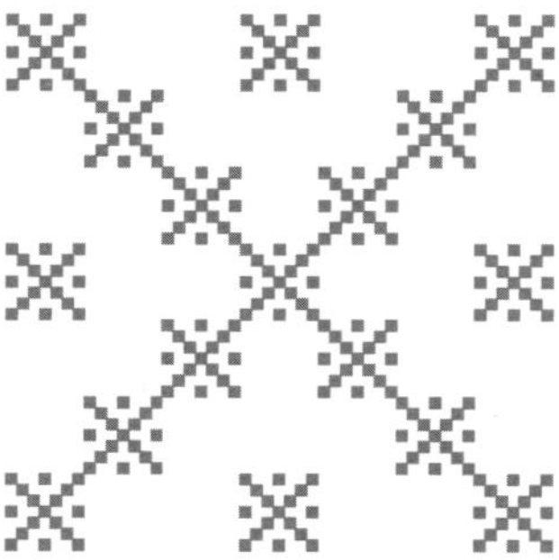	

① 1단계	② 2단계	③ 3단계
	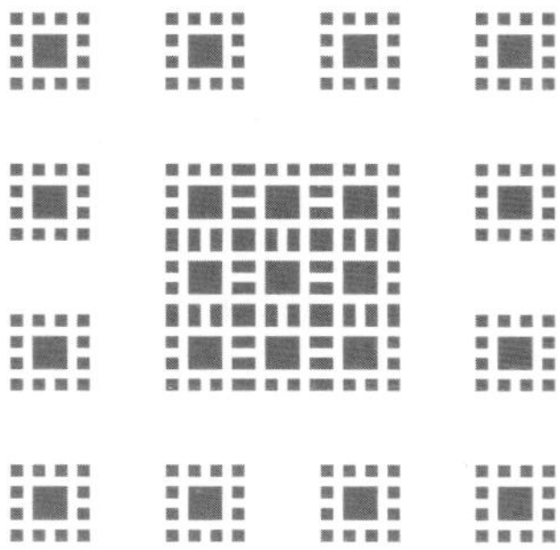	

① 1단계	② 2단계	③ 3단계
		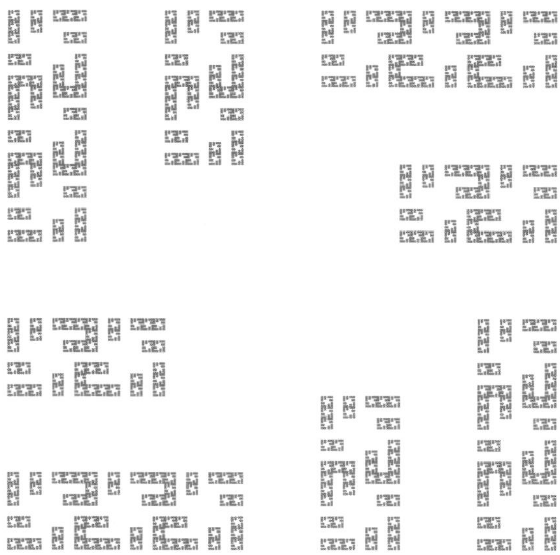

① 1단계	② 2단계	③ 3단계
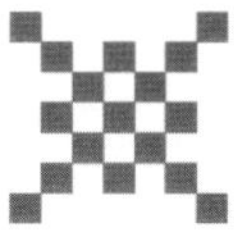	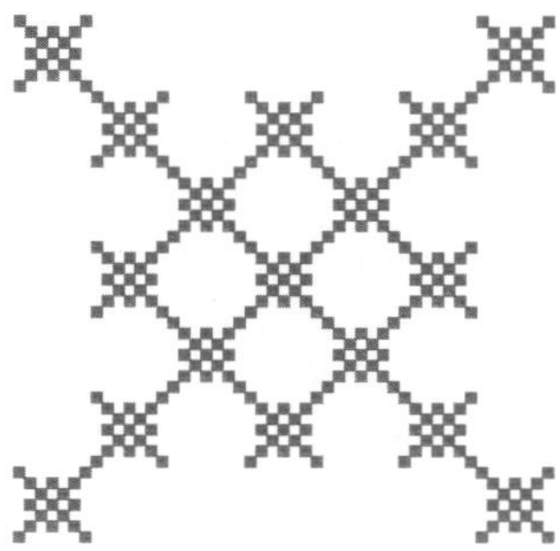	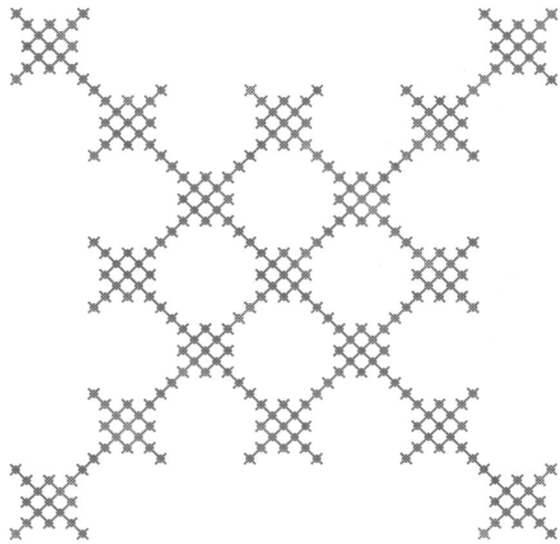

(3) 1단계 21개, 차원 $\log_7 21 = \log_{49} 441 = \log_{243} 9261 = 1.565$

① 1단계	② 2단계	③ 3단계
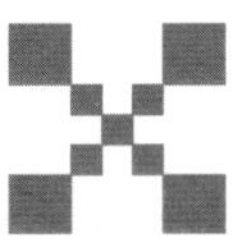	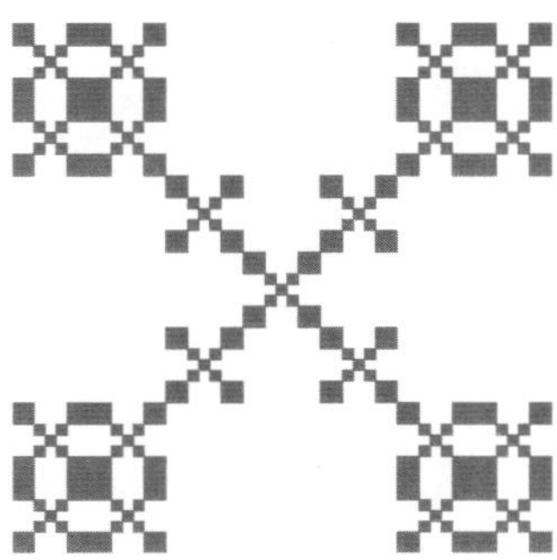	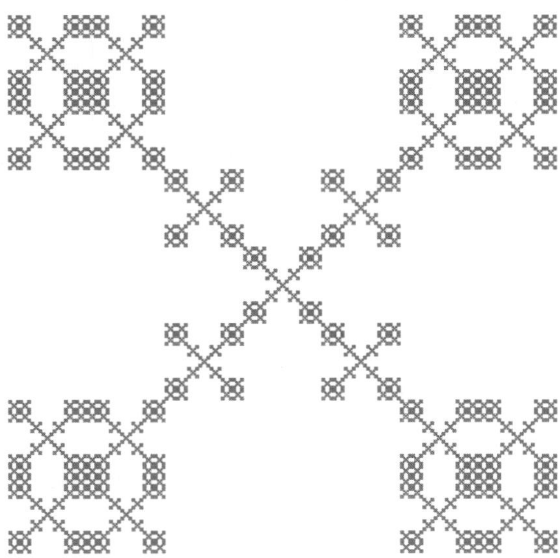

① 1단계	② 2단계	③ 3단계
	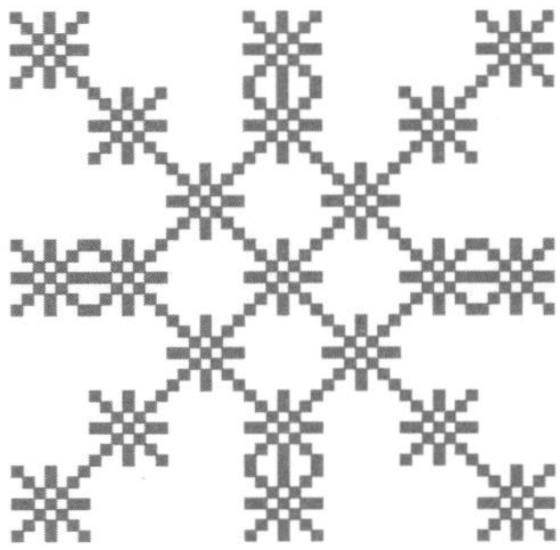	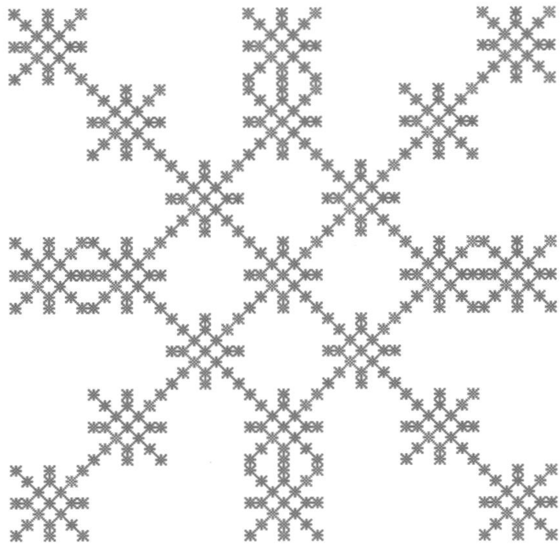

① 1단계	② 2단계	③ 3단계
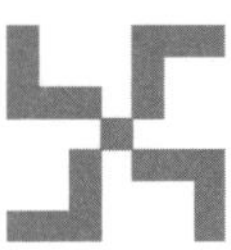	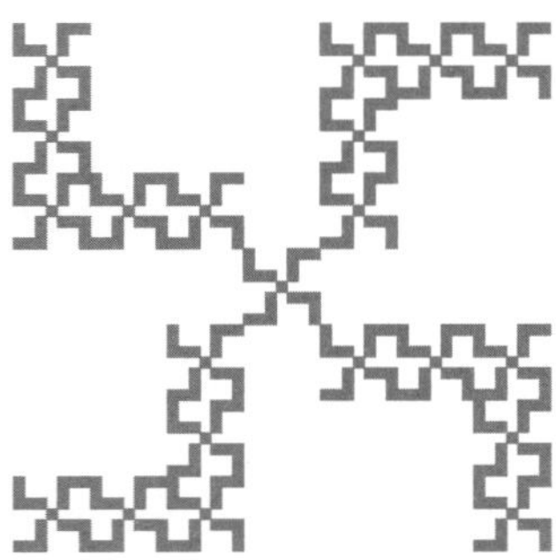	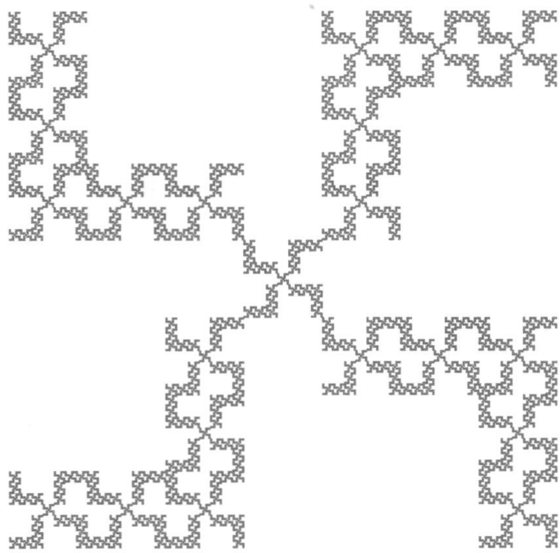

(4) 1단계 24개, 차원 $\log_7 24 = \log_{49} 576 = \log_{243} 13824 = 1.633$

① 1단계	② 2단계	③ 3단계
	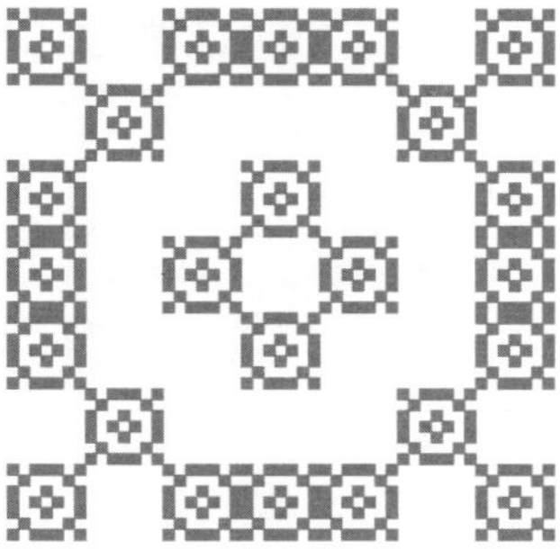	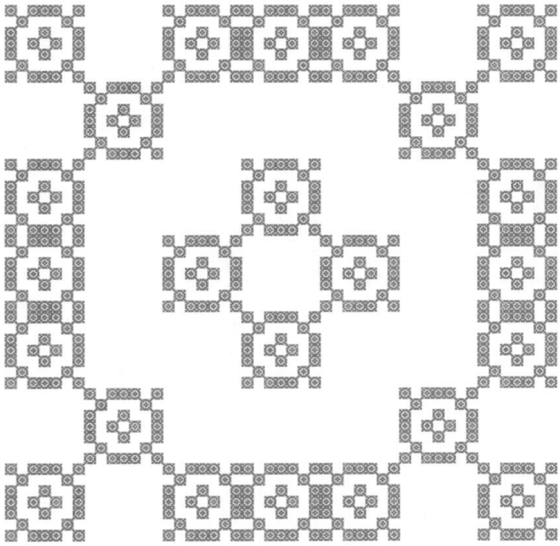

① 1단계	② 2단계	③ 3단계
	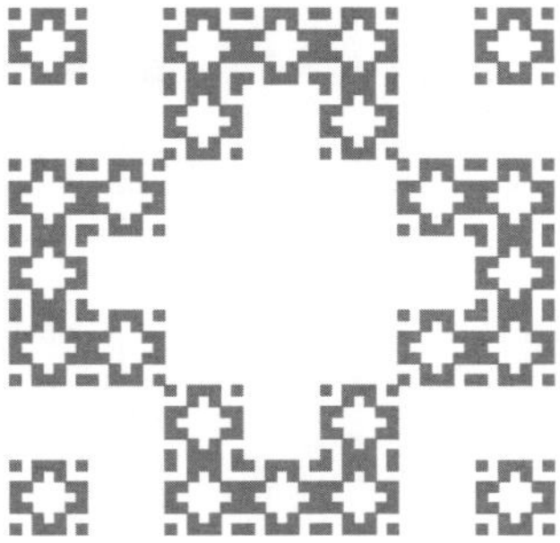	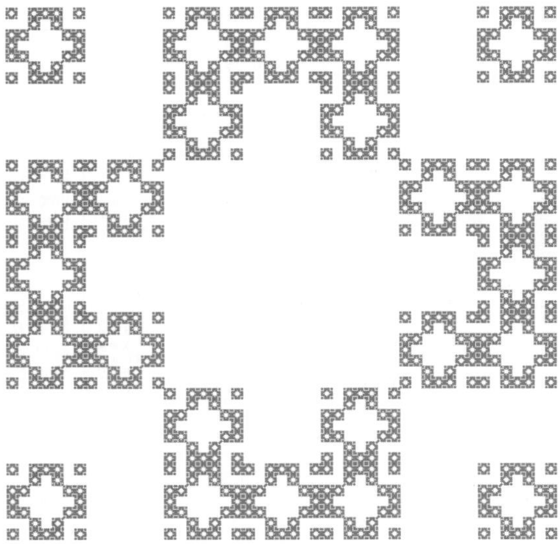

① 1단계	② 2단계	③ 3단계
	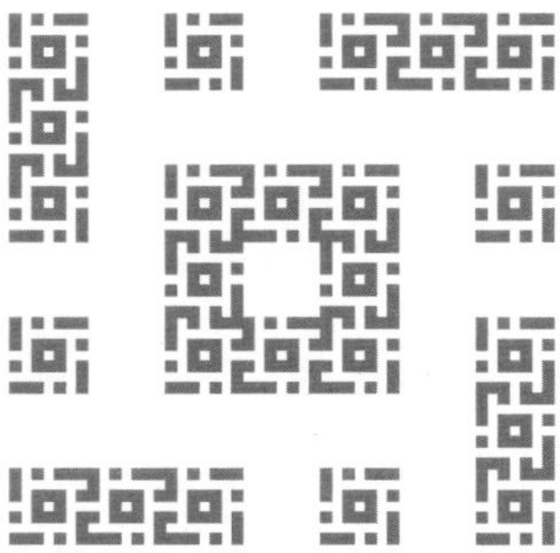	

① 1단계	② 2단계	③ 3단계
	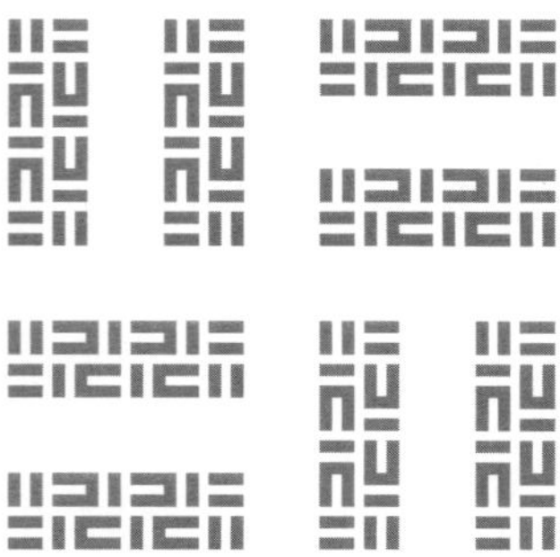	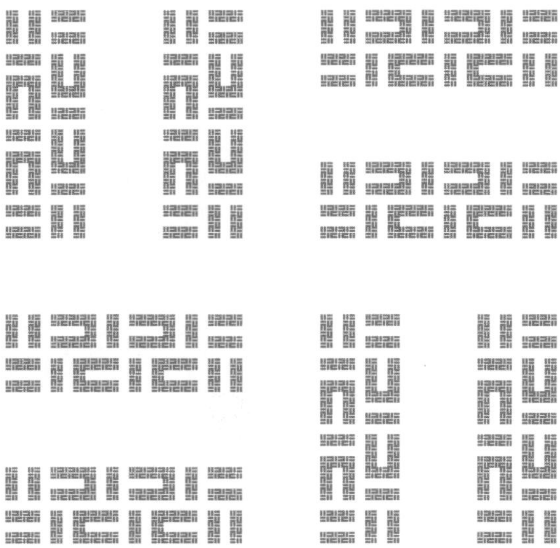

(5) 1단계 25개, 차원 $\log_7 25 = \log_{49} 625 = \log_{243} 15625 = 1.654$

① 1단계	② 2단계	③ 3단계
	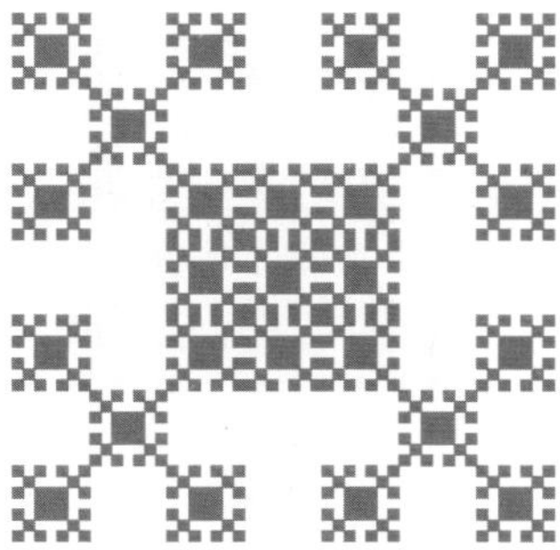	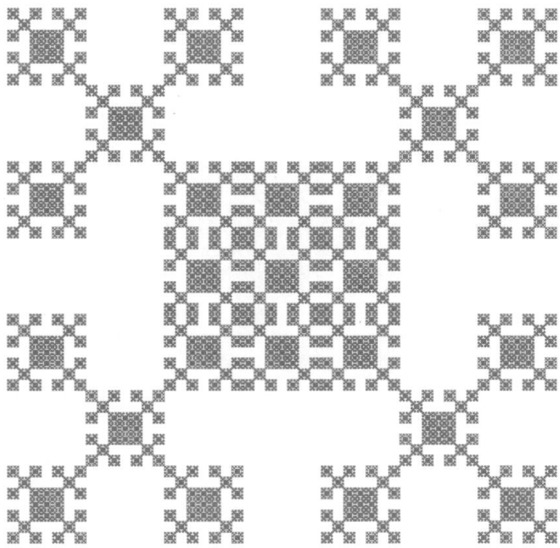

① 1단계	② 2단계	③ 3단계

① 1단계	② 2단계	③ 3단계
	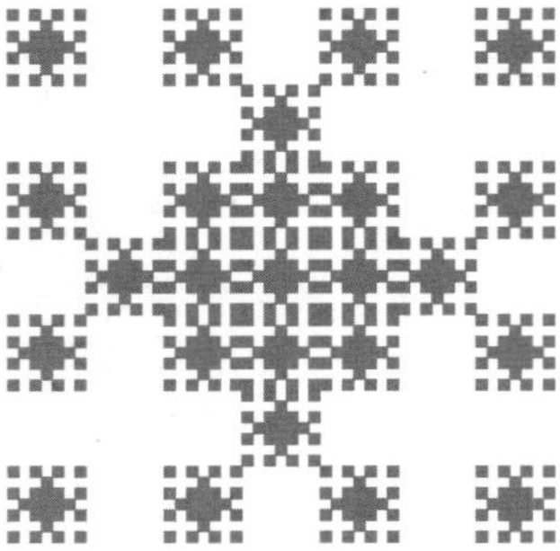	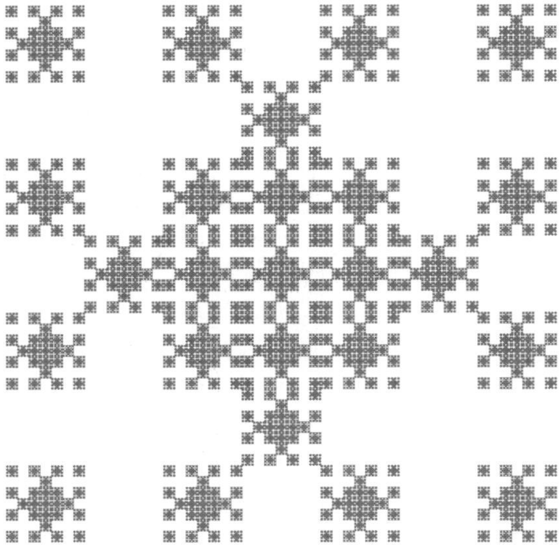

① 1단계	② 2단계	③ 3단계
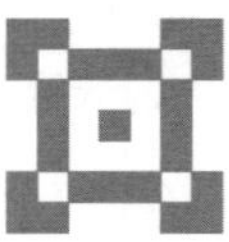	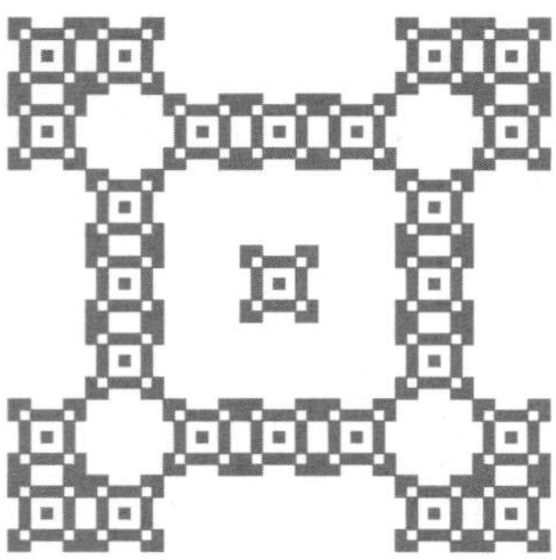	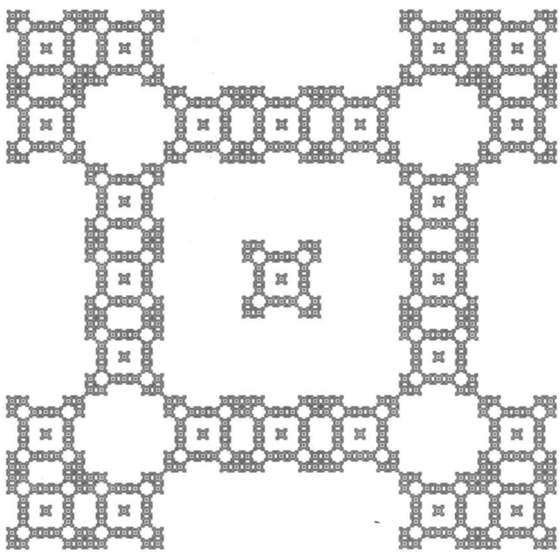

(6) 1단계 28개, 차원 $\log_7 28 = \log_{49} 784 = \log_{243} 21952 = 1.712$

① 1단계	② 2단계	③ 3단계
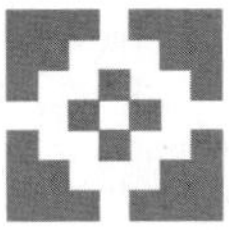	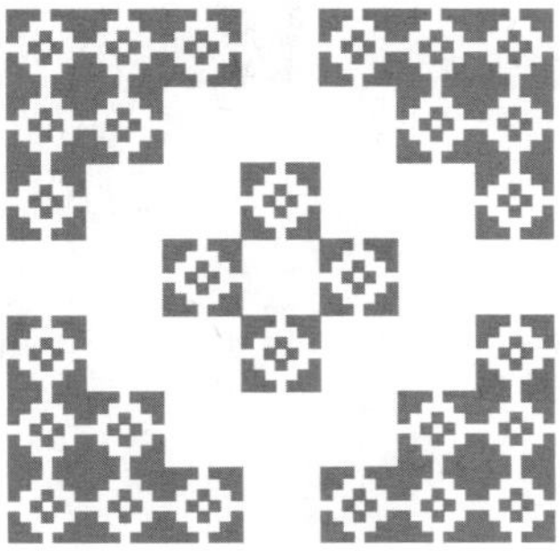	

① 1단계	② 2단계	③ 3단계
	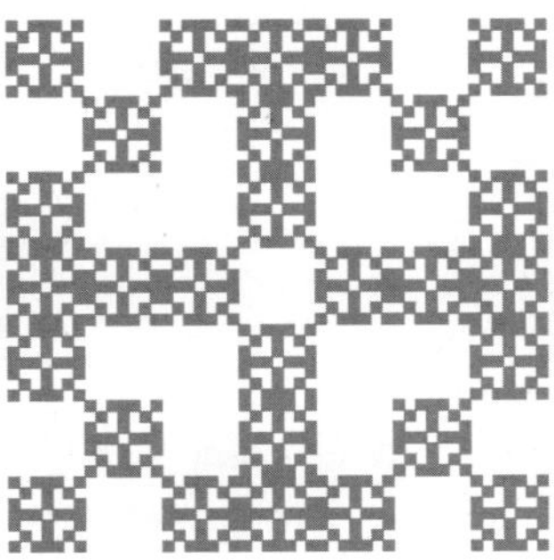	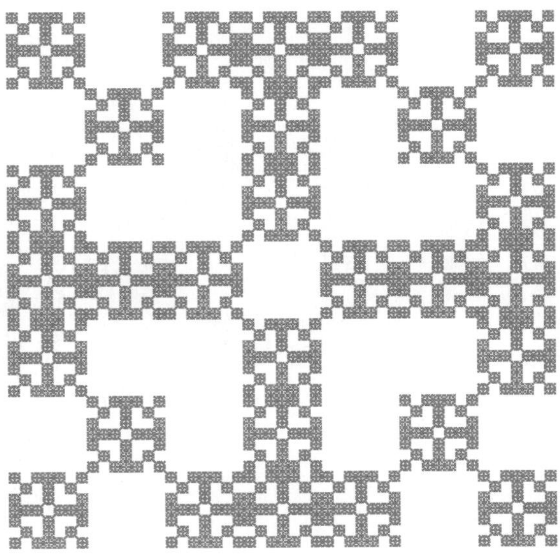

① 1단계	② 2단계	③ 3단계
	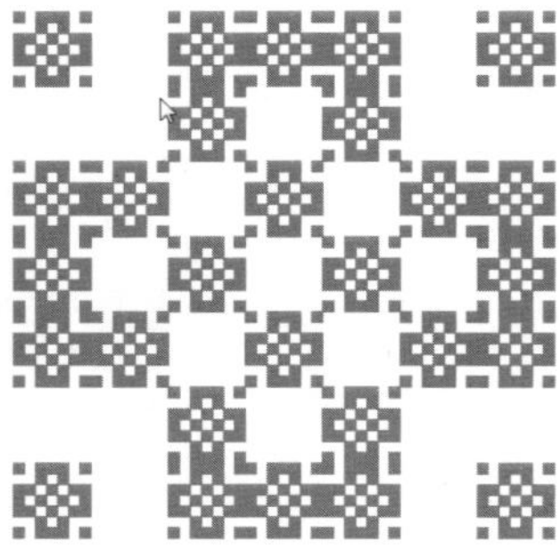	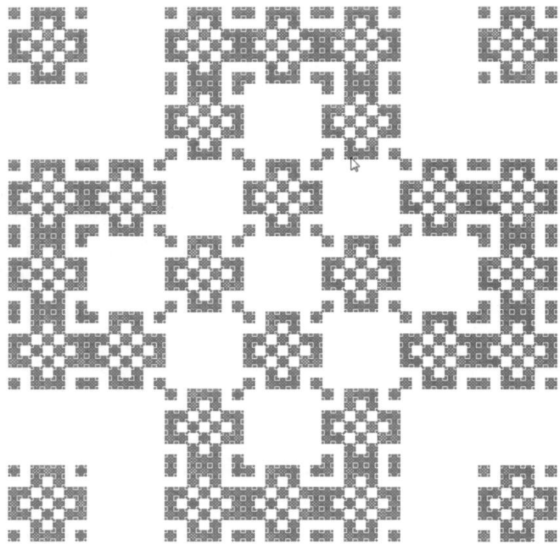

① 1단계	② 2단계	③ 3단계
	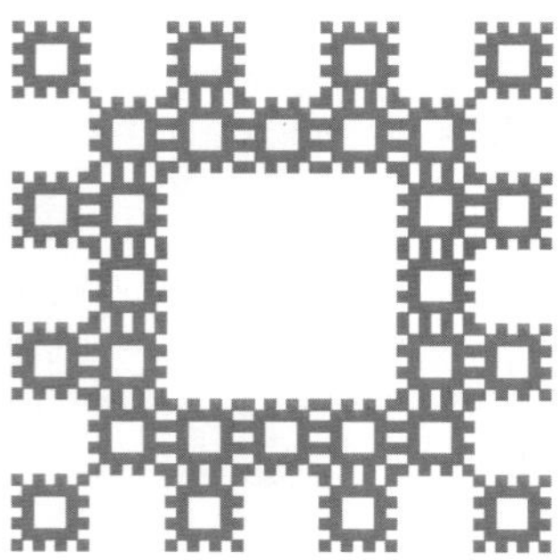	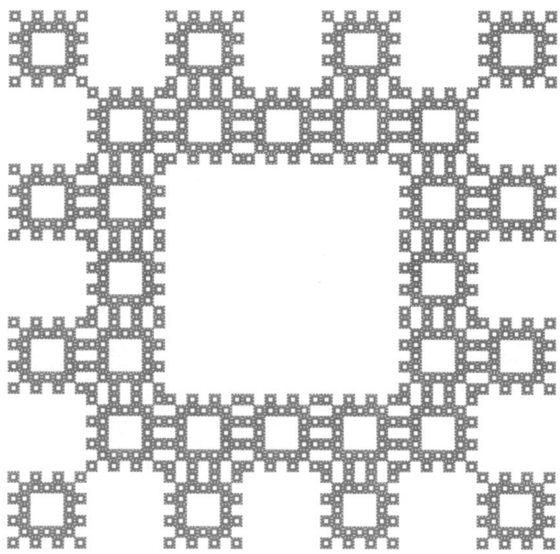

(7) 1단계 29개, 차원 $\log_7 29 = \log_{49} 841 = \log_{243} 24389 = 1.730$

① 1단계	② 2단계	③ 3단계
	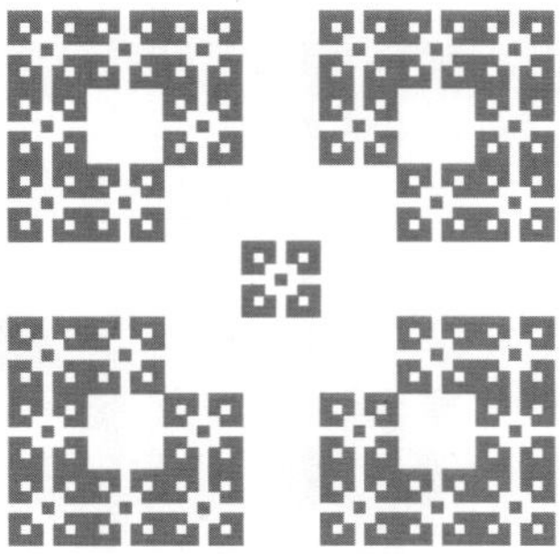	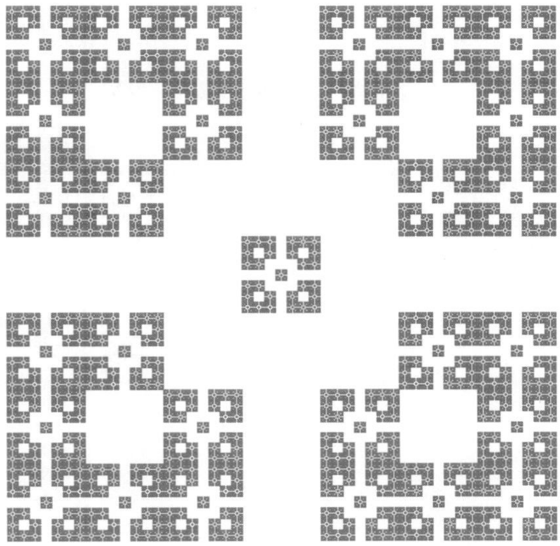

① 1단계	② 2단계	③ 3단계
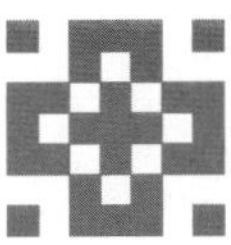		

① 1단계	② 2단계	③ 3단계
	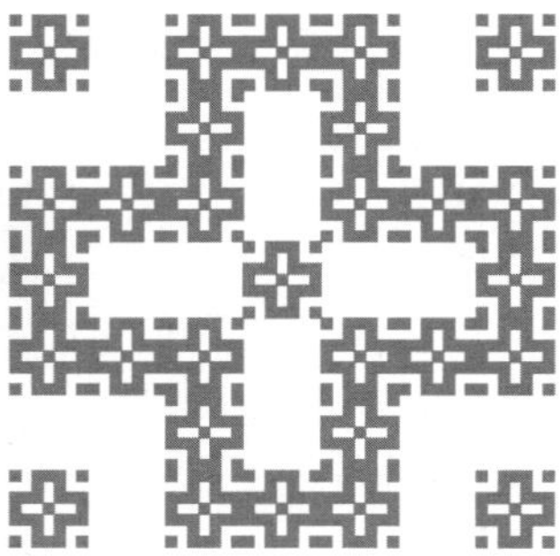	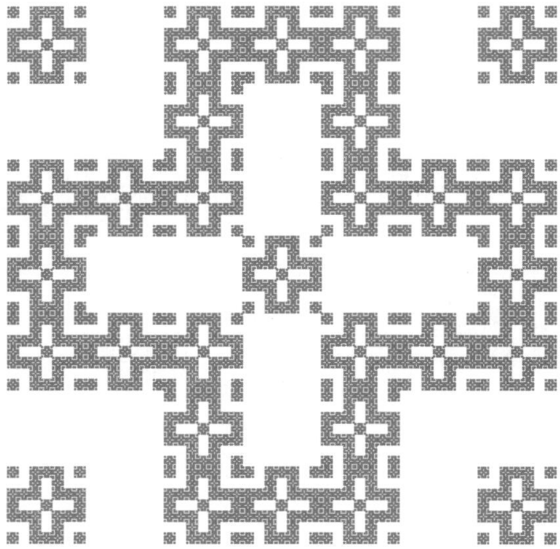

① 1단계	② 2단계	③ 3단계
	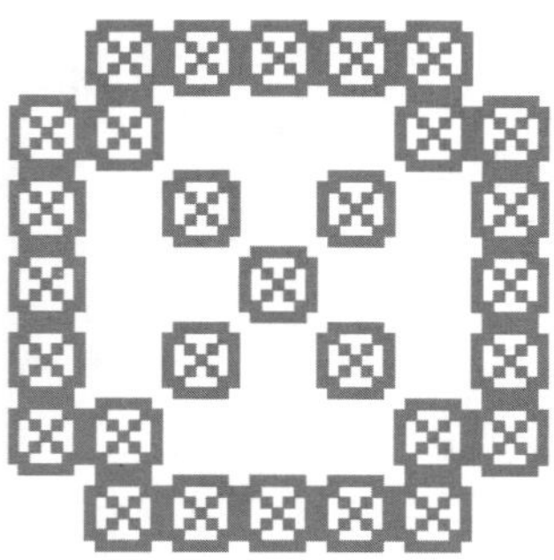	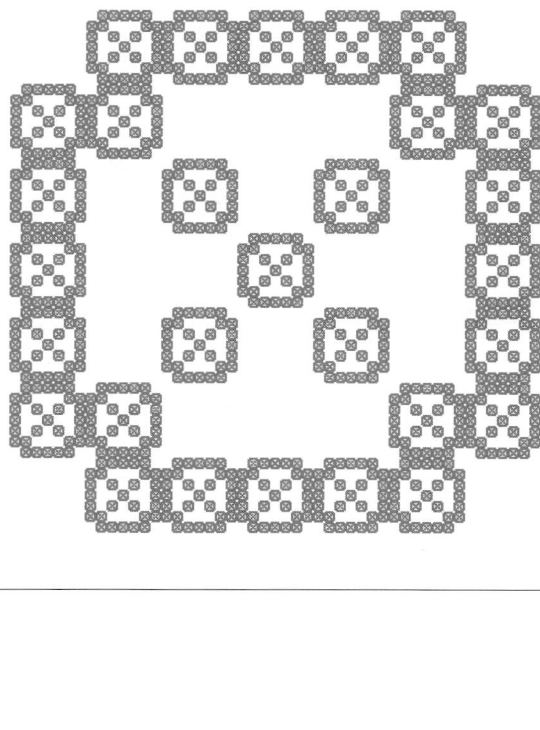

(8) 1단계 32개, 차원 $\log_7 32 = \log_{49} 1024 = \log_{243} 32768 = 1.781$

① 1단계	② 2단계	③ 3단계
	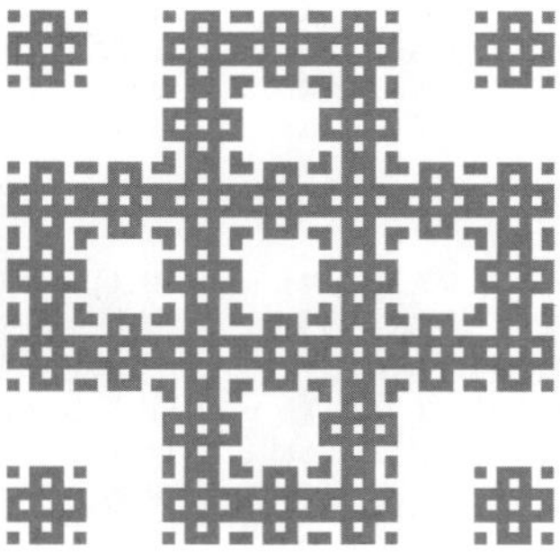	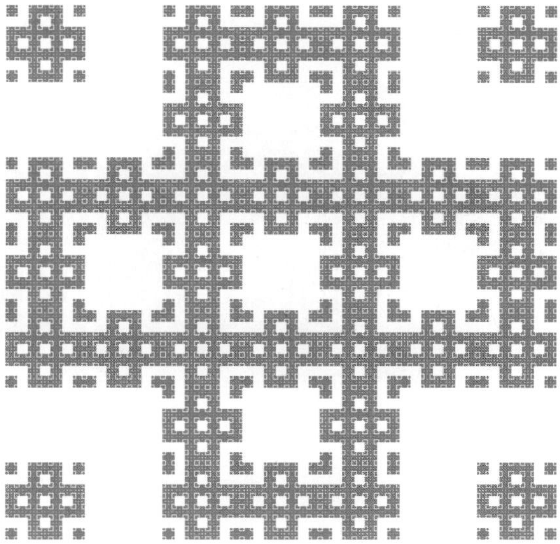

① 1단계	② 2단계	③ 3단계

① 1단계	② 2단계	③ 3단계
	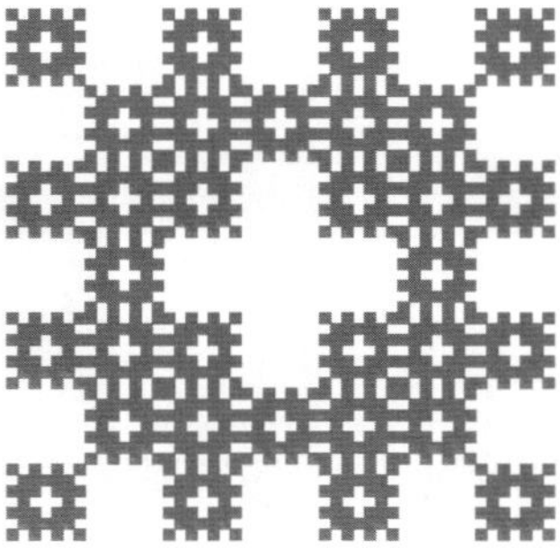	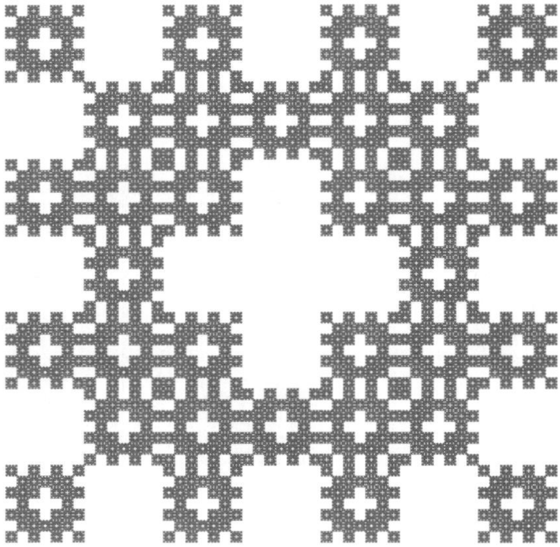

① 1단계	② 2단계	③ 3단계
	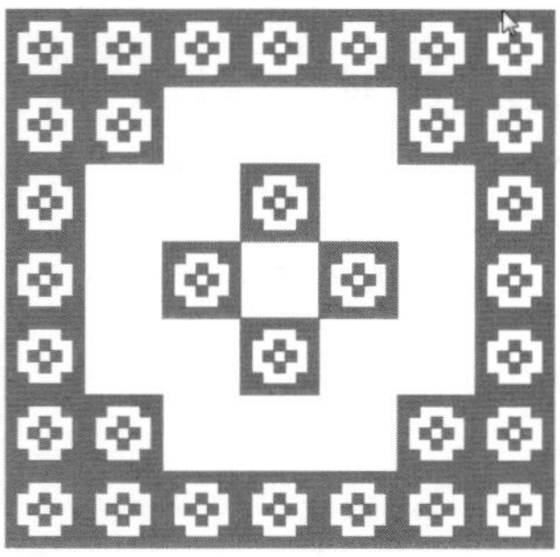	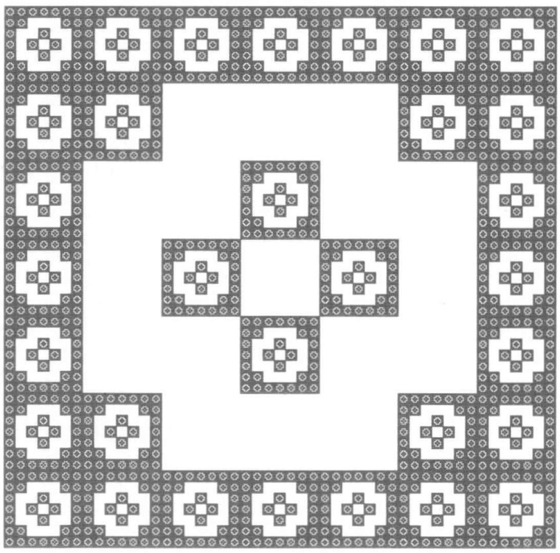

(9) 1단계 33개, 차원 $\log_7 33 = \log_{49} 1089 = \log_{243} 35937 = 1.797$

① 1단계	② 2단계	③ 3단계
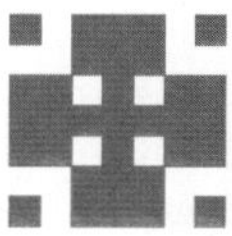	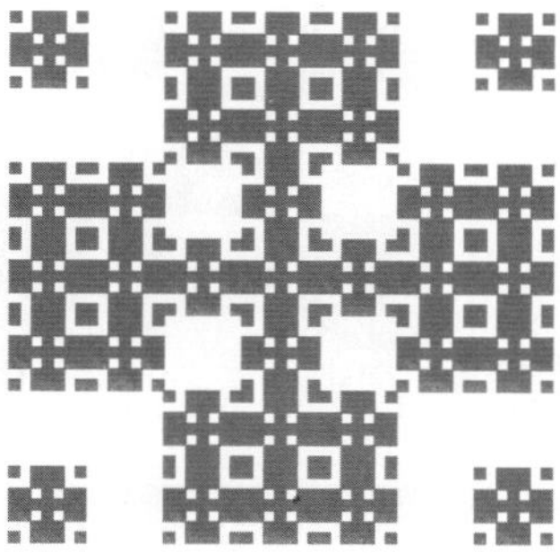	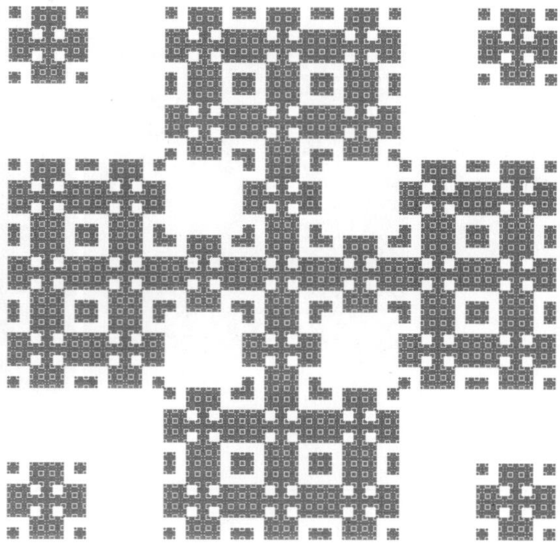

① 1단계	② 2단계	③ 3단계
	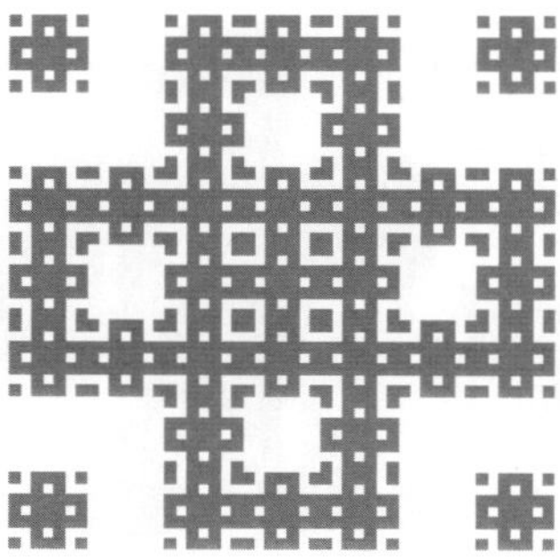	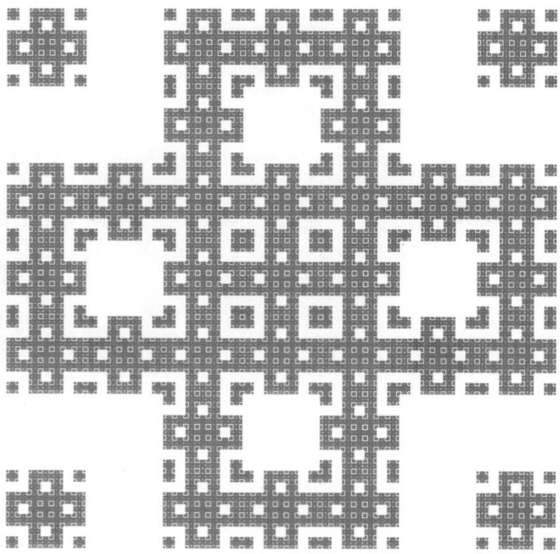

① 1단계	② 2단계	③ 3단계
	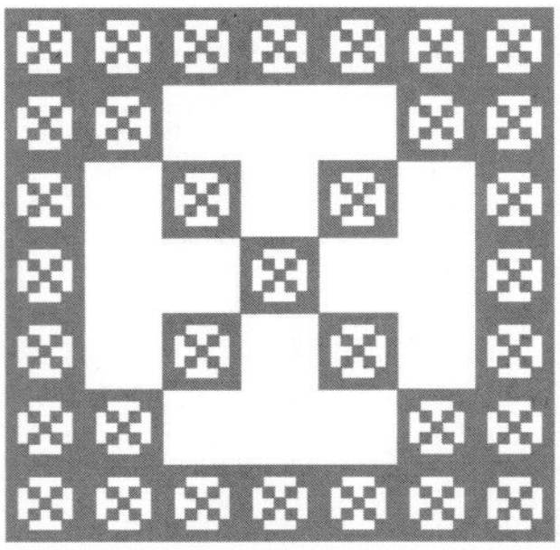	

① 1단계	② 2단계	③ 3단계
	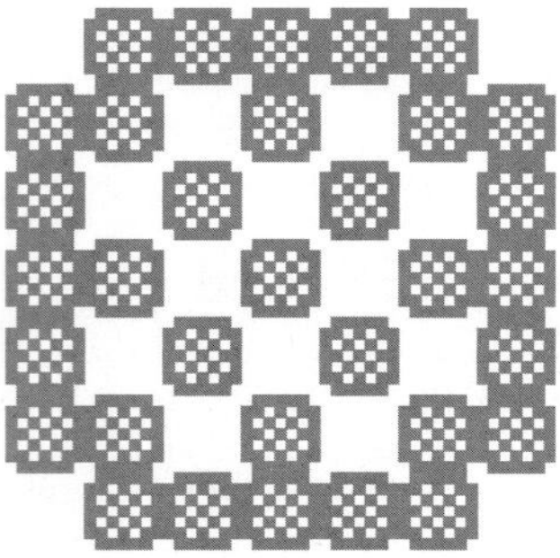	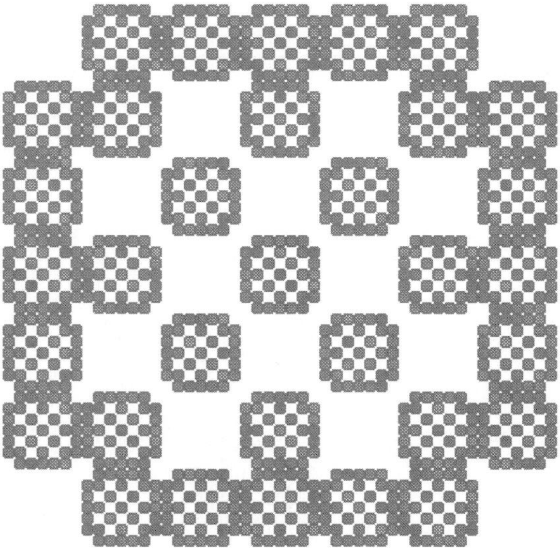

2. 탐구 활동

(1) 다른 프랙탈 연산에 대해 생각해 보자.

2.8 8×8 곱셈 프랙탈

1단계 8×8 행렬의 모양에서 곱셈을 이용하여 프랙탈 도형을 만들어보자.

1. 곱셈을 이용한 프랙탈

(1) 1단계 20개, 차원 $\log_8 20 = \log_{64} 400 = \log_{256} 8000 = 1.440$

① 1단계	② 2단계	③ 3단계
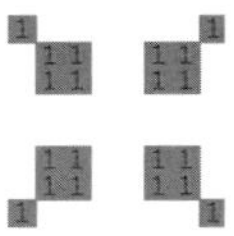	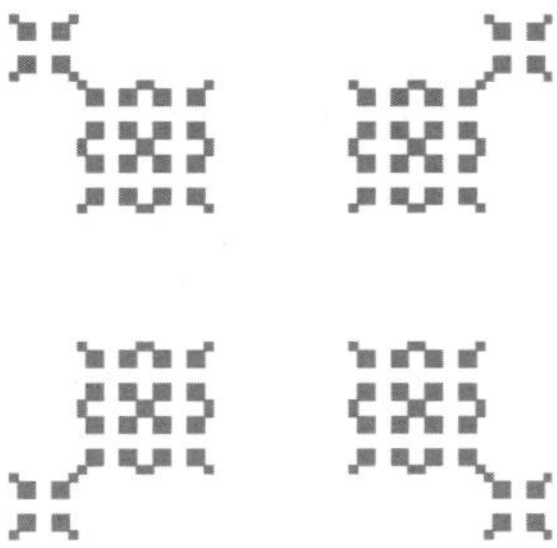	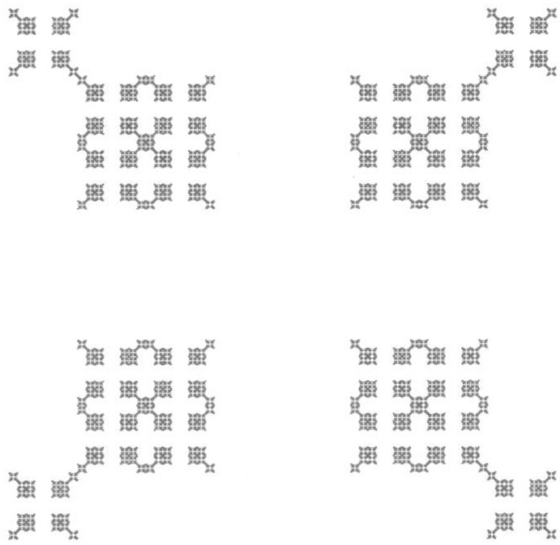

(2) 1단계 24개, 차원 $\log_8 24 = \log_{64} 576 = \log_{256} 13824 = 1.528$

① 1단계	② 2단계	③ 3단계
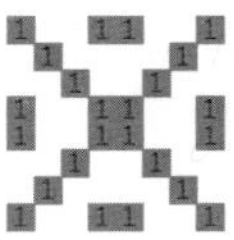	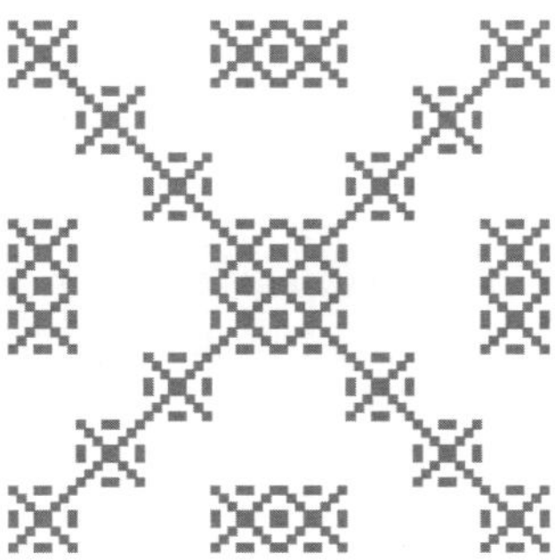	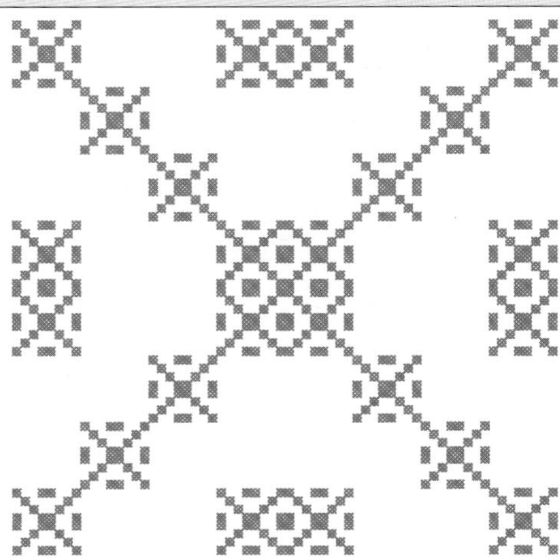

① 1단계	② 2단계	③ 3단계
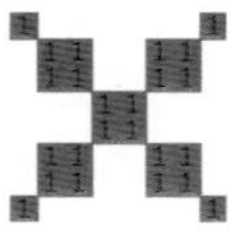	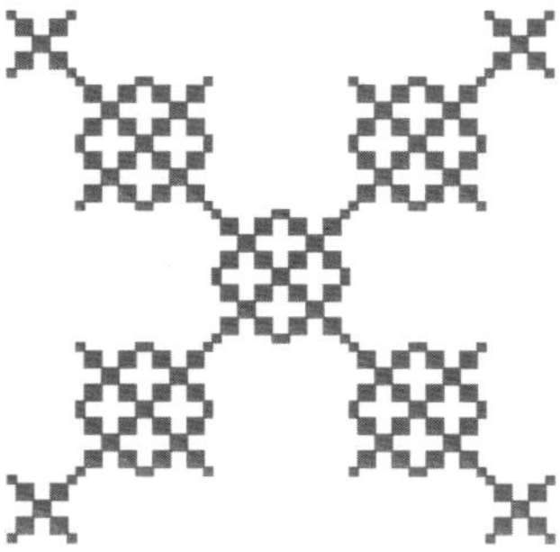	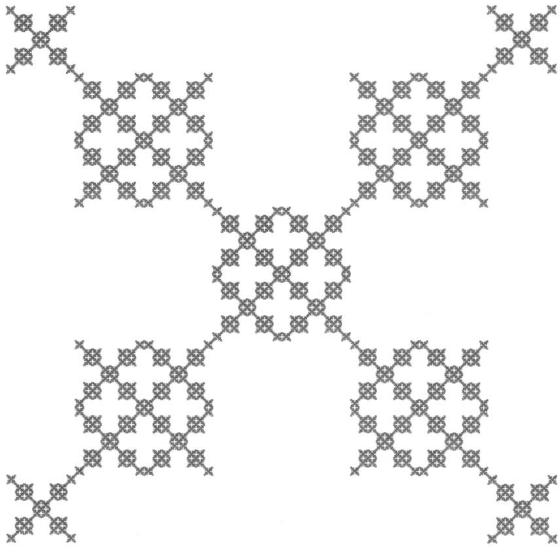

(3) 1단계 28개, 차원 $\log_8 28 = \log_{64} 784 = \log_{256} 21952 = 1.602$

① 1단계	② 2단계	③ 3단계
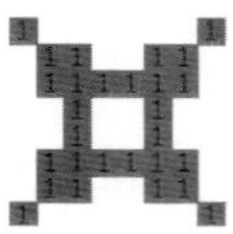	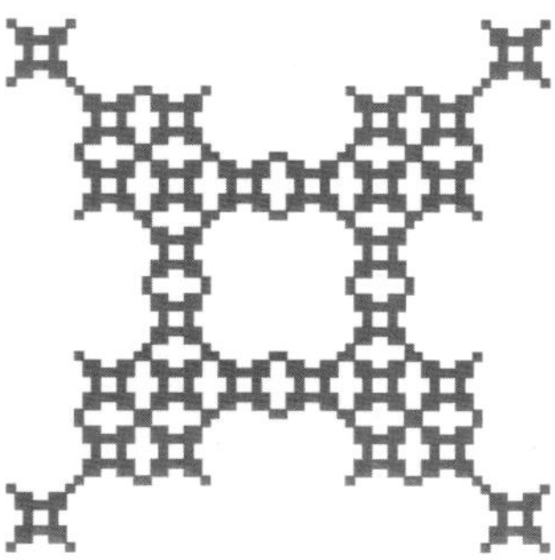	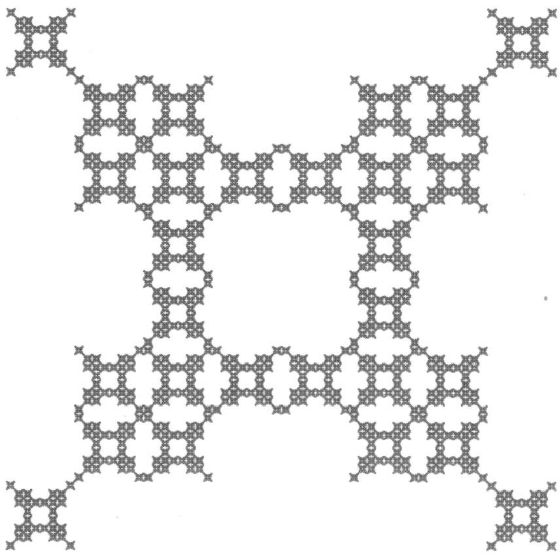

① 1단계	② 2단계	③ 3단계
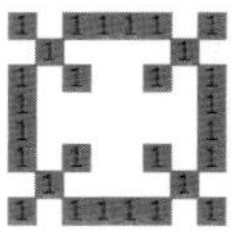	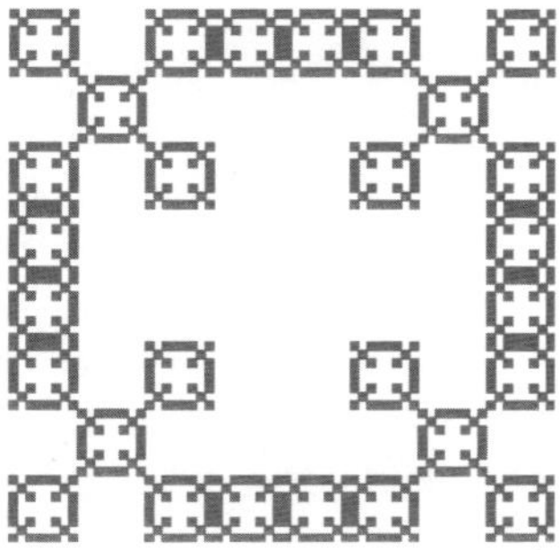	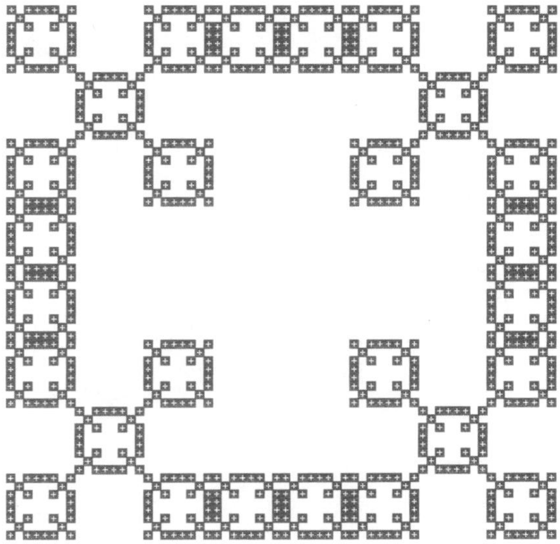

(4) 1단계 32개, 차원 $\log_8 32 = \log_{64} 1024 = \log_{256} 32768 = 1.667$

① 1단계	② 2단계	③ 3단계
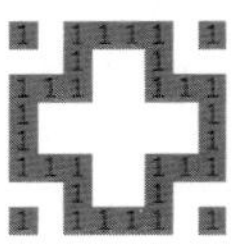	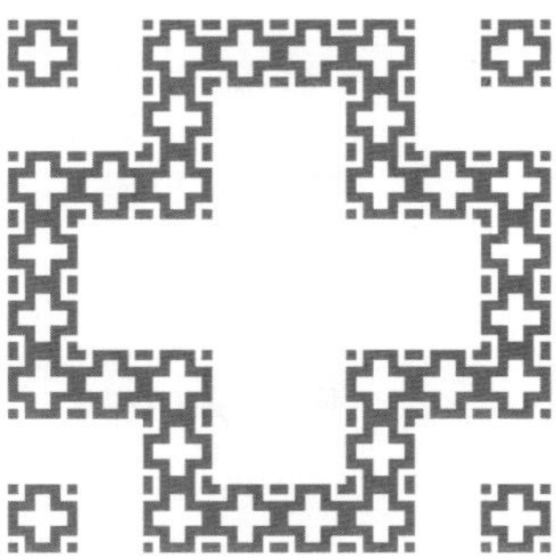	

① 1단계	② 2단계	③ 3단계
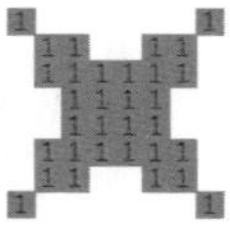	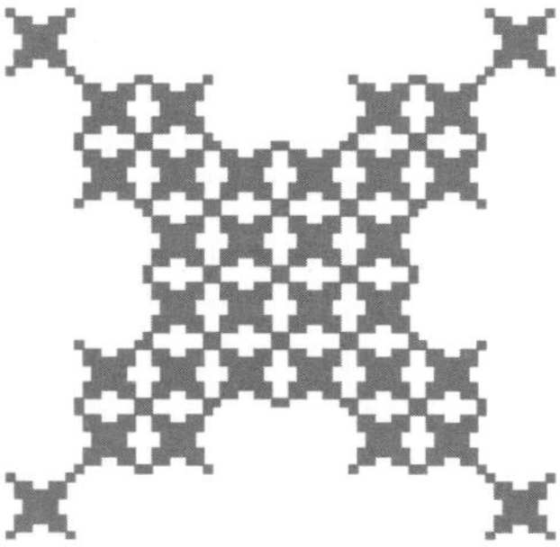	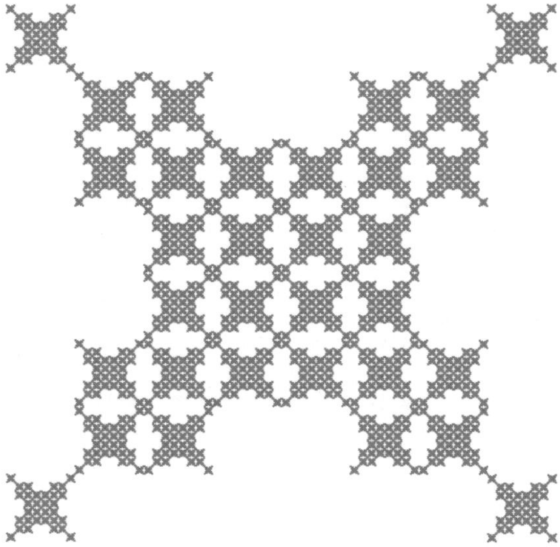

(5) 1단계 36개, 차원 $\log_8 36 = \log_{64} 1296 = \log_{256} 46656 = 1.723$

① 1단계	② 2단계	③ 3단계
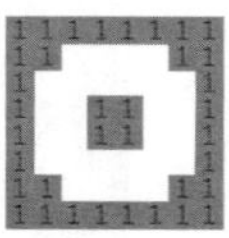	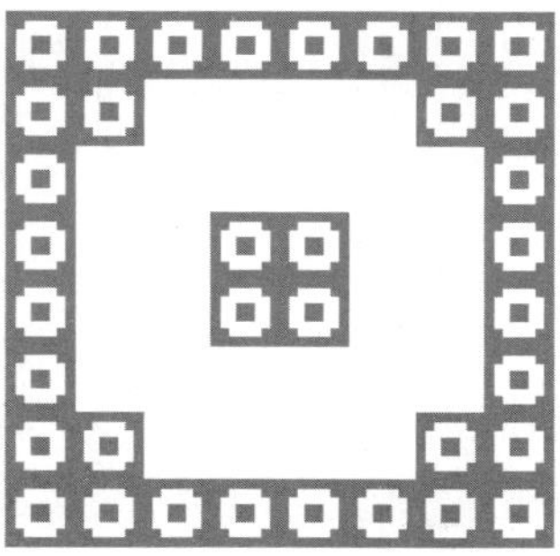	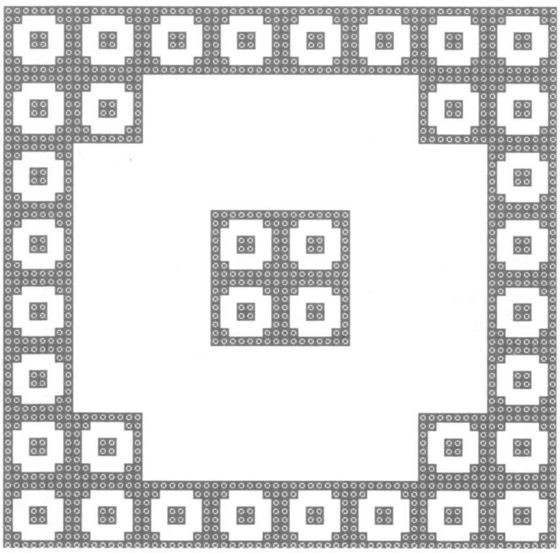

① 1단계	② 2단계	③ 3단계
	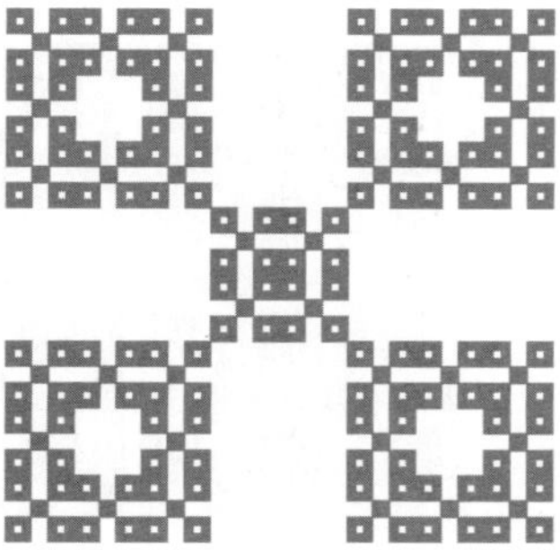	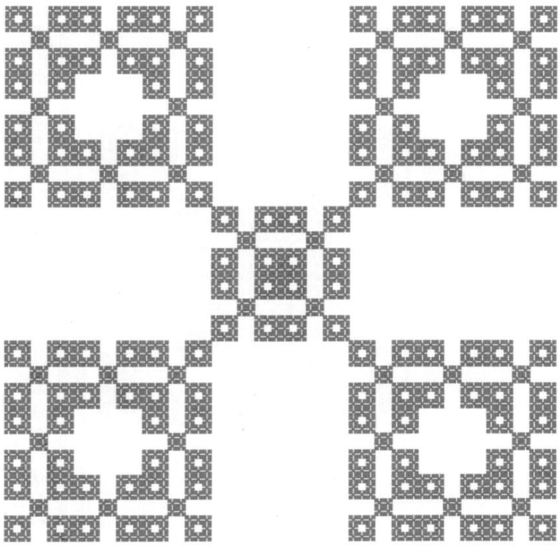

(6) 1단계 40개, 차원 $\log_8 40 = \log_{64} 1600 = \log_{256} 64000 = 1.774$

① 1단계	② 2단계	③ 3단계
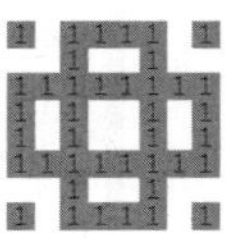	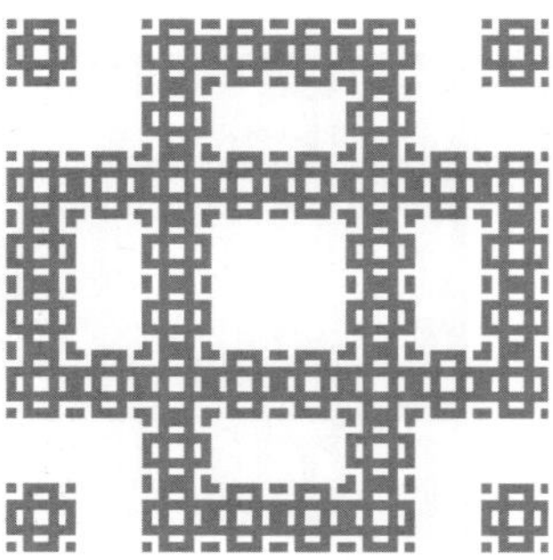	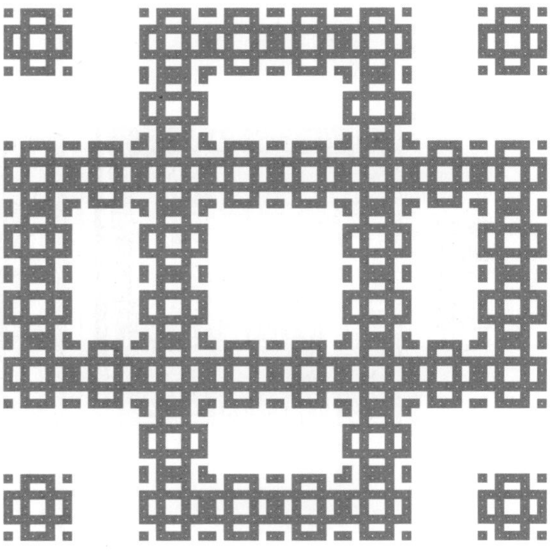

① 1단계	② 2단계	③ 3단계
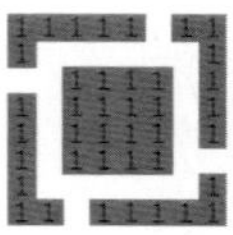		

(7) 1단계 44개, 차원 $\log_8 44 = \log_{64} 1936 = \log_{256} 85184 = 1.819$

① 1단계	② 2단계	③ 3단계
	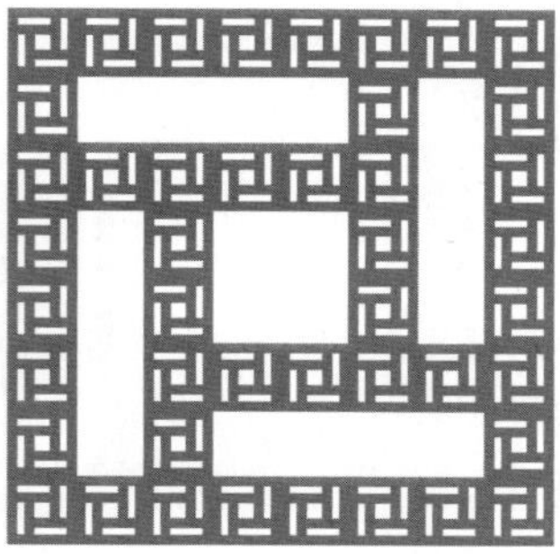	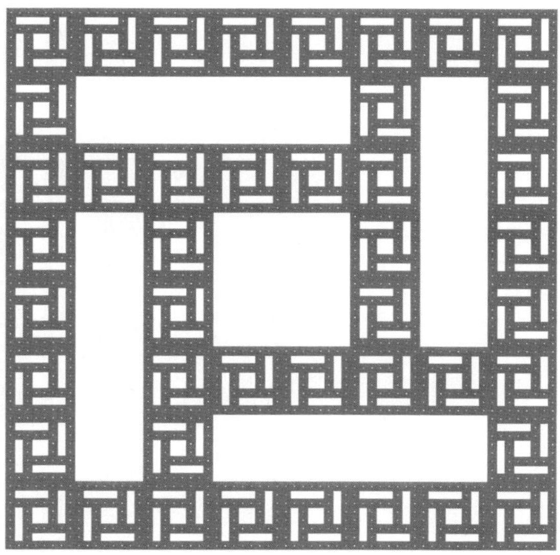

① 1단계	② 2단계	③ 3단계
	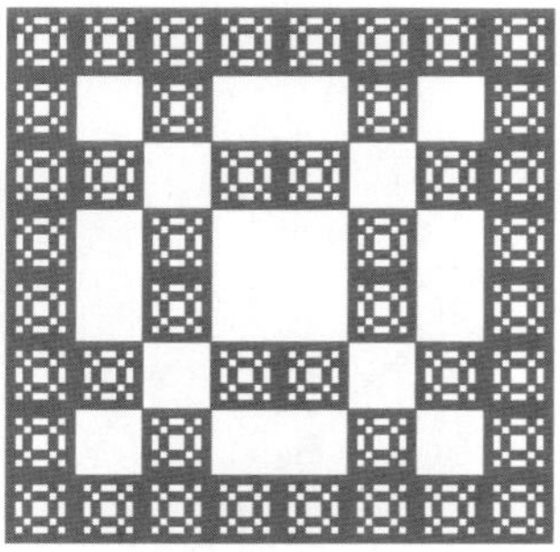	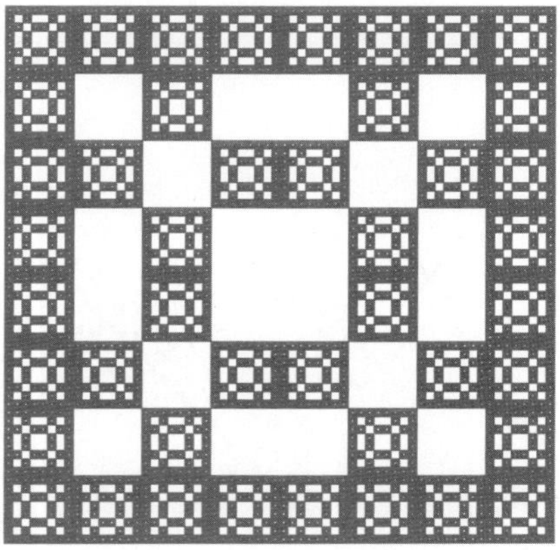

2.9 9×9 곱셈 프랙탈

1단계 9×9 행렬의 모양에서 곱셈을 이용하여 프랙탈 도형을 만들어보자.

1. 곱셈을 이용한 프랙탈

(1) 1단계 21개, 차원 $\log_9 21 = \log_{81} 441 = \log_{729} 9261 = 1.386$

① 1단계	② 2단계	③ 3단계

(2) 1단계 25개, 차원 $\log_9 25 = \log_{81} 625 = \log_{729} 15625 = 1.465$

① 1단계	② 2단계	③ 3단계
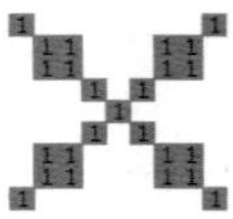	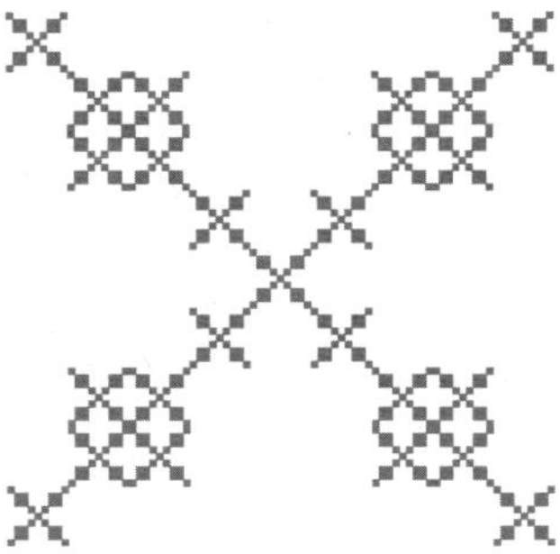	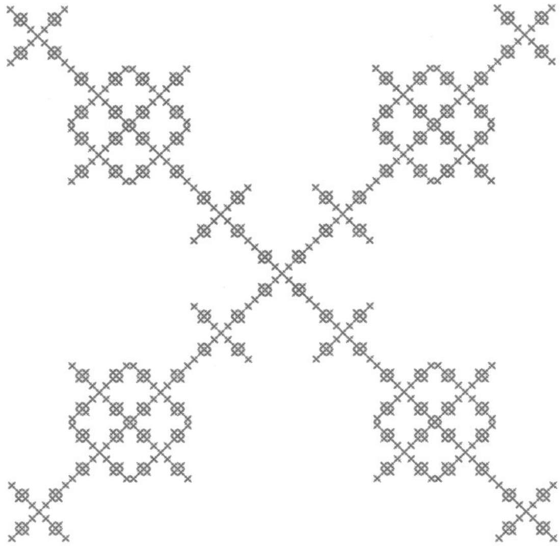

① 1단계	② 2단계	③ 3단계

(3) 1단계 28개, 차원 $\log_9 28 = \log_{81} 784 = \log_{729} 21952 = 1.517$

① 1단계	② 2단계	③ 3단계
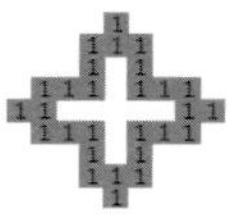		

(4) 1단계 29개, 차원 $\log_9 29 = \log_{81} 841 = \log_{729} 24389 = 1.533$

① 1단계	② 2단계	③ 3단계
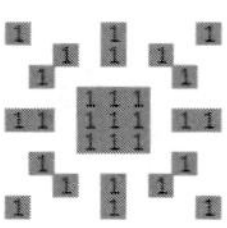	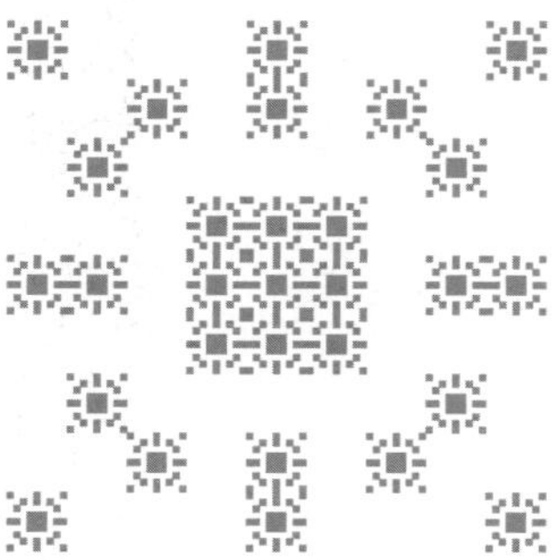	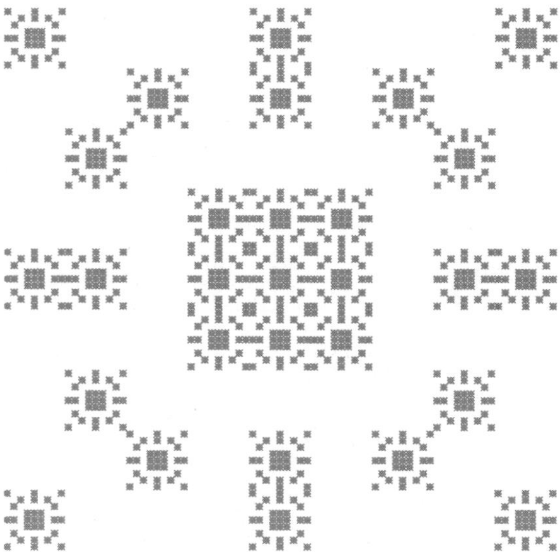

(5) 1단계 32개, 차원 $\log_9 32 = \log_{81} 1024 = \log_{729} 32768 = 1.577$

① 1단계	② 2단계	③ 3단계
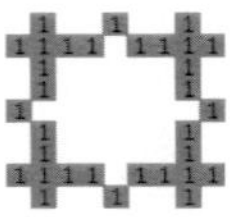	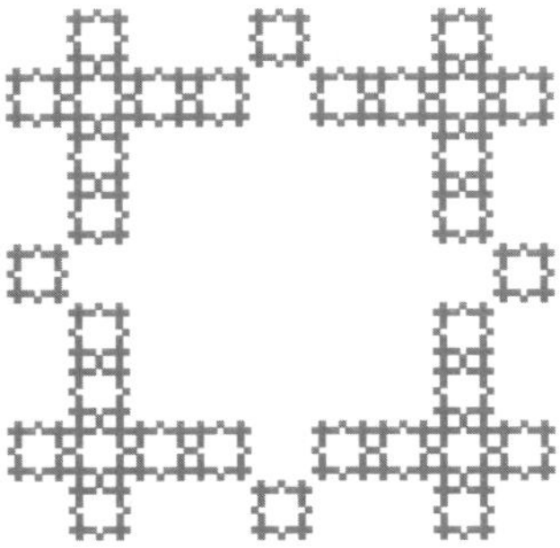	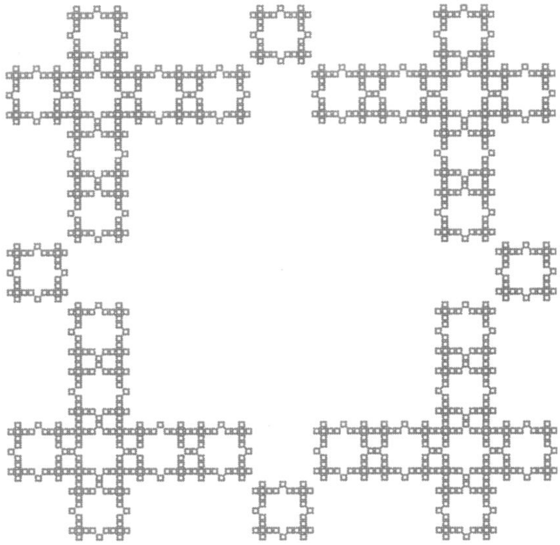

(6) 1단계 40개, 차원 $\log_9 40 = \log_{81} 1600 = \log_{729} 64000 = 1.679$

① 1단계	② 2단계	③ 3단계
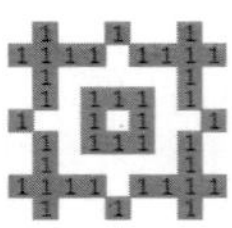	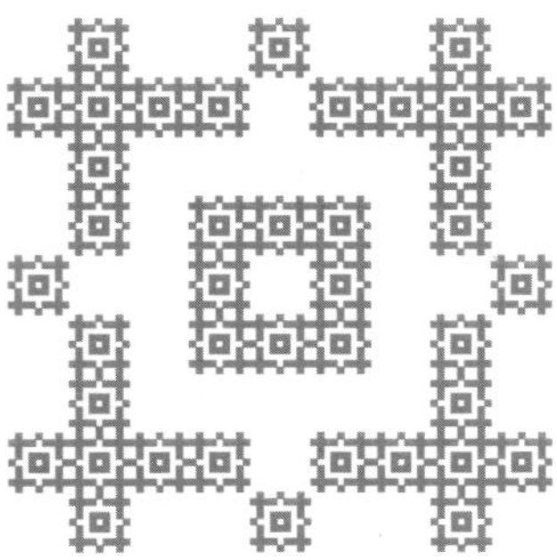	

(7) 1단계 44개, 차원 $\log_9 44 = \log_{81} 1936 = \log_{729} 85184 = 1.722$

① 1단계	② 2단계	③ 3단계

(8) 1단계 49개, 차원 $\log_9 49 = \log_{81} 2401 = \log_{729} 117649 = 1.771$

① 1단계	② 2단계	③ 3단계
	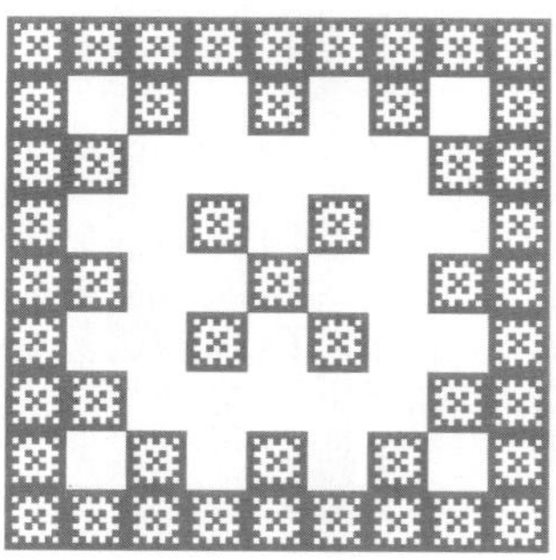	

(9) 1단계 53개, 차원 $\log_9 53 = \log_{81} 2809 = \log_{729} 14877 = 1.807$

① 1단계	② 2단계	③ 3단계
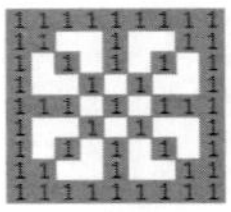	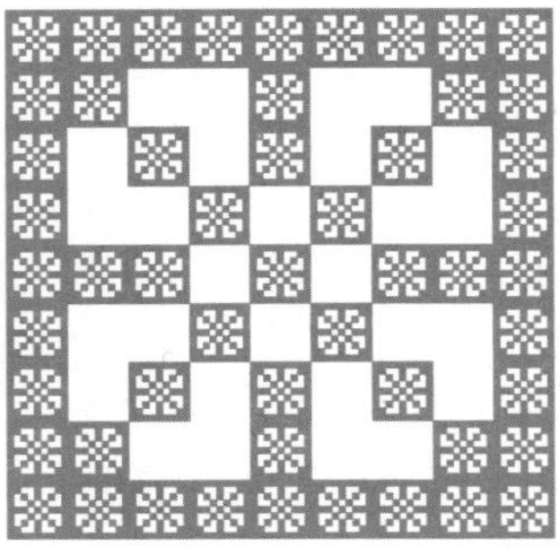	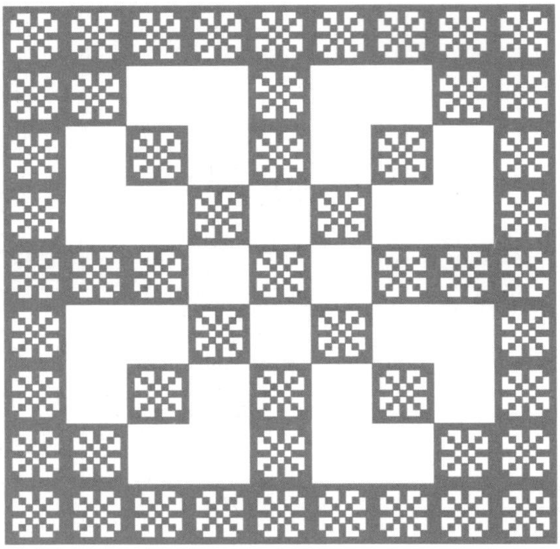

(10) 1단계 57개, 차원 $\log_9 57 = \log_{81} 3249 = \log_{729} 185193 = 1.840$

① 1단계	② 2단계	③ 3단계
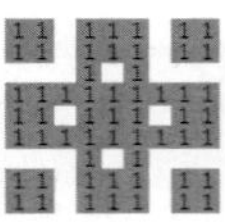	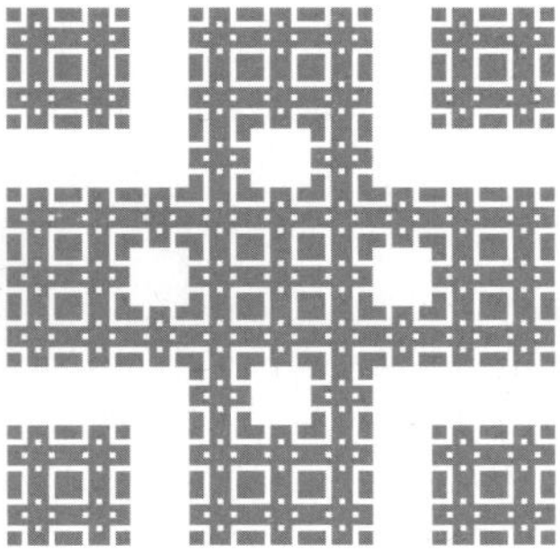	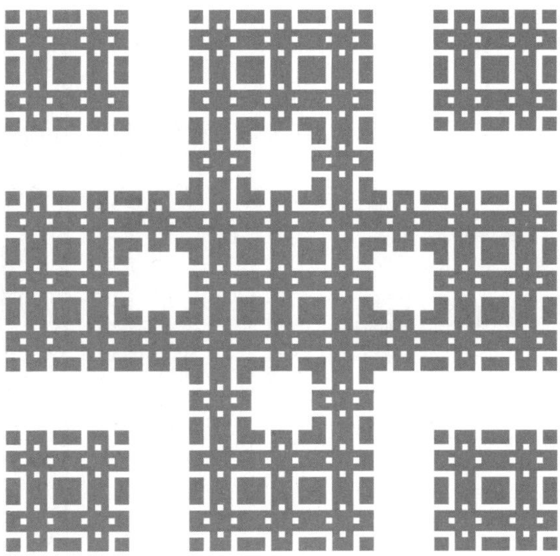

(11) 1단계 61개, 차원 $\log_9 61 = \log_{81} 3721 = \log_{729} 226981 = 1.871$

① 1단계	② 2단계	③ 3단계
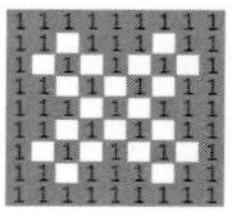		

(12) 1단계 64개, 차원 $\log_9 64 = \log_{81} 4096 = \log_{729} 262144 = 1.893$

① 1단계	② 2단계	③ 3단계
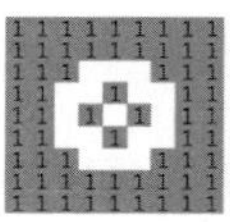	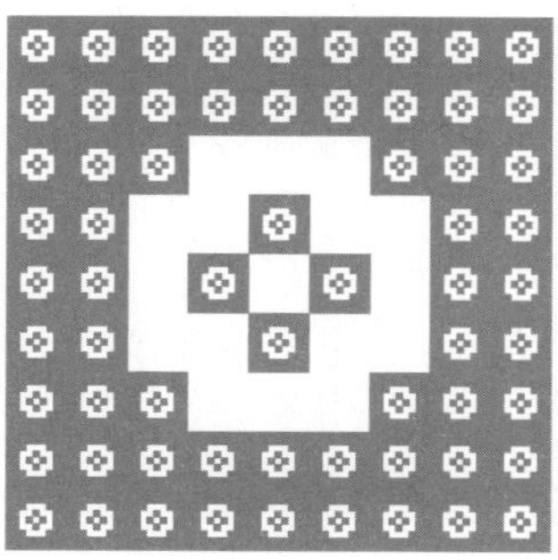	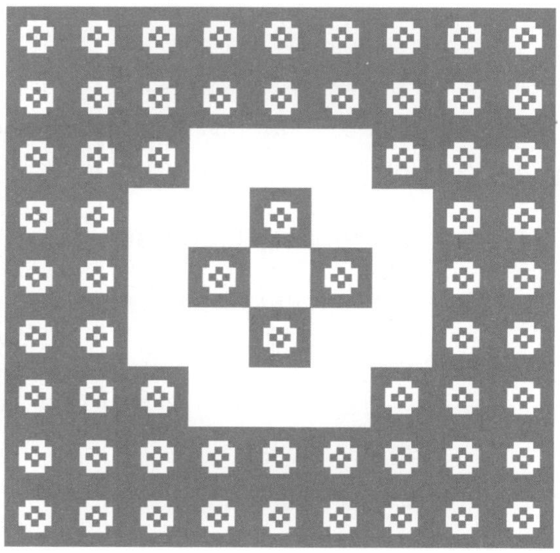

03 Chapter >> 자기닮음 응용(I)

3장은 프랙탈에 대해 다양한 접근을 이야기 한다. 세 수의 합으로 만드는 프랙탈에서 9로 나누었을 때의 나머지 0에 색을 칠하는 그림은 한 참 동안 나를 멈추게 하였다. 감탄이었다. 이럴 수가! 신이 있다면? 신이 수학을 만들었다면? 신은 디자이너가 아닐까?

프랙탈을 집합으로 생각해 보았다. 프랙탈과 프랙탈의 여집합이 만드는 프랙탈에 대해 생각해 보았다. 프랙탈은 열려 있으며, 프랙탈은 수의 본성이 아닐까?

3.1 세 수의 합으로 만드는 프랙탈

세 수의 합을 구한 후 일정한 수로 나누어 나머지를 관찰해 보자.

1. 세 수의 합 3, 5, 7로 나누었을 때

(1) 3으로 나누었을 때, 나머지 0에 색칠

① B3 셀은 =MOD(A3+A2+B2,$A$1)이다.
② A2 셀은 AC셀에 연결한다.
③ 위 그림은 셀 세 개의 합을 구한 후 A1셀로 나눈다.
④ A1의 값으로 나눈다.
⑤ P1의 값에 색칠한다.

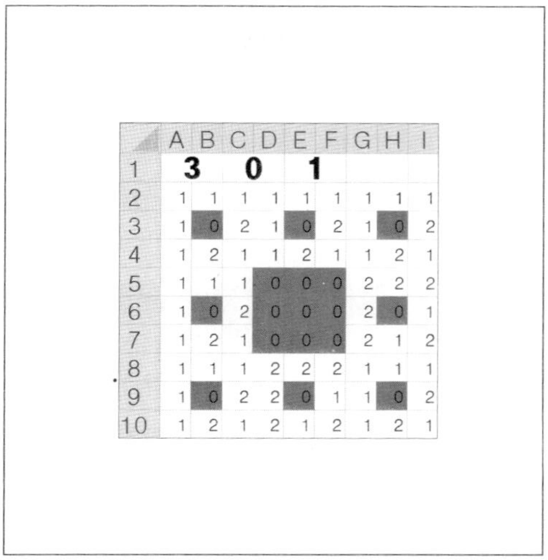

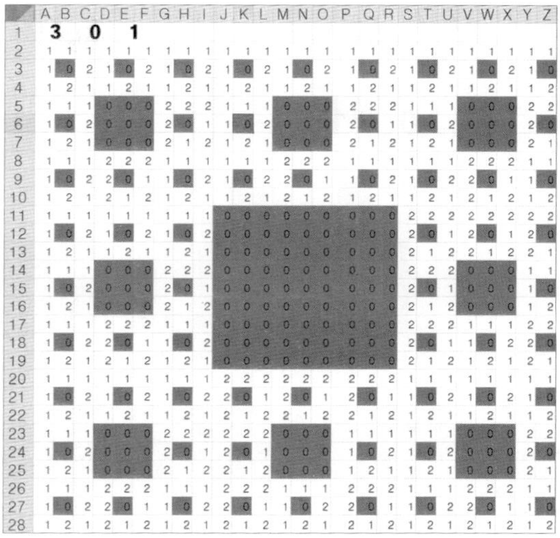

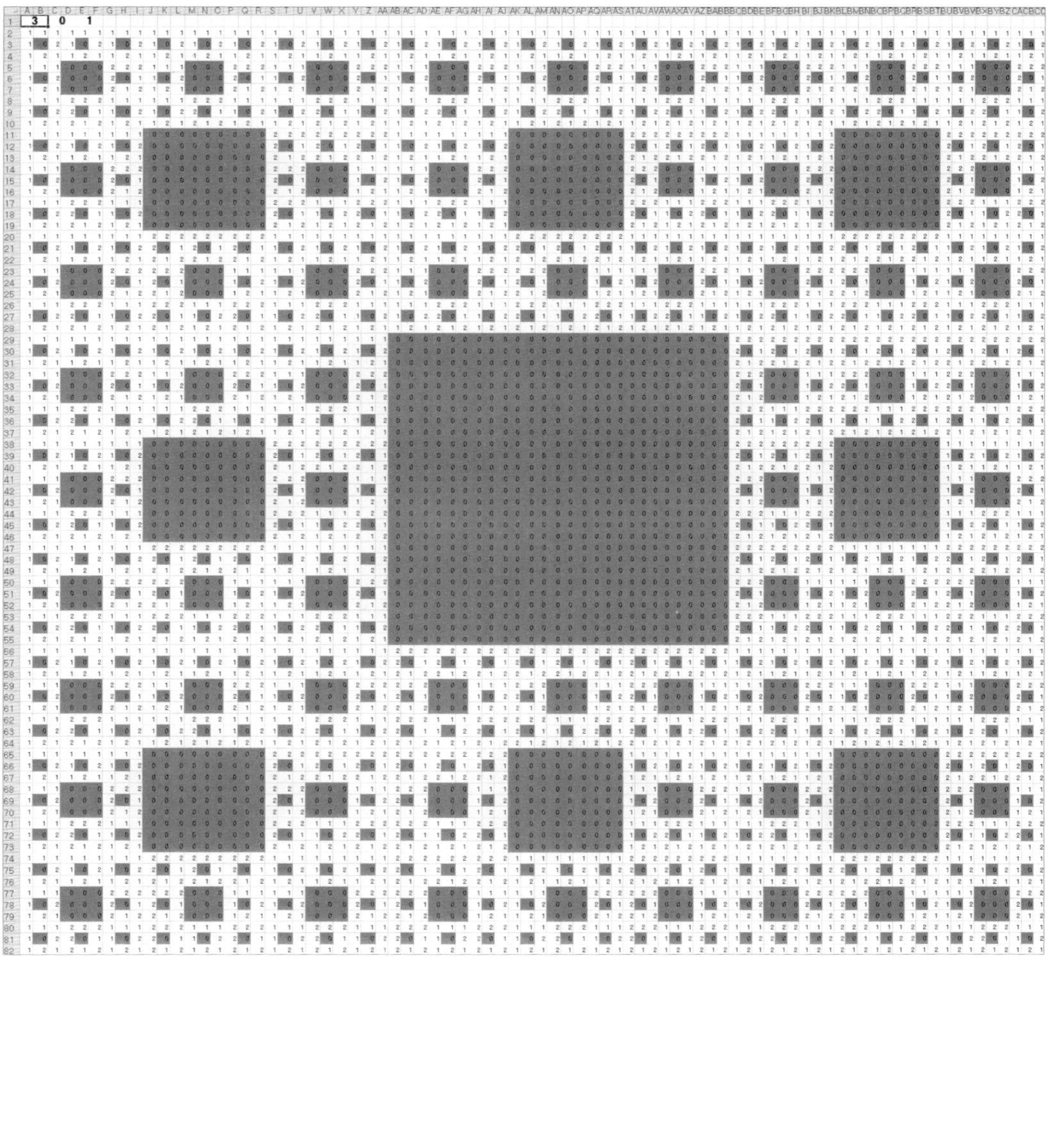

(2) 3으로 나누었을 때, 나머지 0에 색칠

	A	B	C	D	E	F	G	H	I	J	K	L	M	N	O	P	Q	R	S	T	U	V	W	X	Y	Z	AA	AB	AC
1	**3**		**0**		**1**																								
2	1	1	1	1	1	1	1	1	1	1	1	1	1	1	1	1	1	1	1	1	1	1	1	1	1	1	1	1	1
3	1	0	2	1	0	2	1	0	2	1	0	2	1	0	2	1	0	2	1	0	2	1	0	2	1	0	2	1	0
4	1	2	1	1	2	1	1	2	1	1	2	1	1	2	1	1	2	1	1	2	1	1	2	1	1	2	1	1	2
5	1	1	1	0	0	0	2	2	2	1	1	1	0	0	0	2	2	2	1	1	1	0	0	0	2	2	2	1	1
6	1	0	2	0	0	0	2	0	1	1	0	2	0	0	0	2	0	1	1	0	2	0	0	0	2	0	1	1	0
7	1	2	1	0	0	0	2	1	2	1	2	1	0	0	0	2	1	2	1	2	1	0	0	0	2	1	2	1	2
8	1	1	1	2	2	2	1	1	1	1	1	1	2	2	2	1	1	1	1	1	1	2	2	2	1	1	1	1	1

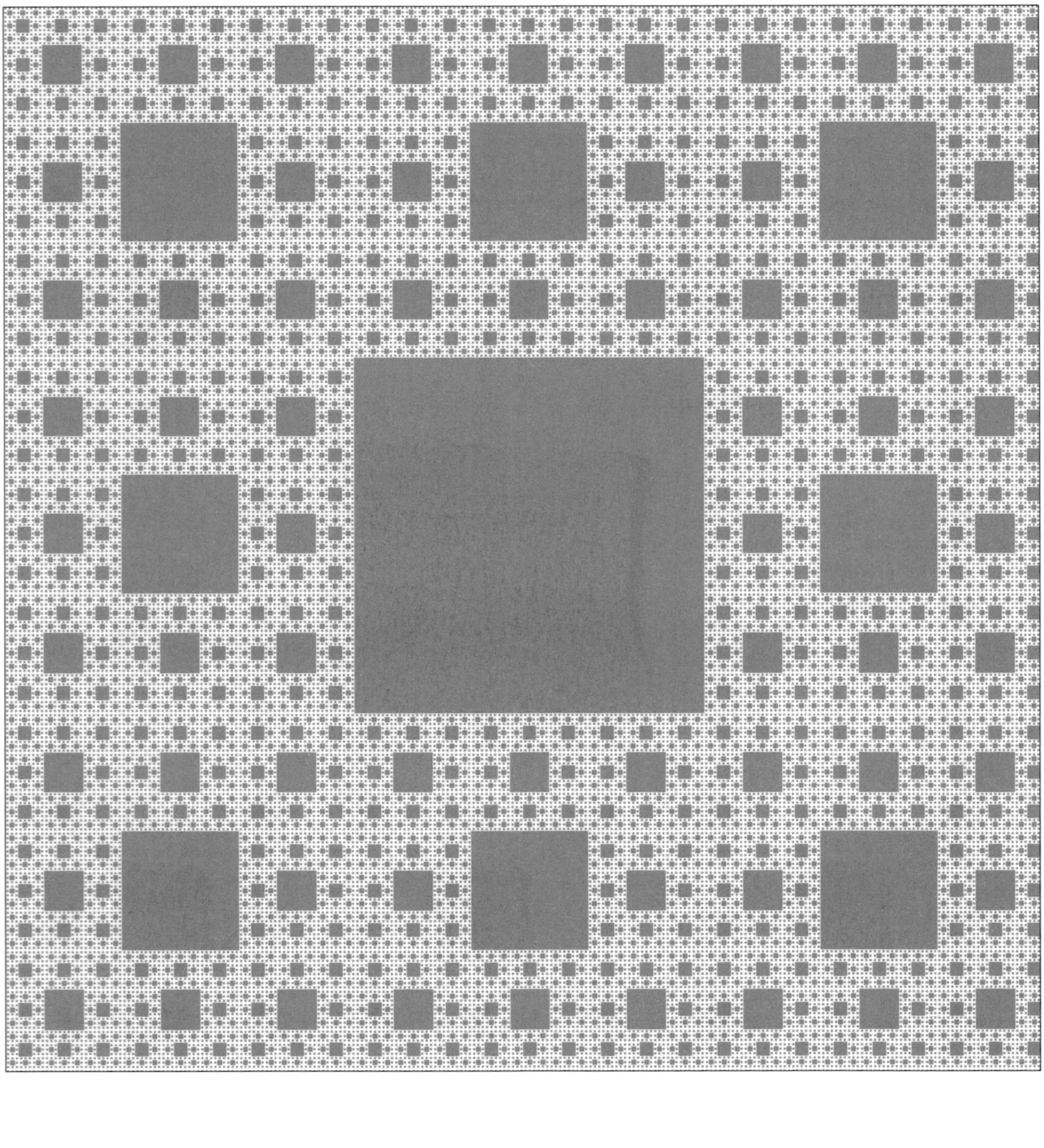

(3) 5로 나누었을 때, 나머지 0에 색칠

	A	B	C	D	E	F	G	H	I	J	K	L	M	N	O	P	Q	R	S	T	U	V	W	X	Y	Z	AA	AB	AC
1	**5**		**0**		**1**																								
2	1	1	1	1	1	1	1	1	1	1	1	1	1	1	1	1	1	1	1	1	1	1	1	1	1	1	1	1	1
3	1	3	0	2	4	1	3	0	2	4	1	3	0	2	4	1	3	0	2	4	1	3	0	2	4	1	3	0	2
4	1	0	3	0	1	1	0	3	0	1	1	0	3	0	1	1	0	3	0	1	1	0	3	0	1	1	0	3	0
5	1	2	0	3	4	1	2	0	3	4	1	2	0	3	4	1	2	0	3	4	1	2	0	3	4	1	2	0	3
6	1	4	1	4	1	1	4	1	4	1	1	4	1	4	1	1	4	1	4	1	1	4	1	4	1	1	4	1	4
7	1	1	1	1	1	3	3	3	3	3	0	0	0	0	0	2	2	2	2	2	4	4	4	4	4	1	1	1	1
8	1	3	0	2	4	3	4	0	1	2	0	0	0	0	0	2	1	0	4	3	4	2	0	3	1	1	3	0	2
9	1	0	3	0	1	3	0	4	0	3	0	0	0	0	0	2	0	1	0	2	4	0	2	0	4	1	0	3	0
10	1	2	0	3	4	3	1	0	4	2	0	0	0	0	0	2	4	0	1	3	4	3	0	2	1	1	2	0	3

(4) 7로 나누었을 때, 나머지 0에 색칠

	A	B	C	D	E	F	G	H	I	J	K	L	M	N	O	P	Q	R	S	T	U	V	W	X	Y	Z	AA	AB	AC
1	**7**		**0**		**1**																								
2	1	1	1	1	1	1	1	1	1	1	1	1	1	1	1	1	1	1	1	1	1	1	1	1	1	1	1	1	1
3	1	3	5	0	2	4	6	1	3	5	0	2	4	6	1	3	5	0	2	4	6	1	3	5	0	2	4	6	1
4	1	5	6	4	6	5	1	1	5	6	4	6	5	1	1	5	6	4	6	5	1	1	5	6	4	6	5	1	1
5	1	0	4	0	3	0	6	1	0	4	0	3	0	6	1	0	4	0	3	0	6	1	0	4	0	3	0	6	1
6	1	2	6	3	6	2	1	1	2	6	3	6	2	1	1	2	6	3	6	2	1	1	2	6	3	6	2	1	1

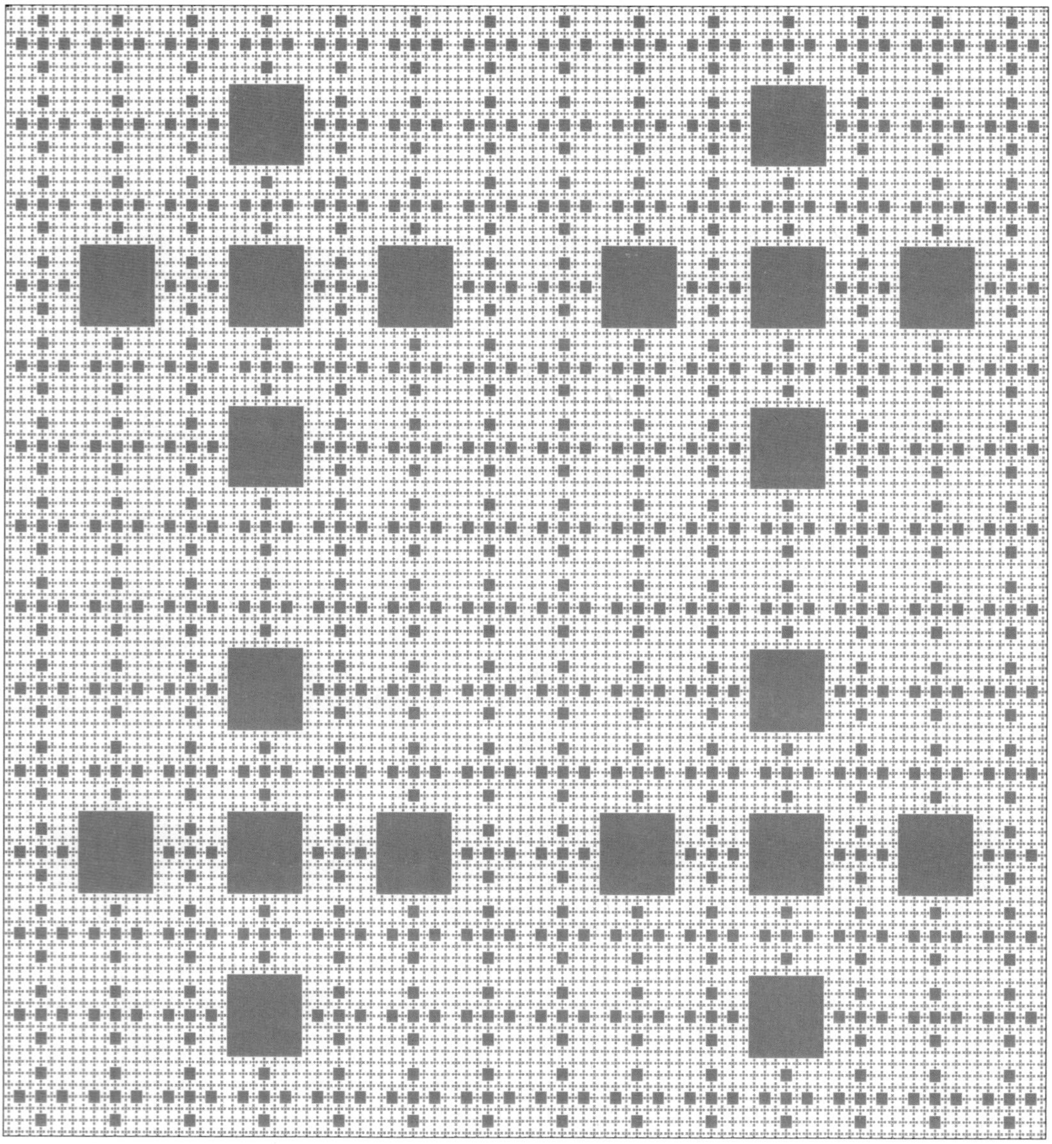

2. 세 수의 합 9로 나누었을 때

(1) 9로 나누었을 때, 나머지 0에 색칠

	A	B	C	D	E	F	G	H	I	J	K	L	M	N	O	P	Q	R	S	T	U	V	W	X	Y	Z	AA	AB	AC
1	**9**		**0**		**1**																								
2	1	1	1	1	1	1	1	1	1	1	1	1	1	1	1	1	1	1	1	1	1	1	1	1	1	1	1	1	1
3	1	3	5	7	0	2	4	6	8	1	3	5	7	0	2	4	6	8	1	3	5	7	0	2	4	6	8	1	3
4	1	5	4	7	5	7	4	5	1	1	5	4	7	5	7	4	5	1	1	5	4	7	5	7	4	5	1	1	5
5	1	7	7	0	3	6	8	8	5	7	4	4	6	0	3	5	5	2	4	1	1	3	6	0	2	2	8	1	7

① 9로 나누었을 때, 나머지 0의 종류1

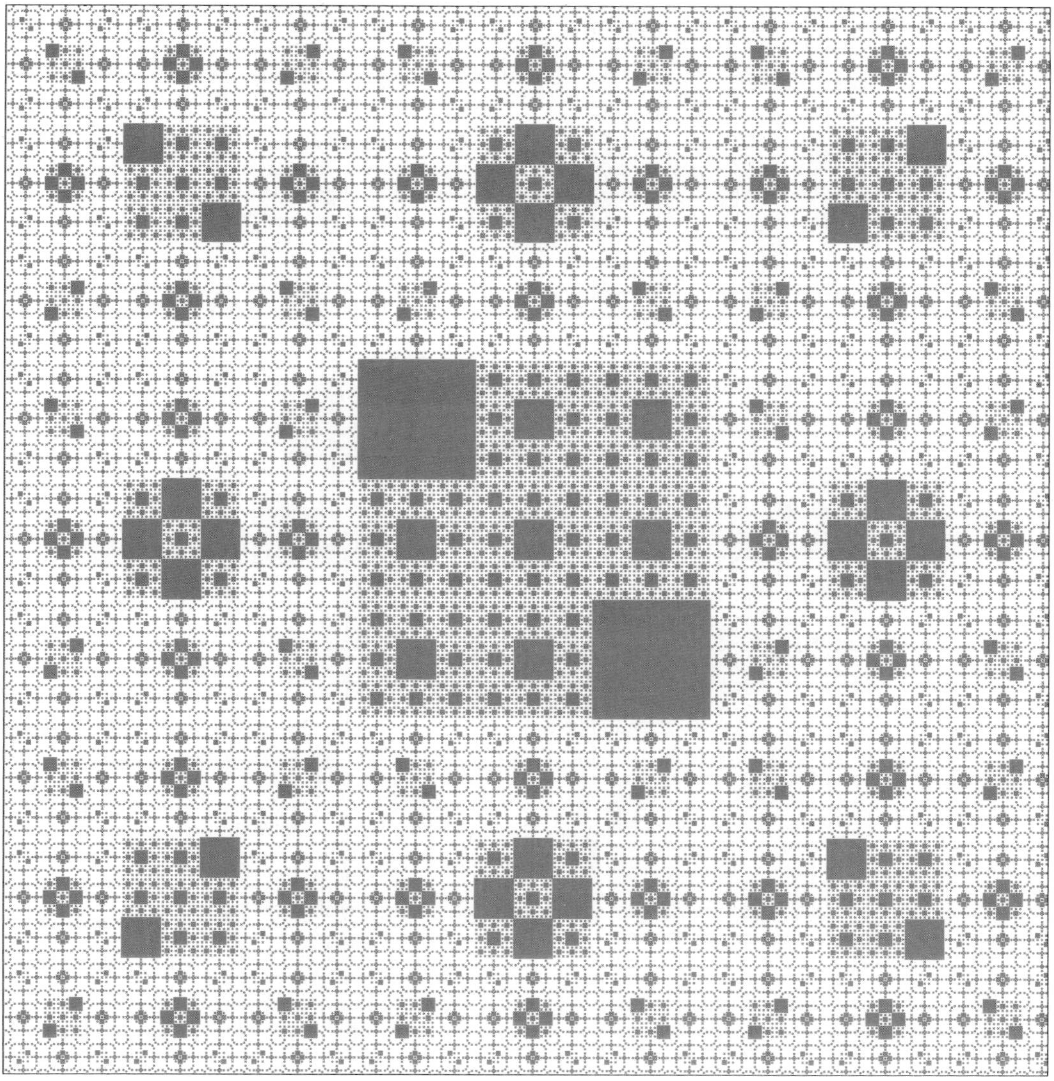

② 9로 나누었을 때, 나머지 0의 종류 2

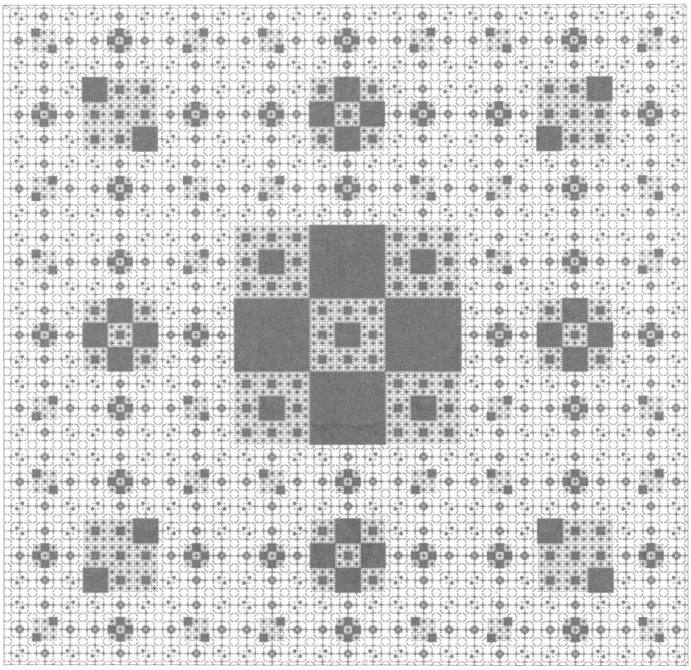

③ 9로 나누었을 때, 나머지 0의 종류3

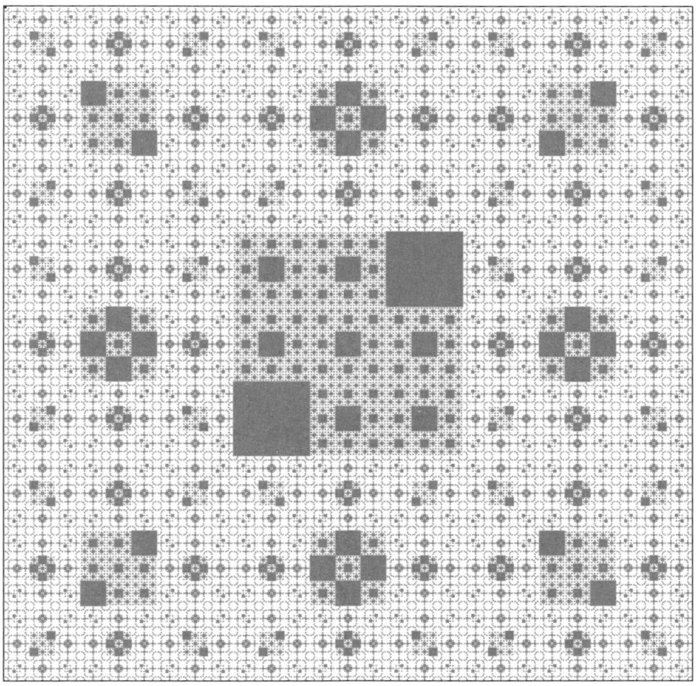

(2) 9로 나누었을 때, 초기치 0, 2, 3, 4

①

	A	B	C	D	E	F	G	H	I	J	K	L	M
1	**9**	**0**	**0**										
2	0	1	1	1	1	1	1	1	1	1	1	1	1
3	1	2	4	6	8	1	3	5	7	0	2	4	6

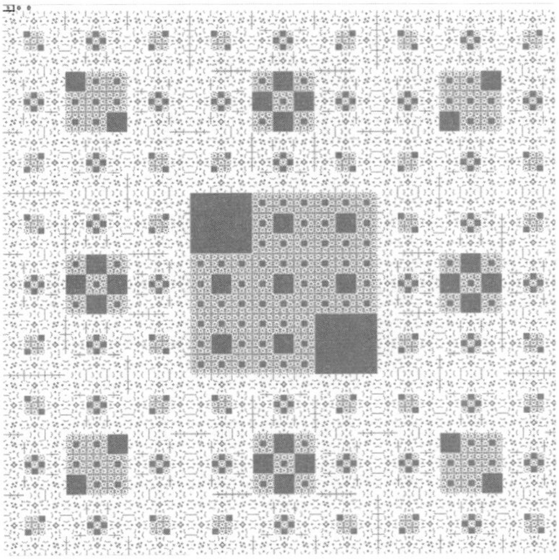

②

	A	B	C	D	E	F	G	H	I	J	K	L	M
1	**9**	**0**	**2**										
2	2	1	1	1	1	1	1	1	1	1	1	1	1
3	1	4	6	8	1	3	5	7	0	2	4	6	8

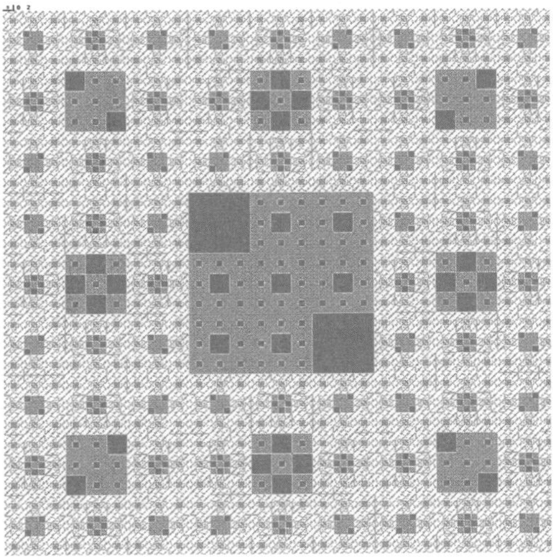

③

	A	B	C	D	E	F	G	H	I	J	K	L	M
1	**9**	**0**	**3**										
2	3	1	1	1	1	1	1	1	1	1	1	1	1
3	1	5	7	0	2	4	6	8	1	3	5	7	0

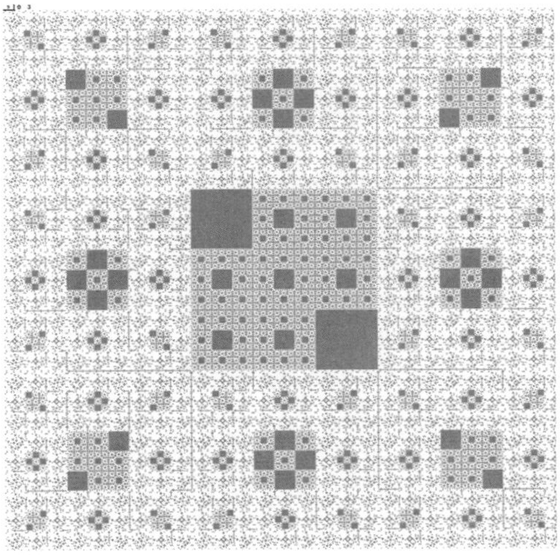

④

	A	B	C	D	E	F	G	H	I	J	K	L	M
1	**9**	**0**	**4**										
2	4	1	1	1	1	1	1	1	1	1	1	1	1
3	1	6	8	1	3	5	7	0	2	4	6	8	1

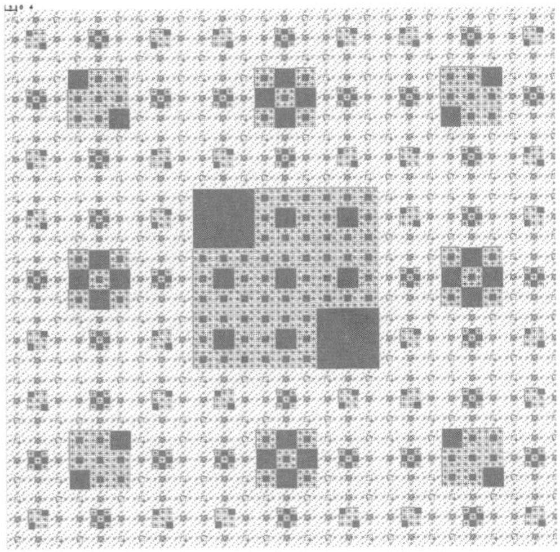

(3) 9로 나누었을 때, 초기치 5, 6, 7, 8

①

	A	B	C	D	E	F	G	H	I	J	K	L	M
1	**9**		**0**		**5**								
2	5	1	1	1	1	1	1	1	1	1	1	1	1
3	1	7	0	2	4	6	8	1	3	5	7	0	2

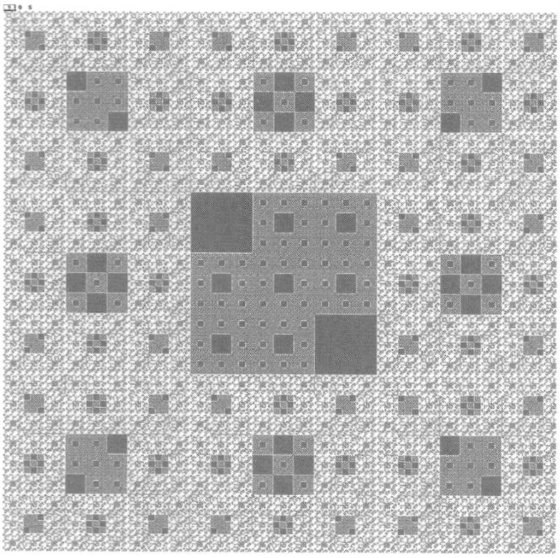

②

	A	B	C	D	E	F	G	H	I	J	K	L	M
1	**9**		**0**		**6**								
2	6	1	1	1	1	1	1	1	1	1	1	1	1
3	1	8	1	3	5	7	0	2	4	6	8	1	3

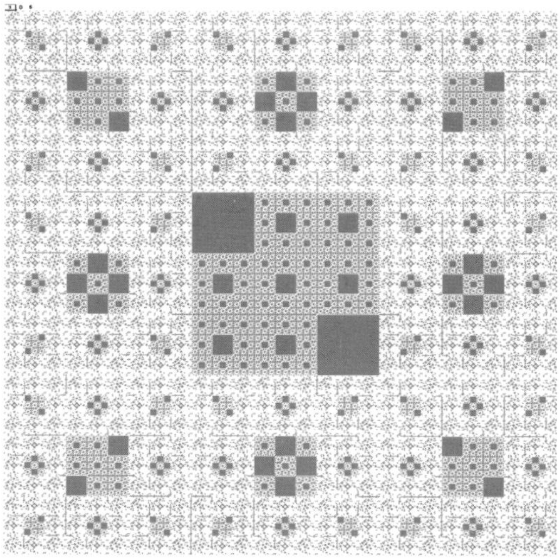

③

	A	B	C	D	E	F	G	H	I	J	K	L	M
1	**9**		**0**		**7**								
2	7	1	1	1	1	1	1	1	1	1	1	1	1
3	1	0	2	4	6	8	1	3	5	7	0	2	4

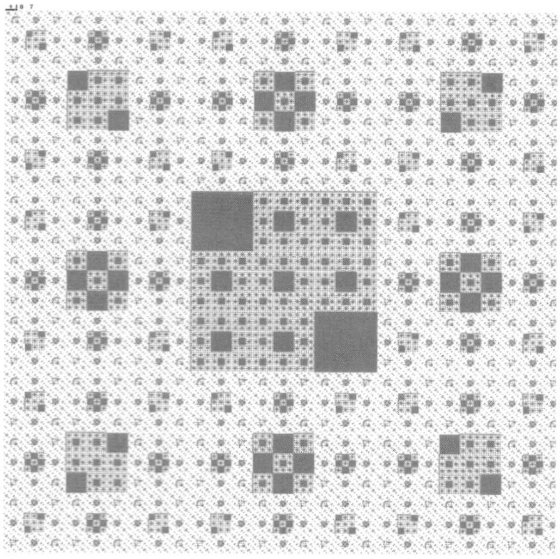

④

	A	B	C	D	E	F	G	H	I	J	K	L	M
1	**9**		**0**		**8**								
2	8	1	1	1	1	1	1	1	1	1	1	1	1
3	1	1	3	5	7	0	2	4	6	8	1	3	5

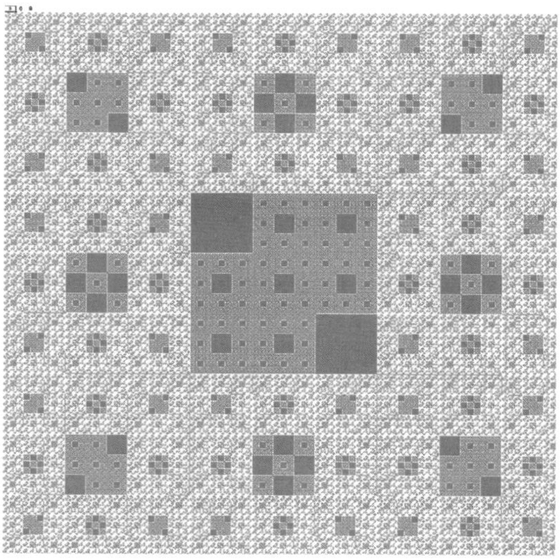

3. 세 수의 합 12로 나누었을 때 3, 7, 9에 색칠

(1) 12로 나누었을 때, 나머지 3에 색칠

	A	B	C	D	E	F	G	H	I	J	K	L	M	N	O	P
1	**12**		**3**		**1**											
2	1	1	1	1	1	1	1	1	1	1	1	1	1	1	1	1
3	1	3	5	7	9	11	1	3	5	7	9	11	1	3	5	7
4	1	5	1	1	5	1	1	5	1	1	5	1	1	5	1	1
5	1	7	1	3	9	3	5	11	5	7	1	7	9	3	9	11
6	1	9	5	9	9	9	5	9	1	1	9	5	9	9	9	5
7	1	11	1	3	9	3	5	7	5	7	5	7	9	3	9	11
8	1	1	1	5	5	5	1	1	1	1	1	1	5	5	5	1
9	1	3	5	11	9	7	1	3	5	7	9	11	5	3	1	7

	Q	R	S	T	U	V	W	X	Y	Z	AA	AB	AC	AD	AE	AF	AG
1																	
2	1	1	1	1	1	1	1	1	1	1	1	1	1	1	1	1	1
3	9	11	1	3	5	7	9	11	1	3	5	7	9	11	1	3	5
4	5	1	1	5	1	1	5	1	1	5	1	1	5	1	1	5	1
5	5	11	1	7	1	3	9	3	5	11	5	7	1	7	9	3	9
6	9	1	1	9	5	9	9	9	5	9	1	1	9	5	9	9	9
7	1	11	1	11	1	3	9	3	5	7	5	7	5	7	9	3	9
8	1	1	1	1	1	5	5	5	1	1	1	1	1	1	5	5	5
9	9	11	1	3	5	11	9	7	1	3	5	7	9	11	5	3	1

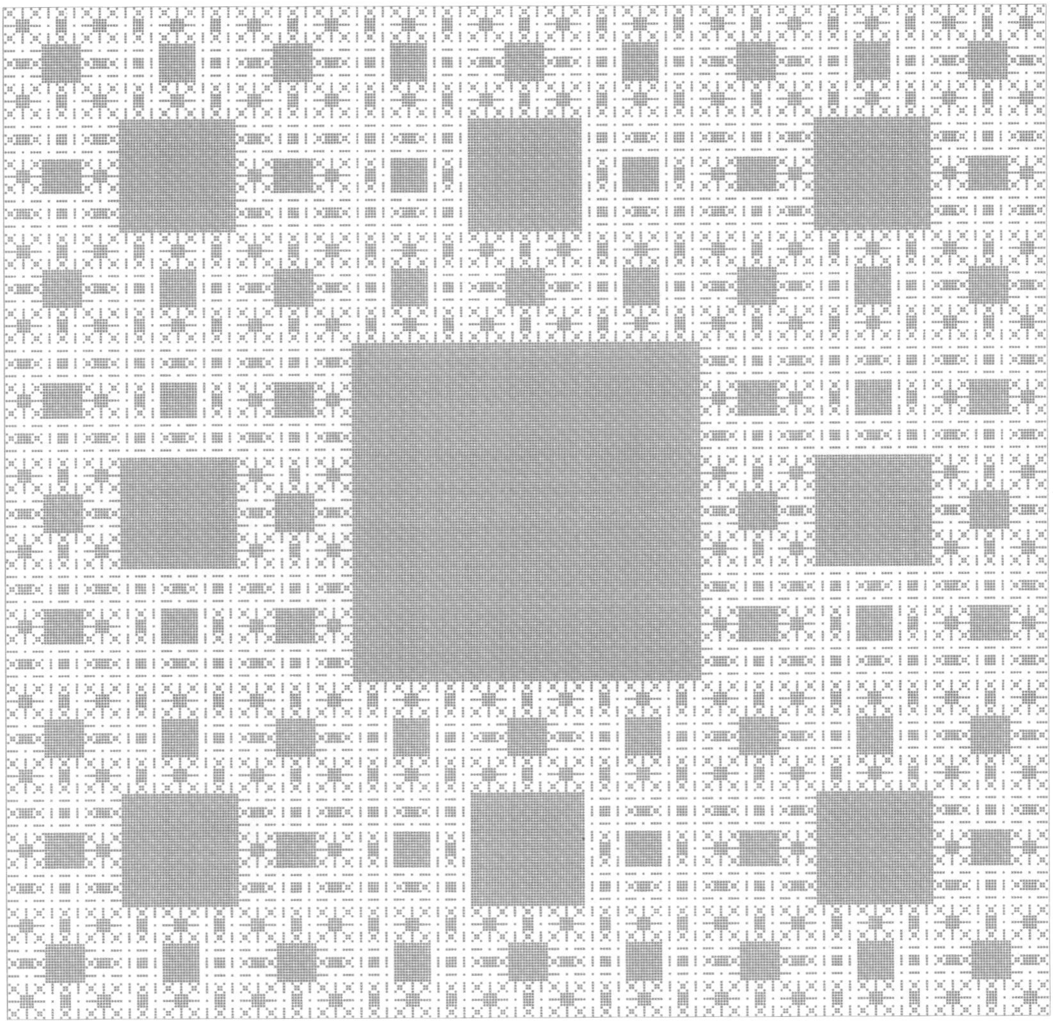

(2) 12로 나누었을 때, 나머지 9에 색칠

	A	B	C	D	E	F	G	H	I	J	K	L	M	N	O	P	Q	R	S	T	U	V	W	X	Y	Z	AA	AB	AC	AD	AE	AF	AG
1	**12**		**9**		**1**																												
2	1	1	1	1	1	1	1	1	1	1	1	1	1	1	1	1	1	1	1	1	1	1	1	1	1	1	1	1	1	1	1	1	1
3	1	3	5	7	9	11	1	3	5	7	9	11	1	3	5	7	9	11	1	3	5	7	9	11	1	3	5	7	9	11	1	3	5
4	1	5	1	1	5	1	1	5	1	1	5	1	1	5	1	1	5	1	1	5	1	1	5	1	1	5	1	1	5	1	1	5	1
5	1	7	1	3	9	3	5	11	5	7	1	7	9	3	9	11	5	11	1	7	1	3	9	3	5	11	5	7	1	7	9	3	9
6	1	9	5	9	9	9	5	9	1	1	9	5	9	9	9	5	9	1	1	9	5	9	9	9	5	9	1	1	9	5	9	9	9
7	1	11	1	3	9	3	5	7	5	7	5	7	9	3	9	11	1	11	1	11	1	3	9	3	5	7	5	7	5	7	9	3	9
8	1	1	1	5	5	5	1	1	1	1	1	1	5	5	5	1	1	1	1	1	1	5	5	5	1	1	1	1	1	1	5	5	5
9	1	3	5	11	9	7	1	3	5	7	9	11	5	3	1	7	9	11	1	3	5	11	9	7	1	3	5	7	9	11	5	3	1
10	1	5	1	5	1	5	1	5	1	1	5	1	5	1	5	1	5	1	1	5	1	5	1	5	1	5	1	1	5	1	5	1	5
11	1	7	1	7	1	7	1	7	1	3	9	3	9	3	9	3	9	3	5	11	5	11	5	11	5	11	5	7	1	7	1	7	1
12	1	9	5	1	9	5	1	9	5	9	9	9	9	9	9	9	9	9	5	9	1	5	9	1	5	9	1	1	9	5	1	9	5

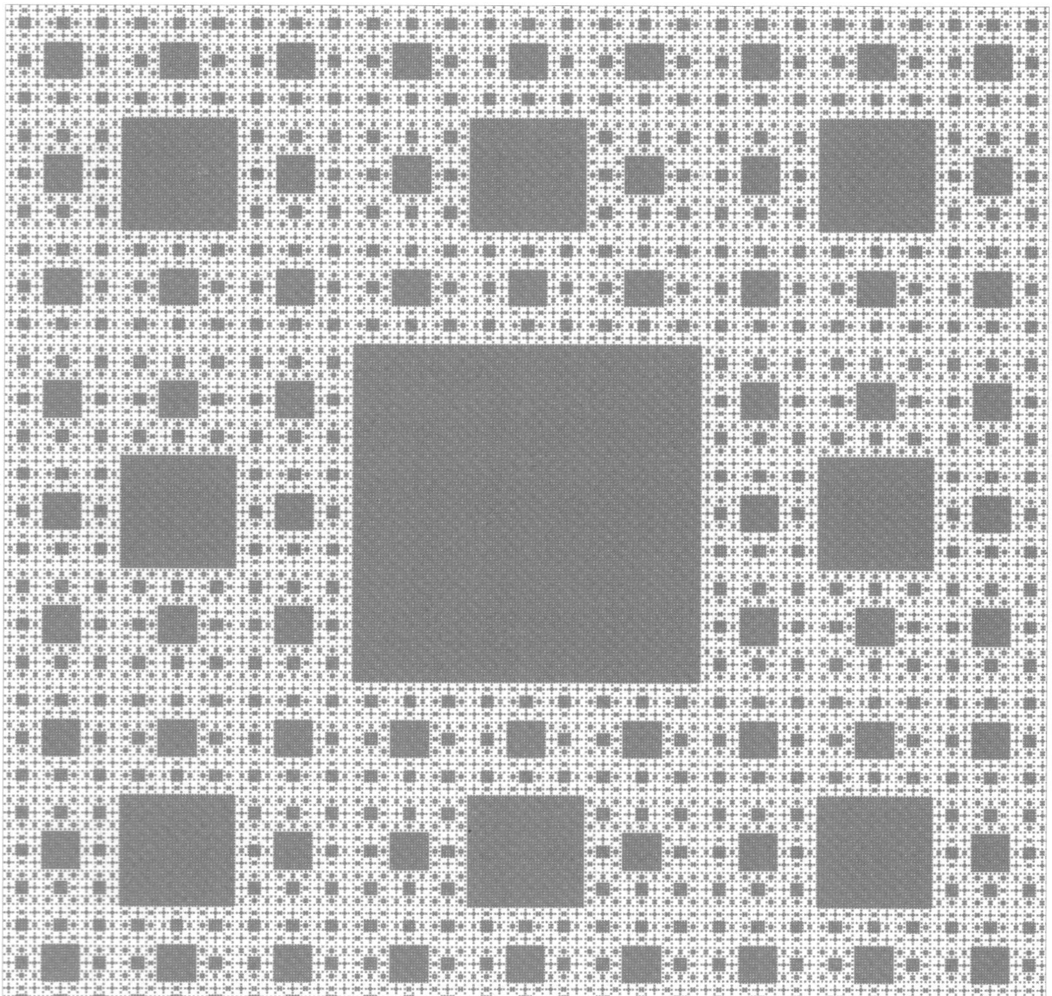

4. 세 수의 합 12로 나누었을 때 초기치 0, 2, 4, 6, 8, 10

초기치가 0과 6, 2와 8, 4와 10을 비교해 보자.

(1) 12로 나누었을 때 초기치 0(A2=0), 나머지 0에 색칠

	A	B	C	D	E	F	G	H	I	J	K	L	M	N	O	P	Q
1	12		0		0												
2	0	1	1	1	1	1	1	1	1	1	1	1	1	1	1	1	1
3	1	2	4	6	8	10	0	2	4	6	8	10	0	2	4	6	8
4	1	4	10	8	10	4	2	4	10	8	10	4	2	4	10	8	10
5	1	6	8	2	8	10	4	10	0	6	0	2	8	2	4	10	4
6	1	8	10	8	6	0	2	4	2	8	2	4	2	0	6	8	10

	R	S	T	U	V	W	X	Y	Z	AA	AB	AC	AD	AE	AF	AG
1																
2	1	1	1	1	1	1	1	1	1	1	1	1	1	1	1	1
3	10	0	2	4	6	8	10	0	2	4	6	8	10	0	2	4
4	4	2	4	10	8	10	4	2	4	10	8	10	4	2	4	10
5	6	0	6	8	2	8	10	4	10	0	6	0	2	8	2	4
6	8	2	8	10	8	6	0	2	4	2	8	2	4	2	0	6

(2) 12로 나누었을 때 초기치 6(A2=6), 나머지 0에 색칠

	A	B	C	D	E	F	G	H	I	J	K	L	M	N	O	P	Q	R	S	T	U	V	W	X	Y	Z	AA	AB	AC	AD	AE	AF	AG
1	**12**		**0**		**6**																												
2	6	1	1	1	1	1	1	1	1	1	1	1	1	1	1	1	1	1	1	1	1	1	1	1	1	1	1	1	1	1	1	1	1
3	1	8	10	0	2	4	6	8	10	0	2	4	6	8	10	0	2	4	6	8	10	0	2	4	6	8	10	0	2	4	6	8	10
4	1	10	4	2	4	10	8	10	4	2	4	10	8	10	4	2	4	10	8	10	4	2	4	10	8	10	4	2	4	10	8	10	4
5	1	0	2	8	2	4	10	4	6	0	6	8	2	8	10	4	10	0	6	0	2	8	2	4	10	4	6	0	6	8	2	8	10
6	1	2	4	2	0	6	8	10	8	2	8	10	8	6	0	2	4	2	8	2	4	2	0	6	8	10	8	2	8	10	8	6	0
7	1	4	10	4	6	0	2	8	2	0	10	4	10	0	6	8	2	8	6	4	10	4	6	0	2	8	2	0	10	4	10	0	6
8	1	6	8	10	8	2	4	2	0	2	0	2	4	2	8	10	8	6	8	6	8	10	8	2	4	2	0	2	0	2	4	2	8
9	1	8	10	4	10	8	2	8	10	0	2	4	10	4	2	8	2	4	6	8	10	4	10	8	2	8	10	0	2	4	10	4	2
10	1	10	4	6	8	2	0	10	4	2	4	10	0	2	8	6	4	10	8	10	4	6	8	2	0	10	4	2	4	10	0	2	8
11	1	0	2	0	2	0	2	0	2	8	2	4	2	4	2	4	2	4	10	4	6	4	6	4	6	4	6	0	6	8	6	8	6
12	1	2	4	6	8	10	0	2	4	2	0	6	0	6	0	6	0	6	8	10	8	6	4	2	0	10	8	2	8	10	0	2	4

(3) 12로 나누었을 때 초기치 2(A2=2), 나머지 0에 색칠

	A	B	C	D	E	F	G	H	I	J	K	L	M	N	O	P	Q
1	**12**		**0**		**2**												
2	2	1	1	1	1	1	1	1	1	1	1	1	1	1	1	1	1
3	1	4	6	8	10	0	2	4	6	8	10	0	2	4	6	8	10
4	1	6	4	6	0	10	0	6	4	6	0	10	0	6	4	6	0
5	1	8	6	4	10	8	6	0	10	8	2	0	10	4	2	0	6
6	1	10	0	10	0	6	8	2	0	6	4	6	4	6	0	2	8
7	1	0	10	8	6	0	2	0	2	8	6	4	2	0	6	8	6
8	1	2	0	6	8	2	4	6	8	6	8	6	0	2	8	10	0
9	1	4	6	0	2	0	6	4	6	8	10	0	6	8	6	0	10
10	1	6	4	10	0	2	8	6	4	6	0	10	4	6	8	2	0
11	1	8	6	8	6	8	6	8	6	4	10	8	10	8	10	8	10
12	1	10	0	2	4	6	8	10	0	10	0	6	0	6	0	6	0

	R	S	T	U	V	W	X	Y	Z	AA	AB	AC	AD	AE	AF	AG
1																
2	1	1	1	1	1	1	1	1	1	1	1	1	1	1	1	1
3	0	2	4	6	8	10	0	2	4	6	8	10	0	2	4	6
4	10	0	6	4	6	0	10	0	6	4	6	0	10	0	6	4
5	4	2	8	6	4	10	8	6	0	10	8	2	0	10	4	2
6	6	0	10	0	10	0	6	8	2	0	6	4	6	4	6	0
7	8	2	0	10	8	6	0	2	0	2	8	6	4	2	0	6
8	2	0	2	0	6	8	2	4	6	8	6	8	6	0	2	8
9	0	2	4	6	0	2	0	6	4	6	8	10	0	6	8	6
10	10	0	6	4	10	0	2	8	6	4	6	0	10	4	6	8
11	8	6	0	10	0	10	0	10	0	10	8	2	0	2	0	2
12	6	8	2	0	10	8	6	4	2	0	6	4	6	8	10	0

(4) 12로 나누었을 때 초기치 8(A2=8), 나머지 0에 색칠

	A	B	C	D	E	F	G	H	I	J	K	L	M	N	O	P	Q	R	S	T	U	V	W	X	Y	Z	AA	AB	AC	AD	AE	AF	AG
1	**12**		**0**		**8**																												
2	8	1	1	1	1	1	1	1	1	1	1	1	1	1	1	1	1	1	1	1	1	1	1	1	1	1	1	1	1	1	1	1	1
3	1	10	0	2	4	6	8	10	0	2	4	6	8	10	0	2	4	6	8	10	0	2	4	6	8	10	0	2	4	6	8	10	0
4	1	0	10	0	6	4	6	0	10	0	6	4	6	0	10	0	6	4	6	0	10	0	6	4	6	0	10	0	6	4	6	0	10
5	1	2	0	10	4	2	0	6	4	2	8	6	4	10	8	6	0	10	8	2	0	10	4	2	0	6	4	2	8	6	4	10	8
6	1	4	6	4	6	0	2	8	6	0	10	0	10	0	6	8	2	0	6	4	6	4	6	0	2	8	6	0	10	0	10	0	6
7	1	6	4	2	0	6	8	6	8	2	0	10	8	6	0	2	0	2	8	6	4	2	0	6	8	6	8	2	0	10	8	6	0
8	1	8	6	0	2	8	10	0	2	0	2	0	6	8	2	4	6	8	6	8	6	0	2	8	10	0	2	0	2	0	6	8	2
9	1	10	0	6	8	6	0	10	0	2	4	6	0	2	0	6	4	6	8	10	0	6	8	6	0	10	0	2	4	6	0	2	0
10	1	0	10	4	6	8	2	0	10	0	6	4	10	0	2	8	6	4	6	0	10	4	6	8	2	0	10	0	6	4	10	0	2
11	1	2	0	2	0	2	0	2	0	10	4	2	4	2	4	2	4	2	0	6	4	6	4	6	4	6	4	2	8	6	8	6	8
12	1	4	6	8	10	0	2	4	6	4	6	0	6	0	6	0	6	0	2	8	6	4	2	0	10	8	6	0	10	0	2	4	6

(5) 12로 나누었을 때 초기치 4(A2=4), 나머지 0에 색칠

	A	B	C	D	E	F	G	H	I	J	K	L	M	N	O	P	Q
1	**12**		**0**		**4**												
2	4	1	1	1	1	1	1	1	1	1	1	1	1	1	1	1	1
3	1	6	8	10	0	2	4	6	8	10	0	2	4	6	8	10	0
4	1	8	10	4	2	4	10	8	10	4	2	4	10	8	10	4	2
5	1	10	4	6	0	6	8	2	8	10	4	10	0	6	0	2	8
6	1	0	2	0	6	0	2	0	10	4	6	8	6	0	6	8	6
7	1	2	4	6	0	6	8	10	8	10	8	10	0	6	0	2	4
8	1	4	10	8	2	8	10	4	10	4	10	4	2	8	2	4	10
9	1	6	8	2	0	10	4	6	8	10	0	2	8	6	4	10	0
10	1	8	10	8	10	8	10	8	10	4	2	4	2	4	2	4	2
11	1	10	4	10	4	10	4	10	4	6	0	6	0	6	0	6	0
12	1	0	2	4	6	8	10	0	2	0	6	0	6	0	6	0	6

	R	S	T	U	V	W	X	Y	Z	AA	AB	AC	AD	AE	AF	AG
1																
2	1	1	1	1	1	1	1	1	1	1	1	1	1	1	1	1
3	2	4	6	8	10	0	2	4	6	8	10	0	2	4	6	8
4	4	10	8	10	4	2	4	10	8	10	4	2	4	10	8	10
5	2	4	10	4	6	0	6	8	2	8	10	4	10	0	6	0
6	4	10	0	2	0	6	0	2	0	10	4	6	8	6	0	6
7	2	4	2	4	6	0	6	8	10	8	10	8	10	0	6	0
8	4	10	4	10	8	2	8	10	4	10	4	10	4	2	8	2
9	2	4	6	8	2	0	10	4	6	8	10	0	2	8	6	4
10	4	10	8	10	8	10	8	10	8	10	4	2	4	2	4	2
11	6	8	2	8	2	8	2	8	2	8	10	4	10	4	10	4
12	0	2	0	10	8	6	4	2	0	10	4	6	8	10	0	2

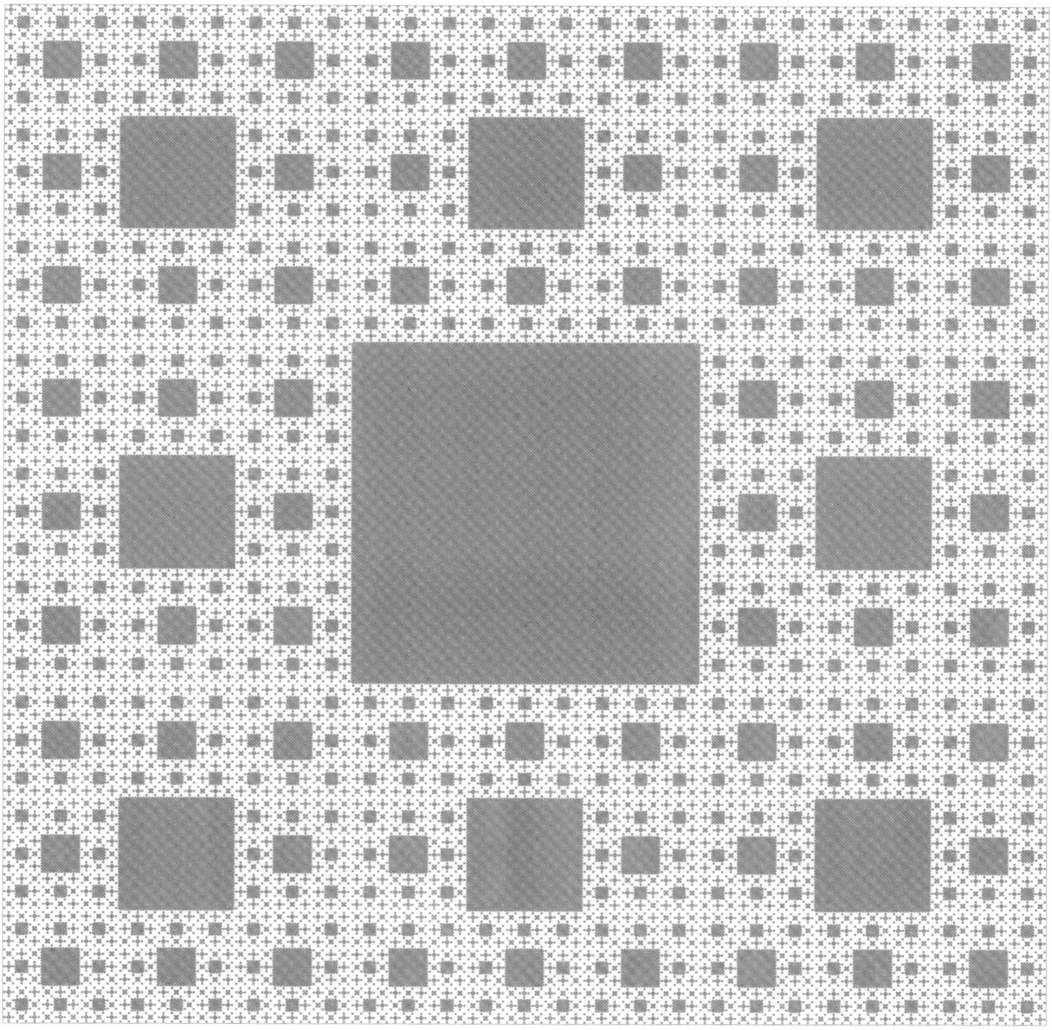

(6) 12로 나누었을 때 초기치 10(A2=10), 나머지 0에 색칠

	A	B	C	D	E	F	G	H	I	J	K	L	M	N	O	P	Q	R	S	T	U	V	W	X	Y	Z	AA	AB	AC	AD	AE	AF	AG
1	**12**		**0**		**10**																												
2	10	1	1	1	1	1	1	1	1	1	1	1	1	1	1	1	1	1	1	1	1	1	1	1	1	1	1	1	1	1	1	1	1
3	1	0	2	4	6	8	10	0	2	4	6	8	10	0	2	4	6	8	10	0	2	4	6	8	10	0	2	4	6	8	10	0	2
4	1	2	4	10	8	10	4	2	4	10	8	10	4	2	4	10	8	10	4	2	4	10	8	10	4	2	4	10	8	10	4	2	4
5	1	4	10	0	6	0	2	8	2	4	10	4	6	0	6	8	2	8	10	4	10	0	6	0	2	8	2	4	10	4	6	0	6
6	1	6	8	6	0	6	8	6	4	10	0	2	0	6	0	2	0	10	4	6	8	6	0	6	8	6	4	10	0	2	0	6	0
7	1	8	10	0	6	0	2	4	2	4	2	4	6	0	6	8	10	8	10	8	10	0	6	0	2	4	2	4	2	4	6	0	6
8	1	10	4	2	8	2	4	10	4	10	4	10	8	2	8	10	4	10	4	10	4	2	8	2	4	10	4	10	4	10	8	2	8
9	1	0	2	8	6	4	10	0	2	4	6	8	2	0	10	4	6	8	10	0	2	8	6	4	10	0	2	4	6	8	2	0	10
10	1	2	4	2	4	2	4	2	4	10	8	10	8	10	8	10	8	10	4	2	4	2	4	2	4	2	4	10	8	10	8	10	8
11	1	4	10	4	10	4	10	4	10	0	6	0	6	0	6	0	6	0	2	8	2	8	2	8	2	8	2	4	10	4	10	4	10
12	1	6	8	10	0	2	4	6	8	6	0	6	0	6	0	6	0	6	8	6	4	2	0	10	8	6	4	10	0	2	4	6	8

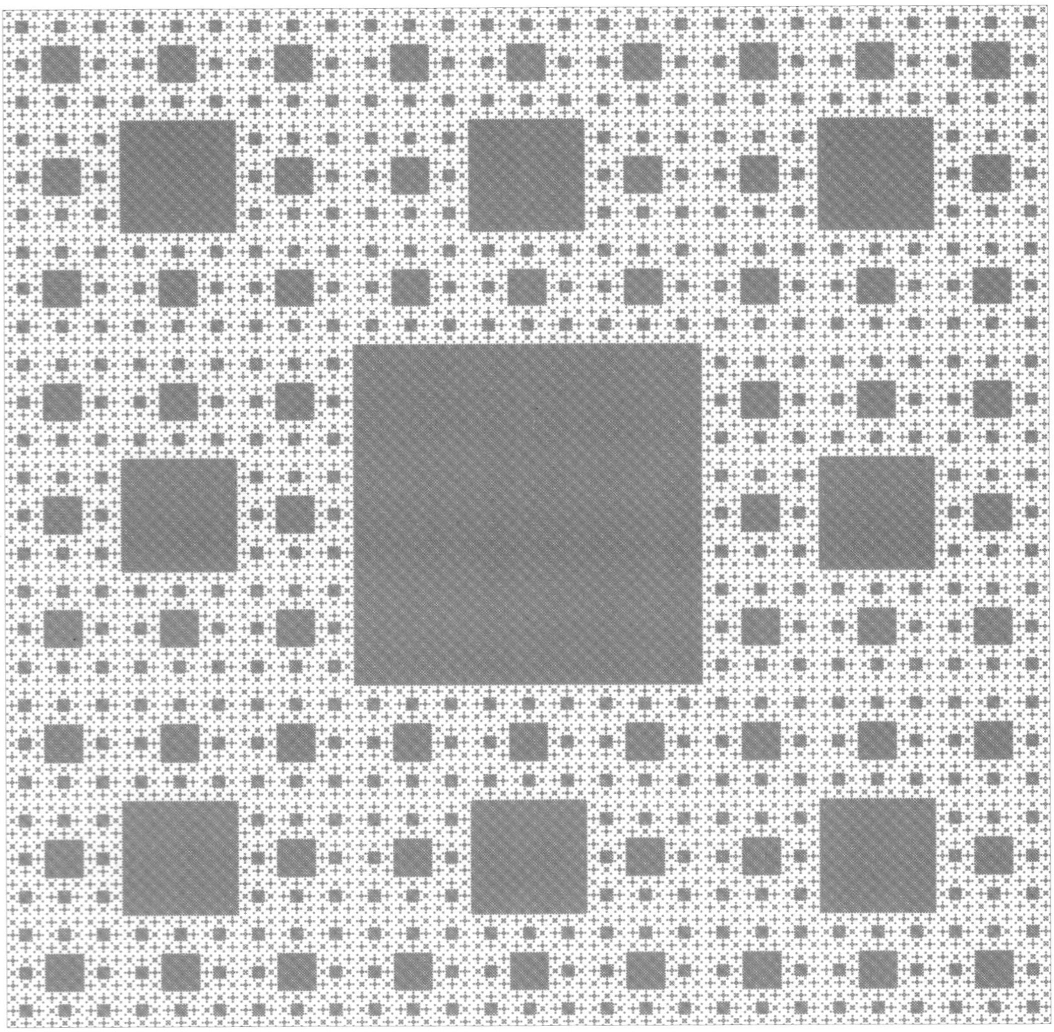

5. 세 수의 합 24로 나누었을 때 초기치 0,2,4,6,8,10,12,14,16,18,20,22

(1) 24로 나누었을 때 초기치 0(A2=0), 나머지 0에 색칠

	A	B	C	D	E	F	G	H	I	J	K	L	M	N	O	P	Q
1	**24**		**0**		**0**												
2	0	1	1	1	1	1	1	1	1	1	1	1	1	1	1	1	1
3	1	2	4	6	8	10	12	14	16	18	20	22	0	2	4	6	8
4	1	4	10	20	10	4	2	4	10	20	10	4	2	4	10	20	10
5	1	6	20	2	8	22	4	10	0	6	12	2	8	14	4	10	16
6	1	8	10	8	18	0	2	16	2	8	2	16	2	0	18	8	10
7	1	10	4	22	0	18	20	14	8	18	4	22	16	18	12	14	8
8	1	12	2	4	2	20	10	20	18	20	18	20	10	20	2	4	2
9	1	14	4	10	16	14	20	2	16	6	20	10	16	22	20	2	8

	R	S	T	U	V	W	X	Y	Z	AA	AB	AC	AD	AE	AF	AG
1																
2	1	1	1	1	1	1	1	1	1	1	1	1	1	1	1	1
3	10	12	14	16	18	20	22	0	2	4	6	8	10	12	14	16
4	4	2	4	10	20	10	4	2	4	10	20	10	4	2	4	10
5	6	12	18	8	14	20	10	16	22	12	18	0	14	20	2	16
6	8	2	8	10	8	18	0	2	16	2	8	2	16	2	0	18
7	2	12	22	16	10	12	6	8	2	20	6	16	10	4	6	0
8	12	2	12	2	4	2	20	10	20	18	20	18	20	10	20	2
9	22	12	2	16	22	4	2	8	14	4	18	8	22	4	10	8

(2) 24로 나누었을 때 초기치 12(A2=12), 나머지 0에 색칠

	A	B	C	D	E	F	G	H	I	J	K	L	M	N	O	P	Q	R	S	T	U	V	W	X	Y	Z	AA	AB	AC	AD	AE	AF	AG
1	**24**		**0**		**12**																												
2	12	1	1	1	1	1	1	1	1	1	1	1	1	1	1	1	1	1	1	1	1	1	1	1	1	1	1	1	1	1	1	1	1
3	1	14	16	18	20	22	0	2	4	6	8	10	12	14	16	18	20	22	0	2	4	6	8	10	12	14	16	18	20	22	0	2	4
4	1	16	22	8	22	16	14	16	22	8	22	16	14	16	22	8	22	16	14	16	22	8	22	16	14	16	22	8	22	16	14	16	22
5	1	18	8	14	20	10	16	22	12	18	0	14	20	2	16	22	4	18	0	6	20	2	8	22	4	10	0	6	12	2	8	14	4
6	1	20	22	20	6	12	14	4	14	20	14	4	14	12	6	20	22	20	14	20	22	20	6	12	14	4	14	20	14	4	14	12	6
7	1	22	16	10	12	6	8	2	20	6	16	10	4	6	0	2	20	14	0	10	4	22	0	18	20	14	8	18	4	22	16	18	12
8	1	0	14	16	14	8	22	8	6	8	6	8	22	8	14	16	14	0	14	0	14	16	14	8	22	8	6	8	6	8	22	8	14
9	1	2	16	22	4	2	8	14	4	18	8	22	4	10	8	14	20	10	0	14	4	10	16	14	20	2	16	6	20	10	16	22	20
10	1	4	22	12	14	20	6	4	22	20	22	4	6	20	14	12	22	4	14	4	22	12	14	20	6	4	22	20	22	4	6	20	14
11	1	6	8	18	20	6	8	18	20	14	8	10	20	22	8	10	20	22	16	10	12	22	0	10	12	22	0	18	12	14	0	2	12
12	1	8	22	0	14	16	6	8	22	8	6	0	6	0	6	0	6	0	14	16	14	0	22	8	6	16	14	8	14	16	6	8	22

(3) 24로 나누었을 때 초기치 2(A2=2), 나머지 0에 색칠

	A	B	C	D	E	F	G	H	I	J	K	L	M	N	O	P	Q	R	S	T	U	V	W	X	Y	Z	AA	AB	AC	AD	AE	AF	AG
1	**24**		**0**		**2**																												
2	2	1	1	1	1	1	1	1	1	1	1	1	1	1	1	1	1	1	1	1	1	1	1	1	1	1	1	1	1	1	1	1	1
3	1	4	6	8	10	12	14	16	18	20	22	0	2	4	6	8	10	12	14	16	18	20	22	0	2	4	6	8	10	12	14	16	18
4	1	6	16	6	0	22	0	6	16	6	0	22	0	6	16	6	0	22	0	6	16	6	0	22	0	6	16	6	0	22	0	6	16
5	1	8	6	4	10	8	6	12	10	8	14	12	10	16	14	12	18	16	14	20	18	16	22	20	18	0	22	20	2	0	22	4	2
6	1	10	0	10	0	18	8	2	0	18	16	18	16	18	0	2	8	18	0	10	0	10	0	18	8	2	0	18	16	18	16	18	0
7	1	12	22	8	18	12	14	0	2	20	6	16	2	12	6	8	18	20	14	0	10	20	6	0	2	12	14	8	18	4	14	0	18
8	1	14	0	6	8	14	16	6	8	6	8	6	0	14	8	22	0	14	0	14	0	6	8	14	16	6	8	6	8	6	0	14	8
9	1	16	6	12	2	0	6	4	18	8	22	12	18	8	6	12	10	0	14	4	18	0	14	12	18	16	6	20	10	0	6	20	18
10	1	18	16	10	0	2	8	18	16	18	0	10	16	18	8	2	0	10	0	18	16	10	0	2	8	18	16	18	0	10	16	18	8
11	1	20	6	8	18	20	6	8	18	4	22	8	10	20	22	8	10	20	6	0	10	12	22	0	10	12	22	8	2	12	14	0	2
12	1	22	0	14	16	6	8	22	0	22	0	6	0	6	0	6	0	6	8	14	0	22	8	6	16	14	0	6	16	6	8	22	0

(4) 24로 나누었을 때 초기치14(A2=14), 나머지 0에 색칠

	A	B	C	D	E	F	G	H	I	J	K	L	M	N	O	P	Q	R	S	T	U	V	W	X	Y	Z	AA	AB	AC	AD	AE	AF	AG
1	**24**		**0**		**14**																												
2	14	1	1	1	1	1	1	1	1	1	1	1	1	1	1	1	1	1	1	1	1	1	1	1	1	1	1	1	1	1	1	1	1
3	1	16	18	20	22	0	2	4	6	8	10	12	14	16	18	20	22	0	2	4	6	8	10	12	14	16	18	20	22	0	2	4	6
4	1	18	4	18	12	10	12	18	4	18	12	10	12	18	4	18	12	10	12	18	4	18	12	10	12	18	4	18	12	10	12	18	4
5	1	20	18	16	22	20	18	0	22	20	2	0	22	4	2	0	6	4	2	8	6	4	10	8	6	12	10	8	14	12	10	16	14
6	1	22	12	22	12	6	20	14	12	6	4	6	4	6	12	14	20	6	12	22	12	22	12	6	20	14	12	6	4	6	4	6	12
7	1	0	10	20	6	0	2	12	14	8	18	4	14	0	18	20	6	8	2	12	22	8	18	12	14	0	2	20	6	16	2	12	6
8	1	2	12	18	20	2	4	18	20	18	20	18	12	2	20	10	12	2	12	2	12	18	20	2	4	18	20	18	20	18	12	2	20
9	1	4	18	0	14	12	18	16	6	20	10	0	6	20	18	0	22	12	2	16	6	12	2	0	6	4	18	8	22	12	18	8	6
10	1	6	4	22	12	14	20	6	4	6	12	22	4	6	20	14	12	22	12	6	4	22	12	14	20	6	4	6	12	22	4	6	20
11	1	8	18	20	6	8	18	20	6	16	10	20	22	8	10	20	22	8	18	12	22	0	10	12	22	0	10	20	14	0	2	12	14
12	1	10	12	2	4	18	20	10	12	10	12	18	12	18	12	18	12	18	20	2	12	10	20	18	4	2	12	18	4	18	20	10	12

(5) 24로 나누었을 때 초기치 4(A2=4), 나머지 0에 색칠

	A	B	C	D	E	F	G	H	I	J	K	L	M	N	O	P	Q	R	S	T	U	V	W	X	Y	Z	AA	AB	AC	AD	AE	AF	AG
1		**24**		**0**	**4**																												
2	4	1	1	1	1	1	1	1	1	1	1	1	1	1	1	1	1	1	1	1	1	1	1	1	1	1	1	1	1	1	1	1	1
3	1	6	8	10	12	14	16	18	20	22	0	2	4	6	8	10	12	14	16	18	20	22	0	2	4	6	8	10	12	14	16	18	20
4	1	8	22	16	14	16	22	8	22	16	14	16	22	8	22	16	14	16	22	8	22	16	14	16	22	8	22	16	14	16	22	8	22
5	1	10	16	6	12	18	8	14	20	10	16	22	12	18	0	14	20	2	16	22	4	18	0	6	20	2	8	22	4	10	0	6	12
6	1	12	14	12	6	12	14	12	22	4	6	20	6	12	6	20	6	4	22	12	14	12	6	12	14	12	22	4	6	20	6	12	6
7	1	14	16	18	12	6	8	10	20	22	8	10	12	6	0	2	4	14	16	2	4	6	0	18	20	22	8	10	20	22	0	18	12
8	1	16	22	8	14	8	22	16	22	16	22	16	14	8	14	16	22	16	22	16	22	8	14	8	22	16	22	16	22	16	14	8	14
9	1	18	8	14	12	10	16	6	20	10	0	14	20	18	16	22	12	2	16	6	20	2	0	22	4	18	8	22	12	2	8	6	4
10	1	20	22	20	22	20	22	20	22	4	14	4	14	4	14	4	14	4	22	20	22	20	22	20	22	20	22	4	14	4	14	4	14
11	1	22	16	10	4	22	16	10	4	6	0	18	12	6	0	18	12	6	8	2	20	14	8	2	20	14	8	10	4	22	16	10	4
12	1	0	14	16	6	8	22	0	14	0	6	0	6	0	6	0	6	0	14	0	22	8	6	16	14	0	22	16	6	8	22	0	14

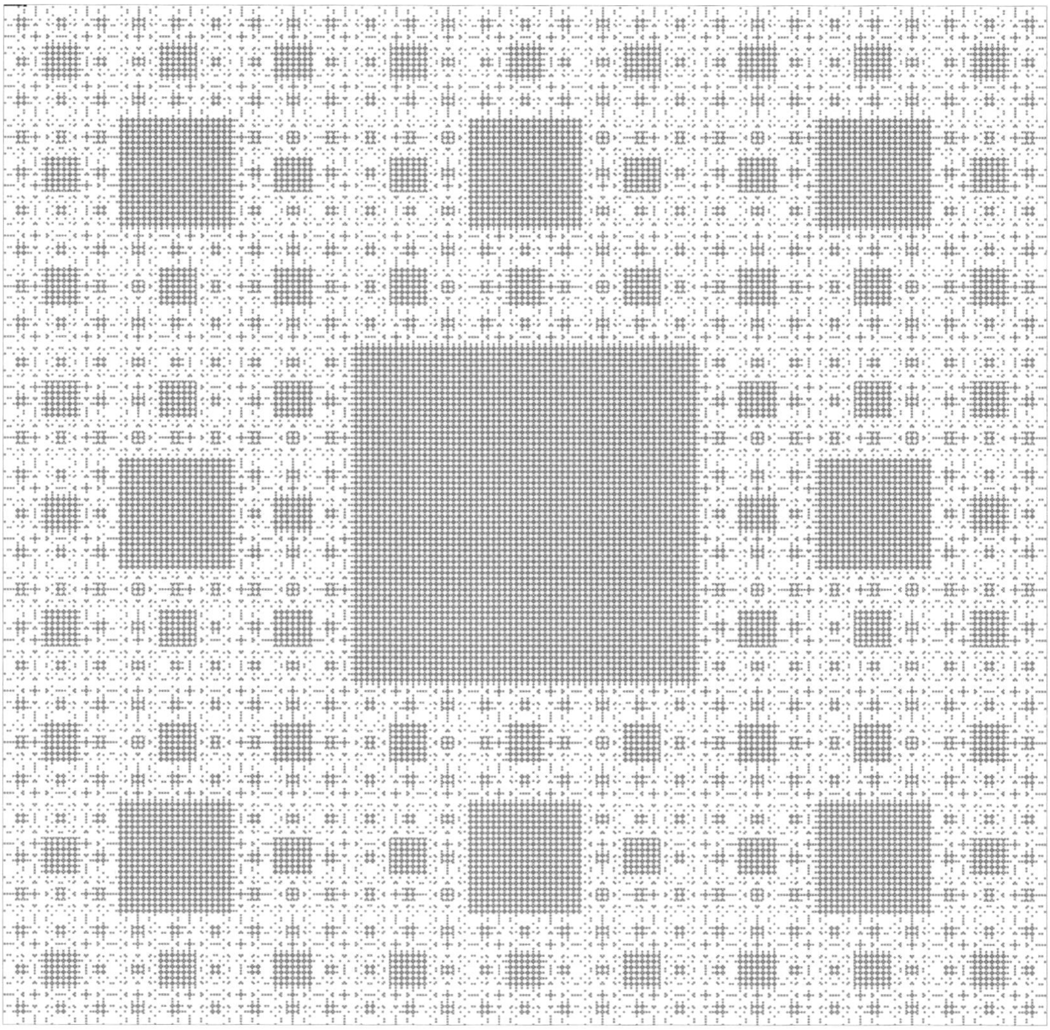

(6) 24로 나누었을 때 초기치 16(A2=16), 나머지 0에 색칠

	A	B	C	D	E	F	G	H	I	J	K	L	M	N	O	P	Q	R	S	T	U	V	W	X	Y	Z	AA	AB	AC	AD	AE	AF	AG
1	**24**		**0**		**16**																												
2	16	1	1	1	1	1	1	1	1	1	1	1	1	1	1	1	1	1	1	1	1	1	1	1	1	1	1	1	1	1	1	1	1
3	1	18	20	22	0	2	4	6	8	10	12	14	16	18	20	22	0	2	4	6	8	10	12	14	16	18	20	22	0	2	4	6	8
4	1	20	10	4	2	4	10	20	10	4	2	4	10	20	10	4	2	4	10	20	10	4	2	4	10	20	10	4	2	4	10	20	10
5	1	22	4	18	0	6	20	2	8	22	4	10	0	6	12	2	8	14	4	10	16	6	12	18	8	14	20	10	16	22	12	18	0
6	1	0	2	0	18	0	2	0	10	16	18	8	18	0	18	8	18	16	10	0	2	0	18	0	2	0	10	16	18	8	18	0	18
7	1	2	4	6	0	18	20	22	8	10	20	22	0	18	12	14	16	2	4	14	16	18	12	6	8	10	20	22	8	10	12	6	0
8	1	4	10	20	2	20	10	4	10	4	10	4	2	20	2	4	10	4	10	4	10	20	2	20	10	4	10	4	10	4	2	20	2
9	1	6	20	2	0	22	4	18	8	22	12	2	8	6	4	10	0	14	4	18	8	14	12	10	16	6	20	10	0	14	20	18	16
10	1	8	10	8	10	8	10	8	10	16	2	16	2	16	2	16	2	16	10	8	10	8	10	8	10	8	10	16	2	16	2	16	2
11	1	10	4	22	16	10	4	22	16	18	12	6	0	18	12	6	0	18	20	14	8	2	20	14	8	2	20	22	16	10	4	22	16
12	1	12	2	4	18	20	10	12	2	12	18	12	18	12	18	12	18	12	2	12	10	20	18	4	2	12	10	4	18	20	10	12	2

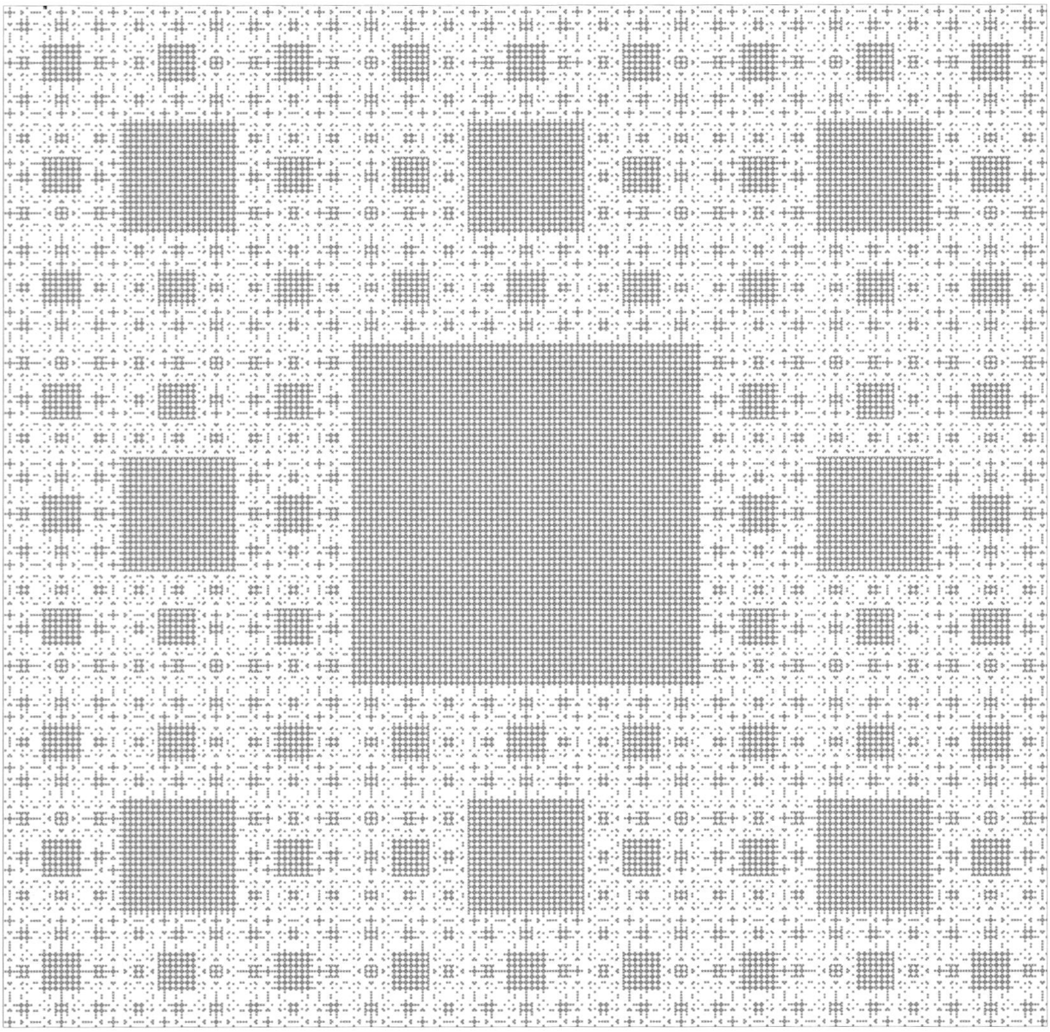

(7) 24로 나누었을 때 초기치 6(A2=6), 나머지 0에 색칠

	A	B	C	D	E	F	G	H	I	J	K	L	M	N	O	P	Q	R	S	T	U	V	W	X	Y	Z	AA	AB	AC	AD	AE	AF	AG
1	**24**		**0**		**6**																												
2	6	1	1	1	1	1	1	1	1	1	1	1	1	1	1	1	1	1	1	1	1	1	1	1	1	1	1	1	1	1	1	1	1
3	1	8	10	12	14	16	18	20	22	0	2	4	6	8	10	12	14	16	18	20	22	0	2	4	6	8	10	12	14	16	18	20	22
4	1	10	4	2	4	10	20	10	4	2	4	10	20	10	4	2	4	10	20	10	4	2	4	10	20	10	4	2	4	10	20	10	4
5	1	12	2	8	14	4	10	16	6	12	18	8	14	20	10	16	22	12	18	0	14	20	2	16	22	4	18	0	6	20	2	8	22
6	1	14	4	14	12	6	20	22	20	14	20	22	20	6	12	14	4	14	20	14	4	14	12	6	20	22	20	14	20	22	20	6	12
7	1	16	10	4	6	0	2	20	14	0	10	4	22	0	18	20	14	8	18	4	22	16	18	12	14	8	2	12	22	16	10	12	6
8	1	18	20	10	20	2	4	2	12	2	12	2	4	2	20	10	20	18	20	18	20	10	20	2	4	2	12	2	12	2	4	2	20
9	1	20	10	16	22	20	2	8	22	12	2	16	22	4	2	8	14	4	18	8	22	4	10	8	14	20	10	0	14	4	10	16	14
10	1	22	4	6	20	14	12	22	4	14	4	22	12	14	20	6	4	22	20	22	4	6	20	14	12	22	4	14	4	22	12	14	20
11	1	0	2	12	14	0	2	12	14	8	2	4	14	16	2	4	14	16	10	4	6	16	18	4	6	16	18	12	6	8	18	20	6
12	1	2	4	18	20	10	12	2	4	2	12	18	12	18	12	18	12	18	20	10	20	18	4	2	12	10	20	2	20	10	12	2	4

(8) 24로 나누었을 때 초기치 18(A2=18), 나머지 0에 색칠

	A	B	C	D	E	F	G	H	I	J	K	L	M	N	O	P	Q	R	S	T	U	V	W	X	Y	Z	AA	AB	AC	AD	AE	AF	AG
1	**24**		**0**		**18**																												
2	18	1	1	1	1	1	1	1	1	1	1	1	1	1	1	1	1	1	1	1	1	1	1	1	1	1	1	1	1	1	1	1	1
3	1	20	22	0	2	4	6	8	10	12	14	16	18	20	22	0	2	4	6	8	10	12	14	16	18	20	22	0	2	4	6	8	10
4	1	22	16	14	16	22	8	22	16	14	16	22	8	22	16	14	16	22	8	22	16	14	16	22	8	22	16	14	16	22	8	22	16
5	1	0	14	20	2	16	22	4	18	0	6	20	2	8	22	4	10	0	6	12	2	8	14	4	10	16	6	12	18	8	14	20	10
6	1	2	16	2	0	18	8	10	8	2	8	10	8	18	0	2	16	2	8	2	16	2	0	18	8	10	8	2	8	10	8	18	0
7	1	4	22	16	18	12	14	8	2	12	22	16	10	12	6	8	2	20	6	16	10	4	6	0	2	20	14	0	10	4	22	0	18
8	1	6	8	22	8	14	16	14	0	14	0	14	16	14	8	22	8	6	8	6	8	22	8	14	16	14	0	14	0	14	16	14	8
9	1	8	22	4	10	8	14	20	10	0	14	4	10	16	14	20	2	16	6	20	10	16	22	20	2	8	22	12	2	16	22	4	2
10	1	10	16	18	8	2	0	10	16	2	16	10	0	2	8	18	16	10	8	10	16	18	8	2	0	10	16	2	16	10	0	2	8
11	1	12	14	0	2	12	14	0	2	20	14	16	2	4	14	16	2	4	22	16	18	4	6	16	18	4	6	0	18	20	6	8	18
12	1	14	16	6	8	22	0	14	16	14	0	6	0	6	0	6	0	6	8	22	8	6	16	14	0	22	8	14	8	22	0	14	16

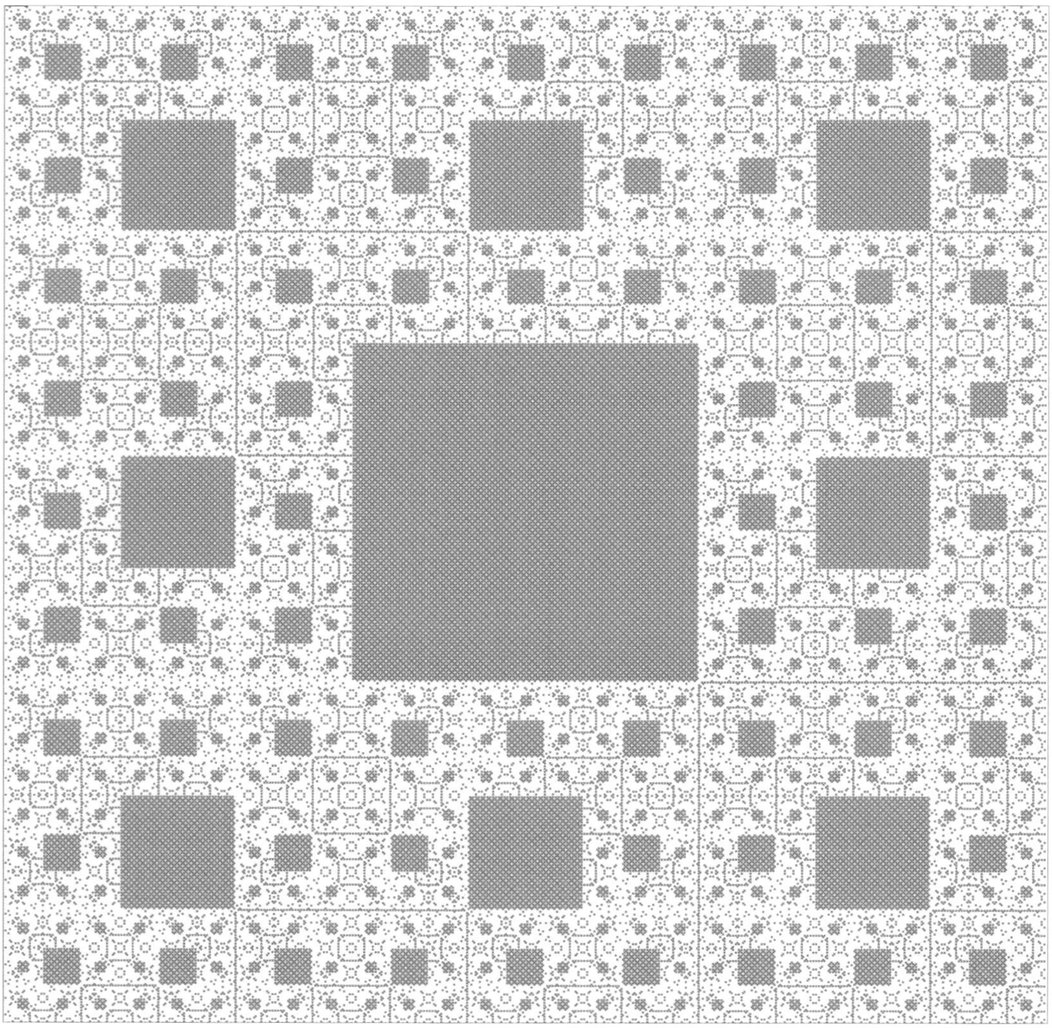

(9) 24로 나누었을 때 초기치 8(A2=8), 나머지 0에 색칠

	A	B	C	D	E	F	G	H	I	J	K	L	M	N	O	P	Q	R	S	T	U	V	W	X	Y	Z	AA	AB	AC	AD	AE	AF	AG
1	**24**		**0**		**8**																												
2	8	1	1	1	1	1	1	1	1	1	1	1	1	1	1	1	1	1	1	1	1	1	1	1	1	1	1	1	1	1	1	1	1
3	1	10	12	14	16	18	20	22	0	2	4	6	8	10	12	14	16	18	20	22	0	2	4	6	8	10	12	14	16	18	20	22	0
4	1	12	10	12	18	4	18	12	10	12	18	4	18	12	10	12	18	4	18	12	10	12	18	4	18	12	10	12	18	4	18	12	10
5	1	14	12	10	16	14	12	18	16	14	20	18	16	22	20	18	0	22	20	2	0	22	4	2	0	6	4	2	8	6	4	10	8
6	1	16	18	16	18	0	2	8	18	0	10	0	10	0	18	8	2	0	18	16	18	16	18	0	2	8	18	0	10	0	10	0	18
7	1	18	4	14	0	18	20	6	8	2	12	22	8	18	12	14	0	2	20	6	16	2	12	6	8	18	20	14	0	10	20	6	0
8	1	20	18	12	2	20	10	12	2	12	2	12	18	20	2	4	18	20	18	20	18	12	2	20	10	12	2	12	2	12	18	20	2
9	1	22	12	18	8	6	12	10	0	14	4	18	0	14	12	18	16	6	20	10	0	6	20	18	0	22	12	2	16	6	12	2	0
10	1	0	10	16	18	8	2	0	10	0	18	16	10	0	2	8	18	16	18	0	10	16	18	8	2	0	10	0	18	16	10	0	2
11	1	2	12	14	0	2	12	14	0	10	4	14	16	2	4	14	16	2	12	6	16	18	4	6	16	18	4	14	8	18	20	6	8
12	1	4	18	20	10	12	2	4	18	4	18	12	18	12	18	12	18	12	2	20	18	4	2	12	10	20	18	12	10	12	2	4	18

(10) 24로 나누었을 때 초기치 20(A2=20), 나머지 0에 색칠

	A	B	C	D	E	F	G	H	I	J	K	L	M	N	O	P	Q	R	S	T	U	V	W	X	Y	Z	AA	AB	AC	AD	AE	AF	AG
1	**24**		**0**		**20**																												
2	20	1	1	1	1	1	1	1	1	1	1	1	1	1	1	1	1	1	1	1	1	1	1	1	1	1	1	1	1	1	1	1	1
3	1	22	0	2	4	6	8	10	12	14	16	18	20	22	0	2	4	6	8	10	12	14	16	18	20	22	0	2	4	6	8	10	12
4	1	0	22	0	6	16	6	0	22	0	6	16	6	0	22	0	6	16	6	0	22	0	6	16	6	0	22	0	6	16	6	0	22
5	1	2	0	22	4	2	0	6	4	2	8	6	4	10	8	6	12	10	8	14	12	10	16	14	12	18	16	14	20	18	16	22	20
6	1	4	6	4	6	12	14	20	6	12	22	12	22	12	6	20	14	12	6	4	6	4	6	12	14	20	6	12	22	12	22	12	6
7	1	6	16	2	12	6	8	18	20	14	0	10	20	6	0	2	12	14	8	18	4	14	0	18	20	6	8	2	12	22	8	18	12
8	1	8	6	0	14	8	22	0	14	0	14	0	6	8	14	16	6	8	6	8	6	0	14	8	22	0	14	0	14	0	6	8	14
9	1	10	0	6	20	18	0	22	12	2	16	6	12	2	0	6	4	18	8	22	12	18	8	6	12	10	0	14	4	18	0	14	12
10	1	12	22	4	6	20	14	12	22	12	6	4	22	12	14	20	6	4	6	12	22	4	6	20	14	12	22	12	6	4	22	12	14
11	1	14	0	2	12	14	0	2	12	22	16	2	4	14	16	2	4	14	0	18	4	6	16	18	4	6	16	2	20	6	8	18	20
12	1	16	6	8	22	0	14	16	6	16	6	0	6	0	6	0	6	0	14	8	6	16	14	0	22	8	6	0	22	0	14	16	6

(11) 24로 나누었을 때 초기치 10(A2=10), 나머지 0에 색칠

	A	B	C	D	E	F	G	H	I	J	K	L	M	N	O	P	Q	R	S	T	U	V	W	X	Y	Z	AA	AB	AC	AD	AE	AF	AG
1	**24**		**0**		**10**																												
2	10	1	1	1	1	1	1	1	1	1	1	1	1	1	1	1	1	1	1	1	1	1	1	1	1	1	1	1	1	1	1	1	1
3	1	12	14	16	18	20	22	0	2	4	6	8	10	12	14	16	18	20	22	0	2	4	6	8	10	12	14	16	18	20	22	0	2
4	1	14	16	22	8	22	16	14	16	22	8	22	16	14	16	22	8	22	16	14	16	22	8	22	16	14	16	22	8	22	16	14	16
5	1	16	22	12	18	0	14	20	2	16	22	4	18	0	6	20	2	8	22	4	10	0	6	12	2	8	14	4	10	16	6	12	18
6	1	18	8	18	0	18	8	18	16	10	0	2	0	18	0	2	0	10	16	18	8	18	0	18	8	18	16	10	0	2	0	18	0
7	1	20	22	0	18	12	14	16	2	4	14	16	18	12	6	8	10	20	22	8	10	12	6	0	2	4	14	16	2	4	6	0	18
8	1	22	16	14	8	14	16	22	16	22	16	22	8	14	8	22	16	22	16	22	16	14	8	14	16	22	16	22	16	22	8	14	8
9	1	0	14	20	18	16	22	12	2	16	6	20	2	0	22	4	18	8	22	12	2	8	6	4	10	0	14	4	18	8	14	12	10
10	1	2	16	2	16	2	16	2	16	10	8	10	8	10	8	10	8	10	16	2	16	2	16	2	16	2	16	10	8	10	8	10	8
11	1	4	22	16	10	4	22	16	10	12	6	0	18	12	6	0	18	12	14	8	2	20	14	8	2	20	14	16	10	4	22	16	10
12	1	6	8	22	0	14	16	6	8	6	0	6	0	6	0	6	0	6	8	6	16	14	0	22	8	6	16	22	0	14	16	6	8

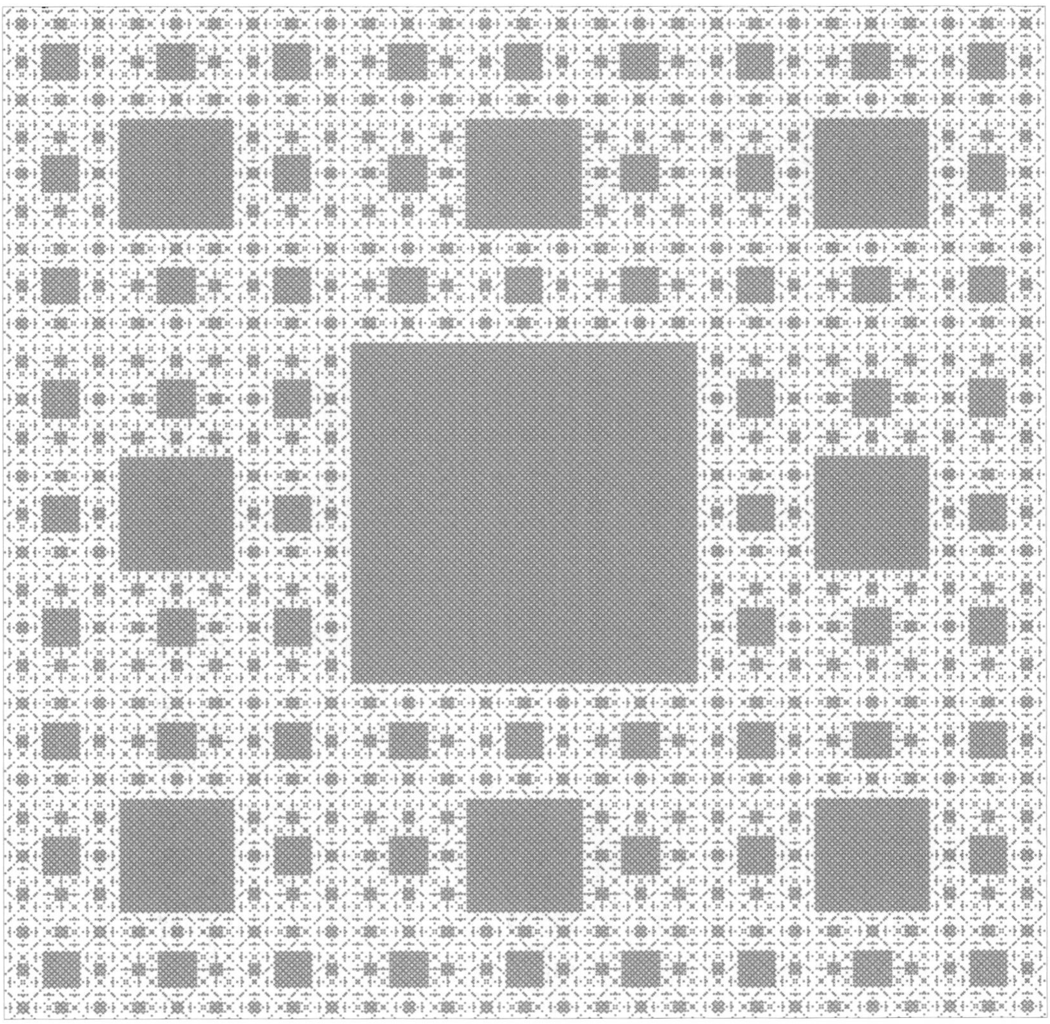

(12) 24로 나누었을 때 초기치 22(A2=22), 나머지 0에 색칠

	A	B	C	D	E	F	G	H	I	J	K	L	M	N	O	P	Q	R	S	T	U	V	W	X	Y	Z	AA	AB	AC	AD	AE	AF	AG
1	**24**		**0**		**22**																												
2	22	1	1	1	1	1	1	1	1	1	1	1	1	1	1	1	1	1	1	1	1	1	1	1	1	1	1	1	1	1	1	1	1
3	1	0	2	4	6	8	10	12	14	16	18	20	22	0	2	4	6	8	10	12	14	16	18	20	22	0	2	4	6	8	10	12	14
4	1	2	4	10	20	10	4	2	4	10	20	10	4	2	4	10	20	10	4	2	4	10	20	10	4	2	4	10	20	10	4	2	4
5	1	4	10	0	6	12	2	8	14	4	10	16	6	12	18	8	14	20	10	16	22	12	18	0	14	20	2	16	22	4	18	0	6
6	1	6	20	6	12	6	20	6	4	22	12	14	12	6	12	14	12	22	4	6	20	6	12	6	20	6	4	22	12	14	12	6	12
7	1	8	10	12	6	0	2	4	14	16	2	4	6	0	18	20	22	8	10	20	22	0	18	12	14	16	2	4	14	16	18	12	6
8	1	10	4	2	20	2	4	10	4	10	4	10	20	2	20	10	4	10	4	10	4	2	20	2	4	10	4	10	4	10	20	2	20
9	1	12	2	8	6	4	10	0	14	4	18	8	14	12	10	16	6	20	10	0	14	20	18	16	22	12	2	16	6	20	2	0	22
10	1	14	4	14	4	14	4	14	4	22	20	22	20	22	20	22	20	22	4	14	4	14	4	14	4	14	4	22	20	22	20	22	20
11	1	16	10	4	22	16	10	4	22	0	18	12	6	0	18	12	6	0	2	20	14	8	2	20	14	8	2	4	22	16	10	4	22
12	1	18	20	10	12	2	4	18	20	18	12	18	12	18	12	18	12	18	20	18	4	2	12	10	20	18	4	10	12	2	4	18	20

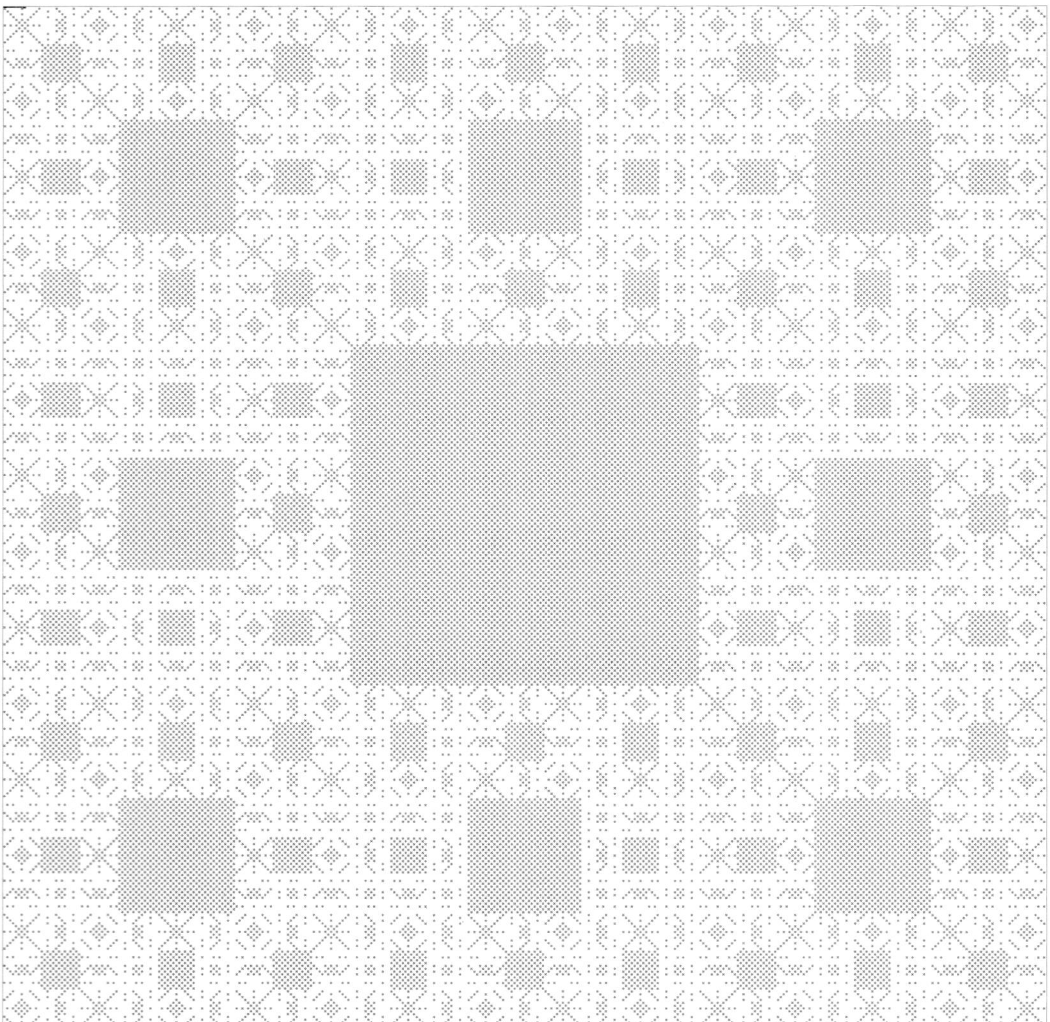

6. 세 수의 합 40으로 나누었을 때 초기치(2, 4, 6, 8, 10, 12, 14, 16, 18, 20, 22, 24, 26, 28, 30, 32, 34, 36, 38, 40)

(1) 40으로 나누었을 때 초기치 0, 20과 2, 22

①

	A	B	C	D	E	F	G	H	I	J	K	L	M
1	**40**		**0**		**0**								
2	0	1	1	1	1	1	1	1	1	1	1	1	1
3	1	2	4	6	8	10	12	14	16	18	20	22	24

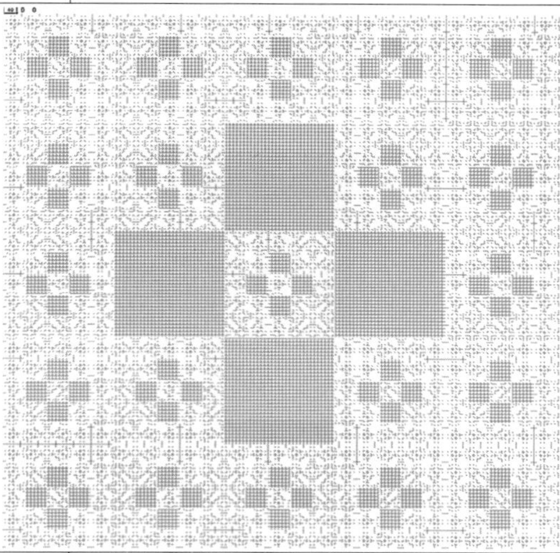

②

	A	B	C	D	E	F	G	H	I	J	K	L	M
1	**40**				**0**				**20**				
2	20	1	1	1	1	1	1	1	1	1	1	1	1
3	1	22	24	26	28	30	32	34	36	38	0	2	4

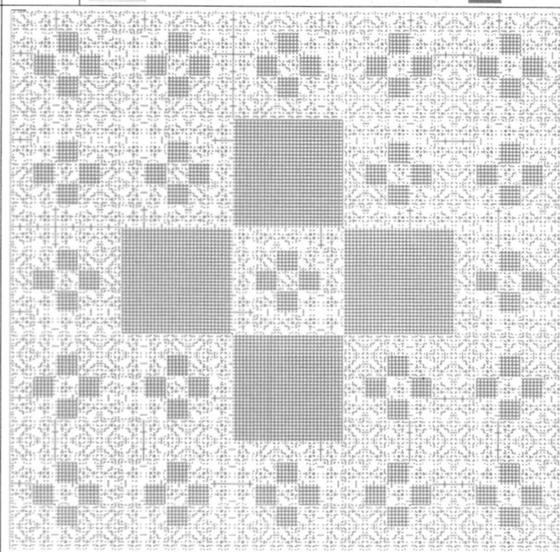

③

	A	B	C	D	E	F	G	H	I	J	K	L	M
1	**40**				**0**				**2**				
2	2	1	1	1	1	1	1	1	1	1	1	1	1
3	1	4	6	8	10	12	14	16	18	20	22	24	26

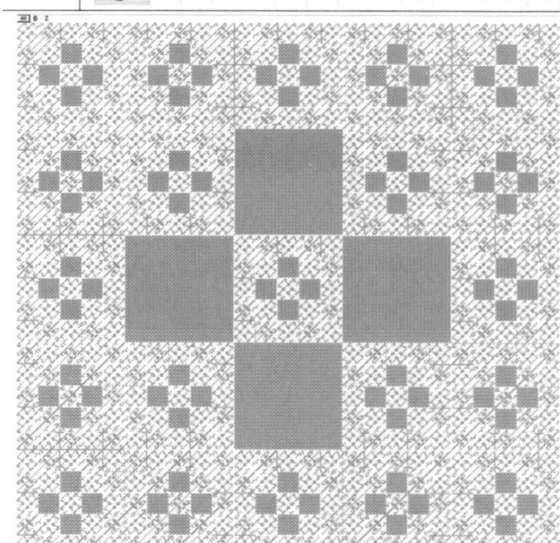

③

	A	B	C	D	E	F	G	H	I	J	K	L	M
1	**40**				**0**				**22**				
2	22	1	1	1	1	1	1	1	1	1	1	1	1
3	1	24	26	28	30	32	34	36	38	0	2	4	6

(2) 40으로 나누었을 때 초기치 4, 24와 6, 26

①

	A	B	C	D	E	F	G	H	I	J	K	L	M
1		**40**				**0**				**4**			
2	4	1	1	1	1	1	1	1	1	1	1	1	1
3	1	6	8	10	12	14	16	18	20	22	24	26	28

②

	A	B	C	D	E	F	G	H	I	J	K	L	M
1		**40**				**0**				**24**			
2	24	1	1	1	1	1	1	1	1	1	1	1	1
3	1	26	28	30	32	34	36	38	0	2	4	6	8

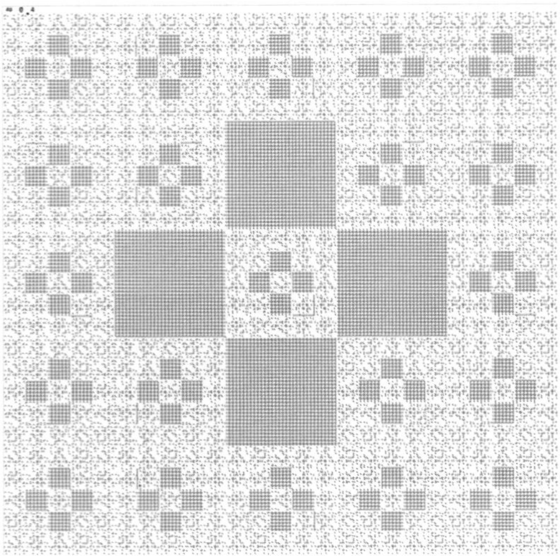

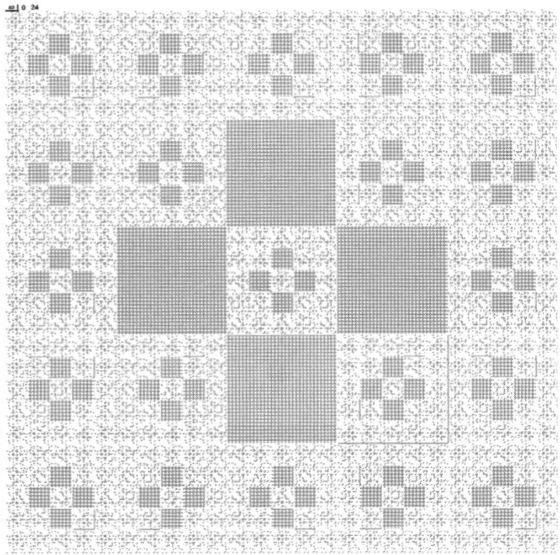

③

	A	B	C	D	E	F	G	H	I	J	K	L	M
1		**40**				**0**				**6**			
2	6	1	1	1	1	1	1	1	1	1	1	1	1
3	1	8	10	12	14	16	18	20	22	24	26	28	30

④

	A	B	C	D	E	F	G	H	I	J	K	L	M
1		**40**				**0**				**26**			
2	26	1	1	1	1	1	1	1	1	1	1	1	1
3	1	28	30	32	34	36	38	0	2	4	6	8	10

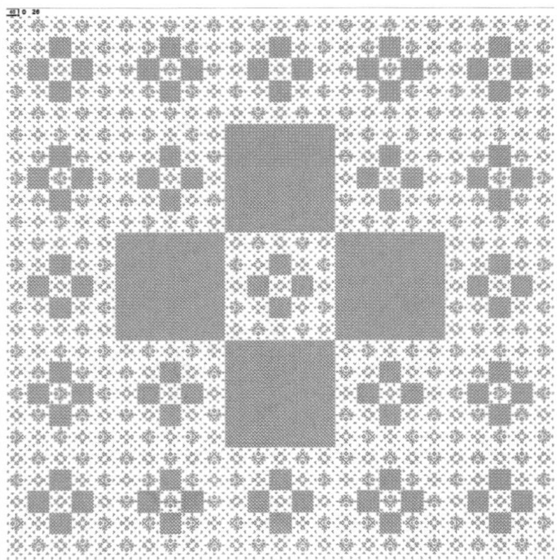

(3) 40으로 나누었을 때 초기치 8, 28과 10, 30

①

	A	B	C	D	E	F	G	H	I	J	K	L	M
1		**40**				**0**				**8**			
2	8	1	1	1	1	1	1	1	1	1	1	1	1
3	1	10	12	14	16	18	20	22	24	26	28	30	32

②

	A	B	C	D	E	F	G	H	I	J	K	L	M
1		**40**				**0**				**28**			
2	28	1	1	1	1	1	1	1	1	1	1	1	1
3	1	30	32	34	36	38	0	2	4	6	8	10	12

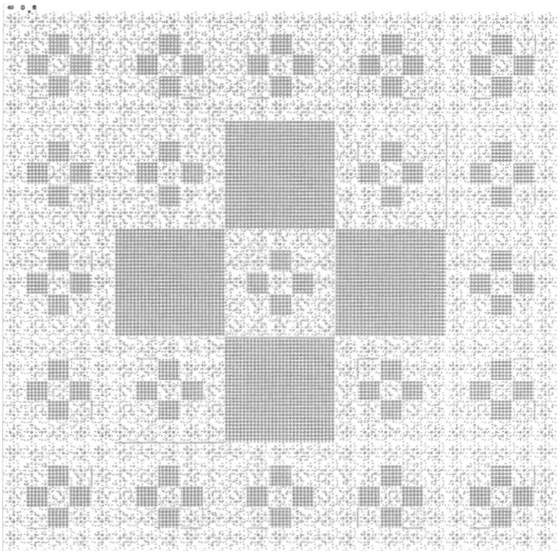

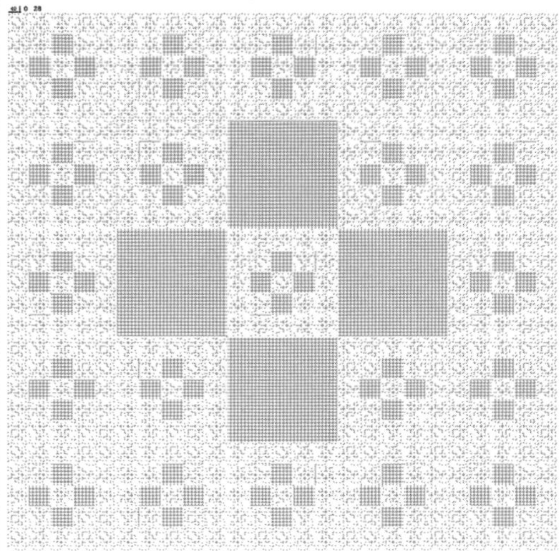

③

	A	B	C	D	E	F	G	H	I	J	K	L	M
1		**40**				**0**				**10**			
2	10	1	1	1	1	1	1	1	1	1	1	1	1
3	1	12	14	16	18	20	22	24	26	28	30	32	34

④

	A	B	C	D	E	F	G	H	I	J	K	L	M
1		**40**				**0**				**30**			
2	30	1	1	1	1	1	1	1	1	1	1	1	1
3	1	32	34	36	38	0	2	4	6	8	10	12	14

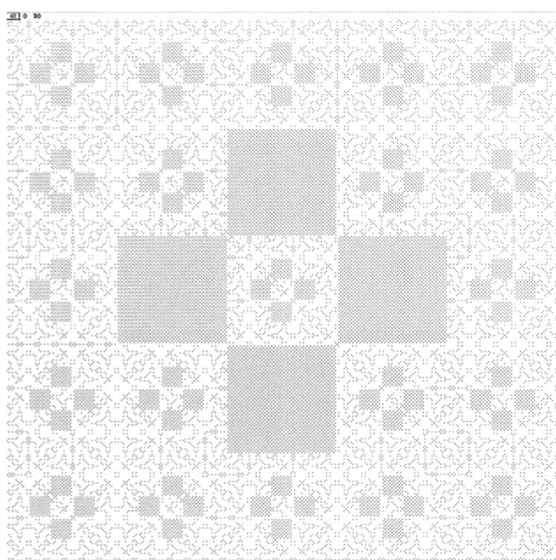

(4) 40으로 나누었을 때 초기치 12, 32와 14, 34

①

	A	B	C	D	E	F	G	H	I	J	K	L	M
1		40				0				12			
2	12	1	1	1	1	1	1	1	1	1	1	1	1
3	1	14	16	18	20	22	24	26	28	30	32	34	36

②

	A	B	C	D	E	F	G	H	I	J	K	L	M
1		40				0				32			
2	32	1	1	1	1	1	1	1	1	1	1	1	1
3	1	34	36	38	0	2	4	6	8	10	12	14	16

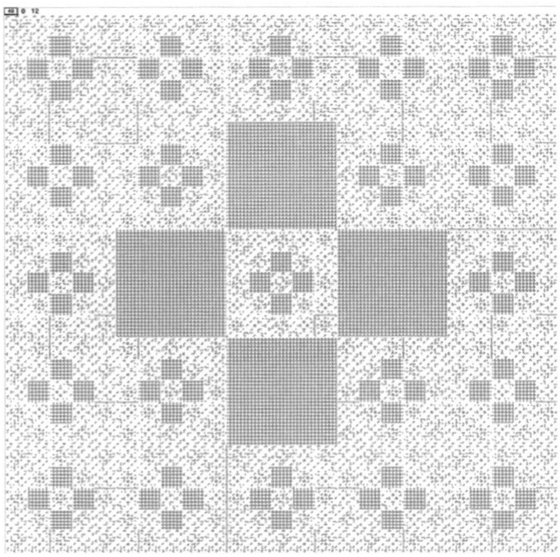

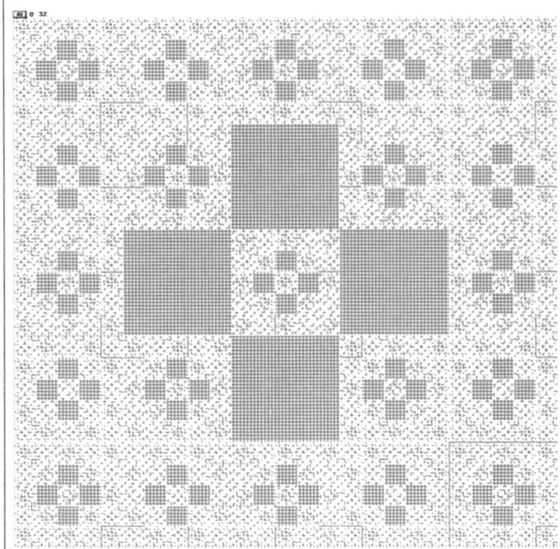

③

	A	B	C	D	E	F	G	H	I	J	K	L	M
1		40				0				14			
2	14	1	1	1	1	1	1	1	1	1	1	1	1
3	1	16	18	20	22	24	26	28	30	32	34	36	38

④

	A	B	C	D	E	F	G	H	I	J	K	L	M
1		40				0				34			
2	34	1	1	1	1	1	1	1	1	1	1	1	1
3	1	36	38	0	2	4	6	8	10	12	14	16	18

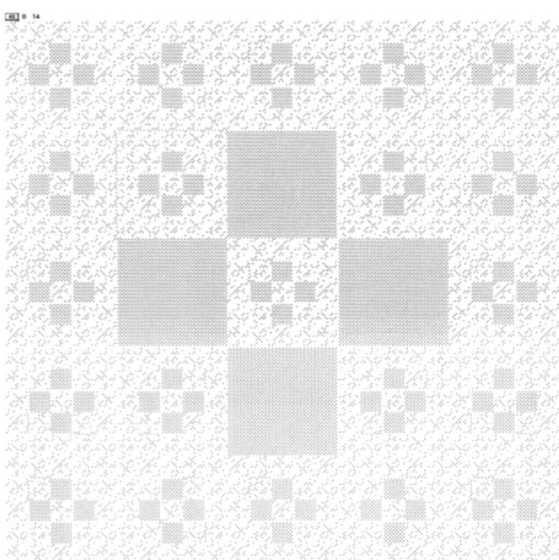

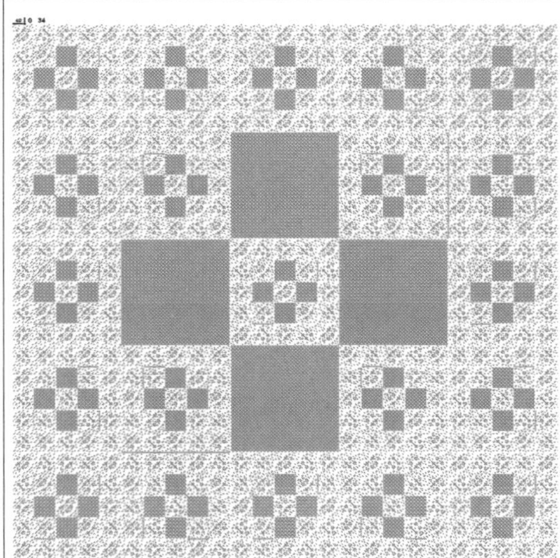

(5) 40으로 나누었을 때 초기치 16, 36과 18, 38

①

	A	B	C	D	E	F	G	H	I	J	K	L	M
1	**40**				**0**				**16**				
2	16	1	1	1	1	1	1	1	1	1	1	1	1
3	1	18	20	22	24	26	28	30	32	34	36	38	0

②

	A	B	C	D	E	F	G	H	I	J	K	L	M
1	**40**				**0**				**36**				
2	36	1	1	1	1	1	1	1	1	1	1	1	1
3	1	38	0	2	4	6	8	10	12	14	16	18	20

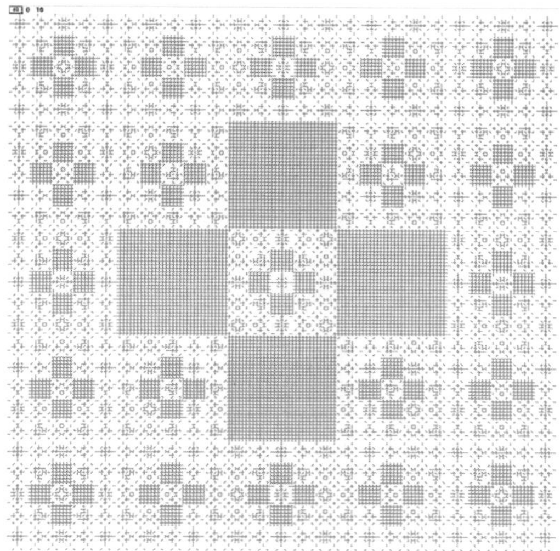

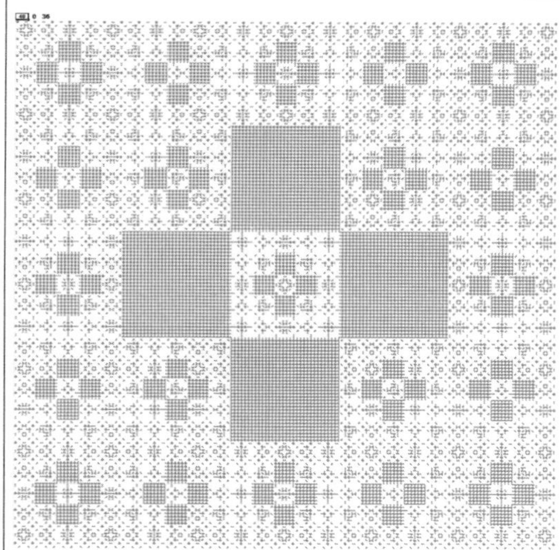

③

	A	B	C	D	E	F	G	H	I	J	K	L	M
1	**40**				**0**				**18**				
2	18	1	1	1	1	1	1	1	1	1	1	1	1
3	1	20	22	24	26	28	30	32	34	36	38	0	2

④

	A	B	C	D	E	F	G	H	I	J	K	L	M
1	**40**				**0**				**38**				
2	38	1	1	1	1	1	1	1	1	1	1	1	1
3	1	0	2	4	6	8	10	12	14	16	18	20	22

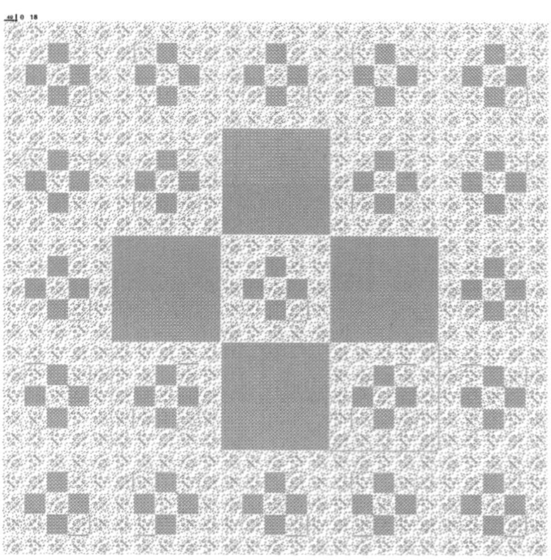

7. 세 수의 합 100으로 나누었을 때

(1) 100으로 나누었을 때 초기치 26(A2=26), 나머지 0에 색칠

	A	B	C	D	E	F	G	H	I	J	K	L	M	N	O	P	Q	R	S	T	U	V	W	X	Y	Z	AA	AB	AC	AD	AE	AF	AG
1	**100**		**0**		**26**																												
2	26	1	1	1	1	1	1	1	1	1	1	1	1	1	1	1	1	1	1	1	1	1	1	1	1	1	1	1	1	1	1	1	1
3	1	28	30	32	34	36	38	40	42	44	46	48	50	52	54	56	58	60	62	64	66	68	70	72	74	76	78	80	82	84	86	88	90
4	1	30	88	50	16	86	60	38	20	6	96	90	88	90	96	6	20	38	60	86	16	50	88	30	76	26	80	38	0	66	36	10	88
5	1	32	50	88	54	56	2	0	58	84	86	72	50	28	14	16	42	0	98	44	46	12	50	68	74	76	82	0	38	4	6	52	50
6	1	34	16	54	96	6	64	66	24	66	36	94	16	94	36	66	24	66	64	6	96	54	16	34	76	26	84	66	4	46	56	14	16
7	1	36	86	56	6	8	78	8	98	88	90	20	30	40	70	72	62	52	82	52	54	4	74	24	34	36	46	96	66	16	18	88	18
8	1	38	60	2	64	78	64	50	56	42	20	30	80	50	60	2	36	50	84	18	24	82	60	58	16	86	68	10	72	54	88	94	0
9	1	40	38	0	66	8	50	64	70	68	30	80	90	20	30	92	30	16	50	52	94	0	42	60	34	36	90	68	50	76	18	0	94

(2) 100으로 나누었을 때 초기치 76(A2=76), 나머지 0에 색칠

	A	B	C	D	E	F	G	H	I	J	K	L	M	N	O	P	Q
1	**100**		**0**		**76**												
2	76	1	1	1	1	1	1	1	1	1	1	1	1	1	1	1	1
3	1	78	80	82	84	86	88	90	92	94	96	98	0	2	4	6	8
4	1	80	38	0	66	36	10	88	70	56	46	40	38	40	46	56	70
5	1	82	0	38	4	6	52	50	8	34	36	22	0	78	64	66	92
6	1	84	66	4	46	56	14	16	74	16	86	44	66	44	86	16	74
7	1	86	36	6	56	58	28	58	48	38	40	70	80	90	20	22	12
8	1	88	10	52	14	28	14	0	6	92	70	80	30	0	10	52	86
9	1	90	88	50	16	58	0	14	20	18	80	30	40	70	80	42	80
10	1	92	70	8	74	48	6	20	54	92	90	0	70	80	30	52	74
11	1	94	56	34	16	38	92	18	92	38	20	10	80	30	40	22	48
12	1	96	46	36	86	40	70	80	90	20	78	8	98	8	78	40	10

	R	S	T	U	V	W	X	Y	Z	AA	AB	AC	AD	AE	AF	AG
1																
2	1	1	1	1	1	1	1	1	1	1	1	1	1	1	1	1
3	10	12	14	16	18	20	22	24	26	28	30	32	34	36	38	40
4	88	10	36	66	0	38	80	26	76	30	88	50	16	86	60	38
5	50	48	94	96	62	0	18	24	26	32	50	88	54	56	2	0
6	16	14	56	46	4	66	84	26	76	34	16	54	96	6	64	66
7	2	32	2	4	54	24	74	84	86	96	46	16	66	68	38	68
8	0	34	68	74	32	10	8	66	36	18	60	22	4	38	44	50
9	66	0	2	44	50	92	10	84	86	40	18	0	26	68	50	44
10	20	86	88	34	28	70	72	66	36	62	20	38	64	58	76	70
11	42	48	22	44	6	4	46	84	86	84	66	24	26	48	82	28
12	0	90	60	26	76	86	36	66	36	6	56	46	96	70	0	10

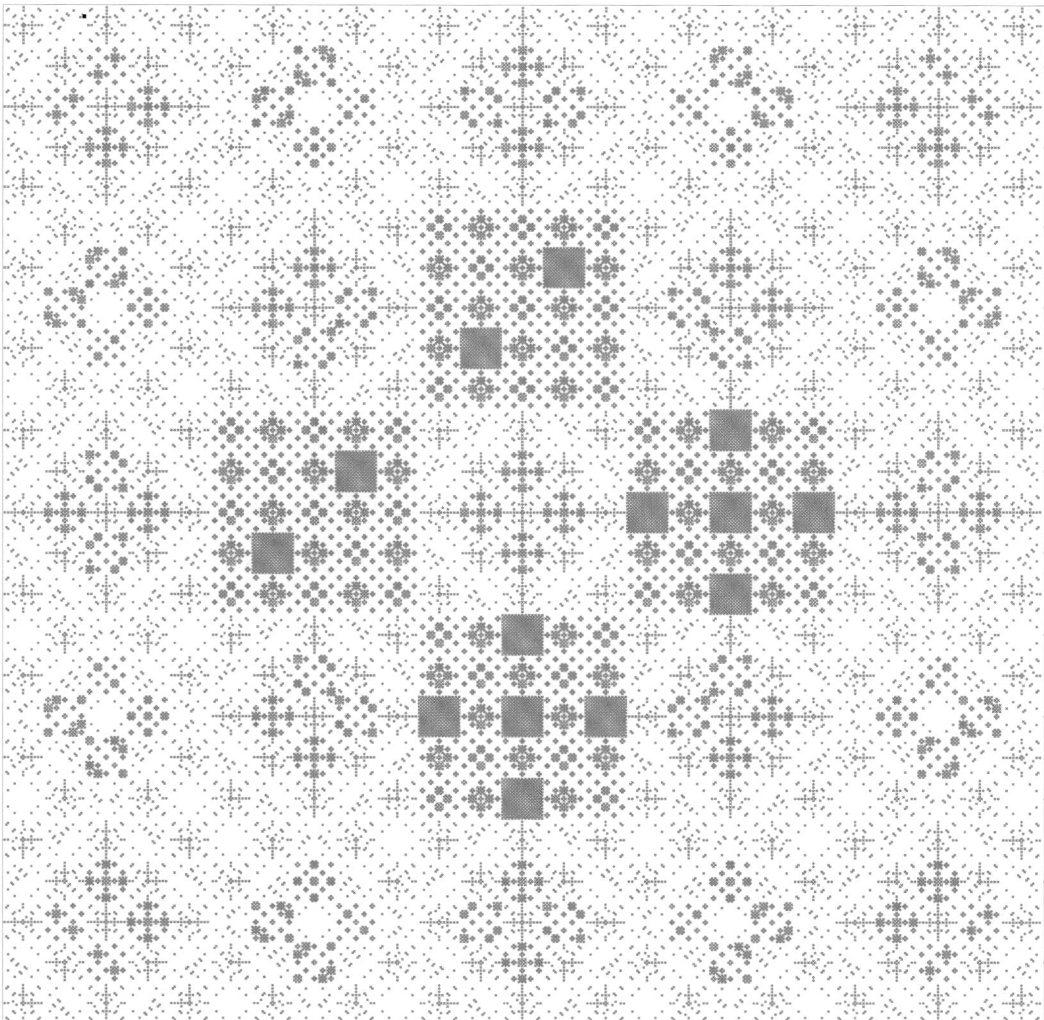

3.2 사분면에서 파스칼 삼각형

수직선을 기준으로 두수의 합과 차이로 만드는 수의 패턴을 탐구해보자.

1. 단계별 모양

(1) 1단계 도형

① 대각선으로 두 수의 합을 구한 후 2로 나누었다.

1단계	2단계
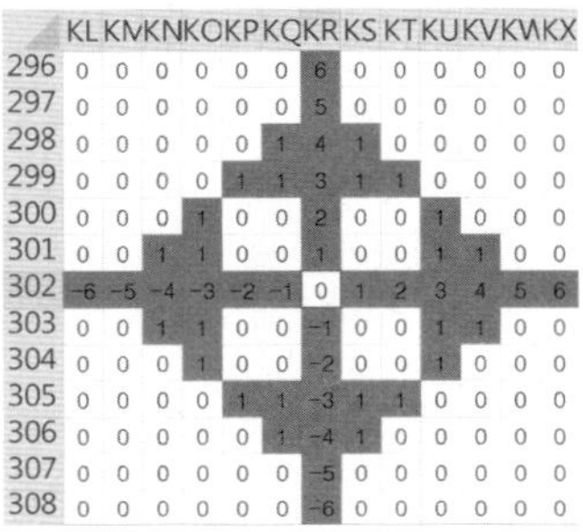	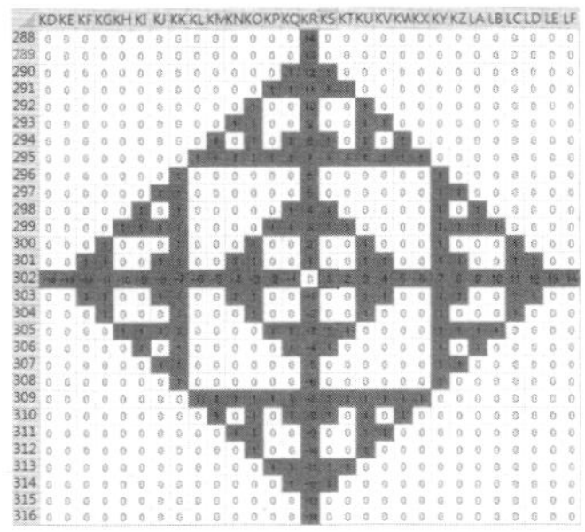

	KL	KM	KN	KO	KP	KQ	KR	KS	KT	KU	KV	KW	KX
296	0	0	0	0	0	0	6	0	0	0	0	0	0
297	0	0	0	0	0	0	5	0	0	0	0	0	0
298	0	0	0	0	0	1	4	1	0	0	0	0	0
299	0	0	0	0	1	1	3	1	1	0	0	0	0
300	0	0	0	1	0	0	2	0	0	1	0	0	0
301	0	0	1	1	0	0	1	0	0	1	1	0	0
302	-6	-5	-4	-3	-2	-1	0	1	2	3	4	5	6
303	0	0	1	1	0	0	-1	0	0	1	1	0	0
304	0	0	0	1	0	0	-2	0	0	1	0	0	0
305	0	0	0	0	1	1	-3	1	1	0	0	0	0
306	0	0	0	0	0	1	-4	1	0	0	0	0	0
307	0	0	0	0	0	0	-5	0	0	0	0	0	0
308	0	0	0	0	0	0	-6	0	0	0	0	0	0

② KS301셀은 KR301과 KS302 셀의 합을 2로 나눈 나머지이다.

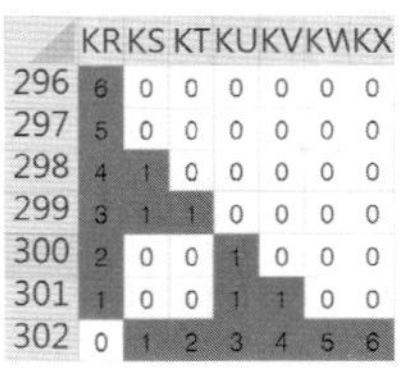

	KR	KS	KT	KU	KV	KW	KX
296	6	0	0	0	0	0	0
297	5	0	0	0	0	0	0
298	4	1	0	0	0	0	0
299	3	1	1	0	0	0	0
300	2	0	0	1	0	0	0
301	1	0	0	1	1	0	0
302	0	1	2	3	4	5	6

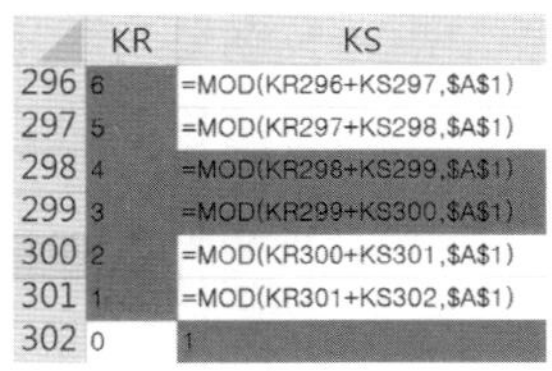

	KR	KS
296	6	=MOD(KR296+KS297,$A$1)
297	5	=MOD(KR297+KS298,$A$1)
298	4	=MOD(KR298+KS299,$A$1)
299	3	=MOD(KR299+KS300,$A$1)
300	2	=MOD(KR300+KS301,$A$1)
301	1	=MOD(KR301+KS302,$A$1)
302	0	1

3단계	4단계

2. 세 수의 합을 3으로 나누었을 때, 나머지가 1인 수

(1) 1단계

① 같은 방법으로 셀 KS301의 값은 =MOD(KR301+KS302+KR302,$A$1)이다.

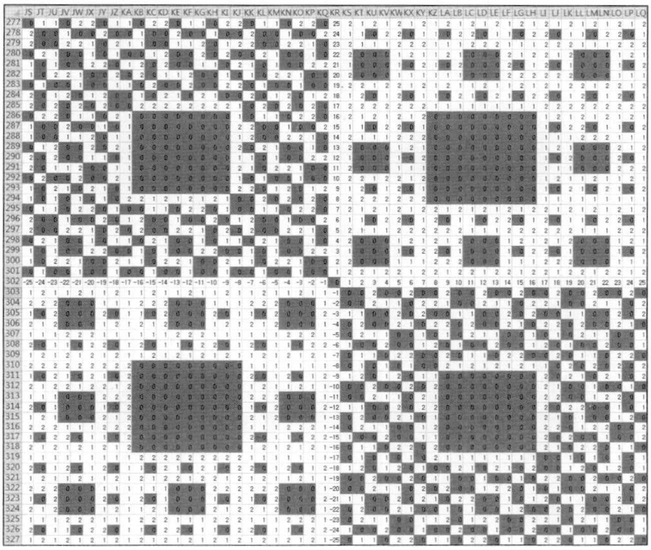

(2) 2단계

세 수의 합을 3으로 나누었을 때, 나머지가 1인 경우의 2단계 도형이다.

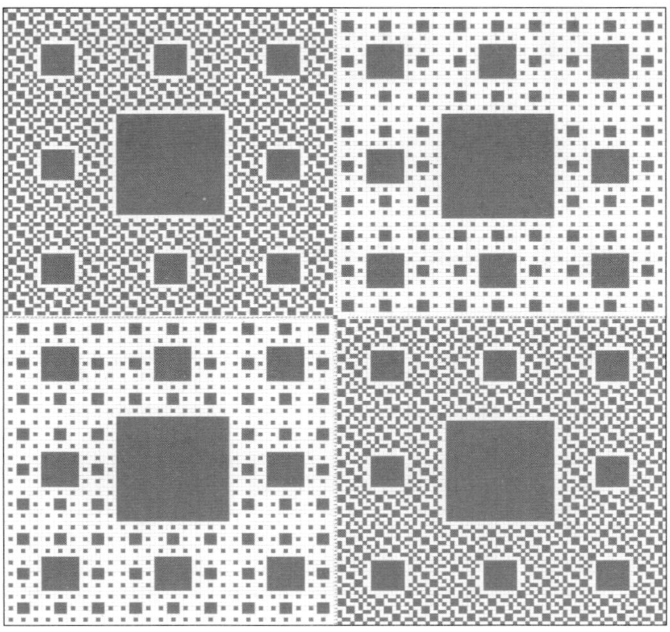

(3) 3단계 도형

세 수의 합을 3으로 나누었을 때, 나머지가 1인 경우의 3단계 도형이다.

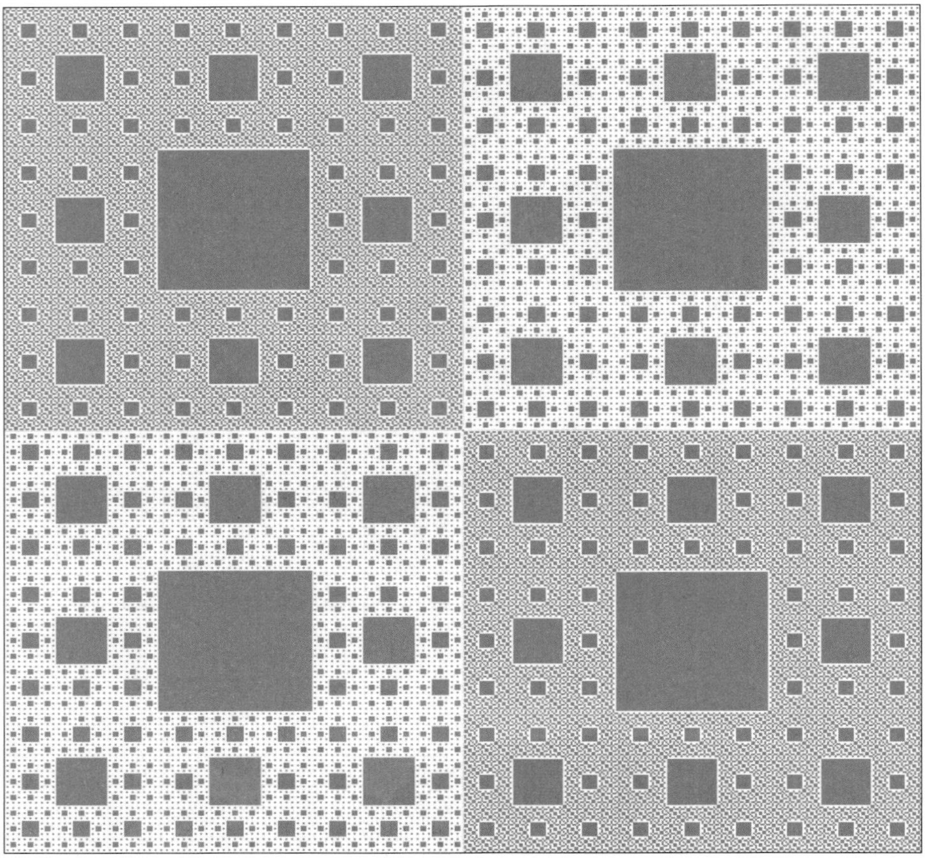

3.3 프랙탈과 행렬곱으로 만드는 프랙탈

프랙탈을 생성하는 다양한 방법을 생각해보자. 프랙탈 도형을 행렬로 생각해 보자. 프랙탈 행렬의 곱이 만드는 프랙탈을 살펴보자. 행렬의 곱을 구한 후 0보다 큰 수에 색칠하였다.

프랙탈		
0	1	0
0	0	1
0	1	0

자리값		
2^8	2^7	2^6
2^5	2^4	2^3
2^2	2^1	1

프랙탈값×자리값		
0×2^8	1×2^7	0×2^6
0×2^5	0×2^4	1×2^3
0×2^2	1×2^1	0×1

계산		
0	128	0
0	0	8
0	2	0

합
$128+8+2$
$=138$
$=F_{138}$

1. 프랙탈 제곱

(1) 1단계 3개

① F_{138}

	F_{138}	F_{138}	F_{81}
1단계	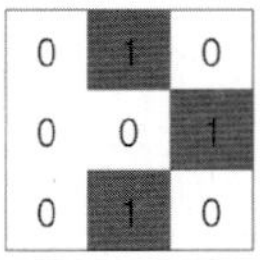	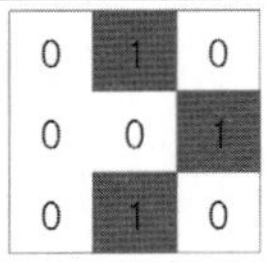	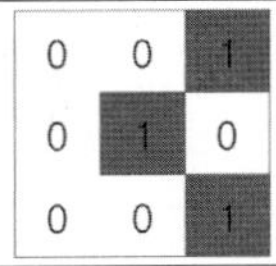
	$\begin{pmatrix}0&1&0\\0&0&1\\0&1&0\end{pmatrix}$	$\begin{pmatrix}0&1&0\\0&0&1\\0&1&0\end{pmatrix}$	$\begin{pmatrix}0&1&0\\0&0&1\\0&1&0\end{pmatrix}\begin{pmatrix}0&1&0\\0&0&1\\0&1&0\end{pmatrix}=\begin{pmatrix}0&0&1\\0&1&0\\0&0&1\end{pmatrix}$
	$\log_3 3 = 1$	$\log_3 3 = 1$	$\log_3 3 = 1$
2단계	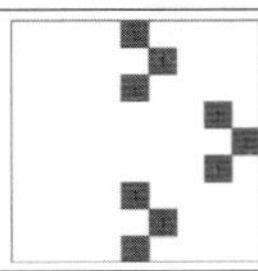	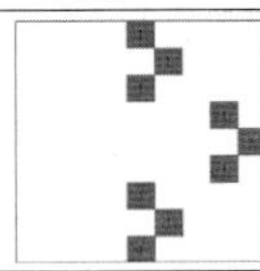	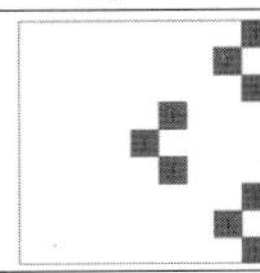
	$\log_9 9 = 1$	$\log_9 9 = 1$	$\log_9 9 = 1$
3단계	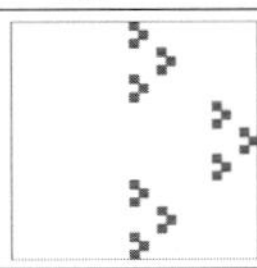	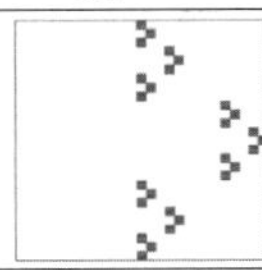	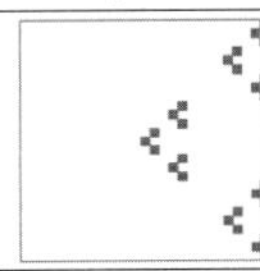
	$\log_{27} 27 = 1$	$\log_{27} 27 = 1$	$\log_{27} 27 = 1$

(2) 1단계 4개

① F_{284}

	F_{284}	F_{284}	F_{316}
1단계	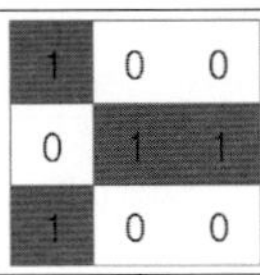	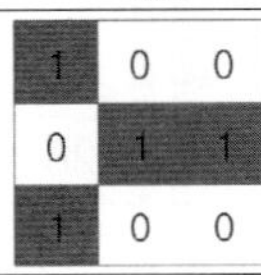	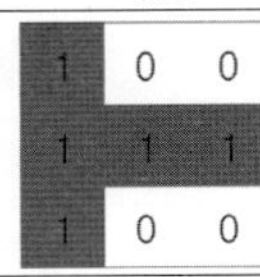
	$\log_3 4 = 1.262$	$\log_3 4 = 1.262$	$\log_3 5 = 1.465$
2단계	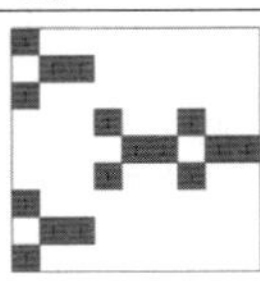	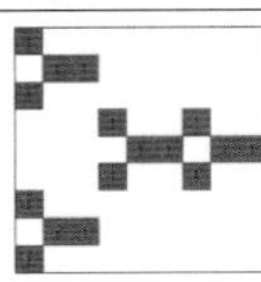	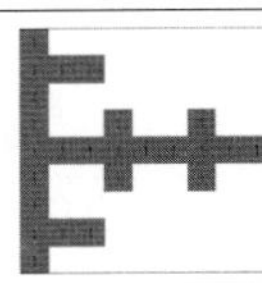
	$\log_9 16 = 1.262$	$\log_9 16 = 1.262$	$\log_9 25 = 1.465$
3단계	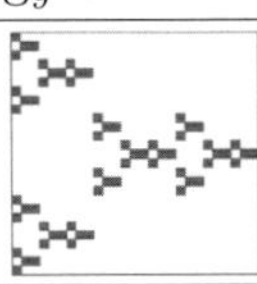	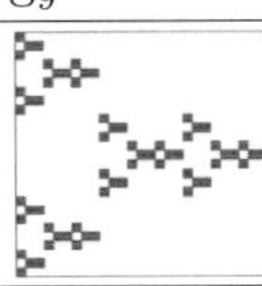	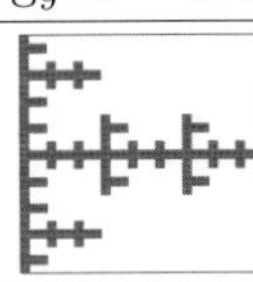
	$\log_{27} 64 = 1.262$	$\log_{27} 64 = 1.262$	$\log_{27} 125 = 1.465$

② F_{212}

	F_{212}	F_{212}	F_{403}
1단계	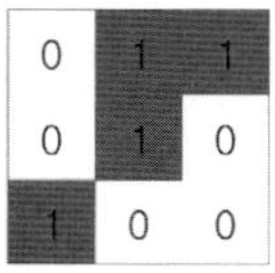	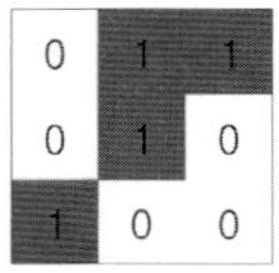	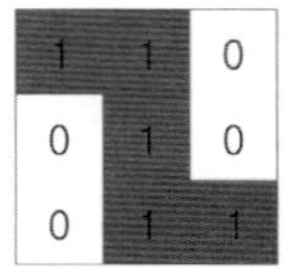
	$\log_3 4 = 1.262$	$\log_3 4 = 1.262$	$\log_3 5 = 1.465$
2단계	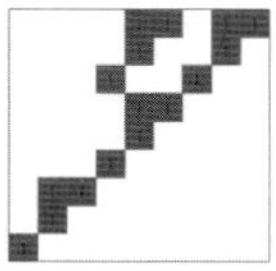	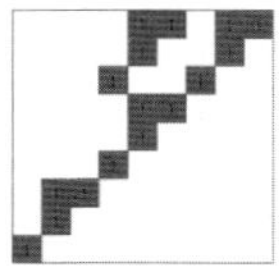	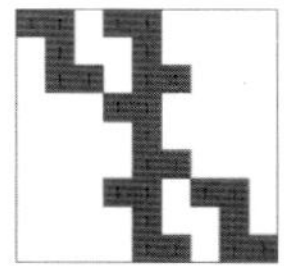
	$\log_9 16 = 1.262$	$\log_9 16 = 1.262$	$\log_9 25 = 1.465$
3단계	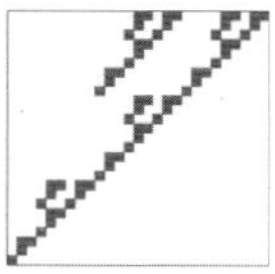	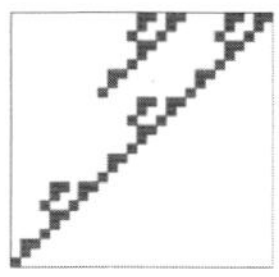	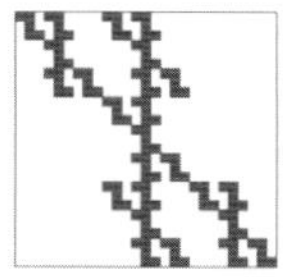
	$\log_{27} 64 = 1.262$	$\log_{27} 64 = 1.262$	$\log_{27} 125 = 1.465$

③ F_{170}

	F_{170}	F_{170}	F_{341}	
1단계	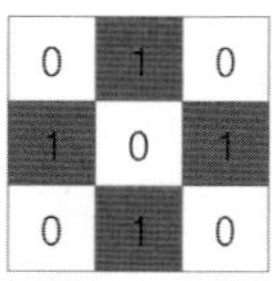	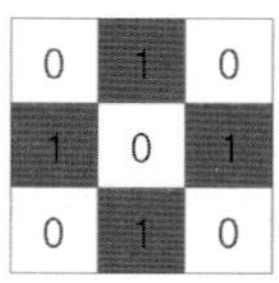	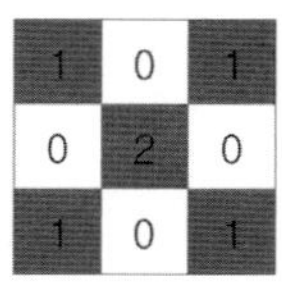	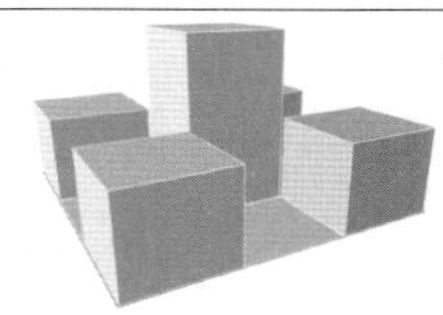
	$\log_3 4 = 1.262$	$\log_3 4 = 1.262$	$\log_3 5 = 1.465$,	$\log_3 6 = 1.631$
2단계	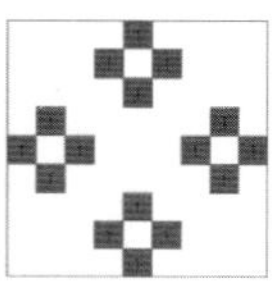	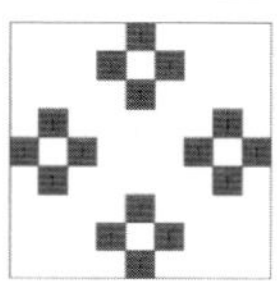	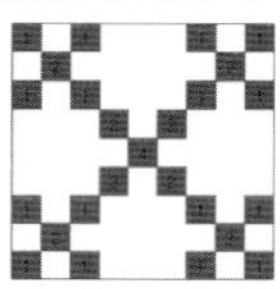	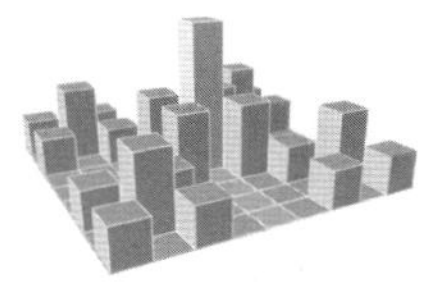
	$\log_9 16 = 1.262$	$\log_9 16 = 1.262$	$\log_9 25 = 1.465$	$\log_9 36 = 1.631$
3단계	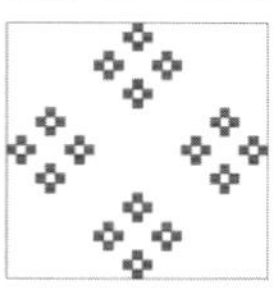	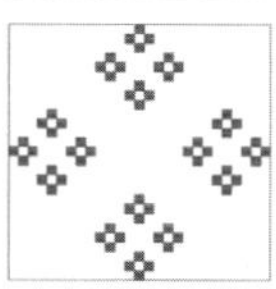	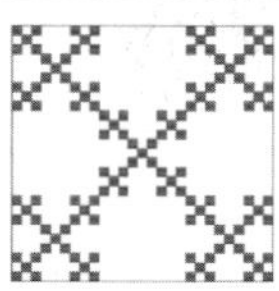	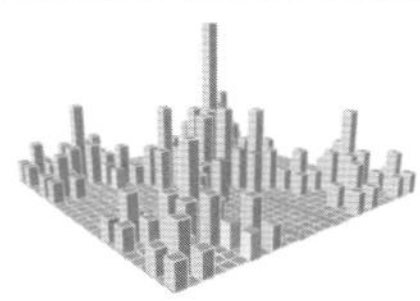
	$\log_{27} 64 = 1.262$	$\log_{27} 64 = 1.262$	$\log_{27} 125 = 1.465$	$\log_{27} 216 = 1.631$

(3) 1단계 5개

① F_{190}

	F_{190}	F_{190}	F_{511}	
1단계	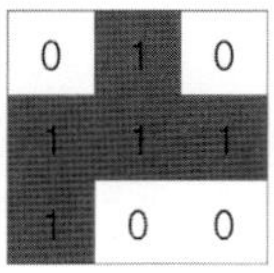	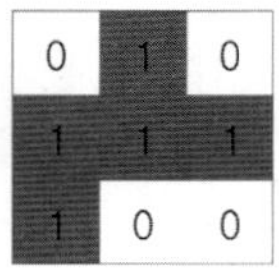	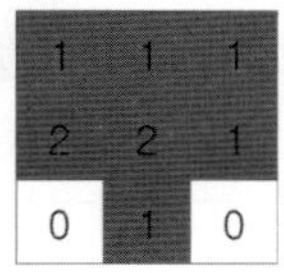	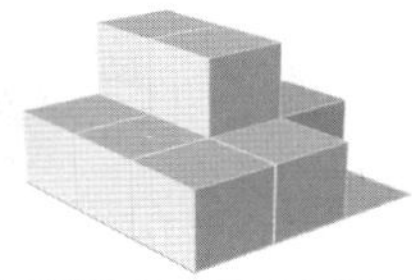
	$\log_3 5 = 1.465$	$\log_3 5 = 1.465$	$\log_3 7 = 1.771$	$\log_3 9 = 2$
2단계	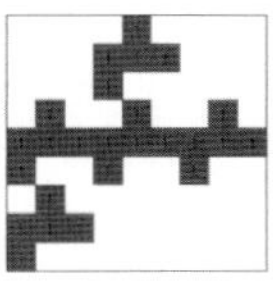	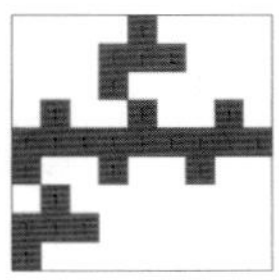	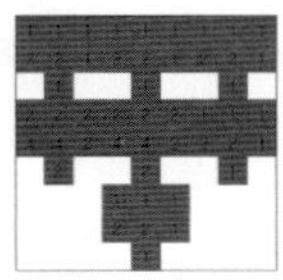	
	$\log_9 25 = 1.465$	$\log_9 25 = 1.465$	$\log_9 32 = 1.771$	$\log_9 81 = 2$
3단계	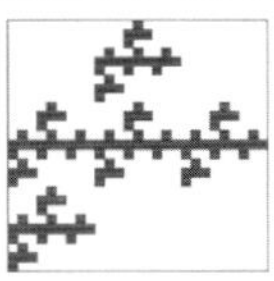	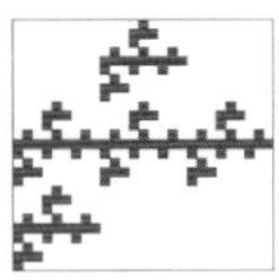		
	$\log_{27} 27 = 1$	$\log_{27} 702 = 1.465$	$\log_{27} 343 = 1.771$	$\log_{27} 729 = 2$

② F_{244}

	F_{244}	F_{244}	F_{443}	
1단계	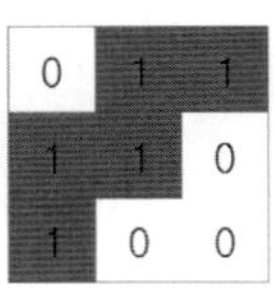	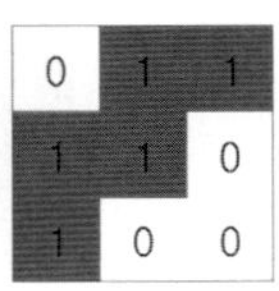	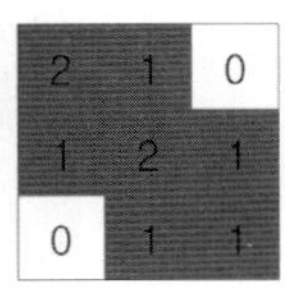	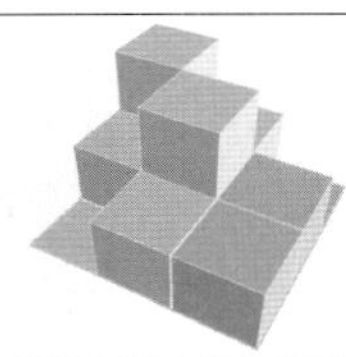
	$\log_3 5 = 1.465$	$\log_3 5 = 1.465$	$\log_3 7 = 1.771$	$\log_3 9 = 2$
2단계	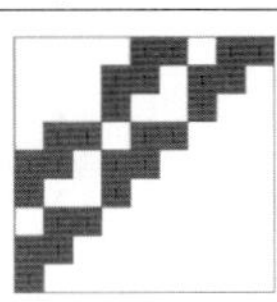	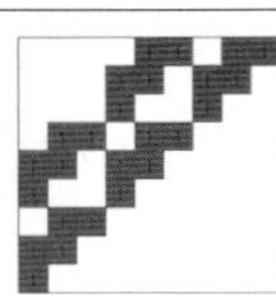	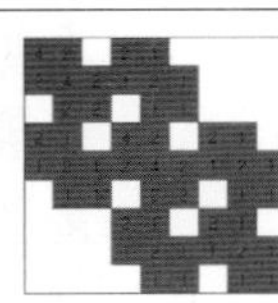	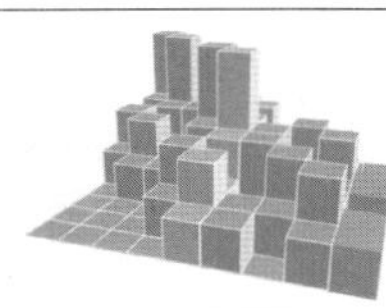
	$\log_9 25 = 1.465$	$\log_9 25 = 1.465$	$\log_9 32 = 1.771$	$\log_9 81 = 2$
3단계	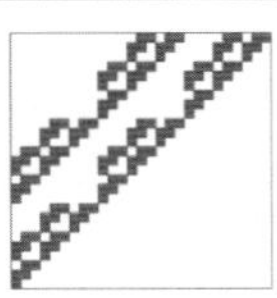	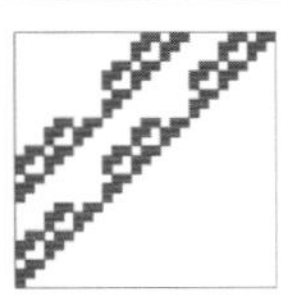	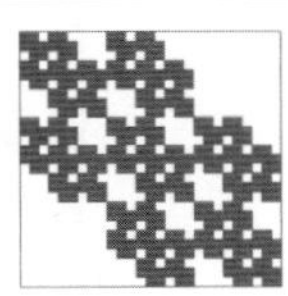	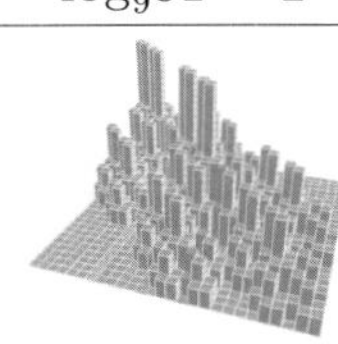
	$\log_{27} 27 = 1$	$\log_{27} 702 = 1.465$	$\log_{27} 343 = 1.771$	$\log_{27} 729 = 2$

③ F_{426}

	F_{426}	F_{426}	F_{501}	
1단계	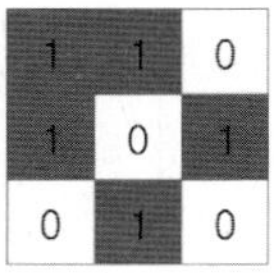	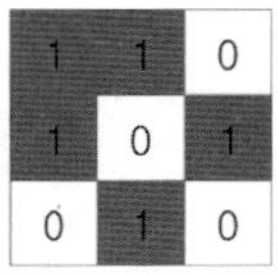	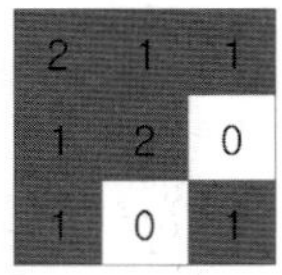	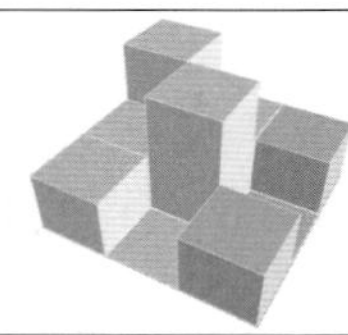
	$\log_3 5 = 1.465$	$\log_3 5 = 1.465$	$\log_3 7 = 1.771$	$\log_3 9 = 2$
2단계	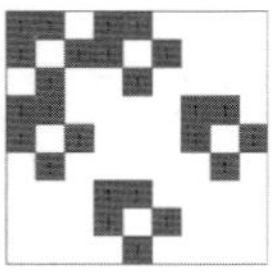	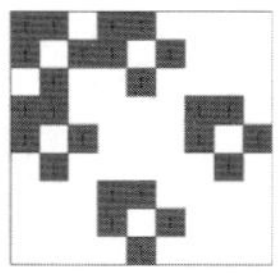	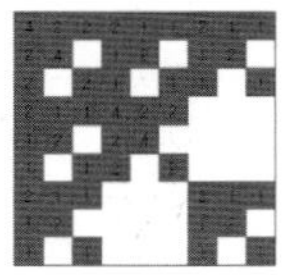	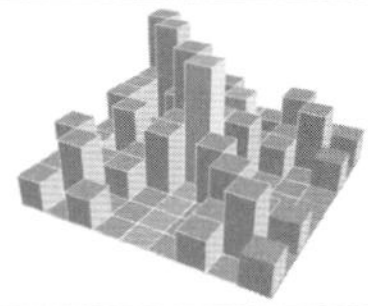
	$\log_9 25 = 1.465$	$\log_9 25 = 1.465$	$\log_9 32 = 1.771$	$\log_9 81 = 2$
3단계	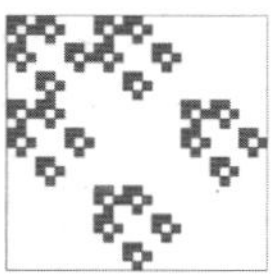	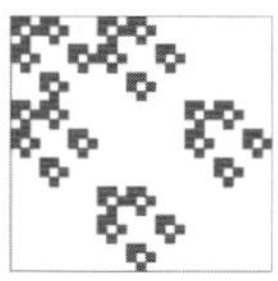	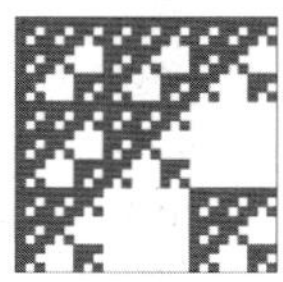	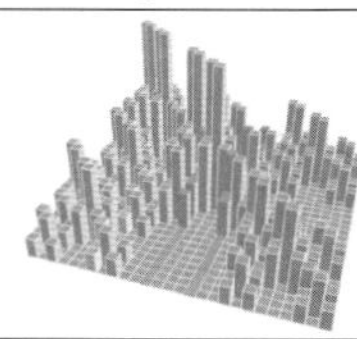
	$\log_{27} 27 = 1$	$\log_{27} 702 = 1.465$	$\log_{27} 343 = 1.771$	$\log_{27} 729 = 2$

(4) 1단계 6개

① F_{380}

	F_{380}	F_{380}	F_{381}	
1단계	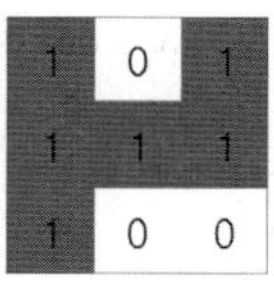	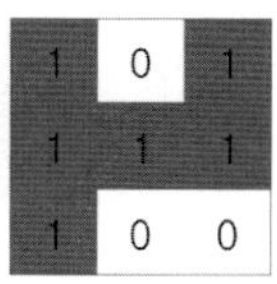	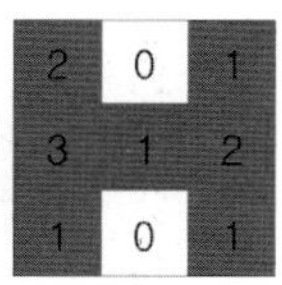	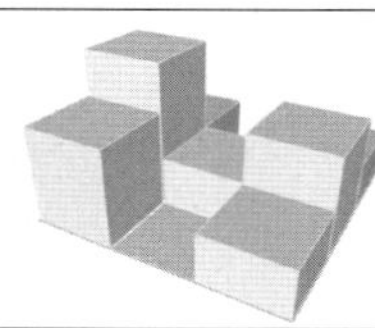
	$\log_3 6 = 1.631$	$\log_3 6 = 1.631$	$\log_3 7 = 1.771$	$\log_3 11 = 2.183$
2단계	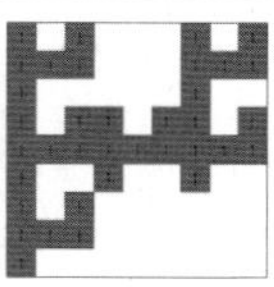	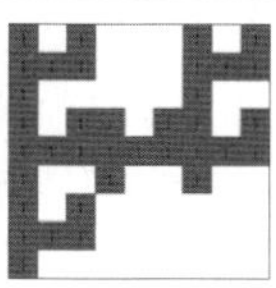	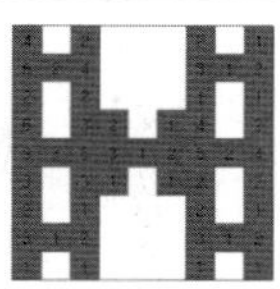	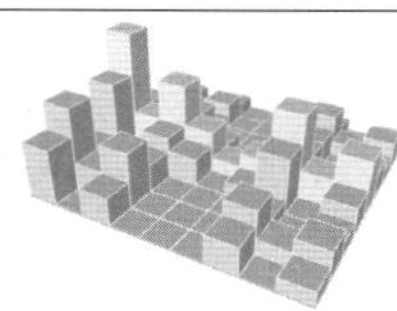
	$\log_9 36 = 1.631$	$\log_9 36 = 1.631$	$\log_9 49 = 1.771$	$\log_9 121 = 2.183$
3단계	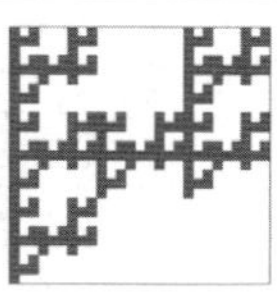	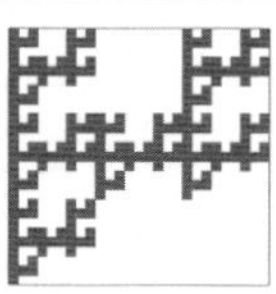	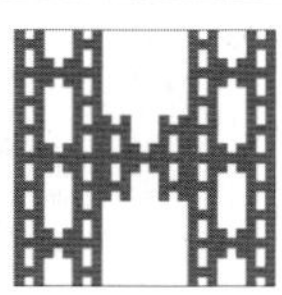	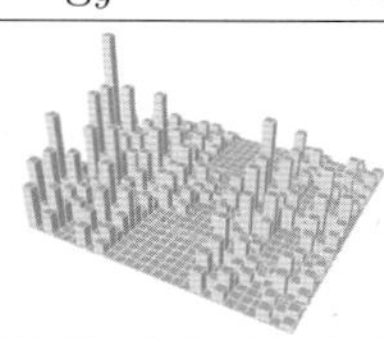
	$\log_{27} 216 = 1.631$	$\log_{27} 216 = 1.631$	$\log_{27} 343 = 1.771$	$\log_{27} 1331 = 2.183$

② F_{373}

	F_{373}	F_{373}	F_{381}	
1단계	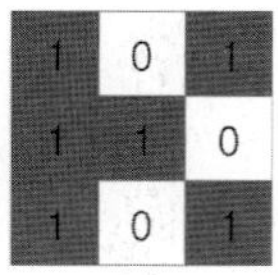	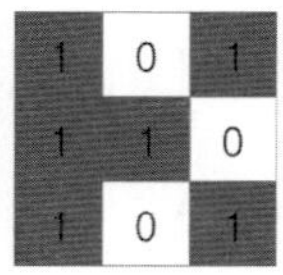	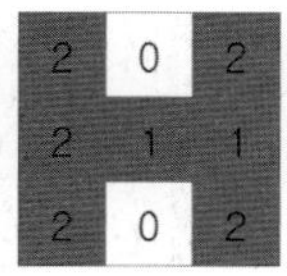	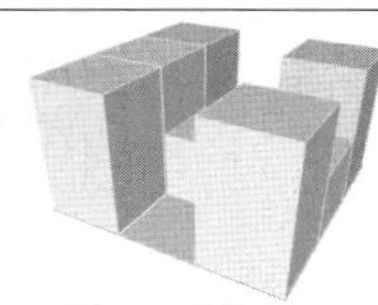
	$\log_3 6 = 1.631$	$\log_3 6 = 1.631$	$\log_3 7 = 1.771$	$\log_3 12 = 2.262$
2단계	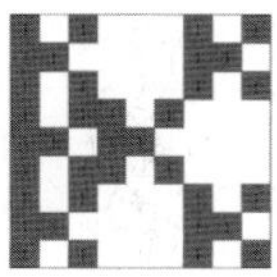	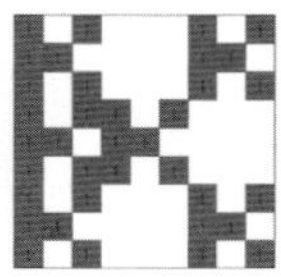	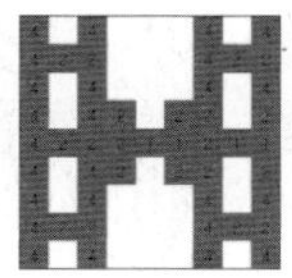	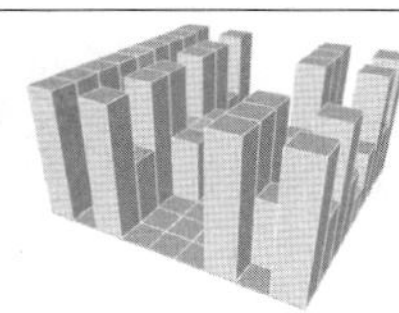
	$\log_9 36 = 1.631$	$\log_9 36 = 1.631$	$\log_9 49 = 1.771$	$\log_9 144 = 2.262$
3단계	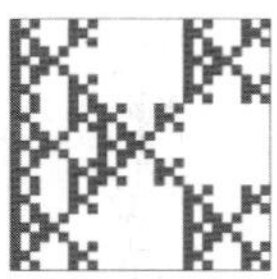	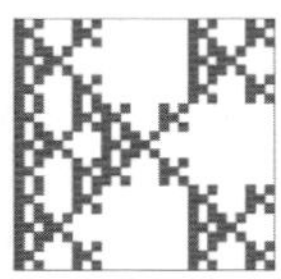	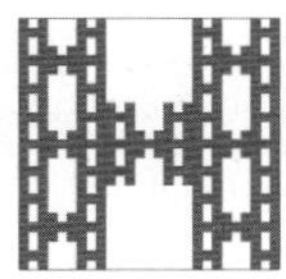	
	$\log_{27} 216 = 1.631$	$\log_{27} 216 = 1.631$	$\log_{27} 343 = 1.771$	$\log_{27} 1728 = 2.262$

① F_{252}

	F_{252}	F_{252}	F_{507}	
1단계	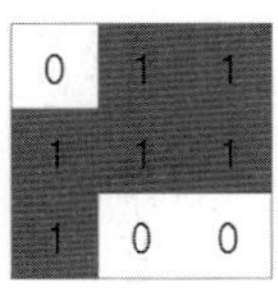	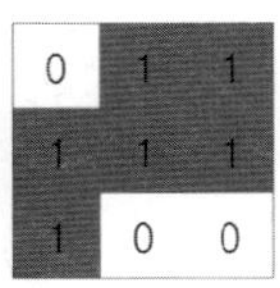	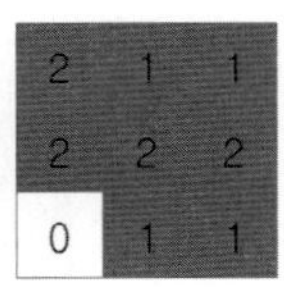	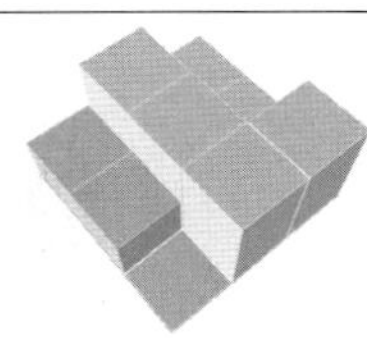
	$\log_3 6 = 1.631$	$\log_3 6 = 1.631$	$\log_3 8 = 1.893$	$\log_3 12 = 2.262$
2단계	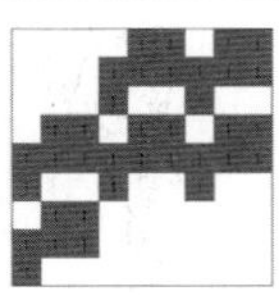	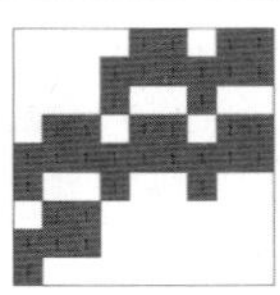		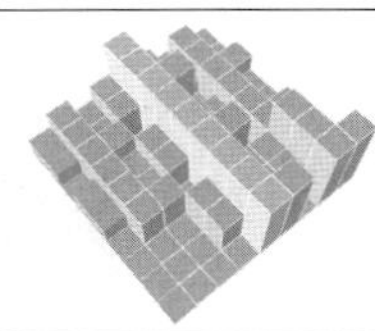
	$\log_9 36 = 1.631$	$\log_9 36 = 1.631$	$\log_9 64 = 1.893$	$\log_9 144 = 2.262$
3단계	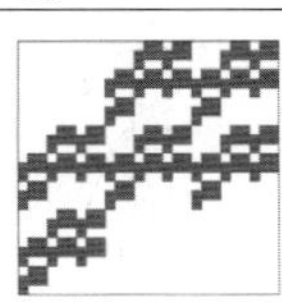	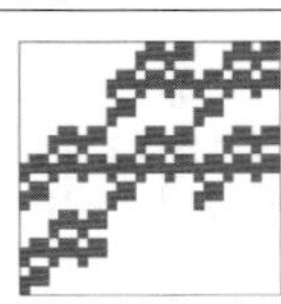	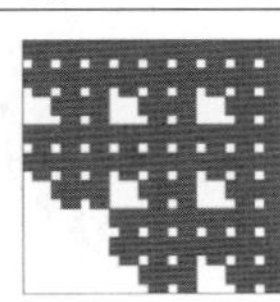	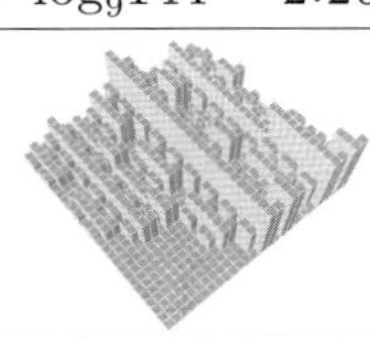
	$\log_{27} 216 = 1.631$	$\log_{27} 216 = 1.631$	$\log_{27} 512 = 1.893$	$\log_{27} 1728 = 2.262$

① F_{490}

	F_{490}	F_{490}	F_{509}	
1단계	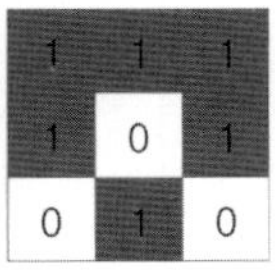	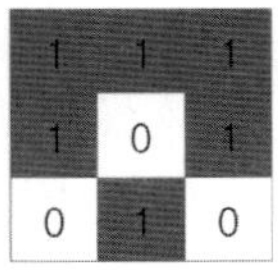	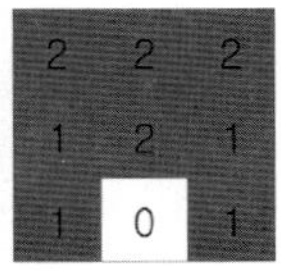	
	$\log_3 6 = 1.631$	$\log_3 6 = 1.631$	$\log_3 8 = 1.893$	$\log_3 12 = 2.262$
2단계	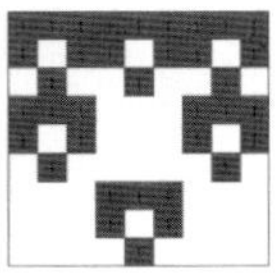	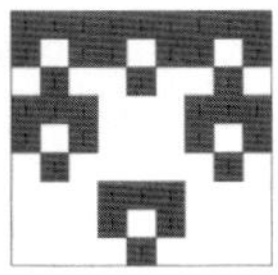		
	$\log_9 36 = 1.631$	$\log_9 36 = 1.631$	$\log_9 64 = 1.893$	$\log_9 144 = 2.262$
3단계			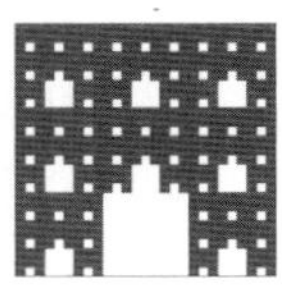	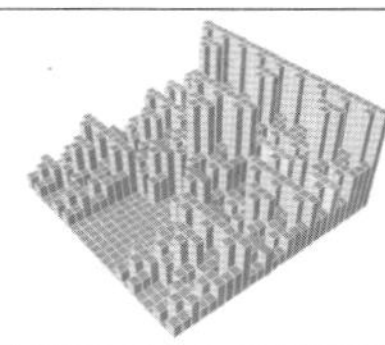
	$\log_{27} 216 = 1.631$	$\log_{27} 216 = 1.631$	$\log_{27} 512 = 1.893$	$\log_{27} 1728 = 2.262$

2. 프랙탈 제곱이 유지되는 경우

① F_{308}

	F_{308}	F_{308}	F_{308}	
1단계	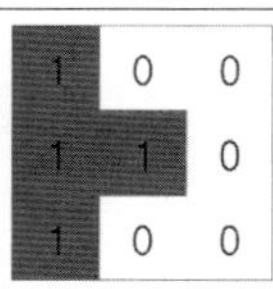	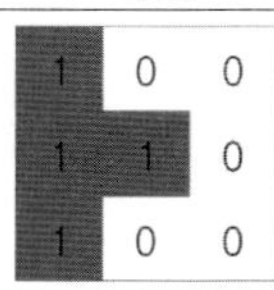	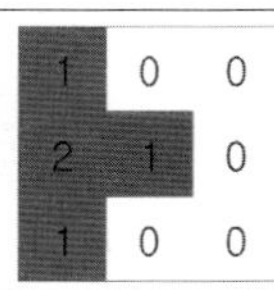	
	$\log_3 4 = 1.262$	$\log_3 4 = 1.262$	$\log_3 4 = 1.262$	$\log_3 5 = 1.465$
2단계	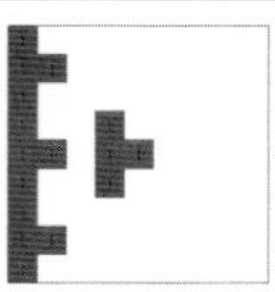	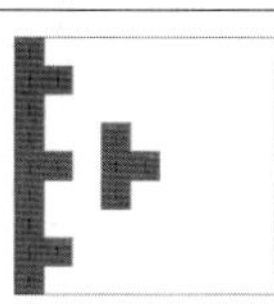	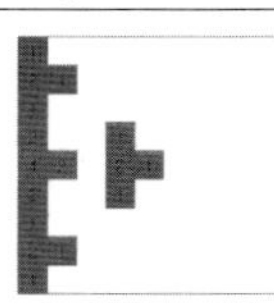	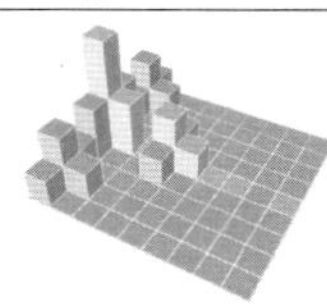
	$\log_9 16 = 1.262$	$\log_9 16 = 1.262$	$\log_9 16 = 1.262$	$\log_9 25 = 1.465$
3단계	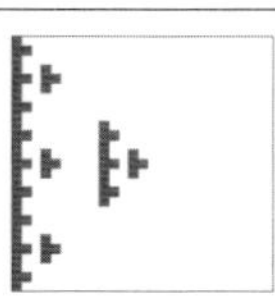	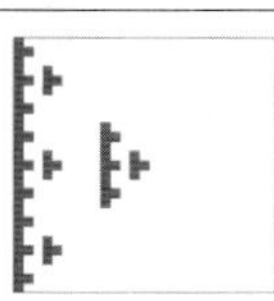	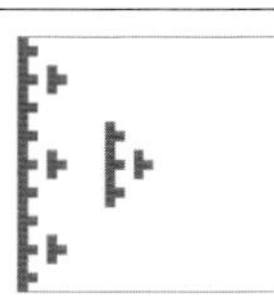	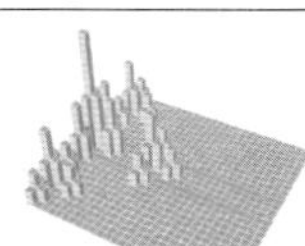
	$\log_{27} 64 = 1.262$	$\log_{27} 64 = 1.262$	$\log_{27} 64 = 1.262$	$\log_{27} 125 = 1.465$

② F_{316}

	F_{316}	F_{316}	F_{316}	
1단계	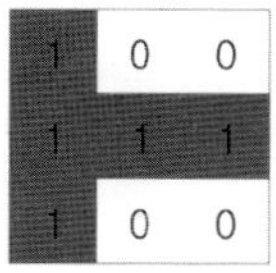	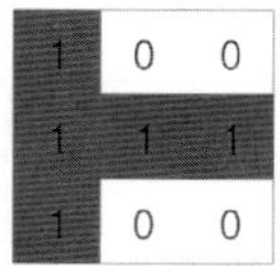	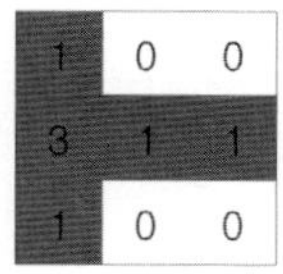	
	$\log_3 5 = 1.465$	$\log_3 5 = 1.465$	$\log_3 5 = 1.465$	$\log_3 7 = 1.771$
2단계	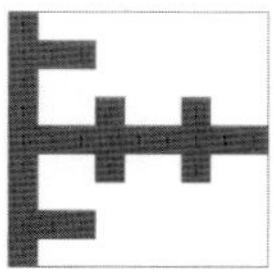	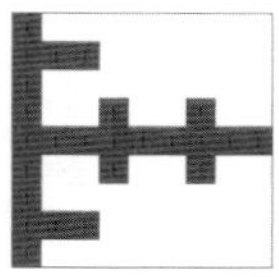	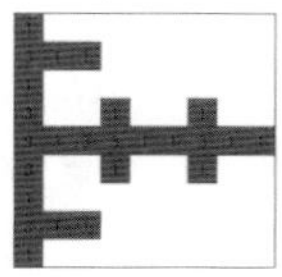	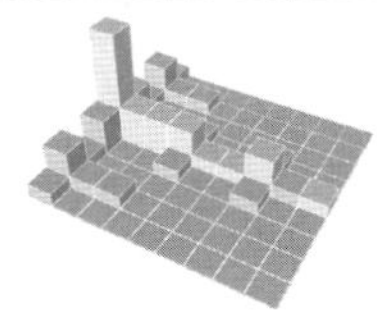
	$\log_9 25 = 1.465$	$\log_9 25 = 1.465$	$\log_9 25 = 1.465$	$\log_9 49 = 1.771$
3단계	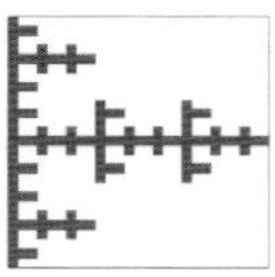	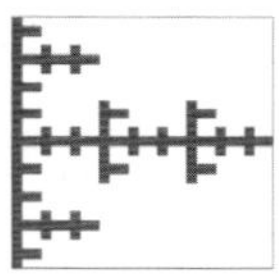	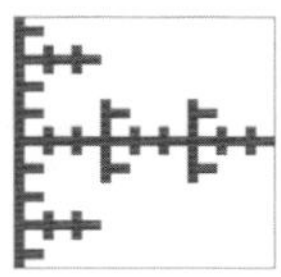	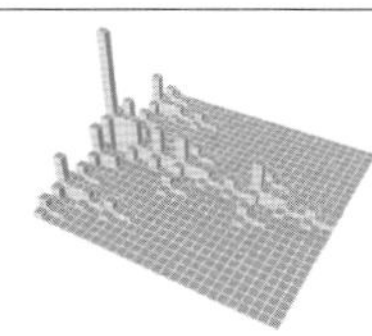
	$\log_{27} 125 = 1.465$	$\log_{27} 125 = 1.465$	$\log_{27} 125 = 1.465$	$\log_{27} 343 = 1.771$

③ F_{381}

	F_{381}	F_{381}	F_{381}	
1단계	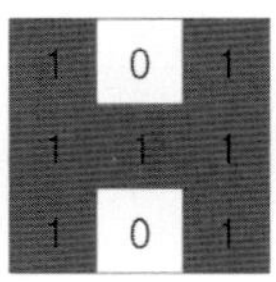	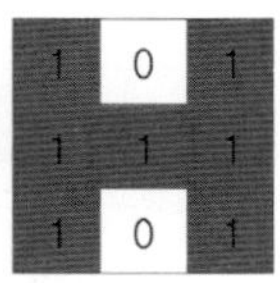	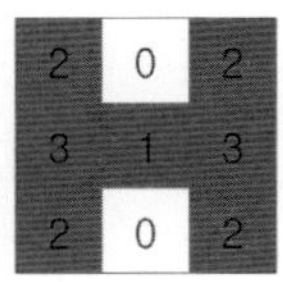	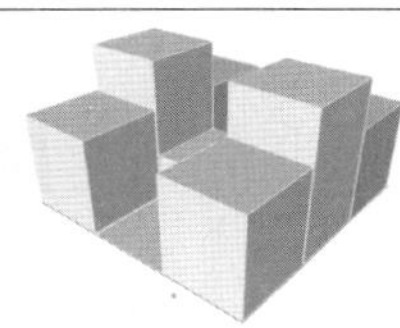
	$\log_3 7 = 1.771$	$\log_3 7 = 1.771$	$\log_3 7 = 1.771$	$\log_3 15 = 2.465$
2단계	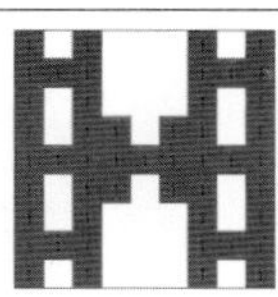	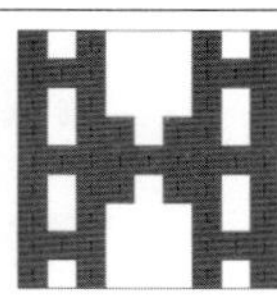	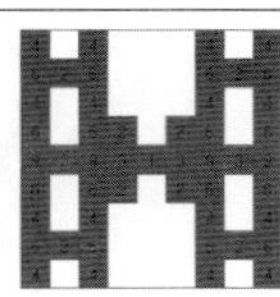	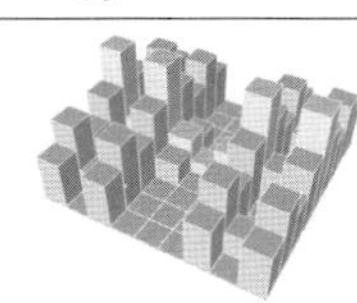
	$\log_9 49 = 1.771$	$\log_9 49 = 1.771$	$\log_9 49 = 1.771$	$\log_9 225 = 2.465$
3단계	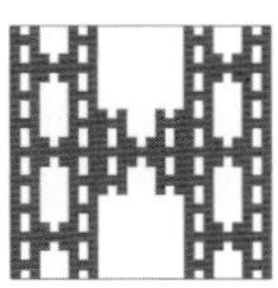	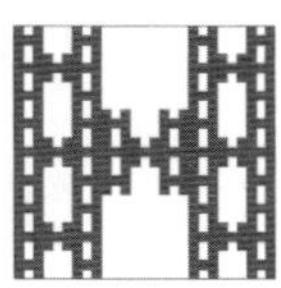	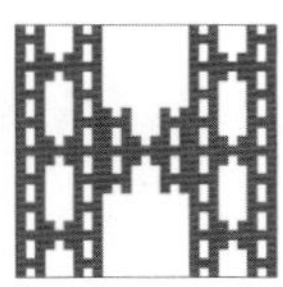	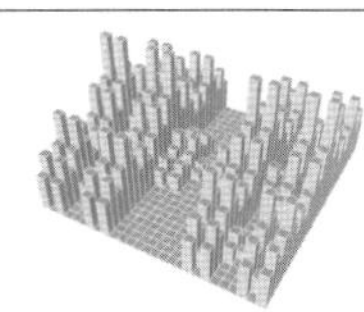
	$\log_{27} 343 = 1.771$	$\log_{27} 343 = 1.771$	$\log_{27} 343 = 1.771$	$\log_{27} 3375 = 2.465$

3. 두 개의 다른 프랙탈 곱

(1) 1단계 3개

① F_{140}

	F_{140}	F_{371}	F_{413}	
1단계	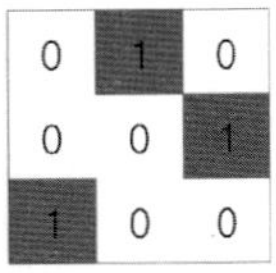	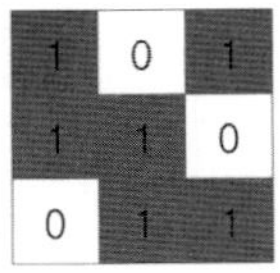	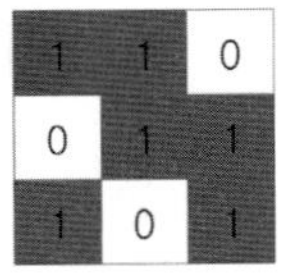	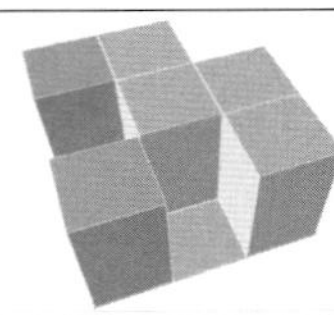
	$\log_3 3 = 1$	$\log_3 6 = 1.631$	$\log_3 6 = 1.631$	$\log_3 6 = 1.631$
2단계	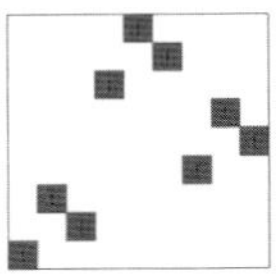	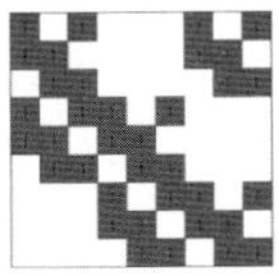	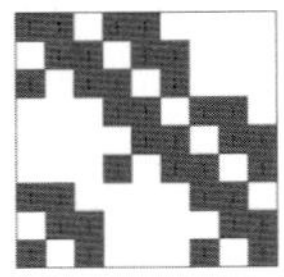	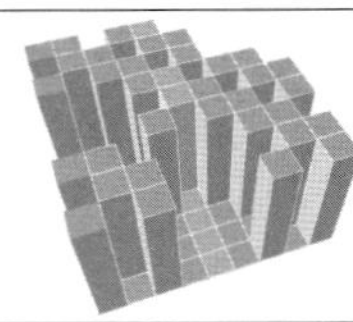
	$\log_9 9 = 1$	$\log_9 36 = 1.631$	$\log_9 36 = 1.631$	$\log_9 36 = 1.631$
3단계	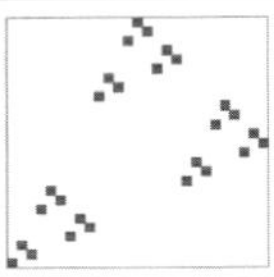	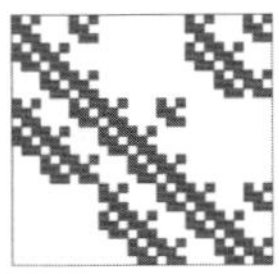	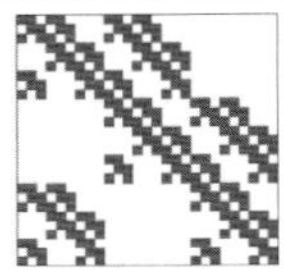	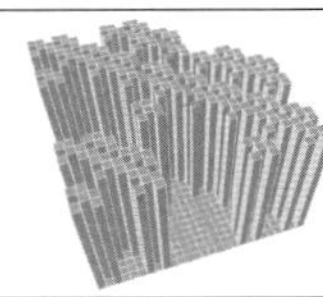
	$\log_{27} 27 = 1$	$\log_{27} 216 = 1.631$	$\log_{27} 216 = 1.631$	$\log_{27} 216 = 1.631$

(2) 1단계 4개

① F_{204}

	F_{204}	F_{371}	F_{477}	
1단계	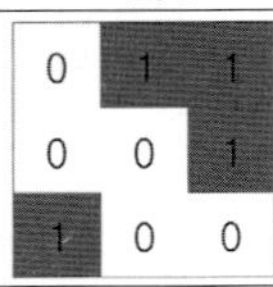	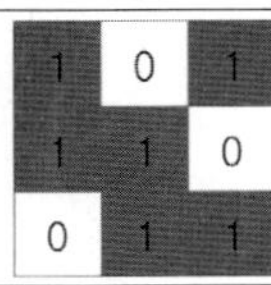	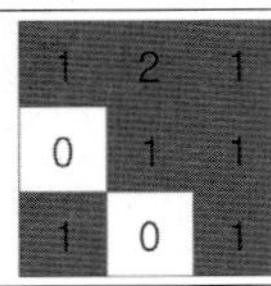	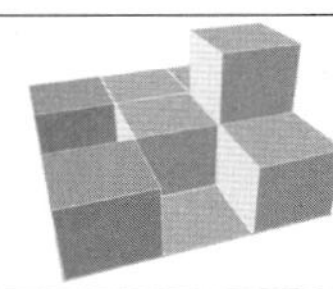
	$\log_3 4 = 1.262$	$\log_3 6 = 1.631$	$\log_3 7 = 1.771$	$\log_3 8 = 1.893$
2단계	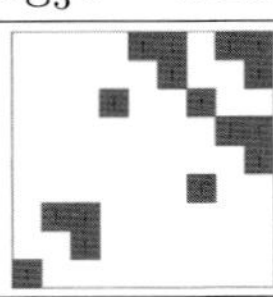	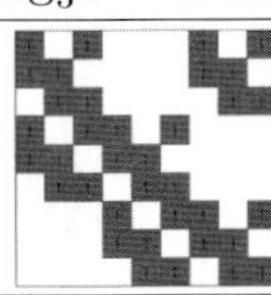	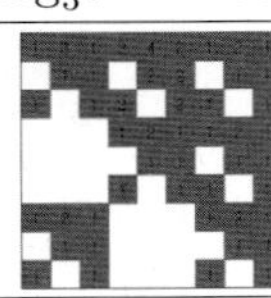	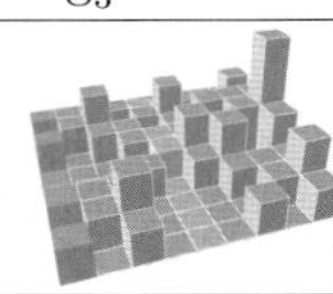
	$\log_9 16 = 1.262$	$\log_9 36 = 1.631$	$\log_9 49 = 1.771$	$\log_9 64 = 1.893$
3단계	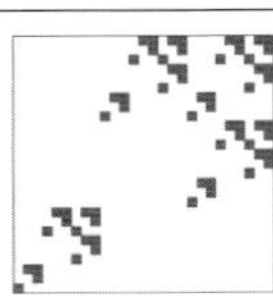	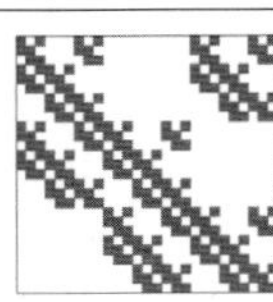		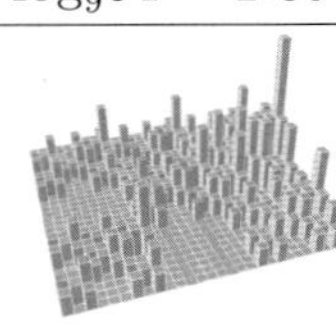
	$\log_{27} 64 = 1.262$	$\log_{27} 216 = 1.631$	$\log_{27} 343 = 1.771$	$\log_{27} 512 = 1.893$

② F_{204}

	F_{204}	F_{170}	F_{466}	
1단계	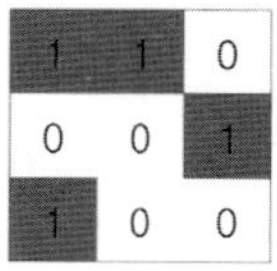	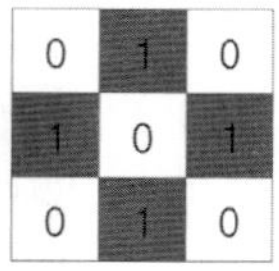	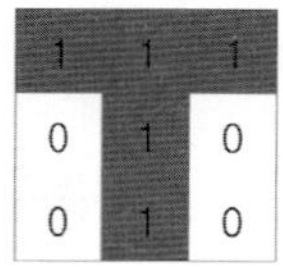	
	$\log_3 4 = 1.262$	$\log_3 4 = 1.262$	$\log_3 5 = 1.465$	$\log_3 5 = 1.465$
2단계	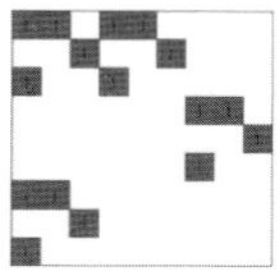	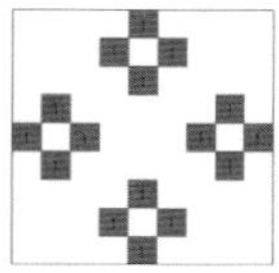		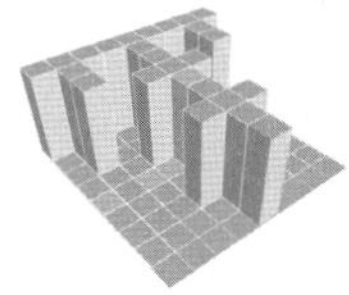
	$\log_9 16 = 1.262$	$\log_9 16 = 1.262$	$\log_9 25 = 1.465$	$\log_9 25 = 1.465$
3단계	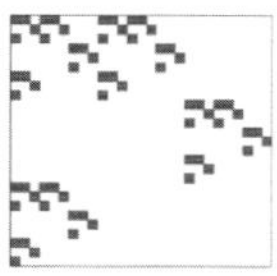	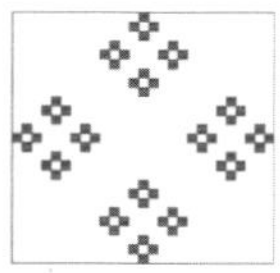	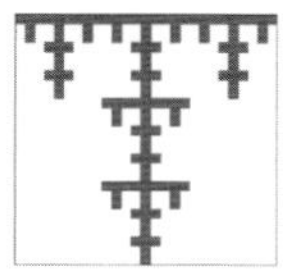	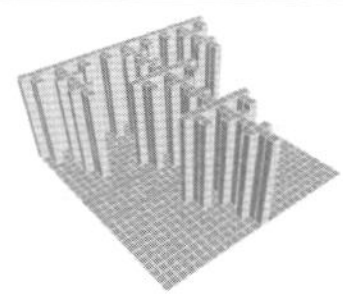
	$\log_{27} 64 = 1.262$	$\log_{27} 64 = 1.262$	$\log_{27} 125 = 1.465$	$\log_{27} 125 = 1.465$

③ F_{282}

	F_{282}	F_{114}	F_{118}	
1단계	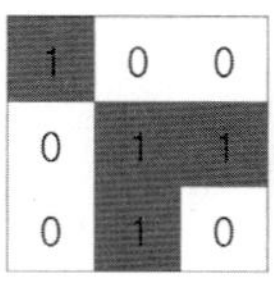	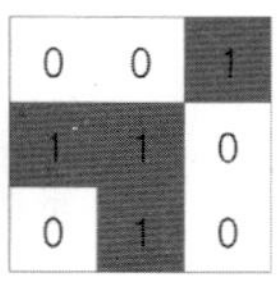	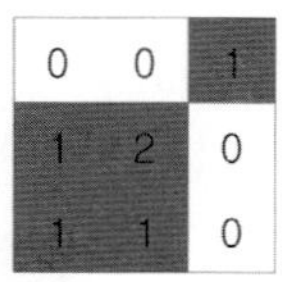	
	$\log_3 4 = 1.262$	$\log_3 4 = 1.262$	$\log_3 5 = 1.465$	$\log_3 6 = 1.631$
2단계	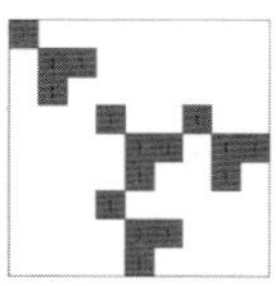	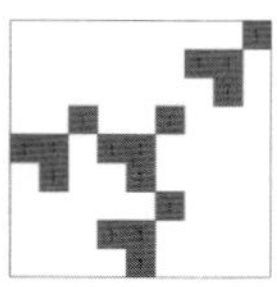	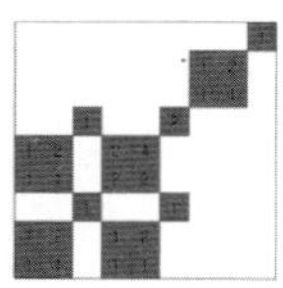	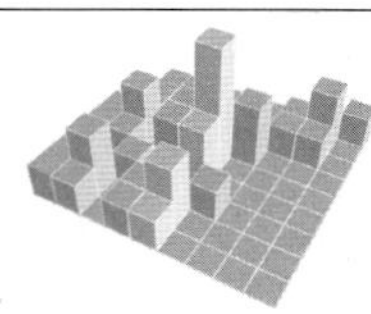
	$\log_9 16 = 1.262$	$\log_9 16 = 1.262$	$\log_9 25 = 1.465$	$\log_9 36 = 1.631$
3단계	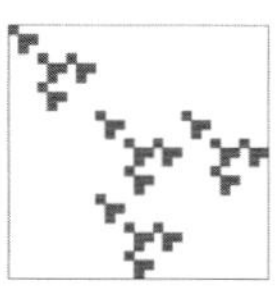	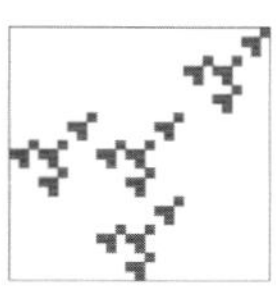	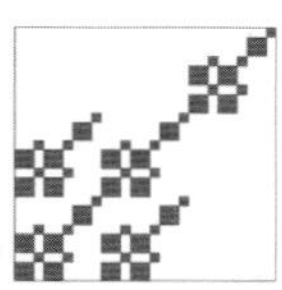	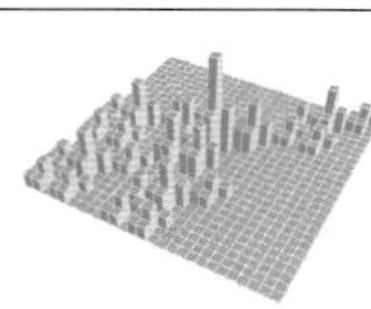
	$\log_{27} 64 = 1.262$	$\log_{27} 64 = 1.262$	$\log_{27} 125 = 1.465$	$\log_{27} 216 = 1.631$

(3) 1단계 5개

① F_{186}

	F_{186}	F_{168}	F_{381}	
1단계	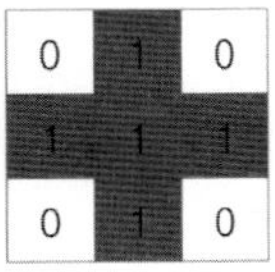	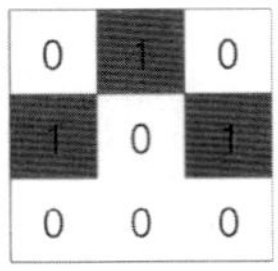	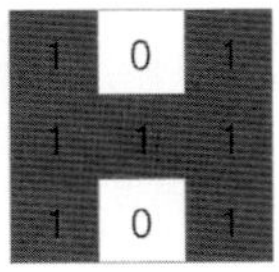	
	$\log_3 5 = 1.465$	$\log_3 3 = 1$	$\log_3 7 = 1.771$	$\log_3 7 = 1.771$
2단계		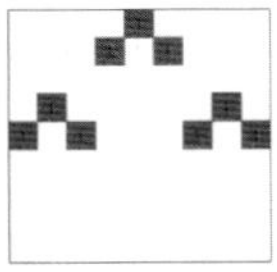	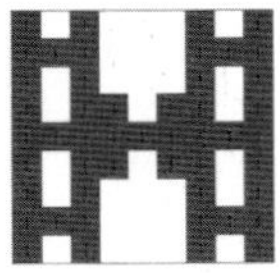	
	$\log_9 25 = 1.465$	$\log_9 9 = 1$	$\log_9 49 = 1.771$	$\log_9 49 = 1.771$
3단계	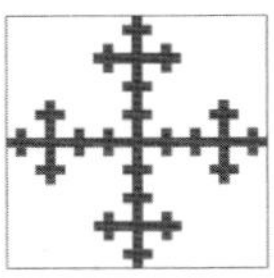	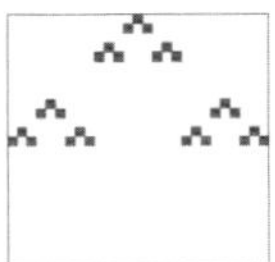	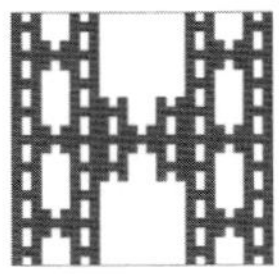	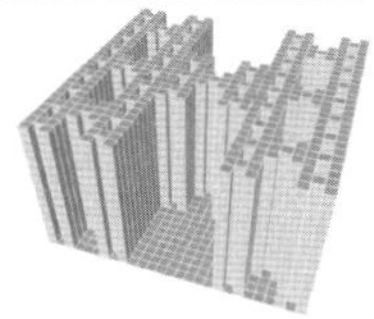
	$\log_{27} 125 = 1.631$	$\log_{27} 27 = 1$	$\log_{27} 343 = 1.771$	$\log_{27} 343 = 1.771$

② F_{186}

	F_{186}	F_{156}	F_{251}	
1단계	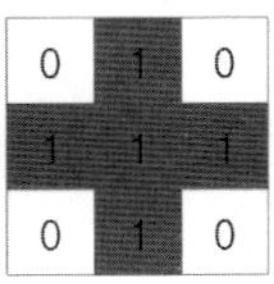	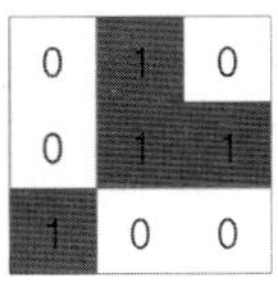	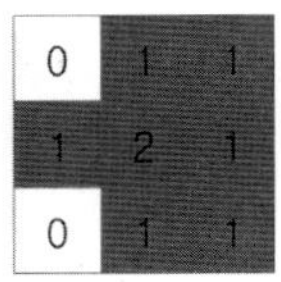	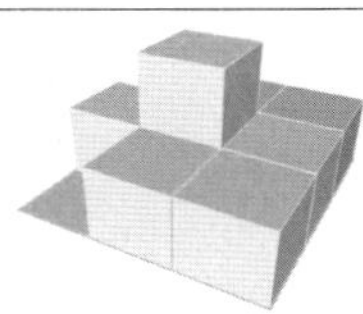
	$\log_3 5 = 1.465$	$\log_3 4 = 1.262$	$\log_3 7 = 1.771$	$\log_3 8 = 1.893$
2단계		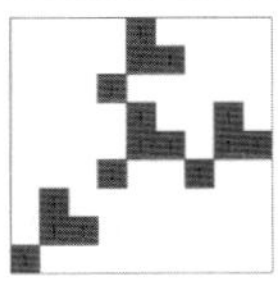	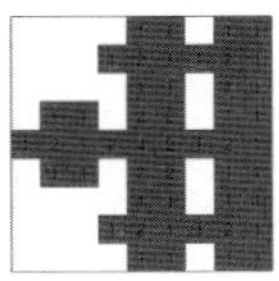	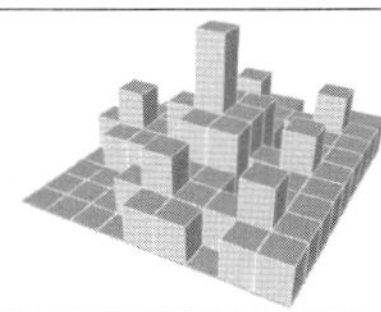
	$\log_9 25 = 1.465$	$\log_9 16 = 1.262$	$\log_9 49 = 1.771$	$\log_9 64 = 1.893$
3단계	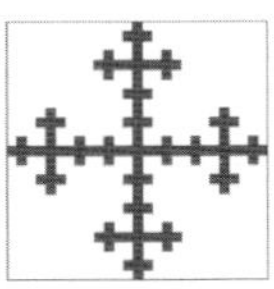	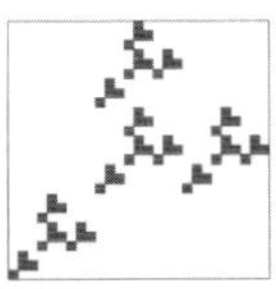	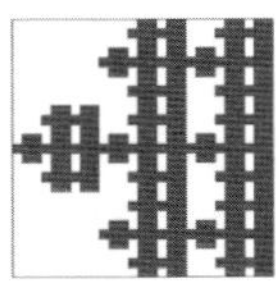	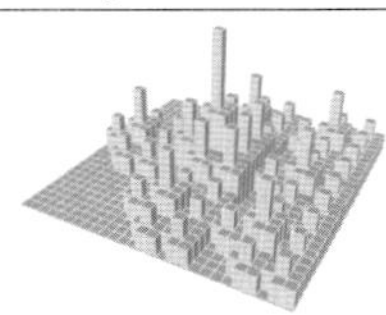
	$\log_{27} 125 = 1.631$	$\log_{27} 64 = 1.262$	$\log_{27} 343 = 1.771$	$\log_{27} 512 = 1.893$

③ F_{94}

	F_{94}	F_{307}	F_{254}	
1단계	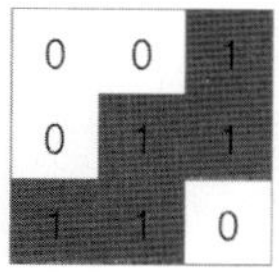	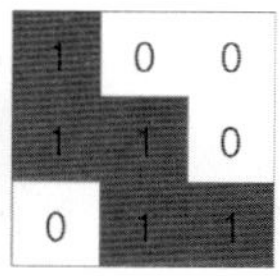	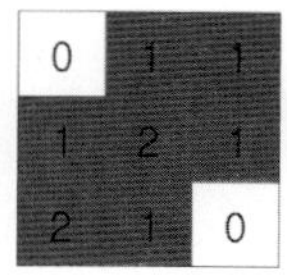	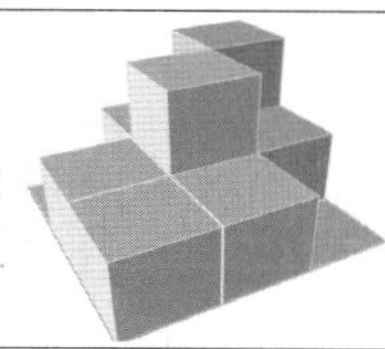
	$\log_3 5 = 1.465$	$\log_3 4 = 1.262$	$\log_3 7 = 1.771$	$\log_3 9 = 2$
2단계	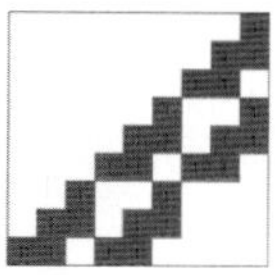	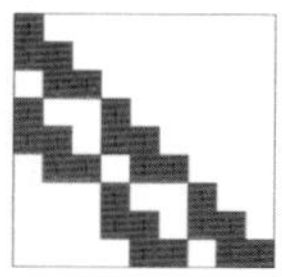	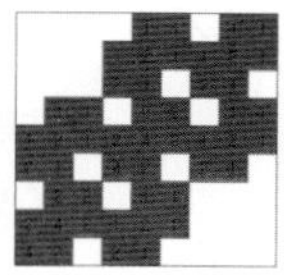	
	$\log_9 25 = 1.465$	$\log_9 16 = 1.262$	$\log_9 49 = 1.771$	$\log_9 81 = 2$
3단계	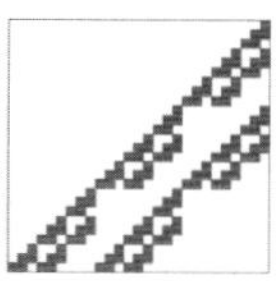	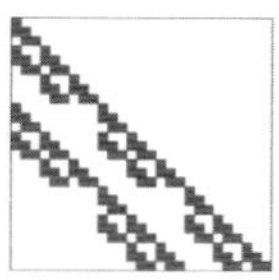	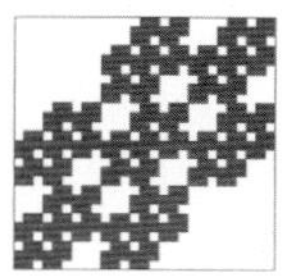	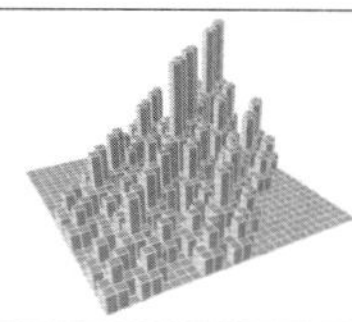
	$\log_{27} 125 = 1.631$	$\log_{27} 64 = 1.262$	$\log_{27} 343 = 1.771$	$\log_{27} 721 = 2$

(4) 1단계 6개

① F_{427}

	F_{427}	F_{341}	F_{495}	
1단계	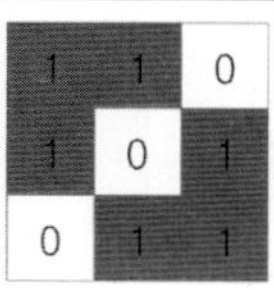	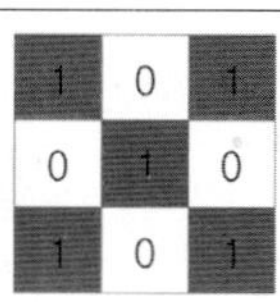		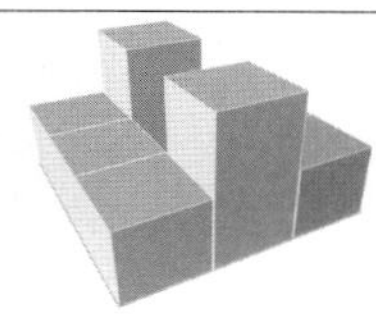
	$\log_3 6 = 1.631$	$\log_3 5 = 1.465$	$\log_3 8 = 1.893$	$\log_3 10 = 2.056$
2단계	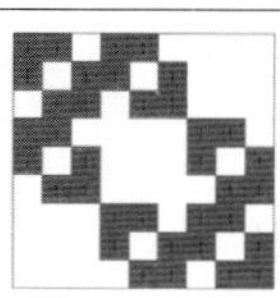	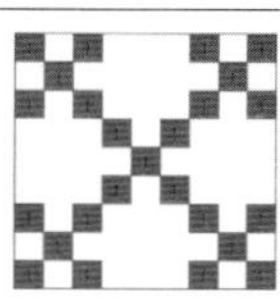		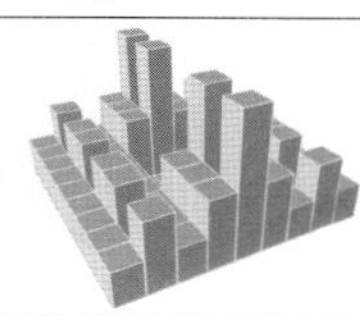
	$\log_9 36 = 1.631$	$\log_9 25 = 1.465$	$\log_9 64 = 1.893$	$\log_9 100 = 2.056$
3단계		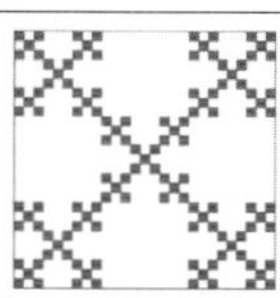	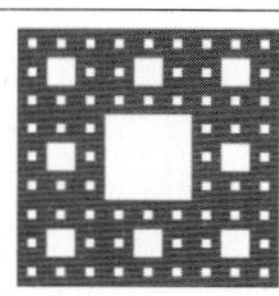	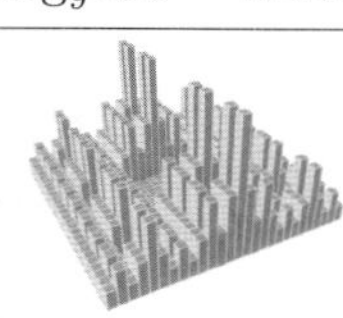
	$\log_{27} 216 = 1.631$	$\log_{27} 125 = 1.465$	$\log_{27} 512 = 1.893$	$\log_{27} 1000 = 2.056$

② F_{282}

	F_{282}	F_{114}	F_{118}	
1단계	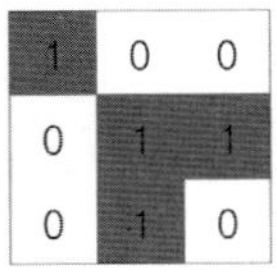	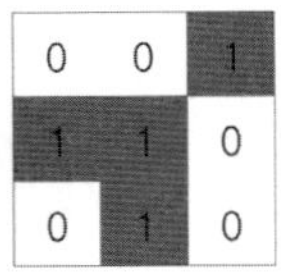	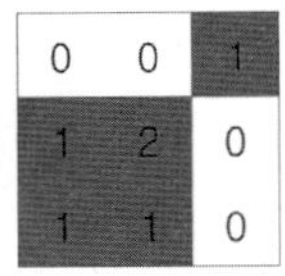	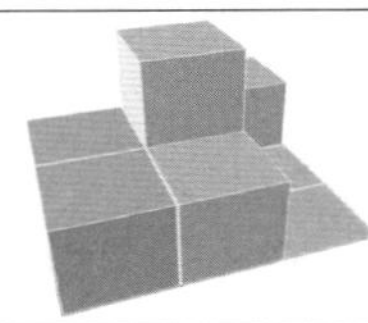
	$\log_3 4 = 1.262$	$\log_3 4 = 1.262$	$\log_3 5 = 1.465$	$\log_3 6 = 1.631$
2단계	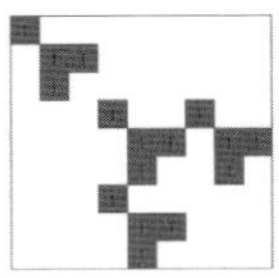	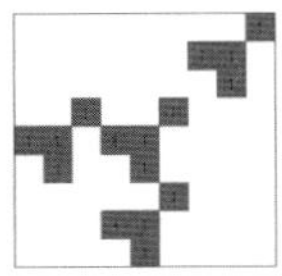	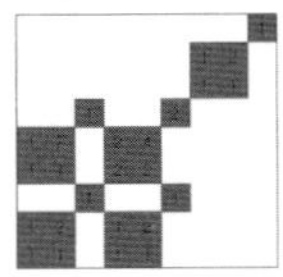	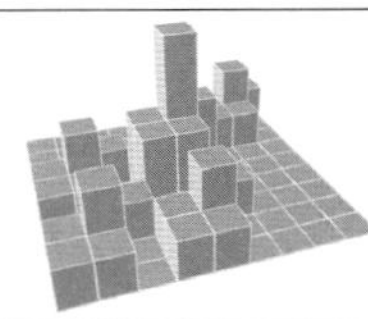
	$\log_9 16 = 1.262$	$\log_9 16 = 1.262$	$\log_9 25 = 1.465$	$\log_9 36 = 1.631$
3단계	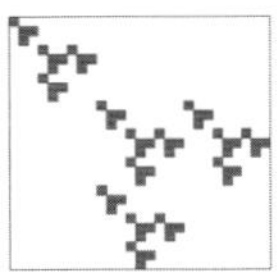	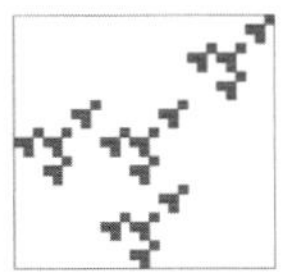	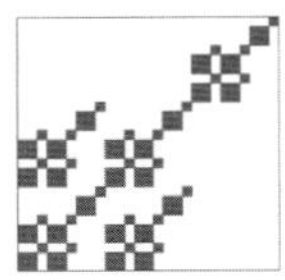	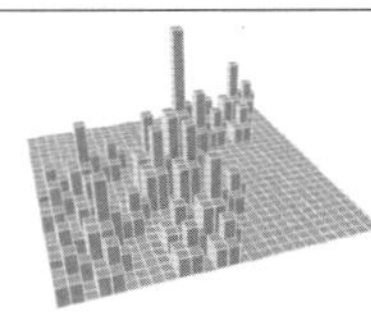
	$\log_{27} 64 = 1.262$	$\log_{27} 64 = 1.262$	$\log_{27} 125 = 1.465$	$\log_{27} 216 = 1.631$

③ F_{495}

	F_{495}	F_{170}	F_{471}	
1단계	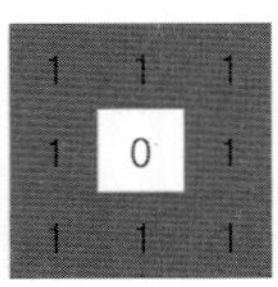	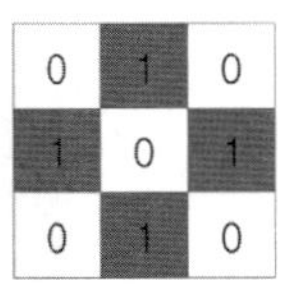	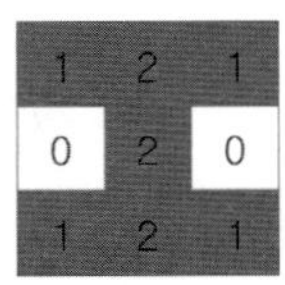	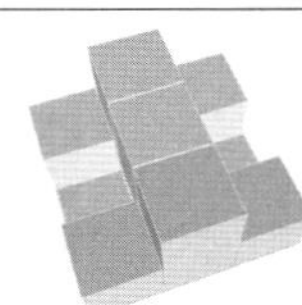
	$\log_3 8 = 1.893$	$\log_3 4 = 1.262$	$\log_3 7 = 1.771$	$\log_3 10 = 2.056$
2단계		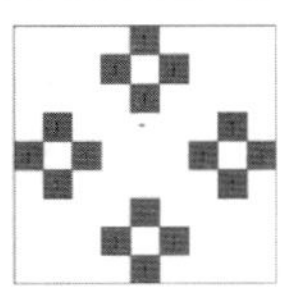	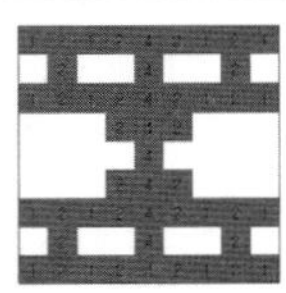	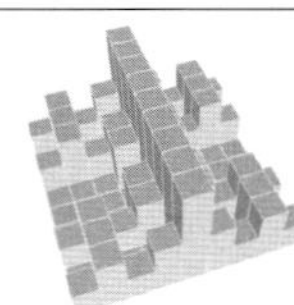
	$\log_9 64 = 1.893$	$\log_9 16 = 1.262$	$\log_9 49 = 1.771$	$\log_9 100 = 2.056$
3단계	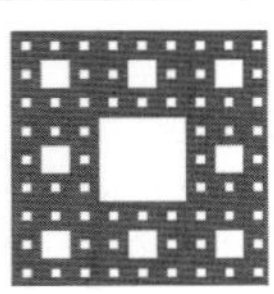	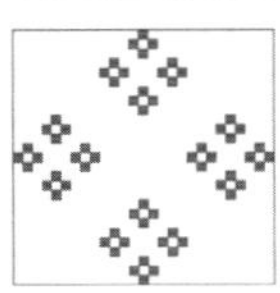	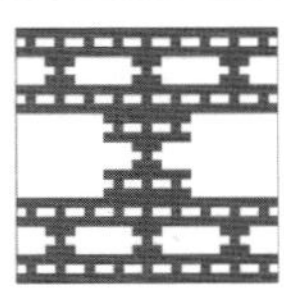	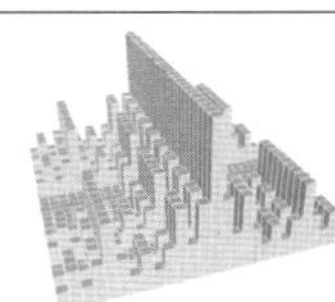
	$\log_{27} 512 = 1.893$	$\log_{27} 64 = 1.262$	$\log_{27} 343 = 1.771$	$\log_{27} 1000 = 2.056$

4. 프랙탈 A와 $\overline{A}$ 행렬곱으로 프랙탈 만들기

(1) 프랙탈 $A=(a_{ij})$일 때 $\overline{A}=\overline{a_{ij}}$를 생각해 보자.

$a_{ij} \geq 1$이면 $\overline{a_{ij}}$=0이다.

$\overline{a_{ij}}$=0이면 $a_{ij}=1$이다.

1단계의 프랙탈 $A_1=\begin{pmatrix}1&0&0\\0&1&0\\1&0&1\end{pmatrix}$이면 프랙탈 $\overline{A_1}=\begin{pmatrix}0&1&1\\1&0&1\\0&1&0\end{pmatrix}$이다. 두 프랙탈 $A_1\,\overline{A_1}$의 행렬곱을 $B=A_1\,\overline{A_1}$라 하자. $\overline{B}$의 행렬을 구해 보자.

① F_{250}

	F_{250}	$\overline{F_{250}}=F_{261}$	$A=F_{250}\,\overline{F_{250}}$	$\overline{A}=F_{151}$
1단계	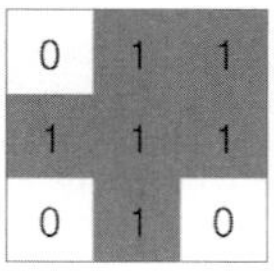	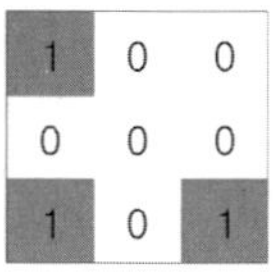	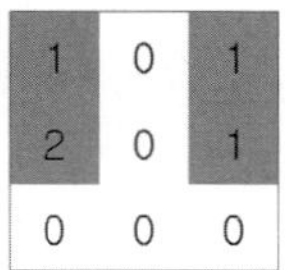	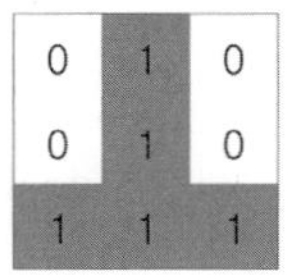
	$\log_3 6=1.631$	$\log_3 3=1$	$\log_3 5=1.465$	$\log_3 5=1.465$
2단계	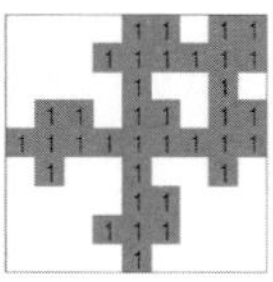	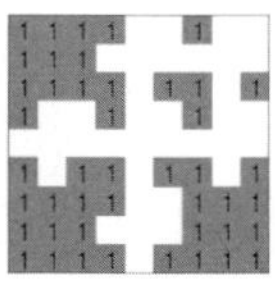	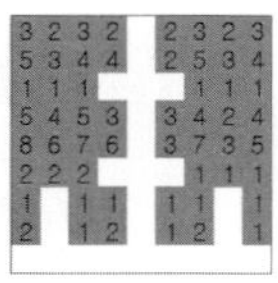	
	$\log_9 36=1.631$	$\log_9 45=1.732$	$\log_9 155=2.295$	$\log_9 25=1.465$
3단계	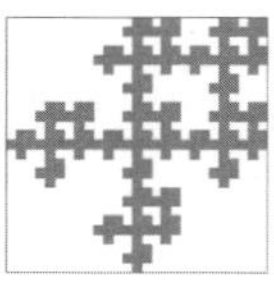			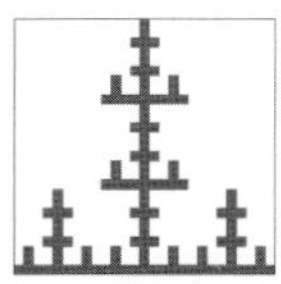
	$\log_{27} 216=1.631$	$\log_{27} 513=1.893$	$\log_{27} 3635=2.487$	$\log_{27} 125=1.465$

(2) 순서를 변경했을 때 자기닮음 차원이 유지

① F_{250}

	F_{341}	$\overline{F_{341}}=F_{170}$	$A=F_{341}\overline{F_{341}}$	$\overline{A}=F_{341}$
1단계	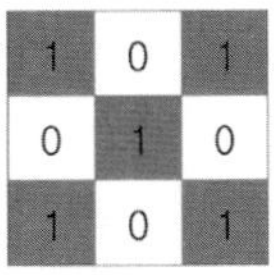	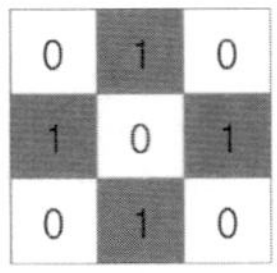	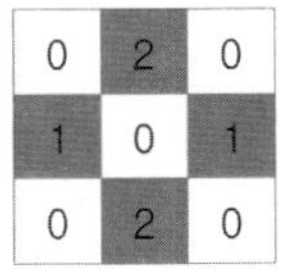	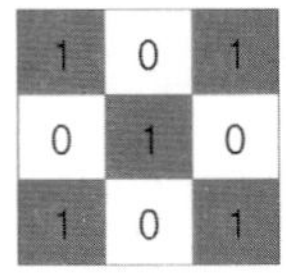
	$\log_3 5=1.465$	$\log_3 4=1.262$	$\log_3 6=1.631$	$\log_3 5=1.465$
2단계	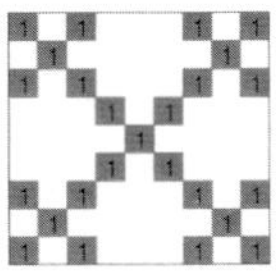	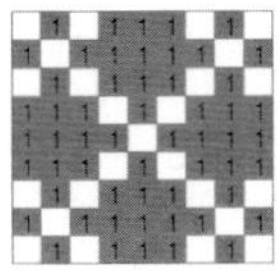	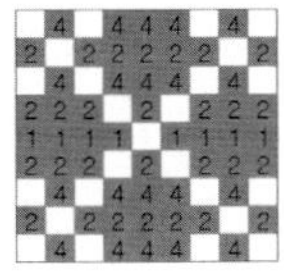	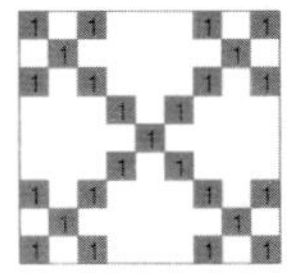
	$\log_9 25=1.465$	$\log_9 56=1.832$	$\log_9 144=1.832$	$\log_9 25=1.465$
3단계	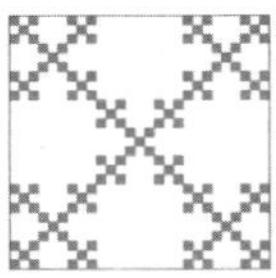	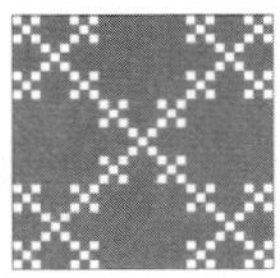	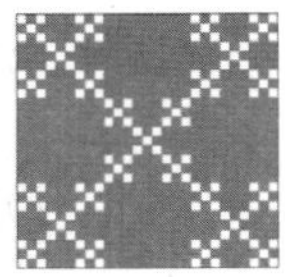	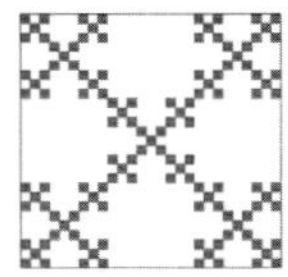
	$\log_{27} 125=1.465$	$\log_{27} 604=1.943$	$\log_{27} 604=1.943$	$\log_{27} 125=1.465$

② F_{170}

	F_{170}	$\overline{F_{170}}=F_{341}$	$A=F_{170}\overline{F_{170}}$	$\overline{A}=F_{330}$
1단계	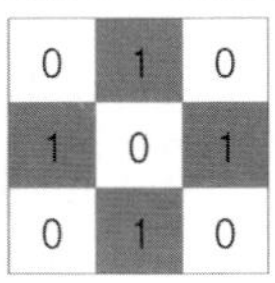	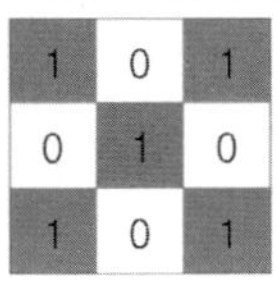	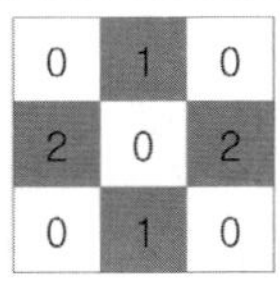	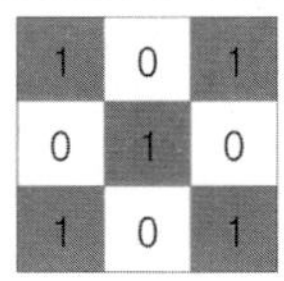
	$\log_3 4=1.262$	$\log_3 5=1.465$	$\log_3 6=1.631$	$\log_3 5=1.465$
2단계	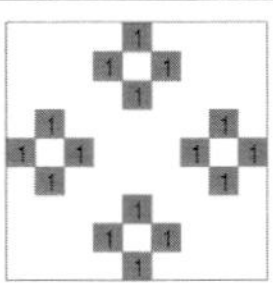	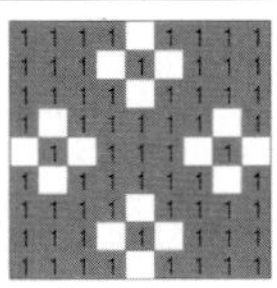	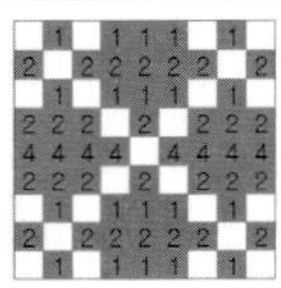	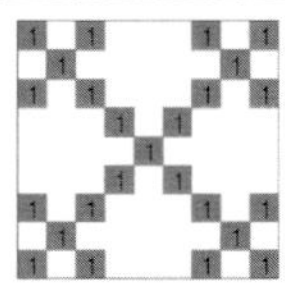
	$\log_9 16=1.262$	$\log_9 65=1.899$	$\log_9 108=2.131$	$\log_9 25=1.465$
3단계	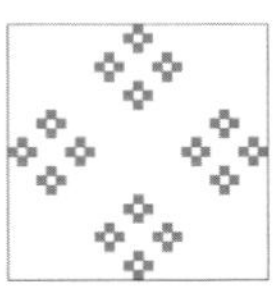	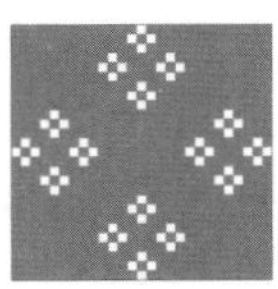	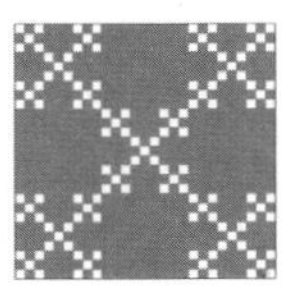	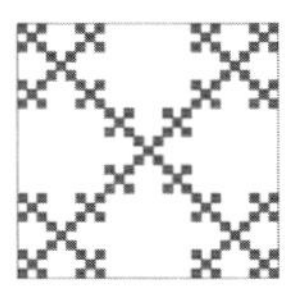
	$\log_{27} 64=1.262$	$\log_{27} 665=1.972$	$\log_{27} 1512=2.221$	$\log_{27} 125=1.465$

(3) 순서를 변경했을 때 자기닮음 차원이 같지 않음

① F_{186}

	F_{186}	$\overline{F_{186}} = F_{325}$	$A = F_{186}\overline{F_{186}}$	$\overline{A} = F_{459}$
1단계	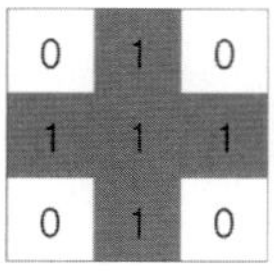	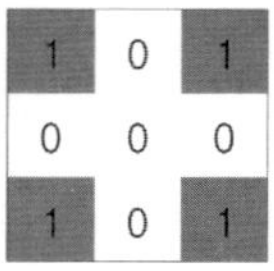	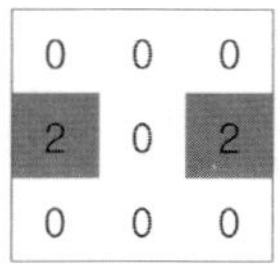	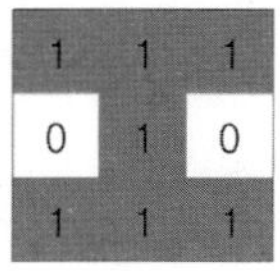
	$\log_3 5 = 1.465$	$\log_3 4 = 1.262$	$\log_3 4 = 1.262$	$\log_3 7 = 1.771$
2단계		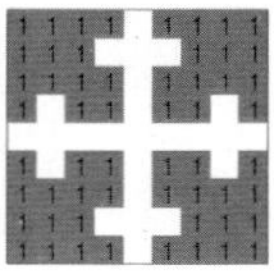	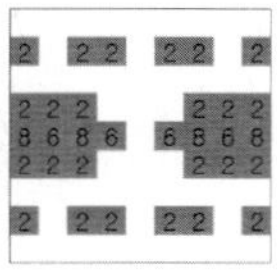	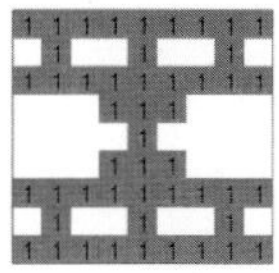
	$\log_9 25 = 1.465$	$\log_9 56 = 1.832$	$\log_9 104 = 2.114$	$\log_9 49 = 1.771$
3단계	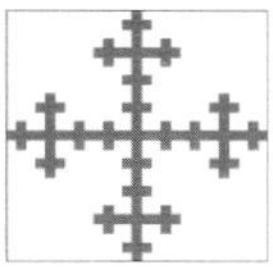		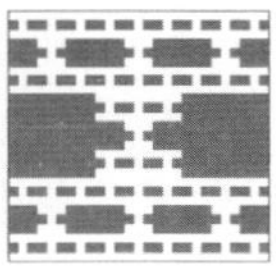	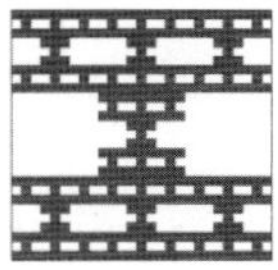
	$\log_{27} 125 = 1.465$	$\log_{27} 604 = 1.943$	$\log_{27} 2044 = 2.313$	$\log_{27} 343 = 1.771$

② F_{325}

	F_{325}	$\overline{F_{325}} = F_{186}$	$A = F_{325}\overline{F_{325}}$	$\overline{A} = F_{340}$
1단계	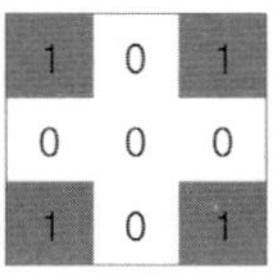	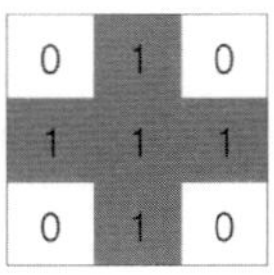	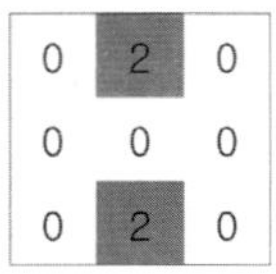	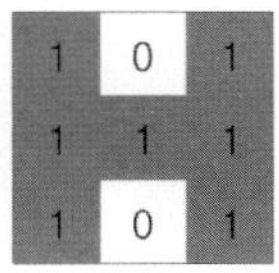
	$\log_3 4 = 1.262$	$\log_3 5 = 1.465$	$\log_3 4 = 1.262$	$\log_3 7 = 1.771$
2단계	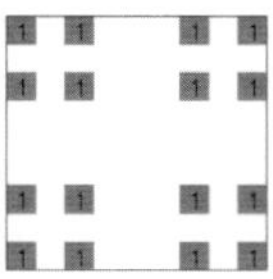	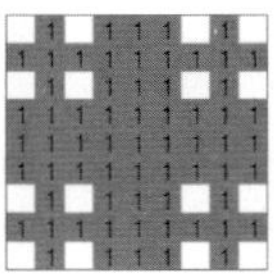	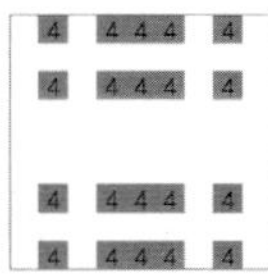	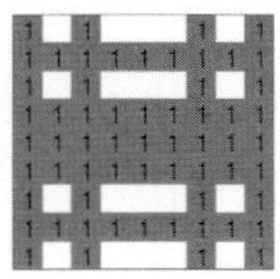
	$\log_9 16 = 1.262$	$\log_9 65 = 1.899$	$\log_9 80 = 1.994$	$\log_9 49 = 1.870$
3단계	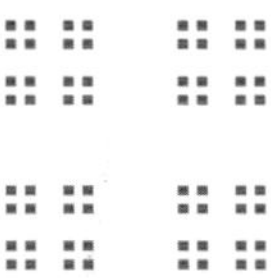		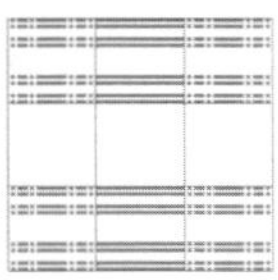	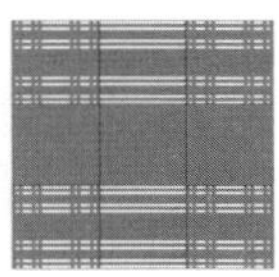
	$\log_{27} 64 = 1.262$	$\log_{27} 665 = 1.972$	$\log_{27} 1216 = 2.155$	$\log_{27} 577 = 1.929$

(4) 모양이 같지 않음

① F_{154}

	F_{154}	$\overline{F_{154}}=F_{357}$	$A=F_{154}\overline{F_{154}}$	$\overline{A}=F_{201}$
1단계	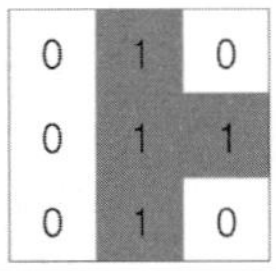	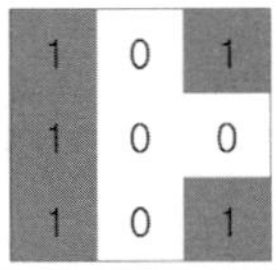	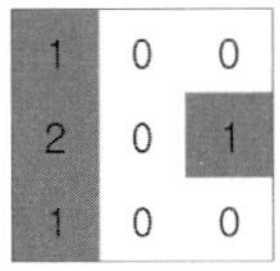	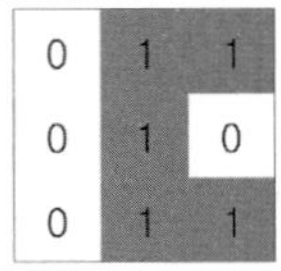
	$\log_3 5=1.465$	$\log_3 5=1.465$	$\log_3 5=1.465$	$\log_3 5=1.465$
2단계	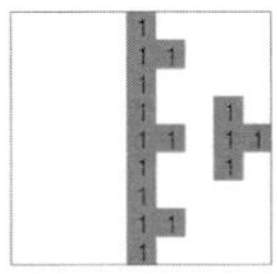	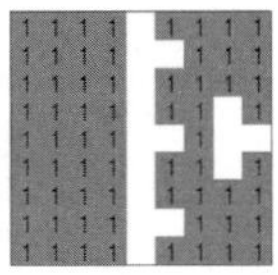	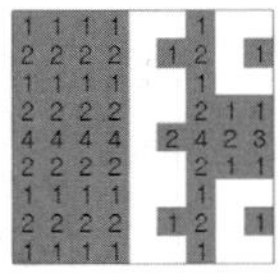	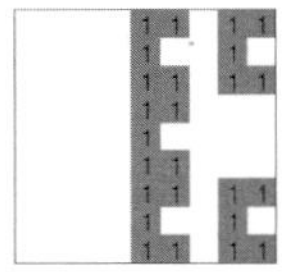
	$\log_9 16=1.262$	$\log_9 65=1.899$	$\log_9 95=2.073$	$\log_9 25=1.465$
3단계	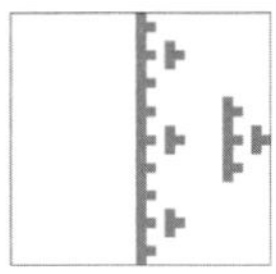	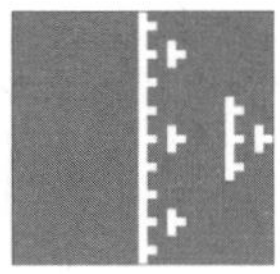	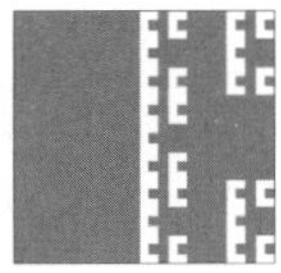	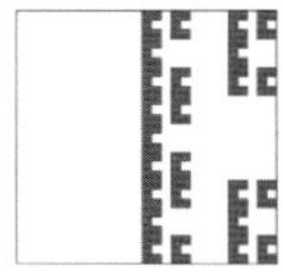
	$\log_{27} 64=1.262$	$\log_{27} 665=1.972$	$\log_{27} 1385=2.195$	$\log_{27} 125=1.465$

② F_{357}

	F_{357}	$\overline{F_{357}}=F_{154}$	$A=F_{357}\overline{F_{357}}$	$\overline{A}=F_{342}$
1단계	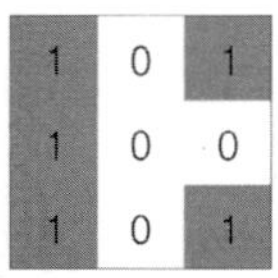	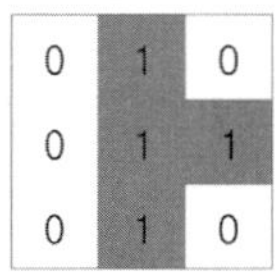	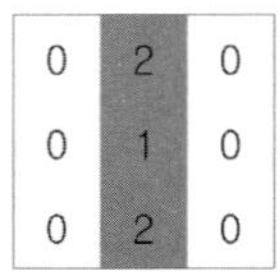	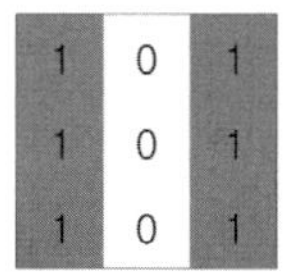
	$\log_3 5=1.465$	$\log_3 4=1.262$	$\log_3 6=1.631$	$\log_3 6=1.631$
2단계	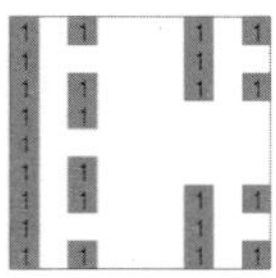	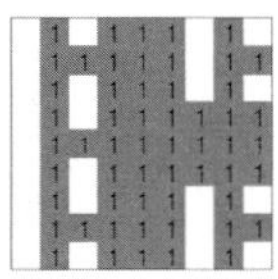	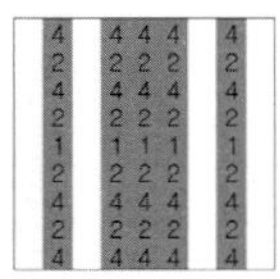	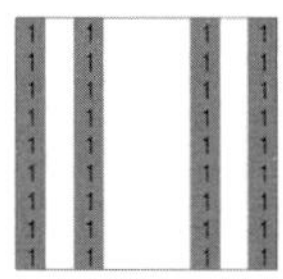
	$\log_9 25=1.465$	$\log_9 56=1.832$	$\log_9 125=2.197$	$\log_9 36=1.631$
3단계	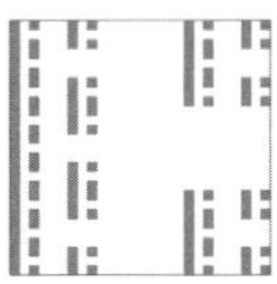			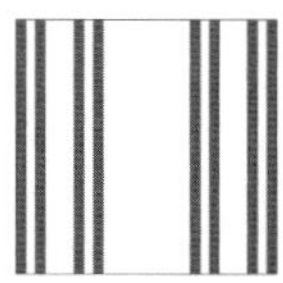
	$\log_{27} 125=1.465$	$\log_{27} 604=1.943$	$\log_{27} 2375=2.358$	$\log_{27} 216=1.631$

(5) 방향이 바뀌는 경우

① F_{277}

	F_{277}	$\overline{F_{277}} = F_{234}$	$A = F_{277}\,\overline{F_{277}}$	$\overline{A} = F_{273}$
1단계	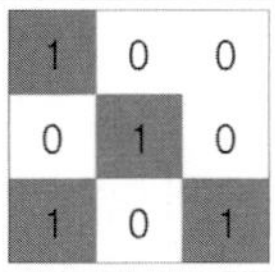	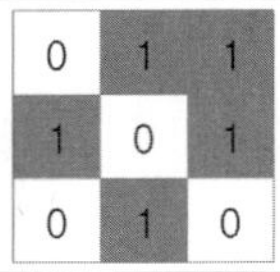	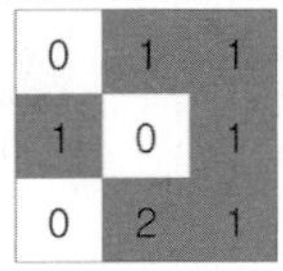	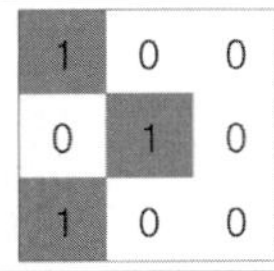
	$\log_3 4 = 1.262$	$\log_3 5 = 1.465$	$\log_3 6 = 1.63$	$\log_3 3 = 1$
2단계	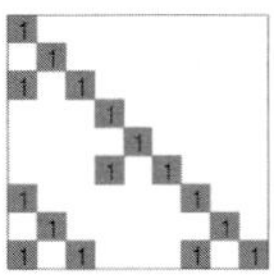	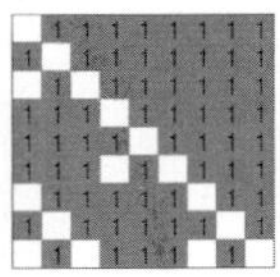	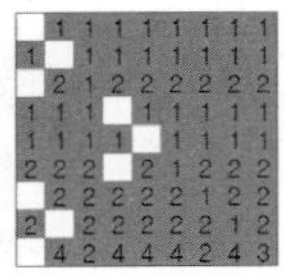	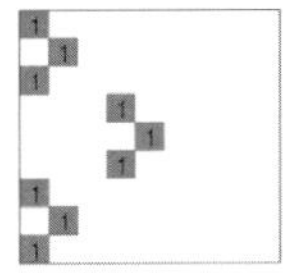
	$\log_9 16 = 1.262$	$\log_9 65 = 1.899$	$\log_9 119 = 2.175$	$\log_9 9 = 1$
3단계	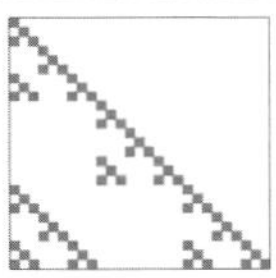	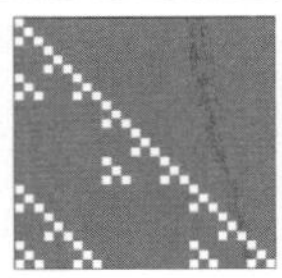	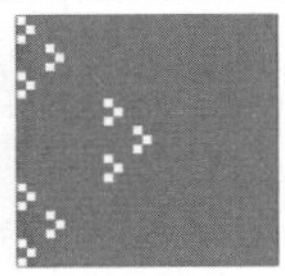	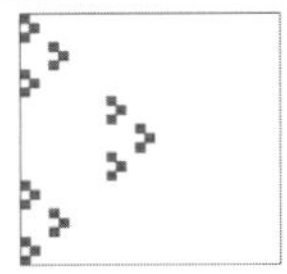
	$\log_{27} 64 = 1.262$	$\log_{27} 665 = 1.972$	$\log_{27} 1603 = 2.239$	$\log_{27} 27 = 1$

② F_{232}

	F_{234}	$\overline{F_{234}} = F_{277}$	$A = F_{234}\,\overline{F_{234}}$	$\overline{A} = F_{14}$
1단계	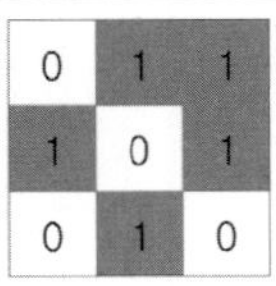	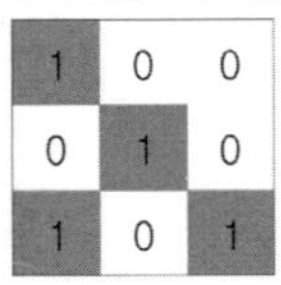		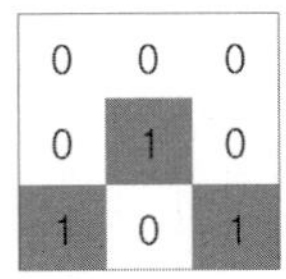
	$\log_3 5 = 1.465$	$\log_3 4 = 1.262$	$\log_3 7 = 1.631$	$\log_3 3 = 1$
2단계	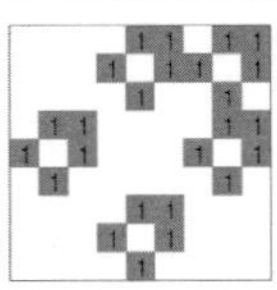	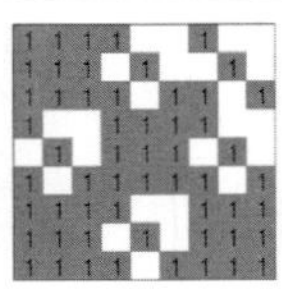	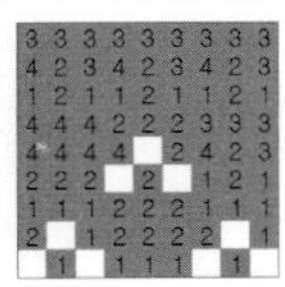	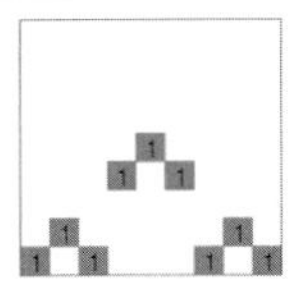
	$\log_9 25 = 1.465$	$\log_9 56 = 1.832$	$\log_9 161 = 2.312$	$\log_9 9 = 1$
3단계	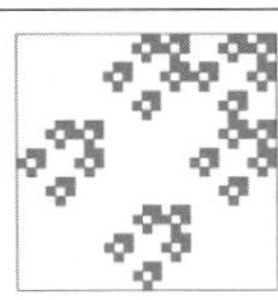	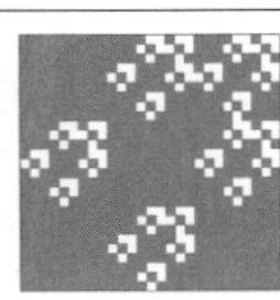	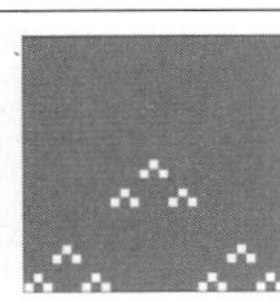	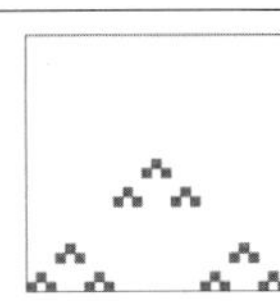
	$\log_{27} 125 = 1.465$	$\log_{27} 604 = 1.943$	$\log_{27} 2863 = 2.415$	$\log_{27} 27 = 1$

(6) 프랙탈은 대칭이지만 행렬곱의 프랙탈은 대칭이 아닌 경우

① F_{102}

	F_{102}	$\overline{F_{102}} = F_{409}$	$A = F_{102}\overline{F_{102}}$	$\overline{A} = F_{390}$
1단계	0 0 1 1 0 0 1 1 0	1 1 0 0 1 1 0 0 1	0 0 1 1 1 0 1 2 1	1 1 0 0 0 1 0 0 0
	$\log_3 4 = 1.262$	$\log_3 5 = 1.465$	$\log_{373} = 1.771$	$\log_3 3 = 1$
2단계	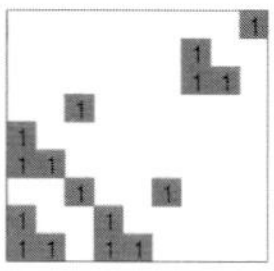	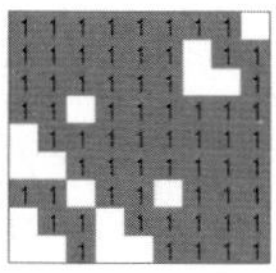	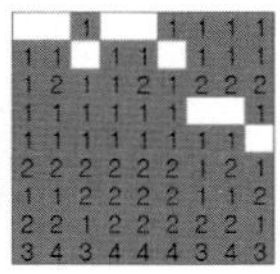	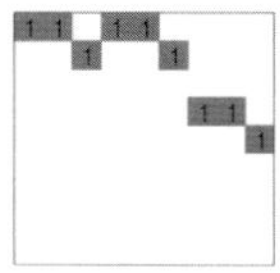
	$\log_9 16 = 1.262$	$\log_9 65 = 1.899$	$\log_9 119 = 2.175$	$\log_9 9 = 1$
3단계	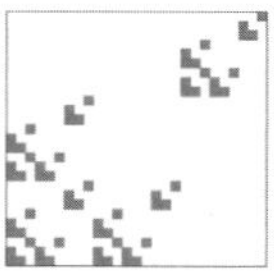	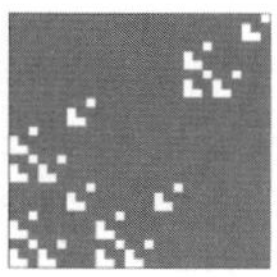	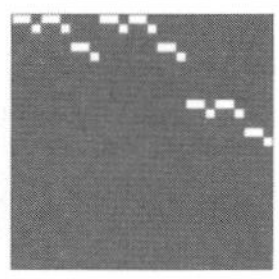	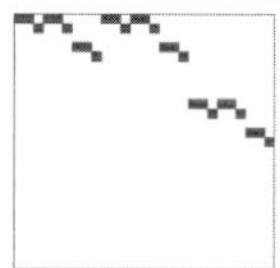
	$\log_{27} 64 = 1.262$	$\log_{27} 665 = 1.972$	$\log_{27} 1603 = 2.239$	$\log_{27} 27 = 1$

② F_{409}

	F_{409}	$\overline{F_{409}} = F_{102}$	$A = F_{409}\overline{F_{409}}$	$\overline{A} = F_{153}$
1단계	1 1 0 0 1 1 0 0 1	0 0 1 1 0 0 1 1 0	1 0 1 2 1 0 1 1 0	0 1 0 0 0 1 0 0 1
	$\log_3 5 = 1.465$	$\log_3 4 = 1.262$	$\log_{373} = 1.771$	$\log_3 3 = 1$
2단계	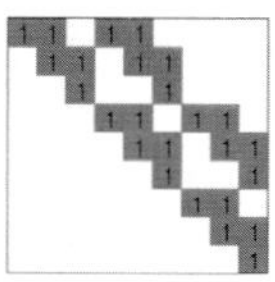	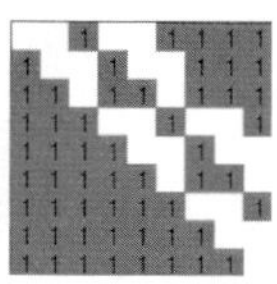	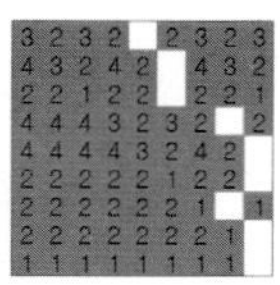	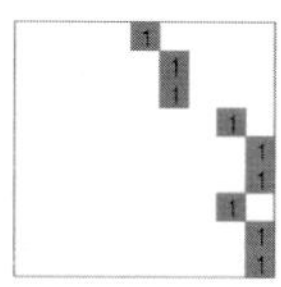
	$\log_9 25 = 1.465$	$\log_9 56 = 1.832$	$\log_3 161 = 2.313$	$\log_3 3 = 1$
3단계	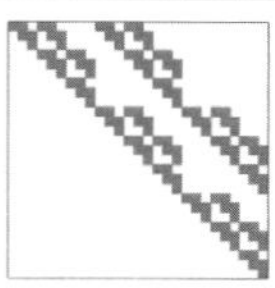	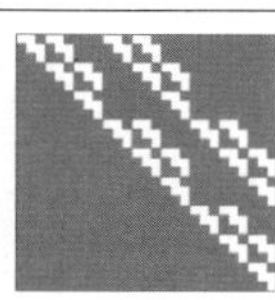	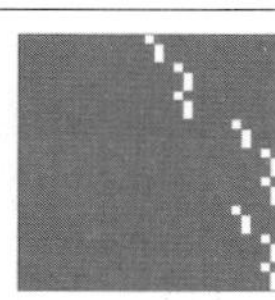	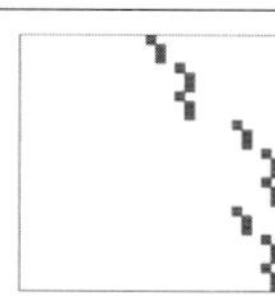
	$\log_{27} 125 = 1.465$	$\log_{27} 604 = 1.943$	$\log_3 2863 = 2.415$	$\log_3 3 = 1$

(7) 비대칭 프랙탈의 곱

① F_{153}

	F_{153}	$\overline{F_{153}} = F_{358}$	$A = F_{409}\overline{F_{409}}$	$\overline{A} = F_{201}$
1단계	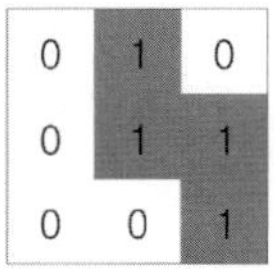	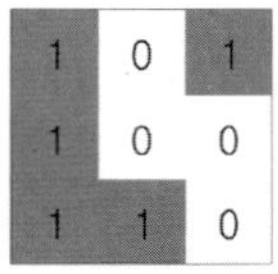	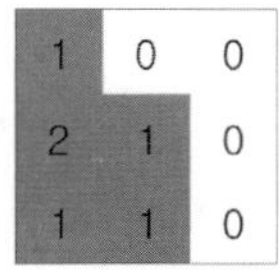	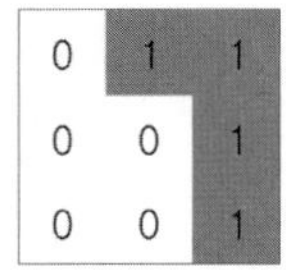
	$\log_3 4 = 1.262$	$\log_3 5 = 1.465$	$\log_3 6 = 1.631$	$\log_3 4 = 1.262$
2단계	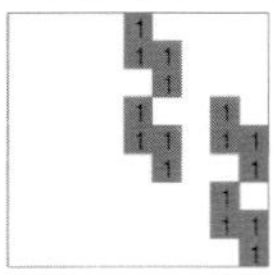	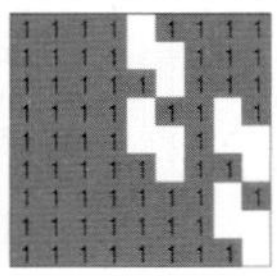	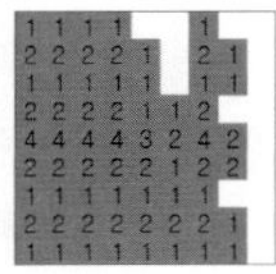	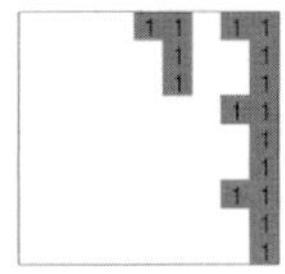
	$\log_9 16 = 1.262$	$\log_9 65 = 1.899$	$\log_9 108 = 2.131$	$\log_9 16 = 1.262$
3단계	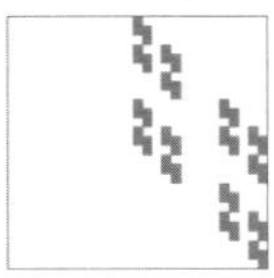	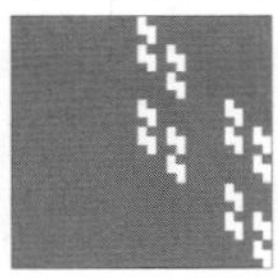	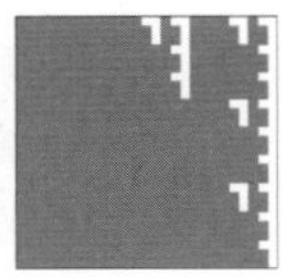	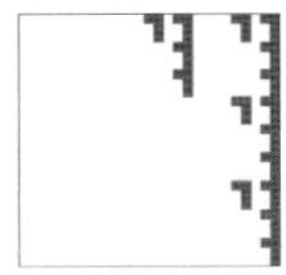
	$\log_{27} 64 = 1.262$	$\log_{27} 665 = 1.972$	$\log_{27} 1512 = 2.221$	$\log_{27} 64 = 1.262$

② F_{366}

	F_{366}	$\overline{F_{366}} = F_{145}$	$A = F_{366}\overline{F_{366}}$	$\overline{A} = F_{278}$
1단계	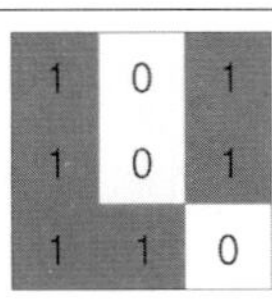	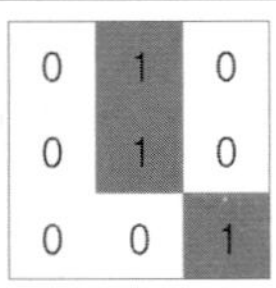	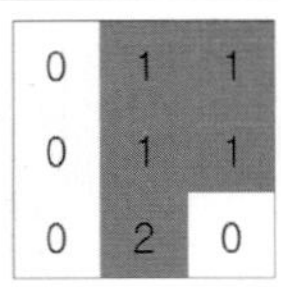	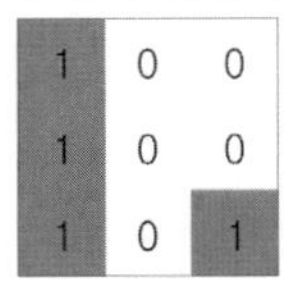
	$\log_3 5 = 1.465$	$\log_3 4 = 1.262$	$\log_3 6 = 1.631$	$\log_3 4 = 1.262$
2단계	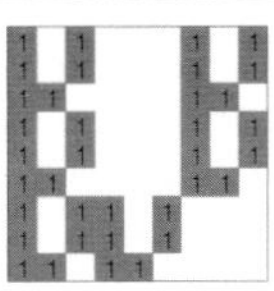	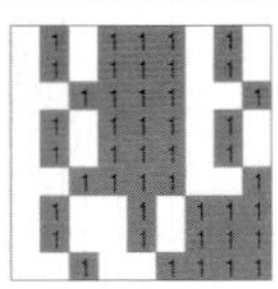	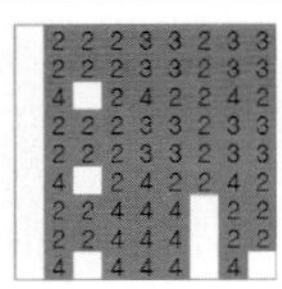	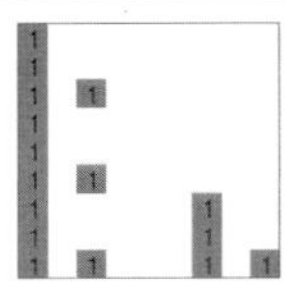
	$\log_9 25 = 1.465$	$\log_9 56 = 1.832$	$\log_9 180 = 1.899$	$\log_9 16 = 1.262$
3단계	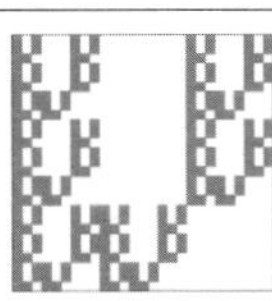		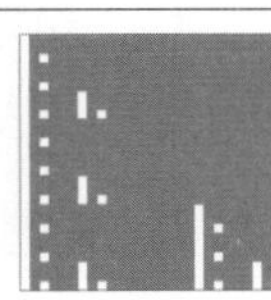	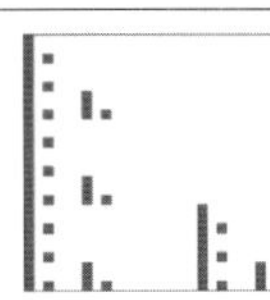
	$\log_{27} 125 = 1.465$	$\log_{27} 604 = 1.943$	$\log_{27} 4104 = 2.524$	$\log_{27} 64 = 1.262$

(7) 행렬곱의 순서를 변경

① F_{373}

	F_{373}	$\overline{F_{373}} = F_{138}$	$A = F_{373}\overline{F_{373}}$	$\overline{A} = F_{343}$
1단계	$\begin{matrix}1&0&1\\1&1&0\\1&0&1\end{matrix}$	$\begin{matrix}0&1&0\\0&0&1\\0&1&0\end{matrix}$	$\begin{matrix}0&2&0\\0&1&1\\0&2&0\end{matrix}$	$\begin{matrix}1&0&1\\1&0&0\\1&0&1\end{matrix}$
	$\log_3 6 = 1.6309$	$\log_3 3 = 1$	$\log_3 6 = 1.631$	$\log_3 5 = 1.465$
2단계	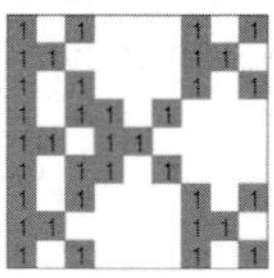	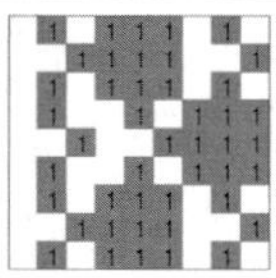	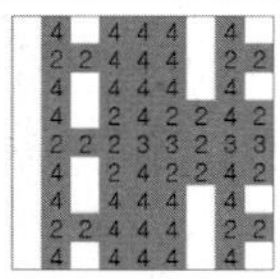	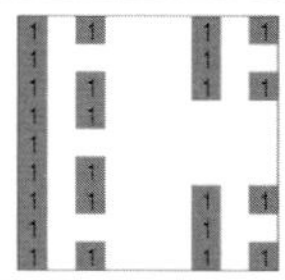
	$\log_9 36 = 1.631$	$\log_9 45 = 1.732$	$\log_9 180 = 2.363$	$\log_9 25 = 1.465$
3단계	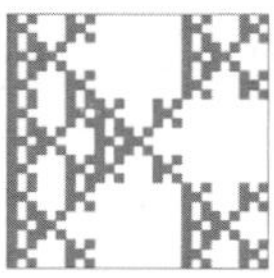	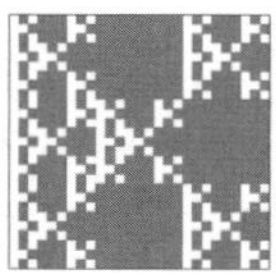		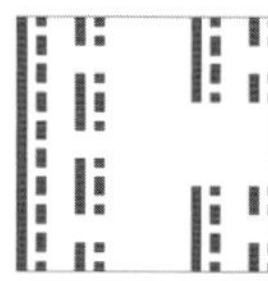
	$\log_{27} 216 = 1.631$	$\log_{27} 513 = 1.893$	$\log_9 4104 = 2.524$	$\log_9 25 = 1.465$

② F_{138}

	F_{138}	$\overline{F_{138}} = F_{373}$	$A = F_{138}\overline{F_{138}}$	$\overline{A} = F_{72}$
1단계	$\begin{matrix}0&1&0\\0&0&1\\0&1&0\end{matrix}$	$\begin{matrix}1&0&1\\1&1&0\\1&0&1\end{matrix}$	$\begin{matrix}1&1&0\\1&0&1\\1&1&0\end{matrix}$	$\begin{matrix}0&0&1\\0&1&0\\0&0&1\end{matrix}$
	$\log_3 3 = 1$	$\log_3 6 = 1.631$	$\log_3 6 = 1.631$	$\log_3 3 = 1$
2단계	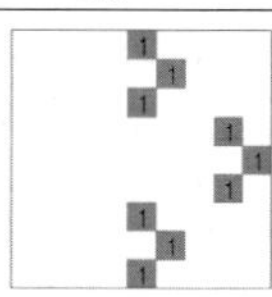	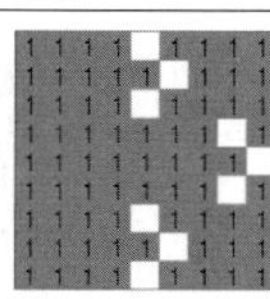	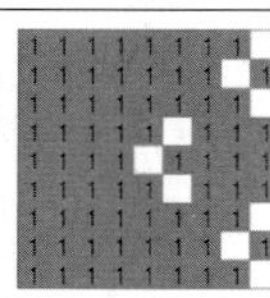	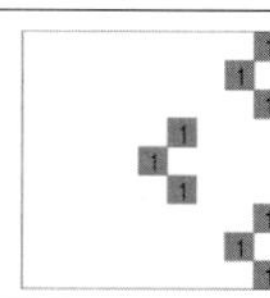
	$\log_9 9 = 1$	$\log_{9725} = 1.946$	$\log_9 72 = 1.946$	$\log_9 9 = 1$
3단계	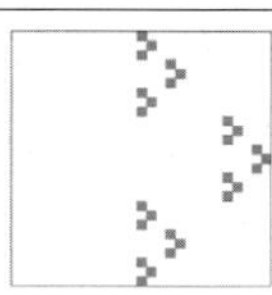	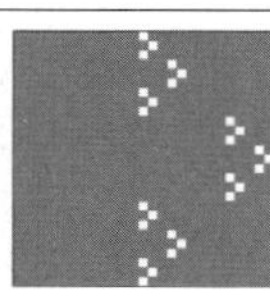	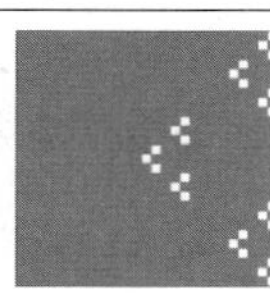	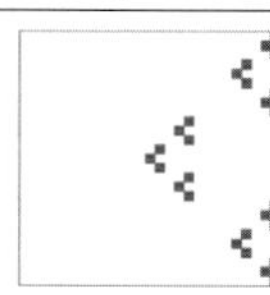
	$\log_{27} 27 = 1$	$\log_{27} 702 = 1.989$	$\log_{27} 702 = 1.989$	$\log_{27} 27 = 1$

(8) 처음 프랙탈과 같음

① F_{276}

	F_{276}	$\overline{F_{276}} = F_{235}$	$A = F_{276}\overline{F_{276}}$	$\overline{A} = F_{273}$
1단계	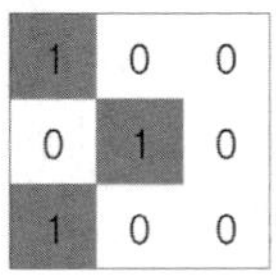	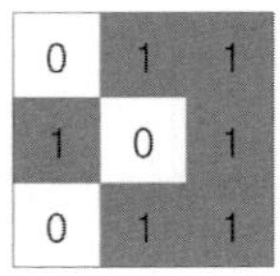	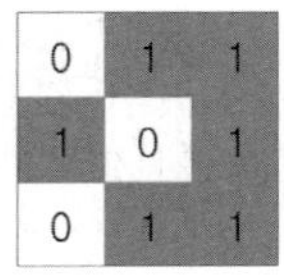	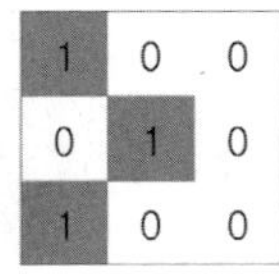
	$\log_3 3 = 1$	$\log_3 6 = 1.631$	$\log_3 6 = 1.631$	$\log_3 3 = 1$
2단계	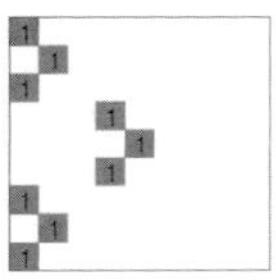	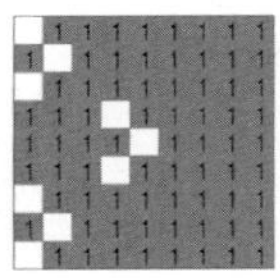	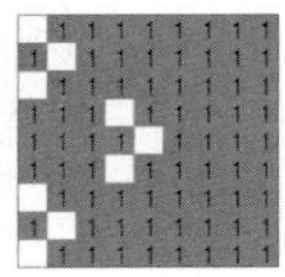	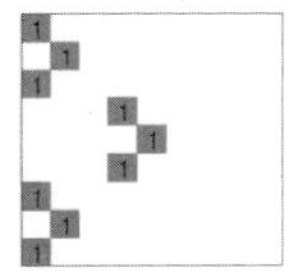
	$\log_9 9 = 1$	$\log_9 72 = 1.946$	$\log_9 72 = 1.946$	$\log_9 9 = 1$
3단계	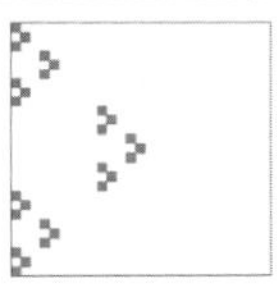	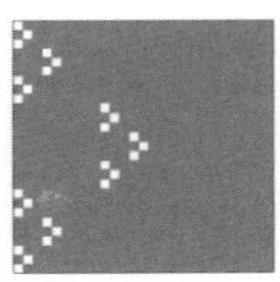	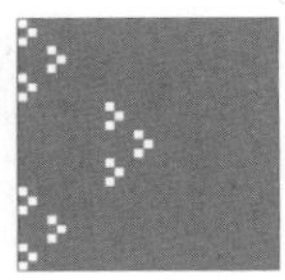	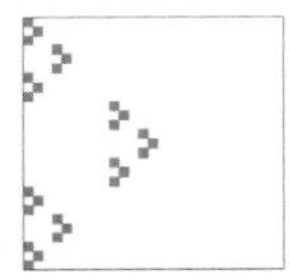
	$\log_{27} 27 = 1$	$\log_{27} 702 = 1.989$	$\log_{27} 702 = 1.989$	$\log_{27} 27 = 1$

② F_{235}

	F_{235}	$\overline{F_{235}} = F_{276}$	$A = F_{235}\overline{F_{235}}$	$\overline{A} = F_{78}$
1단계	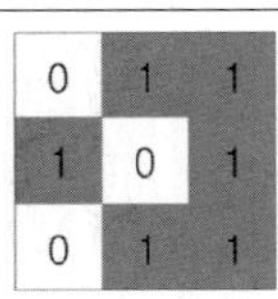	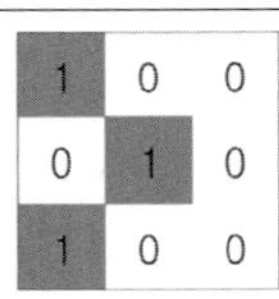	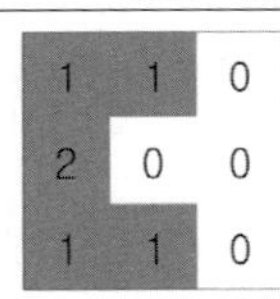	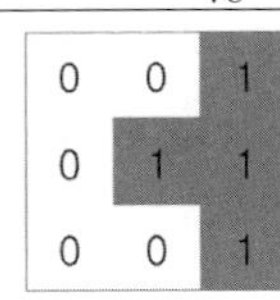
	$\log_3 6 = 1.6309$	$\log_3 3 = 1$	$\log_3 5 = 1.631$	$\log_3 4 = 1.262$
2단계	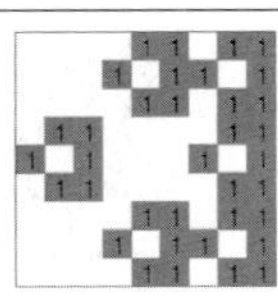	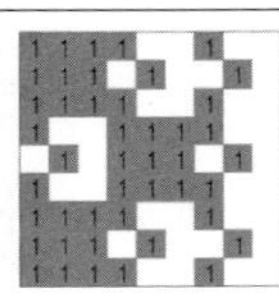	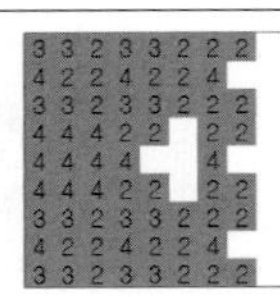	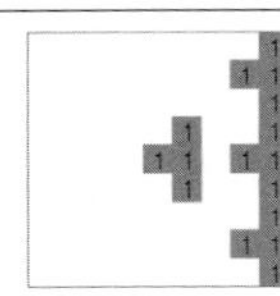
	$\log_9 36 = 1.631$	$\log_9 45 = 1.732$	$\log_9 180 = 2.363$	$\log_9 16 = 1.262$
3단계	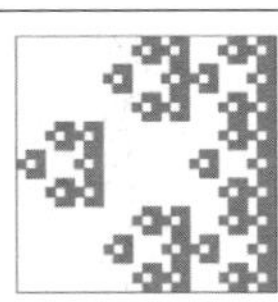		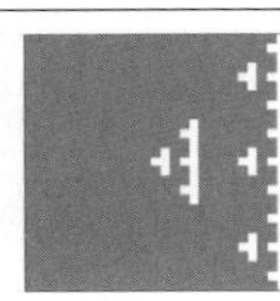	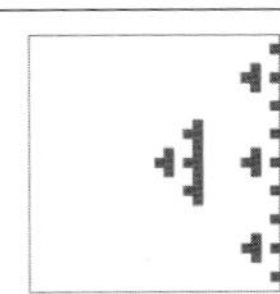
	$\log_{27} 216 = 1.631$	$\log_{27} 513 = 1.893$	$\log_{27} 4104 = 2.524$	$\log_{27} 64 = 1.262$

(9) 1단계 7개인 경우

① F_{191}

	F_{191}	$\overline{F_{191}} = F_{320}$	$A = F_{191}\overline{F_{191}}$	$\overline{A} = F_{459}$
1단계	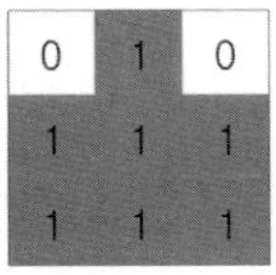	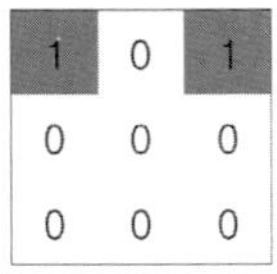	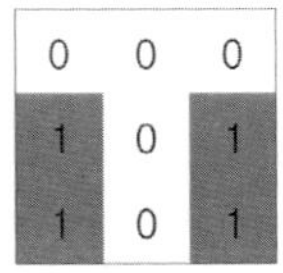	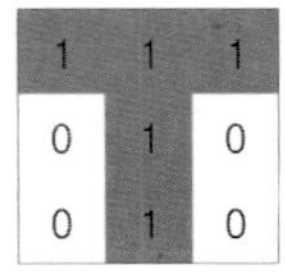
	$\log_3 7 = 1.771$	$\log_3 2 = 0.631$	$\log_3 4 = 1.262$	$\log_3 5 = 1.465$
2단계	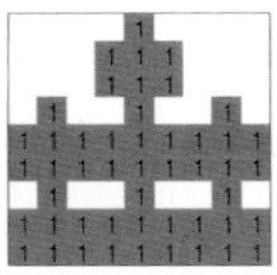	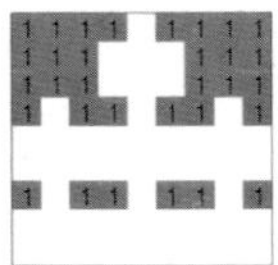	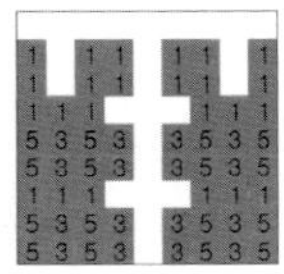	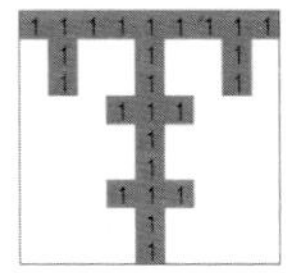
	$\log_9 49 = 1.771$	$\log_9 35 = 1.577$	$\log_9 152 = 2.286$	$\log_9 25 = 1.465$
3단계			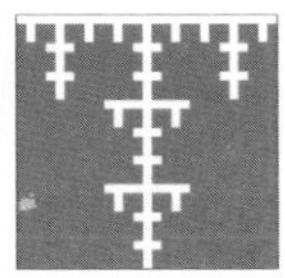	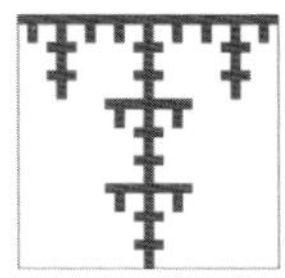
	$\log_{27} 343 = 1.771$	$\log_{27} 386 = 1.807$	$\log_{27} 4348 = 2.541$	$\log_{27} 125 = 1.465$

② F_{431}

	F_{431}	$\overline{F_{191}} = F_{320}$	$A = F_{191}\overline{F_{191}}$	$\overline{A} = F_{459}$
1단계	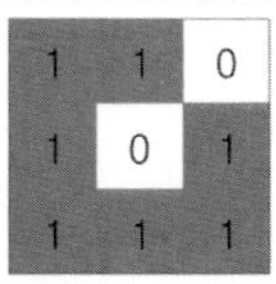	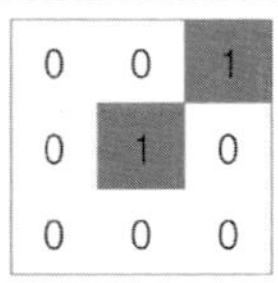	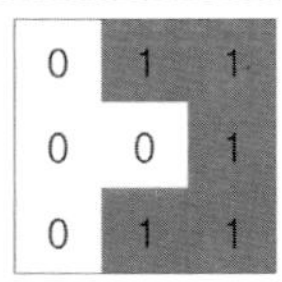	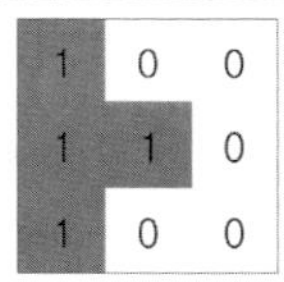
	$\log_3 7 = 1.771$	$\log_3 2 = 0.631$	$\log_3 5 = 1.465$	$\log_3 4 = 1.262$
2단계	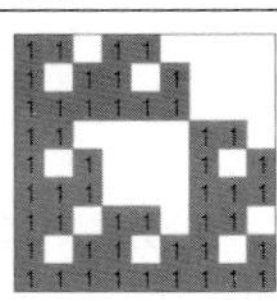	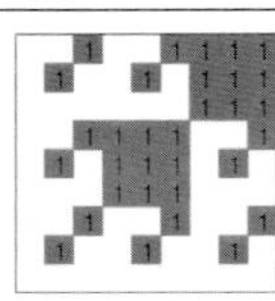	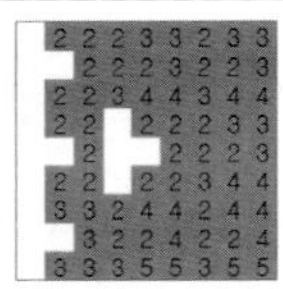	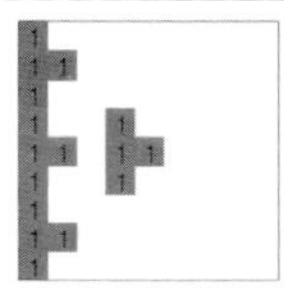
	$\log_9 49 = 1.771$	$\log_9 32 = 1.577$	$\log_9 185 = 2.376$	$\log_9 16 = 1.262$
3단계	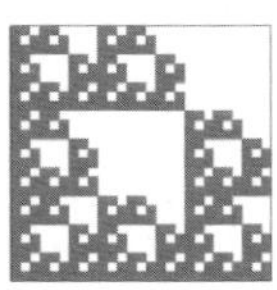		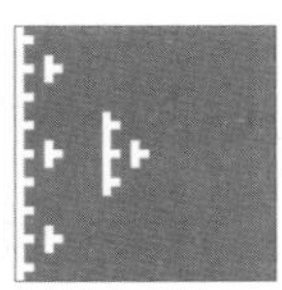	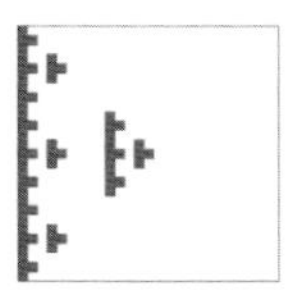
	$\log_{27} 343 = 1.771$	$\log_{27} 386 = 1.807$	$\log_{27} 5165 = 2.594$	$\log_{27} 64 = 1.262$

③ F_{477}

	F_{477}	$\overline{F_{477}} = F_{34}$	$A = F_{477}\ \overline{F_{477}}$	$\overline{A} = F_{93}$
1단계	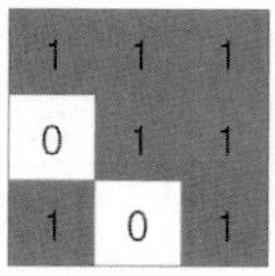	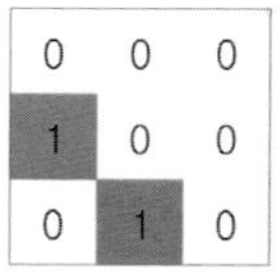	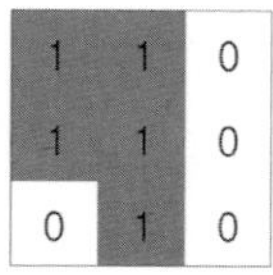	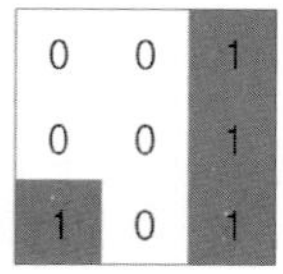
	$\log_3 7 = 1.771$	$\log_3 2 = 0.631$	$\log_3 5 = 1.465$	$\log_3 4 = 1.262$
2단계	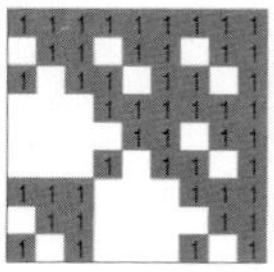	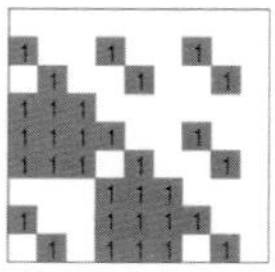	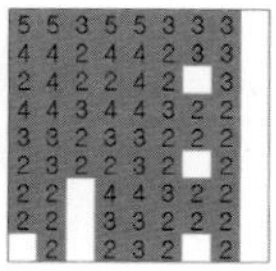	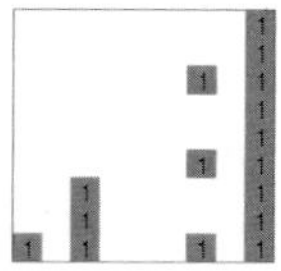
	$\log_9 49 = 1.771$	$\log_9 32 = 1.577$	$\log_9 185 = 2.376$	$\log_9 16 = 1.262$
3단계	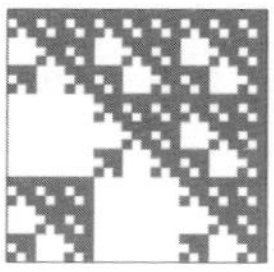	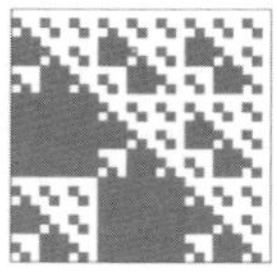	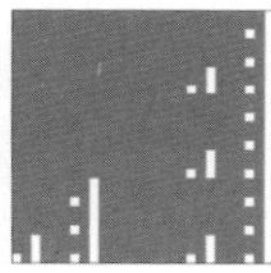	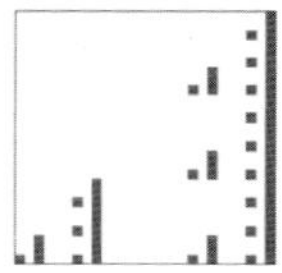
	$\log_{27} 343 = 1.771$	$\log_{27} 386 = 1.807$	$\log_{27} 5165 = 2.594$	$\log_7 64 = 1.262$

④ F_{487}

	F_{487}	$\overline{F_{487}} = F_{24}$	$A = F_{487}\ \overline{F_{487}}$	$\overline{A} = F_{286}$
1단계	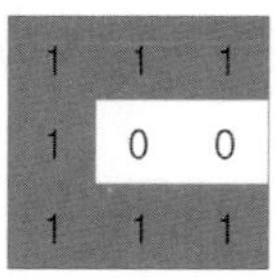	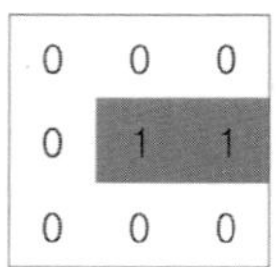	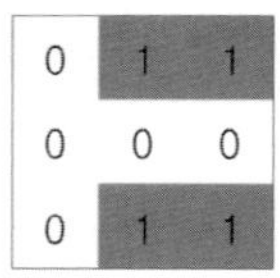	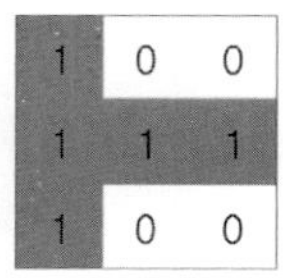
	$\log_3 7 = 1.771$	$\log_3 2 = 0.631$	$\log_3 5 = 1.465$	$\log_3 5 = 1.465$
2단계	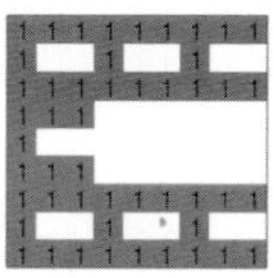	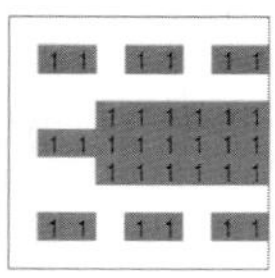	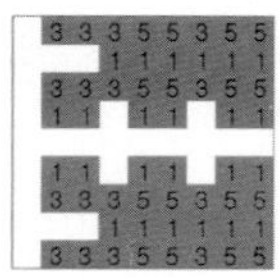	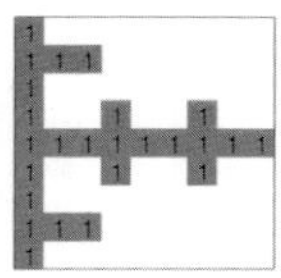
	$\log_9 49 = 1.771$	$\log_9 32 = 1.577$	$\log_9 152 = 2.286$	$\log_9 25 = 1.465$
3단계	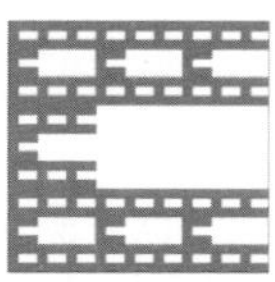		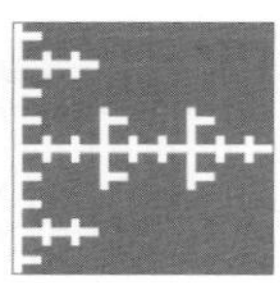	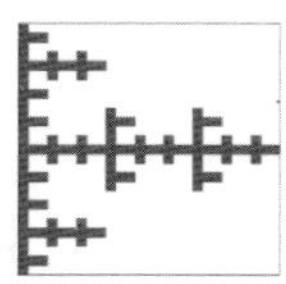
	$\log_{27} 343 = 1.771$	$\log_{27} 386 = 1.807$	$\log_{27} 4348 = 2.541$	$\log_{27} 125 = 1.465$

⑤ F_{446}

	F_{446}	$\overline{F_{446}} = F_{65}$	$A = F_{446}\overline{F_{446}}$	$\overline{A} = F_{411}$
1단계	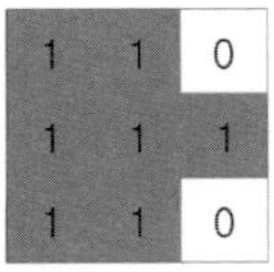	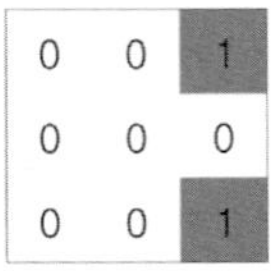	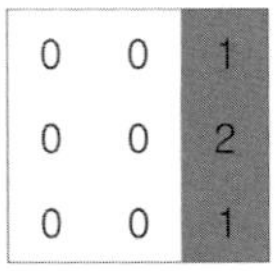	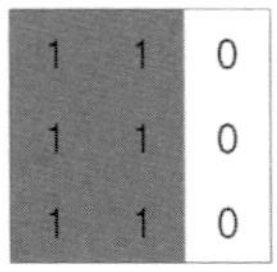
	$\log_3 7 = 1.771$	$\log_3 2 = 0.631$	$\log_3 4 = 1.631$	$\log_3 6 = 1.631$
2단계	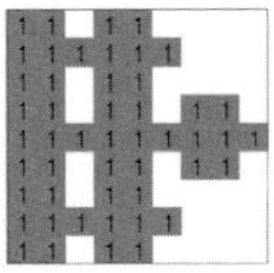	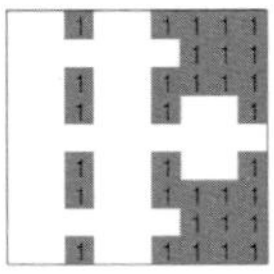	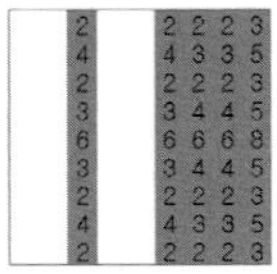	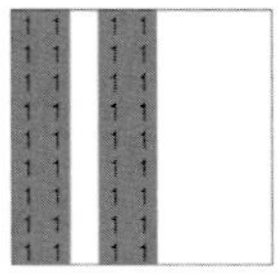
	$\log_9 49 = 1.771$	$\log_9 32 = 1.577$	$\log_9 152 = 2.286$	$\log_9 36 = 1.631$
3단계	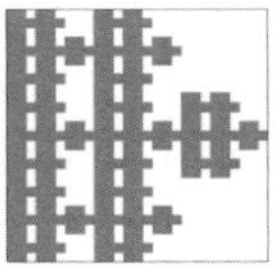	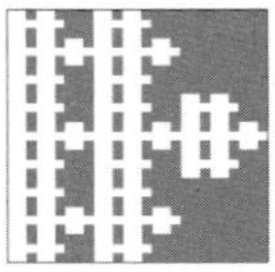		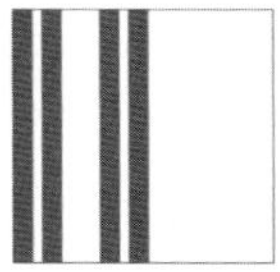
	$\log_{27} 343 = 1.771$	$\log_{27} 386 = 1.807$	$\log_{27} 4348 = 2.542$	$\log_{27} 216 = 1.631$

⑥ F_{254}

	F_{254}	$\overline{F_{254}} = F_{257}$	$A = F_{254}\overline{F_{254}}$	$\overline{A} = F_{399}$
1단계	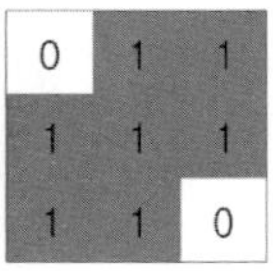	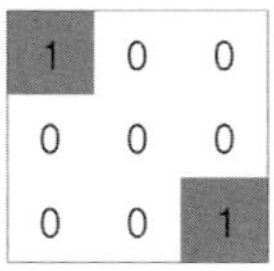	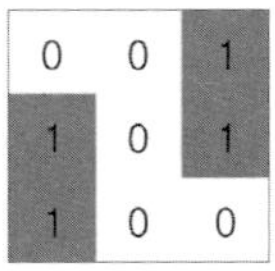	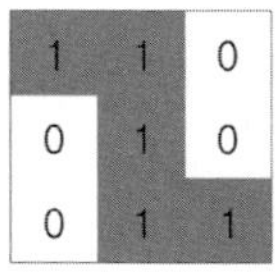
	$\log_3 7 = 1.771$	$\log_3 2 = 0.631$	$\log_3 4 = 1.262$	$\log_3 5 = 1.465$
2단계	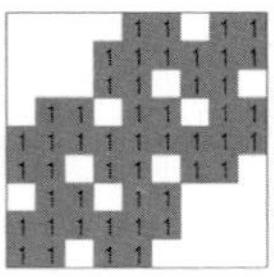	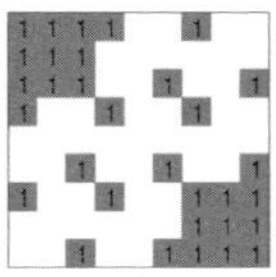	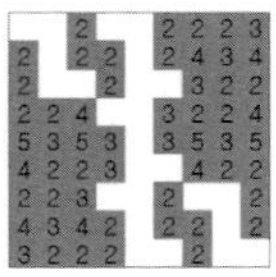	
	$\log_9 49 = 1.771$	$\log_9 32 = 1.577$	$\log_9 152 = 2.286$	$\log_9 25 = 1.465$
3단계	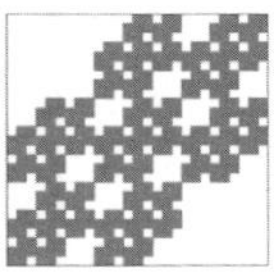		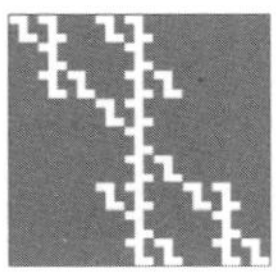	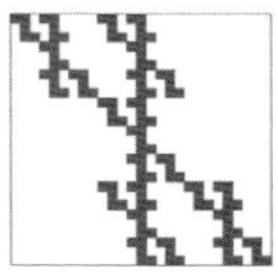
	$\log_{27} 343 = 1.771$	$\log_{27} 386 = 1.807$	$\log_{27} 4348 = 2.541$	$\log_{27} 125 = 1.465$

⑦ F_{381}

	F_{381}	$\overline{F_{381}} = F_{130}$	$A = F_{381}\,\overline{F_{381}}$	$\overline{A} = F_{343}$
1단계	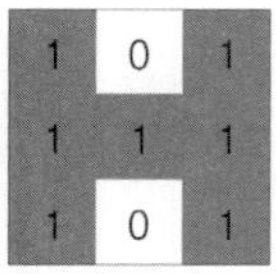	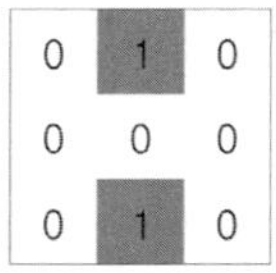	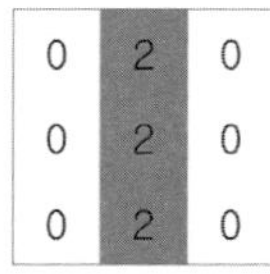	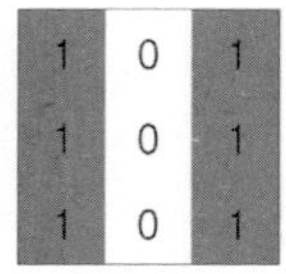
	$\log_3 7 = 1.771$	$\log_3 2 = 0.631$	$\log_3 6 = 1.631$	$\log_3 6 = 1.631$
2단계	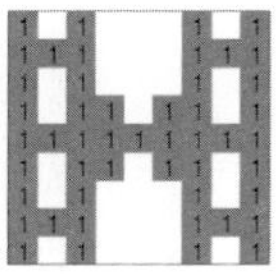	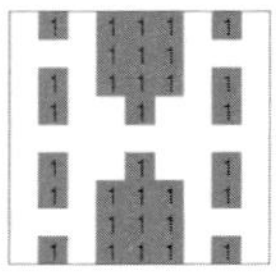	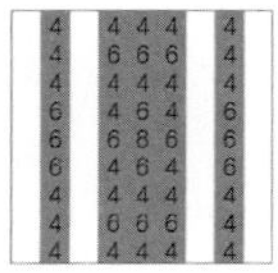	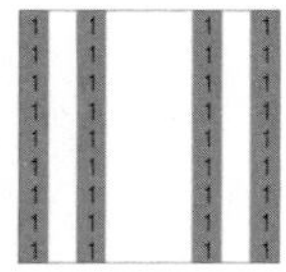
	$\log_9 49 = 1.771$	$\log_9 32 = 1.577$	$\log_9 216 = 2.446$	$\log_9 36 = 1.631$
3단계	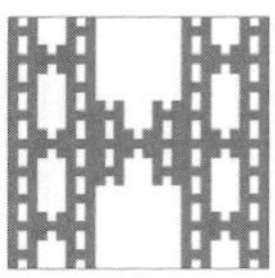	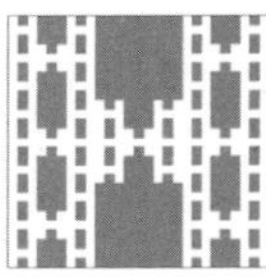		
	$\log_{27} 343 = 1.771$	$\log_{27} 386 = 1.807$	$\log_{27} 586 = 2.634$	$\log_{27} 216 = 1.631$

(10) 1단계 8개

① F_{509}

	F_{509}	$\overline{F_{509}} = F_2$	$A = F_{509}\,\overline{F_{509}}$	$\overline{A} = F_{351}$
1단계	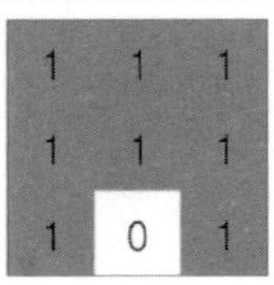	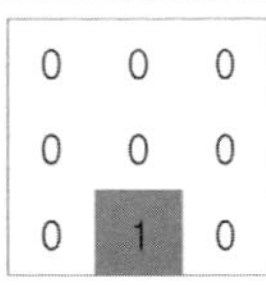	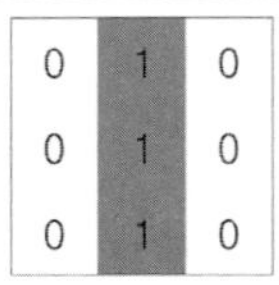	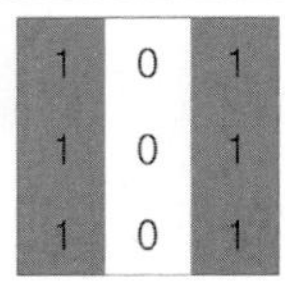
	$\log_3 8 = 1.893$	$\log_3 1 = 0$	$\log_3 3 = 1$	$\log_3 6 = 1.631$
2단계	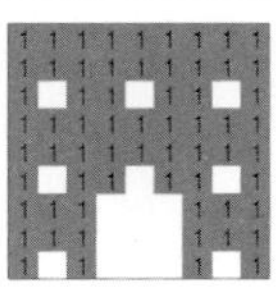	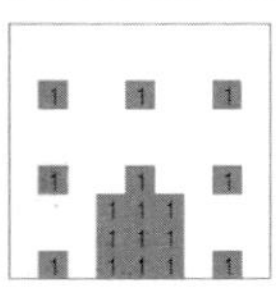	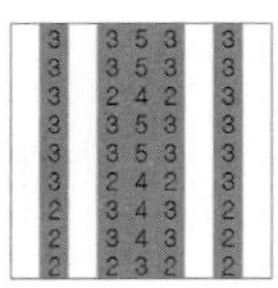	
	$\log_9 64 = 1.893$	$\log_9 17 = 1.289$	$\log_9 135 = 2.232$	$\log_9 36 = 1.631$
3단계	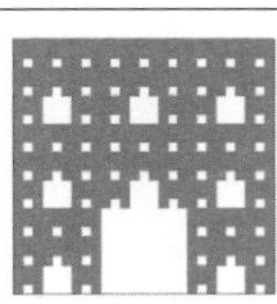	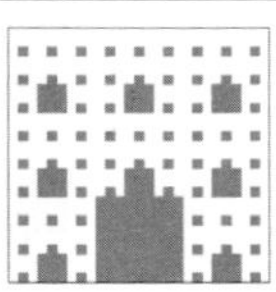		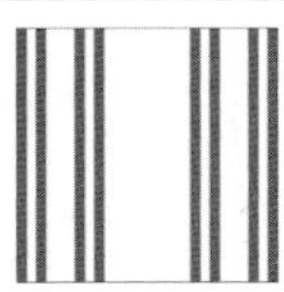
	$\log_{27} 512 = 1.893$	$\log_{27} 217 = 1.632$	$\log_{27} 4653 = 2.556$	$\log_{27} 2167 = 1.631$

② F_{495}

	F_{495}	$\overline{F_{495}} = F_{16}$	$A = F_{495}\overline{F_{495}}$	$\overline{A} = F_{350}$
1단계	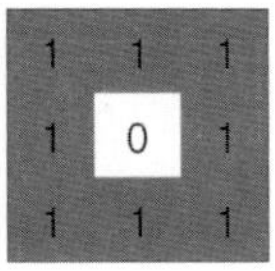	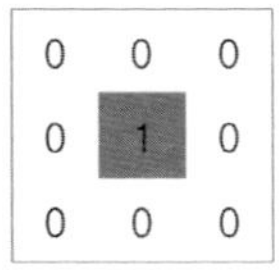	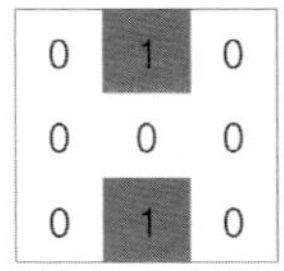	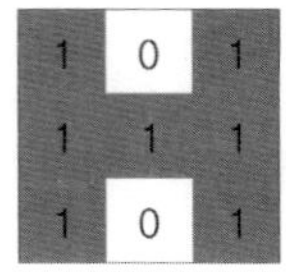
	$\log_3 8 = 1.893$	$\log_3 1 = 0$	$\log_3 2 = 0.631$	$\log_3 7 = 1.771$
2단계	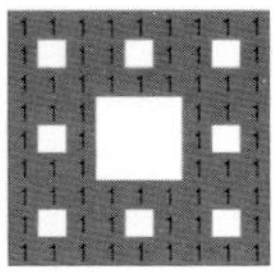	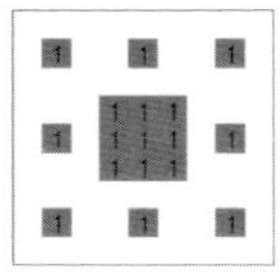	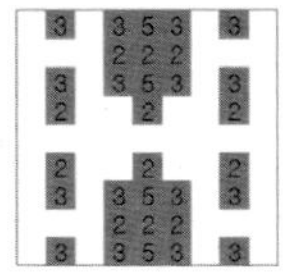	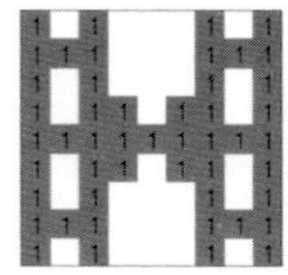
	$\log_9 64 = 1.893$	$\log_9 17 = 1.289$	$\log_9 92 = 2.058$	$\log_9 49 = 1.771$
3단계	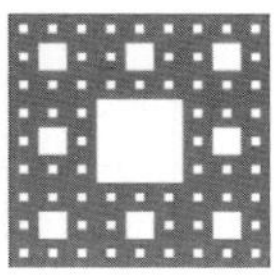	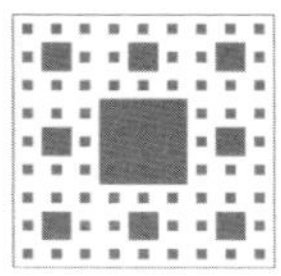	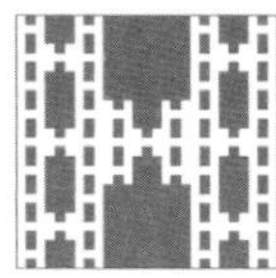	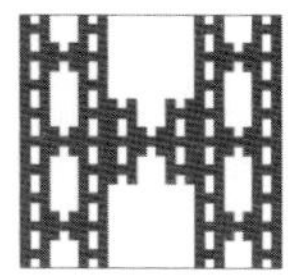
	$\log_{27} 512 = 1.893$	$\log_{27} 217 = 1.632$	$\log_{27} 3176 = 2.447$	$\log_{27} 343 = 1.771$

③ F_{507}

	F_{507}	$\overline{F_{495}} = F_{16}$	$A = F_{495}\overline{F_{495}}$	$\overline{A} = F_{350}$
1단계	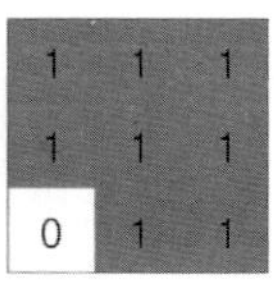	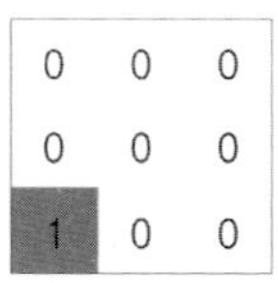	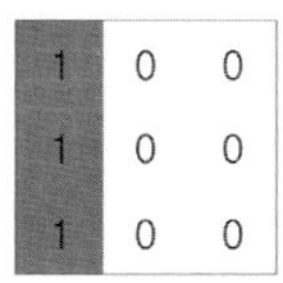	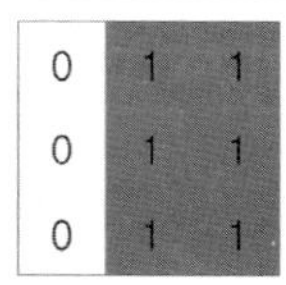
	$\log_3 8 = 1.893$	$\log_3 1 = 0$	$\log_3 3 = 1$	$\log_3 6 = 1.631$
2단계	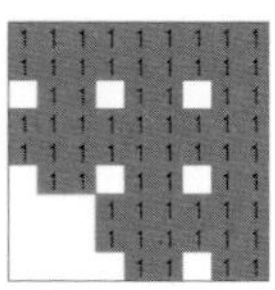	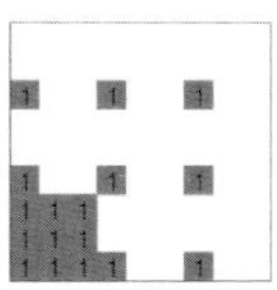	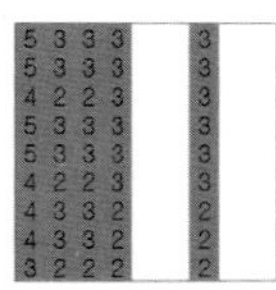	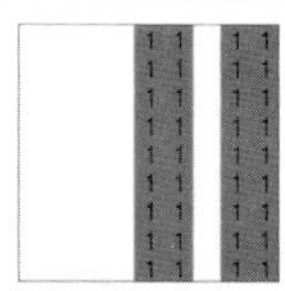
	$\log_9 64 = 1.893$	$\log_9 17 = 1.289$	$\log_9 135 = 2.232$	$\log_9 36 = 1.631$
3단계	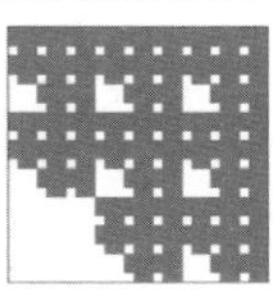	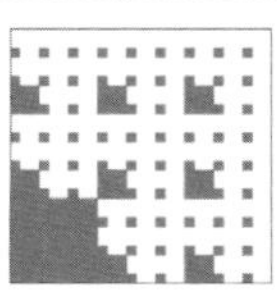		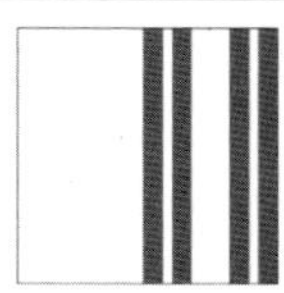
	$\log_{27} 512 = 1.893$	$\log_{27} 217 = 1.632$	$\log_{27} 4563 = 2.556$	$\log_{27} 216 = 1.631$

3.4 진수의 행렬곱과 프랙탈

이진수, 삼진수 등 다양한 진수에 대해 행렬의 곱을 이용하여 프랙탈을 생성하는 방법을 찾아보자.

1. 이진수에서 행렬의 곱

(1) 이진수에서 행렬곱

① D4:G7을 영역설정하고 =MMULT(A4:B7,D1:G2) 를 입력한다.

	A	B	C	D	E	F	G	H	I
1				0	0	1	1		
2				0	1	0	1		
3									
4	0	0		=mmult(A4:B7,D1:G2)					
5	0	1							
6	1	0							
7	1	1							

② Ctrl+Shift+Enter↵ 를 누른다.

	A	B	C	D	E	F	G
1				0	0	1	1
2				0	1	0	1
3							
4	0	0		0	0	0	0
5	0	1		0	1	0	1
6	1	0		0	0	1	1
7	1	1		0	1	1	2

(2) D4셀에서 G7셀에 입력된 내용이다.

	A	B	C	D	E	F	G
1				0	0	1	1
2				0	1	0	1
3							
4	0	0		=MMULT(A4:B7,D1:G2)	=MMULT(A4:B7,D1:G2)	=MMULT(A4:B7,D1:G2)	=MMULT(A4:B7,D1:G2)
5	0	1		=MMULT(A4:B7,D1:G2)	=MMULT(A4:B7,D1:G2)	=MMULT(A4:B7,D1:G2)	=MMULT(A4:B7,D1:G2)
6	1	0		=MMULT(A4:B7,D1:G2)	=MMULT(A4:B7,D1:G2)	=MMULT(A4:B7,D1:G2)	=MMULT(A4:B7,D1:G2)
7	1	1		=MMULT(A4:B7,D1:G2)	=MMULT(A4:B7,D1:G2)	=MMULT(A4:B7,D1:G2)	=MMULT(A4:B7,D1:G2)

(3) 이진수 0에서 11까지

① 0에 색칠

	A	B	C	D	E	F	G
1				0	0	1	1
2				0	1	0	1
3							
4	0	0		0	0	0	0
5	0	1		0	1	0	1
6	1	0		0	0	1	1
7	1	1		0	1	1	2

② 1에 색칠

	A	B	C	D	E	F	G
1				0	0	1	1
2				0	1	0	1
3							
4	0	0		0	0	0	0
5	0	1		0	1	0	1
6	1	0		0	0	1	1
7	1	1		0	1	1	2

(4) 이진수 0에서 $111_{(2)}$까지

① 0에 색칠

	A	B	C	D	E	F	G	H	I	J	K	L	M
1						0	0	0	0	0	0	0	0
2						0	0	0	0	1	1	1	1
3						0	0	1	1	0	0	1	1
4						0	1	0	1	0	1	0	1
5													
6	0	0	0	0		0	0	0	0	0	0	0	0
7	0	0	0	1		0	1	0	1	0	1	0	1
8	0	0	1	0		0	0	1	1	0	0	1	1
9	0	0	1	1		0	1	1	2	0	1	1	2
10	0	1	0	0		0	0	0	0	1	1	1	1
11	0	1	0	1		0	1	0	1	1	2	1	2
12	0	1	1	0		0	0	1	1	1	1	2	2
13	0	1	1	1		0	1	1	2	1	2	2	3

② 1에 색칠

	A	B	C	D	E	F	G	H	I	J	K	L	M
1						0	0	0	0	0	0	0	0
2						0	0	0	0	1	1	1	1
3						0	0	1	1	0	0	1	1
4						0	1	0	1	0	1	0	1
5													
6	0	0	0	0		0	0	0	0	0	0	0	0
7	0	0	0	1		0	1	0	1	0	1	0	1
8	0	0	1	0		0	0	1	1	0	0	1	1
9	0	0	1	1		0	1	1	2	0	1	1	2
10	0	1	0	0		0	0	0	0	1	1	1	1
11	0	1	0	1		0	1	0	1	1	2	1	2
12	0	1	1	0		0	0	1	1	1	1	2	2
13	0	1	1	1		0	1	1	2	1	2	2	3

(5) 이진수 0에서 $1111_{(2)}$까지

① 0에 색칠

	A	B	C	D	E	F	G	H	I	J	K	L	M	N	O	P	Q	R	S	T	U
1						0	0	0	0	0	0	0	0	1	1	1	1	1	1	1	1
2						0	0	0	0	1	1	1	1	0	0	0	0	1	1	1	1
3						0	0	1	1	0	0	1	1	0	0	1	1	0	0	1	1
4						0	1	0	1	0	1	0	1	0	1	0	1	0	1	0	1
5																					
6	0	0	0	0		0	0	0	0	0	0	0	0	0	0	0	0	0	0	0	0
7	0	0	0	1		0	1	0	1	0	1	0	1	0	1	0	1	0	1	0	1
8	0	0	1	0		0	0	1	1	0	0	1	1	0	0	1	1	0	0	1	1
9	0	0	1	1		0	1	1	2	0	1	1	2	0	1	1	2	0	1	1	2
10	0	1	0	0		0	0	0	0	1	1	1	1	0	0	0	0	1	1	1	1
11	0	1	0	1		0	1	0	1	1	2	1	2	0	1	0	1	1	2	1	2
12	0	1	1	0		0	0	1	1	1	1	2	2	0	0	1	1	1	1	2	2
13	0	1	1	1		0	1	1	2	1	2	2	3	0	1	1	2	1	2	2	3
14	1	0	0	0		0	0	0	0	0	0	0	0	1	1	1	1	1	1	1	1
15	1	0	0	1		0	1	0	1	0	1	0	1	1	2	1	2	1	2	1	2
16	1	0	1	0		0	0	1	1	0	0	1	1	1	1	2	2	1	1	2	2
17	1	0	1	1		0	1	1	2	0	1	1	2	1	2	2	3	1	2	2	3
18	1	1	0	0		0	0	0	0	1	1	1	1	1	1	1	1	2	2	2	2
19	1	1	0	1		0	1	0	1	1	2	1	2	1	2	1	2	2	3	2	3
20	1	1	1	0		0	0	1	1	1	1	2	2	1	1	2	2	2	2	3	3
21	1	1	1	1		0	1	1	2	1	2	2	3	1	2	2	3	2	3	3	4

② 1에 색칠

	A	B	C	D	E	F	G	H	I	J	K	L	M	N	O	P	Q	R	S	T	U
1						0	0	0	0	0	0	0	0	1	1	1	1	1	1	1	1
2						0	0	0	0	1	1	1	1	0	0	0	0	1	1	1	1
3						0	0	1	1	0	0	1	1	0	0	1	1	0	0	1	1
4						0	1	0	1	0	1	0	1	0	1	0	1	0	1	0	1
5																					
6	0	0	0	0		0	0	0	0	0	0	0	0	0	0	0	0	0	0	0	0
7	0	0	0	1		0	1	0	1	0	1	0	1	0	1	0	1	0	1	0	1
8	0	0	1	0		0	0	1	1	0	0	1	1	0	0	1	1	0	0	1	1
9	0	0	1	1		0	1	1	2	0	1	1	2	0	1	1	2	0	1	1	2
10	0	1	0	0		0	0	0	0	1	1	1	1	0	0	0	0	1	1	1	1
11	0	1	0	1		0	1	0	1	1	2	1	2	0	1	0	1	1	2	1	2
12	0	1	1	0		0	0	1	1	1	1	2	2	0	0	1	1	1	1	2	2
13	0	1	1	1		0	1	1	2	1	2	2	3	0	1	1	2	1	2	2	3
14	1	0	0	0		0	0	0	0	0	0	0	0	1	1	1	1	1	1	1	1
15	1	0	0	1		0	1	0	1	0	1	0	1	1	2	1	2	1	2	1	2
16	1	0	1	0		0	0	1	1	0	0	1	1	1	1	2	2	1	1	2	2
17	1	0	1	1		0	1	1	2	0	1	1	2	1	2	2	3	1	2	2	3
18	1	1	0	0		0	0	0	0	1	1	1	1	1	1	1	1	2	2	2	2
19	1	1	0	1		0	1	0	1	1	2	1	2	1	2	1	2	2	3	2	3
20	1	1	1	0		0	0	1	1	1	1	2	2	1	1	2	2	2	2	3	3
21	1	1	1	1		0	1	1	2	1	2	2	3	1	2	2	3	2	3	3	4

2. 삼진수에서 행렬의 곱

(1) 삼진수 0에서 $1000_{(3)}$까지 0에 색을 칠함

① 0에 색칠

			0	0	0	0	0	0	0	0	0	1
			0	0	0	1	1	1	2	2	2	0
			0	1	2	0	1	2	0	1	2	0
2	1	0										
0	0	0	0	0	0	0	0	0	0	0	0	0
0	0	1	0	1	2	0	1	2	0	1	2	0
0	0	2	0	2	4	0	2	4	0	2	4	0
0	1	0	0	0	0	1	1	1	2	2	2	0
0	1	1	0	1	2	1	2	3	2	3	4	0
0	1	2	0	2	4	1	3	5	2	4	6	0
0	2	0	0	0	0	2	2	2	4	4	4	0
0	2	1	0	1	2	2	3	4	4	5	6	0
0	2	2	0	2	4	2	4	6	4	6	8	0
1	0	0	0	0	0	0	0	0	0	0	0	1

② 0에 색칠

				0	0	0	0	0	0	0	0	0	0	0	0	0	0	0	0	0	0	0	0	0	0	0	0	0	0	0	1
				0	0	0	0	0	0	0	0	0	1	1	1	1	1	1	1	1	1	2	2	2	2	2	2	2	2	2	0
				0	0	0	1	1	1	2	2	2	0	0	0	1	1	1	2	2	2	0	0	0	1	1	1	2	2	2	0
				0	1	2	0	1	2	0	1	2	0	1	2	0	1	2	0	1	2	0	1	2	0	1	2	0	1	2	0
3	2	1	0																												
0	0	0	0	0	0	0	0	0	0	0	0	0	0	0	0	0	0	0	0	0	0	0	0	0	0	0	0	0	0	0	0
0	0	0	1	0	1	2	0	1	2	0	1	2	0	1	2	0	1	2	0	1	2	0	1	2	0	1	2	0	1	2	0
0	0	0	2	0	2	4	0	2	4	0	2	4	0	2	4	0	2	4	0	2	4	0	2	4	0	2	4	0	2	4	0
0	0	1	0	0	0	0	1	1	1	2	2	2	0	0	0	1	1	1	2	2	2	0	0	0	1	1	1	2	2	2	0
0	0	1	1	0	1	2	1	2	3	2	3	4	0	1	2	1	2	3	2	3	4	0	1	2	1	2	3	2	3	4	0
0	0	1	2	0	2	4	1	3	5	2	4	6	0	2	4	1	3	5	2	4	6	0	2	4	1	3	5	2	4	6	0
0	0	2	0	0	0	0	2	2	2	4	4	4	0	0	0	2	2	2	4	4	4	0	0	0	2	2	2	4	4	4	0
0	0	2	1	0	1	2	2	3	4	4	5	6	0	1	2	2	3	4	4	5	6	0	1	2	2	3	4	4	5	6	0
0	0	2	2	0	2	4	2	4	6	4	6	8	0	2	4	2	4	6	4	6	8	0	2	4	2	4	6	4	6	8	0
0	1	0	0	0	0	0	0	0	0	0	0	0	1	1	1	1	1	1	1	1	1	2	2	2	2	2	2	2	2	2	0
0	1	0	1	0	1	2	0	1	2	0	1	2	1	2	3	1	2	3	1	2	3	2	3	4	2	3	4	2	3	4	0
0	1	0	2	0	2	4	0	2	4	0	2	4	1	3	5	1	3	5	1	3	5	2	4	6	2	4	6	2	4	6	0
0	1	1	0	0	0	0	1	1	1	2	2	2	1	1	1	2	2	2	3	3	3	2	2	2	3	3	3	4	4	4	0
0	1	1	1	0	1	2	1	2	3	2	3	4	1	2	3	2	3	4	3	4	5	2	3	4	3	4	5	4	5	6	0
0	1	1	2	0	2	4	1	3	5	2	4	6	1	3	5	2	4	6	3	5	7	2	4	6	3	5	7	4	6	8	0
0	1	2	0	0	0	0	2	2	2	4	4	4	1	1	1	3	3	3	5	5	5	2	2	2	4	4	4	6	6	6	0
0	1	2	1	0	1	2	2	3	4	4	5	6	1	2	3	3	4	5	5	6	7	2	3	4	4	5	6	6	7	8	0
0	1	2	2	0	2	4	2	4	6	4	6	8	1	3	5	3	5	7	5	7	9	2	4	6	4	6	8	6	8	10	0
0	2	0	0	0	0	0	0	0	0	0	0	0	2	2	2	2	2	2	2	2	2	4	4	4	4	4	4	4	4	4	0
0	2	0	1	0	1	2	0	1	2	0	1	2	2	3	4	2	3	4	2	3	4	4	5	6	4	5	6	4	5	6	0
0	2	0	2	0	2	4	0	2	4	0	2	4	2	4	6	2	4	6	2	4	6	4	6	8	4	6	8	4	6	8	0
0	2	1	0	0	0	0	1	1	1	2	2	2	2	2	2	3	3	3	4	4	4	4	4	4	5	5	5	6	6	6	0
0	2	1	1	0	1	2	1	2	3	2	3	4	2	3	4	3	4	5	4	5	6	4	5	6	5	6	7	6	7	8	0
0	2	1	2	0	2	4	1	3	5	2	4	6	2	4	6	3	5	7	4	6	8	4	6	8	5	7	9	6	8	10	0
0	2	2	0	0	0	0	2	2	2	4	4	4	2	2	2	4	4	4	6	6	6	4	4	4	6	6	6	8	8	8	0
0	2	2	1	0	1	2	2	3	4	4	5	6	2	3	4	4	5	6	6	7	8	4	5	6	6	7	8	8	9	10	0
0	2	2	2	0	2	4	2	4	6	4	6	8	2	4	6	4	6	8	6	8	10	4	6	8	6	8	10	8	10	12	0
1	0	0	0	0	0	0	0	0	0	0	0	0	0	0	0	0	0	0	0	0	0	0	0	0	0	0	0	0	0	0	1

(2) 삼진수 0에서 $10000_{(3)}$ 까지

① 0에 색칠	② 1에 색칠

③ 2에 색칠	

(3) 3진수 3단계 프랙탈

① 0, 2, 4, 6, 8 색칠	② 1, 3, 5, 7, 9 색칠
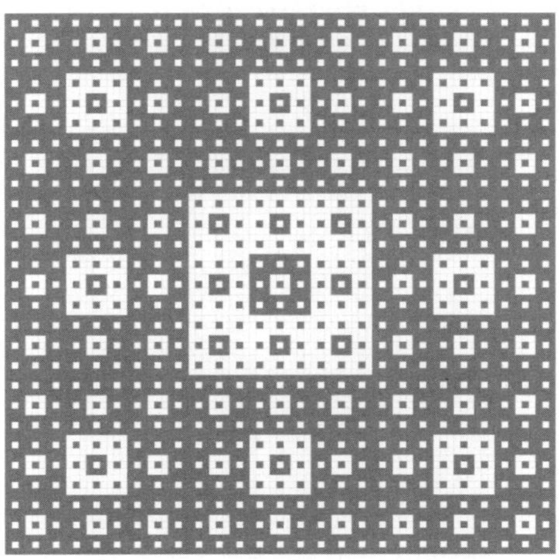	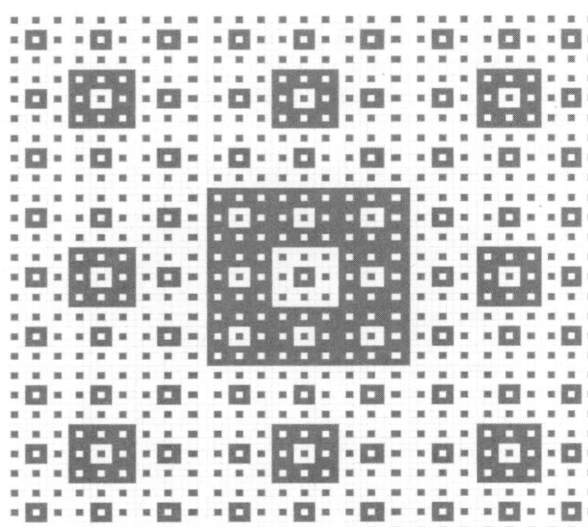

4. 4, 5, 6진수 행렬의 곱

① 4진수 2의 배수 색칠	② 4진수 3의 배수 색칠
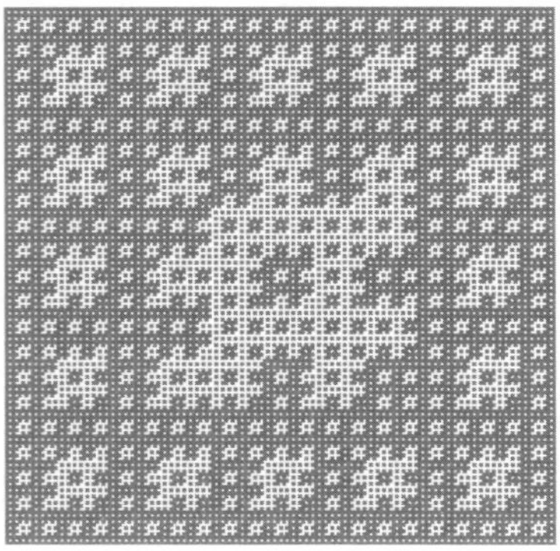	
③ 5진수 2의 배수	④ 5진수 4의 배수
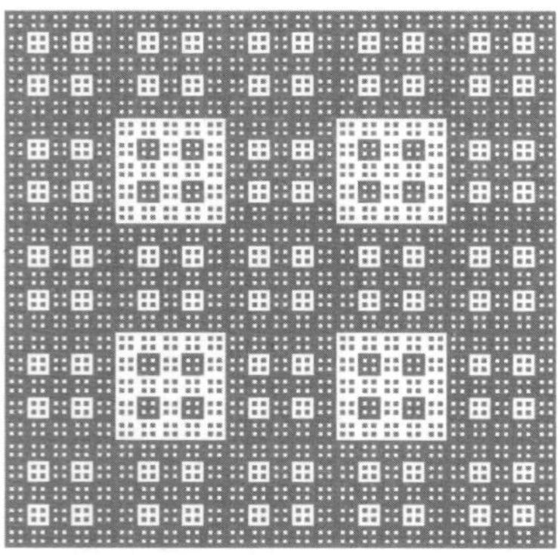	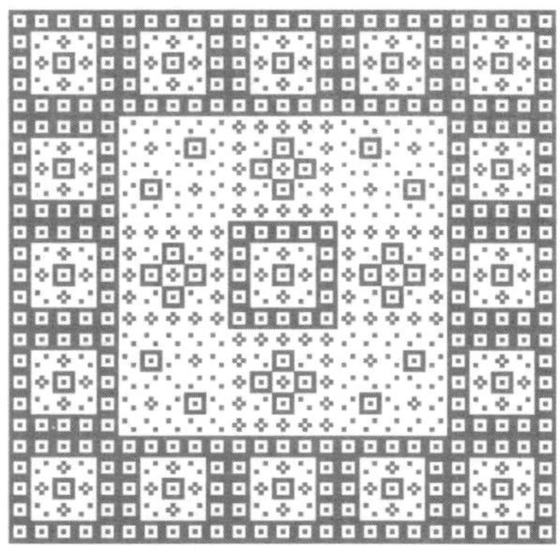
⑤ 6진수 2의 배수	⑥ 6진수 5의 배수
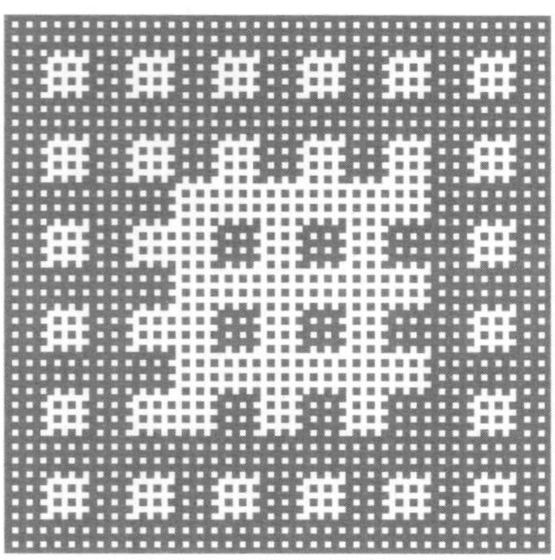	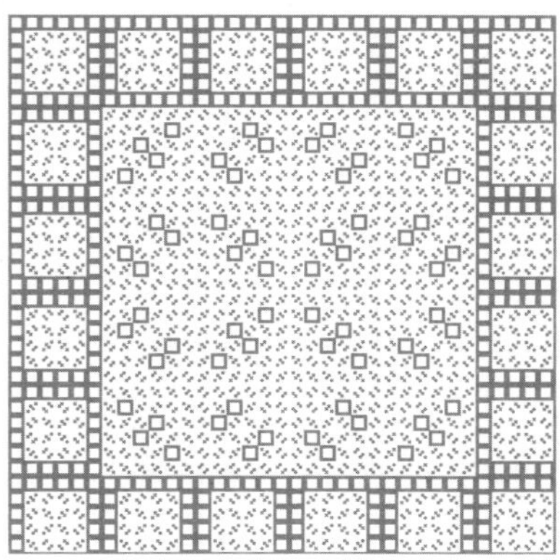

5. 7, 8진수 행렬의 곱

① 7진수 2의 배수	② 7진수 3의 배수
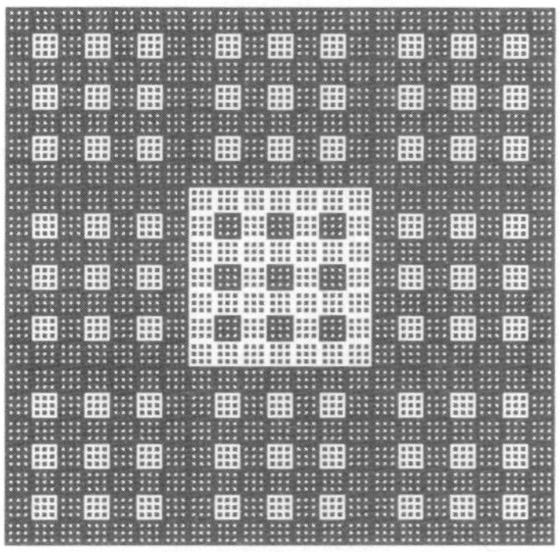	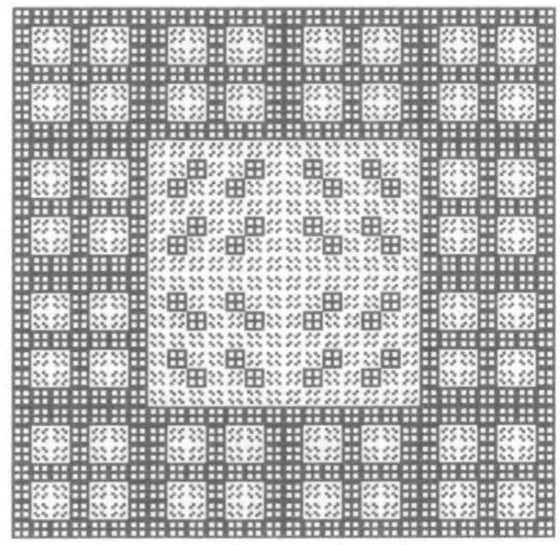
③ 7진수 5의 배수	④ 7진수 6의 배수

⑤ 8진수 5의 배수	⑥ 8진수 7의 배수
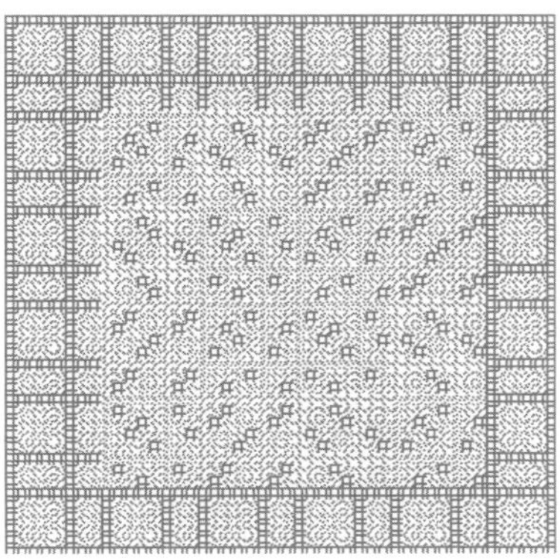	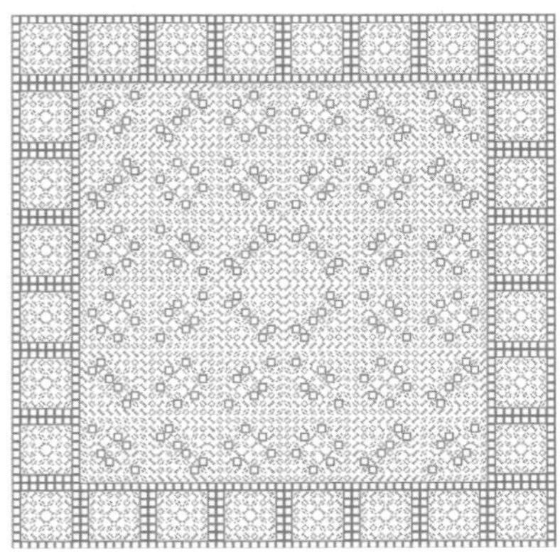

6. 9, 10, 11, 13, 14진수 행렬의 곱

① 9진수 4의 배수

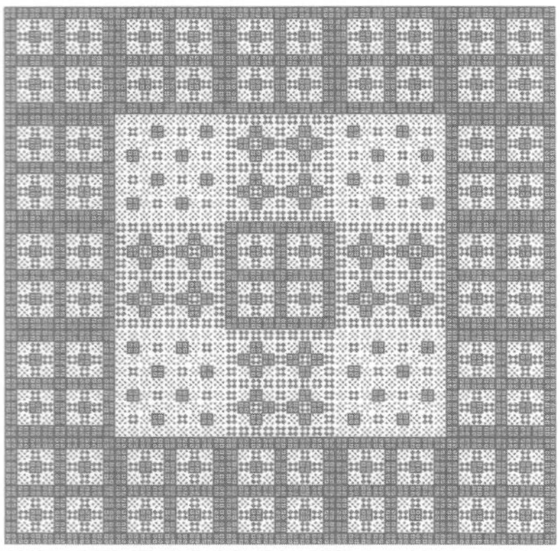

② 9진수 8의 배수

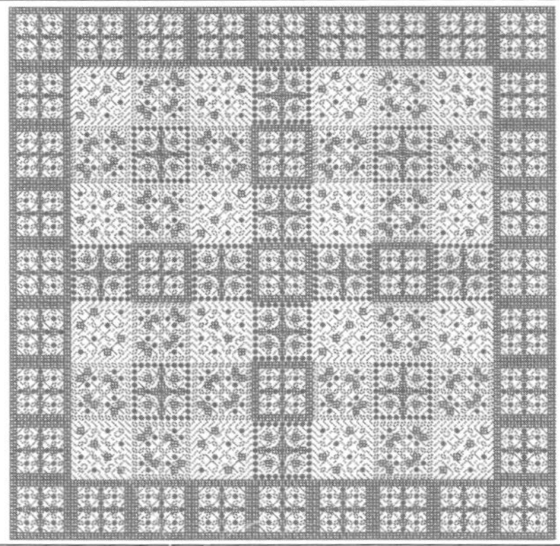

③ 10진수 9의 배수

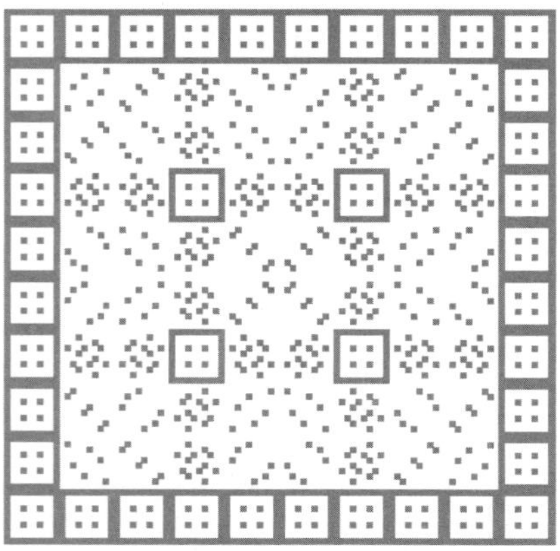

④ 11진수 10의 배수

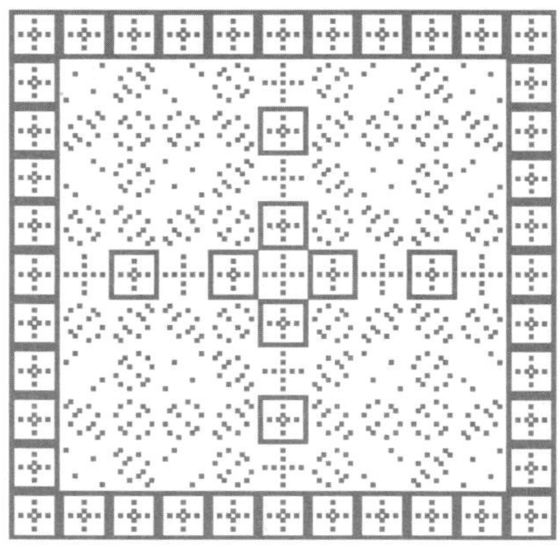

⑤ 13진수 12의 배수

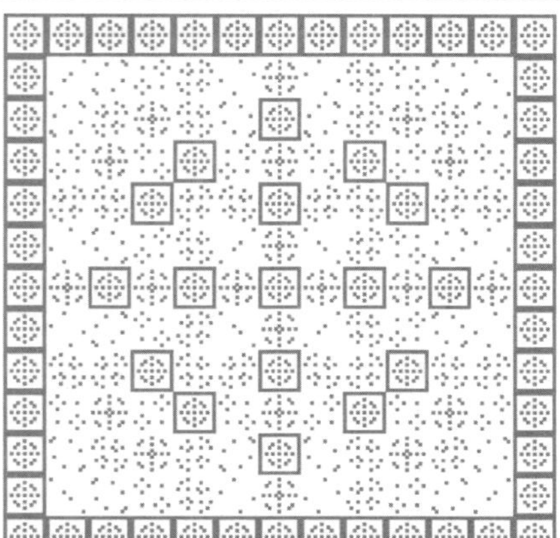

⑥ 14진수 13의 배수

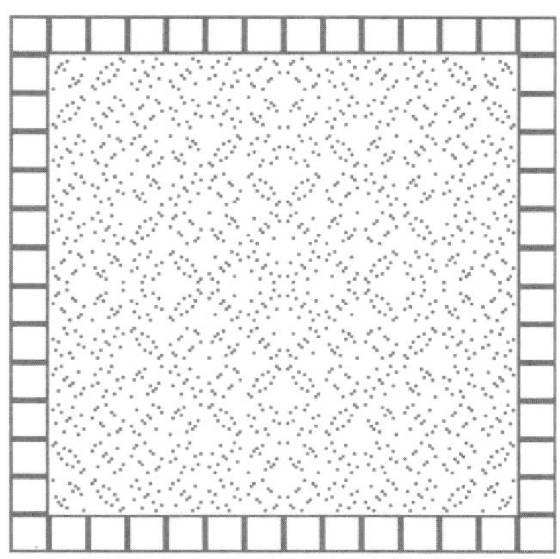

7. 15~20진수 행렬의 곱

① 15진수 14의 배수

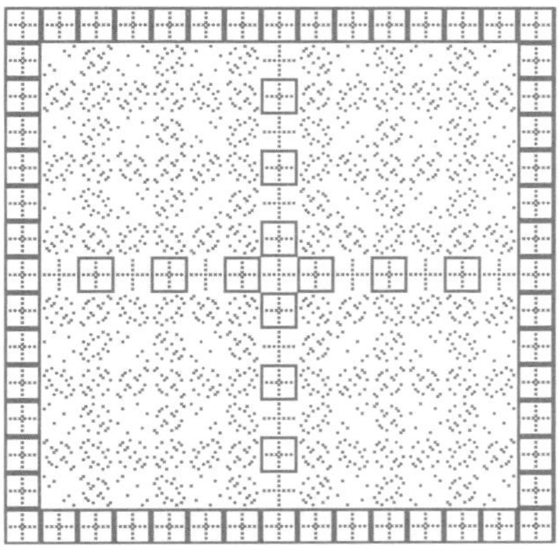

② 16진수 15의 배수

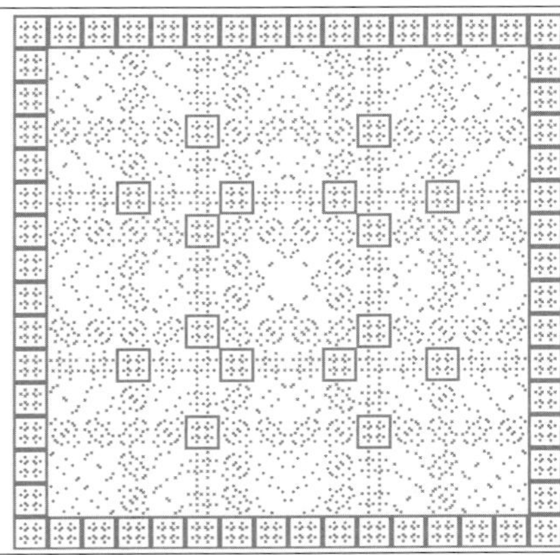

③ 17진수 16의 배수

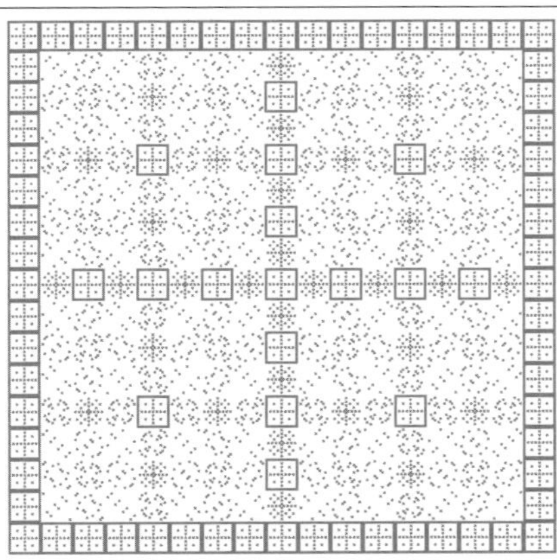

④ 18진수 17의 배수

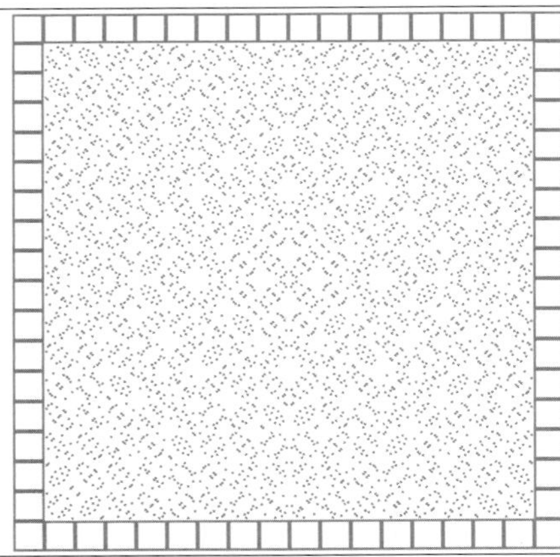

⑤ 19진수 18의 배수

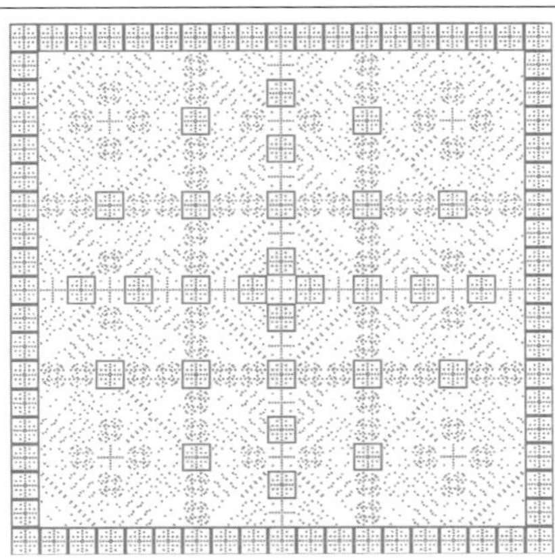

⑥ 20진수 19의 배수

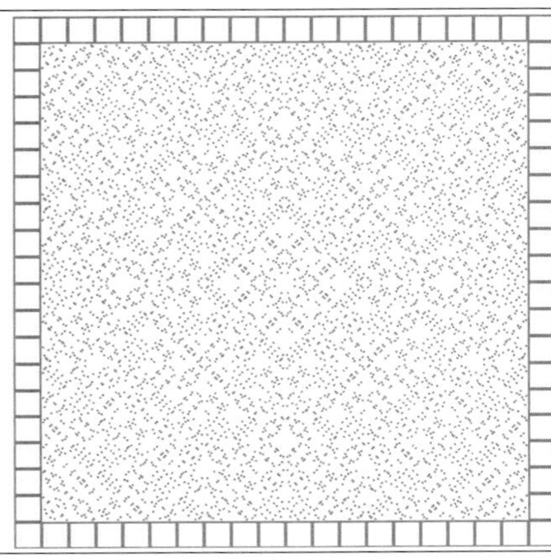

8. 21~25진수 행렬의 곱

① 21진수 20의 배수

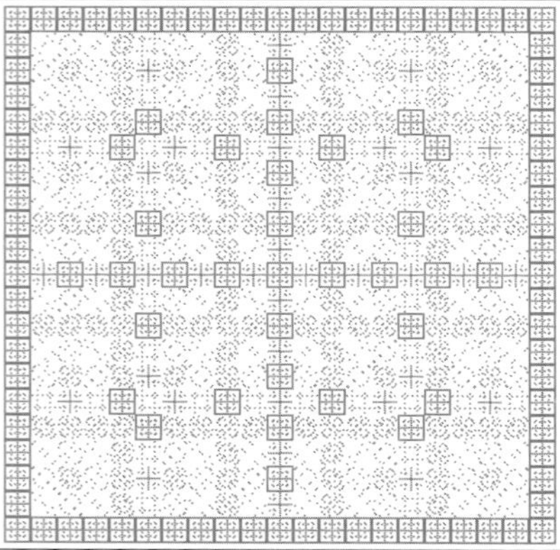

② 22진수 21의 배수

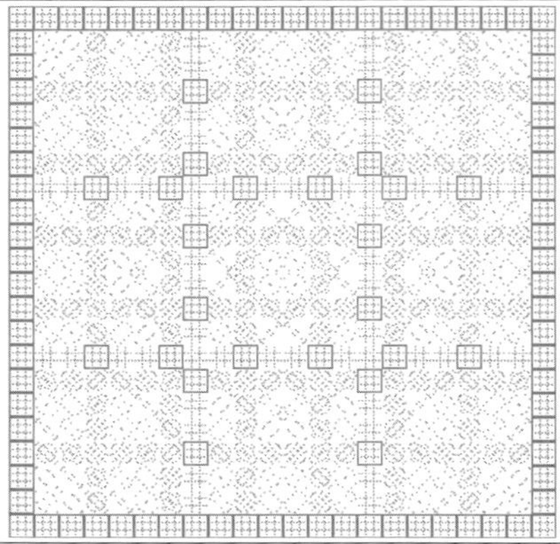

③ 23진수 22의 배수

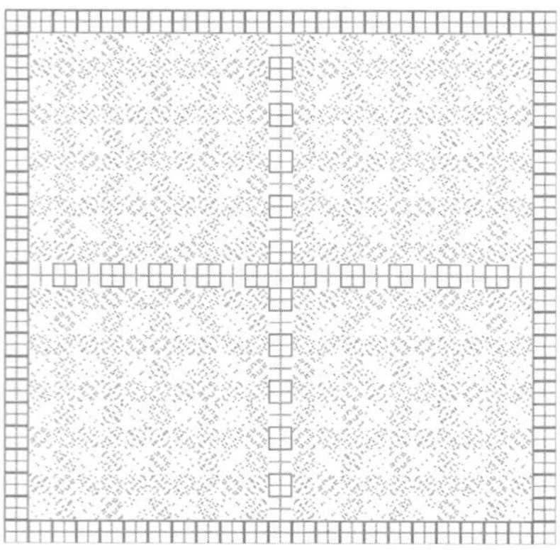

④ 24진수 23의 배수

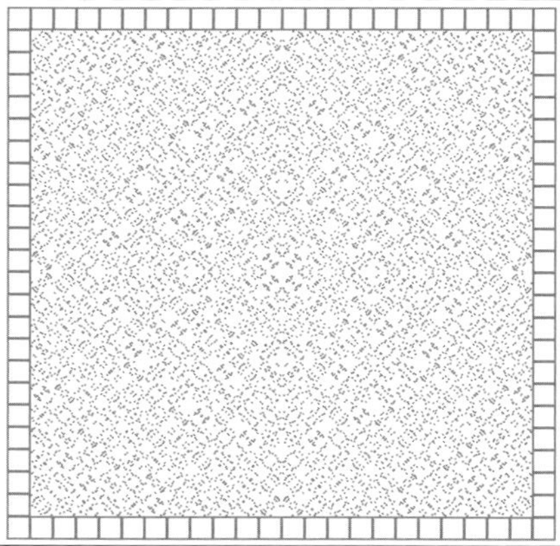

⑤ 25진수 6의 배수

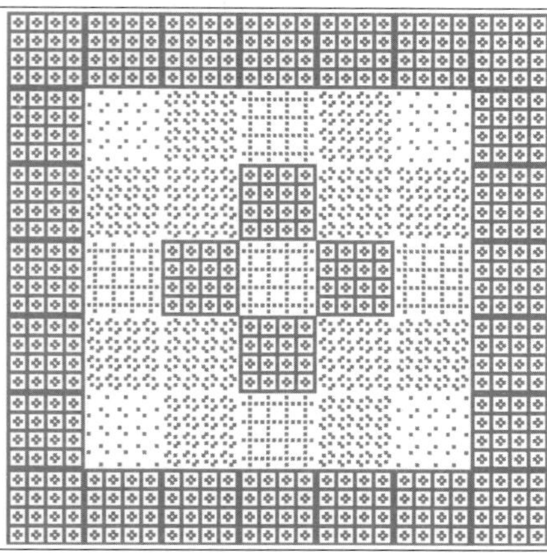

⑥ 25진수 24의 배수

9. 26~20진수 행렬의 곱

① 26진수 25의 배수	② 27진수 26의 배수
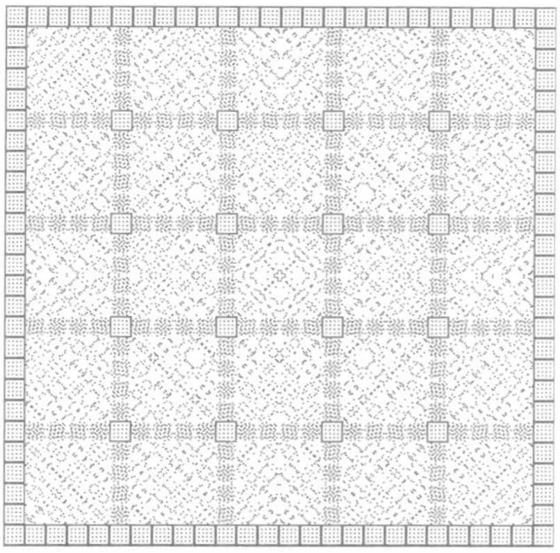	
③ 28진수 27의 배수	④ 29진수 13의 배수
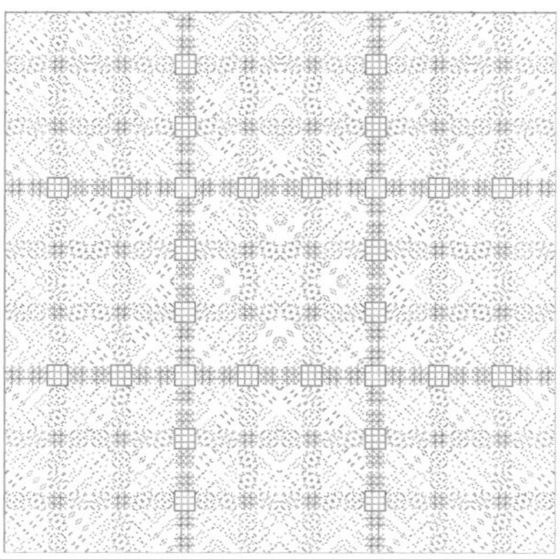	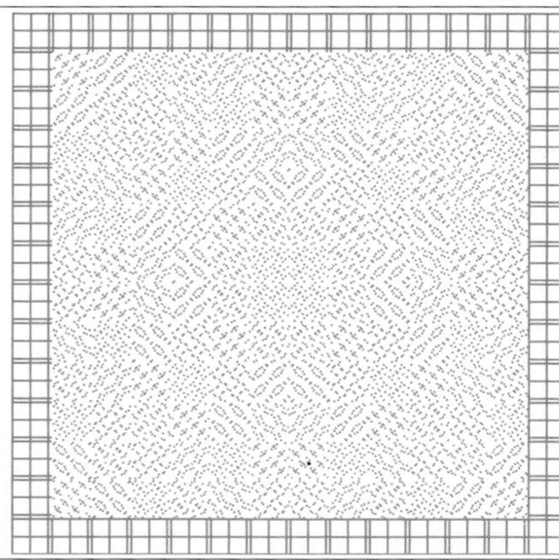
⑤ 30진수 17의 배수	⑥ 30진수 19의 배수
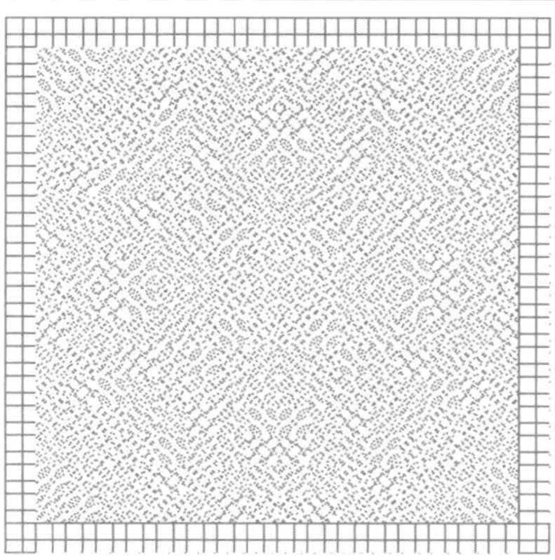	

3.5 진수에서 최대공약수와 최소공배수로 만드는 프랙탈

최대공약수와 최소공배수를 이용하여 시어핀스키 카펫을 만들어 보자.

1. 최대공약수, 최소공배수 함수

(1) 엑셀 함수

① 최대공약수 : GCD(x, y)

② 최소공배수 : LCM(x, y)

(2) 시어핀스키 카펫 구성원리

① 0, 1, 2 단계

② N10 셀은 '=GCD(LCM($A10,D$13),LCM($B10,D$14))' 입력되어 있다.

③ A10과 D13셀의 최소공배수를 구한다.

④ B10과 D14셀의 최소공배수를 구한다.

⑤ 구한 결과 사이의 최대공약수를 구한다.

N10 =GCD(LCM($A10,D$13),LCM($B10,D$14))

	A	B	C	D	E	F	G	H	I	J	K	L	M	N	O	P	Q	R	S	T	U	V
1	0	0		0	0		0	1														
2	0	1		0	1		0	1														
3																						
4																						
5	0	0		0	0	0		0	0	0												
6	0	1		0	1	2		0	1	2												
7	0	2						0	2	2												
8																						
9																						
10	0	0												0	0	0	0	0	0	0	0	0
11	0	1												0	1	2	0	1	2	0	1	2
12	0	2												0	2	2	0	2	2	0	2	2
13	1	0		0	0	0	1	1	1	2	2	2		0	0	0	1	1	1	2	2	2
14	1	1		0	1	2	0	1	2	0	1	2		0	1	2	1	1	1	2	1	2
15	1	2												0	2	2	1	1	1	2	2	2
16	2	0												0	0	0	2	2	2	2	2	2
17	2	1												0	1	2	2	1	2	2	1	2
18	2	2												0	2	2	2	2	2	2	2	2

(3) 3단계 시어핀스키 카펫

AG22 : =GCD(LCM($A22,E$33),LCM($B22,E$34),LCM($C22,E$35))

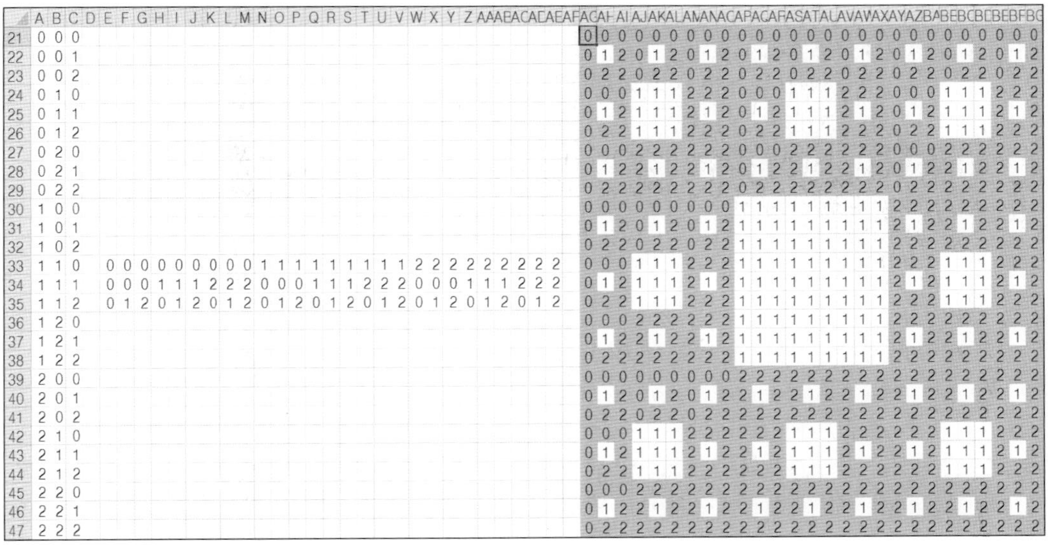

2. 3진수의 십자가 프랙탈

(1) N10 : =LCM(GCD($A10,D$13),GCD($B10,D$14))

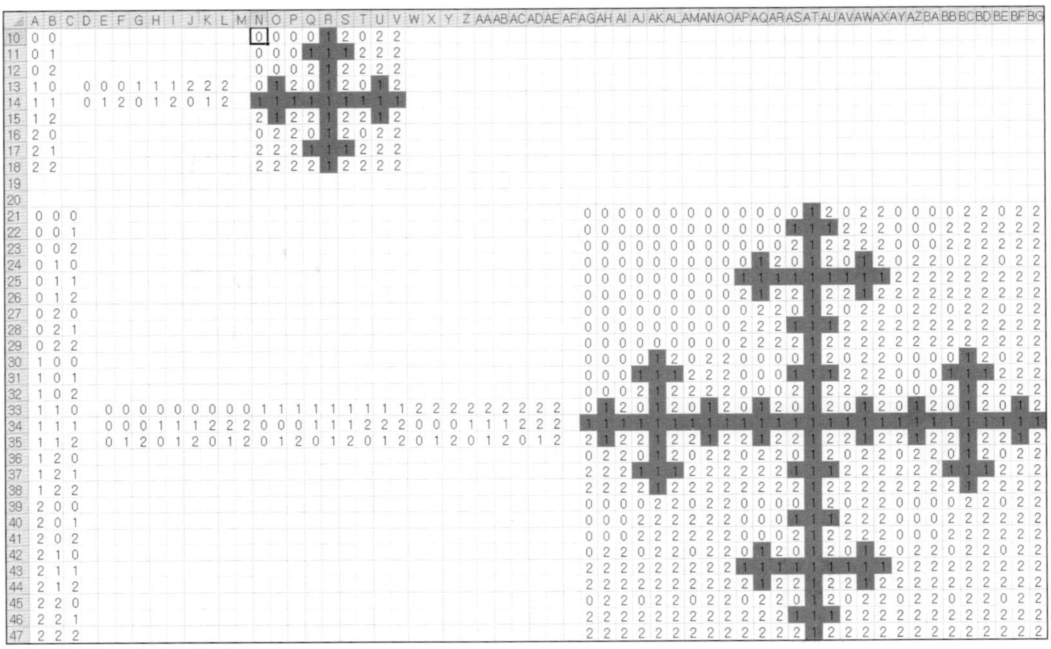

3. 4진수의 곱

(1) N6 : =GCD(LCM($J6,N$2),LCM($K6,N$3),LCM($L6,N$4))

① 프랙탈 1단계

	J	K	L	M	N	O	P	Q
1					색			3
2					0	0	0	0
3					0	0	0	0
4					0	1	2	3
5								
6	0	0	0		0	0	0	0
7	0	0	1		0	1	2	3
8	0	0	2		0	2	2	6
9	0	0	3		0	3	6	3

② 프랙탈 3단계(0, 3, 6에 색칠)

				색			3	6																																																											
				0	0	0	0	0	0	0	0	0	0	0	0	0	0	0	0	1	1	1	1	1	1	1	1	1	1	1	1	1	1	1	1	2	2	2	2	2	2	2	2	2	2	2	2	2	2	2	2	3	3	3	3	3	3	3	3	3	3	3	3	3	3	3	3
				0	0	0	0	1	1	1	1	2	2	2	2	3	3	3	3	0	0	0	0	1	1	1	1	2	2	2	2	3	3	3	3	0	0	0	0	1	1	1	1	2	2	2	2	3	3	3	3	0	0	0	0	1	1	1	1	2	2	2	2	3	3	3	3
				0	1	2	3	0	1	2	3	0	1	2	3	0	1	2	3	0	1	2	3	0	1	2	3	0	1	2	3	0	1	2	3	0	1	2	3	0	1	2	3	0	1	2	3	0	1	2	3	0	1	2	3	0	1	2	3	0	1	2	3	0	1	2	3
0	0	0		0	0	0	0	0	0	0	0	0	0	0	0	0	0	0	0	0	0	0	0	0	0	0	0	0	0	0	0	0	0	0	0	0	0	0	0	0	0	0	0	0	0	0	0	0	0	0	0	0	0	0	0	0	0	0	0	0	0	0	0	0	0	0	0
0	0	1		0	1	2	3	0	1	2	3	0	1	2	3	0	1	2	3	0	1	2	3	0	1	2	3	0	1	2	3	0	1	2	3	0	1	2	3	0	1	2	3	0	1	2	3	0	1	2	3	0	1	2	3	0	1	2	3	0	1	2	3	0	1	2	3
0	0	2		0	2	2	6	0	2	2	6	0	2	2	6	0	2	2	6	0	2	2	6	0	2	2	6	0	2	2	6	0	2	2	6	0	2	2	6	0	2	2	6	0	2	2	6	0	2	2	6	0	2	2	6	0	2	2	6	0	2	2	6	0	2	2	6
0	0	3		0	3	6	3	0	3	6	3	0	3	6	3	0	3	6	3	0	3	6	3	0	3	6	3	0	3	6	3	0	3	6	3	0	3	6	3	0	3	6	3	0	3	6	3	0	3	6	3	0	3	6	3	0	3	6	3	0	3	6	3	0	3	6	3
0	1	0		0	0	0	0	1	1	1	1	2	2	2	2	3	3	3	3	0	0	0	0	1	1	1	1	2	2	2	2	3	3	3	3	0	0	0	0	1	1	1	1	2	2	2	2	3	3	3	3	0	0	0	0	1	1	1	1	2	2	2	2	3	3	3	3
0	1	1		0	1	2	3	1	1	1	1	2	1	2	1	3	1	1	3	0	1	2	3	1	1	1	1	2	1	2	1	3	1	1	3	0	1	2	3	1	1	1	1	2	1	2	1	3	1	1	3	0	1	2	3	1	1	1	1	2	1	2	1	3	1	1	3
0	1	2		0	2	2	6	1	1	1	1	2	2	2	2	3	1	1	3	0	2	2	6	1	1	1	1	2	2	2	2	3	1	1	3	0	2	2	6	1	1	1	1	2	2	2	2	3	1	1	3	0	2	2	6	1	1	1	1	2	2	2	2	3	1	1	3
0	1	3		0	3	6	3	1	1	1	1	2	1	2	1	3	3	3	3	0	3	6	3	1	1	1	1	2	1	2	1	3	3	3	3	0	3	6	3	1	1	1	1	2	1	2	1	3	3	3	3	0	3	6	3	1	1	1	1	2	1	2	1	3	3	3	3
0	2	0		0	0	0	0	2	2	2	2	2	2	2	2	6	6	6	6	0	0	0	0	2	2	2	2	2	2	2	2	6	6	6	6	0	0	0	0	2	2	2	2	2	2	2	2	6	6	6	6	0	0	0	0	2	2	2	2	2	2	2	2	6	6	6	6
0	2	1		0	1	2	3	2	1	2	1	2	1	2	1	6	1	2	3	0	1	2	3	2	1	2	1	2	1	2	1	6	1	2	3	0	1	2	3	2	1	2	1	2	1	2	1	6	1	2	3	0	1	2	3	2	1	2	1	2	1	2	1	6	1	2	3
0	2	2		0	2	2	6	2	2	2	2	2	2	2	2	6	2	2	6	0	2	2	6	2	2	2	2	2	2	2	2	6	2	2	6	0	2	2	6	2	2	2	2	2	2	2	2	6	2	2	6	0	2	2	6	2	2	2	2	2	2	2	2	6	2	2	6
0	2	3		0	3	6	3	2	1	2	1	2	1	2	1	6	3	6	3	0	3	6	3	2	1	2	1	2	1	2	1	6	3	6	3	0	3	6	3	2	1	2	1	2	1	2	1	6	3	6	3	0	3	6	3	2	1	2	1	2	1	2	1	6	3	6	3
0	3	0		0	0	0	0	3	3	3	3	6	6	6	6	3	3	3	3	0	0	0	0	3	3	3	3	6	6	6	6	3	3	3	3	0	0	0	0	3	3	3	3	6	6	6	6	3	3	3	3	0	0	0	0	3	3	3	3	6	6	6	6	3	3	3	3
0	3	1		0	1	2	3	3	1	1	3	6	1	2	3	3	1	1	3	0	1	2	3	3	1	1	3	6	1	2	3	3	1	1	3	0	1	2	3	3	1	1	3	6	1	2	3	3	1	1	3	0	1	2	3	3	1	1	3	6	1	2	3	3	1	1	3
0	3	2		0	2	2	6	3	1	1	3	6	2	2	6	3	1	1	3	0	2	2	6	3	1	1	3	6	2	2	6	3	1	1	3	0	2	2	6	3	1	1	3	6	2	2	6	3	1	1	3	0	2	2	6	3	1	1	3	6	2	2	6	3	1	1	3
0	3	3		0	3	6	3	3	3	3	3	6	3	6	3	3	3	3	3	0	3	6	3	3	3	3	3	6	3	6	3	3	3	3	3	0	3	6	3	3	3	3	3	6	3	6	3	3	3	3	3	0	3	6	3	3	3	3	3	6	3	6	3	3	3	3	3
1	0	0		0	0	0	0	0	0	0	0	0	0	0	0	0	0	0	0	1	1	1	1	1	1	1	1	1	1	1	1	1	1	1	1	2	2	2	2	2	2	2	2	2	2	2	2	2	2	2	2	3	3	3	3	3	3	3	3	3	3	3	3	3	3	3	3
1	0	1		0	1	2	3	0	1	2	3	0	1	2	3	0	1	2	3	1	1	1	1	1	1	1	1	1	1	1	1	1	1	1	1	2	1	2	1	2	1	2	1	2	1	2	1	2	1	2	1	3	1	1	3	3	1	1	3	3	1	1	3	3	1	1	3
1	0	2		0	2	2	6	0	2	2	6	0	2	2	6	0	2	2	6	1	1	1	1	1	1	1	1	1	1	1	1	1	1	1	1	2	2	2	2	2	2	2	2	2	2	2	2	2	2	2	2	3	1	1	3	3	1	1	3	3	1	1	3	3	1	1	3
1	0	3		0	3	6	3	0	3	6	3	0	3	6	3	0	3	6	3	1	1	1	1	1	1	1	1	1	1	1	1	1	1	1	1	2	1	2	1	2	1	2	1	2	1	2	1	2	1	2	1	3	3	3	3	3	3	3	3	3	3	3	3	3	3	3	3
1	1	0		0	0	0	0	1	1	1	1	2	2	2	2	3	3	3	3	1	1	1	1	1	1	1	1	1	1	1	1	1	1	1	1	2	2	2	2	1	1	1	1	2	2	2	2	1	1	1	1	3	3	3	3	1	1	1	1	1	1	1	1	3	3	3	3
1	1	1		0	1	2	3	1	1	1	1	2	1	2	1	3	1	1	3	1	1	1	1	1	1	1	1	1	1	1	1	1	1	1	1	2	1	2	1	1	1	1	1	2	1	2	1	1	1	1	1	3	1	1	3	1	1	1	1	1	1	1	1	3	1	1	3
1	1	2		0	2	2	6	1	1	1	1	2	2	2	2	3	1	1	3	1	1	1	1	1	1	1	1	1	1	1	1	1	1	1	1	2	2	2	2	1	1	1	1	2	2	2	2	1	1	1	1	3	1	1	3	1	1	1	1	1	1	1	1	3	1	1	3
1	1	3		0	3	6	3	1	1	1	1	2	1	2	1	3	3	3	3	1	1	1	1	1	1	1	1	1	1	1	1	1	1	1	1	2	1	2	1	1	1	1	1	2	1	2	1	1	1	1	1	3	3	3	3	1	1	1	1	1	1	1	1	3	3	3	3
1	2	0		0	0	0	0	2	2	2	2	2	2	2	2	6	6	6	6	1	1	1	1	1	1	1	1	1	1	1	1	1	1	1	1	2	2	2	2	2	2	2	2	2	2	2	2	2	2	2	2	3	3	3	3	1	1	1	1	1	1	1	1	3	3	3	3
1	2	1		0	1	2	3	2	1	2	1	2	1	2	1	6	1	2	3	1	1	1	1	1	1	1	1	1	1	1	1	1	1	1	1	2	1	2	1	2	1	2	1	2	1	2	1	2	1	2	1	3	1	1	3	1	1	1	1	1	1	1	1	3	1	1	3
1	2	2		0	2	2	6	2	2	2	2	2	2	2	2	6	2	2	6	1	1	1	1	1	1	1	1	1	1	1	1	1	1	1	1	2	2	2	2	2	2	2	2	2	2	2	2	2	2	2	2	3	1	1	3	1	1	1	1	1	1	1	1	3	1	1	3
1	2	3		0	3	6	3	2	1	2	1	2	1	2	1	6	3	6	3	1	1	1	1	1	1	1	1	1	1	1	1	1	1	1	1	2	1	2	1	2	1	2	1	2	1	2	1	2	1	2	1	3	3	3	3	1	1	1	1	1	1	1	1	3	3	3	3
1	3	0		0	0	0	0	3	3	3	3	6	6	6	6	3	3	3	3	1	1	1	1	1	1	1	1	1	1	1	1	1	1	1	1	2	2	2	2	1	1	1	1	2	2	2	2	1	1	1	1	3	3	3	3	3	3	3	3	3	3	3	3	3	3	3	3
1	3	1		0	1	2	3	3	1	1	3	6	1	2	3	3	1	1	3	1	1	1	1	1	1	1	1	1	1	1	1	1	1	1	1	2	1	2	1	1	1	1	1	2	1	2	1	1	1	1	1	3	1	1	3	3	1	1	3	3	1	1	3	3	1	1	3
1	3	2		0	2	2	6	3	1	1	3	6	2	2	6	3	1	1	3	1	1	1	1	1	1	1	1	1	1	1	1	1	1	1	1	2	2	2	2	1	1	1	1	2	2	2	2	1	1	1	1	3	1	1	3	3	1	1	3	3	1	1	3	3	1	1	3
1	3	3		0	3	6	3	3	3	3	3	6	3	6	3	3	3	3	3	1	1	1	1	1	1	1	1	1	1	1	1	1	1	1	1	2	1	2	1	1	1	1	1	2	1	2	1	1	1	1	1	3	3	3	3	3	3	3	3	3	3	3	3	3	3	3	3
2	0	0		0	0	0	0	0	0	0	0	0	0	0	0	0	0	0	0	2	2	2	2	2	2	2	2	2	2	2	2	2	2	2	2	2	2	2	2	2	2	2	2	2	2	2	2	2	2	2	2	6	6	6	6	6	6	6	6	6	6	6	6	6	6	6	6
2	0	1		0	1	2	3	0	1	2	3	0	1	2	3	0	1	2	3	2	1	2	1	2	1	2	1	2	1	2	1	2	1	2	1	2	1	2	1	2	1	2	1	2	1	2	1	2	1	2	1	6	1	2	3	6	1	2	3	6	1	2	3	6	1	2	3
2	0	2		0	2	2	6	0	2	2	6	0	2	2	6	0	2	2	6	2	2	2	2	2	2	2	2	2	2	2	2	2	2	2	2	2	2	2	2	2	2	2	2	2	2	2	2	2	2	2	2	6	2	2	6	6	2	2	6	6	2	2	6	6	2	2	6
2	0	3		0	3	6	3	0	3	6	3	0	3	6	3	0	3	6	3	2	1	2	1	2	1	2	1	2	1	2	1	2	1	2	1	2	1	2	1	2	1	2	1	2	1	2	1	2	1	2	1	6	3	6	3	6	3	6	3	6	3	6	3	6	3	6	3
2	1	0		0	0	0	0	1	1	1	1	2	2	2	2	3	3	3	3	2	2	2	2	1	1	1	1	2	2	2	2	1	1	1	1	2	2	2	2	1	1	1	1	2	2	2	2	1	1	1	1	6	6	6	6	1	1	1	1	2	2	2	2	3	3	3	3
2	1	1		0	1	2	3	1	1	1	1	2	1	2	1	3	1	1	3	2	1	2	1	1	1	1	1	2	1	2	1	1	1	1	1	2	1	2	1	1	1	1	1	2	1	2	1	1	1	1	1	6	1	2	3	1	1	1	1	2	1	2	1	3	1	1	3
2	1	2		0	2	2	6	1	1	1	1	2	2	2	2	3	1	1	3	2	2	2	2	1	1	1	1	2	2	2	2	1	1	1	1	2	2	2	2	1	1	1	1	2	2	2	2	1	1	1	1	6	2	2	6	1	1	1	1	2	2	2	2	3	1	1	3
2	1	3		0	3	6	3	1	1	1	1	2	1	2	1	3	3	3	3	2	1	2	1	1	1	1	1	2	1	2	1	1	1	1	1	2	1	2	1	1	1	1	1	2	1	2	1	1	1	1	1	6	3	6	3	1	1	1	1	2	1	2	1	3	3	3	3
2	2	0		0	0	0	0	2	2	2	2	2	2	2	2	6	6	6	6	2	2	2	2	2	2	2	2	2	2	2	2	2	2	2	2	2	2	2	2	2	2	2	2	2	2	2	2	2	2	2	2	6	6	6	6	2	2	2	2	2	2	2	2	6	6	6	6
2	2	1		0	1	2	3	2	1	2	1	2	1	2	1	6	1	2	3	2	1	2	1	2	1	2	1	2	1	2	1	2	1	2	1	2	1	2	1	2	1	2	1	2	1	2	1	2	1	2	1	6	1	2	3	2	1	2	1	2	1	2	1	6	1	2	3
2	2	2		0	2	2	6	2	2	2	2	2	2	2	2	6	2	2	6	2	2	2	2	2	2	2	2	2	2	2	2	2	2	2	2	2	2	2	2	2	2	2	2	2	2	2	2	2	2	2	2	6	2	2	6	2	2	2	2	2	2	2	2	6	2	2	6
2	2	3		0	3	6	3	2	1	2	1	2	1	2	1	6	3	6	3	2	1	2	1	2	1	2	1	2	1	2	1	2	1	2	1	2	1	2	1	2	1	2	1	2	1	2	1	2	1	2	1	6	3	6	3	2	1	2	1	2	1	2	1	6	3	6	3
2	3	0		0	0	0	0	3	3	3	3	6	6	6	6	3	3	3	3	2	2	2	2	1	1	1	1	2	2	2	2	1	1	1	1	2	2	2	2	1	1	1	1	2	2	2	2	1	1	1	1	6	6	6	6	3	3	3	3	6	6	6	6	3	3	3	3
2	3	1		0	1	2	3	3	1	1	3	6	1	2	3	3	1	1	3	2	1	2	1	1	1	1	1	2	1	2	1	1	1	1	1	2	1	2	1	1	1	1	1	2	1	2	1	1	1	1	1	6	1	2	3	3	1	1	3	6	1	2	3	3	1	1	3
2	3	2		0	2	2	6	3	1	1	3	6	2	2	6	3	1	1	3	2	2	2	2	1	1	1	1	2	2	2	2	1	1	1	1	2	2	2	2	1	1	1	1	2	2	2	2	1	1	1	1	6	2	2	6	3	1	1	3	6	2	2	6	3	1	1	3
2	3	3		0	3	6	3	3	3	3	3	6	3	6	3	3	3	3	3	2	1	2	1	1	1	1	1	2	1	2	1	1	1	1	1	2	1	2	1	1	1	1	1	2	1	2	1	1	1	1	1	6	3	6	3	3	3	3	3	6	3	6	3	3	3	3	3
3	0	0		0	0	0	0	0	0	0	0	0	0	0	0	0	0	0	0	3	3	3	3	3	3	3	3	3	3	3	3	3	3	3	3	6	6	6	6	6	6	6	6	6	6	6	6	6	6	6	6	3	3	3	3	3	3	3	3	3	3	3	3	3	3	3	3
3	0	1		0	1	2	3	0	1	2	3	0	1	2	3	0	1	2	3	3	1	1	3	3	1	1	3	3	1	1	3	3	1	1	3	6	1	2	3	6	1	2	3	6	1	2	3	6	1	2	3	3	1	1	3	3	1	1	3	3	1	1	3	3	1	1	3
3	0	2		0	2	2	6	0	2	2	6	0	2	2	6	0	2	2	6	3	1	1	3	3	1	1	3	3	1	1	3	3	1	1	3	6	2	2	6	6	2	2	6	6	2	2	6	6	2	2	6	3	1	1	3	3	1	1	3	3	1	1	3	3	1	1	3
3	0	3		0	3	6	3	0	3	6	3	0	3	6	3	0	3	6	3	3	3	3	3	3	3	3	3	3	3	3	3	3	3	3	3	6	3	6	3	6	3	6	3	6	3	6	3	6	3	6	3	3	3	3	3	3	3	3	3	3	3	3	3	3	3	3	3
3	1	0		0	0	0	0	1	1	1	1	2	2	2	2	3	3	3	3	3	3	3	3	1	1	1	1	1	1	1	1	3	3	3	3	6	6	6	6	1	1	1	1	2	2	2	2	3	3	3	3	3	3	3	3	1	1	1	1	1	1	1	1	3	3	3	3
3	1	1		0	1	2	3	1	1	1	1	2	1	2	1	3	1	1	3	3	1	1	3	1	1	1	1	1	1	1	1	3	1	1	3	6	1	2	3	1	1	1	1	2	1	2	1	3	1	1	3	3	1	1	3	1	1	1	1	1	1	1	1	3	1	1	3
3	1	2		0	2	2	6	1	1	1	1	2	2	2	2	3	1	1	3	3	1	1	3	1	1	1	1	1	1	1	1	3	1	1	3	6	2	2	6	1	1	1	1	2	2	2	2	3	1	1	3	3	1	1	3	1	1	1	1	1	1	1	1	3	1	1	3
3	1	3		0	3	6	3	1	1	1	1	2	1	2	1	3	3	3	3	3	3	3	3	1	1	1	1	1	1	1	1	3	3	3	3	6	3	6	3	1	1	1	1	2	1	2	1	3	3	3	3	3	3	3	3	1	1	1	1	1	1	1	1	3	3	3	3
3	2	0		0	0	0	0	2	2	2	2	2	2	2	2	6	6	6	6	3	3	3	3	1	1	1	1	1	1	1	1	3	3	3	3	6	6	6	6	2	2	2	2	2	2	2	2	6	6	6	6	3	3	3	3	1	1	1	1	1	1	1	1	3	3	3	3
3	2	1		0	1	2	3	2	1	2	1	2	1	2	1	6	1	2	3	3	1	1	3	1	1	1	1	1	1	1	1	3	1	1	3	6	1	2	3	2	1	2	1	2	1	2	1	6	1	2	3	3	1	1	3	1	1	1	1	1	1	1	1	3	1	1	3
3	2	2		0	2	2	6	2	2	2	2	2	2	2	2	6	2	2	6	3	1	1	3	1	1	1	1	1	1	1	1	3	1	1	3	6	2	2	6	2	2	2	2	2	2	2	2	6	2	2	6	3	1	1	3	1	1	1	1	1	1	1	1	3	1	1	3
3	2	3		0	3	6	3	2	1	2	1	2	1	2	1	6	3	6	3	3	3	3	3	1	1	1	1	1	1	1	1	3	3	3	3	6	3	6	3	2	1	2	1	2	1	2	1	6	3	6	3	3	3	3	3	1	1	1	1	1	1	1	1	3	3	3	3
3	3	0		0	0	0	0	3	3	3	3	6	6	6	6	3	3	3	3	3	3	3	3	3	3	3	3	3	3	3	3	3	3	3	3	6	6	6	6	3	3	3	3	6	6	6	6	3	3	3	3	3	3	3	3	3	3	3	3	3	3	3	3	3	3	3	3
3	3	1		0	1	2	3	3	1	1	3	6	1	2	3	3	1	1	3	3	1	1	3	3	1	1	3	3	1	1	3	3	1	1	3	6	1	2	3	3	1	1	3	6	1	2	3	3	1	1	3	3	1	1	3	3	1	1	3	3	1	1	3	3	1	1	3
3	3	2		0	2	2	6	3	1	1	3	6	2	2	6	3	1	1	3	3	1	1	3	3	1	1	3	3	1	1	3	3	1	1	3	6	2	2	6	3	1	1	3	6	2	2	6	3	1	1	3	3	1	1	3	3	1	1	3	3	1	1	3	3	1	1	3
3	3	3		0	3	6	3	3	3	3	3	6	3	6	3	3	3	3	3	3	3	3	3	3	3	3	3	3	3	3	3	3	3	3	3	6	3	6	3	3	3	3	3	6	3	6	3	3	3	3	3	3	3	3	3	3	3	3	3	3	3	3	3	3	3	3	3

(2) N6 : =LCM(GCD($J6,N$2),GCD($K6,N$3),GCD($L6,N$4))

N6 fx =LCM(GCD($J6,N$2),GCD($K6,N$3),GCD

	I	J	K	L	M	N	O
1						색	
2						0	0
3						0	0
4						0	1
5							
6		0	0	0		0	0
7		0	0	1		0	0

			색			1	2																																																											
			0	0	0	0	0	0	0	0	0	0	0	0	0	0	0	0	1	1	1	1	1	1	1	1	1	1	1	1	1	1	1	1	2	2	2	2	2	2	2	2	2	2	2	2	2	2	2	2	3	3	3	3	3	3	3	3	3	3	3	3	3	3	3	3
			0	0	0	0	1	1	1	1	2	2	2	2	3	3	3	3	0	0	0	0	1	1	1	1	2	2	2	2	3	3	3	3	0	0	0	0	1	1	1	1	2	2	2	2	3	3	3	3	0	0	0	0	1	1	1	1	2	2	2	2	3	3	3	3
			0	1	2	3	0	1	2	3	0	1	2	3	0	1	2	3	0	1	2	3	0	1	2	3	0	1	2	3	0	1	2	3	0	1	2	3	0	1	2	3	0	1	2	3	0	1	2	3	0	1	2	3	0	1	2	3	0	1	2	3	0	1	2	3
0	0	0	0	0	0	0	0	0	0	0	0	0	0	0	0	0	0	0	0	0	0	0	0	1	2	3	0	2	2	6	0	3	6	3	0	0	0	0	0	2	2	6	0	2	2	6	0	6	6	6	0	0	0	0	0	3	6	3	0	6	6	6	0	3	6	3
0	0	1	0	0	0	0	0	0	0	0	0	0	0	0	0	0	0	0	0	0	0	0	1	1	1	1	2	2	2	2	3	3	3	3	0	0	0	0	2	2	2	2	2	2	2	2	6	6	6	6	0	0	0	0	3	3	3	3	6	6	6	6	3	3	3	3
0	0	2	0	0	0	0	0	0	0	0	0	0	0	0	0	0	0	0	0	0	0	0	2	1	2	1	2	2	2	2	6	3	6	3	0	0	0	0	2	2	2	2	2	2	2	2	6	6	6	6	0	0	0	0	6	3	6	3	6	6	6	6	6	3	6	3
0	0	3	0	0	0	0	0	0	0	0	0	0	0	0	0	0	0	0	0	0	0	0	3	1	1	3	6	2	2	6	3	3	3	3	0	0	0	0	6	2	2	6	6	2	2	6	6	6	6	6	0	0	0	0	3	3	3	3	6	6	6	6	3	3	3	3
0	1	0	0	0	0	0	0	0	0	0	0	0	0	0	0	0	0	0	0	1	2	3	0	1	2	3	0	1	2	3	0	1	2	3	0	2	2	6	0	2	2	6	0	2	2	6	0	2	2	6	0	3	6	3	0	3	6	3	0	3	6	3	0	3	6	3
0	1	1	0	0	0	0	0	0	0	0	0	0	0	0	0	0	0	0	1	1	1	1	1	1	1	1	1	1	1	1	1	1	1	1	2	2	2	2	2	2	2	2	2	2	2	2	2	2	2	2	3	3	3	3	3	3	3	3	3	3	3	3	3	3	3	3
0	1	2	0	0	0	0	0	0	0	0	0	0	0	0	0	0	0	0	2	1	2	1	2	1	2	1	2	1	2	1	2	1	2	1	2	2	2	2	2	2	2	2	2	2	2	2	2	2	2	2	6	3	6	3	6	3	6	3	6	3	6	3	6	3	6	3
0	1	3	0	0	0	0	0	0	0	0	0	0	0	0	0	0	0	0	3	1	1	3	3	1	1	3	3	1	1	3	3	1	1	3	6	2	2	6	6	2	2	6	6	2	2	6	6	2	2	6	3	3	3	3	3	3	3	3	3	3	3	3	3	3	3	3
0	2	0	0	0	0	0	0	0	0	0	0	0	0	0	0	0	0	0	0	2	2	6	0	1	2	3	0	2	2	6	0	1	2	3	0	2	2	6	0	2	2	6	0	2	2	6	0	2	2	6	0	6	6	6	0	3	6	3	0	6	6	6	0	3	6	3
0	2	1	0	0	0	0	0	0	0	0	0	0	0	0	0	0	0	0	2	2	2	2	1	1	1	1	2	2	2	2	1	1	1	1	2	2	2	2	2	2	2	2	2	2	2	2	2	2	2	2	6	6	6	6	3	3	3	3	6	6	6	6	3	3	3	3
0	2	2	0	0	0	0	0	0	0	0	0	0	0	0	0	0	0	0	2	2	2	2	2	1	2	1	2	2	2	2	2	1	2	1	2	2	2	2	2	2	2	2	2	2	2	2	2	2	2	2	6	6	6	6	6	3	6	3	6	6	6	6	6	3	6	3
0	2	3	0	0	0	0	0	0	0	0	0	0	0	0	0	0	0	0	6	2	2	6	3	1	1	3	6	2	2	6	3	1	1	3	6	2	2	6	6	2	2	6	6	2	2	6	6	2	2	6	6	6	6	6	3	3	3	3	6	6	6	6	3	3	3	3
0	3	0	0	0	0	0	0	0	0	0	0	0	0	0	0	0	0	0	0	3	6	3	0	1	2	3	0	1	2	3	0	3	6	3	0	6	6	6	0	2	2	6	0	2	2	6	0	6	6	6	0	3	6	3	0	3	6	3	0	3	6	3	0	3	6	3
0	3	1	0	0	0	0	0	0	0	0	0	0	0	0	0	0	0	0	3	3	3	3	1	1	1	1	1	1	1	1	3	3	3	3	6	6	6	6	2	2	2	2	2	2	2	2	6	6	6	6	3	3	3	3	3	3	3	3	3	3	3	3	3	3	3	3
0	3	2	0	0	0	0	0	0	0	0	0	0	0	0	0	0	0	0	6	3	6	3	2	1	2	1	2	1	2	1	6	3	6	3	6	6	6	6	2	2	2	2	2	2	2	2	6	6	6	6	6	3	6	3	6	3	6	3	6	3	6	3	6	3	6	3
0	3	3	0	0	0	0	0	0	0	0	0	0	0	0	0	0	0	0	3	3	3	3	3	1	1	3	3	1	1	3	3	3	3	3	6	6	6	6	6	2	2	6	6	2	2	6	6	6	6	6	3	3	3	3	3	3	3	3	3	3	3	3	3	3	3	3
1	0	0	0	0	0	0	0	1	2	3	0	2	2	6	0	3	6	3	0	0	0	0	0	1	2	3	0	2	2	6	0	3	6	3	0	0	0	0	0	1	2	3	0	2	2	6	0	3	6	3	0	0	0	0	0	1	2	3	0	2	2	6	0	3	6	3
1	0	1	0	0	0	0	1	1	1	1	2	2	2	2	3	3	3	3	0	0	0	0	1	1	1	1	2	2	2	2	3	3	3	3	0	0	0	0	1	1	1	1	2	2	2	2	3	3	3	3	0	0	0	0	1	1	1	1	2	2	2	2	3	3	3	3
1	0	2	0	0	0	0	2	1	2	1	2	2	2	2	6	3	6	3	0	0	0	0	2	1	2	1	2	2	2	2	6	3	6	3	0	0	0	0	2	1	2	1	2	2	2	2	6	3	6	3	0	0	0	0	2	1	2	1	2	2	2	2	6	3	6	3
1	0	3	0	0	0	0	3	1	1	3	6	2	2	6	3	3	3	3	0	0	0	0	3	1	1	3	6	2	2	6	3	3	3	3	0	0	0	0	3	1	1	3	6	2	2	6	3	3	3	3	0	0	0	0	3	1	1	3	6	2	2	6	3	3	3	3
1	1	0	0	1	2	3	0	1	2	3	0	1	2	3	0	1	2	3	0	1	2	3	0	1	2	3	0	1	2	3	0	1	2	3	0	1	2	3	0	1	2	3	0	1	2	3	0	1	2	3	0	1	2	3	0	1	2	3	0	1	2	3	0	1	2	3
1	1	1	1	1	1	1	1	1	1	1	1	1	1	1	1	1	1	1	1	1	1	1	1	1	1	1	1	1	1	1	1	1	1	1	1	1	1	1	1	1	1	1	1	1	1	1	1	1	1	1	1	1	1	1	1	1	1	1	1	1	1	1	1	1	1	1
1	1	2	2	1	2	1	2	1	2	1	2	1	2	1	2	1	2	1	2	1	2	1	2	1	2	1	2	1	2	1	2	1	2	1	2	1	2	1	2	1	2	1	2	1	2	1	2	1	2	1	2	1	2	1	2	1	2	1	2	1	2	1	2	1	2	1
1	1	3	3	1	1	3	3	1	1	3	3	1	1	3	3	1	1	3	3	1	1	3	3	1	1	3	3	1	1	3	3	1	1	3	3	1	1	3	3	1	1	3	3	1	1	3	3	1	1	3	3	1	1	3	3	1	1	3	3	1	1	3	3	1	1	3
1	2	0	0	2	2	6	0	1	2	3	0	2	2	6	0	1	2	3	0	2	2	6	0	1	2	3	0	2	2	6	0	1	2	3	0	2	2	6	0	1	2	3	0	2	2	6	0	1	2	3	0	2	2	6	0	1	2	3	0	2	2	6	0	1	2	3
1	2	1	2	2	2	2	1	1	1	1	2	2	2	2	1	1	1	1	2	2	2	2	1	1	1	1	2	2	2	2	1	1	1	1	2	2	2	2	1	1	1	1	2	2	2	2	1	1	1	1	2	2	2	2	1	1	1	1	2	2	2	2	1	1	1	1
1	2	2	2	2	2	2	2	1	2	1	2	2	2	2	2	1	2	1	2	2	2	2	2	1	2	1	2	2	2	2	2	1	2	1	2	2	2	2	2	1	2	1	2	2	2	2	2	1	2	1	2	2	2	2	2	1	2	1	2	2	2	2	2	1	2	1
1	2	3	6	2	2	6	3	1	1	3	6	2	2	6	3	1	1	3	6	2	2	6	3	1	1	3	6	2	2	6	3	1	1	3	6	2	2	6	3	1	1	3	6	2	2	6	3	1	1	3	6	2	2	6	3	1	1	3	6	2	2	6	3	1	1	3
1	3	0	0	3	6	3	0	1	2	3	0	1	2	3	0	3	6	3	0	3	6	3	0	1	2	3	0	1	2	3	0	3	6	3	0	3	6	3	0	1	2	3	0	1	2	3	0	3	6	3	0	3	6	3	0	1	2	3	0	1	2	3	0	3	6	3
1	3	1	3	3	3	3	1	1	1	1	1	1	1	1	3	3	3	3	3	3	3	3	1	1	1	1	1	1	1	1	3	3	3	3	3	3	3	3	1	1	1	1	1	1	1	1	3	3	3	3	3	3	3	3	1	1	1	1	1	1	1	1	3	3	3	3
1	3	2	6	3	6	3	2	1	2	1	2	1	2	1	6	3	6	3	6	3	6	3	2	1	2	1	2	1	2	1	6	3	6	3	6	3	6	3	2	1	2	1	2	1	2	1	6	3	6	3	6	3	6	3	2	1	2	1	2	1	2	1	6	3	6	3
1	3	3	3	3	3	3	3	1	1	3	3	1	1	3	3	3	3	3	3	3	3	3	3	1	1	3	3	1	1	3	3	3	3	3	3	3	3	3	3	1	1	3	3	1	1	3	3	3	3	3	3	3	3	3	3	1	1	3	3	1	1	3	3	3	3	3
2	0	0	0	0	0	0	0	2	2	6	0	2	2	6	0	6	6	6	0	0	0	0	0	1	2	3	0	2	2	6	0	3	6	3	0	0	0	0	0	2	2	6	0	2	2	6	0	6	6	6	0	0	0	0	0	1	2	3	0	2	2	6	0	3	6	3
2	0	1	0	0	0	0	2	2	2	2	2	2	2	2	6	6	6	6	0	0	0	0	1	1	1	1	2	2	2	2	3	3	3	3	0	0	0	0	2	2	2	2	2	2	2	2	6	6	6	6	0	0	0	0	1	1	1	1	2	2	2	2	3	3	3	3
2	0	2	0	0	0	0	2	2	2	2	2	2	2	2	6	6	6	6	0	0	0	0	2	1	2	1	2	2	2	2	6	3	6	3	0	0	0	0	2	2	2	2	2	2	2	2	6	6	6	6	0	0	0	0	2	1	2	1	2	2	2	2	6	3	6	3
2	0	3	0	0	0	0	6	2	2	6	6	2	2	6	6	6	6	6	0	0	0	0	3	1	1	3	6	2	2	6	3	3	3	3	0	0	0	0	6	2	2	6	6	2	2	6	6	6	6	6	0	0	0	0	3	1	1	3	6	2	2	6	3	3	3	3
2	1	0	0	2	2	6	0	2	2	6	0	2	2	6	0	2	2	6	0	1	2	3	0	1	2	3	0	1	2	3	0	1	2	3	0	2	2	6	0	2	2	6	0	2	2	6	0	2	2	6	0	1	2	3	0	1	2	3	0	1	2	3	0	1	2	3
2	1	1	2	2	2	2	2	2	2	2	2	2	2	2	2	2	2	2	1	1	1	1	1	1	1	1	1	1	1	1	1	1	1	1	2	2	2	2	2	2	2	2	2	2	2	2	2	2	2	2	1	1	1	1	1	1	1	1	1	1	1	1	1	1	1	1
2	1	2	2	2	2	2	2	2	2	2	2	2	2	2	2	2	2	2	2	1	2	1	2	1	2	1	2	1	2	1	2	1	2	1	2	2	2	2	2	2	2	2	2	2	2	2	2	2	2	2	2	1	2	1	2	1	2	1	2	1	2	1	2	1	2	1
2	1	3	6	2	2	6	6	2	2	6	6	2	2	6	6	2	2	6	3	1	1	3	3	1	1	3	3	1	1	3	3	1	1	3	6	2	2	6	6	2	2	6	6	2	2	6	6	2	2	6	3	1	1	3	3	1	1	3	3	1	1	3	3	1	1	3
2	2	0	0	2	2	6	0	2	2	6	0	2	2	6	0	2	2	6	0	2	2	6	0	1	2	3	0	2	2	6	0	1	2	3	0	2	2	6	0	2	2	6	0	2	2	6	0	2	2	6	0	2	2	6	0	1	2	3	0	2	2	6	0	1	2	3
2	2	1	2	2	2	2	2	2	2	2	2	2	2	2	2	2	2	2	2	2	2	2	1	1	1	1	2	2	2	2	1	1	1	1	2	2	2	2	2	2	2	2	2	2	2	2	2	2	2	2	2	2	2	2	1	1	1	1	2	2	2	2	1	1	1	1
2	2	2	2	2	2	2	2	2	2	2	2	2	2	2	2	2	2	2	2	2	2	2	2	1	2	1	2	2	2	2	2	1	2	1	2	2	2	2	2	2	2	2	2	2	2	2	2	2	2	2	2	2	2	2	2	1	2	1	2	2	2	2	2	1	2	1
2	2	3	6	2	2	6	6	2	2	6	6	2	2	6	6	2	2	6	6	2	2	6	3	1	1	3	6	2	2	6	3	1	1	3	6	2	2	6	6	2	2	6	6	2	2	6	6	2	2	6	6	2	2	6	3	1	1	3	6	2	2	6	3	1	1	3
2	3	0	0	6	6	6	0	2	2	6	0	2	2	6	0	6	6	6	0	3	6	3	0	1	2	3	0	1	2	3	0	3	6	3	0	6	6	6	0	2	2	6	0	2	2	6	0	6	6	6	0	3	6	3	0	1	2	3	0	1	2	3	0	3	6	3
2	3	1	6	6	6	6	2	2	2	2	2	2	2	2	6	6	6	6	3	3	3	3	1	1	1	1	1	1	1	1	3	3	3	3	6	6	6	6	2	2	2	2	2	2	2	2	6	6	6	6	3	3	3	3	1	1	1	1	1	1	1	1	3	3	3	3
2	3	2	6	6	6	6	2	2	2	2	2	2	2	2	6	6	6	6	6	3	6	3	2	1	2	1	2	1	2	1	6	3	6	3	6	6	6	6	2	2	2	2	2	2	2	2	6	6	6	6	6	3	6	3	2	1	2	1	2	1	2	1	6	3	6	3
2	3	3	6	6	6	6	6	2	2	6	6	2	2	6	6	6	6	6	3	3	3	3	3	1	1	3	3	1	1	3	3	3	3	3	6	6	6	6	6	2	2	6	6	2	2	6	6	6	6	6	3	3	3	3	3	1	1	3	3	1	1	3	3	3	3	3
3	0	0	0	0	0	0	0	3	6	3	0	6	6	6	0	3	6	3	0	0	0	0	0	1	2	3	0	2	2	6	0	3	6	3	0	0	0	0	0	1	2	3	0	2	2	6	0	3	6	3	0	0	0	0	0	3	6	3	0	6	6	6	0	3	6	3
3	0	1	0	0	0	0	3	3	3	3	6	6	6	6	3	3	3	3	0	0	0	0	1	1	1	1	2	2	2	2	3	3	3	3	0	0	0	0	1	1	1	1	2	2	2	2	3	3	3	3	0	0	0	0	3	3	3	3	6	6	6	6	3	3	3	3
3	0	2	0	0	0	0	6	3	6	3	6	6	6	6	6	3	6	3	0	0	0	0	2	1	2	1	2	2	2	2	6	3	6	3	0	0	0	0	2	1	2	1	2	2	2	2	6	3	6	3	0	0	0	0	6	3	6	3	6	6	6	6	6	3	6	3
3	0	3	0	0	0	0	3	3	3	3	6	6	6	6	3	3	3	3	0	0	0	0	3	1	1	3	6	2	2	6	3	3	3	3	0	0	0	0	3	1	1	3	6	2	2	6	3	3	3	3	0	0	0	0	3	3	3	3	6	6	6	6	3	3	3	3
3	1	0	0	3	6	3	0	3	6	3	0	3	6	3	0	3	6	3	0	1	2	3	0	1	2	3	0	1	2	3	0	1	2	3	0	1	2	3	0	1	2	3	0	1	2	3	0	1	2	3	0	3	6	3	0	3	6	3	0	3	6	3	0	3	6	3
3	1	1	3	3	3	3	3	3	3	3	3	3	3	3	3	3	3	3	1	1	1	1	1	1	1	1	1	1	1	1	1	1	1	1	1	1	1	1	1	1	1	1	1	1	1	1	1	1	1	1	3	3	3	3	3	3	3	3	3	3	3	3	3	3	3	3
3	1	2	6	3	6	3	6	3	6	3	6	3	6	3	6	3	6	3	2	1	2	1	2	1	2	1	2	1	2	1	2	1	2	1	2	1	2	1	2	1	2	1	2	1	2	1	2	1	2	1	6	3	6	3	6	3	6	3	6	3	6	3	6	3	6	3
3	1	3	3	3	3	3	3	3	3	3	3	3	3	3	3	3	3	3	3	1	1	3	3	1	1	3	3	1	1	3	3	1	1	3	3	1	1	3	3	1	1	3	3	1	1	3	3	1	1	3	3	3	3	3	3	3	3	3	3	3	3	3	3	3	3	3
3	2	0	0	6	6	6	0	3	6	3	0	6	6	6	0	3	6	3	0	2	2	6	0	1	2	3	0	2	2	6	0	1	2	3	0	2	2	6	0	1	2	3	0	2	2	6	0	1	2	3	0	6	6	6	0	3	6	3	0	6	6	6	0	3	6	3
3	2	1	6	6	6	6	3	3	3	3	6	6	6	6	3	3	3	3	2	2	2	2	1	1	1	1	2	2	2	2	1	1	1	1	2	2	2	2	1	1	1	1	2	2	2	2	1	1	1	1	6	6	6	6	3	3	3	3	6	6	6	6	3	3	3	3
3	2	2	6	6	6	6	6	3	6	3	6	6	6	6	6	3	6	3	2	2	2	2	2	1	2	1	2	2	2	2	2	1	2	1	2	2	2	2	2	1	2	1	2	2	2	2	2	1	2	1	6	6	6	6	6	3	6	3	6	6	6	6	6	3	6	3
3	2	3	6	6	6	6	3	3	3	3	6	6	6	6	3	3	3	3	6	2	2	6	3	1	1	3	6	2	2	6	3	1	1	3	6	2	2	6	3	1	1	3	6	2	2	6	3	1	1	3	6	6	6	6	3	3	3	3	6	6	6	6	3	3	3	3
3	3	0	0	3	6	3	0	3	6	3	0	3	6	3	0	3	6	3	0	3	6	3	0	1	2	3	0	1	2	3	0	3	6	3	0	3	6	3	0	1	2	3	0	1	2	3	0	3	6	3	0	3	6	3	0	3	6	3	0	3	6	3	0	3	6	3
3	3	1	3	3	3	3	3	3	3	3	3	3	3	3	3	3	3	3	3	3	3	3	1	1	1	1	1	1	1	1	3	3	3	3	3	3	3	3	1	1	1	1	1	1	1	1	3	3	3	3	3	3	3	3	3	3	3	3	3	3	3	3	3	3	3	3
3	3	2	6	3	6	3	6	3	6	3	6	3	6	3	6	3	6	3	6	3	6	3	2	1	2	1	2	1	2	1	6	3	6	3	6	3	6	3	2	1	2	1	2	1	2	1	6	3	6	3	6	3	6	3	6	3	6	3	6	3	6	3	6	3	6	3
3	3	3	3	3	3	3	3	3	3	3	3	3	3	3	3	3	3	3	3	3	3	3	3	1	1	3	3	1	1	3	3	3	3	3	3	3	3	3	3	1	1	3	3	1	1	3	3	3	3	3	3	3	3	3	3	3	3	3	3	3	3	3	3	3	3	3

4. 5진수에서 프랙탈

(1) N6 : =GCD(LCM($J6,N$2),LCM($K6,N$3),LCM($L6,N$4))

① 프랙탈 1단계

	J	K	L	M	N	O	P	Q	R
1					색		0	4	12
2					0	0	0	0	0
3					0	0	0	0	0
4					0	1	2	3	4
5									
6	0	0	0		0	0	0	0	0
7	0	0	1		0	1	2	3	4
8	0	0	2		0	2	2	6	4
9	0	0	3		0	3	6	3	12
10	0	0	4		0	4	4	12	4

② 프랙탈 3단계(나머지 0, 4, 12에 색칠)

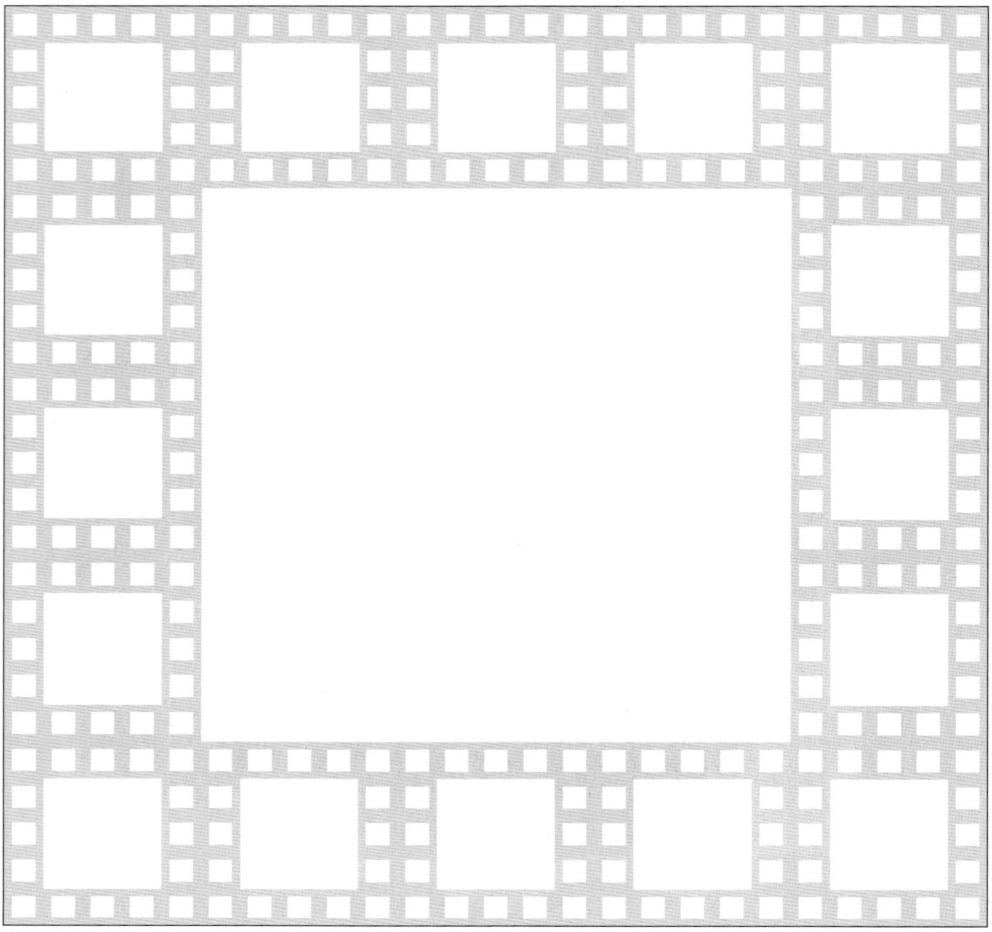

(2) N6 : =LCM(GCD($J6,N$2),GCD($K6,N$3),GCD($L6,N$4))

① 시작부분

	J	K	L	M	N	O	P	Q	R	S
1					색		1	2	3	6
2					0	0	0	0	0	0
3					0	0	0	0	0	1
4					0	1	2	3	4	0
5										
6	0	0	0		0	0	0	0	0	0
7	0	0	1		0	0	0	0	0	0
8	0	0	2		0	0	0	0	0	0
9	0	0	3		0	0	0	0	0	0
10	0	0	4		0	0	0	0	0	0

② 프랙탈 3단계(1, 2, 3, 6에 색칠)

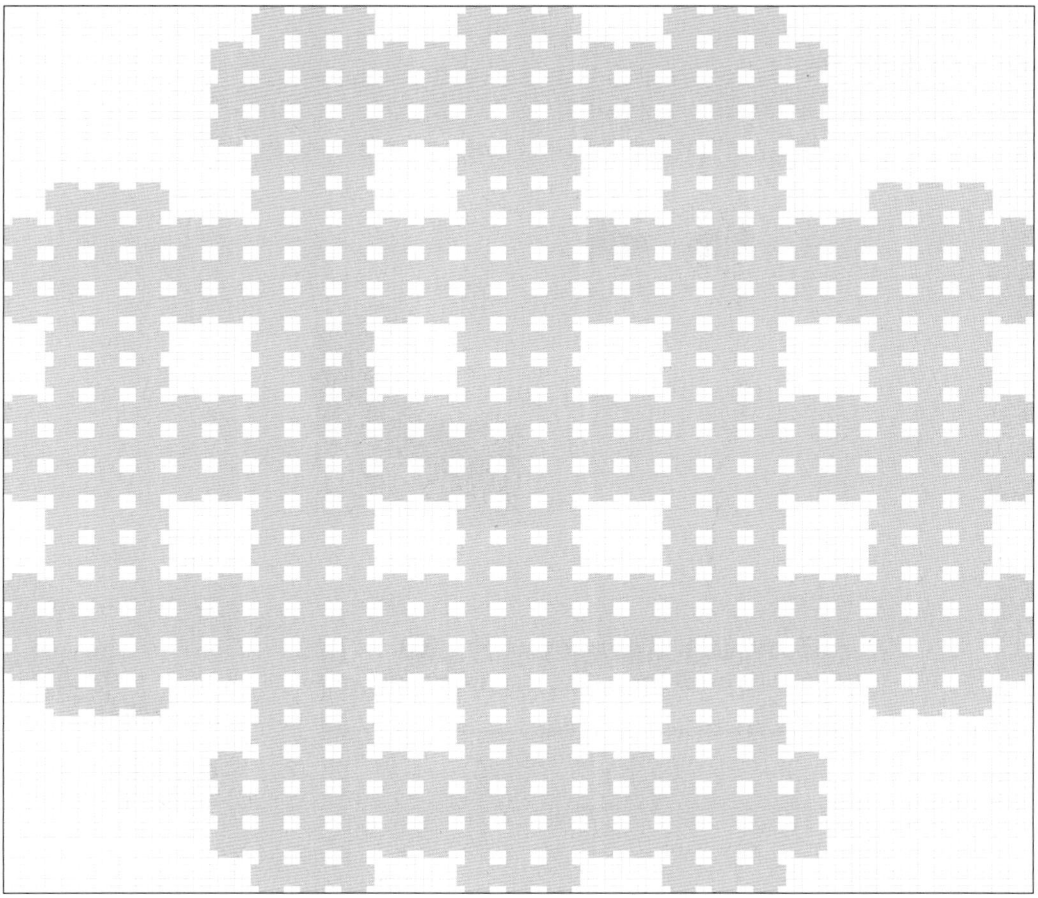

5. 탐구활동 : 6진수의 프랙탈을 만들어 보자.

3.6 멀티 프랙탈

프랙탈을 만드는 방법은 여러 가지가 있을 수 있다. 한 개의 원리로 만들 수도 있고, 몇 개의 프랙탈을 생성하는 요소들이 합성해서 만들 수도 있다. 3개의 생성원을 가진 프랙탈을 생성해 보자.

1. 생성원

(1) 3개의 생성원

① 0, 1, 2일 때 각각의 생성원이다.

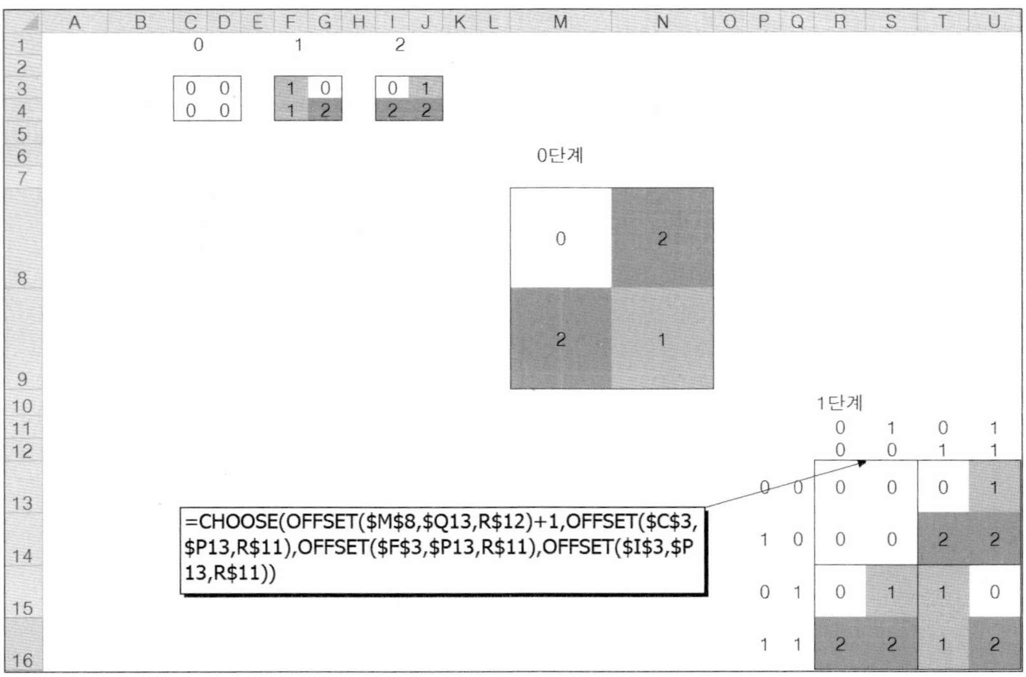

2. 구성원리

(1) 0, 1단계의 구성

① 0단계 구성	② 1에 해당하는 부분을 찾는다.	③ 1에 해당하는 부분에 입력한다.	④ 1,2에 해당하는 부분을 찾는다.
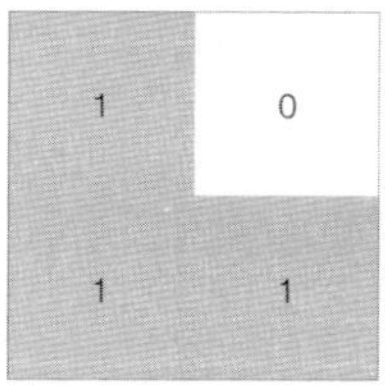	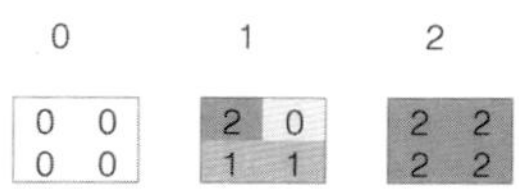	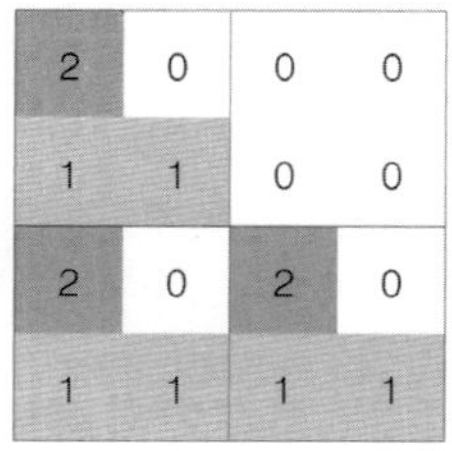	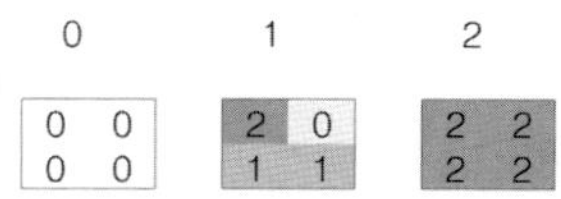

(2) 2단계 구성

① 2단계 구성	② 0,1,2에 해당하는 부분을 찾는다.	③ 3단계 구성	④ 같은 방법으로 4단계 구성
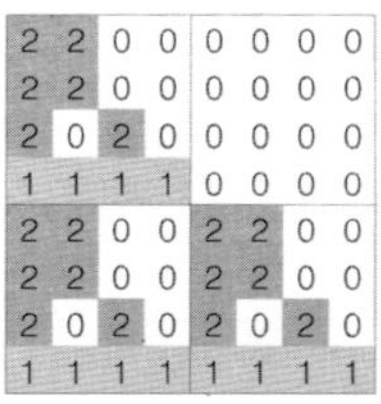	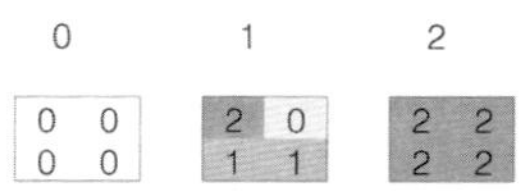	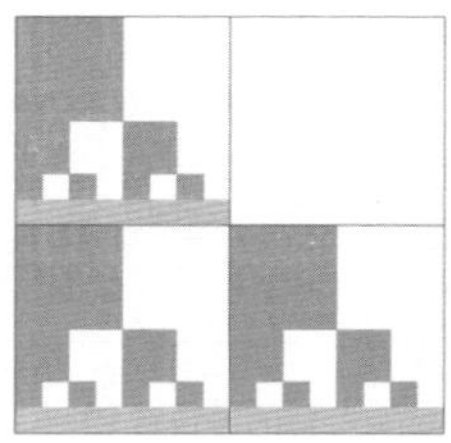	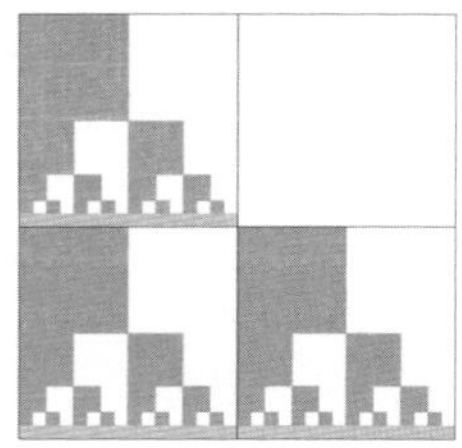

(3) Q13

① Q13 : =CHOOSE(OFFSET($M$8,$Q13,R$12)+1,OFFSET($C$3,$P13,R$11),OFFSET($F$3,$P13,R$11),OFFSET($I$3,$P13,R$11))

② offset 함수에 대해 알아보자.

③ choose 함수에 대해 알아보자.

3. 멀티 프랙탈1

① 생성원	② 0단계	③ 1단계
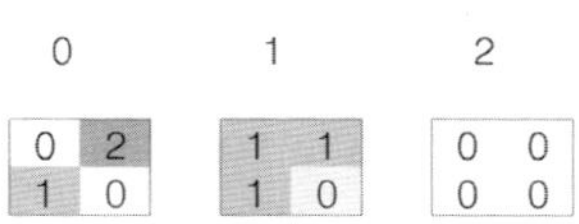	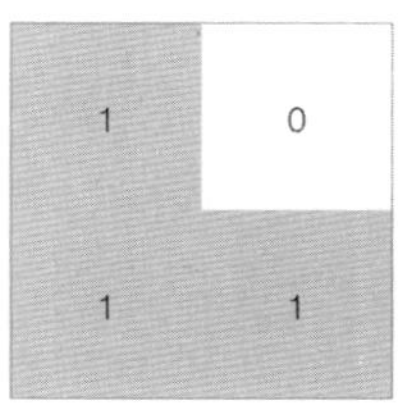	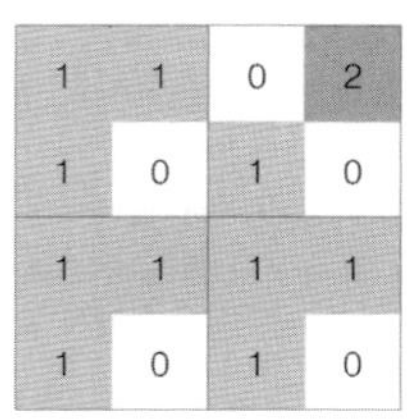

④ 2단계	⑤ 3단계	⑥ 4단계
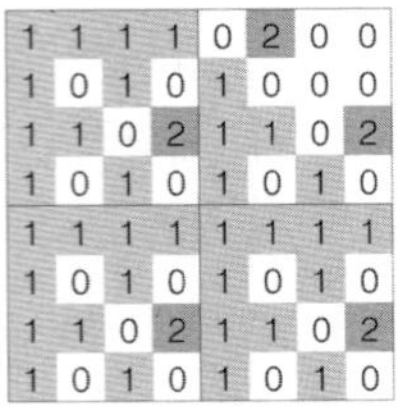	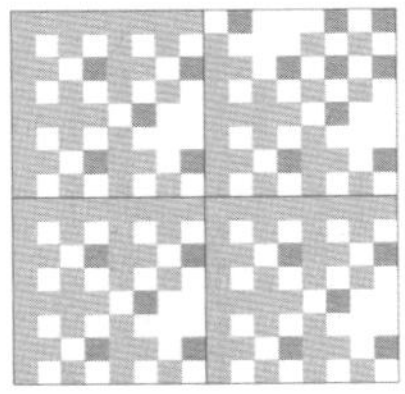	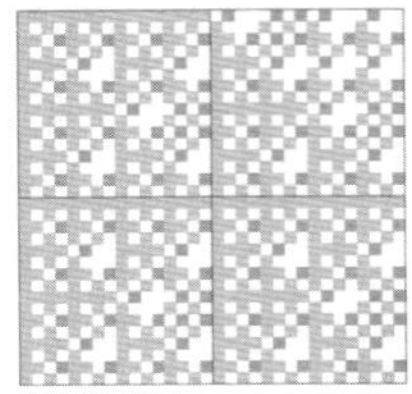

4. 멀티 프랙탈2

① 생성원	② 0단계	③ 1단계
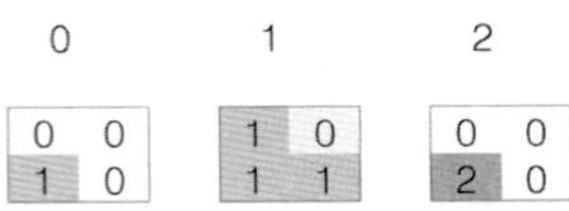	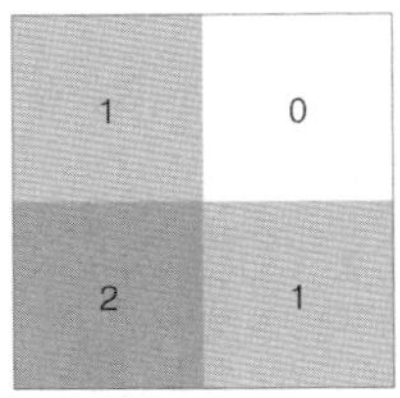	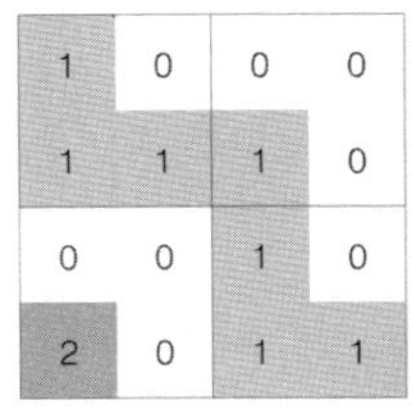

④ 2단계	⑤ 3단계	⑥ 4단계
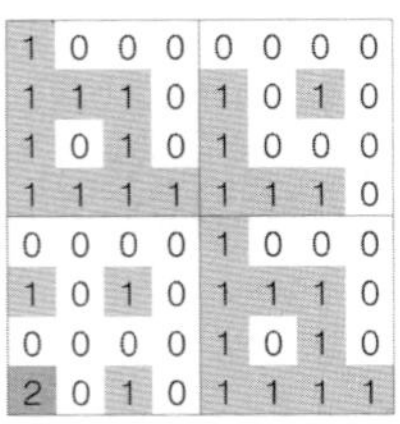		

5. 멀티 프랙탈3

① 생성원	② 0단계	③ 1단계
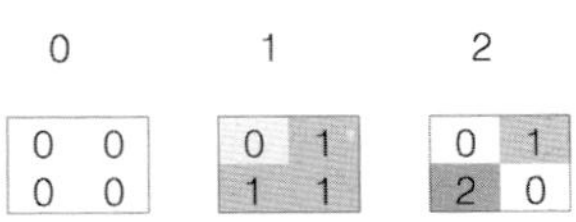	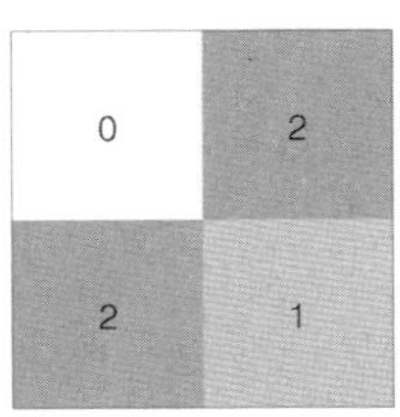	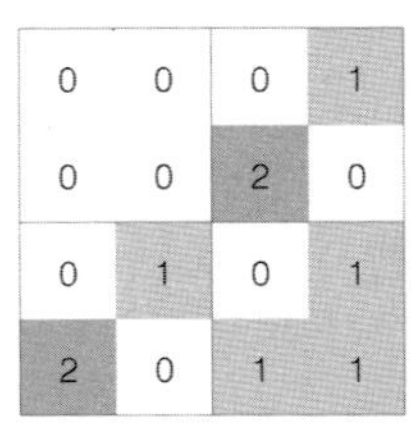

④ 2단계	⑤ 3단계	⑥ 4단계
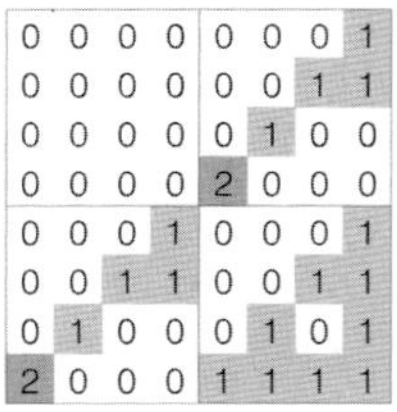	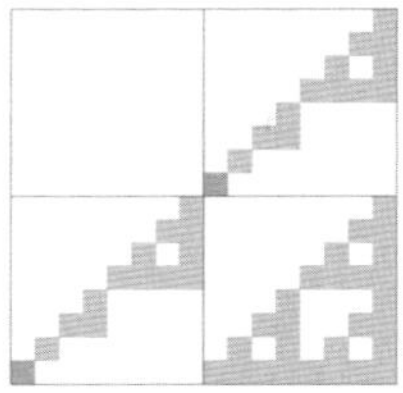	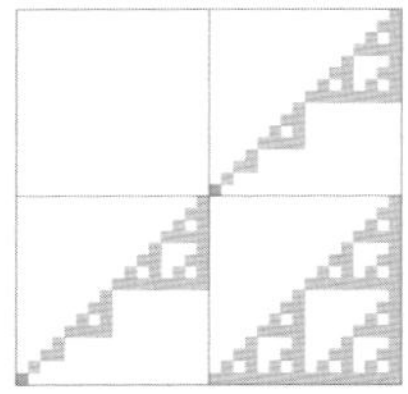

6. 멀티 프랙탈 4

① 생성원	② 0단계	③ 1단계
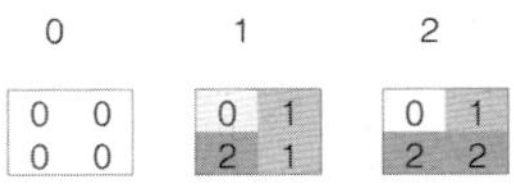	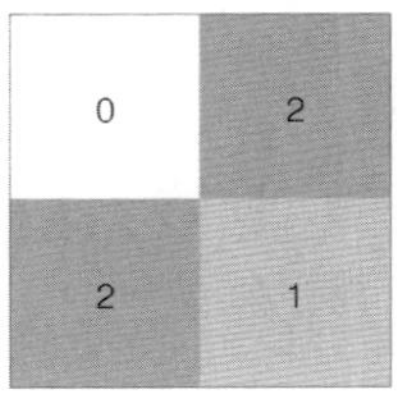	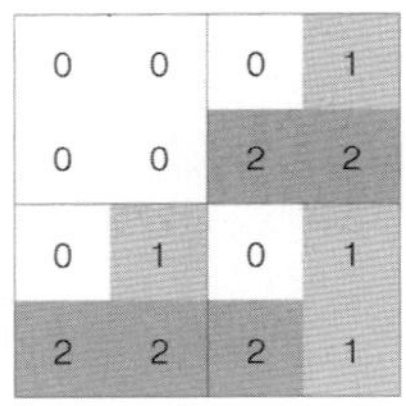

④ 2단계	⑤ 3단계	⑥ 4단계
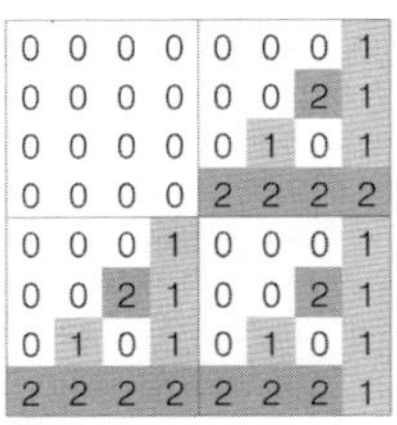	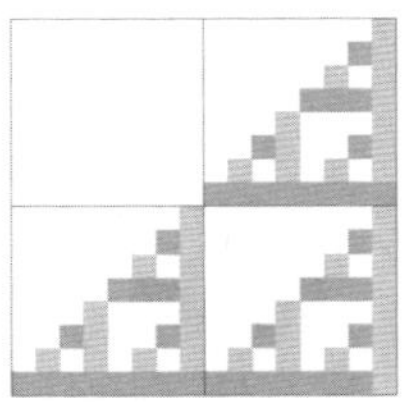	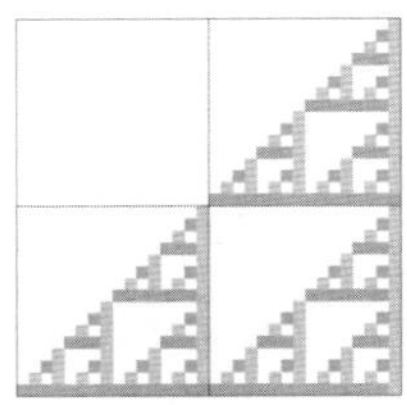

7. 탐구활동

(1) 생성원이 4개인 경우를 만들어 보자.

(2) 생성원이 5개인 경우를 만들어 보자.

3.7 Mod( ) 함수를 이용한 프랙탈 만들기

mod(6, 3)는 6을 3으로 나누었을 때, 나머지를 나타낸다. 따라서 mod(6, 3)=0이다. mod(5, 2)=1이다.

1. Mod(x+y, 2)

(1) Mod(x+y, 2)에서 2로 나누었을 때, 나머지 1에 색칠

① 0 단계 도형	② 1단계	③ 1단계 셀의 수식
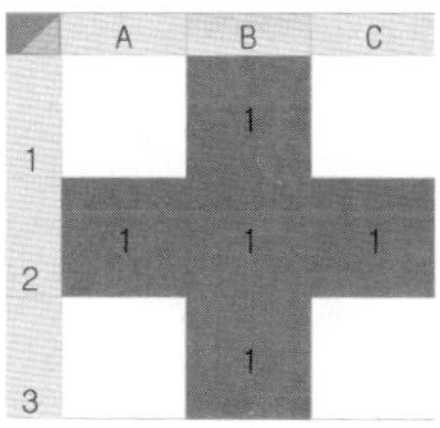	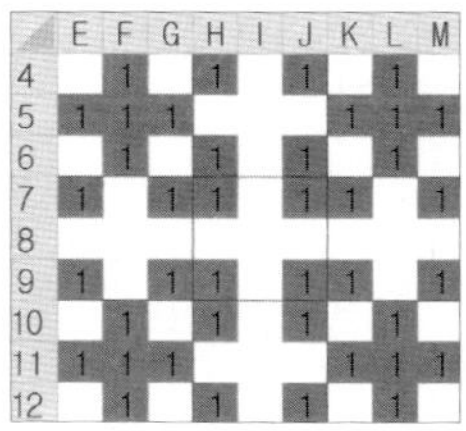	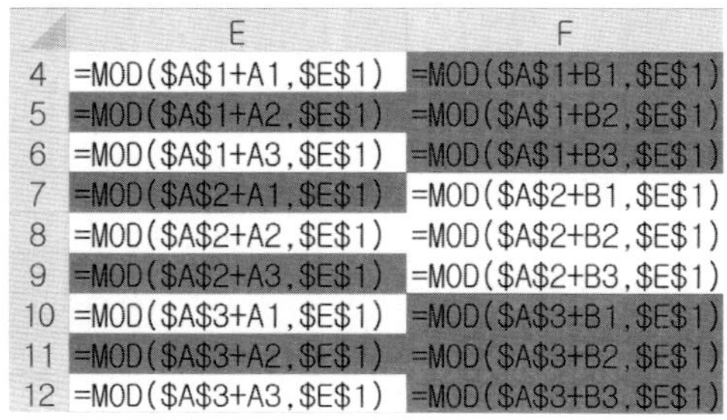

	E	F
4	=MOD($A$1+A1,$E$1)	=MOD($A$1+B1,$E$1)
5	=MOD($A$1+A2,$E$1)	=MOD($A$1+B2,$E$1)
6	=MOD($A$1+A3,$E$1)	=MOD($A$1+B3,$E$1)
7	=MOD($A$2+A1,$E$1)	=MOD($A$2+B1,$E$1)
8	=MOD($A$2+A2,$E$1)	=MOD($A$2+B2,$E$1)
9	=MOD($A$2+A3,$E$1)	=MOD($A$2+B3,$E$1)
10	=MOD($A$3+A1,$E$1)	=MOD($A$3+B1,$E$1)
11	=MOD($A$3+A2,$E$1)	=MOD($A$3+B2,$E$1)
12	=MOD($A$3+A3,$E$1)	=MOD($A$3+B3,$E$1)

Mod(x+y, 2)를 두 개의 규칙으로 생각해 보자.

① 0단계 구성	② 0단계의 0	③ 0단계의 1
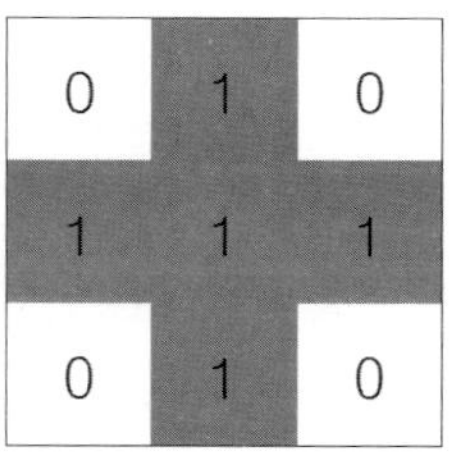	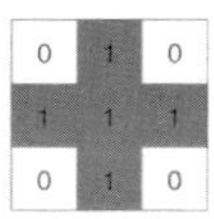	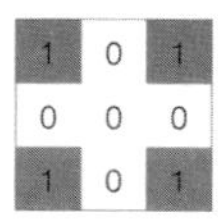

④ 1단계	⑦ 2단계	⑧ 3단계
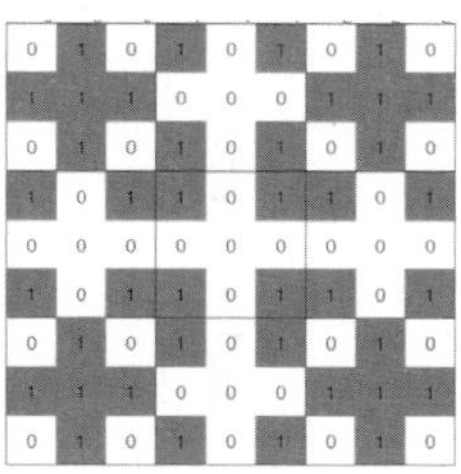		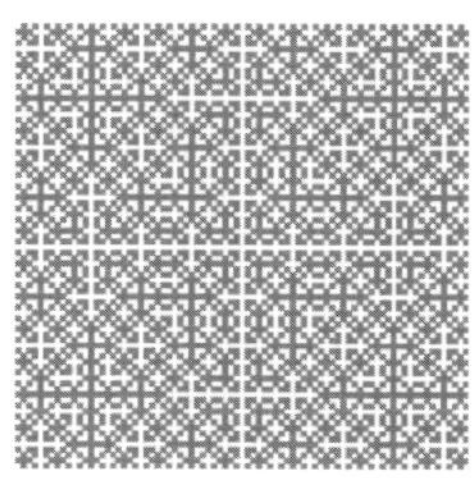

(2) Mod(x+y, 2)는 2로 나누었을 때 1에 색칠

① 0단계	② 1단계	③ 2단계	④ 3단계
$\log_3 1 = 0$	$\log_9 16 = 1.262$	$\log_{27} 193 = 1.597$	$\log_{81} 2080 = 1.739$
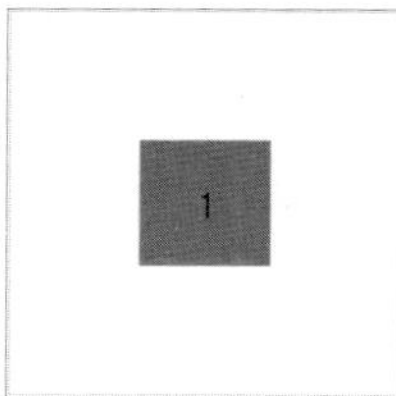	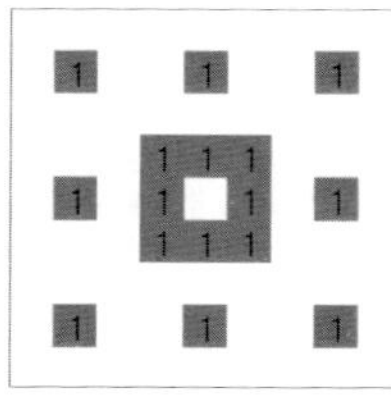	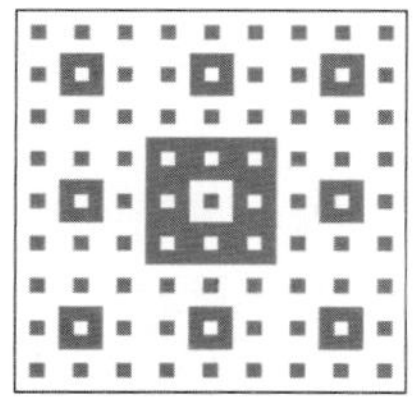	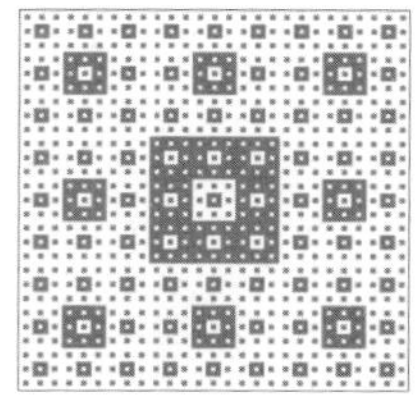

0과 1의 두 개의 프랙탈로 구성해 보자.

① 0단계	② 1단계	③ 2단계	④ 3단계
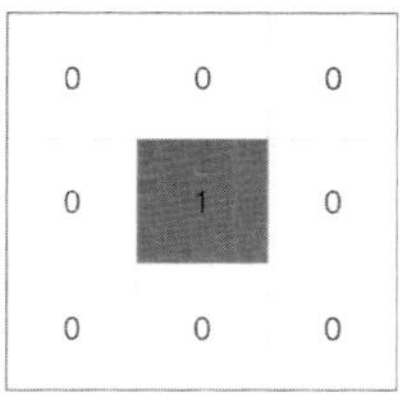	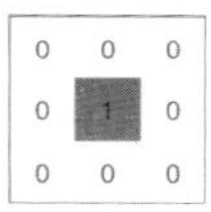		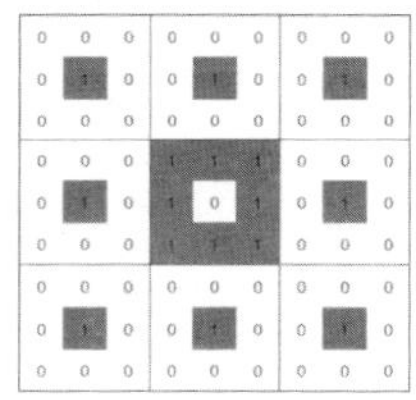

(3) 가장자리 4개

① 0단계	② 1단계	③ 2단계	④ 3단계
$\log_3 4 = 1.262$	$\log_9 40 = 1.679$	$\log_{27} 364 = 1.789$	$\log_{81} 3280 = 1.842$
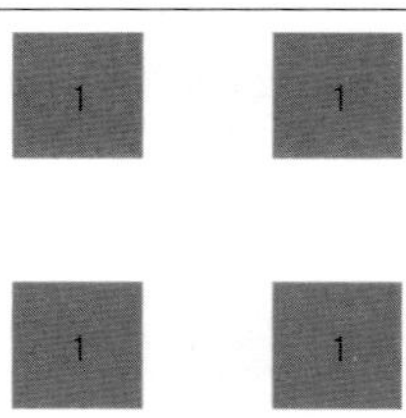	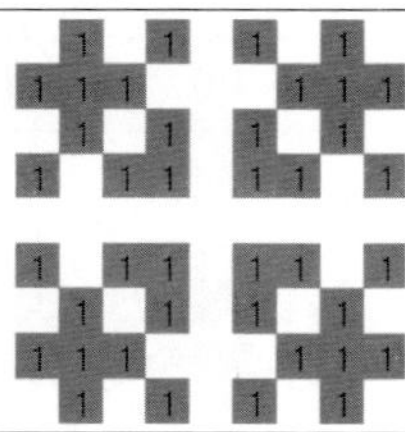		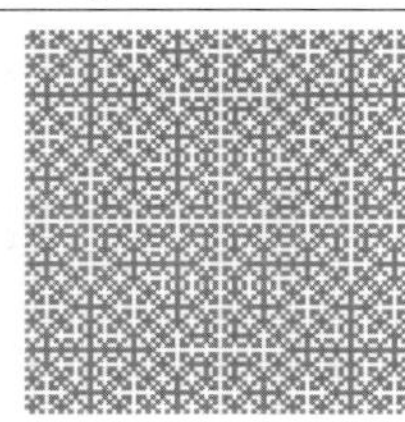

0단계의 도형이 (1)과 다르지만 1단계, 2단계, 3단계는 같은 결과를 나타낸다.

① 0 단계	② 0	③ 1	④ 1단계
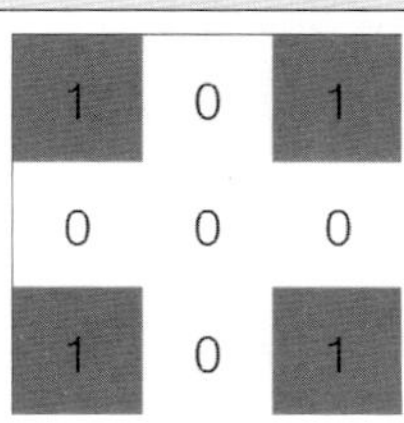	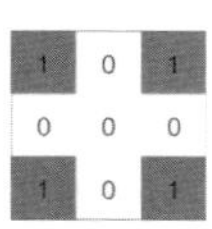	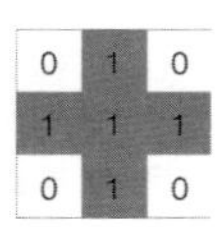	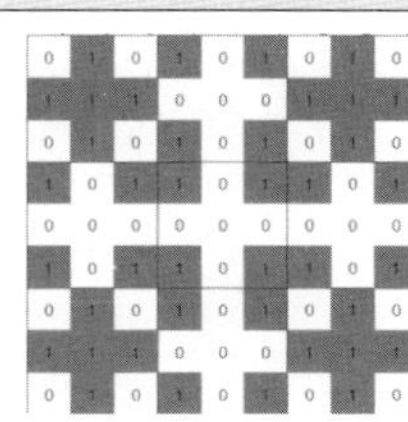

2. Mod(x+y, 3)

(1) Mod(x+y, 3)를 0, 1, 2에서 세 개의 생성자를 이용하여 프랙탈을 구성해 보자.

① 0단계	② 1단계	③ 2단계	④ 3단계
$\log_3 1 = 0$	$\log_9 16 = 1.262$	$\log_{27} 192 = 1.595$	$\log_{81} 2049 = 1.735$
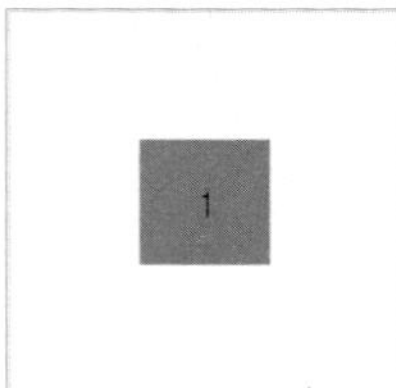	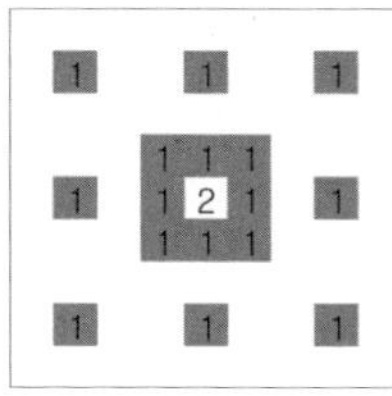	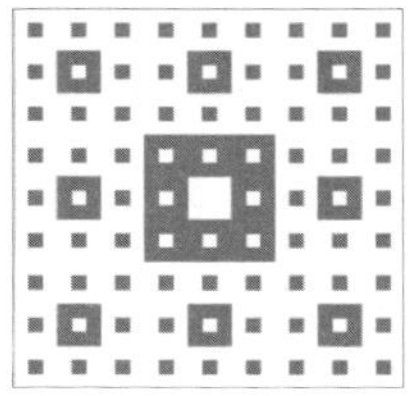	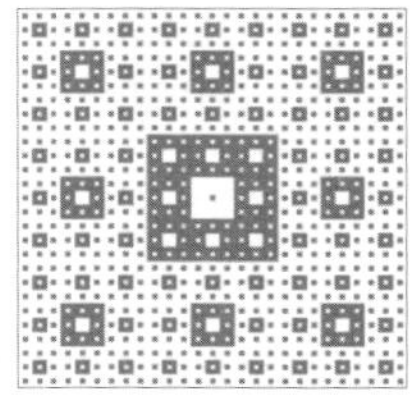

위의 프랙탈 도형은 0, 1, 2의 생성원을 이용하여 만들 수 있다.

① 0단계	② 0	③ 1	④ 2
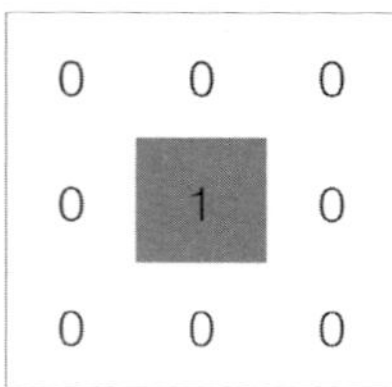	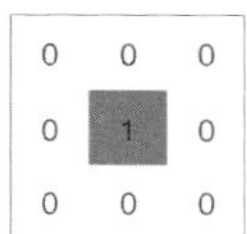	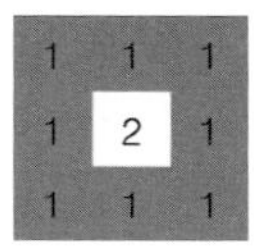	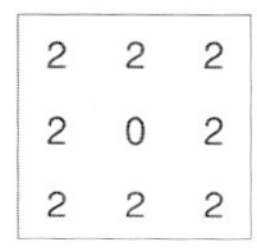

(2) Mod(x+y, 3)에서 가장자리 4개

① 0단계	② 1단계	③ 2단계	④ 3단계
$\log_3 4 = 1.262$	$\log_9 40 = 1.679$	$\log_{27} 300 = 1.731$	$\log_{81} 2256 = 1.757$
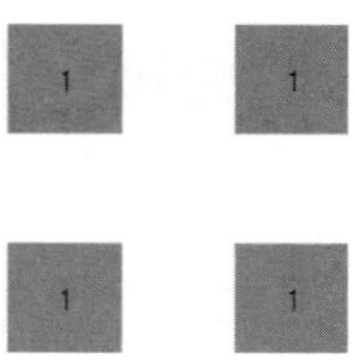	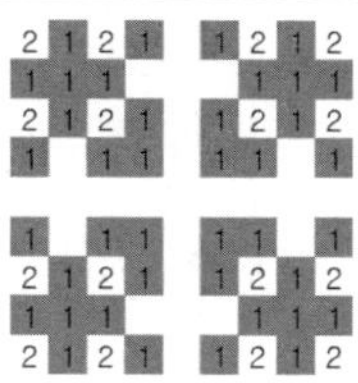		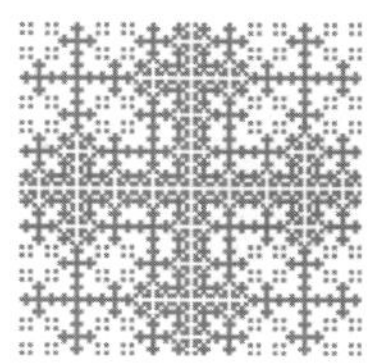

① 0단계	② 0	③ 1	④ 2
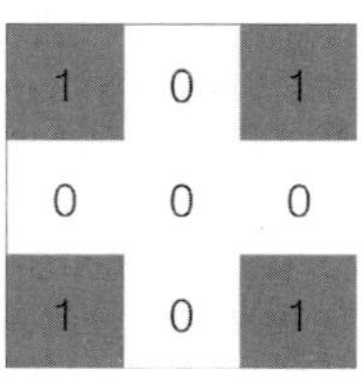	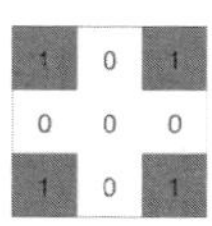	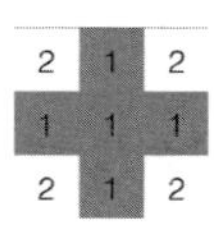	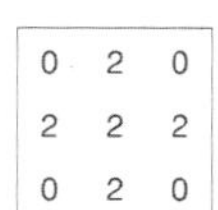

(3) Mod(x+y, 3)에서 가운데 4개

① 0단계	② 1단계	③ 2단계	④ 3단계
$\log_3 4 = 1.262$	$\log_9 40 = 1.679$	$\log_{27} 300 = 1.731$	$\log_{81} 2256 = 1.757$
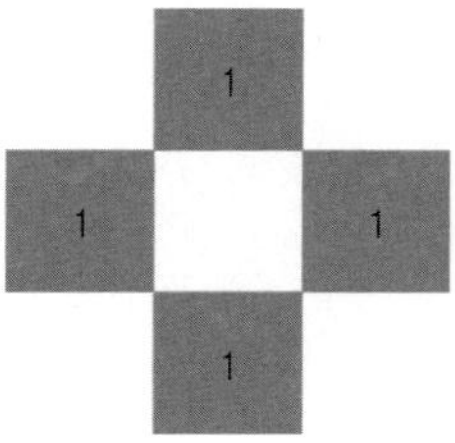	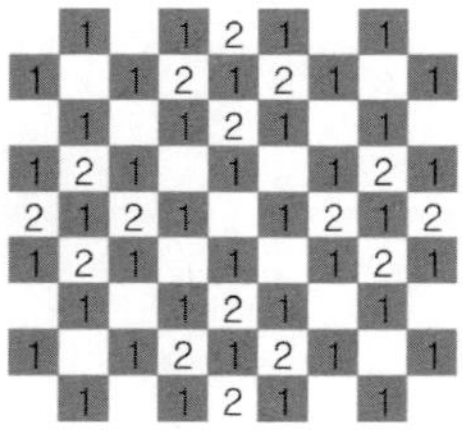		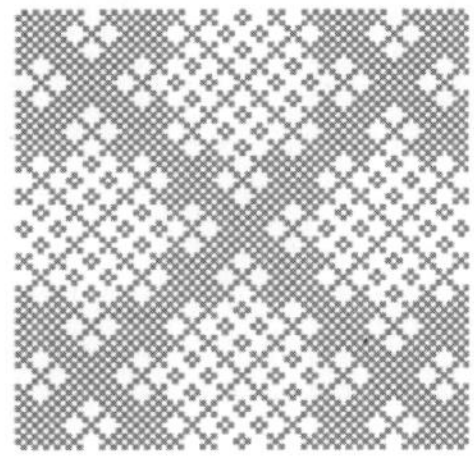

① 0단계	② 0	③ 1	④ 2
0 1 0 1 0 1 0 1 0	0 1 0 1 0 1 0 1 0	1 2 1 2 1 2 1 2 1	2 0 2 0 2 0 2 0 2

(4) Mod(x+y, 3)에서 십자가

① 0단계	② 1단계	③ 2단계	④ 3단계
$\log_3 5 = 1.465$	$\log_9 40 = 1.679$	$\log_{27} 240 = 1.663$	$\log_{81} 1905 = 1.719$
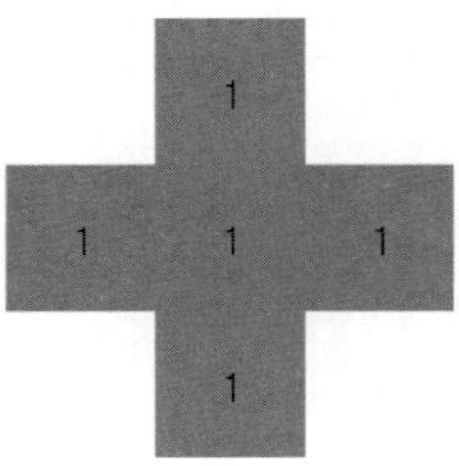	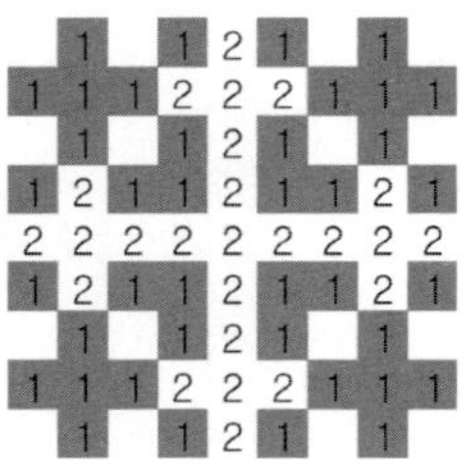		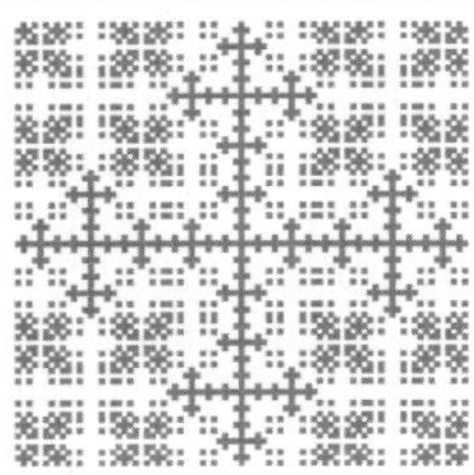

① 0단계	② 0	③ 1	④ 2
0 1 0 1 1 1 0 1 0	0 1 0 1 1 1 0 1 0	1 2 1 2 2 2 1 2 1	2 0 2 0 0 0 2 0 2

(5) Mod(x+y, 3)에서 가운데와 가장자리

① 0단계	② 1단계	③ 2단계	④ 3단계
$\log_3 5 = 1.465$	$\log_9 40 = 1.679$	$\log_{27} 240 = 1.663$	$\log_{81} 1905 = 1.719$

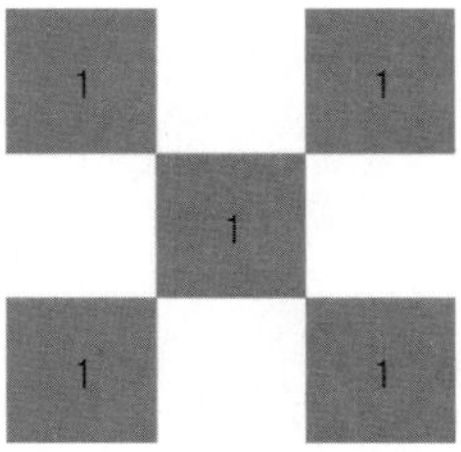

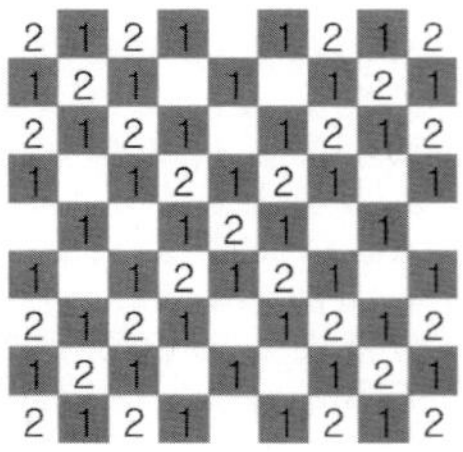

① 0단계	② 0	③ 1	④ 2

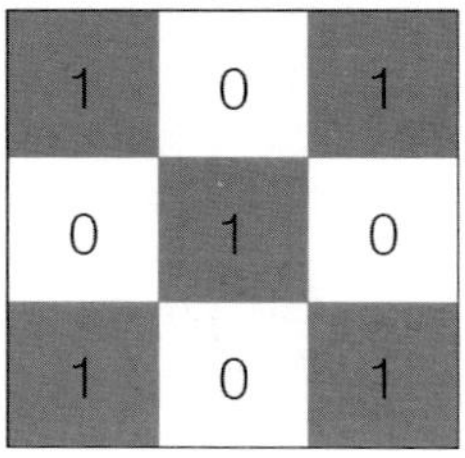

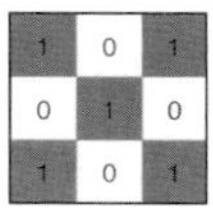

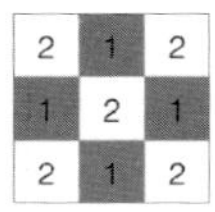

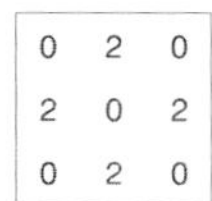

(6) Mod(x+y, 3)에서 시어핀스키 카펫

① 0단계	② 1단계	③ 2단계	④ 3단계
$\log_3 8 = 1.893$	$\log_9 16 = 1.262$	$\log_{27} 24 = 0.964$	$\log_{81} 4128 = 1.895$

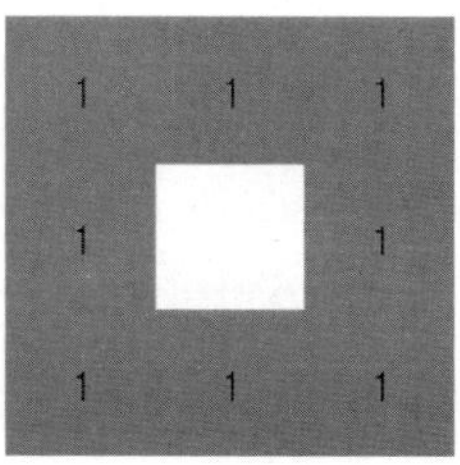

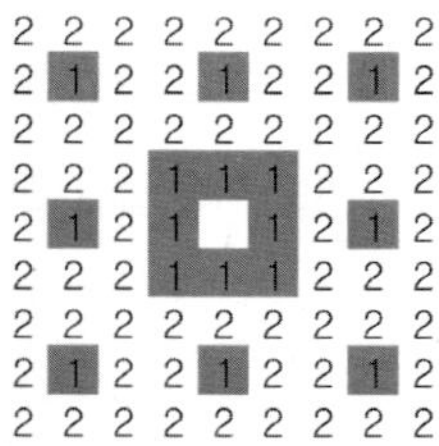

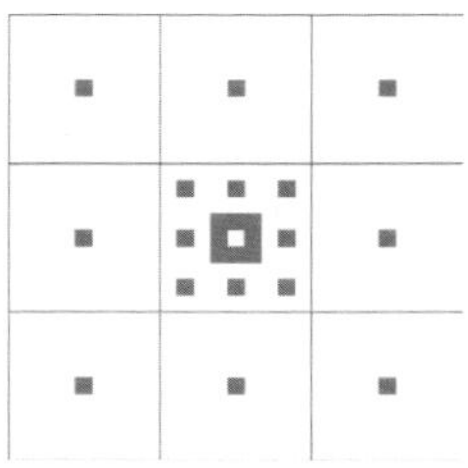
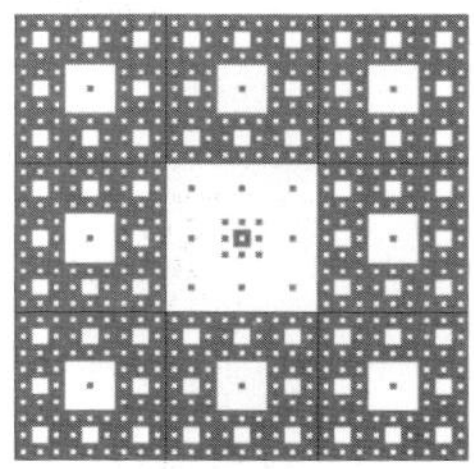

① 0단계	② 0	③ 1	④ 2

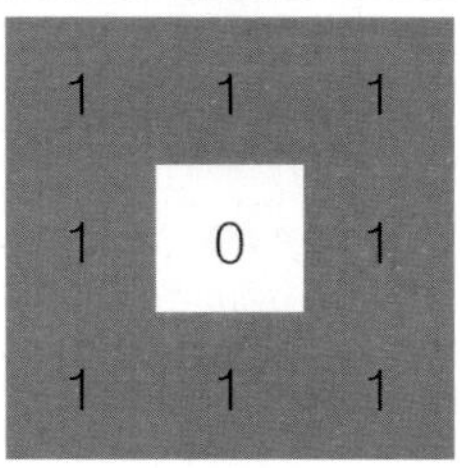

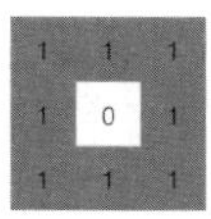

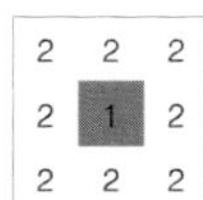

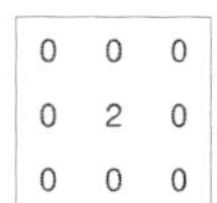

(7) Mod(x+y, 3)에서 2에 색칠

① 0단계	② 1단계	③ 2단계	④ 3단계
$\log_3 4 = 1.262$	$\log_9 16 = 1.261$	$\log_{27} 300 = 1.731$	$\log_{81} 2256 = 1.757$
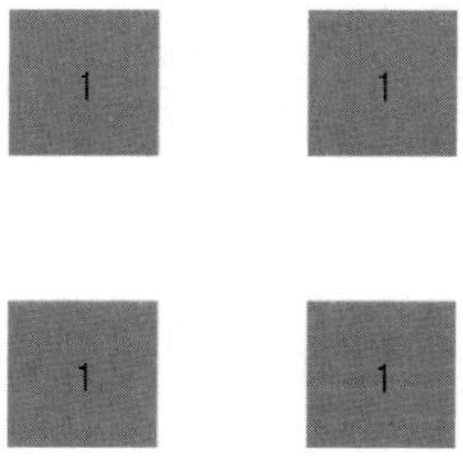	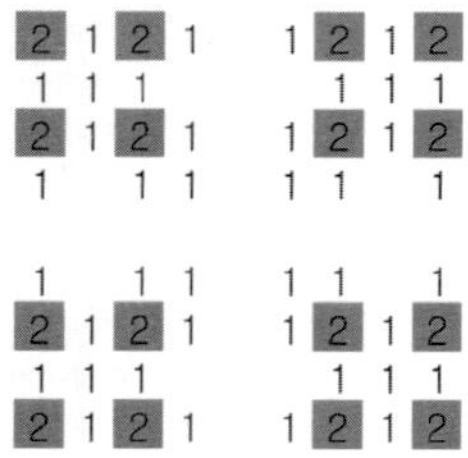		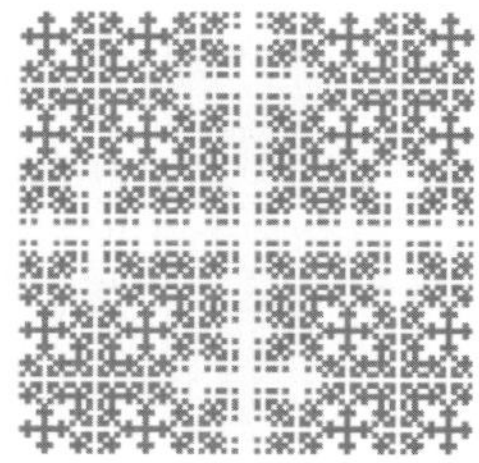

① 0단계	② 0	③ 1	④ 2
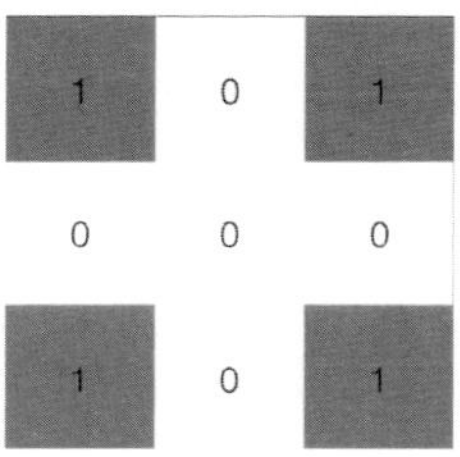	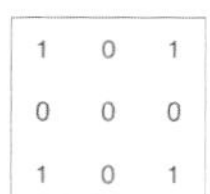	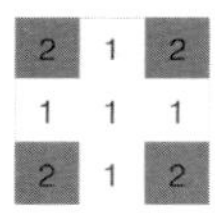	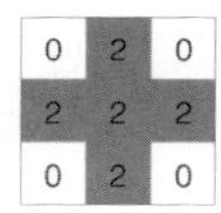

(8) Mod(x+y, 3)에서 2에 색칠

① 0단계	② 1단계	③ 2단계	④ 3단계
$\log_3 4 = 1.262$	$\log_9 16 = 1.261$	$\log_{27} 240 = 1.663$	$\log_{81} 2400 = 1.7771$
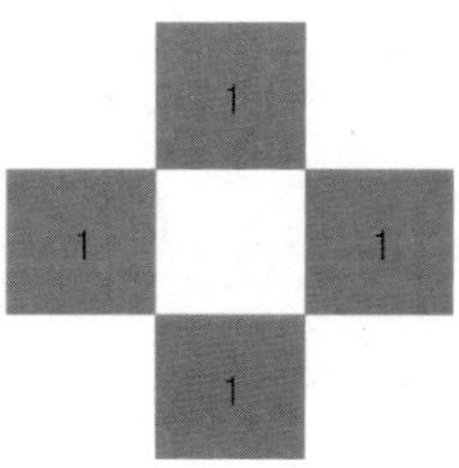	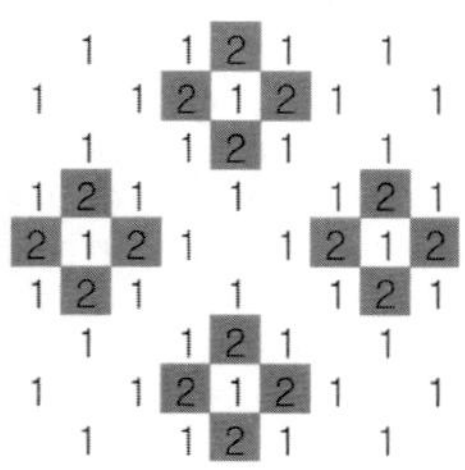	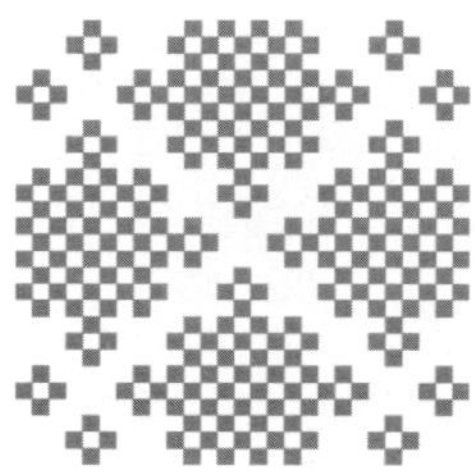	

① 0단계	② 0	③ 1	④ 2
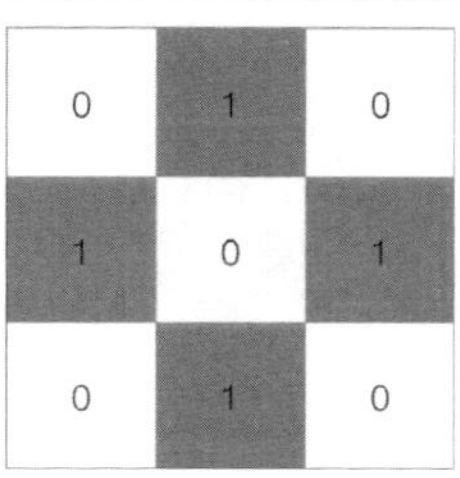	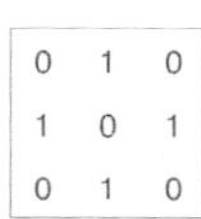	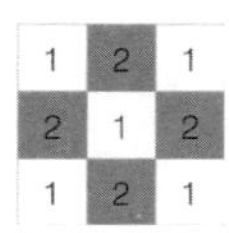	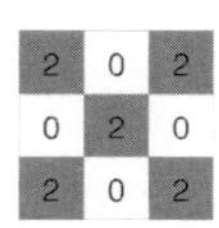

(9) Mod(x+y, 3)에서 2에 색칠

① 0단계	② 1단계	③ 2단계	④ 3단계
$\log_3 5 = 1.465$	$\log_9 25 = 1.465$	$\log_{27} 300 = 1.731$	$\log_{81} 2400 = 1.719$
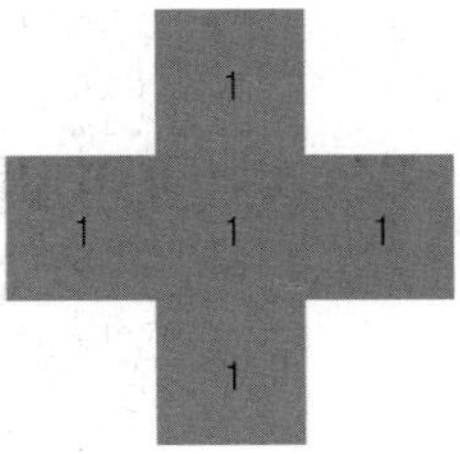	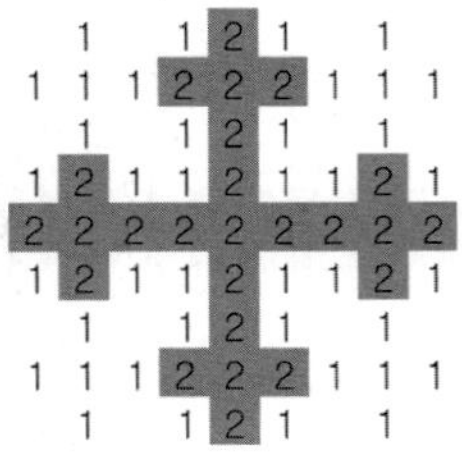		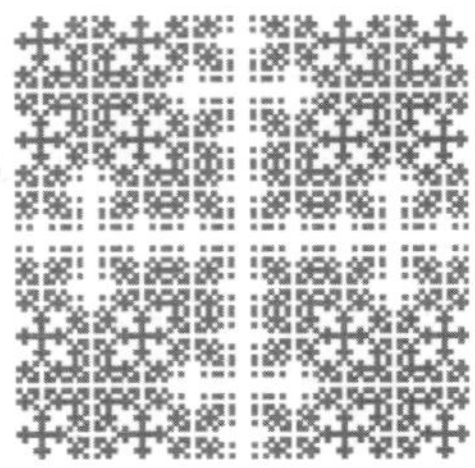

① 0단계	② 0	③ 1	④ 2
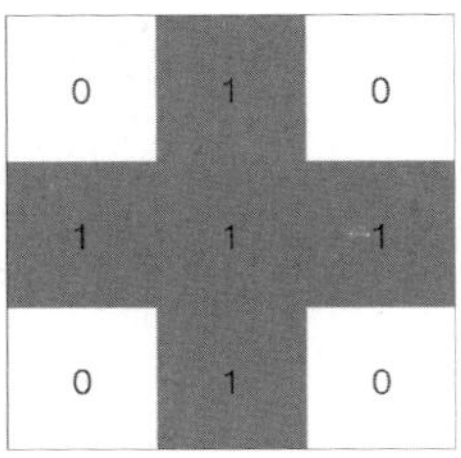	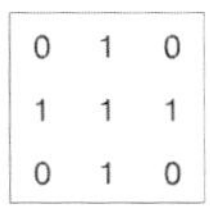	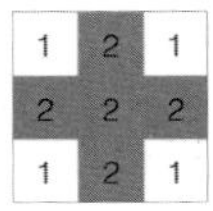	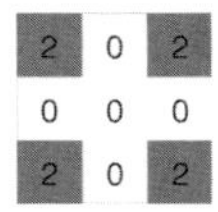

(10) Mod(x+y, 3)에서 2에 색칠

① 0단계	② 1단계	③ 2단계	④ 3단계
$\log_3 5 = 1.465$	$\log_9 25 = 1.465$	$\log_{27} 300 = 1.731$	$\log_{81} 2400 = 1.719$
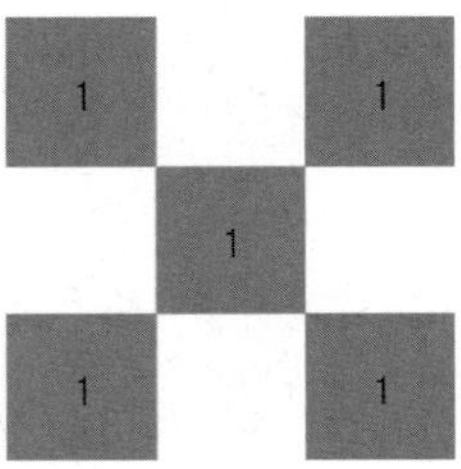	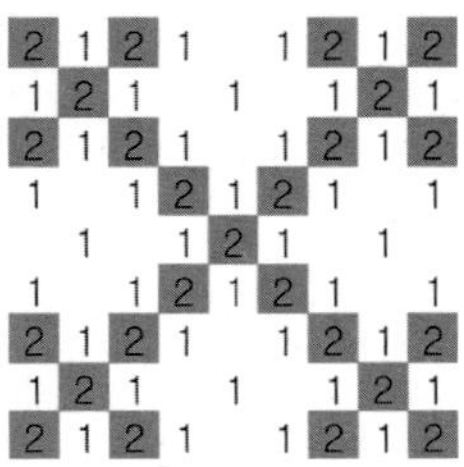		

① 0단계	② 0	③ 1	④ 2
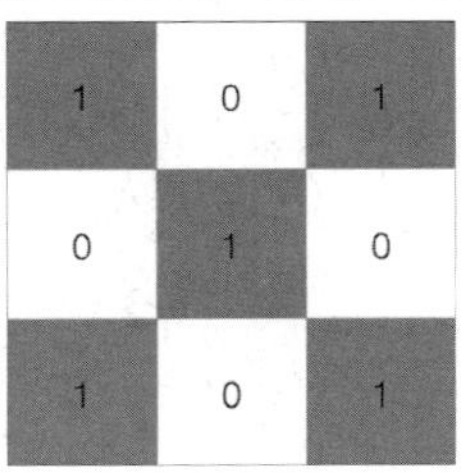		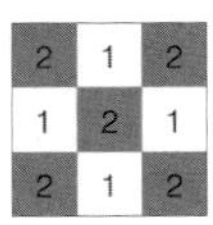	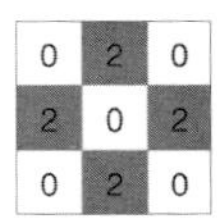

(11) Mod(x+y, 3)에서 2에 색칠한다.

① 0단계	② 1단계	③ 2단계	④ 3단계
$\log_3 8 = 1.893$	$\log_9 64 = 1.893$	$\log_{27} 192 = 1.595$	$\log_{81} 384 = 1.354$
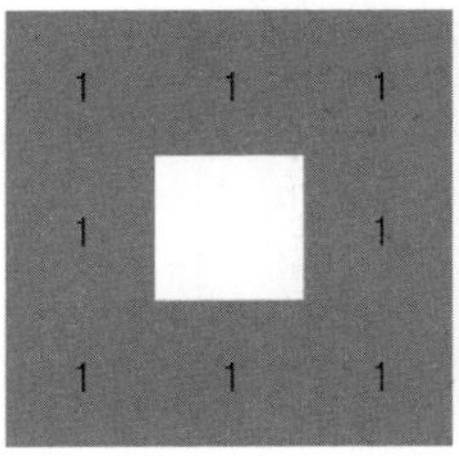	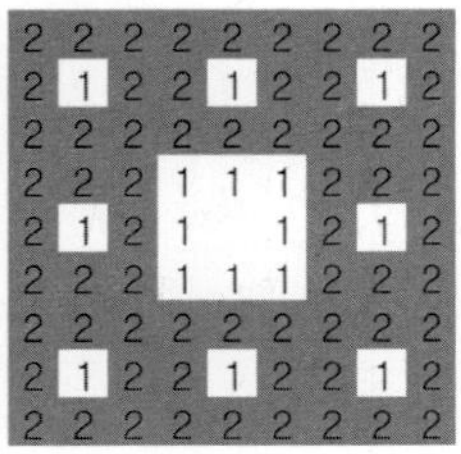	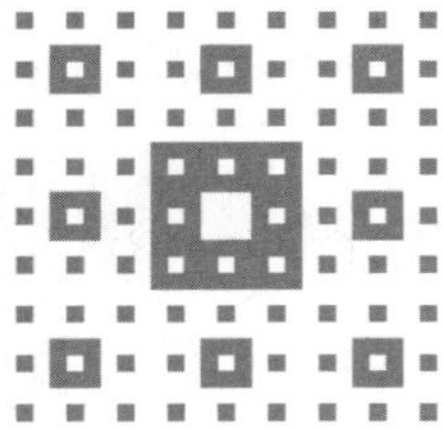	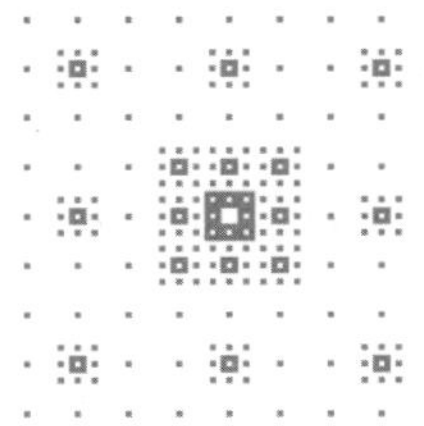

① 0단계	② 0	③ 1	④ 2
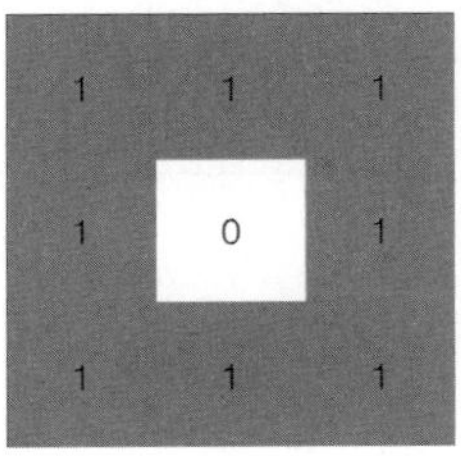	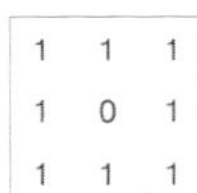		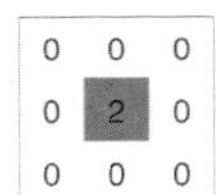

3.8 3×3 덧셈, 곱셈, 논리곱, 논리합을 이용한 프랙탈

프랙탈을 만드는 다양한 방법을 생각할 수 있다. 덧셈, 곱셈, 논리곱, 논리합을 이용하여 프랙탈을 생성하는 방법을 탐구해 보자.

1. 덧셈 프랙탈

1단계에 주어진 행렬의 값을 이용하여 2단계를 만든다.

a_{11}	a_{12}	a_{13}
a_{21}	a_{22}	a_{23}
a_{31}	a_{32}	a_{33}

2단계는 1단계의 각 셀의 합을 이용한다.

$a_{11}+a_{11}$	$a_{11}+a_{12}$	$a_{11}+a_{13}$	$a_{12}+a_{11}$	$a_{12}+a_{12}$	$a_{12}+a_{13}$	$a_{13}+a_{11}$	$a_{13}+a_{12}$	$a_{13}+a_{13}$
$a_{11}+a_{21}$	$a_{11}+a_{22}$	$a_{11}+a_{23}$	$a_{12}+a_{21}$	$a_{12}+a_{22}$	$a_{12}+a_{23}$	$a_{13}+a_{21}$	$a_{13}+a_{22}$	$a_{13}+a_{23}$
$a_{11}+a_{31}$	$a_{11}+a_{32}$	$a_{11}+a_{33}$	$a_{12}+a_{31}$	$a_{12}+a_{32}$	$a_{12}+a_{33}$	$a_{13}+a_{31}$	$a_{13}+a_{32}$	$a_{13}+a_{33}$
$a_{21}+a_{11}$	$a_{21}+a_{12}$	$a_{21}+a_{13}$	$a_{22}+a_{11}$	$a_{22}+a_{12}$	$a_{22}+a_{13}$	$a_{23}+a_{11}$	$a_{23}+a_{12}$	$a_{23}+a_{13}$
$a_{21}+a_{21}$	$a_{21}+a_{22}$	$a_{21}+a_{23}$	$a_{22}+a_{21}$	$a_{22}+a_{22}$	$a_{22}+a_{23}$	$a_{23}+a_{21}$	$a_{23}+a_{22}$	$a_{23}+a_{23}$
$a_{21}+a_{31}$	$a_{21}+a_{32}$	$a_{21}+a_{33}$	$a_{22}+a_{31}$	$a_{22}+a_{32}$	$a_{22}+a_{33}$	$a_{23}+a_{31}$	$a_{23}+a_{32}$	$a_{23}+a_{33}$
$a_{31}+a_{11}$	$a_{31}+a_{12}$	$a_{31}+a_{13}$	$a_{32}+a_{11}$	$a_{32}+a_{12}$	$a_{32}+a_{13}$	$a_{33}+a_{11}$	$a_{33}+a_{12}$	$a_{33}+a_{13}$
$a_{31}+a_{21}$	$a_{31}+a_{22}$	$a_{31}+a_{23}$	$a_{32}+a_{21}$	$a_{32}+a_{22}$	$a_{32}+a_{23}$	$a_{33}+a_{21}$	$a_{33}+a_{22}$	$a_{33}+a_{23}$
$a_{31}+a_{31}$	$a_{31}+a_{32}$	$a_{31}+a_{33}$	$a_{32}+a_{31}$	$a_{32}+a_{32}$	$a_{32}+a_{33}$	$a_{33}+a_{31}$	$a_{33}+a_{32}$	$a_{33}+a_{33}$

예를 통해 덧셈을 이용한 프랙탈 1단계와 2단계를 살펴보자.

0	0	0
0	1	0
1	0	1

0+0	0+0	0+0	0+0	0+0	0+0	0+0	0+0	0+0
0+0	0+1	0+0	0+0	0+1	0+0	0+0	0+1	0+0
0+0	0+0	0+0	0+0	0+0	0+0	0+0	0+0	0+0
0+0	0+0	0+0	1+0	1+0	1+0	0+0	0+0	0+0
0+0	0+1	0+0	1+0	1+1	1+0	0+0	0+1	0+0
0+0	0+0	0+0	1+0	1+0	1+0	0+0	0+0	0+0
0+0	0+0	0+0	0+0	0+0	0+0	0+0	0+0	0+0
0+0	0+1	0+0	0+0	0+1	0+0	0+0	0+1	0+0
0+0	0+0	0+0	0+0	0+0	0+0	0+0	0+0	0+0

덧셈 프랙탈을 다음과 같이 정의한다.

$$S=\left\{\lim_{n\to\infty} A_n \middle| A_1=[a_{ij}]=\begin{bmatrix} a_{11} & a_{12} & a_{13} \\ a_{21} & a_{22} & a_{23} \\ a_{31} & a_{32} & a_{33} \end{bmatrix},\ A_2=[a_{ij}+A_1],\ A_n=[a_{ij}+A_{n-1}]\right\}$$

$A_2=[a_{ij}+A_1]$은 다음과 같이 나타낼 수 있다.

$$A_2=\begin{bmatrix} a_{11}+A_1 & a_{12}+A_1 & a_{13}+A_1 \\ a_{21}+A_1 & a_{22}+A_1 & a_{23}+A_1 \\ a_{31}+A_1 & a_{32}+A_1 & a_{33}+A_1 \end{bmatrix}$$

$$
= \begin{vmatrix}
a_{11}+\begin{bmatrix} a_{11} & a_{12} & a_{13} \\ a_{21} & a_{22} & a_{23} \\ a_{31} & a_{32} & a_{33} \end{bmatrix} & a_{12}+\begin{bmatrix} a_{11} & a_{12} & a_{13} \\ a_{21} & a_{22} & a_{23} \\ a_{31} & a_{32} & a_{33} \end{bmatrix} & a_{13}+\begin{bmatrix} a_{11} & a_{12} & a_{13} \\ a_{21} & a_{22} & a_{23} \\ a_{31} & a_{32} & a_{33} \end{bmatrix} \\
a_{21}+\begin{bmatrix} a_{11} & a_{12} & a_{13} \\ a_{21} & a_{22} & a_{23} \\ a_{31} & a_{32} & a_{33} \end{bmatrix} & a_{22}+\begin{bmatrix} a_{11} & a_{12} & a_{13} \\ a_{21} & a_{22} & a_{23} \\ a_{31} & a_{32} & a_{33} \end{bmatrix} & a_{23}+\begin{bmatrix} a_{11} & a_{12} & a_{13} \\ a_{21} & a_{22} & a_{23} \\ a_{31} & a_{32} & a_{33} \end{bmatrix} \\
a_{31}+\begin{bmatrix} a_{11} & a_{12} & a_{13} \\ a_{21} & a_{22} & a_{23} \\ a_{31} & a_{32} & a_{33} \end{bmatrix} & a_{32}+\begin{bmatrix} a_{11} & a_{12} & a_{13} \\ a_{21} & a_{22} & a_{23} \\ a_{31} & a_{32} & a_{33} \end{bmatrix} & a_{33}+\begin{bmatrix} a_{11} & a_{12} & a_{13} \\ a_{21} & a_{22} & a_{23} \\ a_{31} & a_{32} & a_{33} \end{bmatrix}
\end{vmatrix}
$$

$$
= \begin{vmatrix}
\begin{bmatrix} a_{11}+a_{11} & a_{11}+a_{12} & a_{11}+a_{13} \\ a_{11}+a_{21} & a_{11}+a_{22} & a_{11}+a_{23} \\ a_{11}+a_{31} & a_{11}+a_{32} & a_{11}+a_{33} \end{bmatrix} & \cdots & \begin{bmatrix} a_{13}+a_{11} & a_{13}+a_{12} & a_{13}+a_{13} \\ a_{13}+a_{21} & a_{13}+a_{22} & a_{13}+a_{23} \\ a_{13}+a_{31} & a_{13}+a_{32} & a_{13}+a_{33} \end{bmatrix} \\
\begin{bmatrix} a_{21}+a_{11} & a_{21}+a_{12} & a_{21}+a_{13} \\ a_{21}+a_{21} & a_{21}+a_{22} & a_{21}+a_{23} \\ a_{21}+a_{31} & a_{21}+a_{32} & a_{21}+a_{33} \end{bmatrix} & \cdots & \begin{bmatrix} a_{23}+a_{11} & a_{23}+a_{12} & a_{23}+a_{13} \\ a_{23}+a_{21} & a_{23}+a_{22} & a_{23}+a_{23} \\ a_{23}+a_{31} & a_{23}+a_{32} & a_{23}+a_{33} \end{bmatrix} \\
\begin{bmatrix} a_{31}+a_{11} & a_{31}+a_{12} & a_{31}+a_{13} \\ a_{31}+a_{21} & a_{31}+a_{22} & a_{31}+a_{23} \\ a_{31}+a_{31} & a_{31}+a_{32} & a_{31}+a_{33} \end{bmatrix} & \cdots & \begin{bmatrix} a_{33}+a_{11} & a_{33}+a_{12} & a_{33}+a_{13} \\ a_{33}+a_{21} & a_{33}+a_{22} & a_{33}+a_{23} \\ a_{33}+a_{31} & a_{33}+a_{32} & a_{33}+a_{33} \end{bmatrix}
\end{vmatrix}
$$

아래 예제는 0보다 큰 수에 색칠하였다.

(1) 가운데 1

① 1단계	② 2단계	③ 3단계	④ 4단계
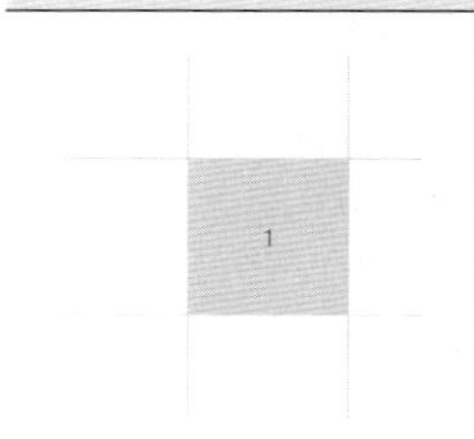	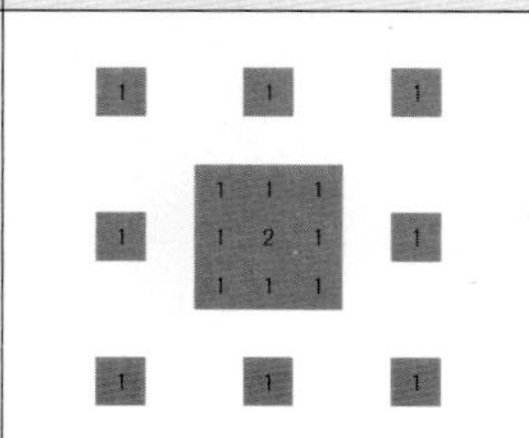	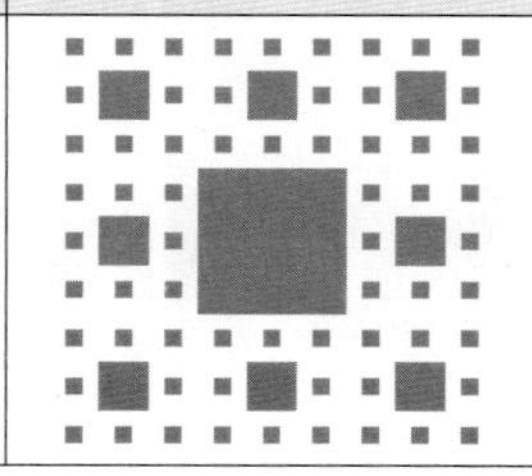	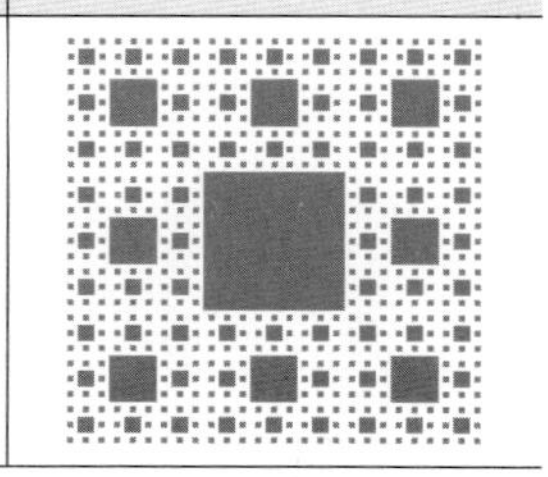

(2) 가운데 1, 모서리 −1

① 1단계	② 2단계	③ 3단계	④ 4단계
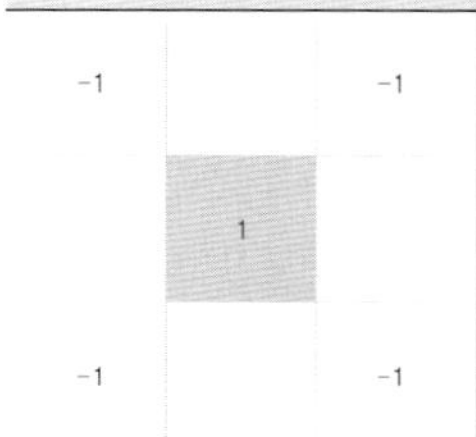	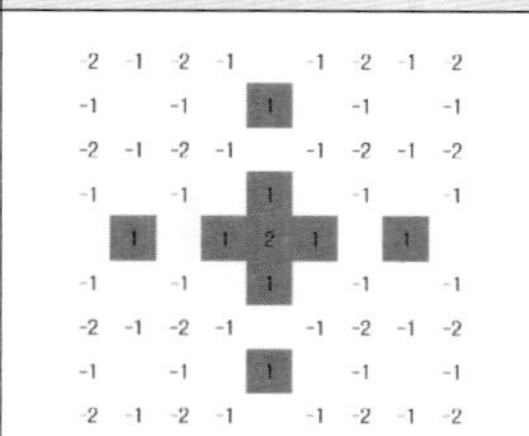	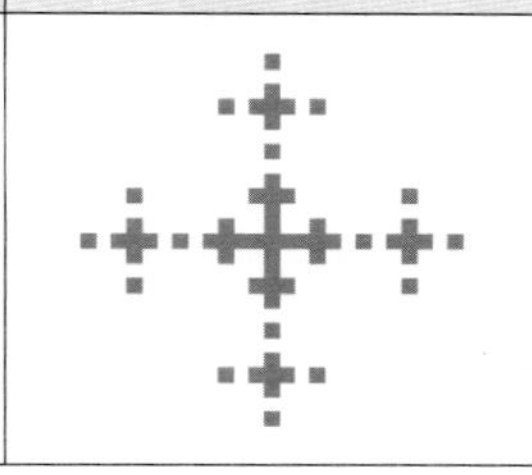	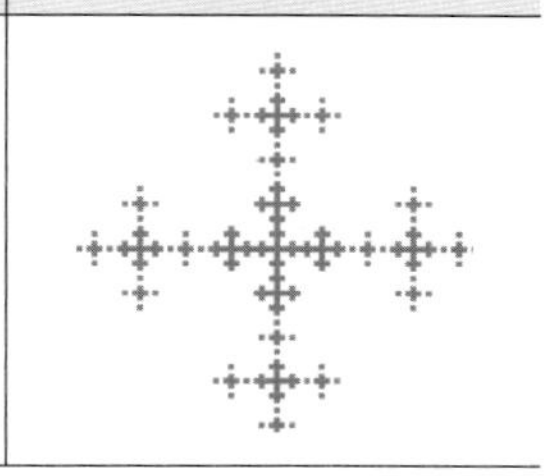

(3) 가장자리 가운데 1

① 1단계	② 2단계	③ 3단계	④ 4단계
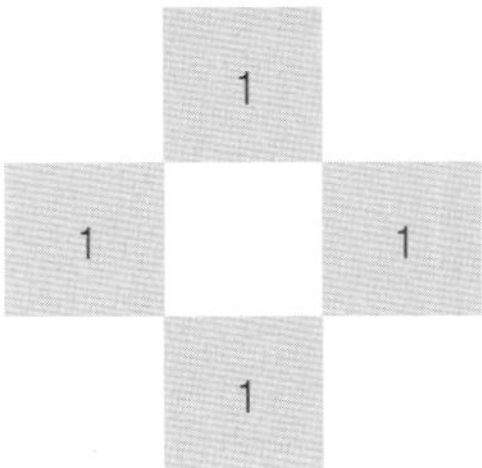	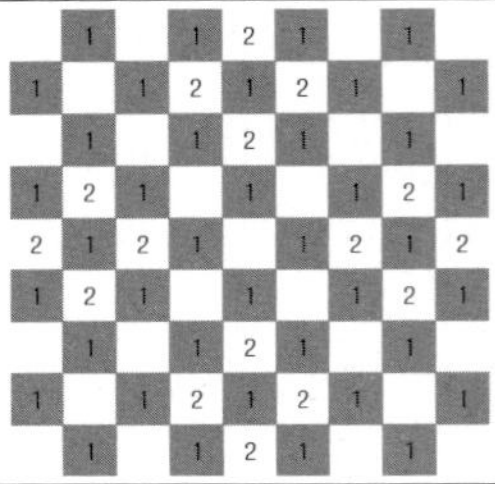	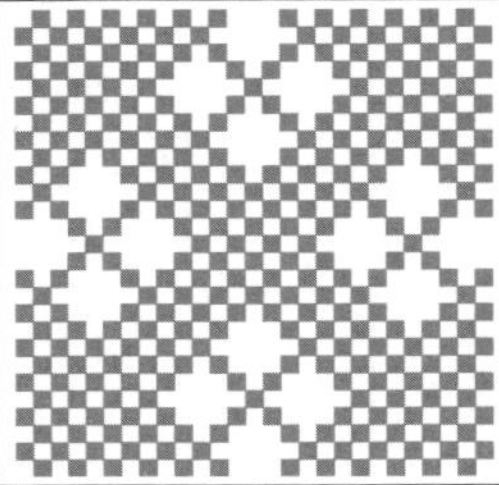	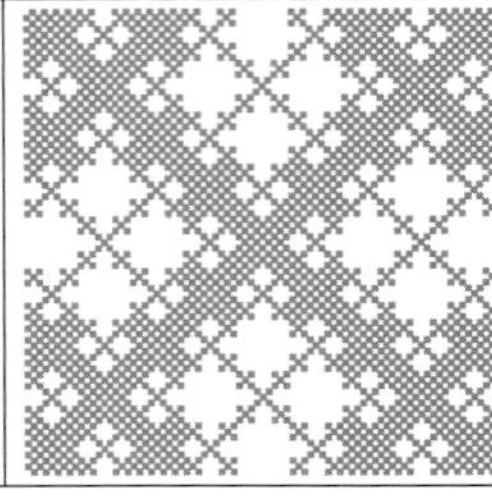

(4) 모서리 1

① 1단계	② 2단계	③ 3단계	④ 4단계
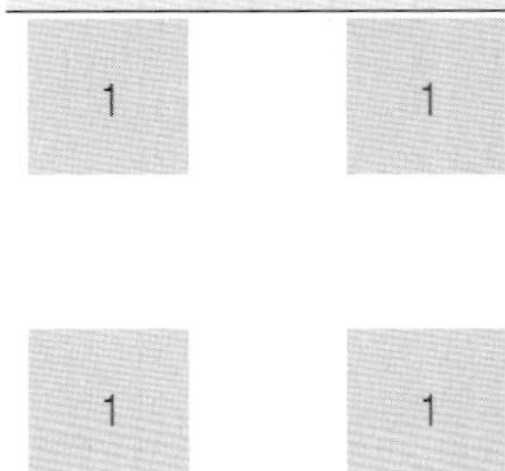	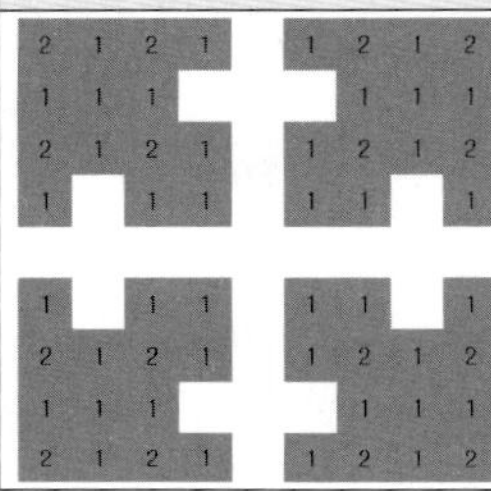		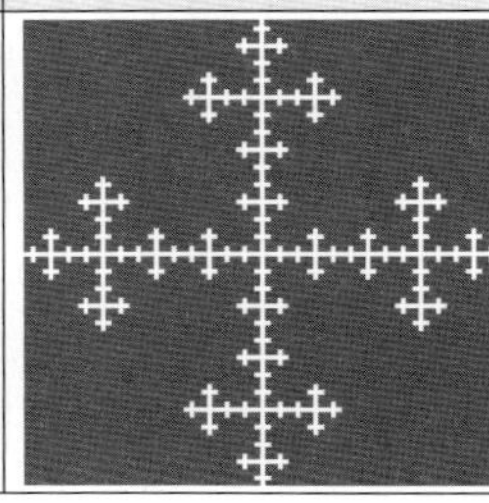

(5) 모서리 1, 가운데 1

① 1단계	② 2단계	③ 3단계	④ 4단계
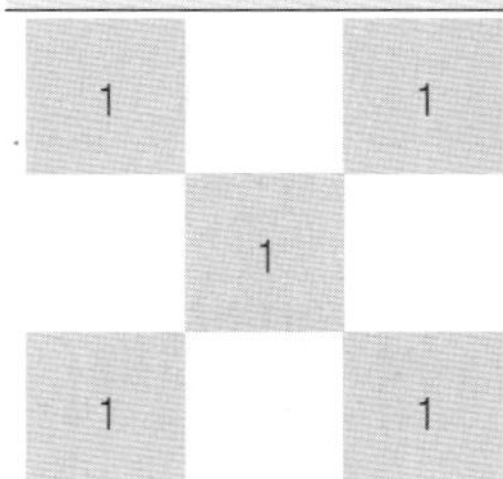	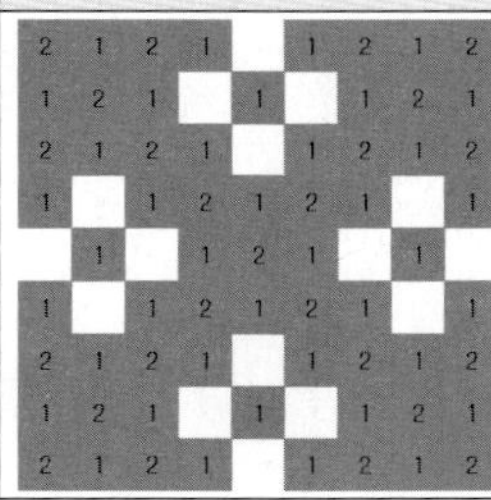	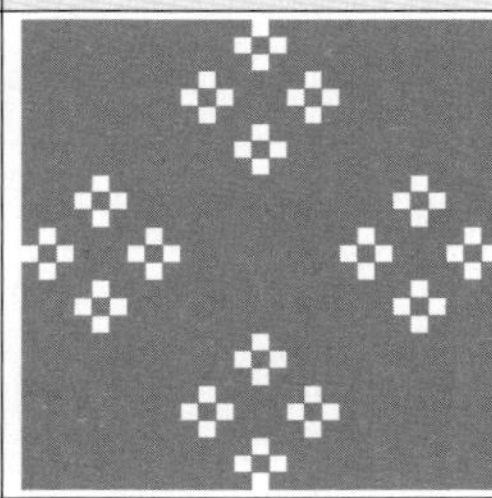	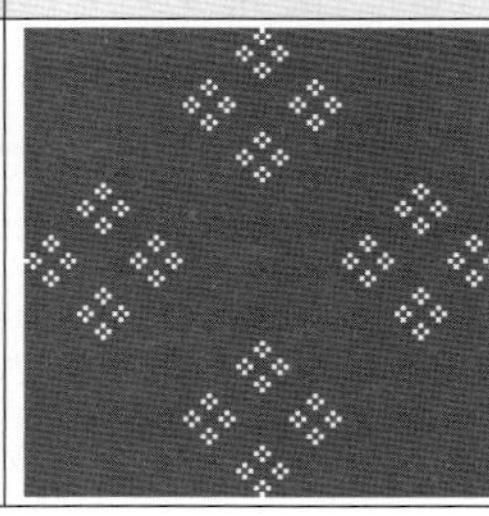

(6) 가운데 −2, 십자가 모양 1

① 1단계	② 2단계	③ 3단계	④ 4단계
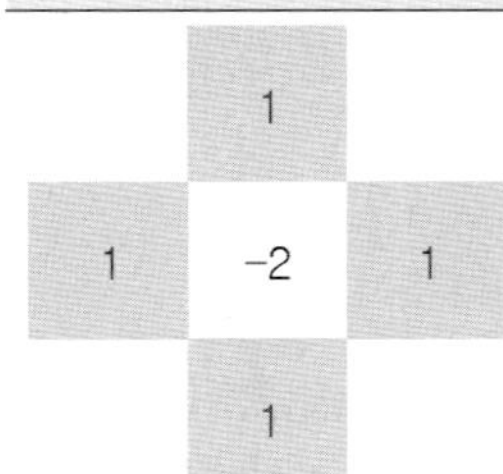	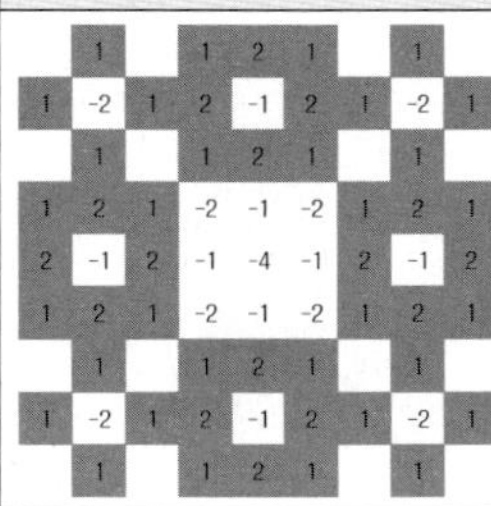		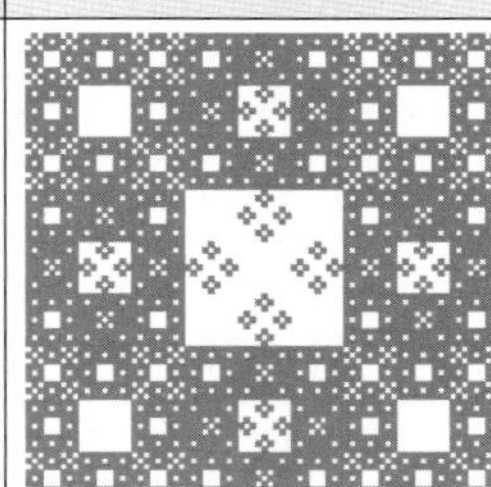

(7) 가운데 1, 가장자리 가운데1, 모서리 −2

① 1단계	② 2단계	③ 3단계	④ 4단계
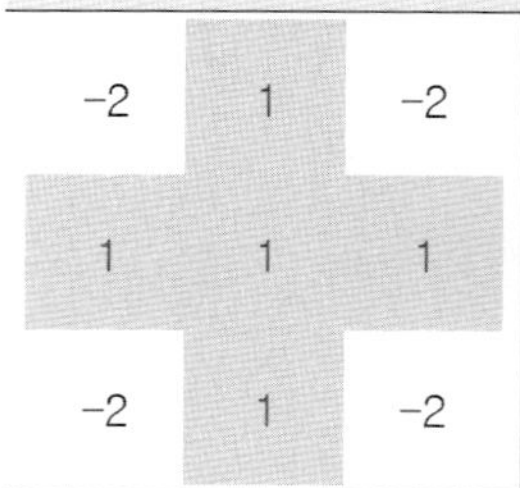	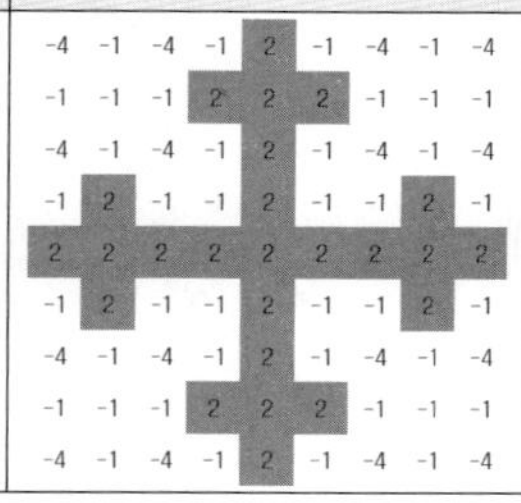	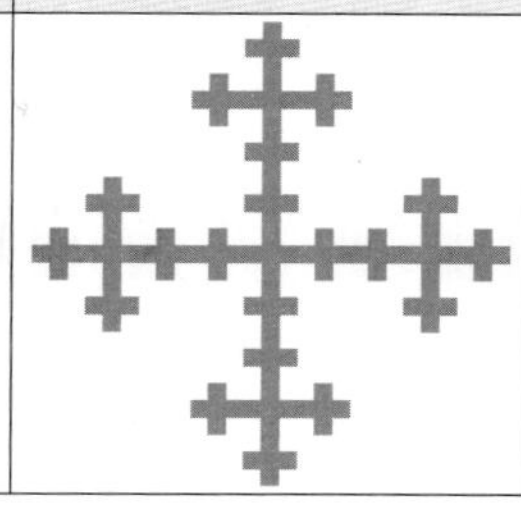	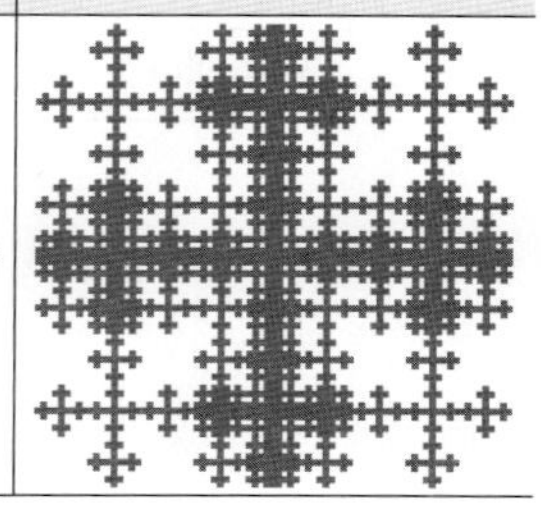

(8) 가운데 1, 가장자리 가운데 −2

① 1단계	② 2단계	③ 3단계	④ 4단계
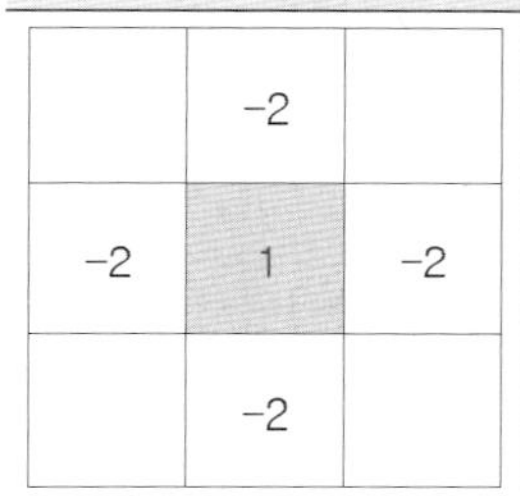	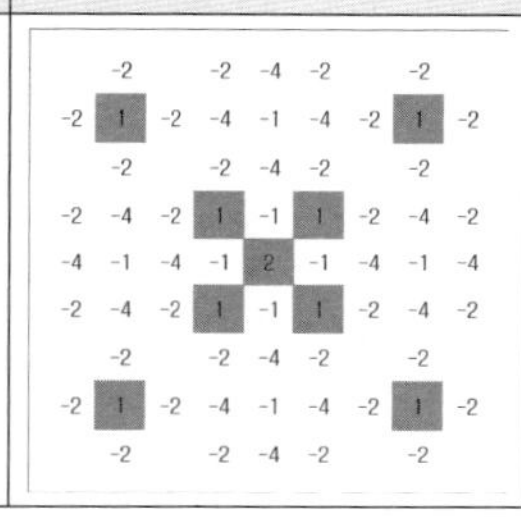	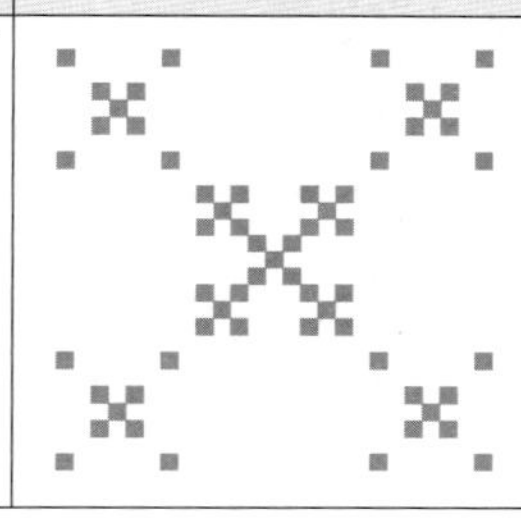	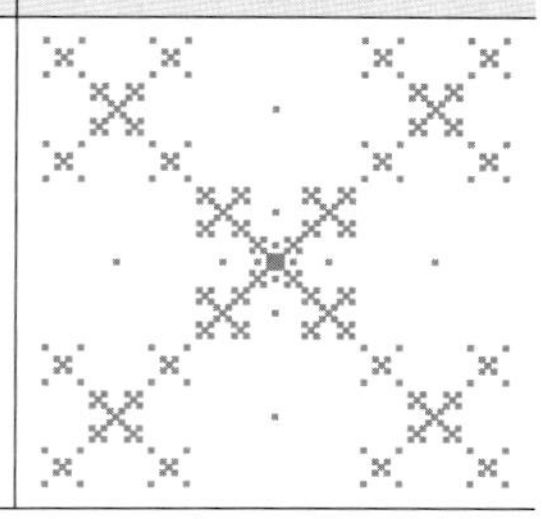

(9) 왼쪽 모서리 2, 오른쪽 모서리 −2, 가장자리 가운데 1

① 1단계	② 2단계	③ 3단계	④ 4단계
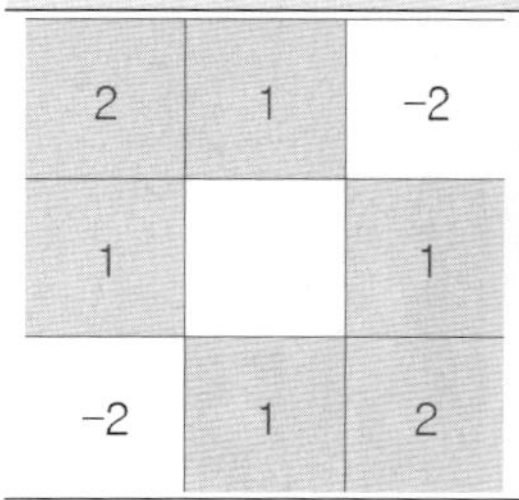	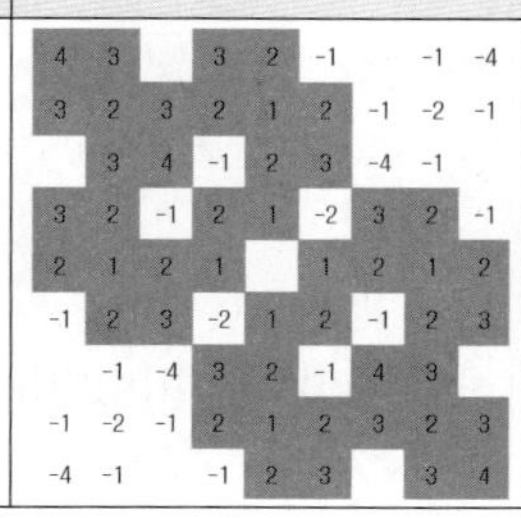	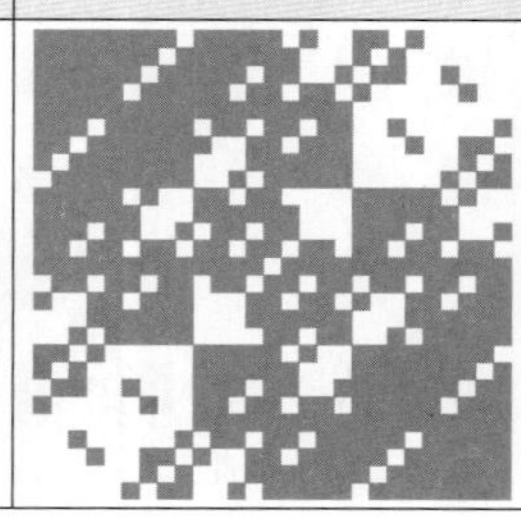	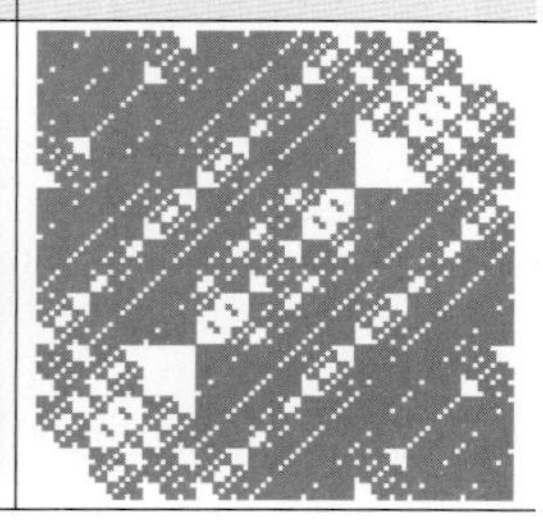

(10) 가장자리 가운데 1, 왼쪽 모서리 −1, 0보다 큰 수 색칠

① 1단계	② 2단계	③ 3단계	④ 4단계
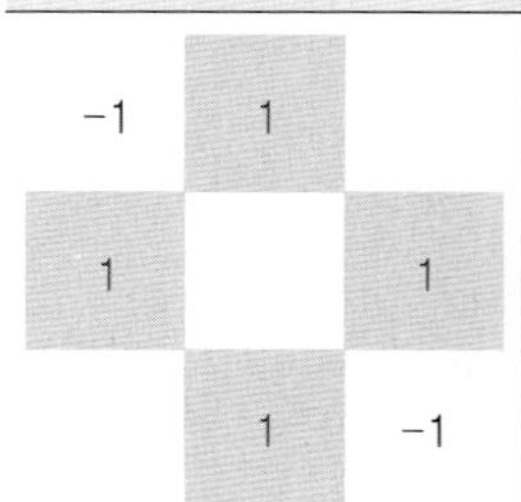	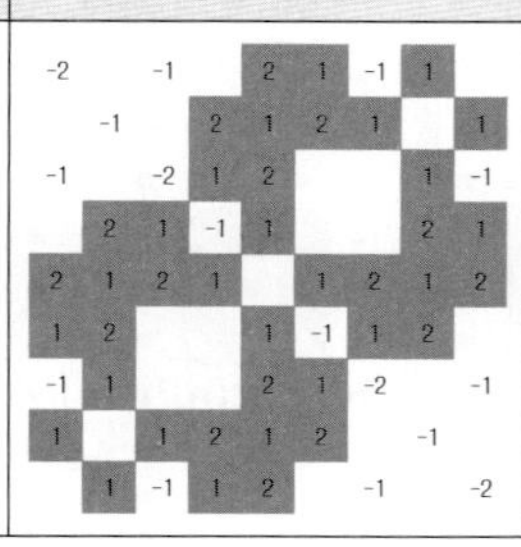		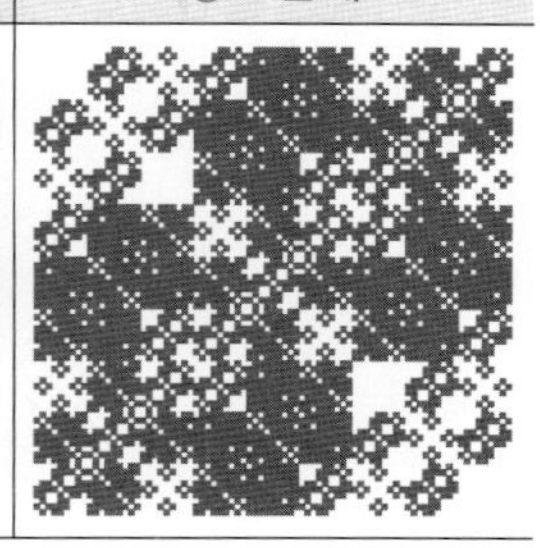

2. 곱셈 프랙탈

(1) 가운데 −1, 모서리 1

① 1단계	② 2단계	③ 3단계	④ 4단계
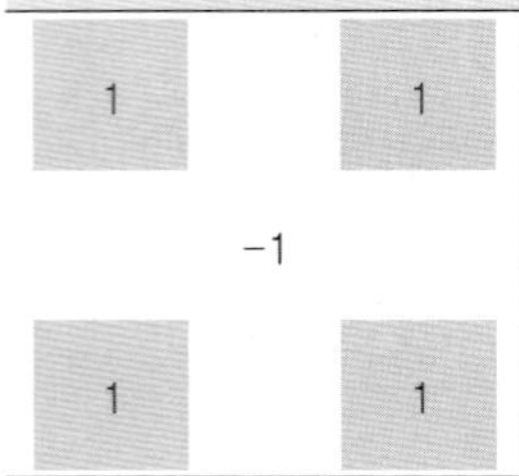	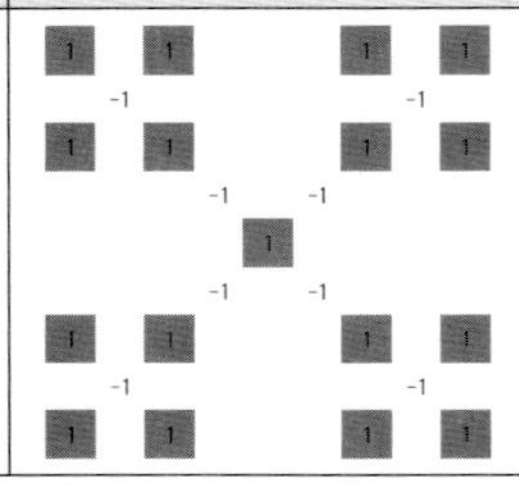	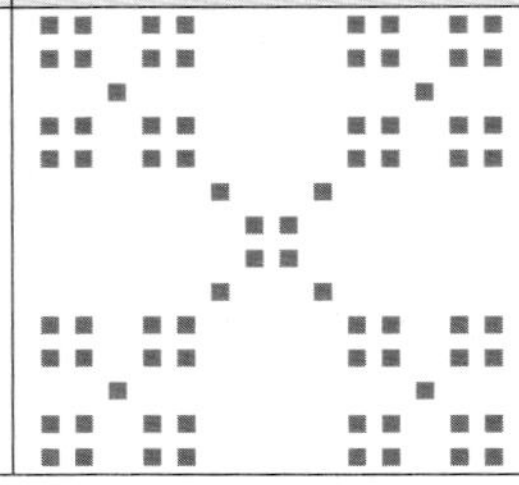	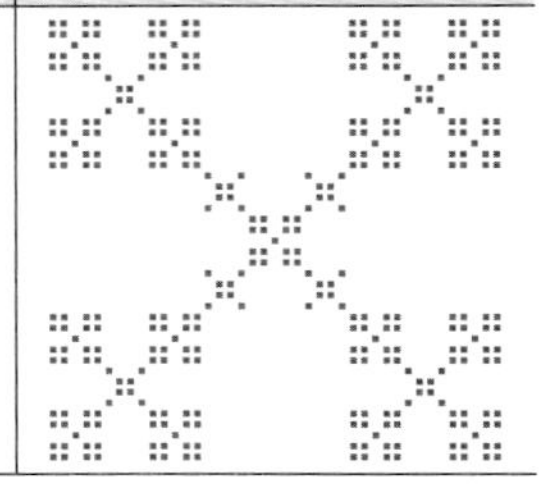

(2) 가운데 −3, 모서리 1, 0보다 큰 수 색칠

① 1단계	② 2단계	③ 3단계	④ 4단계
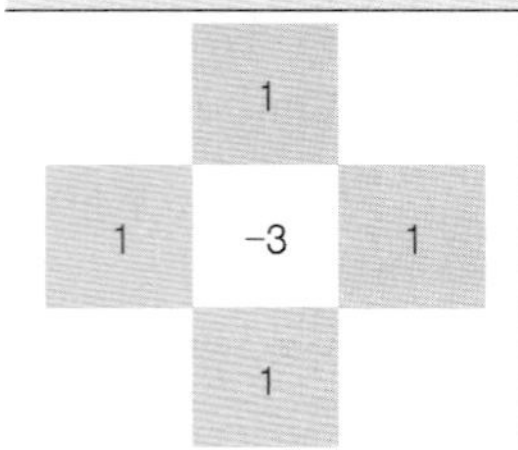	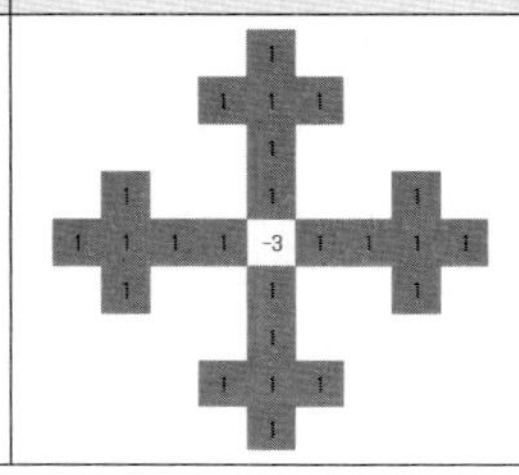	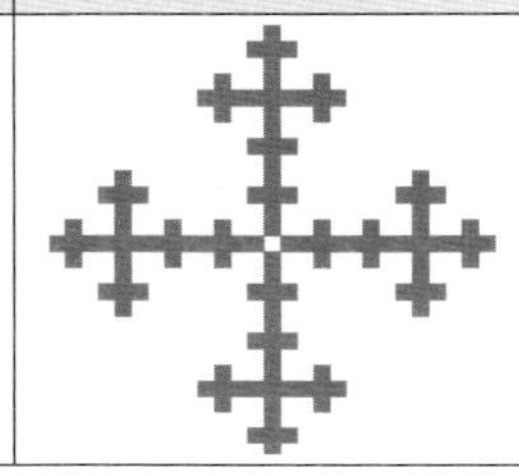	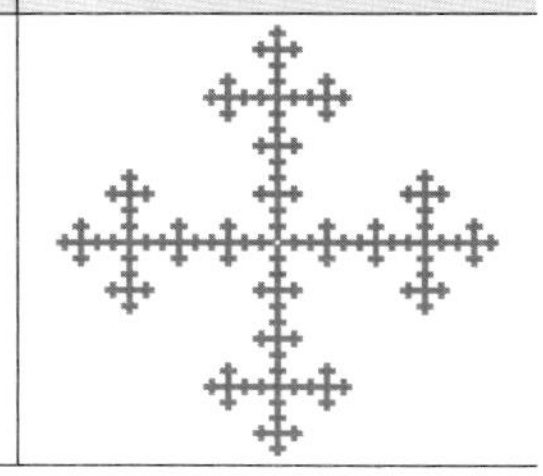

(3) 가장자리 가운데 1, 모서리−3

① 1단계	② 2단계	③ 3단계	④ 4단계
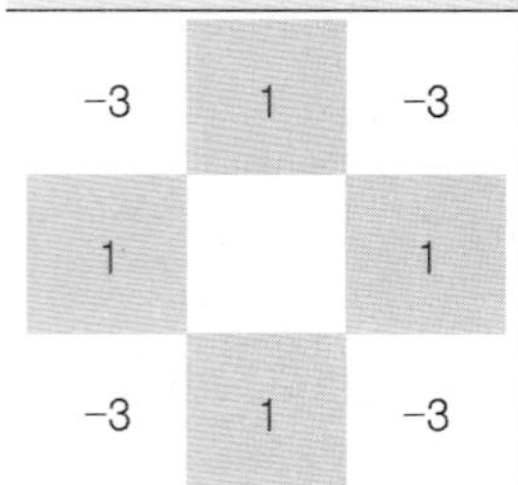	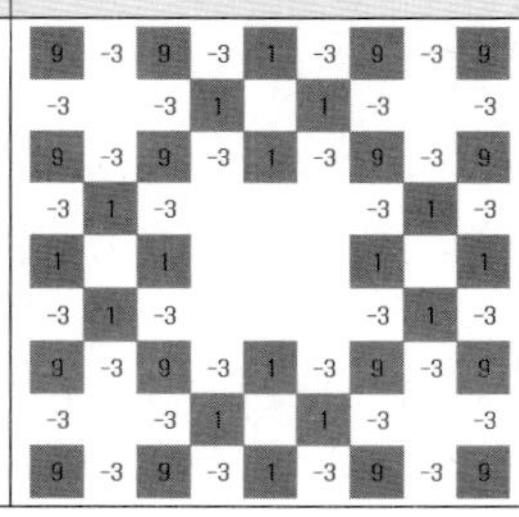	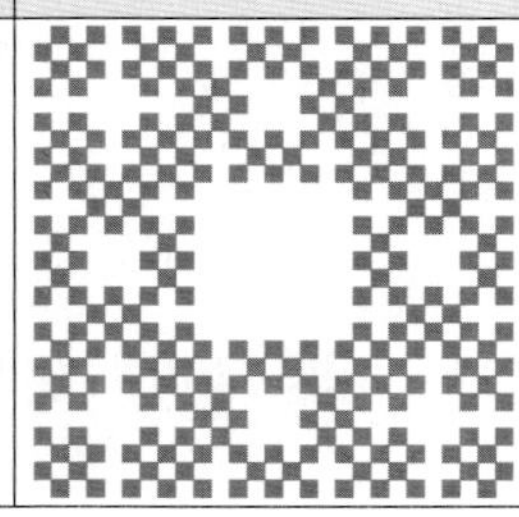	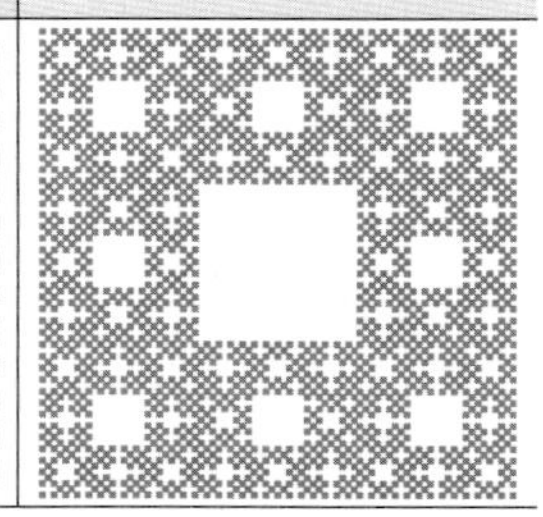

(4) 가운데 1, 가장자리 −1

① 1단계	② 2단계	③ 3단계	④ 4단계
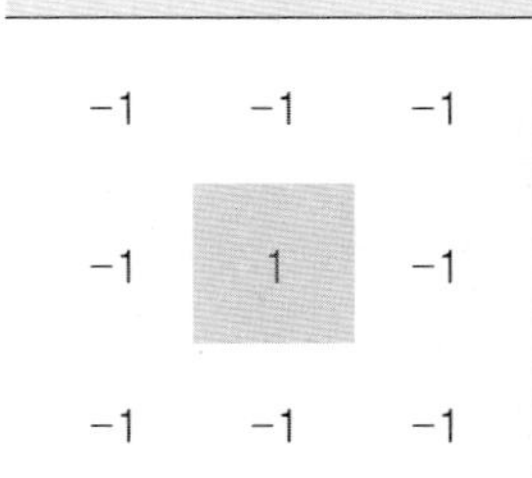	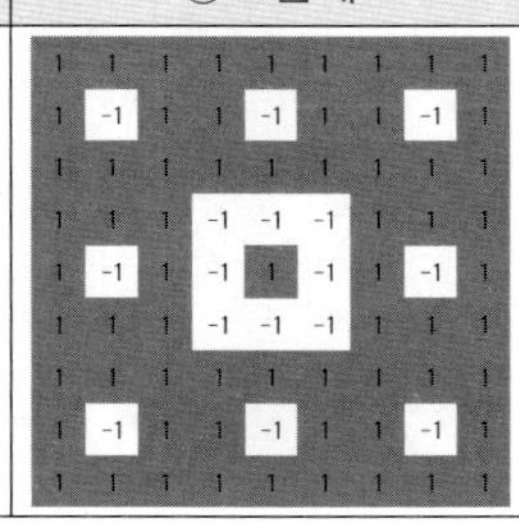	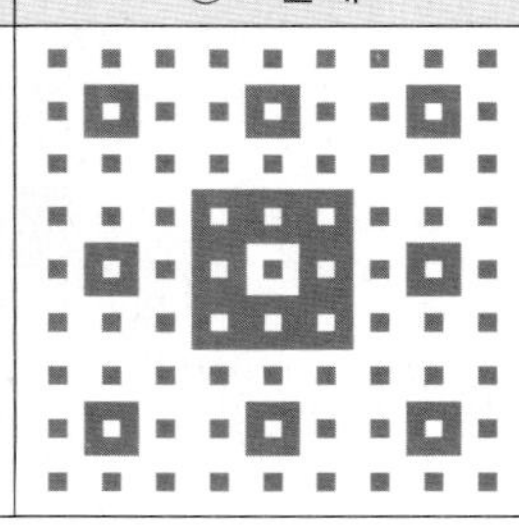	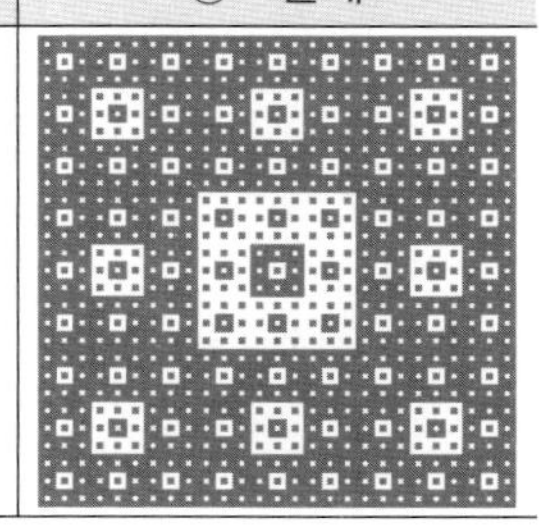

(5) 가운데 −1, 가장자리 가운데 −1, 모서리 1

① 1단계

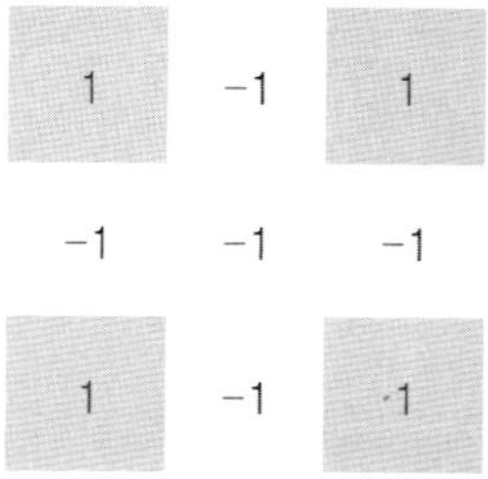

② 2단계

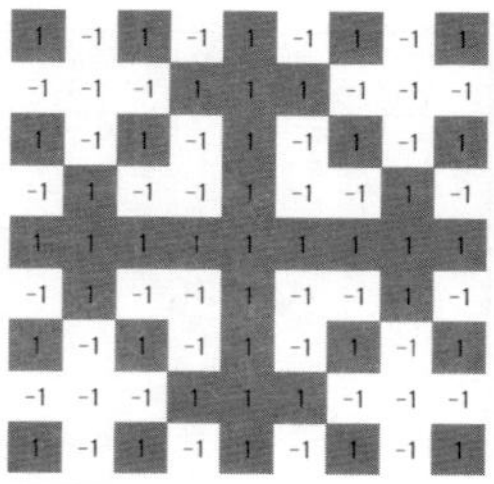

③ 3단계

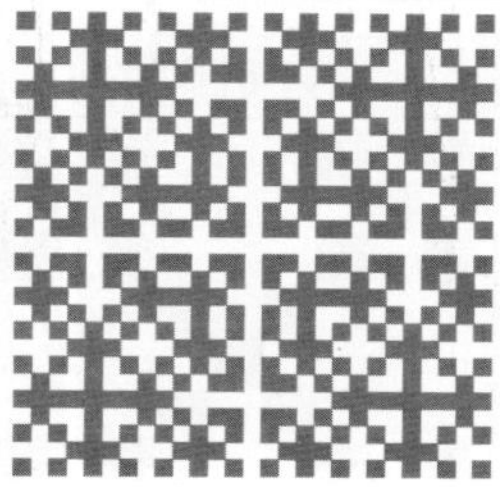

④ 4단계

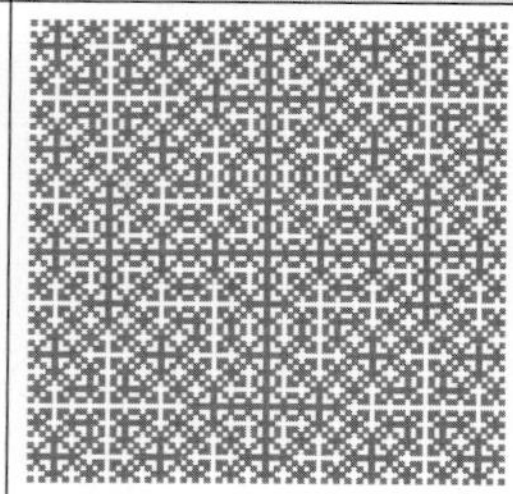

(6) 가운데 −4, 가장자리 1

① 1단계

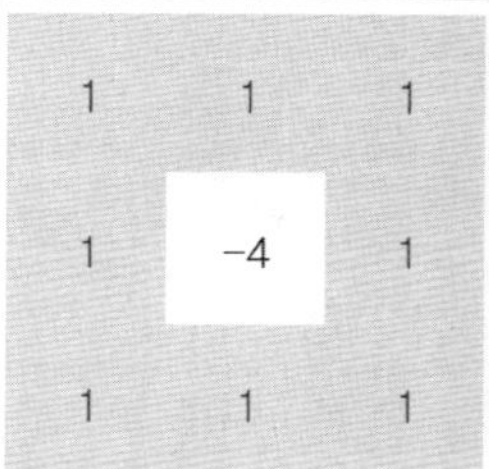

② 2단계

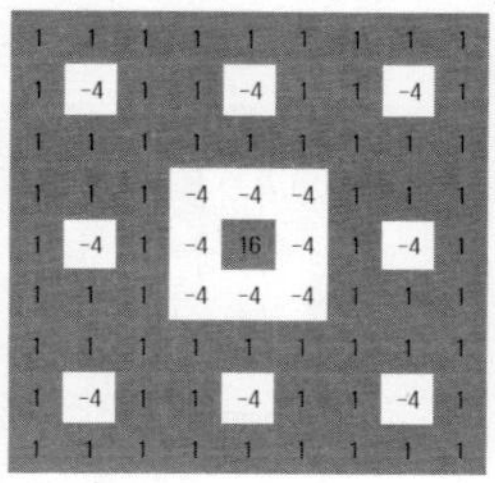

③ 3단계

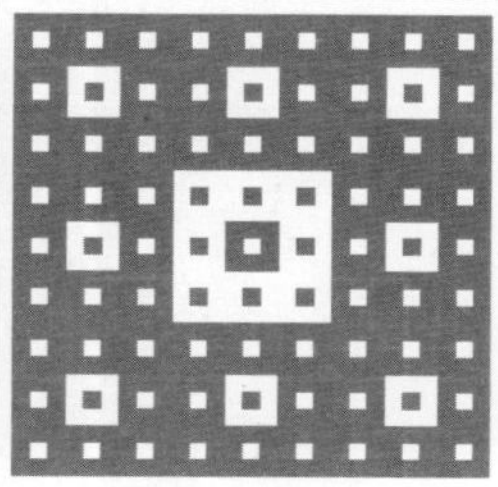

④ 4단계

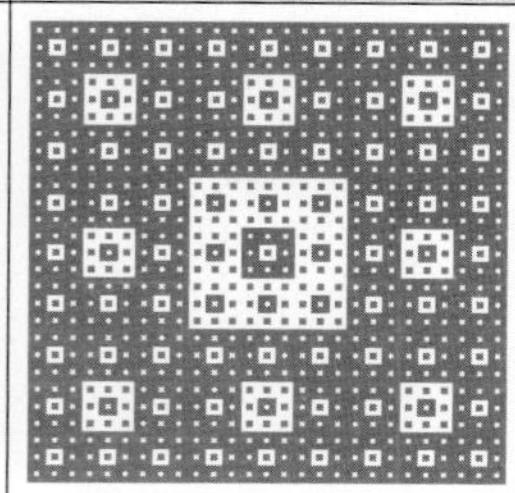

(7) 가운데 1, 가장자리 −1

① 1단계

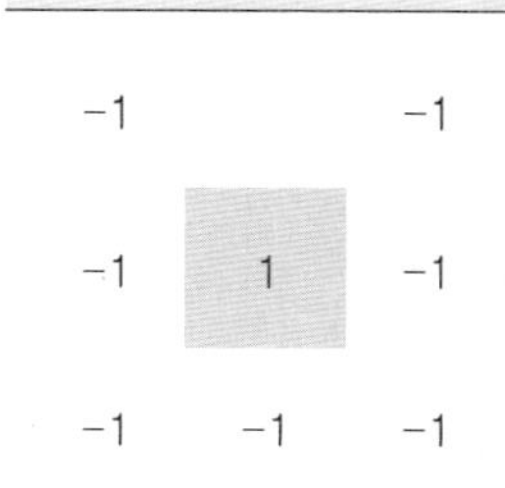

② 2단계

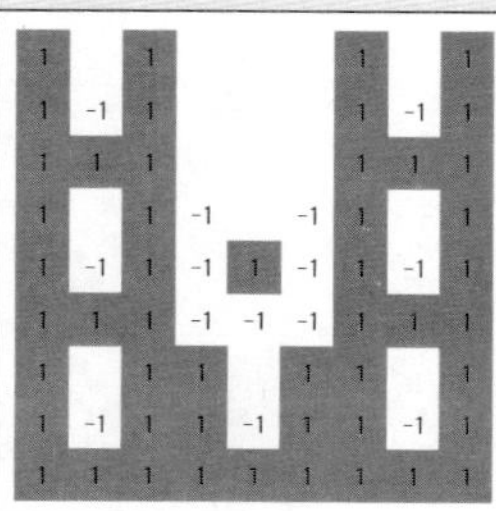

③ 3단계

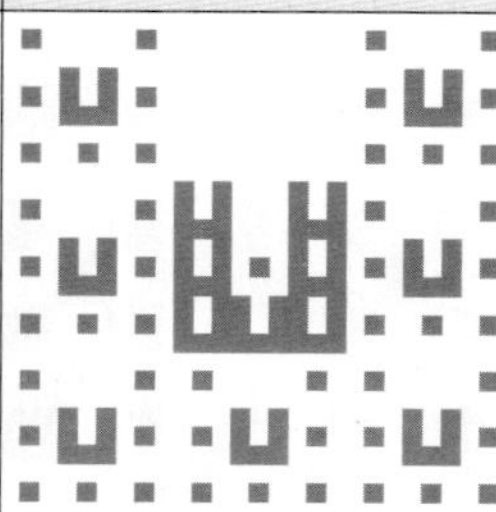

④ 4단계

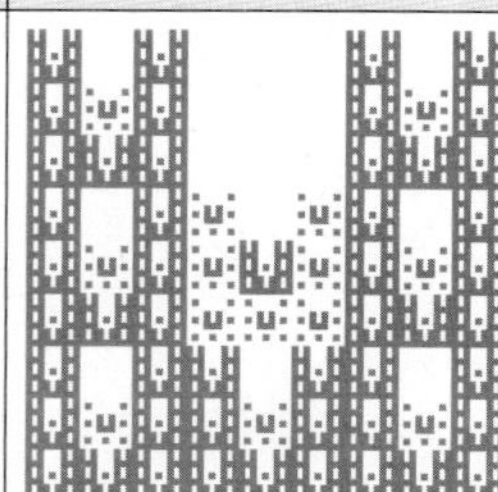

(8) 왼쪽 위 −1, 오른쪽 아래 −1

① 1단계

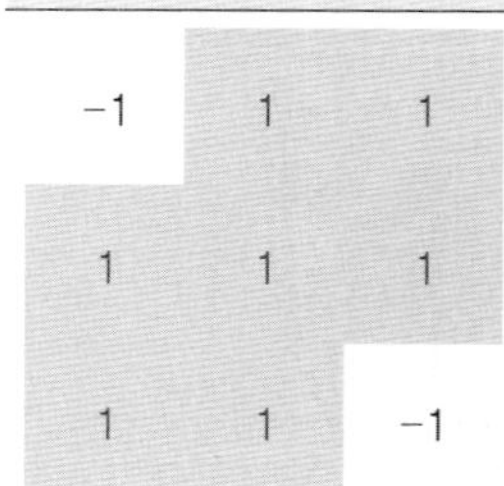

② 2단계

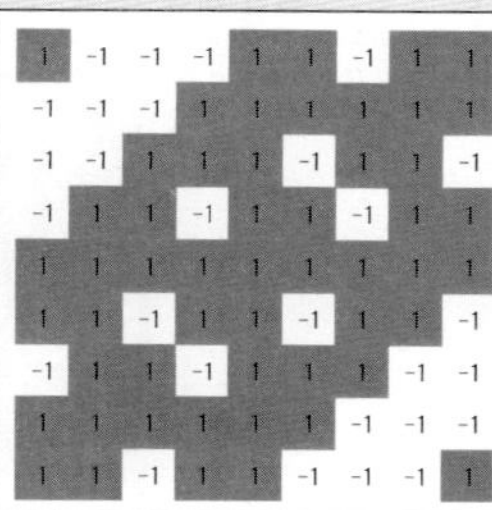

③ 3단계

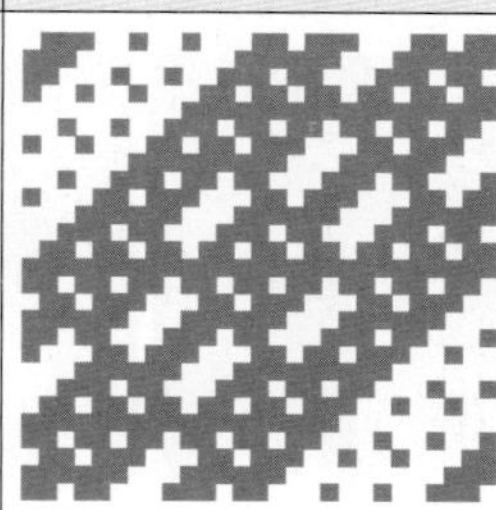

④ 4단계

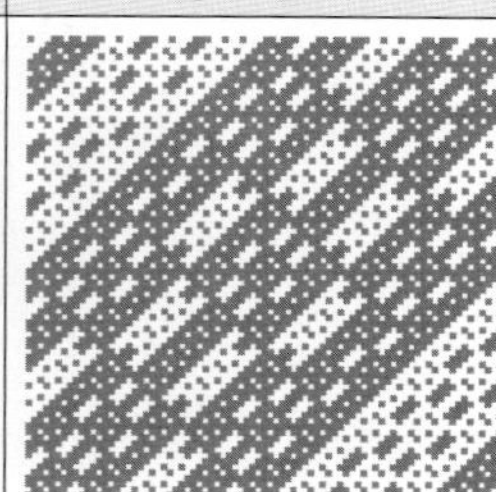

3. 논리곱(And) 프랙탈

(1) 가운데 1, 모서리 1인 경우

① 1단계	② 2단계	③ 3단계	④ 4단계
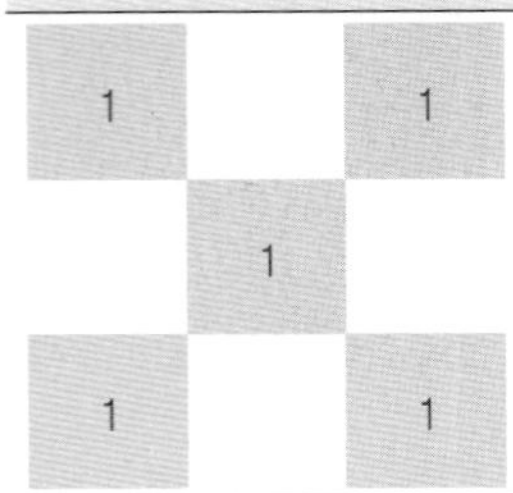	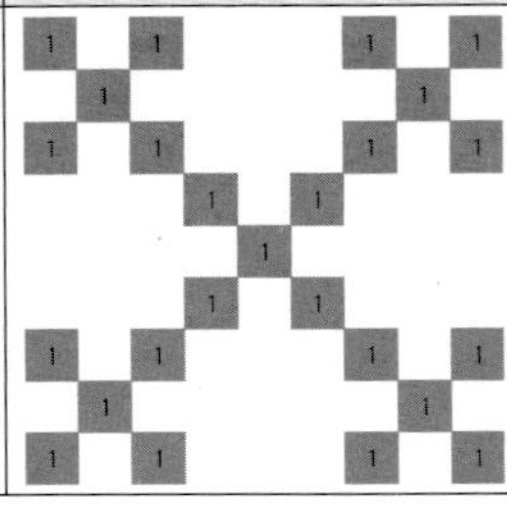	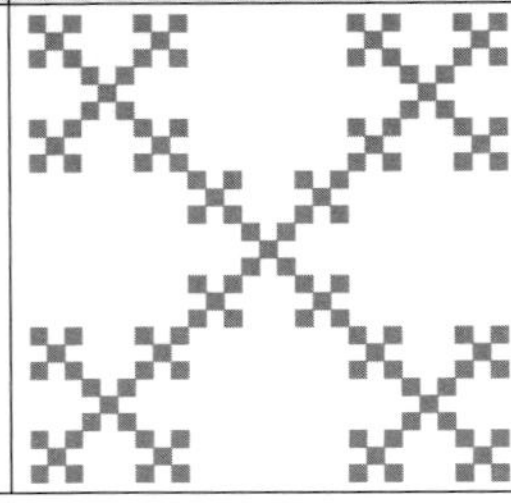	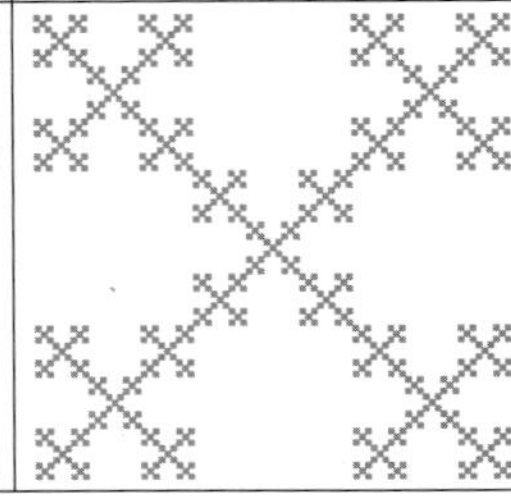

(2) 가장자리 1

① 1단계	② 2단계	③ 3단계	④ 4단계
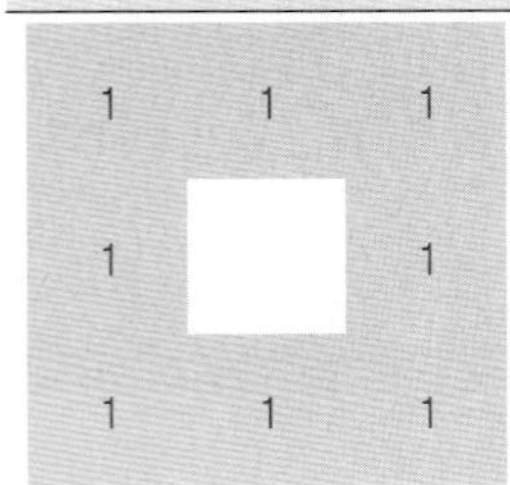	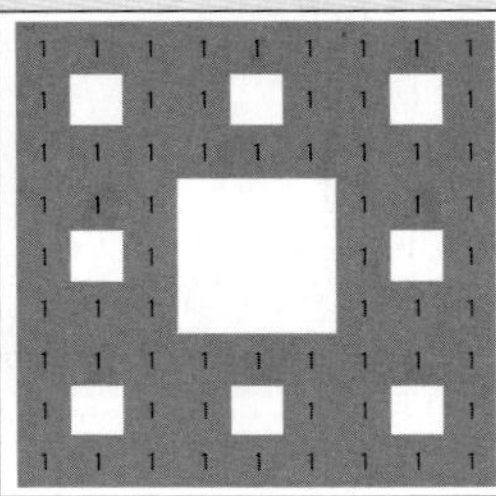	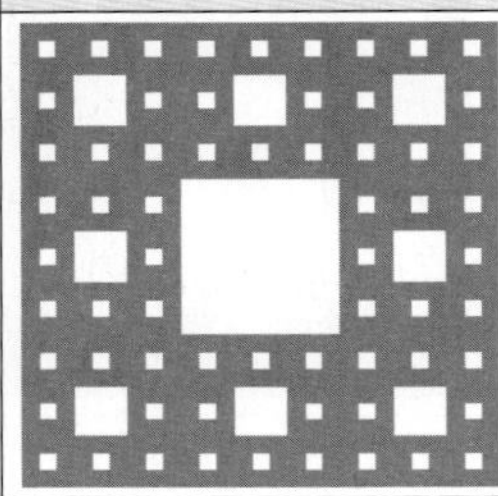	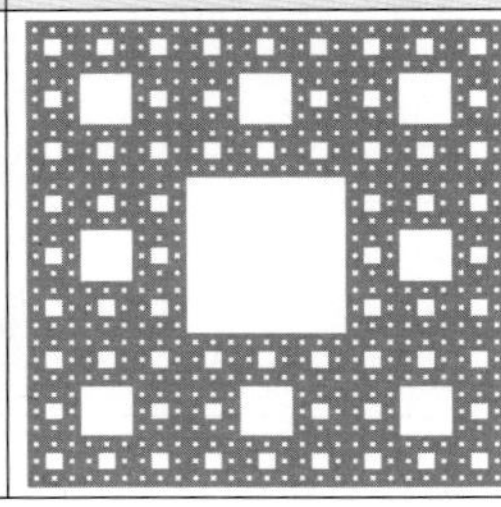

(3) 가장자리 가운데 1, 모서리 2

① 1단계	② 2단계	③ 3단계	④ 4단계
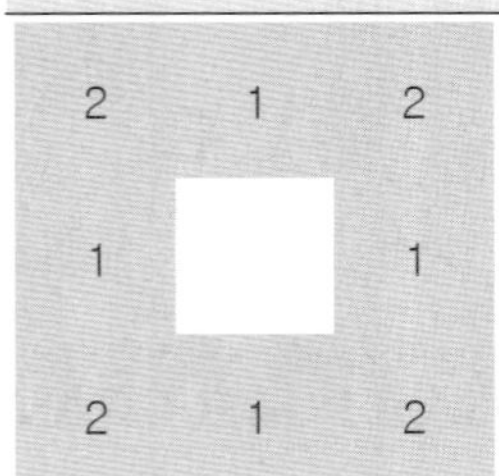	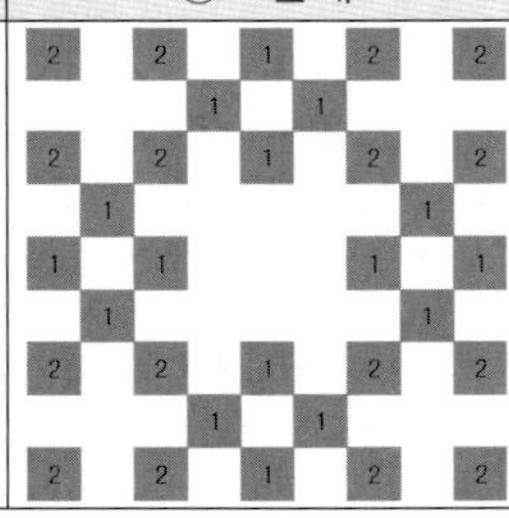	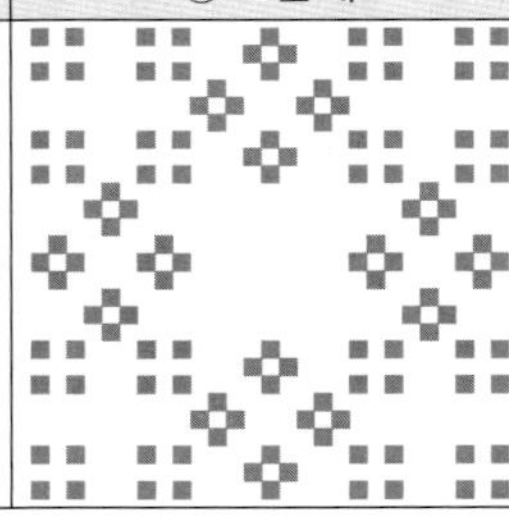	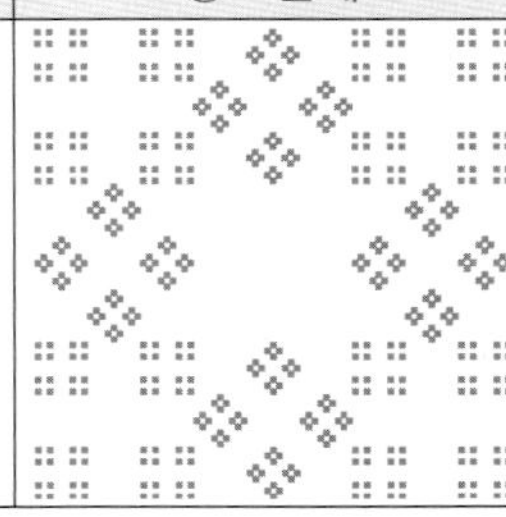

① 1단계	② 2단계
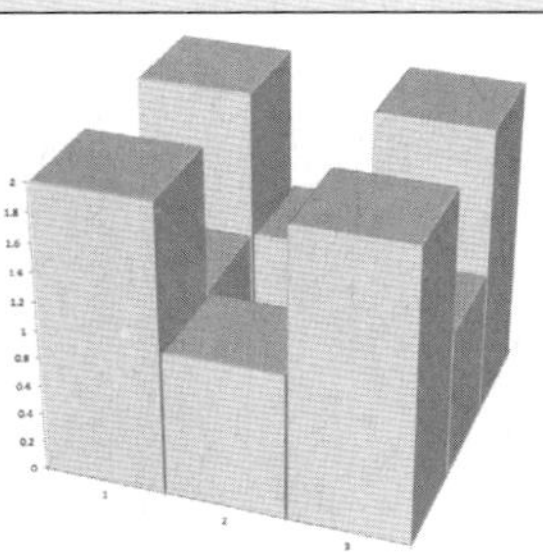	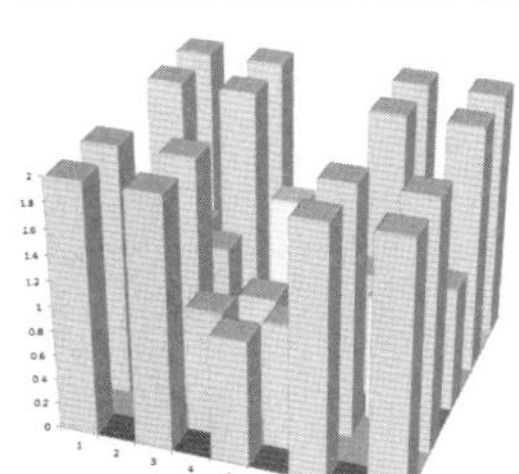

(4) 가장자리 가운데 1, 가운데 1, 모서리 2

① 1단계

② 2단계

③ 3단계

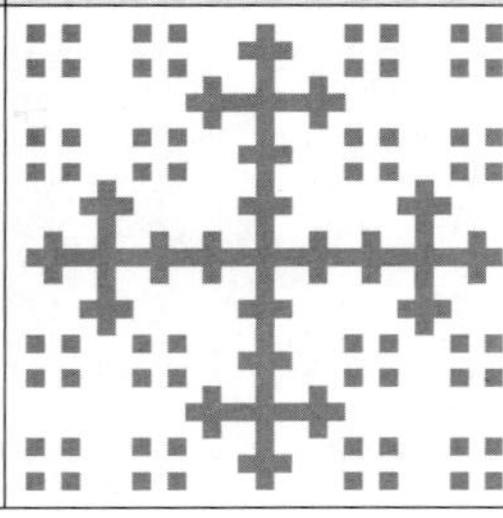

④ 4단계

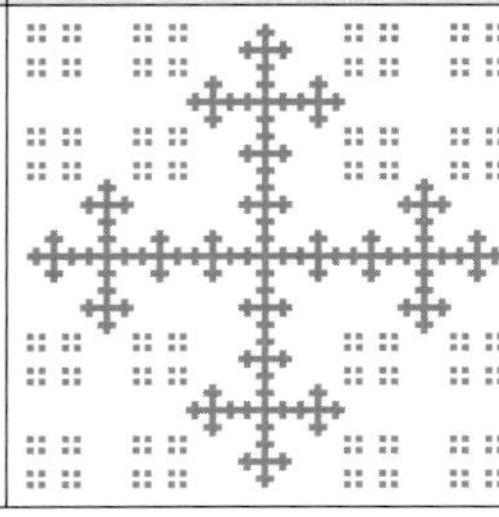

(5) 모서리 2, 가장자리 가운데 −1

① 1단계

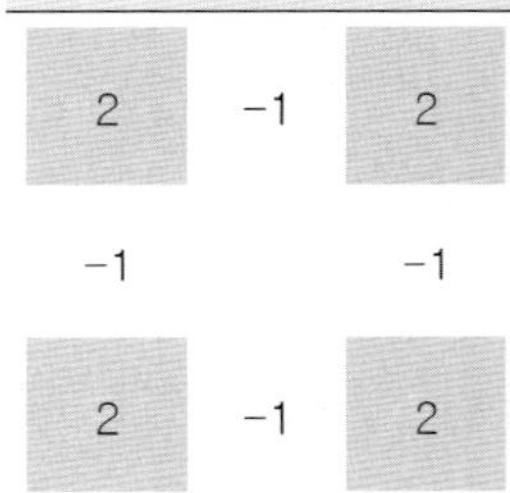

② 2단계

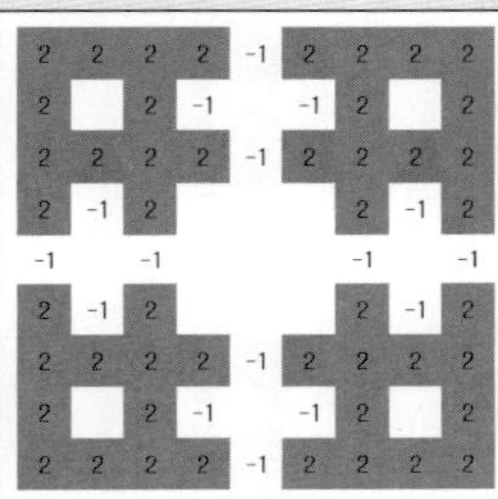

③ 3단계

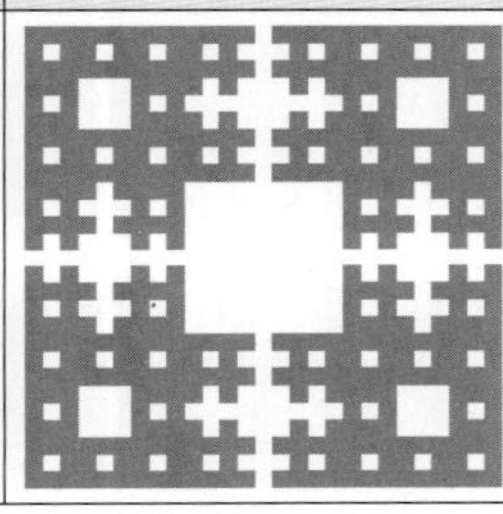

④ 4단계

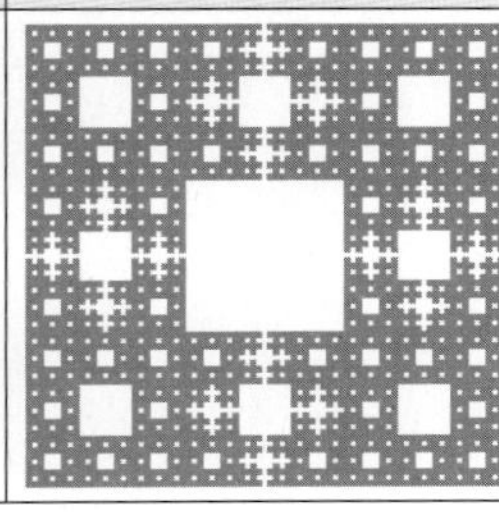

(6) 가운데 −1, 가장자리 가운데 1, 모서리 −1

① 1단계

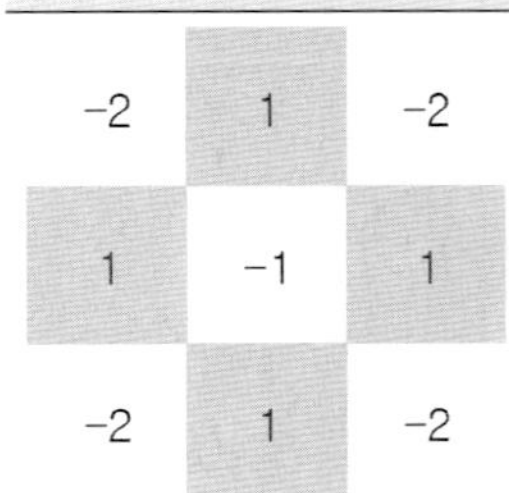

② 2단계

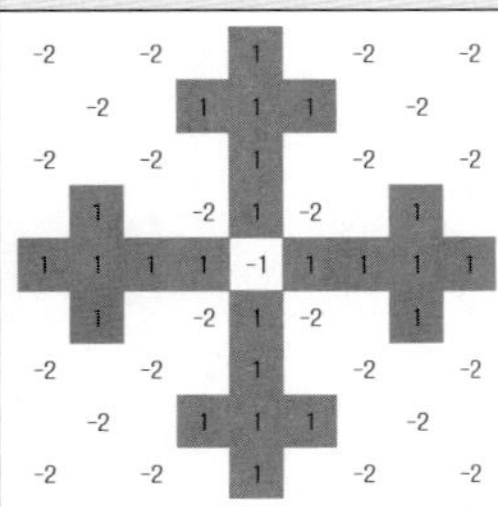

③ 3단계

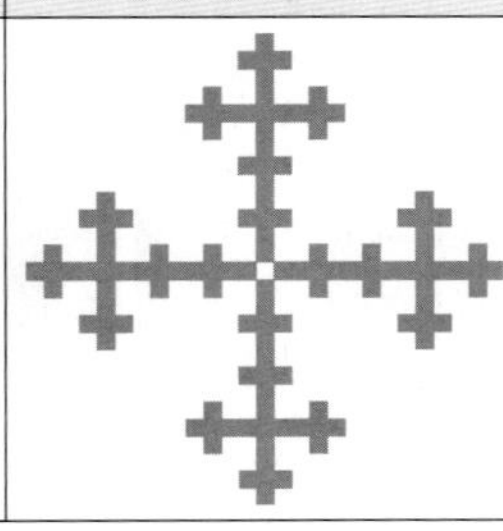

④ 4단계

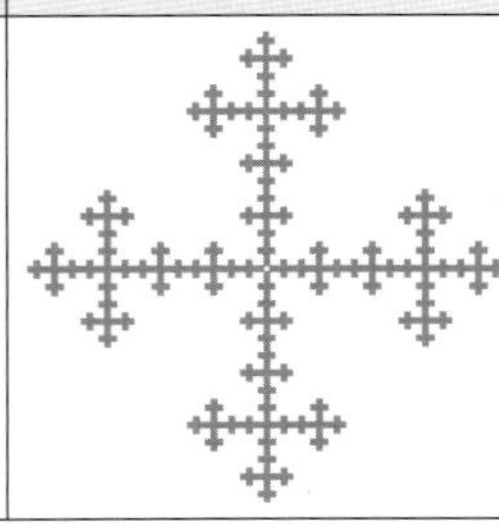

(7) 가운데 −1, 가장자리 가운데 1, 모서리 −3

① 1단계

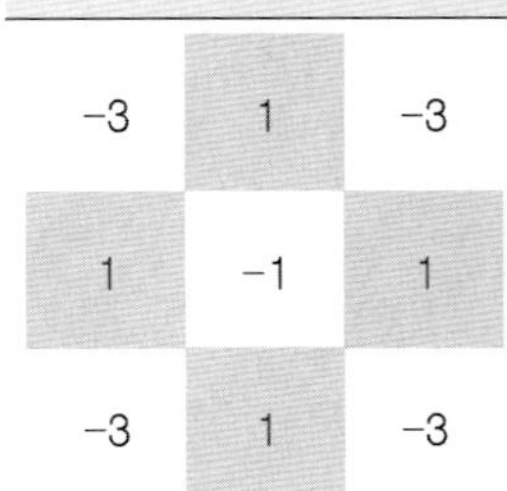

② 2단계

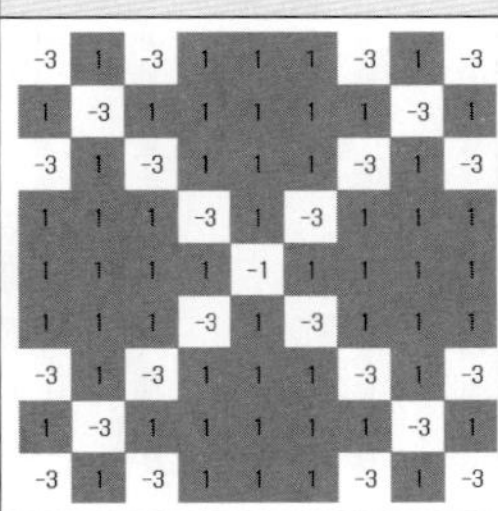

③ 3단계

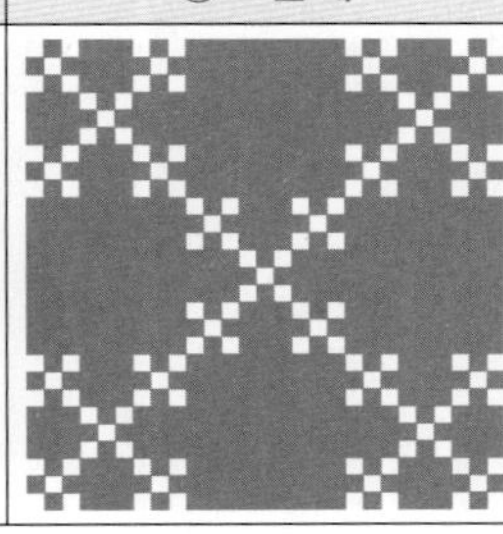

④ 4단계

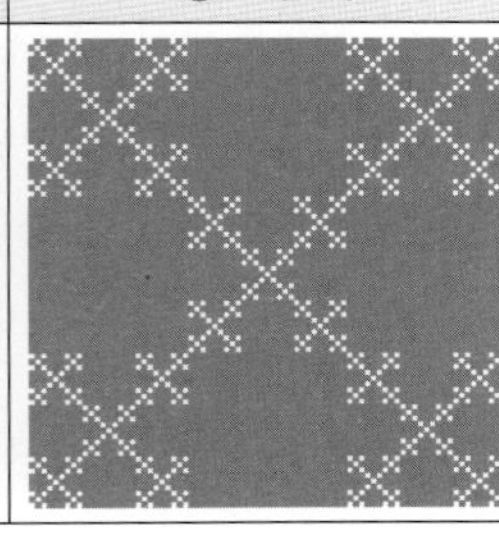

(8) 가운데 2, 가장자리 가운데 −1, 모서리 4

① 1단계	② 2단계	③ 3단계	④ 4단계

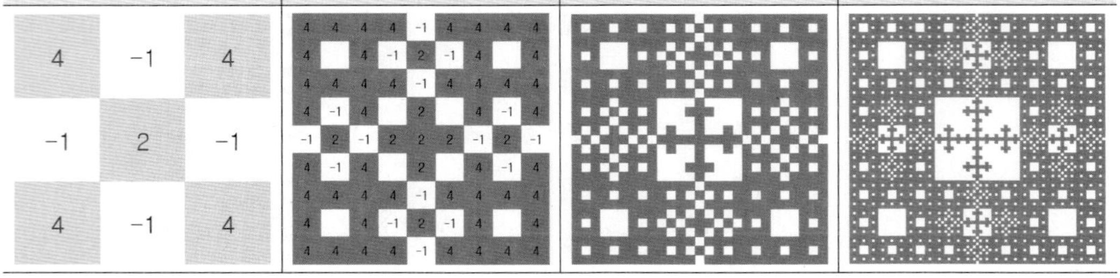

(9) 가운데 1, 가장자리 가운데 −2, 모서리 4

① 1단계	② 2단계	③ 3단계	④ 4단계

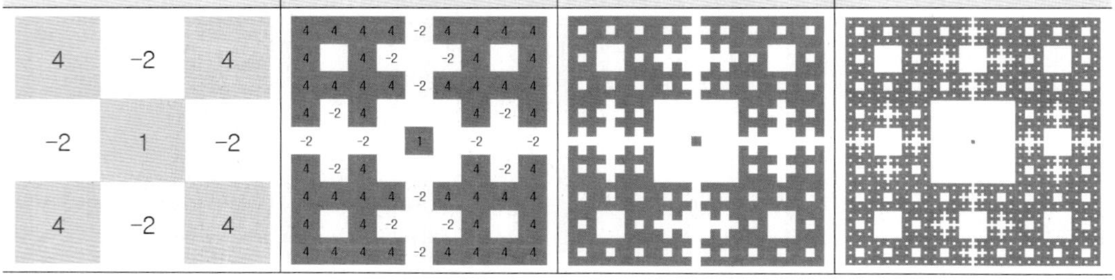

(10) 가운데 가장자리 2, 모서리 −1

① 1단계	② 2단계	③ 3단계	④ 4단계

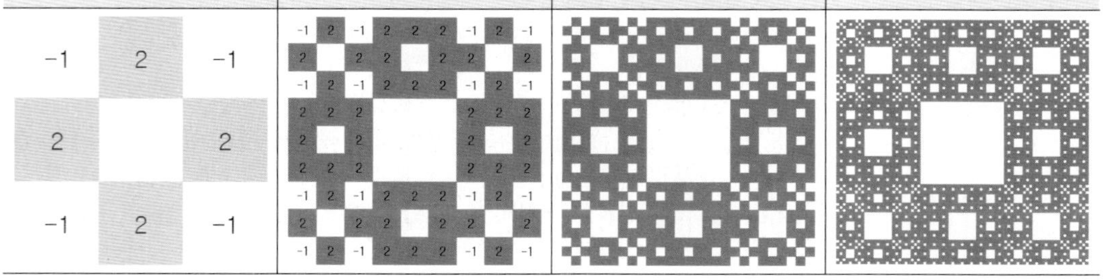

(11) 가운데 가장자리 1, 왼쪽 모서리 −1, 오른쪽 모서리 2

① 1단계	② 2단계	③ 3단계	④ 4단계

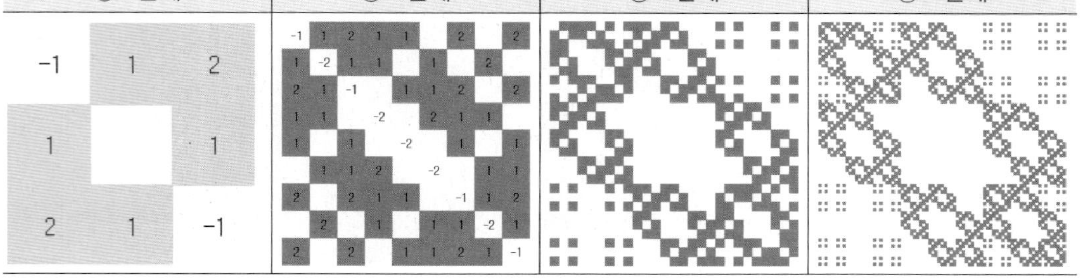

(12) 가운데 −2, 가장자리 가운데 1, 왼쪽모서리 −1, 오른쪽 모서리 2

① 1단계	② 2단계	③ 3단계	④ 4단계
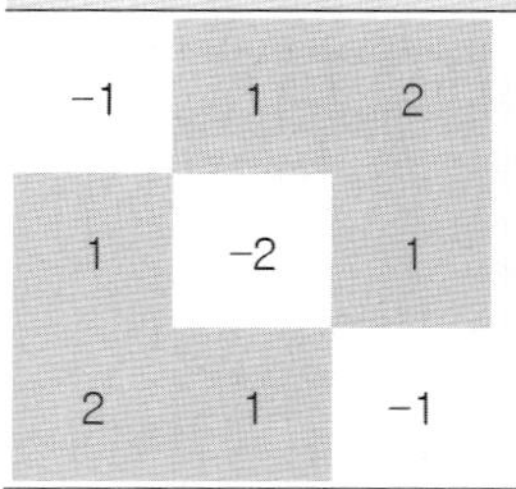	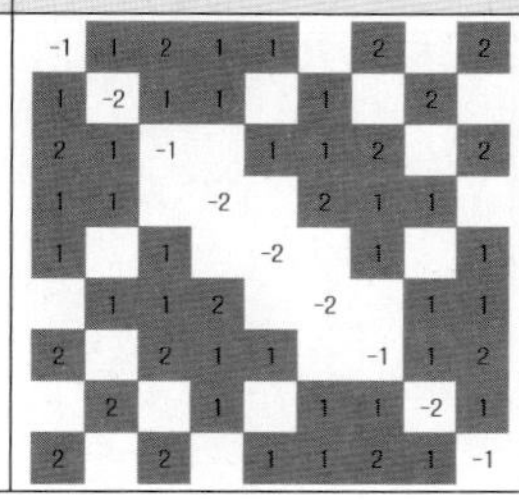	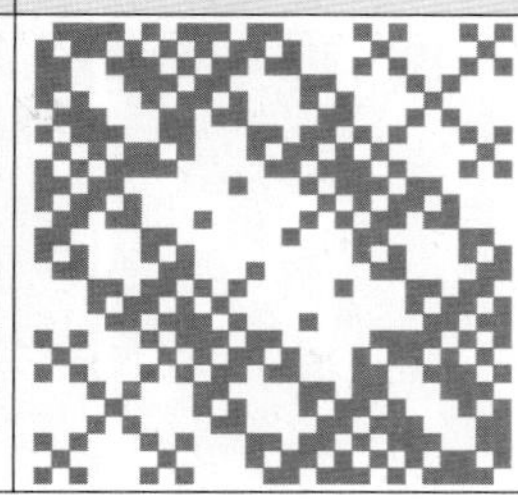	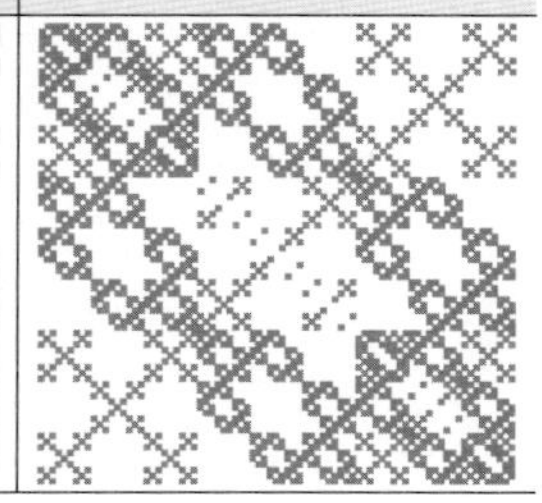

4. 논리합(Or) 프랙탈

(1) 왼쪽위에서 아래로 대각선 1, 오른쪽 위 −2, 왼쪽 아래 −2

① 1단계	② 2단계	③ 3단계	④ 4단계
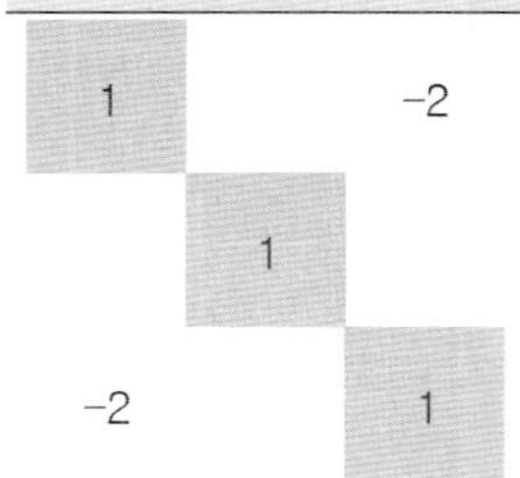	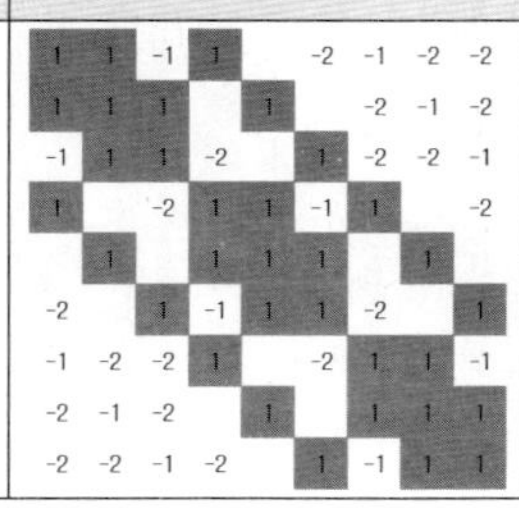	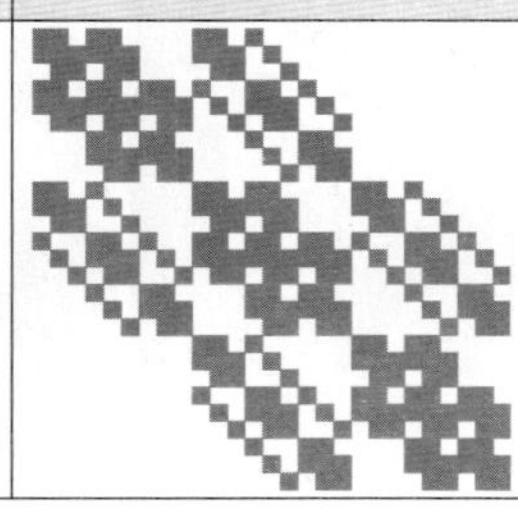	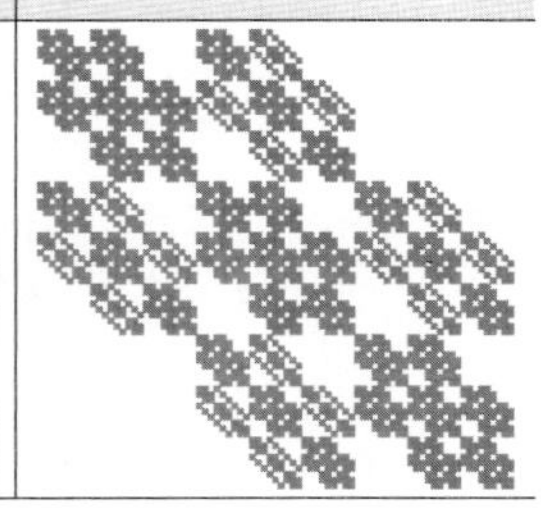

(2) 가장자리 가운데 1

① 1단계	② 2단계	③ 3단계	④ 4단계
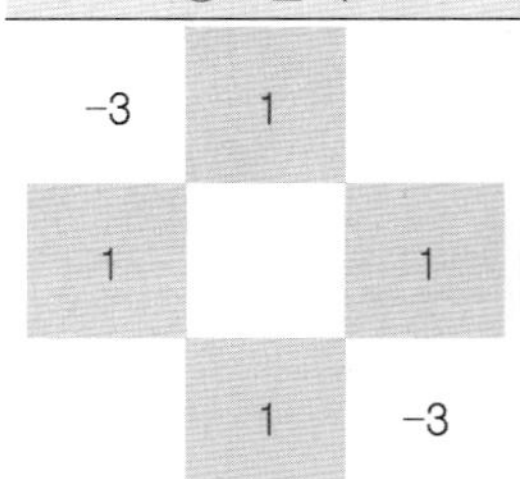	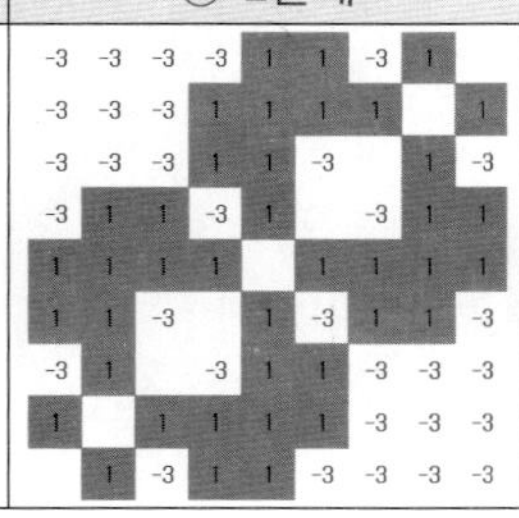	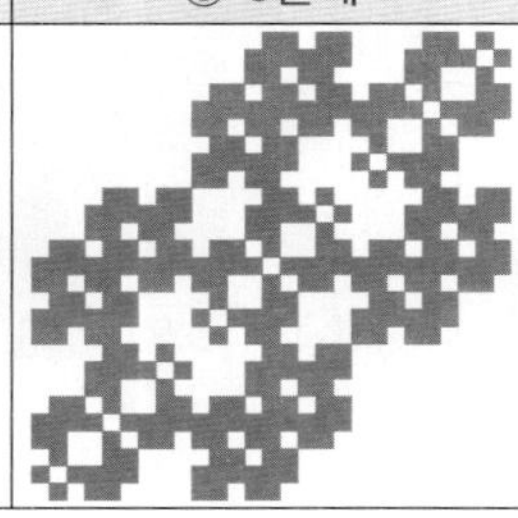	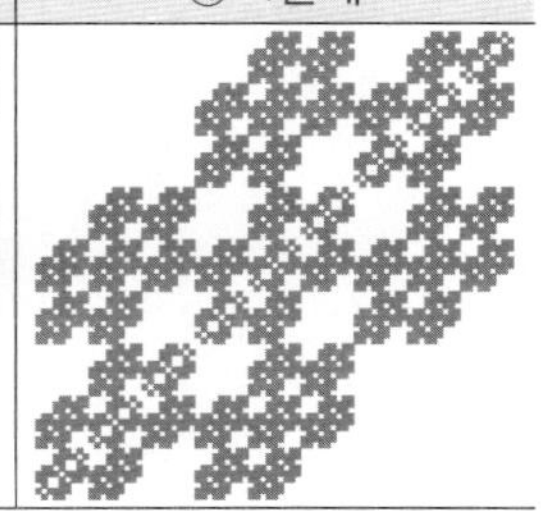

(3) 가운데 −3, 모서리 1

① 1단계	② 2단계	③ 3단계	④ 4단계
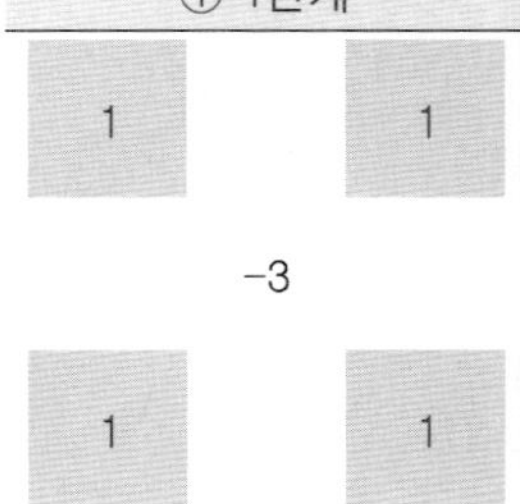		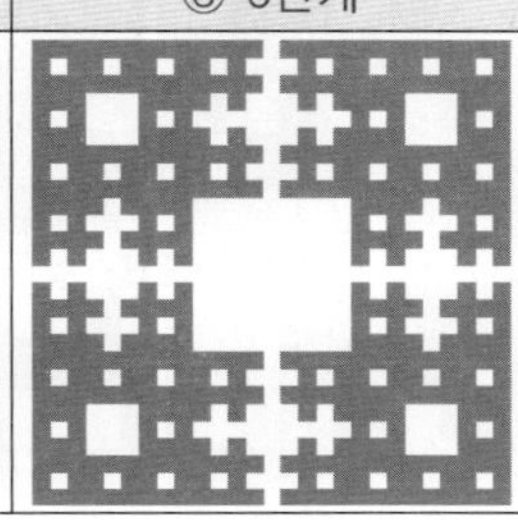	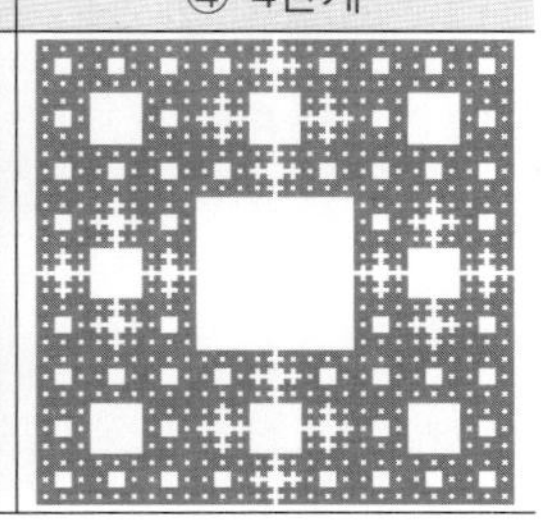

(4) 가장자리 가운데 1

① 1단계	② 2단계	③ 3단계	④ 4단계
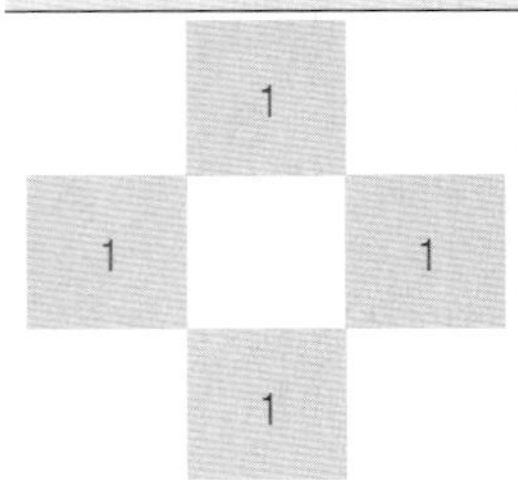	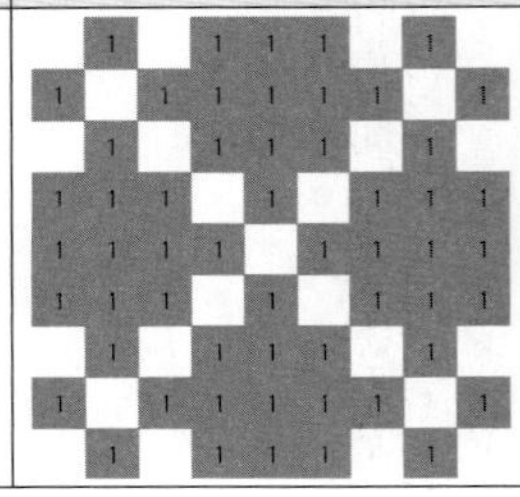	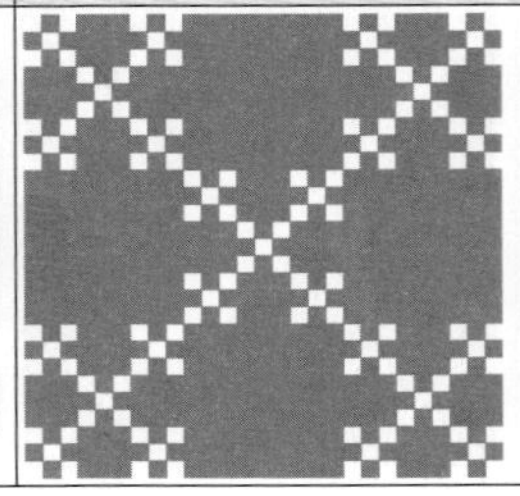	

(5) 동굴

① 1단계	② 2단계	③ 3단계	④ 4단계
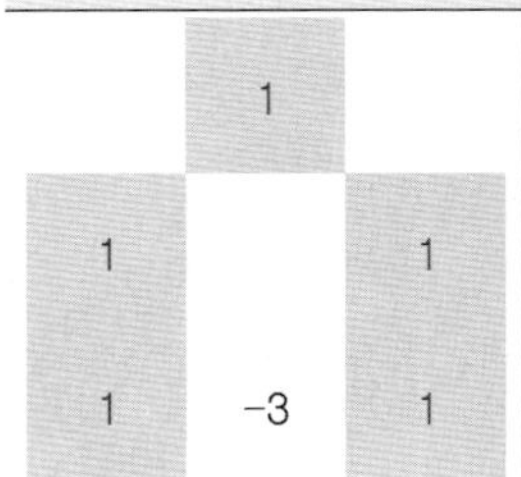	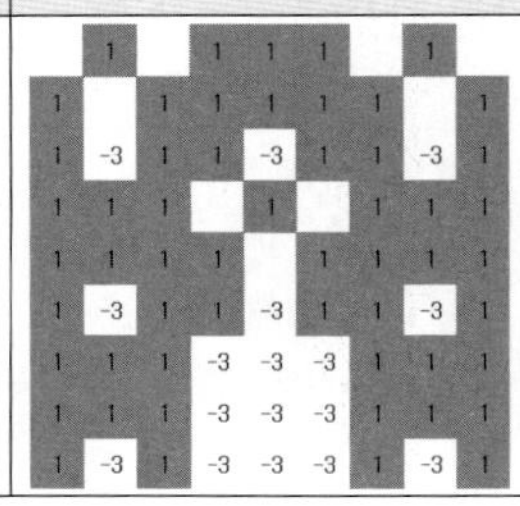	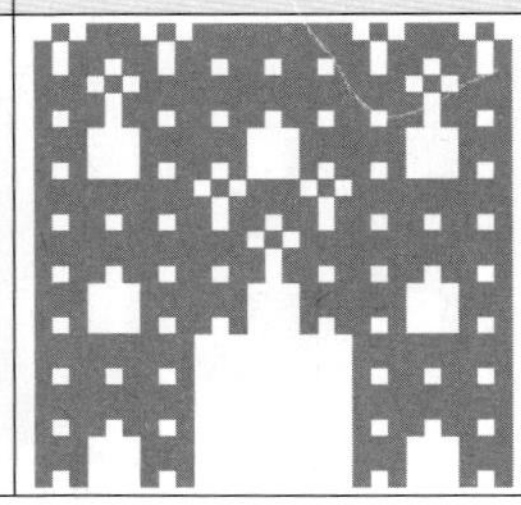	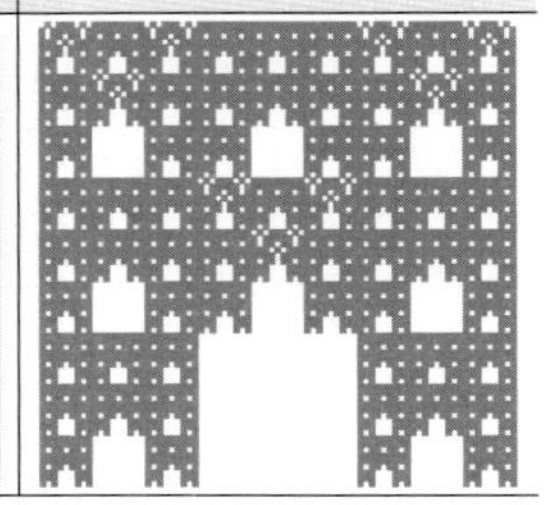

(6) 연

① 1단계	② 2단계	③ 3단계	④ 4단계
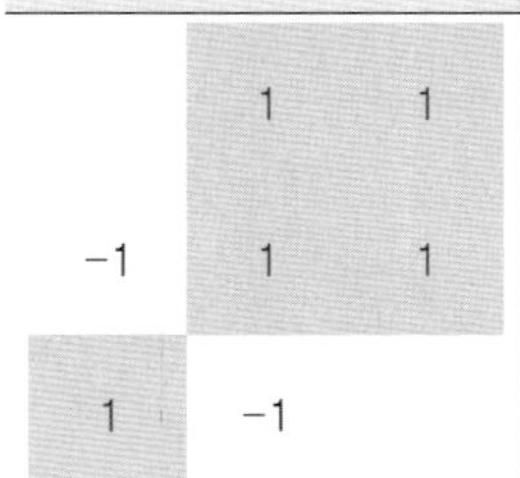	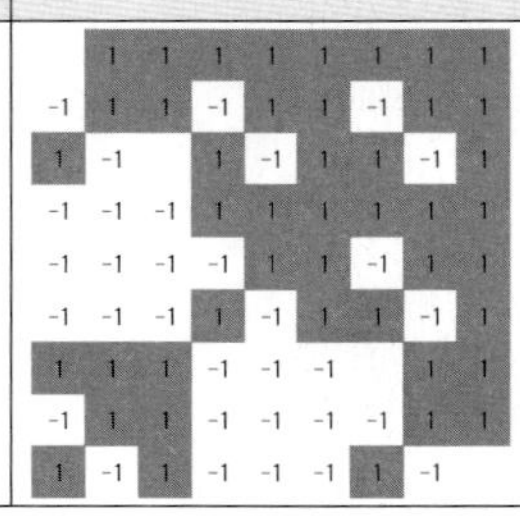	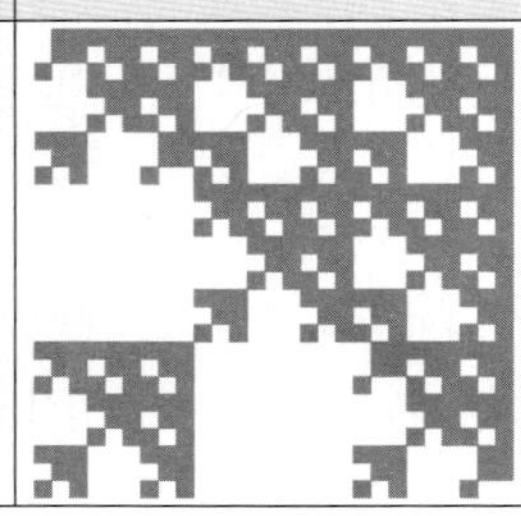	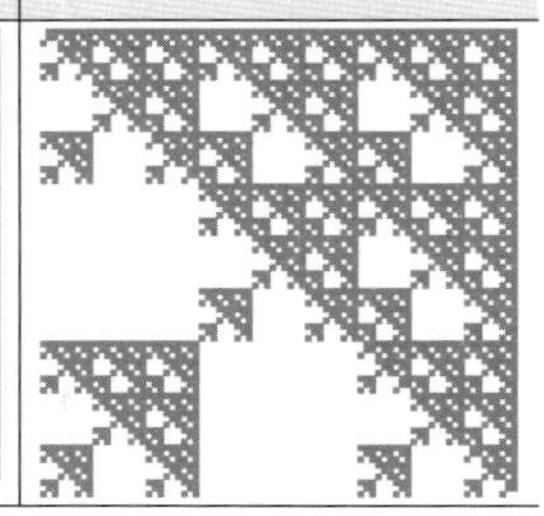

(7) 새떼 모양

① 1단계	② 2단계	③ 3단계	④ 4단계
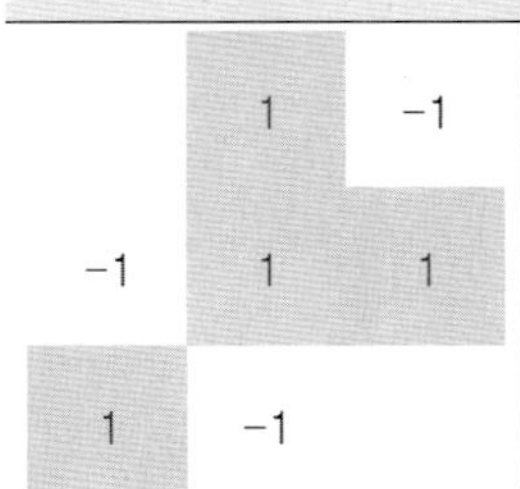	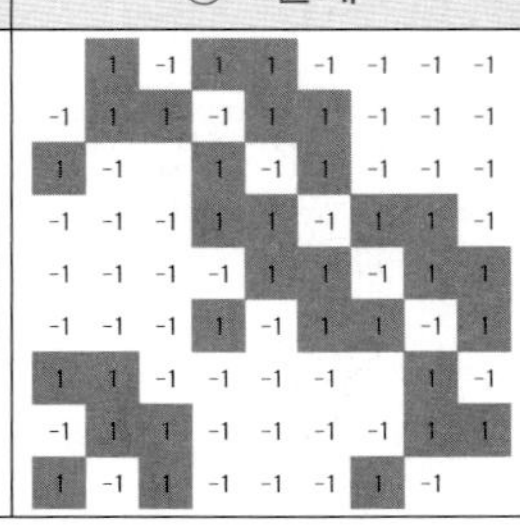	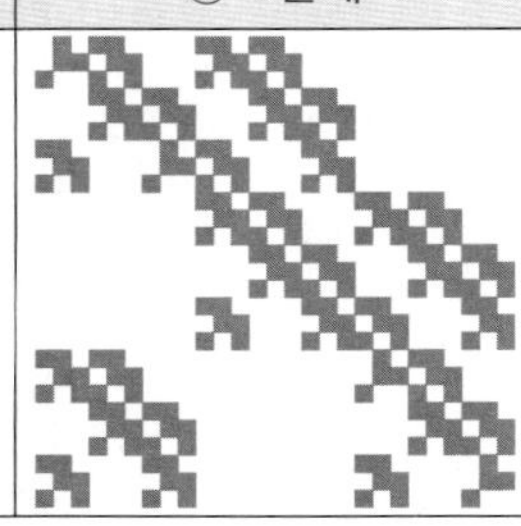	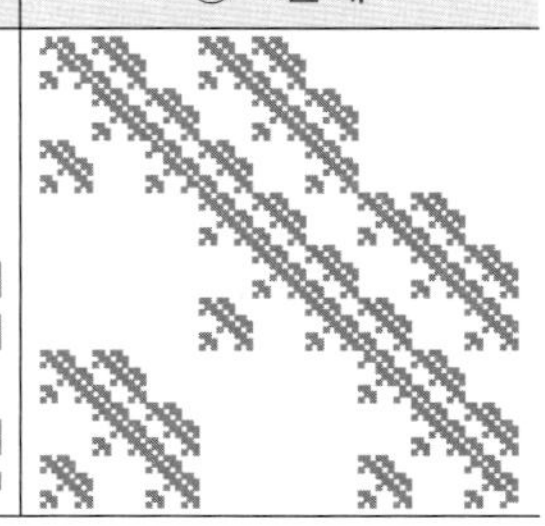

04 자기닮음 응용(Ⅱ)

Chapter >>

4장은 시어핀스키 카펫의 분할로 시작된다. 프랙탈이 다른 몇 개의 프랙탈로 분할될 수 있는지 탐구해 본다. 단계별로 프랙탈이 몇 개의 프랙탈로 분할될 수 있는지를 살펴보았다. 파스칼과 삼각형에서 나타나는 테셀레이션을 통하여 프랙탈과 테셀레이션의 관계를 살펴볼 수 있다. 가곡 '비목'을 Lsystem을 이용하여 프랙탈로 표현해 보았다. 음악을 미술로 표현할 수 있는 자유함을 느껴보자.

4.1 3×3 시어핀스키 카펫 분할

1단계 3×3 시어핀스키 카펫에서 생각해 보자. 시어핀스키 카펫을 여러 개의 프랙탈 도형으로 나눌 수 있는 방법에 대해 생각해 보자.

1. 1단계 시어핀스키 카펫 분할

① 1단계 시어핀스키 카펫을 1, 2, 3으로 구성하자.

① 1단계 시어핀스키 카펫은 $\log_3 8 = 1.893$의 차원을 가진다.

② 시어핀스키 카펫을 분할한 두 개의 도형은 $\log_3 4 = 1.262$의 차원을 가진다.

1단계	A(1)	A(2)
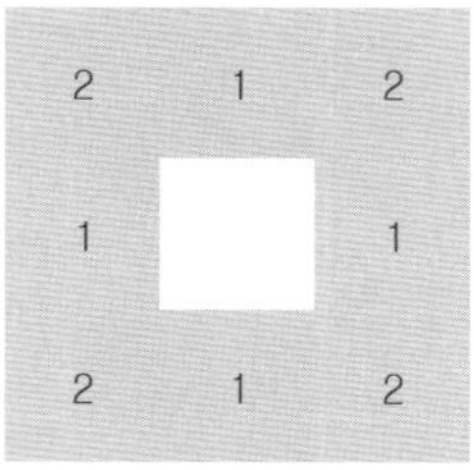	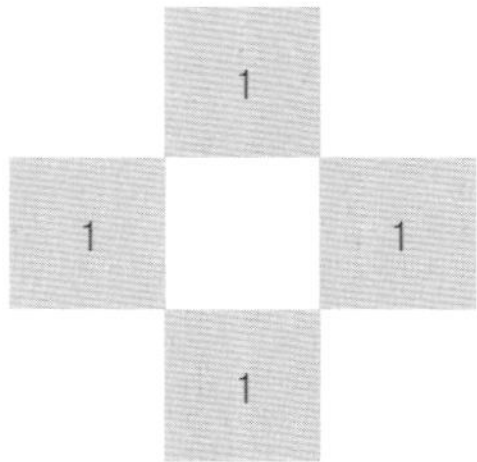	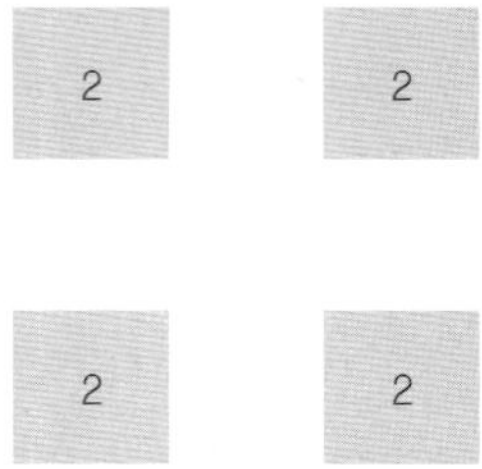

2. 2단계 시어핀스키 카펫 분할

(1) 카펫 분할

2단계	B(1)	B(2)	B(3)	B(4)
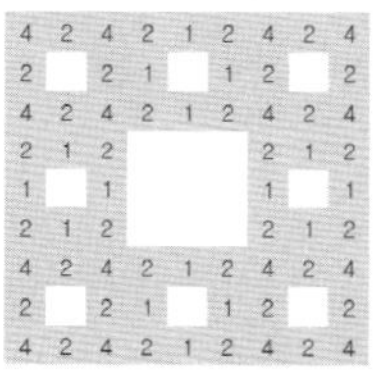	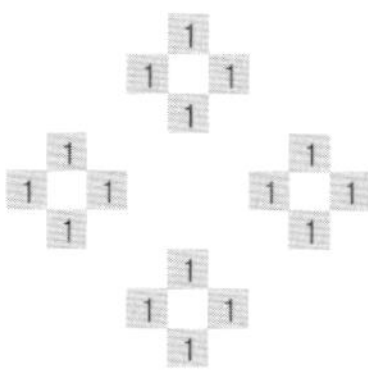	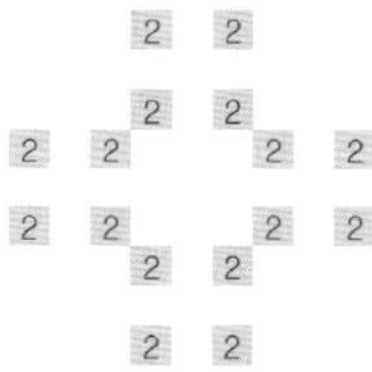	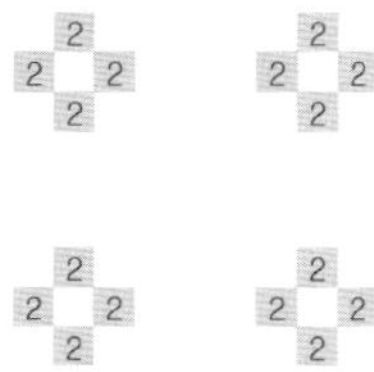	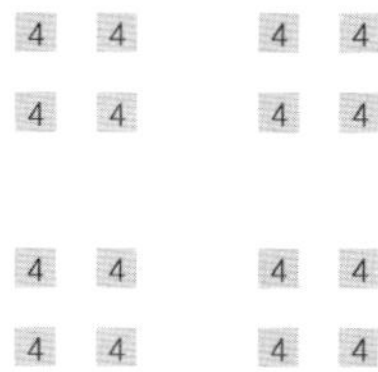

(2) 구성설명

① 2단계의 프랙탈은 곱의 프랙탈을 이용하여 만들었다.

② B(1)은 A(1)과 A(1)의 프랙탈 곱이다.

③ B(2)는 A(1)과 A(2)의 프랙탈 곱이다.

④ B(3)는 A(2)와 A(1)의 프랙탈 곱이다.

⑤ B(4)는 A(2)와 A(2)의 프랙탈 곱이다.

(3) 차원

① 2단계 시어핀스키 카펫의 차원은 $\log_9 64 = 1.893$이다.

② B(1)에서 B(9)의 차원은 $\log_8 16 = 1.262$이다.

3. 3단계 시어핀스키 카펫 분할

(1) 카펫 분할

3단계	C(1)	C(2)	C(3)	C(4)
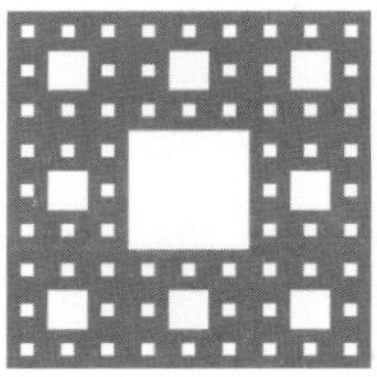	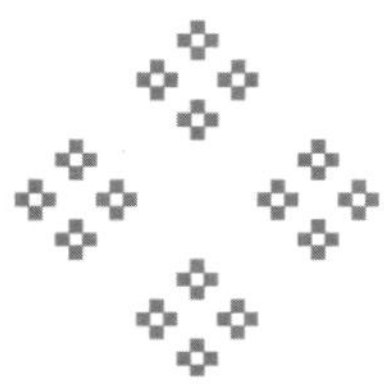	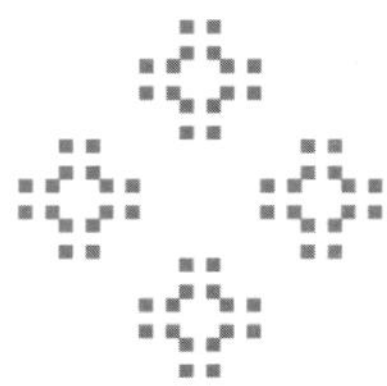	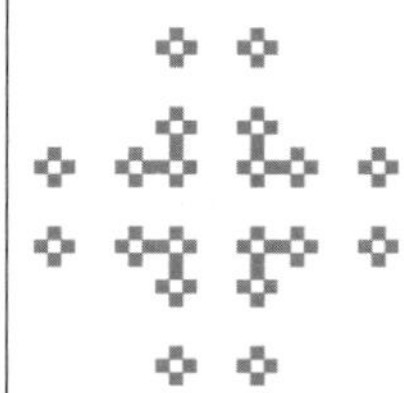	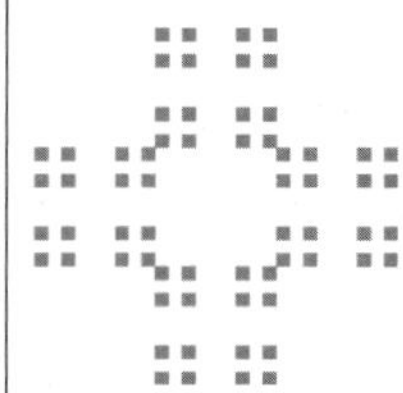
	C(5)	C(6)	C(7)	C(8)
		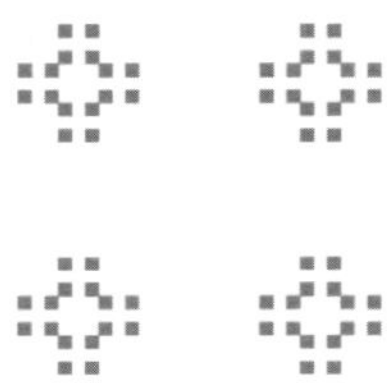	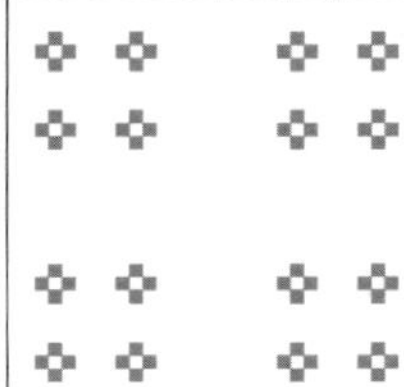	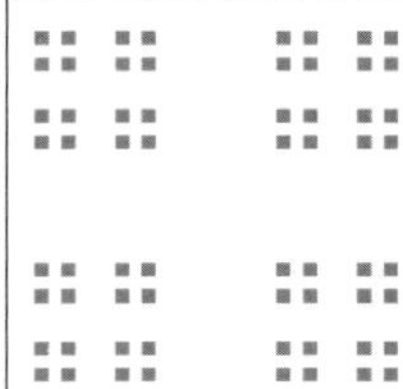

(2) 구성설명

① C(1)은 A(1)과 B(1)의 프랙탈 곱이다.

② C(2)은 A(1)과 B(2)의 프랙탈 곱이다.

③ C(3)은 A(1)과 B(3)의 프랙탈 곱이다.

④ C(4)은 A(1)과 B(4)의 프랙탈 곱이다.

⑤ C(5)은 A(2)과 B(1)의 프랙탈 곱이다.

⑥ C(6)은 A(2)과 B(2)의 프랙탈 곱이다.

⑦ C(7)은 A(2)과 B(3)의 프랙탈 곱이다.

⑧ C(8)은 A(2)과 B(4)의 프랙탈 곱이다.

(3) 차원

① 3단계 시어핀스키 카펫의 차원은 $\log_9 64 = 1.893$이다.

② C(1)에서 C(9)의 차원은 각각 $\log_8 16 = 1.262$이다.

4. 탐구활동

① 4단계 시어핀스키 카펫은 몇 개의 프랙탈로 분해 되는지 생각해 보자.

4.2 4×4 시어핀스키 카펫 분할

1단계 4×4 시어핀스키 카펫 프랙탈을 생각해 보자. 시어핀스키 카펫을 여러 개의 프랙탈 도형으로 나눌 수 있는 방법에 대해 생각해 보자.

1. 1단계 시어핀스키 카펫 분할

① 1단계 시어핀스키 카펫을 1, 2, 3으로 구성하자.

② 1단계 시어핀스키 카펫은 $\log_4 12 = 1.792$의 차원을 가진다.

③ 시어핀스키 카펫을 분할한 세 개의 도형은 $\log_4 4 = 1$의 차원을 가진다.

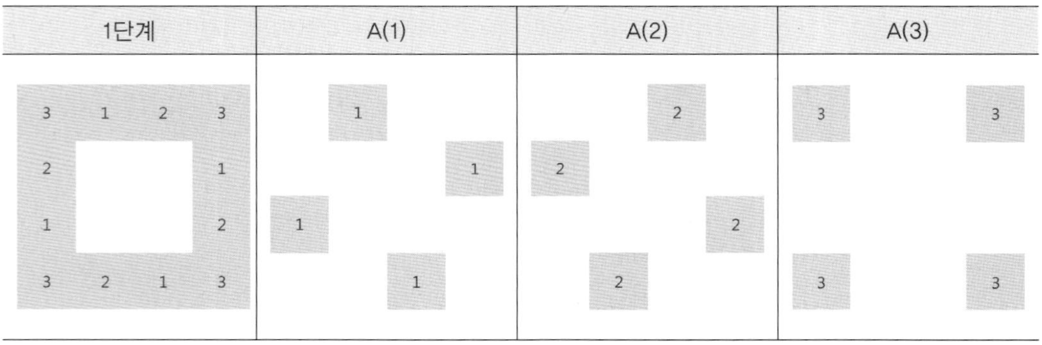

(2) 구성설명

① 2단계의 프랙탈은 곱의 프랙탈을 이용하여 만들었다.

② B(1)은 A(1)과 A(1)의 프랙탈 곱이다.

③ B(2)는 A(1)과 A(2)의 프랙탈 곱이다.

④ B(3)는 A(1)와 A(3)의 프랙탈 곱이다.

⑤ B(4)는 A(2)와 A(1)의 프랙탈 곱이다.

⑥ B(5)는 A(2)와 A(2)의 프랙탈 곱이다.

⑦ B(6)는 A(2)와 A(3)의 프랙탈 곱이다.

⑧ B(7)는 A(3)와 A(1)의 프랙탈 곱이다.

⑨ B(8)는 A(3)와 A(2)의 프랙탈 곱이다.

⑩ B(9)는 A(3)와 A(3)의 프랙탈 곱이다.

(3) 차원

① 2단계 시어핀스키 카펫의 차원은 $\log_{16}144=1.792$이다.

② B(1)에서 B(9)의 차원은 $\log_{16}16=1$이다.

2단계	B(1)	B(2)	B(3)
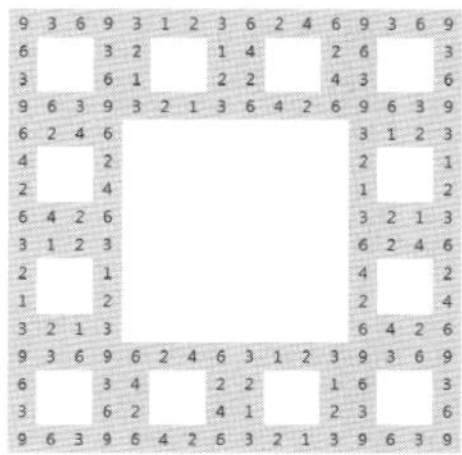	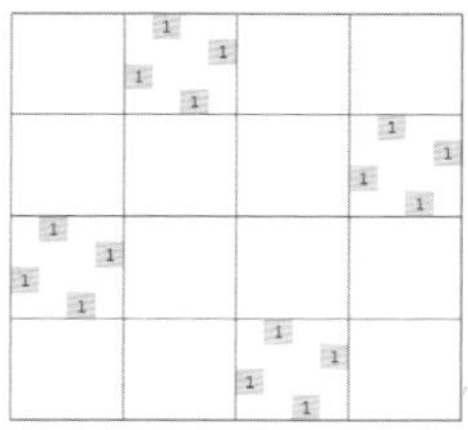	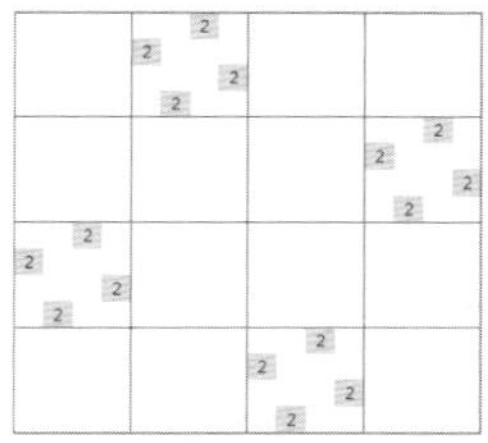	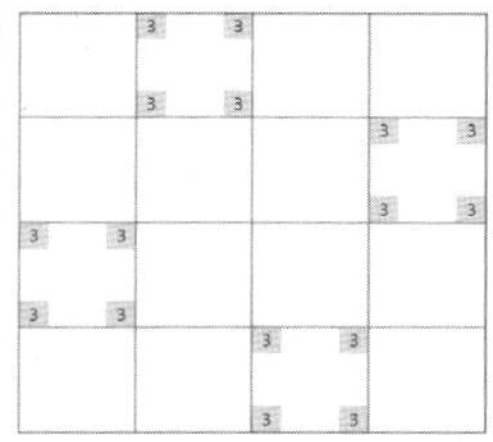
	B(4)	B(5)	B(6)
	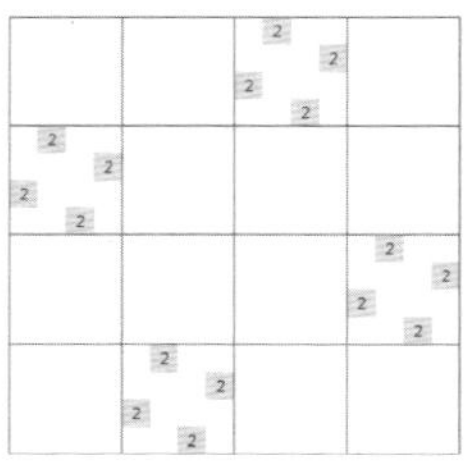	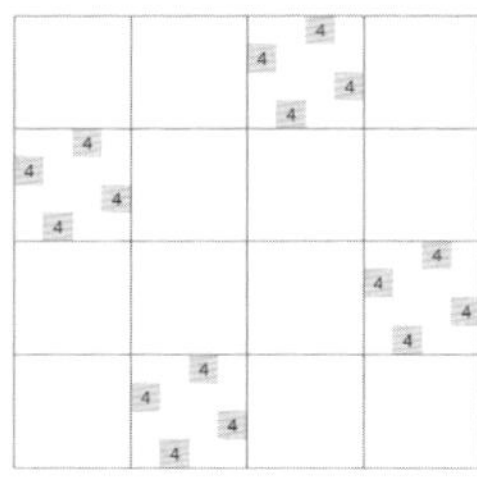	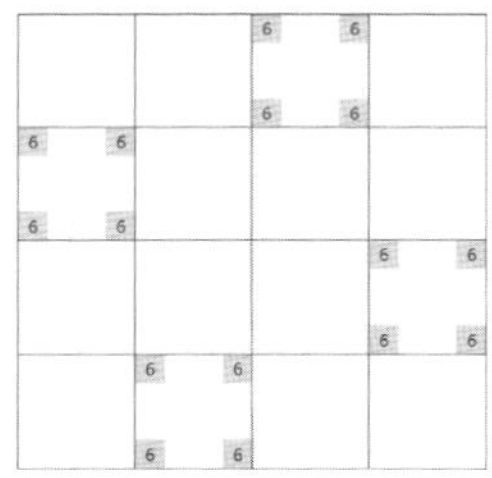
	B(7)	B(8)	B(9)
	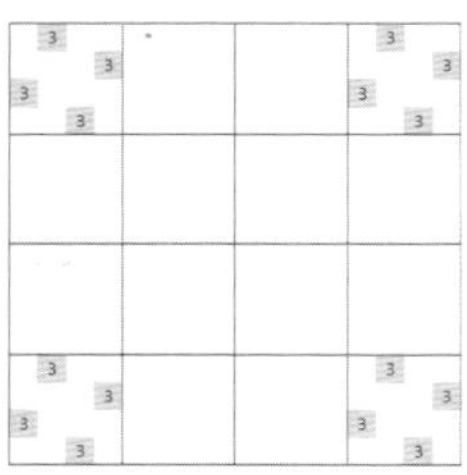	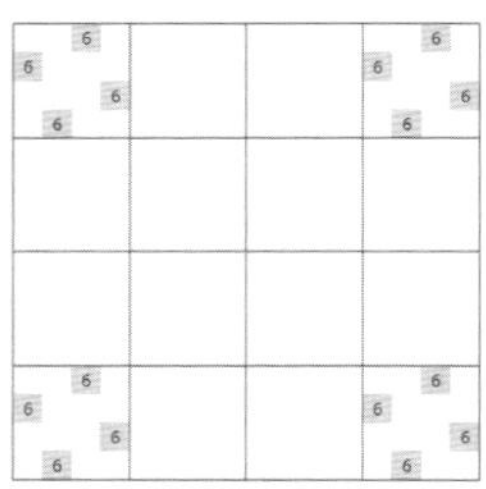	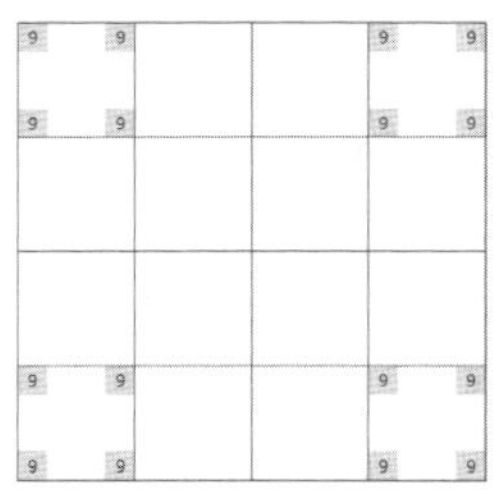

2. 탐구활동

① 3단계에서 시어핀스키 카펫은 몇 개의 프랙탈로 분해 되는지 생각해 보자.

4.3 파스칼 삼각형과 테셀레이션

파스칼 삼각형에서 2로 나누어지지 않는 수의 집합은 프랙탈을 이룬다. 프랙탈을 이루는 각 행의 주기를 이용하여 테셀레이션을 만들어 보자.

1. 파스칼 삼각형에서 2로 나눈 나머지를 관찰

(1) 파스칼 삼각형의 구성

① 셀 B2와 C1의 합은 C2이다.

	A	B	C	D	E
1		1	1	1	1
2	1	1	2	3	4
3	2	1	3	6	10
4	3	1	4	10	20
5	4	1	5	15	35
6	5	1	6	21	56
7	6	1	7	28	84
8	7	1	8	36	120
9	8	1	9	45	165

	A	B	C	D	E
1		1	1	1	1
2	1	1	=B2+C1	=C2+D1	=D2+E1
3	2	1	=B3+C2	=C3+D2	=D3+E2
4	3	1	=B4+C3	=C4+D3	=D4+E3
5	4	1	=B5+C4	=C5+D4	=D5+E4
6	5	1	=B6+C5	=C6+D5	=D6+E5
7	6	1	=B7+C6	=C7+D6	=D7+E6
8	7	1	=B8+C7	=C8+D7	=D8+E7
9	8	1	=B9+C8	=C9+D8	=D9+E8

(2) 파스칼 삼각형을 2로 나눈 나머지를 관찰해 보자.

① 2로 나누었을 때 나타나는 수는 0과 1이다.

	A	B	C	D	E	F	G	H	I	J	K	L	M	N	O	P	Q	R	S	T	U	V	W	X	Y	Z	AA	AB	AC	AD	AE	AF	AG	AH	AI
1								2															1												
2				1	2	3	4	5	6	7	8	9	10	11	12	13	14	15	16	17	18	19	20	21	22	23	24	25	26	27	28	29	30	31	32
3			1	1	1	1	1	1	1	1	1	1	1	1	1	1	1	1	1	1	1	1	1	1	1	1	1	1	1	1	1	1	1	1	1
4	1		1	0	1	0	1	0	1	0	1	0	1	0	1	0	1	0	1	0	1	0	1	0	1	0	1	0	1	0	1	0	1	0	1
5	2		1	1	0	0	1	1	0	0	1	1	0	0	1	1	0	0	1	1	0	0	1	1	0	0	1	1	0	0	1	1	0	0	1
6	3		1	0	0	0	1	0	0	0	1	0	0	0	1	0	0	0	1	0	0	0	1	0	0	0	1	0	0	0	1	0	0	0	1
7	4		1	1	1	1	0	0	0	0	1	1	1	1	0	0	0	0	1	1	1	1	0	0	0	0	1	1	1	1	0	0	0	0	1
8	5		1	0	1	0	0	0	0	0	1	0	1	0	0	0	0	0	1	0	1	0	0	0	0	0	1	0	1	0	0	0	0	0	1
9	6		1	1	0	0	0	0	0	0	1	1	0	0	0	0	0	0	1	1	0	0	0	0	0	0	1	1	0	0	0	0	0	0	1
10	7		1	0	0	0	0	0	0	0	1	0	0	0	0	0	0	0	1	0	0	0	0	0	0	0	1	0	0	0	0	0	0	0	1
11	8		1	1	1	1	1	1	1	1	0	0	0	0	0	0	0	0	1	1	1	1	1	1	1	1	0	0	0	0	0	0	0	0	1
12	9		1	0	1	0	1	0	1	0	0	0	0	0	0	0	0	0	1	0	1	0	1	0	1	0	0	0	0	0	0	0	0	0	1
13	10		1	1	0	0	1	1	0	0	0	0	0	0	0	0	0	0	1	1	0	0	1	1	0	0	0	0	0	0	0	0	0	0	1
14	11		1	0	0	0	1	0	0	0	0	0	0	0	0	0	0	0	1	0	0	0	1	0	0	0	0	0	0	0	0	0	0	0	1
15	12		1	1	1	1	0	0	0	0	0	0	0	0	0	0	0	0	1	1	1	1	0	0	0	0	0	0	0	0	0	0	0	0	1
16	13		1	0	1	0	0	0	0	0	0	0	0	0	0	0	0	0	1	0	1	0	0	0	0	0	0	0	0	0	0	0	0	0	1
17	14		1	1	0	0	0	0	0	0	0	0	0	0	0	0	0	0	1	1	0	0	0	0	0	0	0	0	0	0	0	0	0	0	1
18	15		1	0	0	0	0	0	0	0	0	0	0	0	0	0	0	0	1	0	0	0	0	0	0	0	0	0	0	0	0	0	0	0	1
19	16		1	1	1	1	1	1	1	1	1	1	1	1	1	1	1	1	0	0	0	0	0	0	0	0	0	0	0	0	0	0	0	0	1

② 행에서 반복되는 수 패턴을 찾아보자.

행	순환 마디	주기
1	10	2
2	1100	4
3	1000	4
4	11110000	8
5	10100000	8
6	11000000	8
7	10000000	8
8	1111111100000000	16
9	1010101000000000	16
10	1100110000000000	16
11	1000100000000000	16
12	1111000000000000	16
13	1010000000000000	16
14	1100000000000000	16
15	1000000000000000	16
16	11111111111111110000000000000000	32

③ 1, 2, 4, 8, 16행을 살펴보자.

행	순환 마디	주기
1	10	2
2	1100	4
4	11110000	8
8	1111111100000000	16
16	11111111111111110000000000000000	32

(3) 1, 2, 4, 8, 16행에서 나타나는 규칙찾기

① 1행의 1은 2행에서 11로 변한다.

② 1행의 0은 2행에서 00으로 변한다.

③ 2행의 1은 4행에서 11로 변한다.

④ 2행의 0은 4행에서 00이 된다.

⑤ 현재 행에서 다음 행으로 진행함에 따라 1은 11로, 0은 00으로 변한다.

(4) 1행으로 테셀레이션 만들기

① 가로 세로 1행으로 입력

	A	B	C	D	E	F	G	H	I	J	K	L	M	N	O	P
107			1	0	1	0	1	0	1	0	1	0	1	0	1	0
108	1	1	0	−1	0	−1	0	−1	0	−1	0	−1	0	−1	0	−1
109	2	0	1	0	1	0	1	0	1	0	1	0	1	0	1	0
110	3	1	0	−1	0	−1	0	−1	0	−1	0	−1	0	−1	0	−1
111	4	0	1	0	1	0	1	0	1	0	1	0	1	0	1	0
112	5	1	0	−1	0	−1	0	−1	0	−1	0	−1	0	−1	0	−1
113	6	0	1	0	1	0	1	0	1	0	1	0	1	0	1	0
114	7	1	0	−1	0	−1	0	−1	0	−1	0	−1	0	−1	0	−1
115	8	0	1	0	1	0	1	0	1	0	1	0	1	0	1	0

	C
107	=VLOOKUP($A104,$A$4:$LJM$103,D$2+2,FALSE)
108	=C$107-$B108
109	=C$107-$B109
110	=C$107-$B110
111	=C$107-$B111
112	=C$107-$B112
113	=C$107-$B113
114	=C$107-$B114
115	=C$107-$B115
116	=C$107-$B116

② C108 셀은 C107과 B109의 차이다.

③ 2×2가 기도형이 된다.

(5) 2행으로 테셀레이션 만들기

① 가로 세로에 2행을 입력하였다.

② 4×4가 기본 도형이 된다.

	1	1	0	0	1	1	0	0	1	1	0	0	1	1	0	0	1	1	0	0	1	1	0	0
1	0	0	−1	−1	0	0	−1	−1	0	0	−1	−1	0	0	−1	−1	0	0	−1	−1	0	0	−1	−1
1	0	0	−1	−1	0	0	−1	−1	0	0	−1	−1	0	0	−1	−1	0	0	−1	−1	0	0	−1	−1
0	1	1	0	0	1	1	0	0	1	1	0	0	1	1	0	0	1	1	0	0	1	1	0	0
0	1	1	0	0	1	1	0	0	1	1	0	0	1	1	0	0	1	1	0	0	1	1	0	0

(6) 4행으로 테셀레이션 만들기

① 가로 세로 8개, 64개를 이용하여 테셀레이션을 만들 수 있다.

	1	1	1	1	0	0	0	0	1	1	1	1	0	0	0	0	1	1	1	1	0	0	0	0
1	0	0	0	0	−1	−1	−1	−1	0	0	0	0	−1	−1	−1	−1	0	0	0	0	−1	−1	−1	−1
1	0	0	0	0	−1	−1	−1	−1	0	0	0	0	−1	−1	−1	−1	0	0	0	0	−1	−1	−1	−1
1	0	0	0	0	−1	−1	−1	−1	0	0	0	0	−1	−1	−1	−1	0	0	0	0	−1	−1	−1	−1
1	0	0	0	0	−1	−1	−1	−1	0	0	0	0	−1	−1	−1	−1	0	0	0	0	−1	−1	−1	−1
0	1	1	1	1	0	0	0	0	1	1	1	1	0	0	0	0	1	1	1	1	0	0	0	0
0	1	1	1	1	0	0	0	0	1	1	1	1	0	0	0	0	1	1	1	1	0	0	0	0
0	1	1	1	1	0	0	0	0	1	1	1	1	0	0	0	0	1	1	1	1	0	0	0	0
0	1	1	1	1	0	0	0	0	1	1	1	1	0	0	0	0	1	1	1	1	0	0	0	0

(7) 8행으로 테셀레이션 만들기

	1	1	1	1	1	1	1	1	0	0	0	0	0	0	0	0	1	1	1	1	1	1	1	1	0	0	0	0	0	0	0	0	1	1	1	1	1	1	1	1	0	0	0	0	0	0	0	0
1	0	0	0	0	0	0	0	0	-1	-1	-1	-1	-1	-1	-1	-1	0	0	0	0	0	0	0	0	-1	-1	-1	-1	-1	-1	-1	-1		0	0	0	0	0	0	0	-1	-1	-1	-1		-1	-1	-1
1	0	0	0	0	0	0	0	0	-1	-1	-1	-1	-1	-1	-1	-1	0	0	0	0	0	0	0	0	-1	-1	-1	-1	-1	-1	-1	-1	0	0	0	0	0	0	0	0	-1	-1	-1	-1	-1	-1	-1	-1
1	0	0	0	0	0	0	0	0	-1	-1	-1	-1	-1	-1	-1	-1	0	0	0	0	0	0	0	0	-1	-1	-1	-1	-1	-1	-1	-1	0	0	0	0	0	0	0	0	-1	-1	-1	-1	-1	-1	-1	-1
1	0	0	0	0	0	0	0	0	-1	-1	-1	-1	-1	-1	-1	-1	0	0	0	0	0	0	0	0	-1	-1	-1	-1	-1	-1	-1	-1	0	0	0	0	0	0	0	0	-1	-1	-1	-1	-1	-1	-1	-1
1	0	0	0	0	0	0	0	0	-1	-1	-1	-1	-1	-1	-1	-1	0	0	0	0	0	0	0	0	-1	-1	-1	-1	-1	-1	-1	-1	0	0	0	0	0	0	0	0	-1	-1	-1	-1	-1	-1	-1	-1
1	0	0	0	0	0	0	0	0	-1	-1	-1	-1	-1	-1	-1	-1	0	0	0	0	0	0	0	0	-1	-1	-1	-1	-1	-1	-1	-1	0	0	0	0	0	0	0	0	-1	-1	-1	-1	-1	-1	-1	-1
1	0	0	0	0	0	0	0	0	-1	-1	-1	-1	-1	-1	-1	-1	0	0	0	0	0	0	0	0	-1	-1	-1	-1	-1	-1	-1	-1	0	0	0	0	0	0	0	0	-1	-1	-1	-1	-1	-1	-1	-1
1	0	0	0	0	0	0	0	0	-1	-1	-1	-1	-1	-1	-1	-1	0	0	0	0	0	0	0	0	-1	-1	-1	-1	-1	-1	-1	-1	0	0	0	0	0	0	0	0	-1	-1	-1	-1	-1	-1	-1	-1
0	1	1	1	1	1	1	1	1	0	0	0	0	0	0	0	0	1	1	1	1	1	1	1	1	0	0	0	0	0	0	0	0	1	1	1	1	1	1	1	1	0	0	0	0	0	0	0	0
0	1	1	1	1	1	1	1	1	0	0	0	0	0	0	0	0	1	1	1	1	1	1	1	1	0	0	0	0	0	0	0	0	1	1	1	1	1	1	1	1	0	0	0	0	0	0	0	0
0	1	1	1	1	1	1	1	1	0	0	0	0	0	0	0	0	1	1	1	1	1	1	1	1	0	0	0	0	0	0	0	0	1	1	1	1	1	1	1	1	0	0	0	0	0	0	0	0
0	1	1	1	1	1	1	1	1	0	0	0	0	0	0	0	0	1	1	1	1	1	1	1	1	0	0	0	0	0	0	0	0	1	1	1	1	1	1	1	1	0	0	0	0	0	0	0	0
0	1	1	1	1	1	1	1	1	0	0	0	0	0	0	0	0	1	1	1	1	1	1	1	1	0	0	0	0	0	0	0	0	1	1	1	1	1	1	1	1	0	0	0	0	0	0	0	0
0	1	1	1	1	1	1	1	1	0	0	0	0	0	0	0	0	1	1	1	1	1	1	1	1	0	0	0	0	0	0	0	0	1	1	1	1	1	1	1	1	0	0	0	0	0	0	0	0
0	1	1	1	1	1	1	1	1	0	0	0	0	0	0	0	0	1	1	1	1	1	1	1	1	0	0	0	0	0	0	0	0	1	1	1	1	1	1	1	1	0	0	0	0	0	0	0	0
0	1	1	1	1	1	1	1	1	0	0	0	0	0	0	0	0	1	1	1	1	1	1	1	1	0	0	0	0	0	0	0	0	1	1	1	1	1	1	1	1	0	0	0	0	0	0	0	0

2. 3행(4주기), 6행(8주기), 12행(16주기), 24행(32주기)관찰

(1) 3행

① 4×4의 기본 테셀레이션을 만든다.

	1	0	0	0	1	0	0	0	1	0	0	0	1	0	0	0	1	0	0	0	1	0	0	0	1	0	0	0	1	0	0	0
1	0	-1	-1	-1	0	-1	-1	-1	0	-1	-1	-1	0	-1	-1	-1	0	-1	-1	-1	0	-1	-1	-1	0	-1	-1	-1	0	-1	-1	-1
0	1	0	0	0	1	0	0	0	1	0	0	0	1	0	0	0	1	0	0	0	1	0	0	0	1	0	0	0	1	0	0	0
0	1	0	0	0	1	0	0	0	1	0	0	0	1	0	0	0	1	0	0	0	1	0	0	0	1	0	0	0	1	0	0	0
0	1	0	0	0	1	0	0	0	1	0	0	0	1	0	0	0	1	0	0	0	1	0	0	0	1	0	0	0	1	0	0	0
1	0	-1	-1	-1	0	-1	-1	-1	0	-1	-1	-1	0	-1	-1	-1	0	-1	-1	-1	0	-1	-1	-1	0	-1	-1	-1	0	-1	-1	-1
0	1	0	0	0	1	0	0	0	1	0	0	0	1	0	0	0	1	0	0	0	1	0	0	0	1	0	0	0	1	0	0	0
0	1	0	0	0	1	0	0	0	1	0	0	0	1	0	0	0	1	0	0	0	1	0	0	0	1	0	0	0	1	0	0	0
0	1	0	0	0	1	0	0	0	1	0	0	0	1	0	0	0	1	0	0	0	1	0	0	0	1	0	0	0	1	0	0	0

(2) 6행으로 테셀레이션 만들기

① 8×8의 기본 테셀레이션을 만든다.

	1	1	0	0	0	0	0	0	1	1	0	0	0	0	0	0	1	1	0	0	0	0	0	0	1	1	0	0	0	0	0	0
1	0	0	-1	-1	-1	-1	-1	-1	0	0	-1	-1	-1	-1	-1	-1	0	0	-1	-1	-1	-1	-1	-1	0	0	-1	-1	-1	-1	-1	-1
1	0	0	-1	-1	-1	-1	-1	-1	0	0	-1	-1	-1	-1	-1	-1	0	0	-1	-1	-1	-1	-1	-1	0	0	-1	-1	-1	-1	-1	-1
0	1	1	0	0	0	0	0	0	1	1	0	0	0	0	0	0	1	1	0	0	0	0	0	0	1	1	0	0	0	0	0	0
0	1	1	0	0	0	0	0	0	1	1	0	0	0	0	0	0	1	1	0	0	0	0	0	0	1	1	0	0	0	0	0	0
0	1	1	0	0	0	0	0	0	1	1	0	0	0	0	0	0	1	1	0	0	0	0	0	0	1	1	0	0	0	0	0	0
0	1	1	0	0	0	0	0	0	1	1	0	0	0	0	0	0	1	1	0	0	0	0	0	0	1	1	0	0	0	0	0	0
0	1	1	0	0	0	0	0	0	1	1	0	0	0	0	0	0	1	1	0	0	0	0	0	0	1	1	0	0	0	0	0	0
0	1	1	0	0	0	0	0	0	1	1	0	0	0	0	0	0	1	1	0	0	0	0	0	0	1	1	0	0	0	0	0	0
1	0	0	-1	-1	-1	-1	-1	-1	0	0	-1	-1	-1	-1	-1	-1	0	0	-1	-1	-1	-1	-1	-1	0	0	-1	-1	-1	-1	-1	-1
1	0	0	-1	-1	-1	-1	-1	-1	0	0	-1	-1	-1	-1	-1	-1	0	0	-1	-1	-1	-1	-1	-1	0	0	-1	-1	-1	-1	-1	-1
0	1	1	0	0	0	0	0	0	1	1	0	0	0	0	0	0	1	1	0	0	0	0	0	0	1	1	0	0	0	0	0	0
0	1	1	0	0	0	0	0	0	1	1	0	0	0	0	0	0	1	1	0	0	0	0	0	0	1	1	0	0	0	0	0	0
0	1	1	0	0	0	0	0	0	1	1	0	0	0	0	0	0	1	1	0	0	0	0	0	0	1	1	0	0	0	0	0	0
0	1	1	0	0	0	0	0	0	1	1	0	0	0	0	0	0	1	1	0	0	0	0	0	0	1	1	0	0	0	0	0	0
0	1	1	0	0	0	0	0	0	1	1	0	0	0	0	0	0	1	1	0	0	0	0	0	0	1	1	0	0	0	0	0	0
0	1	1	0	0	0	0	0	0	1	1	0	0	0	0	0	0	1	1	0	0	0	0	0	0	1	1	0	0	0	0	0	0

(3) 12행으로 테셀레이션 만들기

① 16×16의 기본 테셀레이션을 만든다.

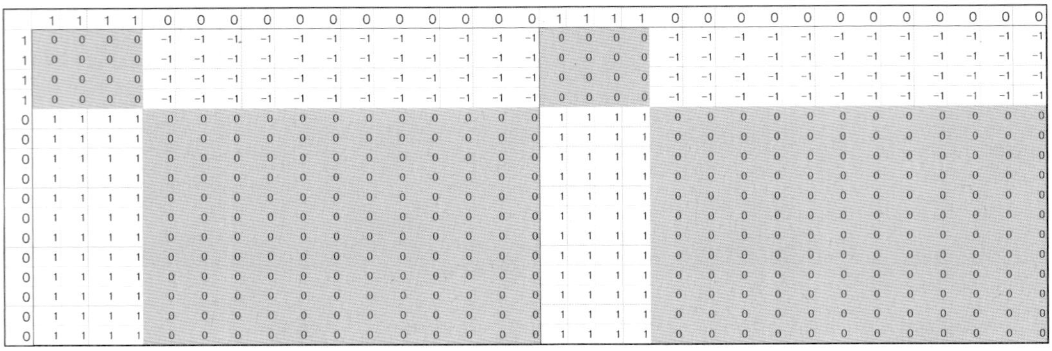

(4) 24행으로 테셀레이션 만들기

① 32×32의 기본 테셀레이션을 만든다.

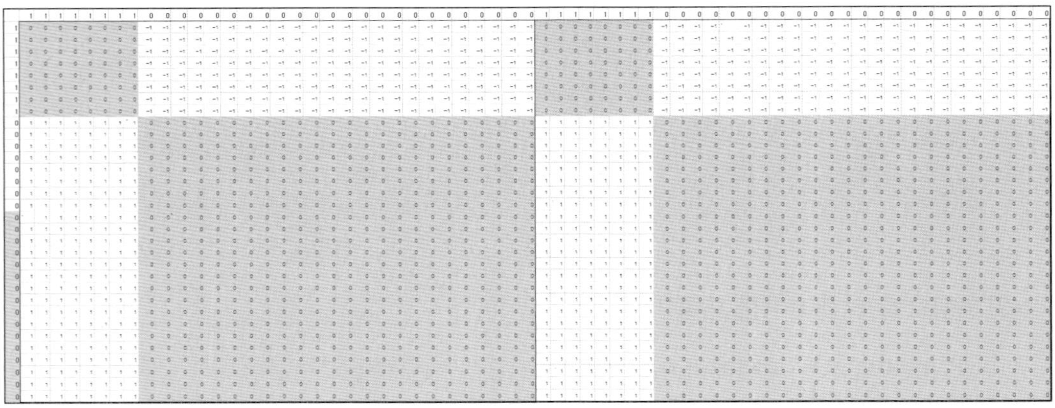

3. 5행(8주기), 10행(16주기), 20행(32주기)

(1) 5행으로 테셀레이션 만들기

① 8×8의 기본 테셀레이션을 만든다.

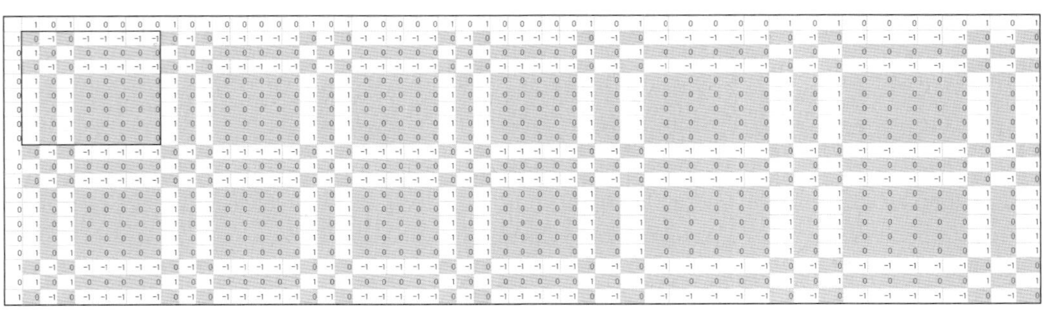

(2) 10행으로 테셀레이션 만들기

① 16×16의 기본 테셀레이션을 만든다.

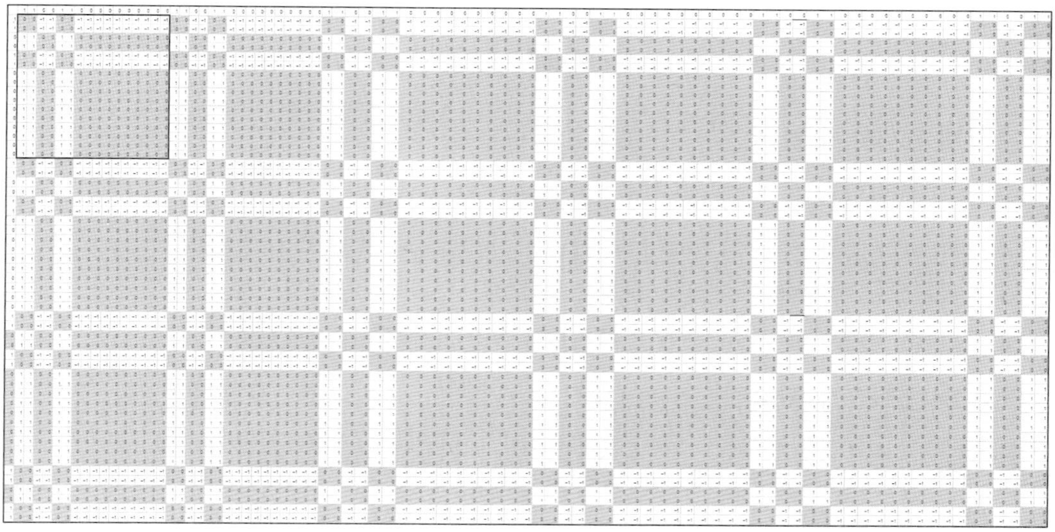

(3) 20행으로 테셀레이션 만들기

① 32×32의 기본 테셀레이션을 만든다.

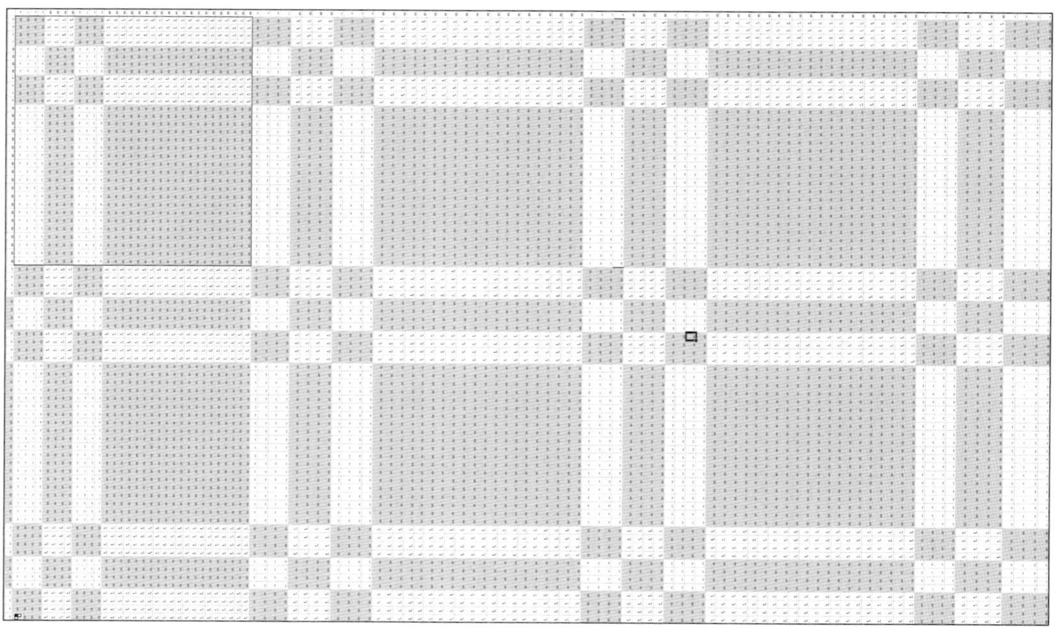

4.4 2×2 회전을 이용한 프랙탈

회전을 이용하여 프랙탈을 생성하는 방법을 살펴보자.

1. 1단계 8가지 도형

(1) 반시계 방향으로 90도, 180, 270회전을 생각해 보자

(2) x축, y축 대칭 이동을 생각해 보자.

(3) 왼쪽 위에서 오른쪽 아래를 대칭축으로 하는 도형을 생각해보자.

(4) 오른쪽 위에서 왼쪽 아래를 대칭축으로 하는 도형을 생각해보자.

idendity		90도		180도		270도		x대칭		Y대칭		왼쪽위		오른위	
4	3	3	2	2	1	1	4	1	2	3	4	4	1	2	3
1	2	4	1	3	4	2	3	4	3	2	1	3	2	1	4

2. 2단계 8가지 도형

(1) 1단계와 같이 2단계의 도형을 생각할 수 있다.

idendity

14	13	12	11
15	4	3	10
16	1	2	9
5	6	7	8

90도

11	10	9	8
12	3	2	7
13	4	1	6
14	15	16	5

180도

8	7	6	5
9	2	1	16
10	3	4	15
11	12	13	14

270도

5	16	15	14
6	1	4	13
7	2	3	12
8	9	10	11

x대칭

5	6	7	8
16	1	2	9
15	4	3	10
14	13	12	11

y대칭

11	12	13	14
10	3	4	15
9	2	1	16
8	7	6	5

왼쪽위

14	15	16	5
13	4	1	6
12	3	2	7
11	10	9	8

오른위

8	9	10	11
7	2	3	12
6	1	4	13
5	16	15	14

3. 1단계, 2단계 정리

	AJ	AK	AL	AM	AN	AO	AP	AQ
1				1단계				
2				A2	B2	B1	A1	
3		셀번호	0	1	2	3	4	
4		셀값	0	2	2	0	2	
5	변환0		0	0	0	0	0	
6	변환1	항등	1	1	2	3	4	
7	변환2	90	2	4	1	2	3	
8	변환3	180	3	3	4	1	2	
9	변환4	270	4	2	3	4	1	
10	변환5	x대칭	5	4	3	2	1	
11	변환6	y대칭	6	2	1	4	3	
12	변환7	왼위	7	3	2	1	4	
13	변환8	오른위	8	1	4	3	2	

	AR	AS	AT	AU	AV	AW	AX	AY	AZ	BA	BB	BC	BD	BE	BF	BG	BH
1		2단계															
2		E5	F5	F4	E4	D6	E6	F6	G6	G5	G4	G3	F3	E3	D3	D4	D5
3	0	1	2	3	4	5	6	7	8	9	10	11	12	13	14	15	16
4	0	2	0	0	2	2	2	2	2	2	0	0	0	2	0	2	0
5	0	0	0	0	0	0	0	0	0	0	0	0	0	0	0	0	0
6	1	1	2	3	4	5	6	7	8	9	10	11	12	13	14	15	16
7	2	4	1	2	3	14	15	16	5	6	7	8	9	10	11	12	13
8	3	3	4	1	2	11	12	13	14	15	16	5	6	7	8	9	10
9	4	2	3	4	1	8	9	10	11	12	13	14	15	16	5	6	7
10	5	4	3	2	1	14	13	12	11	10	9	8	7	6	5	16	15
11	6	2	1	4	3	8	7	6	5	16	15	14	13	12	11	10	9
12	7	3	2	1	4	11	10	9	8	7	6	5	16	15	14	13	12
13	8	1	4	3	2	5	16	15	14	13	12	11	10	9	8	7	6

4. 8가지 변환을 이용한 프랙탈

(1) 자신

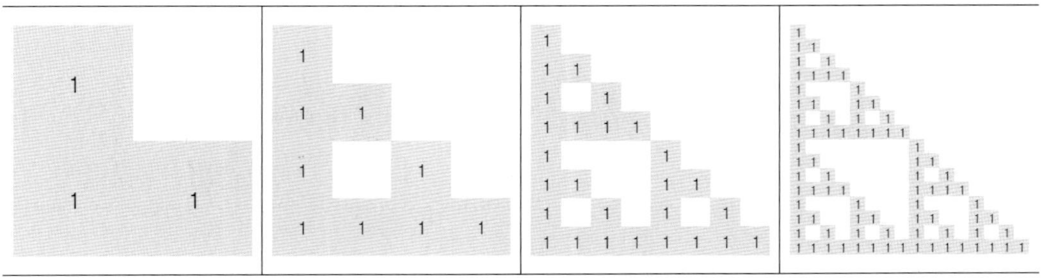

(2) 변환2 : 90도 회전

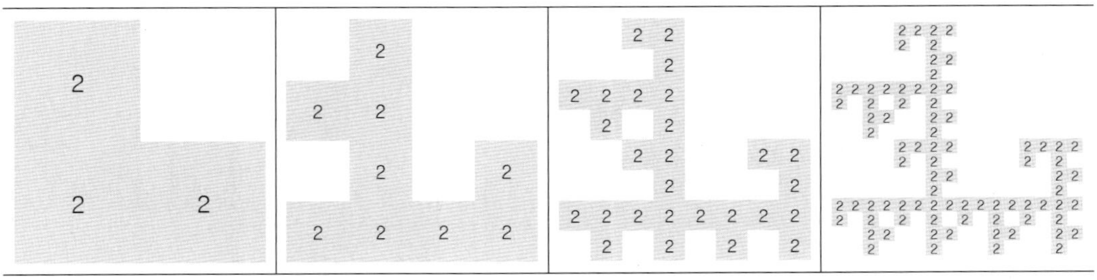

(3) 변환3 : 180도 회전

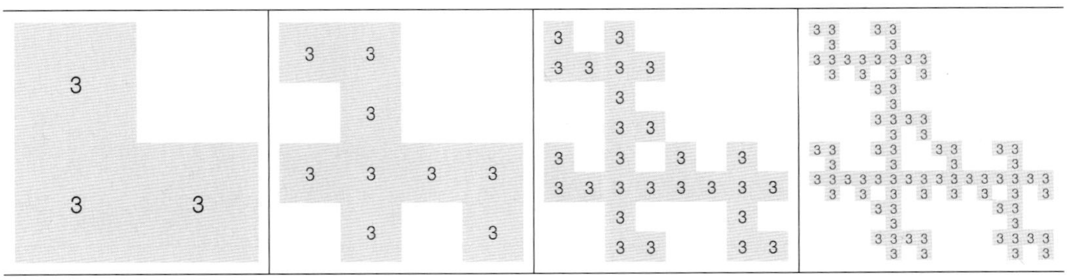

(4) 변환4 : 270도 회전

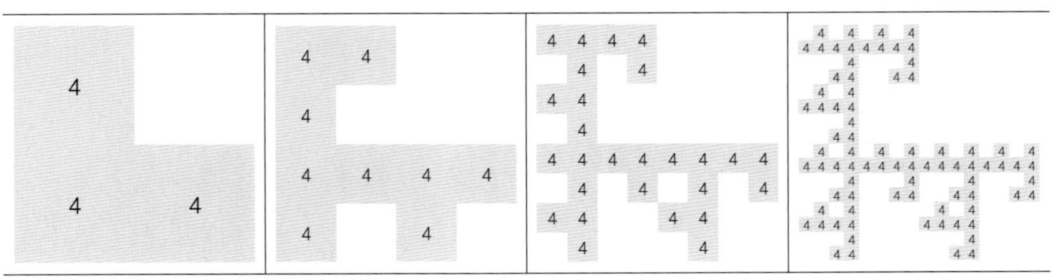

(5) 변환5 : x축 대칭

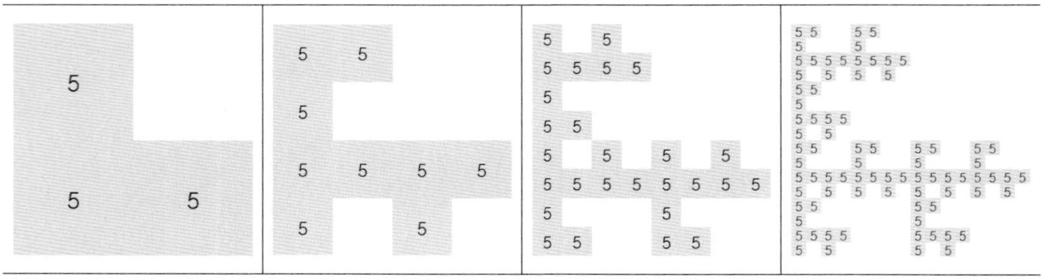

(6) 변환6 : y축 대칭

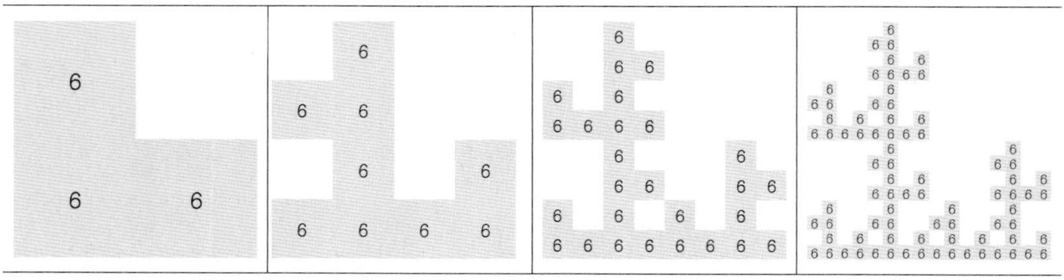

(7) 변환7 : 왼쪽위에서 오른쪽 아래 대칭축

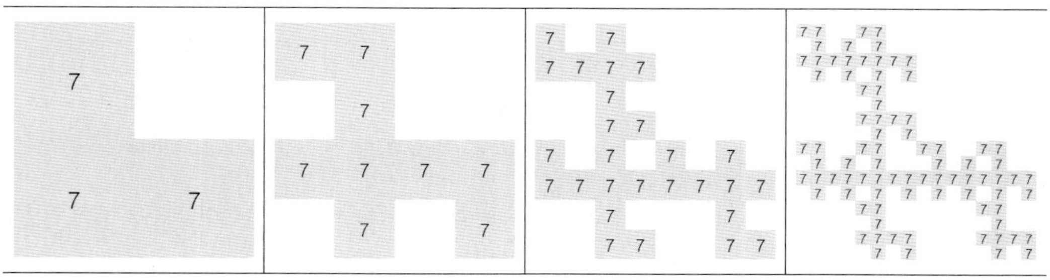

(8) 변환8 : 오른쪽위에서 왼쪽 아래 대칭축

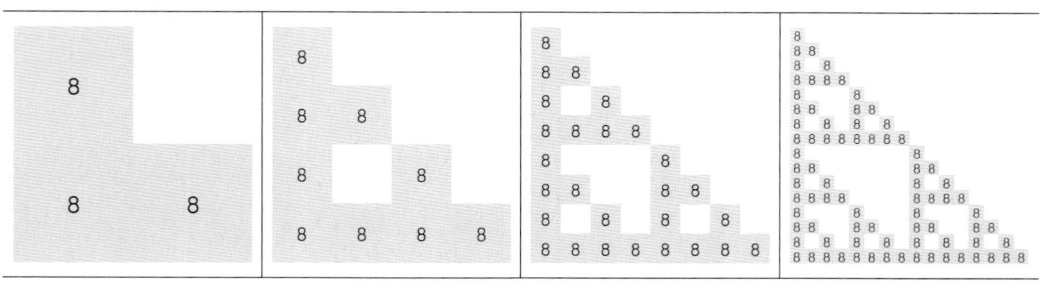

5. 변환의 합성

(1) 1, 2, 3

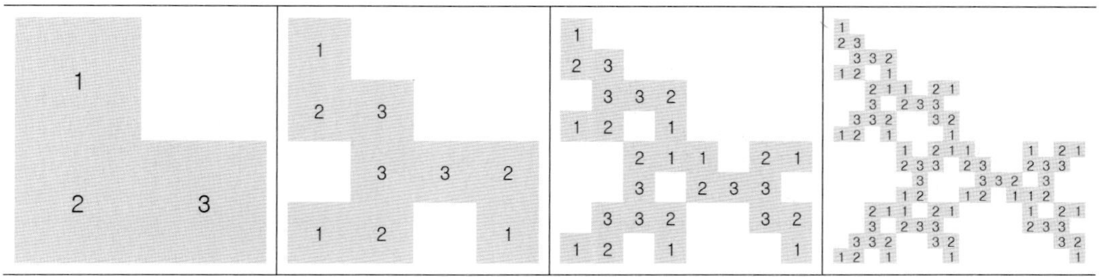

(2) 1, 3, 4

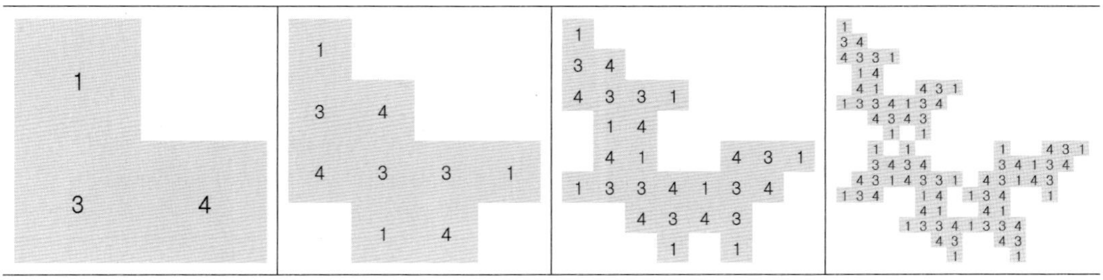

(3) 1, 5, 6

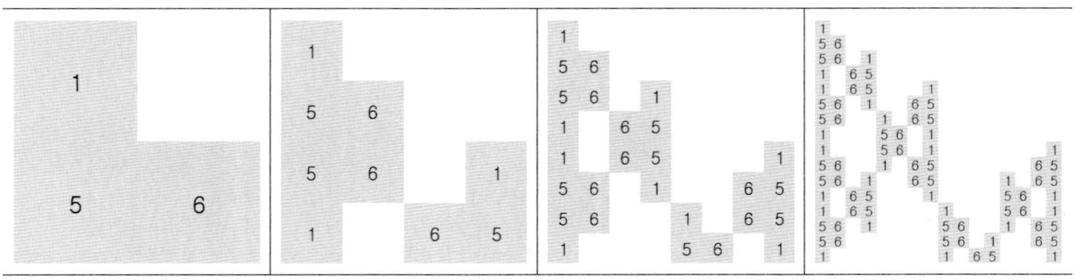

(4) 1, 6, 7

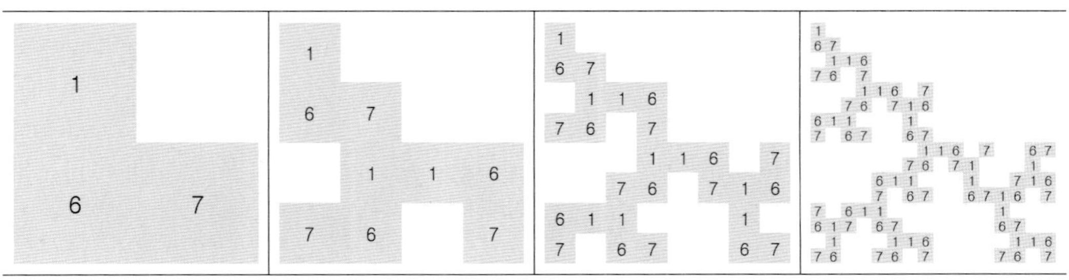

(5) 1, 7, 8

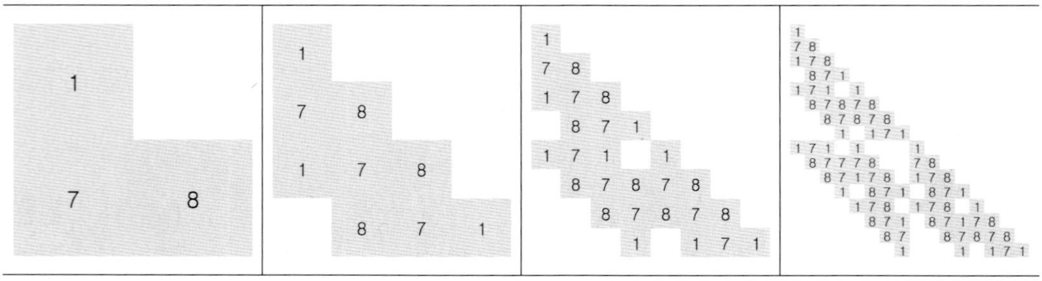

(6) 2, 3, 4

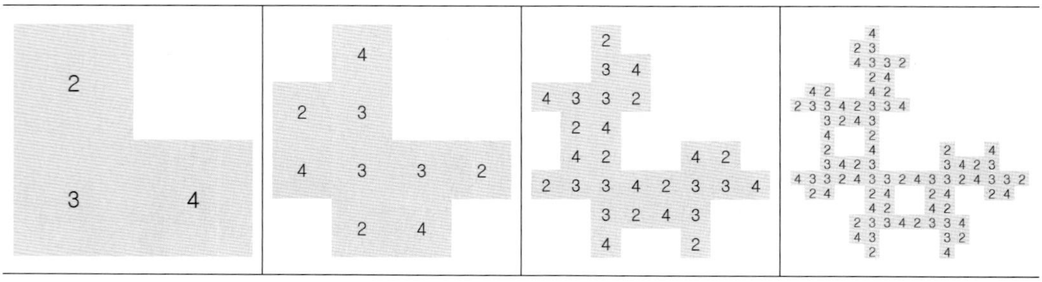

(7) 2, 4, 5

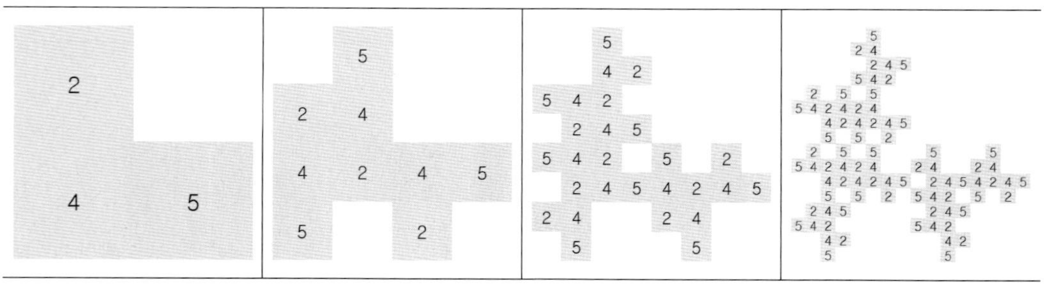

(8) 2, 5, 6

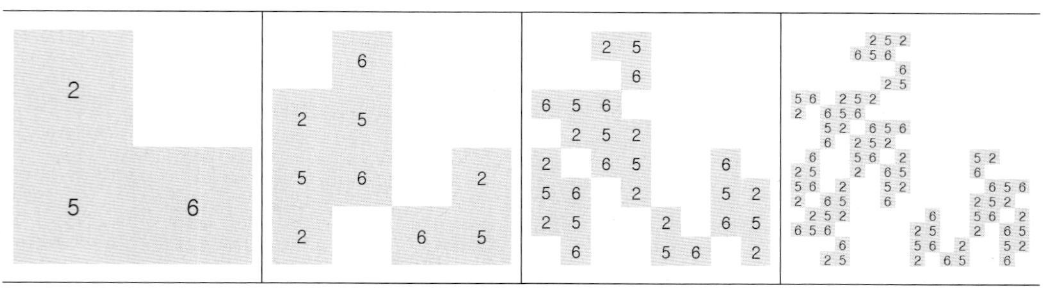

4.5 3×3 회전을 이용한 프랙탈

프랙탈을 생성하는 방법으로 회전을 이용하는 방법을 살펴보자.

1. 1단계 8가지 도형

(1) 반시계 방향으로 90도, 180, 270회전을 생각해 보자

(2) x축, y축 대칭 이동을 생각해 보자.

(3) 왼쪽 위에서 오른쪽 아래를 대칭축으로 하는 도형을 생각해보자.

(4) 오른쪽 위에서 왼쪽 아래를 대칭축으로 하는 도형을 생각해보자.

	B	C	D	F	G	H	J	K	L	N	O	P	R	S	T	V	W	X	Z	AA	AB	AD	AE	AF	AG	AH	AI	AJ	AK	AL	AM	AN
1	idendity			90도			180도			270도			x대칭			y대칭			왼쪽위			오른위										
2	8	7	6	6	5	4	4	3	2	2	9	8	6	7	8	2	3	4	8	9	2	4	5	6								
3	9	1	5	7	1	3	5	1	9	3	1	7	5	1	9	9	1	5	7	1	3	3	1	7								
4	2	3	4	8	9	2	6	7	8	4	5	6	4	3	2	8	7	6	6	5	4	2	9	8								
5																																
6	1			1			1			1			1			1			1			1			1	1	1	1	1	1	1	1
7	2			8			6			4			4			8			6			2			2	8	6	4	4	4	6	2
8	3			9			7			5			3			7			5			9			3	9	7	5	3	3	5	9
9	4			2			8			6			2			6			4			8			4	2	8	6	2	2	4	8
10	5			3			9			7			9			5			3			7			5	3	9	7	9	9	3	7
11	6			4			2			8			8			4			2			6			6	4	2	8	8	8	2	6
12	7			5			3			9			7			3			9			5			7	5	3	9	7	7	9	5
13	8			6			4			2			6			2			8			4			8	6	4	2	6	6	8	4
14	9			7			5			3			5			9			7			3			9	7	5	3	5	5	7	3

2. 2단계 8가지 도형

(1) 1단계와 같이 2단계의 도형을 생각할 수 있다.

자신								
74	73	72	71	70	69	68	67	66
75	44	43	42	41	40	39	38	65
76	45	22	21	20	19	18	37	64
77	46	23	8	7	6	17	36	63
78	47	24	9	1	5	16	35	62
79	48	25	2	3	4	15	34	61
80	49	10	11	12	13	14	33	60
81	26	27	28	29	30	31	32	59
50	51	52	53	54	55	56	57	58

90도								
66	65	64	63	62	61	60	59	58
67	38	37	36	35	34	33	32	57
68	39	18	17	16	15	14	31	56
69	40	19	6	5	4	13	30	55
70	41	20	7	1	3	12	29	54
71	42	21	8	9	2	11	28	53
72	43	22	23	24	25	10	27	52
73	44	45	46	47	48	49	26	51
74	75	76	77	78	79	80	81	50

180도								
58	57	56	55	54	53	52	51	50
59	32	31	30	29	28	27	26	81
60	33	14	13	12	11	10	49	80
61	34	15	4	3	2	25	48	79
62	35	16	5	1	9	24	47	78
63	36	17	6	7	8	23	46	77
64	37	18	19	20	21	22	45	76
65	38	39	40	41	42	43	44	75
66	67	68	69	70	71	72	73	74

270도								
50	81	80	79	78	77	76	75	74
51	26	49	48	47	46	45	44	73
52	27	10	25	24	23	22	43	72
53	28	11	2	9	8	21	42	71
54	29	12	3	1	7	20	41	70
55	30	13	4	5	6	19	40	69
56	31	14	15	16	17	18	39	68
57	32	33	34	35	36	37	38	67
58	59	60	61	62	63	64	65	66

x대칭								
66	67	68	69	70	71	72	73	74
65	38	39	40	41	42	43	44	75
64	37	18	19	20	21	22	45	76
63	36	17	6	7	8	23	46	77
62	35	16	5	1	9	24	47	78
61	34	15	4	3	2	25	48	79
60	33	14	13	12	11	10	49	80
59	32	31	30	29	28	27	26	81
58	57	56	55	54	53	52	51	50

y대칭								
50	51	52	53	54	55	56	57	58
81	26	27	28	29	30	31	32	59
80	49	10	11	12	13	14	33	60
79	48	25	2	3	4	15	34	61
78	47	24	9	1	5	16	35	62
77	46	23	8	7	6	17	36	63
76	45	22	21	20	19	18	37	64
75	44	43	42	41	40	39	38	65
74	73	72	71	70	69	68	67	66

왼쪽위								
74	75	76	77	78	79	80	81	50
73	44	45	46	47	48	49	26	51
72	43	22	23	24	25	10	27	52
71	42	21	8	9	2	11	28	53
70	41	20	7	1	3	12	29	54
69	40	19	6	5	4	13	30	55
68	39	18	17	16	15	14	31	56
67	38	37	36	35	34	33	32	57
66	65	64	63	62	61	60	59	58

오른쪽위								
58	59	60	61	62	63	64	65	66
57	32	33	34	35	36	37	38	67
56	31	14	15	16	17	18	39	68
55	30	13	4	5	6	19	40	69
54	29	12	3	1	7	20	41	70
53	28	11	2	9	8	21	42	71
52	27	10	25	24	23	22	43	72
51	26	49	48	47	46	45	44	73
50	81	80	79	78	77	76	75	74

3. 2단계 자료 정리

	AT	AU	AV	AW	AX	AY	AZ	BA	BB	BC	BD	BE
1	2단계	셀번호	0	1	2	3	4	5	6	7	8	9
2			0	0	0	0	5	0	3	0	1	0
3	변환0		0	0	0	0	0	0	0	0	0	0
4	변환1	항등	1	1	2	3	4	5	6	7	8	9
5	변환2	90	2	1	8	9	2	3	4	5	6	7
6	변환3	180	3	1	6	7	8	9	2	3	4	5
7	변환4	270	4	1	4	5	6	7	8	9	2	3
8	변환5	x대칭	5	1	4	3	2	9	8	7	6	5
9	변환6	y대칭	6	1	4	3	2	9	8	7	6	5
10	변환7	왼쪽위	7	1	6	5	4	3	2	9	8	7
11	변환8	오른쪽위	8	1	2	9	8	7	6	5	4	3

	BJ	BK	BL	BM	BN	BO	BP	BQ	BR
1	75	74	73	72	71	70	69	68	67
2	76	45	44	43	42	41	40	39	66
3	77	46	23	22	21	20	19	38	65
4	78	47	24	9	8	7	18	37	64
5	79	48	25	10	2	6	17	36	63
6	80	49	26	3	4	5	16	35	62
7	81	50	11	12	13	14	15	34	61
8	82	27	28	29	30	31	32	33	60
9	51	52	53	54	55	56	57	58	59

	BU	BV	BW	BX	BY	BZ	CA	CB	CC
1	74	73	72	71	70	69	68	67	66
2	75	44	43	42	41	40	39	38	65
3	76	45	22	21	20	19	18	37	64
4	77	46	23	8	7	6	17	36	63
5	78	47	24	9	1	5	16	35	62
6	79	48	25	2	3	4	15	34	61
7	80	49	10	11	12	13	14	33	60
8	81	26	27	28	29	30	31	32	59
9	50	51	52	53	54	55	56	57	58

	CG	CH	CI	CJ	CK	CL	CM	CN	CO
1	74	73	72	71	70	69	68	67	66
2	75	44	43	42	41	40	39	38	65
3	76	45	22	21	20	19	18	37	64
4	77	46	23	8	7	6	17	36	63
5	78	47	24	9	1	5	16	35	62
6	79	48	25	2	3	4	15	34	61
7	80	49	10	11	12	13	14	33	60
8	81	26	27	28	29	30	31	32	59
9	50	51	52	53	54	55	56	57	58

4. 8가지 변환을 이용한 프랙탈

(1) 자신

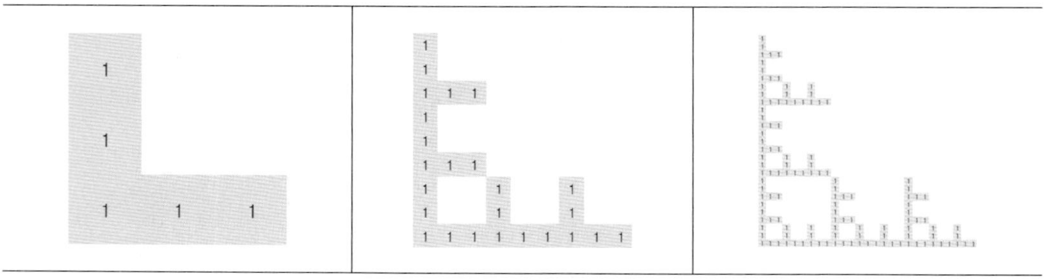

(2) 변환2 : 90도 회전

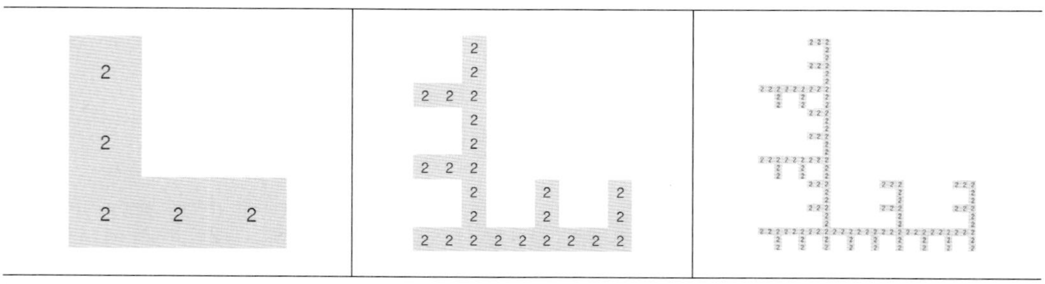

(3) 변환3 : 180도 회전

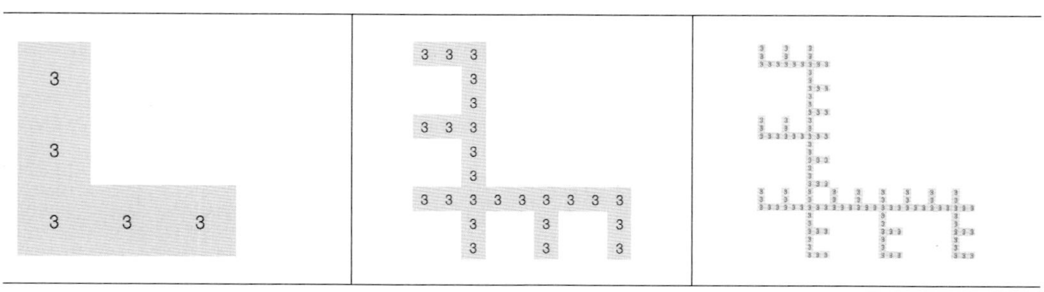

(4) 변환4 : 270도 회전

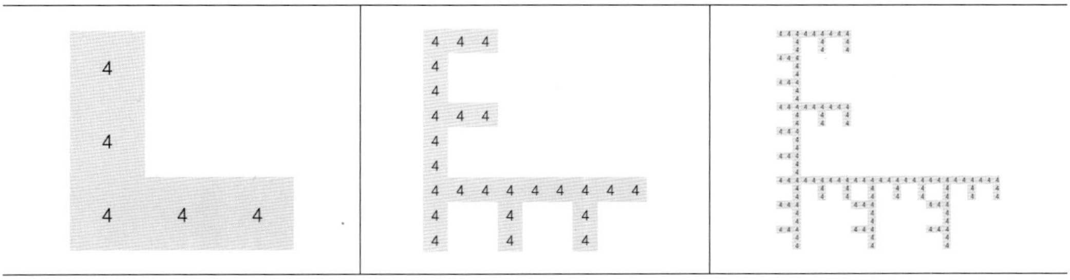

(5) 변환5 : x축 대칭

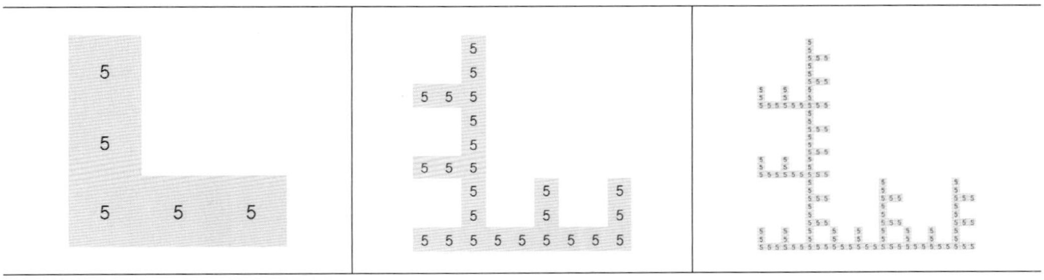

(6) 변환6 : y축 대칭

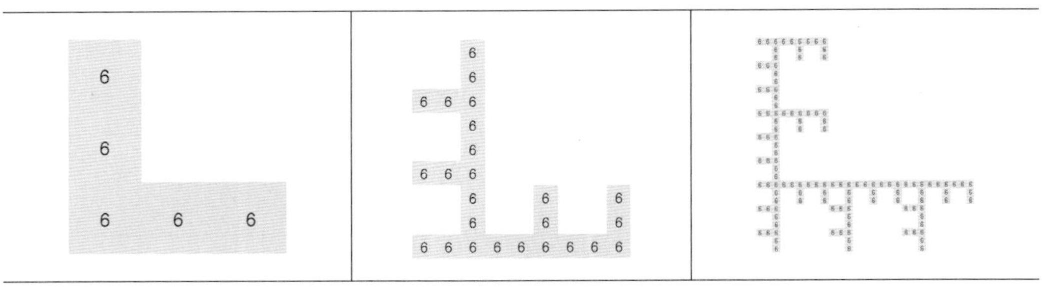

(7) 변환7 : 왼쪽위에서 오른쪽 아래 대칭축

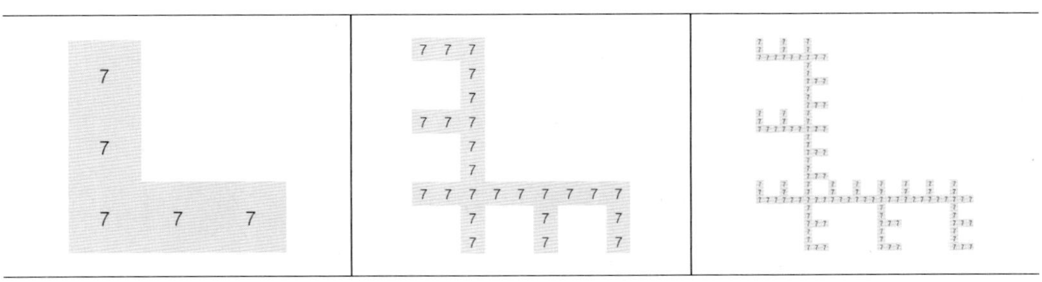

(8) 변환8 : 오른쪽위에서 왼쪽 아래 대칭축

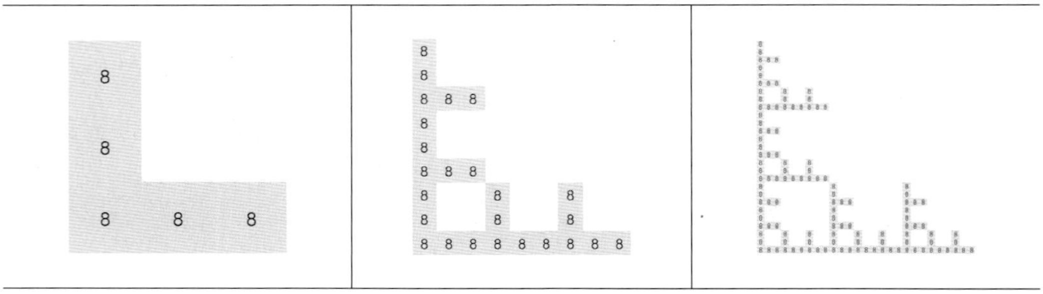

5. 변환의 합성

(1) 1, 2, 3, 4, 5

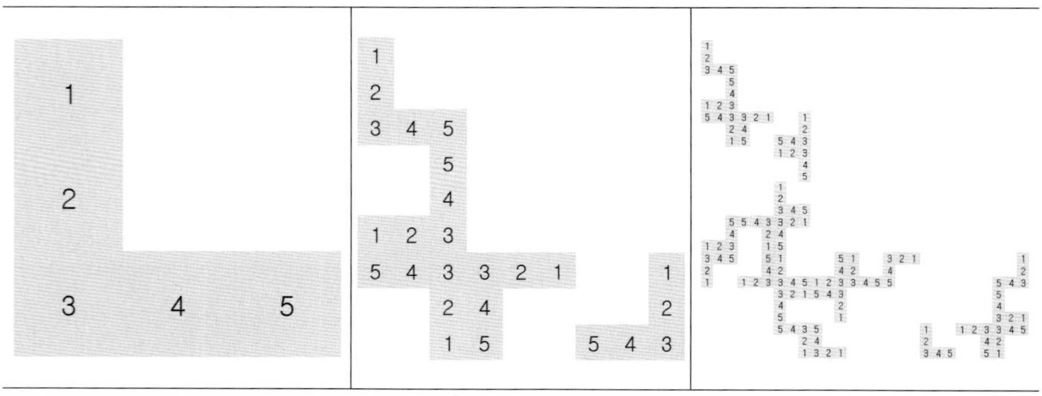

(2) 1, 2, 3, 4, 5, 6

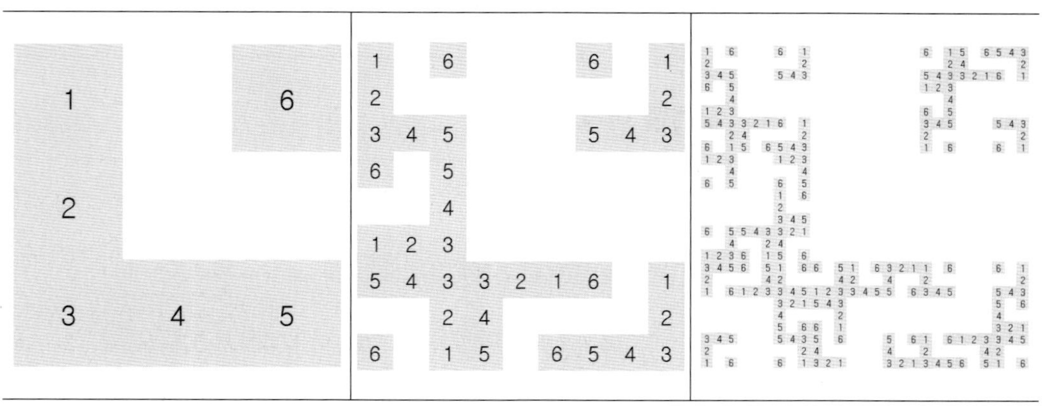

(3) 1, 2, 3, 4, 5, 6, 7

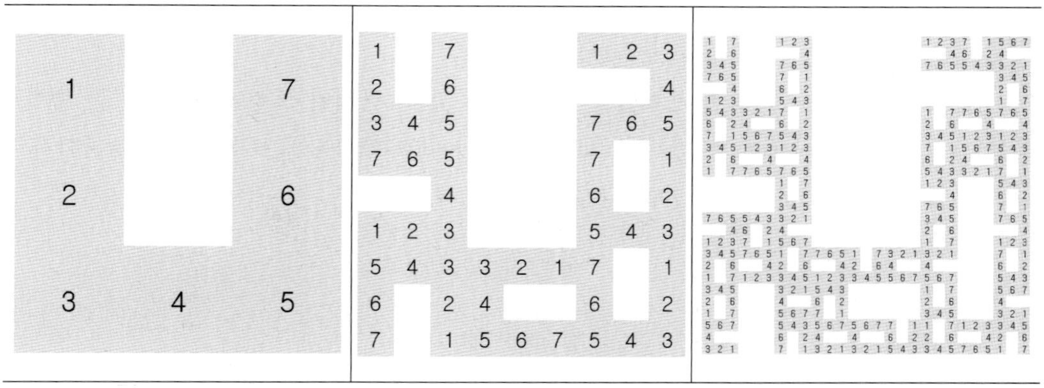

(4) 4, 5, 6, 7, 8

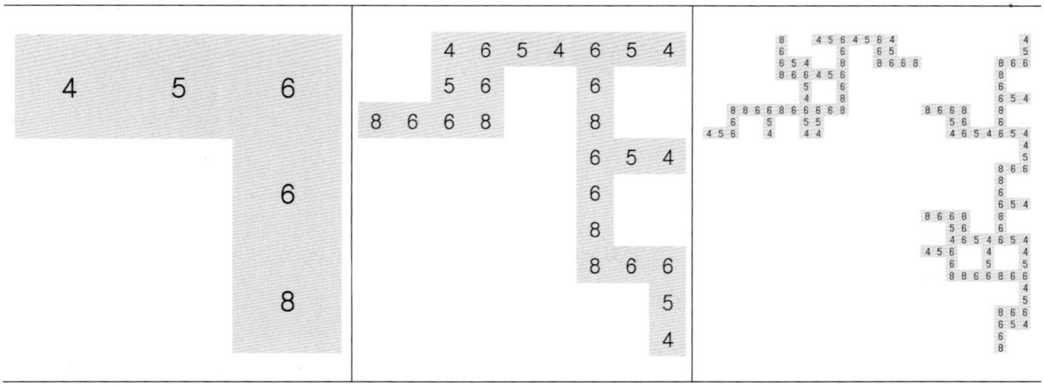

(5) 1, 3, 5

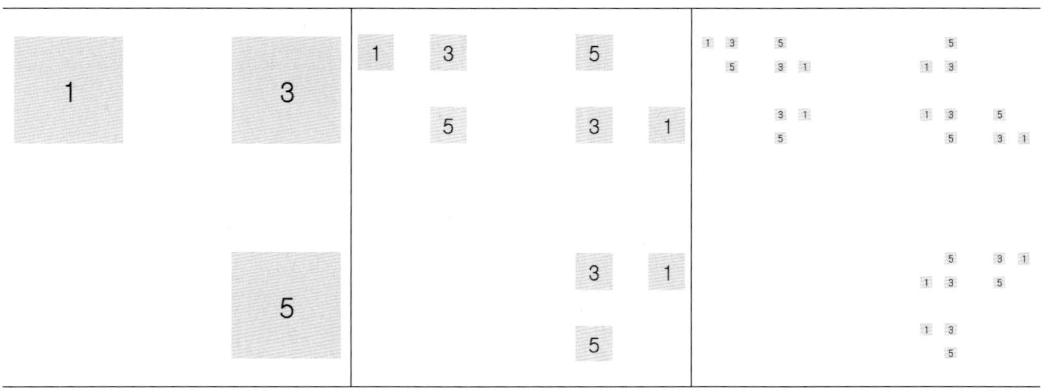

4.6 L-system으로 프랙탈 도형 만들기

L-system을 이용하여 다양한 프랙탈을 생성할 수 있다. 단계별 도형에서 나타나는 수학적 성질을 찾아보자. L-system을 만든 Aristid Lindenmayer(1925~1989)는 헝가리의 생물학자다. L-system을 이용하여 문자열의 반복 과정을 살펴보자.

변수 AB, 0단계 A

규칙 (A→AB), (B→A)

N=0 : A

N=1 : AB

N=2 : ABA

N=3 : ABAAB

1. 시어핀스키 삼각형

① 규칙은 F++F--F--F++FFF이다.

② F에 의해 선을 그리면 직선이다.

③ +를 60으로 정했다. 왼쪽으로 60도 회전한다.

④ F++는 직진 후, 120도 반시계 방향이 된다.

⑤ F++F--는 직진후 시계 방향이 된다.

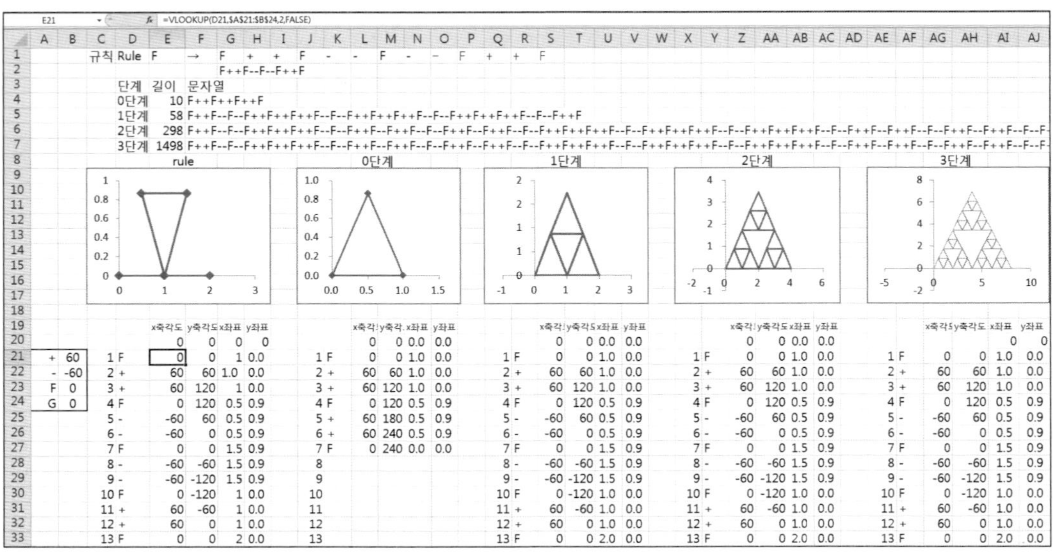

2. 0단계 삼각형

(1) 규칙 : F → F++F--F--F++F, 0단계 : F++F++F++F, + : 60, - : -60

규칙	Rule	F	→	F	+	+	F	-	-	F	-	-	F	+	+	F
				F++F--F--F++F												

단계	길이	문자열
0단계	10	F++F++F++F
1단계	58	F++F--F--F++F++F++F--F--F++F++F++F--F--F++F++F++F--F--F++F
2단계	298	F++F--F--F++F++F++F--F--F++F--F++F--F--F++F--F++F--F--F++F++F++F--F--F++F++F++F--F--F++F++F++F--
3단계	1498	F++F--F--F++F++F++F--F--F++F--F++F--F--F++F--F++F--F--F++F++F++F--F--F++F++F++F--F--F++F++F++F--

rule

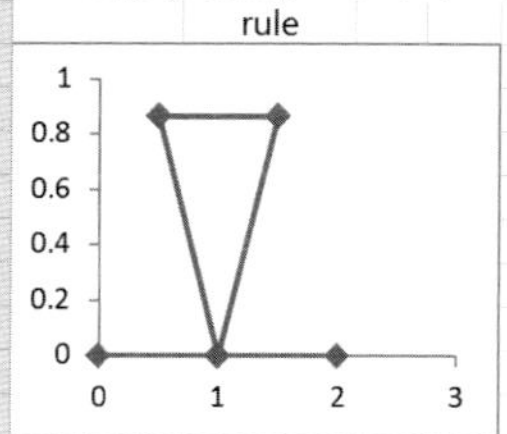

0단계

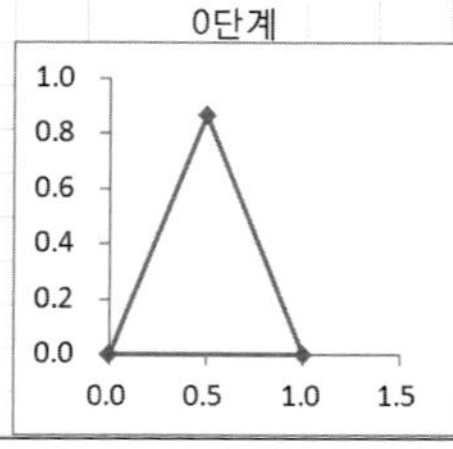

1단계

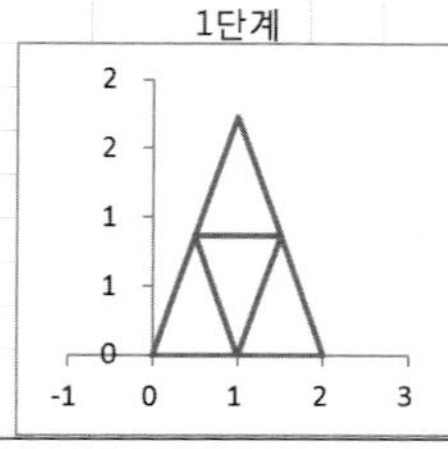

2단계

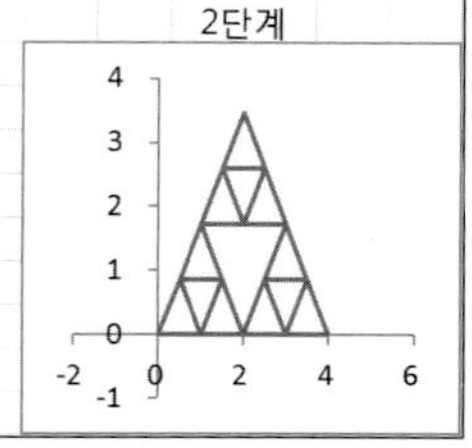

(2) 규칙 : F → F++F--F--F++FF, 0단계 : F++F++F++F, + : 60, - : -60

규칙	Rule	F	→	F	+	+	F	-	-	F	-	-	F	+	+	F	F
				F++F--F--F++FF													

단계	길이	문자열
0단계	10	F++F++F++F
1단계	62	F++F--F--F++FF++F++F--F--F++FF++F++F--F--F++FF++F++F--F--F++FF
2단계	374	F++F--F--F++FF++F++F--F--F++FF--F++F--F--F++FF--F++F--F--F++FF++F++F--F--F++FFF++F--F--F++FF++F++F-
3단계	2246	F++F--F--F++FF++F++F--F--F++FF--F++F--F--F++FF--F++F--F--F++FF++F++F--F--F++FFF++F--F--F++FF++F++F-

rule

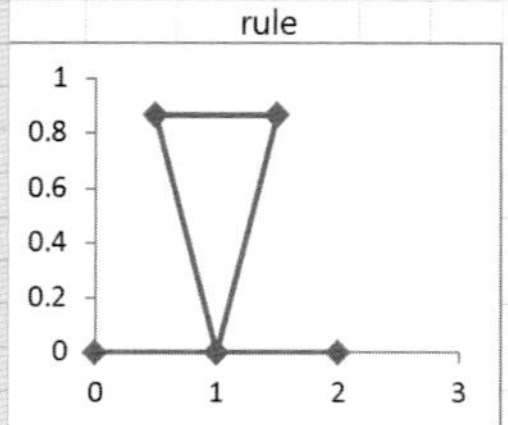

0단계

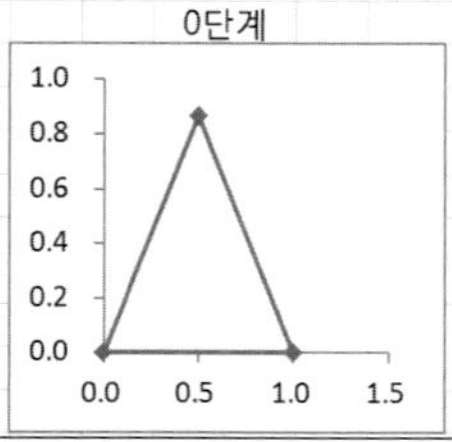

1단계

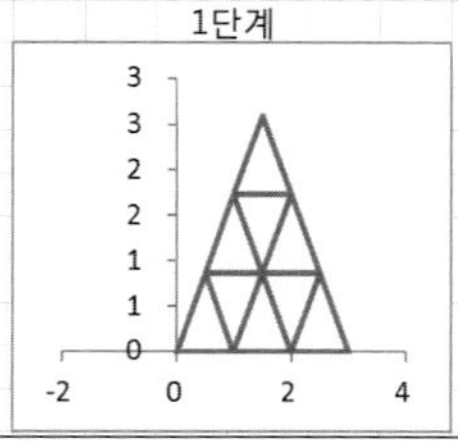

2단계

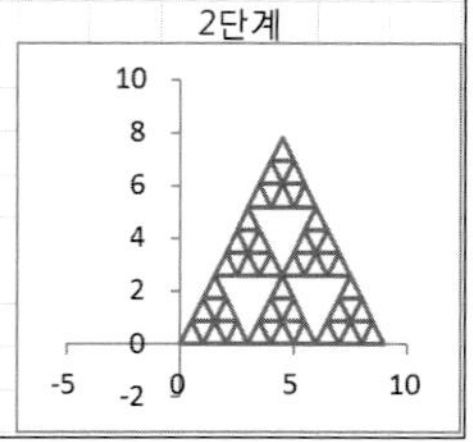

(3) 규칙 : F → F+F--F+F, 시작 F--F--F, + : 60, - : -60

규칙	F	→	F	+	F	-	-	F	+	F
			F+F--F+F							

단계	길이	문자열
0단계	9	F--F--F--
1단계	30	F+F--F+F--F+F--F+F--F+F--F+F--
2단계	114	F+F--F+F+F+F--F+F--F+F--F+F+F+F--F+F--F+F--F+F+F+F--F+F--F+F--F+F+F+F--F+F--F+F--F+F+F+F--F+F--F+F--F+F+F+F--
3단계	450	F+F--F+F+F+F--F+F--F+F--F+F+F+F--F+F+F+F--F+F+F+F--F+F--F+F--F+F+F+F--F+F--F+F--F+F+F+F--F+F--F+F--F+F+F+F--

rule

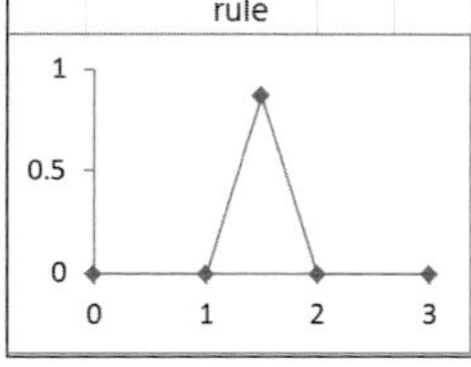

0단계

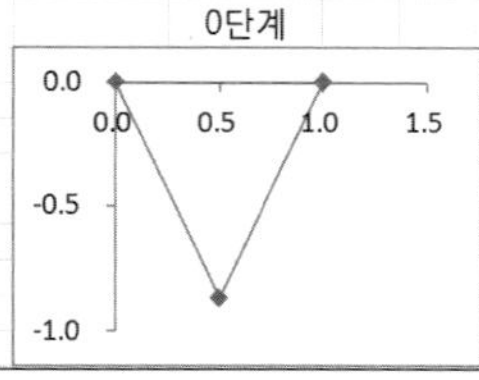

1단계

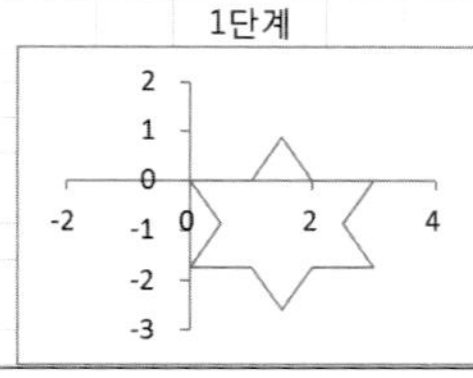

2단계

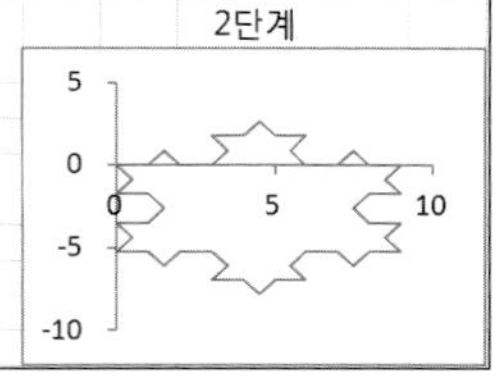

(4) 규칙 : F → F++F--F+F, 0단계 : F++F++F, + : 60, - : -60

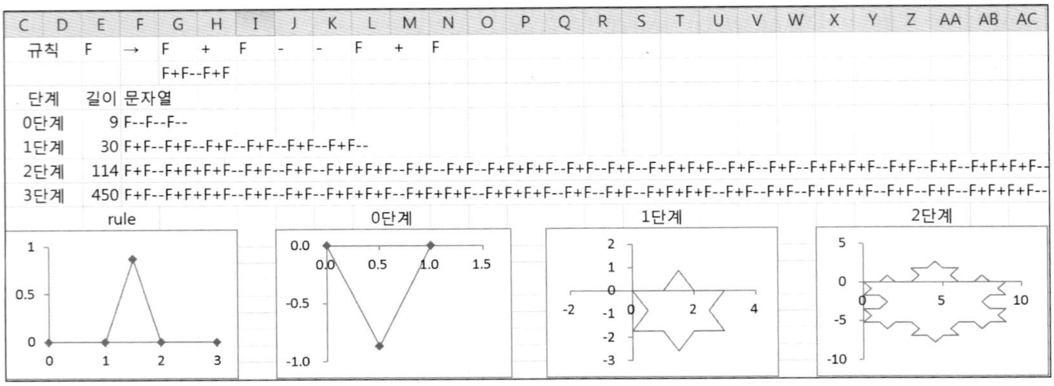

(5) 규칙 : F → F+F-F-FF+F+F-F, 0단계 : F--F--F, + : 60, - : -60

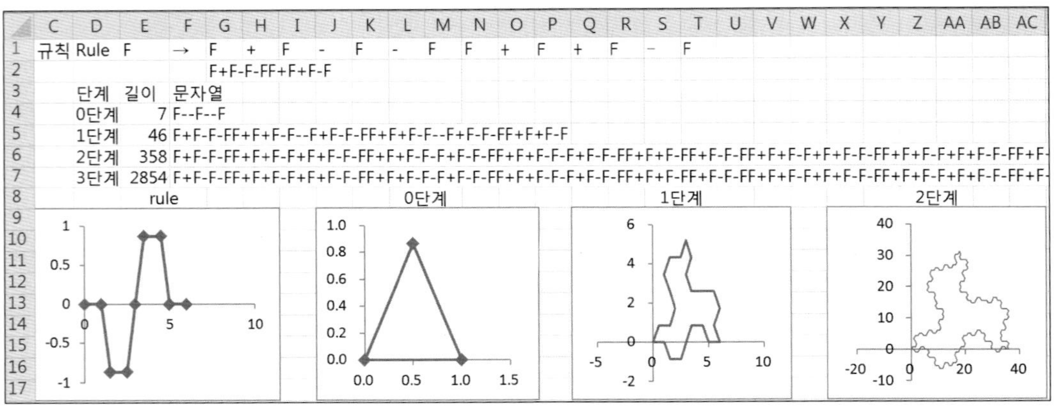

3. 0단계 사각형

(1) 규칙 : F → F+F-F-FF+F+F-F, 0단계 : F-F-F-F, + : 90, - : -90

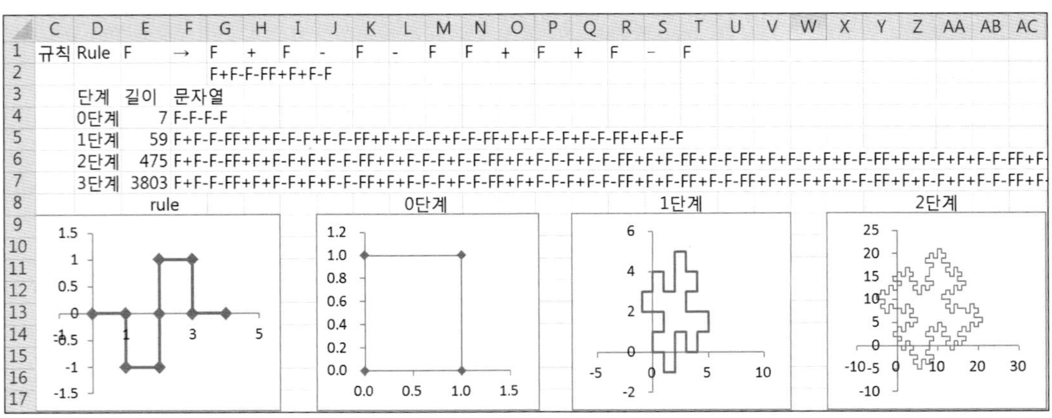

(2) 규칙 : F → F-F++F-F, 0단계 : F++F++F++F,   + : 45, - : -45

	C	D	E	F	G	H	I	J	K	L	M
1	규칙	F	→	F	-	F	+	+	F	-	F
2				F-F++F-F							
3	단계	길이	문자열								
4	0단계	10	F++F++F++F								
5	1단계	38	F-F++F-F++F-F++F-F++F-F++F-F++F-F++F-F								
6	2단계	150	F-F++F-F-F-F++F-F++F-F++F-F-F-F++F-F++F-F++F-F-F-F++F-F++F-F++F-F-F-F++F-F++F-F++F-F-F-F++F-F++F-F++F-F-F-F								
7	3단계	598	F-F++F-F-F-F++F-F++F-F++F-F-F-F++F-F-F-F++F-F-F-F++F-F++F-F++F-F-F-F++F-F++F-F++F-F-F-F++F-F++F-F++F-F-F-F+								
8		rule					0단계				

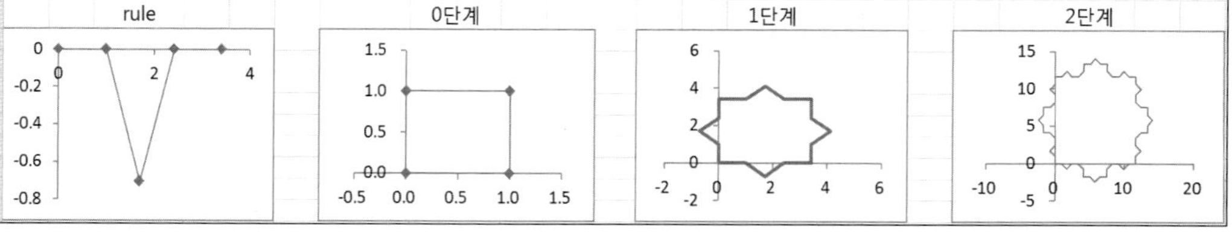

(3) 규칙 : F → FF+F+F-F-FFF-F-F+F+FF, 0단계 : F+F+F+F,   + : 90, - : -90

	C	D	E	F	G	H	I	J	K	L	M	N	O	P	Q	R	S	T	U	V	W	X	Y	Z
1	규칙	F	→	F	F	+	F	+	F	-	F	-	F	F	F	-	F	-	F	+	F	+	F	F
2				FF+F+F-F-FFF-F-F+F+FF																				
3	단계	길이	문자열																					
4	0단계	7	F+F+F+F																					
5	1단계	87	FF+F+F-F-FFF-F-F+F+FF+FF+F+F-F-FFF-F-F+F+FF+FF+F+F-F-FFF-F-F+F+FF+FF+F+F-F-FFF-F-F+F+FF																					
6	2단계	1127	FF+F+F-F-FFF-F-F+F+FFFF+F+F-F-FFF-F-F+F+FF+FF+F+F-F-FFF-F-F+F+FF+FF+F+F-F-FFF-F-F+F+FF-FF+F+F-F-FFF-F-F+F+FF																					
7	3단계	14647	FF+F+F-F-FFF-F-F+F+FFFF+F+F-F-FFF-F-F+F+FF+FF+F+F-F-FFF-F-F+F+FF+FF+F+F-F-FFF-F-F+F+FF-FF+F+F-F-FFF-F-F+F+FF																					
8		rule						0단계																

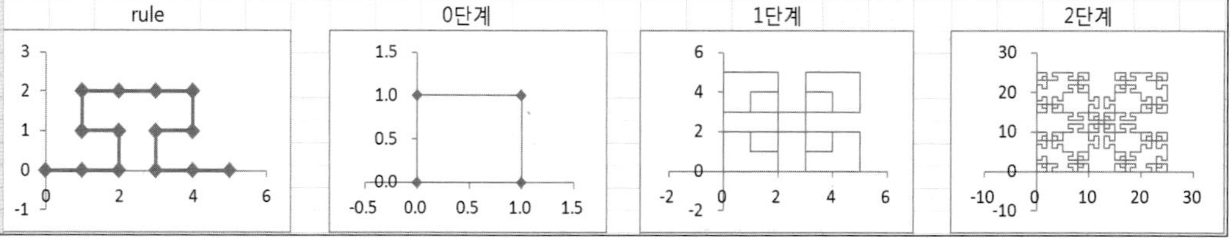

(4) 규칙 : F → F+F--F++F-F, 0단계 : F+F+F+F, + : 90, - : -90

	C	D	E	F	G	H	I	J	K	L	M	N	O	P	Q
1	규칙	Rule	F	→	F	+	F	-	-	F	F	+	+	F	-	F
2					F+F--FF++F-F										
3		단계	길이	문자열											
4		0단계	7	F+F+F+F											
5		1단계	51	F+F--FF++F-F+F+F--FF++F-F+F+F--FF++F-F+F+F--FF++F-F											
6		2단계	315	F+F--FF++F-F+F+F--FF++F-F--F+F--FF++F-FF+F--FF++F-F++F+F--FF++F-F-F+F--FF++F-F+F+F--FF++F-F+F+F--FF++F-F											
7		3단계	1899	F+F--FF++F-F+F+F--FF++F-F--F+F--FF++F-FF+F--FF++F-F++F+F--FF++F-F-F+F--FF++F-F+F+F--FF++F-F+F+F--FF++F-F											
8			rule							0단계					

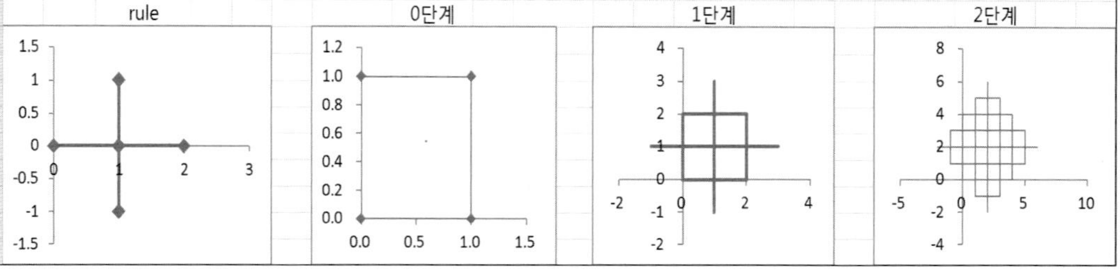

(5) 규칙 : F → F+F-F-F+F, 0단계 : F+F+F+F, + : 90, - : -90

	C	D	E	F	G	H	I	J	K	L	M	N	O
1	규칙	Rule	F	→	F	+	F	-	F	-	F	+	F
2					F+F-F-F+F								
3		단계	길이	문자열									
4		0단계	7	F+F+F+F									
5		1단계	39	F+F-F-F+F+F+F-F-F+F+F+F-F-F+F+F+F-F-F+F									
6		2단계	199	F+F-F-F+F+F+F-F-F+F-F+F-F-F+F-F+F-F-F+F+F+F-F-F+F+F+F-F-F+F+F+F-F-F+F-F+F-F-F+F-F+F-F-F+F+F+F-F-F+F									
7		3단계	999	F+F-F-F+F+F+F-F-F+F-F+F-F-F+F-F+F-F-F+F+F+F-F-F+F+F+F-F-F+F+F+F-F-F+F-F+F-F-F+F-F+F-F-F+F+F+F-F-F+F									

rule

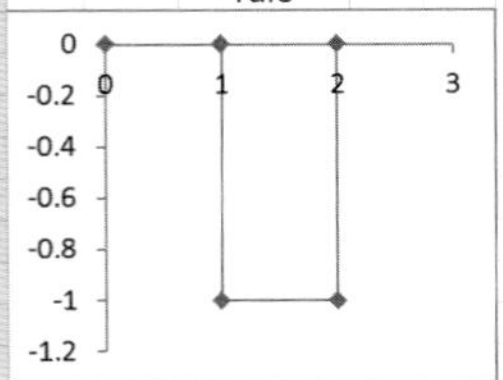

0단계

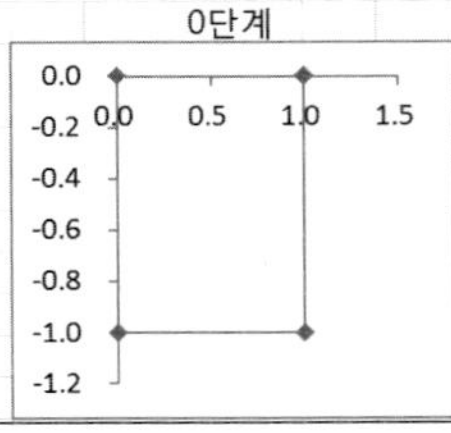

1단계

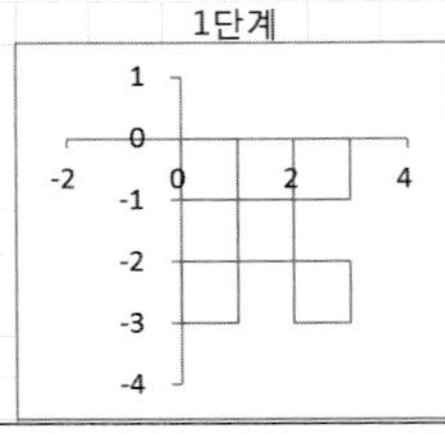

2단계

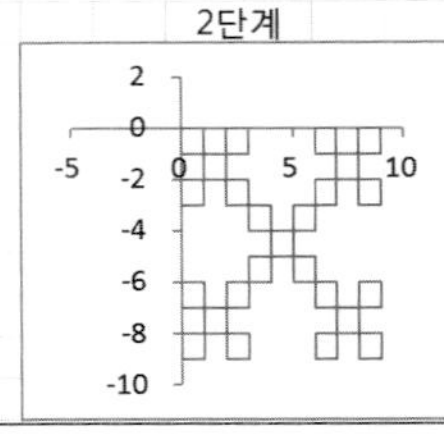

(6) 규칙 : F → FF+F+F+FF+F+F-F, 0단계 : F+F+F+F, + : 90, - : -90

	E	F	G	H	I	J	K	L	M	N	O	P	Q	R	S	T	U
1	F	→	F	F	+	F	+	F	+	F	F	+	F	+	F	-	F
2			FF+F+F+FF+F+F-F														
3	길이	문자열															
4	7	F+F+F+F															
5	63	FF+F+F+FF+F+F-F+FF+F+F+FF+F+F-F+FF+F+F+FF+F+F-F+FF+F+F+FF+F+F-F															
6	567	FF+F+F+FF+F+F-FFF+F+F+FF+F+F-F+FF+F+F+FF+F+F-F+FF+F+F+FF+F+F-F+FF+F+F+FF+F+F-FFF+F+F+FF+F+F-F+FF+F+															
7	5103	FF+F+F+FF+F+F-FFF+F+F+FF+F+F-F+FF+F+F+FF+F+F-F+FF+F+F+FF+F+F-F+FF+F+F+FF+F+F-FFF+F+F+FF+F+F-F+FF+F+															

rule

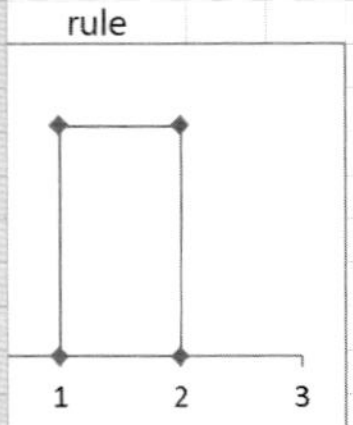

0단계

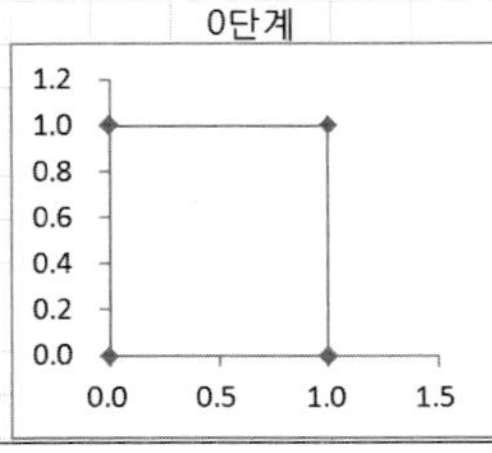

1단계

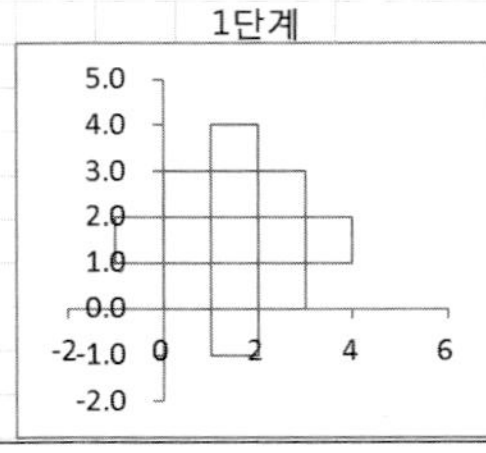

2단계

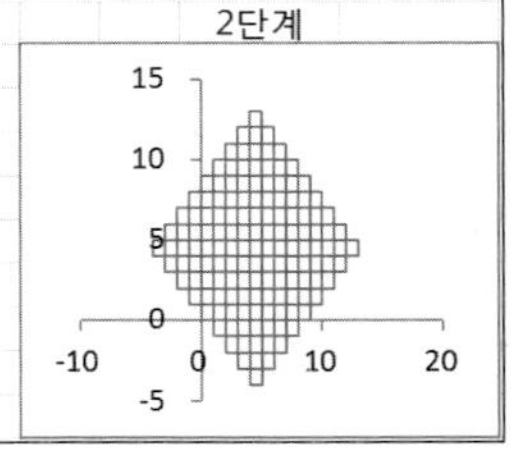

4. 0단계 5각형

(1) 규칙 : F→F→F+F--F+F, 0단계 : F+F+F+F+F, + : 72, - : -72

	C	D	E	F	G	H	I	J	K	L	M
1	규칙	F	→	F	+	F	-	-	F	+	F
2				F+F--F+F							
3	단계	길이	문자열								
4	0단계	9	F+F+F+F+F								
5	1단계	44	F+F--F+F+F+F--F+F+F+F--F+F+F+F--F+F+F+F--F+F								
6	2단계	184	F+F--F+F+F+F--F+F--F+F--F+F+F+F--F+F+F+F--F+F+F+F--F+F--F+F--F+F+F+F--F+F+F+F--F+F+F+F--F+F--F+F--F+F+F+F--								
7	3단계	744	F+F--F+F+F+F--F+F--F+F--F+F+F+F--F+F+F+F--F+F+F+F--F+F--F+F--F+F+F+F--F+F--F+F--F+F+F+F--F+F--F+F--F+F+F+F--								

rule

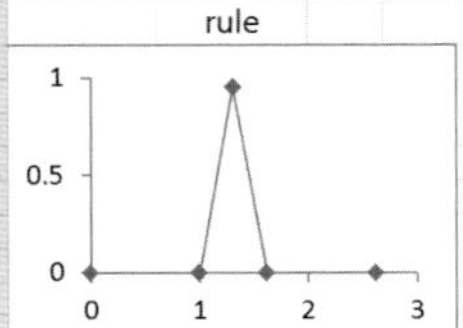

0단계

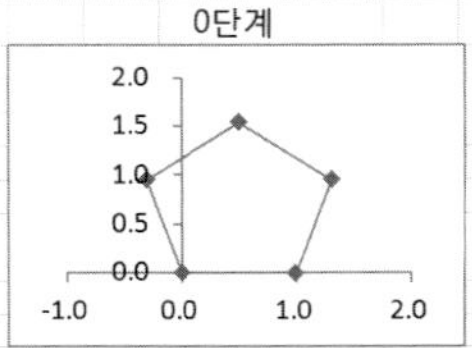

1단계

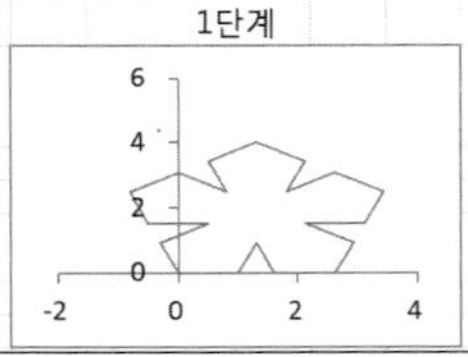

2단계

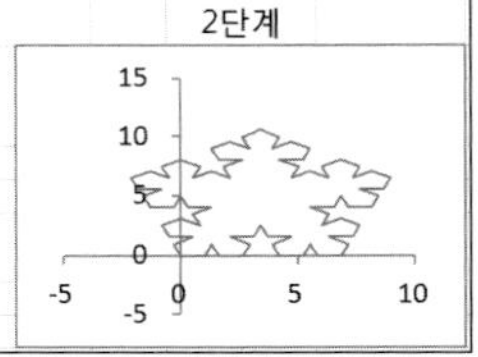

(2) 규칙 : F → F+F--F+F, 0단계 : F-F-F-F-F, + : 72, - : -72

	C	D	E
1	규칙	F	→ F + F - - F + F
2			F+F--F+F
3	단계	길이	문자열
4	0단계	9	F-F-F-F-F
5	1단계	44	F+F--F+F-F+F--F+F-F+F--F+F-F+F--F+F-F+F--F+F
6	2단계	184	F+F--F+F+F+F--F+F--F+F--F+F+F+F--F+F-F+F--F+F+F+F--F+F--F+F--F+F+F+F--F+F-F+F--F+F+F+F--F+F--F+F--F+F+F+F--F-
7	3단계	744	F+F--F+F+F+F--F+F--F+F--F+F+F+F--F+F+F+F--F+F+F+F--F+F--F+F--F+F+F+F--F+F--F+F--F+F+F+F--F+F--F+F--F+F+F+F--
8	rule	0단계	1단계 2단계

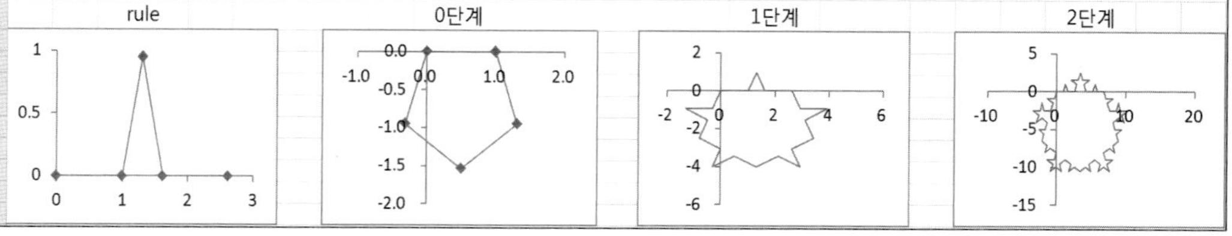

(3) 규칙 : F → F-F-F-F-FF, 0단계 : F+F+F+F+F, + : 72, - : -72

	C	D	E
1	규칙 Rule	F	→ F - F - F - F - F F
2			F-F-F-F-FF
3	단계	길이	문자열
4	0단계	9	F+F+F+F+F
5	1단계	54	F-F-F-F-FF+F-F-F-F-FF+F-F-F-F-FF+F-F-F-F-FF+F-F-F-F-FF
6	2단계	324	F-F-F-F-FF-F-F-F-F-FF-F-F-F-F-FF-F-F-F-F-FF-F-F-F-F-FFF-F-F-F-FF+F-F-F-F-FF-F-F-F-F-FF-F-F-F-F-FF-F-F-F-F-FF-F-F-
7	3단계	1944	F-F-F-F-FF-F-F-F-F-FF-F-F-F-F-FF-F-F-F-F-FF-F-F-F-F-FFF-F-F-F-FF-F-F-F-F-FF-F-F-F-F-FF-F-F-F-F-FF-F-F-F-F-FF-F-F-F
8	rule	0단계	1단계 2단계

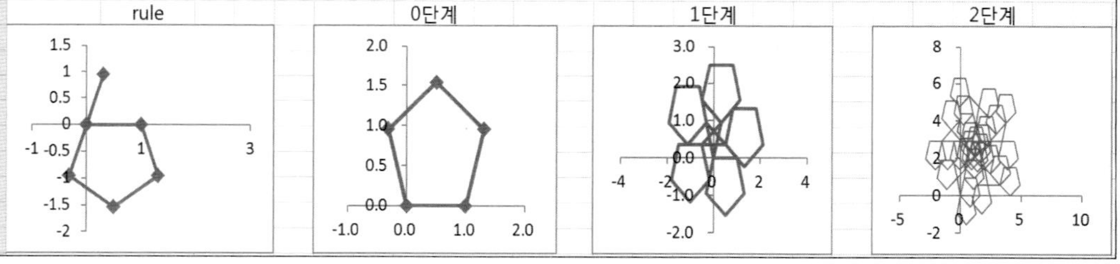

(4) 규칙 : F → F-F-F-G+F+F+F+F, 0단계 : F+F+F+F+F, + : 72, - : -72

	C	D	E
1	규칙 Rule	F	→ F - F - F - F - G + F + F + F + F
2			F-F-F-F-G+F+F+F+F + F + F + F + F
3	단계	길이	문자열
4	0단계	9	F+F+F+F+F
5	1단계	89	F-F-F-F-G+F+F+F+F+F-F-F-F-G+F+F+F+F+F-F-F-F-G+F+F+F+F+F-F-F-F-G+F+F+F+F+F-F-F-F-G+F+F+F+F
6	2단계	729	F-F-F-F-G+F+F+F+F-F-F-F-F-G+F+F+F+F-F-F-F-F-G+F+F+F+F-F-F-F-F-G+F+F+F+F-G+F-F-F-F-G+F+F+F+F+F-F-F-
7	3단계	5849	F-F-F-F-G+F+F+F+F-F-F-F-F-G+F+F+F+F-F-F-F-F-G+F+F+F+F-F-F-F-F-G+F+F+F+F-G+F-F-F-F-G+F+F+F+F+F-F-F-
8	rule	0단계	1단계 2단계

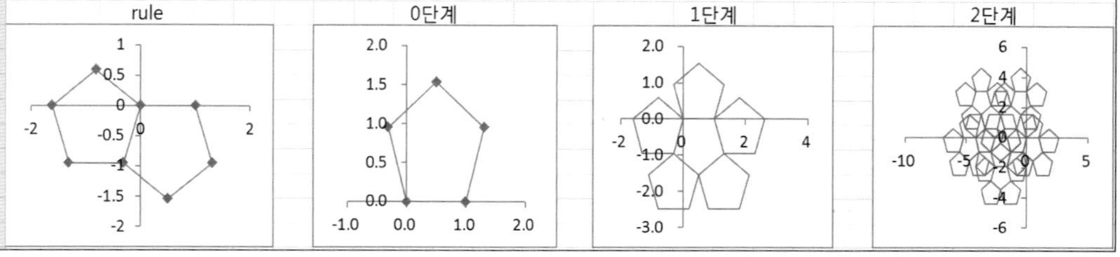

(5) 규칙 : F → F+F+F-F-F-F+F+F, 0단계 : F-F-F-F-F-F-F, + : 72, - : -72

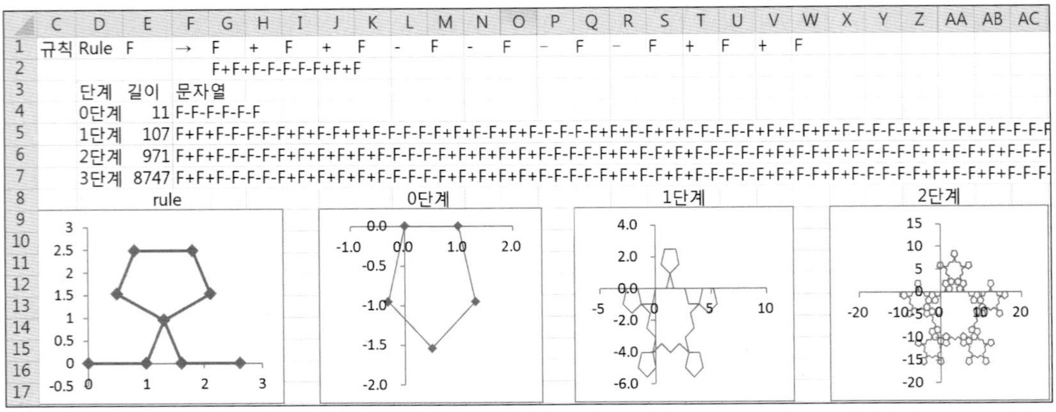

	C	D	E	F~
1	규칙	Rule	F	→ F + F + F - F - F – F – F + F + F
2				F+F+F-F-F-F-F+F+F
3		단계	길이	문자열
4		0단계	11	F-F-F-F-F-F
5		1단계	107	F+F+F-F-F-F-F+F+F-F+F+F-F-F-F-F+F+F-F+F+F-F-F-F-F+F+F-F+F+F-F-F-F-F+F+F-F+F+F-F-F-F-F+F+F-F+F+F-F-F-F
6		2단계	971	F+F+F-F-F-F-F+F+F+F+F+F-F-F-F-F+F+F+F+F+F-F-F-F-F+F+F-F+F+F-F-F-F-F+F+F-F+F+F-F-F-F-F+F+F-F+F+F-F-F-
7		3단계	8747	F+F+F-F-F-F-F+F+F+F+F+F-F-F-F-F+F+F+F+F+F-F-F-F-F+F+F-F+F+F-F-F-F-F+F+F-F+F+F-F-F-F-F+F+F-F+F+F-F-F-
8		rule		0단계 1단계 2단계

5. 0단계 6각형

(1) 규칙 : F → F+F--F+F, 0단계 : F-F-F-F-F-F, + : 60, - : -60

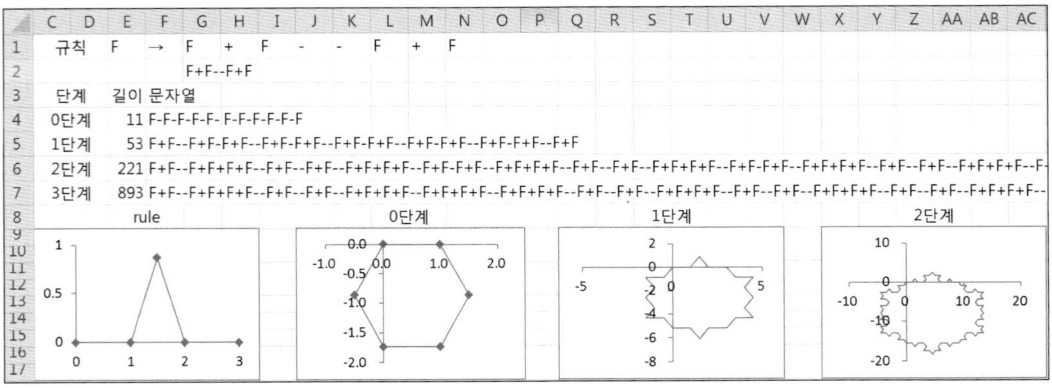

	C	D	E	F~
1	규칙	F	→	F + F - - F + F
2				F+F--F+F
3	단계	길이	문자열	
4	0단계	11	F-F-F-F-F- F-F-F-F-F-F	
5	1단계	53	F+F--F+F-F+F--F+F-F+F--F+F-F+F--F+F-F+F--F+F-F+F--F+F	
6	2단계	221	F+F--F+F+F+F--F+F--F+F--F+F+F+F--F+F-F+F--F+F+F+F--F+F--F+F--F+F+F+F--F+F-F+F--F+F+F+F--F+F--F+F--F+F+F+F--F-	
7	3단계	893	F+F--F+F+F+F--F+F--F+F--F+F+F+F--F+F+F+F--F+F+F+F--F+F--F+F--F+F+F+F--F+F--F+F--F+F+F+F--F+F--F+F--F+F+F+F--	
8		rule		0단계 1단계 2단계

(2) 규칙 : F → F+F--F+F, 0단계: F+F+F+F+F+F, + : 60, - : -60

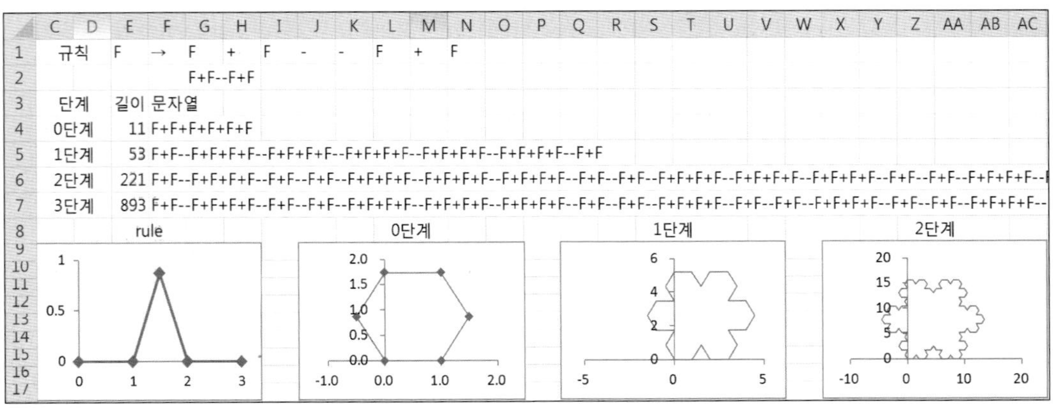

	C	D	E	F~
1	규칙	F	→	F + F - - F + F
2				F+F--F+F
3	단계	길이	문자열	
4	0단계	11	F+F+F+F+F+F	
5	1단계	53	F+F--F+F+F+F--F+F+F+F--F+F+F+F--F+F+F+F--F+F+F+F--F+F	
6	2단계	221	F+F--F+F+F+F--F+F--F+F--F+F+F+F--F+F+F+F--F+F+F+F--F+F--F+F--F+F+F+F--F+F+F+F--F+F+F+F--F+F--F+F--F+F+F+F--	
7	3단계	893	F+F--F+F+F+F--F+F--F+F--F+F+F+F--F+F+F+F--F+F+F+F--F+F--F+F--F+F+F+F--F+F--F+F--F+F+F+F--F+F--F+F--F+F+F+F--	
8		rule		0단계 1단계 2단계

4.7 음악을 프랙탈로 어떻게 표현할 수 있을까?

음악을 프랙탈로 표현할 수 있는 방법을 생각해 보자.

1. 비목 마디를 문자열로 나타내기

(1) 다음은 비목의 처음 4마디이다.

① 8분 음표를 F로 나타내자

② '라'에서 '파'로 6도 올라갔으므로 F+++++로 나타내자.

③ '파' 음이 8분 음표이므로 F로 나타내자. [F+++++F]

④ '파' → '미'로 내려갔으므로 −로 나타내자. [F+++++F−]

⑤ '미' 음이 8분 음표이므로 F로 나타내자. [F+++++F−F]

⑥ '미' → '레'로 내려갔으므로 −로 나타내자. [F+++++F−F−]

⑦ '레' 음이 4분 음표이므로 FF로 나타내자. [F+++++F−F−FF]

⑧ 같은 방법으로 [F+++++F−F−FF−F+F]

(2) 첫 마디를 프랙탈로 나타내기

① 규칙 : F → F+++++F−F−FF−F+F

② 0단계 : F

③ + : 45, - : -45

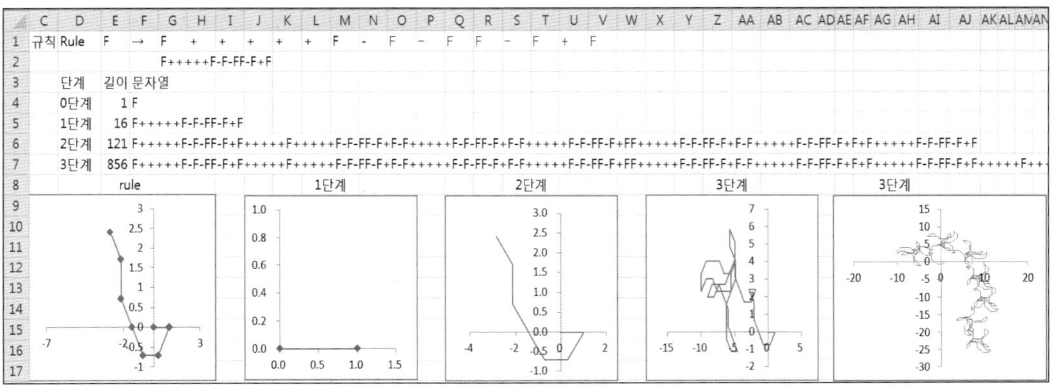

(3) 두 번째 마디 나타내기

① F에서 시작한다.

② '미'-'파' 1도 올라갔다. [F+]

③ '파'가 8분 음표이다.[F+F]

④ 같은 방법으로 [F+F+F−F−FFF]

⑤ '파'로 1도 올라갔으므로 [F+F+F−F−FFF+F]

(4) 두 번째 마디를 문자열로 나타내기

① 규칙 : F → F+F+F−F−FFF+F

② 0 단계 : F

③ + : 45, - : -45

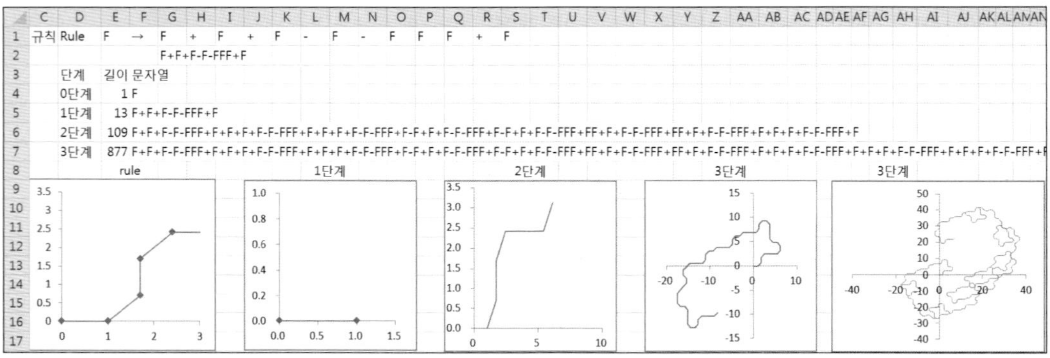

(5) 세 번째, 네 번째 마디를 문자열로 나타내기

① 규칙 : F → FFF++F−FF−−−−F++FFFFF.

② 0단계 :F

③ + : 45, - : -45

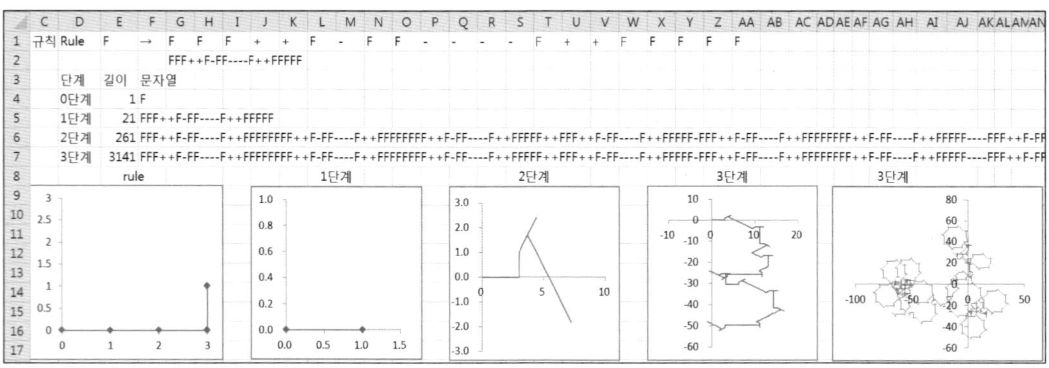

4.8 피보나치 문자열을 이용한 프랙탈

피보나치 문자열을 이해하고, 프랙탈 도형을 만들어 보자.

1. 피보나치 수열

(1) 피보나치 수열의 구성

① 피보나치 수열은 0과 1로 시작한다.

② 바로 앞의 두 피보나치 수의 합이다.

③ 수열은 0, 1, 1, 2, 3, 5, 8, 13, 21, 34, 55, …

2. 피보나치 프랙탈

(1) 피보나치 문자열

① 처음은 1이다.

② 두 번째는 0이다.

③ 세 번째는 두 번째(0)과 첫 번째(1)을 연결했다.

④ 단계별 문자열 구성

	A	B	C	D	E
1	문자열 구성				
2	순	문자길이	f(n)=f(n-1)f(n-2)		
3	1	1	1		
4	2	1	0		
5	3	2	01		
6	4	3	010		
7	5	5	01001		
8	6	8	01001010		
9	7	13	0100101001001		
10	8	21	010010100100101001010		

⑤ 엑셀에서의 문자열 구성 방법

	A	B	C	D	E
1	문자열 구성				
2	순	문자길이	f(n)=f(n-1)f(n-2)		
3	1	1	1		
4	2	1	0		
5	3	2	01		
6	4	3	010		
7	5	5	01001		
8	6	8	01001010		
9	7	13	0100101001001		
10	8	21	010010100100101001010		

(2) 프랙탈 생성기호

기호	각도 이동	규칙
+	−90	문자열이 0이고, 짝수 번째일 때
−	90	문자열이 0이고, 홀수 번째 일 때
F	0	문자열이 1일 때

(3) 문자열을 만드는 과정

① =MOD(A33, 2) : 셀A33의 값을 2로 나누었을 때, 나머지를 나타낸다.

② =MID($C$23, A33, 1)*1 : C23셀의 값에서 A33의 값을 구한다.

③ 1을 곱하는 것은 문자열을 수식으로 변경하기 위해서 이다.

④ =IF(C33=1, "F", IF(B33=0, "+", "-")) : C33셀이 1이면 F, 0이면, b33의 값을 찾아서 0이면 +, 1이면 −를 택한다.

	A	B	C	D	E	F	G	H
31	순	짝수 홀수	문자열	Lsystem	X각도	Y각도	x축	y축
32							0.0	0.0
33	1	1	0	-	90	90	0.0	0.0
34	2	0	1	F	0	90	0.0	1.0
35	3	1	0	-	90	180	0.0	1.0
36	4	0	0	+	-90	90	0.0	1.0
37	5	1	1	F	0	90	0.0	2.0

	A	B	C	D
31	순	짝수 홀수	문자열	Lsystem
32				
33	1	=MOD(A33,2)	=MID($C$23,A33,1)*1	=IF(C33=1,"F",IF(B33=0,"+","-"))
34	2	=MOD(A34,2)	=MID($C$23,A34,1)*1	=IF(C34=1,"F",IF(B34=0,"+","-"))

(4) 각도 만드는 과정

① C23셀 해당 문자열

	A	B	C
25	생성기호		
26		+	-90
27		-	90
28		F	0

② D33의 값을 ①의 범위에서 찾는다.

31	X각도	Y각도
32		
33	=VLOOKUP(D33,$B$26:$C$28,2,FALSE)	=F32+E33
34	=VLOOKUP(D34,$B$26:$C$28,2,FALSE)	=F33+E34

③ x축과 y축의 값을 구하였다.

	F	G	H
31	Y각도	x축	y축
32		0	0
33	=F32+E33	=IF(OR(D33="+",D33="-")	=IF(OR(D33="+",D33="-"),H32,H32+SIN(F33*PI()/180))
34	=F33+E34	=IF(OR(D34="+",D34="-")	=IF(OR(D34="+",D34="-"),H33,H33+SIN(F34*PI()/180))

(5) 단계별 문자열을 그림으로 나타내기

① 1단계, 6단계, 7단계

1단계

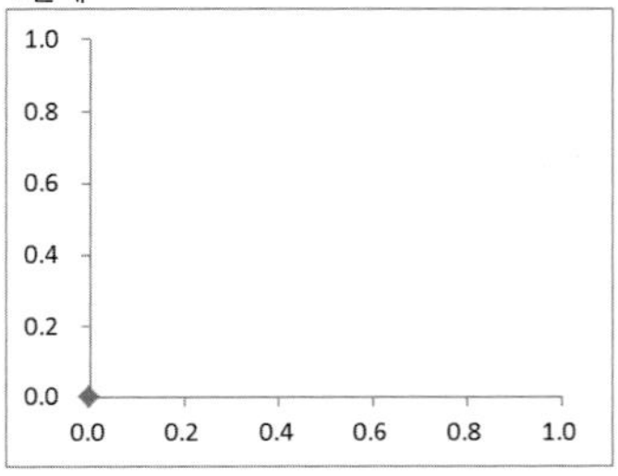

6단계 1-8

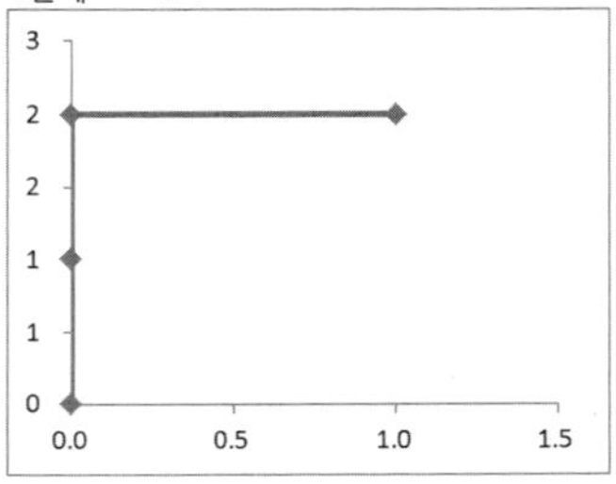

7단계 1-13

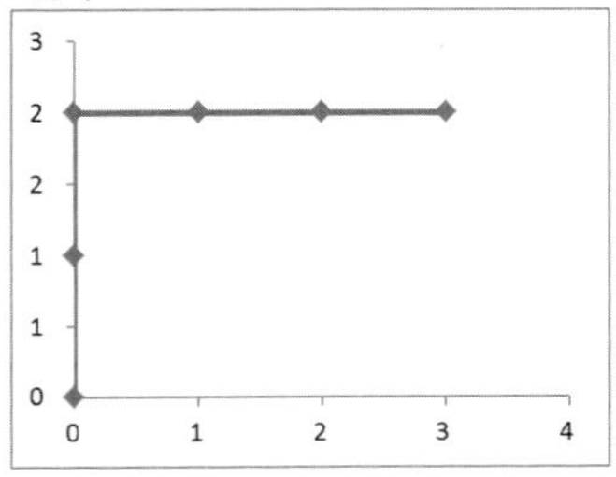

② 8단계, 9단계, 10단계

8단계 1-21

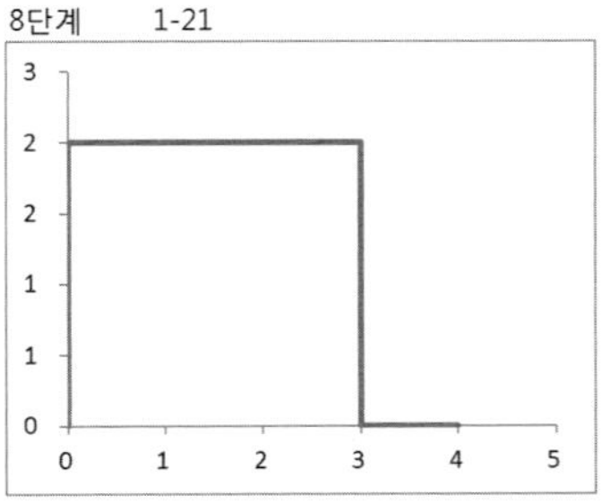

9단계 1-34

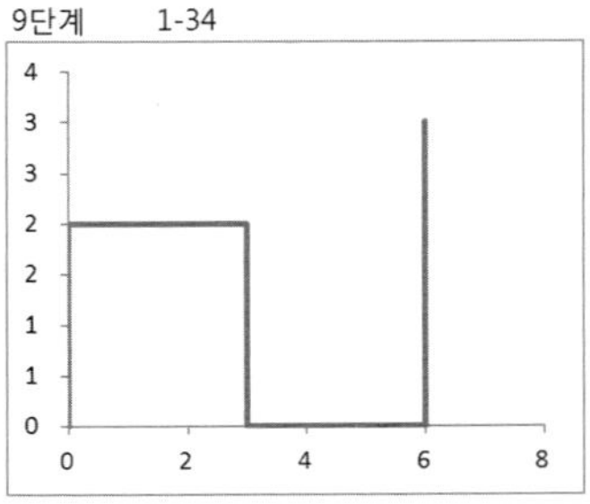

10단계 1-55

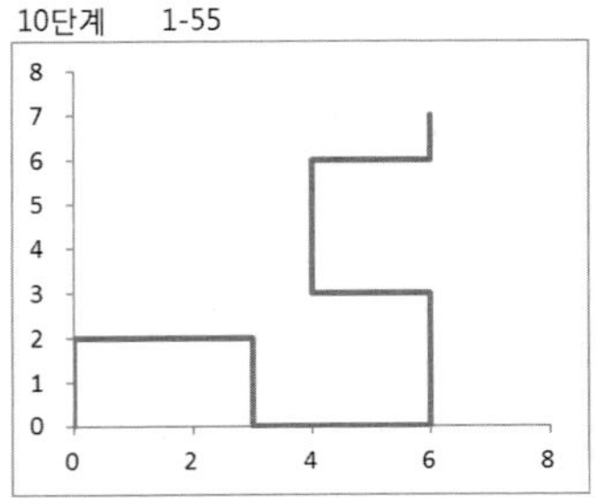

③ 11단계, 12단계, 13단계

11단계 1-89

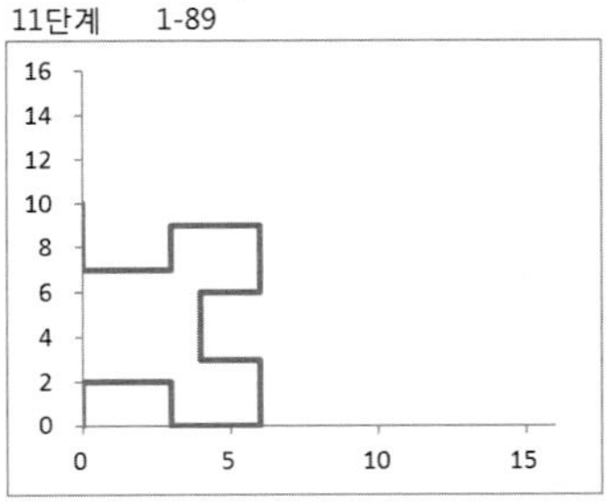

12단계 1-144

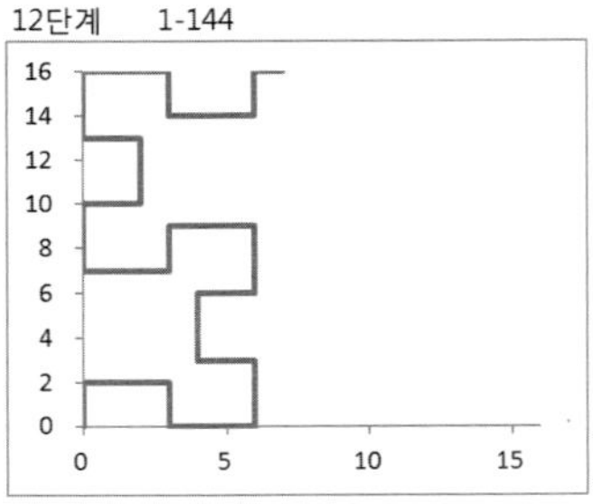

13단계 1-233

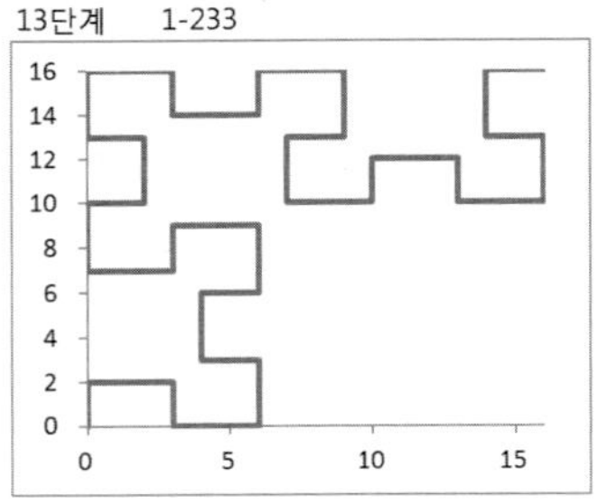

④ 13단계, 14단계, 15단계

13단계 1-233

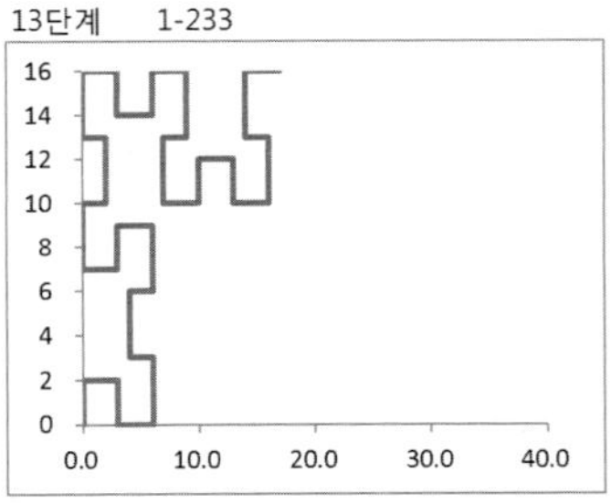

14단계 1-377

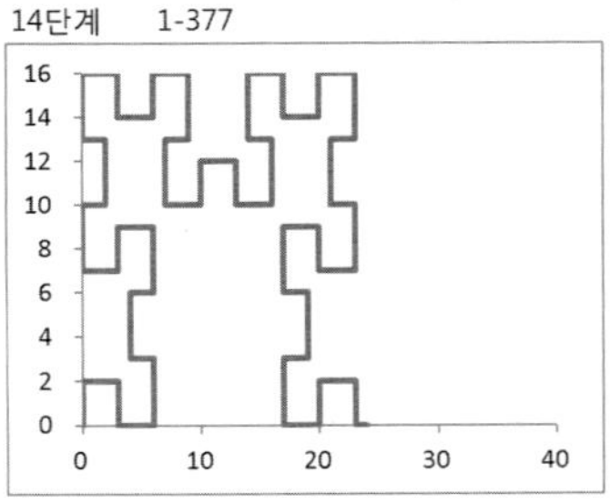

15단계 1-610

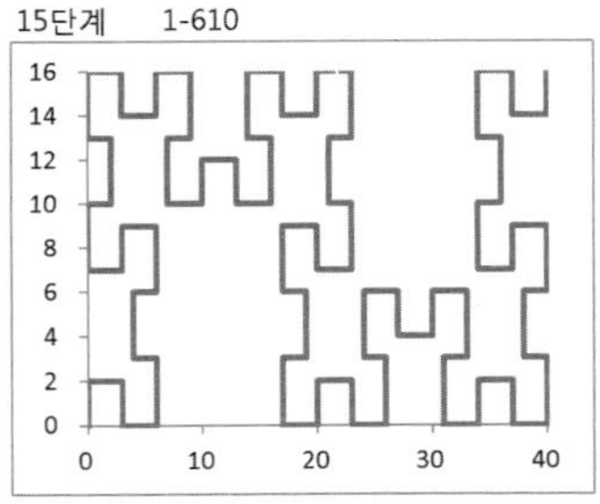

⑤ 15단계, 16단계, 17단계

15단계 1-610

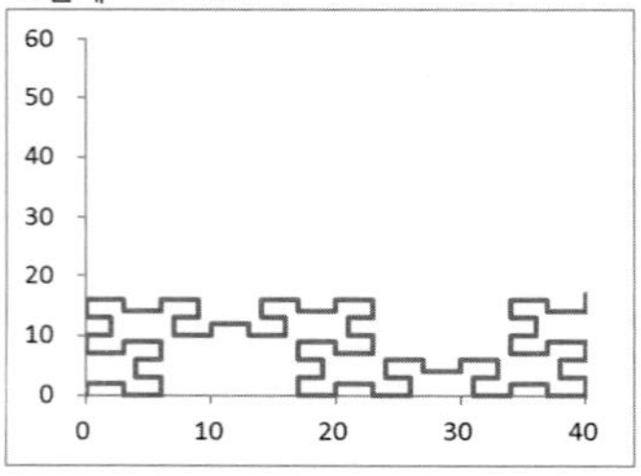

16단계 1-987

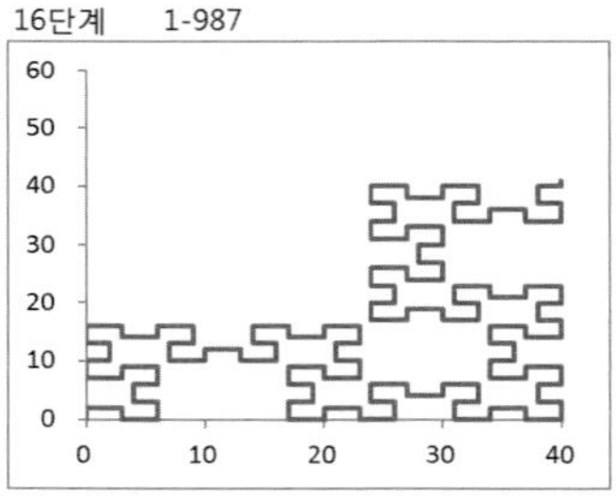

17단계 1-1597

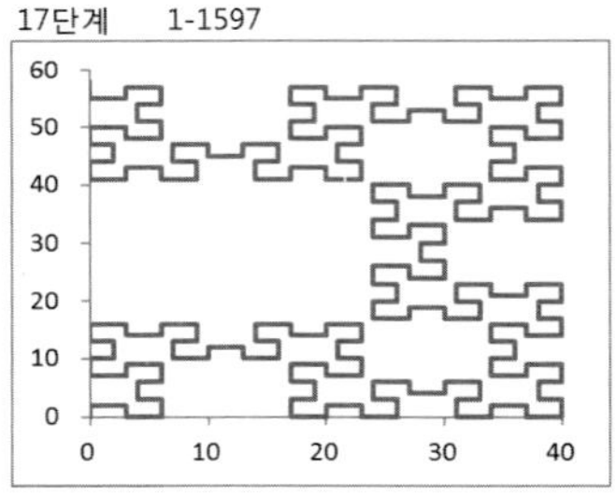

⑥ 17단계, 18단계, 19단계

17단계 1-1597

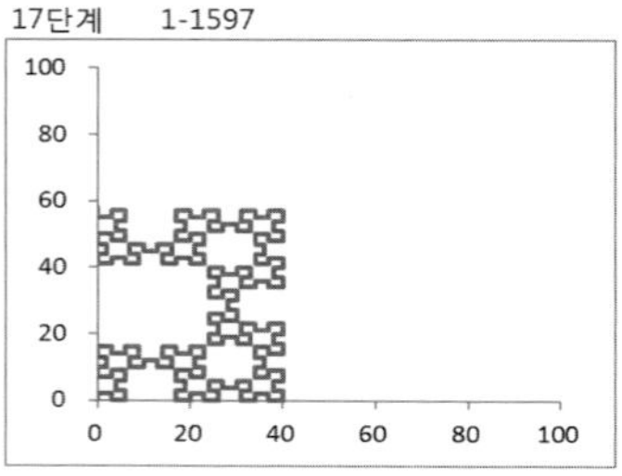

18단계 1-2584

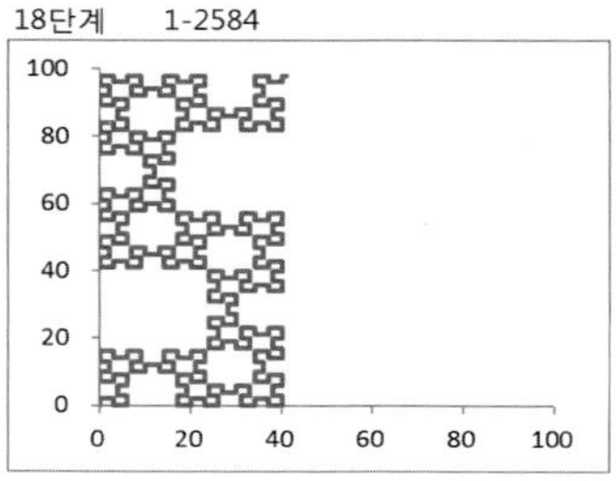

19단계 1-4181

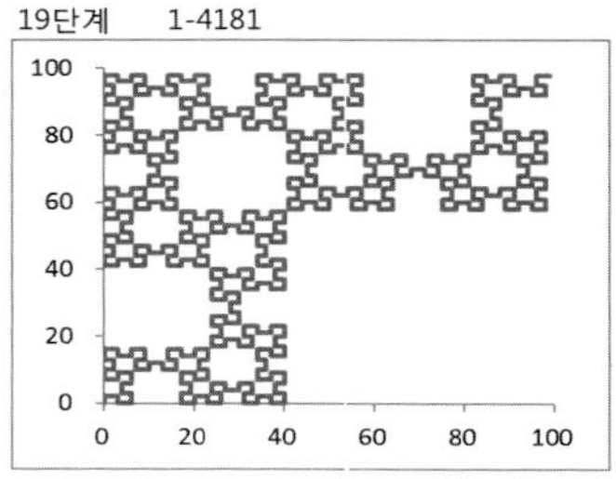

⑦ 20단계, 21단계

20단계 1-6765

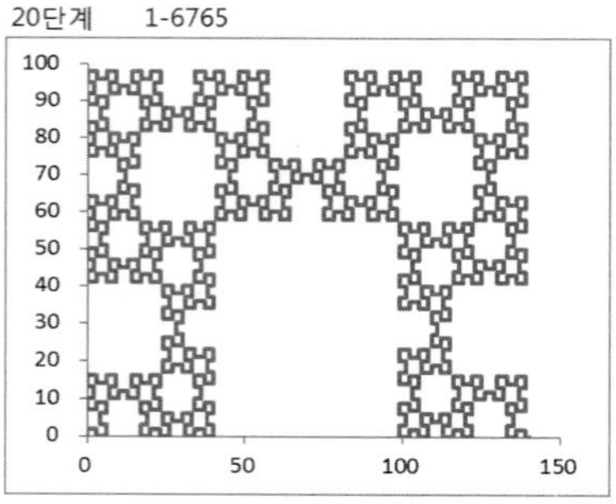

21단계 1-10946

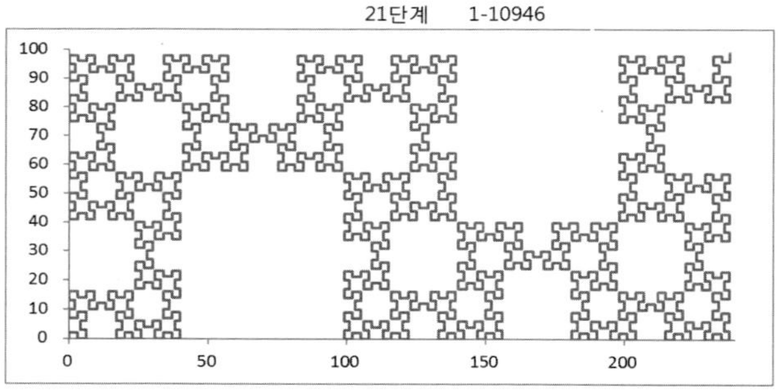

3. 문자열 규칙 변경1

(1) 문자열 변경

	A	B	C	D	E	F	G	H
31		짝수 홀수	문자열	Lsystem	X각도	Y각도	x축	y축
32				F			0.0	0.0
33	1	1	0	F	0	0	1.0	0.0
34	2	0	1	-	90	90	1.0	0.0
35	3	1	0	F	0	90	1.0	1.0
36	4	0	0	F	0	90	1.0	2.0
37	5	1	1	+	-90	0	1.0	2.0

(2) 단계별 문자열을 그림으로 나타내기

① 1단계, 6단계, 7단계

1단계

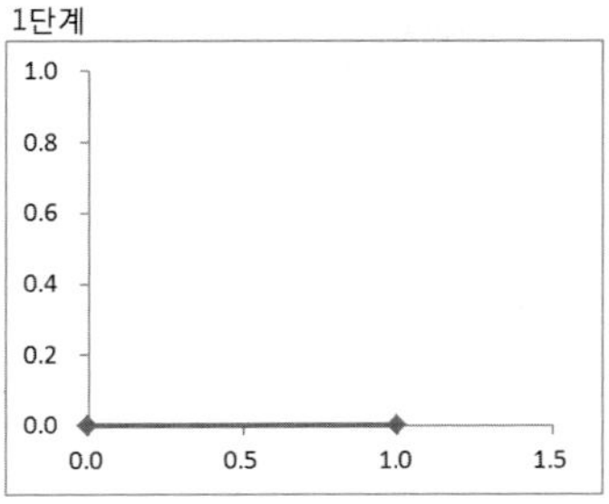

6단계 1-8

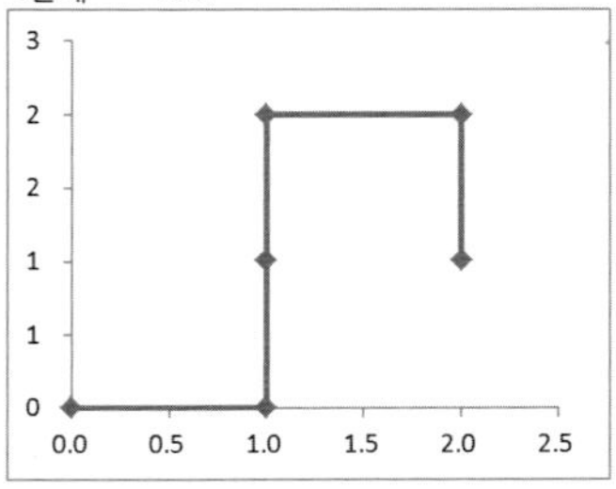

7단계 1-13

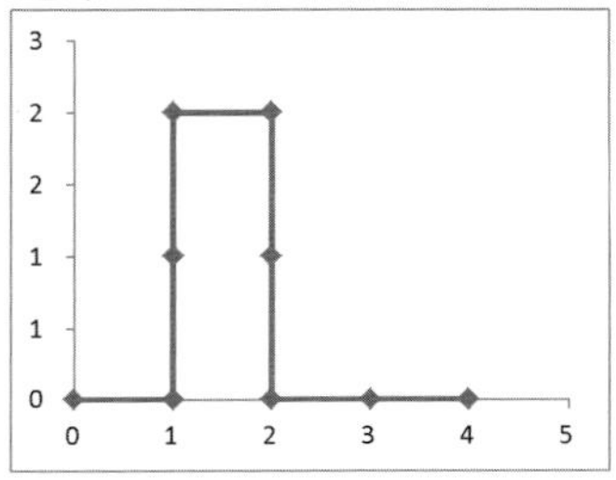

② 8단계, 9단계, 10단계

8단계 1-21

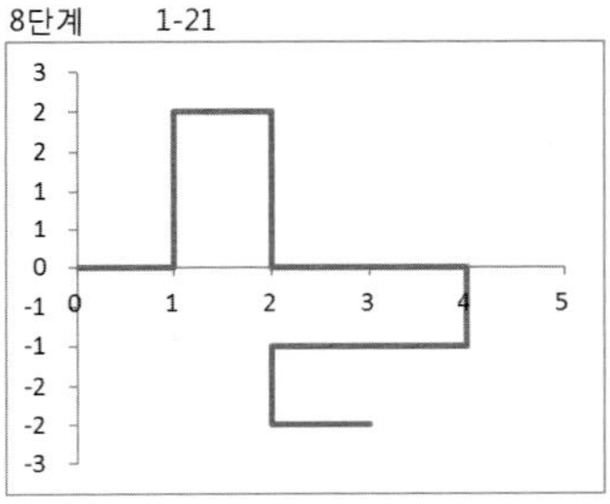

9단계 1-34

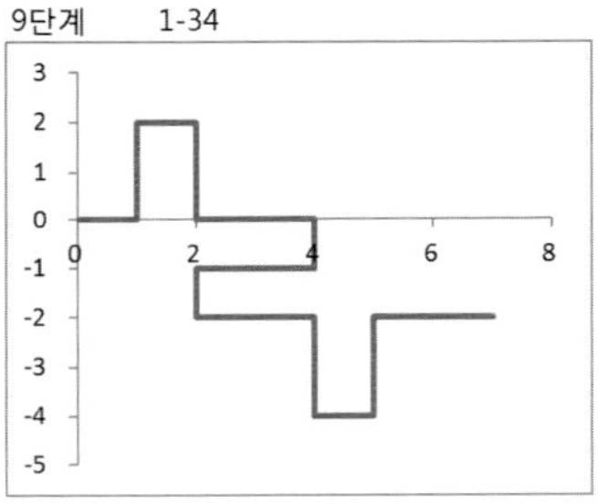

10단계 1-55

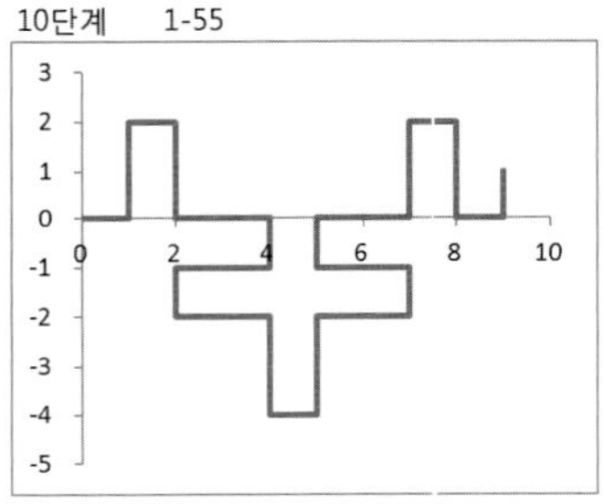

③ 11단계, 12단계, 13단계

11단계 1-89

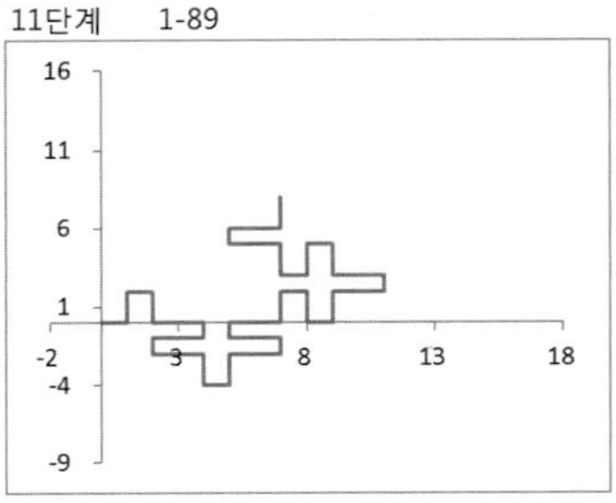

12단계 1-144

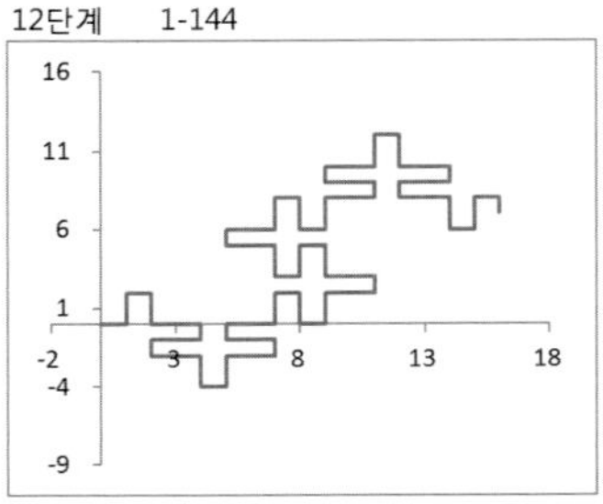

13단계 1-233

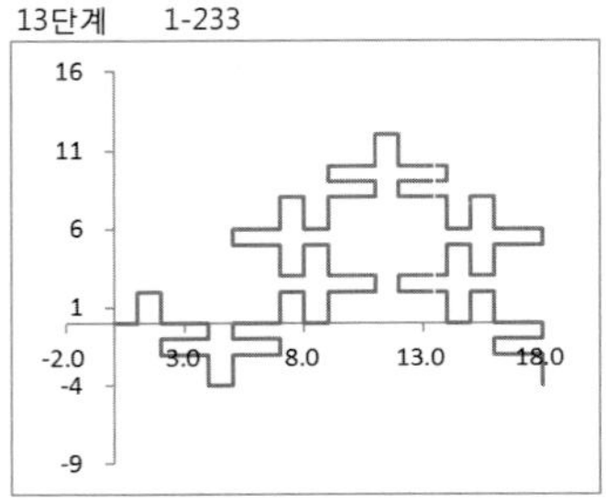

④ 13단계, 14단계, 15단계

13단계 1-233

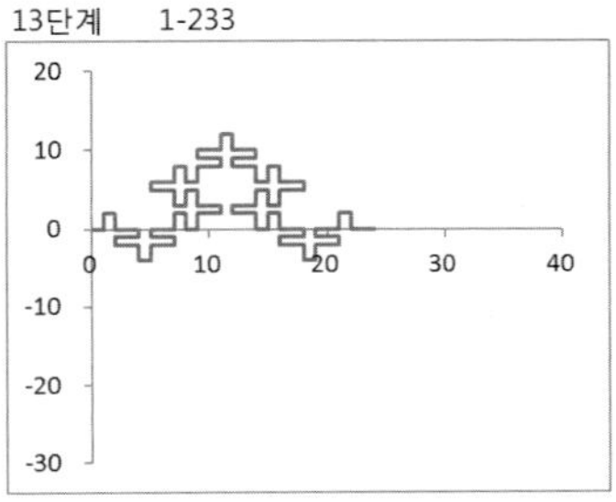

14단계 1-377

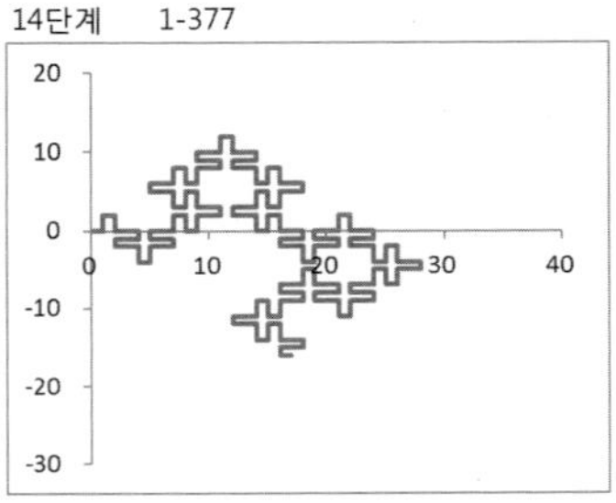

15단계 1-610

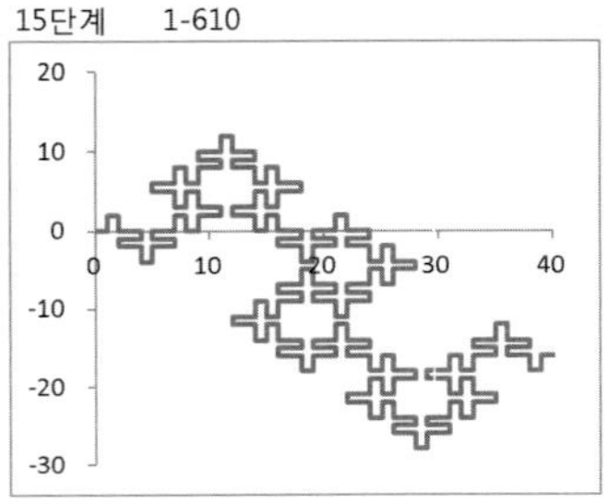

⑤ 15단계, 16단계, 17단계

15단계 1-610

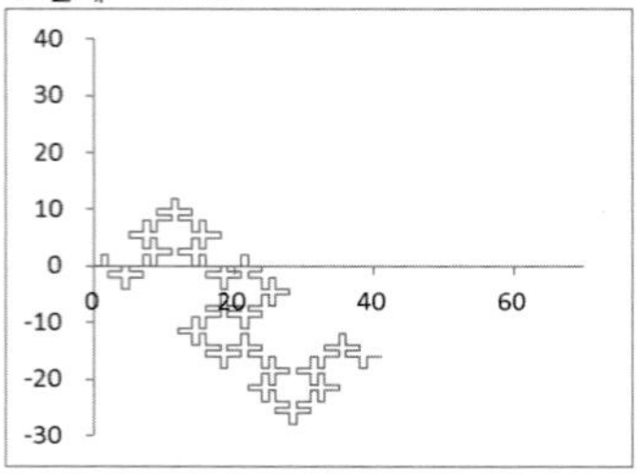

16단계 1-987

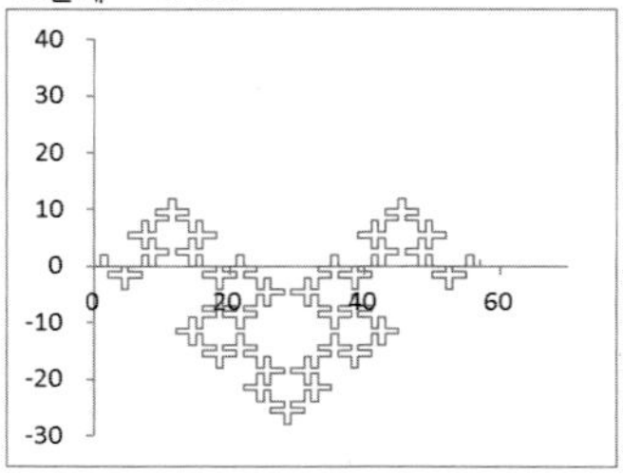

17단계 1-1597

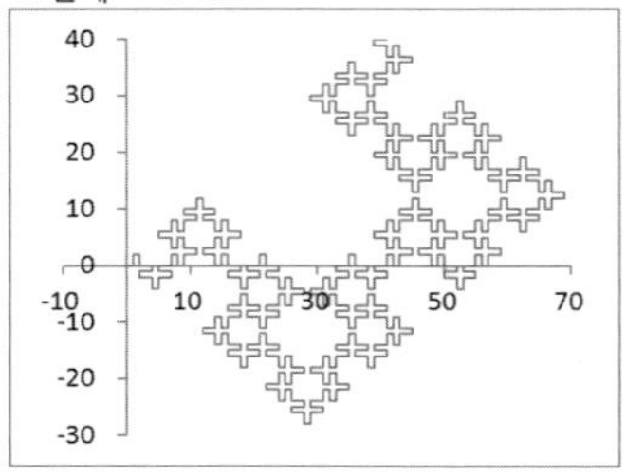

⑥ 17단계, 18단계, 19단계

17단계 1-1597

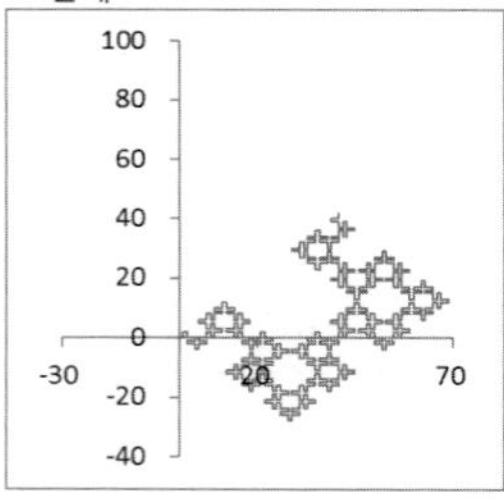

18단계 1-2584

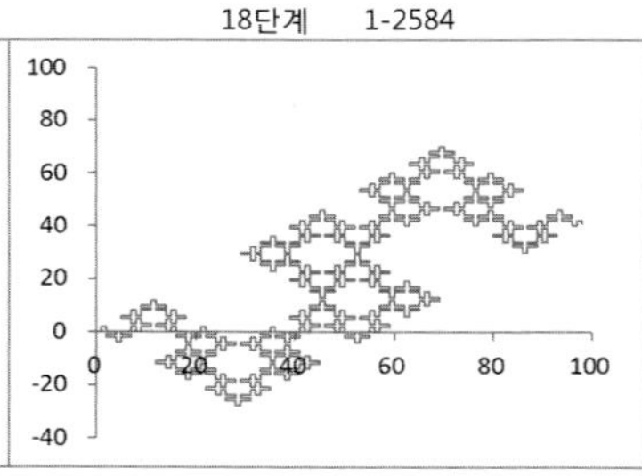

19단계 1-4181

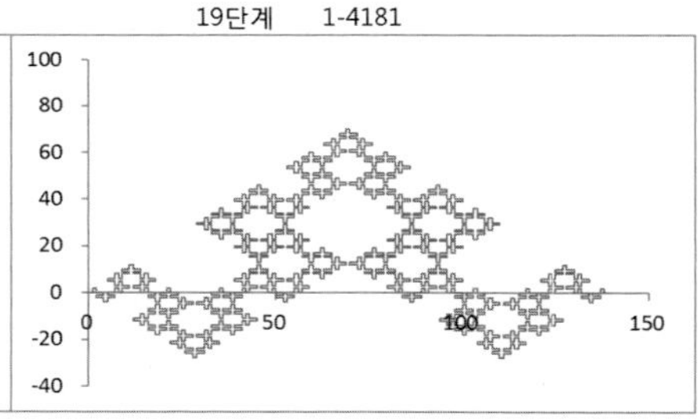

⑦ 20단계, 21단계

20단계 1-6765

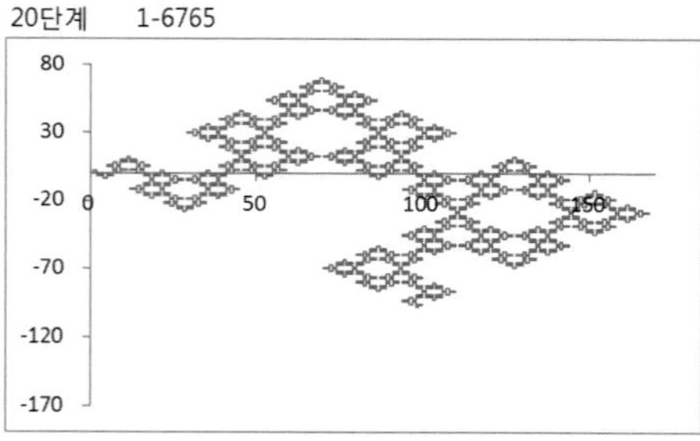

21단계 1-10946

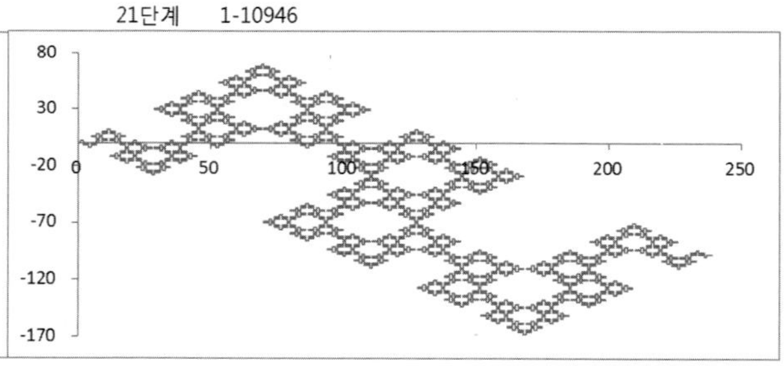

4. 문자열 규칙 변경2

(1) 문자열 변경2

	A	B	C	D	E	F	G	H
31		짝수 홀수	문자열	Lsystem	X각도	Y각도	x축	y축
32				F			0.0	0.0
33	1	1	1	+	-90	-90	0.0	0.0
34	2	0	0	F	0	-90	0.0	-1.0
35	3	1	0	F	0	-90	0.0	-2.0
36	4	0	1	-	90	0	0.0	-2.0

(2) 단계별 문자열을 그림으로 나타내기

① 1단계, 6단계, 7단계

1단계

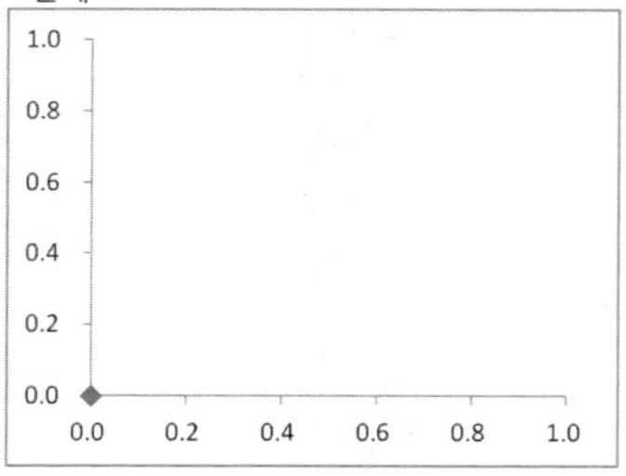

6단계 1-8

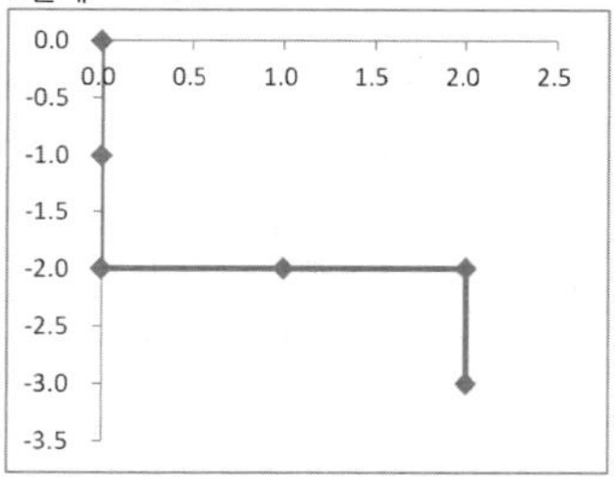

7단계 1-13

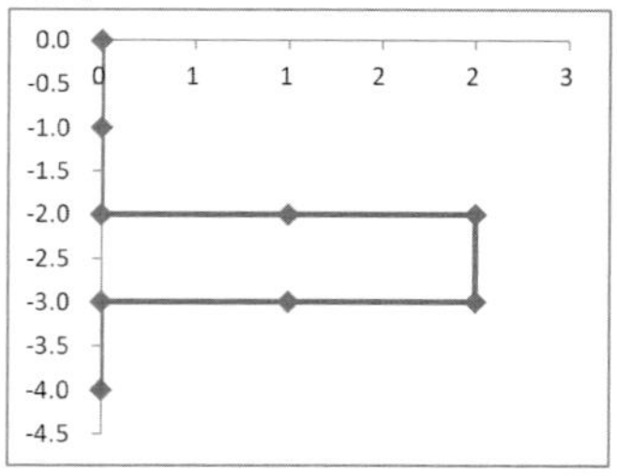

② 8단계, 9단계, 10단계

8단계 1-21

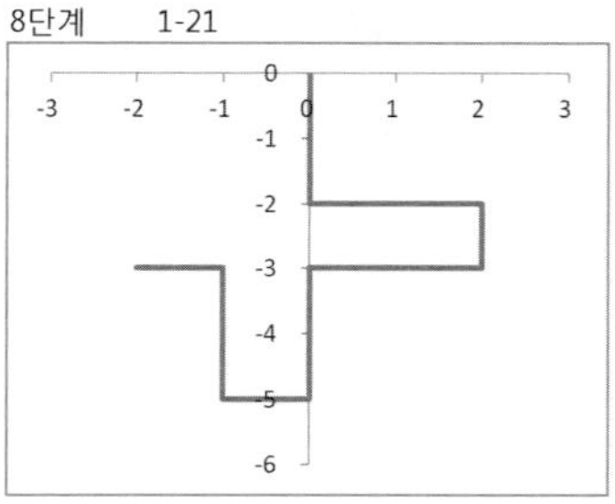

9단계 1-34

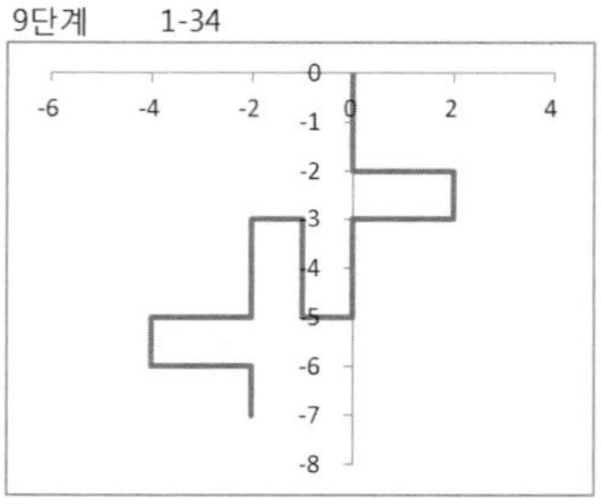

10단계 1-55

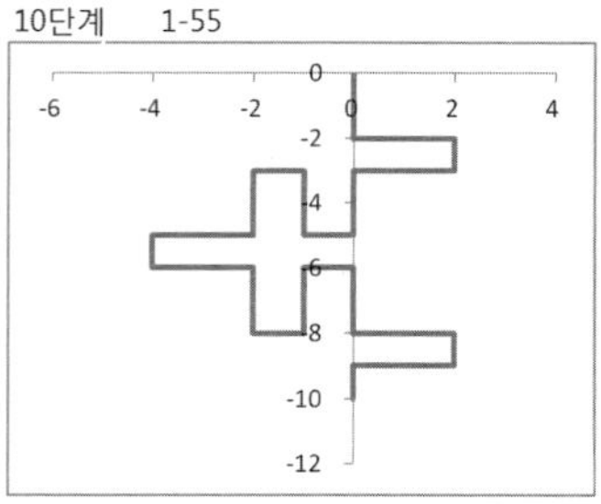

③ 11단계, 12단계, 13단계

11단계 1-89

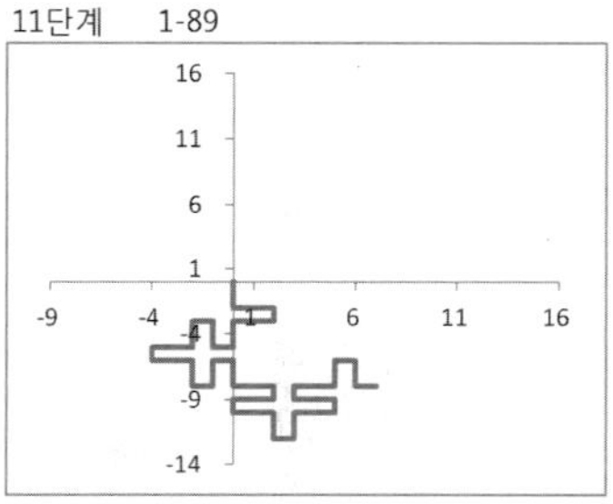

12단계 1-144

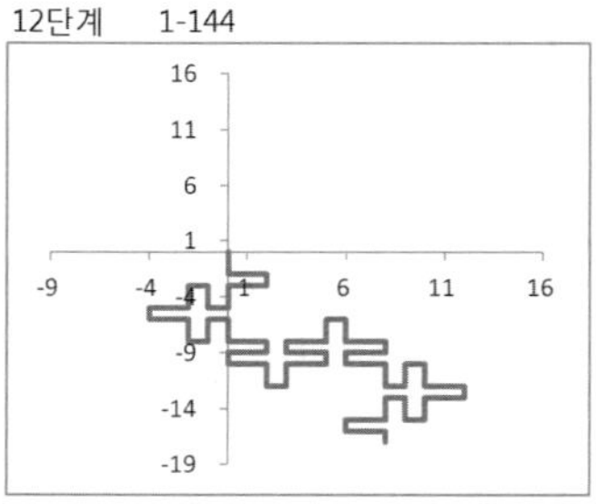

13단계 1-233

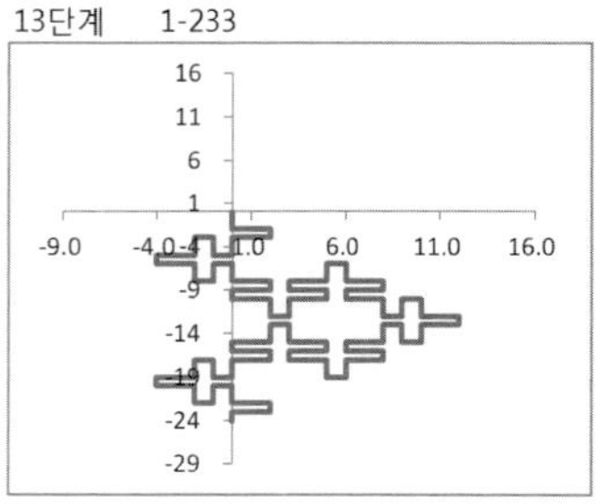

④ 13단계, 14단계, 15단계

13단계 1-233

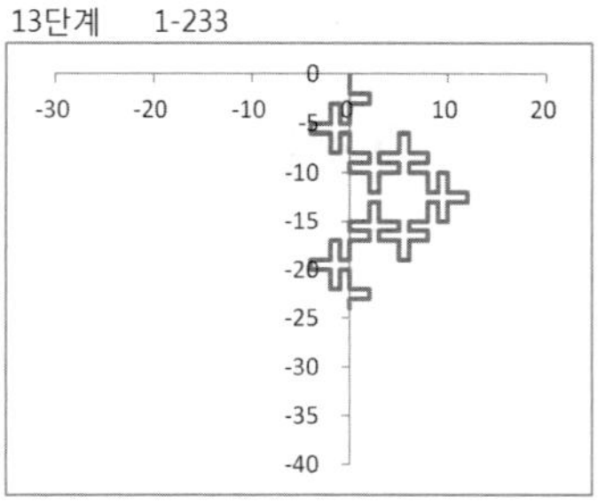

14단계 1-377

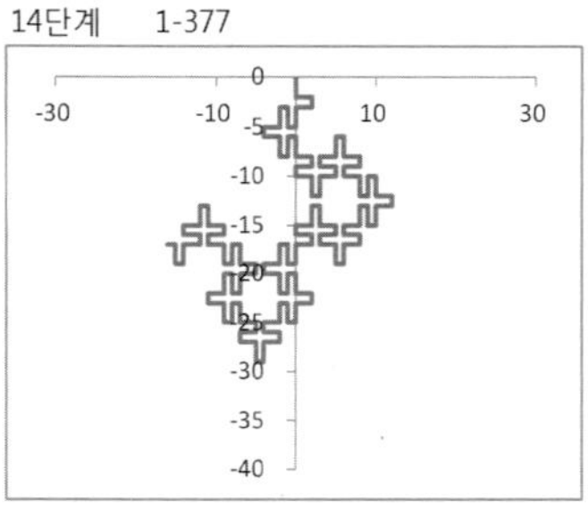

15단계 1-610

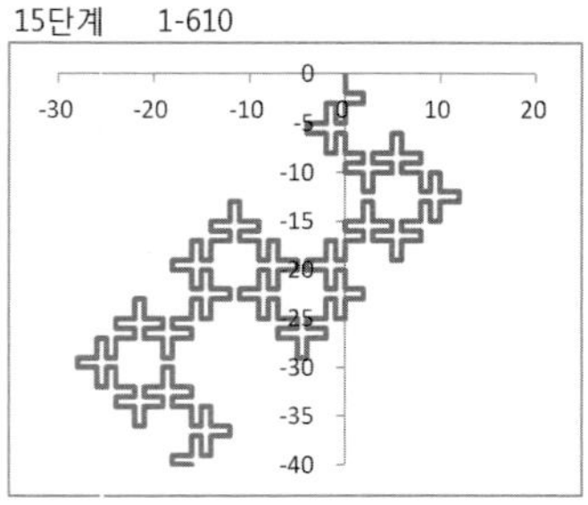

⑤ 15단계, 16단계, 17단계

15단계 1-610

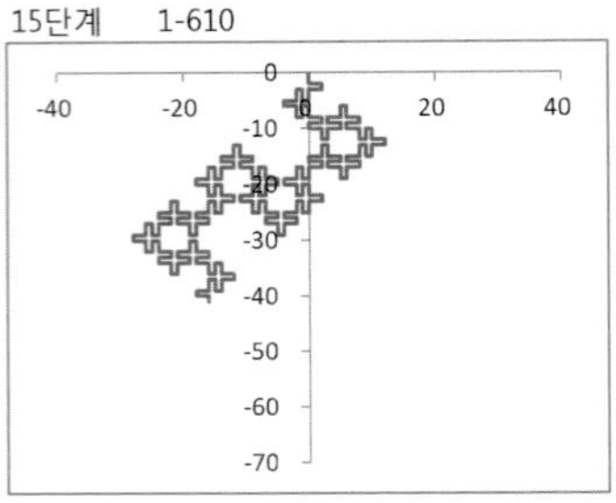

16단계 1-987

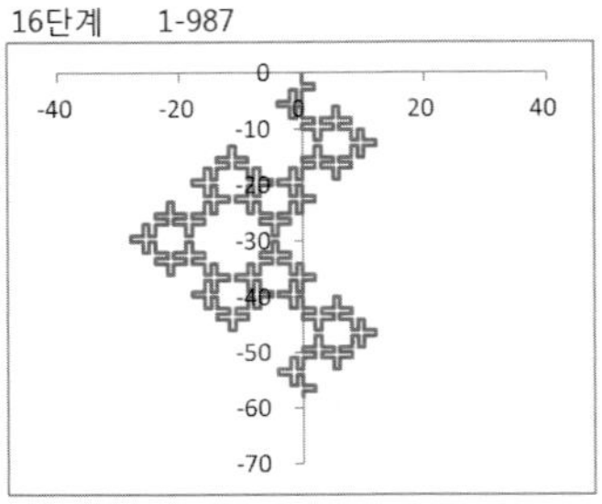

17단계 1-1597

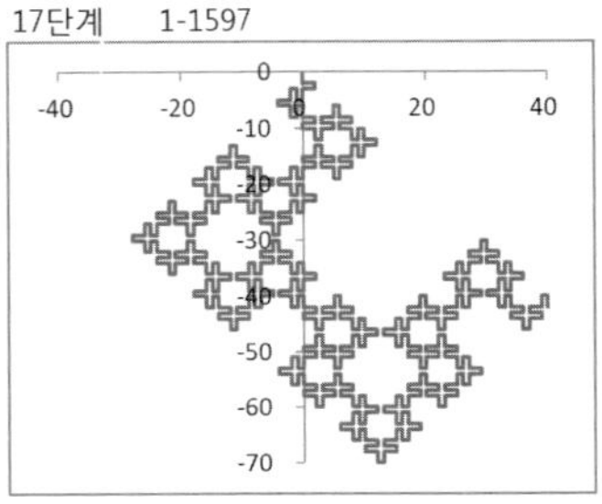

⑥ 17단계, 18단계, 19단계

17단계 1-1597

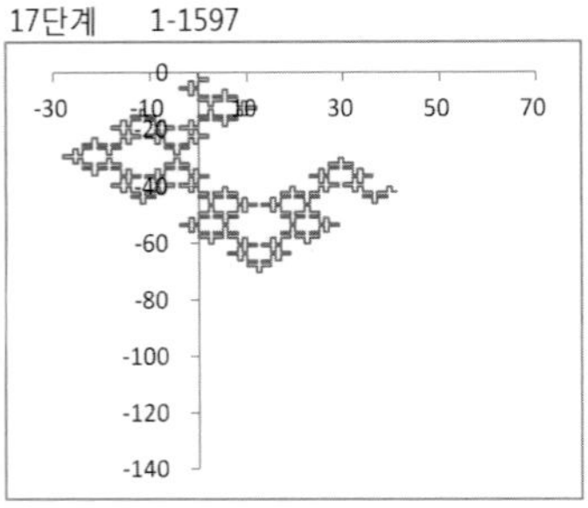

18단계 1-2584

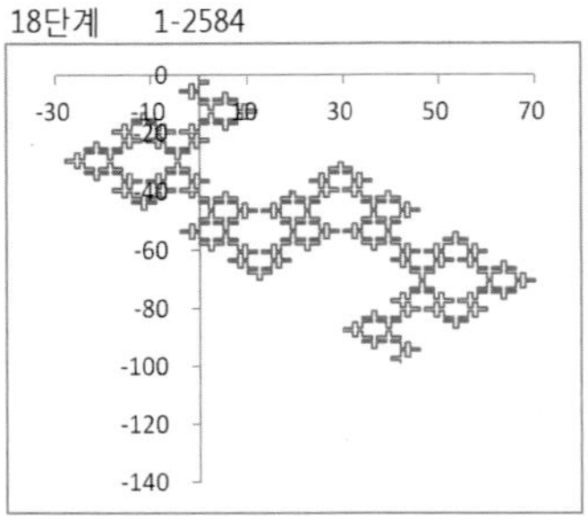

19단계 1-4181

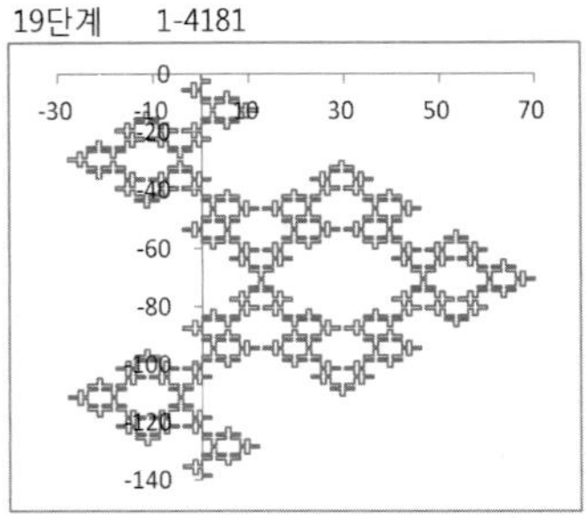

⑦ 20단계, 21단계

20단계 1-6765

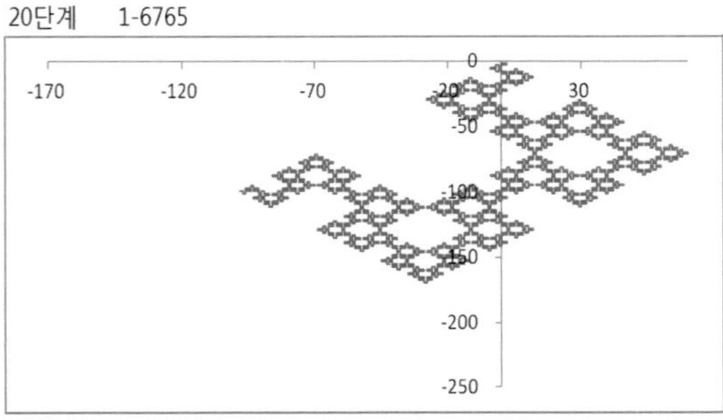

21단계 1-10946

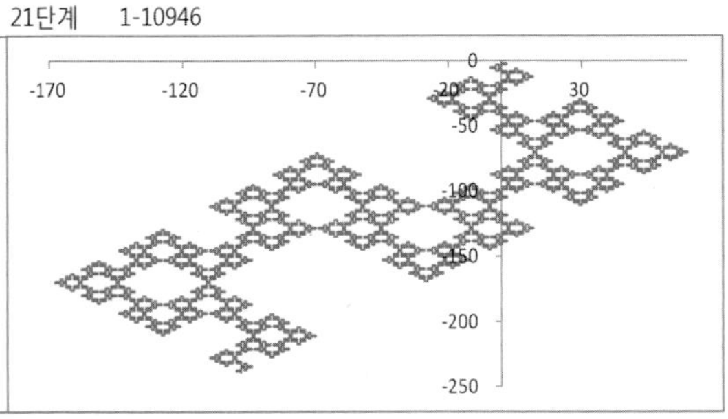

Chapter 05 자기닮음 응용(Ⅲ)

5장은 시어핀스키 삼각형을 행렬을 이용하여 정의하였다. 이진수가 만드는 아름다움! 복소수 진법이 만드는 프랙탈, 대수적으로 멩거 스펀지 만들기, 다양한 프랙탈 함수 만들기의 내용이다.

다양한 방법으로 프랙탈 함수를 생성한다. 수학이란 열려 있으며, 수학이란 학문이 우리의 상상을 표현하는데 좋은 학문임을 느낀다. 수학을 통해 발견의 기쁨을 갖기를 바란다.

5.1 행렬을 이용한 프랙탈 표현

시어핀스키 삼각형과 사각형은 일반적으로 기하적인 도형으로 표현한다. 행렬안에 행렬이 있는 블록 행렬을 이용하여 시어핀스키 삼각형과 사각형을 나타내어 보았다.

1. 시어핀스키 삼각형

시어핀스키 삼각형을 다음과 같이 정의한다.

$$S=\left\{\underset{n\to\infty}{\mathrm{Lim}}A_n|A_1=[a_{ij}]=\begin{bmatrix}1\,1\\1\,0\end{bmatrix},A_2=[a_{ij}A_1],A_n=[a_{ij}A_{n-1}]\right\}$$

$$a_{ij}=\begin{cases}0 & a_{ij}=a_{22}\\1 & a_{ij}<>a_{22}\end{cases}$$

예 1) 시어핀스키 삼각형의 정의에 의해 3단계의 시어핀스키 삼각형을 만들어 보시오.

$$A_1 = \begin{bmatrix} a_{11} \ a_{21} \\ a_{21} \ a_{22} \end{bmatrix} = \begin{bmatrix} 1\,1 \\ 1\,0 \end{bmatrix} = \begin{array}{|c|c|} \hline 1 & 1 \\ \hline 1 & 0 \\ \hline \end{array}$$

$$A_2 = [a_{ij}A_1] = \begin{bmatrix} a_{11}A_1 \ a_{12}A_1 \\ a_{21}A_1 \ a_{22}A_1 \end{bmatrix} = \begin{bmatrix} 1\times\begin{bmatrix} 1\,1 \\ 1\,0 \end{bmatrix} & 1\times\begin{bmatrix} 1\,1 \\ 1\,0 \end{bmatrix} \\ 1\times\begin{bmatrix} 1\,1 \\ 1\,0 \end{bmatrix} & 0\times\begin{bmatrix} 1\,1 \\ 1\,0 \end{bmatrix} \end{bmatrix} = \begin{bmatrix} \begin{bmatrix} 1\,1 \\ 1\,0 \end{bmatrix} & \begin{bmatrix} 1\,1 \\ 1\,0 \end{bmatrix} \\ \begin{bmatrix} 1\,1 \\ 1\,0 \end{bmatrix} & \begin{bmatrix} 0\,0 \\ 0\,0 \end{bmatrix} \end{bmatrix}$$

$$= \begin{array}{cccc} 1 & 1 & 1 & 1 \\ 1 & 0 & 1 & 0 \\ 1 & 1 & 0 & 0 \\ 1 & 0 & 0 & 0 \end{array}$$

$$A_3 = [a_{ij}A_2] = \begin{bmatrix} a_{11}A_2 \ a_{12}A_2 \\ a_{21}A_2 \ a_{22}A_2 \end{bmatrix}$$

에서 A_3의 값을 구한 후 행렬로 표현하면 다음과 같다. 0 부분을 제거하면 오른쪽 그림과 같다.

$$\begin{array}{cccccccc} 1&1&1&1&1&1&1&1 \\ 1&0&1&0&1&0&1&0 \\ 1&1&0&0&1&1&0&0 \\ 1&0&0&0&1&0&0&0 \\ 1&1&1&1&0&0&0&0 \\ 1&0&1&0&0&0&0&0 \\ 1&1&0&0&0&0&0&0 \\ 1&0&0&0&0&0&0&0 \end{array} \qquad \begin{array}{cccccccc} 1&1&1&1&1&1&1&1 \\ 1&&1&&1&&1& \\ 1&1&&&1&1&& \\ 1&&&&1&&& \\ 1&1&1&1&&&& \\ 1&&1&&&&& \\ 1&1&&&&&& \\ 1&&&&&&& \end{array}$$

2. 시어핀스키 사각형

시어핀스키 사각형을 다음과 같이 정의한다.

$$S = \left\{ \lim_{n\to\infty} A_n | A_1 = [a_{ij}] = \begin{bmatrix} 1\,1\,1 \\ 1\,0\,1 \\ 1\,1\,1 \end{bmatrix},\ A_2 = [a_{ij}A_1],\ A_n = [a_{ij}A_{n-1}] \right\}$$

단, $a_{ij} = \begin{cases} 0 & a_{ij} = a_{22} \\ 1 & a_{ij} <> a_{22} \end{cases}$

예 1) 시어핀스키 사각형의 정의에 의해 3단계의 시어핀스키 사각형을 만들어보시오.

$A_1 = [a_{ij}]$ 은 다음과 같이 나타낼 수 있다.

$$A_1 = \begin{bmatrix} a_{11} & a_{12} & a_{13} \\ a_{21} & a_{22} & a_{23} \\ a_{31} & a_{32} & a_{33} \end{bmatrix} = \begin{bmatrix} 1\,1\,1 \\ 1\,0\,1 \\ 1\,1\,1 \end{bmatrix} = \begin{array}{|c|c|c|} \hline 1 & 1 & 1 \\ \hline 1 & 0 & 1 \\ \hline 1 & 1 & 1 \\ \hline \end{array}$$

$A_2 = [a_{ij}A_1]$ 은 다음과 같이 나타낼 수 있다.

$$A_2 = \begin{bmatrix} a_{11}A_1 & a_{12}A_1 & a_{13}A_1 \\ a_{21}A_1 & a_{22}A_1 & a_{23}A_1 \\ a_{31}A_1 & a_{32}A_1 & a_{33}A_1 \end{bmatrix}$$ 이므로 a_{ij}에 해당하는 값을 대입한다.

$$A_2 = \begin{bmatrix} a_{11}\begin{bmatrix} 1\,1\,1 \\ 1\,0\,1 \\ 1\,1\,1 \end{bmatrix} & a_{12}\begin{bmatrix} 1\,1\,1 \\ 1\,0\,1 \\ 1\,1\,1 \end{bmatrix} & a_{13}\begin{bmatrix} 1\,1\,1 \\ 1\,0\,1 \\ 1\,1\,1 \end{bmatrix} \\ a_{21}\begin{bmatrix} 1\,1\,1 \\ 1\,0\,1 \\ 1\,1\,1 \end{bmatrix} & a_{22}\begin{bmatrix} 1\,1\,1 \\ 1\,0\,1 \\ 1\,1\,1 \end{bmatrix} & a_{23}\begin{bmatrix} 1\,1\,1 \\ 1\,0\,1 \\ 1\,1\,1 \end{bmatrix} \\ a_{31}\begin{bmatrix} 1\,1\,1 \\ 1\,0\,1 \\ 1\,1\,1 \end{bmatrix} & a_{32}\begin{bmatrix} 1\,1\,1 \\ 1\,0\,1 \\ 1\,1\,1 \end{bmatrix} & a_{33}\begin{bmatrix} 1\,1\,1 \\ 1\,0\,1 \\ 1\,1\,1 \end{bmatrix} \end{bmatrix}$$

$$= \begin{bmatrix} 1\times\begin{bmatrix} 1\,1\,1 \\ 1\,0\,1 \\ 1\,1\,1 \end{bmatrix} & 1\times\begin{bmatrix} 1\,1\,1 \\ 1\,0\,1 \\ 1\,1\,1 \end{bmatrix} & 1\times\begin{bmatrix} 1\,1\,1 \\ 1\,0\,1 \\ 1\,1\,1 \end{bmatrix} \\ 1\times\begin{bmatrix} 1\,1\,1 \\ 1\,0\,1 \\ 1\,1\,1 \end{bmatrix} & 0\times\begin{bmatrix} 1\,1\,1 \\ 1\,0\,1 \\ 1\,1\,1 \end{bmatrix} & 1\times\begin{bmatrix} 1\,1\,1 \\ 1\,0\,1 \\ 1\,1\,1 \end{bmatrix} \\ 1\times\begin{bmatrix} 1\,1\,1 \\ 1\,0\,1 \\ 1\,1\,1 \end{bmatrix} & 1\times\begin{bmatrix} 1\,1\,1 \\ 1\,0\,1 \\ 1\,1\,1 \end{bmatrix} & 1\times\begin{bmatrix} 1\,1\,1 \\ 1\,0\,1 \\ 1\,1\,1 \end{bmatrix} \end{bmatrix}$$

$$= \begin{bmatrix} \begin{bmatrix} 1\,1\,1 \\ 1\,0\,1 \\ 1\,1\,1 \end{bmatrix} & \begin{bmatrix} 1\,1\,1 \\ 1\,0\,1 \\ 1\,1\,1 \end{bmatrix} & \begin{bmatrix} 1\,1\,1 \\ 1\,0\,1 \\ 1\,1\,1 \end{bmatrix} \\ \begin{bmatrix} 1\,1\,1 \\ 1\,0\,1 \\ 1\,1\,1 \end{bmatrix} & \begin{bmatrix} 0\,0\,0 \\ 0\,0\,0 \\ 0\,0\,0 \end{bmatrix} & \begin{bmatrix} 1\,1\,1 \\ 1\,0\,1 \\ 1\,1\,1 \end{bmatrix} \\ \begin{bmatrix} 1\,1\,1 \\ 1\,0\,1 \\ 1\,1\,1 \end{bmatrix} & \begin{bmatrix} 1\,1\,1 \\ 1\,0\,1 \\ 1\,1\,1 \end{bmatrix} & \begin{bmatrix} 1\,1\,1 \\ 1\,0\,1 \\ 1\,1\,1 \end{bmatrix} \end{bmatrix} = \begin{array}{ccccccccc} 1 & 1 & 1 & 1 & 1 & 1 & 1 & 1 & 1 \\ 1 & 0 & 1 & 1 & 0 & 1 & 1 & 0 & 1 \\ 1 & 1 & 1 & 1 & 1 & 1 & 1 & 1 & 1 \\ 1 & 1 & 1 & 0 & 0 & 0 & 1 & 1 & 1 \\ 1 & 0 & 1 & 0 & 0 & 0 & 1 & 0 & 1 \\ 1 & 1 & 1 & 0 & 0 & 0 & 1 & 1 & 1 \\ 1 & 1 & 1 & 1 & 1 & 1 & 1 & 1 & 1 \\ 1 & 0 & 1 & 1 & 0 & 1 & 1 & 0 & 1 \\ 1 & 1 & 1 & 1 & 1 & 1 & 1 & 1 & 1 \end{array}$$

시어핀스키 사각형을 행렬을 이용하여 표현하였다.

5.2 이진비트 프로그래밍

이진비트 연산을 이용하여 프로그래밍해 보자. 프로그래밍을 통해 프랙탈을 생성해 보자. 논리곱(And) 연산자 외에 다른 연산을 생각해 보자.

1. 이진수의 비트곱

(1) And 연산자는 비트 단위로 연산하며 대응 하는 두 비트가 모두 1일 때만 1을 어느 하나라도 0이면 0을 출력한다. 명제에서 논리곱을 생각하면 된다.
정수를 이진수로 표현했을 때 두 정수 x, y의 대응 비트가 둘다 1인 비트가 하나도 없으면 x And y는 0이 된다.

```
        1011              1111
And     0101       And    0101
        ----              ----
        0001              0001
```

2. 이진 시어핀스키 삼각형

(1) 비주얼 베이직 프로그래밍

① 프로그래밍

```
Sub bin_sip1()
Cells.Interior.ColorIndex = xlNone
Const xchade = 250
Const ychade = 250
Dim x, y
  For x = 1 To xchade
   For y = 1 To ychade
    If x  And y = 0 Then
      ActiveSheet.Cells(x, y).Interior.ColorIndex = 5
         End If
    Next
   Next
End Sub
```

(2) 프로그래밍 예

① (x And y) = 0

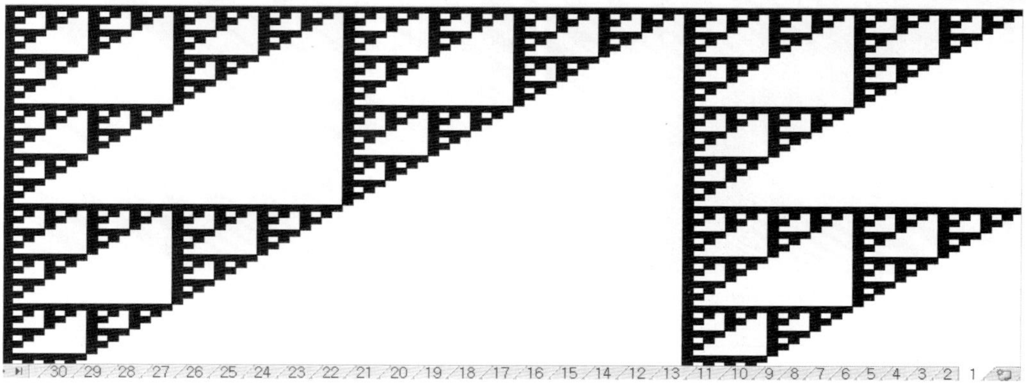

② ((x + y) And (x − y)) = 0

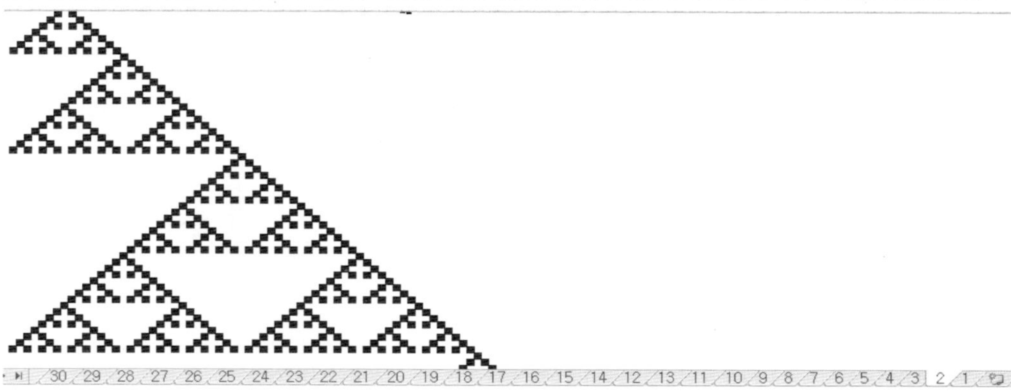

③ (x * y And y / x) = 0

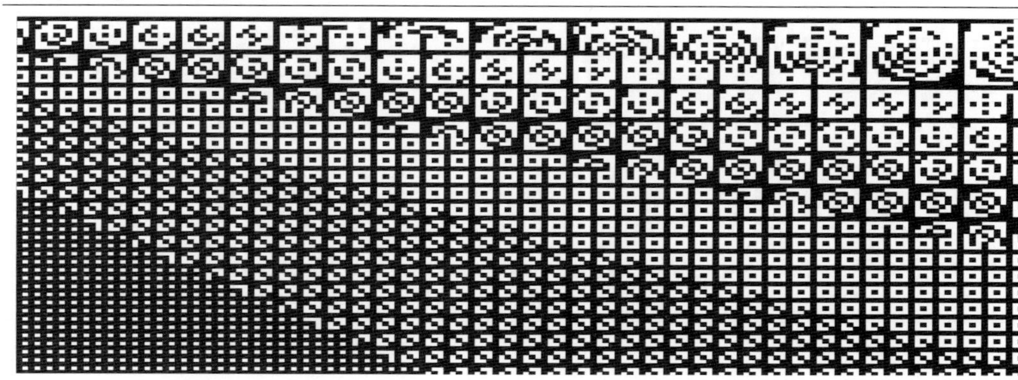

④ (x + y And Abs(Int(Sqr(x)) − Sqr(y))) = 0

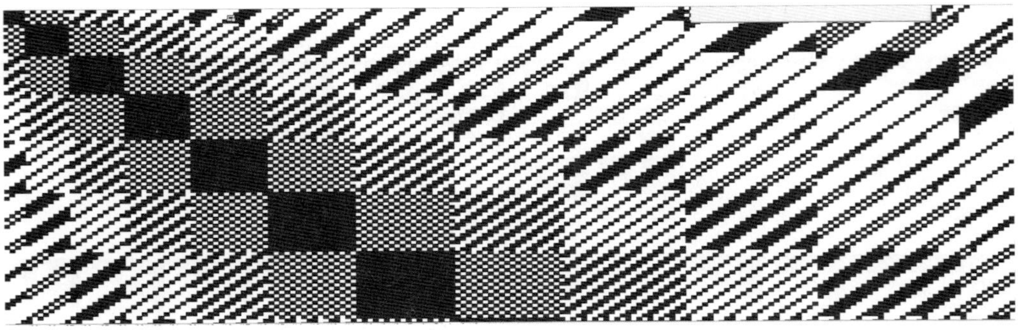

⑤ ((y + 5.72 / x + 3 * y / 4.51) And (−x * x / −y)) = 0

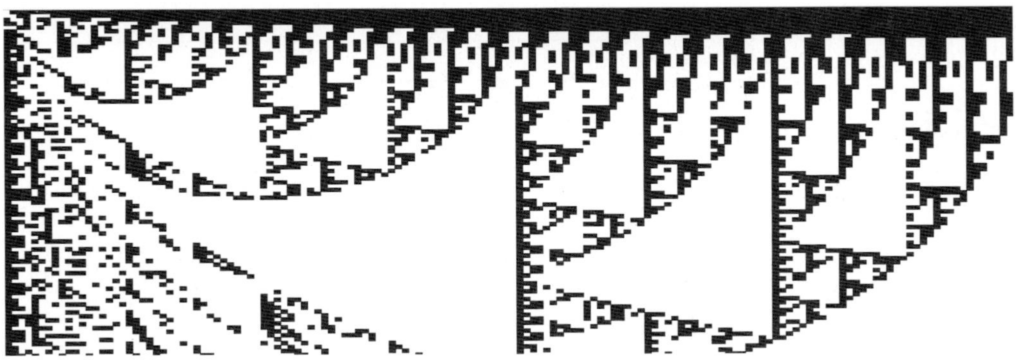

⑥ (Log(x) * x + y * y And x) = x

⑦ (x * x + y * y And 100) = 100

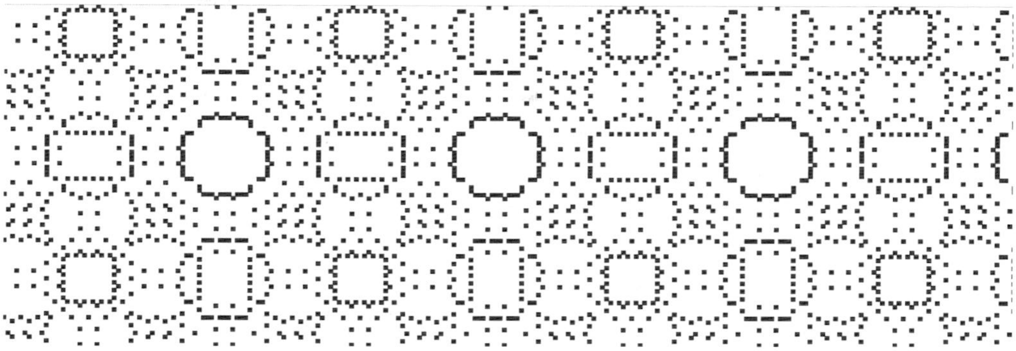

⑧ ((x − y / x * y And 1.9)) = 0

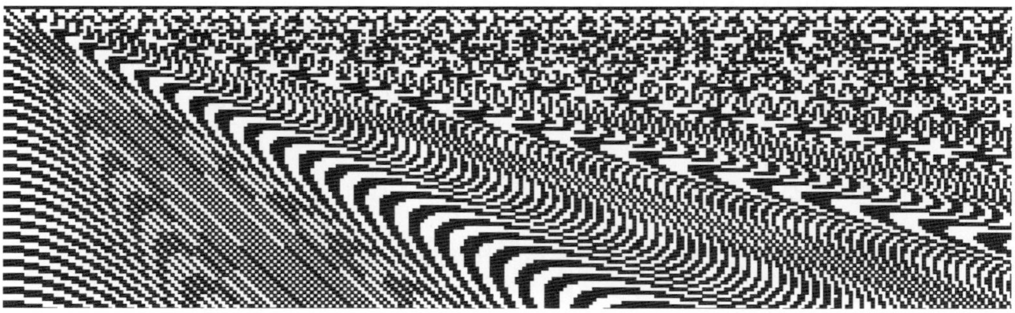

5.3 복소수 진법 프랙탈

2진수, 5진수, 10 진수 등의 다양한 진법을 생각할 수 있다. $\frac{1}{2}$ 진법도 생각할 수 있고, $\frac{1}{3}$ 진법도 생각할 수 있다. $\sqrt{2}$ 진법에 대한 생각도 가능하다. 여기서는 $1-i$를 진수로 하는 수에 대해 생각해 보자.

1. 십진수를 이진수를 나타내기

(1) Quotiont, Mod 함수를 이용한 이진법의 전개

① B열은 자연수를 입력한다.

② P열, Q열에 자연수를 이진수로 표현한다.

③ Q3 : =MOD(B3,$B$1)

④ E3 : =QUOTIENT(MOD($B3,$B1^D1),$B$1^E$1)

E3 =QUOTIENT(MOD($B3,$B1^D1),$B$1^E$1)

	A	B	C	D	E	F	G	H	I	J	K	L	M	N	O	P	Q
1	진수	2		13	12	11	10	9	8	7	6	5	4	3	2	1	0
2	밑	1-i															
3		0	0000000000		0	0	0	0	0	0	0	0	0	0	0	0	0
4		1	0000000001		0	0	0	0	0	0	0	0	0	0	0	0	1
5		2	0000000010		0	0	0	0	0	0	0	0	0	0	0	1	0

(2) $1-i$ 진법

① 5를 $1-i$ 진법으로 나타내어 보자.

② 5는 이진수로 $101_{(2)}$ 이다.

③ $1-i$ 진법으로 나타내면 $1\times(1-i)^2+1$ 이다.

④ $1\times(1-i)^2+1=1-2i-1+1=1-2i$ 이다

⑤ $1-2i$ 를 실수와 허수로 나타내어 좌표평면에 나타낼 수 있다.

2. $1-i$ 진법을 복소수 평면에 나타내기

(1) 1에서 255까지의 십진수를 이진수로 나타내기

1-32

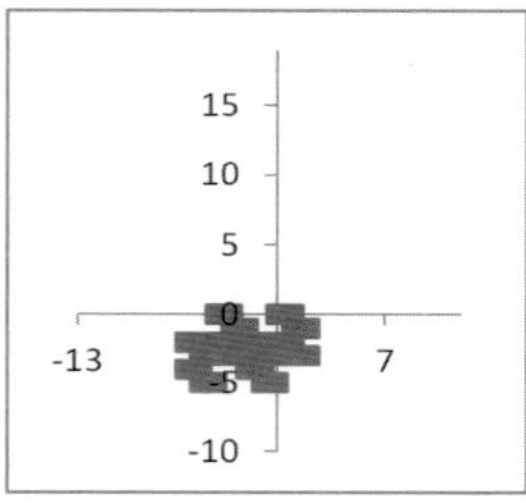

1-64

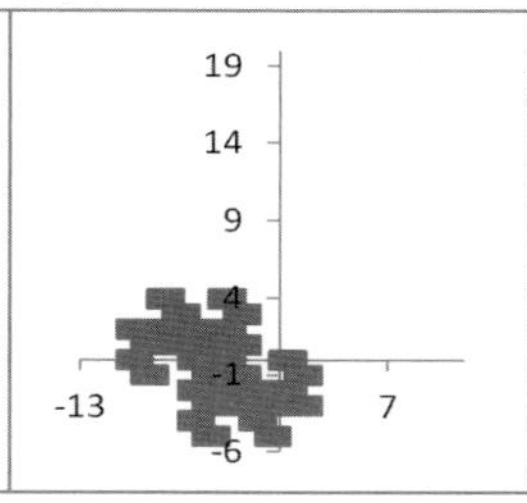

1-128

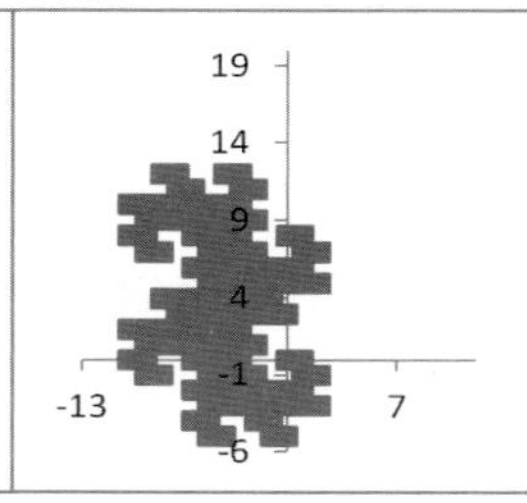

1-255

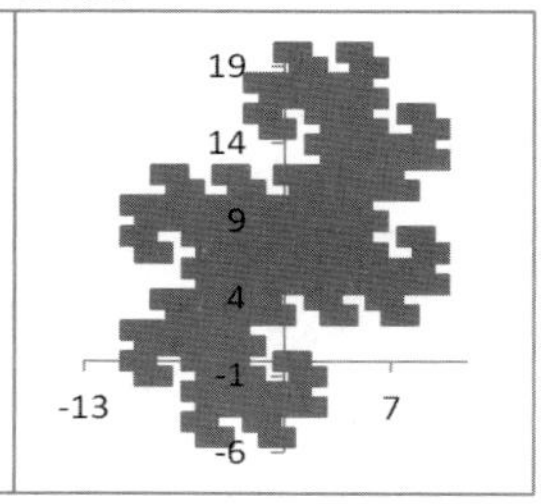

(2) 1에서 4096까지의 십진수를 $1-i$ 진법으로 나타내기

1-512

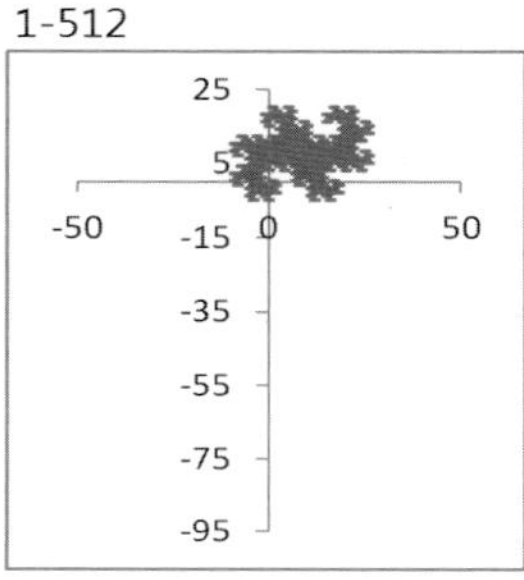

1-1024

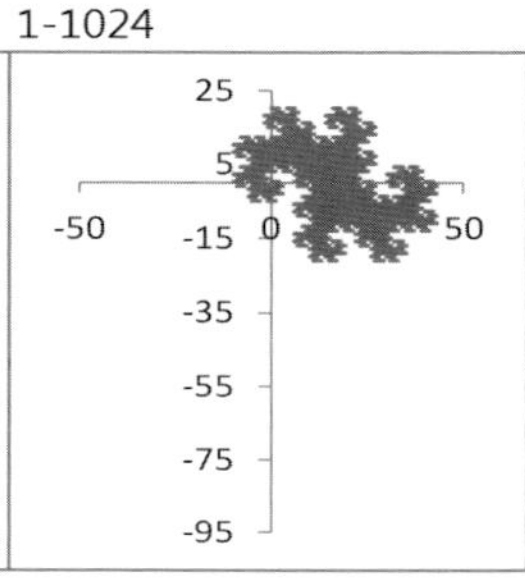

1-2048

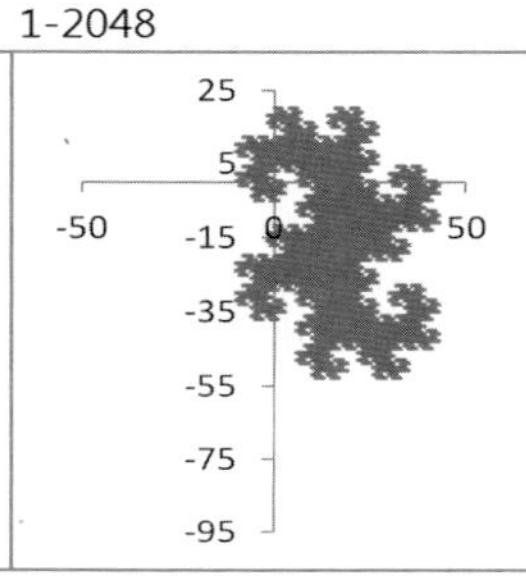

1-4096

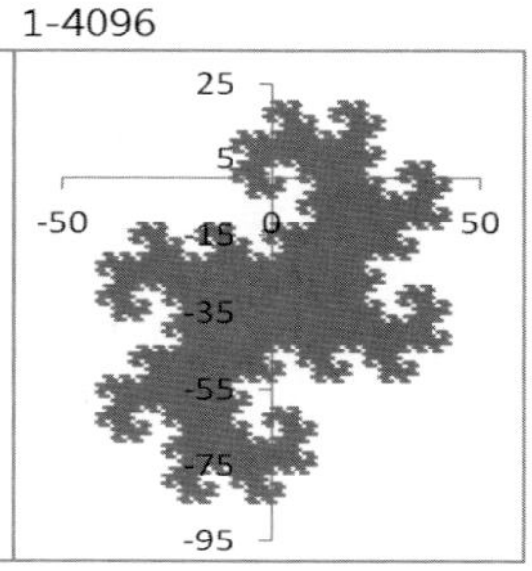

(3) 1에서 128까지의 수를 진행 방향을 추가해서 나타낸 모습

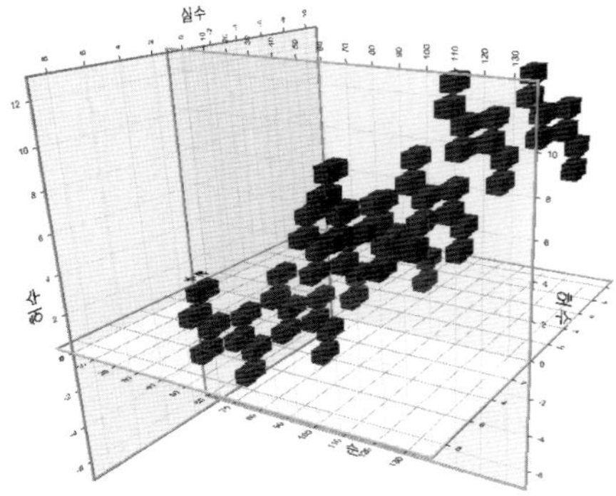

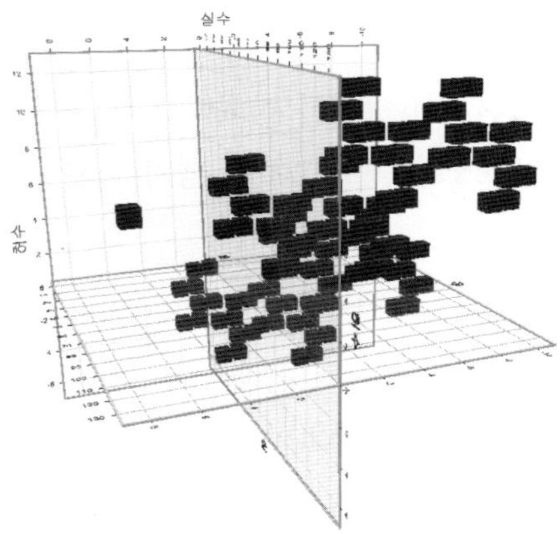

3. $1+i$진법을 복소수 평면에 나타내기

(1) 1에서 255까지의 십진수를 이진수로 나타내기

1-512

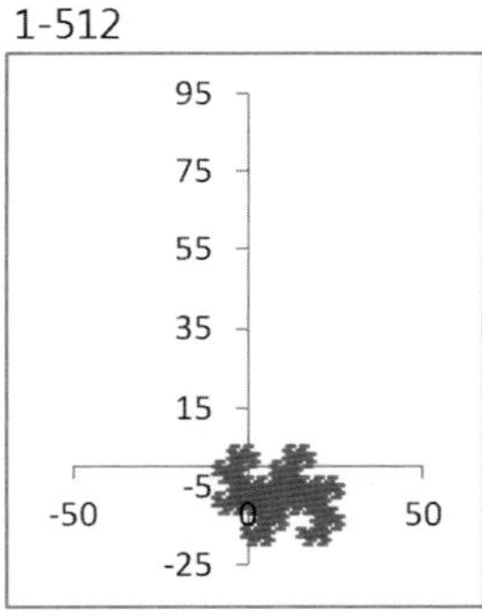

1-1024

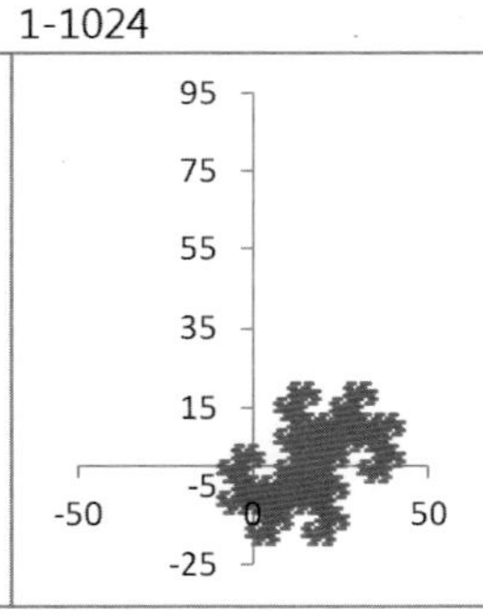

1-2048

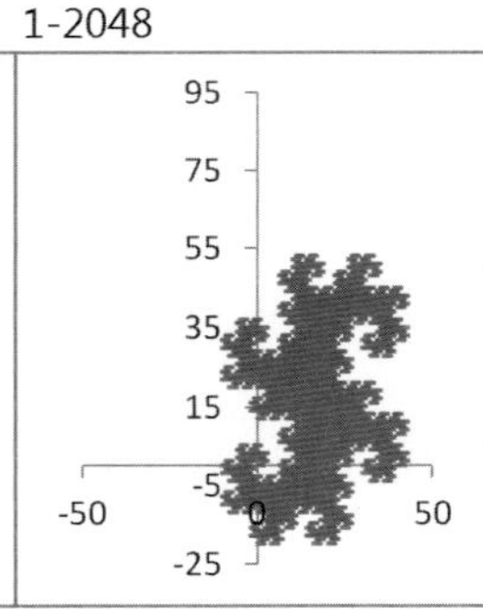

1-4096

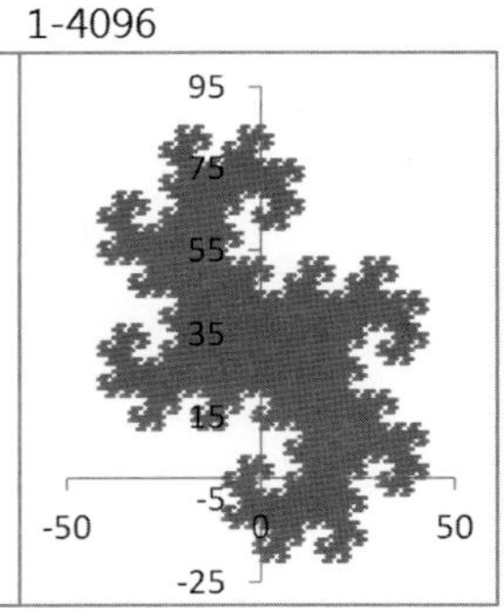

(2) 3차원으로 나타내기

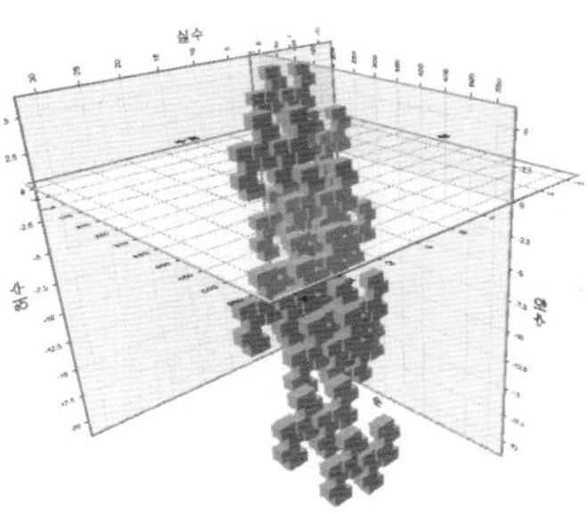

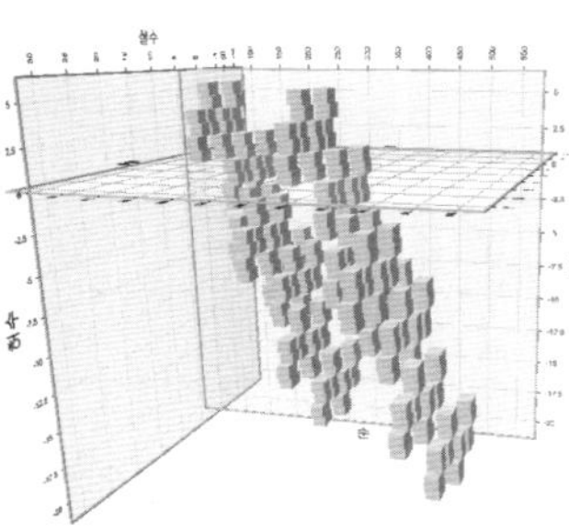

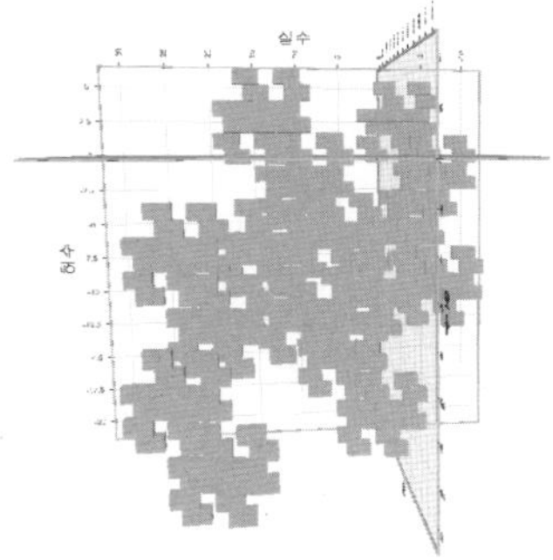

5.4 멩거 스펀지 만들기

멩거 스펀지의 정의를 이해하고, 이를 바탕으로 멩거 스펀지를 만들어 보자. 엑셀에서 자료를 만들고 xlstat를 이용하여 멩거 스펀지를 만들어 보자. 다른 논리로 3차원 프랙탈 도형을 만들어 보자.

1. 정의

(1) 멩거스펀지 정의(http://en.wikipedia.org/wiki/Menger_sponge)

$M := \cap M_n,\ n \in N$

$M_{n+1} : = \{(x,\ y,\ z) \in R^3 :\ \exists i,\ j,\ k\ \in \{0,\ 1,\ 2\} : (3x-i,\ 3y-j,\ 3z-k) \in M_n\}$

$i,\ j,\ k$ 중 1은 없거나 1개 이어야 한다.

2. 1단계 멩거 스펀지

(1) 데이터 만들기

① $(x,\ y,\ z)$을 (1, 1, 1)로 정하자.

② $\exists i,\ j,\ k\ \in \{0,\ 1,\ 2\}$이면 아래와 같이 27개의 경우가 생긴다.

i	j	k	i	j	k	i	j	k
0	0	1	1	0	0	2	0	0
0	0	2	1	0	1	2	0	1
0	1	0	1	0	2	2	0	2
0	1	1	1	1	0	2	1	0
0	1	2	1	1	1	2	1	2
0	2	0	1	1	2	2	2	0
0	2	1	1	2	0	2	2	1
0	2	2	1	2	1	2	2	2

③ 1이 두 개인 다음의 6가지 경우는 제외한다. 위의 정의에서 1은 0개 이거나 1개 이어야 하기 때문이다.

i	j	k	1의 개수
0	1	1	2
1	0	1	2
1	1	0	2
1	1	1	3
1	1	2	2
1	2	1	2

④ C, D, E열은 1, 1, 1을 각각 입력

⑤ G, H, I 열은 6개를 제외한 20개를 입력

⑥ K, L, M열은 $(3x-i,\ 3y-j,\ 3z-k)$에 맞게 수식을 입력

	A	B	C	D	E	F	G	H	I	J	K	L	M
1							7	8	9		11	12	13
2											x	y	z
3	1		1	1	1		0	0	0		3	3	3
4	2		1	1	1		0	0	1		3	3	2
5	3		1	1	1		0	0	2		3	3	1
6	4		1	1	1		0	1	0		3	2	3
7	5		1	1	1		0	1	2		3	2	1
8	6		1	1	1		0	2	0		3	1	3
9	7		1	1	1		0	2	1		3	1	2
10	8		1	1	1		0	2	2		3	1	1
11	9		1	1	1		1	0	0		2	3	3
12	10		1	1	1		1	0	2		2	3	1
13	11		1	1	1		1	2	0		2	1	3
14	12		1	1	1		1	2	2		2	1	1
15	13		1	1	1		2	0	0		1	3	3
16	14		1	1	1		2	0	1		1	3	2
17	15		1	1	1		2	0	2		1	3	1
18	16		1	1	1		2	1	0		1	2	3
19	17		1	1	1		2	1	2		1	2	1
20	18		1	1	1		2	2	0		1	1	3
21	19		1	1	1		2	2	1		1	1	2
22	20		1	1	1		2	2	2		1	1	1

	K	L	M
1	11	12	13
2	x	y	z
3	=3*C3-G3	=3*D3-H3	=3*E3-I3
4	=3*C4-G4	=3*D4-H4	=3*E4-I4
5	=3*C5-G5	=3*D5-H5	=3*E5-I5
6	=3*C6-G6	=3*D6-H6	=3*E6-I6
7	=3*C7-G7	=3*D7-H7	=3*E7-I7
8	=3*C8-G8	=3*D8-H8	=3*E8-I8
9	=3*C9-G9	=3*D9-H9	=3*E9-I9
10	=3*C10-G10	=3*D10-H10	=3*E10-I10
11	=3*C11-G11	=3*D11-H11	=3*E11-I11
12	=3*C12-G12	=3*D12-H12	=3*E12-I12
13	=3*C13-G13	=3*D13-H13	=3*E13-I13
14	=3*C14-G14	=3*D14-H14	=3*E14-I14
15	=3*C15-G15	=3*D15-H15	=3*E15-I15
16	=3*C16-G16	=3*D16-H16	=3*E16-I16
17	=3*C17-G17	=3*D17-H17	=3*E17-I17
18	=3*C18-G18	=3*D18-H18	=3*E18-I18
19	=3*C19-G19	=3*D19-H19	=3*E19-I19
20	=3*C20-G20	=3*D20-H20	=3*E20-I20
21	=3*C21-G21	=3*D21-H21	=3*E21-I21
22	=3*C22-G22	=3*D22-H22	=3*E22-I22

(2) xlstat 실행

(3) http://xlstat.com/en/에서 프로그램을 다운 받는다.

(4) XLSTAT-3DPlot를 실행

① x, y, z의 값을 선택하고 Visualizing Data에서 XLSTAT-3DPLOT를 선택한다.

② 3D 차트가 나타난다.

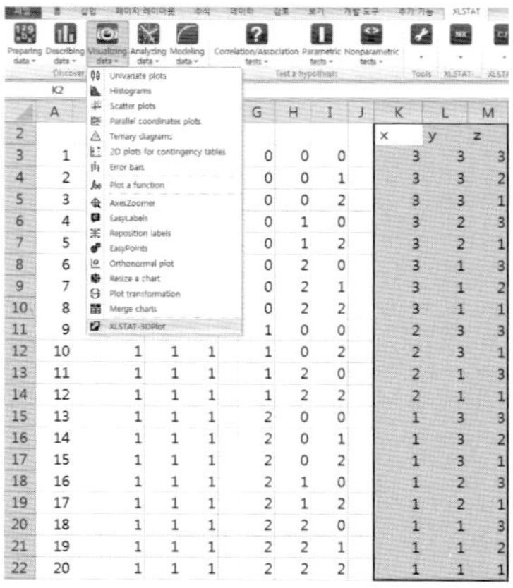

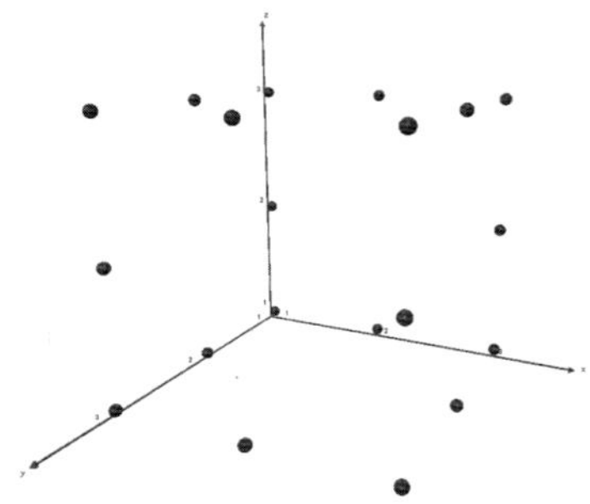

③ 개체에서 size를 선택한다.

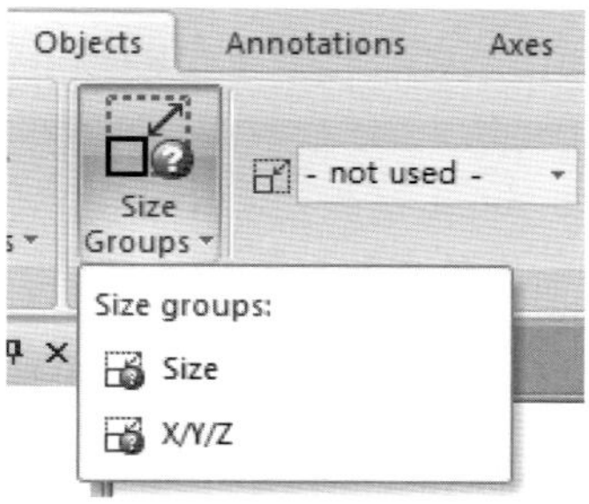

④ SHAPE에서 BOX를 선택한다.

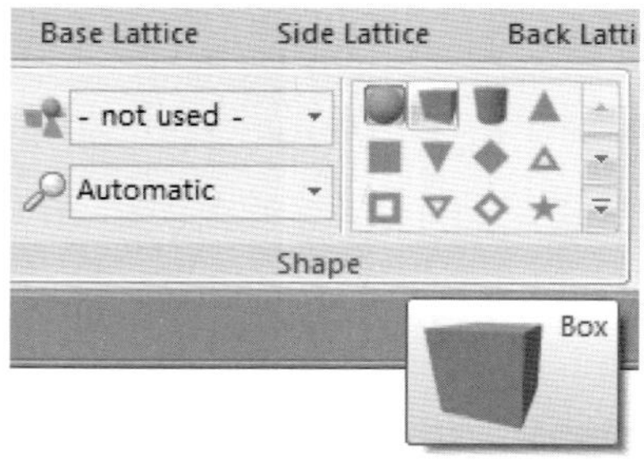

④ 개체를 정육면체로 변경한다.

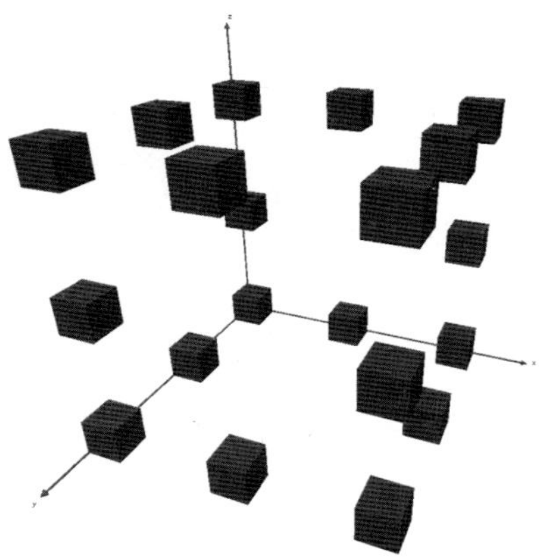

⑤  를 조정한다

⑥ 색상바를 클릭하여 색을 조절한다.

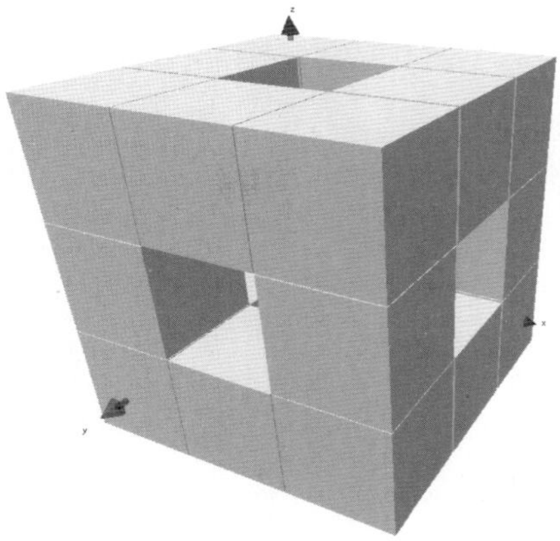

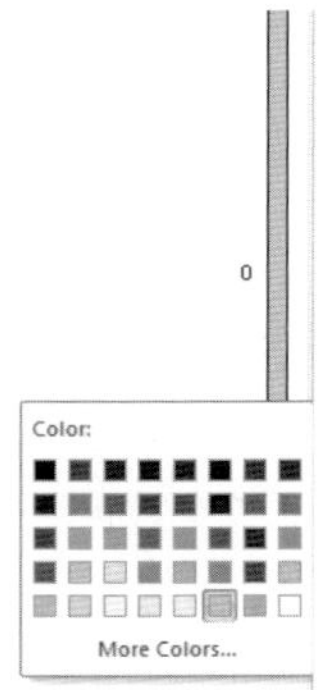

3. 2단계 멩거 스펀지 만들기

① 1단계와 같은 방법으로 만든다.

② B23 : =QUOTIENT(A24,20)+1

③ C24 : =VLOOKUP($B23,$A$2:$M$21,K$1,FALSE)

	A	B	C	D	E	F	G	H	I	J	K	L	M
22	20		1	1	1		2	2	2		1	1	1
23											x	y	z
24	0	1	3	3	3		0	0	0		9	9	9
25	1	1	3	3	3		0	0	1		9	9	8
26	2	1	3	3	3		0	0	2		9	9	7
27	3	1	3	3	3		0	1	0		9	8	9
28	4	1	3	3	3		0	1	2		9	8	7
29	5	1	3	3	3		0	2	0		9	7	9
30	6	1	3	3	3		0	2	1		9	7	8
31	7	1	3	3	3		0	2	2		9	7	7
32	8	1	3	3	3		1	0	0		8	9	9
33	9	1	3	3	3		1	0	2		8	9	7
34	10	1	3	3	3		1	2	0		8	7	9
35	11	1	3	3	3		1	2	2		8	7	7
36	12	1	3	3	3		2	0	0		7	9	9
37	13	1	3	3	3		2	0	1		7	9	8
38	14	1	3	3	3		2	0	2		7	9	7
39	15	1	3	3	3		2	1	0		7	8	9
40	16	1	3	3	3		2	1	2		7	8	7
41	17	1	3	3	3		2	2	0		7	7	9
42	18	1	3	3	3		2	2	1		7	7	8
43	19	1	3	3	3		2	2	2		7	7	7
44	20	2	3	3	2		0	0	0		9	9	6
45	21	2	3	3	2		0	0	1		9	9	5

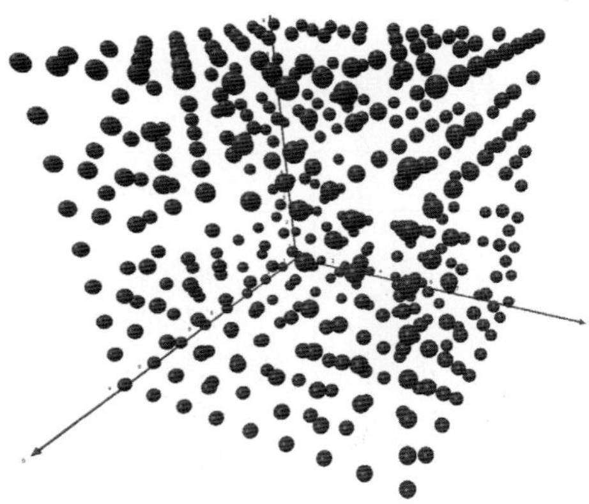

④ 2단계의 멩거 스펀지이다.	⑤ 폐와 비교해 보자
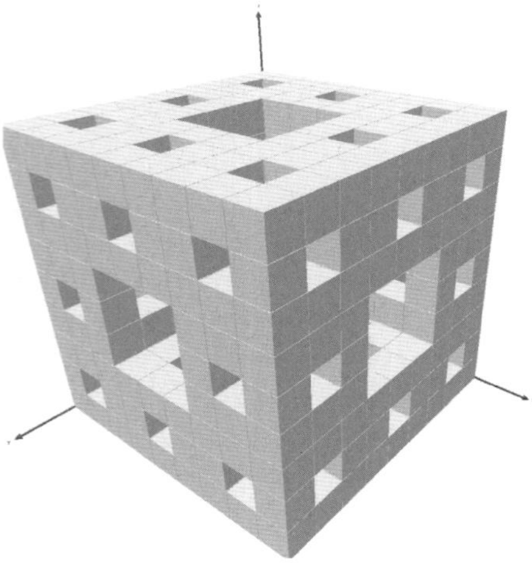	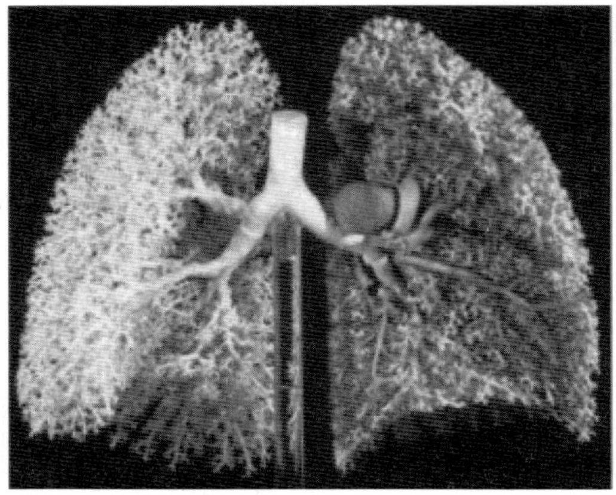

⑥ 차원을 생각해 보자.

$3^3 = 27$ 이므로 2단계에서 27개가 있으면 3차원이다. 2단계에서 20개이므로 $3^x = 20$ 이다.
$x = \log_3 20 = 2.72683$ 이다.

4. 3차원 프랙탈 도형 만들기

(1) 3차원 프랙탈 도형

1단계	2단계

1단계	2단계

(2) n개 중에서 같은 것이 p개, q개, r개가 있을 때 n개를 모두 택하여 일렬로 배열하는 경우는

$$\frac{n!}{p!q!r!} \text{ 단, } n = p + q + r$$

① $x=0..8,\ y=0..8,\ z=0..8$ mod3

② $x=0..11,\ y=0..11,\ z=0..11$

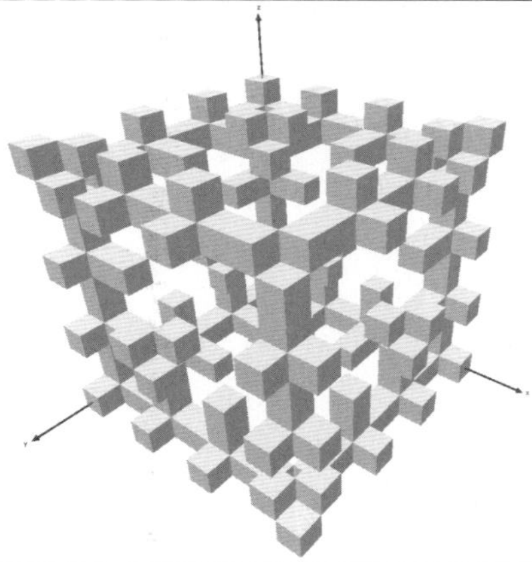

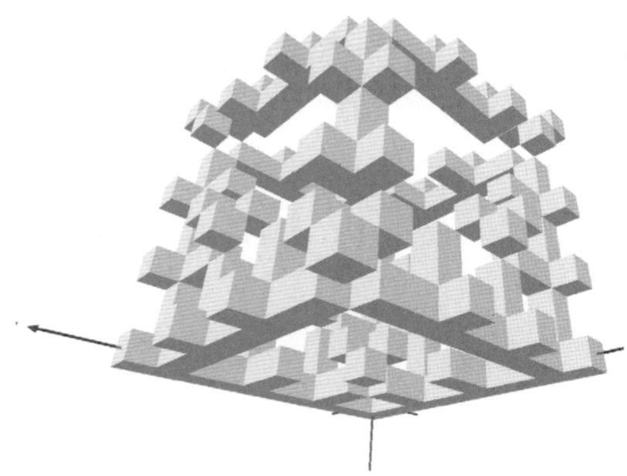

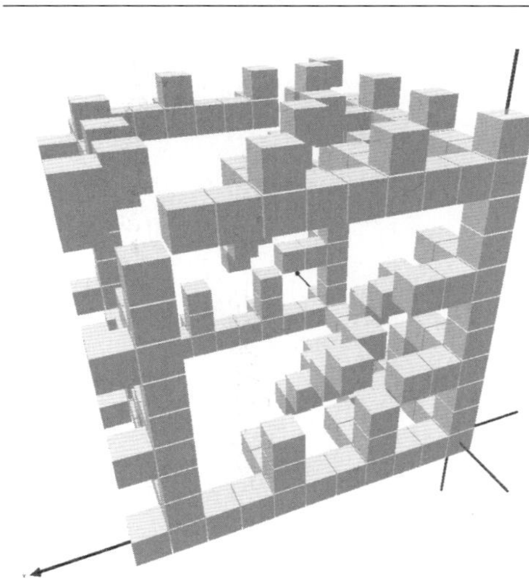

(3) 함수를 이용한 프랙탈

① mod 2를 이용한 프랙탈

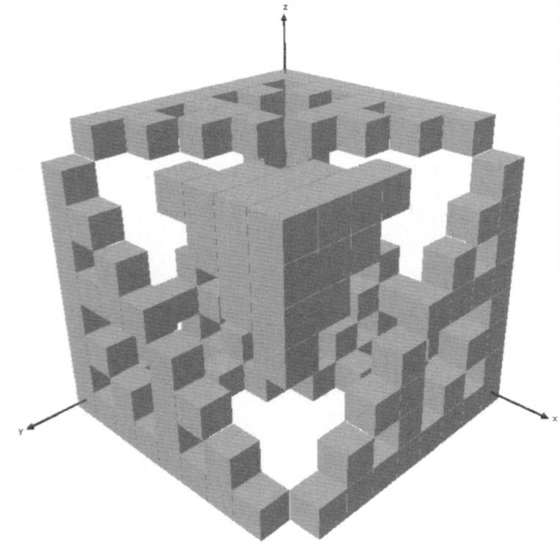

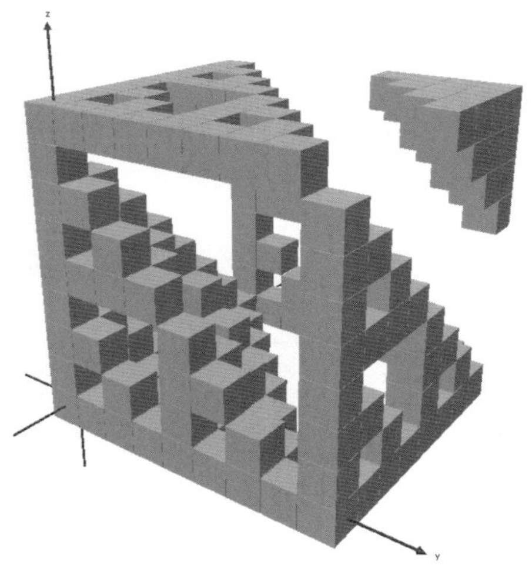

② and(and(x, y), z)=0를 이용한 프랙탈

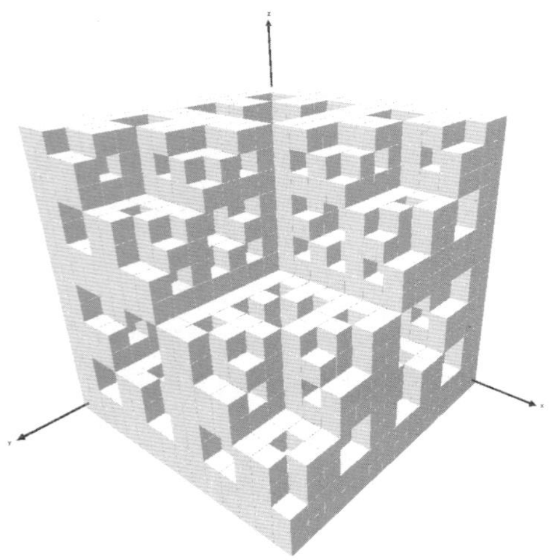

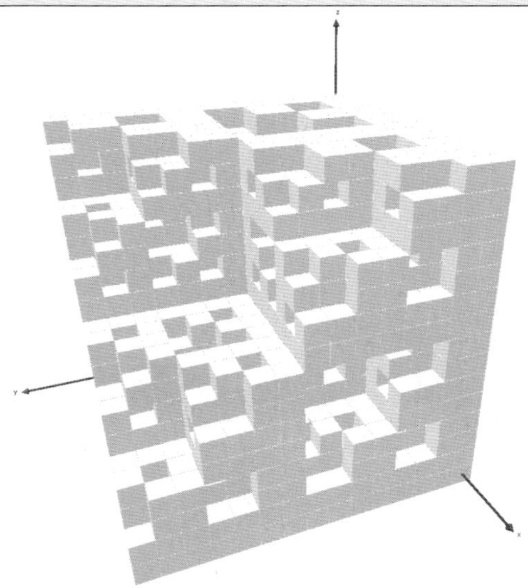

③ and(and(x+y, y+z), z+x)를 이용한 프랙탈

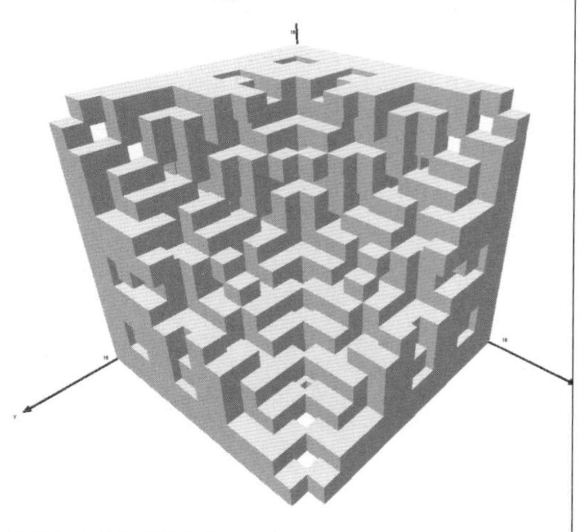

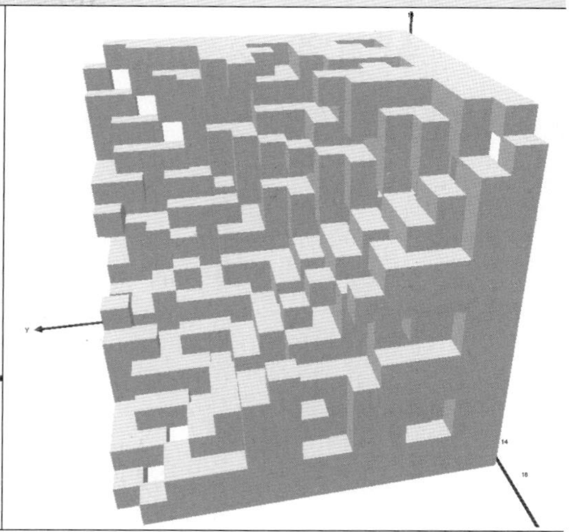

5.5 곱셈을 이용한 3차원 프랙탈 도형 만들기

곱셈을 이용하여 3차원 프랙탈 도형을 만드는 방법을 탐구해 보자. 프랙탈을 만드는 자세한 방법은 네이버 카페 '프랙탈을 찾는 사람들'을 참고하기 바란다.

1. 만드는 과정

(1) 엑셀에서 만드는 과정

① 곱셈을 이용한 1단계 3×3 프랙탈(2.3절)과 유사한 방법으로 1단계 3×3×3 프랙탈을 만들어 보자.

② 곱셈을 이용한 1단계 4×4 프랙탈(2.4절)과 유사한 방법으로 1단계 4×4×4 프랙탈을 만들어 보자.

③ xlstat의 기능을 잘 파악하여 3차원 프랙탈을 만들어 보자.

2. 1단계 3×3×3 프랙탈

(1) 멩거 스펀지 역

① 1층 1개, 2층 5개, 3층 1개	② $3^x = 6$, $\log_3 6 = 1.631$

③ 멩거 스펀지 역 2단계 다른 모양	④ 멩거 스펀지 역 2단계 다른 모양

(2) 1층 5개, 2층 4개, 3층 5개, $3^x = 14$, $x = \log_3 14 = 2.402$

① 1단계	② 2단계
	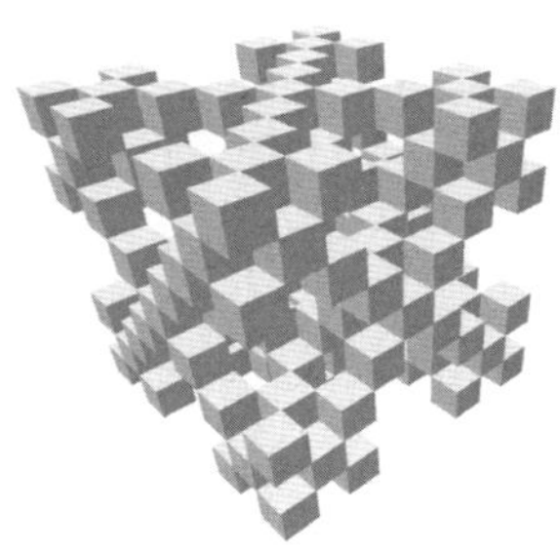

(3) 1층, 6층, 2층 5개, 3층 6개, $3^x = 17$, $x = \log_3 17 = 2.5789$

① 1단계	② 2단계
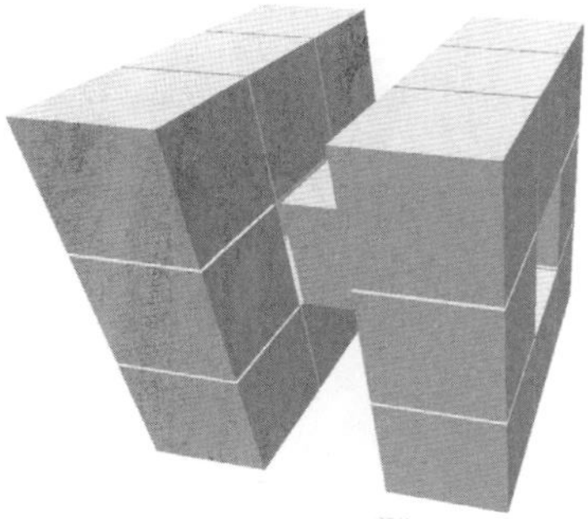	

(4) 1층 6개, 2층 4개, 3층 1개, $3^x = 11$, $x = \log_3 11 = 2.183$

① 1단계	② 2단계
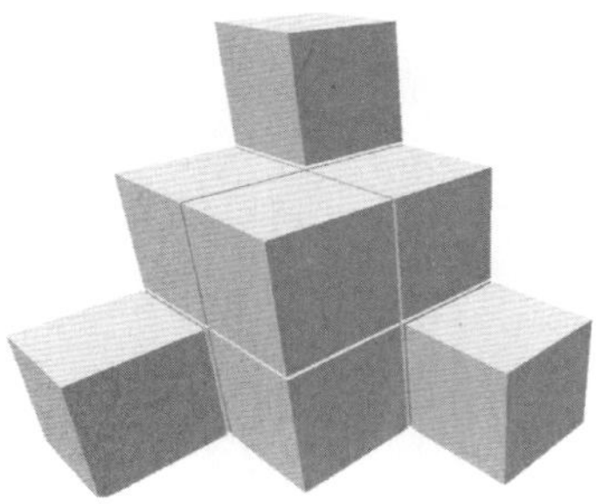	

3. 1단계 4×4×4 프랙탈

(1) 1층 8개, 2층 4개, 3층 4개, 4층 8개, $4^x = 24$, $x = \log_4 24 = 2.292$

① 1단계	② 2단계
	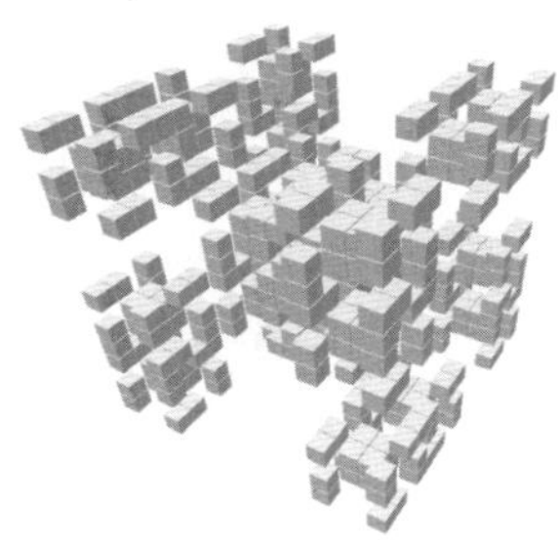

(2) 1층 12개, 2층 4개, 3층 4개, 4층 12개, $4^x = 32$, $x = \log_4 32 = 2.5$

① 1단계	② 2단계
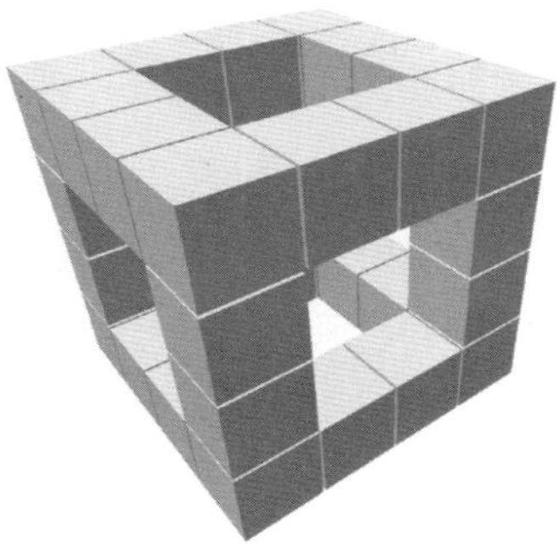	

(3) 1층 4개, 2층 12개, 3층 12개, 4층 4개, $4^x = 32$, $x = \log_4 32 = 2.5$

① 1단계	② 2단계

4. 만드는 과정

(1) 1단계 도형 구성하기

① 1층, 2층, 3층을 전체 프랙탈 모양을 생각하면서 만들어보자.

② x_1, y_1, z_1의 값을 정하고, i, j, k의 값을 000에서 222까지 만든다.

③ $3x_1-i$, $3y_1-j$, $3z_1-k$의 값을 구한다.

④ 111에서 333까지 결과가 나타난다.

⑤ O열의 값은 1층, 2층, 3층의 값이다.

	E	F	G	H	L	M	N	O
33								
34								
35	3층	1	1	1	1	1	1	
36		1	0	1	1	0	1	
37		1	1	1	1	1	1	
38								
39								
40								
41	2층	1	0	1	1	0	1	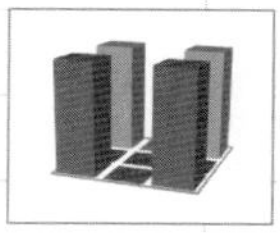
42		0	0	0	0	0	0	
43		1	0	1	1	0	1	
44								
45								
46								
47	1층	1	1	1	1	1	1	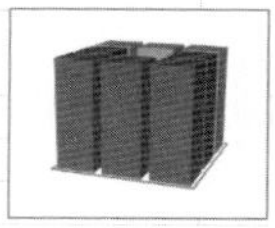
48		1	0	1	1	0	1	
49		1	1	1	1	1	1	
50								

	C	D	E	F	H	I	J	L	M	N	O
1											
2					7	8	9	10	11	12	
3	순	x1	y1	z1	i	j	k	3x-i	3y-j	3z-k	존재하면1
4	1	1	1	1	0	0	0	3	3	3	1
5	2	1	1	1	0	0	1	3	3	2	1
6	3	1	1	1	0	0	2	3	3	1	1
7	4	1	1	1	0	1	0	3	2	3	1
8	5	1	1	1	0	1	1	3	2	2	0
9	6	1	1	1	0	1	2	3	2	1	1
10	7	1	1	1	0	2	0	3	1	3	1
11	8	1	1	1	0	2	1	3	1	2	1
12	9	1	1	1	0	2	2	3	1	1	1
13	10	1	1	1	1	0	0	2	3	3	1
14	11	1	1	1	1	0	1	2	3	2	0
15	12	1	1	1	1	0	2	2	3	1	1
16	13	1	1	1	1	1	0	2	2	3	0
17	14	1	1	1	1	1	1	2	2	2	0
18	15	1	1	1	1	1	2	2	2	1	0
19	16	1	1	1	1	2	0	2	1	3	1
20	17	1	1	1	1	2	1	2	1	2	0
21	18	1	1	1	1	2	2	2	1	1	1
22	19	1	1	1	2	0	0	1	3	3	1
23	20	1	1	1	2	0	1	1	3	2	1
24	21	1	1	1	2	0	2	1	3	1	1
25	22	1	1	1	2	1	0	1	2	3	1
26	23	1	1	1	2	1	1	1	2	2	0
27	24	1	1	1	2	1	2	1	2	1	1
28	25	1	1	1	2	2	0	1	1	3	1
29	26	1	1	1	2	2	1	1	1	2	1
30	27	1	1	1	2	2	2	1	1	1	1

⑥ 같은 방법으로 구하고, AI4 셀은 =$O$4*O4이다.

	C	D	E	F	G	H	I	J	K	L	M	N	O	P	V	W
1																
2						7	8	9		10	11	12				
3	순	x1	y1	z1		i	j	k		3x-i	3y-j	3z-k	존재하면1			
4	1	1	1	1		0	0	0		3	3	3	1		1	1
5	2	1	1	1		0	0	1		3	3	2	1		2	1
6	3	1	1	1		0	0	2		3	3	1	1		3	1
7	4	1	1	1		0	1	0		3	2	3	1		4	1
8	5	1	1	1		0	1	1		3	2	2	0		5	1
9	6	1	1	1		0	1	2		3	2	1	1		6	1
10	7	1	1	1		0	2	0		3	1	3	1		7	1
11	8	1	1	1		0	2	1		3	1	2	1		8	1
12	9	1	1	1		0	2	2		3	1	1	1		9	1
13	10	1	1	1		1	0	0		2	3	3	1		10	1
14	11	1	1	1		1	0	1		2	3	2	0		11	1
15	12	1	1	1		1	0	2		2	3	1	1		12	1

	X	Y	Z	AA	AB	AC	AD	AE	AF	AG	AH	AI	AJ	AK	AL	AM	AN	AO
1															3	3	3	
2															1단계 프랙탈 자료			
3	x2	y2					k				존재값				x	y	z	
4	3	3	3		0	0	0		9	9	9	1			3	3	3	
5	3	3	3		0	0	1		9	9	8	1			3	3	2	
6	3	3	3		0	0	2		9	9	7	1			3	3	1	
7	3	3	3		0	1	0		9	8	9	1			3	2	3	
8	3	3	3		0	1	1		9	8	8	0			3	3	3	
9	3	3	3		0	1	2		9	8	7	1			3	2	1	
10	3	3	3		0	2	0		9	7	9	1			3	1	3	
11	3	3	3		0	2	1		9	7	8	1			3	1	2	
12	3	3	3		0	2	2		9	7	7	1			3	1	1	
13	3	3	3		1	0	0		8	9	9	1			2	3	3	
14	3	3	3		1	0	1		8	9	8	0			3	3	3	
15	3	3	3		1	0	2		8	9	7	1			2	3	1	

L MN이 온다.

=$O$4*O4

5. Google sketchup을 이용한 작도

(1) 구글 스케치업

① 구글 스케치업 주소를 입력한다. http://www.sketchup.com/ko

② SketchUp Make를 선택한다.

③ 구글 스케치업의 초기 화면이다.

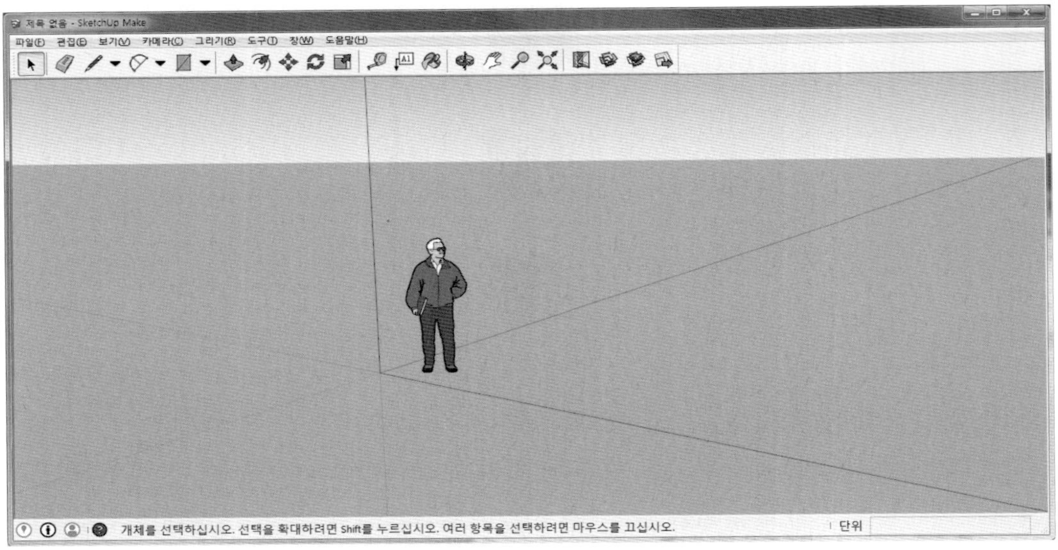

(2) 멩거 스펀지 작도

①  선택후 정사각형을 그린다.	② 정육면체를 그린다.	③ 각 변을 3등분
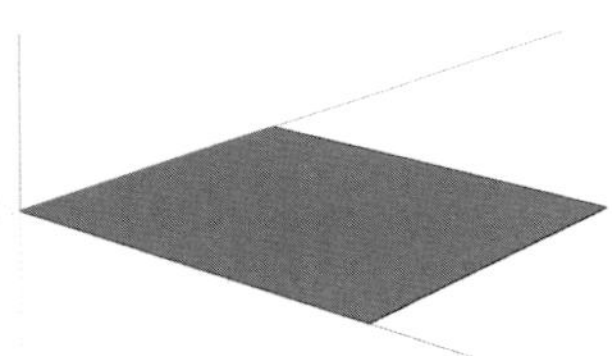	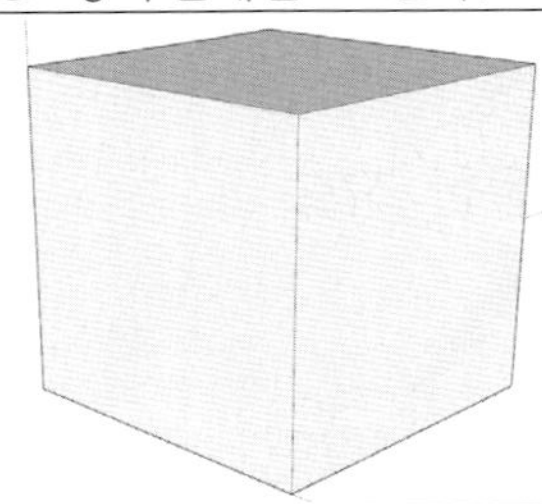	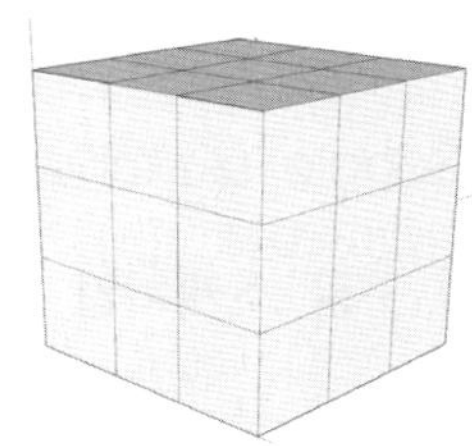

④ 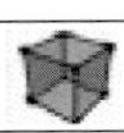 선택후 내부 3등분한다.	⑤ 내부 3등분한다.	⑥ 가운데 부분 지운다.
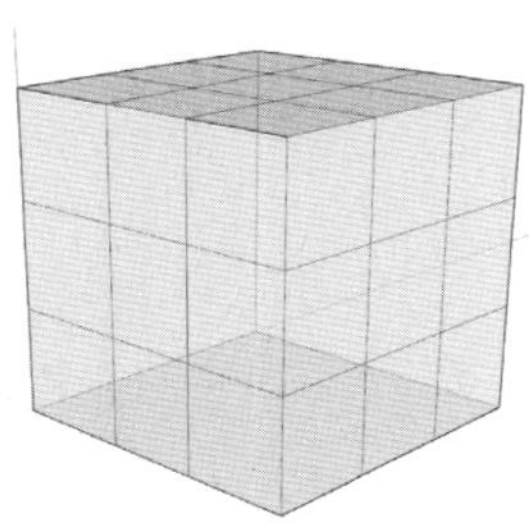	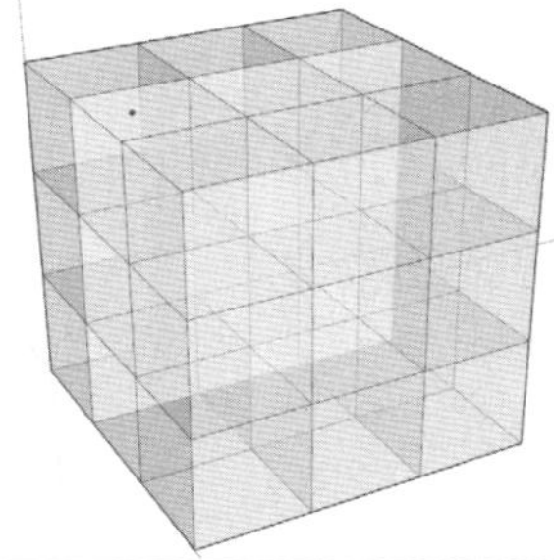	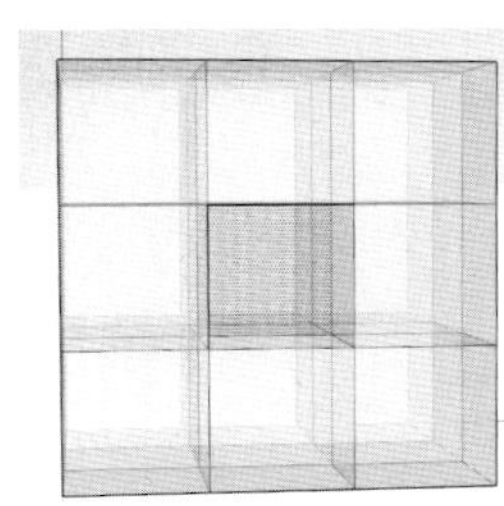

⑦ 이용 가운데 부분 삭제	⑧ 내부 3등분한다.	⑨ 가운데 부분 지운다.
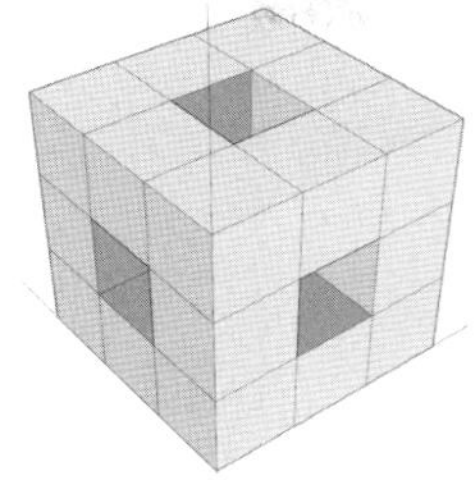	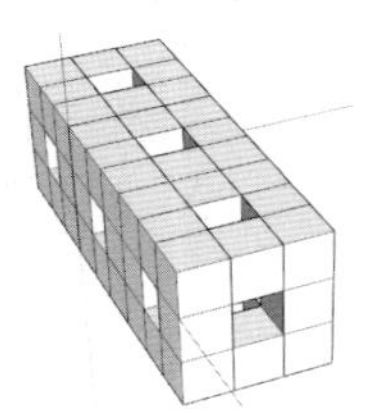	
⑩ 복제하여 도형을 쌓는다.	⑪ 멩거 스펀지를 만든다.	⑫ 다른 각도에서 관찰
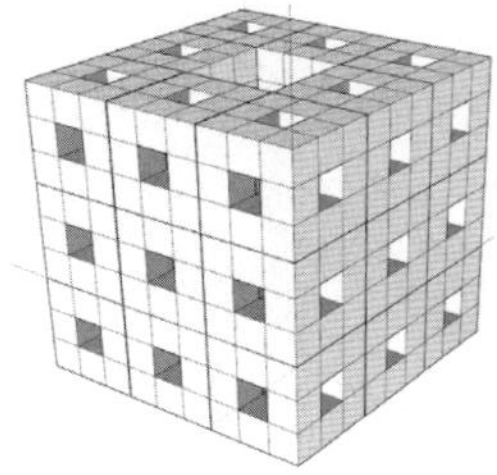	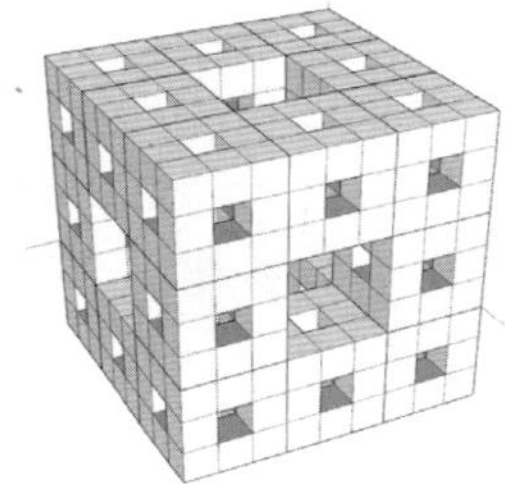	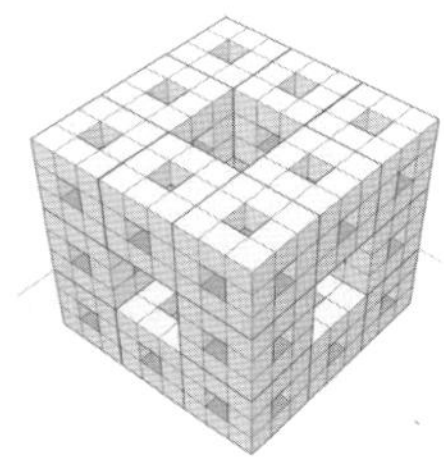

5.6 프랙탈 도시와 차원

2.3 곱셈을 이용한 1단계 3×3프랙탈에서 1단계, 2단계, 3단계의 프랙탈 도형을 만들어 보았다.

1. 프랙탈 도시 만들기

(1) 1단계 프랙탈 도시 입력(56쪽 참고)

① 1단계 프랙탈에 수를 입력하면 2단계와, 3단계의 프랙탈을 만들 수 있다.

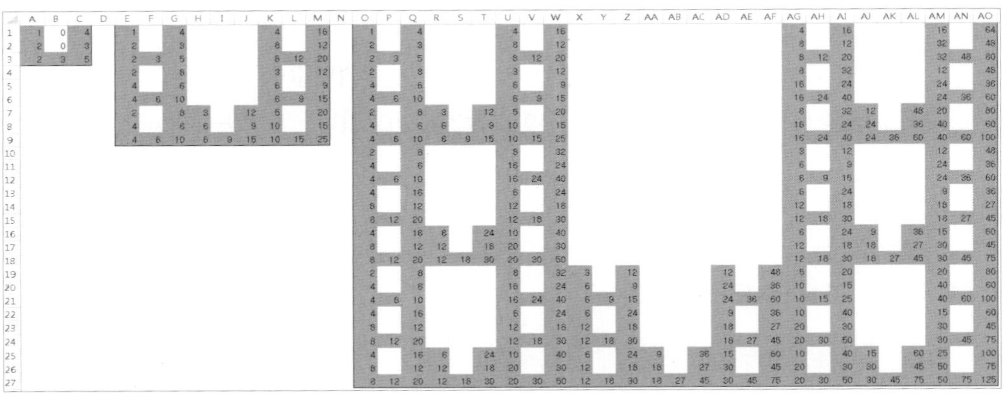

② 1단계 프랙탈에 수를 입력하면 2단계와, 3단계의 프랙탈 도시를 만들 수 있다.

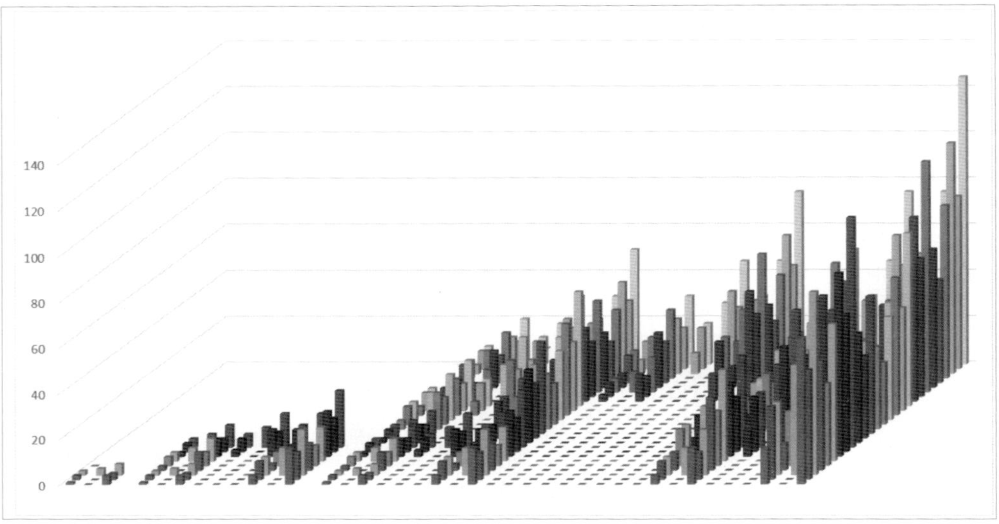

(2) 1단계 프랙탈 도시 차원

① 1단계 프랙탈의 합은 $1+2+2+3+5+3+4=20$이다.

② 최댓값은 5이다.

③ 가로(x), 세로(y)가 각각 3개이다. 높이(z)는 최댓값을 이용한다.

④ $xyz=$(가로)×(세로)×(높이)$=3\times3\times5=45$이다.

⑤ 2차원에서의 닮음 차원을 3차원 공간에 적용한다.

$(xyz)^{\frac{1}{3}}=45^{\frac{1}{3}}=3.557$이다. (자기닮음 차원)$=\log_{3.557}20=2.361$

(3) 2단계 프랙탈 도시 차원

① 2단계 프랙탈의 합은 $1+2+2+\ \cdots=400$이다.

② 최댓값은 25이다.

③ 가로(x), 세로(y)가 각각 3개이다. 높이(z)는 최댓값을 이용한다.

④ $xyz=$(가로)×(세로)×(높이)$=9\times9\times25=2025$이다.

⑤ $(xyz)^{\frac{1}{3}}=400^{\frac{1}{3}}=12.651$이다. (자기닮음 차원)$=\log_{12.651}400=2.361$

(4) 3단계 프랙탈 도시 차원

① 3단계 프랙탈의 합은 $1+2+2+\ \cdots=8000$이다.

② 최댓값은 125이다.

③ 가로(x), 세로(y)가 각각 3개이다. 높이(z)는 최댓값을 이용한다.

④ $xyz=$(가로)×(세로)×(높이)$=27\times27\times125=8000$이다.

⑤ $(xyz)^{\frac{1}{3}}=8000^{\frac{1}{3}}=12.651$이다. (자기닮음 차원)$=\log_{45}8000=2.361$

2. 프랙탈 도시 만들기 학생활동

(1) 시원한 프랙탈 도시

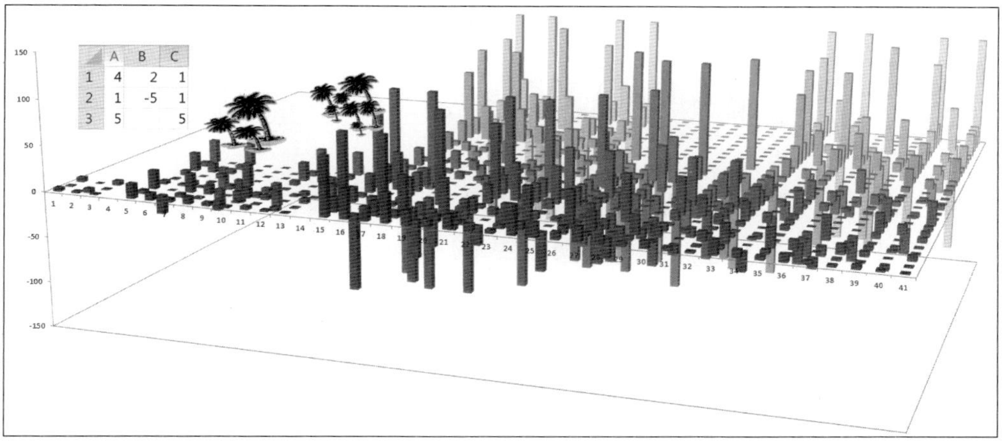

(2) 활동 소감

① 흥미로운 프랙탈 도시

맨 처음에 프랙탈을 이용한 도시 만들기에 관한 융합 수업을 한다 길래 어렵게만 생각했었다. 나에게 프랙탈은 내가 수I 과목 중에 어려운 무한급수와 관련되어있는 까다로운 부분으로만 인식되었기 때문이다. 하지만 엑셀 프로그램을 이용하여 도형의 크기를 조정해보고 복사하고 또 합쳐보는 등의 활동을 하며 나타나는 규칙성에서 흥미로움을 느끼기 시작했다. 무한히 쪼개지는 도형은 무한한 호기심을 불러일으키기에 충분했기 때문이다. 이어진 아파트 건설하기에서는 똑같은 값을 대입함으로써 하나의 값이 변할 때 나머지 값도 같이 변화하는 것을 이용하였다. 하나의 값을 조정했을 뿐인데 수십 개의 값이 변하는 것을 보면서 컴퓨터가 인간의 수고로움을 덜어주는 데 얼마나 큰 공헌을 하였는지 느꼈고 내가 사는 정보 사회가 인류 발전의 적극성을 촉진시킨다는 생각이 들었다.

② 미술과 수학으로 함께 만드는 프랙탈 도시

딱딱하다고만 여겼던 수학을 미술적인 요소와 접목시켜 배우니 재밌고 흥미롭게 느껴졌다. 내가 지금 한 작은 행동(투자한 에너지)들이 나중에 내 미래의 큰 자산이 될 수 있다는 것에 지금 까지 내 행동을 반성하고, 책임감을 느꼈다.

숫자와 공식으로 통용되고 형식적 이였던 내 생각속의 수학을 주변에서 쉽게 볼수 있는 친근한 것으로 확장 시킬 수 있었던 좋은 기회였다. 앞으로 주체적인 인생을 사는 데 있어서, 수학은 나의 인간에 대한 이해(남을 이해하고 나를 이해하는 것)를 돕고 남과 어울려 행복하게 살아 갈수 있는 밑거름이 될 수 있을 것 같다.

5.7 다카키(Takaki) 함수

다카키 함수를 이용하여 프랙탈을 만들어 보자. 타카키 함수는 모든 점에서 미분이 되지 않는다. 원의 방정식을 이용하여 단계별로 프랙탈 도형을 만들어 보자.

1. 다카키 함수

(1) 다음 함수를 생각해 보자.

$$\varphi(x)=\begin{cases} x & (0\le x\le \frac{1}{2}) \\ (1-x) & (\frac{1}{2}\le x\le 1) \end{cases}$$

(2) $y=\frac{1}{2}\varphi(x)$에 대해 생각해 보자.

① $0\le x\le \frac{1}{4}$ 일 때

$$y=\frac{1}{2^2}\varphi^2(x)=\frac{1}{2^2}\varphi(\varphi(x))=\frac{1}{4}\varphi(\varphi(x))$$

$$=\frac{1}{4}\varphi(2(x))=\frac{1}{4}2(2x)=x$$

② $\frac{1}{4}\le x\le \frac{1}{2}$ 일 때

$$y=\frac{1}{2^2}\varphi^2(x)=\frac{1}{2^2}\varphi(\varphi(x))=\frac{1}{4}\varphi(\varphi(x))$$

$$=\frac{1}{4}\varphi(2(x))=\frac{1}{4}\cdot 2(1-2x)=\frac{1}{2}-x$$

③ $\frac{1}{2} \le x \le \frac{3}{4}$ 일 때

$$y = \frac{1}{2^2}\varphi^2(x) = \frac{1}{2^2}\varphi(\varphi(x)) = \frac{1}{4}\varphi(2(1-x))$$

$$= \frac{1}{4}\varphi(2-2x)$$

$$= \frac{1}{4} \cdot 2(1-(2-2x))$$

$$= x - \frac{1}{2}$$

④ $\frac{3}{4} \le x \le 1$ 일 때

$$y = \frac{1}{2^2}\varphi^2(x) = \frac{1}{2^2}\varphi(\varphi(x)) = \frac{1}{4}\varphi(2(1-x))$$

$$= \frac{1}{4}\varphi \cdot (2-2x)$$

$$= \frac{1}{4} \cdot 2 \cdot (2-2x)$$

$$= 1-x$$

(3) 엑셀로 표현하기

① 엑셀로 계산

	A	B	C	D	E	F
1	1단계		2단계		3단계	
2	0	0	0	0	0	0
3	0.125	0.125	0.125	0.125	0.125	0.125
4	0.25	0.25	0.25	0.25	0.25	0
5	0.375	0.375	0.375	0.125	0.375	0.125
6	0.5	0.5	0.5	0	0.5	0
7	0.625	0.375	0.625	0.125	0.625	0.125
8	0.75	0.25	0.75	0.25	0.75	0
9	0.875	0.125	0.875	0.125	0.875	0.125
10	1	0	1	0	1	0

② 입력한 수식

	A	B	C	D	E	F
1	1단계		2단계		3단계	
2	0	=A2	0	=C2	0	=E2
3	=A2+0.125	=A3	=C2+0.125	=C3	=E2+0.125	=E3
4	=A3+0.125	=A4	=C3+0.125	=C4	=E3+0.125	0
5	=A4+0.125	=A5	=C4+0.125	=0.5-C5	=E4+0.125	=E5-E4
6	=A5+0.125	=A6	=C5+0.125	=0.5-C6	=E5+0.125	0
7	=A6+0.125	=1-A7	=C6+0.125	=C7-$C$6	=E6+0.125	=E7-E6

(4) 1, 2, 3 단계를 살펴보자.

1단계	2단계	3단계
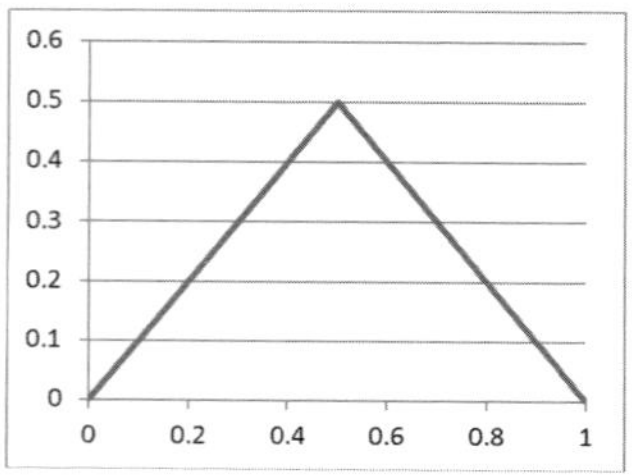	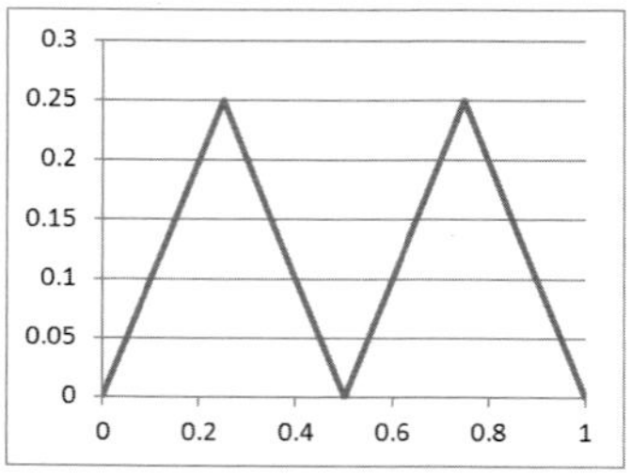	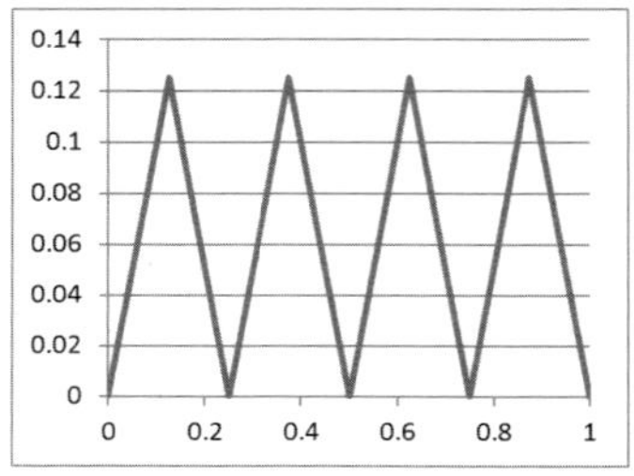

(5) 7단계까지 확장

① 단계별로 제시하였다.

② 값은 각 단계별 값이다.

③ 1+2 단계는 1단계와 2단계의 합을 나타낸다.

	A	B	C	D	E	F	G
1	1단계	값	2단계	값	1+2단계	3단계	값
2	0	0	0	0	0	0	0
3	0.003906	0.00390625	0.00390625	0.00390625	0.0078125	0.00390625	0.00390625
4	0.007813	0.0078125	0.0078125	0.0078125	0.015625	0.0078125	0.0078125
5	0.011719	0.01171875	0.01171875	0.01171875	0.0234375	0.01171875	0.01171875
6	0.015625	0.015625	0.015625	0.015625	0.03125	0.015625	0.015625
7	0.019531	0.01953125	0.01953125	0.01953125	0.0390625	0.01953125	0.01953125
8	0.023438	0.0234375	0.0234375	0.0234375	0.046875	0.0234375	0.0234375
9	0.027344	0.02734375	0.02734375	0.02734375	0.0546875	0.02734375	0.02734375
10	0.03125	0.03125	0.03125	0.03125	0.0625	0.03125	0.03125
11	0.035156	0.03515625	0.03515625	0.03515625	0.0703125	0.03515625	0.03515625
12	0.039063	0.0390625	0.0390625	0.0390625	0.078125	0.0390625	0.0390625
13	0.042969	0.04296875	0.04296875	0.04296875	0.0859375	0.04296875	0.04296875
14	0.046875	0.046875	0.046875	0.046875	0.09375	0.046875	0.046875
15	0.050781	0.05078125	0.05078125	0.05078125	0.1015625	0.05078125	0.05078125
16	0.054688	0.0546875	0.0546875	0.0546875	0.109375	0.0546875	0.0546875
17	0.058594	0.05859375	0.05859375	0.05859375	0.1171875	0.05859375	0.05859375
18	0.0625	0.0625	0.0625	0.0625	0.125	0.0625	0.0625
19	0.066406	0.06640625	0.06640625	0.06640625	0.1328125	0.06640625	0.06640625

(6) 단계별 다카키 함수를 살펴보자.

① 1단계

$y_1 = \dfrac{1}{2}\varphi(x)$	$T_1(x) = \dfrac{1}{2}\varphi(x)$
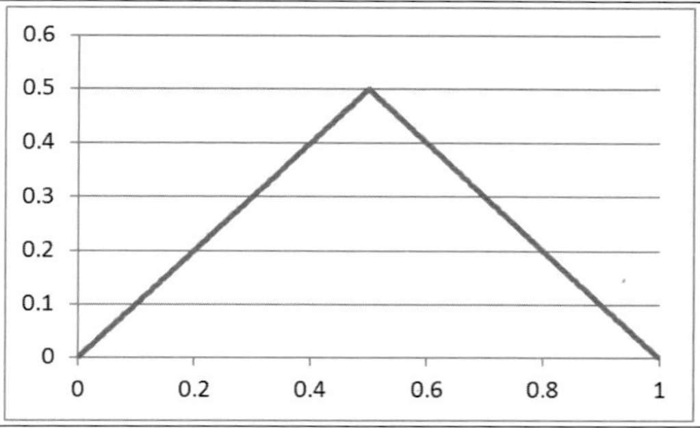	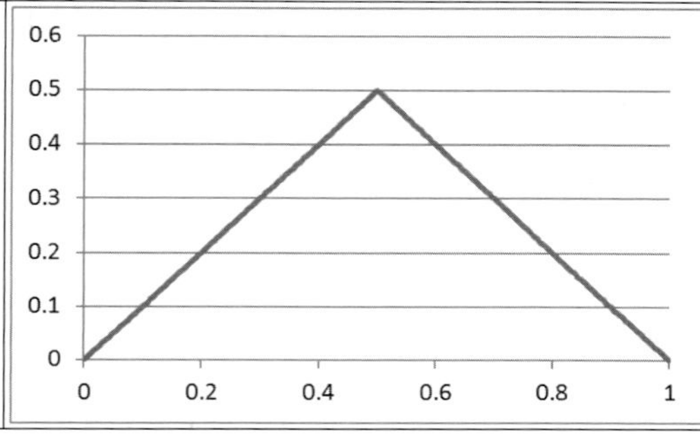

② 2단계

$y_2 = \dfrac{1}{2^2}\varphi^2(x)$	$T_2(x) = \dfrac{1}{2}\varphi(x) + \dfrac{1}{2^2}\varphi^2(x)$
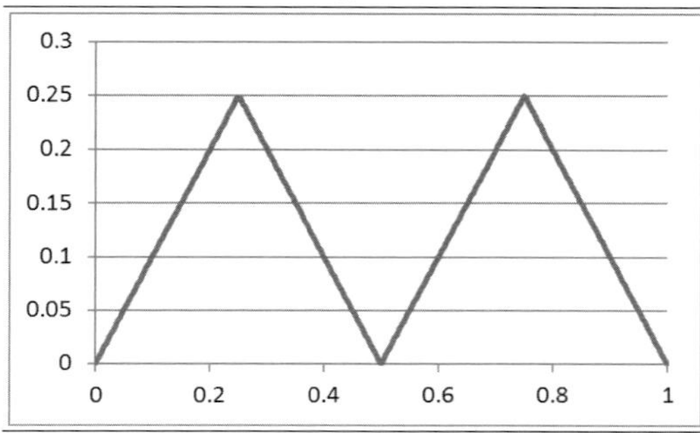	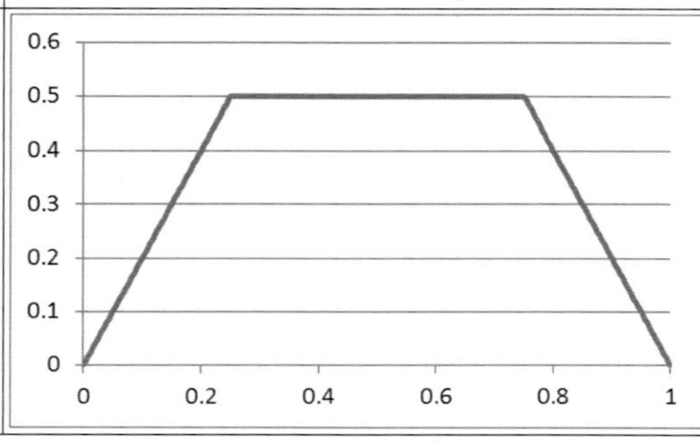

③ 3단계

$y_3 = \dfrac{1}{2^3}\varphi^3(x)$	$T_3(x) = \dfrac{1}{2}\varphi(x) + \dfrac{1}{2^2}\varphi^2(x) + \dfrac{1}{2^3}\varphi^3(x)$
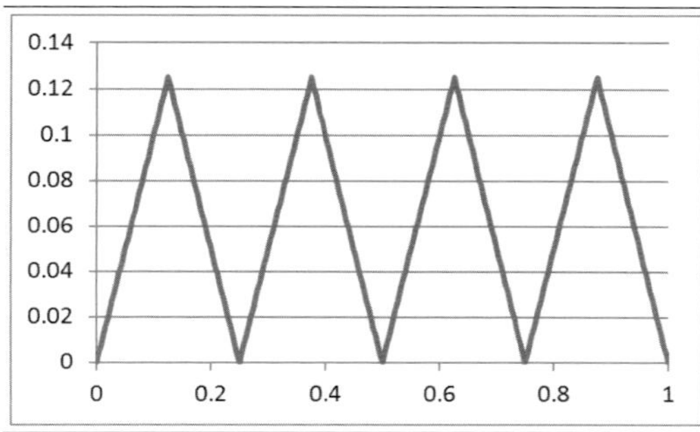	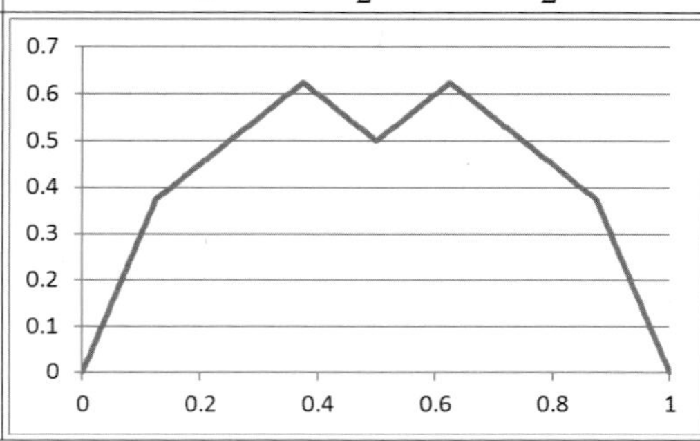

④ 4단계 $y_4 = \frac{1}{2^4}\varphi^4(x)$ $\quad T_4(x) = \frac{1}{2}\varphi(x) + \frac{1}{2^2}\varphi^2(x) + \frac{1}{2^3}\varphi^3(x) + \frac{1}{2^4}\varphi^4(x)$

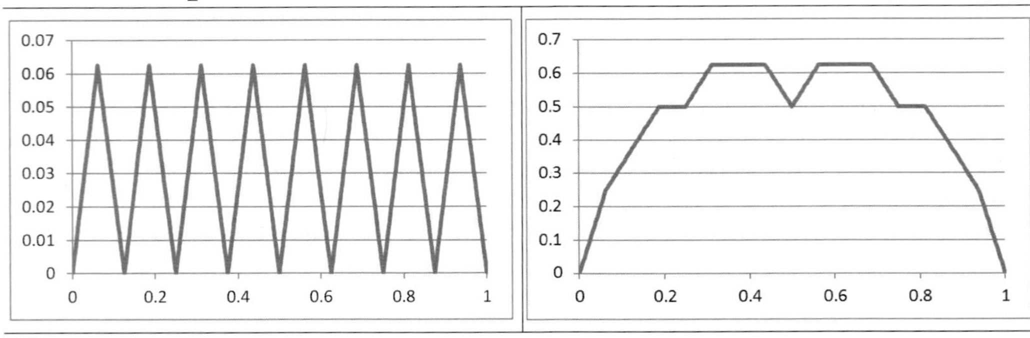

⑤ 5단계 $y_5 = \frac{1}{2^5}\varphi^5(x)$, $T_5(x) = \frac{1}{2}\varphi(x) + \frac{1}{2^2}\varphi^2(x) + \frac{1}{2^3}\varphi^3(x) + \frac{1}{2^4}\varphi^4(x) + \frac{1}{2^5}\varphi^5(x)$

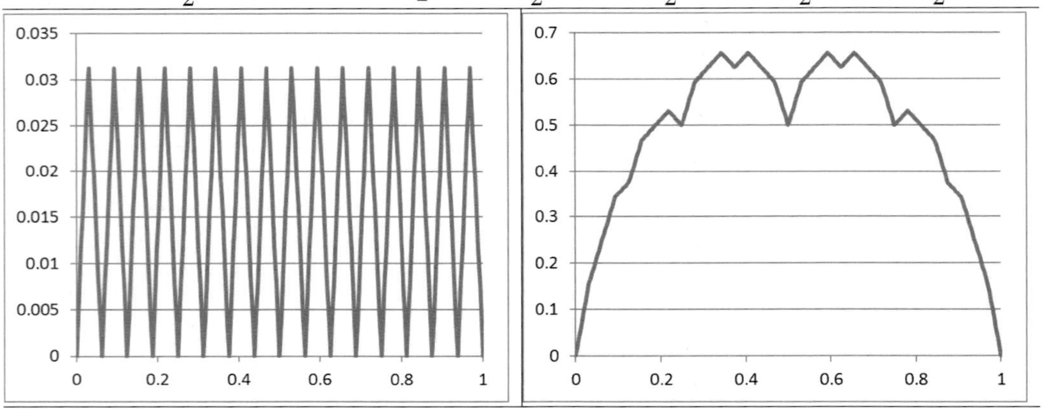

⑥ 6단계 $y_6 = \frac{1}{2^6}\varphi^6(x)$, $\quad T_6(x) = \frac{1}{2}\varphi(x) + \frac{1}{2^2}\varphi^2(x) + \frac{1}{2^3}\varphi^3(x) + \cdots + \frac{1}{2^6}\varphi^6(x)$

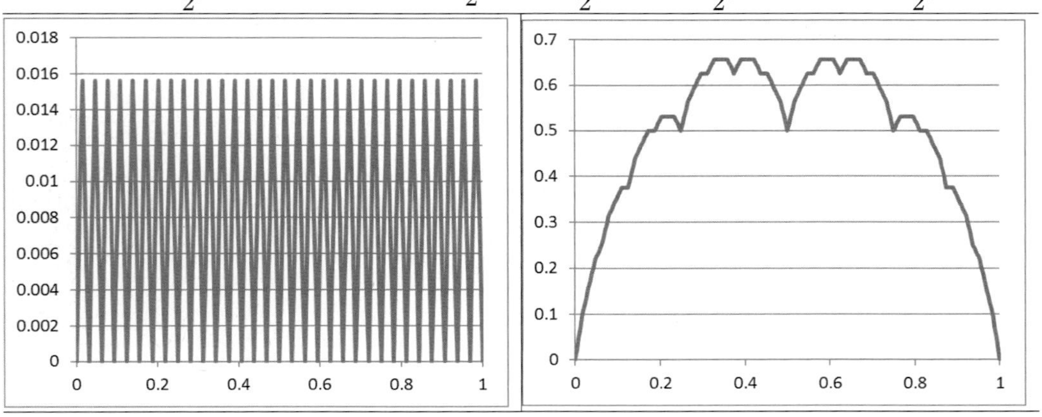

⑦ 7단계 $y_7 = \frac{1}{2^7}\varphi^7(x)$, $T_7(x) = \frac{1}{2}\varphi(x) + \frac{1}{2^2}\varphi^2(x) + \cdots + \frac{1}{2^6}\varphi^6(x) + \frac{1}{2^7}\varphi^7(x)$

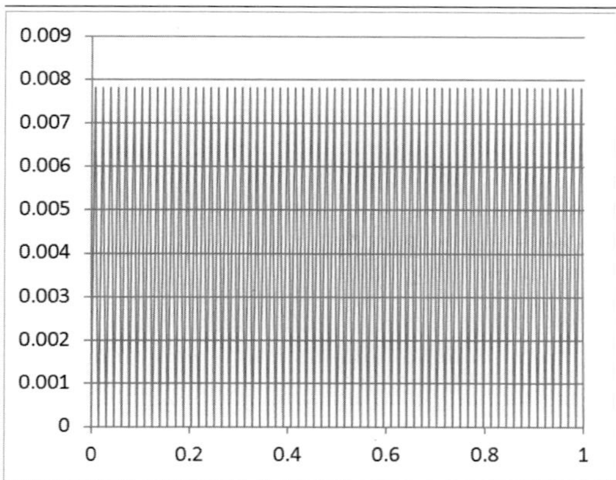

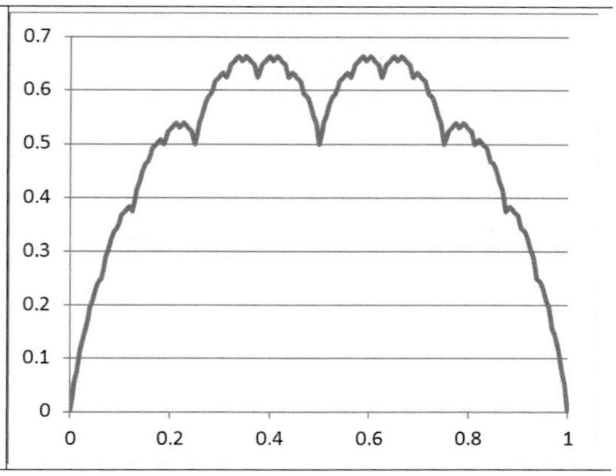

다카키 함수 $T(x) = \frac{1}{2}\varphi(x) + \frac{1}{2^2}\varphi^2(x) + \cdots$는 연속함수이지만 어디서든지 미분할 수 없다. 모든 점에서 미분할 수 없는 함수는 바이에르슈트라우스 함수, 코흐 곡선, $f(x) = 4x_n(1-x_n)$를 생각할 수 있다.

2. 원의 방정식을 이용한 프랙탈 만들기

(1) 원의 방정식

처음 원은 반지름이 $\frac{1}{2}$이고, 중점이 $\frac{1}{2}$이다. 따라서 $(x-\frac{1}{2})^2 + y^2 = (\frac{1}{2})^2$이다. y에 관해 정리하면 $y = \sqrt{(\frac{1}{2})^2 - (x-\frac{1}{2})^2}$ 이다. y를 z_1으로 표현하자.

① 1단계 $z_1 = \sqrt{(\frac{1}{2})^2 - (x-\frac{1}{2})^2}$, $C_1(x) = \sqrt{(\frac{1}{2})^2 - (x-\frac{1}{2})^2}$

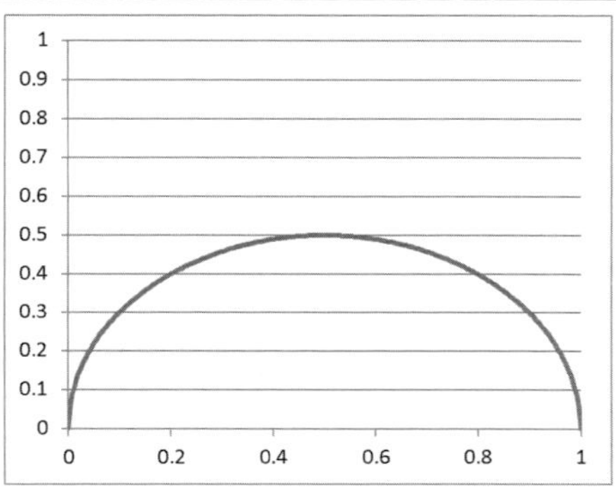

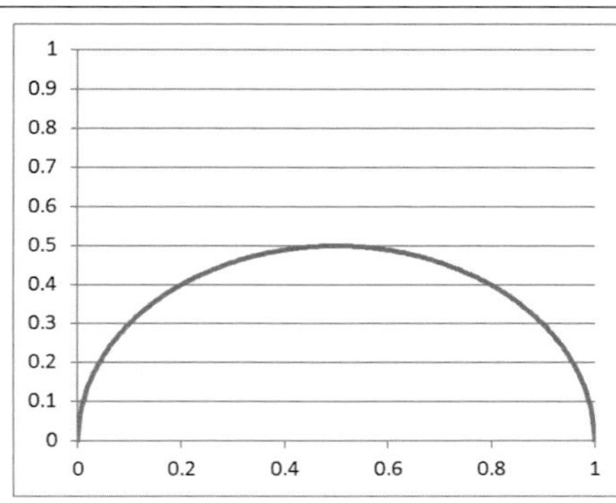

② 2단계 $z_2 = \sqrt{(\frac{1}{4})^2 - (x - \frac{1}{4})^2} + \sqrt{(\frac{1}{4})^2 - (x - \frac{3}{4})^2}$, $C_2(x) = z_2 + C_1(x)$

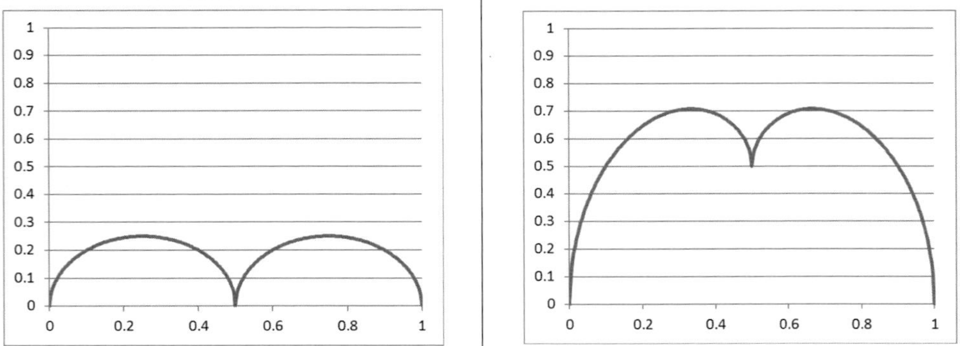

③ 3단계 $z_3 = \sqrt{(\frac{1}{8})^2 - (x - \frac{1}{8})^2} + \cdots + \sqrt{(\frac{1}{8})^2 - (x - \frac{7}{8})^2}$, $C_3(x) = z_3 + C_2(x)$

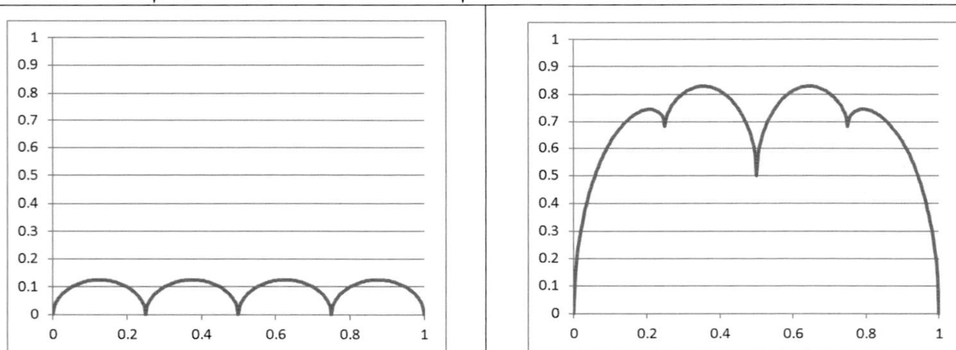

④ 4단계 $z_4 = \sqrt{(\frac{1}{16})^2 - (x - \frac{1}{16})^2} + \cdots + \sqrt{(\frac{1}{16})^2 - (x - \frac{15}{16})^2}$ $C_4(x) = z_4 + C_3(x)$

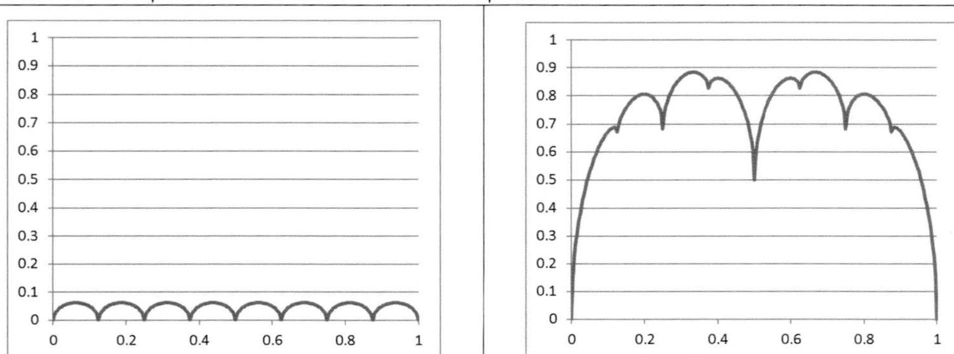

⑤ 5단계 $z_5=\sqrt{(\frac{1}{32})^2-(x-\frac{1}{32})^2}+\cdots+\sqrt{(\frac{1}{32})^2-(x-\frac{31}{32})^2}$, $C_5(x)=z_5+C_4(x)$

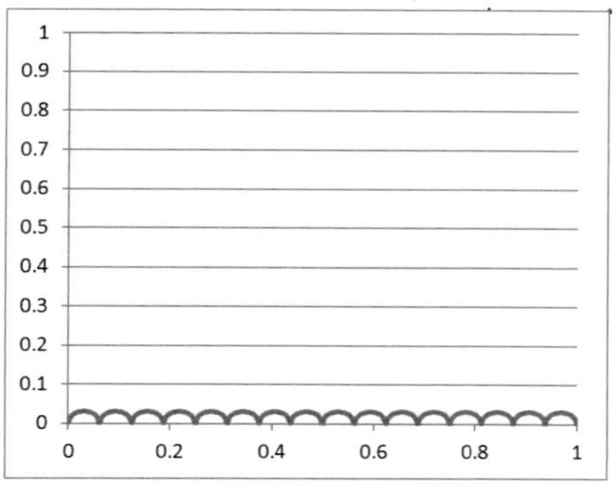

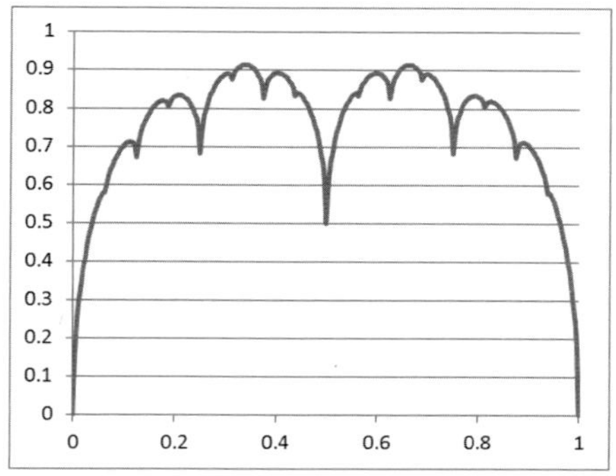

⑥ 6단계 $y_6=\sqrt{(\frac{1}{64})^2-(x-\frac{1}{64})^2}+\cdots+\sqrt{(\frac{1}{64})^2-(x-\frac{63}{64})^2}$, $C_6(x)=z_6+C_5(x)$

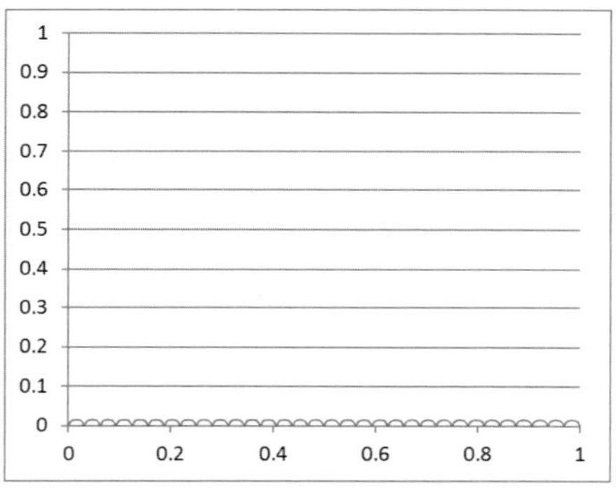

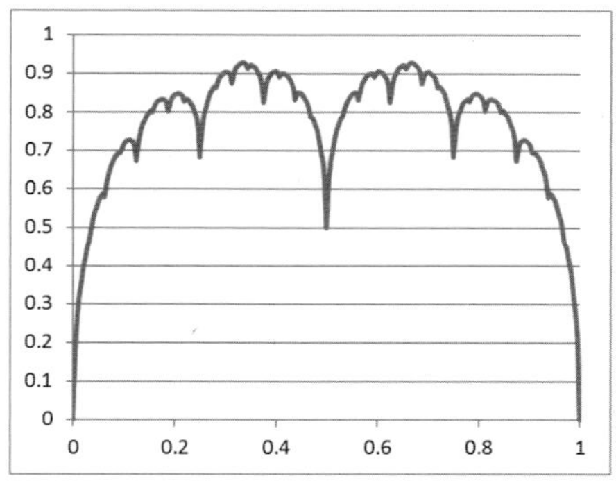

⑦ 7단계 $z_7=\sqrt{(\frac{1}{128})^2-(x-\frac{1}{128})^2}+\cdots+\sqrt{(\frac{1}{128})^2-(x-\frac{127}{128})^2}$, $C_7(x)=z_{7+}C_6(x)$

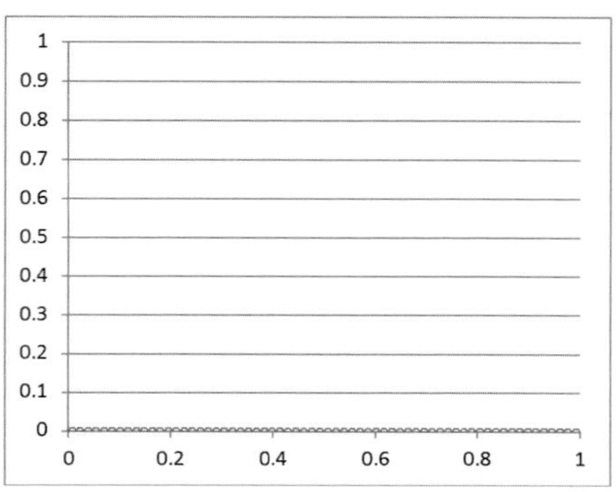

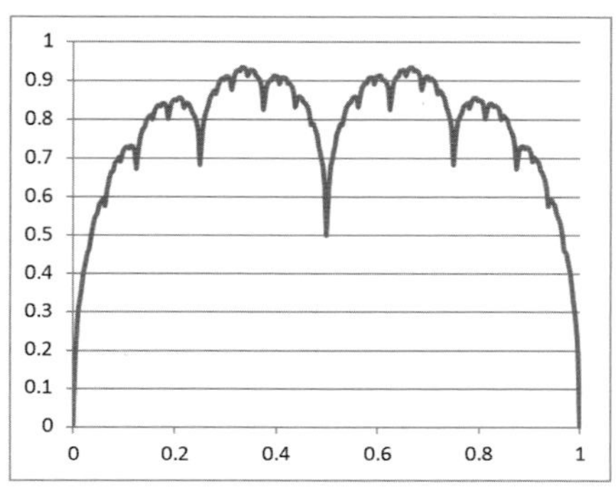

5.8 바이어슈트라스 함수

카를 테오도르 빌헬름 바이어슈트라스(Karl Theodor Wilhelm Weierstraβ)는 독일의 수학자이다. 미적분학의 기초를 견고히 하였다. 그는 모든 점에서 미분 불능인 함수 $f(x) = \sum_{n=0}^{\infty} a^n \cos(b^n \pi x)$, $0 < a < 1$, b는 양의 짝수, $ab > 1 + \frac{3}{2}\pi$를 만들었다. 이 함수에서 나타나는 프랙탈을 직관적으로 살펴보자. 함수를 변형해 보자.

1. $f(x) = \sum_{n=0}^{\infty} a^n \cos(b^n \pi x)$

(1) $ab > 1 + \frac{3}{2}\pi$를 만족하는 a, b구하기

① $1 + \frac{3}{2}\pi = 1 + 1.5 \times 3.14 = 5.712$

② $a = 0.9$, $b = 7$로 두자.

(2) x, n정하기

① A열을 x로 정한다.

② 4행을 n으로 정한다.

(3) 엑셀 함수 설명

① B5 셀은 =$C$1^B$4*COS($C2^B4*PI()*PI()/180*$A5)이다.

② 엑셀에서 함수는 라디안을 사용하기 때문에 $\cos x°$를 구하기 위해서는$\cos\left(\frac{\pi}{180}x\right)$를 사용한다.

③ n의 값은 4행으로 고정되기 때문에 B$4이다.

④ x의 값은 A열로 고정되지 때문에 $A5이다.

	A	B	C	D	E	F	G	H	I	J
1		a=	0.9		ab=	6.3		5.712389		
2		b=	7							
3										
4	(x,n)	1	2	3	4	5	6	7	8	9
5	0.1	0.899337	0.780941	-0.22233	0.542026	-0.29458	-0.26151	-0.21219	-0.03267	0.196458
6	0.2	0.89735	0.695847	-0.59339	0.239473	-0.29658	-0.27408	-0.29003	-0.42551	-0.18818
7	0.3	0.89404	0.560826	0.584265	-0.14635	0.590485	0.531241	0.469523	0.097264	-0.3873
8	0.4	0.889414	0.385564	0.23702	-0.48129	-0.29257	-0.24873	-0.12657	0.410743	-0.20462
9	0.5	0.883478	0.182637	-0.72884	-0.64886	-0.29858	-0.28646	-0.35722	-0.15961	0.179781
10	0.6	0.87624	-0.03339	0.207532	-0.59081	0.590472	0.530643	0.443522	-0.38651	0.386951

2. 바이어슈트라스 함수와 프랙탈

① $f(x)=\sum_{n=0}^{\infty} a^n \cos(b^n \pi x),\ n=1..7,\ x=1..600$

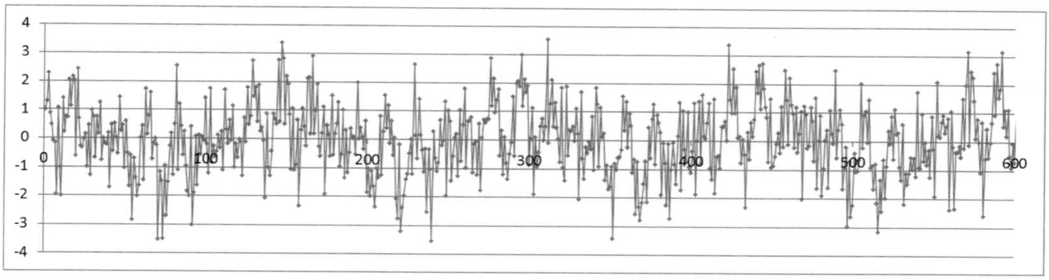

② $f(x)=\sum_{n=0}^{\infty} a^n \cos(b^n \pi x),\ n=1..7,\ x=0.1$에서 60

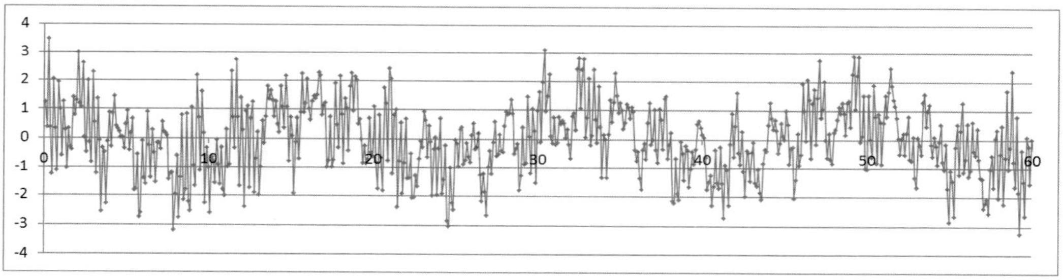

③ $f(x)=\sum_{n=0}^{\infty} a^n \cos(b^n \pi x),\ n=1..7,\ x=0.01$에서 6

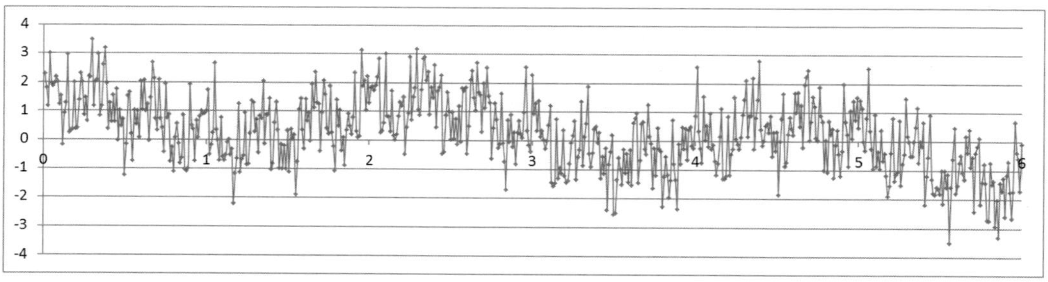

④ x의 범위를 1에서 600, 1에서 60, 1에서 6까지에서 살펴보았다. 자기닮음을 직관적으로 살펴볼 수 있다.

2. 탐구활동

① cos, tan 함수로 변경하여 탐구해 보자.

06 카오스 게임

Chapter >>

6장은 카오스 게임이다.

'신은 주사위 놀이를 하지 않는다(God does not play dice)'는 아인슈타인이 양자물리가 갖고 있는 근본적인 불확정성을 부정하면서 했던 말이다.

카오스 게임은 주사위 놀이다. '신의 주사위 놀이와 인간의 주사위 놀이는 같을까?' 산을 보라. 소나무도 모두가 서로 다르다. 그렇다고 질서가 없는 것은 아니다. 아인슈타인이 생각하는 주사위는 무질서이다. 카오스 게임은 주사위 놀이 이지만 질서가 있다. 신은 카오스 게임을 즐기는 것은 아닐까?

외분을 통해서 모든 무리수는 자신만의 색이 있음을 알 수 있다.

6.1 여러 가지 도형에서 카오스 게임

카오스 게임은 다각형에서 시작하여 프랙탈 도형을 생성한다. 다각형에서 시작하여 프랙탈 도형이 만들어 지는 과정을 탐구해 보자.

1. 주사위 던지기 카오스 게임

게임을 하면서 이동하는 점들의 카오스적인 움직임을 관찰해 보자. 꼭지점 L, T, R 로 이루어진 삼각형 내부의 임의의 한 점에서 시작한다.

• 1단계 : 주사위를 던져 나온 눈의 수에 따라, 다음과 같이 점을 이동한다.

1 또는 2의 눈이 나올 때 : L과의 중점으로 이동한다.

3 또는 4의 눈이 나올 때 : T와의 중점으로 이동한다.

5 또는 6의 눈이 나올 때 : R과의 중점으로 이동한다.

- 2단계 : 이전의 점과 새로운 중점을 연결한다.
- 3단계 : 새로운 중점에서 시작하여 위의 단계를 반복한다.

위의 과정을 반복하여 연속된 네 개의 중점을 잇는 경로를 그려보시오.

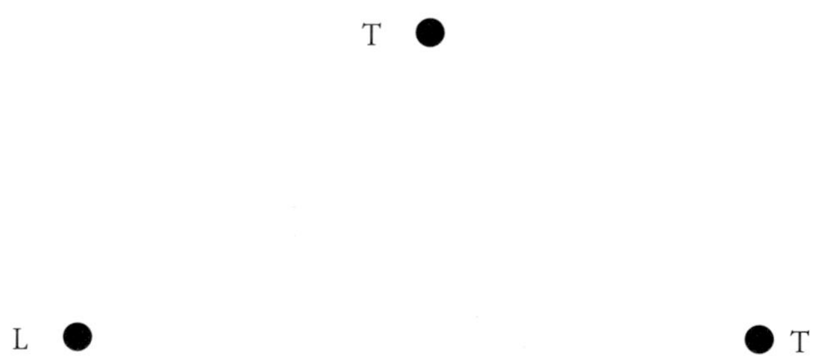

2. 카오스 게임에서 시어핀스키 삼각형

(1) 삼각형에서 시작한다.

① 삼각형의 세 꼭지점을 기본으로 카오스 게임을 시작한다.

② 삼각형을 꼭지점으로 (0, 0), (100, 0), (50, 80)을 정했다.

③ 난수 1일 경우, (50, 80)과 시작점(48, 27)의 중점을 만든다.

$$49 = \frac{(50+48)}{2},\ 53.5 = \frac{(80+27)}{2}$$

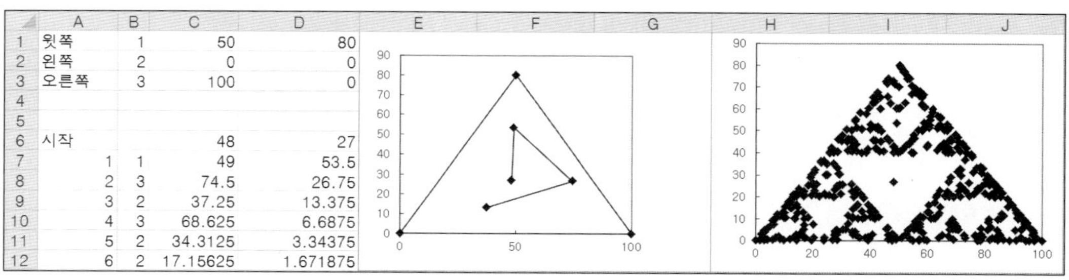

	A	B	C	D
1	윗쪽	1	50	80
2	왼쪽	2	0	0
3	오른쪽	3	100	0
4				
5				
6	시작		48	27
7	1	1	49	53.5
8	2	3	74.5	26.75
9	3	2	37.25	13.375
10	4	3	68.625	6.6875
11	5	2	34.3125	3.34375
12	6	2	17.15625	1.671875

(2) 셀 C7을 살펴보자. (VLOOKUP(B7,$B$1:$D$3,2,FALSE)+C6)/2

① B7은 발생한 난수의 1이다.

② 두 번째 인자 $B$1:$D$3는 발생한 난수 1을 찾기 위한 영역이다.

③ 세 번째 인자 2는 50을 나타낸다.

④ 네 번째 인자 False는 정확한 값을 나타낸다.

⑤ C6은 48이다.

	A	B	C	D
1	윗쪽	1	50	80
2	왼쪽	2	0	0
3	오른쪽	3	100	0
4				
5				
6	시작		48	27
7	1	1	=(VLOOKUP(B7,$B$1:$D$3,2,FALSE)+C6)/2	=(VLOOKUP(B7,$B$1:$D$3,3,FALSE)+D6)/2
8	2	3	=(VLOOKUP(B8,$B$1:$D$3,2,FALSE)+C7)/2	=(VLOOKUP(B8,$B$1:$D$3,3,FALSE)+D7)/2
9	3	2	=(VLOOKUP(B9,$B$1:$D$3,2,FALSE)+C8)/2	=(VLOOKUP(B9,$B$1:$D$3,3,FALSE)+D8)/2

(3) 셀 C8을 살펴보자.(VLOOKUP(B8,$B$1:$D$3,2,FALSE)+C7)/2

① 난수 3일 경우, (100, 0)과 (49, 53.5)와의 중점을 만든다.

$$74.5=\frac{(100+49)}{2},\ 26.75=\frac{(0+53.5)}{2}$$

3. 사각형에서 카오스 게임

(1) 사각형에서에서 시작

① 사각형의 좌표는 (0, 0), (0, 100), (100, 100), (100, 0)이다.

② 나누는 수는 3이다.

② 셀 B8 은 난수 1이다.

③ C8의 값은 $18.667=\dfrac{(0+56)}{3}$ 이다.

④ D8의 값은 $9=\dfrac{(0+27)}{3}$ 이다.

C8 =(VLOOKUP(B8,$B$1:$D$4,2,FALSE)+C7)/$B$5

	A	B	C	D
1	왼쪽아래	1	0	0
2	왼쪽위	2	0	100
3	오른쪽위	3	100	100
4	오른쪽아래	4	100	0
5	등분	3		
6				
7	시작		56	27
8	1	1	18.666667	9
9	2	3	39.555556	36.33333333
10	3	4	46.518519	12.11111111
11	4	4	48.839506	4.037037037
12	5	1	16.279835	1.345679012

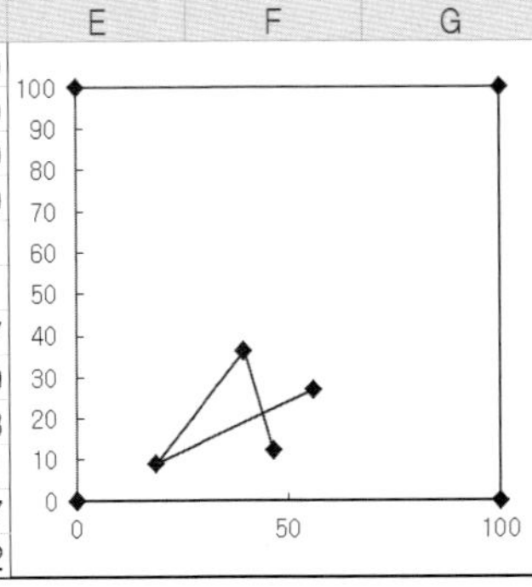

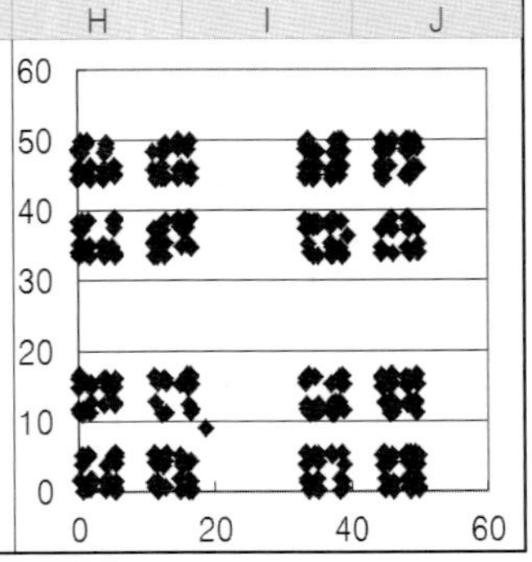

⑤ 셀에 있는 수식을 나타내면 다음과 같다.

	A	B	C	D
1	왼쪽아래	1	0	0
2	왼쪽위	2	0	100
3	오른쪽위	3	100	100
4	오른쪽아래	4	100	0
5	등분	3		
6				
7	시작		56	27
8	1	1	=(VLOOKUP(B8,$B$1:$D$4,2,FALSE)+C7)/$B$5	=(VLOOKUP(B8,$B$1:$D$4,3,FALSE)+D7)/$B$5
9	2	3	=(VLOOKUP(B9,$B$1:$D$4,2,FALSE)+C8)/$B$5	=(VLOOKUP(B9,$B$1:$D$4,3,FALSE)+D8)/$B$5
10	3	4	=(VLOOKUP(B10,$B$1:$D$4,2,FALSE)+C9)/$B$5	=(VLOOKUP(B10,$B$1:$D$4,3,FALSE)+D9)/$B$5

(2) 난수와 수식

① 난수 1일 경우 $x_{n+1} = \dfrac{x_n + 0}{3}$, $y_{n+1} = \dfrac{y_n + 0}{3}$

② 난수 2일 경우 $x_{n+1} = \dfrac{x_n + 0}{3}$, $y_{n+1} = \dfrac{y_n + 100}{3}$

③ 난수 3일 경우 $x_{n+1} = \dfrac{x_n + 100}{3}$, $y_{n+1} = \dfrac{y_n + 100}{3}$

④ 난수 4일 경우 $x_{n+1} = \dfrac{x_n + 100}{3}$, $y_{n+1} = \dfrac{y_n + 0}{3}$

4. 다각형에서 카오스 게임

(1) 오각형에서 카오스 게임

① 시작점은 (81, 150), (0, 95), (31, 0), (131, 0), (162, 95)이다.

	B	C	D
1	1	81	150
2	2	0	95
3	3	31	0
4	4	131	0
5	5	162	95
6	2.7		
7			
8	시작	50	50
9	4	67.03703704	18.51852
10	5	84.82853224	42.0439
11	1	61.4179749	71.12737
12	1	52.74739811	81.89903
13	1	49.53607337	85.88853

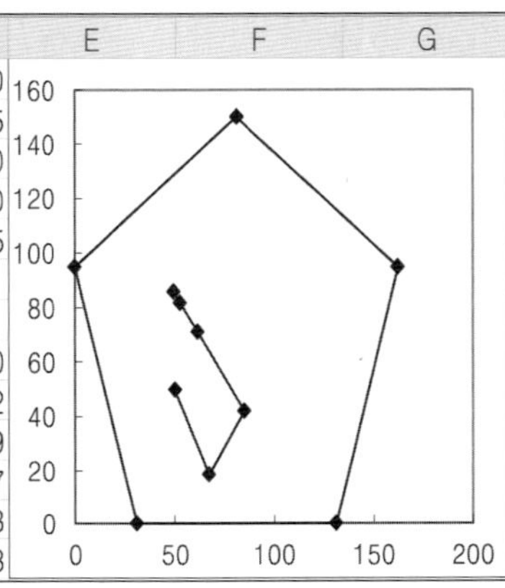

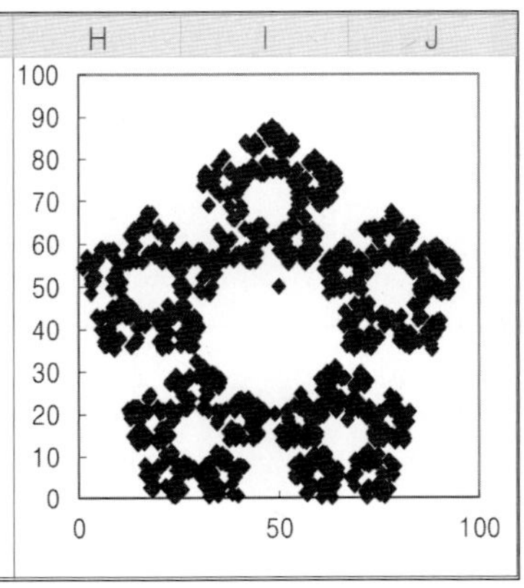

② B6셀의 나누는 수는 2.7이다.

	A	B	C	D
1	가운데위	1	81	150
2	왼쪽위	2	0	95
3	왼쪽아래	3	31	0
4	오른쪽아래	4	131	0
5	오른쪽 가운데	5	162	95
6	나누기	2.7		
7				
8		시작	50	50
9		4	=(VLOOKUP(B9,$B$1:$D$5,2,FALSE)+C8)/$B$6	=(VLOOKUP(B9,$B$1:$D$5,3,FALSE)+D8)/$B$6
10		5	=(VLOOKUP(B10,$B$1:$D$5,2,FALSE)+C9)/$B$6	=(VLOOKUP(B10,$B$1:$D$5,3,FALSE)+D9)/$B$6

③ 난수 1일 경우 $x_{n+1} = \dfrac{x_n + 81}{2.7}$, $y_{n+1} = \dfrac{y_n + 150}{2.7}$

④ 난수 2일 경우 $x_{n+1} = \dfrac{x_n + 0}{2.7}$, $y_{n+1} = \dfrac{y_n + 95}{2.7}$

⑤ 난수 3일 경우 $x_{n+1} = \dfrac{x_n + 31}{2.7}$, $y_{n+1} = \dfrac{y_n + 0}{2.7}$

⑥ 난수 4일 경우 $x_{n+1} = \dfrac{x_n + 131}{2.7}$, $y_{n+1} = \dfrac{y_n + 0}{2.7}$

⑦ 난수 5일 경우 $x_{n+1} = \dfrac{x_n + 162}{2.7}$, $y_{n+1} = \dfrac{y_n + 95}{2.7}$

(2) 육각형에서 카오스 게임

① 시작점은 (0, 50), (0, 150), (75, 200), (152, 150), (152, 50), (75, 0)이다.

② 나누는 수는 3이다.

	A	B	C	D
1	가운데위	1	0	50
2	왼쪽위	2	0	150
3	왼쪽아래	3	75	200
4	가운데아래	4	152	150
5	오른쪽위	5	152	50
6	오른쪽아래	6	75	0
7	등분	3		
8				
9			50	50
10		2	16.6666667	66.66667
11		2	5.55555556	72.22222
12		2	1.85185185	74.07407

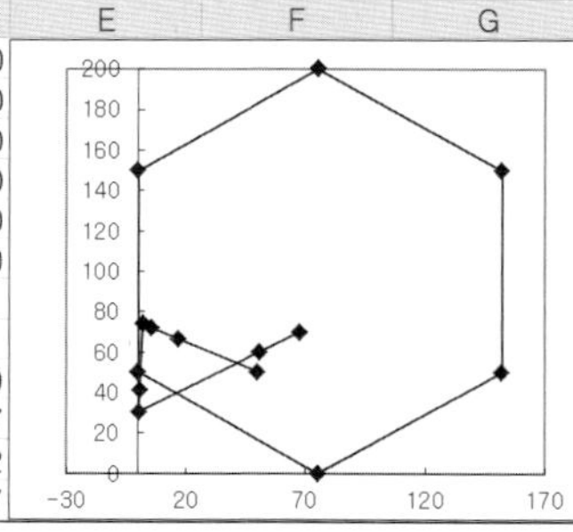

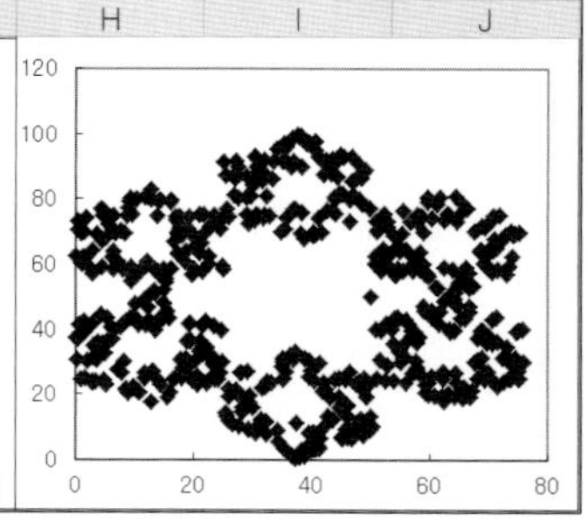

③ 난수 1일 경우 $x_{n+1} = \dfrac{x_n + 0}{3}$, $y_{n+1} = \dfrac{y_n + 50}{3}$

④ 난수 2일 경우 $x_{n+1} = \dfrac{x_n + 0}{3}$, $y_{n+1} = \dfrac{y_n + 150}{3}$

⑤ 난수 3일 경우 $x_{n+1} = \dfrac{x_n + 75}{3}$, $y_{n+1} = \dfrac{y_n + 200}{3}$

⑥ 난수 4일 경우 $x_{n+1} = \dfrac{x_n + 152}{3}$, $y_{n+1} = \dfrac{y_n + 150}{3}$

⑦ 난수 5일 경우 $x_{n+1} = \dfrac{x_n + 152}{3}$, $y_{n+1} = \dfrac{y_n + 50}{3}$

⑧ 난수 6일 경우 $x_{n+1} = \dfrac{x_n + 75}{3}$, $y_{n+1} = \dfrac{y_n + 0}{3}$

(3) 8개의 점에서 카오스 게임

① 시작점은 (0, 0), (0, 50), (0, 100), (50, 100), (100, 100), (100, 50), (100, 0), (50, 0)이다.

	A	B	C	D
1			x좌표	y좌표
2	왼쪽	1	0	0
3	왼쪽위	2	0	50
4	위쪽 중앙	3	0	100
5	위오른쪽	4	50	100
6	오른쪽 가운데	5	100	100
7	오른쪽 아래	6	100	50
8	아래 가운데	7	100	0
9	위쪽 중앙	8	50	0
10	나누는 수	3		
11				

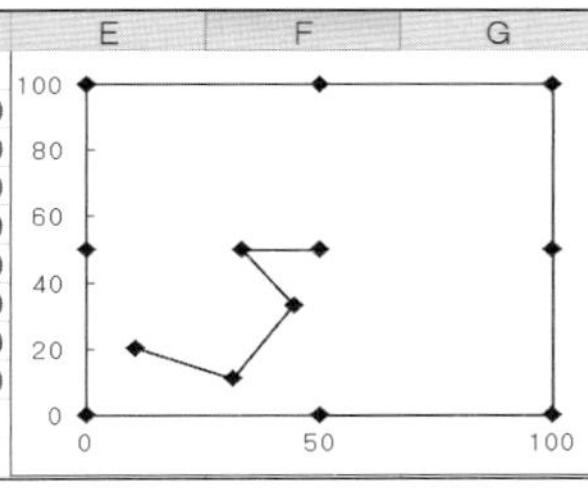

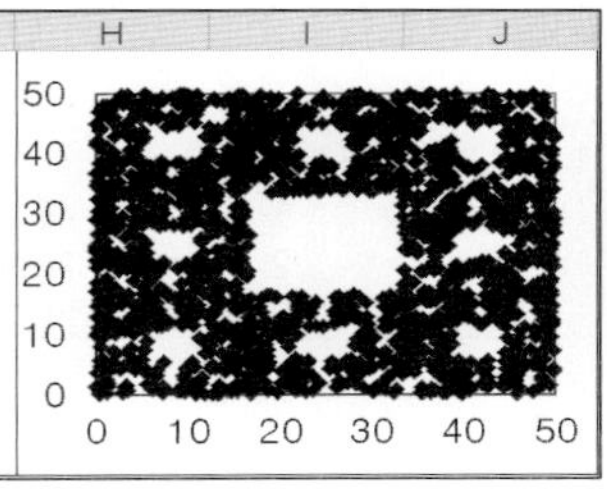

(4) 시어핀스키 삼각형에서 카오스 게임

	A	B	C	D
1			x좌표	y좌표
2	외부 위	1	50	84
3	외부 왼쪽 가운데	2	25	42
4	외부 오른 가운데	3	0	0
5	아래 왼쪽	4	50	0
6	아래 오른쪽	5	100	0
7	아래 가운데	6	75	42
8				
9	등분	3		
10				
11	반복횟수	난수	x좌표	y좌표
12	초기치		40	50
13	1	3	13.33333	16.66667
14	2	1	21.11111	33.55556
15	3	1	23.7037	39.18519

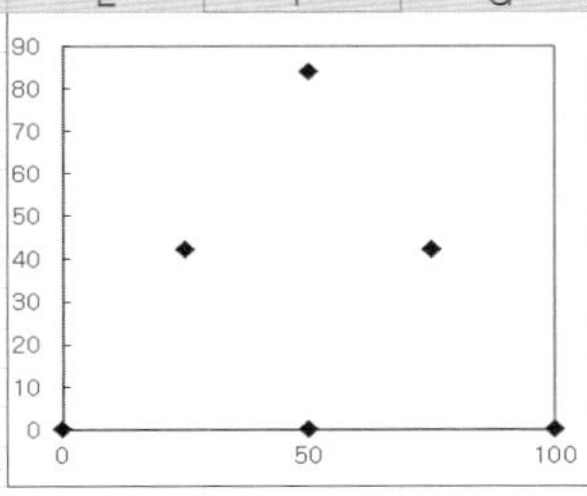

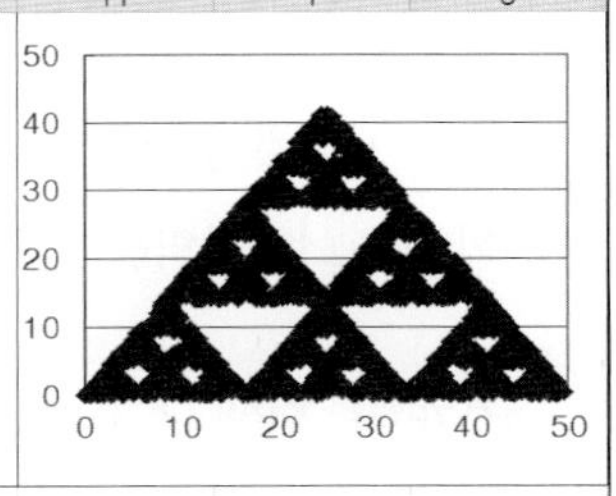

(5) 삼각형 내부의 삼각형에서 카오스 게임

	A	B	C	D
1			x좌표	y좌표
2	바깥 위	1	0	0
3	바깥 왼쪽아래	2	50	84
4	바깥 오른아래	3	100	0
5				
6	내부 위	4	50	56
7	내부 왼쪽 아래	5	33	28
8	내부 오른아래	6	66	28
9			50	56
10		3		
11				
12	반복횟수	난수		
13	초기치		40	50
14	1	1	13.333	16.667
15	2	3	37.778	5.5556
16	3	1	12.593	1.8519

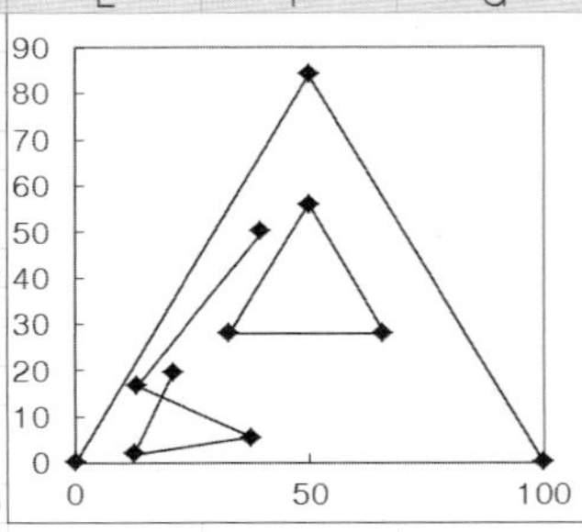

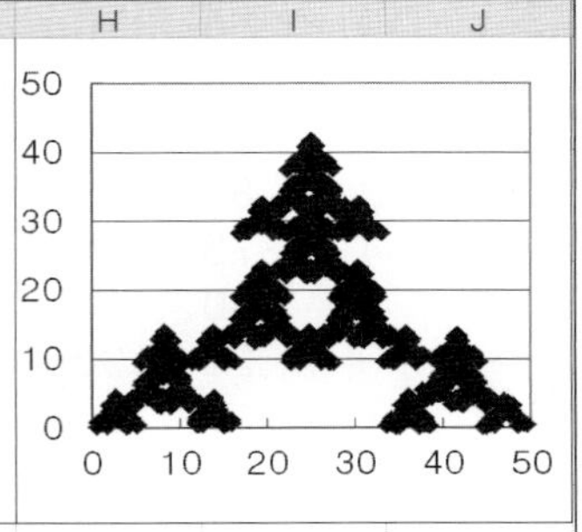

(6) 사각형과 내부의 사각형에서 카오스 게임

	A	B	C	D
1			x좌표	y좌표
2	바깥 왼쪽위	1	0	0
3	바깥 왼쪽아래	2	0	100
4	바깥 오른아래	3	100	100
5	바깥 오른위	4	100	0
6				
7	내부 왼쪽위	5	33	33
8	내부 왼쪽 아래	6	33	66
9	내부 오른아래	7	66	66
10	내부 오른위	8	66	33
11	나누는 수	3	33	33
12				
13	반복횟수	난수		
14	초기치		30	50
15	1	4	43.333	16.6667
16	2	6	25.444	27.5556
17	3	8	30.481	20.1852

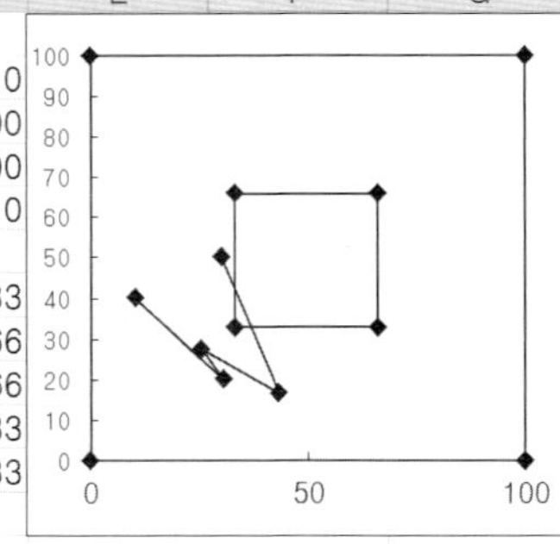

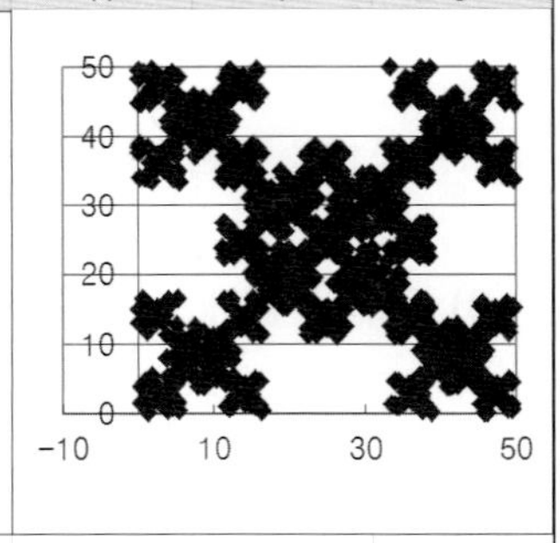

6.2 10개의 점에서 외분

외분을 반복하였을 때 나타나는 프랙탈 도형에 대해 생각해 보자. 10개의 점에서 나타나는 외분의 카오스 게임을 탐구해 보자.

1. 10개의 점에서 외분 카오스 게임

(1) 10개의 점을 정한다.

	A	B	C
1		x좌표	y좌표
2	0	50	0
3	1	73	9
4	2	87	33
5	3	87	65
6	4	73	90
7	5	50	100
8	6	28	90
9	7	13	65
10	8	13	33
11	9	28	9

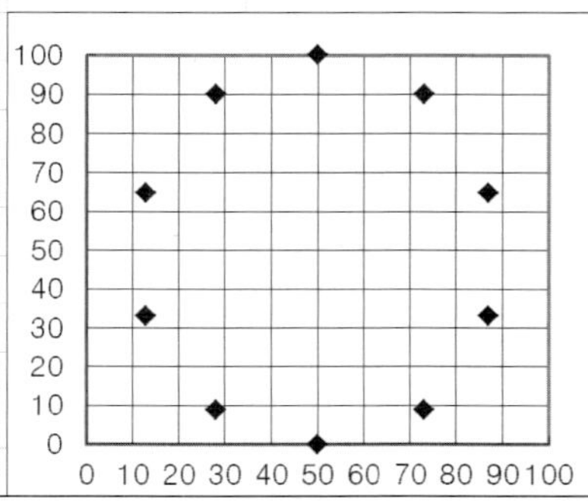

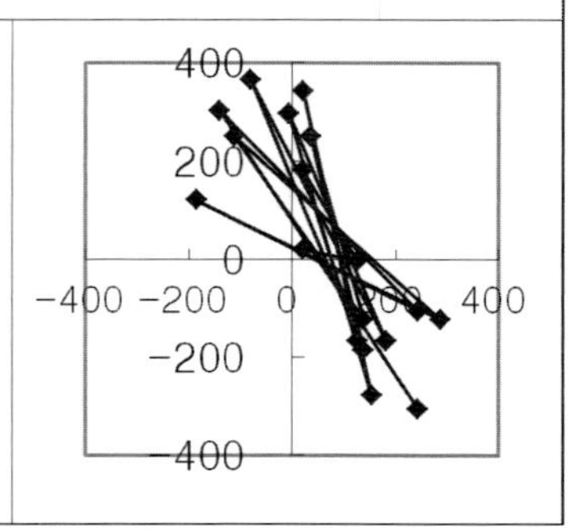

(2) 한 점을 선택 후 2 : 1로 외분을 반복한다. 3000번을 반복하였다.

	A	B	C	D	E	F	G	H	I
24			x좌표	y좌표	외분비율	2	1	1	
25	제곱근	2							
26	초기치		20	20					
27	1	1	126	-2					
28	2	4	20	182					
29	3	1	126	-164					
30	4	4	20	344					
31	5	2	154	-278					
32	6	1	-8	296					
33	7	3	182	-166					
34	8	5	-82	366					
35	9	6	138	-186					
36	10	2	36	252					
37	11	3	138	-122					

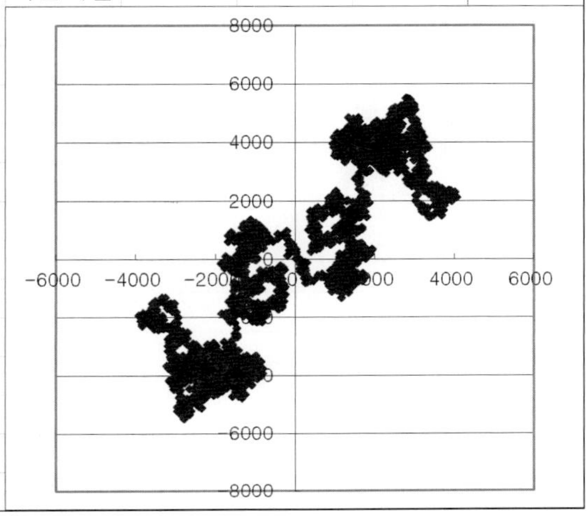

① B열은 $\sqrt{2}$ 의 값이다. 무리수에 대해 외분을 이용한 카오스 게임을 살펴보자.

$\sqrt{3}$	$\sqrt{5}$	$\sqrt{6}$
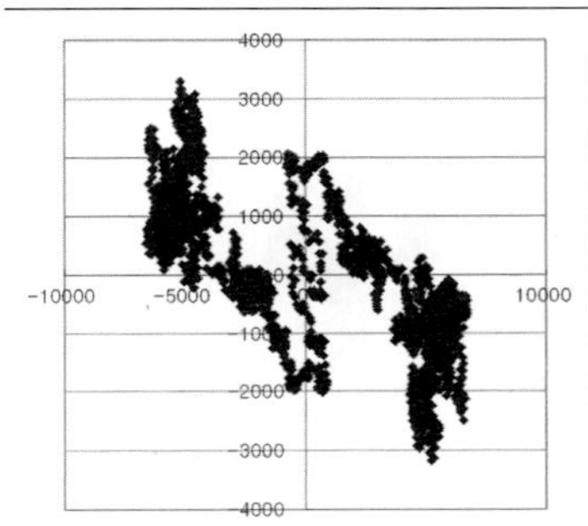	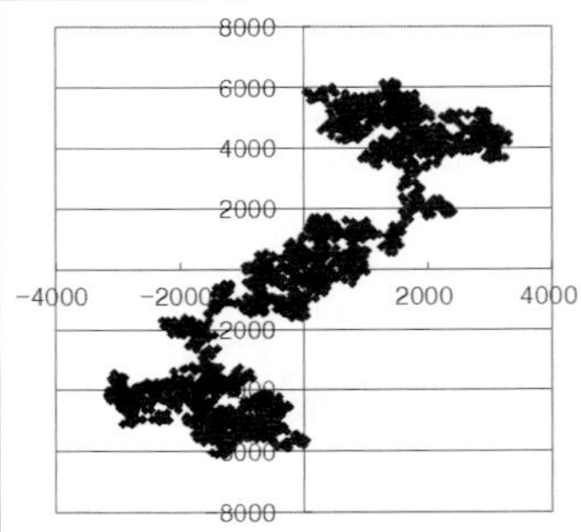	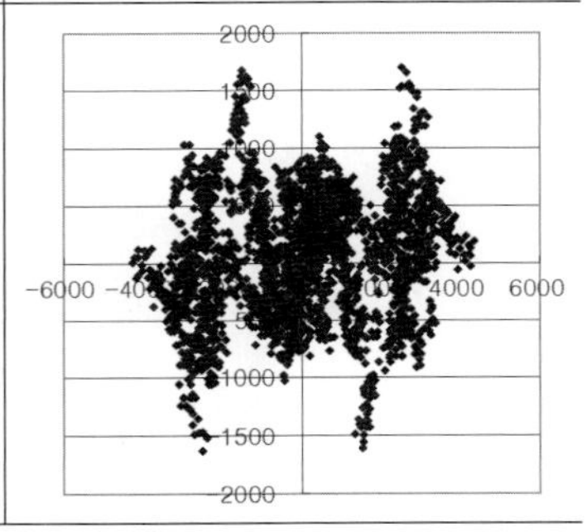

$\sqrt{7}$	$\sqrt{8}$	$\sqrt{10}$
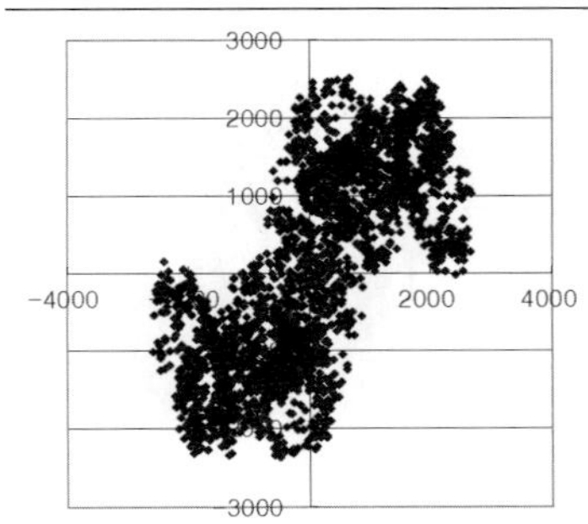	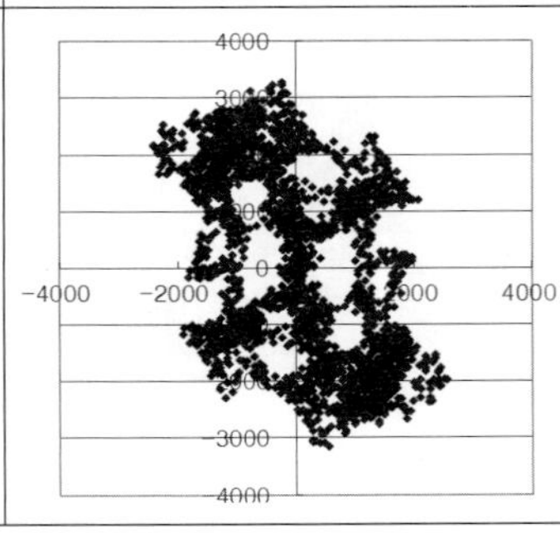	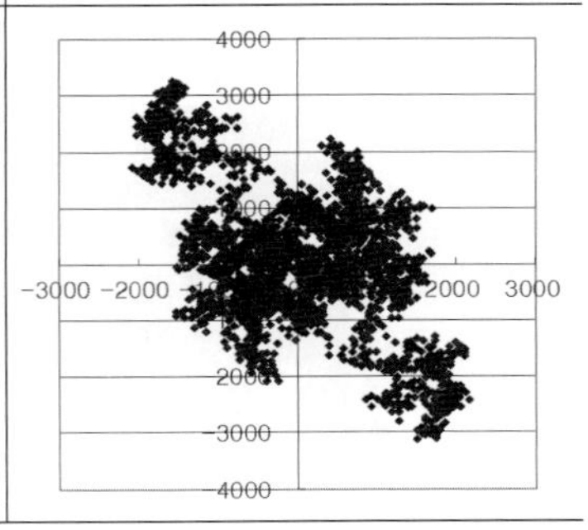

$\sqrt{11}$	$\sqrt{12}$	$\sqrt{13}$
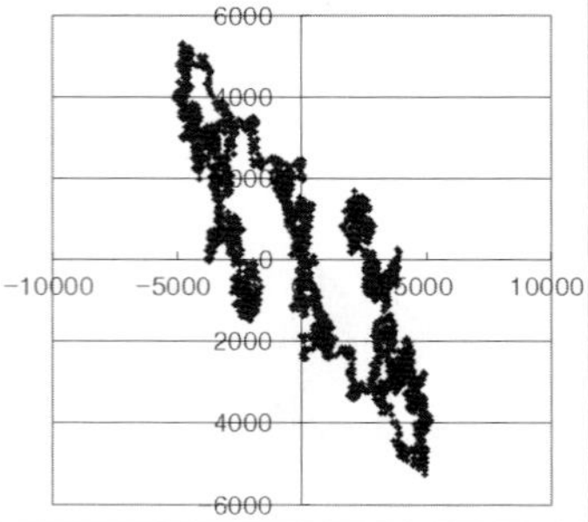	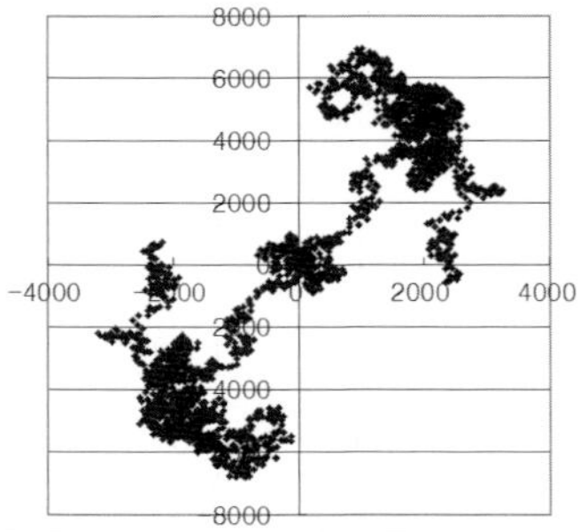	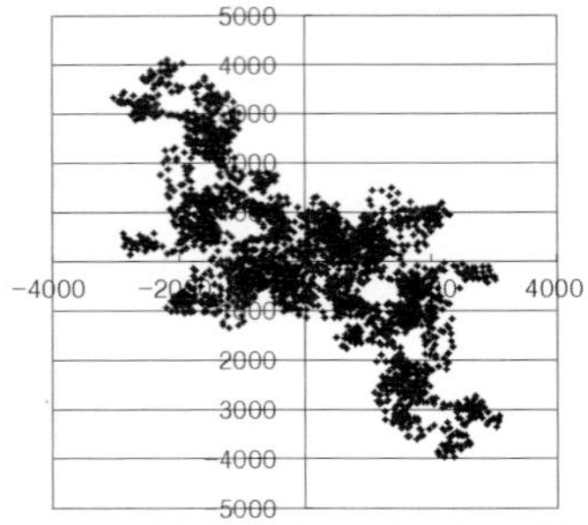
$\sqrt{14}$	$\sqrt{15}$	$\sqrt{17}$
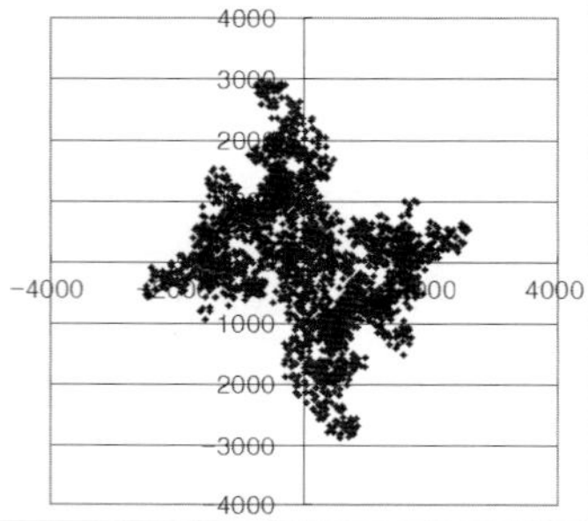	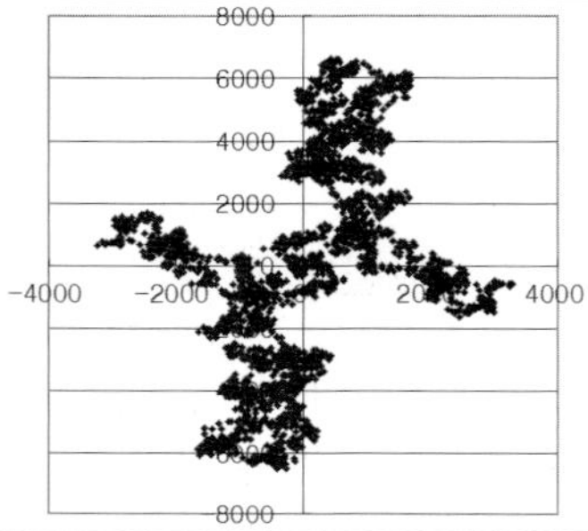	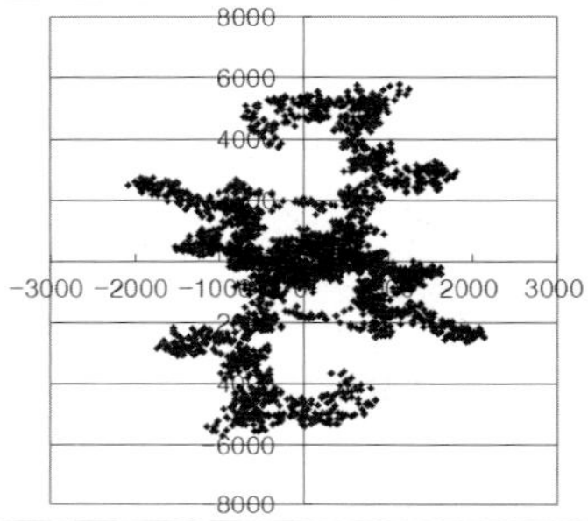
$\sqrt{19}$	$\sqrt{20}$	$\sqrt{21}$
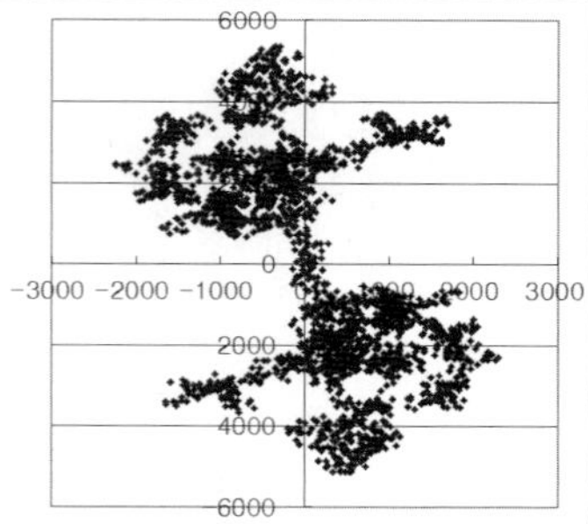	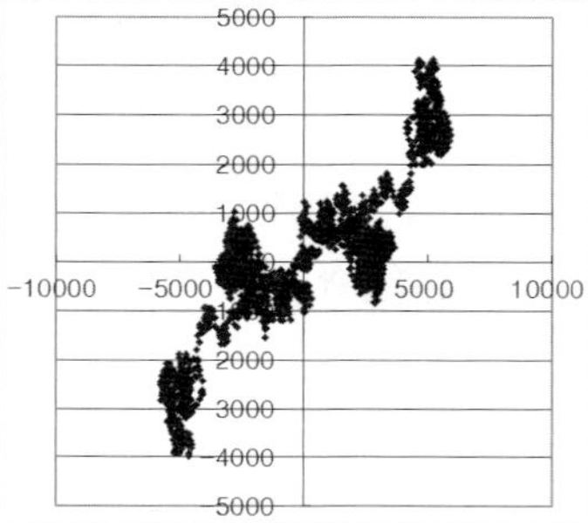	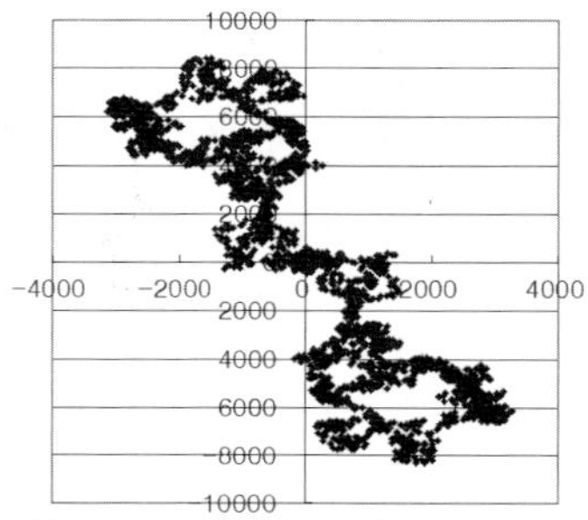
$\sqrt{23}$	$\sqrt{24}$	$\sqrt{26}$
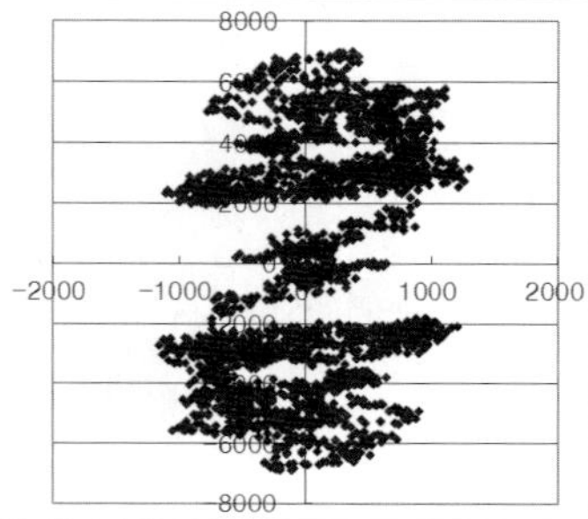	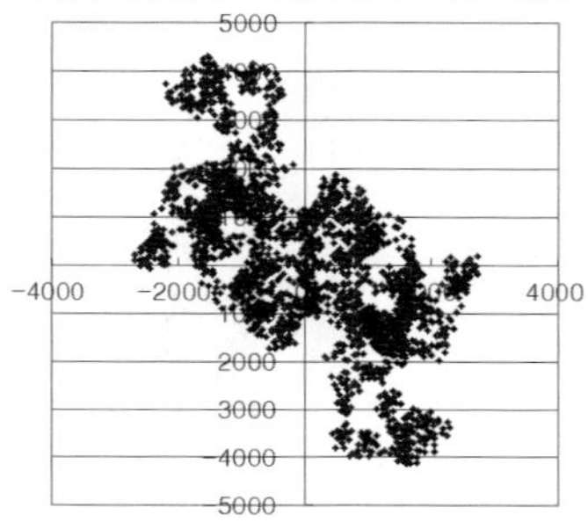	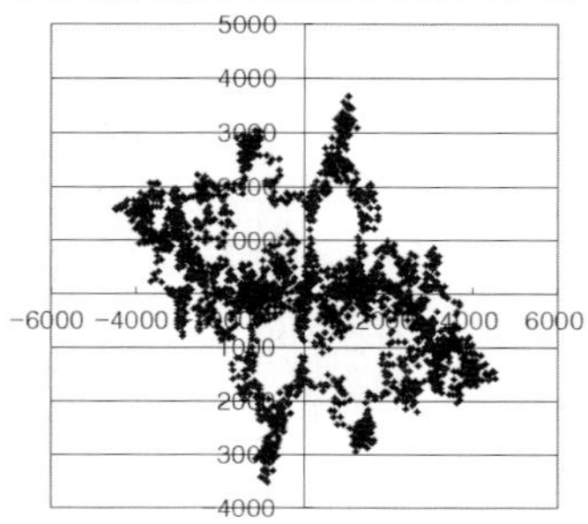

$\sqrt{27}$

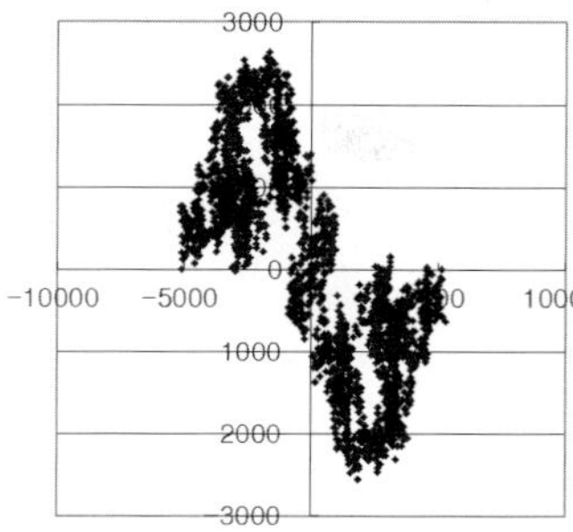

$\sqrt{28}$

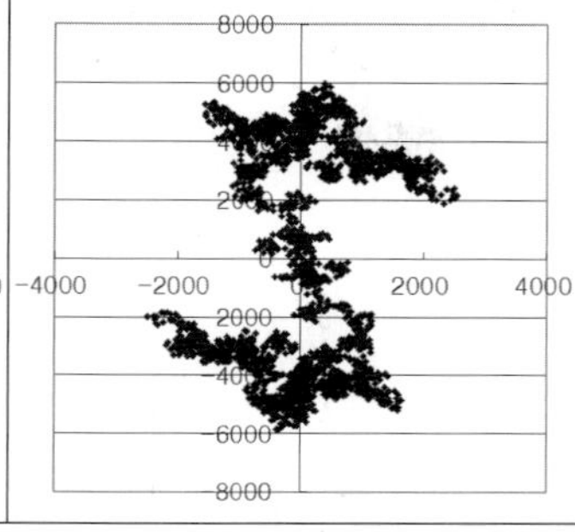

$\sqrt{29}$

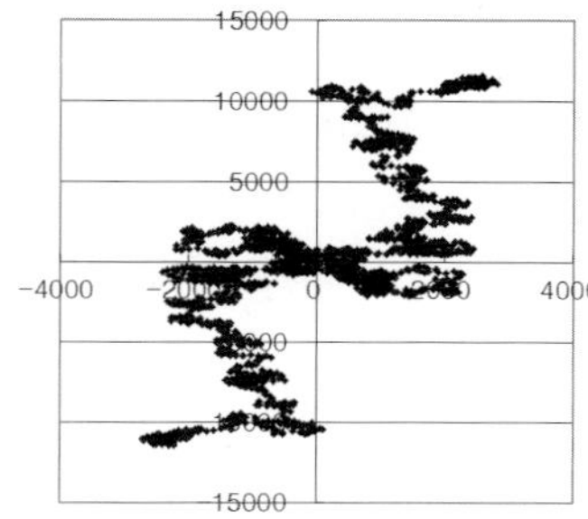

$\sqrt{30}$

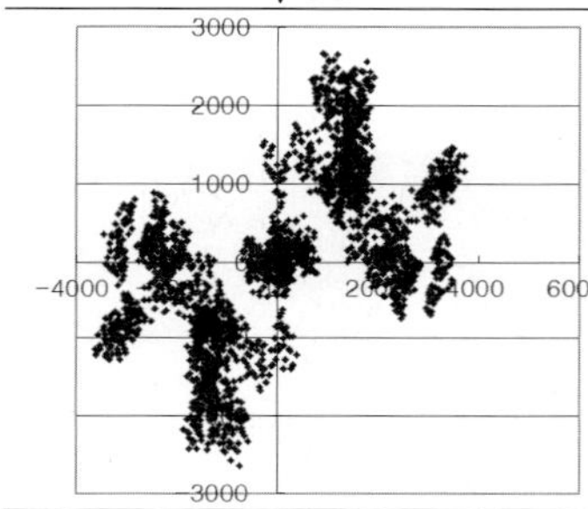

$\sqrt{31}$

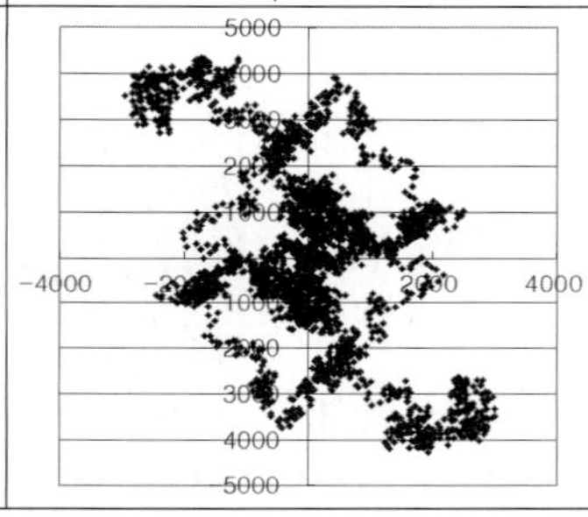

$\sqrt{32}$

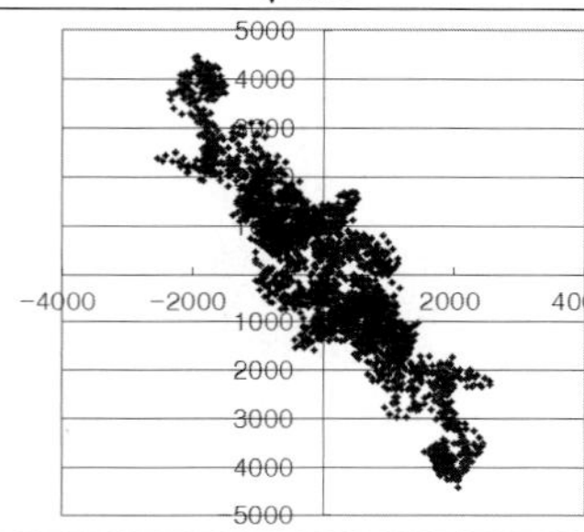

$\sqrt{33}$

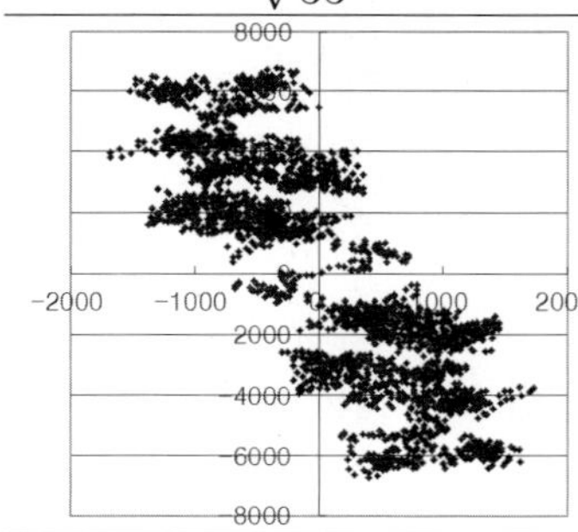

$\sqrt{34}$

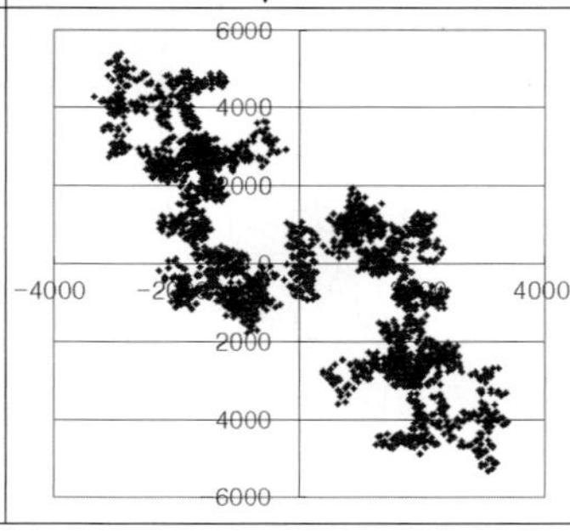

$\sqrt{35}$

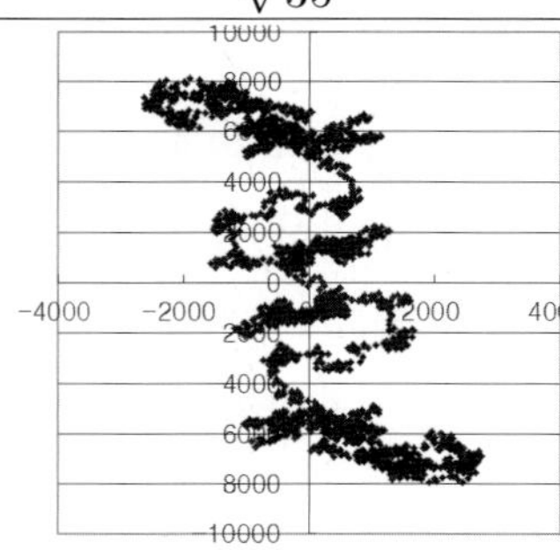

$\sqrt{37}$

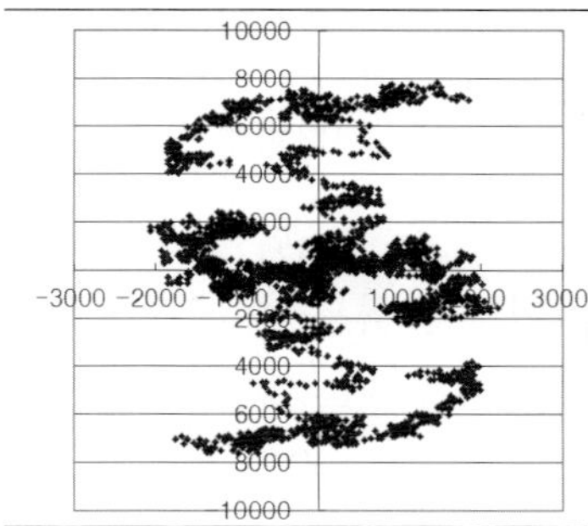

$\sqrt{38}$

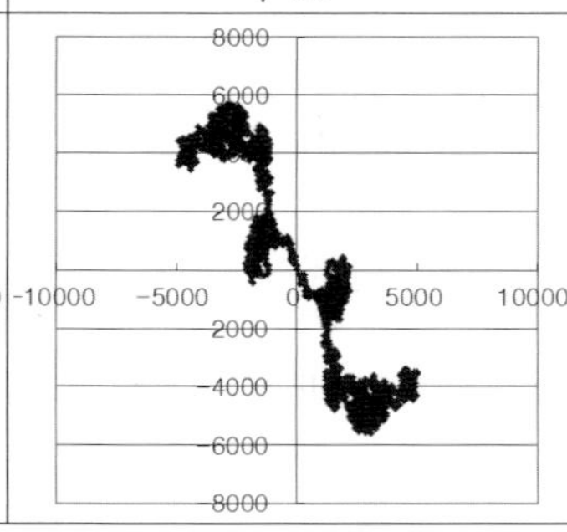

$\sqrt{39}$

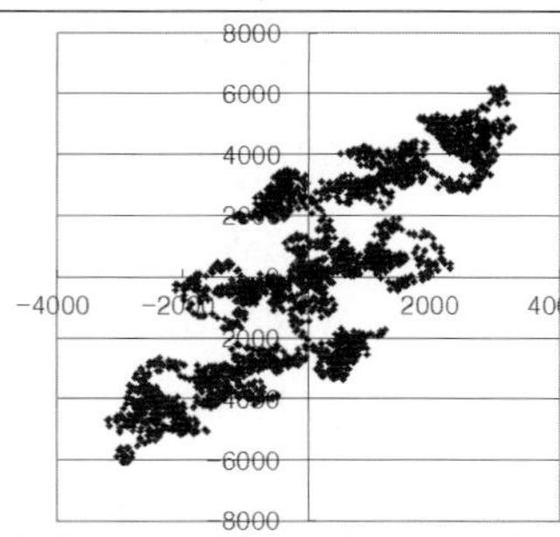

Chapter 07 나무와 꽃이 있는 곳에 살고 싶다

앤스 레이스(Ann's Lace)라고 불리는 꽃은 작은 꽃다발이 모여 좀 더 큰 꽃다발을 이룬다. 다시 큰 다발이 모여 그 보다 큰 꽃다발을 이룬다. 8개의 작은 꽃다발이 모여 더 큰 꽃다발을 이룬다. 자연의 본성 가운데 프랙탈 구조가 있음을 생각할 수있다

7장은 일차변환이다. 좀 더 자세히 말한다면 아핀변환을 이용하여 프랙탈 도형을 만든다. 길가에 피어 있는 꽃 한송이, 나무 한 그루와 이야기 하고 싶었다. 우리의 수학으로 한번 와 보라고.

어디에서나 아파트를 볼 수 있다. 도시를 볼 수 있다. 수학이란 공간으로 불러 오고 싶었다. 그들에게 생명을 넣고 싶다.

7.1 일차변환으로 시어핀스키삼각형 만들기

고등학교 벡터 기하에서 일차변환을 다룬다. 여러개의 합성변환을 이용하여 시어핀스키 삼각형을 만드는 과정을 소개한다. 일차변환, 합성변환의 개념을 이해하고 시어핀스키 삼각형을 만들어 보자.

1. 일차변환

(1) 일차변환

좌표평면 위의 점 (x, y) 가 점 (x', y')에 대응되는 변환 $f : (x, y) \rightarrow (x', y')$에서 x', y'가 상수항이 없는 x, y에 대한 일차식

$$\begin{aligned} x' &= ax + by \\ y' &= cx + dy \end{aligned}$$

인 관계가 성립할 때, 이변환 f를 일차변환이라 하고 위의 관계식을 일차변환 f의 변환식이라고 한다. 아핀변환은 일차변환을 x축 방향으로 e, y축 방향으로 f 만큼 이동시킨 것이다. 이동시킨 점을 P'(x', y')이라 하면

$$\begin{pmatrix} x' \\ y' \end{pmatrix} = \begin{pmatrix} r\cos\theta & -r\sin\theta \\ r\sin\theta & r\cos\theta \end{pmatrix}\begin{pmatrix} x \\ y \end{pmatrix} = \begin{pmatrix} a & b \\ c & d \end{pmatrix}\begin{pmatrix} x \\ y \end{pmatrix} + \begin{pmatrix} e \\ f \end{pmatrix}$$

$$= \begin{pmatrix} ax + by + e \\ cx + dy + f \end{pmatrix}$$

2. 시어핀스키 삼각형의 일차변환

(1) f, g, h 일차변환

① 왼쪽 도형의 크기를 반으로 줄여서 세 가지 도형으로 변환해 보자.

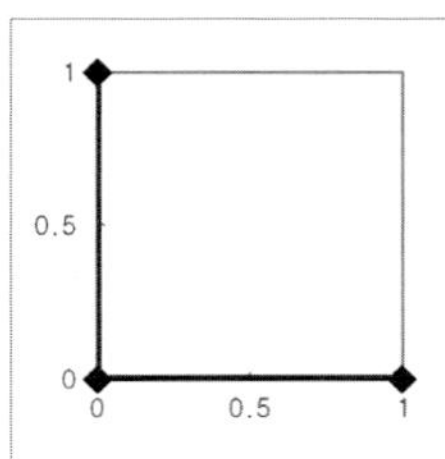

② 다음 세 개의 그림은 세 가지 변환 f, g, h에 해당한다.

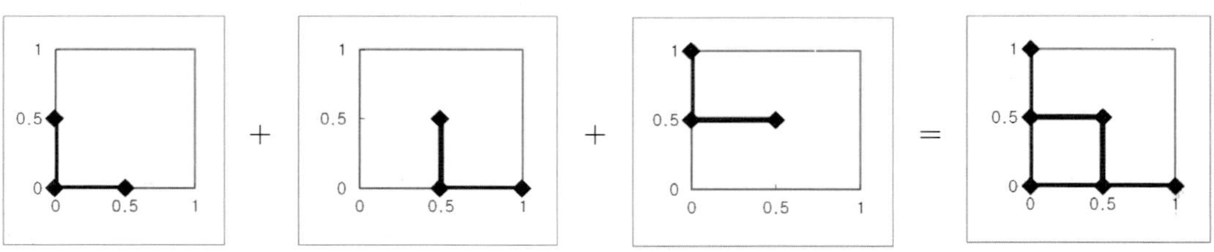

(2) 세 점 (1, 0), (0, 0), (0, 1)이 변환에 따라 이동하는 점을 구해보자.

① 변환 f는 다음과 같이 세 점을 이동시킨다.

(1, 0) → (0.5, 0), (0, 0) → (0, 0), (0, 1) → (0, 0.5)

② 변환 g는 다음과 같이 세 점을 이동시킨다.

(1, 0) → (1, 0), (0, 0) → (0.5, 0), (0, 1) → (0.5, 0.5)

③ 변환 h는 다음과 같이 세 점을 이동시킨다.

(1, 0) → (0.5, 0.5), (0, 0) → (0, 0.5), (0, 1) → (0, 1)

(3) 변환 f, g, h를 정리해보자.

	a	b	c	d	e	f
f	0.5	0	0	0.5	0	0
g	0.5	0	0	0.5	0.5	0
h	0.5	0	0	0.5	0	0.5

(4) 행렬을 이용하여 표현하여 보자.

$\begin{pmatrix} x' \\ y' \end{pmatrix} = \begin{pmatrix} a & b \\ c & d \end{pmatrix}\begin{pmatrix} x \\ y \end{pmatrix} + \begin{pmatrix} e \\ f \end{pmatrix}$이므로

① f : $\begin{pmatrix} x' \\ y' \end{pmatrix} = \begin{pmatrix} 0.5 & 0 \\ 0 & 0.5 \end{pmatrix}\begin{pmatrix} x \\ y \end{pmatrix} + \begin{pmatrix} 0 \\ 0 \end{pmatrix}$

② g : $\begin{pmatrix} x' \\ y' \end{pmatrix} = \begin{pmatrix} 0.5 & 0 \\ 0 & 0.5 \end{pmatrix}\begin{pmatrix} x \\ y \end{pmatrix} + \begin{pmatrix} 0.5 \\ 0 \end{pmatrix}$

③ h : $\begin{pmatrix} x' \\ y' \end{pmatrix} = \begin{pmatrix} 0.5 & 0 \\ 0 & 0.5 \end{pmatrix}\begin{pmatrix} x \\ y \end{pmatrix} + \begin{pmatrix} 0 \\ 0.5 \end{pmatrix}$

(5) 다음 세 개의 그림은 세 가지 변환 f, g, h에 해당한다.

① 세 번의 합성변환 결과이다.

	A	B	C	D	E	F	G	H	I	J	K	L	M
150		2 g	0.5	0		0.4	+	0.5	=	0.7		0.7	0.2
151			0	0.5		0.3		0		0.15			
152		2 g	0.5	0		0.7	+	0.5	=	0.85		0.9	0.1
153			0	0.5		0.15		0		0.075			
154		3 h	0.5	0		0.85	+	0	=	0.425		0.4	0.5
155			0	0.5		0.075		0.5		0.5375			

② 수식은 다음과 같다.

	A	B	C	D
150	=INT(RAND()*3)+1	=IF(A150=	=VLOOKUP($B150,$B$145:$H$147,2,FALSE)	=VLOOKUP($B150,$B$145:$H$147,4,FALSE)
151			=VLOOKUP($B150,$B$145:$H$147,3,FALSE)	=VLOOKUP($B150,$B$145:$H$147,5,FALSE)
152	=INT(RAND()*3)+1	=IF(A152=	=VLOOKUP($B152,$B$145:$H$147,2,FALSE)	=VLOOKUP($B152,$B$145:$H$147,4,FALSE)
153			=VLOOKUP($B152,$B$145:$H$147,3,FALSE)	=VLOOKUP($B152,$B$145:$H$147,5,FALSE)
154	=INT(RAND()*3)+1	=IF(A154=	=VLOOKUP($B154,$B$145:$H$147,2,FALSE)	=VLOOKUP($B154,$B$145:$H$147,4,FALSE)
155			=VLOOKUP($B154,$B$145:$H$147,3,FALSE)	=VLOOKUP($B154,$B$145:$H$147,5,FALSE)

	F	G	H	I	J	K	L	M
150	0.4	+	=VLOOKUP($B150,$B$145	=	=C150*F150+D150*F151+H150		=J150	=J151
151	0.3		=VLOOKUP($B150,$B$145		=C151*F150+D151*F151+H151			
152	=J150	+	=VLOOKUP($B152,$B$145	=	=C152*F152+D152*F153+H152		=J152	=J153
153	=J151		=VLOOKUP($B152,$B$145		=C153*F152+D153*F153+H153			
154	=J152	+	=VLOOKUP($B154,$B$145	=	=C154*F154+D154*F155+H154		=J154	=J155
155	=J153		=VLOOKUP($B154,$B$145		=C155*F154+D155*F155+H155			

③ A150 셀의 난수 발생은 3에 해당하는 *h* 변환이다.

④ F150 셀의 0.4와 F121 셀의 0.3은 임의로 정한 초기치이다.

⑤ H150, H151의 셀은 Vlookup( ) 함수를 이용하여 변환 g의 e, f 값 0.5와 0을 가져온다.

⑥ H150 셀에는 '=VLOOKUP($B150,$B$145:$H$147,6,FALSE)' 이 입력되어 있다. 셀 B150의 값 난수 2에 해당하는 값을 '$B$145:$H$147'에서 찾는다. A열을 기준으로 6번 째 있으며, 정확한 데이터를 찾기 위해 'FALSE'를 사용하였다.

⑦ J150, J151에 있는 차트를 쉽게 그리기 위해 L열과 M열에 복사하였다.

⑧ 1000번 정도의 결과이다.

	A	B	C	D	E	F	G	H	I	J	K	L	M
2138	1	f	0.5	0		0.7077	+	0	=	0.353837993		0.4	0
2139			0	0.5		0.0413		0		0.020639154			
2140	3	h	0.5	0		0.3538	+	0	=	0.176918997		0.2	0.5
2141			0	0.5		0.0206		0.5		0.510319577			
2142	3	h	0.5	0		0.1769	+	0	=	0.088459498		0.1	0.8
2143			0	0.5		0.5103		0.5		0.755159788			

⑨ L열과 M열을 영역 설정하여 분산형 차트를 그렸다.

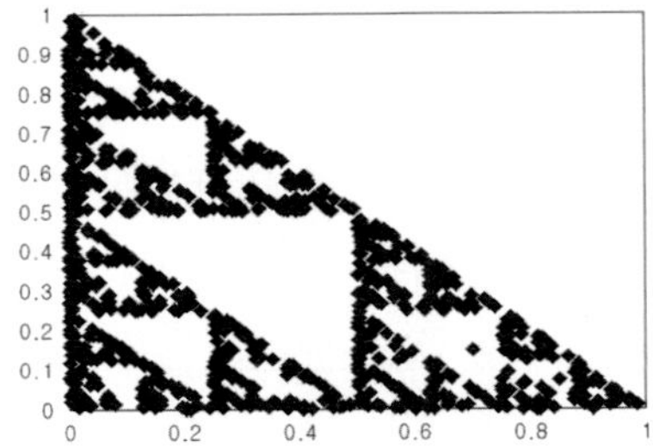

(6) Rand( ) 함수의 사용법

함수	=RAND( )	=RAND( )*3	=INT( )	=INT(RAND( )*3)+1
설명	0에서 1사이의 난수	0에서 3사이의 난수	실수를 정수로 만듦	1, 2, 3 의 난수
예	0.232432	2.3434	=int(3.234) → 3	2

(7) Vlookup( ) 함수의 사용법

	A	B	C	D	E
1		월	화	수	목
2	1	국어	영어	도덕	사회
3	2	수학	미술	기술	컴퓨터
4	3	한문	환경	재량	수학
5					
6	영어				
7	수학				

	A
1	
2	1
3	2
4	3
5	
6	=VLOOKUP(1,$A$1:$E$4,3,FALSE)
7	=VLOOKUP(2,$A$1:$E$4,2,FALSE)

1	$A$1:E	3	FALSE
A 열의 1,2,3, 중의 1	자료가 있는 영역	3번째 열, (화)	정확한 데이터를 찾을 때

7.2 일차변환으로 산호초 만들기

일차변환, 합성변환을 이용하여 산호초를 만들어 보자.

1. 단계별 산호초 만들기

(1) 산호초를 만드는 과정을 살펴보자.

① 2행의 1번 변환은 f이다.

② 3행의 2번 변환은 g이다.

③ A열은 0에서 1사이의 난수를 발생하였다. [rand()]

④ B열은 A열의 난수에서 0.5보다 작으면 1, 0.5보다 크면 2를 발생한다.

	A	B	C	D	E	F	G	H
1			a	b	c	d	e	f
2		1	0.5	0.3	0.3	−0.5	0	0
3		2	0.66	0	0	−0.66	−0.5	0
4								
5								
10	0.85454		0.1000000	0.1000000				
11	0.2199	1	0.0800000	−0.0200000				
12	0.85531	2	−0.4472000	0.0132000				
13	0.27142	1	−0.2196400	−0.1407600				
14	0.39976	1	−0.1520480	0.0044880				
15	0.33451	1	−0.0746776	−0.0478584				
16	0.89768	2	−0.5492872	0.0315865				
17	0.95272	2	−0.8625296	−0.0208471				
18	0.17338	1	−0.4375189	−0.2483353				
19	0.71275	2	−0.7887625	0.1639013				
20	0.92236	2	−1.0205832	−0.1081749				
21	0.69135	2	−1.1735849	0.0713954				
22	0.94191	2	−1.2745661	−0.0471210				
23	0.18855	1	−0.6514193	−0.3588093				

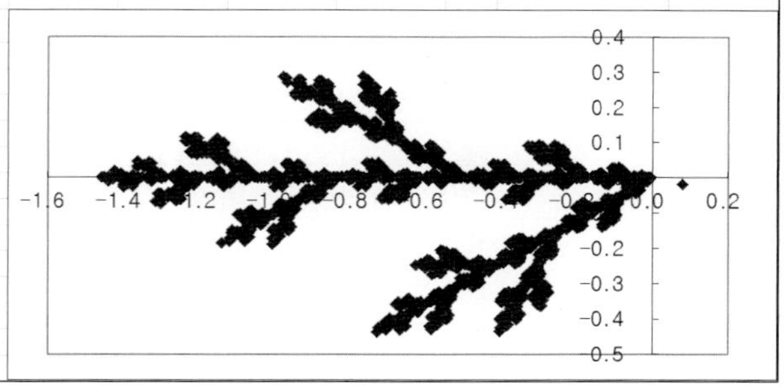

⑤ C12셀은 =OFFSET(C$1,$B12,0)*C11+OFFSET(D$1,$B12,0)*D11+OFFSET(G$1,$B12,0)이 입력되어 있다.

⑥ OFFSET(C$1,$B12,0)에서 $B12는 셀$B12의 값 2를 읽는다.

⑦ OFFSET(C$1,$B12,0)에서 C$1은 C$1을 기준으로 B12의 값 2만큼 아래의 값 0.66을 찾는다.

⑧ OFFSET(C$1,$B12,0)*C11은 OFFSET(C$1,$B12,0)에서 구한 0.66값과 C11의 값을 곱한다.

⑨ OFFSET(D$1,$B12,0)*D11+OFFSET(G$1,$B12,0)은 같은 방법으로 계산한다.

2. 0단계의 일차변환

(1) 일차변환의 행렬

	a	b	c	d	e	f
$1(f)$	0.5	0.3	0.3	−0.5	0	0
$2(g)$	0.66	0	0	−0.66	−0.5	0

(2) 일차변환을 이용하여 나타내기

$\begin{pmatrix} x' \\ y' \end{pmatrix} = \begin{pmatrix} a & b \\ c & d \end{pmatrix}\begin{pmatrix} x \\ y \end{pmatrix} + \begin{pmatrix} e \\ f \end{pmatrix}$이므로

① $f : \begin{pmatrix} x' \\ y' \end{pmatrix} = \begin{pmatrix} 0.5 & 0.3 \\ 0.3 & -0.5 \end{pmatrix} \begin{pmatrix} x \\ y \end{pmatrix} + \begin{pmatrix} 0 \\ 0 \end{pmatrix}$

② $g : \begin{pmatrix} x' \\ y' \end{pmatrix} = \begin{pmatrix} 0.66 & 0 \\ 0 & -0.66 \end{pmatrix} \begin{pmatrix} x \\ y \end{pmatrix} + \begin{pmatrix} -0.5 \\ 0 \end{pmatrix}$이다.

(3) 0단계 도형

① 0단계는 (0, 0) (0, 1), (1, 1), (0, 1)의 4개의 좌표를 가진다. 마지막 (0, 0)은 오른쪽 차트를 그리기 위해서이다.

0단계	
x	y
0	0
1	0
1	1
0	1
0	0

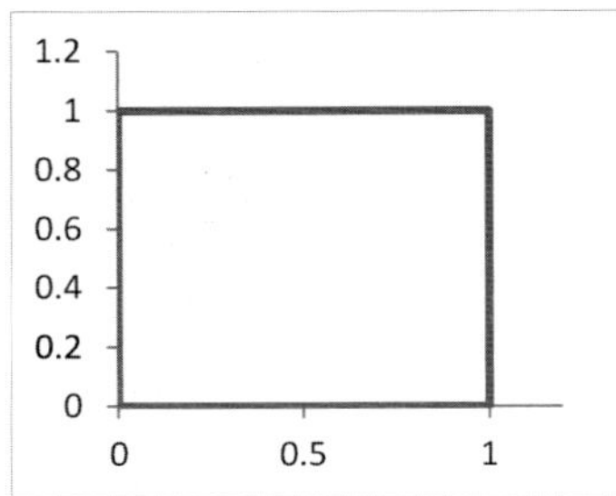

3. 1단계 도형

(1) 1단계 도형

① 0단계의 정사각형은 두 개의 변환을 통해 도형으로 나타내어 질 수 있다.

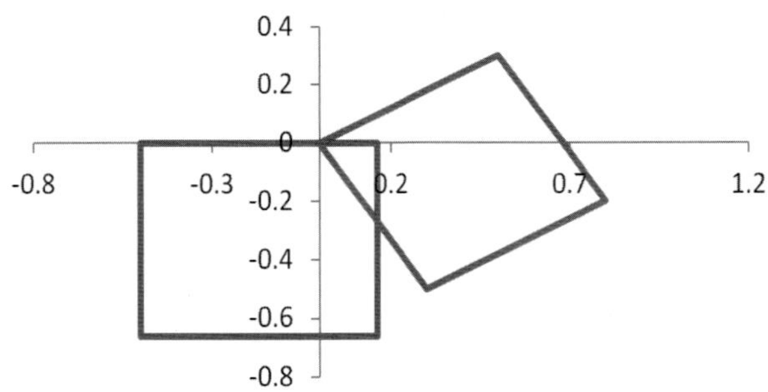

② 오른쪽 도형은 0단계의 도형이 f 변환을 통해 만들어진다.

$f : \begin{pmatrix} x' \\ y' \end{pmatrix} = \begin{pmatrix} 0.5 & 0.3 \\ 0.3 & -0.5 \end{pmatrix} \begin{pmatrix} 0 \\ 0 \end{pmatrix} + \begin{pmatrix} 0 \\ 0 \end{pmatrix} = \begin{pmatrix} 0 \\ 0 \end{pmatrix}$

$f : \begin{pmatrix} x' \\ y' \end{pmatrix} = \begin{pmatrix} 0.5 & 0.3 \\ 0.3 & -0.5 \end{pmatrix} \begin{pmatrix} 1 \\ 0 \end{pmatrix} + \begin{pmatrix} 0 \\ 0 \end{pmatrix} = \begin{pmatrix} 0.5 \\ 0.3 \end{pmatrix}$

$$f\ :\ \begin{pmatrix} x' \\ y' \end{pmatrix} = \begin{pmatrix} 0.5 & 0.3 \\ 0.3 & -0.5 \end{pmatrix}\begin{pmatrix} 1 \\ 1 \end{pmatrix} + \begin{pmatrix} 0 \\ 0 \end{pmatrix} = \begin{pmatrix} 0.8 \\ -0.2 \end{pmatrix}$$

$$f\ :\ \begin{pmatrix} x' \\ y' \end{pmatrix} = \begin{pmatrix} 0.5 & 0.3 \\ 0.3 & -0.5 \end{pmatrix}\begin{pmatrix} 0 \\ 1 \end{pmatrix} + \begin{pmatrix} 0 \\ 0 \end{pmatrix} = \begin{pmatrix} 0.3 \\ -0.5 \end{pmatrix}$$

③ 위의 과정을 표로 정리하였다.

변환종류	0단계		1단계	
	x	y	x1	y1
f	0	0	0	0
f	1	0	0.5	0.3
f	1	1	0.8	−0.2
f	0	1	0.3	−0.5

(2) 0단계 도형을 g에 의한 변환

① 1단계 도형

$$g\ :\ \begin{pmatrix} x' \\ y' \end{pmatrix} = \begin{pmatrix} 0.66 & 0 \\ 0 & -0.66 \end{pmatrix}\begin{pmatrix} 0 \\ 0 \end{pmatrix} + \begin{pmatrix} -0.5 \\ 0 \end{pmatrix} = \begin{pmatrix} -0.5 \\ 0 \end{pmatrix}$$

$$g\ :\ \begin{pmatrix} x' \\ y' \end{pmatrix} = \begin{pmatrix} 0.66 & 0 \\ 0 & -0.66 \end{pmatrix}\begin{pmatrix} 1 \\ 0 \end{pmatrix} + \begin{pmatrix} -0.5 \\ 0 \end{pmatrix} = \begin{pmatrix} 0.16 \\ 0 \end{pmatrix}$$

$$g\ :\ \begin{pmatrix} x' \\ y' \end{pmatrix} = \begin{pmatrix} 0.66 & 0 \\ 0 & -0.66 \end{pmatrix}\begin{pmatrix} 1 \\ 1 \end{pmatrix} + \begin{pmatrix} -0.5 \\ 0 \end{pmatrix} = \begin{pmatrix} 0.16 \\ -0.66 \end{pmatrix}$$

$$g\ :\ \begin{pmatrix} x' \\ y' \end{pmatrix} = \begin{pmatrix} 0.66 & 0 \\ 0 & -0.66 \end{pmatrix}\begin{pmatrix} 0 \\ 1 \end{pmatrix} + \begin{pmatrix} -0.5 \\ 0 \end{pmatrix} = \begin{pmatrix} -0.5 \\ -0.66 \end{pmatrix}$$

② 위의 과정을 표로 정리하였다.

변환종류	0단계		1단계	
g	0	0	−0.5	0
g	1	0	0.16	0
g	1	1	0.16	−0.66
g	0	1	−0.5	−0.66

4. 2단계 도형

(1) 1단계의 두 개의 도형은 각각 f에 의해 오른쪽 두 개의 도형으로 만들어 진다. g에 의해 왼쪽 두 개 도형으로 만들어진다.

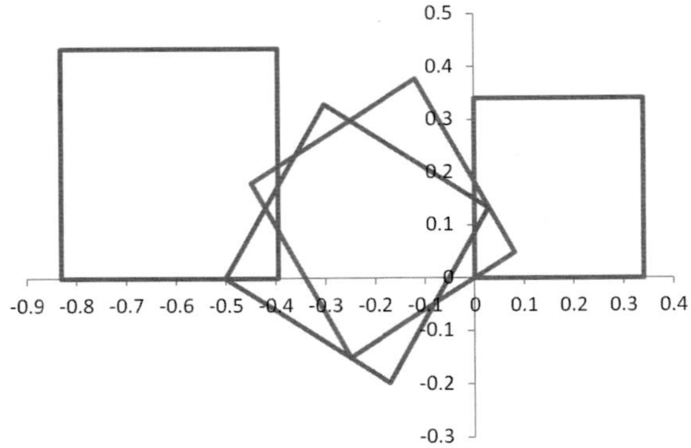

5. 2, 3, 4단계 도형

(1) 파란색 부분은 f에 의한 변환이다.

(2) 초록색 부분은 g에 의한 변환이다.

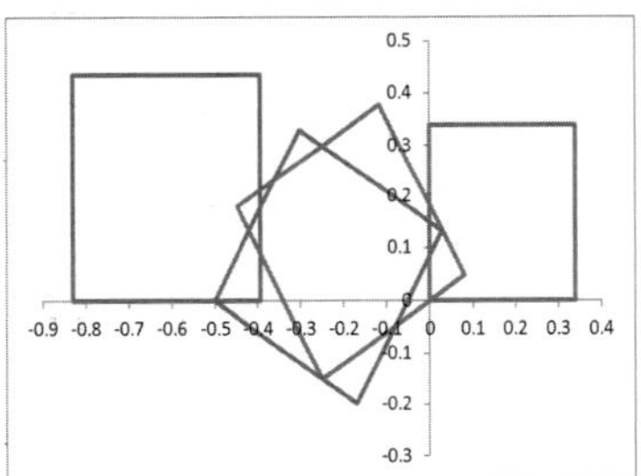

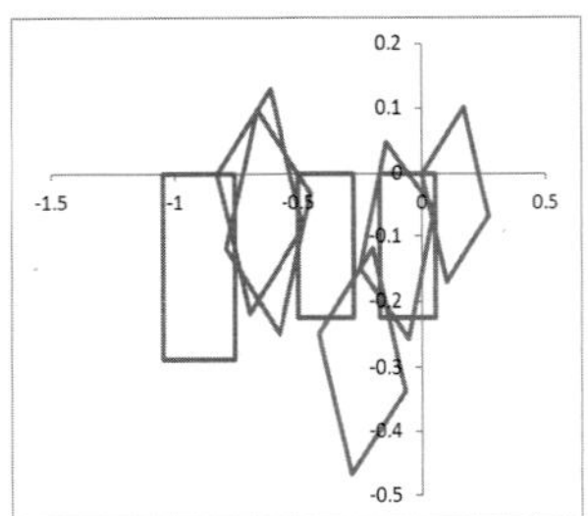

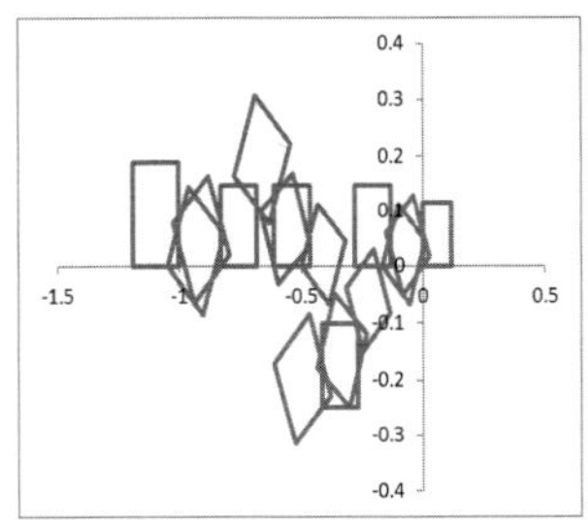

6. 5, 6, 7단계 도형

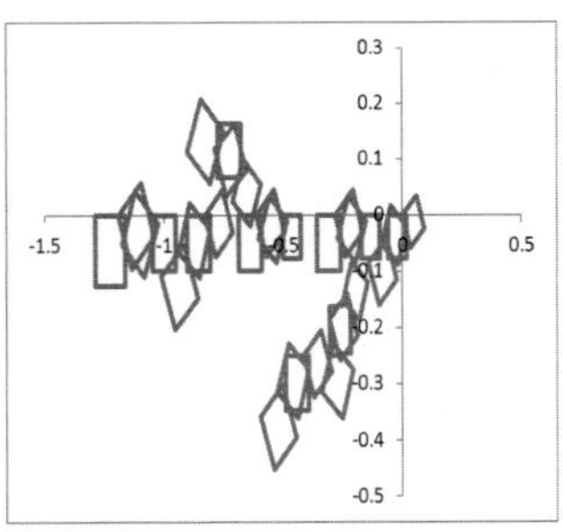

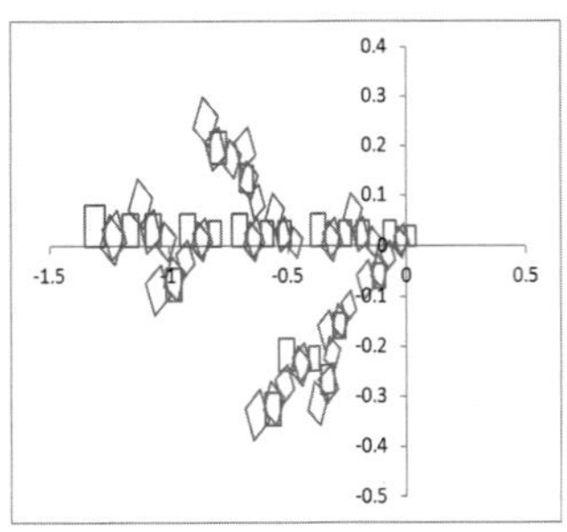

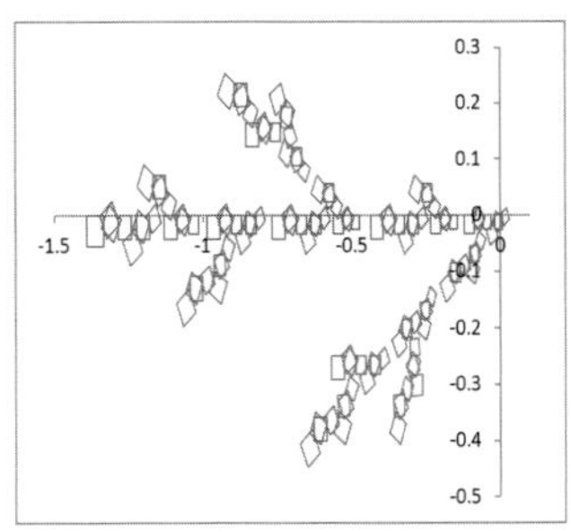

7. 단계별 값

0단계		1단계			2단계			3단계		
x	y		x1	y1		x2	y2		x3	y3
0	0	f	0	0	ff	0	0	fff	0	0
1	0	f	0.5	0.3	ff	0.34	0	fff	0.17	0.102
1	1	f	0.8	−0.2	ff	0.34	0.34	fff	0.272	−0.068
0	1	f	0.3	−0.5	ff	0	0.34	fff	0.102	−0.17
		g	−0.5	0	fg	−0.25	−0.15	ffg	−0.17	0
		g	0.16	0	fg	0.08	0.048	ffg	0.0544	0
		g	0.16	−0.66	fg	−0.118	0.378	ffg	0.0544	−0.2244
		g	−0.5	−0.66	fg	−0.448	0.18	ffg	−0.17	−0.2244
					gf	−0.5	0	fgf	−0.25	−0.15
					gf	−0.17	−0.198	fgf	−0.1444	0.048
					gf	0.028	0.132	fgf	0.0536	−0.0576
					gf	−0.302	0.33	fgf	−0.052	−0.2556
					gg	−0.83	0	fgg	−0.415	−0.249
					gg	−0.3944	0	fgg	−0.1972	−0.11832
					gg	−0.3944	0.4356	fgg	−0.06652	−0.33612
					gg	−0.83	0.4356	fgg	−0.28432	−0.4668
								gff	−0.5	0
								gff	−0.2756	0
								gff	−0.2756	−0.2244
								gff	−0.5	−0.2244
								gfg	−0.665	0.099
								gfg	−0.4472	−0.03168
								gfg	−0.57788	−0.24948
								gfg	−0.79568	−0.1188
								ggf	−0.83	0
								ggf	−0.6122	0.13068
								ggf	−0.48152	−0.08712
								ggf	−0.69932	−0.2178
								ggg	−1.0478	0
								ggg	−0.760304	0
								ggg	−0.760304	−0.287496
								ggg	−1.0478	−0.287496

7.3 일차변환을 이용하여 프랙탈 도형 만들기

일차변환을 이용하여 다양한 나무, 무궁화, 새 등의 프랙탈 도형을 만드는 방법에 대한 예를 제시한다. 일차변환, 합성변환을 이해하고 프랙탈 도형을 만들어 본다.

좌표평면 위의 점 (x, y)가 점 (x', y')에 대응되는 변환 $f : (x, y) \rightarrow (x', y')$에서 x', y'가 상수항이 없는 x, y에 대한 일차식

$$x' = ax + by$$
$$y' = cx + dy$$

인 관계가 성립할 때, 변환 f를 일차변환이라 한다. 아핀변환은 일차변환을 x축 방향으로 e, y축 방향으로 f만큼 이동시킨 것이다. 이동시킨 점을 $\mathrm{P}'(x', y')$이라 하면

$$\begin{pmatrix} x' \\ y' \end{pmatrix} = \begin{pmatrix} a & b \\ c & d \end{pmatrix}\begin{pmatrix} x \\ y \end{pmatrix} + \begin{pmatrix} e \\ f \end{pmatrix} = \begin{pmatrix} ax + by + e \\ cx + dy + f \end{pmatrix}$$

을 아핀변환이라 한다.

1. 아핀변환의 예

(1) 시어핀스키 삼각형

	a	b	c	d	e	f
변환1	0.5	0	0	0.5	0	0.5
변환2	0.5	0	0	0.5	0	0
변환3	0.5	0	0	0.5	0.5	0.5

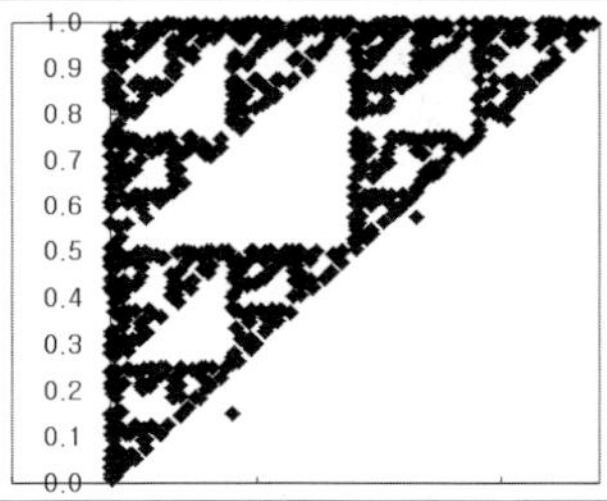

(2) 고독한 나무

	a	b	c	d	e	f
변환1	0.194	−0.453	0.35	0.408	0.443	0.245
변환2	0.464	0.415	−0.257	0.361	0.251	0.569
변환3	−0.056	−0.069	0.457	−0.11	0.597	0.097
변환4	−0.033	0.067	−0.469	−0.02	0.488	0.507
변환5	−0.64	0	0	0.5	0.856	0.251

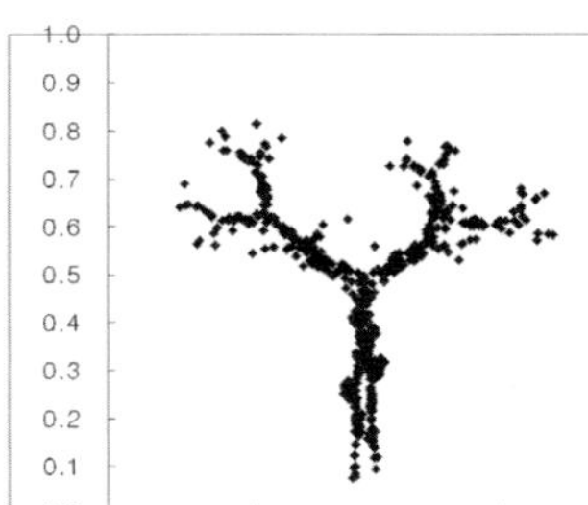

(3) 늘어진 나무

	a	b	c	d	e	f
변환1	0.194	−0.453	0.35	0.408	0.443	0.245
변환2	0.613	0.689	−0.514	0.122	0.251	0.569
변환3	−0.056	−0.069	0.457	−0.11	0.597	0.097
변환4	−0.033	0.067	−0.469	−0.02	0.488	0.507
변환5	−0.64	0	0	0.5	0.856	0.251

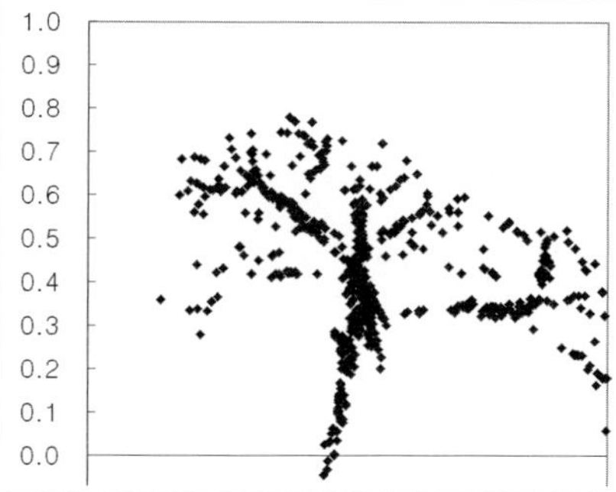

(4) 무궁화

	a	b	c	d	e	f
변환1	0.382	0	0	0.382	0.3072	0.619
변환2	0.382	0	0	0.382	0.0319	0.4044
변환3	0.382	0	0	0.382	0.6033	0.4044
변환4	0.382	0	0	0.382	0.1253	0.0595
변환5	0.382	0	0	0.382	0.492	0.0595

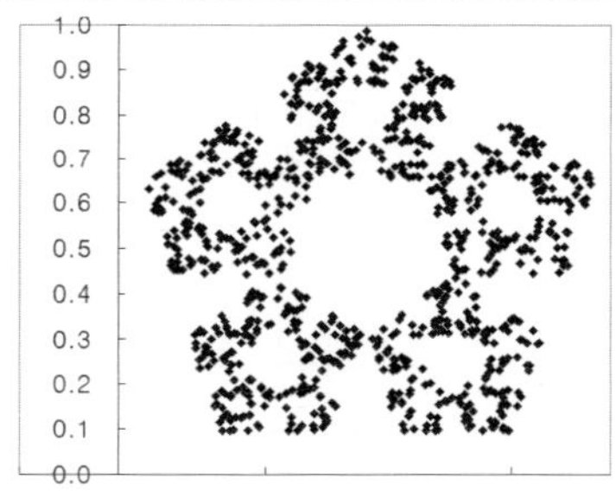

(5) 은하

	a	b	c	d	e	f
변환1	0.9	0.22	−0.5	1	1	0
변환2	0.66	0.23	−0.5	1	1	0

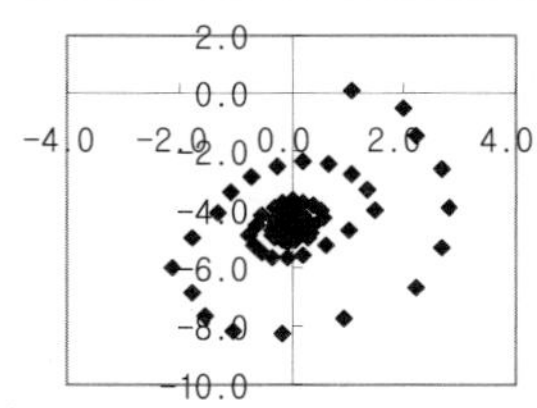

(6) 새떼

	a	b	c	d	e	f
변환1	0.7	0.901	0	0.6	0.4	0.369
변환2	0.66	0	0	−0.66	0.34	0

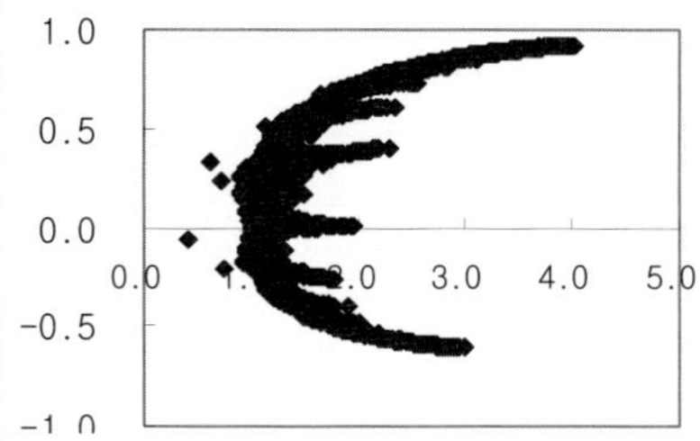

(7) 불가사리

	a	b	c	d	e	f
변환1	−0.8	−0.56	0.4	−0.2	0.6	0.47
변환2	0.654	0.5	−0.7	0.5	0.6	−0.9

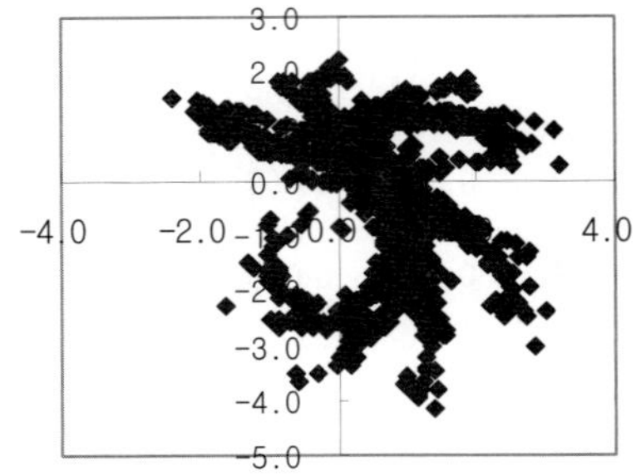

(8) 나뭇잎

	a	b	c	d	e	f
변환1	0.7	0.2	1	−0.8	3	2
변환2	0.66	0	0	−0.22	0.34	1

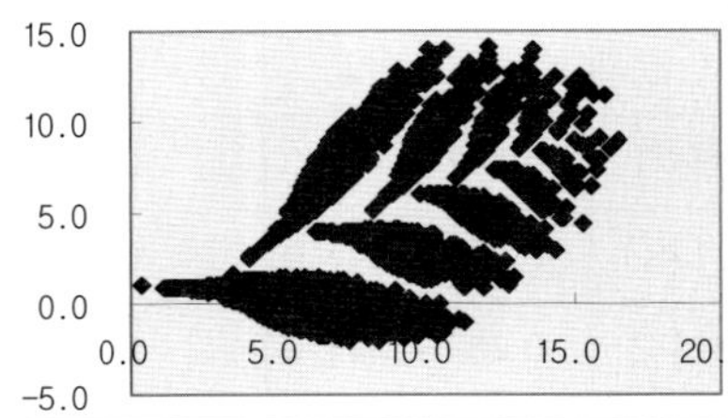

(9) 만델브로트 집합

	a	b	c	d	e	f
변환1	0.202	−0.805	−0.689	−0.342	−0.373	−0.653
변환2	0.138	0.665	−0.502	−0.222	0.66	−0.277

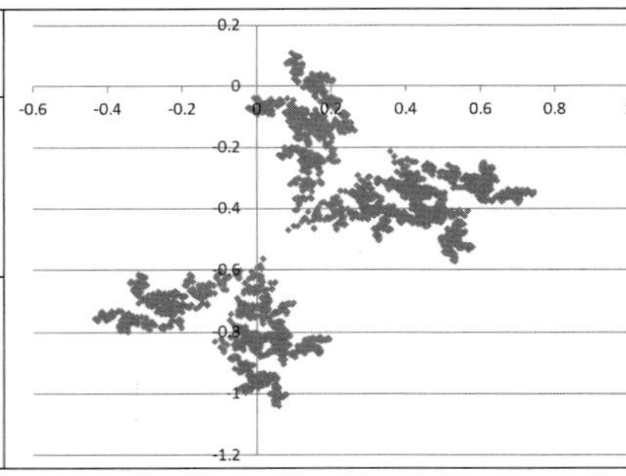

(10) 꽃잎

	a	b	c	d	e	f
변환1	−0.3	−0.5	−0.5	0.3	0	3
변환2	0	−0.66	0.66	0	−0.5	2.8

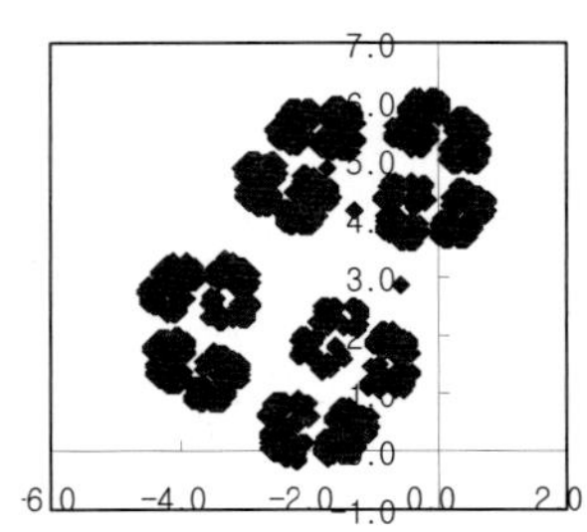

(11) 들풀

	a	b	c	d	e	f
변환1	0.5	0	4	0.5	0.7	1
변환2	0.66	0	0.11	−0.66	0	1

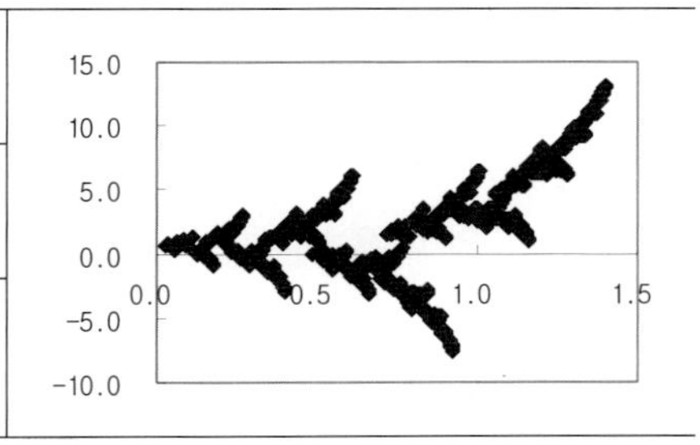

(12) 이진 나무

	a	b	c	d	e	f
변환1	0.01	0	0	0.45	0	0
변환2	−0.01	0	0	−0.45	0	0.4
변환3	0.66	−0.42	0.42	0.42	0	0.4
변환4	0.42	0.42	−0.42	0.42	0	0.4

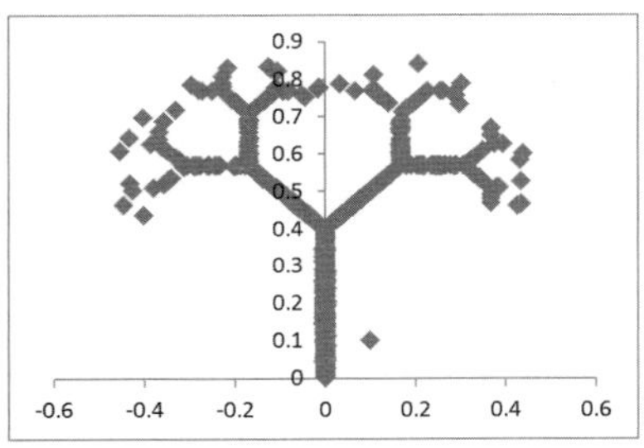

(13) 눈꽃송이

	a	b	c	d	e	f
변환1	0.382	0	0	0.382	0.309	0.57
변환2	0.118	−0.3633	0.363	0.118	0.363	0.330
변환3	0.118	0.3633	−0.36	0.118	0.518	0.694
변환4	−0.309	−0.2245	0.224	−0.309	0.607	0.309
변환5	−0.309	0.2245	−0.22	−0.309	0.701	0.533
변환6	0.382	0	0	−0.382	0.309	0.677

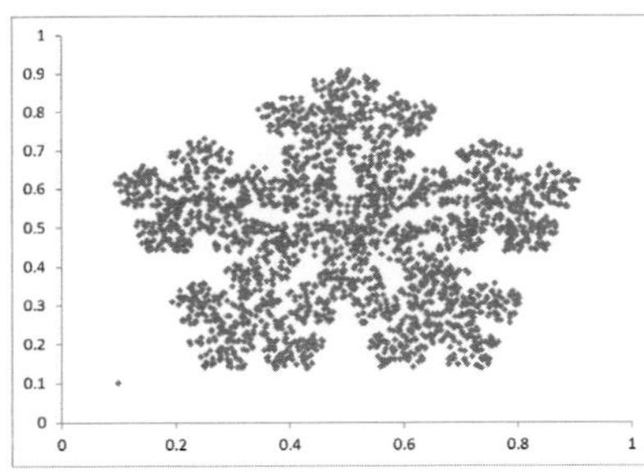

(14) 나뭇잎

	a	b	c	d	e	f
변환1	0.433	−0.25	0.25	0.433	0.333	0
변환2	0.433	0.25	−0.25	0.433	0.333	0
변환3	0.5	0	0	0.5	1	0

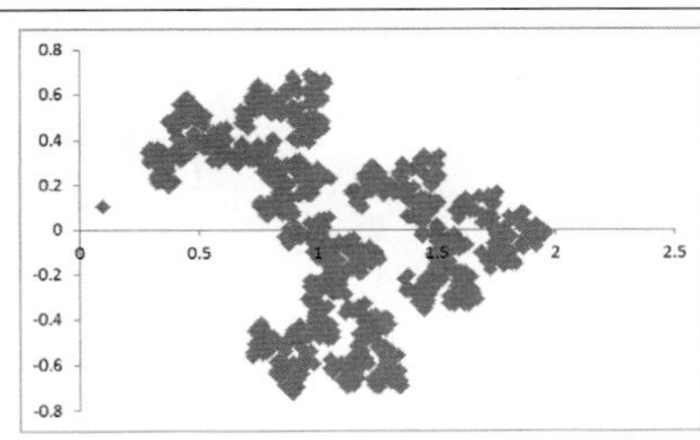

7.4 일차변환으로 프랙탈 도시 만들기

일차변환을 이용하여 나무, 나비, 가로수 등 여러 가지 프랙탈 도형을 만들 수 있다. 이러한 프랙탈 도형을 이용하여 도시를 만들어 보자.

1. 프랙탈 도시

(1) 곱셈 프랙탈

	A	B	C	D	E	F	G	H	I	J	K	L	M	N
1														
2	1	0	1		1	0	1	0	0	0	1	0	1	
3	0	0	2.5		0	0	2.5	0	0	0	0	0	2.5	
4	3	2	1		3	2	1	0	0	0	3	2	1	
5					0	0	0	0	0	0	2.5	0	2.5	
6					0	0	0	0	0	5	0	0	6.3	
7					0	0	0	0	0	0	7.5	5	2.5	
8					3	0	3	2	0	2	1	0	1	
9					0	0	7.5	0	0	5	0	0	2.5	
10					9	6	3	6	4	2	3	2	1	

	O	P	Q	R	S	T	U	V	W	X	Y	Z	AA	AB	AC	AD	AE	AF
1																		
2	1	0	1	0	0	0	1	0	1	0	0	0	0	0	0	0	0	0
3	0	0	2.5	0	0	0	0	0	2.5	0	0	0	0	0	0	0	0	0
4	3	2	1	0	0	0	3	2	1	0	0	0	0	0	0	0	0	0
5	0	0	0	0	0	0	2.5	0	2.5	0	0	0	0	0	0	0	0	0
6	0	0	0	0	0	5	0	0	6.3	0	0	0	0	0	0	0	0	0
7	0	0	0	0	0	0	7.5	5	2.5	0	0	0	0	0	0	0	0	0
8	3	0	3	2	0	2	1	0	1	0	0	0	0	0	0	0	0	0
9	0	0	7.5	0	0	5	0	0	2.5	0	0	0	0	0	0	0	0	0
10	9	6	3	6	4	2	3	2	1	0	0	0	0	0	0	0	0	0
11	0	0	0	0	0	0	0	0	0	0	0	0	0	0	0	0	0	0
12	0	0	0	0	0	0	0	0	0	0	0	0	0	0	0	0	0	0
13	0	0	0	0	0	0	0	0	0	0	0	0	0	0	0	0	0	0
14	0	0	0	0	0	0	0	0	0	0	0	0	0	0	0	0	0	0
15	0	0	0	0	0	0	0	0	0	0	0	0	0	0	0	0	0	0
16	0	0	0	0	0	0	0	0	0	0	0	0	0	0	0	0	0	0
17	0	0	0	0	0	0	0	0	0	0	0	0	0	0	0	0	0	0
18	0	0	0	0	0	0	0	0	0	0	0	0	0	0	0	0	0	0
19	0	0	0	0	0	0	0	0	0	0	0	0	0	0	0	0	0	0
20	3	0	3	0	0	0	3	0	3	2	0	2	0	0	0	2	0	2
21	0	0	7.5	0	0	0	0	0	7.5	0	0	5	0	0	0	0	0	5
22	9	6	3	0	0	0	9	6	3	6	4	2	0	0	0	6	4	2
23	0	0	0	0	0	0	7.5	0	7.5	0	0	0	0	0	0	5	0	5
24	0	0	0	0	0	15	0	0	19	0	0	0	0	0	10	0	0	13
25	0	0	0	0	0	0	23	15	7.5	0	0	0	0	0	0	15	10	5
26	9	0	9	6	0	6	3	0	3	6	0	6	4	0	4	2	0	2
27	0	0	23	0	0	15	0	0	7.5	0	0	15	0	0	10	0	0	5
28	27	18	9	18	12	6	9	6	3	18	12	6	12	8	4	6	4	2

	AG	AH	AI	AJ	AK	AL	AM	AN	AO
1									
2	1	0	1	0	0	0	1	0	1
3	0	0	2.5	0	0	0	0	0	2.5
4	3	2	1	0	0	0	3	2	1
5	0	0	0	0	0	0	2.5	0	2.5
6	0	0	0	0	0	5	0	0	6.3
7	0	0	0	0	0	0	7.5	5	2.5
8	3	0	3	2	0	2	1	0	1
9	0	0	7.5	0	0	5	0	0	2.5
10	9	6	3	6	4	2	3	2	1
11	2.5	0	2.5	0	0	0	2.5	0	2.5
12	0	0	6.3	0	0	0	0	0	6.3
13	7.5	5	2.5	0	0	0	7.5	5	2.5
14	0	0	0	0	0	0	6.3	0	6.3
15	0	0	0	0	0	13	0	0	16
16	0	0	0	0	0	0	19	13	6.3
17	7.5	0	7.5	5	0	5	2.5	0	2.5
18	0	0	19	0	0	13	0	0	6.3
19	23	15	7.5	15	10	5	7.5	5	2.5
20	1	0	1	0	0	0	1	0	1
21	0	0	2.5	0	0	0	0	0	2.5
22	3	2	1	0	0	0	3	2	1
23	0	0	0	0	0	0	2.5	0	2.5
24	0	0	0	0	0	5	0	0	6.3
25	0	0	0	0	0	0	7.5	5	2.5
26	3	0	3	2	0	2	1	0	1
27	0	0	7.5	0	0	5	0	0	2.5
28	9	6	3	6	4	2	3	2	1

(2) 차트로 도시 그리기

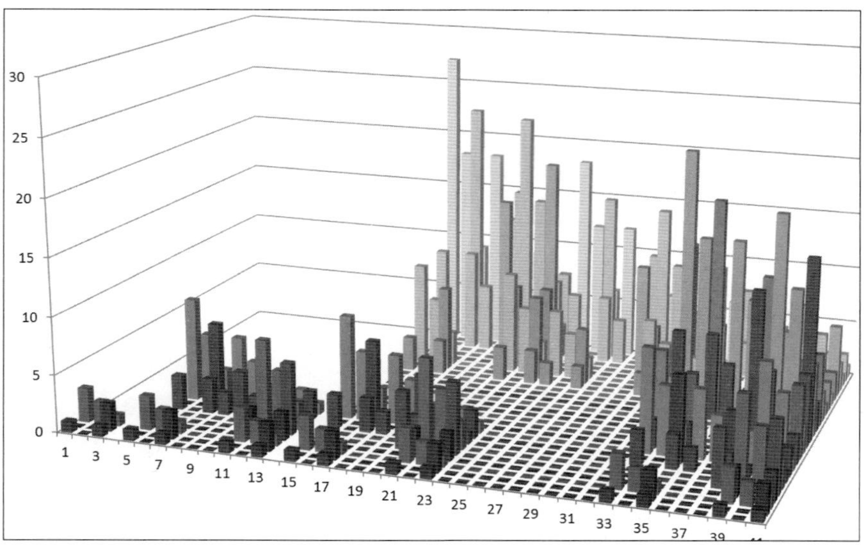

(3) 프랙탈 도시

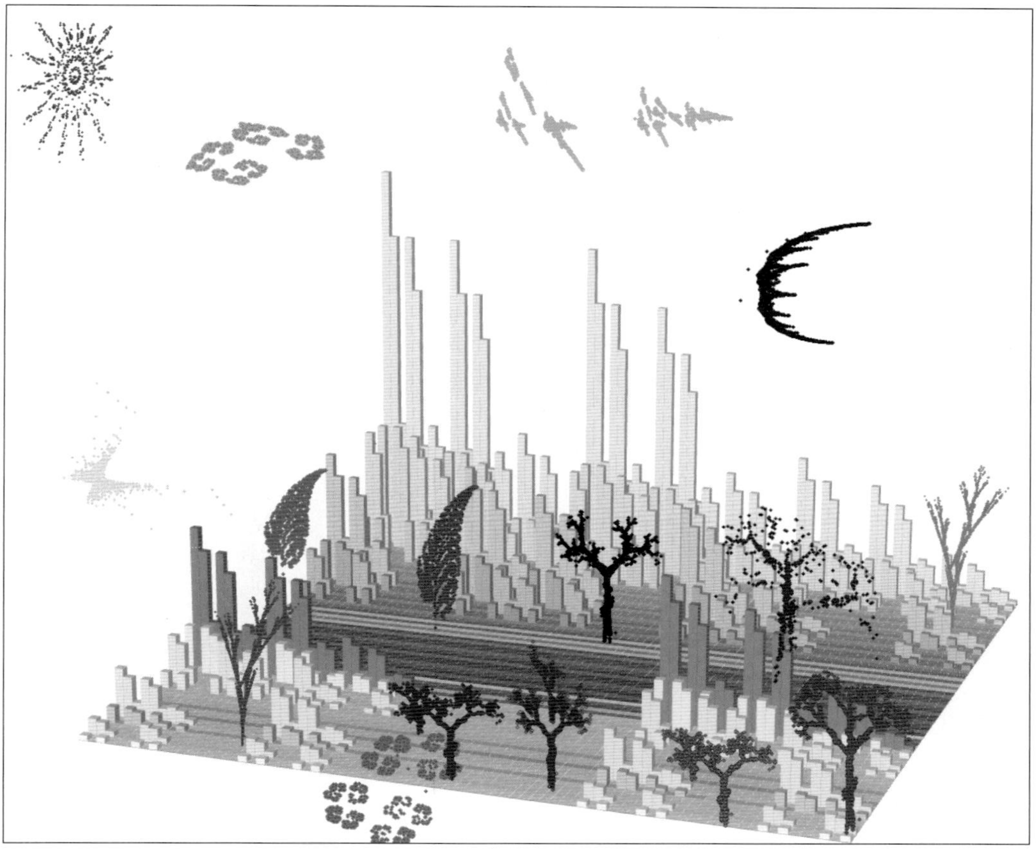

2. 프랙탈 도시 주변

(1) 태양

	a	b	c	d	e	f
변환1	−0.835	−0.249	0	−0.08	0.839	−0.32
변환2	−0.0730	0	0	−0.0248	0.793	−0.056
변환3	0.969	−0.238	0.71	0.863	−0.046	−0.204

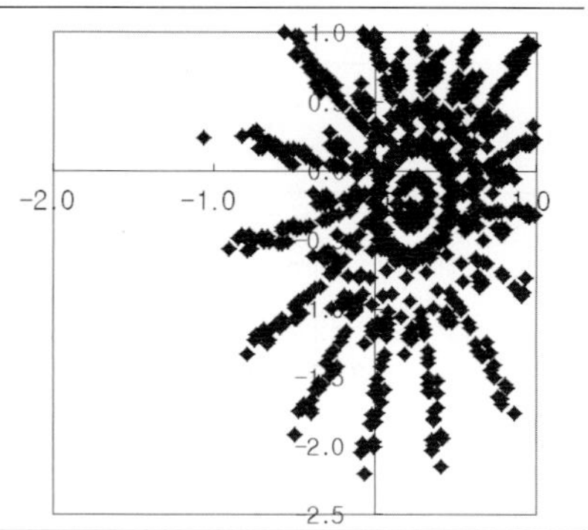

(2) 가로수 1

	a	b	c	d	e	f
변환1	0.849	0.08	−0.037	0.849	0	1.6
변환2	0.197	−0.257	0.226	0.223	0	1.6
변환3	−0.158	0.35	0.308	0.334	0	0.44
변환4	0	0	0	0.179	0	0.507

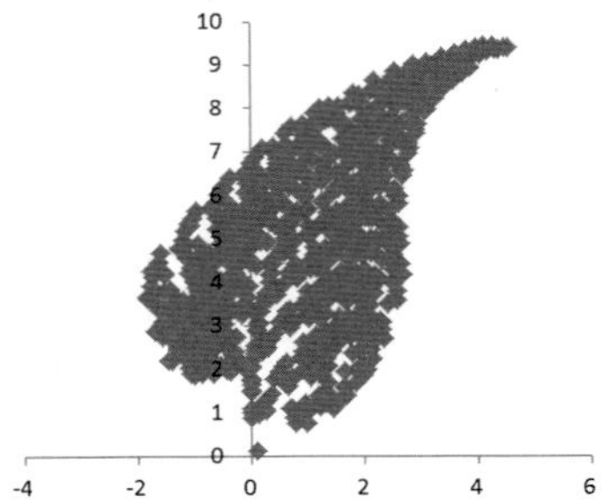

(3) 가로수 2

	a	b	c	d	e	f
변환1	0.849	0.08	−0.037	0.9	−0.1	1.6
변환2	0.197	−0.257	0.226	0.4	0.3	1.6
변환3	−0.158	0.35	0.308	0.4	0	0.44
변환4	−0.1	0	0	0.179	0	0.507

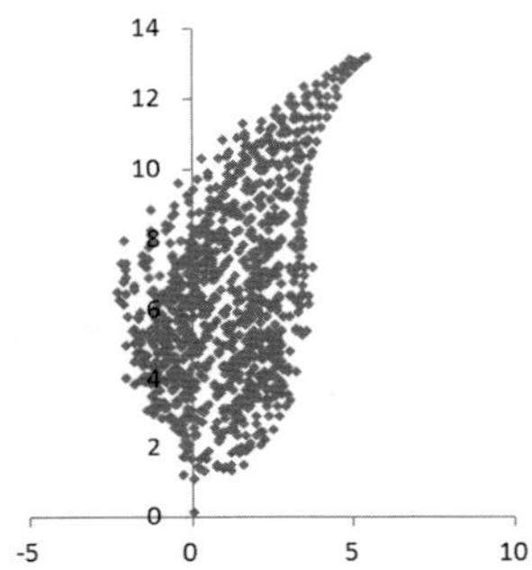

(4) 나비

	a	b	c	d	e	f
변환1	0.35	1.8	0.5	−0.45	0.4	0.8
변환2	0.5	0.7	0.6	−0.5	−0.5	0.4

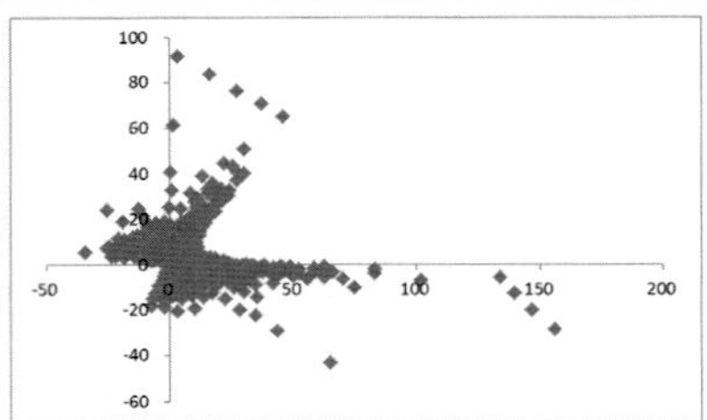

(5) 꽃잎

	a	b	c	d	e	f
변환1	−0.3	−0.5	−0.5	0.3	0	3
변환2	0	−0.66	0.66	0	−0.5	2.8

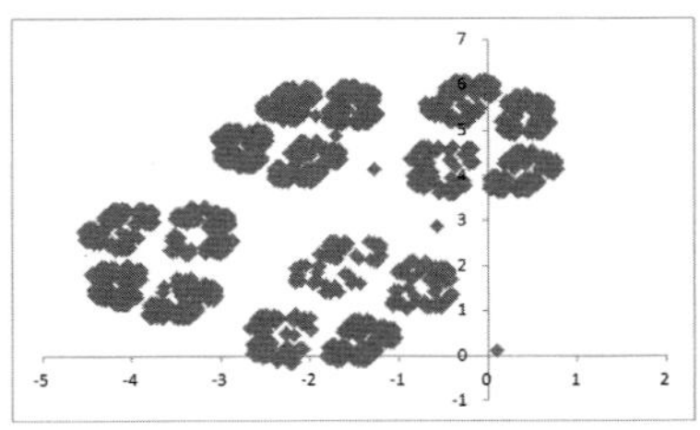

(6) 꽃잎2

	a	b	c	d	e	f
변환1	0.3	0.7	−0.5	0	0	0
변환2	0	−0.66	0.6	0	−0.5	0

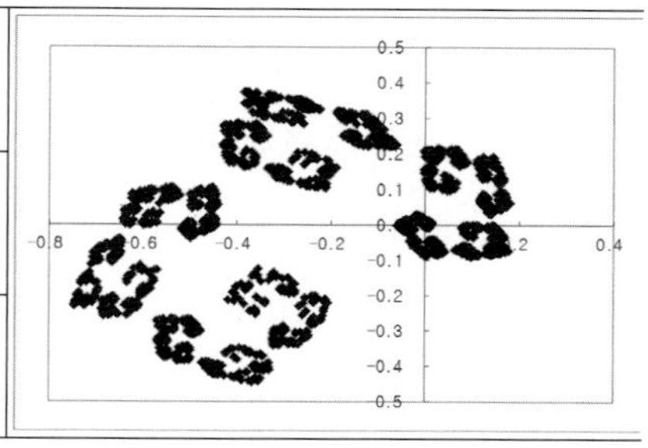

(7) 나무1

나무	a	b	c	d	e	f
변환1	0.194	−0.453	0.35	0.408	0.443	0.245
변환2	0.613	0.689	−0.514	0.122	0.251	0.569
변환3	−0.056	−0.069	0.457	−0.11	0.597	0.097
변환4	−0.033	0.067	−0.469	−0.02	0.488	0.507
변환5	−0.64	0	0	0.5	0.856	0.251

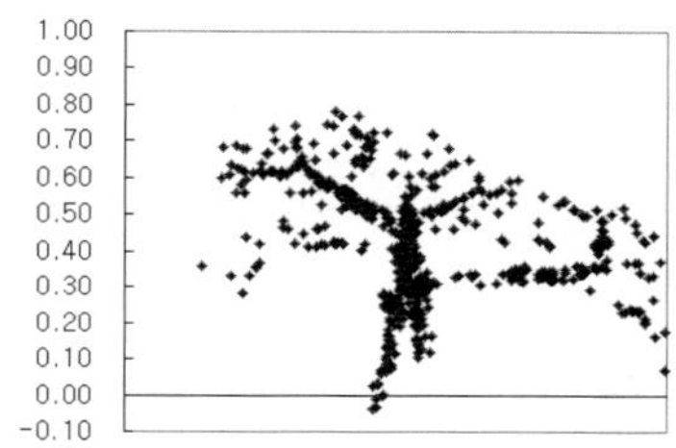

(8) 나무 2

	a	b	c	d	e	f
변환1	0.194	−0.453	0.35	0.408	0.443	0.245
변환2	0.464	0.415	−0.257	0.361	0.251	0.569
변환3	−0.056	−0.069	0.457	−0.11	0.597	0.097
변환4	−0.033	0.067	−0.469	−0.02	0.488	0.507
변환5	−0.64	0	0.7	0.5	0.856	0.251

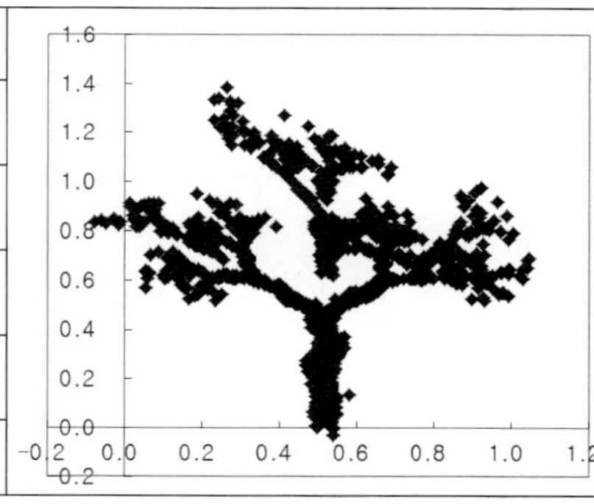

(9) 나무 3

	a	b	c	d	e	f
변환1	0.194	−0.453	0.35	0.408	0.443	0.245
변환2	0.464	0.415	−0.257	0.361	0.251	0.569
변환3	−0.056	−0.069	0.457	−0.11	0.597	0.097
변환4	−0.033	0.067	−0.469	−0.02	0.488	0.507
변환5	−0.64	0	0.7	0.5	0.856	0.251

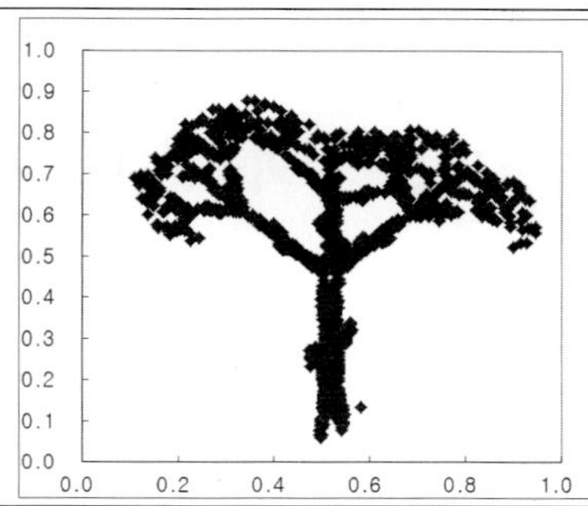

(10) 나무 4

	a	b	c	d	e	f
변환1	0.194	−0.453	0.35	0.408	0.443	0.245
변환2	0.464	0.415	−0.257	0.361	0.251	0.569
변환3	−0.056	−0.069	0.457	−0.11	0.597	0.097
변환4	−0.033	0.067	−0.469	−0.02	0.488	0.507
변환5	−0.64	0	0.3	0.5	0.6	0.251

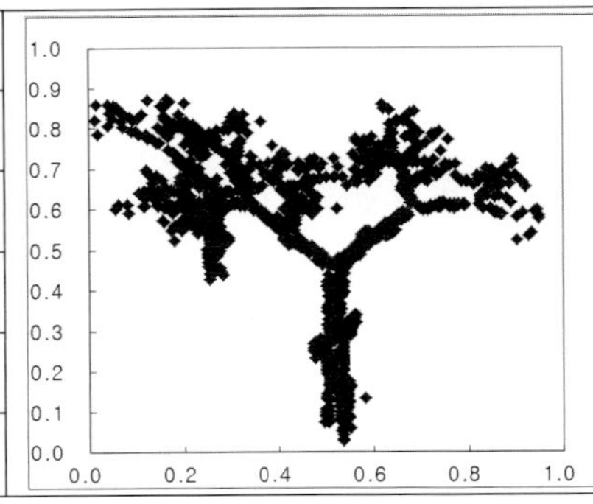

(11) 나무 5

	a	b	c	d	e	f
변환1	0.7	0.2	0	−0.5	0	0.1
변환2	0.66	0	1	−0.66	0.34	0

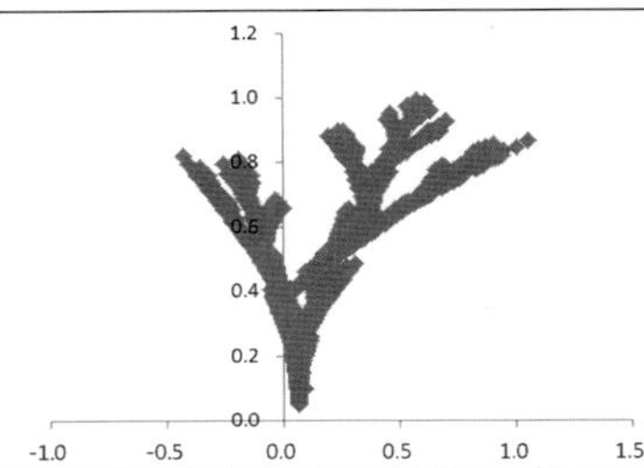

(12) 비행기

	a	b	c	d	e	f
변환1	0.333	0	−0.68	0.4	−0.55	−0.777
변환2	0.333	0	−0.55	0.2	0.5	0.5
변환3	0.333	0	0.7	0.5	0.4	0
변환4	0.33	0	−10	0.25	−0.5	0

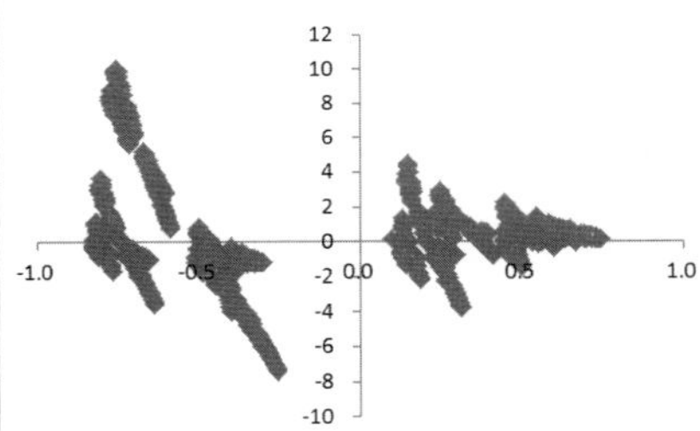

7.5 회전을 이용한 프랙탈을 일차변환으로 나타내기

프랙탈을 생성하는 방법으로 회전을 이용하는 방법을 살펴보자.

1. 변환

(1) 일차변환

축소, 회전, 대칭이동을 할 때 일차변환을 이용한다.

점 P(x, y)를 x축 방향으로 r배 축소하여 ψ 만큼 회전시키고 y축 방향으로 s배 만큼 축소하고, ω만큼 회전시킨 후의 좌표 P'(x', y')는 다음과 같다.

$$x' = r\cos\psi x - s\sin\omega y$$

$$y' = r\sin\psi x + s\sin\omega y$$

여기서 $a = r\cos\psi$, $b = -s\sin\omega$, $c = r\sin\psi$, $d = s\sin\omega$라 하면

$$\begin{pmatrix} a\ b \\ c\ d \end{pmatrix} = \begin{pmatrix} r\cos\psi & -b\sin\omega \\ r\sin\psi & s\cos\omega \end{pmatrix}$$

따라서

$$\begin{pmatrix} a\ b \\ c\ d \end{pmatrix}\begin{pmatrix} x \\ y \end{pmatrix} = \begin{pmatrix} r\cos\psi & -b\sin\omega \\ r\sin\psi & s\cos\omega \end{pmatrix}\begin{pmatrix} x \\ y \end{pmatrix}$$

이다.

(2) 일차변환에 평행 이동이 더해진 아핀변환

아핀변환은 일차변환을 x축 방향으로 e, y축 방향으로 f만큼 이동시킨 것이다.

이동시킨 점을 P'(x', y')이라 하면

$$\begin{pmatrix} x' \\ y' \end{pmatrix} = \begin{pmatrix} r\cos\psi - b\sin\omega \\ r\sin\psi \quad s\cos\omega \end{pmatrix}\begin{pmatrix} x \\ y \end{pmatrix} = \begin{pmatrix} a\ b \\ c\ d \end{pmatrix}\begin{pmatrix} x \\ y \end{pmatrix} + \begin{pmatrix} e \\ f \end{pmatrix}$$

$$= \begin{pmatrix} ax + by + e \\ cx + dy + f \end{pmatrix}$$

아핀 변환은 a, b, c, d, e, f가 필요하다.

2. 아핀변환과 회전 프랙탈

(1) 변환 2 : 90도 회전

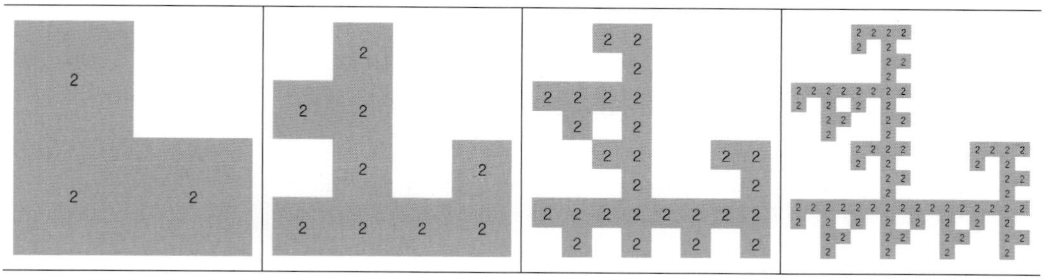

(2) 일차변환의 표현

① 90도 회전의 변환이다.

$$\begin{pmatrix} x' \\ y' \end{pmatrix} = \begin{pmatrix} r\cos\psi - b\sin\omega \\ r\sin\psi \quad s\cos\omega \end{pmatrix}\begin{pmatrix} x \\ y \end{pmatrix} = \begin{pmatrix} \frac{1}{2}\cos 90^\circ & -\frac{1}{2}\sin 90^\circ \\ \frac{1}{2}\sin 90^\circ & \frac{1}{2}\cos 90^\circ \end{pmatrix}\begin{pmatrix} x \\ y \end{pmatrix} + \begin{pmatrix} e \\ f \end{pmatrix}$$ 이므로

② offset 함수를 이용하여 일차변환의 값을 구한다.

	A	B	C	D	E	F	G	H
1	1. 변환2의 행렬							
2		*a*	*b*	*c*	*d*	*e*	*f*	
3	1	0	−0.5	0.5	0	0	0	
4	2	0	−0.5	0.5	0	0.5	0	
5	3	0	−0.5	0.5	0	0	0.5	
6								
7	2. x,y좌표							
8	순	난수	x좌표	y좌표		3.분산형 차트		
9	1	3	0.10	0.1				
10	2	2	0.45	0.05				
11	3	1	−0.03	0.23				
12	4	2	0.39	−0.01				
13	5	3	0.01	0.69				
14	6	3	−0.35	0.50				
15	7	3	−0.25	0.33				
16	8	1	−0.16	−0.13				

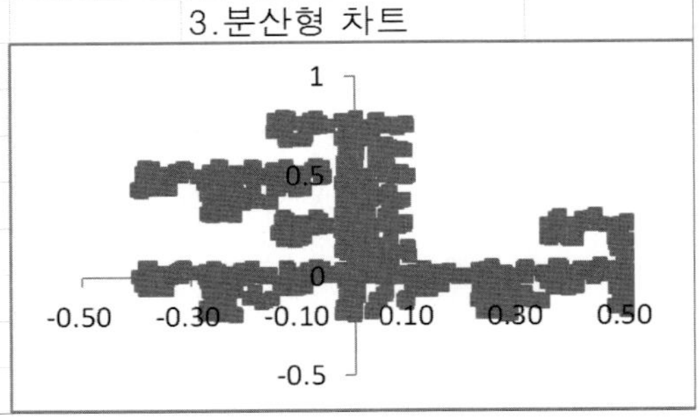

(3) 셀 B10의 내용

=OFFSET($B$2,B10,0)*C9+OFFSET($C$2,B10,0)*D9+OFFSET($F$2,B10,0)

① =OFFSET($B$2 : B2셀을 기준점으로 정한다.

② =OFFSET($B$2,B10 : B10 셀은 1, 2, 3 중에서 발생한 난수 2이다. 기준점에서 2행 내려간다.

③ =OFFSET($B$2,B10,0) : 0은 열이동이 없다는 것이다.

④ =OFFSET($B$2,B10,0)의 값은 B4 셀의 0을 가르킨다.

⑤ =OFFSET($B$2,B10,0)*C9은 C9의 값을 곱한다.

⑥ =OFFSET($B$2,B10,0)*C9는 ax의 값이다.

⑦ 같은 방법으로 반복하여 구한다.

4. 변환 1, 2, 3 회전 프랙탈

(1) 1, 2, 3의 회전 프랙탈

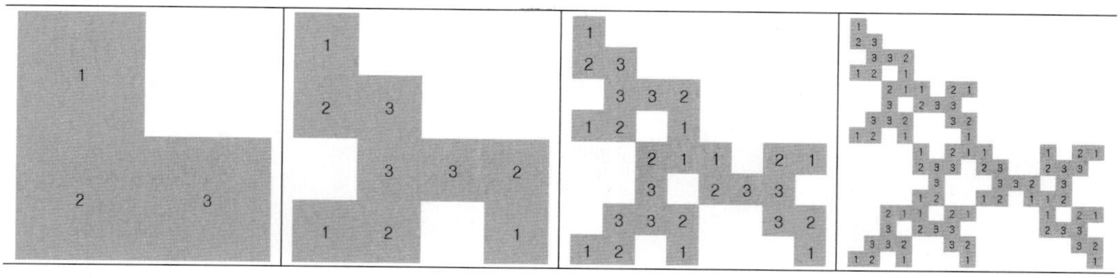

(2) 1, 2, 3의 아핀변환 행렬

$$\begin{pmatrix} x' \\ y' \end{pmatrix} = \begin{pmatrix} r\cos\psi & -b\sin\omega \\ r\sin\psi & s\cos\omega \end{pmatrix}\begin{pmatrix} x \\ y \end{pmatrix} = \begin{pmatrix} \frac{1}{2}\cos 0^\circ & -\frac{1}{2}\sin 0^\circ \\ \frac{1}{2}\sin 0^\circ & \frac{1}{2}\cos 0^\circ \end{pmatrix}\begin{pmatrix} x \\ y \end{pmatrix} + \begin{pmatrix} 0 \\ \frac{1}{2} \end{pmatrix}$$

$$\begin{pmatrix} x' \\ y' \end{pmatrix} = \begin{pmatrix} r\cos\psi & -b\sin\omega \\ r\sin\psi & s\cos\omega \end{pmatrix}\begin{pmatrix} x \\ y \end{pmatrix} = \begin{pmatrix} \frac{1}{2}\cos 90^\circ & -\frac{1}{2}\sin 90^\circ \\ \frac{1}{2}\sin 90^\circ & \frac{1}{2}\cos 90^\circ \end{pmatrix}\begin{pmatrix} x \\ y \end{pmatrix} + \begin{pmatrix} 0 \\ 0 \end{pmatrix}$$

$$\begin{pmatrix} x' \\ y' \end{pmatrix} = \begin{pmatrix} r\cos\psi & -b\sin\omega \\ r\sin\psi & s\cos\omega \end{pmatrix}\begin{pmatrix} x \\ y \end{pmatrix} = \begin{pmatrix} \frac{1}{2}\cos 180^\circ & -\frac{1}{2}\sin 180^\circ \\ \frac{1}{2}\sin 180^\circ & \frac{1}{2}\cos 180^\circ \end{pmatrix}\begin{pmatrix} x \\ y \end{pmatrix} + \begin{pmatrix} \frac{1}{2} \\ 0 \end{pmatrix}$$

(3) 아핀변환 계산

	A	B	C	D	E	F	G	H
1	1. 변환2의 행렬							
2		*a*	*b*	*c*	*d*	*e*	*f*	
3	1	0.5	0	0	0.5	0	0.5	
4	2	0	−0.5	0.5	0	0	0	
5	3	−0.5	0	0	−0.5	0.5	0	
6								
7	2. x,y좌표							
8	순	난수	x좌표	y좌표		3.분산형 차트		
9	1	2	0.10	0.1				
10	2	3	0.45	−0.05				
11	3	1	0.23	0.48				
12	4	1	0.11	0.74				
13	5	2	−0.37	0.06				
14	6	1	−0.18	0.53				
15	7	1	−0.09	0.76				
16	8	2	−0.38	−0.05				
17	9	1	−0.19	0.48				

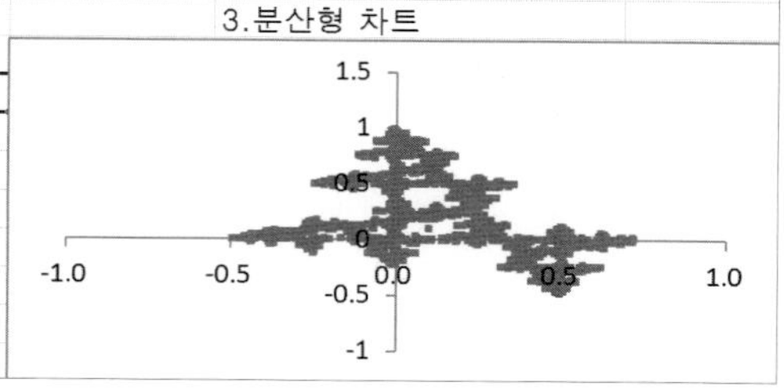

5. 회전 2, 3, 4 프랙탈

(1) 회전 2, 3, 4

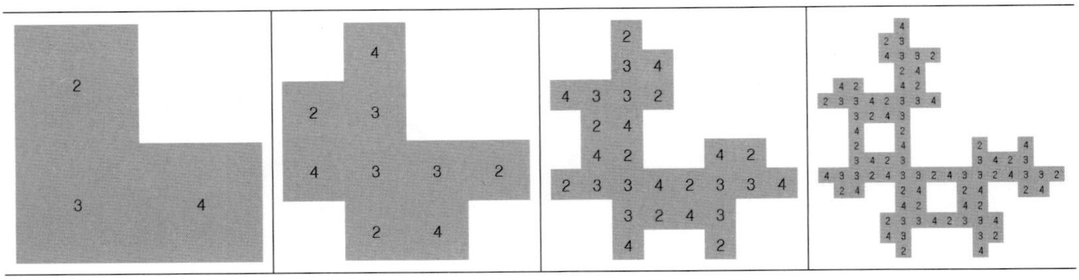

(2) 아핀변환 행렬

$$\begin{pmatrix} x' \\ y' \end{pmatrix} = \begin{pmatrix} r\cos\psi & -b\sin\omega \\ r\sin\psi & s\cos\omega \end{pmatrix}\begin{pmatrix} x \\ y \end{pmatrix} = \begin{pmatrix} \frac{1}{2}\cos 90^\circ & -\frac{1}{2}\sin 90^\circ \\ \frac{1}{2}\sin 90^\circ & \frac{1}{2}\cos 90^\circ \end{pmatrix}\begin{pmatrix} x \\ y \end{pmatrix} + \begin{pmatrix} 0 \\ \frac{1}{2} \end{pmatrix}$$

$$\begin{pmatrix} x' \\ y' \end{pmatrix} = \begin{pmatrix} r\cos\psi & -b\sin\omega \\ r\sin\psi & s\cos\omega \end{pmatrix}\begin{pmatrix} x \\ y \end{pmatrix} = \begin{pmatrix} \frac{1}{2}\cos 180^\circ & -\frac{1}{2}\sin 180^\circ \\ \frac{1}{2}\sin 180^\circ & \frac{1}{2}\cos 180^\circ \end{pmatrix}\begin{pmatrix} x \\ y \end{pmatrix} + \begin{pmatrix} 0 \\ 0 \end{pmatrix}$$

$$\begin{pmatrix} x' \\ y' \end{pmatrix} = \begin{pmatrix} r\cos\psi & -b\sin\omega \\ r\sin\psi & s\cos\omega \end{pmatrix}\begin{pmatrix} x \\ y \end{pmatrix} = \begin{pmatrix} \frac{1}{2}\cos 270^\circ & -\frac{1}{2}\sin 270^\circ \\ \frac{1}{2}\sin 270^\circ & \frac{1}{2}\cos 270^\circ \end{pmatrix}\begin{pmatrix} x \\ y \end{pmatrix} + \begin{pmatrix} \frac{1}{2} \\ 0 \end{pmatrix}$$

(3) 아핀변환 행렬 계산

	A	B	C	D	E	F	G	H
1	1. 변환2의 행렬							
2		*a*	*b*	*c*	*d*	*e*	*f*	
3	1	0	−0.5	0.5	0	0	0.5	
4	2	−0.5	0	0	−0.5	0	0	
5	3	0	0.5	0.5	0	0.5	0	
6								
7	2. x,y좌표							
8	순	난수	x좌표	y좌표		3.분산형 차트		
9	1	1	0.10	0.1				
10	2	2	−0.05	−0.05				
11	3	3	0.48	−0.03				
12	4	3	0.49	0.24				
13	5	1	−0.12	0.74				
14	6	1	−0.37	0.44				
15	7	3	0.72	−0.19				
16	8	1	0.09	0.86				
17	9	2	−0.05	−0.43				

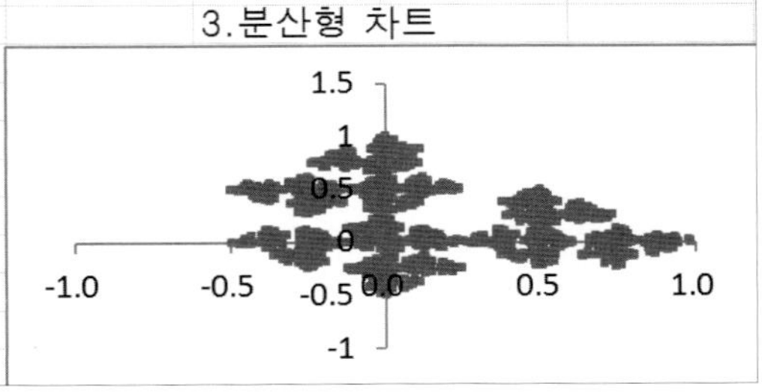

08 끌 개

Chapter >>

8장은 끌개이다. 끌리는 사람이 있다. 사람의 마음을 잡아끄는 힘. 수학의 아름다움을 강요하지 않고, 수학의 깊음을 이야기 하지 않더라도 나를 수학의 매력에서 나오지 못하게 하는 힘, 그런 끌림으로 살고 싶다. 이러한 끌림은 어떻게 나타날까?

에펠탑에는 자기닮음의 프랙탈 구조가 있다. 1889년 3월 31일 프랑스 대혁명 100주년을 맞이해 에펠탑이 세워졌다. 탑의 설계도가 발표되자 파리의 문인, 화가 및 조각가들은 에펠탑을 천박하다고 생각했다. 시민들의 반발이 있어 프랑스 정부는 20년 후에 철거하기로 하고 건설을 강행했다. 1909년 20년이 지나 철거가 논의 되었지만, 탑 꼭대기의 전파 송출 장치 때문에 철거 할 수 없었다. 철거 논의는 사라지면서 사람들은 에펠탑에 정이 들고 지금은 파리의 상징이 되었다.

날마다 보면 정이 든다. 자주 보는 것만으로 호감이 가는 현상을 '에펠탑 효과'라 한다.

프랙탈이란 학문은 자연을 대상으로 한다. 구름, 숲, 나무, 주위에서 흔히 볼 수 있는 대상을 다룬다. 때문에 프랙탈은 누구나 친근하게 다가 갈 수 있고, 정들 수 있다.

8.1 반복함수 $x_{n+1}=ax_n$ 의 성질

$x_{n+1}=ax_n$의 반복함수에서 나타나는 규칙을 찾아보자.

1. a값에 따른 특성

(1) a값에 따라 어떤 특성이 나타나는가?

a 값의 범위	a	초기치	1회	2회	3회	4회	5회
$a<-1$	-2	0.5	-1	2	-4	8	-16
$a=-1$	-1	0.5	-0.5	0.5	-0.5	0.5	-0.5
$-1<a<0$	-0.5	0.5	-0.25	0.125	-0.0625	0.03125	-0.01563
$a=0$	0	0.5	0	0	0	0	0
$0<a<1$	0.5	0.5	0.25	0.125	0.0625	0.03125	0.015625
$a=1$	1	0.5	0.5	0.5	0.5	0.5	0.5
$a>1$	2	0.5	1	2	4	8	16

(2) 그래프를 이용하여 나타내어 보자.

a 값의 범위	a	초기치	그래프	그래프 모양
$a<-1$	-2	0.5	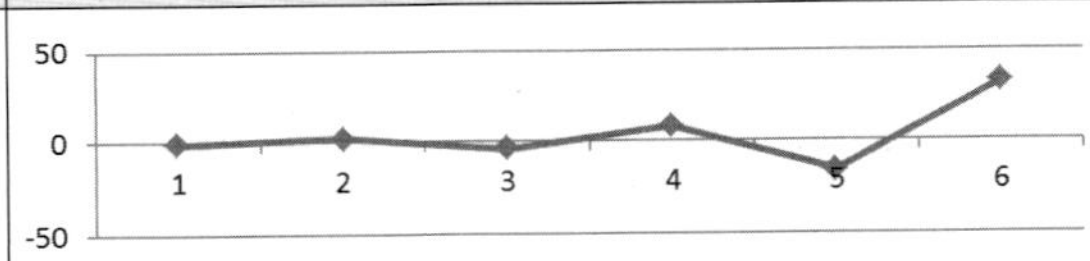	진동 발산
$a=-1$	-1	0.5	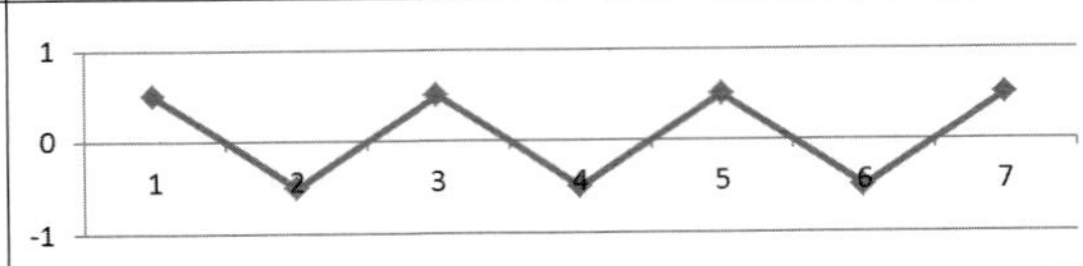	고정점(두 개)
$-1<a<0$	-0.5	0.5	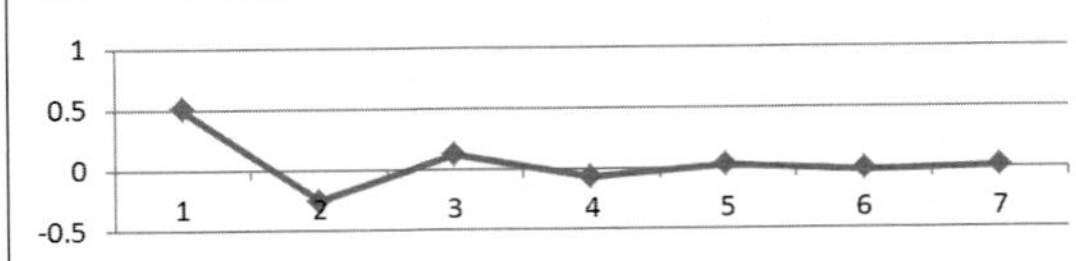	진동 수렴
$a=0$	0	0.5	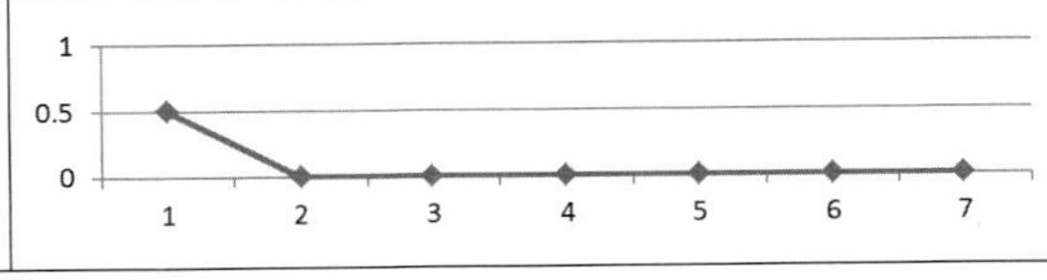	고정점(1개)

a 값의 범위	a	초기치	그래프	그래프 모양
$0 < a < 1$	0.5	0.5	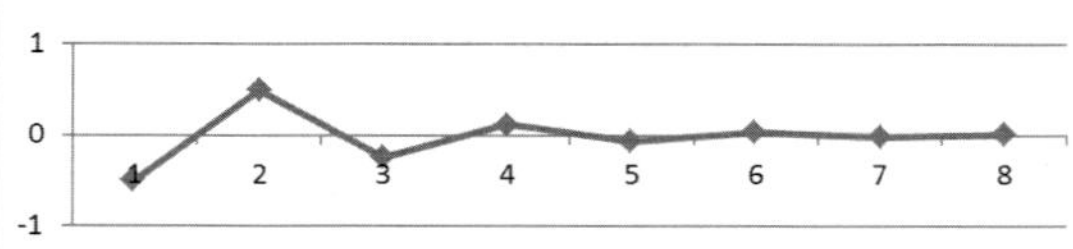	진동하지 않는 수렴
$a = 1$	1	0.5	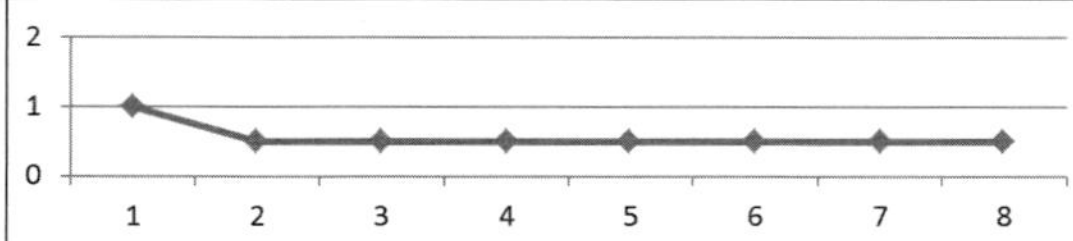	고정점(1개)
$a > 1$	2	0.5	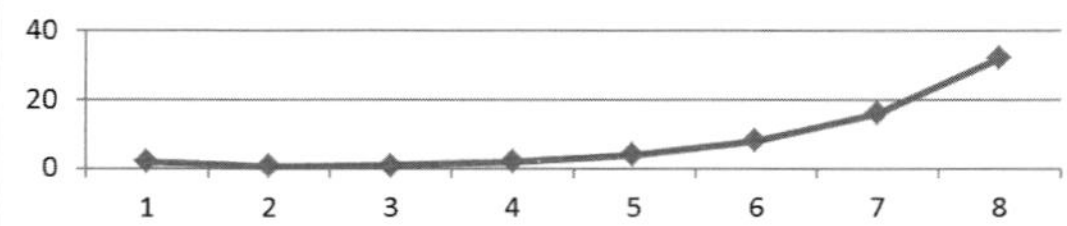	진동하지 않는 발산

(3) a의 범위에 따라 수렴과 발산을 생각해 보자.

수렴	고정점	발산
$-1 < a < 0$	$a = -1$	$a < -1$
$a = 0$		$a > 1$
$0 < a < 1$		
$a = 1$		
$-1 \leq a \leq 1$, $\lvert a \rvert < 1$		$\lvert a \rvert > 1$

(4) 진동과 진동하지 않는 것으로 구분해 보자.

	진동	진동하지 않음
수렴	$-1 < a < 0$	$0 < a < 1$
발산	$a < -1$	$a > 1$

8.2 계단형과 나선형 끌개

함수의 기울기에 나선형 밀개, 나선형 끌개, 계단형 끌개, 계단형 밀개가 나타나는 과정을 살펴보자.

1. 기울기의 변화와 그래프

(1) 기울기의 변화에 따른 그래프의 변화

① 기울기 $m > 1$, $x_{n+1} = 1.5x_n$(계단형으로 멀어진다. 계단형 밀개)

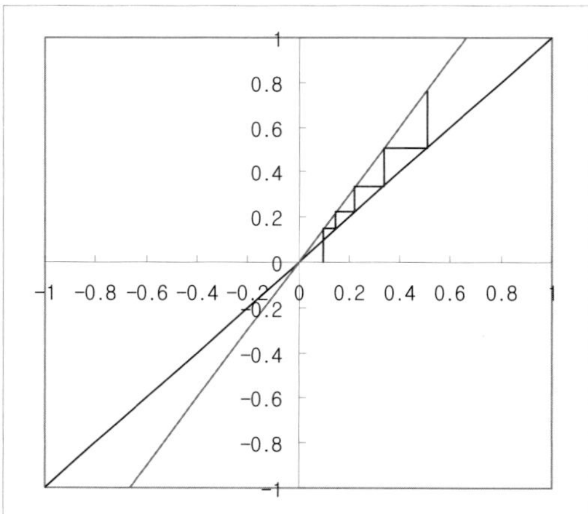

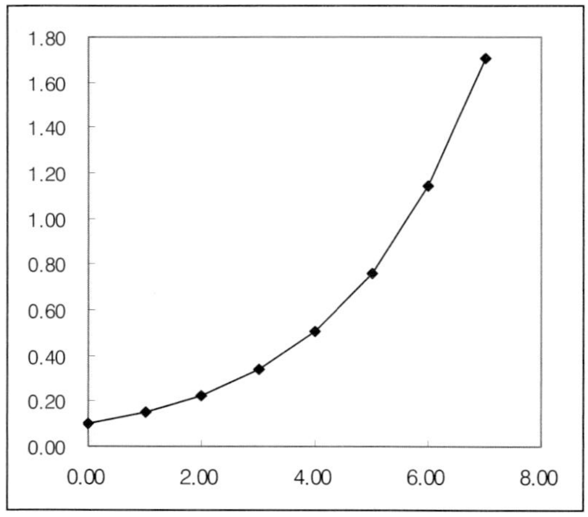

(반복)x_0	x_1	x_2	x_3	x_4	x_5	x_6	x_7	x_8	x_9
0.10	0.15	0.23	0.34	0.51	0.76	1.14	1.71	2.56	3.84

② 기울기 $0 < m < 1$, $x_{n+1} = 0.5x_n$(계단형으로 끌려들어 온다. 계단형 끌개)

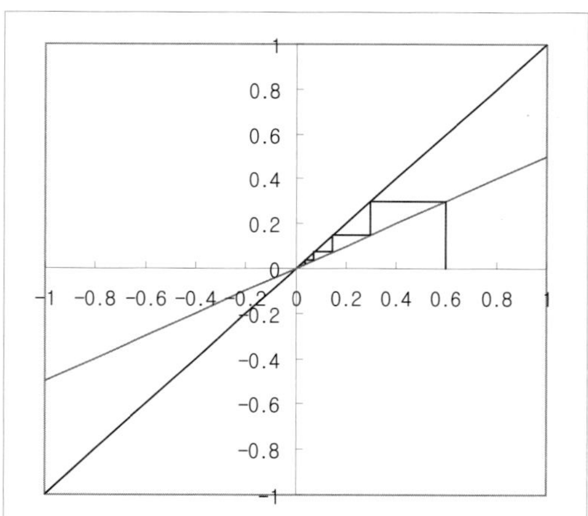

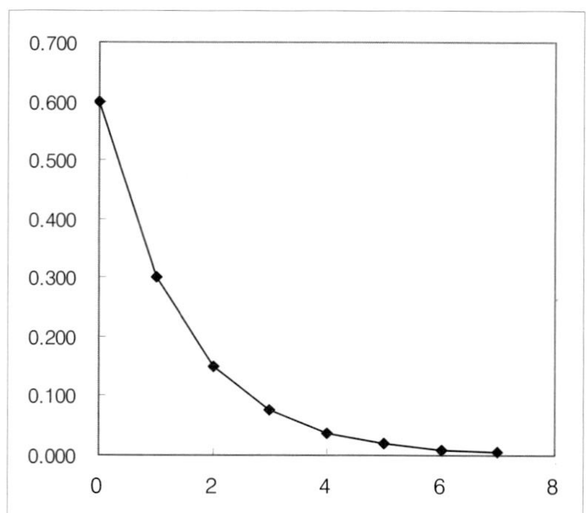

x_0	x_1	x_2	x_3	x_4	x_5	x_6	x_7	x_8	x_9
0.600	0.300	0.150	0.075	0.038	0.019	0.009	0.005	0.002	0.001

③ 기울기 $m < -1$, $x_{n+1} = -1.5x_n$(나선형으로 밀려간다. 나선형 밀개)

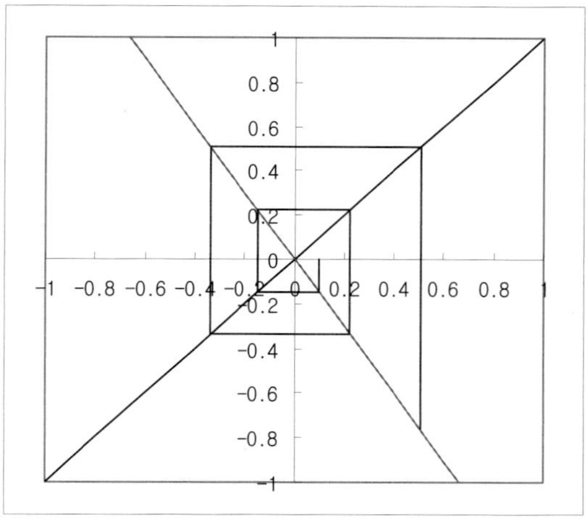

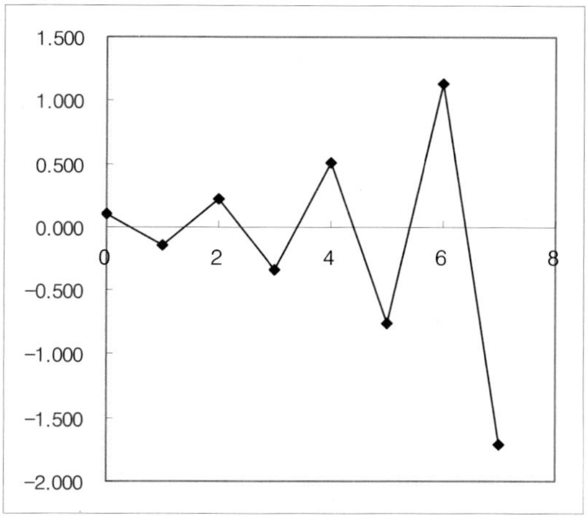

x_0	x_1	x_2	x_3	x_4	x_5	x_6	x_7	x_8	x_9
0.100	−0.150	0.225	−0.338	0.506	−0.759	1.139	−1.709	2.563	−3.844

④ 기울기 $-1 < m < 0$, $x_{n+1} = -0.5x_n$(나선형으로 끌려온다. 나선형 끌개)

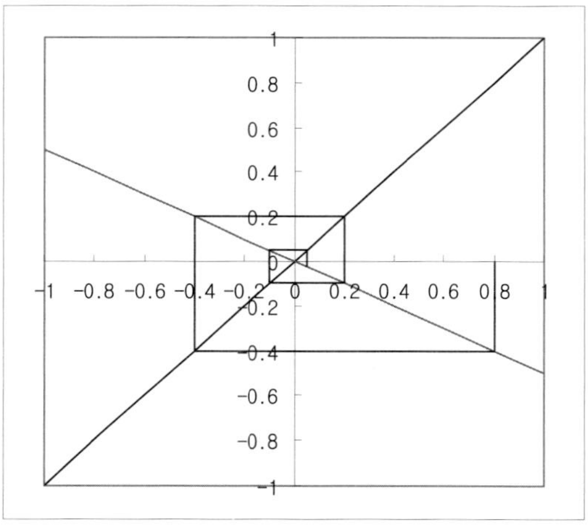

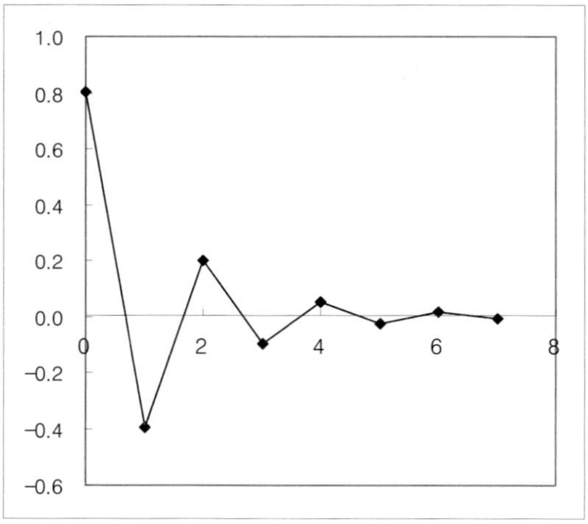

x_0	x_1	x_2	x_3	x_4	x_5	x_6	x_7	x_8	x_9
0.800	−0.400	0.200	−0.100	0.050	−0.025	0.013	−0.006	0.003	−0.002

2. 기울기와 그래프 반복

기울기	그래프 반복의 모양	밀개와 끌개
$m < -1$	나선형으로 멀어진다.	나선형 밀개
$-1 < m < 0$	나선형으로 끌려 들어간다.	나선형 끌개
$0 < m < 1$	계단형으로 끌려 들어간다.	계단형 끌개
$1 < m$	계단형으로 멀어진다.	계단형 밀개

8.3 계단형과 나선형

$x_{n+1} = x_n^2$의 초기치에 따른 그래프 반복을 살펴보자.

1. 그래프 반복

(1) 기울기의 변화에 따라 그래프의 변화

① 초기값이 $x_0 > 1$일 때(계단형 밀개), $x_0 = 1.01$

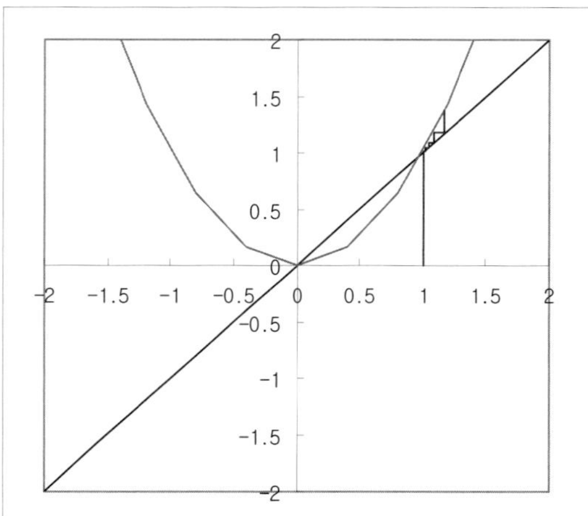

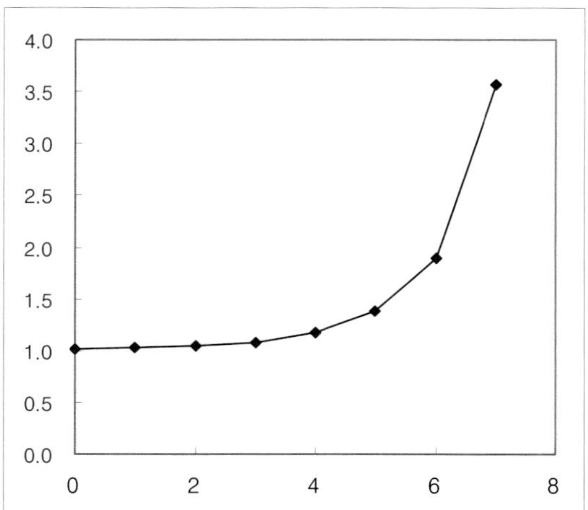

x_0	x_1	x_2	x_3	x_4	x_5	x_6	x_7	x_8	x_9
1.010	1.020	1.041	1.083	1.173	1.375	1.890	3.574	12.772	163.134

② 초기값이 $0 < x_0 < 1$일 때, $x_0 = 0.90$

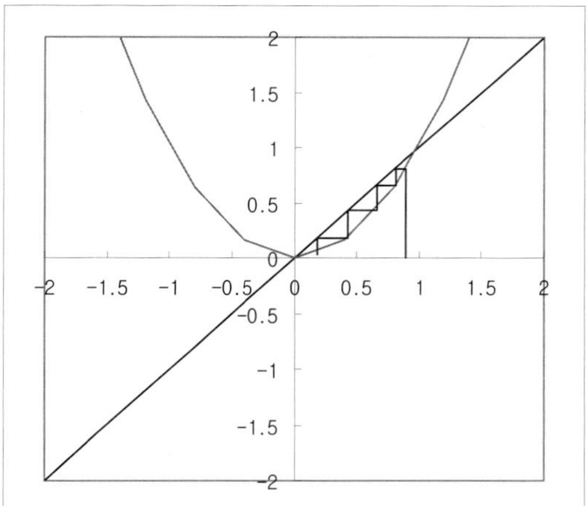

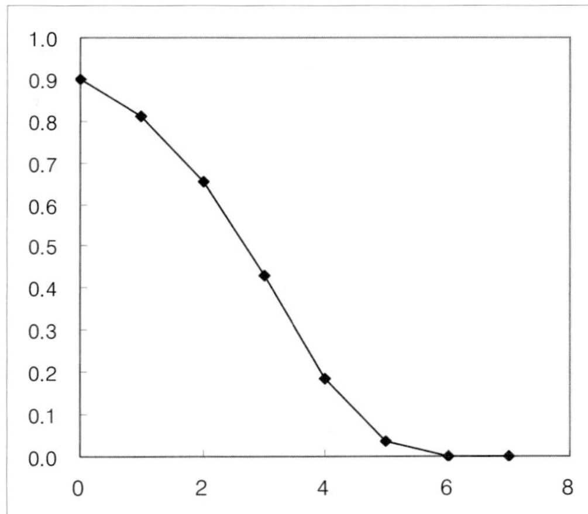

x_0	x_1	x_2	x_3	x_4	x_5	x_6	x_7	x_8	x_9
0.900	0.810	0.656	0.430	0.185	0.034	0.001	0.000	0.000	0.000

③ 초기값이 $-1 < x_0 < 0$일 때, $x_0 = 0.90$

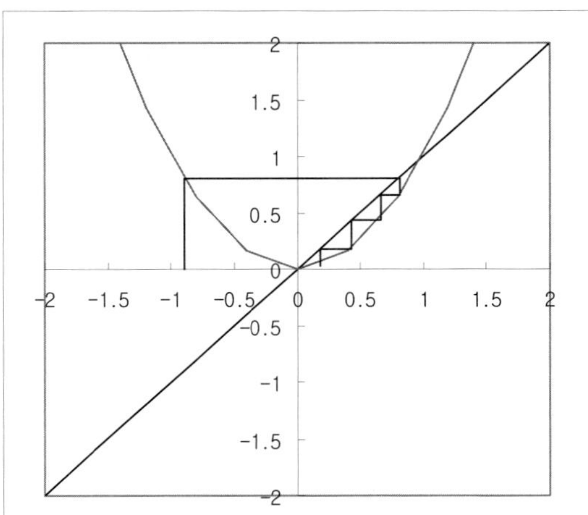

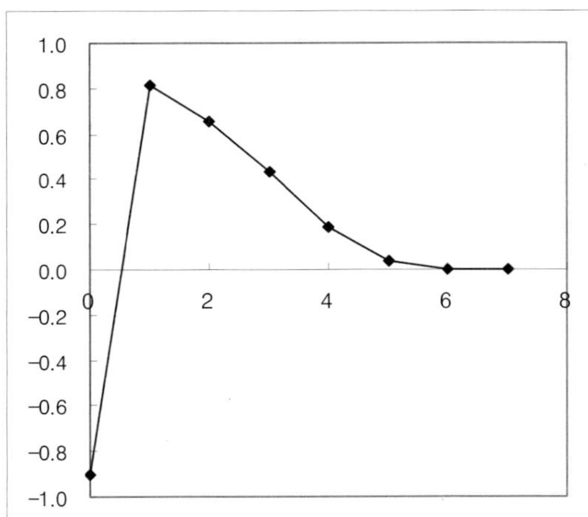

x_0	x_1	x_2	x_3	x_4	x_5	x_6	x_7	x_8	x_9
−0.900	0.810	0.656	0.430	0.185	0.034	0.001	0.000	0.000	0.000

④ $x_0 < -1$일 때 $x_0 = -1.01$

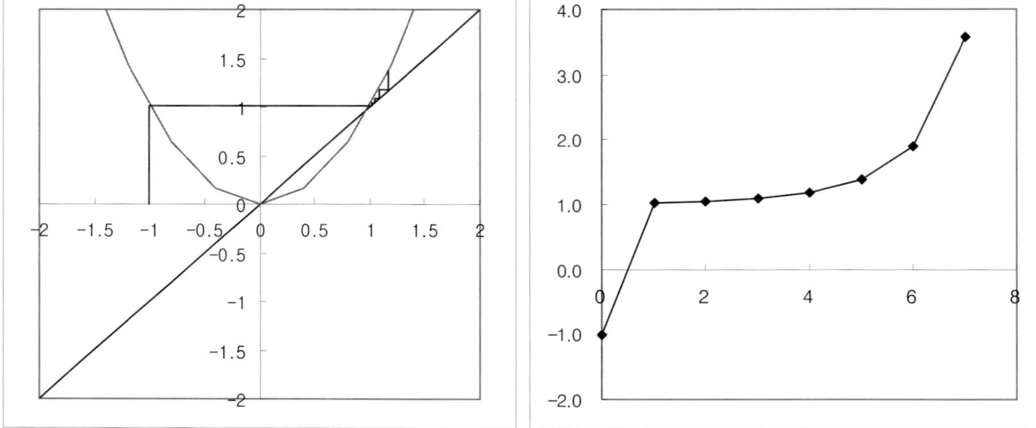

x_0	x_1	x_2	x_3	x_4	x_5	x_6	x_7	x_8	x_9
-1.010	1.020	1.041	1.083	1.173	1.375	1.890	3.574	12.772	163.134

2. 초기치와 그래프 반복

초기값	그래프 반복의 모양	밀개와 끌개
$x_0 > 1$ 일 때	나선형으로 멀어진다.	계단형 밀개
$0 < x_0 < 1$ 일 때	나선형으로 끌려 들어간다	계단형 끌개
$-1 < x_0 < 0$ 일 때	계단형으로 끌려 들어간다	계단형 끌개
$x_0 < -1$ 일 때	계단형으로 멀어진다	계단형 밀개

09 카오스

Chapter >>

9장은 카오스이다.

카오스는 무질서 속의 질서이다. 무질서는 자연의 거침으로 생각할 수 있다. 사람은 누구나 카오스적인 질서와 논리적인 질서(order)를 모두 가지고 있다. 상황에 따라서 반응의 형태가 다를 수 있다. 인간의 행복은 인간관계가 중요한 역할을 한다. 카오스를 통해서 자신과 타인을 이해하는 폭이 넓어졌으면 한다.

질서와 무질서 속의 질서를 가지는 것
선형과 비선형 사고의 융합
상황에 맞는 사고의 융합이 필요하다.

카오스는 나에 대한 이야기이다.
타인에 대한 이야기이다.
나와 타자를 함께 배우는 공간이다.

9.1 $x_{n+1}=ax_n(1-x_n)$의 반복

$x_{n+1} = ax_n(1-x_n)$에서 a에 따라 변화하는 값을 살펴보자.

1. a값에 따라 나타나는 그래프의 특성

(1) a값에 따라 나타나는 그래프의 특성을 살펴보자.

① $a=1$일 때, 계단형 밀개가 되며, 0으로 수렴한다.

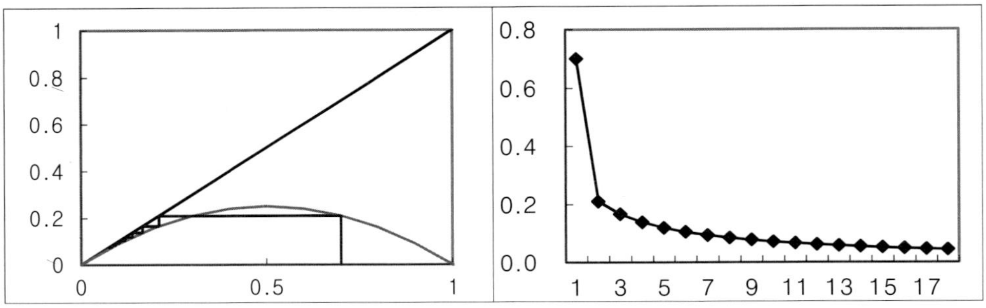

x_0	x_1	x_2	x_3	x_4	x_5	x_6	x_7
0.70	0.210	0.166	0.138	0.119	0.105	0.094	0.085
x_{10}	x_{30}	x_{50}	x_{70}	x_{100}	x_{130}	x_{150}	x_{200}
0.067	0.028	0.018	0.013	0.009	0.007	0.006	0.005

(2) $a=1.6$

① $a=1.6$일 때, 계단형 끌개가 되며, 0.375로 수렴한다.

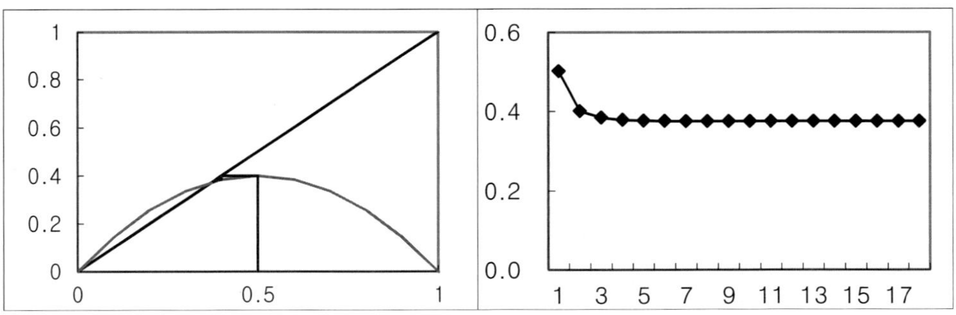

x_0	x_1	x_2	x_3	x_4	x_5	x_6	x_7
0.50	0.250	0.188	0.152	0.129	0.112	0.100	0.090
x_{150}	x_{151}	x_{152}	x_{153}	x_{154}	x_{155}	x_{156}	x_{157}
0.375	0.375	0.375	0.375	0.375	0.375	0.375	0.375

② 0.375는 고정점이다.

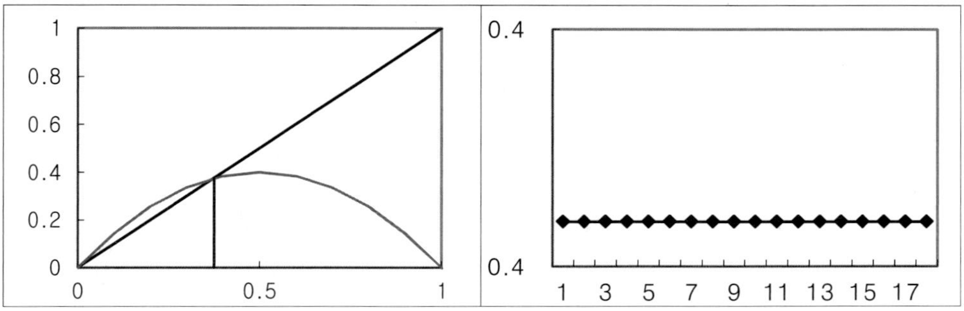

③ 고정점이 되는 이유

$1.6x(1-x)=x$로 놓을 수 있으므로 $16x(1-x)=10x$ 정리하면 $6x-16x^2=0$ 이므로 $x=\dfrac{3}{8}$, $x=0$이 고정점이 된다.

(3) $a=2.8$

① a =2.8일 때, 계단형 밀개가 되며, 0으로 수렴한다.

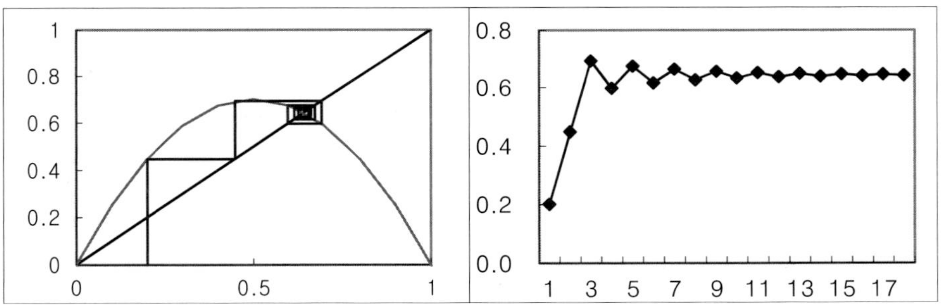

x_0	x_1	x_2	x_3	x_4	x_5	x_6	x_7
0.200	0.448	0.692	0.596	0.674	0.615	0.663	0.626
x_{150}	x_{151}	x_{152}	x_{153}	x_{154}	x_{155}	x_{156}	x_{157}
0.643	0.643	0.643	0.643	0.643	0.643	0.643	0.6428

② 그래프 반복을 하면 수열의 고정점은 x좌표는 $x=\dfrac{9}{14}$로 수렴한다. 고정점 $(\dfrac{9}{14}, \dfrac{9}{14})$는 끌개로 작용한다. $x=0.5$까지는 계단 모양으로 반복하다가 $x>0.5$에서는 나선 모양으로 반복된다.

③ 고정점이 되는 이유

$2.8x(1-x)=x$로 놓을 수 있으므로 $28x(1-x)=10x$ 정리하면 $18x-28x^2=0$

이므로 $x=\dfrac{18}{28}=0.6428571$, $x=0$이 고정점이 된다.

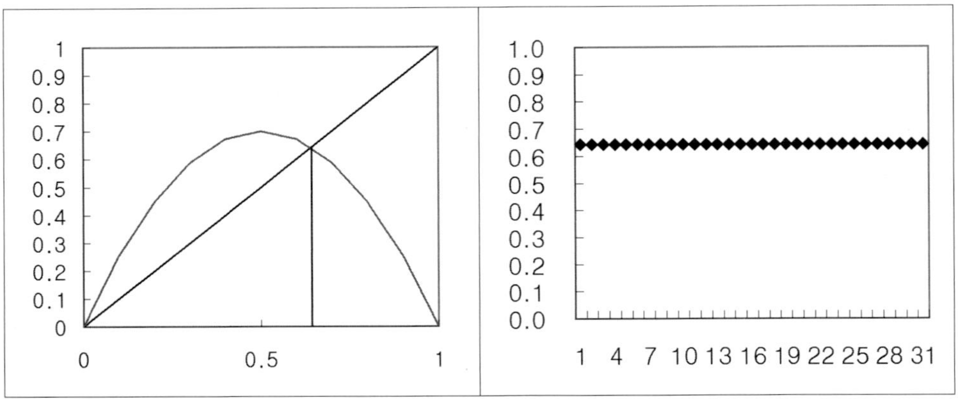

(4) $a=3.2$(2주기)

① a =3.2일 때, 계단형 밀개가 된다.

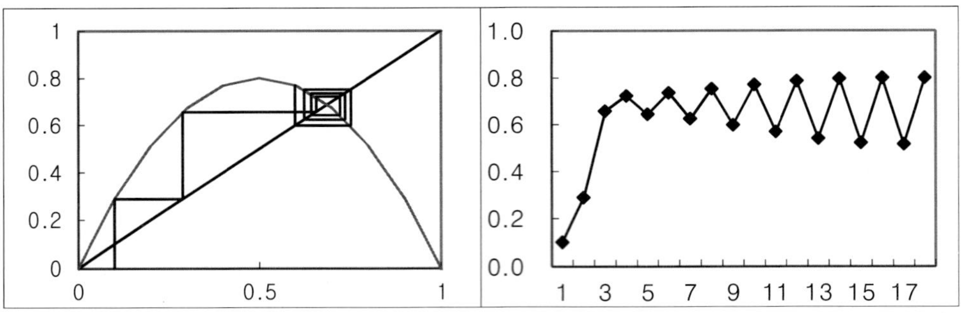

x_0	x_1	x_2	x_3	x_4	x_5	x_6
0.100	0.288	0.656	0.722	0.642	0.735	0.623
x_{150}	x_{151}	x_{152}	x_{153}	x_{154}	x_{155}	x_{156}
0.799	0.513	0.799	0.513	0.799	0.513	0.799

② 함수 $f(x)=3.2x(1-x)$와 직선 $y=x$는 두점 (0, 0), $(\frac{11}{16}, \frac{11}{16})$에서 만난다.

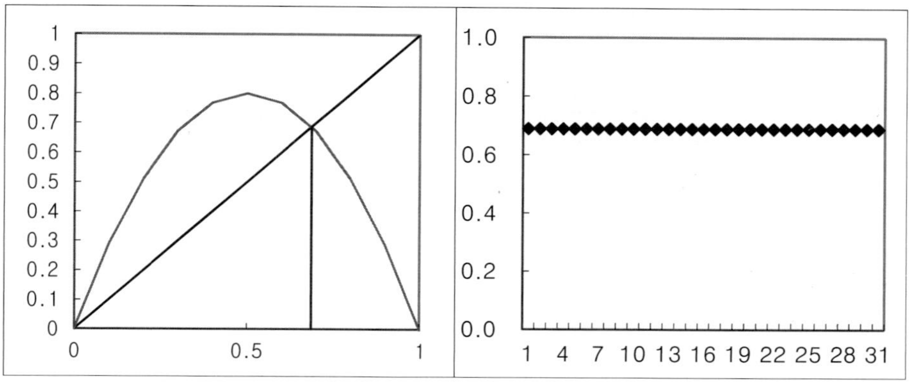

③ $x=0.10$일 때, 처음에는 계단모양으로 반복하다가, 어느 값 이후보다는 바깥을 향하여 사각형으로 반복되며, 이후에는 사각형으로 접근한다.

④ $f(0.513)=0.799$, $f(0.799)=0.513$으로, 2주기를 가진다.

(5) $a=3.84$(3주기)

① $a=3.84$는 3주기를 가진다.

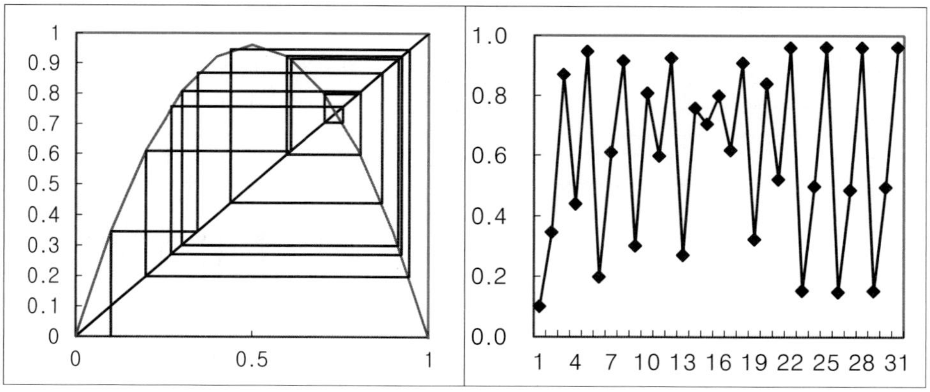

x_0	x_1	x_2	x_3	x_4	x_5	x_6	x_7
0.100	0.346	0.868	0.439	0.946	0.198	0.609	0.914
x_{150}	x_{151}	x_{152}	x_{153}	x_{154}	x_{155}	x_{156}	x_{157}
0.488	0.959	0.149	0.488	0.959	0.149	0.488	0.959

② 3.84×0.959(1-0.959)=0.149, 3.84×0.149(1-0.149)=0.488, 3.84×0.488(1-0.488)=0.959의 3개의 값을 가진다.

(6) $a=3.50$(4주기)

$a=3.50$에서 4주기를 가진다.

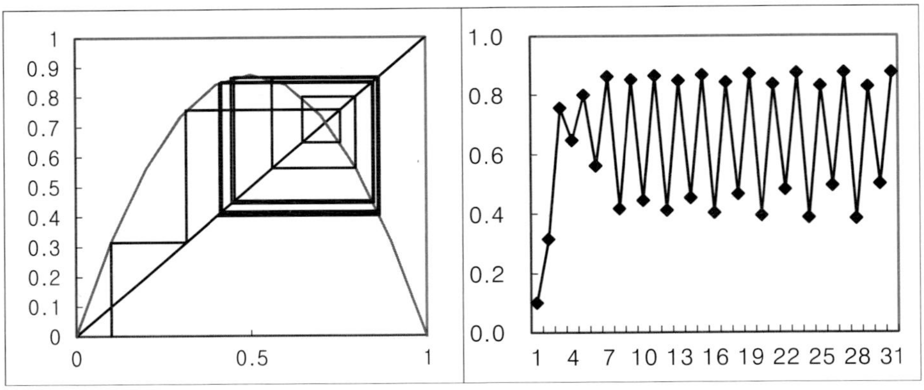

x_0	x_1	x_2	x_3	x_4	x_5	x_6	x_7
0.100	0.315	0.755	0.647	0.799	0.561	0.862	0.417
x_{150}	x_{151}	x_{152}	x_{153}	x_{154}	x_{155}	x_{156}	x_{157}
0.501	0.875	0.383	0.827	0.501	0.875	0.383	0.826

(7) $a=3.74$(5주기)

$a=3.74$에서 5주기를 가진다.

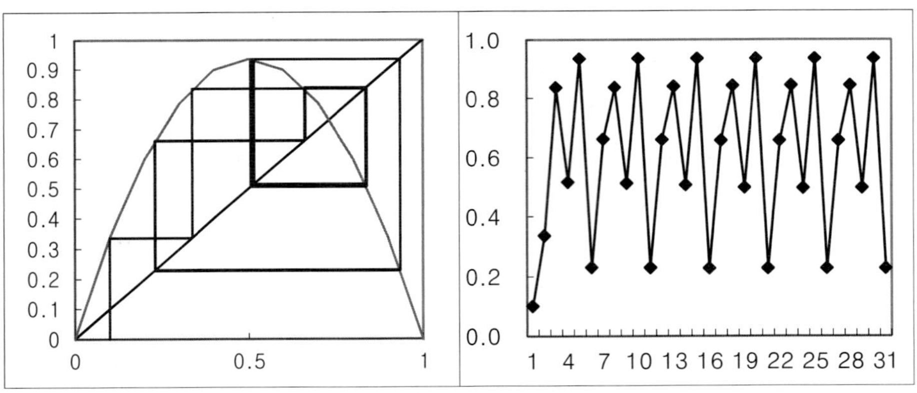

x_0	x_1	x_2	x_3	x_4	x_5	x_6	x_7
0.100	0.337	0.835	0.515	0.934	0.230	0.662	0.836
x_{150}	x_{151}	x_{152}	x_{153}	x_{154}	x_{155}	x_{156}	x_{157}
0.935	0.227	0.657	0.843	0.496	0.935	0.227	0.657

(8) $a=4$, $x_0=0.2$

① $a=4$, $x_0=0.2$

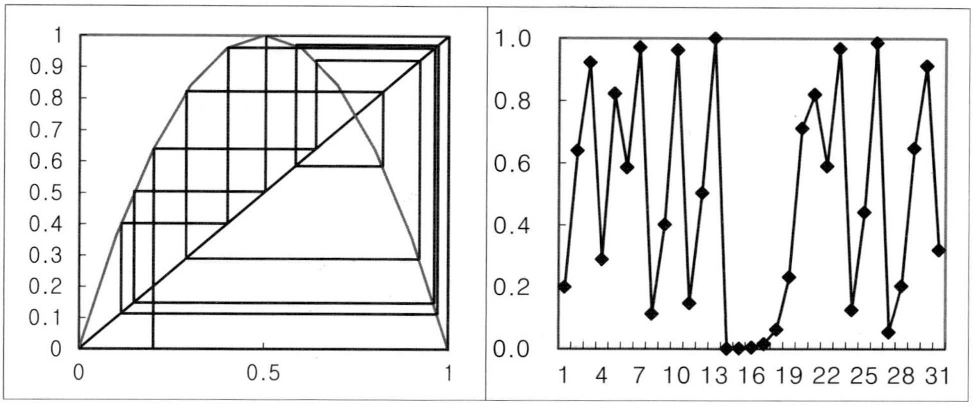

x_0	x_1	x_2	x_3	x_4	x_5	x_6	x_7
0.200	0.640	0.922	0.289	0.822	0.585	0.971	0.113
x_{150}	x_{151}	x_{152}	x_{153}	x_{154}	x_{155}	x_{156}	x_{157}
0.014	0.054	0.204	0.650	0.910	0.326	0.879	0.425

② 불규칙하며 일정한 주기가 나타나지 않는다

2. a값에 따라 나타나는 값들의 비교

① 특별한 a의 값에 대해 주기값들을 나타내었다.

a	1	1.6	2.8	3.2	3.5	3.63	3.74	3.84	3.846
	수렴	수렴	수렴	2주기	4주기	6주기	5주기	3주기	6주기
수렴 값	0	0.375	0.643	0.799	0.501	0.644	0.935	0.489	0.961
				0.513	0.875	0.833	0.227	0.959	0.142
					0.383	0.506	0.657	0.149	0.470
					0.827	0.907	0.843		0.958
						0.305	0.496		0.155
						0.770			0.503

② a값에 대해 주기 값들을 그림으로 나타내었다.

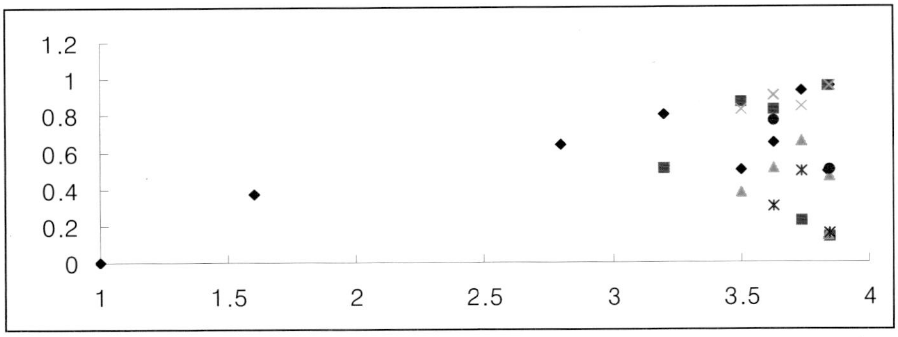

③ a값에 200번을 반복한 후, 180에서 200번 반복의 값을 나타내었다.

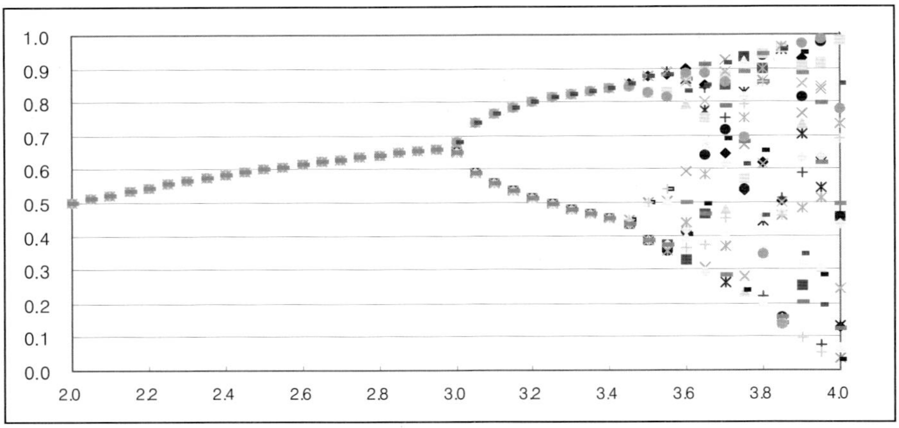

④ 300번의 반복을 통하여 나타내었다.

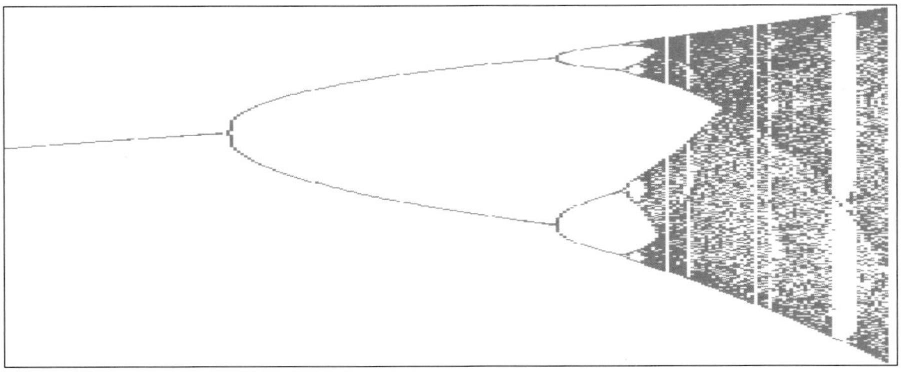

위의 그림에 대한 엑셀 비주얼 베이직 어프리케이션 프로그래밍이다.

```
dim xchade, ychade
Dim a, x, xmax, xmin As Double
Sub feigenbaum()
xchade = 250
ychade = 200
Cells.Interior.ColorIndex = 2
Dim n, wx, wy As Integer
a1 = Range("av25")
a2 = Range("bt25")
xmax = -100
xmin = 100
x = 0.2
   For a = a1 To a2 Step 0.1
    For i = 1 To 30
       x = a * x * (1 - x)
       If x > Max Then xmax = x
       If x < xmin Then xmin = x
    Next
   Next
 For a = a1 To a2 Step 0.005
   For i = 1 To 10
   x = a * x * (1 - x)
   Next
   For i = 1 To 300
    x = a * x * (1 - x)
     wx = (a - a1) / (a2 - a1) * xchade
    wy = ((xmax - x) / (xmax - xmin)) * ychade
wy = wy + ychade - 80
ActiveSheet.Cells(wy, wx + 1).Interior.ColorIndex = 4
   Next
  Next
End Sub
```

9.2 파이겐바움 상수

$x_{n+1} = ax_n(1-x_n)$의 주기를 통해 파이겐바움 상수를 알아보자.

1. $f(x) = ax(1-x)$의 주기

(1) a값에 따라 나타나는 주기를 찾아보자.

① $a=3$, 2주기

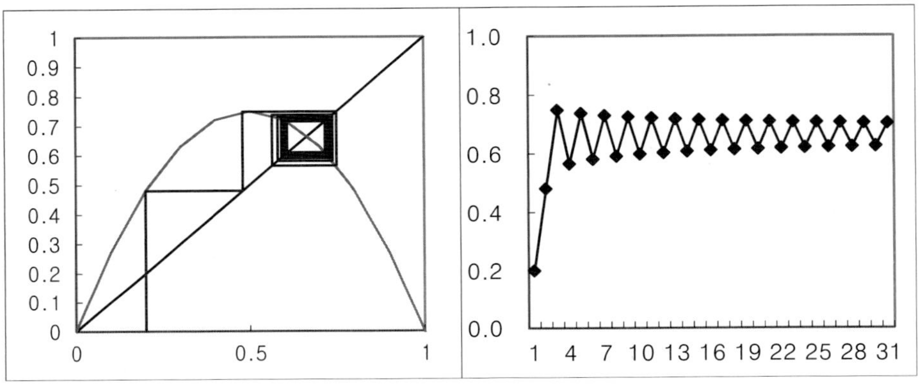

② $a=3.449490$, 4주기

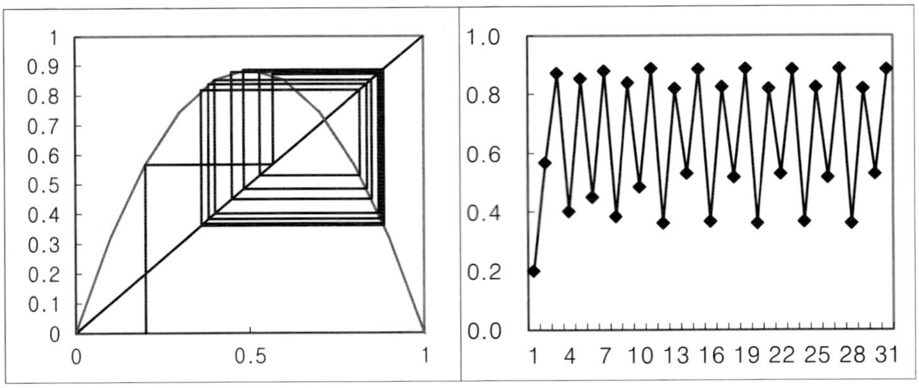

x_{100}	x_{101}	x_{102}	x_{103}	x_{104}
0.452	0.854	0.429	0.845	0.452

③ $a=3.544090$, 8주기

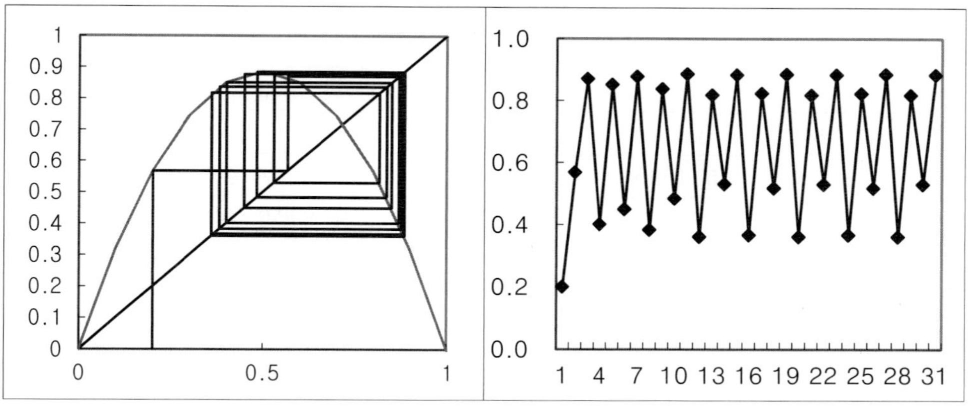

x_0	x_{100}	x_{101}	x_{102}	x_{103}	x_{104}	x_{105}	x_{106}
0.100	0.366	0.823	0.517	0.885	0.361	0.817	0.529
a_{106}	a_{107}	a_{108}	a_{109}	a_{110}	a_{111}	a_{112}	a_{113}
0.883	0.366	0.822	0.518	0.885	0.361	0.817	0.529

④ $a=3.564407$, 16주기

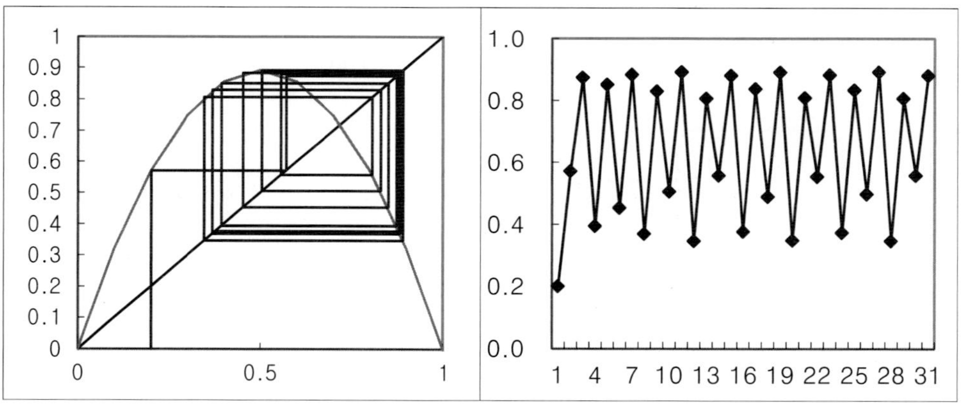

x_0	x_{100}	x_{101}	x_{102}	x_{103}	x_{104}	x_{105}	x_{106}
0.100	0.373	0.834	0.494	0.891	0.346	0.807	0.555
x_{107}	x_{108}	x_{109}	x_{110}	x_{111}	x_{112}	x_{113}	x_{114}
0.880	0.376	0.836	0.488	0.891	0.347	0.808	0.553
x_{115}	x_{116}	x_{117}	x_{118}	x_{119}	x_{120}	x_{121}	x_{114}
0.881	0.373	0.834	0.494	0.891	0.346	0.807	0.555

(2) 위의 결과를 정리하면 다음과 같다.

a	a 값	주기
a_0	3	2 주기
a_1	3.449490	4 주기
a_2	3.544090	8 주기
a_3	3.564407	16 주기

(3) a값에 따라 2, 4, 8, 16 주기를 관찰할 수 있다.

a	a 값	주기
a_0	3	2
a_1	3.449490	4
a_2	3.544090	8
a_3	3.564407	16
a_4	3.56875	32
a_5	3.56969	64

(4) 주기가 배가되는 a값의 차이를 구해보자. $\frac{d_n}{d_{n+1}}$의 값을 '파이겐바움 상수'라고 한다.

a	a 값	$a_{n+1}-a_n$	$\frac{d_n}{d_{n+1}}$
a_0	3		
a_1	3.449490	$d_1=a_1-a_0=0.44949$	
a_2	3.544090	$d_2=a_2-a_1=0.0946$	$\frac{d_1}{d_2}=4.75148$
a_3	3.564407	$d_3=a_3-a_2=0.020317$	$\frac{d_2}{d_3}=4.656199$
a_4	3.56875	$d_4=a_4-a_3=0.004343$	$\frac{d_3}{d_4}=4.678103$
a_5	3.56969	$d_5=a_5-a_4=0.00094$	$\frac{d_4}{d_5}=4.620213$

9.3 카오스의 특성-초기치의 민감성

$x_{n+1}=ax_n(1-x_n)$의 그래프 반복에서 초기치의 민감성에 대해 알아보자.

1. 초기치의 비교

(1) $x_{n+1}=2x_n(1-x_n)$

① $a=2$, 두 개의 초기치 0.08과 0.1에서의 반복을 살펴보자

x_0	x_1	x_2	x_3	x_4	x_5	x_6	x_7	x_8	x_9
0.08	0.147	0.251	0.376	0.469	0.498	0.500	0.500	0.500	0.500
0.1	0.180	0.295	0.416	0.486	0.500	0.500	0.500	0.500	0.500

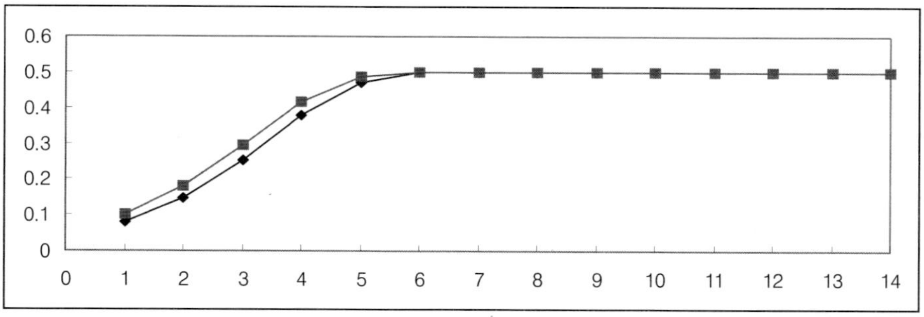

② $a=3.9$, 두 개의 초기치 0.08과 0.1에서의 반복을 살펴보자

x_0	x_1	x_2	x_3	x_4	x_5	x_6	x_7	x_8	x_9
0.08	0.287	0.798	0.628	0.911	0.317	0.844	0.512	0.97	0.097
0.1	0.351	0.888	0.387	0.925	0.271	0.771	0.690	0.835	0.538

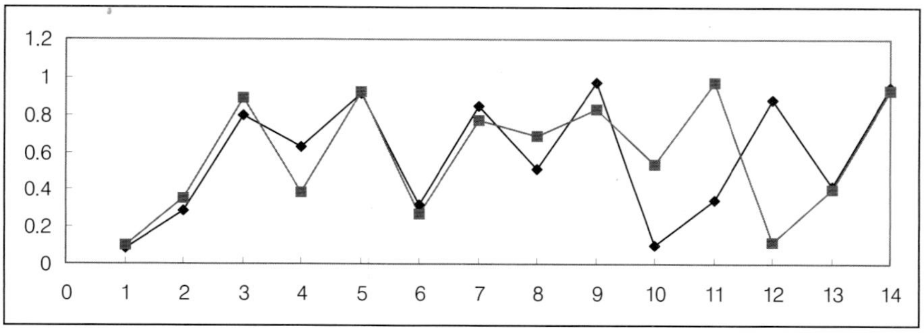

(2) 초기치로 0.08과 0.1 사이의 0.09를 선택했을 때, 반복에 0.09의 반복에 대해 생각해 보자. 0.08과 0.1 사이에서 움직인다고 할 수 있을까?

① $a=2$일 때 두 개의 초기치 0.08과 0.1사이의 0.09는 두 개의 값 사이에 있다.

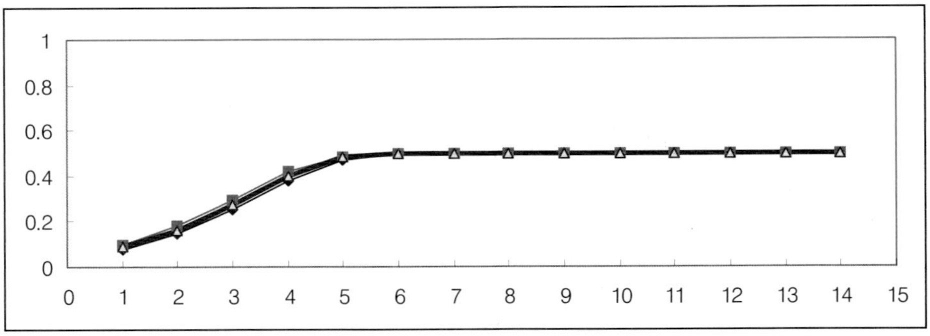

② $a=3.9$일 때 두 개의 초기치 0.08과 0.1사이의 0.09는 두 개의 값 사이에 있지 않는 경우도 있다.

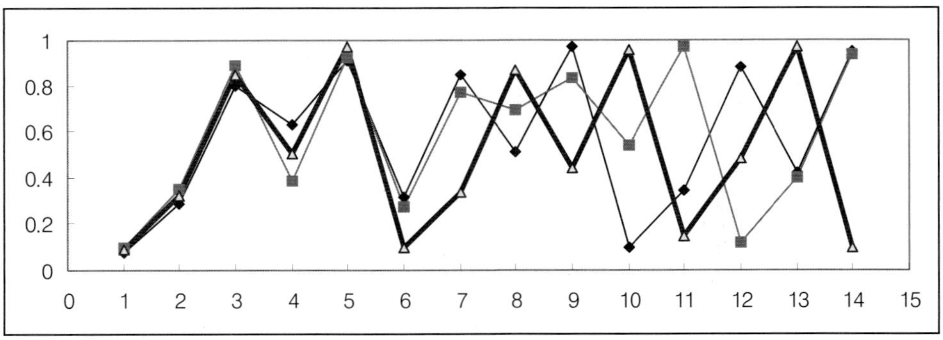

(3) 이러한 현상은 $a=2$와 $a=3.9$에서만 일어나는 현상일까?

① $a=3.67$일 때 두 개의 초기치 0.08과 0.1의 반복을 살펴보자.

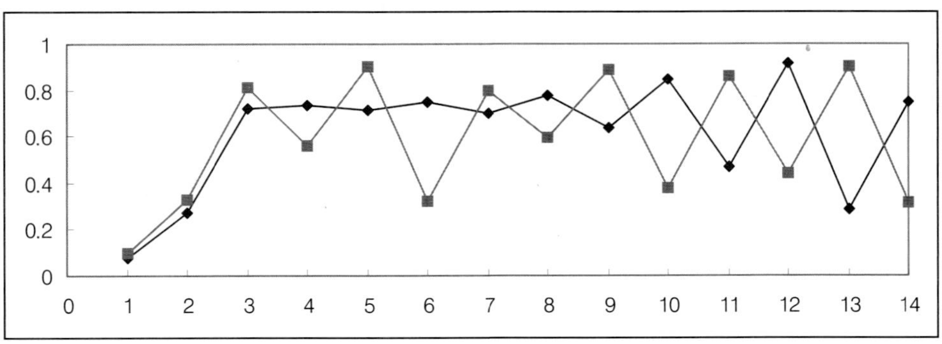

② 초기치 0.08과 0.1은 차이가 확대됨을 알 수 있다.

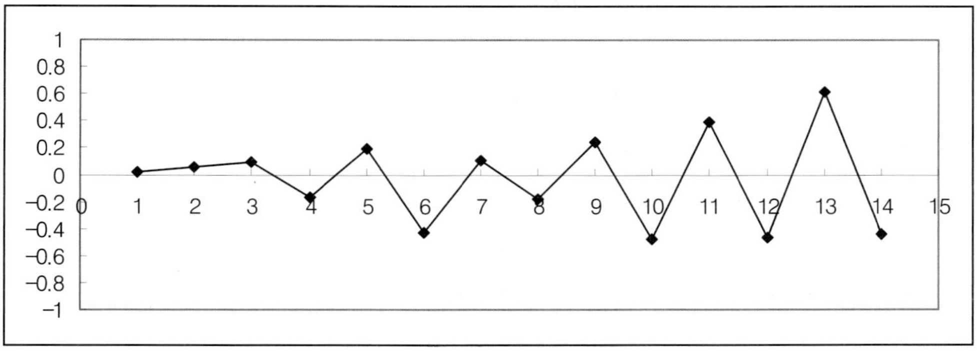

③ 초기치 0.09는 0.08과 0.1 사이에 있지 않음을 알 수 있다.

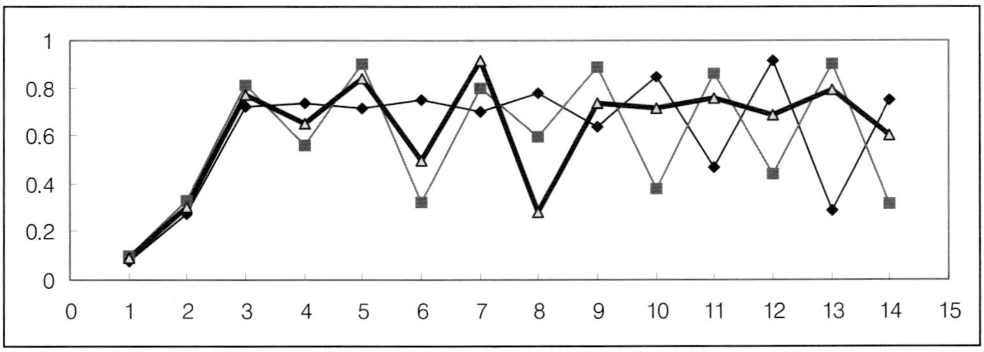

(4) $a=3.3$에서는 $a=2$와 비슷한 반복이 일어난다. $a=3.67$에서는 $a=3.9$와 비슷한 반복이 나타난다.

위의 결과를 정리해 보자.

① a값에 따라 작은 차이가 크게 확대되는 경우도 있고, 작은 차이가 작아지는 경우도 있다. 초기치의 민감성은 카오스의 특성으로 초기값을 바꾸면 연속된 반복 수열에서 매우 다른 결과를 만드는 것을 나타낸다.

초기조건에 대한 민감성은 초기점의 위치를 조금만 변화시켜도 반복된 수열에서는 다른 결과를 나타낸다. 구간 J에 대하여, 임의의 ε에 대하여 적당한 $\delta>0$이 존재하여, $y\in J$ 와 양의 정수 n에 대하여 $|x-y|<\delta$ 이면, $|F(x_n)-F(y_n)|>\epsilon$이다.

9.4 카오스의 특성-혼합성

$x_{n+1} = ax_n(1-x_n)$의 그래프 반복에서 나타나는 혼합성에 대해 알아보자. $a=3.67$과 $a=4$에서 반복을 비교해 보고 차이를 살펴보자.

1. 초기치 비교

(1) a값에 대해 두 개의 초기치를 비교해 보자.

① $a=3.67$에서 두 개의 초기치 0.08과 0.1에서의 반복을 살펴보자

x_0	x_1	x_2	x_3	x_4	x_5	x_6	x_7	x_8	x_9
0.08	0.270	0.724	0.734	0.716	0.746	0.696	0.777	0.637	0.849
0.1	0.330	0.812	0.561	0.904	0.319	0.797	0.595	0.885	0.374

② 200회 반복에서 최소값 0.270, 최대값 0.917을 가진다.

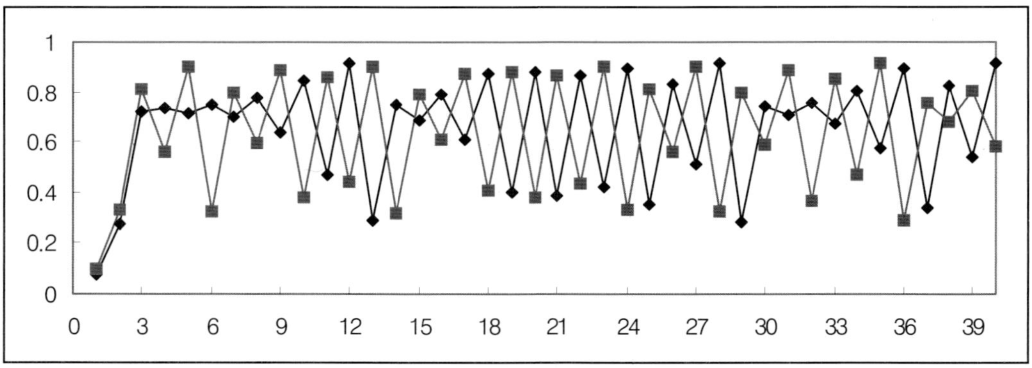

③ $a=4$에서 두 개의 초기치 0.08과 0.1에서의 반복을 살펴보자.

x_0	x_1	x_2	x_3	x_4	x_5	x_6	x_7	x_8	x_9
0.08	0.294	0.831	0.562	0.985	0.061	0.227	0.703	0.835	0.550
0.1	0.360	0.922	0.289	0.822	0.585	0.971	0.113	0.402	0.962

④ 최대값 0.9999729, 최소값0.0001083을 가진다.

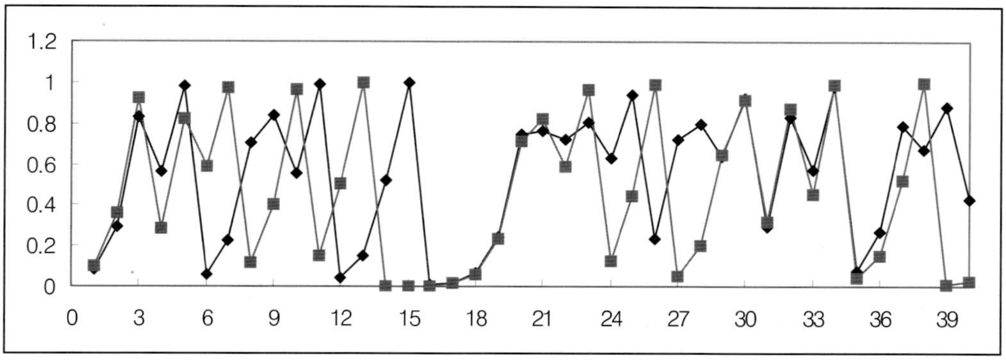

(2) 반복 결과를 정리해 보자.

① $a=4$에서는 반복을 통하여 구간 [0.08, 0.1]이 전 영역에 확장된다.

② $a=3.67$에서는 반복을 통하여 구간 [0.08, 0.1] 이 구간 [0.270, 0.917] 으로 확장된다.

④ $a=4$에서는 초기치의 민감성도 나타난다. 두 구간 반복 차이를 절대값으로 만들었다.

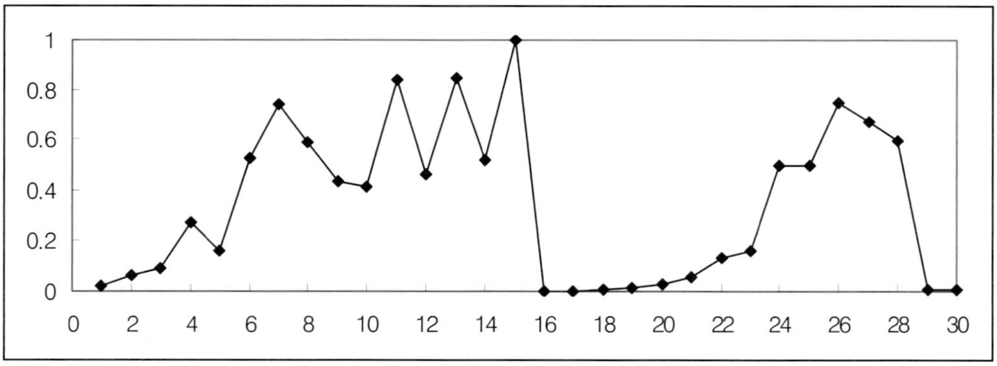

카오스의 성질에서 혼합성은 어떤 작은 구간의 점들은 반복을 통하여 전영역에 퍼진다. 혼합성은 길이가 0이 아닌 두 구간 U, V에 대하여, 반복을 통하여 구간 V에 오게되는 점들이 항상 구간 U 내에 존재한다는 것이다. 즉, 개구간 U, V 에 대해 $u \in U$이면 $f^k(u) \in V$인 양의 정수 k가 존재한다.

2. $f(x)=3.67x(1-x)$

(1) $a=$ 3.67에서 반복

① A열은 $a=3.67$, 초기치 $x_0=0.8$에서 반복한 값들이다.

② B열은 $a=3.67$, 초기치를 A열로 반복한 값들이다. 전 영역에 걸쳐 나타나지 않는다.

	A	B
1	a값	초기치
2	3.67	0.8
3		
4	0.8	
5	0.5872	0.889593907
6	0.889593907	0.360454876
7	0.360454876	0.846034671
8	0.846034671	0.478054223

	A
1	a값
2	3.67
3	
4	0.8
5	=$A$2*A4*(1-A4)
6	=$A$2*A5*(1-A5)
7	=$A$2*A6*(1-A6)
8	=$A$2*A7*(1-A7)

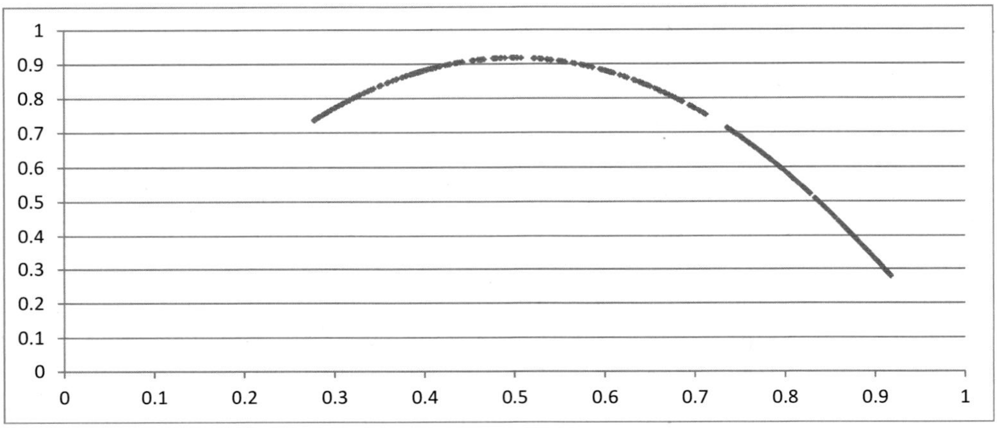

(2) $a=4$에서 반복

① A열은 $a=4$, 초기치 $x_0=0.8$에서 반복한 값들이다.

② B열은 $a=4$, 초기치를 A열로 반복한 값들이다.

	A	B
1	a값	초기치
2	4	0.8
3		
4	0.8	
5	0.64	0.9216
6	0.9216	0.28901376
7	0.2890138	0.821939226
8	0.8219392	0.585420539
9	0.5854205	0.970813326
10	0.9708133	0.113339247
11	0.1133392	0.401973849
12	0.4019738	0.961563495
13	0.9615635	0.14783656
14	0.1478366	0.503923646

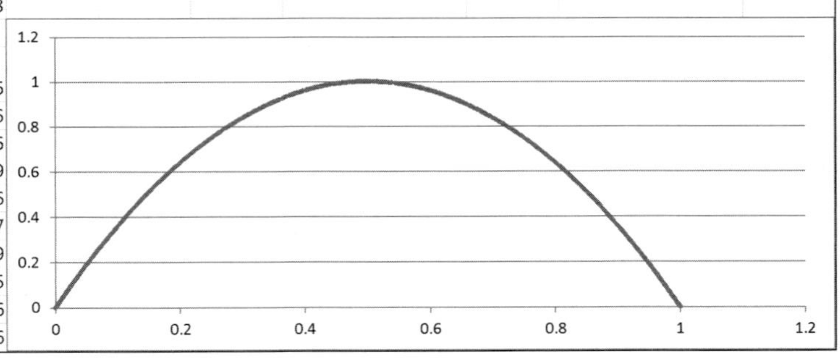

전영역에 걸쳐 반복한 값들이 나타난다.

9.5 카오스의 특성-주기성

$a=4$에서 $f(x)=4x(1-x)$의 주기를 찾아보자.

1. 주기

(1) 2주기에 대해 알아보자.

① 고정점이면 $f(x_0)=x_0$이다.

$f(x)=4x(1-x)$에서 x_0가 2주기이면

$f(f(x_0))=x_0$

즉 $f(4x_0(1-x_0))=x_0$

$4(4x_0(1-x_0))(1-4x_0(1-x_0))=x_0$

(2) 2주기

① $-64x_0^4+128x_0^3-80x_0^2+15x_0=0$ 방정식의 해를 구하고 그래프로 나타내면 다음과 같다.

	A	B	C
1	15x-80x^2+128x^3-64x^4		
2			
3	Re	Im	Rel. Err.
4	0	0	1E-15
5	0.345492	0	1E-15
6	0.75	0	1E-15
7	0.904508	0	1E-15

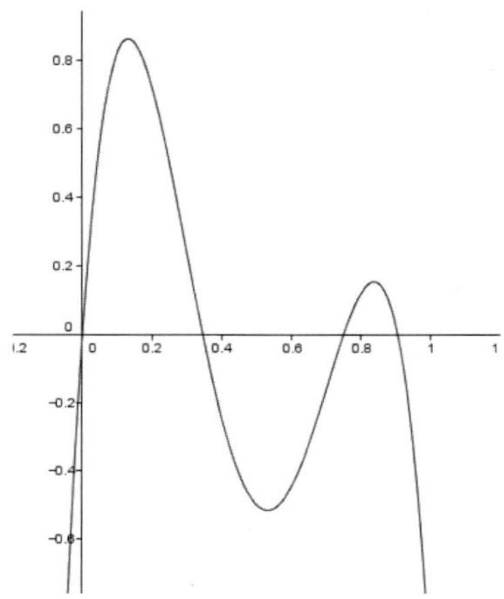

② $x=\frac{3}{4}$일 때 $x_n=\frac{3}{4}$이 된다.

	A	B	C	D	E	F	G
10	0	1	2	3	4	5	6
11	0.75	0.75	0.75	0.75	0.75	0.75	0.75

	A	B	C	D
10	0	1	2	3
11	0.75	=4*A11*(1-A11)	=4*B11*(1-B11)	=4*C11*(1-C11)

③ $x = \frac{1}{8}(5 - \sqrt{5}) = 0.345492$, $x = \frac{1}{8}(5 + \sqrt{5}) = 0.904518$는 2주기를 가진다.

	A	B	C	D	E	F	G
13	0	1	2	3	4	5	6
14	0.34549	0.90451	0.34549	0.904506	0.345499	0.904518	0.34546

	A	B	C	D
13	0	1	2	3
14	0.345492	=4*A14*(1-A14)	=4*B14*(1-B14)	=4*C14*(1-C14)

(3) 3주기

① $f(f(f(x_0))) = x_0$

$f(16x - 80x^2 + 128x^3 - 64x^4) = x_0$ 해를 구하면 다음과 같다. 지오지브라를 이용해서 계산하였다.

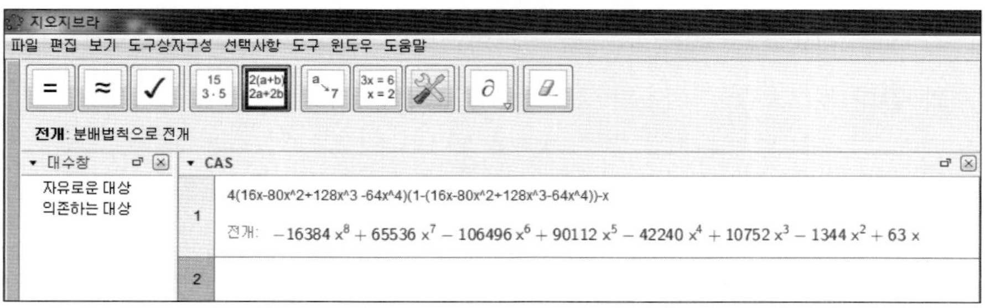

② 해를 구하면 다음과 같이 [0, 1] 사이에 8개가 존재한다.

3주기의 점은 0.11698, 0.41318, 0.11698

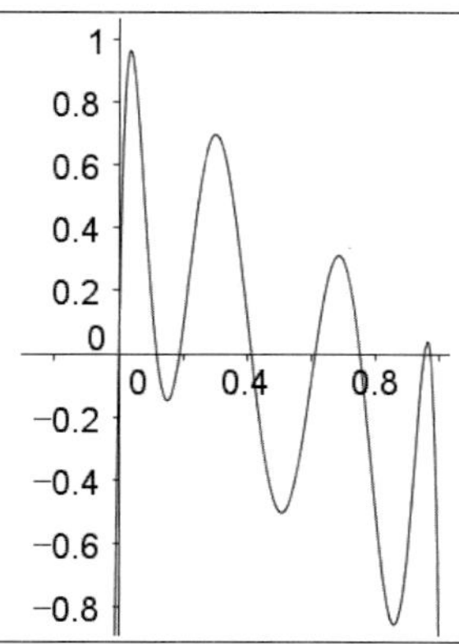

해의 개수	해
1	0.41318
2	0.96985
3	0.11698
4	0.41317
5	0.96984
6	0.11699
7	0.41322
8	0.96988

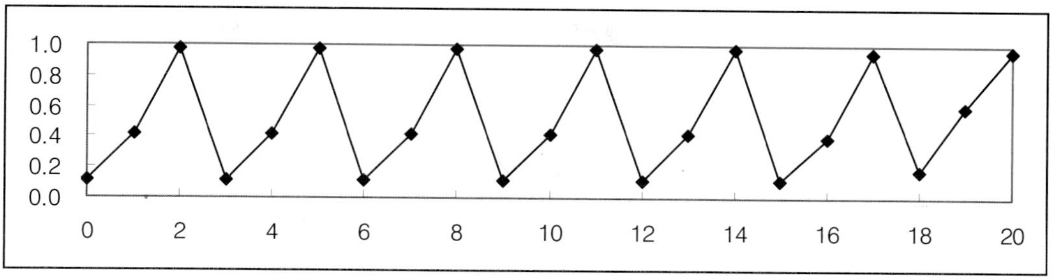

③ 또 다른 3주기의 점은 존재한다.

0.18826, 0.61126, 0.95048의 점이 존재한다.

x_0	x_1	x_2	x_3	x_4	x_5	x_6	x_7	x_8
0.18826	0.61126	0.95048	0.18825	0.61126	0.95049	0.18825	0.61124	0.95050

카오스의 특성에서 주기점들이 많다는 것은 구간 전체에 비주기적인 점들뿐만 아니라 주기점들이 무한히 많이 분포되어 있는 경우이다.

주기성은 $f(x)$가 n주기를 가진다는 것은 $f^n(x)=x$이다.

$$f^k(x)\neq x \text{ for } k=1, \cdots, n-1,$$

9.6 $f(x)=x_n^2-2$의 반복이 카오스인가?

$f(x)=x_n^2-2$ 이 카오스적인 성질이 나타나는지 살펴보자. 초기치의 민감성, 혼합성, 주기성에 대해 알아보자.

1. 초기치의 민감성

① 0.08과 0.1 사이의 반복을 살펴보자.

x_0	x_1	x_2	x_3	x_4	x_5	x_6	x_7	x_8	x_9	x_{10}
0.080	−1.994	1.974	1.898	1.604	0.573	−1.672	0.795	−1.367	−0.130	−1.983
0.100	−1.990	1.960	1.842	1.393	−0.060	−1.996	1.986	1.943	1.776	1.154

② 0.08과 0.1의 반복을 통해 보면 처음의 작은 차이는 확대되고 있다.

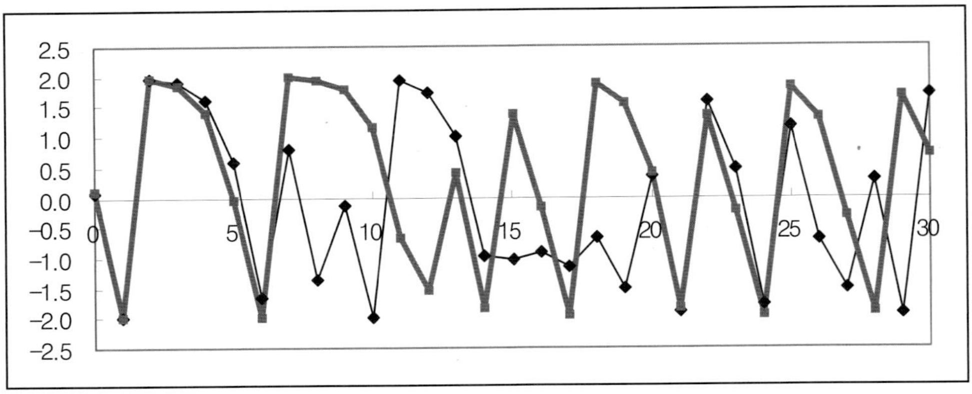

③ 처음에는 0.02의 차이였지만 8번 반복후 3.3으로 처음보다 165배 확대되었다. 따라서 초기치의 민감성을 만족한다.

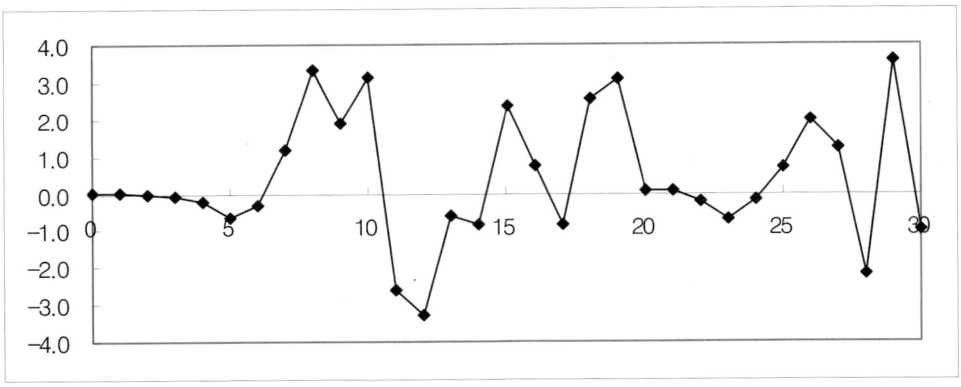

2. 혼합성

① 초기치의 민감성에서 구간 [0.08, 0.1]이 [−1.996, 1.996]으로 확대되기 때문에 혼합성을 만족한다.

② 반복을 다음과 같이 해서 그래프로 나타내어 보자.

Microsoft Excel - x^2+1(카오스).xls

C2 =B2^2-2

	A	B	C	D	E	F	G	H	I
1	반복횟수	초기치	1	2	3	4	5	6	7
2		0.8	−1.36	−0.1504	−1.97738	1.910031	1.648219	0.716624	−1.48645
3			−0.1504	−1.97738	1.910031	1.648219	0.716624	−1.48645	0.209532

Sheet1 / 초기치의 민감성 / 혼합성

③ 2행은 초기치 0.8로 반복하는 것이고, 3행은 2행의 값을 초기치로 반복하고 있다.

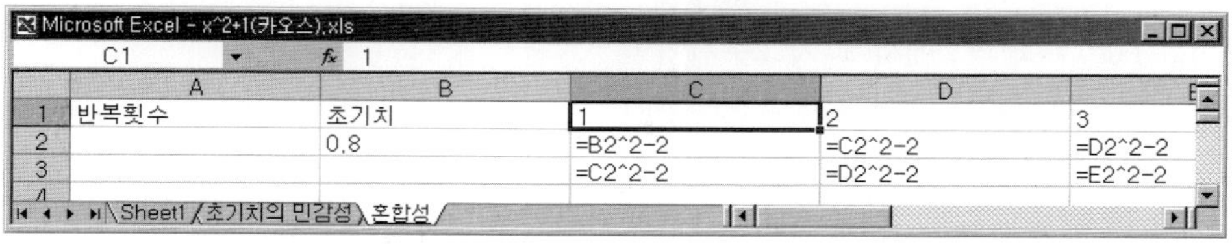

Microsoft Excel - x^2+1(카오스).xls

C1 = 1

	A	B	C	D	E
1	반복횟수	초기치	1	2	3
2		0.8	=B2^2-2	=C2^2-2	=D2^2-2
3			=C2^2-2	=D2^2-2	=E2^2-2

Sheet1 / 초기치의 민감성 / 혼합성

④ 50회 반복한 그래프이다.

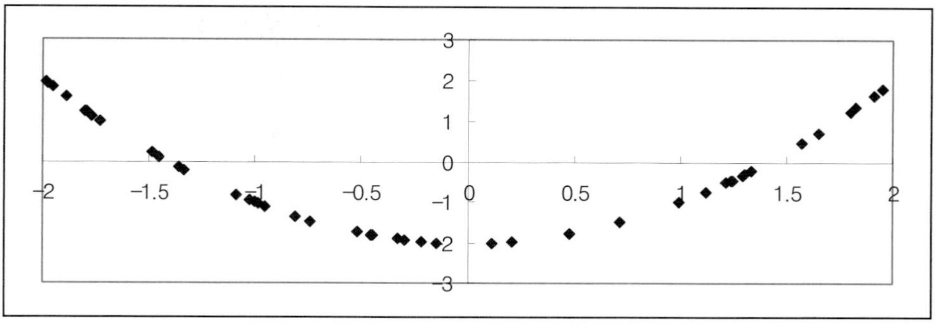

⑤ 1000번을 반복하면, 반복한 값이 -2와 2사이에 전체적으로 분포함을 알 수 있다. $f(x)=x_n^2-2$는 혼합성을 만족한다.

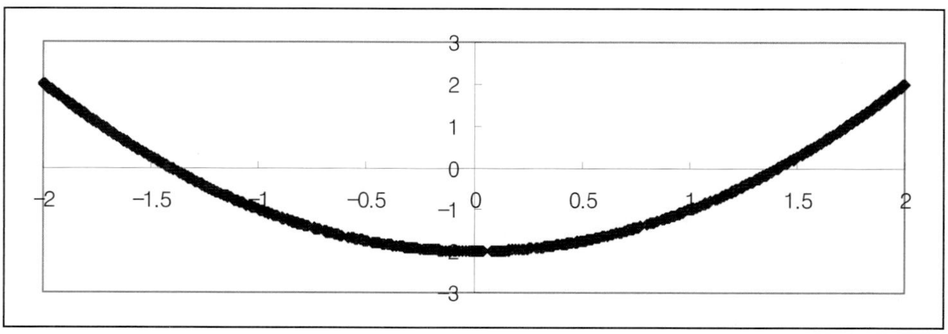

3. 주기성

(1) 고정점

고정점이면 $f(x_0)=x_0$이다.

$x_0^2-2=x_0$ 이므로 $x_0^2-x_0-2=0$이므로 $x_0=-1$, $x_0=2$는 고정점이다.

(2) 2주기

① $f(x) = x^2 - 2$에서 x_0가 2주기이면

$$\Rightarrow f(f(x_0)) = x_0$$

$$\Rightarrow f(x_0^2 - 2) = x_0$$

$$\Rightarrow (x_0^2 - 2)^2 - 2 = x_0$$

$$\Rightarrow x^4 - 4x^2 - x + 2 = 0$$

② xnumber(cafe.naver.com/chaosfractals/1050)를 이용하여 해를 구한다.

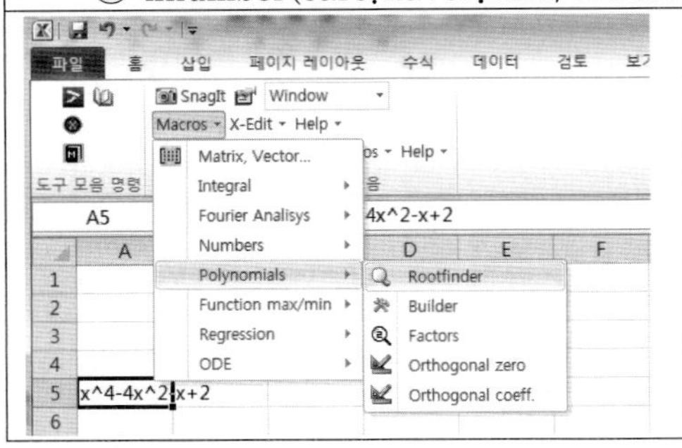

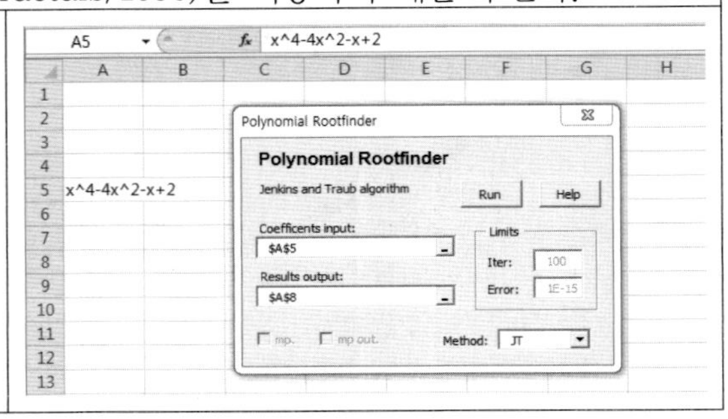

③ 해를 구한 결과이다.

	A	B	C
4			
5	x^4-4x^2-x+2		
6			
7	Re	Im	Rel. Err.
8	-1.61803	0	1E-15
9	-1	0	1E-15
10	0.618034	0	1E-15
11	2	0	1E-15
12			
13			0

$x = -1,\ 2,\ -1.618,\ 1.618$

④ 2주기의 해는 $-1.618,\ 1.618$

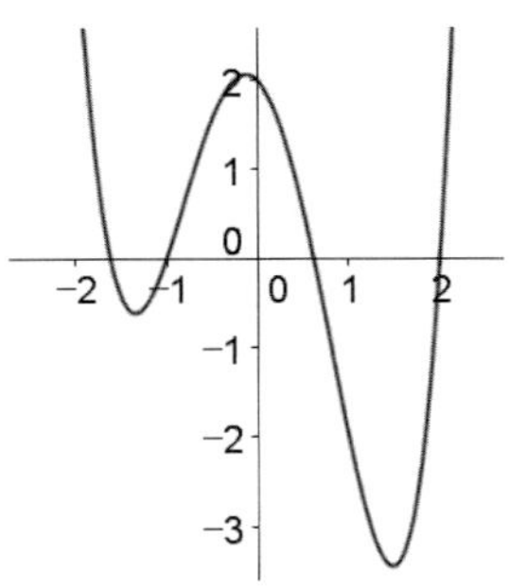

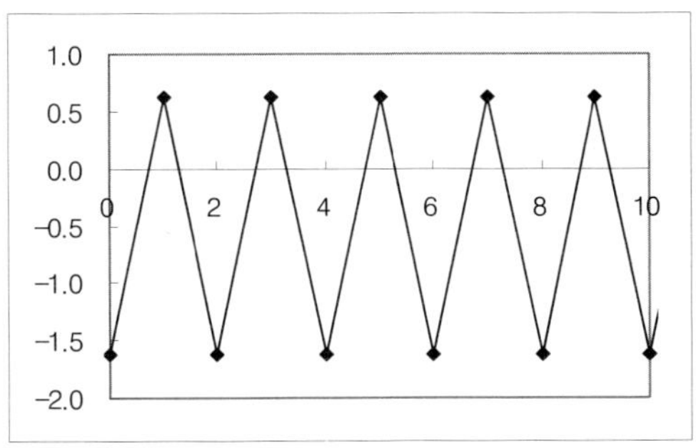

x_0	x_1	x_2	x_3	x_4	x_5	x_6	x_7	x_8
−1.618	0.618	−1.618	0.618	−1.618	0.618	−1.618	0.618	−1.618

(3) 3주기

① $f(x)=x^2-2$에서 x_0가 3주기이면

$\Rightarrow f(f(f(x_0)))=x_0$

$\Rightarrow f(f(x_0^2-2))=x_0$

$\Rightarrow f((x_0^2-2)^2-2)=x_0$

$\Rightarrow f(x^4-4x^2+2) \; = \; x_0$

$\Rightarrow 2-16x^2+20x^4-8x^6+x^8=x$

지오지브라를 이용해 식을 전개하자.

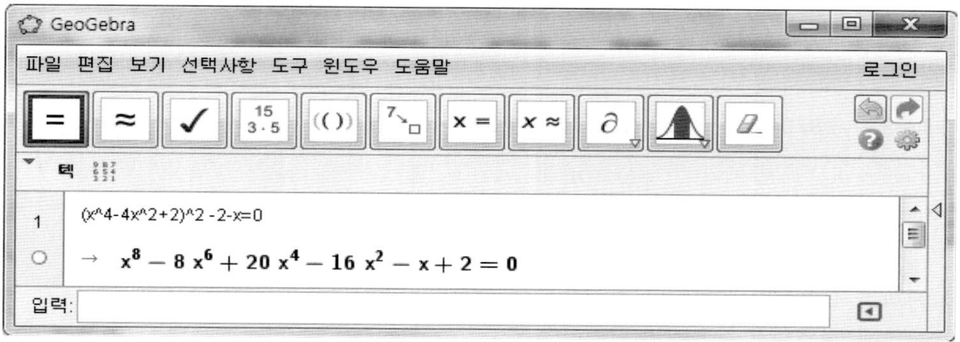

지오지브라를 이용해서 8차함수 $y=x^8-8x^6+18x^4-8x^2-x-1$의 그래프를 그려보자. 엑셀을 이용해서 방정식의 해를 구해보자.

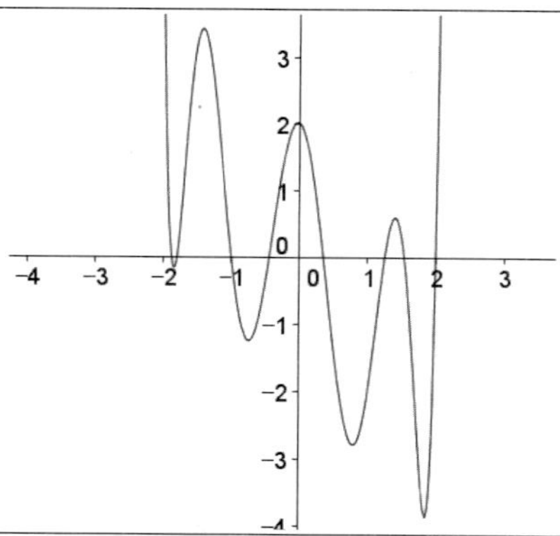

	A	B	C
16	x^8-8x^6+20x^4-16x^2-x+2		
17			
18	Re	Im	Rel. Err.
19	-1.87939	0	1.31E-15
20	-1.80194	0	1.04E-15
21	-1	0	1E-15
22	-0.44504	0	1E-15
23	0.347296	0	1E-15
24	1.24698	0	1E-15
25	1.532089	0	1.03E-15
26	2	0	1E-15

② 주기별 그래프

x_0	x_1	x_2	x_3	x_4	x_5	$x_{n+1}=x_n^2-2$
-1.8794	1.5321	0.3473	-1.8794	1.5321	0.3473	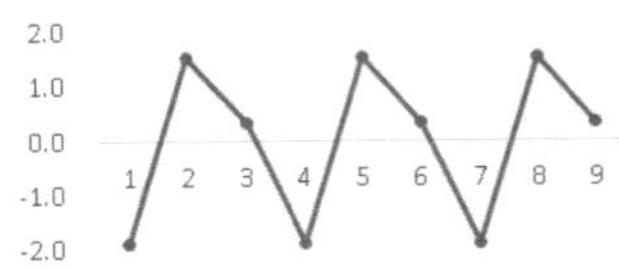
-1.8019	1.2470	-0.4450	-1.8019	1.2470	-0.4450	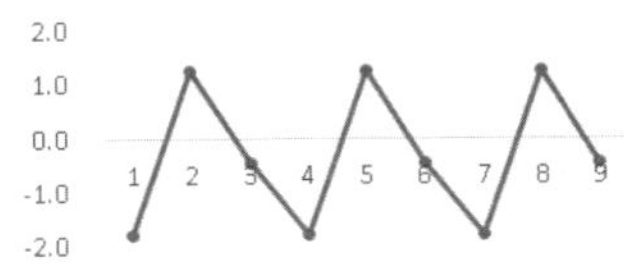
-0.4450	-1.8019	1.2470	-0.4450	-1.8019	1.2470	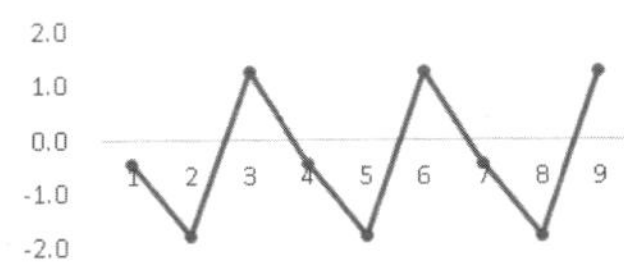
0.3473	-1.8794	1.5321	0.3473	-1.8794	1.5321	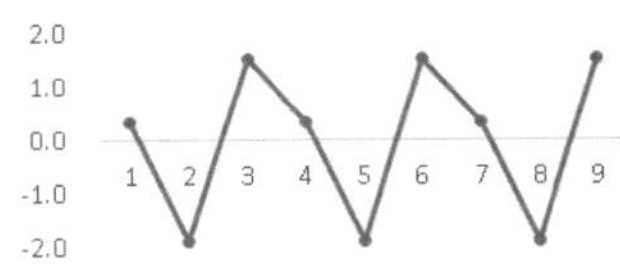
1.2470	-0.4450	-1.8019	1.2470	-0.4450	-1.8019	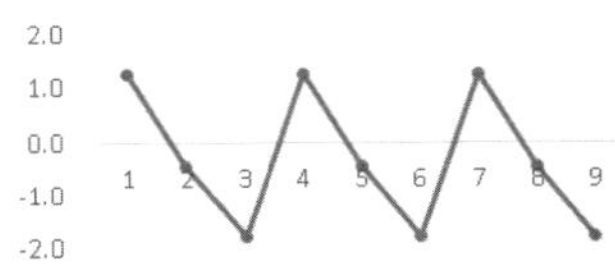
1.5321	0.3473	-1.8794	1.5321	0.3473	-1.8794	

9.7 $x_{n+1}=ax_n(1-x_n)(2-x_n)$의 반복

$x_{n+1}=ax_n(1-x_n)(2-x_n)$의 반복에서 나타나는 카오스적인 성질을 찾아보자.

1. 초기치의 민감성

(1) 2주기에 대해 알아 보자.

① $x_{n+1} = 2.59x_n(1-x_n)(2-x_n)$에서 반복이다.

x_0	x_1	x_2	x_3	x_4	x_5
0.3	0.92463	0.194099	0.731643	0.644991	0.803592
0.30001	0.924642	0.194068	0.731567	0.645145	0.803343
0.000010	0.00001	−0.00003	−0.00008	0.00015	−0.00025

② 반복이 진행되면서 초기치의 민감성이 나타남을 알 수 있다.

20	21	22	23	24	25
0.99412	0.015229	0.077095	0.354357	0.975144	0.064337
0.675199	0.752488	0.601785	0.867827	0.336348	0.961815
−0.31892	0.737258	0.524689	0.51347	−0.6388	0.897478

③ $x_{n+1} = 2.59x_n(1-x_n)(2-x_n)$, $x_0 = 0.3$이다.

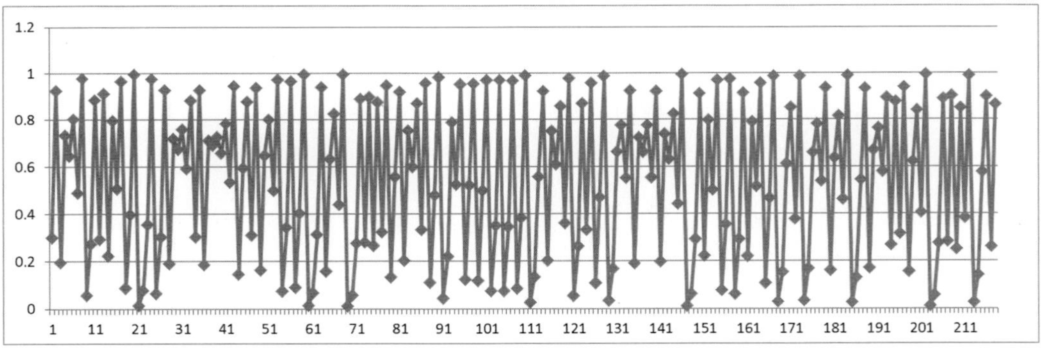

④ 0.3과 0.30001의 차이를 그래프로 나타내었다.

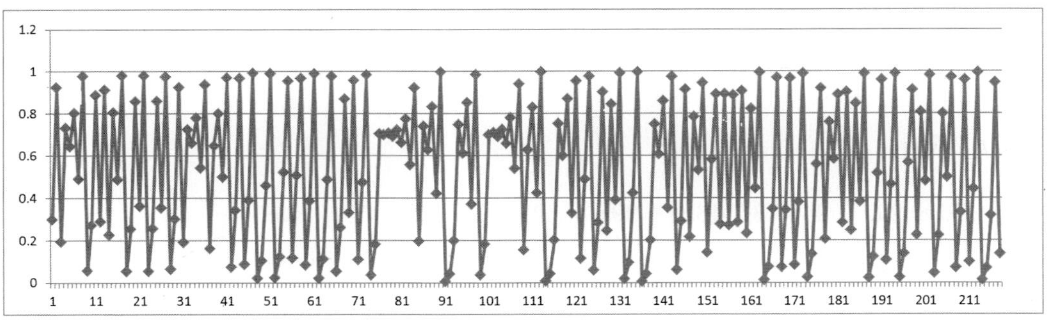

⑤ 처음에는 0.00001의 차이였지만 1까지 차이가 난다.

2. 혼합성

(1) 혼합성

① 셀에 입력된 수식이다

	A	B
1	2.59	
2	0.3	
3	0.92463	0.194099393
4	0.194099393	0.731643077
5	0.731643077	0.644990502

	A	B
1	2.59	
2	0.3	
3	=$A$1*A2*(1-A2)*(2-A2)	=$A$1*A3*(1-A3)*(2-A3)
4	=$A$1*A3*(1-A3)*(2-A3)	=$A$1*A4*(1-A4)*(2-A4)
5	=$A$1*A4*(1-A4)*(2-A4)	=$A$1*A5*(1-A5)*(2-A5)

② 3000번을 반복하였다. 전역에 걸쳐 수가 나타난다.

	A	B
1	2.59	
2	0.3	
3	0.92463	0.19409939
4	0.19409939	0.73164308
5	0.73164308	0.6449905
6	0.6449905	0.80359161
7	0.80359161	0.48907407
8	0.48907407	0.97785739
9	0.97785739	0.05732125
10	0.05732125	0.27188179

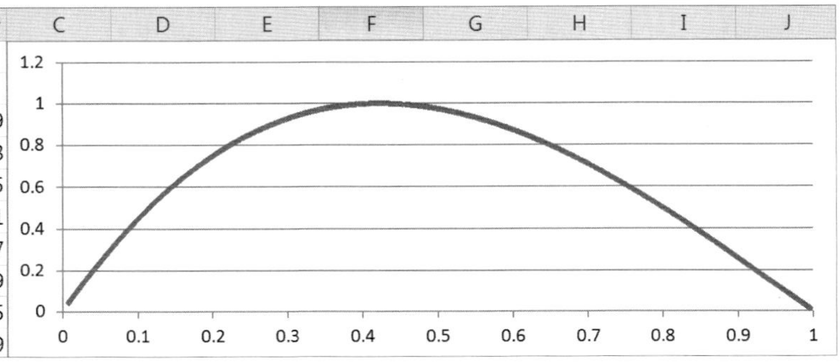

③ 혼합성을 만족한다.

3. 주기성

(1) 고정점

고정점이면 $f(x_0)=x_0$이다.

$$x_0 = ax_0(1-x_0)(2-x_0)$$

① x_0 =2.297559017은 고정점을 가지다가 10번 반복부터 발산한다.

② x_0 =0.7024409827을 30회 정도의 고정점을 가진다.

(2) 2주기

$$26.8324x - 248.736348x^2 + 998.8682889x^3 - 2297.534983x^4$$

$$2887.034090x^6 + 1484.953985x^7 - 404.9874505x^8 + 44.99860561x^9$$

③ 해를 구하면

$\{x=0\}$, $\{x=0.2759664600\}$, $\{x=.7024409854\}$, $\{x=.8921963901\}$,

$\{x=2.297559072\}$, $\{x=2.068644439+0.7423196792e-i\}$,

$\{x=0.3472741077+0.4653656475I\}$, $\{x=0.3472741077-0.4653656475i\}$,

$\{x=2.068644439-0.7423196792e-i\}$

④ $x=0.2759664600$, $x=.8921963901$는 30번의 반복까지 서로 2주기를 가진다.

x_0	x_1	x_2	x_3	x_4	x_5	x_6
0.2759664	0.892196	0.275966	0.892196	0.275966	0.892196	0.275966

3. $x_{n+1}=ax_n(1-x_n)(2-x_n)$의 특성

(1) 주기성

① a값이 0에서 1.83까지는 한 개의 값으로 수렴한다.

② a값에 2에서 2주기를 가진다.

③ a값이 2.2에서 4주기를 가진다.

④ a값이 2.4에서 7주기를 가진다.

⑤ a값이 2.5에서 3주기를 가진다.

(2) 초기치의 민감성

① $x_{n+1}=4x_n(1-x_n)$에서 0.3과 0.300001의 차이는 -1과 1의 범위에 있다.

② $x_{n+1}=2.5988x_n(1-x_n)(2-x_n)$에서 $x_0=0.30001$은 발산한다.

③ $x_{n+1}=2.5988x_n(1-x_n)(2-x_n)$에서 $x_0=0.300001$은 수렴한다.

④ 삼차반복에서 0.0000009의 차이가 진행되면서 무한대의 차이가 난다.

(3) 3차 반복식에서 파이겐바움 분기도

① 가로는 a값이다

② 세로는 a에 따른 $ax_n(1-x_n)(2-x_n)$의 결과값이다.

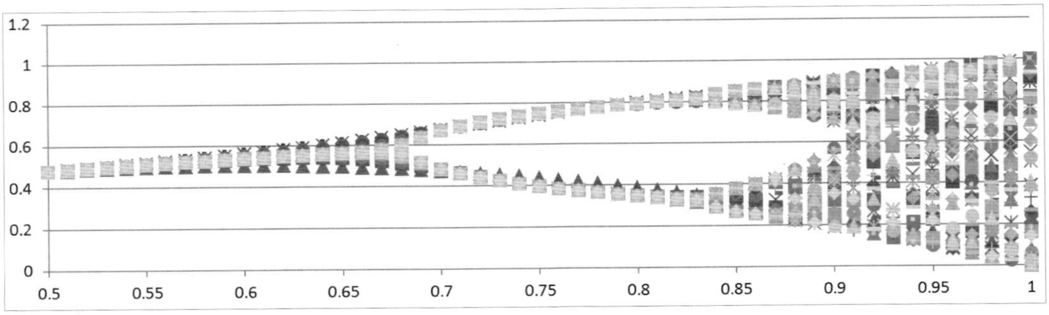

(4) 4차 반복식에서 파이겐 바움 분기도

① a값이 0.5에서 1사이의 값을 표시하였다.

② $ax_n(1-x_n)(2-x_n)(3-x_n)$의 결과값이다.

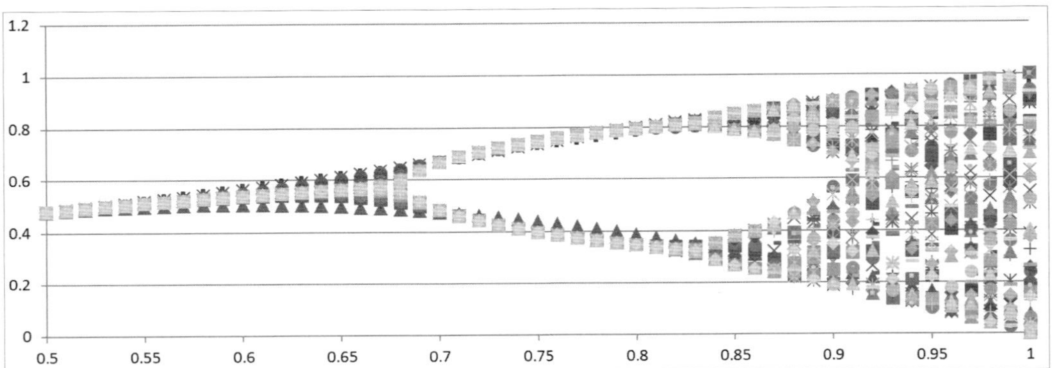

4. 탐구활동

① 5차 반복식에서도 비슷한 그림이 나오는지 확인해 보자.

9.8 초기치의 민감성에 나타나는 현상을 글로 쓰기

과학고에서 학생들이 쓴 글의 일부이다. 카오스 이론을 컴퓨터를 이용해 실습하였다. 카오스 이론에 대한 다양한 관점에서 수업을 하고 학생들에게 초기치의 민감성을 자신의 전공 분야, 자신의 삶속에서 어떻게 바라볼 수 있는 가를 쓴 글이다.

1. 초기치의 민감성 – 선택, 그에 길이 달렸다(양세린)

지난 수학 수업시간에 엑셀을 이용하여 초기치의 민감성에 대한 수업을 하였다. 작은 값에 의해서 나타나는 결과 값이 굉장한 차이를 보였는데. 0.01이라는 작은 숫자에도 큰 편차를 보이는 결과 값이 신기하고 놀라웠다. 모든 학문은 인생과 연관성을 보인다. 그렇다면 초기치의 민감성이라는 것은 어떠한 것과 연관될까?

나는 이번 주말에 며칠 전에 방영된 '엄마의 고백'이라는 다큐를 보게 되어서 이것을 선택이라는 것에서 관련을 지어보고 싶었다. 영상 속 주인공 소향은 이제 막 20대에 접어든 교도소 수감자로 한 아이, 가은이의 엄마이다. 한 시간 가량의 영상 속에서 20년간의 그녀의 수많은 선택의 오를 범함을 엿볼 수 있었다. 선택, 그것은 인생을 웃게도 울게도 만든다. 예를 들어서 수학 문제를 풀다가. '+'를 '÷'로 잘못 계산하게 되면 답이 달라지는 것처럼 한번이 선택이 작게, 또는 크게 인생을 바꿔놓는다.

사람들은 미래의 자기모습을 볼 수 있기를 원한다. 하지만 그것은 불가능하다. 앞으로 어떤 상황이 닥칠지는 가던 길을 악간만 뒤틀어도 바뀐다. 원래 가던 경로를 돌아가면 겪는 일이 다른 것처럼 우리는 그렇게 조금씩 변화된 길을 선택함으로서 각자의 미래를 새롭게 만든다. 내가 보게 된 다큐 속의 그녀는 다시 과거로 돌아가고 싶다고 줄곧 말을 한다. 처음부터 내가 그런 일을 하지 않았으면 이런 악한 상황까지는 오지 않았을 거라면서 말이다. 모든 이들의 후회 속에는 더 나은 미래를 향한 열망이 담긴다. 그러하기에 조금더 선택에 신중해 지기도 한다.

모든 것은 선택의 연속이라고 한다. 하나의 선택으로 인생에 어떠한 영향을 미칠지는 모르는 일이다. 오늘 하루를, 한 달을, 또는 일년을 어떻게 보내느냐처럼 큰 선택부터 내가 지금 이러한 행동에서 어떠한 선택을 할 것인지에 대한 사소한 것까지 어느 것 하나 제외시킬 수 없이 모두 중요하다. 작은 선택 하나하나를 조금 더 중요하게 생각해야 할 필요성이 있지 않을까.

2. 초기치의 민감성 – 지금 당신은? (박상준)

… '초기치의 민감성'은 우리 생활에 있어서 동떨어진 개념이 아니다. 수학과 인간의 생활을 접목시키므로써 탄생한 것이기 때문에 현재 우리 생활에 깊숙이 들어와 있으며, 과거에도 우리 곁에서 존재했고, 미래에도 존재할 것임에 틀림없는 것이 초기치의 민감성이다. 다시 말하면, 지금 당신이 무심결에 하고 있는 행동, 말까지도 어떤 일의 '초기치'가 될 수 있다는 말이다.

3. 초기치의 민감성 – 벌점, 그 사소한 시작(이선용)

… 나의 일상에서의 초기치의 민감성을 찾자면 벌점을 찾을 수 있다. 내가 받은 작은 벌점이 모여 20점이 되었고, 그 20점으로 인해서 퇴사를 당했으며 그 퇴사로 인해 엄청난 비용이 들게 되었다. 그리고 내가 귀찮아서 땅바닥에 뱉어놓은 껌을 친구가 밟고 그 껌이 바지까지 옮겨 붙어서 친구가 그 바지를 세탁소에까지 맡기게 된 일도 있다. 그리고 카트라이더라는 게임을 할 때 내가 처음에 쓰지 못한 출발부스터로 인해서 1,2 등이 갈리기도 하고 부스터를 할 때 모이지 않은 게이지 단 1mm 때문에 1등을 하지 못 한 때도 있다. 그리고 내가 들은 한 예로 인하면 충주 시의원 선거를 할 때 가족이 귀찮다고 뽑지 않은 단 한 표의 차이 때문에 그 사람이 시의원에 당선되지 못한 경우도 있다고 한다. 이런 작은 변화가 큰 변화를 만드는 초기치의 민감성은 볼수록 신기한 것 같다

4. 초기치의 민감성 – 미세한 선택, 차이가 불러일으키는 것(이정호)

… 내 삶 속에서도 이와 같은 것을 많이 살펴볼 수 있다. 나의 중학교를 예로 들 수 있다. 중학교는 지망을 정하여 추첨을 통해 학교를 배정받는다. 나는 1지망인 청주남중에 학교를 갈 수 있었다. 그러나 1지망에 걸리지 않고 다른 학교를 가게 되었다면 현재의 친구들도 만나지 못했을 것이고 내가 가르침을 받은 많은 좋은 선생님들도 못 만났을 것이다. 그렇게 된다면 내가 수학, 과학에 흥미를 못 가졌을 수도 있을 것이고, 결국 과학고에 들어오지 못했을 수도 있는 것이다. 과학고에 들어오지 못했다면 미래가 어떻게 변화할지는 예상하지는 못하지만 크게 변화할 것이다. 따라서 이러한 사소한 선택이 나의 인생을 좌우하는 큰 선택이 될 가능성도 있다. 지금까지 나의 선택은 후회하지 않고 잘 선택한 것 같다. 이제부터의 선택은 더욱더 나에게 중요하게 된다. 그러므로 무엇이든 선택할 기회가 온다면 신중하게 생각하여 선택하는 자세를 가져야겠다.

5. 초기치의 민감성 – 최선을 다해야만 하는 이유 (박상원)

… 우리 인간은 '권리'와 동시에 선택에 대해서 '책임을 질 의무'도 가지고 있다. 즉 원자나 자연재해와 같이 한 번 발생하고 끝나는 것이 아니라 그 마지막 결과까지도 우리의 행동이 영향을 미친다는 것이다. 다시 말해 우리는 어떠한 선택을 하더라도 자신의 행동에 따라 다른 결과를 만들어 갈 수가 있다고 할 수 있다. 중요한 것은 '어떠한 선택을 했는가.'가 아니라 '어떠한 선택을 하더라도 어떠한 마음가짐으로 나아가는가.'이다. 주어진 환경이 중요하지 않은 것은 아니지만 주어진 환경만 중요한 것은 결코 아니다. 어떠한 상황에 처해있더라도 나

자신을 잃지 않고 최선을 다한다면 반드시 좋은 결과치가 있으리라 나는 굳게 믿는다.

6. 초기치의 민감성 – 나비효과로 인한 위대한 발견(이주현)

위대한 발견들 중에서는 우연한 일 때문에 일어난 것들이 참 많다. 뉴턴은 사과가 나무에서 떨어지는 것을 보고 중력의 개념을 세우게 되었고, 아르키메데스 또한 욕조에 몸을 담갔을 때 물이 넘치는 것을 보고 부력의 개념을 알아 순금 여부를 알아낼 수 있었다. 이처럼 사소한 것들도 절대 무시할 수 없는 강력한 힘을 갖고 있다는 것을 알 수 있다.

나비 효과라는 개념을 최근에 처음으로 알게 되었는데, 알면 알수록 생각하면 할수록 인생에 있어서 한순간 한순간이 얼마나 중요한지, 나중에 얼마나 큰일을 야기할 수 있는지에 대해 알게 되었다

7. 초기치의 민감성 – 인생과 선 택(정지현)

학문의 길로 들어서 미래에 연구원이 되어 있을 수도 있는 어느 친구가 만약 과학고를 선택하지 않았다면 전혀 다른 삶을 살고 있을 수도 있다. 과학고를 선택했기 때문에 성공한 삶을 살게 될 수도 있고, 이 선택으로 후회할 삶을 살 수도 있다. 이런 것들이 초기 조건의 민감성이라고 할 수 있고, 선택으로 인해 변화될 삶을 오차라고 할 수 있다.

하지만 계산상의 수치의 오류와는 달리 우리의 삶은 우리가 얼마나 노력했느냐에 따라 얼마든지 바꿀 수 있는 것 같다. 지금은 힘들고 자신의 길이 아닌 것 같아 좌절할지라도 발전하기 위해 꾸준히 노력한다면 좋은 결과가 나올 수 있을 것이다.

8. 초기치의 민감성 – 사소한 차이가 인생을 만든다.(도하림)

…멀리 가서 찾을 필요가 없을 수도 있다. 많은 학생들은 시험문제에서 미묘한 차이, 예를 들어 글자 하나 차이로 인해 답이 달라지는 경험을 한 적이 있을 것이다. 필자의 경우 OMR카드에 컴퓨터 사인펜으로 마킹을 할 때 잉크가 옆 칸에 미세하게 튀어서 오답처리 된 경험이 한두 번이 아니다. 또는 친구 간에 작은 오해 하나로 엄청난 결과가 초래되기도 한다.

초기치의 민감성 또는 나비효과는 지금도 우리의 생활에 영향을 미칠 수도 있다. 지금 하는 행동 하나하나가 나의 습관을 만들고 성격을 만들고 인생을 만들 것이다. 물론 과거에 했던 행동들도 지금 나에게 지대한 영향을 미치고 있을 것이다. 우선 과거니까 더 이상 후회하지 말아야겠다. 다만 지금 하고 있는 행동이 나에게 어떤 인생을 만들어 줄지는 알 수 없지만 최선을 다하는 삶을 살고 싶다.

10 만델브로트 집합과 줄리아 집합

Chapter >>

10장은 만델브로트 집합과 줄리아 집합이다.

만델브로트 집합은 아름답다. 복소수의 수렴이 발산이 만드는 세상은 놀랍다. 굳이 학생들에게 수학이 아름답다라고 강요하지 않아도 된다.

2010년 10월 14일 프랙탈 이론의 창시자인 만델브로트가 췌장암으로 사망했다. 만델브로트는 1924년 11월 24일 폴란드에서 태어났다. 그의 아버지는 학자다운 사람이었으며 옷을 만들고 팔았다. 어머니는 의사였다. 어머니는 당시 전염병을 두려워 해서 만델브로트를 학교에 보내지 않았다. 그의 아저씨인 Loterman이 만델브로트의 가정교사였고, 체스를 가르쳤다. 12살 때 만델브로트의 가족은 파리로 갔고, 중학교를 다녔다.

만델브로트의 아버지는 제 2차 세계대전 중 독일의 프랑스 점령시기에 목숨을 모면했다. 어느 날 아버지가 포로로 붙잡혀 있던 수용소에 레지스탕스 대원들이 공격했다. 포로들에게 독일 주력 부대가 오기 전에 탈출하라고 말했다. 만델브로트 아버지는 집단으로 움직이는 것은 어리석은 행동이라고 생각하고, 무리에서 떨어져 도망치기로 결심했다. 얼마 안 지나 포로들이 걷고 있는 대로를 독일 폭격기가 폭격을 가했다. 숲에 혼자 있는 아버지는 피해를 면할 수 있었다. 만델브로트도 이렇게 독립적으로 행동했다.

파리에서 수리 과학을 전공해 박사 학위를 받은 후 유럽 과학자들을 따라 미국으로 건너가 과학자로서의 길을 걸었다. 아버지처럼 항상 다른 사람들과는 다른 방향을 모색하였다. 만델브로트는 스스로를 이단아라고 부른다. 그는 항상 환영받지는 않았지만 소신을 굽히지 않고, 특정 과학 단체에 소속되지 않은 채 일생을 보냈다.

만델브로트는 관심을 가지는 모든 분야에서 너무 앞서 갔고, 유행에 거슬러 움직였다. 통계 물리, 우주학, 기상학, 수리학, 지형학, 해부학, 분류학, 신경학, 언어학, 정보기술, 컴퓨터 그래픽 등 다양한 분야를 연구했다.

1975년 겨울 어느 날 오후에 만델브로트는 물리학에서도 비슷한 개념이 대두되고 있다는 것을 알고 자신의 첫 연구 업적을 책으로 출판할 준비를 했다. 만델브로트는 자신이 생각한 형상, 차원 및 기하학에 이름을 붙여야겠다고 마음먹었다. 그는 때마침 학교에서 돌아와 있던 아들의 라틴어 사전을 뒤적거리다가 '부서지다'라는 뜻의 동사 'frangere'에서 파생한 형용사 'fraction'의 어감도 적절한 것으로 생각되었다. 만델브로트는 영어이자 불어이며, 명사이자 형용사인 단어 'fractal'을 만들어냈다. 노벨상 다음으로 권위있는 과학자에게 수여하는 울프상을 비롯해 권위 있는 상을 받았다.

10.1 만델브로트 집합과 줄리아 집합

$z_{n+1} = z_n^2 + c(z = x + yi,\ c = c_1 + c_2 i)$에 대해 생각해 보자.

$$M = \{c \mid z_{n+1} = z_n^2 + c\ ,\ \lim|z_n| < \infty\}$$

앞의 9.6에서 $x_{n+1} = x_n^2 + c(c = -2)$의 반복에 대해 알아보았다. x_n이 복소수인 $z_{n+1} = z_n^2 + c$ $(z = x + yi,\ c = c_1 + c_2 i)$경우를 생각해보자. z의 초기값을 $z = 0 + 0i$로 하여 점화식을 반복하여 계산한다. 그 결과는 c값에 의존한다. 즉 c 값에 따라 z가 하나의 값으로 수렴하기도 하고 여러 값 사이를 순환적으로 맴돌기도 하고 아주 큰 값으로 발산하기도 한다. 만델브로트 집합은 초기값을 $z = 0 + 0i$로 했을 때 $z_{n+1} = z_n^2 + c$ 을 발산시키지 않는 복소수 c들의 모임이다.

c를 고정했을 때 발산하지 않는 z를 충만한 줄리아 집합(filled-in julia set)

$$J = \{z \mid z_{n+1} = z_n^2 + c\ ,\ \lim|z_n| < \infty\}$$

이라 한다. 줄리아 집합은 충만한 줄리아 집합의 경계이다.

1. 복소수 수열의 수렴과 발산

① c=-0.5+0.4i일 때

$z_0 = 0+0i$, $z_1 = -1.049+0.147i$, $z_2 = 0.030-0.161i$, $z_3 = -1.074+0.137i$,

	c	z_0	z_1	z_2	z_3	z_4	z_5
실수	−1.048	0.000	−1.049	0.030	−1.074	0.086	−1.063
허수	0.147	0.000	0.147	−0.161	0.137	−0.148	0.122

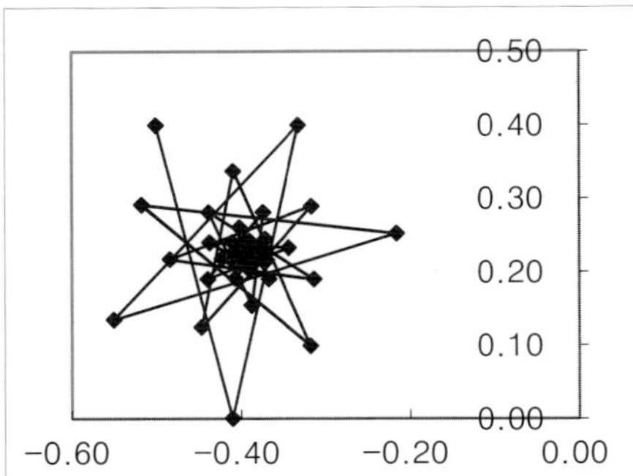

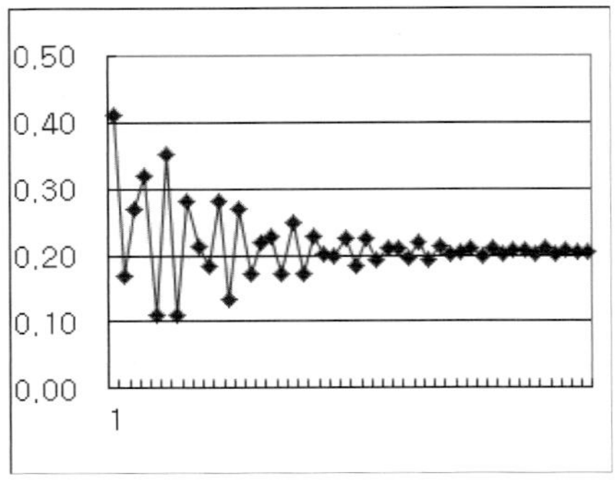

한 개의 점으로 수렴하므로 만델브로트 집합이다.

② $c=-1.048+0.14i$일 때

$z_0=0+0i$, $z_1=-1.049+0.147i$, , $z_2=0.030-0.161i$, $z_3=-1.074+0.137i$,

	c	z_0	z_1	z_2	z_3	z_4	z_5
실수	-1.048	0.000	-1.049	0.030	-1.074	0.086	-1.063
허수	0.147	0.000	0.147	-0.161	0.137	-0.148	0.122

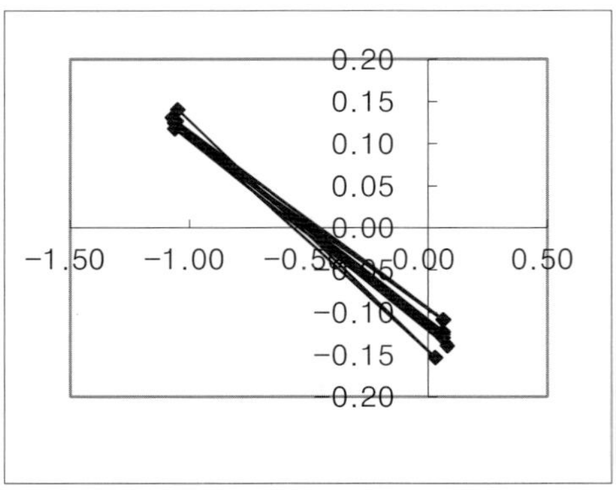

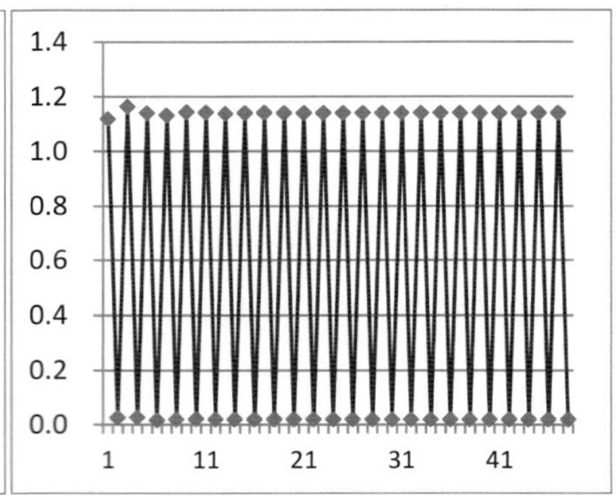

두 개의 값으로 수렴하므로 만델브로트 집합이다.

③ $c=0.4+0.4i$일 때는 발산함으로 만델브로트 집합이 아니다.

	c	z_0	z_1	z_2	z_3	z_4	z_5
실수	0.4000	0.000	0.400	0.400	0.042	-0.551	0.472
허수	0.4000	0.000	0.400	0.720	0.976	0.481	-0.130

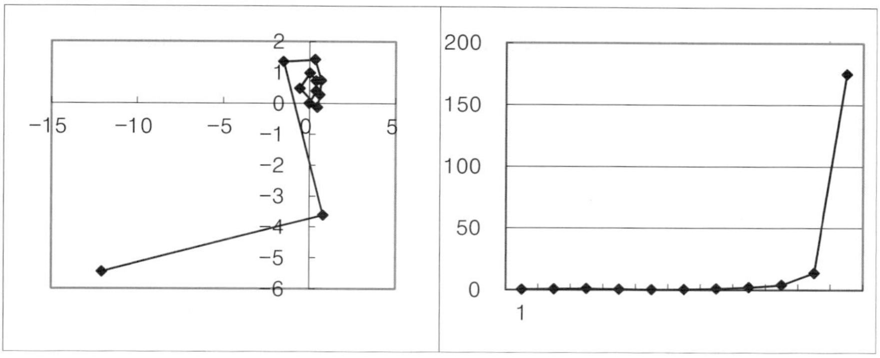

(2) 실수와 허수로 나누어 이해하기

c, z는 복소수이므로 $z = x + yi$, $c = c_1 + c_2 i$로 나타내면

$$z^2 + c = (x + yi)^2 + c_1 + c_2 i$$

$$= (x^2 - y^2 + 2xyi) + c_1 + c_2 i$$

$$= (x^2 - y^2 + c_1) + (2xy + c_2)i$$

$z = z^2 + c$ 이므로

$$x + yi = (x^2 - y^2 + c_1) + (2xy + c_2)i$$

2. 줄리아 집합

(1) c의 값을 정하고 반복을 살펴보자.

① $c = -1.048 + 0.147i$에서 만델브로트 집합은 2주기를 가진다.

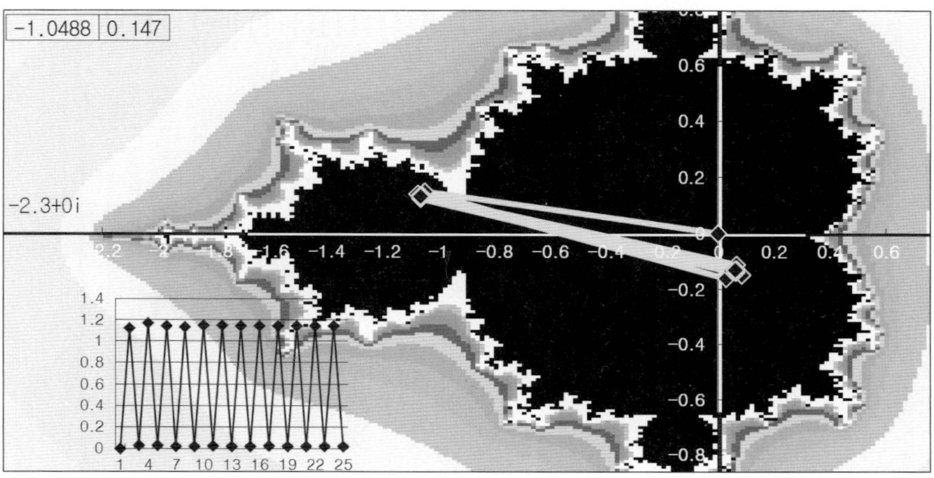

② 줄리아 집합은 전체적으로 연결되어 있다. 줄리아 집합은 내부와 외부의 경계선이다.

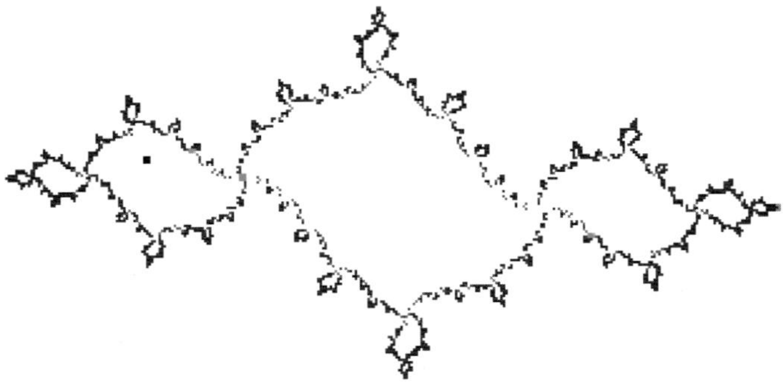

③ 발산의 정도에 프로그래밍 하였다.

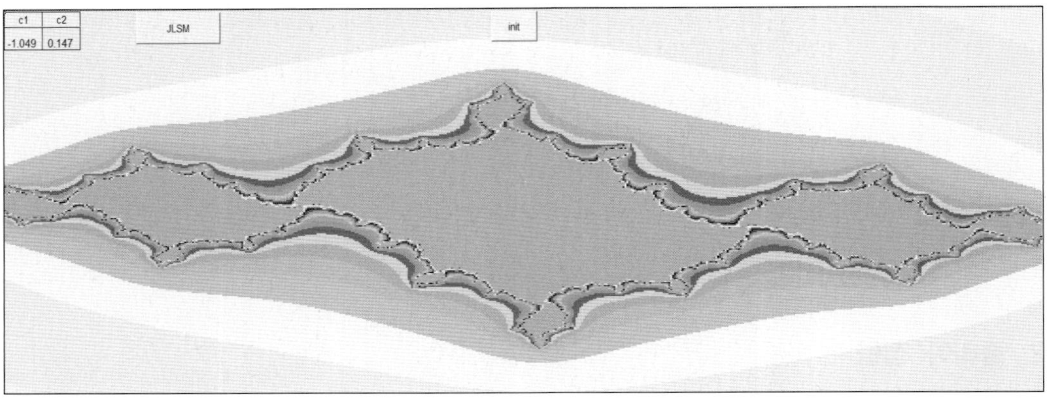

④ 채워진 줄리아 집합이다.

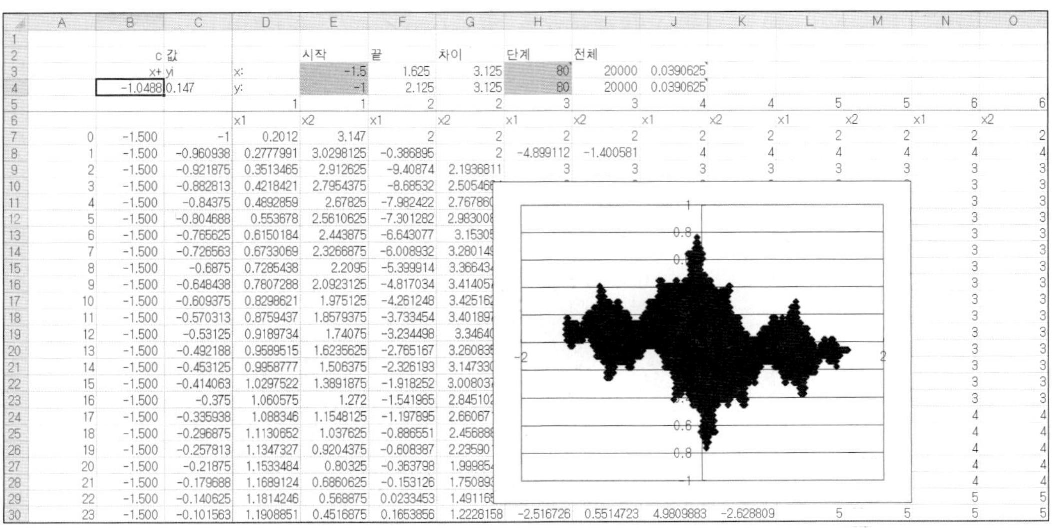

	A	B	C	D	E	F	G	H	I	J	K	L	M	N	O
1															
2		c	값		시작	끝	차이	단계	전체						
3		x+	yi	x:	-1.5	1.625	3.125	80	20000	0.0390625					
4		-1.0488	0.147	y:	-1	2.125	3.125	80	20000	0.0390625					
5				1	1	2	2	3	3	4	4	5	5	6	6
6				x1	x2	x1	x2	x1	x2	x1	x2	x1	x2	x1	x2
7	0	-1.500	-1	0.2012	3.147	2	2	2	2	2	2	2	2	2	2
8	1	-1.500	-0.960938	0.2777991	3.0298125	-0.386895	2	-4.899112	-1.400581	4	4	4	4	4	4
9	2	-1.500	-0.921875	0.3513465	2.912625	-9.40874	2.1936811	3	3	3	3	3	3	3	3
10	3	-1.500	-0.882813	0.4218421	2.7954375	-8.68532	2.505466							3	3
11	4	-1.500	-0.84375	0.4892859	2.67825	-7.982422	2.767860							3	3
12	5	-1.500	-0.804688	0.553678	2.5610625	-7.301282	2.983008							3	3
13	6	-1.500	-0.765625	0.6150184	2.443875	-6.643077	3.15305							3	3
14	7	-1.500	-0.726563	0.6733069	2.3266875	-6.008932	3.280149							3	3
15	8	-1.500	-0.6875	0.7285438	2.2095	-5.399914	3.366434							3	3
16	9	-1.500	-0.648438	0.7807288	2.0923125	-4.817034	3.414057							3	3
17	10	-1.500	-0.609375	0.8298621	1.975125	-4.261248	3.425162							3	3
18	11	-1.500	-0.570313	0.8759437	1.8579375	-3.733454	3.401897							3	3
19	12	-1.500	-0.53125	0.9189734	1.74075	-3.234498	3.34640							3	3
20	13	-1.500	-0.492188	0.9589515	1.6235625	-2.765167	3.260835							3	3
21	14	-1.500	-0.453125	0.9958777	1.506375	-2.326193	3.147330							3	3
22	15	-1.500	-0.414063	1.0297522	1.3891875	-1.918252	3.008037							3	3
23	16	-1.500	-0.375	1.060575	1.272	-1.541965	2.845102							3	3
24	17	-1.500	-0.335938	1.088346	1.1548125	-1.197895	2.660671							4	4
25	18	-1.500	-0.296875	1.1130652	1.037625	-0.886551	2.456888							4	4
26	19	-1.500	-0.257813	1.1347327	0.9204375	-0.608387	2.235901							4	4
27	20	-1.500	-0.21875	1.1533484	0.80325	-0.363798	1.999854							4	4
28	21	-1.500	-0.179688	1.1689124	0.6860625	-0.153126	1.750893							4	4
29	22	-1.500	-0.140625	1.1814246	0.568875	0.0233453	1.491165							5	5
30	23	-1.500	-0.101563	1.1908851	0.4516875	0.1653856	1.2228158	-2.516726	0.5514723	4.9809883	-2.628809	5	5	5	5

(2) $c = -0.0832 + 0.712i$는 3주기를 가진다.

① 만델브로트 집합은 3주기를 가진다.

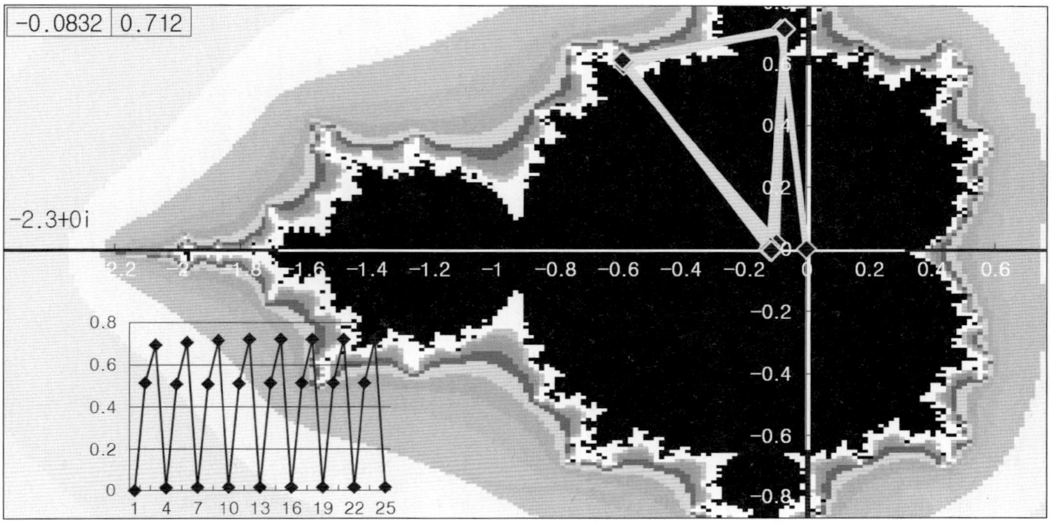

② 줄리아 집합은 연결되어 있다.

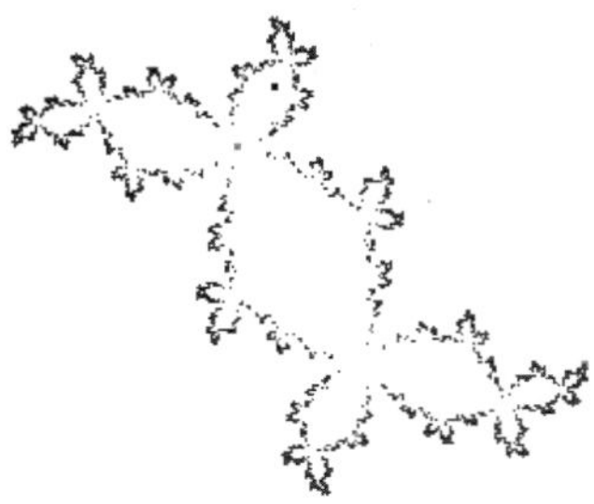

③ 색을 칠한 줄리아 집합이다.

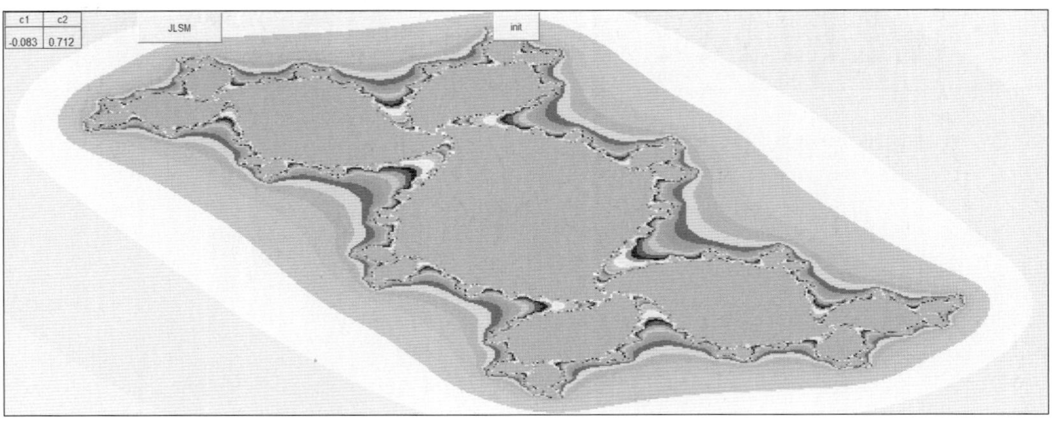

④ 함수를 이용하여 만든 충만한 줄리아 집합이다.

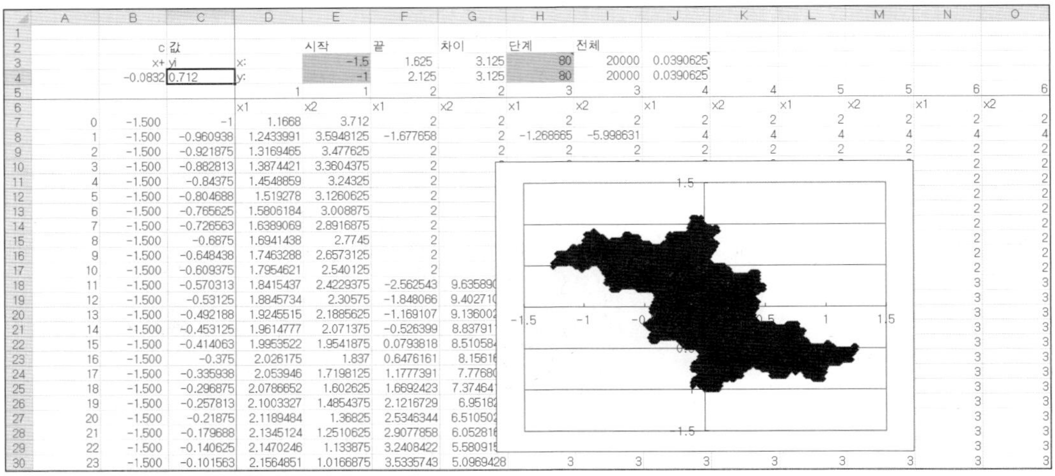

(3) $c=0.284+0.499i$

① 만델브로트 집합은 4주기를 가진다.

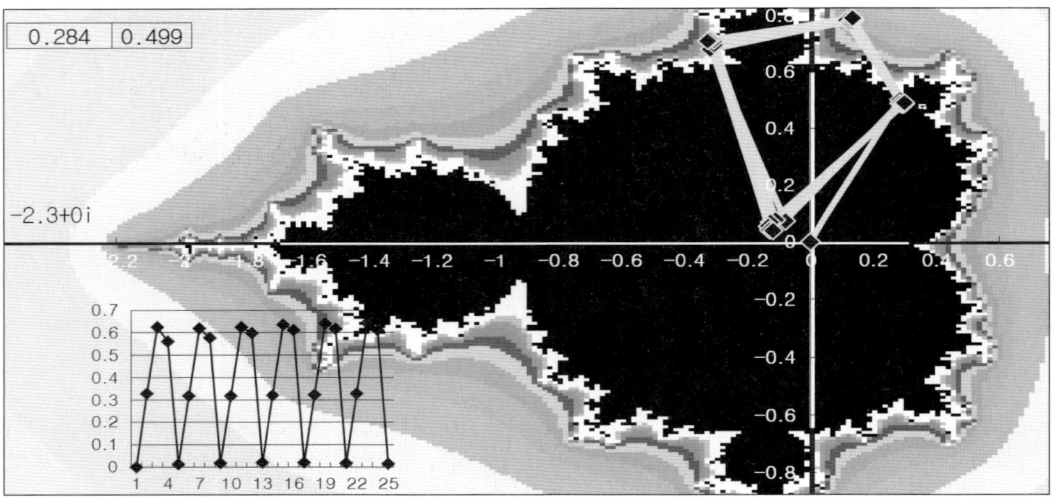

② 줄리아 집합은 연결되어 있다.

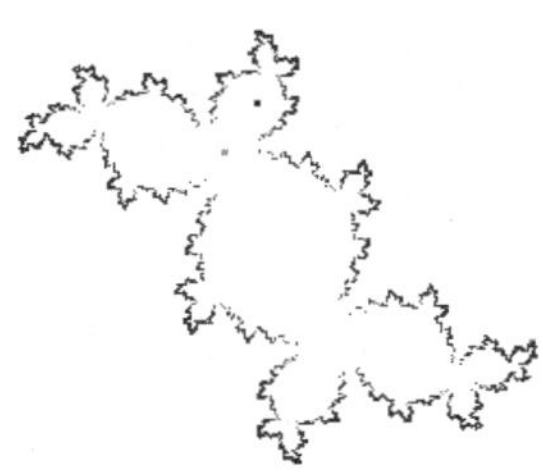

③ 색을 칠한 줄리아 집합이다.

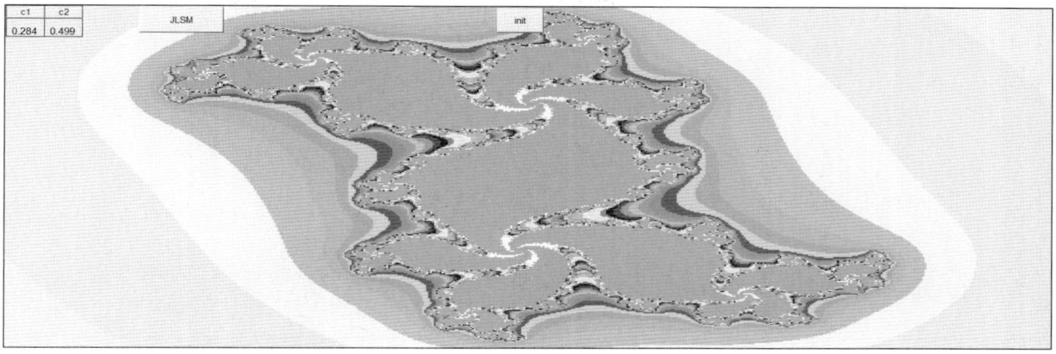

④ 함수를 이용하여 만든 충만한 줄리아 집합이다.

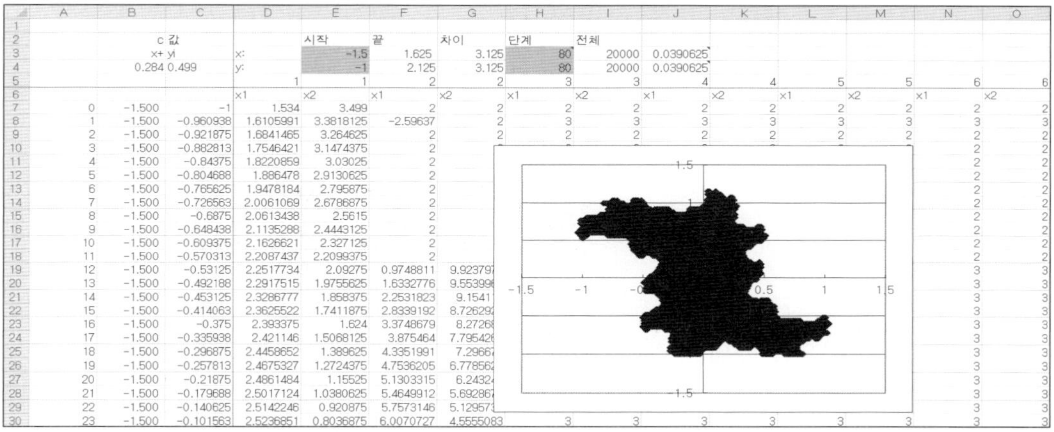

(4) $c=-0.5048+0.563i$

① 만델브로트 집합은 5주기를 가진다.

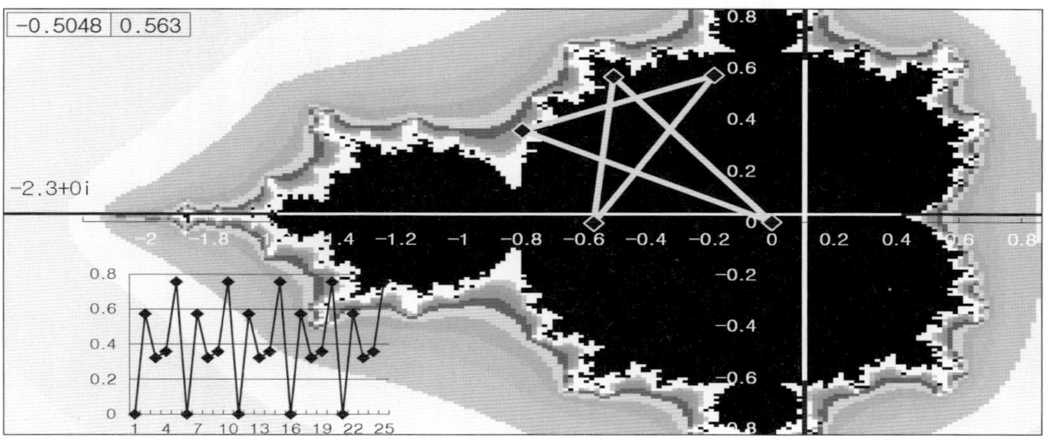

② 줄리아 집합은 연결되어 있다.

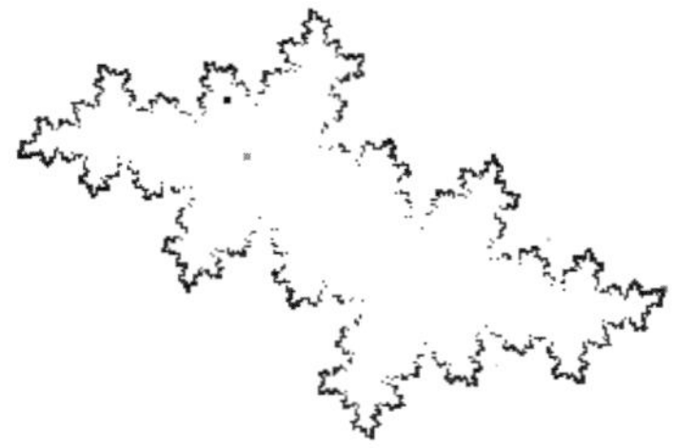

③ 채색한 줄리아 집합이다.

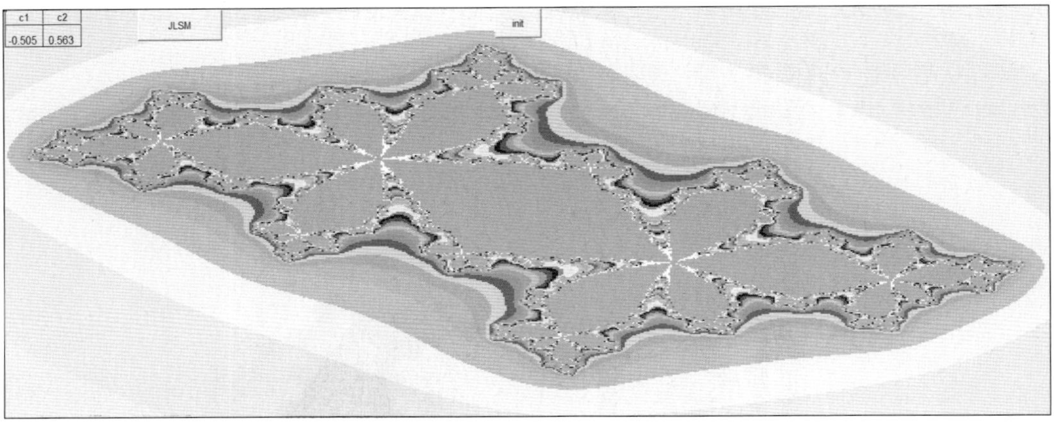

④ 함수를 이용한 채워진 줄리아 집합이다.

	A	B	C	D	E	F	G	H	I	J	K	L	M	N	O
1															
2		c	값		시작	끝	차이	단계	전체						
3		x+	yi	x:	-1.5	1.625	3.125	80	20000	0.0390625					
4		-0.5048	0.563	y:	-1	2.125	3.125	80	20000	0.0390625					
5				1	1	2	2	3	3	4	4	5	5	6	6
6				x1	x2	x1	x2	x1	x2	x1	x2	x1	x2	x1	x2
7	0	-1.500	-1	0.7452	3.563	2	2	2	2	2	2	2	2	2	2
8	1	-1.500	-0.960938	0.8217991	3.4458125	-1.016395	2	-3.471741	-3.502581	4	4	4	4	4	4
9	2	-1.500	-0.921875	0.8953465	3.328625	2	2	2	2	2	2	2	2	2	2
10	3	-1.500	-0.882813	0.9658421	3.2114375	2								2	2
11	4	-1.500	-0.84375	1.0332859	3.09425	2								2	2
12	5	-1.500	-0.804688	1.097678	2.9770625	2								2	2
13	6	-1.500	-0.765625	1.1590184	2.859875	2								2	2
14	7	-1.500	-0.726563	1.2173069	2.7426875	-6.545299	7.24038							3	3
15	8	-1.500	-0.6875	1.2725438	2.6255	-5.778683	7.245127							3	3
16	9	-1.500	-0.648438	1.3247288	2.5083125	-5.041525	7.208667							3	3
17	10	-1.500	-0.609375	1.3738621	2.391125	-4.334782	7.133152							3	3
18	11	-1.500	-0.570313	1.4199437	2.2739375	-3.659352	7.020726							3	3
19	12	-1.500	-0.53125	1.4629734	2.15675	-3.016079	6.873535							3	3
20	13	-1.500	-0.492188	1.5029515	2.0395625	-2.405752	6.693726							3	3
21	14	-1.500	-0.453125	1.5398777	1.922375	-1.829102	6.483444							3	3
22	15	-1.500	-0.414063	1.5737522	1.8051875	-1.286806	6.244835							3	3
23	16	-1.500	-0.375	1.604575	1.688	-0.779483	5.980045							3	3
24	17	-1.500	-0.335938	1.632346	1.5708125	-0.307698	5.69121							3	3
25	18	-1.500	-0.296875	1.6570652	1.453625	0.1280396	5.380502							3	3
26	19	-1.500	-0.257813	1.6787327	1.3364375	0.5272783	5.050042							3	3
27	20	-1.500	-0.21875	1.6973484	1.21925	0.8896212	4.701984							3	3
28	21	-1.500	-0.179688	1.7129124	1.1020625	1.2147271	4.33847							3	3
29	22	-1.500	-0.140625	1.7254246	0.984875	1.5023113	3.961655							3	3
30	23	-1.500	-0.101563	1.7348851	0.8676875	1.7521446	3.5736762	3	3	3	3	3	3	3	3

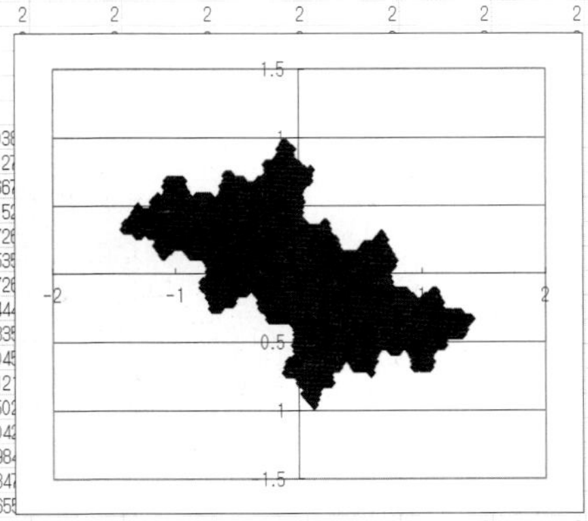

(5) $c=-0.6136+0.414i$

① 만델브로트 집합은 7주기를 가진다.

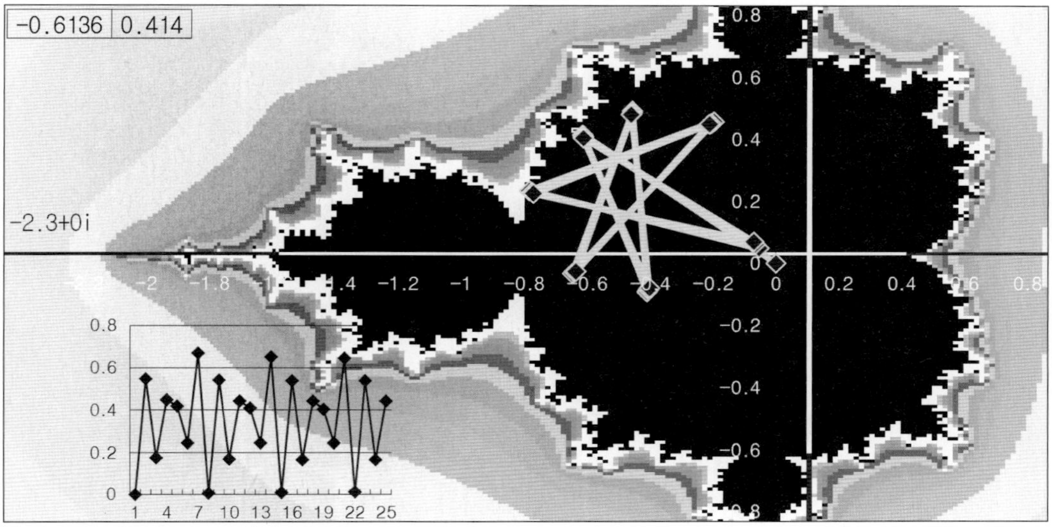

② 줄리아 집합은 연결되어 있다.

③ 채색한 줄리아 집합이다.

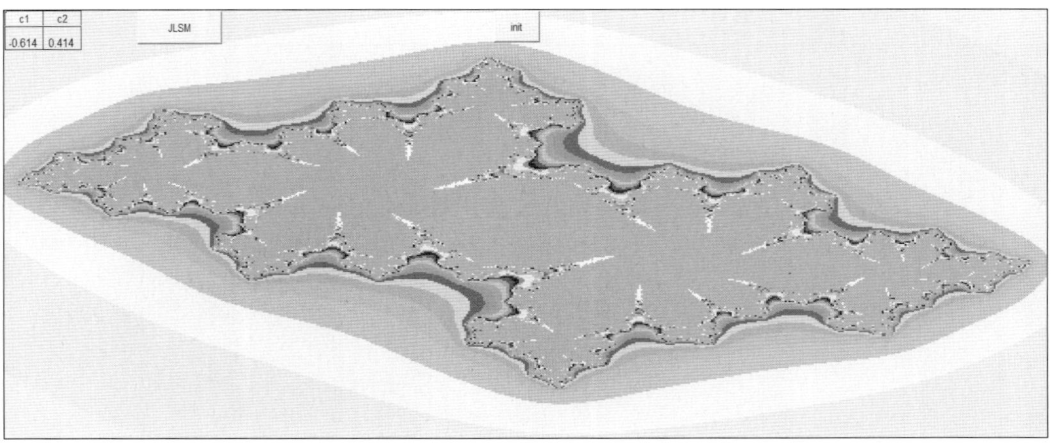

(6) $c = -0.3552 + 0.616i$

① 만델브로트 집합은 8주기를 가진다.

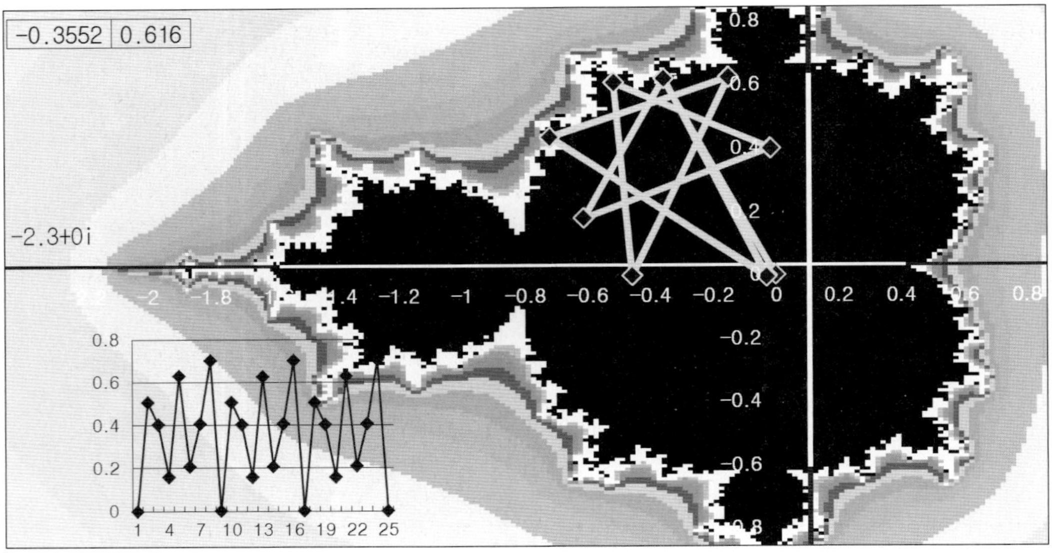

② 줄리아 집합은 연결되어 있다.

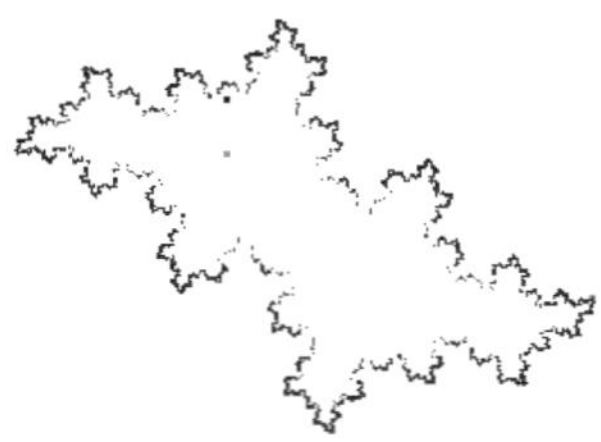

③ 채색한 줄리아 집합이다.

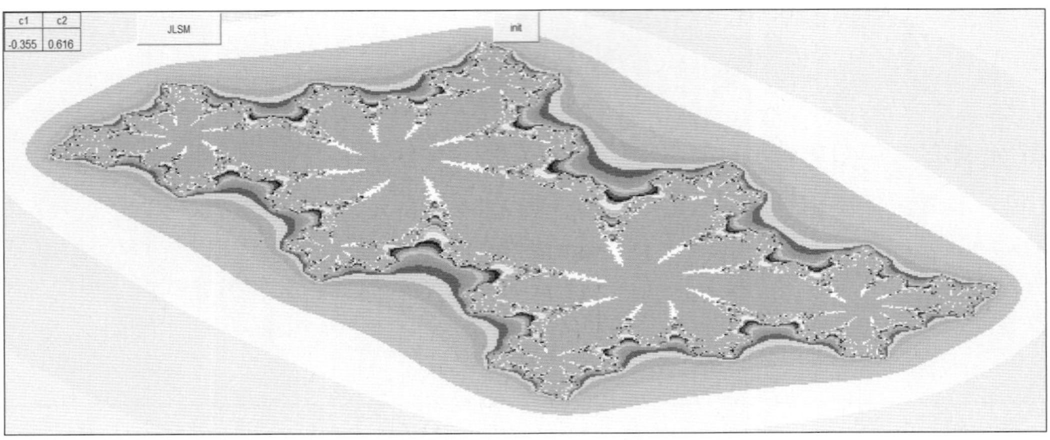

3. 만델브로트 집합 주기

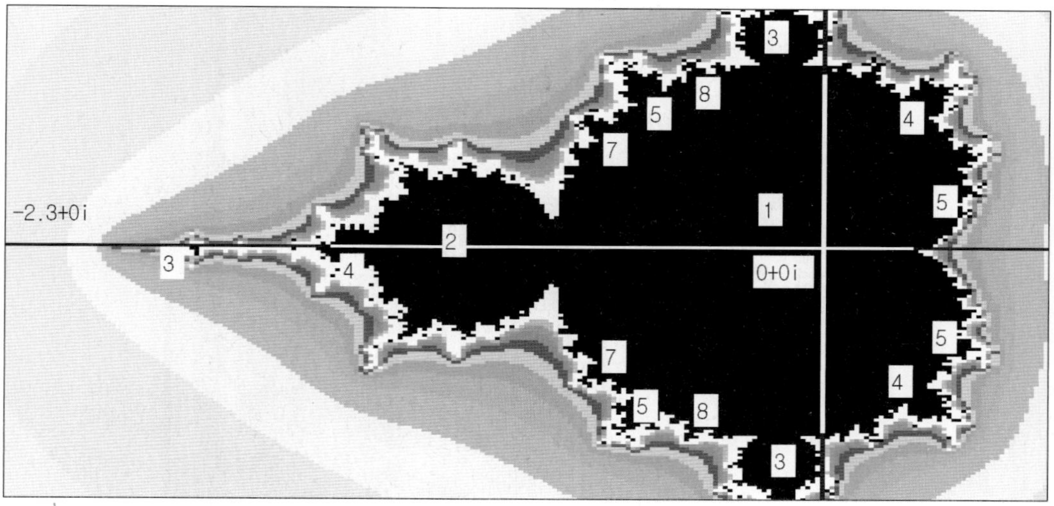

4. 만델브로트 집합과 줄리아 집합 관계

① $c \in C$ 가 만델브로트 집합이면, $|z_n + c|$가 수렴하는 z는 충만한 줄리아(K_c : filled in Julia set) 집합이다.

② $c \in C$가 만델브로트 집합에 속하지 않으면, 비연결 줄리아 집합(J_c)이다.

③ 줄리아 집합은 충만한 줄리아 집합의 경계이다.

④ 줄리아 집합이 비연결이면 충만한 줄리아 집합(K_c)과 줄리아 집합(J_c)은 같아진다.

⑤ 만델브로트 집합에서 나타나는 주기는 줄리아 집합에서도 그대로 나타난다.

⑥ 만델브로트 집합은 한 개이지만, 줄리아 집합은 여러 개이다.

⑦ 줄리아 집합은 내부가 공집합이다.

⑧ 복소수 $c \in C$ 에 대하여, 모든 줄리아 집합은 각각 다르다.

5. 다음 그림은 만델브로트 집합과 줄리아 집합의 관계를 나타낸 것이다. 만델브로트 집합의 주기를 가지는 부분에서 충만한 줄리아 집합(filled in Julia)의 주기를 찾아볼 수 있다.

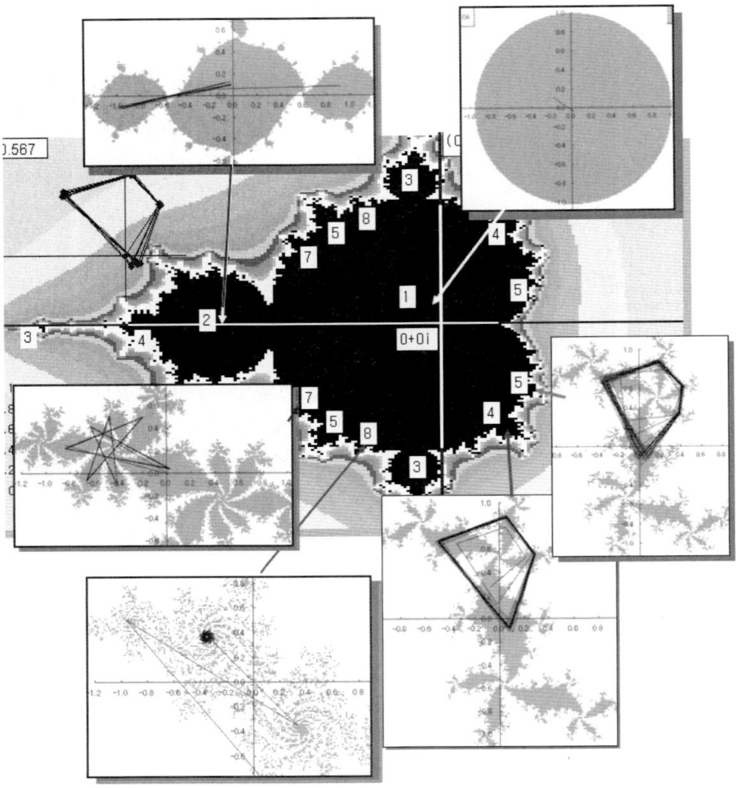

10.2 리야푸노프 지수

초기점 x_0와 x_0에서 E_0만큼 떨어진 두 점에서 $x_{n+1} = cx_n$의 반복에 대해 생각해 보자.

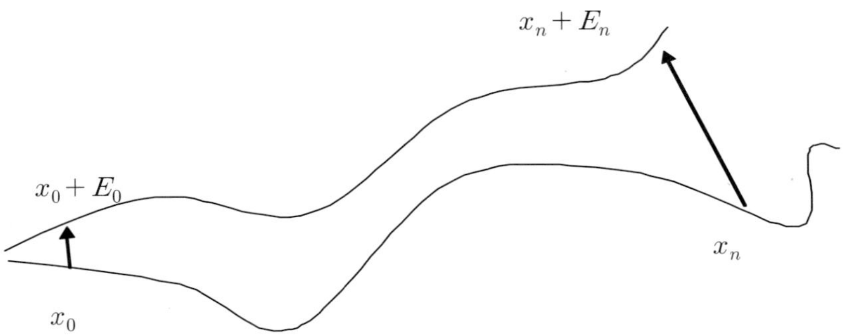

정해진 두 점 x_0와 $x_0 + E_0$에서 $x_{n+1} = cx_n$의 반복에 대해 알아보자.

1. $x_{n+1} = cx_n$의 반복

(1) 초기점 x_0와 E_0 만큼 떨어진 두 점에서 $x_{n+1} = cx_n$의 반복이 이루어진다고 하자.

반복횟수	1	2	3	5	6
①x_0에서 반복	$x_1 = cx_0$	$x_2 = c^2 x_0$	$x_3 = c^3 x_0$	…	$x_n = c^n x_0$
②$x_0 + E_0$에서 반복	$c(x_0 + E_0)$	$c^2(x_0 + E_0)$	$c^3(x_0 + E_0)$	…	$c^n(x_0 + E_0)$
③$x_0 + E_0$반복 정리	$cx_0 + cE_0$	$c^2 x_0 + c^2 E_0$	$c^3 x_0 + c^3 E_0$	…	$c^n x_0 + c^n E_0$

cE_0, $c^2 E_0$, $c^3 E_0$, … 를 E_1, E_2, …, E_n으로 나타내어 보자.

④ $x_0 + E_0$반복 정리	$cx_0 + E_1$	$c^2 x_0 + E_2$	$c^3 x_0 + E_3$	…	$c^n x_0 + E_n$

④와 ①의 차이를 구해 보면

④−① $x_n + E_n - x_n$	E_1	E_2	E_3	…	E_n

이다. 여기서 $|E_n/E_0|$를 구해보면

$$\left|\frac{E_n}{E_0}\right| = \left|\frac{c^n E_0}{E_0}\right| = c^n$$

으로 나타낼 수 있다. 양변에 로그를 취하면

$$\ln\left|\frac{E_n}{E_0}\right| = \ln c^n = n \ln c$$

이다. 다음과 같이 오차의 요소로 나타낼 수 있다.

$$\left|\frac{E_n}{E_0}\right| = \left|\frac{E_n}{E_{n-1}}\right| \cdot \left|\frac{E_{n-1}}{E_{n-2}}\right| \cdots \left|\frac{E_1}{E_0}\right|$$

다음과 같이 변형할 수 있다.

$$\begin{aligned}\frac{1}{n}\ln\left|\frac{\mathrm{E_n}}{\mathrm{E_0}}\right| &= \frac{1}{n}\left|\frac{E_n}{E_{n-1}}\right| \cdot \left|\frac{E_{n-1}}{E_{n-2}}\right| \cdots \left|\frac{E_1}{E_0}\right| \\ &= \frac{1}{n}\sum_{k=1}^{n} \ln\left|\frac{E_k}{E_{k-1}}\right|\end{aligned}$$

오차항은 다음과 같이 정의하였다.

$$\frac{E_k}{E_{k-1}} = \frac{f(x_{k-1}+E_{k-1})-f(x_{k-1})}{E_{k-1}}$$

따라서

$$\lim_{E_0\to 0}\frac{E_k}{E_{k-1}} = \lim_{E_0\to 0}\frac{f(x_{k-1}+E_{k-1})-f(x_{k-1})}{E_{k-1}}$$

도함수의 정의를 이용하면

$$\lim_{E_0\to 0}\frac{E_k}{E_{k-1}} = f(x_{k-1})$$

이와 같이 해서

$$\lim_{E_0\to 0}\frac{1}{n}\sum_{k=1}^{n}\ln\left|\frac{E_k}{E_{k-1}}\right| = \frac{1}{n}\sum_{k=1}^{n}\ln|f'(x_{k-1})|$$

$n\to\infty$ 일 때 리아푸노프 지수(λ)를 얻는다.

$$\lambda(x_0) = \lim_{n\to\infty}\frac{1}{n}\sum_{n=0}^{n}\ln|f'(x_{k-1})|$$

x_0가 m주기를 가진다면

$$x_m = f^m(x_0) = x_0$$

$$\lambda(x_0) = \lim_{n\to\infty}\frac{1}{m}\sum_{n=0}^{m}\ln|f'(x_{k-1})|$$

다르게 표현하면 오차요소의 로그평균이다.

x_0가 고정점이면 $m=1$

$$\lambda(x_0)=\lambda(x_1)=\frac{1}{2}(\ln|f'(x_0)|+\ln|f'(x_1)|)$$

$f(x)=ax(1-x)$의 이차 반복인 경우는 다음과 같다.

$$\lambda(x_0)= \lim_{n\to\infty}\frac{1}{n}\sum_{k=1}^{n}\ln|a-2ax_{k-1}|$$

$$= \ln a + \lim_{n\to\infty}\frac{1}{n}\sum_{k=1}^{n}\ln|1-2x_{k-1}|$$

(Heinz-Otto Peitgen, Hartmut Jurgens, Dietmar Saupe, 1991)

살펴본 바와 같이 만일 함수 $f(x)$를 실행한 값과 그 다음 반복한 값이 서로 가까이에 있다면 $\lambda(x_0)$는 로그 함수로 인하여 음의 값을 갖게 된다. 멀리 떨어져 있다면 양의 값을 갖게 된다. 따라서 리아푸노프 지수가 음의 값을 갖게 되면 함수 $f(x)$는 초기 조건의 차이가 있더라도 그 차이가 점차 줄어 일정한 값으로 수렴할 것이다. 즉 어떤 변화 후의 상태를 예측할 수 있게 해준다. 반면 양의 값을 가진다면 초기 조건의 미소한 차이가 지수함수적으로 증가하여 예측할 수 없는 상태가 된다.

함수 $f(x)$에서 초기조건의 미소한 차이가 확대될 것인지 아닌지를 알 수 있는 함수가 리아푸노프지수이다. 다음과 같이 정의한다.

$$\lambda(x_0) = \lim_{n\to\infty} \frac{1}{n} \sum_{k=0}^{n} \ln|f'(x_{k-1})|$$

일차원의 계에서 리아푸노프지수는 세가지 경우가 있다.

$\lambda < 0$일 경우 궤도는 안정적이고 주기적이다.

$\lambda = 0$일 경우 궤도는 안정적이다.

$\lambda > 0$일 경우 카오스적이다.

(2) 다음은 $f(x_n) = 3.2x_n(1 - x_n)$에서 리아푸노프 지수를 구하는 과정을 나타낸 것이다.

	x_n	$f(x_n)$	E_n	$\lvert\frac{E_n}{E_0}\rvert$	$\ln\lvert\frac{E_n}{E_0}\rvert$	$\frac{1}{n}\ln\lvert\frac{E_n}{E_0}\rvert$
반복	0.20200	0.20210	0.00010	1.00000	0.00000	
1	0.52711	0.52731	0.00019	1.94859	0.66711	0.66711
2	0.81510	0.81506	−0.00003	0.34674	−1.05919	−0.52959
3	0.49284	0.49291	0.00007	0.71449	−0.33618	−0.11206
4	0.81733	0.81734	0.00000	0.03331	−3.40184	−0.85046
5	0.48821	0.48821	−0.00001	0.06913	−2.67170	−0.53434
6	0.81705	0.81705	0.00000	0.00533	−5.23414	−0.87236
7	0.48881	0.48881	0.00000	0.01105	−4.50492	−0.64356

다음은 a값에 따른 리아푸노프 지수의 값을 나타낸 것이다.

a값	리아푸노프 지수	a값	리아푸노프 지수
3	−0.13243	3.52	−0.07992
3.04	−0.18328	3.56	0.105276
3.08	−0.29021	3.6	0.222755
3.12	−0.40981	3.64	0.217935
3.16	−0.55268	3.68	0.251949
3.2	−1.63	3.72	0.207481
3.24	−1.63	3.76	0.253235
3.28	−0.7576	3.8	0.26901
3.32	−0.44059	3.84	−0.06835
3.36	−0.25017	3.88	0.248961
3.4	−0.11162	3.92	0.244714
3.44	−0.00229	3.96	0.260318
3.48	0.060188	4	0.234535

$f(x_n) = ax_n(1-x_n)$에서 a값에 따라 리아푸노프 지수를 그림으로 나타낸 것이다. a의 값에 따라 카오스적인 현상이 나타나기도 하고 나타나지 않기도 한다.

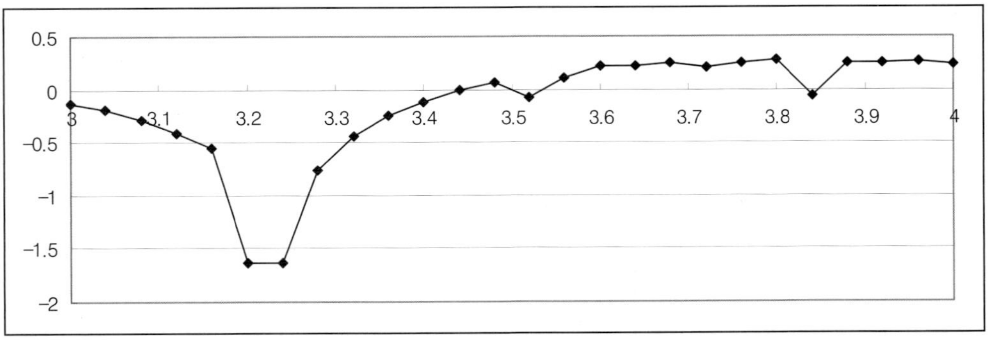

Chapter 11 카오스 이론과 창의성

카오스 이론의 특성과 창의성을 관련지어 살펴본다. 카오스 이론의 특성으로 시간의 변화에 대한 고찰, 열린 시스템으로서의 카오스, 예측의 어렴과 초기조건의 민감성, 다루기 어려운 특성, 파국이론과 분기, 동일한 반복 없이 분명한 규칙, 카오스적인 움직임, 끌개의 형태와 창의성, 산일 구조와 카오스의 가장자리 의 내용을 살펴보았다.

창의적 문제 해결과정에서 축소와 자기닮음, 자기 조직화와 수학 창의적 문제해결에 대해 살펴본다.

11.1 카오스 이론

카오스란 결정론에 따르는 계이지만 정해진 단순한 행동이 아니라 극히 복잡하고 불규칙하면서 불안정한 행동을 보여주고, 초기값을 정했다고 생각해도 그 이후 상태가 변동을 계속하며 먼 장래의 상태가 어떻게 될지 예측할 수 없는 현상이다. 아이하라 가즈유키(1994)는 카오스를 다음과 같이 정의하고 있다.

"카오스란 어떤 계가 확고한 규칙에 따라 변화하고 있음에도 불구하고, 매우 복잡하고 불규칙하면서 동시에 불안정한 행동을 보여서 먼 미래의 상태를 전혀 예측할 수 없는 현상이다." 여기서 확고한 규칙 즉, 결정론적 법칙에서 '결정론'이라는 것은 어떤 계가 움직이는 방법의 규칙이 완전히 정해져 있어서, 움직이는 과정에서 주사위나 동전 던지기와 같은 확률적 불확실성이 전혀 없고, 초기값이 정해지면 그 이후의 모든 상태가 결정되는 것을 말한다. 카오스 이론은 결정론을 파기하는 것이 아니라, 고전적인 물리학의 신념이었던 '예측가능성'에 대한 믿음을 일부 손상시키고 있는 것은 사실이다.

카오스 이론은 인간의 인지발달, 심리학 등 인간의 행동을 연구하는 분야에서도 적용되고 있다. 이러한 분야들은 변화의 관찰이 필요하며, 새로운 데이터 분석의 방법을 필요로 한다. 카오스 이론의 모델은 몇 가지 이유로 심리학적 현상에 적용할 수 있다. 심리학자들은 카오스 이론을 적용하기 전에는 예측할 수 없고, 불연속적이며, 갑작스런 변화에 대해 결정론적 모델을 사용했다. 무질서한 현상에서 결정론적인 요소를 찾아 볼 수는 있지만, 예측 하기는 어렵다.

수학 창의적 문제해결 과정의 산출물은 복잡한 구조를 가지지만, 간단하고 이해할 수 있는 간단한 구조로 분석할 수 있다. 창의적인 사고의 과정을 분석하는 과정에서 나타나는 변증법적 이거나 대립되는 사고는 비선형적인 사고로 생각할 수 있다. 따라서, 수학 창의적 문제해결이 나타내는 상황은 단순한 선형의 구조뿐만 아니라, 비선형성을 찾아 볼 수도 있다. 수학 창의적 문제 해결의 과정에서 다양한 비선형이 나타남으로 수학창의적 문제해결과 창의성의 관계에 대해 살펴보고자 한다.

1. 시간의 변화에 대한 관찰

인간의 행동이나 사고의 과정은 시간의 흐름에 따라 변화하는 현상이며, 이러한 현상을 연구하는 것은 장기간의 변화를 살펴야 하고, 카오스 이론은 장기간의 변화를 연구하는데 적합한 이론이다. 수학 창의적 문제해결은 시간의 변화에 대한 관찰이 필요하기 때문에 카오스 이론이 관심을 가지는 분야와 유사한 성격을 가진다.

2. 열린 시스템의서의 카오스

인간의 몸은 외부와 끊임없는 관계를 통해 에너지를 사용하는 열린구조로 외부와 항상 관계를 유지하는 복잡한 관계를 가진다. 카오스 이론은 이러한 복잡한 관계를 설명하는데 적합하다(David, 1999). 수학 창의적 문제해결 과정은 수학적인 지식뿐만 아니라, 사회문화적인 관계 속에서 발전할 수 있기 때문에, 변화하는 사회 속에서 창의적인 아이디어는 주변의 다양한 요인을 파악하고 분석해야 하며, 이러한 지적 정보는 혼자만의 노력으로 이루기는 어렵다. 따라서 주어진 상황에 대한 이해와 적응을 위해서는 서로간의 의사소통이 필요하며, 피드백이 잘 이루어져야 주어진 상황을 잘 이해하고, 상황에 적응할 수 있다.

창의적인 아이디어를 위해서는 적극적인 대화도 도움이 될 수 있다. 수학 창의적 문제 해결의 신장을 위해서는 실제적인 상황뿐만 아니라 비현실적인 상황에 대한 연계성을 사고하는 활동도 필요하다. 수학 창의적 문제해결 역시 자기 자신의 사고를 주위의 사고를 돌아보면서, 여러 상황속의 아이디어를 만드는 노력이 필요하다. 수학 창의적 문제해결력은 주변의 여러 상황을 고려하는 것이 필요하면, 열린 시스템으로서 카오스와 비슷한 성격을 가진다.

3. 예측의 어려움과 초기 조건의 민감성

선형의 구조를 가진 상황은 예측이 쉽게 가능하지만, 주식시장, 날씨의 변화와 같이 여러 요소들이 복잡하게 관련되어 있는 구조는 간단하게 해결 되지 않기 때문에 예측하기가 어려우며, 이러한 상황을 모델링하는데 카오스 이론은 응용되고 있다. 시간에 따라 나타나는 현상이 카오스적인 움직임을 나타내는 복잡한 현상도 있다. 카오스적인 시스템의 특성인 초기 조건의 민감성은 어떤 계에서 시작에는 매우 작은 차이가 결과적으로는 큰 차이가 나타나는 현상이다. 시작에서는 두 점이 서로 가까운 곳에 있다가, 시간이 지나면서 급격하게 발산하여 멀어지는 경우이다. 관찰과 예측에 대해 중요한 의미를 가질 수 있으며, 위치와 운동에 대해 정확한 초기치를 알지 못한다면, 정해진 시간에서 정확한 위치를 알 수 없다. 카오스적인 세계관은 뉴튼의 결정론적인 입장과 비교해 볼 수 있다. 뉴턴의 관점은 초기치를 정확하게 알고 있다면 어떠한 시점에서 움직임에 대해 정확한 위치를 알 수 있다는 것이다.

수학 창의적 문제해결 활동 과정에서 나타나는 아이디어는 수학적인 의미에서 분석적으로 나타나는 것이 아니므로, 즉 창의성의 과정은 간단한 방정식으로 나타날 수 있는 것이 아니라 발견적인 방법을 가진다(David, 1999). 창의적 문제 해결과정은 알고리즘보다는 발견적인 성격을 가지므로, 창의적 아이디어는, 창의성을 기르는 정형적인 방법이나 기술에 의존하기 보다는 브레인스토밍과 같은 과정을 통하여 창의적인 결과를 얻는 것이 더욱 합리적이다.

수학 창의적 문제해결 활동 과정이 모델링이 되지 않거나, 결정론적 과정을 통해 설명할 수 없는 것은 아니지만, 창의적 사고의 과정은 놀라운 사고의 과정이며, 예측하기가 어렵기 때문에 카오스적인 구조를 가진다(David, 1999). 인간의 행동뿐만 아니라 창의적 사고는 놀라운 사고의 과정이고, 복잡한 사고의 과정은 발산적이고 급진적이다.

4. 다루기 어려운 특성

카오스 이론은 인간의 행동이나, 생물의 신경 등 일반적으로 다루기 어려운 부분에 대해 연구한다. 창의성 문제해결을 요구하는 문제들은 어렵고 분명한 해결방법을 제시하기가 어렵다. 카오스 이론은 이론적으로 어렵고 실제적인 문제를 다루며, 기존 방식의 모델으로 해결하지 못한 부분을 연구한다.

수학 창의적 문제해결 활동 과정 역시 다루기 힘든 과제로, 수학 창의적 문제해결력을 촉진하는 것이 어렵고, 창의적 능력 신장에 대한 연구는 이론과 연구가 어렵다(David, 1999). 카오스 이론이 관심을 가지는 영역과, 수학 창의적 문제해결 성격이 유사하다.

5. 파국이론과 분기

전통적인 관점에서, 수학에서 변화란 매끄럽고, 끊임없고, 양적인 움직임으로 본 것에 비해 파국이론(Catastrophe theory)은 변화란 갑작스럽고 불연속적이며 질적인 것으로 본다(David, 1999). 카오스 이론은 갑작스런 변화에 적응할 수 있는 가능성이 있으며, 파국이론이 다루는 급격한 변화는 카오스 이론에서도 다루고 있다. 카오스 이론에서는 주기와 분기(bifurcation)는 한 시스템에서 다른 시스템으로의 변환을 의미하며, 수학 창의적 문제 해결 과정에서도 다른 범주로의 반응이나 아이디어를 내는 융통성이 있다. 독창성은 다른 사람들과 다른 질적으로 수준 높은 반응이나 아이디어를 내는 능력이므로 파국이론에서 다루는 갑작스럽고 불연속적이며 질적인 특성을 가진다.

6. 동일한 반복 없이 분명한 규칙

규칙적인 주기, 반복, 시간의 변화는 진동으로 설명할 있으며, 숙련된 일을 하기 위해서는 반복이 필요하지만, 똑같은 일의 반복은 사고를 경직하게 만들 수 있기 때문에, 창의성을 기르는 과정에서는 고려해 보아야 한다.

$x_{n+1} = ax_n(1-x_n)$그래프가 만드는 특성은 진동하면서 a값에 따라 규칙적인 패턴을 만드는 경우도 있고, 불규칙한 패턴을 만드는 경우도 나타난다. 창의적 문제 해결과정에서도 훈련을 통하여 여러 가지 아이디어를 만들어 내는 정해진 방법과 규칙을 가지지 않는 독특한 아이디를 만드는 독창적인 영역으로 구분할 수 있다. 인간의 사고 역시 일상의 규칙적인 사고와, 독특한 문제해결에서는 규칙을 벗어나는 사고가 필요하다. 이러한 사고의 영역은 카오스의 반복 함수가 갖는 특성과 비슷하다.

7. 카오스적인 움직임

카오스 이론에서는 항상 변화 하고 있으며, 같은 속도와 방향으로 정확히 반복되지는 않지만 안정화 될 수 있는 끌개를 연구한다. 이상한 끌개는 한계를 가지면서 자신과 겹쳐지지 않는 성질을 가지고 있다. 수학 창의적 문제 해결 과정은 규칙을 가지면서도 규칙에 얽매이지 않는 다양한 구조를 가져야 하며, 상황에 대한 적응력 있어야 한다. 이러한 수학 창의적문제

해결 구조는 끌개의 성격을 가진다.

8. 끌개의 형태와 창의성

끌개는 계에서 움직이려고 하는 것과 안정화되는 것의 공간이며, 고정점 끌개는 계가 움직이다가 한 곳으로 움직인다. 예를 들면 물체에 마찰력이 가해지면, 물체는 결국 정지하여 한 점으로 움직인다. 끌개의 두 번째 형태는 주기적이거나 한계 순환끌개를 가지는 것으로 주기성을 가지는 진자는 똑같은 규칙성을 가지고 움직인다. 이러한 끌개는 고전적인 동력학계에서 특징적으로 나타난다.

카오스 이론에서 다루는 이상한 끌개는 각각 다른 시간에 같은 위치에 있을 수는 있으나, 같은 위치에서 속도와 방향을 같지 않다. 이렇듯 카오스계는 예측하기가 어려운 상황을 다룬다. 매우 근접하지만 정확히 동일하지는 않고, 다른 결과를 나타나게 된다. 이상한 끌개는 질서와 무질서요소를 포함한다. 움직임은 한계가 있지만 결코 같은 점을 반복하지는 않으며, 계는 안정화와 반복을 나타내지 않고, 끊임없이 신기한 움직임을 나타낸다. 독창적인 사고는 반복되는 아이디어 중에서도 이전 것과 다른 새로운 질적으로 높은 아이디를 만들어 내는 활동으로 끌개와 비슷한 성질을 가진다(David, 1999).

9. 산일 구조와 카오스의 가장자리(Dissipative system and the edge of chaos)

Ruth Richards(1996)는 창의성이 나타내는 현상을 카오스 가장자리(edge of chaos)로 표현하였다. 카오스의 가장자리의 예로, 백사장에서 모래를 위에서 조금씩 아래로 부으면 원뿔 모양의 모래 탑이 생기고, 조금씩 더 모래를 쌓으면, 어느 순간 모래 탑이 무너져 버린다. 이 모래 탑이 무너지기 바로 직전이 카오스와 질서의 중간에 위치한 카오스의 가장자리라고 할 수 있다. 바로 질서와 무질서의 역동적 균형을 찾고 이를 활용하는 사고의 전략이 중요하다(David, 1999). 카오스의 가장자리란 무질서에서 질서로 넘어가는 길목에서 새로운 질서를 형성하는 자리이며, 질서가 무너져서 극한 무질서로 치닫기 전에 새로운 방향으로 질서를 잡아주는 자리이다. 수학 창의적 문제해결 과정은 비판적 사고를 통하여 문제를 분석, 비교, 추론하는 규칙적인 사고 활동과 독창적인 아이디어는 발산적인 사고 구조로 구분할 수 있다. 수렴적인 사고와 발산적인 사고의 경계를 카오스의 가장자리로 생각할 수 있다.

카오스의 가장자리는 산일구조(dissipative structure)에서 관찰할 수 있다. 산일구조는 넘어질듯 하면서 앞으로 나아가는 사람으로 설명할 수 있다. 모스크바 태생의 벨기에 수학자인 일리야 프리고진(Ilya Prigogine: 1917～2003)는 카오스속에 숨겨진 질서를 발견해내는 문제를 탐구하였으며, 열역학적 평형상태가 자연계에 매우 희귀한 상태라고 보고 종래의 열역학 제 2의 법칙을 재해석하여, 자연계에서는 모든 반응이 무질서도가 증가하는 방향으로만 진행되는 것이 아님을 밝혔다. 생명현상에 있어서는 오히려 많은 경우 평형으로부터 멀리 떨어져 있는 상태에서 무질서계가 갑자기 안정되어져 보다 고차원적인 형태를 이루게 되는데 이때 나타나는 안정된 구조를 산일구조(dissipative structure)라고 하고, 이러한 상태에 이르는 과정을 자기조직화(self-organization)라고 하였다(David, 1999). 자연계의 기본구조들은 어떤 분지점을 중심으로 새로운 변화와 자신의 환경을 결합하는 일련의 되먹임 과정을 통해 새로운 안정구조를 이루게 되는데 이러한 과정을 통해서 물질로 부터 생명체가 발생할 수 있고 이들 생명체는 자기조직화를 통하여 정해진 진화의 과정을 밟아 나간다고 하였다. 창의적 문제해결과정은 새로운 아이디어를 내기 위한 불안정한 상태에서, 아이디어가 정리되어 새로운 안정구조를 갖게 되며, 새로운 해결책을 제시한다. 창의적 문제해결과정에서 나타나는 사고과정을 산일구조에서 찾아볼 수 있다.

11.2 프랙탈 이론과 수학 창의적 문제해결

1. 축소와 자기닮음

이상한 끌개(strange attractor)에서 일부분을 확대해 보면 자기닮음의 패턴을 찾아볼 수 있는 것은 다른 시간의 두 위치에서 관찰한 모습이 비슷한 결과를 나타낼 수 있다는 것이다. 사물의 확대나 축소를 통해 사물의 모습을 관찰하는 것은, 개인의 심리적 특성을 이해하기 위해 일부분의 사고를 관찰하여 전체를 분석하려는 것과 비슷한 구조를 가진다. 사람들이 오랜 기간 동안 서로 만난다는 것은 서로가 유사한 성격을 가진 경우가 많다.

사고의 방법을 익히는 과정에서 같은 방법을 계속적으로 반복하는 것은 좋은 결과를 기대하기 어렵기 때문에, 조금의 변화를 가지면서 비슷한 일의 반복을 통하여 숙련하는 것이 효율적이다(David, 1999). 카오스 이론에서 주기와 이상한 끌개를 비교해 보면, 주기는 정확인 2주기, 3주기 등으로 반복되어 나타나지만, 이상한 끌개는 주기적인 패턴으로 나타나지 않는다. 사람들은 유사한 상황에서 비슷한 행동을 하기 때문에 자기닮음은 사람들이 개인의 특성과 끌개의 특성은 공통점을 가진다고 할 수 있다.

창의적 문제 해결 과정은 프랙탈 현상에서, 비슷한 상황의 반복을 통한 자기닮음의 프랙구조와 비교할 수 있다. 창의적 결과물은 예측할 수는 없지만, 무질서는 아닌 것처럼, 프랙탈 도형이 만들어 내는 아름다움 모양은 예측하기는 어렵지만, 무질서한 구조는 아니다. 창의성의 결과물들도 똑같은 닮음은 아니지만, 유사한 닮음의 구조를 가지기 때문에 프랙탈의 구조와 유사함을 찾아볼 수 있다.

2. 자기 조직화

자연계에 존재하는 모든 시스템들은 복잡하고 무질서해 보이지만 혼돈의 가장자리에서 새로운 질서를 자발적으로 형성해내는 '자기조직화'(Self-Organization)의 능력을 갖고 있다 자기조직화는 하나의 형태에서 다른 형태로 변화할 때 겪게 되는 격변이나 요동으로, 혼돈적 상태로부터 혁신과 새로운 질서를 창조해나가는 역동적 과정을 구체적으로 설명하는 이론인 것이다(David, 1999). 물에 잉크를 떨어뜨리면 잉크는 물 전체로 퍼져나가서 새로운 평형 상태에 이르게 되는데, 옛날에는 잉크가 골고루 퍼진 평형상태인 '되어 있음'에만 관심을 가져 왔고, 물이 얼어 가거나 잉크가 퍼져 나가는 과정, 즉 '되어 감'의 상태는 그저 일시적인 것으로 여겨 왔다. 그러나 프리고진은 세상에는 열역학적인 '되어 있음'의 상태가 특별한 예외이고, 오히려 비평형상태인 '되어 감'의 상태가 일반적임을 인식했다. 프리고진은 물질과 에너지의 출입이 가능한 열린계가 비평형상태에 있으면 무질서하게 흐트러져 있는 주위에서 에너지를 흡수하여 안정된 새로운 구조로 스스로 옮겨감을 밝혔다. 이것을, 열린계가 새로운 구조와 질서를 자발적으로 생성한다는 뜻에서 '자기조직화'라고도 한다. 새로운 과학적 이론이나, 문제 해결 역시 기존의 지식을 조직화하는 과정을 통하여 나타난다. 수학 창의적 문제해결력도 스스로의 반성을 통하여 새로운 아이디어를 만들어 간다고 볼 수 있다.

Chapter 12 카오스 이론과 인성

학생들의 카오스와 프랙탈 수업 중 글쓰기를 통하여 학생들의 인격 속에 수학이 어떻게 스며들었는지를 이야기 하고 싶다. 초기치의 민감성을 통해 수학과 소통하는 이야기를 기록하였다.

12.1 카오스 이론과 인성

1. 카오스 이론과 인성

$x_{n+1} = ax_n(1-x_n)$그래프가 만드는 특성은 진동하면서 a값에 2주기, 4주기, 8주기 등의 주기배가 현상이 나타나기도 한다. a값이 3.97 이면 무한 주기의 현상이 나타난다. a값이 작은 경우에는 질서의 세계가 나타나지만 a값이 4에 가까운 값이면 혼돈의 질서가 나타난다.

카오스 이론은 질서와 혼돈의 질서를 다룬다. 혼돈의 질서는 무질서 단계 이전을 의미한다. a값이 4에 가까울 때는 그 값을 예측하기 어렵다. 장기적인 예측이 어렵다. 인간의 마음이 그렇다. 변하지 않을 수도 있고, 변할 수 도 있다. 카오스 인지(chaos cognition)는 카오스 이론을 기반으로 인간의 심리적인 면을 이해하려고 한다. 카오스적인 인간과 논리적(order) 인간을 비교하여 상황에 대처하는 능력에 대해 논하고 있다.

인성이란 인간을 소중하게 다루는 마음이다. 인간을 소중하게 다루는 것은 인간에 대한 이해에서 출발한다. 카오스 인지에서 인간의 이해를 위해 몇 가지 예를 들어본다.

위기의 상황에 있어 카오스적인 사람은 문제를 즉시해결하려고 하고, 논리적인 사람은 위기를 극복하는데 있어 무엇이 필요한 가 계획을 세우는데 많은 시간을 보낸다.

카오스적인 사람은 상황에 대한 대처능력이 빠르고 논리적인 사람은 느리다. 사건의 연계성을 보는 측면에서는 카오스 적인 사람은 인과적으로 보지 않고, 논리적인 사람은 인과적으로 해석한다. 사고방식에 있어서 카오스적인 사람은 복합적인 사고를 잘하고, 논리적인 사람은 선형적인 사고를 한다.

프랙탈 이론에서 나타나는 도형은 예술이다. 카오스와 프랙탈은 인성의 영역인 인간을 이해하고, 생명을 만들어 보고, 예술의 지향을 통해 인성의 영역을 넓혀주는 학문이다

2. 학생들의 활동 분석

(1) 과학고 학생들의 인성사례

과학고등학교 학생들을 대상으로 카오스 이론을 실습한 후 카오스 이론과 자신의 전공, 자신의 삶속에서의 느낌을 글로 기록하게 했다.

〈글1－글3〉은 $x_{n+1}=ax_n(1-x_n)$에서 나타나는 카오스적인 특성을 살펴보고, 카오스 인지를 통해 카오스적인 인간관에 대해 수업을 한 후 학생이 쓴 글이다.

수학은 인과성의 학문이다. x와 y의 대응 관계를 중요시 한다. 그러나 세상의 일들은 원인을 찾을 수 없는 경우도 가능성이 있음을 〈글1〉에서 학생은 이야기 하고 있다.

> 카오스적인 사람과 논리적인 사람 사이에는 차이가 있다. 여기서 말하는 논리적인 사람은 아마도 일반적인 사람으로 생각하면 될 듯하다. 카오스적인 사람은 수학의 카오스 이론처럼 행동하고 사고한다. 예를 들어 한 상황을 논리적인 사람은 인과 관계를 가지고 판단하려 하지만 카오스적인 사람은 굳이 인과 관계로 생각하지 않는다는 의미이다.
>
> 〈글1 카오스적인 사람의 인간관〉

사람의 행동은 이성과 감성이 결합하여 나타난다. 감성이 중심이 되는 사람도 있고, 이성이 중요한 역할을 하는 사람도 있다. 카오스적인 성향은 누구나 갖고 있다. 개인차로 봐야 할 것이다. 카오스적인지 논리적인지 자신을 분석함으로써, 타인에 대한 이해를 폭을 넓게 가질 수 있다. 결국 인간에 대한 이해가 깊어진다.

> 나의 경우에는 초, 중학생 때는 카오스적인 성향을 가졌던 것으로 생각 된다. 사실 카오스적인 사람이라는 것이 어떻게 보면 다혈질적이고 뒷일은 나중에 생각한다는 점에서 아마

초, 중학생 때의 나의 모습과 상당히 유사하다. 그러나 이러한 성격은 주위 환경 탓인지는 모르지만 결국엔 주변 환경과 같이 논리적인 사람이 된 것이 아닌가 생각한다.

〈글2 카오스와 논리성을 통한 자신의 발견〉

〈글 3〉에서 카오스 이론을 통해서 자신에 성찰을 통해 자신의 인간관, 이상적인 인간관에 대해 생각을 나타내고 있다.

그런데 매사에 있어 극과 극적인 관계는 적절하지 않다고 생각하기 때문에 논리적인 동시에 카오스적일 수 있는 그런 사람이 정말 멋있는 사람이고 훌륭한 사람이라고 생각한다. 치밀하고 장기적인 계획으로 매사 준비 되어 있는 논리적인 사람이 카오스 이론에서의 초기치의 민감성과 같이 예측할 수 없는, 하지만 효과적이고 정확한 판단을 내릴 수 있는 그런 사람이 중요한 사람이 아닐까?

〈글 3 카오스와 논리적인 면을 갖춘사람〉

〈글 4〉는 $x_{n+1} = ax_n(1-x_n)$에서 초기치의 민감성에서 나타나는 특성을 공부하고, 초기치의 민감성을 설명하는 나비효과를 설명하고 관련내용을 학습한 후 학생들이 자신의 생각을 기록한 것이다. 학생은 자신이 관심을 가지고 있는 영역으로 사고를 확장하여 초기치의 민감성 이론을 적용하고 있다.

나비효과는 널리 영향을 미치고 있는데 생물의 존재를 가능하게 하는 요소이기도 한다. 물의 구조는 일자형구조가 아니라 굽은 형 구조로 되어 있다. 그렇기 때문에 보통의 물질과는 다른 특이한 특징을 많이 가지고 있다. 수소결합과 비열이 높은 것, 고체의 밀도가 액체의 밀도보다 작은 것, 용해성이 높은 것 등 생물이 살아있을 수 있도록 만들어 주었다.

생물이 존재하는 것 중 다른 요소는 지구의 조건이 있다. '거의 모든 것의 역사'에 따르면 지구가 지금의 상태와 조금만 달라졌어도 생물이 존재할 수 없었다고 한다. 또 우리가 존재하는 것도 엄청난 초기조건의 민감성에 따른 것이다. 만약 우리의 조상들이 적당한 시간에 만남을 갖지 못하고, 조금이라도 미세한 차이가 생겼다면 지금 우리는 존재할 수 없었을 수도 있다.

〈글 4 자신의 학문세계와 초기치의 민감성〉

〈글 5〉에서 학생은 초기치의 민감성을 통해 우주, 일본의 지진문제 등이 작은 차이에 의해서 결과가 크게 달라 질 수 있음을 이야기 하고 있다. 세상을 이끄는 현재의 시각이 미래에 얼마나 큰 영향을 미치는가에 대해 생각하고 있다. 이처럼 카오스 이론은 우주론, 국가관 등에 까지 생각을 미치게 하는 힘을 가지고 있다.

내 전공분야인 물리에서도 어렵지 않게 이와 비슷한 현상들을 찾아볼 수가 있다. 일례로 원자를 들어보자. 원자에는 원자핵을 구성하는 양성자, 중성자 그리고 주변의 전자가 있다. 이들은 눈에 보이지 않을 정도로 아주 작고 사소한 것들에 지나지 않는다. 그러나 수소(H)에서 양성자 수가 1개만 더 많아져도 헬륨(He)이라는 완전히 다른 원소가 되어버린다. 또 지금과 같이 거대한 우리의 태양계가 사실 처음에는 아주 작은 먼지와 티끌로부터 태어났다는 것을 들 수가 있다. 최근 사회문제와 관련된 것으로 일본의 원전문제 또한 마찬가지이다. 만일 아인슈타인이 질량과 에너지를 연구하는 물리학자가 아니라 영어와 히브리어의 연관성을 연구하는 언어학자였다면, 혹은 그가 질량과 에너지를 서로 독립적인 존재로 인식하는 고전적 사고에 얽매여 대항하지 않았다면 지금의 일본은 커다란 문제없이 복구할 수 있었을 것이다. 〈글 5 학문과 세계를 바라보는 시각〉

〈글 6〉에서 학생은 인간 살아가면서 선택을 경험하고, 그 선택은 초기치의 민감성을 이룬다. 자신의 결정에 따라 연속된 결과를 가진다. 어떠한 선택을 하더라도 최선을 다하는 과정을 중요시 하고 있다.

그렇다면 과연 우리의 인생도 앞서 설명한 것들과 비슷하게 초기치의 민감성의 영향을 받을까? 엄밀히 말하면 조금 다르다고 할 수 있다. 원자나 자연재해는 임의적으로 발생한다는 특징이 있다. 그러나 우리 인간은 적어도 어떠한 상황에 직면하였을 때 '선택할 수 있는 권리'가 있다. 그러나 우리 인간은 '권리'와 동시에 선택에 대해서 '책임을 질 의무'도 가지고 있다. 즉 원자나 자연재해와 같이 한 번 발생하고 끝나는 것이 아니라 그 마지막 결과까지도 우리의 행동이 영향을 미친다는 것이다. 다시 말해 우리는 어떠한 선택을 하더라도 자신의 행동에 따라 다른 결과를 만들어 갈 수가 있다고 할 수 있다. 중요한 것은 '어떠한 선택을 했는가.'가 아니라 '어떠한 선택을 하더라도 어떠한 마음가짐으로 나아가는가.'이다. 주어진 환경이 중요하지 않은 것은 아니지만 주어진 환경만 중요한 것은 결코 아니다. 어떠한 상황에 처해있더라도 나 자신을 잃지 않고 최선을 다한다면 반드시 좋은 결과치가 있으리라 나는 굳게 믿는다. 〈글 6 세계관 가치관〉

〈글 7〉은 초기치의 민감성이 생태계와 지구환경에 큰 영향을 미치는가는 이야기 한다. 초기치의 민감성을 파악하는 사람이라면 환경의 문제에 대해 그리 쉽게 결정짓지 않을 것이다.

지구과학에서는 세계의 수온이 단 1도 떨어짐으로써 해양생물의 생태계가 격변하게 되어 수많은 산호초들이 죽어나가게 되고 기상학자들의 예고와는 다르게 바람의 움직임이 약간 틀어짐으로써 일본의 방사선 물질들이 전 세계를 돌아 한국까지 오게 되었다. 그리고 전 세계의 판이 일 년에 수 센티미터 움직임으로써 일본열도의 절반을 강타할 정도로 거대한 지진이 일어난다. 〈글 7 초기치의 민감성과 지구〉

〈글 8〉의 학생은 학교에서 벌점을 맞아 기숙사에서 퇴사한 일을 예로 들고 있고, 사소한 차이가 얼마나 큰 영향을 미치는 가에 대해 이야기 하고 있다.

나의 일상에서의 초기치의 민감성을 찾는 다면 벌점을 찾을 수 있다. 내가 받은 작은 벌점이 모여 20점이 되었고, 그 20점으로 인해서 퇴사를 당했으며 그 퇴사로 인해 엄청난 비용이 들게 되었다. 그리고 내가 귀찮아서 땅바닥에 뱉어놓은 껌을 친구가 밟고 그 껌이 바지까지 옮겨 붙어서 친구가 그 바지를 세탁소에까지 맡기게 된 일도 있다. 그리고 카트라이더라는 게임을 할 때 내가 처음에 쓰지 못한 출발부스터로 인해서 1, 2등이 갈리기도 하고 부스터를 할 때 모이지 않은 게이지 단 1mm 때문에 1등을 하지 못 한 때도 있다. 그리고 내가 들은 한 예로 인하면 충주 시의원 선거를 할 때 가족이 귀찮다고 뽑지 않은 단 한 표의 차이 때문에 그 사람이 시의원에 당선되지 못한 경우도 있다고 한다. 이런 작은 변화가 큰 변화를 만드는 초기치의 민감성은 볼수록 신기한 것 같다. 〈글 8 초기 조건의 민감성이 가지는 특성〉

〈글 9〉 학생은 자신의 삶속에서 나타나는 초기치의 민감성이 자신의 진로에 어떠한 영향을 미쳤는가를 기술하고 있다.

내 삶 속에서도 이와 같은 것을 많이 살펴볼 수 있다. 나의 중학교를 예로 들 수 있다. 중학교는 지망을 정하여 추첨을 통해 학교를 배정받는다. 나는 1지망인 청주남중에 학교를 갈 수 있었다. 그러나, 1지망에 걸리지 않고 다른 학교를 가게 되었다면 현재의 친구들도 만나지 못했을 것이고 내가 가르침을 받은 많은 좋은 선생님들도 못 만났을 것이다. 그렇게 된다면 내가 수학, 과학에 흥미를 못 가졌을 수도 있을 것이고, 결국 과학고에 들어오지 못했을 수도 있는 것이다. 과학고에 들어오지 못했다면 미래가 어떻게 변화할지는 예상하지는 못하지만 크게 변화할 것이다. 따라서 이러한 사소한 선택이 나의 인생을 좌우하는 큰 선택이 될 가능성도 있다. 지금까지 나의 선택은 후회하지 않고 잘 선택한 것 같다. 이제부터의 선택은 더욱더 나에게 중요하게 된다. 그러므로 무엇이든 선택할 기회가 온다면 신중하게 생각하여 선택하는 자세를 가져야겠다. 〈글 9 자신의 삶과 초기치의 민감성〉

13 카오스와 프랙탈 수업을 마치며
Chapter >>

이 책의 일부분을 학생들과 수업했다. 학생들의 수업에 대한 소감을 기록하였다. 학생의 말이 기억난다. 미적분을 왜 배워야 했는지 몰랐습니다. 수업을 통해 수학에 대한 전율이 느껴졌다는 학생의 고백은 아직 그 목소리가 가슴속에 머물러 있다. 수학에 대한 느낌은 모두가 다를 수 있다. 모두가 같을 이유가 없다. 단지 가슴속에 수학이란 이런거야 라는 학생의 고백 소리를 듣고 싶을 뿐, 지금 부터는 네이버 카페 '프랙탈을 찾는 사람들'에서 프랙탈에서 대해 이야기하고 싶다.

카오스와 프랙탈에 관한 내용을 영재 고등학생을 대상으로 50시간 수업을 실시하였다. 수업을 마친 후 학생들에게 수업에 대한 소감을 기록하게 했다.

1. 인생을 보는 여러 관점과 교훈 – 서원고(신경원)

첫 수업은 유한, 무한 집합에 관한 내용이었는데, 내 예상과는 달라서 약간 충격적이었다. 유한집합이란 어떤 유한집합의 부분집합이 전체 유한집합에 포함되는 것이라면, 무한집합은 어떤 무한집합의 부분집합이 전체 무합집합과 대등한 관계라고 한다. 이 관점에서 볼 때 우리의 모든 삶 전체를 무한의 세계로 본다면 우리들 개개인들도 이 세계와 동등한 존재로서 여겨질 수 있다는 것이다. 내가 평소에 학교에서 배웠던 유한과 무한의 집합에 관한 내용이 정의적, 계산적인 연산의 내용이었다면, 고급수학에서 배운 집합의 내용은 더 심화시켜 우리의 삶 속에서도 집합의 개념을 이용할 수 있다는 것을 보여주어서 매우 인상적이었다. 평소에는 수학과 실생활은 별개의 영역이라고 생각하던 나의 고정관념이 허물어지기 시작하는 느낌이었다. 더 나아가 퍼지집합, 항등원, 카오스 이론을 배울 때는 첫 수업에서의 느낌이 더 심화되었다. 특히 초기치의 민감성에서는 초기에는 아주 작은 차이일지라도 아주 오래된 진행과 경과 후에는 큰 차이를 만들 수 있다는 내용이다. 즉, 우리의 사소한 행동 하나하나가 많은 시간이 지난 후에 우리의 인생 전체에 막대한 영향을 미치고, 전 세계에 변화를 줄 수 있다는 것이다. 여기서는 우리의 삶 깊숙이 들어가서 수학이라는 개념을 배우는 것보다 인생을 보는 여러 관점과 교훈을 배웠다. 이 수학 수업을 들으면서 수학에 국한된 것만이 아닌 좀 더 넓은 영역을 배웠다고 생각한다. 수학에 관한 고정관념에서 벗어나고 내가 가졌던 꿈에 대해 깊게 생각해보게 되었다. 고급수학 수업을 듣게 된 것은 나에게 있어 수학에 대한 폭넓은 사고를 갖게 해 준 좋은 경험이었다.

2. 유기적인 관계 – 청주고(김범식)

이번 고급수학－'프랙탈과 카오스 이론' 강의를 들으며 나는 많은 것을 얻을 수 있었던 것 같다. 예를 들어 하늘에서 내리는 눈송이가 프랙탈이라는 것을 알았을 때는 '아, 수학이란 이렇게 미(美)도 갖추고 있구나!'하는 깨달음에 감탄했다. 카오스 이론을 배우며 그 특징 중 하나인 '초기치의 작은 변화가 점점 커져 카오스가 된다'는 '초기치의 민감성'이 우리가 흔히 말하는 '나비효과(butterfly effect)를 나타낸다는 것을 알았을 때' '수학이란 내가 생각하는 것 이상으로 우리의 삶과 밀접한 관련을 가지고 있구나.'하는 생각도 들었다. (중략) 엑셀만 하더라도 처음 다루는 사람한테는 버거울 만큼 기능이 방대하고, 아무리 인터넷에 정리가 되어있다 하더라도 함수의 양도 장난이 아니었다. 좀 더 깔끔하게 정리하기 위해 다양한 삽입기능도 이용하여야 했고 필요할 때는 추가기능까지 다운받아가며 새로운 방법을 그 시간마다 배워야했다.

이렇게 프랙탈과 카오스 이론 후기를 쓰고 있으니 그만큼의 노력과 시간을 들인 보람은 느껴지는 듯싶다. 수학이 좀 더 내 생활과 가까워졌고, 또 좀 더 많은 개념이 서로 영향을 줄 수 있는, 표현하자면 '유기적 관계'라는 점도 배울 수 있었다. 나 이외에도 많은 사람에게 기회가 갈 수 있었을 텐데도 이렇게 나를 선택해준 선생님께도 정말 감사함을 느낀다.

3. 인생 수업 시간 – 상당고(김나형)

유한과 무한, 퍼지집합, 프랙탈과 카오스에 대해서 배웠다. 완전하게 다 배운 것은 아니었지만 일부만으로도 큰 흥미와 관심을 불러일으키는 내용들이었다. 유한과 무한 수업시간에는 하나의 인생관에 대해서 배운 것 같았다. 한 명이라도, 한 부분일지라도 전체를 대하듯이 하라는 무한의 자세는 삶의 귀감이 될 만한 교훈을 주었다. 살면서 항상 무한의 마음으로 문제를 해결해야겠다는 생각을 계속해서 들게 했다.

고급수학 프랙탈과 카오스 수업을 마치고 나서 나 자신에게 변화가 생긴 것 같다. 고급수학 시간들은 수학수업이 아니라 인생 수업시간이었다고 말하고 싶다. 우리에게 수학이 딱딱

한 것만이 아닌 우리에게 뭔가를 일깨워 주는 학문이라고 느끼게 해준 선생님께 감사하고 배운 것들을 잊지 않고 실천하면서 더 큰사람으로 성장할 것이다.

4. 항등원에서 배우는 삶 – 대성고(김헌수)

항등원은 어떤 값이 오면 다시 그 값이 나오게 하는 수이다. 예를 들면 '3+0=3'의 식에서 볼 때 0은 3이 왔을 때 3을 나오게 하는 수이므로 항등원이라 한다. 이런 특성을 볼 때 항등원은 모든 것을 다 받아들여준다고 볼 수 있다. 마치 사람들이 서로 이해해 주는 모습이 떠오른다. 이런 항등원의 모습을 보고 내가 여태껏 사람들에게 어떻게 대했나, 또 항등원을 닮아가야겠다고 반성해보게 되었다. 앞으로는 나도 사람들을 이해해주고 포용해 주는 모습으로 살아가야겠다.

5. 내가 만들어 가는 수학 – 금천고(신형섭)

'수학문제를 푼다'라는 기존의 수학에 대한 생각에서 벗어나 수학이 컴퓨터를 이용하는 쉽고 즐겁고 재미있는 것이라는 생각을 가지게 되었다.

그러나 무엇보다도 이 고급수학 수업이 나에게 진정으로 도움을 주게 된 것은 바로 바람직한 인격에 대해 생각해볼 수 있도록 한 것이다.

고급수학 수업을 통해 교과서, 문제집에 있는 문제에 '끌려가는' 수학이 아닌 내가 직접 '만들어가는' 수학을 공부하게 되어 기쁘다

6. 더 넓은 수학의 세계로 – 충북고(송용호)

벌써 이 수업이 끝났다는 사실이 좀 놀랍기도 했지만 지금까지 이 수업을 통해 새로 알게 된 사실을 다시 한 번 생각해보니 앞으로는 이런 수업을 다시 들을 수 없다는 생각에 아쉬운 마음이 들었다. 지금 와서 내가 카오스와 프랙탈 수업을 듣기 전의 나를 돌아보면 지금도 많이 부족하지만 그때는 수학에 대해서는 어떻게 보면 갇혀 있었던 것이다.

이 수업은 좁은 영역에 갇혀있는 나를 더 넓은 범위의 수학으로 통하는 문을 열어준 아주 좋은 기회가 되었다.

7. 무한적인 마음 – 충대부고(김기용)

수학이 단지 숫자 계산에 불과한 것이 아니라 수학에 대한 개념을 이해해서 인간의 삶과도 적용 시킬 수 있다는 것도 깨달았다. 그렇게 적용시켜본 개념들 중 대표적인 것들에는 유한

과 무한, 퍼지이론, 항등원 등이 있었다. 첫 번째로 유한과 무한이라는 개념은 '유한은 부분을 버리게 되면 전체에서 잃어버리는 것, 즉 부분이 전체에 비해 작은 것을 의미하고 무한은 전체에서 부분을 빼낸다고 하더라도 전체가 남아있는 것, 즉 부분과 전체가 동등한 것'이라고 했었다. 그래서 나도 소소한 것이지만 내가 아는 것을 알려주는 것과 같은 무한적인 마음을 갖겠다고 말했었다.

8. 사람을 쉽게 평가해서는 – 주성고(전세영)

처음에 고급수학을 접했을 때는 이건 도대체 어디에 적용할 수 있지? 이런 걸 배울 필요가 있을까? 하는 생각들이 먼저 들었다. 평소 학교에서는 수의 기본을 배우는 과정이기 때문에 흔히 배울 수 없는, 여태껏 한 번도 듣도 보도 못한 그런 학문의 수학을 접했다. 그러나 막상 수업을 접해보니 이건 실생활 속에서 나오고 실생활 속에 적용이 된다는 것을 느꼈다. 만델브로트 집합, 카오스 이론, 프랙탈 이론 등을 배우면서 수에 대한 관심이 더욱 더 생기고, 더욱 더 쉽게 다가왔다.

예를 들어 카오스 이론을 배울 때의 초기치의 민감성은 브라질에 있는 나비의 날개 짓이 텍사스에서는 토네이도가 될 수 있다는 내용의 이론이다. 이것처럼 어떤 것이든 처음의 값이 달라질 경우에 그 결과를 예측하기 어렵다는 것이다. 사람도 마찬가지라고 생각한다. 시작은 비록 좋지 않지만, 나중에는 누구도 알 수 없다는 것이다. 그러므로 사람을 현재의 모습으로만 평가하는 것이 아닌, 즉 쉽게 평가를 해서는 안 된다는 것이다.

참고문헌

■ **학위 논문**

카오스와 프랙탈을 활용한 수학영재 프로그램 개발 및 적용, 한국교원대학교 대학원 수학교육전공 박사학위 논문, 2006.

■ **한국수학교육학회 발표 논문**

1. 프랙탈과 수학교육, 한국수학교육학회, 1999.1
2. 엑셀과 Fantastic Fractals을 이용한 Iterated Function System, 한국수학교육학회. 1999.7
3. 파이겐분기도를 그리는 과정에서 엑셀의 활용, 한국수학교육학회 제15집 volume 15. 2003.1
4. 엑셀을 활용한 만델브로트 집합과 줄리아 집합의 연구, 한국수학교육학회 제15집 volume 15. 2003.1
5. 수학 영재 교육에서 카오스와 프랙탈을 통한 창의 인성 교육사례, 한국수학교육학회, 제16회 국제수학영재교육세미나, 수학교육 프로시딩, 2011.8
6. 행렬을 이용한 프랙탈 접근, 한국수학교육학회, 제16회 국제수학영재교육세미나, 수학교육 프로시딩, 2011.8
7. 프랙탈 생성의 다양한 방법, 한국수학교육학회, 제16회 국제수학영재교육세미나, 수학 교육 프로시딩, 2011.8
8. 융합을 통한 3차원 프랙탈 만들기, 한국수학교육학회, 2012국제 수학교육학술대회, 한국교원대학교(워크샾)
9. 프랙탈 수업에서 융합인재교육, 한국수학교육학회, 2012국제 수학교육학술대회, 한국교원대학교
10. 논리곱과 논리합을 이용한 프랙탈 만들기, 대한민국 수학교육관련 학회 연합 학술대회, 2013.11.1, 서울대학교
11. Computational thinking의 수학교육에서 활용, 대한민국 수학교육관련 학회 연합 학술대회, 2013.11.1, 서울대학교
12. 수학교육에서 프랙탈과 카오스 이론을 통한 융합교육, 2013 융합인재교육(STEAM) 학술대회 발표, 2013.12.9, 한국과학창의재단
13. 수학내용으로 글쓰기, 2014 춘계학술대회, 2014.4.4. 한국외국어 대학교, 한국수학교육학회
14. 수학으로 만드는 옵티컬 아트, 2014 춘계학술대회, 2014.4.4. 한국외국어대학교, 한국수학교육학회
15. 프랙탈 도시 만들기(워크숍), 2014 춘계학술대회, 2014.4.4. 한국외국어대학교, 한국수학교육학회
16. 수학교육에서 Computational thinking의 이해, 2014 국제수학교육학술대회, 2014.10.18, 청주교육대학교,한국수학교육학회
17. Mandelbulb 3D를 이용한 예술활동, 2014 국제수학교육학술대회, 2014.10.18, 청주교육대학교, 한국수학교육학회
18. 덧셈과 나눗셈을 이용한 디자인 활동, 2014 국제수학교육학술대회, 2014.10.18, 청주교육대학교, 한국수학교육학회

*** 참고 문헌은 네이버 카페 프랙탈을 찾는 사람들에서 볼 수 있습니다.**

지은이_ 안대영

• 네이버 카페 프랙탈을 찾는 사람들
(http://cafe.naver.com/chaosfractals)
• 한국교원대학교 수학교육 박사
• 충청북도 수석교사

• 저서
〈융합교육시리즈〉
① 프랙탈과 카오스
② 수학에서 느끼는 삶의 지혜
③ 프랙탈 디자인을 유혹하다
④ 수학의 본질은 디자인이다
⑤ 디자인을 사랑한 수학

개정판
융합교육 시리즈 ①
융합, 창의인성, 소통을 위한 **프랙탈과 카오스**

2013년 3월 2일 초 판 발행
2023년 8월 10일 개정판 1쇄 발행

저 자 / 안대영
발행자 / 오판근
발행처 / 교우사

주 소 / 서울특별시 동대문구 약령시로 8 교우빌딩 2층
전 화 / 925-2861(代), 편집부 / 925-2825, 홈쇼핑 / 969-5762
팩 스 / 070-7966-8610

E–mail / kyowoo@kyowoo.co.kr
http://www.kyowoo.co.kr

등록 / 1994. 3. 24 제6-0256호

ISBN 978-89-8172-947-9 (04410)
979-11-251-0028-7 (세트)

값 32,000원